智能科学与技术丛书

机器学习中的一阶与随机优化方法

[美] 蓝光辉 (Guanghui Lan) 著
刘晓鸿 译

FIRST-ORDER AND STOCHASTIC OPTIMIZATION METHODS FOR MACHINE LEARNING

本书对优化算法的理论和研究进展进行了系统的梳理，旨在帮助读者快速了解该领域的发展脉络，掌握必要的基础知识，进而推进前沿研究工作。本书首先介绍流行的机器学习模式，对重要的优化理论进行回顾，接着重点讨论已广泛应用于优化的算法，以及有潜力应用于大规模机器学习和数据分析的算法，包括一阶方法、随机优化方法、随机和分布式方法、非凸随机优化方法、无投影方法、算子滑动和分散方法等。

本书适合对机器学习、人工智能和数学编程感兴趣的读者阅读参考。

图书在版编目（CIP）数据

机器学习中的一阶与随机优化方法 /（美）蓝光辉（Guanghui Lan）著；刘晓鸿译．—北京：机械工业出版社，2022.12

（智能科学与技术丛书）

书名原文：First-order and Stochastic Optimization Methods for Machine Learning

ISBN 978-7-111-72425-4

Ⅰ．①机…　Ⅱ．①蓝…　②刘…　Ⅲ．①机器学习－最优化算法　Ⅳ．① TP181

中国国家版本馆 CIP 数据核字（2023）第 009885 号

机械工业出版社（北京市百万庄大街 22 号　邮政编码 100037）
策划编辑：曲　熠　　　　责任编辑：曲　熠
责任校对：梁　园　王明欣　　责任印制：李　昂
河北宝昌佳彩印刷有限公司印刷
2023 年 5 月第 1 版第 1 次印刷
185mm × 260mm · 29.5 印张 · 750 千字
标准书号：ISBN 978-7-111-72425-4
定价：169.00 元

电话服务　　网络服务
客服电话：010-88361066　　机　工　官　网：www.cmpbook.com
010-88379833　　机　工　官　博：weibo.com/cmp1952
010-68326294　　金　书　网：www.golden-book.com
封底无防伪标均为盗版　　机工教育服务网：www.cmpedu.com

译者序

近十几年来，深度学习在人工智能领域产生了革命性的突破，在更强的计算能力和大数据的助推下，无论在理论上还是方法上都取得了巨大的进步；而以深度学习为代表的智能技术的商业化应用，如无感识别、大数据智能计算和智能无人驾驶等，也显现出了勃勃生机，从而为机器学习的相关研究提供了强大的动力。

伊恩·古德弗洛等从深度学习的角度对人工智能的发展历程进行了总结，认为其发展经历了三次浪潮：第一次浪潮是20世纪40年代到60年代，体现在控制论中；第二次浪潮为20世纪80年代到90年代，表现为联结主义；第三次浪潮则是2006年后深度学习的复兴。机器学习或深度学习的发展很大程度上体现在相关模型和算法的进展上。在第一次浪潮中，理查德·罗森布拉特等提出的感知机模型被用于二分类，但后来的研究证明了感知机模型本质上是一种线性模型，无法对线性不可分的数据进行分类，之后相关应用和研究停滞。在第二次浪潮中，人工神经网络模型得到了广泛的应用，其基础便是杰弗里·欣顿发明的误差反向传播(BP)算法。该算法可以对非线性的多层神经网络进行训练，但算法中梯度消失的问题直接阻碍了向深度网络模型的发展，使得火热的研究沉寂。而后在机器学习中出现了非常有影响力的支持向量机模型，该模型的核心算法是基于二次凸优化问题的求解。当杰弗里·欣顿提出了深度神经网络训练中梯度消失问题的解决办法后，影响深远的第三次浪潮来临，一举解决了诸如图像处理和自然语言处理等多方面的许多深层次的问题，从而有了今日机器学习的繁荣景象。由此可见，当我们能够在科学或技术上走得更远时，一定伴随着理论和方法上的巨大跨跃或进步。因此，为了更好地解决问题，我们必须有相关理论的“武装”。

对于机器学习或深度学习方向的研究者或从业人员而言，大部分的工作都是在诸如TensorFlow或PyTorch等机器学习平台上开展的，其模式是：使用已有的模型，或自己建立相关的模型；利用公开数据集或私有数据集对模型进行训练，得到满足要求的模型；将模型进行工程化的商业应用或科研工作应用。这样的方式在很多时候足以解决我们所遇到的问题。但当我们试图做更深入的工作或底层的基础性工作时(这已经是我们今天的研究者开始面对的)，对相关优化方法的深入理解和研究就是必不可少的。因此，翻译本书的初衷，除了面向诸如运筹学或优化理论的研究者外，更希望为从事人工智能或机器学习研究的相关人员提供一份参考，使他们在直接使用TensorFlow或PyTorch等工具之余，能对优化方面的相关理论有深入的了解，或更进一步，能将理论和方法应用于所开发的软件系统中。

本书作者蓝光辉教授是优化算法领域的著名学者，目前就职于佐治亚理工学院工业与系统工程学院，从事随机优化和非线性规划方面的理论、算法、应用的研究与教学工作。他的最新研究方向是解决源自数据分析、机器学习和强化学习的相关优化问题，研究工作取得了丰硕的成果，其中许多工作成果都反映在本书的相关章节中。在本书中，作者梳理了深度学习中常用的优化方法，并对相关方法及其应用进行了深入讨论。本书包含一阶方法、随机优化方法、随机和分布式方法、非凸随机优化方法、无投影方法以及算子滑动和分散方法等优化算法中的新成果，探讨了相关算法运行时的时间和空间复杂度，以及这些算法在并行和分布式条件下的特性，从而帮助读者在不同场合的应用中选择具有最佳性能的算法，进而更好地解决所面对的问题。本书在内容上由浅入深，文字简练，精准严谨。各章末的练习可以帮助读者了解自己对内容的掌握程度，并进行一些更深的拓展；书中引用的大量参考文献也为读者进行深入的研究提供了便利。

由于时间紧迫且译者水平有限，译文难免有错误及不妥之处，恳请读者批评指正。

前　言

在数据科学中，优化从一开始就扮演着重要的角色，许多统计和机器学习模型的分析与求解方法都依赖于优化。近年来学界对计算数据分析中的优化兴趣激增，相关研究也面临着一些重大挑战：在所研究的问题中，常常会遇到高维度、庞大的数据量、固有的不确定性以及几乎不可避免的非凸性等问题；同时，越来越多的问题有实时求解的需求，还有许多问题有在分布式环境下处理的需求。所有这些都成为当前优化方法论发展中面临的重大障碍。

在过去10年左右的时间里，人们在设计和分析优化算法来解决这些挑战方面取得了重要的进展。然而，相关工作分散在大量不同学科和方向的文献中。由于对这些进展缺乏系统的梳理，年轻的研究人员要涉足这一领域也就十分困难。他们需要建立必要的基础，了解相关发展的现状，进而推动这一令人兴奋的研究领域的前沿工作。在本书中，我试图把最近的这些进展以一种比较有条理的方式展现出来，主要关注的是已被广泛应用于优化的算法，或(在我看来)未来有潜力应用于大规模机器学习和数据分析的算法。这些算法包括相当多的一阶方法、随机优化方法、随机和分布式方法、非凸随机优化方法、无投影方法以及算子滑动和分散方法等。我的目的是介绍能够在不同场合提供最佳性能保证的基本算法方案。在讨论这些算法之前，先简要介绍了一些流行的机器学习模型以启发读者，同时，也对一些重要的优化理论进行了回顾，为读者特别是初学者提供良好的理论基础。

本书适合对优化方法及其在机器学习或机器智能中的应用感兴趣的研究生和高年级本科生阅读，也可以供资深的研究人员参考。这本书的初稿已被佐治亚理工学院用作高年级本科生和博士生的参考资料。对于高年级本科生一个学期的课程，我建议学习内容涵盖1.1、1.2、1.4～1.7、2.1、2.2、3.1、3.2、4.1和7.1节，并鼓励学生完成一个课程项目。对于博士生一个学期的课程，我建议包括1.1～1.7、2.1～2.4、3.1～3.6、4.1～4.3、5.1、5.3、5.4、6.1～6.5和7.1～7.4节，并鼓励学生阅读和讨论本书中或文献中未涉及的材料。

本书中所选的很多材料都来自我们在过去几年里的研究工作。非常感谢我的博士导师、已毕业的博士生、博士后和其他合作者。衷心感谢Arkadi Nemirovski，他指导我走过了学术生涯的不同阶段，成就了今天的我。Alex Shapiro对本书的写作提供了很多指导，并不断提醒我进度。如果没有他的鼓励，我可能已经放弃了这一努力。非常感谢Renato Monteiro的善良和支持。本书的写作过程也让我重温了与合作者共同工作时的愉快记忆，包括一些非常敬业的同事，如Yunmei Chen和Hongchao Zhang，还有一些非常有才华的已毕业的学生和博士后，如 Cong Dang、Qi Deng、Saeed Ghadimi、Soomin Lee、Yuyuan Ouyang、Wei Zhang 和 Yi Zhou。非常幸运的是，我现在的学生也抽出时间来帮助我做了一些工作。

Guanghui Lan

2019 年 5 月于亚特兰大

目 录

第1章

First-order and Stochastic Optimization Methods for Machine Learning

机器学习模型

在这一章中，我们将介绍一些广泛使用的统计和机器学习模型，以启发后文中关于优化理论和算法的讨论。

1.1 线性回归

我们先从一个简单的例子开始。朱莉需要做出一个决定：是否要去“竹园”餐厅吃午饭。她去找她的朋友朱迪和吉姆了解情况，这两人都去过这家餐厅。如果对餐厅的评分介于1到5之间，他们两人都给这家餐厅的服务打了3分。但仅靠这两人的评分，朱莉仍然很难决定她是否应该来拜访“竹园”。幸运的是，她还有一张朱迪和吉姆对其他一些他们三人都去过的餐厅的评分表，以及她自己对相同餐馆的评分做参考，如表1.1所示。

表1.1 餐厅的历史评分

餐厅	朱迪的评分	吉姆的评分	朱莉的评分
Goodfellas	1	5	2.5
Hakkasan	4.5	4	5
…	…	…	…
竹园	3	3	?

我们固定下面的符号表示。使用$u^{(i)}$来表示“输入”变量(这个例子中朱迪和吉姆的评分)，也称为输入特征，$v^{(i)}$表示“输出”或者对目标变量(朱莉的评分)的预测。输入和输出对$(u^{(i)}, v^{(i)})$称为训练样本，数据集是由N个$\{(u^{(i)}, v^{(i)})\}(i=1, \cdots, N)$构成的表，称为训练集。我们还将使用$U$表示输入值的空间，$V$表示输出值的空间。在这个例子中，$U=\mathbb{R}^2$，$V=\mathbb{R}$。具体来说，$u_1^{(1)}$和$u_2^{(1)}$分别是朱迪和吉姆对Goodfellas的评分，$v^{(1)}$表示朱莉对Goodfellas的评分。

我们的目标是：给定一个训练集，学习一个函数$h: U\to V$，使$h(u)$是对v的一个“好的”预测器。常称函数h为假设或决策函数。这种类型的机器学习任务被称为监督学习。如果输出v是连续的，我们称之为*回归学习任务*；如果v是在离散集上取值的，那么，这样的学习任务是所谓的分类。回归和分类是监督学习的两大主要任务。

一个简单的想法是用u的线性函数来近似v：

$$h(u)\equiv h_\theta(u)=\theta_0+\theta_1 u_1+\cdots+\theta_n u_n$$

在我们的例子中，n等于2。为了符号表示的方便，我们引入约定$u_0=1$，使得

$$h(u)=\sum_{i=0}^{n}\theta_i u_i=\theta^{\mathrm{T}}u$$

式中，$\theta=(\theta_0; \cdots; \theta_n)$，$u=(u_0; \cdots; u_n)$。为了求得参数$\theta\in\mathbb{R}^{n+1}$，我们提出了一个形式如下的优化问题：

$$\min_\theta\{f(\theta):=\sum_{i=1}^{N}(h_\theta(u^{(i)})-v^{(i)})^2\} \tag{1.1.1}$$

这样就得到了普通的最小二乘回归模型。

为推导出式(1.1.1)中θ的解，设

$$U=\begin{bmatrix} u^{(1)^{\mathrm{T}}} \\ u^{(2)^{\mathrm{T}}} \\ \vdots \\ u^{(N)^{\mathrm{T}}} \end{bmatrix}$$

U 有时被称为设计矩阵(design matrix)，它由所有的输入变量组成，则 $f(\theta)$可写成：

$$\begin{aligned} f(\theta) &= \sum_{i=1}^{N} (u^{(i)^{\mathrm{T}}}\theta - v^{(i)})^2 \\ &= (U\theta - v)^{\mathrm{T}}(U\theta - v) \\ &= \theta^{\mathrm{T}}U^{\mathrm{T}}U\theta - 2\theta^{\mathrm{T}}U^{\mathrm{T}}v - v^{\mathrm{T}}v \end{aligned}$$

对 $f(\theta)$求导并使其为零，就得到了法向方程

$$U^{\mathrm{T}}U\theta - U^{\mathrm{T}}v = 0$$

因此式(1.1.1)的极小化子式由下式给出：

$$\theta^{*} = (U^{\mathrm{T}}U)^{-1}U^{\mathrm{T}}v$$

普通最小二乘回归是极少数具有显式解的机器学习问题模型之一。但是要注意，要想计算出解 θ^{*}，需要计算$(n+1)(n+1)$阶矩阵$(U^{\mathrm{T}}U)$的逆。如果维数 n 很大，计算一个大矩阵的逆仍然开销很高。式(1.1.1)中优化问题的解的公式可用很直观的方法得到。在后面，我们会提供一些关于这个公式的统计推理角度的解释。让我们表示

$$\varepsilon^{(i)} = v^{(i)} - \theta^{\mathrm{T}}u^{(i)}, \quad i=1, \cdots, N \tag{1.1.2}$$

换句话说，$\varepsilon^{(i)}$ 表示用 $\theta^{\mathrm{T}}u^{(i)}$ 逼近 $v^{(i)}$ 时对应的误差。并且，假设 $\varepsilon^{(i)}$ $(i=1, \cdots, N)$是独立和同分布的，服从均值为 0、方差为 σ^2 的高斯(或正态)分布，则 $\varepsilon^{(i)}$ 的密度可表示为

$$p(\varepsilon^{(i)}) = \frac{1}{\sqrt{2\pi}\sigma}\exp\left(-\frac{(\varepsilon^{(i)})^2}{2\sigma^2}\right)$$

在上式中使用式(1.1.2)的定义，我们有

$$p(v^{(i)} \mid u^{(i)}; \theta) = \frac{1}{\sqrt{2\pi}\sigma}\exp\left(-\frac{(v^{(i)} - \theta^{\mathrm{T}}u^{(i)})^2}{2\sigma^2}\right) \tag{1.1.3}$$

这里，$p(v^{(i)} \mid u^{(i)}; \theta)$表示给定输入 $u^{(i)}$ 及参数 θ 的情况下输出 $v^{(i)}$对应的分布密度。

当给定输入变量 $u^{(i)}$ 和输出变量 $v^{(i)}$ $(i=1, \cdots, N)$时，关于参数 θ 的似然函数定义为

$$L(\theta) := \prod_{i=1}^{N} p(v^{(i)} \mid u^{(i)}; \theta) = \prod_{i=1}^{N} \frac{1}{\sqrt{2\pi}\sigma}\exp\left(-\frac{(v^{(i)} - \theta^{\mathrm{T}}u^{(i)})^2}{2\sigma^2}\right)$$

极大似然原理告诉我们，在进行优化时，应该选择 θ 来最大化似然函数 $L(\theta)$，或等价地最大化对数似然函数

$$\begin{aligned} l(\theta) &:= \log L(\theta) \\ &= \sum_{i=1}^{N} \log\left[\frac{1}{\sqrt{2\pi}\sigma}\exp\left(-\frac{(v^{(i)} - \theta^{\mathrm{T}}u^{(i)})^2}{2\sigma^2}\right)\right] \\ &= N\log\frac{1}{\sqrt{2\pi}\sigma} - \frac{1}{2\sigma^2}\sum_{i=1}^{N}(v^{(i)} - \theta^{\mathrm{T}}u^{(i)})^2 \end{aligned}$$

这恰恰就是普通的最小二乘回归问题，即对变量 θ 极小化 $\sum_{i=1}^{N}(v^{(i)} - \theta^{\mathrm{T}}u^{(i)})^2$。上面的推理告诉我们，在一定的概率假设下，普通最小二乘回归与极大似然估计是一样的。但是，应该指出的是，概率假设对最小二乘是一个合理的回归过程并非必要的条件。

1.2 逻辑回归

让我们回到前面的例子。假设朱莉只关心她是不是喜欢“竹园”餐厅，而不在意她给出的具体评分。同时，如表1.2所示，她只记录了一些历史数据来表明自己是否喜欢或不喜欢某些餐厅。这些记录也可视化地显示在图1.1中，每个餐厅用一个“O”或“X”表示，分别对应朱莉是喜欢这家餐厅还是不喜欢这家餐厅。现在的问题是：朱莉的两个朋友都给了“竹园”3分，那她会喜欢“竹园”吗？她可以利用过去的数据做出合理的决定吗？

表1.2 餐厅的历史评分

餐馆	朱迪的评分	吉姆的评分	朱莉是否喜欢
Goodfellas	1	5	否
Hakkasan	4.5	4	是
…	…	…	…
竹园	3	3	?

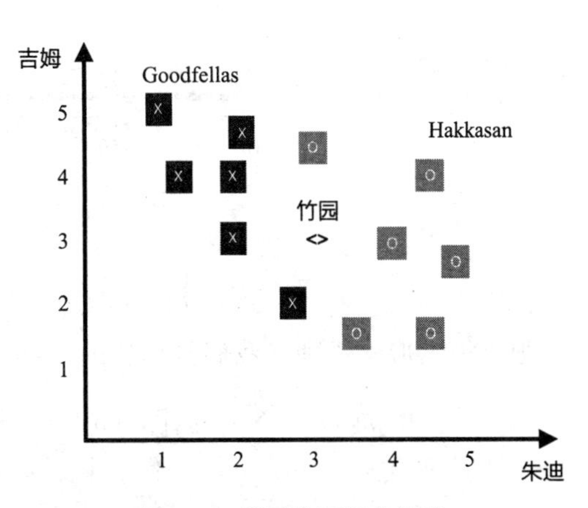

图1.1 餐厅的可视化评分

与回归模型相似，输入值仍然表示为$U=(u^{(1)^{\mathrm{T}}}; \cdots; u^{(N)^{\mathrm{T}}})$，即朱迪和吉姆给出的评分。但是输出值现在是二进制的，即$v^{(i)}\in\{0, 1\}(i=1, \cdots, N)$。这里$v^{(i)}=1$表示朱莉喜欢第$i$家餐厅，$v^{(i)}=0$表示她不喜欢这家餐厅。朱莉的目标是提出一个决策函数$h(u)$来近似这些二元变量v。这种类型的机器学习任务被称为二元分类。

朱莉的决策函数可以简单到是她朋友评分的加权线性组合：

$$h_\theta(u)=\theta_0+\theta_1 u_1+\cdots+\theta_n u_n \tag{1.2.1}$$

其中$n=2$。式(1.2.1)中决策函数的一个明显问题是其值可以任意大或任意小。另一方面，朱莉希望它的值落在0和1之间，因为它们表示的是v的范围。一种使h落在0和1之间的简单方法，就是将线性决策函数$\theta^{\mathrm{T}} u$通过另一个函数——称为sigmoid(或logistic)函数——进行映射

$$g(z)=\frac{1}{1+\exp(-z)} \tag{1.2.2}$$

这样，将决策函数定义为

$$h_\theta(u)=g(\theta^{\mathrm{T}} u)=\frac{1}{1+\exp(-\theta^{\mathrm{T}} u)} \tag{1.2.3}$$

注意，sigmoid函数的值域由区间(0，1)给出，如图1.2所示。

现在的问题是：如何确定公式(1.2.3)中决策函数的参数θ。我们已经看到，在一定概率的假设条件下，作为极大似然估计的结果，可以推导出普通的最小二乘回归模型。下面我们将对分类问题采用类似的方法进行处理。

我们假设变量$v^{(i)}(i=1, \cdots, N)$是独立的伯努利随机变量，以$h_\theta(u^{(i)})$表示成功概率(或平均值)。因此它们的概率质量函数由下式给出：

$$p(v^{(i)} \mid u^{(i)}; \theta)=[h_\theta(u^{(i)})]^{v^{(i)}}[1-h_\theta(u^{(i)})]^{1-v^{(i)}}, \quad v^{(i)}\in\{0, 1\}$$

并且可定义相关的似然函数$L(\theta)$为

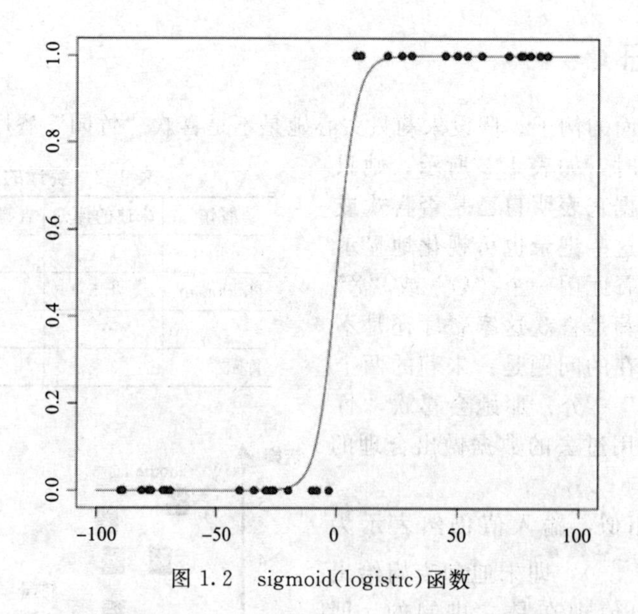

图 1.2　sigmoid(logistic)函数

$$L(\theta)=\prod_{i=1}^{N}\{[h_\theta(u^{(i)})]^{v^{(i)}}[1-h_\theta(u^{(i)})]^{1-v^{(i)}}\}$$

根据极大似然原理，我们打算使 $L(\theta)$ 最大，或等价地，其对数似然函数最大：

$$\begin{aligned} l(\theta)&=\sum_{i=1}^{N}\log\{[h_\theta(u^{(i)})]^{v^{(i)}}[1-h_\theta(u^{(i)})]^{1-v^{(i)}}\}\\ &=\sum_{i=1}^{N}\{v^{(i)}\log h_\theta(u^{(i)})+[1-v^{(i)}]\log[1-h_\theta(u^{(i)})]\}\end{aligned}$$

据此，我们提出了一个如下形式的优化问题：

$$\max_{\theta}\sum_{i=1}^{N}\{-\log[1+\exp(-\theta^{\mathrm{T}}u^{(i)})]-[1-v^{(i)}]\theta^{\mathrm{T}}u^{(i)}\} \tag{1.2.4}$$

尽管这个模型常用于二分类问题，但由于历史原因它通常被称为逻辑回归。

与线性回归不同，式(1.2.4)没有显式解。相反，我们需要推导出一些数值过程来找到它的近似解。这些过程称为优化算法，是我们后文中需要深入研究的课题。

假设朱莉可以解决上述问题，并至少找到一个最优的解 θ^*。然后她获得了一个决策函数 $h_{\theta^*}(u)$，可以用于预测她是否喜欢一家新餐馆(比如“竹园”)。更具体地说，回想一下，对应于“竹园”的例子是 $u=(1, 3, 3)$(注意 $u_1=1$)。如果 $h_{\theta^*}((1, 3, 3))>0.5$，那么朱莉就认为她会喜欢这家餐馆，否则就不会。使 $h_{\theta^*}(u)$ 值为 0.5 的 u 值称为“决策边界”，如图 1.3 所示，黑线就是“决策边界”。任何在决策边界上方的点代表朱莉喜欢的餐厅，而任何位于决策边界下方的点都是她不喜

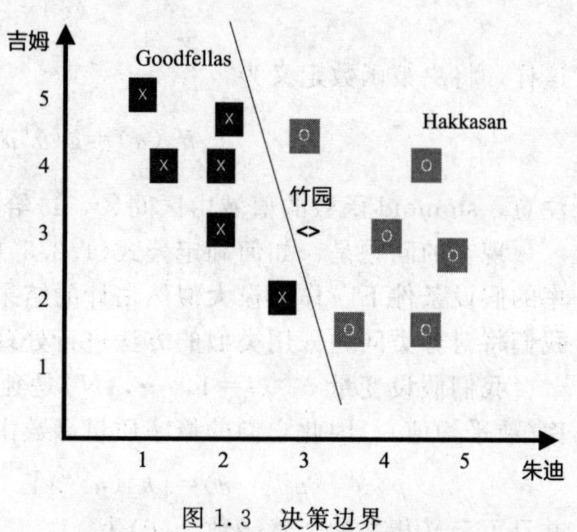

图 1.3　决策边界

欢的餐厅。有了这个划定的边界，“竹园”看起来似乎位于稍微积极的一边，这也意味着朱莉可能喜欢这家餐厅。

1.3　广义线性模型

在前两节中，我们介绍了两种监督机器学习的模型：普通最小二乘回归和逻辑回归。对于一些恰当定义的参数 μ 和 q，在前一个模型中，我们假设 $v|u; \theta \sim \mathcal{N}(\mu, \sigma^2)$ 服从正态分布，对于后者，$v|u; \theta \sim \text{Bernoulli}(q)$ 服从贝努利分布，均作为 u 和 θ 的函数。我们将在这一节中说明，它们都是更广泛的模型家族——被称为广义线性模型(GLM)的特例——本质上都是对指数分布族应用极大似然估计得到的。

1.3.1　指数分布族

对于给定的 T、a 和 b，指数分布族是如下概率分布形式的集合：

$$p(v; \eta)=b(v)\exp(\eta^{\mathrm{T}} T(v)-a(\eta)) \tag{1.3.1}$$

这个分布族通过 η 进行参数化。在这个意义上，通过改变参数可以得到不同的分布。

我们先看看正态分布是否可以写成式(1.3.1)这种形式。为了简单起见，我们考虑随机变量 $v \sim \mathcal{N}(\mu, 1)$，即

$$\begin{aligned} p(v; \mu) &= \frac{1}{\sqrt{2\pi}}\exp\left(-\frac{(v-\mu)^2}{2}\right) \\ &= \frac{1}{\sqrt{2\pi}}\exp\left(-\frac{v^2}{2}\right)\exp\left(\mu^{\mathrm{T}} v-\frac{\mu^2}{2}\right) \end{aligned}$$

显然，该正态分布是式(1.3.1)当 $\eta=\mu$ 时的特殊形式：

$$b(v)=\frac{1}{\sqrt{2\pi}}\exp\left(-\frac{v^2}{2}\right), \quad T(v)=v, \quad a(\eta)=\frac{\mu^2}{2}=\frac{\eta^2}{2}$$

为了检验伯努利分布是否是一个特殊的指数分布，我们首先重写它的密度函数：

$$\begin{aligned} p(v; q) &= q^v(1-q)^{1-v} \\ &= \exp(v\log q+(1-v)\log(1-q)) \\ &= \exp\left(v\log\frac{q}{1-q}+\log(1-q)\right) \end{aligned}$$

显然根据式(1.3.1)有

$$\eta=\log\frac{q}{1-q}, \quad b(v)=1, \quad T(v)=v, \quad a(\eta)=-\log(1-q)$$

有趣的是，通过第一个等式，我们有

$$q=\frac{1}{1+\exp(-\eta)}$$

它给出了 logistic(sigmoid)函数。

指数分布族包括广泛的分布，如正态分布、指数分布、伽马分布、卡方分布、狄利克雷分布、伯努利分布、分类分布、泊松分布、Wishart 分布和逆 Wishart 分布等。

1.3.2　模型构建

按照构建普通最小二乘和逻辑回归模型的过程，我们可以将构建 GLM 模型涉及的基

本要素总结如下：

- 我们需要知道在给定输入 u 和待估参数 θ 时响应(输出) v 的分布。更具体地说，我们假设 $v|u;\theta$ 满足由参数 η 确定的指数分布族。
- 给定 u，我们需要构造一个决策函数(或假设) $h(u)$ 来预测结果 $T(v)$(在大多数情况下 $T(v)=v$，就像在普通最小二乘和逻辑回归中一样)。如果 $T(v)$ 是随机的，我们取期望 $h(u)=\mathbb{E}[T(v)|u]$。比如，在逻辑回归中，我们选择 h 的方式是要使决策函数 $h_\theta(u)=\mathbb{E}[v|u]$。
- 我们假设 η 线性地依赖于输入值 u，即 $\eta=\theta^{\mathrm{T}}u$。如果 η 是向量，可以假设 $\eta_i=\theta_i^{\mathrm{T}}u$。

尽管前两条是我们对模型所做的假设，但最后一条实际更多地关系到模型设计。特别是，这样设计的模型很可能更容易拟合。

让我们验证一下这些要素是否确实被我们用于构建普通的最小二乘模型。回忆一下，我们假设，$\varepsilon=v-\theta^{\mathrm{T}}u$ 是形如 $\mathcal{N}(0,\sigma^2)$ 的正态分布。因此，$v|u;\theta\sim\mathcal{N}(\eta,\sigma^2)$，其均值为 $\eta=\theta^{\mathrm{T}}u$。这表明上面三个条件均成立，因为 $v|u;\theta$ 服从正态分布，且有 $\eta=\mathbb{E}[v|u;\theta]$ 和 $h(u)=\theta^{\mathrm{T}}u=\eta$。

接下来，我们可以检查这些要素是否也适用于逻辑回归。回想一下，我们假设 $v|u;\theta$ 满足伯努利分布族的均值

$$q=h(u)=\frac{1}{1+\exp(-\theta^{\mathrm{T}}u)}$$

记 $\eta=\theta^{\mathrm{T}}u$，并将其应用于上述等式中，得到

$$q=\frac{1}{1+\exp(-\eta)}$$

或者

$$\eta=\log\frac{q}{1-q}$$

这正是我们用来把伯努利分布写成指数族形式的参数。这些讨论表明，上述模型均具备 GLM 的所有要素。

让我们再看一个 GLM 的例子。考虑一个分类问题，其中响应变量 v 可以取 k 个值中的任意一个，即 $v\in\{1,2,\cdots,k\}$。响应变量仍然是离散的，但是现在可以有两个以上的值。这种类型的机器学习任务称为多类别分类。

为了推导出用于建模这类任务的 GLM，我们首先假设 v 按多项式分布，再证明多项式是一个指数族分布。

为了参数化 k 个可能结果的多项式分布，我们可以用 k 个参数 $q_1,\cdots,q_k$ 指定每个结果的概率。然而，这些参数不是独立的，由于 $\sum_{i=1}^{k}q_i=1$，事实上 q_i 的任意 $k-1$ 个值会唯一地决定最后一个值。所以，我们将把多项式参数化成只有 $k-1$ 个参数(为 $q_1,\cdots,q_{k-1}$)，式中 $q_i=p(y=i;q)$。为了符号表示的方便，我们也令 $q_k=p(y=k;q)=1-\sum_{i=1}^{k-1}q_i$。

为了证明多项式是指数分布的，我们定义 $T(v)\in\mathbb{R}^{k-1}$ 如下：

$$T(1)=\begin{bmatrix}1\\0\\0\\\vdots\\0\end{bmatrix},\ T(2)=\begin{bmatrix}0\\1\\0\\\vdots\\0\end{bmatrix},\ \cdots,\ T(k-1)=\begin{bmatrix}0\\0\\0\\\vdots\\1\end{bmatrix},\ T(k)=\begin{bmatrix}0\\0\\0\\\vdots\\0\end{bmatrix}$$

与之前的例子不同，这里没有 $T(v)=v$。此外，$T(v)$现在是 $\mathbb{R}^{k-1}$ 上的向量而不是实数。我们用$(T(v))_i$ 来表示向量 $T(v)$的第 i 个元素。

我们引入了一个更有用的符号。如果参数为真，示性函数 $I\{\cdot\}$的值为 1，否则为 0。我们也可以把 $T(v)$和 v 的关系写成$(T(v))_i=I\{v=i\}$。进一步，我们得到 $\mathbb{E}[(T(v))_i]=p(v=i)=q_i$。

现在我们可以证明多项式分布是指数族中的一员。我们有：

$$\begin{aligned}p(v;\ q)&=q_1^{I\{v=1\}}q_2^{I\{v=2\}}\cdots q_k^{I\{v=k\}}\\&=q_1^{I\{v=1\}}q_2^{I\{v=2\}}\cdots q_k^{1-\sum_{i=1}^{k-1}I\{v=i\}}\\&=q_1^{(T(v))_1}q_2^{(T(v))_2}\cdots q_k^{1-\sum_{i=1}^{k-1}(T(v))_i}\\&=\exp\left(\sum_{i=1}^{k-1}(T(v))_i\log q_i+\left(1-\sum_{i=1}^{k-1}(T(v))_i\right)\log q_k\right)\\&=\exp\left(\sum_{i=1}^{k-1}(T(v))_i\log\frac{q_i}{q_k}+\log q_k\right)\end{aligned}$$

这是一个指数分布，有参数

$$\eta_i=\log\frac{q_i}{q_k},\quad i=1,\ \cdots,\ k-1,\quad a(\eta)=-\log q_k,\quad b=1\tag{1.3.2}$$

为了定义决策函数，我们首先用 η_i 来表示 q_i，因为 $\mathbb{E}[(T(y))_i]=p(y=i)=q_i$，我们希望 $h_i(u)=q_i$。由式(1.3.2)，我们有

$$\frac{q_i}{q_k}=\exp(\eta_i),\quad i=1,\ \cdots,\ k-1\tag{1.3.3}$$

为方便起见，记 $\eta_k=0$ 和

$$\frac{q_k}{q_k}=\exp(\eta_k)$$

把这些等式加起来，并利用 $\sum_{i=1}^{k}q_i=1$ 这一事实，我们得到 $\frac{1}{q_k}=\sum_{i=1}^{k}\exp(\eta_i)$，因此

$$q_i=\frac{\exp(\eta_i)}{\sum_{i=1}^{k}\exp(\eta_i)},\quad i=1,\ \cdots,\ k-1\tag{1.3.4}$$

为了完成决策函数的定义，我们设 $h_i(u)=q_i$，以及 $\eta_i=\theta_i^{\mathrm{T}}u$，将这两个关系式结合式(1.3.4)得到

$$h_i(u)=\frac{\exp(\theta_i^{\mathrm{T}}u)}{\sum_{i=1}^{k}\exp(\theta_i^{\mathrm{T}}u)},\quad i=1,\ \cdots,\ k-1$$

最后，这些参数 θ_i，$i=1$，$\cdots$，$k-1$ 用于 $h_i(u)$的定义，可以通过最大化对数似然函数来估计参数

$$l(\theta)=\sum_{i=1}^{N}\log p(v^{(i)}\mid u^{(i)};\ \theta)=\sum_{i=1}^{N}\log\prod_{j=1}^{k}\left(\frac{\exp(\eta_j)}{\sum_{j=1}^{k}\exp(\eta_j)}\right)^{I(v^{(i)}=j)}$$

1.4　支持向量机

在本节中，我们将简要介绍支持向量机(SVM)，该模型被认为是最成功的分类模型之一。

考虑有 N 个训练样本$(u^{(i)},\ v^{(i)})$，$i=1,\ \cdots,\ N$ 的二分类问题。为了方便起见，我们在本节中始终假设输出 $v^{(i)}$可以由 1 或 -1 给出，即 $v^{(i)}\in\{-1,\ 1\}$，而不是像前面一节的 $v^{(i)}\in\{0,\ 1\}$。注意，这仅仅是更改了类的标签，它不会影响一个特定的实例属于一个类或另一个类的结果。

我们现在假设所观察的这些实例是可分离的。形式化地说，我们假设存在一个关于 u 的线性函数，记为

$$h_{w,b}(u)=b+w_1u_1+w_2u_2+\cdots+w_nu_n$$

使得对所有 $i=1,\ \cdots,\ N$，

$$h_{w,b}(u^{(i)})\begin{cases}>0, & v^{(i)}=1\\ <0, & \text{其他情况(如 } v^{(i)}=-1)\end{cases}$$

特别地，$h_{w,b}(u)=0$ 定义了一个超平面，将观察到的实例分成两类，位于超平面之上的实例被标记为 $v^{(i)}=1$，超平面以下的标记为 $v^{(i)}=-1$。请注意，这里决策函数 $h_{w,b}$ 的表示方法也略不同于以前。第一，我们消去了 u_0，它被假设为 1；第二，法向量 $w:=(w_1,\ \cdots,\ w_n)$和截距 b 使用了不同的符号表示，而不是单一的 $n+1$ 维参数向量$(\theta_0,\ \theta_1,\ \cdots,\ \theta_n)$，主要的原因是我们将研究超平面 $h_{w,b}(u)=0$ 对分离法向量 w 的几何意义。

通过逻辑回归，我们有可能定义一个分离超平面。因此，我们使用一个决策函数 $h_\theta(u)=g(\theta^{\mathrm{T}}u)$来近似概率 $p(y=1|x;\ \theta)$。给定 u，我们预测它的输出是 1 还是 0，这取决于 $h_\theta(u)\geqslant 0.5$ 或 $h_\theta(u)<0.5$，或等价地，$\theta^{\mathrm{T}}u\geqslant 0$ 或 $\theta^{\mathrm{T}}u<0$。因此，通过向量 θ 的行列式可以得到一个可能的分离超平面，表示为图 1.4 中的 $H1$。

然而，有相当多的其他超平面也可以将这些观测实例分开，如图 1.4 所示的 $H2$ 和 $H3$。给定潜在的无穷多个分离超平面，我们应该如何评估它们的能力从而选择最强的超平面？

为了回答这个问题，让我们来考察一下分离点集的超平面 $w^{\mathrm{T}}u+b=0$ 的“间隔”。对于给定的例子 $u^{(i)}$，即图 1.5 中的点 $A=(u_1^{(i)},\ \cdots,\ u_n^{(i)})$，我们首先计算它到分离超平面的距离。设点 B 是点 A 在分离超平面上的投影，那么只需要计算出线段 $\overrightarrow{BA}$ 的长度，表示为 $d^{(i)}=|\overrightarrow{BA}|$。注意，$\overrightarrow{BA}$ 的单位向量由 $w/\|w\|$给出，因此 B 的坐标由 $u^{(i)}-d^{(i)}w/\|w\|$给出。同时，由于 B 在分离超平面上，我们有

$$w^{\mathrm{T}}\left(u^{(i)}-d^{(i)}\frac{w}{\|w\|}\right)+b=0$$

对 $d^{(i)}$求解上述方程，得到

$$d^{(i)}=\frac{w^{\mathrm{T}}u^{(i)}+b}{\|w\|}\tag{1.4.1}$$

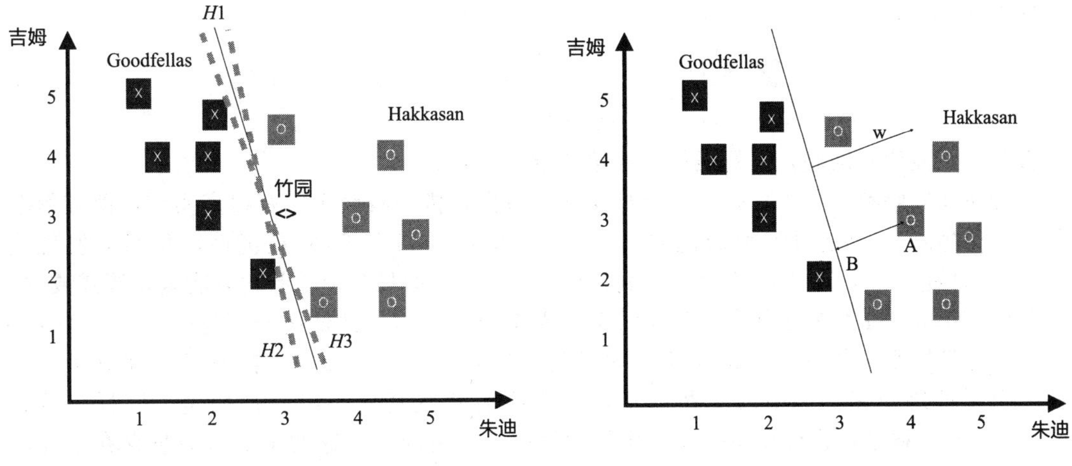

图 1.4 支持向量机的灵感(一)　　　图 1.5 支持向量机的灵感(二)

在上面的推导中，我们隐式地假设点 A 在分离超平面上方(即 $v^{(i)}=1$)。对于点 A 位于超平面下方的情形($v^{(i)}=-1$)，点 B 的坐标应该写成 $u^{(i)}+d^{(i)}w/\|w\|$，因此

$$d^{(i)}=-\frac{w^{\mathrm{T}}u^{(i)}+b}{\|w\|} \tag{1.4.2}$$

综合式(1.4.1)和式(1.4.2)的结果，我们可以将样本点到超平面的距离 $d^{(i)}$ 表示为

$$d^{(i)}=\frac{v^{(i)}[w^{\mathrm{T}}u^{(i)}+b]}{\|w\|} \tag{1.4.3}$$

对任意 $i=1, \cdots, N$。

通过以上 $d^{(i)}$ 的计算公式，我们现在可以定义与分离超平面 $w^{\mathrm{T}}u+b$ 相关联的间隔

$$d(w, b):=\min_{i=1,\cdots,N} d^{i}\equiv\frac{\min\limits_{i=1,\cdots,N} v^{(i)}[w^{\mathrm{T}}u^{(i)}+b]}{\|w\|} \tag{1.4.4}$$

间隔 $d(w, b)$提供了一种评估分离超平面能力的方法。直观上，较大的间隔意味着分离超平面可以更好地区分这两种类型的实例。

因此，合理的目标是找到(w, b)使间隔 $d(w, b)$最大化，即

$$\max_{w,b}\frac{\min\limits_{i=1,\cdots,N} v^{(i)}[w^{\mathrm{T}}u^{(i)}+b]}{\|w\|}$$

具体来说，这将产生一个分类器，以较大“间隙”来区分积极的和消极的训练实例。上述优化问题可以等价地写成

$$\max_{w,b,r}\frac{r}{\|w\|}$$
$$\text{s.t.}\quad v^{(i)}[w^{\mathrm{T}}u^{(i)}+b]\geqslant r, \quad i=1, \cdots, N$$

由于多重原因，处理问题时最重要的是，我们希望给出机器学习的凸性问题(见第2章的定义)的优化公式。然而，这两个公式的目标函数都不是凸的。幸运的是，观察到 w、b 和 r 乘以一个比例因子不会改变上述问题的最优值，因而可以假设 $r=1$，将其重新表示为

$$\max_{w,b}\frac{1}{\|w\|} \tag{1.4.5}$$
$$\text{s.t.}\quad v^{(i)}[w^{\mathrm{T}}u^{(i)}+b]\geqslant 1, \quad i=1, \cdots, N$$

或等价地

$$\begin{aligned}&\min_{w,b}\frac{1}{2}\|w\|^2\\&\text{s.t.}\quad v^{(i)}[w^{\mathrm{T}}u^{(i)}+b]\geqslant 1,\quad i=1,\cdots,N\end{aligned}$$

后者是一个凸优化问题，我们很快会在第2章中看到。

现在我们解释一下为什么上述模型叫作支持向量机。假设我们有很多实例，即实例个数 N 非常大。一旦通过识别最优的(w^*，b^*)解决式(1.4.5)的最优性，我们会发现式(1.4.5)只有一小部分约束(在 N 中)满足(w^*，b^*)，即只有少量的约束能满足等式成立。对应的实例 $u^{(i)}$ 称为支持向量。在几何上，支持向量给出了到最优分离超平面 $(w^*)^{\mathrm{T}}u+b^*=0$ 有最短距离的所有训练实例。如果我们沿着 $w^*/\|w^*\|$ 的方向移动最优分离超平面，直到遇到训练实例中的一些向量，这样我们就找到第一组支持向量。同样，沿着 $-w^*/\|w^*\|$ 移动最优分离超平面，将得到另一组支持向量。这两组支持向量存在于与最优分离超平面平行的两个超平面上。它们定义了这两个不同类别的训练实例之间的间隙，其大小正好是式(1.4.5)目标函数最优值的两倍。

到目前为止，SVM 的推导中假设训练实例是线性可分的。然而，实际情况可能并非如此；此外，在某些情况下，算法找到的分离超平面并不一定是我们期望的，因为这一超平面可能容易受到离群值的影响。为了说明这一点，对所给的样本点，图1.6a显示了一个最优的分类器。然而，当图1.6b中加入一个单独的离群值时，最优分离超平面必须做出大幅的摆动，从而导致分类器的间隔边界急剧减小。

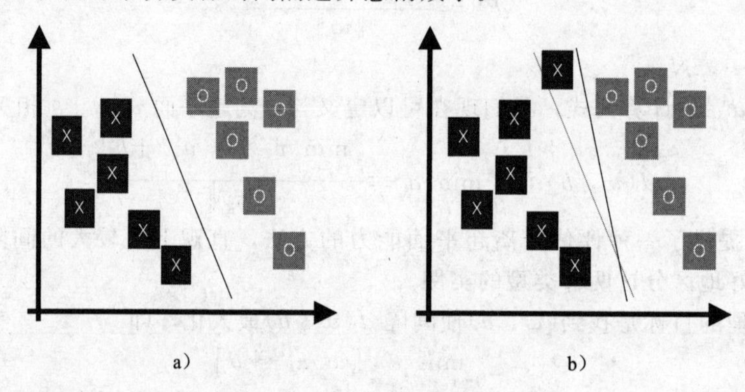

图1.6　SVM 离群值

为了解决这些问题，我们将式(1.4.5)重新表示为

$$\begin{aligned}&\min_{w,b}\frac{1}{2}\|w\|^2+\lambda\sum_{i=1}^{N}\xi_i\\&\text{s.t.}\quad v_{(i)}[w^{\mathrm{T}}u^{(i)}+b]\geqslant 1-\xi_i,\quad i=1,\cdots,N\\&\qquad\ \xi_i\geqslant 0,\quad i=1,\cdots,N\end{aligned}\tag{1.4.6}$$

对于某些 $\lambda>0$。在上述公式中，我们允许违反式(1.4.5)的约束条件，但对所有违反行为进行惩罚。经观察，发现式(1.4.6)可以写成

$$\min_{w,b}\frac{1}{2}\|w\|^2+\lambda\sum_{i=1}^{N}\max\{0,\ 1-v^{(i)}[w^{\mathrm{T}}u^{(i)}+b]\}\tag{1.4.7}$$

这些公式定义了软间隔的支持向量机。

1.5　正则化、Lasso 回归和岭回归

许多有监督的机器学习模型，包括上面讨论的几个问题，都可以写成以下形式：

$$f^* := \min_{x\in\mathbb{R}^n}\{f(x) := \sum_{i=1}^{N} L(x^{\mathrm{T}}u_i, v_i)+\lambda r(x)\} \tag{1.5.1}$$

其中 $L(\cdot,\cdot)$和 $r(\cdot)$分别称为损失函数和正则函数。

例如，在 SVM 中，我们有 $x=(w, b)$，$L(z, v)=\max\{0, 1-vz\}$，$r(x)=\|w\|^2$。在一般最小二乘回归中，$x=\theta$，$L(z, v)=(z-v)^2$，$r(\theta)=0$。实际上，我们可以在平方损失函数中加入许多不同类型的正则化，以避免过拟合，减少预测误差的方差，并处理相关预测因子。

两种最常用的惩罚模型是岭回归和 Lasso 回归。岭回归的形式为式(1.5.1)，其中 $L(z, v)=(z-v)^2$，$r(x)=\|x\|_2^2$；Lasso 回归的形式也为式(1.5.1)，其中取 $L(z, v)=(z-v)^2$，$r(x)=\|x\|_1$。这里，l_2 范数(平方)和 l_1 范数分别为 $\|x\|_2^2=\sum_{i=1}^{n}x_i^2$ 和 $\|x\|_1=\sum_{i=1}^{n}|x_i|$。弹性网络结合了 l_1 和 l_2 惩罚项，定义为

$$\lambda P_\alpha(\beta)=\lambda\left(\alpha\|\beta\|_1+\frac{1}{2}(1-\alpha)\|\beta\|_2^2\right)$$

当调节参数足够大时，Lasso 回归会得到稀疏解。随着调节参数 λ 拟合值的增大，所有的系数被置为零。由于参数减小到零时会被从模型中移除，因此 Lasso 是一个好的选择工具。岭回归惩罚了模型系数的 l_2 范数，它可以提供更大的数值稳定性，计算也比 Lasso 更加简单和快捷。岭回归同时降低了系数值并增加了惩罚，但没有设置任何一个为零。

变量选择在许多具有多特征的现代应用程序中非常重要，在这些应用中，l_1 惩罚已被证明是成功的。因此，如果变量数目很大，或者已知的解是稀疏的，我们建议使用 Lasso 回归，对足够大的 λ，它将挑选少量的变量，这对模型的可解释性至关重要。l_2 惩罚则没有这种效果，它减小了系数，但没有精确地设置它们为零。

这两种惩罚在相关预测因子的处理上也有所不同。l_2 惩罚缩小了相关列的系数，而 l_1 惩罚则倾向于只选择其中一个系数，并将其他系数设为零。使用弹性网络参数(变量)α 可组合这两种行为。弹性网既选择了变量，又能保持分组效果(通过一起收缩相关列的系数)。而且，当预测变量达到一定数量时，对 Lasso 模型而言在 $\min(N, n)$时，就会产生饱和，其中 N 为观测次数，n 为模型中变量的数目。但弹性网没有这个限制，可以拟合具有更多预测因子的模型。

1.6　群体风险最小化

让我们回到之前的例子。当朱莉审视她的决策过程时，观察到她的真正目标是设计决策函数来预测对“竹园”餐厅的判断，而不仅仅是符合她收集到的历史数据。换句话说，她想要解决的问题并不是式(1.1.1)中的问题。相反，她的问题更适合表示为

$$\min_{w,b}\mathbb{E}_{u,v}[h(u; w, b)-v]^2 \tag{1.6.1}$$

其中 u 和 v 是随机变量，表示朱迪和吉姆的评分，以及她自己对餐馆的判断。在这个过程

中，她隐式地假设式(1.1.1)的最优解是式(1.6.1)的一个很好的近似解。

事实上，朱莉的直觉可以被更严格地证明。在随机优化中，式(1.1.1)称为式(1.6.1)的样本平均逼近(SAA)问题。可以看出，随着 N 的增加，式(1.1.1)的最优解近似于式(1.6.1)的解。值得注意的是，在机器学习中，式(1.6.1)和式(1.1.1)分别称为群体风险最小化和经验风险最小化。

但仍存在一些问题。首先，如果样本的维数和样本容量 N 都很大，如何有效地求解式(1.1.1)？其次，我们真的需要解决经验风险最小化的问题吗？为什么我们不直接设计一个算法来解决群体风险最小化的问题？这些都将是本书后文中主要解决的问题。

1.7 神经网络

在过去的几年中，由于在语音识别、计算机视觉和文本处理等方面取得了许多突破性的成果，深度学习在机器学习领域引起了极大的轰动，尤其是在工业界。对于许多研究人员来说，深度学习是一组使用神经网络作为架构的算法的代名词。尽管神经网络有很长的历史，但由于廉价的并行硬件(GPU、计算机集群)、大量的数据和最近开发的高效优化算法，特别是那些为最小化群体风险而设计的算法，使得神经网络在最近几年变得愈发成功。在这一节中，我们将从线性分类器的概念开始，用它来建立并发展神经网络的概念。

让我们继续讨论餐厅的例子。在前面的例子中，朱莉很幸运，因为这些实例是线性可分的，这意味着她可以用一个线性决策函数来分离正实例和负实例。朱莉的朋友珍妮有不同的口味，如果我们把珍妮的数据也绘制出来，图表看起来就很不一样了(见图 1.7)。珍妮喜欢一些朱迪和吉姆评价很差的餐馆。问题是我们如何为珍妮想出一个决策函数。查看数据后，我们发现决策函数比以往更加复杂，因此必须进一步分解成我们可以解决的更小的问题。对于我们的特定情况，可以知道如果我们扔掉图中左下角的“奇怪的”实例，那么问题就会变得简单。同样，如果我们把“奇怪的”实例放在右上角，问题也会更简单。使用我们的随机优化算法求解每一种情况，其决策函数如图 1.8 所示。

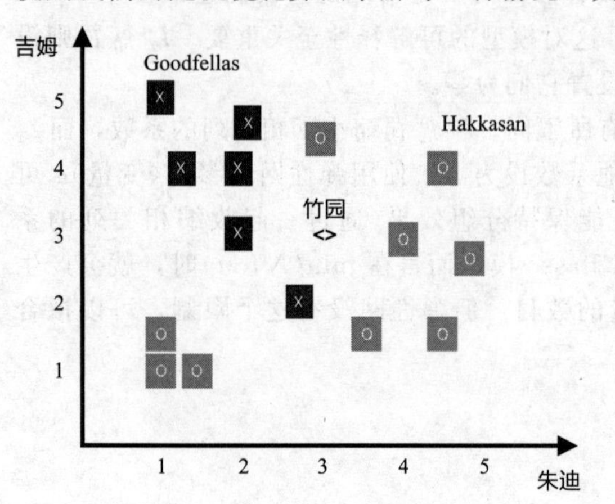

图 1.7 在没有线性可分性的情况下对餐厅进行可视化评级

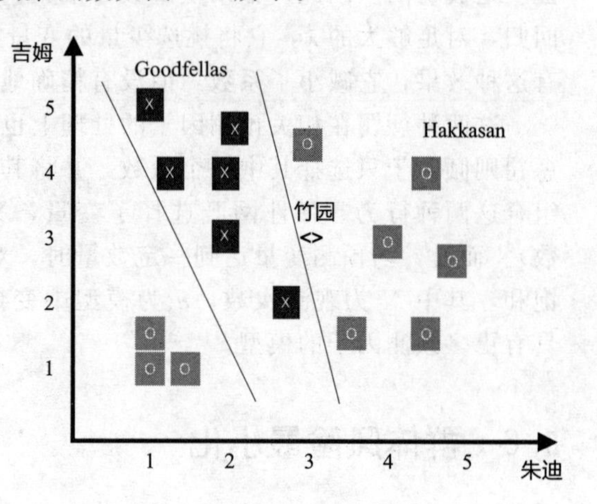

图 1.8 在没有线性可分性的情况下对餐厅进行可视化评级及决策函数

对于原始数据，是否有可能将这两个决策函数合并为一个最终的决策函数？如上所述，我们假设两个决策函数为 $h_1(u):=g(w_1u_1+w_2u_2+b_1)$ 和 $h_2(u):=g(w_3u_1+w_4u_2+b_2)$，其中 g 为式(1.2.2)中定义的 sigmoid 函数。对于每个例子 $u^{(i)}$，我们可以分

别计算 $h_1(u^{(i)})$ 和 $h_2(u^{(i)})$。表 1.3 列出了与这些决策函数相关的数据。

表 1.3 两个可分线性决策函数

餐馆	朱迪的评分	吉姆的评分	朱莉是否喜欢
Goodfellas	$h_1(u^{(1)})$	$h_2(u^{(1)})$	否
Hakkasan	$h_1(u^{(2)})$	$h_2(u^{(2)})$	是
…	…	…	…
竹园	$h_1(u^{(n+1)})$	$h_2(u^{(n+1)})$	?

现在的问题简化成了这样的问题：寻找一个新的参数集，通过对这两个决策函数进行加权来逼近 v。我们称这些参数为 ω，c，并且我们想找到这样的函数 $h(u;\ w,\ b,\ \omega,\ c):=g(\omega_1 h_1(u)+\omega_2 h_2(u)+c)$，该函数的值可以近似标签 v。这一公式又呈现为一个优化问题。综上所述，我们可以通过以下两个步骤找到珍妮的决策函数：

(a) 将数据分成两个集合，每个集合可以简单地由一个线性决策函数分类，然后利用前面章节中的方法找出每个集合的决策函数；

(b) 使用新发现的决策函数，计算每个实例的决策值。然后将这些值作为另一个决策函数的输入，利用优化方法找到最终的决策函数。

上述处理过程可视化地呈现在了图 1.9 中。

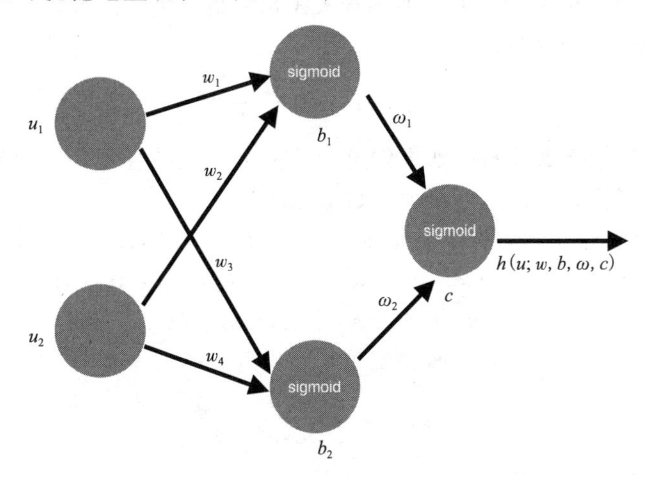

图 1.9 一个简单的神经网络

我们刚才讨论的是机器学习中的一种特殊结构，称为“神经网络”。上面的这个神经网络实例中有一个隐含层，该隐含层有两个“神经元”。第一个神经元计算函数 h_1 的值，第二个神经元计算函数 h_2 的值。sigmoid 函数将实值映射到有界值 0 到 1 之间，因此 sigmoid 函数也被称为“非线性函数”或“激活函数”。由于我们使用的是 sigmoid 函数，所以激活函数也称为“sigmoid 激活函数”。还有许多其他类型的激活函数。神经网络内的参数 w 和 ω 被称为“权重”，b 和 c 被称为“偏置”。如果我们需要一个更复杂的函数来逼近，可能需要有一个更深层的网络，即一个有更多的隐含层且每一层可能有两个以上的神经元的神经网络。

让我们回到开始的问题：为珍妮找到一个好的决策函数。在上面的步骤中，当我们将数据集划分为两个集合时，似乎有投机取巧之嫌，因为我们预先查看了数据，并根据具体数据决定这两个集合应该按照上面的方式划分。有没有办法使这一步骤自动化，其结果是用自然的方法是找到参数 ω、c、w 和 b，可以直接处理复杂的数据集，而不是按顺序做上述两个步骤。为了看得更清楚，我们写出如何计算 $h(u)$：

$$\begin{aligned}h(u)&=g(\omega_1 h_1(u;\ w_1,\ w_2,\ b_1)+\omega_2 h_2(u;\ w_3,\ w_4,\ b_2)+c)\\&=g(\omega_1 g(w_1 u_1+w_2 u_2+b_1)+\omega_2 g(w_3 u_1+w_4 u_2+b_2)+c)\end{aligned}$$

我们可以通过求解下面的问题同时找出所有参数 ω_1、ω_2、c、w_1、w_2、w_3、w_4、b_1 和 b_2

$$\min_{\omega_1,\omega_2,c,w_1,w_2,w_3,w_4,b_1,b_2} \mathbb{E}_{u,v}[(h(u)-v)^2]$$

该问题被证明是一个非凸随机优化问题。现在，仍然存在的最大问题是：如何有效地找到这个问题的解？另外，这一求解过程是否能为我们提供某种保证？

1.8 练习和注释

练习

1. 考虑以下 logistic 回归的损失函数：

$$l(\theta)=\sum_{i=1}^{N}\{-\log[1+\exp(-\theta^{\mathrm{T}}u^{(i)})]-[1-v^{(i)}]\theta^{\mathrm{T}}u^{(i)}\}$$

   求这个函数的 Hessian 阵 H，并证明该损失函数 l 是一个凹函数。

2. 考虑由 λ 参数化的泊松分布：

$$p(v;\ \lambda)=\frac{\mathrm{e}^{-\lambda}\lambda^{y}}{y!}$$

   请证明泊松分布属于指数分布。如果你想设计一个广义线性模型，决策函数会是什么？对于给定的训练实例，如何表述最大对数似然函数？

3. 已知 u 和 v，并记 $x\equiv(w_1,\ w_2,\ b_1,\ w_3,\ w_4,\ b_2,\ \omega_1,\ \omega_2,\ c)$，让我们表示函数

$$\begin{aligned}h(u;\ x):&=g(\omega_1 h_1(u;\ w_1,\ w_2,\ b_1)+\omega_2 h_2(u,\ w_3,\ w_4,\ b_2)+c)\\&=g(\omega_1 g(w_1 u_1+w_2 u_2+b_1)+\omega_2 g(w_3 u_1+w_4 u_2+b_2)+c)\end{aligned}$$

   其中

$$g(z)=\frac{1}{1+\exp(-z)}$$

   并定义 $f(x)=[h(u;\ x)-v]^2$。

   (a) 计算 f 的 Hessian 阵，并证明 f 不一定是凸的。

   (b) 计算 f 相对于变量 x 的梯度。

   (c) 讨论如何在计算机中有效地计算 f 的梯度。

   (d) 推导 f 的梯度是 Lipschitz 连续的条件，即使得对于 $L>0$，有

$$\|\nabla f(x_1)-\nabla f(x_2)\|\leqslant L\|x_1-x_2\|,\quad \forall x_1,\ x_2\in\mathbb{R}^9$$

注释

关于统计学习模型和深度学习架构的进一步阅读，可以分别在文献[46]和文献[8]中找到。还可以在文献[30]中找到一些最近的机器学习在线课程的材料。

凸优化理论

许多机器学习任务可以表述为以下形式的优化问题

$$\min_{x \in X} f(x) \tag{2.0.1}$$

其中，f、x、X 分别为目标函数、决策变量和可行集。然而，解决优化问题是具有挑战性的。一般来说，我们不能保证是否一定能够找到上述问题的最优解；如果能，也无法预知需要付出多少计算上的努力。然而，我们可以为一类特殊但包含广泛的优化问题提供这样的保证，即凸优化问题。此时，可行集 X 是凸集，目标函数 f 是凸函数。事实上，到目前为止，我们已经给出公式表示的许多机器学习模型，如最小二乘线性回归、逻辑回归和支持向量机等，都是凸优化问题。

本章的目标是简要介绍基本的凸优化理论，包括凸集、凸函数、强对偶性和 KKT 条件。我们也将简要讨论这些优化理论方法在机器学习应用中的一些结果，例如，表示定理、核函数技巧和对偶支持向量机。本章包含一些重要结果的证明，但读者在第一次阅读时可以选择先跳过这些内容。

2.1 凸集

2.1.1 定义和例子

我们从凸集概念的定义开始。

定义 2.1 如果集合 $X \subseteq \mathbb{R}^n$ 包含集合所有的两点联线段，那么它就是凸的，也就是说，

$$\lambda x+(1-\lambda)y \in X, \ \forall (x, y, \lambda) \in X \times X \times [0, 1]$$

注意，点 $\lambda x+(1-\lambda)y$ 称为 x 和 y 的凸组合。图 2.1 中展示了凸集(左)和非凸集(右)的两个例子。

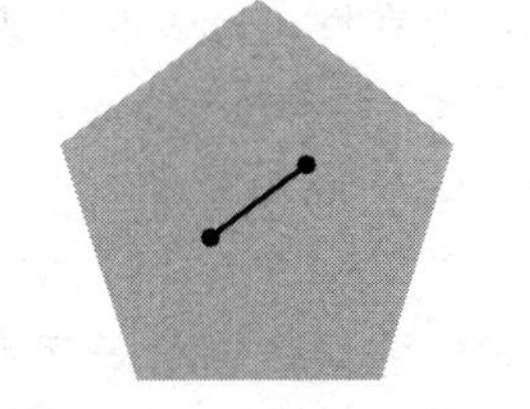

图 2.1 凸集与非凸集

容易检验下列集合是凸集：

(a) n 维欧几里得空间 $\mathbb{R}^n$：给定任意 x，$y \in \mathbb{R}^n$，一定有 $\lambda x+(1-\lambda)y \in \mathbb{R}^n$。

(b) 非负的象限 $\mathbb{R}^n_+ :=\{x \in \mathbb{R}^n: x_i \geqslant 0, i=1, \cdots, n\}$：给定 x，$y \in \mathbb{R}^n_+$，那么对于任意的 $\lambda \in [0, 1]$，

$$(\lambda x+(1-\lambda)y)_i=\lambda x_i+(1-\lambda)y_i \geqslant 0$$

(c) 任意范数下的球 $\{x \in \mathbb{R}^n \mid \|x\| \leqslant 1\}$ $\left(\text{例如，} l_2 \text{ 范数为 } \|x\|_2=\sqrt{\sum_{i=1}^n x_i^2} \text{ 或 } l_1 \text{ 范数为 } \|x\|_1=\sum_{i=1}^n |x_i| \text{ 下的球}\right)$：为了证明这个集合是凸的，只需应用三角不等式和与范数相关

的正齐性就可以了。设$\|x\|\leqslant 1$，$\|y\|\leqslant 1$，并且$\lambda\in[0,1]$，则

$$\|\lambda x+(1-\lambda)y\|\leqslant\|\lambda x\|+\|(1-\lambda)y\|=\lambda\|x\|+(1-\lambda)\|y\|\leqslant 1$$

(d) 仿射子空间$\{x\in\mathbb{R}^n \mid Ax=b\}$：假设$x$，$y\in\mathbb{R}^n$，并且$Ax=b$和$Ay=b$，则

$$A(\lambda x+(1-\lambda)y)=\lambda Ax+(1-\lambda)Ay=b$$

(e) 多面体$\{x\in\mathbb{R}^n \mid Ax\leqslant b\}$：对于任意$x$，$y\in\mathbb{R}^n$使得$Ax\leqslant b$和$Ay\leqslant b$，我们有

$$A(\lambda x+(1-\lambda)y)=\lambda Ax+(1-\lambda)Ay\leqslant b$$

对于任意$\lambda\in[0,1]$成立。

(f) 所有半正定矩阵的集合S_+^n：S_+^n由所有这样的矩阵$A\in\mathbb{R}^{n\times n}$组成：$A$满足$A=A^{\mathrm{T}}$且对于任意$x\in\mathbb{R}^n$有$x^{\mathrm{T}}Ax\geqslant 0$。现在，考虑矩阵$A$，$B\in S_+^n$和$\lambda\in[0,1]$。那么我们有

$$[\lambda A+(1-\lambda)B]^{\mathrm{T}}=\lambda A^{\mathrm{T}}+(1-\lambda)B^{\mathrm{T}}=\lambda A+(1-\lambda)B$$

而且，对于任何$x\in\mathbb{R}^n$，

$$x^{\mathrm{T}}(\lambda A+(1-\lambda)B)x=\lambda x^{\mathrm{T}}Ax+(1-\lambda)x^{\mathrm{T}}Bx\geqslant 0$$

(g) 凸集的交集：令$X_i(i=1,\cdots,k)$为凸集。假设x，$y\in\bigcap_{i=1}^{k}X_i$，即对于所有$i=1,\cdots,k$，有x，$y\in X_i$。那么，对任意$\lambda\in[0,1]$，由于X_i的凸性，有$\lambda x+(1-\lambda)y\in X_i$，对$i=1,\cdots,k$都成立。于是$\lambda x+(1-\lambda)y\in\bigcap_{i=1}^{k}X_i$。

(h) 凸集的加权和：设$X_1,\cdots,X_k\subseteq\mathbb{R}^n$为非空凸子集，$\lambda_1,\cdots,\lambda_k$为实数，则集合

$$\lambda_1X_1+\cdots+\lambda_kX_k\equiv\{x=\lambda_1x_1+\cdots+\lambda_kx_k : x_i\in X_i,\ 1\leqslant i\leqslant k\}$$

是凸的，其证明过程也是直接由凸集的定义得到的。

2.1.2　凸集上的投影

在本节中，我们要定义凸集上投影的概念，它对于凸优化的理论和计算都非常重要。

定义 2.2　令$X\subset\mathbb{R}^n$为一个闭凸集，对于任何$y\in\mathbb{R}^n$，定义X中离y最近的点为：

$$\mathrm{Proj}_X(y)=\underset{x\in X}{\operatorname{argmin}}\|y-x\|_2^2 \tag{2.1.1}$$

将$\mathrm{Proj}_X(y)$称为y在X上的投影。

在上面的定义中，为了保证投影的存在，我们要求集合X是闭集。另一方面，如果X不是闭集，那么X上的投影不一定有定义。例如，点$\{2\}$在区间$(0,1)$上的投影是不存在的。闭凸集上投影的存在性可形式化地表述如下。

命题 2.1　设$X\subset\mathbb{R}^n$为一个闭凸集，给定任意$y\in\mathbb{R}^n$，则$\mathrm{Proj}_X(y)$一定存在。

证明　让序列$\{x_i\}\subseteq X$满足条件

$$\|y-x_i\|_2\rightarrow\inf_{x\in X}\|y-x\|_2,\quad i\rightarrow\infty$$

显然序列$\{x_i\}$是有界的。它会传递给子序列，我们可以假设当$i\rightarrow\infty$时，有$x_i\rightarrow\bar{x}$。由于X是闭的，所以有$\bar{x}\in X$，并且

$$\|y-\bar{x}\|_2=\lim_{i\rightarrow\infty}\|y-x_i\|_2=\inf_{x\in X}\|y-x\|_2$$

■

下面的结果进一步证明了在闭凸集X上的投影是唯一的。

命题 2.2　设X是一个闭凸集，且$y\in\mathbb{R}^n$，则$\mathrm{Proj}_X(y)$是唯一的。

证明　设a和b是X中与给定点y距离最近的两个点，那么，$\|y-a\|_2=\|y-b\|_2=d$。因为X是凸的，所以点$z=(a+b)/2\in X$。因此有$\|y-z\|_2\geqslant d$。我们现在有

$$\underbrace{\|(y-a)+(y-b)\|_2^2}_{=\|2(y-z)\|_2^2\geqslant 4d^2}+\underbrace{\|(y-a)-(y-b)\|_2^2}_{=\|a-b\|^2}=\underbrace{2\|y-a\|_2^2+2\|y-b\|_2^2}_{4d^2}$$

从而可知$\|a-b\|_2=0$。因此，集合 X 中 y 的最接近点是唯一的。 ■

在很多情况下，当集合 X 相对简单时，我们可以显式地计算 $\mathrm{Proj}_X(y)$。事实上，在 1.4 节中，我们通过投影计算了给定点 $y\in\mathbb{R}^n$ 到给定超平面 $H:=\{x\in\mathbb{R}^n \mid w^{\mathrm{T}}x+b=0\}$的距离。按照同样的推理(见图 2.2a)，我们可以写出

$$\mathrm{Proj}_H(y)=y-\frac{(w^{\mathrm{T}}y+b)w}{\|w\|_2^2}$$

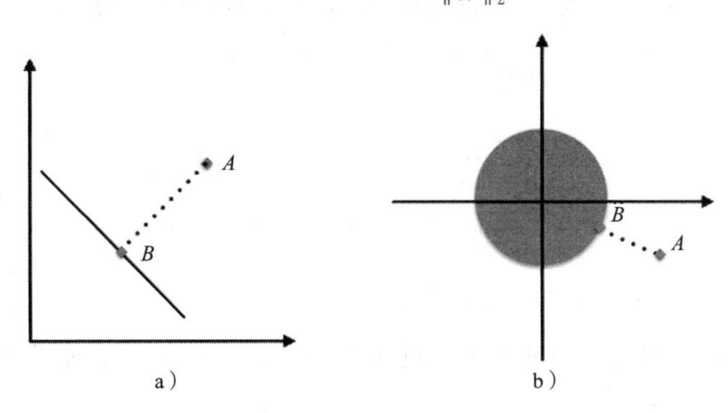

图 2.2　凸集上的投影

另外一个例子是：考虑将 $y\in\mathbb{R}^n$ 投影到标准欧几里得单位球 $B:=\{x\in\mathbb{R}^n \mid \|x\|_2\leqslant 1\}$上(见图 2.2b)。很容易看出，$\mathrm{Proj}_B(y)=\dfrac{y}{\|y\|_2}$。

在本书的后面，为了解决更复杂的优化问题，凸集上的投影会作为一个子程序被广泛使用。

2.1.3　分离定理

凸分析中的一个基本结果是分离定理。在这一节中，我们将基于闭凸集上投影的性质证明这个定理，并讨论它的一些结果。我们首先讨论点与闭凸集的分离问题。

定理 2.1　如果 $X\subseteq\mathbb{R}^n$ 是一个非空的闭凸集，并给定一点 $y\notin X$，那么，存在 $w\in\mathbb{R}^n$ 且 $w\neq 0$，使得

$$\langle w, y\rangle > \langle w, x\rangle, \quad \forall x\in X$$

证明　证明的思路是将 y 投影到集合 X 上。特别地，令 $\mathrm{Proj}_X(y)$如式(2.1.1)中所定义的，我们证明向量 $w=y-\mathrm{Proj}_X(y)$可以分离点 y 和集合 X。注意，由 $y\notin X$ 可知 $w\neq 0$。同时，给定点 $x\in X$，对于任何 $t\in[0, 1]$，定义 $z=tx+(1-t)\mathrm{Proj}_X(y)$，那么一定有 $z\in X$。因此

$$\begin{aligned}\|y-\mathrm{Proj}_X(y)\|_2^2\leqslant\|y-z\|^2&=\|y-[tx+(1-t)\mathrm{Proj}_X(y)]\|_2^2\\&=\|y-\mathrm{Proj}_X(y)-t(x-\mathrm{Proj}_X(y))\|_2^2\\&=\|w-t(x-\mathrm{Proj}_X(y))\|_2^2\end{aligned}$$

定义函数 $\phi(t):=\|y-\mathrm{Proj}_X(y)-t(x-\mathrm{Proj}_X(y))\|_2^2$。由上面的不等式可知，对于任何 $t\in[0, 1]$，有 $\phi(0)\leqslant\phi(t)$。从而，我们有

$$0\leqslant\phi'(0)=-2w^{\mathrm{T}}(x-\mathrm{Proj}_X(y))$$

这就意味着

$$\forall x\in X: w^{\mathrm{T}}x\leqslant w^{\mathrm{T}}\mathrm{Proj}_X(y)=w^{\mathrm{T}}(y-w)=w^{\mathrm{T}}y-\|w\|_2^2$$ ■

我们将把上述定理推广到从另外一个紧凸集中分离一个闭凸集的情形。

推论 2.1　设 X_1 和 X_2 为两个非空闭凸集，并且 $X_1 \cap X_2 = \varnothing$。如果 X_2 是有界的，那么存在 $w \in \mathbb{R}^n$ 使得

$$\sup_{x \in X_1} w^{\mathrm{T}} x < \inf_{x \in X_2} w^{\mathrm{T}} x \tag{2.1.2}$$

证明　集合 $X_1 - X_2$ 是凸集（凸集的加权和）和闭集（闭集与紧集的差集）。此外，$X_1 \cap X_2 = \varnothing$ 意味着 $0 \notin X_1 - X_2$。根据定理 2.1，存在这样的 w 使得

$$\sup_{y \in X_1 - X_2} w^{\mathrm{T}} y < w^{\mathrm{T}} 0 = 0$$

或者等价地，

$$\begin{aligned} 0 &> \sup_{x_1 \in X_1, x_2 \in X_2} w^{\mathrm{T}}(x_1 - x_2) \\ &= \sup_{x_1 \in X_1} w^{\mathrm{T}} x_1 + \sup_{x_2 \in X_2} w^{\mathrm{T}}(-x_2) \\ &= \sup_{x_1 \in X_1} w^{\mathrm{T}} x_1 - \inf_{x_2 \in X_2} w^{\mathrm{T}} x_2 \end{aligned}$$

由于 X_2 是有界的，上面式子中的下确界就成为最小值；而且，下确界项是有限的，可以移动到上面式子的左边，得证。 ■

当 X_2 为无界时，推论 2.1 可能失效。一个可能的补救方法是将式(2.1.2)中的严格不等式替换为一个非严格的不等式。然而，这可能会导致一些问题。例如，考虑连接点(−1，0)和点(0，0)的一条线段，另一条线段连接点(−1，0)和点(2，0)。向量(0，1)和这些线段上任意一点的内积等于 0，向量 $w=(0, 1)$ 似乎“分离”了这两个线段，但它们显然是不可分离的。

为了解决这个问题，我们说一个线性形式的 $w^{\mathrm{T}} x$ 正确地分离非空集合 S 和 T 当且仅当

$$\begin{aligned} &\sup_{x \in S} w^{\mathrm{T}} x \leqslant \inf_{y \in T} w^{\mathrm{T}} y \\ &\inf_{x \in S} w^{\mathrm{T}} x < \sup_{y \in T} w^{\mathrm{T}} y \end{aligned} \tag{2.1.3}$$

在这种情况下，与 w 相关的分离集合 S 和 T 的超平面就是

$$\{x : w^{\mathrm{T}} x - b = 0\}, \quad \text{其中} \sup_{x \in S} w^{\mathrm{T}} x \leqslant b \leqslant \inf_{y \in T} w^{\mathrm{T}} y$$

正常分离属性在交集 $X_1 \cap X_2$ 的相当普遍的假设下成立。为了说明这个更一般的结果，我们需要引入相对内部 ri(X)的概念，当我们视其为所生成的仿射子空间的子集时，它被定义为 X 的内部。如无特别说明，我们假设集合 X 是全维的，因此 $\mathrm{int}(X) = \mathrm{ri}(X)$。

定理 2.2　如果两个非空凸集 X_1 和 X_2 满足 $\mathrm{ri}(X_1) \cap \mathrm{ri}(X_2) = \varnothing$，则可以将其正常分离。

上述分离定理可以从定理 2.1 推导出来，但需要我们先建立一些技术性的结果。首先证明对 $\mathbb{R}^n$ 中集合的可分离性的结果。

引理 2.1　每个非空子集 $S \subseteq \mathbb{R}^n$ 都是可分离的，即可以从 S 中找到一个点的序列 $\{x_i\}$，该序列在 S 中是稠密的，使得其中每个点 $x \in S$ 都是该序列适当子序列的极限。

证明　令 $r_1, r_2, \cdots, r_n$ 是 $\mathbb{R}^n$ 中所有有理向量的可数集。对于每一个正整数 t，令 $X_t \subset S$ 是由以下构造给出的可数集：我们依次检验点 $r_1, r_2, \cdots, r_n$，对每个点 r_s 检查是否有一个点 $z \in S$ 与 r_s 的距离最多是 $1/t$。如果具有这一性质的点 z 存在，我们选择其中一个并把它添加到 X_t，然后再转到下一个数 r_{s+1}；否则就直接转到下一个数 r_{s+1}。

很明显，每个点 $x \in S$ 与 X_t 中某一点的距离最多为 $2/t$。事实上，由于有理向量在 $\mathbb{R}^n$ 中稠密，存在 s 使得 r_s 与 x 的距离 $\leqslant 1/t$。因此，当处理 r_s 时，我们一定会增加一个点 z 到 X_t 中，该点与点 r_s 的距离 $\leqslant 1/t$，从而该点与 x 的距离 $\leqslant 2/t$。根据这样的构造，

可数集 $X_t \subset S$ 的可数并集 $\bigcup_{t=1}^{\infty} X_t$ 仍是 S 中的可数集。由于每一点 $x \in S$ 与 X_t 最多相距 $2/t$，因而，所得到的可数并集在 S 中是稠密的。 ■

在引理 2.1 的帮助下，去掉“封闭性”假设，并利用正常分离的概念，我们可以进一步完善定理 2.1 所述的基本分离结果。

命题 2.3　设 $X \subseteq \mathbb{R}^n$ 为非空凸集，$y \in \mathbb{R}^n$ 且 $y \notin X$，则存在 $w \in \mathbb{R}^n$，$w \neq 0$ 使得

$$\sup_{x \in X} w^{\mathrm{T}} x \leqslant w^{\mathrm{T}} y$$

$$\inf_{x \in X} w^{\mathrm{T}} x < w^{\mathrm{T}} y$$

证明　首先注意，我们可以做下面的简化：

- 将 X 和 $\{y\}$ 元素移动 $-y$（显然不会影响集合分离的可能性），我们可以假设 $\{0\} \not\subset X$；
- 必要时用 $\mathrm{Lin}(X)$ 替换 $\mathbb{R}^n$，可以进一步假设 $\mathbb{R}^n = \mathrm{Lin}(X)$，即由 X 生成的线性子空间为 $\mathbb{R}^n$。

根据引理 2.1，设 $\{x_i \in X\}$ 是 X 中的一个稠密序列，由于 X 是凸的且不包含 0，我们有

$$0 \notin \mathrm{Conv}(\{x_1, \cdots, x_i\})\ \forall i$$

注意到 $\mathrm{Conv}(\{x_1, \cdots, x_i\})$ 为闭凸集，由定理 2.1 可知

$$\exists w_i:\ 0 = w_i^{\mathrm{T}} 0 > \max_{1 \leqslant j \leqslant i} w_i^{\mathrm{T}} x_j \tag{2.1.4}$$

通过缩放，可以假设 $\|w_i\|_2 = 1$。单位向量的序列 $\{w_i\}$ 中有收敛的子序列 $\{w_{i_s}\}_{s=1}^{\infty}$，该子序列的极限 w 也是一个单位向量。根据式(2.1.4)，对于每个固定的 j 和足够大的 s，有 $w_{i_s}^{\mathrm{T}} x_j < 0$，从而

$$w^{\mathrm{T}} x_j \leqslant 0\ \forall j \tag{2.1.5}$$

由于 $\{x_j\}$ 在 X 上是稠密的，式(2.1.5)意味着对于所有的 $x \in X$ 都有 $w^{\mathrm{T}} x \leqslant 0$，因此

$$\sup_{x \in X} w^{\mathrm{T}} x \leqslant 0 = w^{\mathrm{T}} 0 \tag{2.1.6}$$

现在还需要验证

$$\inf_{x \in X} w^{\mathrm{T}} x < w^{\mathrm{T}} 0 = 0$$

如若不然，式(2.1.6)意味着对于所有 $x \in X$ 都有 $w^{\mathrm{T}} x = 0$，但这是不可能的，因为 $\mathrm{Lin}(X) = \mathbb{R}^n$，故 w 是非零的。 ■

我们现在可以进一步证明两个非空凸集(不一定是有界的或闭的)可以被正常分离。

命题 2.4　若两个非空凸集 X_1、X_2 满足 $X_1 \cap X_2 = \varnothing$，则它们可以正常分离。

证明　令 $\hat{X} = X_1 - X_2$。$\hat{X}$ 显然是凸集，且不包含 0(因为 $X_1 \cap X_2 = \varnothing$)。由命题 2.3，$\hat{X}$ 和 $\{0\}$ 可以被分离，即存在这样的 f 使得

$$\sup_{x \in X_1} w^{\mathrm{T}} s - \inf_{y \in X_2} w^{\mathrm{T}} y = \sup_{x \in X_1, y \in X_2} [w^{\mathrm{T}} x - w^{\mathrm{T}} y] \leqslant 0 = \inf_{z \in \{0\}} w^{\mathrm{T}} z$$

$$\inf_{x \in X_1} w^{\mathrm{T}} x - \sup_{y \in X_2} w^{\mathrm{T}} y = \inf_{x \in X_1, y \in X_2} [w^{\mathrm{T}} x - w^{\mathrm{T}} y] < 0 = \sup_{z \in \{0\}} w^{\mathrm{T}} z$$

从而

$$\sup_{x \in X_1} w^{\mathrm{T}} x \leqslant \inf_{y \in X_2} w^{\mathrm{T}} y$$

$$\inf_{x \in X_1} w^{\mathrm{T}} x < \sup_{y \in X_2} w^{\mathrm{T}} y$$

■

现在我们来证明定理 2.2，它比命题 2.4 适用性更强，因为只需要满足条件 $\mathrm{ri}(X_1) \cap \mathrm{ri}(X_2) = \varnothing$。换句话说，这两个集合可能在它们的边界上相交。

定理 2.2 的证明　集合 $X_1'=\mathrm{ri}(X_1)$ 和 $X_2'=\mathrm{ri}(X_2)$ 是凸的且非空，并且它们不相交。根据命题 2.4，X_1' 和 X_2' 可以分开：对适当选定的 w，我们有

$$\sup_{x\in X_1'} w^{\mathrm{T}}x \leqslant \inf_{y\in X_2'} w^{\mathrm{T}}y$$

$$\inf_{x\in X_1'} w^{\mathrm{T}}x < \sup_{y\in X_2'} w^{\mathrm{T}}y$$

由于 X_1' 在 X_1 中是稠密的，X_2' 在 X_2 中是稠密的，所以当用 X_1 替换 X_1'、用 X_2 替换 X_2' 时，上述关系中的 inf 和 sup 不变。因此，向量 w 分离了集合 X_1 和 X_2。■

事实上，我们可以证明定理 2.2 的逆命题也是成立的。

定理 2.3　若两个非空凸集 X_1 和 X_2 可正常分离，则 $\mathrm{ri}(X_1)\cap\mathrm{ri}(X_2)=\varnothing$。

证明　我们首先需要证明以下断言。

断言：假设 X 为凸集，函数 $f(x)=w^{\mathrm{T}}x$ 为线性形式，$a\in\mathrm{ri}(X)$，那么，

$$w^{\mathrm{T}}a=\max_{x\in X} w^{\mathrm{T}}x \Leftrightarrow f(x)=\mathrm{const}\ \forall\, x\in X$$

实际上，通过平移 X 我们可以假设 $a=0$。假设断言的结论不成立，即 $w^{\mathrm{T}}x$ 在 X 上是非常数，则存在 $y\in X$ 使得 $w^{\mathrm{T}}y\neq w^{\mathrm{T}}a=0$。易见 $w^{\mathrm{T}}y>0$ 的情形是不可能的，因为 $w^{\mathrm{T}}a=0$ 是 $w^{\mathrm{T}}x$ 在 X 上的最大值，因此 $w^{\mathrm{T}}y<0$。而由 $0\in\mathrm{ri}(X)$ 可知，对足够小的 $\varepsilon>0$，应当有所有的点 $z=-\varepsilon y$ 都属于 X。于是，对于这样的点 z 都会有 $w^{\mathrm{T}}z>0$，这与已知事实 $\max\limits_{x\in X} w^{\mathrm{T}}x=w^{\mathrm{T}}a=0$ 相矛盾。

现在让我们用上面的断言来证明这里的主要结果。令 $a\in\mathrm{ri}(X_1)\cap\mathrm{ri}(X_2)$，如果命题不成立，则超平面 $w^{\mathrm{T}}x$ 可以将 X_1 和 X_2 分离，即

$$\sup_{x\in X_1} w^{\mathrm{T}}x \leqslant \inf_{y\in X_2} w^{\mathrm{T}}y$$

由于 $a\in X_2$，我们得到 $w^{\mathrm{T}}a\geqslant\sup\limits_{x\in X_1} w^{\mathrm{T}}x$，也就是说，$w^{\mathrm{T}}a=\max\limits_{x\in X_1} w^{\mathrm{T}}x$。根据上述断言，对于所有的 $x\in X_1$ 会有 $w^{\mathrm{T}}x=w^{\mathrm{T}}a$。另外，由于 $a\in X_1$，我们有 $w^{\mathrm{T}}a\leqslant\inf\limits_{y\in X_2} w^{\mathrm{T}}y$，也就是说，$w^{\mathrm{T}}a=\min\limits_{y\in X_2} w^{\mathrm{T}}y$。根据上述断言，对所有 $y\in X_2$，都有 $w^{\mathrm{T}}y=w^{\mathrm{T}}a$，于是

$$z\in X_1\cup X_2 \Rightarrow w^{\mathrm{T}}z\equiv w^{\mathrm{T}}a$$

所以 w 不能正常地分离集合 X_1 和 X_2，与已知矛盾。■

作为定理 2.2 的结果，我们有以下支撑超平面定理。

推论 2.2　如果 $X\subseteq\mathbb{R}^n$ 为凸集，y 为其相对边界处的一点，那么存在 $w\in\mathbb{R}^n$ 并且 $w\neq 0$，使得

$$\langle w,\ y\rangle\geqslant\sup_{x\in X}\langle w,\ x\rangle,\ \langle w,\ y\rangle>\inf_{x\in X}\langle w,\ x\rangle$$

超平面 $\{x\mid\langle w,\ x\rangle=\langle w,\ y\rangle\}$ 称为集合 X 在点 y 处的支撑超平面。

证明　由于 y 是从 X 的相对边界出发的一点，它在 X 的相对内部之外，所以根据分离定理，$\{x\}$ 和 $\mathrm{ri}(X)$ 可以进行分离。所需要的分离超平面正是 y 点处 X 的支撑超平面。■

2.2　凸函数

2.2.1　定义和例子

设 $X\subseteq\mathbb{R}^n$ 为给定的凸集。如果函数 f：$X\rightarrow\mathbb{R}$ 的曲线总是位于其弦下方，则称该函数

为凸函数(如图 2.3 所示)，即

$$f(\lambda x+(1-\lambda)y)\leqslant\lambda f(x)+(1-\lambda)f(y),\quad \forall(x,y,\lambda)\in X\times X\times[0,1] \tag{2.2.1}$$

如果对任意 $x\neq y$ 和 $\lambda\in(0,1)$，式(2.2.1)是严格不等式，则称函数为严格凸函数。如果 $-f$ 是凸的，我们就说 f 是凹的；同样，如果 $-f$ 是严格凸的，那么 f 也是严格凹的。

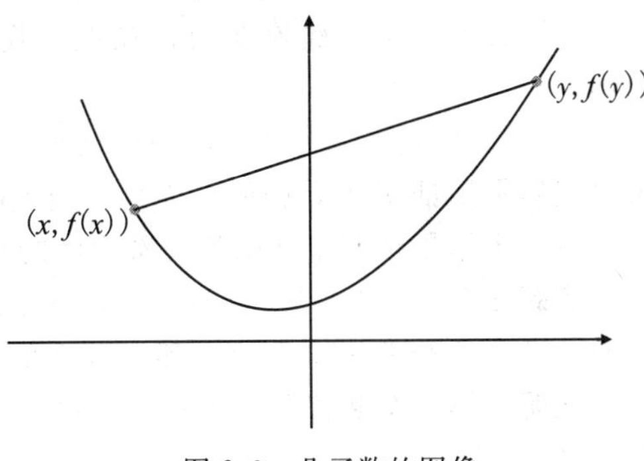

图 2.3　凸函数的图像

下面给出了一些凸函数的例子。

(a) 指数函数：$f(x)=\exp(ax)$，对于任意 $a\in\mathbb{R}$。

(b) 负对数：$f(x)=-\log x$，其中 $x>0$。

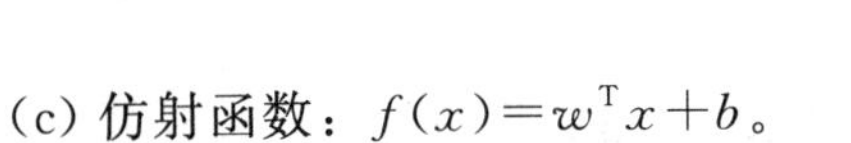

(c) 仿射函数：$f(x)=w^{\mathrm{T}}x+b$。

(d) 二次函数：$f(x)=\frac{1}{2}x^{\mathrm{T}}Ax+b^{\mathrm{T}}x$，其中 $A\in S_{+}^{n}$ 或者 $A\succcurlyeq 0$。

(e) 范数：$f(x)=\|x\|$。

(f) 凸函数的非负加权和：设 $f_1,f_2,\cdots,f_k$ 是凸函数，$w_1,w_2,\cdots,w_k$ 是非负实数。那么 $f(x)=\sum_{i=1}^{k}w_if_i(x)$ 是一个凸函数。

2.2.2　可微凸函数

假设函数 $f:X\to\mathbb{R}$ 在定义域上是可微的。那么 f 是凸的当且仅当

$$f(y)\geqslant f(x)+\langle\nabla f(x),y-x\rangle$$

对于任意 $x,y\in X$ 成立，其中 ∇f 为 f 的梯度。函数 $f(x)+\langle\nabla f(x),y-x\rangle$ 是 f 在 x 点处的一阶泰勒近似，上面的一阶凸性条件说明当且仅当其切线在定义域内处处低估 f 时，f 才是凸的。与凸性的定义相似，当上面是严格不等式时，f 为严格凸；当不等号反转时，f 为凹；当严格不等式的不等号反转时，f 为严格凹的。

假设函数 $f:X\to\mathbb{R}$ 是二阶可微的，那么 f 是凸的当且仅当它的 Hessian 阵是半正定的，即

$$\nabla^2 f(x)\succcurlyeq 0$$

在一维情况下，这相当于二阶导数 $f''(x)$是非负的条件。同样，与凹凸的定义和一阶条件相似，如果它是正定的，那么 f 是严格凸的；如果它是半负定的，那么 f 是凹的；如果它是负定的，那么 f 是严格凹的。如果对某个 $\mu>0$，有

$$f(y)\geqslant f(x)+\langle g,y-x\rangle+\frac{\mu}{2}\|y-x\|^2$$

称函数 f 是在范数$\|\cdot\|$下模 μ 强凸的。很显然，函数的强凸性意味着函数也具有严格凸性。

2.2.3　不可微凸函数

请注意，凸函数在其定义域上并不总是处处可微的。例如，绝对值函数 $f(x)=|x|$ 在 $x=0$ 处是不可微的。在本节中，我们将介绍关于凸函数的一个重要概念，即次梯度(或子

梯度)，它推广了可微凸函数的梯度。

定义 2.3　称向量 $g\in\mathbb{R}^n$ 是函数 f 在 $x\in X$ 处的次梯度，如果对任意 $y\in X$ 有

$$f(y)\geqslant f(x)+\langle g, y-x\rangle$$

那么 f 在 x 处的次梯度集合称为次微分，用 $\partial f(x)$ 表示。

为了证明凸函数次梯度的存在性，我们需要使用函数 $f: X\rightarrow\mathbb{R}$ 的上图，它由下式给出：

$$\text{epi}(f)=\{(x, t)\in X\times\mathbb{R}: f(x)\leqslant t\}$$

可以很容易地证明 f 是凸的，当且仅当 epi(f)是一个凸集。

下一个结果证明了凸函数的次梯度的存在性。

命题 2.5　*设 $X\subseteq\mathbb{R}^n$ 为凸集，函数 $f: X\rightarrow\mathbb{R}$。如果 $\forall x\in X$，$\partial f(x)\neq\emptyset$，那么 f 是凸的；而且，如果 f 是凸的，那么对于任何 $x\in\text{ri}(X)$，$\partial f(x)\neq\emptyset$。*

证明　第一个断言明显成立。令对于某个 $\lambda\in[0, 1]$有 $g\in\partial f(\lambda x+(1-\lambda)y)$，则根据定义有

$$f(y)\geqslant f(\lambda x+(1-\lambda)y)+\lambda\langle g, y-x\rangle$$
$$f(x)\geqslant f(\lambda x+(1-\lambda)y)+(1-\lambda)\langle g, x-y\rangle$$

对第一个不等式乘以 $1-\lambda$，第二个不等式乘以 λ，然后两式相加求和，就证得了函数 f 的凸性。

我们现在来证明函数 f 在 X 的内部有次梯度。我们将利用 f 的上图的支撑超平面来构造这样的一个的子梯度。令 $x\in X$，那么$(x, f(x))\in\text{epi}(f)$。利用 epi$(f)$的凸性和分离超平面定理，存在$(w, v)\in\mathbb{R}^n\times\mathbb{R}$(并且$(w, v)\neq 0$)使得

$$\langle w, x\rangle+vf(x)\geqslant\langle w, y\rangle+vt,\quad\forall(y, t)\in\text{epi}(f)\tag{2.2.2}$$

很明显，通过让 t 趋于无穷，我们可以看到 $v\leqslant 0$。现在我们假设 x 在 X 的内部，那么对于足够小的 $\varepsilon(\varepsilon>0)$，有 $y=x+\varepsilon w\in X$ 成立，这意味着 $v\neq 0$。如若不然，则有 $0\geqslant\varepsilon\|w\|_2^2$，从而 $w=0$，与$(w, v)\neq 0$ 相矛盾。在式(2.2.2)中令 $t=f(y)$可得

$$f(y)\geqslant f(x)+\frac{1}{v}\langle w, y-x\rangle$$

此式就表明 w/v 是 f 在点 x 处的次梯度。■

设 f 是一个可微凸函数，则根据定义，

$$f(y)\geqslant\frac{1}{\lambda}[f((1-\lambda)x+\lambda y)-(1-\lambda)f(x)]$$

$$=f(x)+\frac{1}{\lambda}[f((1-\lambda)x+\lambda y)-f(x)]$$

令 λ 趋于 0，我们就证明了 $\nabla f(x)\in\partial f(x)$。

下面我们提供一些基本的凸函数的次梯度演算。我们注意到其中的许多都模仿了梯度的微积分计算。

(a) 缩放：$\partial(af)=a\partial f$，$a>0$。条件 $a>0$ 使函数 f 仍然保持凸性。

(b) 加法：$\partial(f_1+f_2)=\partial(f_1)+\partial(f_2)$。

(c) 仿射复合：如果 $g(x)=f(Ax+b)$，那么，$\partial g(x)=A^{\mathrm{T}}\partial f(Ax+b)$。

(d) 有限逐点极大值：若 $f(x)=\max\limits_{i=1,\cdots,m}f_i(x)$，则

$$\partial f(x)=\text{conv}\{\bigcup_i: f_i(x)=f(x)\partial f_i(x)\}$$

它是所有使 $f_i(x)=f(x)$的活跃 i 对应的函数在 x 点处的次微分并集的凸包。

(e) 一般点态极大值：如果 $f(x)=\max\limits_{s\in S} f_s(x)$，则在($S$ 及 f_s 上)一定正则性条件下，有

$$\partial f(x)=\mathrm{cl}\left\{\mathrm{conv}\left(\bigcup_{s:\ f_s(x)=f(x)} \partial f_s(x)\right)\right\}$$

(f) 范数：重要的特例为 $f(x)=\|x\|_p$，令 q 为 $1/p+1/q=1$，则

$$\partial f(x)=\{y:\ \|y\|_q\leqslant 1,\quad y^{\mathrm{T}}x=\max\{z^{\mathrm{T}}x:\ \|z\|_q\leqslant 1\}\}$$

凸分析的其他一些概念也会被证明是非常有用的。特别是闭凸函数的概念，使用它便于排除一些病态情况，如具有封闭的上图的凸函数(详见 2.4 节)。

2.2.4　凸函数的 Lipschitz 连续性

本节的目的是证明凸函数在其定义域内部是 Lipschitz 连续的。首先我们来证明凸函数是局部有界的。

引理 2.2　设函数 f 是凸的且 $x_0\in \mathrm{int\ dom}\ f$，则 f 是局部有界的，即 $\exists\varepsilon>0$ 和 $M(x_0,\ \varepsilon)>0$ 使得

$$f(x)\leqslant M(x_0,\ \varepsilon)\ \forall x\in B_\varepsilon(x_0):=\{x\in\mathbb{R}^n:\ \|x-x_0\|_2\leqslant\varepsilon\}$$

证明　由于 $x_0\in \mathrm{int\ dom}\ f$，$\exists\varepsilon>0$，使得向量 $x_0\pm\varepsilon e_i\in \mathrm{int\ dom}\ f$，$i=1,\ \cdots,\ n$，其中 e_i 表示沿第 i 个坐标轴的单位向量。同时以 $H_\varepsilon(x_0):=\{x\in\mathbb{R}^n:\ \|x-x_0\|_\infty\leqslant\varepsilon\}$ 表示向量 $x_0\pm\varepsilon e_i$ 所形成的超立方体。可以很容易看出 $B\varepsilon(x_0)\subseteq H\varepsilon(x_0)$，因此

$$\max_{x\in B_\varepsilon(x_0)} f(x)\leqslant \max_{x\in H_\varepsilon(x_0)} f(x)\leqslant \max_{i=1,\cdots,n} f(x_0\pm\varepsilon e_i)=:M(x_0,\ \varepsilon)$$ ■

接下来我们证明 f 是局部 Lipschitz 连续的。

引理 2.3　设函数 f 是凸的，$x_0\in \mathrm{int\ dom}\ f$，则 f 为局部 Lipschitz 的，即 $\exists\varepsilon>0$ 及 $\overline{M}(x_0,\ \varepsilon)>0$ 使得

$$|f(y)-f(x_0)|\leqslant\overline{M}(x_0,\ \varepsilon)\|x-y\|,\quad \forall y\in B_\varepsilon(x_0):=\{x\in\mathbb{R}^n:\ \|x-x_0\|_2\leqslant\varepsilon\} \tag{2.2.3}$$

证明　我们假设 $y\neq x_0$(否则，结果是明显的)。设 $\alpha=\|y-x_0\|_2/\varepsilon$。将连接 x_0 和 y 的线段进行延伸，使其与球 $B\varepsilon(x_0)$相交，得到两个交点 z 和 u(见图 2.4)。很容易看出，

$$y=(1-\alpha)x_0+\alpha z \tag{2.2.4}$$

$$x_0=[y+\alpha u]/(1+\alpha) \tag{2.2.5}$$

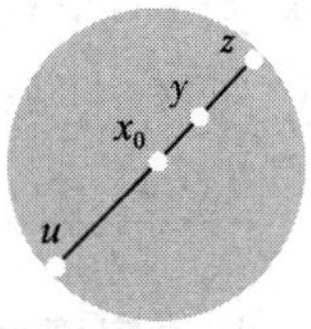

图 2.4　凸函数的局部 Lipschitz 连续性

由 f 的凸性和式(2.2.4)可知

$$f(y)-f(x_0)\leqslant\alpha[f(z)-f(x_0)]=\frac{f(z)-f(x_0)}{\varepsilon}\|y-x_0\|_2$$

$$\leqslant\frac{M(x_0,\ \varepsilon)-f(x_0)}{\varepsilon}\|y-x_0\|_2$$

其中最后一个不等式由引理 2.2 得到。同样，由 f 的凸性、式(2.2.4)和引理 2.2，我们得到

$$f(x_0)-f(y)\leqslant\|y-x_0\|_2\,\frac{M(x_0,\ \varepsilon)-f(x_0)}{\varepsilon}$$

结合前面两个不等式，我们证明了对于 $\overline{M}(x_0,\ \varepsilon)=[M(x_0,\ \varepsilon)-f(x_0)]/\varepsilon$ 不等

式(2.2.3)成立。 ■

下面的简单结果揭示了 f 的 Lipschitz 连续性与次梯度的有界性之间的关系。

引理 2.4 对凸函数 f 有下面的性质成立。

(a) 如果 $x_0 \in \operatorname{int}\operatorname{dom} f$，且 f 是局部 Lipschitz 连续的(即式(2.2.3)成立)，那么，对于任意 $g(x_0) \in \partial f(x_0)$ 有 $\|g(x_0)\| \leqslant \overline{M}(x_0, \varepsilon)$。

(b) 如果存在 $g(x_0) \in \partial f(x_0)$ 且 $\|g(x_0)\|_2 \leqslant \overline{M}(x_0, \varepsilon)$，那么，$f(x_0) - f(y) \leqslant \overline{M}(x_0, \varepsilon)\|x_0 - y\|_2$ 成立。

证明 我们先证明(a)部分。令 $y = x_0 + \varepsilon g(x_0)/\|g(x_0)\|_2$。由 f 的凸性和式(2.2.3)可得到

$$\varepsilon\|g(x_0)\|_2 = \langle g(x_0), y - x_0\rangle \leqslant f(y) - f(x_0) \leqslant \overline{M}(x_0, \varepsilon)\|y - x_0\| = \varepsilon\overline{M}(x_0, \varepsilon)$$

由此可推得(a)的结论。(b)部分可简单地由 f 的凸性得到，即

$$f(x_0) - f(y) \leqslant \langle g(x_0), x_0 - y\rangle \leqslant \overline{M}(x_0, \varepsilon)\|x_0 - y\|_2$$ ■

下面我们说明凸函数在其定义域内部的全局 Lipschitz 连续性。

定理 2.4 设 f 是凸函数，K 是包含在 f 的定义域的相对内部的一个有界闭集，则 f 在 K 上是 Lipschitz 连续的，即存在常数 M 使得

$$|f(x) - f(y)| \leqslant M_K\|x - y\|_2 \quad \forall x, y \in K \tag{2.2.6}$$

证明 结果直接来自凸函数的局部 Lipschitz 连续性(见引理 2.3 和 2.4)和 K 的有界性。 ■

注释 2.1 关于 K 的所有三个假设——(a)封闭性，(b)有界性，(c)$K \subset \operatorname{ri}\operatorname{dom} f$——这些是 Lipschitz 连续的基本条件，可以从下面三个例子看出：

- $f(x) = 1/x$，$\operatorname{dom} f = (0, +\infty)$，$K = (0, 1]$。函数满足条件(b)、(c)，但不满足(a)。$f$ 在 K 上不是有界的，也不是 Lipschitz 连续的。
- $f(x) = x^2$，$\operatorname{dom} f = \mathbb{R}$，$K = \mathbb{R}$。函数满足条件(a)、(c)，但不满足(b)。$f$ 在 K 上既不是有界的也不是 Lipschitz 连续的。
- $f(x) = -\sqrt{x}$，$\operatorname{dom} f = [0, +\infty)$，$K = [0, 1]$。函数满足条件(a)、(b)，但不满足(c)。$f$ 在 K 上尽管有界，但不是 Lipschitz 连续的。事实上，我们有 $\lim\limits_{t \to +0} \dfrac{f(0) - f(t)}{t} = \lim\limits_{t \to +0} t^{-1/2} = +\infty$，而对于 Lipschitz 连续则要求 $t^{-1}(f(0) - f(t))$ 的比值应该是有界的。

2.2.5 凸优化的最优性条件

下面的结果说明了凸优化中基本的最优性条件。

命题 2.6 设函数 f 是凸的。如果 x 是 f 的局部极小值，那么，x 也是 f 的全局极小值。而且，局部极小值当且仅当 $0 \in \partial f(x)$ 时成立。

证明 很容易看出 $0 \in \partial f(x)$ 当且仅当 x 是 f 的全局极小值。现在假设 x 是 f 的局部极小值。那么，对于足够小的 $\lambda > 0$，我们有对于任意 y，

$$f(x) \leqslant f((1-\lambda)x + \lambda y) \leqslant (1-\lambda)f(x) + \lambda f(y)$$

这意味着 $f(x) \leqslant f(y)$，因此 x 是 f 的全局极小值。 ■

上述结果很容易推广到有约束的情况。给定一个凸集 $X \subseteq \mathbb{R}^n$ 和一个凸函数 f：$X \to \mathbb{R}$，欲进行下面的优化：

$$\min_{x\in X} f(x)$$

我们首先定义凸集 X 的指示函数，即

$$I_X(x) := \begin{cases} 0, & x\in X \\ \infty, & \text{其他} \end{cases}$$

根据次梯度的定义，可知 I_X 的次微分是由 X 的法锥给出的，即

$$\partial I_X(x) = \{w\in\mathbb{R}^n \mid \langle w, y-x\rangle \leqslant 0, \quad \forall y\in X\} \tag{2.2.7}$$

命题 2.7 设 $f: X\to\mathbb{R}$ 是一个凸函数，X 是一个凸集。那么，x^* 是 $\min_{x\in X} f(x)$ 的最优解，当且仅当存在 $g^*\in\partial f(x^*)$ 使得

$$\langle g^*, y-x^*\rangle \geqslant 0, \quad \forall y\in X$$

证明 显然，该问题等价于 $\min_{x\in\mathbb{R}^n} f(x)+I_X(x)$，其中 I_X 表示 X 的指示函数。由式(2.2.7)和命题 2.6 立刻得到命题结果。 ■

特别地，如果 $X=\mathbb{R}^n$，那么一定有 $0\in\partial f(x)$，这就退化成了命题 2.6 中的情况。

2.2.6 表示定理与核

在本节中，我们将介绍凸优化的最优条件在机器学习中的一个非常重要的应用。

回想一下，许多有监督的机器学习模型可以表示成以下形式：

$$f^* := \min_{x\in\mathbb{R}^n}\left\{ f(x) := \sum_{i=1}^N L(x^{\mathrm{T}}u_i, v_i) + \lambda r(x)\right\} \tag{2.2.8}$$

其中 $\lambda\geqslant 0$。为了简单起见，我们假定 $r(x)=\|x\|_2^2/2$。结果表明，在这些假设下，我们总可以将问题(2.2.8)的解写成如下所示的输入变量 u_i 的线性组合。

定理 2.5 对式(2.2.8)中 $r(x)=\|x\|_2^2/2$ 的问题，其最优解可以表示为

$$x^* = \sum_{i=1}^N \alpha_i u^{(i)}$$

其中 α_i 为实值的权。

证明 设 $L'(z, v)$ 代表 $L(z, v)$ 关于变量 z 的次梯度。根据次梯度计算的链式法则，f 的次梯度可以写成

$$f'(x) = \sum_{i=1}^N L'(x^{\mathrm{T}}u^{(i)})u^{(i)} + \lambda x$$

注意 $0\in\partial f(x^*)$，并记 $w_i = L'(x^{\mathrm{T}}u^{(i)})$，则必然存在这样的 w_i 使得

$$x = -\frac{1}{\lambda}\sum_{i=1}^N w_i u^{(i)}$$

设置 $\alpha_i = -1/(\lambda w_i)$，就得到要证明的结果。 ■

这一结果在机器学习中具有重要的意义。对于机器学习模型中任意 $x^{\mathrm{T}}u$ 的内积，我们都可以将其表示为

$$x^{\mathrm{T}}u = u^{\mathrm{T}}x = \sum_{i=1}^N \alpha_i (u^{(i)})^{\mathrm{T}} u^{(i)}$$

然后将这些 α_i，$i=1$，…，N 作为未知变量(或参数)。

更普遍的情形是，我们可能会考虑对原始输入变量 u 做非线性变换。回忆在第 1 章回归的例子中，我们有一个输入变量 u，例如朋友(如朱迪)的评分，我们可以考虑使用特征 u、u^2 和 u^3 获得一个三次函数进行回归。我们可以用 $\phi(u)$ 定义这样一个从原始输入到新

特征空间的非线性映射。

我们不需要学习与原始输入变量 u 相关的参数，而是可以直接利用这些扩展特征 $\phi(u)$进行学习。为此，我们只需要回顾以前的模型，将其中所有的 u 都替换为 $\phi(u)$。

由于模型完全可以用内积$\langle u, z\rangle$来表示，因此可以用$\langle\phi(u), \phi(z)\rangle$来代替所有的内积。给定一个特征映射 ϕ，让我们定义所谓的内核

$$K(u, z)=\phi(u)^{\mathrm{T}}\phi(z)$$

然后，我们用 $K(u, z)$替换之前所有的$\langle u, z\rangle$，特别地，我们可以把新的目标函数写成

$$\begin{aligned}\Phi(\alpha)=f(x)&=\sum_{i=1}^{N}L(x^{\mathrm{T}}u^{(i)}, v^{(i)})+\frac{\lambda}{2}\|x\|_2^2\\&=\sum_{i=1}^{N}L\Big(\phi(u^{(i)})^{\mathrm{T}}\sum_{j=1}^{N}\alpha_j\phi(u^{(j)}), v_i\Big)+\frac{\lambda}{2}\Big\|\sum_{j=1}^{N}\alpha_j\phi(u^{(j)})\Big\|_2^2\\&=\sum_{i=1}^{N}L\Big(\phi(u^{(i)})^{\mathrm{T}}\sum_{j=1}^{N}\alpha_j\phi(u^{(j)}), v_i\Big)+\frac{\lambda}{2}\sum_{i=1}^{N}\sum_{j=1}^{N}\alpha_i\alpha_j\phi(u^{(i)})^{\mathrm{T}}\phi(u^{(j)})\\&=\sum_{i=1}^{N}L\Big(\sum_{j=1}^{N}\alpha_jK(u^{(i)}, u^{(j)}), v_i\Big)+\frac{\lambda}{2}\sum_{i=1}^{N}\sum_{j=1}^{N}\alpha_i\alpha_jK(u^{(i)}, u^{(j)})\end{aligned}$$

通过这种方法，我们可以把目标函数用核矩阵来表示

$$K=\{K(u^{(i)}, v^{(j)})\}_{i,j=1}^{N}$$

更有趣的是，在许多情况下，我们不需要为每个 u 显式地计算非线性映射 $\phi(u)$，因为核函数可能比 ϕ 更容易计算。一个常用的核函数是高斯或径向基函数(RBF)核

$$K(u, z)=\exp\Big(-\frac{1}{2\tau^2}\|u-z\|_2^2\Big)$$

另一个是由 $K(x, z)=\min(x, z)$给出的适用于实数集 $\mathbb{R}$ 中数据的最小核。

2.3 拉格朗日对偶

在本节中，我们考虑下面这种形式的可微凸优化问题：

$$\begin{aligned}f^*\equiv&\min_{x\in X}f(x)\\\text{s.t.}\quad&g_i(x)\leqslant 0, i=1, \cdots, m\\&h_j(x)=0, j=1, \cdots, p\end{aligned}\tag{2.3.1}$$

其中 $X\subseteq\mathbb{R}^n$ 为闭凸集，f：$X\to\mathbb{R}$ 和 g_i：$X\to\mathbb{R}$ 为可微凸函数，h_j：$\mathbb{R}^n\to\mathbb{R}$ 为仿射函数。我们的目标是引入拉格朗日对偶性和函数约束凸优化问题的一些最优性条件。

2.3.1 拉格朗日函数与对偶性

定义式(2.3.1)中的拉格朗日函数 L 为

$$L(x, \lambda, y)=f(x)+\sum_{i=1}^{m}\lambda_ig_i(x)+\sum_{j=1}^{p}y_jh_j(x)$$

其中，$\lambda_i\in\mathbb{R}_+$，$i=1, \cdots, m$，且 $y_j\in\mathbb{R}$，$j=1, \cdots, p$。这些 λ_i 和 y_j 称为对偶变量或拉格朗日乘子。

直观上，拉格朗日函数 L 可以被视为式(2.3.1)中目标函数的松弛版本，允许违反一些约束条件($g_i(x)\leqslant 0$ 并且 $h_j(x)=0$)。

我们考虑对于变量 x 极小化$L(x, \lambda, y)$。假设给定 $\lambda\geqslant 0$ 和 $y\in\mathbb{R}^p$，并定义

$$\phi(\lambda, y) := \min_{x\in X} L(x, \lambda, y)$$

显然，对于式(2.3.1)的任意可行点 x(即 $x\in X$，$g_i(x)\leqslant 0$ 并且 $h_j(x)=0$)，我们有

$$\begin{aligned} L(x, \lambda, y) &= f(x) + \sum_{i=1}^{m}\lambda_i g_i(x) + \sum_{j=1}^{p} y_j h_j(x) \\ &= f(x) + \sum_{i=1}^{m}\lambda_i g_i(x) \leqslant f(x) \end{aligned}$$

特别地，令 $x=x^*$ 为式(2.3.1)的最优解，则会有

$$\phi(\lambda, y)\leqslant f^*$$

换句话说，$\phi(\lambda, y)$给出了一个最优值 f^* 的下界。为了得到最强的下界，我们将关于变量 $\lambda\geqslant 0$ 和 $y\in\mathbb{R}^p$ 最大化 $\phi(\lambda, y)$，从而定义拉格朗日对偶为

$$\phi^* \equiv \max_{\lambda\geqslant 0, y}\{\phi(\lambda, y) := \min_{x\in X} L(x, \lambda, y)\} \tag{2.3.2}$$

由于这样的构造，一定有

$$\phi^*\leqslant f^*$$

这种关系就是所谓的弱对偶关系。更有趣的是，在某些条件下，我们有定理 2.6 中所描述的 $\phi^*=f^*$。然而，这一结果的证明更为复杂。因此，我们将在 2.3.2 节单独提供这个证明。

定理 2.6　设式(2.3.1)是向下有界的，且存在 $\overline{x}\in \text{int } X$ 使得 $g(\overline{x})<0$ 且 $h(\overline{x})=0$。那么，拉格朗日对偶是可解的，并且有

$$\phi^*=f^*$$

上面的定理说明，只要式(2.3.1)具有严格可行解(称为 Slater 条件)，拉格朗日对偶的最优值就必等于原问题的最优值。这个结果叫作强对偶性。在实际应用中，几乎所有的凸问题都满足这类约束条件，因此原问题和对偶问题具有相同的最优值。

2.3.2　强对偶性的证明

在本节中，我们给出了凸优化强对偶性的证明。证明由分离定理和后面的代替凸定理推导而来。为了简单起见，我们只关注存在非线性不等式约束的情况。当仿射约束确实存在时，读者可以很容易地调整证明，甚至对只存在仿射约束的情况进行结果的细化。

在证明定理 2.6 之前，我们首先介绍代替凸定理(CTA)。考虑一个关于 x 的约束组：

$$\begin{aligned} & f(x)<c \\ & g_j(x)\leqslant 0, \quad j=1, \cdots, m \\ & x\in X \end{aligned} \tag{Ⅰ}$$

以及对 λ 的约束：

$$\begin{aligned} & \inf_{x\in X}\left[f(x) + \sum_{j=1}^{m}\lambda_j g_j(x)\right]\geqslant c \\ & \lambda_j\geqslant 0, \ j=1, \cdots, m \end{aligned} \tag{Ⅱ}$$

我们先讨论一下 CTA 的基本部分。

命题 2.8　如果(Ⅱ)是可解的，则(Ⅰ)是不可解的。

更有趣的是，上述命题的逆命题在 Slater 条件下也成立。

命题 2.9　如果(Ⅰ)是不可解的，并且子约束组

$$\begin{aligned} & g_j(x)<0, \quad j=1, \cdots, m \\ & x\in X \end{aligned}$$

有解，则(Ⅱ)是可解的。

证明　假设(Ⅰ)没有解。考虑 $\mathbb{R}^{m+1}$ 中的两个集合 S 和 T：

$$S:=\{u\in\mathbb{R}^{m+1}: u_0<c, u_1\leqslant 0, \cdots, u_m\leqslant 0\}$$

$$T:=\left\{u\in\mathbb{R}^{m+1}: \exists x\in X: \begin{array}{c} f(x)\leqslant u_0 \\ g_1(x)\leqslant u_1 \\ \vdots \\ g_m(x)\leqslant u_m \end{array}\right\}$$

首先观察到 S 和 T 是非空凸集，而且，S 和 T 不会相交(否则(Ⅰ)会有解)。根据定理2.2，S 和 T 是可以分离的：$\exists a=(a_0, \cdots, a_m)\neq 0$ 使得

$$\inf_{u\in T}a^{\mathrm{T}}u\geqslant\sup_{u\in S}a^{\mathrm{T}}u$$

或者等价地，

$$\inf_{x\in X}\inf_{\substack{u_0\geqslant f(x)\\ u_1\geqslant g_1(x)\\ \vdots\\ u_m\geqslant g_m(x)}}[a_0u_0+a_1u_1+\cdots+a_mu_m]$$

$$\geqslant\sup_{\substack{u_0\leqslant c\\ u_1\leqslant 0\\ \vdots\\ u_m\leqslant 0}}[a_0u_0+a_1u_1+\cdots+a_mu_m]$$

为了不等式右边有界，必须有 $a\geqslant 0$。由此

$$\inf_{x\in X}[a_0f(x)+a_1g_1(x)+\cdots+a_mg_m(x)]\geqslant a_0c \tag{2.3.3}$$

最后，我们看到 $a_0>0$。实际上，如若不然，$0\neq(a_1, \cdots, a_m)\geqslant 0$ 且

$$\inf_{x\in X}[a_1g_1(x)+\cdots+a_mg_m(x)]\geqslant 0$$

而对于所有 j，$\exists\bar{x}\in X$：$g_j(\bar{x})<0$ 成立。现在，将式(2.3.3)两边同时除以 a_0，我们得到

$$\inf_{x\in X}\left[f(x)+\sum_{j=1}^{m}\left(\frac{a_j}{a_0}\right)g_j(x)\right]\geqslant c$$

通过设定 $\lambda_j=a_j/a_0$，我们就得到了所需结果。■

现在我们准备证明强对偶性。

定理2.6的证明　不等式组

$$f(x)<f^*, \quad g_j(x)\leqslant 0, \quad j=1, \cdots, m, \quad x\in X$$

没有解，而不等式组

$$g_j(x)<0, \quad j=1, \cdots, m, \quad x\in X$$

是有解的。由CTA定理，

$$\exists\lambda^*\geqslant 0: f(x)+\sum_j\lambda_j^*g_j(x)\geqslant f^*\ \forall x\in X$$

由此

$$\phi(\lambda^*)\geqslant f^*$$

结合弱对偶性，上面的不等式说明

$$f^*=\phi(\lambda^*)=\phi^*$$

■

2.3.3 鞍点

现在让我们看看强对偶性的一些有趣的结果。特别是，我们可以推导出凸优化的几个最优条件，以便检查 $x^* \in X$ 是否为式(2.3.1)的最优解。

第一个是由一对鞍点的形式给出的结果。

定理 2.7 假设给定 $x^* \in X$。

(a) 如果 x^* 可以通过 $\lambda^* \geqslant 0$ 和 $y^* \in \mathbb{R}^p$ 扩展到 $X \times \{\lambda \geqslant 0\}$ 上的拉格朗日函数的鞍点：

$$L(x, \lambda^*, y^*) \geqslant L(x^*, \lambda^*, y^*) \geqslant L(x^*, \lambda, y)\ \forall (x \in X, \lambda \geqslant 0, y \in \mathbb{R}^p)$$

那么 x^* 是式(2.3.1)的最优解。

(b) 如果式(2.3.1)是凸的并满足 Slater 条件，且 x^* 是其最优解，那么，x^* 也是通过 $\lambda^* \geqslant 0$ 和 $y^* \in \mathbb{R}^p$ 扩展到 $X \times \{\lambda \geqslant 0\} \times \mathbb{R}^p$ 上的拉格朗日函数的一个鞍点。

证明 首先证明(a)部分，显然，

$$\sup_{\lambda \geqslant 0, y} L(x^*, \lambda, y) = \begin{cases} +\infty, & x^* \text{不可行} \\ f(x^*), & \text{其他} \end{cases}$$

这样，$\lambda^* \geqslant 0$，$L(x^*, \lambda^*, y^*) \geqslant L(x^*, \lambda, y)\ \forall \lambda \geqslant 0\ \forall y$ 成立等价于

$$g_j(x^*) \leqslant 0\ \forall j, \quad \lambda_i^* g_i(x^*) = 0\ \forall i,\ h_j(x^*) = 0\ \forall j$$

因此，$L(x^*, \lambda^*, y^*) = f(x^*)$，从而

$$L(x, \lambda^*, y^*) \geqslant L(x^*, \lambda^*, y^*)\ \forall x \in X$$

可简化为

$$L(x, \lambda^*, y^*) \geqslant f(x^*)\ \forall x$$

因为对于 $\lambda \geqslant 0$ 和 y，对于所有可行的 x 都会有 $f(x) \geqslant L(x, \lambda, y)$，那么上面的不等式意味着：

$$x \text{ 是可行的} \Rightarrow f(x) \geqslant f(x^*)$$

现在我们证明(b)部分。由于拉格朗日对偶，$\exists \lambda^* \geqslant 0$，$y^*$ 使得

$$f(x^*) = \phi(\lambda^*, y^*) \equiv \inf_{x \in X}\left[f(x) + \sum_i \lambda_i^* g_i(x) + \sum_j y_j^* h_j(x) \right] \tag{2.3.4}$$

由于解 x^* 是可行的，我们有

$$\inf_{x \in X}\left[f(x) + \sum_i \lambda_i^* g_i(x) + \sum_j y_j^* h_j(x) \right] \leqslant f(x^*) + \sum_i \lambda_i^* g_i(x^*) \leqslant f(x^*)$$

由式(2.3.4)，这里最后一个“$\leqslant$”的“$=$”应该成立。由于 $\lambda^* \geqslant 0$ 这一事实，该等式是可能的，当且仅当 $\lambda_j^* g_j(x^*) = 0\ \forall j$ 成立。因而，我们有

$$f(x^*) = L(x^*, \lambda^*, y^*) \geqslant L(x^*, \lambda, y)\ \forall \lambda \geqslant 0, \quad \forall y \in \mathbb{R}^p$$

最后一个不等式是由 L(或弱对偶性)的定义得出的。现在式(2.3.4)就变成了 $L(x, \lambda^*, y^*) \geqslant f(x^*) = L(x^*, \lambda^*, y^*)$。■

2.3.4 Karush-Kuhn-Tucker 条件

现在我们准备推导凸规划的 Karush-Kuhn-Tucker(KKT)最优性条件。

定理 2.8 假设式(2.3.1)是一个凸规划，x^* 是它的可行解，并设函数 $f, g_1, \cdots, g_m$ 在 x^* 处是可微的。那么，

(a) 存在拉格朗日乘子 $\lambda^* \geqslant 0$ 和 y^*，可以满足 KKT 条件

$$\nabla f(x^*)+\sum_{i=1}^{m}\lambda_i^*\nabla g_i(x^*)+\sum_{i=1}^{p}y_j^*\nabla h_j(x^*)\in N_X^*(x^*)\text{[稳定性]}$$

$$\lambda_i^* g_i(x^*)=0,\ 1\leqslant i\leqslant m\text{[互补松弛]}$$

$$g_i(x^*)\leqslant 0,\ 1\leqslant i\leqslant m;\ h_j(x^*)=0,\ 1\leqslant j\leqslant p\text{[原始的可行性]}$$

是 x^* 成为最优解的充分条件。

(b) 如果式(2.3.1)满足受限 Slater 条件，即对所有约束条件 $\exists\,\overline{x}\in \operatorname{rint} X$：$g_i(\overline{x})\leqslant 0$，$h_j(\overline{x})=0$，且对所有非线性约束条件，有 $g_j(\overline{x})<0$，那么 KKT 条件是 x^* 成为最优解的必要和充分条件。

证明　我们首先证明(a)部分。事实上，互补松弛加上 $\lambda^*\geqslant 0$ 确保了

$$L(x^*,\lambda^*,y^*)\geqslant L(x^*,\lambda,y)\quad \forall\lambda\geqslant 0,\ \forall y\in\mathbb{R}^p$$

此外，$L(x,\lambda^*,y^*)$在 $x\in X$ 上是凸的，在 $x^*\in X$ 是可微的，因此，平稳性条件表明

$$L(x,\lambda^*,y^*)\geqslant L(x^*,\lambda^*,y^*)\quad \forall x\in X$$

因此，x^* 可以扩展到拉格朗日函数的鞍点。综上所述该点对于式(2.3.1)是最优的。

现在我们证明(b)部分成立。根据鞍点的最优性条件，由 x^* 的最优性可得到 $\exists\lambda^*\geqslant 0$ 和 $y^*\in\mathbb{R}^p$，使得(x^*,λ^*,y^*)是 $L(x,\lambda,y)$在 $X\times\{\lambda\geqslant 0\}\times\mathbb{R}^p$ 上的鞍点。这一结果等价于 $h_j(x^*)=0$，

$$\lambda_i^* g_i(x^*)=0\ \forall i$$

以及

$$\min_{x\in X}L(x,\lambda^*,y^*)=L(x^*,\lambda^*,y^*)$$

由于函数 $L(x,\lambda^*,y^*)$在 $x\in X$ 上是凸的，且在 $x^*\in X$ 上是可微的，最后的等式就表明了平稳性条件。■

让我们来看一个例子。

例 2.1　假设 $a_i>0$，$p\geqslant 1$，证明问题

$$\min_x\left\{\sum_i\frac{a_i}{x_i}:\ x>0,\ \sum_i x_i^p\leqslant 1\right\}$$

的解是由

$$x_i^*=\frac{a_i^{1/(p+1)}}{\left(\sum_j a_j^{p/(p+1)}\right)^{1/p}}$$

给出的。

证明　假设 $x^*>0$ 是使得 $\sum_i(x_i^*)^p=1$ 的解，KKT 平稳性条件变为

$$\nabla_x\left\{\sum_i\frac{a_i}{x_i}+\lambda\left(\sum_i x_i^p-1\right)\right\}=0\Leftrightarrow\frac{a_i}{x_i^2}=p\lambda x_i^{p-1}$$

其中，$x_i=[a_i/(p\lambda)]^{1/(p+1)}$。因为 $\sum_i x_i^p$ 应该是 1，我们得到

$$x_i^*=\frac{a_i^{1/(p+1)}}{\left(\sum_j a_j^{p/(p+1)}\right)^{1/p}}$$

这里 x^* 是最优的，因为该问题是凸的，并且此时 KKT 条件已经得到满足。■

通过考察 KKT 条件，我们可以得到许多简单凸优化问题的显式解，这些解的公式可直接求解迭代算法中的子问题，从而用于求解更复杂的凸优化问题甚至非凸优化问题。

2.3.5 对偶支持向量机

在本小节中，我们讨论凸规划的最优性条件在支持向量机中的一个有趣的应用。

回想一下，支持向量机可以表示为

$$\min_{w,b} \frac{1}{2}\|w\|^2$$
$$\text{s.t.} \quad v^{(i)}(w^{\mathrm{T}}u^{(i)}+b)\geqslant 1,\ i=1,\ \cdots,\ m$$

我们可以把约束写成

$$g_i(w,\ b)=-v^{(i)}(w^{\mathrm{T}}u^{(i)}+b)+1\leqslant 0$$

因此，该问题的拉格朗日函数 L 由下式给出：

$$L(w,\ b,\ \lambda)=\frac{1}{2}\|w\|^2-\sum_{i=1}^{N}\lambda_i[v^{(i)}(w^{\mathrm{T}}u^{(i)}+b)-1]$$

对于固定的 λ_i，问题是无约束的。我们要对变量 w 和 b 极小化 $L(w,\ b,\ \lambda)$。置 L 对 w 和 b 的导数为零，即

$$\nabla_w L(w,\ b,\ \lambda)=w-\sum_{i=1}^{N}\lambda_i v^{(i)}u^{(i)}=0$$

从而有

$$w=\sum_{i=1}^{m}\lambda_i v^{(i)}u^{(i)} \tag{2.3.5}$$

此外，对 b 求导有

$$\nabla_b L(w,\ b,\ \lambda)=\sum_{i=1}^{m}\lambda_i v^{(i)}=0 \tag{2.3.6}$$

将上面 w 的定义代入 $L(w,\ b,\ \lambda)$ 得到

$$L(w,\ b,\ \lambda)=\sum_{i=1}^{N}\lambda_i-\frac{1}{2}\sum_{i,\ j=1}^{N}v^{(i)}v^{(j)}\lambda_i\lambda_j(u^{(i)})^{\mathrm{T}}u^{(j)}-b\sum_{i=1}^{m}\lambda_i v^{(i)}$$

由于式(2.3.6)，最后一项一定为零，从而有

$$L(w,\ b,\ \lambda)=\sum_{i=1}^{N}\lambda_i-\frac{1}{2}\sum_{i,\ j=1}^{N}v^{(i)}v^{(j)}\lambda_i\lambda_j(u^{(i)})^{\mathrm{T}}u^{(j)}$$

因此，我们可以将对偶支持向量机问题表示成下面的形式：

$$\max_{\lambda}\sum_{i=1}^{N}\lambda_i-\frac{1}{2}\sum_{i,\ j=1}^{N}v^{(i)}v^{(j)}\lambda_i\lambda_j(u^{(i)})^{\mathrm{T}}u^{(j)}$$
$$\text{s.t.}\ \lambda_i\geqslant 0,\quad i=1,\ \cdots,\ m$$
$$\sum_{i=1}^{N}\lambda_i v^{(i)}=0$$

一旦我们找到了最优的 λ^*，就可以使用式(2.3.5)来计算最优的 w^*。此外，使用最优的 w^*，可以很容易地解出原始的优化问题，从而找到截距项 b 为

$$b^*=-\frac{\max\limits_{i:v^{(i)}=-1}w^{*\mathrm{T}}v^{(i)}+\min\limits_{i:v^{(i)}=1}w^{*\mathrm{T}}v^{(i)}}{2}$$

同样有趣的是，观察到对偶问题只依赖于内积，通过使用核技巧(2.2.6节)，我们就很容易推广这一算法。

2.4 Legendre-Fenchel 共轭对偶

2.4.1 凸函数的闭包

通过对任意 $x\notin X$ 置 $f(x)=+\infty$，我们可以将凸函数 f：$X\to\mathbb{R}$ 的定义域拓展到整个空间 $\mathbb{R}^n$ 上。根据式(2.2.1)中 X 上凸函数的定义，以及我们在 2.2 节中对上图的讨论可知，函数 f：$\mathbb{R}^n\to\mathbb{R}\cup\{+\infty\}$是凸的，当且仅当它的上图

$$\text{epi}(f)=\{(x,\ t)\in\mathbb{R}^{n+1}:\ f(x)\leqslant t\}$$

是一个非空凸集。

众所周知，闭凸集具有许多优良的拓扑性质。例如，一个闭凸集由所有收敛元素序列的极限组成，并且，根据分离定理，一个闭的非空凸集 X 是包含 X 的所有闭半空间的交。在所有这些半空间中，最有趣的是在相对边界上与 X 接触的支撑超平面。

在泛函的语言中，上图的“闭”对应着一种特殊类型的连续性，即下半连续。设 f：$\mathbb{R}^n\to\mathbb{R}\cup\{+\infty\}$是一个给定的函数(不一定是凸函数)。我们说 f 在一点 $\bar{x}$ 处是下半连续的(l. s. c.)，如果对于每个收敛到 $\bar{x}$ 处的点的序列$\{x_i\}$都有

$$f(\bar{x})\leqslant\liminf_{i\to\infty}f(x_i)$$

当然，当所有项都等于正无穷时，lim inf 就是正无穷。如果 f 在每一个点都是下半连续的，则称函数 f 为下半连续的。

下半连续函数的一个普通的例子是连续函数。然而，请注意半连续函数不一定是连续的，它只能做“跳下去”的动作。例如，函数

$$f(x)=\begin{cases}0, & x\neq 0\\ a, & x=0\end{cases}$$

如果 $a\leqslant 0$(在 $x=0$ 处“跳下”或根本“不跳”)，则为下半连续；如果 $a>0$(“跳上”)，则不是下半连续。下面的陈述把下半连续与上图的几何联系起来。

命题 2.10 *定义在 $\mathbb{R}^n$ 上并从 $\mathbb{R}\cup\{+\infty\}$取值的函数 f 是下半连续的，当且仅当它的上图是闭的(例如，由于它是空的)。*

证明 首先证明它的“仅当”(必要性)部分(从下半连续到闭上图)。设$(x,\ t)$为序列$\{x_i,\ t_i\}\subset\text{epi} f$ 的极限，那么有 $f(x_i)\leqslant t_i$。因此，$t=\lim\limits_{i\to\infty}t_i\geqslant\lim\limits_{i\to\infty}f(x_i)\geqslant f(x)$成立。

现在我们给出“当”的部分(从闭上图到下半连续)。如若不然，假设对于某个 γ 有 $f(x)>\gamma>\lim\limits_{i\to\infty}f(x_i)$，其中 x_i 收敛于 x，则存在一个子序列$\{x_{i_k}\}$，使得对所有 i_k 有 $f(x_{i_k})\leqslant\gamma$。因为上图是闭的，那么 x 一定属于这个集合，这就意味着 $f(x)\leqslant\gamma$，矛盾。

■

作为命题 2.10 的一个直接结果，任意一族下半连续函数的上界

$$f(x)=\sup_{\alpha\in\mathcal{A}}f_\alpha(x)$$

都是下半连续的。的确，上界的上图是构成上界的函数的上图的交集，而闭集的交集总是闭的。

现在让我们看一看正常的下半连续凸函数。根据我们的一般性约定，如果 $f(x)$对于至少一个 x 有 $f(x)<+\infty$，且对于每一个 x 有 $f(x)>-\infty$，凸函数 f 是正常的。这意味着，正常的凸函数有凸非空的上图。正如我们刚才看到的，“下半连续”的意思是“有

封闭的上图”。因此，真 l.s.c 凸函数总是有闭合的凸非空上图。

与闭凸集是闭半空间的交点的性质相似，我们也可以给出一个正常 l.s.c 凸函数的外部描述。更具体地说，我们可以证明一个正常的 l.s.c 凸函数 f 是其所有仿射弱函数的上界，该函数以 $t \geqslant d^{\mathrm{T}}x-a$ 的形式给出。此外，对 f 的相对内部域中每一点 $\bar{x} \in \mathrm{ri\,dom} f$，$f$ 甚至不是其上限，而只是最大的弱函数：存在一个仿射函数 $f_{\bar{x}}(x)$在 $\mathbb{R}^n$ 中的每处都低估了 $f(x)$并且在 $x=\bar{x}$ 处与 f 的值相等。这正是由次梯度定义给出的一阶近似 $f(\bar{x})+\langle g(\bar{x}), x-\bar{x}\rangle$。

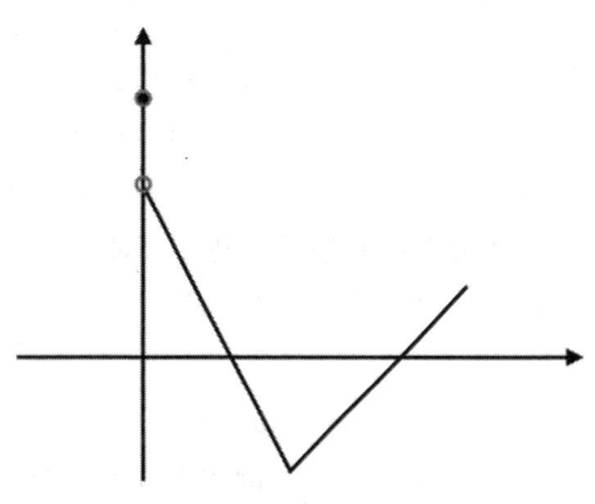

图 2.5 上半连续函数的例子。该函数的定义域为$[0, +\infty)$，它在 0 处“跳起来”。然而，函数仍然是凸的

如果凸函数不是下半连续的呢(见图 2.5)？关于凸集也出现了一个类似的问题——如何处理一个非闭的凸集？为了处理这些凸集，我们可以从这个集合传递到它的闭包，从而得到一个与原始对象非常“接近”的“法线”对象。具体来说，当原始设置的“主体部分”(相对内部的部分)保持不变时，我们增加了一个相对较小的“修正”。同样的方法也适用于凸函数：如果一个正常的凸函数 f 不是 l.s.c(它的上图是凸的和非空的，但不是闭的)，那么我们可以“修正”这个函数——用一个新的函数替换它——该新函数的上图是 epi(f)的闭包。为了证明这种方法是正确的，我们应该确保一个凸函数上图的闭包也是一个函数的上图。

因此，我们得出结论，凸函数 f 的上图的闭包是某个函数的上图，称为 f 的闭包cl$f$。当然，这后面的函数是凸的(它的上图是凸的——它是一个凸集的闭包)，由于它的上图是闭的，所以 cl$f$ 是正常的。下面用 f 来直接描述 cl$f$：

(i) 对于每一个 x，有 $\mathrm{cl}f(x)=\lim\limits_{r\to+0}\inf\limits_{x':\|x'-x\|_2\leqslant r} f(x')$。特别是，对于所有的 x，有

$$f(x) \geqslant \mathrm{cl} f(x)$$

并且

$$f(x)=\mathrm{cl} f(x)$$

只要 $x \in \mathrm{ri\,dom} f$，或等价地，只要 $x \notin \mathrm{cl\,dom} f$。因此，仅仅是在 dom$f$ 的相对边界处，“修正”后的 $f \to \mathrm{cl} f$ 才可能改变 f 的值：

$$\mathrm{dom} f \subset \mathrm{dom\,cl} f \subset \mathrm{cl\,dom} f$$

因此就有

$$\mathrm{ri\,dom} f=\mathrm{ri\,dom\,cl} f$$

(ii) cl$f$ 的仿射弱函数就是 f 的仿射弱函数，因此

$$\mathrm{cl} f(x)=\sup\{\phi(x): \phi \text{ 是 } f \text{ 的仿射弱函数}\}$$

由于 cl$f$ 是 l.s.c 的，因此是它的仿射弱函数的上界，当 $x \in \mathrm{ri\,dom\,cl} f=\mathrm{ri\,dom} f$ 时，右边的上确界 sup 可以用最大值 max 来代替。

2.4.2 共轭函数

设 f 是凸函数。我们知道 f “基本上”是它所有仿射弱函数的上界。当 f 是正常的时候，这就是精确的情况，否则除了一些来自 dom$f$ 的相对边界的点外，对应的等式基本会在任何地方成立。那么，什么时候一个仿射函数 $d^{\mathrm{T}}x-a$ 是 f 的仿射弱函数？它会是仿射

弱函数当且仅当

$$f(x)\geqslant d^{\mathrm{T}}x-a$$

对于所有的 x 成立。或者，相同地，当且仅当

$$a\geqslant d^{\mathrm{T}}x-f(x)$$

对于所有的 x 成立。我们看到，如果仿射函数 $d^{\mathrm{T}}x-a$ 的斜率 d 是固定的，那么为了使这个函数是 f 的一个仿射弱函数，需要

$$a\geqslant\sup_{x\in\mathbb{R}^n}[d^{\mathrm{T}}x-f(x)]$$

后一个关系式右边的上限值是关于 d 的一个函数，这个函数用 f^* 表示，称为 f 的 Legendre-Fenchel 共轭函数：

$$f^*(d)=\sup_{x\in\mathbb{R}^n}[d^{\mathrm{T}}x-f(x)]$$

Legendre-Fenchel 变换回答了“给定仿射函数的斜率 d，即已知 $\mathbb{R}^n+1$ 空间中超平面 $t=d^{\mathrm{T}}x$ 时，将其置于 f 图像下方的超平面的最小‘向下平移’量是什么?”这一问题。

从共轭函数的定义可以看出，这是一个真正的 l. s. c 凸函数。实际上，当把 $\sup\limits_{x\in\mathbb{R}^n}[d^{\mathrm{T}}x-f(x)]$替换为 $\sup\limits_{x\in\mathrm{dom}f}[d^{\mathrm{T}}x-f(x)]$，时，我们也不会损失什么，因此共轭函数是一个仿射函数族的上界。这个界至少在一点上是有限的，也就是说，在每一个来自 f 的仿射弱函数的 d 处，我们知道这样一个弱函数存在。因此，f^* 必须如前面断言表明的，是一个正常的 l. s. c 凸函数。

关于共轭函数最基础(也是最基本)的事实是它的对称性。

命题 2.11　若 f 是凸函数，则$(f^*)^*=\mathrm{cl}f$。特别地，若 f 是下半连续的，则$(f^*)^*=f$。

证明　根据定义，f^* 的共轭函数在 x 点的值为

$$\sup_{d\in\mathbb{R}^n}[x^{\mathrm{T}}d-f^*(d)]=\sup_{d\in\mathbb{R}^n,a\geqslant f^*(d)}[d^{\mathrm{T}}x-a]$$

由 Legendre-Fenchel 变换的意义可知，上式的第二个上确界恰好是 f 的所有仿射弱函数的上界：$a\geqslant f^*(d)$当且仅当仿射形式 $d^{\mathrm{T}}x-a$ 是 f 的弱函数。由于我们已经知道 f 的所有仿射弱函数的上界是 f 的闭包，所以这个结果是成立的。■

Legendre-Fenchel 变换是一个非常强有力的工具——它是一个“全局”变换，因而共轭函数 f^* 的局部属性对应于 f 的全局属性。

- $d=0$ 属于 f^* 的定义域，当且仅当 f 下方有界，如果是这样，则有 $f^*(0)=-\inf f$；
- 如果 f 是正常的并且是下半连续的，那么，f 在 $d=0$ 处的次梯度 f^* 是在 $\mathbb{R}^n$ 上的极小化子；
- f^* 的定义域 $\mathrm{dom}f^*$ 是整个 $\mathbb{R}^n$ 当且仅当$\|x\|_2\to\infty$时，$f(x)$的增长快于范数$\|x\|_2$，即存在一个函数的 $r(t)$，当 $t\to\infty$时 $r(t)\to\infty$，并且有

$$f(x)\geqslant r(\|x\|_2)\quad\forall x$$

因此，每当可以显式地计算 f 的 Legendre-Fenchel 变换时，我们就可以得到很多关于 f 的“全局”信息。

不过，对 Legendre-Fenchel 变换性质更详细的研究超出了本书的范围。下面我们简单地列举变换的一些事实和例子。

- 从 Legendre 变换的定义可知

$$f(x)+f^*(d)\geqslant x^{\mathrm{T}}d\quad\forall x, d$$

在这里指定具体的函数 f 和 f^* 后，我们就可以得到某些不等式，比如：(Young 的不等式)如果 p 和 q 是正的实数，并且满足 $1/p+1/q=1$，则

$$\frac{|x|^p}{p}+\frac{|d|^q}{q}\geqslant xd \quad \forall x,\ d\in\mathbb{R}$$

- 函数 $f(x)\equiv -a$ 的 Legendre-Fenchel 变换函数在原点处值为 a，在原点外值为正无穷；同样，仿射函数 $\bar{d}^{\mathrm{T}}x-a$ 的 Legendre-Fenchel 变换在 $d=\bar{d}$ 时等于 a，而当 $d\neq\bar{d}$ 时为正无穷；
- 严格凸二次形的 Legendre-Fenchel 变换：二次型函数为

$$f(x)=\frac{1}{2}x^{\mathrm{T}}Ax$$

其中 $A\geqslant 0$，其变换是

$$f^*(d)=\frac{1}{2}d^{\mathrm{T}}A^{-1}d$$

- 欧几里得范数的 Legendre-Fenchel 变换：

$$f(x)=\|x\|_2$$

该变换是在以原点为中心的闭单位球内值为 0，而在球外值为 $+\infty$ 的函数。

2.5 练习和注释

练习

1. 确定以下集合是否为凸集。
   (a) $\{x\in\mathbb{R}^2:\ x_1+i^2x_2\leqslant 1,\ i=1,\ \cdots,\ 10\}$
   (b) $\{x\in\mathbb{R}^2:\ x_1^2+2ix_1x_2+i^2x_2^2\leqslant 1,\ i=1,\ \cdots,\ 10\}$
   (c) $\{x\in\mathbb{R}^2:\ x_1^2+ix_1x_2+i^2x_2^2\leqslant 1,\ i=1,\ \cdots,\ 10\}$
   (d) $\{x\in\mathbb{R}^2:\ x_1^2+5x_1x_2+4x_2^2\leqslant 1\}$
   (e) $\{x\in\mathbb{R}^2:\ \exp\{x_1\}\leqslant x_2\}$
   (f) $\{x\in\mathbb{R}^2:\ \exp\{x_1\}\geqslant x_2\}$
   (g) $\{x\in\mathbb{R}^n:\ \sum_{i=1}^{n}x_i^2=1\}$
2. 假设 $X=\{x_1,\ \cdots,\ x_k\}$ 和 $Y=\{y_1,\ \cdots,\ y_m\}$ 是 $\mathbb{R}^n$ 中 $k+m\geqslant n+2$ 的有限集，所有点 $x_1,\ \cdots,\ x_k$ 和 $y_1,\ \cdots,\ y_m$ 是不同的。对于任何由 $n+2$ 个点组成的子集 $S\subset X\cup Y$，如果集合 $X\cap S$ 和 $Y\cap S$ 的凸包不相交，那么，X 和 Y 的凸包也不相交。
   (提示：反之，假设 X 和 Y 的凸包相交，就会有

$$\sum_{i=1}^{k}\lambda_i x_i=\sum_{j=1}^{m}\mu_j y_j$$

   对于特定的非负 λ_i，$\sum_i\lambda_i=1$，对于特定的非负 μ_j，$\sum_j\mu_j=1$。考虑这种表达式的最小非零系数 λ_i 和 μ_j 的总数。)
3. 证明下列函数在指定的区域上是凸的。
   (a) x^2/y 在 $\{(x,\ y)\in\mathbb{R}^2\mid y>0\}$ 上。
   (b) $\ln(\exp\{x\}+\exp\{y\})$ 在二维平面上。
4. 定义在凸集 Q 上的函数 f 称为 Q 上的对数凸函数，如果它在 Q 上取正实数且函数 $\ln f$ 在 Q 上是凸函数，证明：

(a) Q 上的对数凸函数是 Q 上的凸函数。

(b) Q 上的两个对数凸函数的和(更一般地说，是正系数线性组合)也是对数凸的。

5. 证明下列函数次梯度计算的性质。

(a) $f(x)=\sqrt{x}$ 的次梯度在 $x=0$ 处不存在。

(b) $f(x)=|x|$ 的次微分为 $[-1,1]$。

(c) 给定 u 和 v，$f(w,b)=\max\{0,v(w^{\mathrm{T}}u+b)\}+\rho\|w\|_2^2$ 在 w 和 b 的次微分是什么?

(d) $f(x)=\|x\|$ 的次微分由 $\partial f(0)=\{x\in\mathbb{R}^n\mid\|x\|\leqslant1\}$ 和 $x\neq0$ 时的 $\partial f(x)=\{x/\|x\|\}$ 给出。

6. 在集合

$$V_p=\left\{x\in\mathbb{R}^n\;\middle|\;\sum_{i=1}^{n}\left|x_i\right|^p\leqslant1\right\}$$

上求线性函数

$$f(x)=c^{\mathrm{T}}x$$

的最小值，其中 $p(1<p<\infty)$ 为参数。当参数变成 0.5 时，解会发生什么变化?

7. 令 $a_1,\cdots,a_n>0$，α，$\beta>0$，求解优化问题

$$\min_x\left\{\sum_{i=1}^{n}\frac{a_i}{x_i^{\alpha}}:x>0,\ \sum_i x_i^{\beta}\leqslant1\right\}$$

8. 考虑优化问题

$$\max_{x,y}\{f(x,y)=ax+by+\ln(\ln y-x)+\ln(y):(x,y)\in X=\{y>\exp\{x\}\}\}$$

其中 a，$b\in\mathbb{R}$ 是参数。该问题是凸的吗? 问题可解的参数空间的定义域是什么? 最优值是什么? 它对参数是凸的吗?

9. 令 $a_1,\cdots,a_n$ 为正实数，$0<s<r$ 为两个实数。求下面函数的最大值和最小值:

$$\sum_{i=1}^{n}a_i\left|x_i\right|^r$$

其中点位于曲面 $\sum_{i=1}^{n}|x_i|^s=1$ 上。

注释

关于凸分析和凸优化理论的进一步阅读内容可在专题著作[50, 118]、经典教科书[12, 16, 79, 97, 104, 107, 120]和在线课程材料[92]中找到。

确定性凸优化

在这一章中，我们将研究求解凸优化问题的算法。我们将关注那些已经得到应用或有应用潜力的解决机器学习和其他数据分析问题的算法。更具体地说，我们将讨论一阶优化的方法，该方法已被证明对大规模优化问题求解是有效的。一阶优化方法也是其他计算效率更高的方法的基础，比如，将在后面的章节中讨论的随机方法和随机化方法。

3.1 次梯度下降法

我们从最简单的问题——最小化一个可微凸函数 f 的梯度下降法开始。梯度下降法从初始点 $x_1 \in \mathbb{R}^n$ 出发，根据下面的式子更新搜索点 x_t：

$$x_{t+1} = x_t - \gamma_t \nabla f(x_t), \quad t = 1, 2, \cdots \tag{3.1.1}$$

其中，$\gamma_t > 0$ 是在第 t 次迭代时的步长。式(3.1.1)背后的基本原理是沿着最小化 f 的局部一阶泰勒逼近的方向(也称为最陡(速)下降方向)移动一小步。我们需要对梯度下降法做两个重要的修改，以求解一般凸优化问题：

$$f^* := \min_{x \in X} f(x) \tag{3.1.2}$$

这里，$X \subseteq \mathbb{R}^n$ 是一个闭凸集，f：$X \to \mathbb{R}$ 是一个正常的下半连续凸函数。如果没有特别的说明，我们将假设式(3.1.2)的最优解集是非空的，x^* 是式(3.1.2)的任意一个解。首先，由于目标函数 f 不一定是可微的，因此，有意义的做法是用次梯度 $g(x_t) \in \partial f(x_t)$ 来代替式(3.1.1)中的 $\nabla f(x_t)$。其次，式(3.1.1)中的递归只适用于无约束问题。对于 $X \neq \mathbb{R}^n$ 的有约束情况，式(3.1.1)中定义的搜索点 x_{t+1} 有可能落在可行集 X 之外，因此需要利用投影将点 x_{t+1} “推”回到 X 中。结合这些扩展，对于 $g(x_t) \in \partial f(x_t)$ 和参数 $\gamma_t > 0$，我们将根据下式更新 x_t：

$$x_{t+1} := \arg\min_{x \in X} \|x - (x_t - \gamma_t g(x_t))\|_2, \quad t = 1, 2, \cdots \tag{3.1.3}$$

式(3.1.3)中的投影次梯度迭代可以从邻近控制的角度给出非常自然的解释。实际上，式(3.1.3)可以等价地写成

$$\begin{aligned}
x_{t+1} &= \arg\min_{y \in X} \frac{1}{2}\|x - (x_t - \gamma_t g(x_t))\|_2^2 \\
&= \arg\min_{x \in X} \gamma_t \langle g(x_t), x - x_t \rangle + \frac{1}{2}\|x - x_t\|_2^2 \\
&= \arg\min_{x \in X} \gamma_t [f(x_t) + \langle g(x_t), x - x_t \rangle] + \frac{1}{2}\|x - x_t\|_2^2 \\
&= \arg\min_{x \in X} \gamma_t \langle g(x_t), x \rangle + \frac{1}{2}\|x - x_t\|_2^2
\end{aligned} \tag{3.1.4}$$

这意味着，我们想要最小化 $f(x)$ 在 X 上的线性逼近 $f(x_t) + \langle g(x_t), x - x_t \rangle$，且不需要离点 x_t 太远，这样 $\|x - x_t\|_2^2$ 的值较小。参数 γ_t 平衡了这两项的影响，它的选择取决于目标函数 f 的属性，例如 f 的可微性、其梯度的 Lipschitz 连续性等。

3.1.1 一般非光滑凸问题

我们将首先考虑在集合 X 上的一个广义 Lipschitz 连续凸函数 f，也就是说，$\exists M>0$，使得

$$|f(x)-f(y)|\leqslant M\|x-y\|_2 \quad \forall x,\ y\in X \tag{3.1.5}$$

注意，从定理 2.4 来看这个假设并不是特别严格。

通过使用式(3.1.4)中的表示，下面的引理提供了迭代点 x_{t+1} 的一个重要特征。

引理 3.1 令 x_{t+1} 由式(3.1.3)定义，则对于任意 $y\in X$ 有

$$\gamma_t\langle g(x_t),\ x_{t+1}-x\rangle+\frac{1}{2}\|x_{t+1}-x_t\|_2^2\leqslant\frac{1}{2}\|x-x_t\|_2^2-\frac{1}{2}\|x-x_{t+1}\|_2^2$$

证明 记 $\phi(x)=\gamma_t\langle g(x_t),\ x\rangle+\frac{1}{2}\|x-x_t\|_2^2$，根据 ϕ 的强凸性质，我们有

$$\phi(x)\geqslant\phi(x_{t+1})+\langle\phi'(x_{t+1}),\ x-x_{t+1}\rangle+\frac{1}{2}\|x-x_{t+1}\|_2^2$$

此外，由一阶最优性条件(3.1.4)，对任意 $x\in X$，我们有 $\langle\phi'(x_{t+1}),\ x-x_{t+1}\rangle\geqslant 0$ 成立。结合这两个不等式即证得结论。■

下面的定理描述了次梯度下降法的一些一般收敛性质。注意，在我们对一阶方法的收敛性分析中，经常会使用以下简单不等式：

$$bt-\frac{at^2}{2}\leqslant\frac{b^2}{2a},\quad \forall a>0,\ b\in\mathbb{R},\ t\in\mathbb{R} \tag{3.1.6}$$

定理 3.1 令 $x_t(t=1,\ \cdots,\ k)$ 是由式(3.1.3)生成的序列，则在假设(3.1.5)下，有

$$\sum_{t=s}^{k}\gamma_t[f(x_t)-f(x)]\leqslant\frac{1}{2}\left[\|x-x_s\|_2^2+M^2\sum_{t=s}^{k}\gamma_t^2\right],\quad \forall x\in X \tag{3.1.7}$$

证明 由 f 的凸性和引理 3.1 可得

$$\begin{aligned}\gamma_t[f(x_t)-f(x)]&\leqslant\gamma_t\langle g(x_t),\ x_t-x\rangle\\&\leqslant\frac{1}{2}\|x-x_t\|_2^2-\frac{1}{2}\|x-x_{t+1}\|_2^2+\\&\quad\ \gamma_t\langle g(x_t),\ x_t-x_{t+1}\rangle-\frac{1}{2}\|x_{t+1}-x_t\|_2^2\\&\leqslant\frac{1}{2}\|x-x_t\|_2^2-\frac{1}{2}\|x-x_{t+1}\|_2^2+\frac{\gamma_t^2}{2}\|g(x_t)\|_2^2\\&\leqslant\frac{1}{2}\|x-x_t\|_2^2-\frac{1}{2}\|x-x_{t+1}\|_2^2+\frac{\gamma_t^2}{2}M^2\end{aligned}$$

其中第三个不等式来自 Cauchy-Schwarz 不等式和式(3.1.6)。将上述不等式从 $t=s$ 累加到 k，就得到了结果。■

我们现在提供步长 γ_t 的一个简单选择。

推论 3.1 记

$$D_X^2\equiv D_{X,\|\cdot\|_2^2/2}:=\max_{x_1,x_2\in X}\frac{\|x_1-x_2\|_2^2}{2} \tag{3.1.8}$$

假设迭代次数 k 是固定的，并且

$$\gamma_t=\sqrt{\frac{2D_X^2}{kM^2}},\quad t=1,\ \cdots,\ k$$

则

$$f(\overline{x}_1^k)-f^*\leqslant\frac{\sqrt{2}MD_X}{2\sqrt{k}},\quad \forall k\geqslant 1$$

其中

$$\overline{x}_s^k=\Big(\sum_{t=s}^k\gamma_t\Big)^{-1}\sum_{t=s}^k(\gamma_t x_t) \tag{3.1.9}$$

证明 根据定理3.1以及 $f(\overline{x}_s^k)\leqslant\Big(\sum_{t=s}^k\gamma_t\Big)^{-1}\sum_{t=s}^k f(x_t)$ 的事实，我们有

$$f(\overline{x}_s^k)\leqslant\Big(2\sum_{t=s}^k\gamma_t\Big)^{-1}\Big[\|x^*-x_s\|_2^2+M^2\sum_{t=s}^k\gamma_t^2\Big] \tag{3.1.10}$$

如果取 $\gamma_t=\gamma$，$t=1$，…，k，我们有

$$f(\overline{x}_1^k)-f^*\leqslant\frac{1}{2}\Big(\frac{2}{k\gamma}D_X^2+M^2\gamma\Big)$$

对于变量 γ，通过将上述不等式的右端(RHS)最小化，就得到要证明的结果。 ■

我们也可以在算法中不预先固定迭代次数，并且使用可变的步长。

推论3.2 如果取

$$\gamma_t=\sqrt{\frac{2D_X^2}{tM^2}},\quad t=1,\cdots,k$$

那么，对于任意 $k\geqslant 3$ 有

$$f(\overline{x}_{\lceil k/2\rceil}^k)-f^*\leqslant\frac{(1+2\ln 3)MDx}{2(\sqrt{2}-1)\sqrt{k+1}}$$

其中 $\overline{x}_{\lceil k/2\rceil}^k$ 如式(3.1.9)中定义。

证明 只需证明不等式(3.1.10)右端的值有以下界：

$$\begin{aligned}\sum_{t=\lceil k/2\rceil}^k\gamma_t &=\sum_{t=\lceil k/2\rceil}^k\sqrt{\frac{2D_X^2}{tM^2}}\geqslant\frac{\sqrt{2}D_X}{M}\int_{(k+1)/2}^{k+1}t^{-1/2}\mathrm{d}t\\ &\geqslant\frac{\sqrt{2}D_X}{M}\Big(1-\frac{1}{\sqrt{2}}\Big)(k+1)^{1/2},\quad\forall k\geqslant 1\\ \sum_{t=\lceil k/2\rceil}^k\gamma_t^2&=\frac{2D_X^2}{M^2}\sum_{t=\lceil k/2\rceil}^k\frac{1}{t}\leqslant\frac{2D_X^2}{M^2}\int_{\lceil k/2\rceil-1}^k\frac{1}{t}\leqslant\frac{2D_X^2}{M^2}\ln\frac{k}{\lceil k/2\rceil-1}\\ &\leqslant\frac{2D_X^2}{M^2}\ln 3,\quad\forall k\geqslant 3\end{aligned}$$ ■

注意，在式(3.1.9)中，我们输出的解定义为迭代过程中 $\{x_k\}$ 的加权平均值。然而，我们也可以将输出解定义为目前轨迹 $\hat{x}_k\in\{x_1,\cdots,x_k\}$ 中所能找到的最优值，即取为

$$f(\hat{x}_k)=\min_{i=1,\cdots,k}f(x_i) \tag{3.1.11}$$

容易看出，选择不同的输出解，定理3.1、推论3.1和推论3.2中所述的所有结论将仍然适用。此外，值得注意的是，由式(3.1.8)所定义的直径 D_X 依赖于 $\|\cdot\|_2$ 范数。我们稍后将讨论如何将这样一个特征推广到可行集 X 上。

3.1.2 非光滑强凸问题

在本节中，我们假设 f 除去满足式(3.1.5)外还是强凸的，也就是说，存在 $\mu>0$ 使得

$$f(y) \geqslant f(x) + \langle g(x), y-x \rangle + \frac{\mu}{2}\|y-x\|_2^2, \quad \forall x, y \in X \tag{3.1.12}$$

其中 $g(x) \in \partial f(x)$。

定理 3.2 令 $x_t(t=1, \cdots, k)$ 由式(3.1.3)生成。在式(3.1.5)和式(3.1.12)下，如果对某个 $w_t \geqslant 0$，有

$$\frac{w_t(1-\mu\gamma_t)}{\gamma_t} \leqslant \frac{w_{t-1}}{\gamma_{t-1}} \tag{3.1.13}$$

那么，

$$\sum_{t=1}^{k} w_t [f(x_t) - f(x)] \leqslant \frac{w_1(1-\mu\gamma_1)}{2\gamma_1}\|x-x_1\|_2^2 - \frac{w_k}{2\gamma_k}\|x-x_{k+1}\|_2^2 + M^2 \sum_{t=1}^{k} w_t \gamma_t \tag{3.1.14}$$

证明 由函数 f 的强凸性和引理 3.1 可得

$$\begin{aligned} f(x_t) - f(x) &\leqslant \langle g(x_t), x_t - x \rangle - \frac{\mu}{2}\|x-x_t\|_2^2 \\ &\leqslant \frac{1-\mu\gamma_t}{2\gamma_t}\|x-x_t\|_2^2 - \frac{1}{2\gamma_t}\|x-x_{t+1}\|_2^2 + \\ &\quad \langle g(x_t), x_t - x_{t+1} \rangle - \frac{1}{2\gamma_t}\|x_{t+1}-x_t\|_2^2 \\ &\leqslant \frac{1-\mu\gamma_t}{2\gamma_t}\|x-x_t\|_2^2 - \frac{1}{2\gamma_t}\|x-x_{t+1}\|_2^2 + \frac{\gamma_t}{2}\|g(x_t)\|_2^2 \\ &\leqslant \frac{1-\mu\gamma_t}{2\gamma_t}\|x-x_t\|_2^2 - \frac{1}{2\gamma_t}\|x-x_{t+1}\|_2^2 + \frac{\gamma_t}{2}M^2 \end{aligned}$$

上式中最后一个不等式来自 Cauchy-Schwarz 不等式和式(3.1.6)。将这些不等式与权值 w_t 结合起来加权求和，就得到了式(3.1.14)。 ■

下面我们给出$\{\gamma_k\}$和$\{w_k\}$的一个特定选择。

推论 3.3 如果取

$$\gamma_t = \frac{2}{\mu t}, \quad w_t = t, \quad \forall t \geqslant 1 \tag{3.1.15}$$

那么

$$f(\overline{x}_1^k) - f(x) + \frac{\mu k}{2(k+1)}\|x_{k+1}-x\|^2 \leqslant \frac{4M^2}{\mu(k+1)}, \quad \forall x \in X$$

其中，$\overline{x}_1^k$ 如式(3.1.9)中定义。

证明 很容易看出

$$\frac{w_t(1-\mu\gamma_t)}{\gamma_t} = \frac{\mu t(t-2)}{2}, \quad \frac{w_{t-1}}{\gamma_{t-1}} = \frac{\mu(t-1)^2}{2}$$

因此式(3.1.13)成立。然后由式(3.1.14)和式(3.1.15)可以得到

$$\sum_{t=1}^{k} t[f(x_t) - f(x)] \leqslant \frac{\mu}{4}\|x_1-x\|^2 - \frac{\mu k^2}{4}\|x_{k+1}-x\|^2 + \frac{2kM^2}{\mu}$$

利用式(3.1.9)中 $\overline{x}_k$ 的定义和 f 的凸性可以得到

$$f(\overline{x}_1^k) - f(x) \leqslant \frac{2}{k(k+1)}\left(\frac{\mu}{4}\|x_1-x\|^2 - \frac{\mu k^2}{4}\|x_{k+1}-x\|^2 + \frac{2kM^2}{\mu}\right)$$ ■

根据推论 3.3，我们可以知道，函数最优性间隙 $f(\overline{x}_1^k) - f(x^*)$ 和到最优解 $\|x_{k+1}-x\|^2$

的距离的界均为 $\mathcal{O}(1/k)$。这里 $\mathcal{O}(1/k)$表示"$1/k$ 的阶"。类似于一般凸的情况，我们可以使用式(3.1.11)中的 $\hat{x}_k$ 代替 $\overline{x}_1^k$ 作为输出的解。

3.1.3 光滑凸问题

在本小节中，我们考虑具有 Lipschitz 连续梯度的可微凸函数 f，即满足

$$\|\nabla f(x)-\nabla f(y)\|_2\leqslant L\|x-y\|_2,\quad \forall x, y\in X \tag{3.1.16}$$

这些函数在本书中称为光滑凸函数。由于 f 是可微的，我们可以在(3.1.3)中设次梯度 $g(x_t)=\nabla f(x_t)$，得到的算法通常被称为投影梯度法。

我们首先证明一个关于光滑性的简便表示。注意，这个结果与 f 的凸性无关。

引理 3.2 对于任意 $x, y\in X$，有

$$f(y)-f(x)-\langle f'(x), y-x\rangle\leqslant\frac{L}{2}\|y-x\|_2^2 \tag{3.1.17}$$

证明 对于所有的 $x, y\in X$，有

$$\begin{aligned}f(y)&=f(x)+\int_0^1\langle f'(x+\tau(y-x)), y-x\rangle\mathrm{d}\tau\\&=f(x)+\langle f'(x), y-x\rangle+\int_0^1\langle f'(x+\tau(y-x))-f'(x), y-x\rangle\mathrm{d}\tau\end{aligned}$$

因此，

$$\begin{aligned}&f(y)-f(x)-\langle f'(x), y-x\rangle\\&=\int_0^1\langle f'(x+\tau(y-x))-f'(x), y-x\rangle\mathrm{d}\tau\\&\leqslant\int_0^1\|f'(x+\tau(y-x))-f'(x)\|_2\|y-x\|_2\mathrm{d}\tau\\&\leqslant\int_0^1\tau L\|y-x\|_2^2\mathrm{d}\tau=\frac{L}{2}\|y-x\|_2^2\end{aligned}$$

■

下一个结果表明，对所生成的迭代值 $x_t(t\geqslant 1)$的序列，其函数值是单调非递增的。

引理 3.3 假设$\{x_t\}$由式(3.1.3)生成。如果式(3.1.16)成立，并且

$$\gamma_t\leqslant\frac{2}{L} \tag{3.1.18}$$

那么，

$$f(x_{t+1})\leqslant f(x_t),\quad \forall t\geqslant 1$$

证明 由式(3.1.3)的最优性条件，得到

$$\langle\gamma_t g(x_t)+x_{t+1}-x_t, x-x_{t+1}\rangle\geqslant 0,\quad \forall x\in X$$

在上述关系式中令 $x=x_t$，我们得到

$$\gamma_t\langle g(x_t), x_{t+1}-x_t\rangle\leqslant-\|x_{t+1}-x_t\|_2^2 \tag{3.1.19}$$

从而由式(3.1.17)和上述关系可知

$$\begin{aligned}f(x_{t+1})&\leqslant f(x_t)+\langle g(x_t), x_{t+1}-x_t\rangle+\frac{L}{2}\|x_{t+1}-x_t\|_2^2\\&\leqslant f(x_t)-\left(\frac{1}{\gamma_t}-\frac{L}{2}\right)\|x_{t+1}-x_t\|_2^2\leqslant f(x_t)\end{aligned}$$

■

我们现在准备建立光滑凸优化问题中投影梯度法的主要收敛性质。

定理 3.3 假设$\{x_t\}$由式(3.1.3)生成，如果式(3.1.16)成立且

$$\gamma_t=\gamma\leqslant\frac{1}{L},\quad \forall t\geqslant 1 \tag{3.1.20}$$

那么，

$$f(x_{k+1})-f(x)\leqslant\frac{1}{2\gamma k}\|x-x_1\|_2^2,\quad \forall x\in X$$

证明 由式(3.1.17)，我们有

$$\begin{aligned}f(x_{t+1})&\leqslant f(x_t)+\langle g(x_t),\ x_{t+1}-x_t\rangle+\frac{L}{2}\|x_{t+1}-x_t\|_2^2\\&\leqslant f(x_t)+\langle g(x_t),\ x-x_t\rangle+\langle g(x_t),\ x_{t+1}-x\rangle+\frac{L}{2}\|x_{t+1}-x_t\|_2^2\end{aligned} \tag{3.1.21}$$

由上面的不等式、f 的凸性和引理 3.1 可知

$$\begin{aligned}f(x_{t+1})&\leqslant f(x)+\frac{1}{2\gamma_t}(\|x-x_t\|_2^2-\|x-x_{t+1}\|_2^2-\|x_t-x_{t+1}\|_2^2)+\frac{L}{2}\|x_{t+1}-x_t\|_2^2\\&\leqslant f(x)+\frac{1}{2\gamma}(\|x-x_t\|_2^2-\|x-x_{t+1}\|_2^2)\end{aligned}$$

其中最后一个不等式由式(3.1.20)得到。把上面的不等式从 $t=1$ 到 k 求和，利用引理 3.3，我们就得到

$$k[f(x_{k+1})-f(x)]\leqslant\sum_{t=1}^{k}[f(x_{t+1})-f(x)]\leqslant\frac{1}{2\gamma}\|x-x_1\|_2^2$$ ■

根据定理 3.3，可以选择 $\gamma=1/L$，这样，投影梯度法的收敛速度就变成 $f(x_{k+1})-f^*\leqslant L/(2k)$。

3.1.4 光滑强凸问题

在这一节中，我们讨论当优化的目标函数 f 是光滑并且强凸的时，投影梯度法的收敛性。

定理 3.4 假设$\{x_t\}$由式(3.1.3)生成，且满足式(3.1.12)、式(3.1.16)，令 $\gamma_t=\gamma=1/L$，$t=1$，…，k，那么有

$$\|x-x_{k+1}\|_2^2\leqslant\left(1-\frac{\mu}{L}\right)^k\|x-x_1\|_2^2 \tag{3.1.22}$$

证明 由式(3.1.21)、f 的强凸性，以及引理 3.1 可知

$$\begin{aligned}f(x_{t+1})&\leqslant f(x)-\frac{\mu}{2}\|x-x_t\|_2^2+\frac{1}{2\gamma_t}(\|x-x_t\|_2^2-\|x-x_{t+1}\|_2^2-\|x_t-x_{t+1}\|_2^2)+\\&\quad\frac{L}{2}\|x_{t+1}-x_t\|_2^2\\&\leqslant f(x)+\frac{1-\mu\gamma}{2\gamma}\|x-x_t\|_2^2-\frac{1}{2\gamma}\|x-x_{t+1}\|_2^2\end{aligned}$$

利用上面的关系，以及 $\gamma=1/L$ 和 $f(x_t)-f(x^*)\geqslant 0$ 的事实，我们得到

$$\|x_{t+1}-x^*\|_2^2\leqslant\left(1-\frac{\mu}{L}\right)\|x_t-x^*\|_2^2$$

这显然意味着式(3.1.22)成立。 ■

于是，为了找到一个解 $\bar{x}\in X$ 使得$\|\bar{x}-x^*\|^2\leqslant\varepsilon$，只需满足

$$\left(1-\frac{\mu}{L}\right)^k\|x-x_1\|_2^2\leqslant\varepsilon\Leftrightarrow k\log\left(1-\frac{\mu}{L}\right)\leqslant\log\frac{\varepsilon}{\|x-x_1\|_2^2}$$

$$\Leftrightarrow k \geqslant \frac{1}{-\log\left(1-\frac{\mu}{L}\right)} \log \frac{\|x-x_1\|_2^2}{\varepsilon}$$

$$\Leftarrow k \geqslant \frac{L}{\mu} \log \frac{\|x-x_1\|_2^2}{\varepsilon} \tag{3.1.23}$$

其中，最后一个不等式基于这一事实：对于任意 $\alpha \in [0, 1)$，有 $-\log(1-\alpha) \geqslant \alpha$ 成立。

3.2 镜面下降法

次梯度下降法在本质上与 $\mathbb{R}^n$ 的欧几里得结构有关。更具体地说，该方法的构造依赖于欧几里得投影(参见式(3.1.3))，效率估计中使用的度量 D_X 和 M(见推论 3.1)是根据欧几里得范数来定义的。在这一节中，我们进行了次梯度下降法的一个实质性的推广，允许在某种程度上调整该方法，以求得实际中可能的非欧几里得结构问题。与此同时，我们将看到，在这样一种调整中，我们可以在理论和数值计算上获得许多好处。

令 $\|\cdot\|$ 为 $\mathbb{R}^n$ 上的一个(一般)范数，并定义 $\|x\|_* = \sup_{\|y\|\leqslant 1}\langle x, y\rangle$ 为它的对偶范数。我们称函数 $v: X \rightarrow \mathbb{R}$ 是一个关于范数 $\|\cdot\|$ 模 $\sigma_v > 0$ 的距离生成函数，如果在集合 X 上函数 v 是一个凸连续函数，那么集合

$$X^O = \{x \in X：存在这样的\ p \in \mathbb{R}^n\ 满足\ x \in \arg\min_{u \in X}[p^T u + v(u)]\}$$

是凸集(注意，X^O 总是包含 X 的相对内部)，限制在 X^O 上时，v 是连续可微的，且对于范数 $\|\cdot\|$ 相关联的参数 σ_v 是强凸的，也就是说，

$$\langle x'-x, \nabla v(x') - \nabla v(x)\rangle \geqslant \sigma_v \|'x - x\|^2 \ \forall x', \quad x \in X^O \tag{3.2.1}$$

距离生成函数最简单的例子是 $v(x) = \|x\|_2^2/2$(对于范数 $\|\cdot\|_2$ 的模量为 1，$X^O = X$)。与距离生成函数相关联，我们定义邻近函数(Bregman 距离或 Bregman 散度)$V: X^O \times X \rightarrow \mathbb{R}_+$ 如下：

$$V(x, z) = v(z) - [v(x) + \langle \nabla v(x), z - x\rangle] \tag{3.2.2}$$

注意，$V(x, \cdot)$是非负的，且关于范数 $\|\cdot\|$ 模 σ_v 是强凸的。同时根据 v 的强凸性，我们得到

$$V(x, z) \geqslant \frac{\sigma_v}{2}\|x - z\|^2 \tag{3.2.3}$$

在 $v(x) = \|x\|_2^2/2$ 的条件下，我们有 $V(x, z) = \|z - x\|_2^2/2$。

不失一般性，我们假设函数 v 的强凸模数 σ_v 的值为 1。实际上，如果 $\sigma_v \neq 1$，那么我们总是可以选择 v/σ_v 作为距离生成函数，并定义其关联的邻近函数。以下的量 $D_X > 0$ 将经常用于一阶和随机算法的复杂度分析：

$$D_X^2 \equiv D_{X, v}^2 := \max_{x_1, x \in X} V(x_1, x) \tag{3.2.4}$$

很明显，$D_{X,v}$ 推广了式(3.1.8)中 $D_{X, \|\cdot\|_2^2/2}$ 的定义，其中取 $v(x) = \|x\|_2^2/2$。

根据邻近函数的定义，我们可将式(3.1.4)中的次梯度迭代式修改为

$$x_{t+1} = \arg\min_{x \in X} \gamma_t \langle g(x_t), x\rangle + V(x_t, x), \quad t = 1, 2, \cdots \tag{3.2.5}$$

这意味着，我们希望极小化 f 的线性逼近，但是依量 $V(x_t, x)$不要离 x_t 太远。可以很容易看出式(3.1.4)是式(3.2.5)的特例，在其中取 $V(x_t, x) = \|x - x_t\|_2^2/2$。下面的引理描述了式(3.2.5)中的更新解 x_{t+1} 的性质。

引理 3.4　令 x_{t+1} 如式(3.2.5)所定义，对于任意 $y\in X$，有

$$\gamma_t\langle g(x_t),\ x_{t+1}-x\rangle+V(x_t,\ x_{t+1})\leqslant V(x_t,\ x)-V(x_{t+1},\ x)$$

证明　根据式(3.2.5)中的最优性条件，

$$\langle \gamma_t g(x_t)+\nabla V(x_t,\ x_{t+1}),\ x-x_{t+1}\rangle\geqslant 0,\quad \forall x\in X$$

其中 $\nabla V(x_t,\ x_{t+1})$ 表示函数 $V(x_t,\ \cdot)$ 位于 x_{t+1} 的梯度。通过使用式(3.2.2)中邻近函数的定义，很容易验证

$$V(x_t,\ x)=V(x_t,\ x_{t+1})+\langle \nabla V(x_t,\ x_{t+1}),\ x-x_{t+1}\rangle+V(x_{t+1},\ x),\quad \forall x\in X \tag{3.2.6}$$

结合上述两个关系，即可得出结果。■

借助引理 3.4，我们很容易建立镜面下降法的一些一般收敛性质。为了提供一个不依赖于欧几里得结构的效率估计，我们假设 f 的子梯度满足下式：

$$\|g(x_t)\|_*\leqslant M,\quad \forall t\geqslant 1$$

定理 3.5　假定 $x_t(t=1,\ \cdots,\ k)$ 由式(3.2.5)生成，并如式(3.1.9)定义 $\overline{x}_s^k$，那么，有下式成立：

$$f(\overline{x}_s^k)-f^*\leqslant\left(\sum_{t=s}^{k}\gamma_t\right)^{-1}\left[V(x_s,\ x^*)+\frac{1}{2}M^2\sum_{t=s}^{k}\gamma_t^2\right]$$

其中 x^* 表示式(3.1.2)的任意解。

证明　根据 f 的凸性和引理 3.4，

$$\begin{aligned}\gamma_t[f(x_t)-f(x)]&\leqslant\gamma_t\langle g(x_t),\ x_t-x\rangle\\&\leqslant V(x_t,\ x)-V(x_{t+1},\ x)+\gamma_t\langle g(x_t),\ x_t-x_{t+1}\rangle-V(x_t,\ x_{t+1})\end{aligned}$$

注意到由 v 的强凸性、Cauchy-Schwarz 不等式，以及对于任意 $a>0$，$bt-\frac{at^2}{2}\leqslant\frac{b^2}{2a}$ 这一事实，我们有

$$\begin{aligned}\gamma_t\langle g(x_t),\ x_t-x_{t+1}\rangle-V(x_t,\ x_{t+1})&\leqslant\gamma_t\langle g(x_t),\ x_t-x_{t+1}\rangle-\frac{1}{2}\|x_{t+1}-x_t\|^2\\&\leqslant\frac{1}{2}\gamma_t^2\|g(x_t)\|_*^2\leqslant\frac{1}{2}\gamma_t^2M^2\end{aligned}$$

结合以上两个关系式，我们就可以得到

$$\gamma_t[f(x_t)-f(x)]\leqslant V(x_t,\ x)-V(x_{t+1},\ x)+\frac{1}{2}\gamma_t^2M^2$$

对上述不等式由 $t=s$ 到 k 进行累加，并利用 $f(\overline{x}_s^k)\leqslant\left(\sum_{t=s}^{k}\gamma_t\right)^{-1}\sum_{t=s}^{k}f(x_t)$ 这个事实，就可得到定理的结果。■

我们现在给出步长 γ_t 的一个简单的选择。

推论 3.4　假设迭代次数 k 固定，如果取

$$\gamma_t=\sqrt{\frac{2D_X^2}{kM^2}},\quad t=1,\ \cdots,\ k$$

那么，

$$f(\overline{x}_1^k,\ k)-f^*\leqslant\frac{\sqrt{2}MD_X}{\sqrt{k}},\quad \forall k\geqslant 1$$

证明　证明过程几乎与推论 3.1 相同，因此跳过相关细节。■

我们也可在不预先固定迭代次数 k 的情况下使用可变步长。

练习 1 证明：如果

$$\gamma_t=\frac{D_X}{M\sqrt{t}},\quad t=1,2,\cdots$$

那么

$$f(\bar{x}^k_{\lceil k/2\rceil,k})-f^*\leqslant\mathcal{O}(1)\left(\frac{MD_X}{\sqrt{k}}\right)$$

式中的 $\mathcal{O}(1)$为一个绝对常数。

比较推论 3.1 和推论 3.4 中获得的结果，我们可以看到，对于次梯度法和镜面下降法，近似解以目标函数差来衡量的不精确性都是以 $\mathcal{O}(k^{-1/2})$为界。相比于次梯度下降算法，镜面下降法的好处是其有可能减小隐藏在 $\mathcal{O}(\cdot)$中的常数因子，这可以通过调整范数 $\|\cdot\|$，或根据问题的几何性质给出的距离生成函数 $v(\cdot)$来进行。

例 3.1 集合 $X=\{x\in\mathbb{R}^n:\sum_{i=1}^n x_i=1,\ x\geqslant 0\}$ 是一个标准单纯形。考虑两种镜面下降方法的设置：

- 欧几里得设置，这里取范数$\|\cdot\|=\|\cdot\|_2$，函数 $v(x)=\|x\|_2^2$
- ℓ_1-设置，这里取范数 $\|x\|=\|x\|_1:=\sum_{i=1}^n|x_i|$，$v$ 为熵函数

$$v(x)=\sum_{i=1}^n x_i\ln x_i \tag{3.2.7}$$

次梯度下降方法采用欧几里得设置时易于实现（计算式(3.1.4)中的投影子问题需要 $\mathcal{O}(n\ln n)$操作），并保证了

$$f(\bar{x}^k_1)-f(x_*)\leqslant\mathcal{O}(1)\overline{M}k^{-1/2} \tag{3.2.8}$$

只要常数 $\overline{M}=\max_{x\in X}\|g(x)\|$已知，并且使用推论 3.1 中的步长（注意集合 X 的欧几里得直径为 1）。ℓ_1-设置对应于 $X^O=\{x\in X:x>0\}$，$D_X=\sqrt{\ln n}$，$x_1=\arg\min_X\omega=n^{-1}(1,\cdots,1)^{\mathrm{T}}$，$\sigma_v=1$，$\|x\|_*=\|x\|_\infty\equiv\max_i|x_i|$。关联的镜面下降也很容易实现：这里邻近函数是 $V(x,z)=\sum_{i=1}^n z_i\ln\frac{z_i}{x_i}$，求解子问题 $x^+=\arg\min_{z\in X}[y^{\mathrm{T}}(z-x)+V(x,z)]$可根据下面公式通过 $\mathcal{O}(n)$次计算得到，其显式计算公式为

$$x_i^+=\frac{x_i\mathrm{e}^{-y_i}}{\sum_{k=1}^n x_k\mathrm{e}^{-y_k}},\quad i=1,\cdots,n$$

在 ℓ_1-设置下可保证的计算效率估计为

$$f(\tilde{x}^k_1)-f(x_*)\leqslant\mathcal{O}(1)\sqrt{\ln n}\,\overline{M}_*k^{-1/2} \tag{3.2.9}$$

只要常数 $\overline{M}_*=\max_{x\in X}\|g(x)\|_*$是已知的，且按推论 3.4 中设定常数步长。为了比较式(3.2.9)和式(3.2.8)的效率，可以观察到 $\overline{M}_*\leqslant\overline{M}$，而两者的比值 $\overline{M}_*/\overline{M}$ 也可以小到 $n^{-1/2}$。因此，ℓ_1-设置下计算的效率，相比于欧几里得设置下的效率不会差很多，而当 n 较大时，可以比后者的效率估计好很多：

$$\sqrt{\frac{1}{\ln n}}\leqslant\frac{\overline{M}}{\sqrt{\ln n}\,\overline{M}_*}\leqslant\sqrt{\frac{n}{\ln n}},\quad k=1,2,\cdots$$

这里的上限和下限都是可以达到的。因此，当 X 是一个标准的高维单纯形时，我们有更充分的理由选择 ℓ_1 设置而不是通常的欧几里得设置。

值得注意的是，当应用于强凸或光滑问题时，镜面下降法将会展现出更快的收敛速度。我们把这些结果的推导留作练习(见 3.10 节)。

3.3 加速梯度下降法

在本节中，我们将讨论梯度下降法的一个重要改进，即用于光滑凸优化问题的加速(或快速)梯度法。请注意，在本节讨论中，我们使用前一小节中讨论的邻近函数，将镜面下降法的概念植入加速梯度法中。

特别是，假设给定任意一个范数$\|\cdot\|$($\|\cdot\|_*$为其共轭范数)，

$$\|\nabla f(x)-\nabla f(y)\|_*\leqslant L\|x-y\|, \quad \forall x, y\in X \tag{3.3.1}$$

类似于公式(3.1.17)，我们可以证明，对于任何 x，$y\in X$，有

$$f(y)-f(x)-\langle f'(x), y-x\rangle\leqslant\frac{L}{2}\|y-x\|^2 \tag{3.3.2}$$

而且，再假设对于某个 $\mu\geqslant 0$，

$$f(y)\geqslant f(x)+\langle f'(x), y-x\rangle+\mu V(x, y), \quad \forall x, y\in X \tag{3.3.3}$$

如果 $\mu=0$，则式(3.3.3)是由 f 的凸性所隐含的；如果 $\mu>0$，则上式通过用 Bregman 距离推广了强凸性的定义。

事实上，加速梯度法存在着许多变种。下面我们研究它的一个最简单的变种。给定$(x_{t-1}, \bar{x}_{t-1})\in X\times X$，设

$$\underline{x}_t=(1-q_t)\bar{x}_{t-1}+q_t x_{t-1} \tag{3.3.4}$$

$$x_t=\arg\min_{x\in X}\{\gamma_t[\langle f'(\underline{x}_t), x\rangle+\mu V(\underline{x}_t, x)]+V(x_{t-1}, x)\} \tag{3.3.5}$$

$$\bar{x}_t=(1-\alpha_t)\bar{x}_{t-1}+\alpha_t x_t \tag{3.3.6}$$

对于某 $q_t\in[0, 1]$，$\gamma_t\geqslant 0$，$\alpha_t\in[0, 1]$。与梯度下降法相比，加速梯度下降法对目标函数建立了一个低阶的近似，定义为

$$f(\underline{x}_t)+\langle f'(\underline{x}_t), x-\underline{x}_t\rangle+\mu V(\underline{x}_t, x)$$

该近似位于搜索点 $\underline{x}_t$ 处，它不同于前面用于邻近控制的另一个搜索点 x_t(见式(3.3.5))。此外，我们的输出解 $\bar{x}_t$ 是由序列$\{x_t\}$的凸组合计算得到的。注意，我们这里还没有指定参数$\{q_t\}$、$\{\gamma_t\}$和$\{\alpha_t\}$。实际上，这些参数的选择将取决于要解决的问题类别。在建立了该方法的一般性的收敛性质后，我们将会再讨论这个问题。

下面的第一个技术性的结果描述了投影(或邻近映射)步骤(3.3.5)的求解方法。值得注意的是，函数 v 不一定是强凸的。

引理 3.5　给定凸函数 p：$X\to\mathbb{R}$，点 $\tilde{x}$，$\tilde{y}\in X$，标量 μ_1，$\mu_2\geqslant 0$。令函数 v：$X\to\mathbb{R}$ 为可微凸函数，$V(x, z)$如式(3.2.2)中定义。如果

$$\hat{u}\in\operatorname{Arg\,min}\{p(u)+\mu_1 V(\tilde{x}, u)+\mu_2 V(\tilde{y}, u): u\in X\}$$

那么，对于任意 $u\in X$ 有

$$p(\hat{u})+\mu_1 V(\tilde{x}, \hat{u})+\mu_2 V(\tilde{y}, \hat{u})\leqslant p(u)+\mu_1 V(\tilde{x}, u)+\mu_2 V(\tilde{y}, u)-(\mu_1+\mu_2)V(\hat{u}, u)$$

证明　由 $\hat{u}$ 的定义和 $V(\tilde{x},\cdot)$是可微凸函数推得，对于某个 $p'(\hat{u})\in\partial p(\hat{u})$，我们有

$$\langle p'(\hat{u})+\mu_1\nabla V(\tilde{x}, \hat{u})+\mu_2\nabla V(\tilde{y}, \hat{u}), u-\hat{u}\rangle\geqslant 0, \quad \forall u\in X$$

其中$\nabla V(\tilde{x}, \hat{u})$表示 $V(\tilde{x},\cdot)$在 $\hat{u}$ 处的梯度。使用式(3.2.2)中 $V(x, z)$的定义，很

容易验证

$$V(\tilde{x}, u)=V(\tilde{x}, \hat{u})+\langle \nabla V(\tilde{x}, \hat{u}), u-\hat{u}\rangle+V(\hat{u}, u), \quad \forall u\in X$$

利用上面两个关系式，并假设 p 是凸的，我们就可以得出结论

$$\begin{aligned}
&p(u)+\mu_1 V(\tilde{x}, u)+\mu_2 V(\tilde{y}, u)\\
&\quad =p(u)+\mu_1[V(\tilde{x}, \hat{u})+\langle \nabla V(\tilde{x}, \hat{u}), u-\hat{u}\rangle+V(\hat{u}, u)]+\\
&\quad\quad \mu_2[V(\tilde{y}, \hat{u})+(\nabla V(\tilde{y}, \hat{u}), u-\hat{u})+V(\hat{u}, u)]\\
&\quad \geqslant p(\hat{u})+\mu_1 V(\tilde{x}, \hat{u})+\mu_2 V(\tilde{y}, \hat{u})+\\
&\quad\quad \langle p'(\hat{u})+\mu_1 \nabla V(\tilde{x}, \hat{u})+\mu_2 \nabla V(\tilde{y}, \hat{u}), u-\hat{u}\rangle+(\mu_1+\mu_2)V(\hat{u}, u)\\
&\quad \geqslant[p(\hat{u})+\mu_1 V(\tilde{x}, \hat{u})+\mu_2 V(\tilde{y}, \hat{u})]+(\mu_1+\mu_2)V(\hat{u}, u)
\end{aligned}$$

■

下面的命题 3.1 描述了加速梯度下降法的一些重要递归性质。

命题 3.1 令$(\underline{x}_t, x_t, \overline{x}_t)\in X\times X\times X$ 是由加速梯度法(式(3.3.4)～式(3.3.6))生成的。如果参数满足

$$\alpha_t\geqslant q_t \tag{3.3.7}$$

$$\frac{L(\alpha_t-q_t)}{1-q_t}\leqslant\mu \tag{3.3.8}$$

$$\frac{Lq_t(1-\alpha_t)}{1-q_t}\leqslant\frac{1}{\gamma_t} \tag{3.3.9}$$

那么，对于任意 $x\in X$ 有

$$f(\overline{x}_t)-f(x)+\alpha_t\left(\mu+\frac{1}{\gamma_t}\right)V(x_t, x)\leqslant(1-\alpha_t)[f(\overline{x}_{t-1})-f(x)]+\frac{\alpha_t}{\gamma_t}V(x_{t-1}, x) \tag{3.3.10}$$

证明 记 $d_t=\overline{x}_t-\underline{x}_t$，由式(3.3.4)和式(3.3.6)可知

$$\begin{aligned}
d_t&=(q_t-\alpha_t)\overline{x}_{t-1}+\alpha_t x_t-q_t x_{t-1}\\
&=\alpha_t\left[x_t-\frac{\alpha_t-q_t}{\alpha_t(1-q_t)}\underline{x}_t-\frac{q_t(1-\alpha_t)}{\alpha_t(1-q_t)}x_{t-1}\right]
\end{aligned} \tag{3.3.11}$$

由$\|\cdot\|^2$ 的凸性和式(3.3.7)可知

$$\|d_t\|^2\leqslant\alpha_t\left[\frac{\alpha_t-q_t}{1-q_t}\|x_t-\underline{x}_t\|^2+\frac{q_t(1-\alpha_t)}{1-q_t}\|x_t-x_{t-1}\|^2\right]$$

根据上述关系和式(3.3.2)，我们有

$$\begin{aligned}
f(\overline{x}_t)&\leqslant f(\underline{x}_t)+\langle f'(\underline{x}_t), \overline{x}_t-\underline{x}_t\rangle+\frac{L}{2}\|d_t\|^2\\
&=(1-\alpha_t)[f(\underline{x}_t)+\langle f'(\underline{x}_t), \overline{x}_{t-1}-\underline{x}_t\rangle]+\alpha_t[f(\underline{x}_t)+\langle f'(\underline{x}_t), x_t-\underline{x}_t\rangle]+\frac{L}{2}\|d_t\|^2\\
&\leqslant(1-\alpha_t)f(\overline{x}_{t-1})+\\
&\quad \alpha_t\left[f(\underline{x}_t)+\langle f'(\underline{x}_t), x_t-\underline{x}_t\rangle+\frac{L(\alpha_t-q_t)}{2(1-q_t)}\|x_t-\underline{x}_t\|^2+\frac{Lq_t(1-\alpha_t)}{2(1-q_t)}\|x_t-x_{t-1}\|^2\right]\\
&\leqslant(1-\alpha_t)f(\overline{x}_{t-1})+\\
&\quad \alpha_t\left[f(\underline{x}_t)+\langle f'(\underline{x}_t), x_t-\underline{x}_t\rangle+\mu V(\underline{x}_t, x_t)+\frac{1}{\gamma_t}V(x_{t-1}, x_t)\right]
\end{aligned} \tag{3.3.12}$$

上式中，最后一个不等式由式(3.2.3)、式(3.3.8)和式(3.3.9)得到。利用上述不等式、式(3.3.5)中 x_t 的定义和引理 3.5，我们得出结论

$$f(\overline{x}_t)\leqslant(1-\alpha_t)f(\overline{x}_{t-1})+\alpha_t[f(\underline{x}_t)+\langle f'(\underline{x}_t),\ x-\underline{x}_t\rangle+\mu V(\underline{x}_t,\ x)]+$$
$$\frac{\alpha_t}{\gamma_t}V(x_{t-1},\ x)-\alpha_t\left(\mu+\frac{1}{\gamma_t}\right)V(x_t,\ x)$$
$$\leqslant(1-\alpha_t)f(\overline{x}_{t-1})+\alpha_t f(x)+\frac{\alpha_t}{\gamma_t}V(x_{t-1},\ x)-\alpha_t\left(\mu+\frac{1}{\gamma_t}\right)V(x_t,\ x)$$

式中，最后一个不等式由式(3.3.3)得到。将不等式两边同时减去 $f(x)$，重新排列各项后即得所证。■

下面我们将讨论加速梯度下降法对于非强凸的光滑凸函数的收敛性(比如，$\mu=0$ 时的情形)。

定理 3.6　令$(\underline{x}_t,\ x_t,\ \overline{x}_t)\in X\times X\times X$ 是由加速梯度下降法式(3.3.4)～式(3.3.6)生成的。如果对于任意 $t=1,\ \cdots,\ k$，有

$$\alpha_t=q_t \tag{3.3.13}$$

$$L\alpha_t\leqslant\frac{1}{\gamma_t} \tag{3.3.14}$$

$$\frac{\gamma_t(1-\alpha_t)}{\alpha_t}\leqslant\frac{\gamma_{t-1}}{\alpha_{t-1}} \tag{3.3.15}$$

那么，

$$f(\overline{x}_k)-f(x^*)+\frac{\alpha_k}{\gamma_k}V(x_k,\ x^*)\leqslant\frac{\alpha_k\gamma_1(1-\alpha_1)}{\gamma_k\alpha_1}[f(\overline{x}_0)-f(x^*)]+\frac{\alpha_k}{\gamma_k}V(x_0,\ x^*) \tag{3.3.16}$$

特别是，如果对于任意 $t=1,\ \cdots,\ k$，取

$$q_t=\alpha_t=\frac{2}{t+1}\quad 且\quad \gamma_t=\frac{t}{2L}$$

那么

$$f(\overline{x}_k)-f(x^*)\leqslant\frac{4L}{k(k+1)}V(x_0,\ x^*)$$

证明　利用 $\mu=0$ 的事实、式(3.3.13)和式(3.3.14)，我们很容易看出式(3.3.7)～式(3.3.9)成立。由式(3.3.10)可知

$$\frac{\gamma_t}{\alpha_t}[f(\overline{x}_t)-f(x^*)]+V(x_t,\ x^*)\leqslant\frac{\gamma_t(1-\alpha_t)}{\alpha_t}[f(\overline{x}_{t-1})-f(x^*)]+V(x_{t-1},\ x^*)$$
$$\leqslant\frac{\gamma_{t-1}}{\alpha_{t-1}}[f(\overline{x}_{t-1})-f(x^*)]+V(x_{t-1},\ x^*)$$

其中最后一个不等式由式(3.3.15)及 $f(\overline{x}_{t-1})-f(x^*)\geqslant 0$ 推知。将这些不等式加起来，重新排列各项，就得到了式(3.3.16)。■

从前面的结果可以看出，为了找到一个解 $\overline{x}\in X$ 使得 $f(\overline{x})-f(x^*)\leqslant\varepsilon$，加速梯度法的迭代次数的界为 $\mathcal{O}(1/\sqrt{\varepsilon})$。对于求解一类大规模光滑凸优化问题，这个界被证明是最优的。进一步改进该复杂度的一种方法是考虑特定的问题。下面我们把这个算法引入光滑和强凸的问题中，即 $\mu>0$ 时的情况，此时会对该结果有显著改进。

定理 3.7　假设点$(\underline{x}_t,\ x_t,\ \overline{x}_t)\in X\times X\times X$ 由加速梯度下降法(式(3.3.4)～式(3.3.6))生成，如果选择参数 $\alpha_t=\alpha$、$\gamma_t=\gamma$ 和 $q_t=q$，$t=1,\ \cdots,\ k$，使满足式(3.3.7)～式(3.3.9)的条件，并且

$$\frac{1}{\gamma(1-\alpha)} \leqslant \mu + \frac{1}{\gamma} \tag{3.3.17}$$

那么，对于任意 $x \in X$，有下式成立：

$$f(\overline{x}_k) - f(x) + \alpha\left(\mu + \frac{1}{\gamma}\right)V(x_{k-1}, x) \leqslant (1-\alpha)^k \left[f(\overline{x}_0) - f(x) + \alpha\left(\mu + \frac{1}{\gamma}\right)V(x_1, x)\right] \tag{3.3.18}$$

特别是，如果取

$$\alpha = \sqrt{\frac{\mu}{L}}, \quad q = \frac{\alpha - \mu/L}{1-\mu/L} \quad 且 \quad \gamma = \frac{\alpha}{\mu(1-\alpha)} \tag{3.3.19}$$

那么，对于任意 $x \in X$，有下式成立：

$$f(\overline{x}_k) - f(x) + \alpha\left(\mu + \frac{1}{\gamma}\right)V(x_{k-1}, x) \leqslant \left(1 - \sqrt{\frac{\mu}{L}}\right)^k \left[f(\overline{x}_0) - f(x) + \alpha\left(\mu + \frac{1}{\gamma}\right)V(x_1, x)\right] \tag{3.3.20}$$

证明 式(3.3.18)的结果直接来自式(3.3.10)和式(3.3.17)。此外，我们可以很容易检查式(3.3.19)中的参数满足式(3.3.7)～式(3.3.9)，以及式(3.3.17)中的相等，由此即可以推出式(3.3.20)。■

使用类似式(3.1.23)的推导，我们可以看到加速梯度法求解强凸问题的迭代总次数，即找到一个点 $\overline{x} \in X$ 满足 $f(\overline{x}) - f(x^*) \leqslant \epsilon$ 的总次数的界为 $\mathcal{O}(\sqrt{L/\mu}\log 1/\epsilon)$。

现在我们把注意力转到一个相对简单的扩展上，即用加速梯度下降法来解决如下一类非光滑优化问题：

$$\min_{x \in X}\{f(x) := \hat{f}(x) + F(x)\} \tag{3.3.21}$$

这里 $\hat{f}$ 是一个简单的凸函数(不一定光滑)，F 是一个具有 Lipschitz 连续梯度的光滑凸函数。我们进一步假设 ∇F 的 Lipschitz 常数为 L，且对于某个 $\mu \geqslant 0$，有

$$F(y) \geqslant F(x) + \langle F'(x), y - x\rangle + \mu V(x, y), \quad \forall x, y \in X \tag{3.3.22}$$

要解决上述复合问题，我们只需把式(3.3.4)～式(3.3.6)稍加修改成如下形式：

$$\underline{x}_t = (1-q_t)\overline{x}_{t-1} + q_t x_{t-1} \tag{3.3.23}$$

$$x_t = \arg\min_{x \in X}\{\gamma_t[\langle f'(\underline{x}_t), x\rangle + \mu V(\underline{x}_t, x) + \hat{f}(x)] + V(x_{t-1}, x)\} \tag{3.3.24}$$

$$\overline{x}_t = (1-\alpha_t)\overline{x}_{t-1} + \alpha_t x_t \tag{3.3.25}$$

因此，两者的差别在于，对于复合问题，我们将 $\hat{f}$ 置于子问题(3.3.24)中进行求解。

推论 3.5 *应用上述修改后的加速梯度下降法求解式(3.3.21)的复合问题时，定理 3.6 和定理 3.7 中陈述的收敛性保证仍然成立。*

证明 只需证明命题 3.1 是成立的。首先注意到，当将函数 f 替换为函数 F 时，关系式(3.3.12)仍然成立，即

$$F(\overline{x}_t) \leqslant (1-\alpha_t)F(\overline{x}_{t-1}) + \alpha_t\left[F(\underline{x}_t) + \langle F'(\underline{x}_t), x_t - \underline{x}_t\rangle + \mu V(\underline{x}_t, x_t) + \frac{1}{\gamma_t}V(x_{t-1}, x_t)\right]$$

此外，由于函数 $\hat{f}$ 的凸性，我们有 $\hat{f}(\overline{x}_t) \leqslant (1-\alpha_t)\hat{f}(\overline{x}_{t-1}) + \alpha_t\hat{f}(x_t)$ 成立。将前面两个关系式加起来，再利用式(3.3.24)中 x_t 的定义和引理 3.5，我们得出结论

$$f(\overline{x}_t) \leqslant (1-\alpha_t)f(\overline{x}_{t-1}) + \alpha_t\left[F(\underline{x}_t) + \langle F'(\underline{x}_t), x_t - \underline{x}_t\rangle + \mu V(\underline{x}_t, x_t) + \hat{f}(x_t) + \frac{1}{\gamma_t}V(x_{t-1}, x_t)\right]$$

$$\leqslant(1-\alpha_t)f(\overline{x}_{t-1})+\alpha_t[F(\underline{x}_t)+\langle F'(\underline{x}_t),\ x-\underline{x}_t\rangle+\mu V(\underline{x}_t,\ x)+\hat{f}(x)]+$$
$$\frac{\alpha_t}{\gamma_t}V(x_{t-1},\ x)-\alpha_t\left(\mu+\frac{1}{\gamma_t}\right)V(x_t,\ x)$$
$$\leqslant(1-\alpha_t)f(\overline{x}_{t-1})+\alpha_t f(x)+\frac{\alpha_t}{\gamma_t}V(x_{t-1},\ x)-\alpha_t\left(\mu+\frac{1}{\gamma_t}\right)V(x_t,\ x)$$

上面的最后一个不等式是由式(3.3.22)得到的。之后从上述不等式两边同时减去 $f(x)$，重新排列相关项，得到求证结果。 ■

3.4 加速梯度下降法的博弈论解释

在本节中，我们打算提供一些直观解释，以便帮助我们更好地理解加速梯度下降法。

首先考虑不带强凸性假设的光滑情况，即式(3.3.3)中的 $\mu=0$。令 J_f 为函数 f 的共轭函数，也就是说，$J_f(y)=\max\langle y,\ x\rangle-f(x)$。由于 f 是凸的、光滑的，所以它是正常的，且 J_f 的共轭由 $(J_f)^*=f$ 给出。我们可以把式(3.1.2)写成其等价的形式

$$\min_{x\in X}\max_{y}\{\langle x,\ y\rangle-J_f(y)\} \tag{3.4.1}$$

对这个重新表述后的鞍点，我们可以很自然地做出买方-供应商(卖方)双方的博弈解释。特别是，对偶变量 y 可以看作一系列产品的价格，而 x 是买方所订购的数量。供应商的目标是指定价格以最大化利润 $\langle x,\ y\rangle-J_f(y)$ 的值，而买方打算通过确定订单量最小化成本值 $\langle x,\ y\rangle$。给出一个初始的订单数量和产品价格 $(x_0,\ y_0)\in X\times\mathbb{R}^n$，我们需要设计一个迭代算法来进行这场博弈，以便买方和卖方尽快达到其均衡点。

接着，我们描述卖方和买方逐次进行博弈时的策略，然后证明加速梯度下降法可以看作这个过程的一个特例。设 V 为式(3.2.2)中定义的邻近函数，定义

$$W(y_1,\ y_2):=J_f(y_2)-J_f(y_1)-\langle J'_f(y_1),\ y_2-y_1\rangle \tag{3.4.2}$$

卖方和买方将迭代地执行以下三个步骤。

$$\widetilde{x}_t=x_{t-1}+\lambda_t(x_{t-1}-x_{t-2}) \tag{3.4.3}$$
$$y_t=\arg\min_{y}\langle -\widetilde{x}_t,\ y\rangle+J_f(y)+\tau_t W(y_{t-1},\ y) \tag{3.4.4}$$
$$x_t=\arg\min_{x\in X}\langle y_t,\ x\rangle+\eta_t V(x_{t-1},\ x) \tag{3.4.5}$$

在式(3.4.3)中，卖方利用历史数据 x_{t-1} 和 x_{t-2} 来预测买方的需求。在式(3.4.4)中，卖方打算通过度量 $W(y_{t-1},\ y)$ 在离 y_{t-1} 不远的情况下实现利润最大化。在式(3.4.5)中，买方通过度量 $V(x_{t-1},\ x)$ 在离 x_{t-1} 不远的情况下确定订单数量，以最小化成本。

有趣的是，对于式(3.4.4)的求解等价于梯度的计算。

引理 3.6 假设 $\widetilde{x}\in X$ 和 y_0 给定，同时对任何 $\tau>0$，记 $z=[\widetilde{x}+\tau J'_f(y_0)]/(1+\tau)$。则有

$$\nabla f(z)=\arg\min_{y}\{\langle -\widetilde{x},\ y\rangle+J_f(y)+\tau_t W(y_0,\ y)\}$$

证明 根据 $W(y_0,\ y)$ 的定义，我们有

$$\begin{aligned}&\arg\min_{y}\{\langle -\widetilde{x},\ y\rangle+J_f(y)+\tau_t W(y_0,\ y)\}\\&=\arg\min_{y}\{-\langle \widetilde{x}+\tau J'_f(y_0),\ y\rangle+(1+\tau)J_f(y)\}\\&=\arg\max_{y}\{\langle z,\ y\rangle-J_f(y)\}=\nabla f(z)\end{aligned}$$ ■

从上面结果来看，如果

$$J'_f(y_{t-1})=\underline{x}_{t-1} \tag{3.4.6}$$

$$\underline{x}_t=\frac{1}{1+\tau_t}(\widetilde{x}_t+\tau_t\underline{x}_{t-1}) \tag{3.4.7}$$

那么，

$$y_t=\arg\min_y\{-\langle\underline{x}_t,\ y\rangle+J_f(y)\}=\nabla f(\underline{x}_t) \tag{3.4.8}$$

此外，根据式(3.4.8)的最优性条件，对于某 $J_f'(y_t)\in\partial J_f(y_t)$，我们一定有 $\underline{x}_t=J_f'(y_t)$。因此，$J_f'(y_0)=\underline{x}_0$ 时，可以通过归纳法证明式(3.4.6)、式(3.4.7)和式(3.4.8)成立。初始归纳假设通过设 $y_0=\nabla f(\underline{x}_0)$ 可以满足。依据这些观察结果，我们可以将式(3.4.3)～式(3.4.5)重新表示为

$$\begin{aligned}\underline{x}_t&=\frac{1}{1+\tau_t}(\widetilde{x}_t+\tau_t\underline{x}_{t-1})\\&=\frac{1}{1+\tau_t}[\tau_t\underline{x}_{t-1}+(1+\lambda_t)x_{t-1}-\lambda_t x_{t-2}]\end{aligned} \tag{3.4.9}$$

$$x_t=\arg\min_{x\in X}\langle\nabla f(\underline{x}_t),\ x\rangle+\eta_t V(x_{t-1},\ x) \tag{3.4.10}$$

现在我们将证明上述公式中给出的 $\underline{x}_t$ 和 x_t 的定义与加速梯度下降法(式(3.3.4)～式(3.3.6))中的定义是等价的。由式(3.3.4)和式(3.3.6)可以看出

$$\begin{aligned}\underline{x}_t&=(1-q_t)[(1-\alpha_{t-1})\overline{x}_{t-1}]+q_t x_{t-1}\\&=(1-q_t)\left[\frac{1-\alpha_{t-1}}{1-q_{t-1}}(\underline{x}_{t-1}-q_{t-1}x_{t-1})+\alpha_{t-1}x_{t-1}\right]+q_t x_{t-1}\\&=\frac{(1-q_t)(1-\alpha_{t-1})}{1-q_{t-1}}\underline{x}_{t-1}+[(1-q_t)\alpha_{t-1}+q_t]x_{t-1}-\frac{q_{t-1}(1-q_t)(1-\alpha_{t-1})}{1-q_{t-1}}x_{t-2}\end{aligned} \tag{3.4.11}$$

特别是，如果在光滑情况下 $q_t=\alpha_t$，则上述关系可进一步简化为

$$\underline{x}_t=(1-\alpha_t)\underline{x}_{t-1}+[(1-\alpha_t)\alpha_{t-1}+\alpha_t]x_{t-1}-\alpha_{t-1}(1-\alpha_t)x_{t-2}$$

如果取参数

$$\tau_t=\frac{1-\alpha_t}{\alpha_t},\quad \lambda_t=\frac{\alpha_{t-1}(1-\alpha_t)}{\alpha_t}$$

则上式与式(3.4.9)完全等价。

现在我们考虑 $\mu>0$ 时，强凸情形下的优化。为了提供博弈论的解释，我们定义

$$\widetilde{f}(x)=f(x)-\mu v(x)$$

根据式(3.3.3)要求，函数 $\widetilde{f}(x)$ 必须是凸函数。事实上，对于任意 x，$y\in X$，有

$$\widetilde{f}(y)-\widetilde{f}(x)-\langle\nabla\widetilde{f}(x),\ y-x\rangle=f(y)-f(x)-\langle\nabla f(x),\ y-x\rangle-\mu V(x,\ y)\geqslant 0$$

我们可以把式(3.1.2)重新写成

$$\min_{x\in X}\mu v(x)+\widetilde{f}(x)$$

或者其等价形式

$$\min_{x\in X}\mu v(x)+\max_y\{\langle x,\ y\rangle-J_{\widetilde{f}}(y)\} \tag{3.4.12}$$

这里 $J_{\widetilde{f}}$ 表示函数 $\widetilde{f}$ 的共轭函数。因此，我们可以如下定义卖方和买方之间的迭代博弈：

$$\widetilde{x}_t=x_{t-1}+\lambda_t(x_{t-1}-x_{t-2}) \tag{3.4.13}$$

$$\gamma_t=\arg\min_y\langle-\widetilde{x}_t,\ y\rangle+J_{\widetilde{f}}(y)+\tau_t W(y_{t-1},\ y) \tag{3.4.14}$$

$$x_t=\arg\min_{x\in X}\langle y_t,\ x\rangle+\mu v(x)+\eta_t V(x_{t-1},\ x) \tag{3.4.15}$$

在式(3.4.13)中，卖方利用历史数据 x_{t-1} 和 x_{t-2} 来预测需求；在式(3.4.14)中，卖方仍

打算通过度量 $W(y_{t-1},\ y)$在距 y_{t-1} 不太远处最大化利润，但本地的成本函数变成了 $J_{\widetilde{f}}(y)$。之后，在式(3.4.15)中，买方根据度量 $V(x_{t-1},\ x)$在离 x_{t-1} 不太远处通过最小化本地成本$\langle y_t,\ x\rangle+\mu v(x)$来确定订单数量。类似于式(3.4.9)和式(3.4.10)，我们可以证明下面两式成立：

$$\underline{x}_t=\frac{1}{1+\tau_t}[\tau_t\underline{x}_{t-1}+(1+\lambda_t)x_{t-1}-\lambda_t x_{t-2}] \tag{3.4.16}$$

$$\begin{aligned} x_t&=\arg\min_{x\in X}\langle\nabla\widetilde{f}(\underline{x}_t),\ x\rangle+\mu v(x)+\eta_t V(x_{t-1},\ x)\\ &=\arg\min_{x\in X}\langle\nabla f(\underline{x}_t)-\mu\nabla v(\underline{x}_t),\ x\rangle+\mu w(x)+\eta_t V(x_{t-1},\ x)\\ &=\arg\min_{x\in X}\langle\nabla f(\underline{x}_t),\ x\rangle+\mu V(\underline{x}_t,\ x)+\eta_t V(x_{t-1},\ x) \end{aligned} \tag{3.4.17}$$

通过适当地选择 τ_t，λ_t，q_t 和 α_t，我们可以证明，上面这些步骤等价于式(3.3.4)和式(3.3.5)中的处理。

3.5　非光滑问题的光滑方案

在这一节中，我们考虑凸规划问题

$$f^*\equiv\min_{x\in X}\{f(x):=\hat{f}(x)+F(x)\} \tag{3.5.1}$$

其中，$\hat{f}$：$X\to\mathbb{R}$ 是一个简单的 Lipschitz 连续凸函数，而

$$F(x):=\max_{y\in Y}\{\langle Ax,\ y\rangle-\hat{g}(y)\} \tag{3.5.2}$$

在这里，$Y\subseteq\mathbb{R}^m$ 是一个紧的凸集，$\hat{g}$：$Y\to\mathbb{R}$ 是 Y 上的一个连续凸函数，A 表示一个从 $\mathbb{R}^n$ 到 $\mathbb{R}^m$ 的线性算子。注意式(3.5.1)和式(3.5.2)可以写成伴随形式：

$$\max_{y\in Y}\{g(y):=-\hat{g}(y)+G(y)\},\ G(y):=\min_{x\in X}\{\langle Ax,\ y\rangle+\hat{f}(x)\} \tag{3.5.3}$$

尽管式(3.5.2)给出的函数 F 一般是一个非光滑凸函数，但它可以由下面定义的一类光滑凸函数来很好地逼近。令 $\omega(y)$是定义在集合 Y 上的一个模 1 的距离生成函数，其邻近中心 $c_\omega=\arg\min_{y\in Y}\omega(y)$。另外，记

$$W(y)\equiv W(c_\omega,\ y):=\omega(y)-\omega(c_\omega)-\langle\nabla\omega(c_\omega),\ y-c_\omega\rangle$$

并对于给定的 $\eta>0$，记

$$F_\eta(x):=\max_y\{\langle Ax,\ y\rangle-\hat{g}(y)-\eta W(y):\ y\in Y\} \tag{3.5.4}$$

$$f_\eta(x):=\hat{f}(x)+F_\eta(x) \tag{3.5.5}$$

则对于每一个 $x\in X$，有

$$F_\eta(x)\leqslant F(x)\leqslant F_\eta(x)+\eta D_Y^2 \tag{3.5.6}$$

因此，

$$f_\eta(x)\leqslant f(x)\leqslant f_\eta(x)+\eta D_Y^2 \tag{3.5.7}$$

其中，$D_Y\equiv D_{Y,\omega}$ 如式(3.2.4)中定义。此外，我们还可以证明 F_η 是一个光滑的凸函数。

引理 3.7　*$F_\eta(\cdot)$具有 Lipschitz 连续梯度，且 Lipschitz 常数为*

$$\mathcal{L}_\eta\equiv\mathcal{L}(F_\eta):=\frac{\|A\|^2}{\eta} \tag{3.5.8}$$

其中，$\|A\|$代表算子 A 的算子范数。

证明　给定 x_1，$x_2\in Y$，并记

$$y_1=\arg\max_y\{\langle Ax_1,\ y\rangle-\hat{g}(y)-\eta W(y):\ y\in Y\} \tag{3.5.9}$$

$$y_2 = \arg\max_y\{\langle Ax_2, y\rangle - \hat{g}(y) - \eta W(y): y \in Y\} \tag{3.5.10}$$

根据隐函数定理，F_η 在点 x_1 和 x_2 处的梯度分别由 $A^T y_1$ 和 $A^T y_2$ 给出。根据式(3.5.9)和式(3.5.10)的最优性条件，对于任何 $y \in Y$ 以及某个 $\hat{g}'(y_1) \in \partial\hat{g}(y_1)$ 和 $\hat{g}'(y_2) \in \partial\hat{g}(y_2)$，我们有

$$\langle Ax_1 - \hat{g}'(y_1) - \eta[\nabla\omega(y_1) - \nabla\omega(c_\omega)], y - y_1\rangle \leqslant 0 \tag{3.5.11}$$

$$\langle Ax_2 - \hat{g}'(y_2) - \eta[\nabla\omega(y_2) - \nabla\omega(c_\omega)], y - y_2\rangle \leqslant 0 \tag{3.5.12}$$

分别令式(3.5.11)和式(3.5.12)中的 $y = y_2$ 和 $y = y_1$，将得到的不等式相加可得

$$-\langle A(x_1 - x_2), y_1 - y_2\rangle + \langle \eta(\nabla\omega(y_1) - \nabla\omega(y_2)), y_1 - y_2\rangle \leqslant 0$$

利用上面的不等式和 ω 的强凸性质，我们得到这样的结果

$$\begin{aligned}\eta\|y_1 - y_2\|^2 &\leqslant \eta\langle\nabla\omega(y_1) - \nabla\omega(y_2), y_1 - y_2\rangle \\ &\leqslant \langle A(x_1 - x_2), y_1 - y_2\rangle \leqslant \|A\|\|x_1 - x_2\|\|y_1 - y_2\|\end{aligned}$$

这意味着 $\|y_1 - y_2\| \leqslant \|A\|\|x_1 - x_2\|/\eta$，因此有

$$\|\nabla F_\eta(x_1) - \nabla F_\eta(x_2)\| = \|A^T(y_1 - y_2)\| \leqslant \|A\|^2\|x_1 - x_2\|/\eta$$

■

由于 F_η 是一个光滑凸函数及 $\hat{f}$ 是一个简单的凸函数，我们可以用加速梯度下降法(式(3.3.23)～式(3.3.25))来求解

$$f_\eta^* := \min_{x \in X} f_\eta(x) \tag{3.5.13}$$

然后，根据定理 3.6 和推论 3.5，最多需要执行的迭代次数为

$$\left\lceil 2\sqrt{\frac{2\mathcal{L}_\eta D_X^2}{\varepsilon}} \right\rceil \tag{3.5.14}$$

通过迭代，我们将能够找到一个解 $\overline{x} \in X$ 使得 $f_\eta(\overline{x}) - f_\eta^* \leqslant \varepsilon/2$，注意到根据式(3.5.7)，有 $f(\overline{x}) \leqslant f_\eta(\overline{x}) + \eta D_Y^2$ 和 $f^* \geqslant f_\eta^*$ 成立，从而可以得到

$$f(\overline{x}) - f^* \leqslant \frac{\varepsilon}{2} + \eta D_Y^2$$

如果选择足够小的 $\eta > 0$，比如取

$$\eta = \frac{\varepsilon}{2D_Y^2}$$

那么，我们就有

$$f(\overline{x}) - f^* \leqslant \varepsilon$$

这里，式(3.5.14)执行的总迭代次数将减小为

$$\left\lceil \frac{4\|A\|D_X D_Y}{\varepsilon} \right\rceil$$

注意到在上面的讨论中，我们假定 $\hat{f}$ 是相对简单的。当然，实际问题中不一定如此。比如，如果 $\hat{f}$ 本身是一个光滑凸函数，并且它的梯度是 $\hat{L}$-Lipschitz 连续的，那么，我们可以应用加速梯度下降法(式(3.3.4)～式(3.3.6)，而不是式(3.3.23)～式(3.3.25))来解决式(3.5.13)的问题。这种方法要求我们在每次迭代中都要同时计算两个函数 $\hat{f}$ 和 F_η 的梯度。这样就不难证明，通过这种方法寻找一个解 $\overline{x} \in X$ 使得 $f(\overline{x}) - f^*$ 极小时总的迭代次数的上界为

$$\mathcal{O}\left\{\sqrt{\frac{\hat{L}D_X^2}{\varepsilon}} + \frac{\|A\|D_X D_Y}{\varepsilon}\right\}$$

值得注意的是，这一上界可以通过减少梯度 $\nabla\hat{f}$ 计算的次数而从根本上大幅改进。我们将

在8.2节中进一步讨论这种改进。

3.6　鞍点优化的原始-对偶方法

在本节中，我们继续讨论以下更一般的(相比(3.5.1))双线性鞍点优化问题：

$$\min_{x\in X}\left\{\hat{f}(x)+\max_{y\in Y}\langle Ax,\ y\rangle-\hat{g}(y)\right\} \tag{3.6.1}$$

这里集合 $X\subseteq\mathbb{R}^n$ 和 $Y\subseteq\mathbb{R}^m$ 是闭的凸集，$A\in\mathbb{R}^{n\times m}$ 表示一个从空间 $\mathbb{R}^n$ 到 $\mathbb{R}^m$ 的线性映射，$\hat{f}$：$X\to\mathbb{R}$ 和 $\hat{g}$：$X\to\mathbb{R}$ 是凸函数且满足

$$\hat{f}(y)-\hat{f}(x)-\langle\hat{f}'(x),\ y-x\rangle\geqslant\mu_p V(x,\ y),\quad \forall x,\ y\in X \tag{3.6.2}$$

$$\hat{g}(y)-\hat{g}(x)-\langle\hat{g}'(x),\ y-x\rangle\geqslant\mu_d W(x,\ y),\quad \forall x,\ y\in Y \tag{3.6.3}$$

对于某 $\mu_p\geqslant0$，$\mu_d\geqslant0$，V 和 W 分别表示在原始和对偶空间上距离生成函数 v 和 ω 相关联的邻近函数，也就是说，

$$V(x,\ y):=v(y)-v(x)-\langle v'(x),\ y-x\rangle \tag{3.6.4}$$

$$W(x,\ y):=\omega(y)-\omega(x)-\langle\omega'(y),\ y-x\rangle \tag{3.6.5}$$

为了简单起见，我们假设 v 和 ω 在原始和对偶空间上的对应范数下的模为1。如无特殊说明，我们假设式(3.6.1)的原始-对偶解是非空的，$z^*:=(x^*,\ y^*)$是式(3.6.1)的一个最优的原始-对偶解。

如前面几小节所讨论的，式(3.6.1)将优化式(3.1.2)作为一个特例包含在内。作为另一个例子，我们可以写出下面问题的拉格朗日对偶：

$$\min_{x\in X}\{f(x):\ Ax=b\} \tag{3.6.6}$$

通过对线性约束 $Ax=b$ 对偶化，就可以得到式(3.6.1)。

记 $z\equiv(x,\ y)$，$\bar{z}\equiv(\bar{x},\ \bar{y})$，并定义

$$Q(\bar{z},\ z):=\hat{f}(\bar{x})+\langle A\bar{x},\ y\rangle-\hat{g}(y)-[\hat{f}(x)+\langle Ax,\bar{y}\rangle-\hat{g}(\bar{y})] \tag{3.6.7}$$

注意，根据定义 $\bar{z}$ 是一个鞍点当且仅当 $\forall z=(x,\ y)\in Z$，有

$$\hat{f}(\bar{x})+\langle A\bar{x},\ y\rangle-\hat{g}(y)\leqslant\hat{f}(\bar{x})+\langle A\bar{x},\bar{y}\rangle-\hat{g}(\bar{y})\leqslant[\hat{f}(x)+\langle Ax,\bar{y}\rangle-\hat{g}(\bar{y})]$$

于是得到，$\bar{z}\in Z\equiv X\times Y$ 是一对鞍点当且仅当对于任意 $z\in Z$，有 $Q(\bar{z},\ z)\leqslant0$，或等价地，对于任意 $z\in Z$，有 $Q(z,\ \bar{z})\geqslant0$。

在3.5节中描述的光滑方案可以看作解决双线性鞍点问题的一种间接方法。下面我们描述一种解决鞍点问题(3.6.1)的直接的原始-对偶方法，该方法推广了3.4节中讨论的加速梯度下降法的博弈论解释。给定空间点$(x_{t-2},\ x_{t-1},\ y_{t-1})\in X\times X\times Y$，该算法根据下面的式子更新 x_t 和 y_t：

$$\tilde{x}_t=x_{t-1}+\lambda_t(x_{t-1}-x_{t-2}) \tag{3.6.8}$$

$$y_t=\arg\min_y\langle -A\tilde{x}_t,\ y\rangle+\hat{g}(y)+\tau_t W(y_{t-1},\ y) \tag{3.6.9}$$

$$x_t=\arg\min_{x\in X}\langle y_t,\ Ax\rangle+\hat{f}(x)+\eta_t V(x_{t-1},\ x) \tag{3.6.10}$$

显然，前面式(3.4.3)～式(3.4.5)中的加速梯度下降法，可以看作将上述原始-对偶问题求解方法应用于式(3.4.12)的一个特例。

我们首先陈述一个基于式(3.6.9)和式(3.6.10)的最优性条件的简单关系。

引理3.8　*假设对于 $\mu\geqslant0$，函数 ϕ：$X\to\mathbb{R}$ 满足*

$$\phi(y)\geqslant\phi(x)+\langle\phi'(x),\ y-x\rangle+\mu V(x,\ y),\quad \forall x,\ y\in X \tag{3.6.11}$$

如果变量

$$\bar{x}=\arg\min\{\phi(x)+V(\tilde{x}, x)\} \tag{3.6.12}$$

那么，

$$\phi(\bar{x})+V(\tilde{x},\bar{x})+(\mu+1)V(\bar{x}, x)\leqslant\phi(x)+V(\tilde{x}, x), \quad \forall x\in X$$

证明 由 V 的定义可以看出，$V(\tilde{x}, x)=V(\tilde{x}, \bar{x})+\langle \nabla V(\tilde{x}, \bar{x}), x-\bar{x}\rangle+V(\bar{x}, x)$。利用这个关系式、式(3.6.11)和式(3.6.12)解的最优性条件，我们得到

$$\begin{aligned}\phi(x)+V(\tilde{x}, x)&=\phi(x)+[V(\tilde{x},\bar{x})+\langle \nabla V(\tilde{x},\bar{x}), x-\bar{x}\rangle+V(\bar{x}, x)]\\&\geqslant\phi(\bar{x})+\langle\phi'(\bar{x}), x-\bar{x}\rangle+\mu V(\bar{x}, x)+\\&\quad[V(\tilde{x}, \bar{x})+\langle \nabla V(\tilde{x}, \bar{x}), x-\bar{x}\rangle+V(\bar{x}, x)]\\&\geqslant\phi(\bar{x})+V(\tilde{x}, \bar{x})+(\mu+1)V(\bar{x}, x), \quad \forall x\in X\end{aligned}$$

■

我们现在来证明原始-对偶方法的一般收敛性质。

定理 3.8 如果对任意 $t\geqslant2$ 都有下面式子成立：

$$\gamma_t\lambda_t=\gamma_{t-1} \tag{3.6.13}$$

$$\gamma_t\tau_t\leqslant\gamma_{t-1}(\tau_{t-1}+\mu_d) \tag{3.6.14}$$

$$\gamma_t\eta_t\leqslant\gamma_{t-1}(\eta_{t-1}+\mu_p) \tag{3.6.15}$$

$$\tau_t\eta_{t-1}\geqslant\lambda_t\|A\|^2 \tag{3.6.16}$$

那么，

$$\begin{aligned}\sum_{t=1}^{k}\gamma_tQ(z_t, z)\leqslant&\gamma_1\eta_1V(x_0, x)-\gamma_k(\eta_k+\mu_p)V(x_k, x)+\\&\gamma_1\tau_1W(y_0, y)-\gamma_k\left(\tau_k+\mu_d-\frac{\|A\|^2}{\eta_k}\right)W(y_k, y)\end{aligned} \tag{3.6.17}$$

此外，下面两式也成立：

$$\gamma_k\left(\tau_k+\mu_d-\frac{\|A\|^2}{\eta_k}\right)W(y_k, y^*)\leqslant\gamma_1\eta_1V(x_0, x^*)+\gamma_1\tau_1W(y_0, y^*) \tag{3.6.18}$$

$$\gamma_k\left(\eta_k-\frac{\|A\|^2}{\tau_k+\mu_d}\right)V(x_{k-1}, x_k)\leqslant\gamma_1\eta_1V(x_0, x^*)+\gamma_1\tau_1W(y_0, y^*) \tag{3.6.19}$$

证明 将引理 3.8 应用于式(3.6.9)和式(3.6.10)可得

$$\langle -A\tilde{x}_t, y_t-y\rangle+\hat{g}(y_t)-\hat{g}(y)\leqslant\tau_t[W(y_{t-1}, y)-W(y_{t-1}, y_t)]-(\tau_t+\mu_d)W(y_t, y)$$

$$\langle A(x_t-x), y_t\rangle+\hat{f}(x_t)-\hat{f}(x)\leqslant\eta_t[V(x_{t-1}, x)-V(x_{t-1}, x_t)]-(\eta_t+\mu_p)V(x_t, x)$$

将这些不等式累加起来，并利用间隙函数 Q 的定义，我们有

$$\begin{aligned}&Q(z_t, z)+\langle A(x_t-\tilde{x}_t), y_t-y\rangle\\&\leqslant\eta_t[V(x_{t-1}, x)-V(x_{t-1}, x_t)]-(\eta_t+\mu_p)V(x_t, x)+\\&\quad\tau_t[W(y_{t-1}, y)-W(y_{t-1}, y_t)]-(\tau_t+\mu_d)W(y_t, y)\end{aligned}$$

请注意，根据式(3.4.13)，有

$$\begin{aligned}\langle A(x_t-\tilde{x}_t), y_t-y\rangle&=\langle A(x_t-x_{t-1}), y_t-y\rangle-\lambda_t\langle A(x_{t-1}-x_{t-2}), y_t-y\rangle\\&=\langle A(x_t-x_{t-1}), y_t-y\rangle-\lambda_t\langle A(x_{t-1}-x_{t-2}), y_{t-1}-y\rangle+\\&\quad\lambda_t\langle A(x_{t-1}-x_{t-2}), y_{t-1}-y_t\rangle\end{aligned}$$

将上述两个关系式结合起来，两边同时乘以 $\gamma_t\geqslant0$，再将得到的不等式加起来，可以得到

$$\begin{aligned}&\sum_{i=1}^{k}\gamma_tQ(z_t, z)\\&\leqslant\sum_{t=1}^{k}\gamma_t[\eta_tV(x_{t-1}, x)-(\eta_t+\mu_p)V(x_t, x)]+\end{aligned}$$

$$\sum_{t=1}^{k}\gamma_t[\tau_t W(y_{t-1}, y)-(\tau_t+\mu_d)W(y_t, y)]+$$
$$\sum_{t=1}^{k}\gamma_t[\langle A(x_t-x_{t-1}), y_t-y\rangle-\lambda_t\langle A(x_{t-1}-x_{t-2}), y_{t-1}-y\rangle]-$$
$$\sum_{t=1}^{k}\gamma_t[\tau_t W(y_{t-1}, y_t)+\eta_t V(x_{t-1}, x_t)+\lambda_t\langle A(x_{t-1}-x_{t-2}), y_{t-1}-y_t\rangle]$$

依式(3.6.13)～式(3.6.15)的解释和 $x_0=x_{-1}$ 这一事实，上述不等式意味着

$$\begin{aligned}&\sum_{t=1}^{k}\gamma_t Q(z_t, z)\\ &\leqslant\gamma_1\eta_1 V(x_0, x)-\gamma_k(\eta_k+\mu_p)V(x_k, x)+\gamma_1\tau_1 W(y_0, y)-\gamma_k(\tau_k+\mu_d)W(y_k, y)-\\ &\sum_{t=1}^{k}\gamma_t[\tau_t W(y_{t-1}, \gamma_t)+\eta_t V(x_{t-1}, x_t)+\lambda_t\langle A(x_{t-1}-x_{t-2}), y_{t-1}-y_t\rangle]+\\ &\gamma_k\langle A(x_k-x_{k-1}), y_k-y\rangle\end{aligned}$$

同时注意到，根据式(3.6.13)和式(3.6.16)，我们有

$$\begin{aligned}&-\sum_{t=1}^{k}\gamma_t[\tau_t W(y_{t-1}, y_t)+\eta_t V(x_{t-1}, x_t)+\lambda_t\langle A(x_{t-1}-x_{t-2}), y_{t-1}-y_t\rangle]\\ &\leqslant-\sum_{t=2}^{k}\left[\frac{\gamma_t\tau_t}{2}\|y_{t-1}-y_t\|^2+\frac{\gamma_{t-1}\eta_{t-1}}{2}\|x_{t-2}-x_{t-1}\|^2-\right.\\ &\left.\gamma_t\lambda_t\|A\|\|x_{t-1}-x_{t-2}\|\|y_{t-1}-y_t\|\right]-\gamma_k\eta_k V(x_{k-1}, x_k)\\ &\leqslant-\gamma_k\eta_k V(x_{k-1}, x_k)\end{aligned}$$

结合上面的两个不等式，就可得到

$$\begin{aligned}\sum_{t=1}^{k}\gamma_t Q(z_t, z)\leqslant&\gamma_1\eta_1 V(x_0, x)-\gamma_k(\eta_k+\mu_p)V(x_k, x)+\gamma_1\tau_1 W(y_0, y)-\\ &\gamma_k(\tau_k+\mu_d)W(y_k, y)-\gamma_k\eta_k V(x_{k-1}, x_k)+\gamma_k\langle A(x_k-x_{k-1}), y_k-y\rangle\end{aligned}\tag{3.6.20}$$

式(3.6.17)的结果可由上面不等式和根据式(3.6.16)导出的下述事实得到：

$$\begin{aligned}&-(\tau_k+\mu_d)W(y_k, y)-\eta_k V(x_{k-1}, x_k)+\langle A(x_k-x_{k-1}), y_k-y\rangle\\ &\leqslant-(\tau_k+\mu_d)W(y_k, y)-\frac{\eta_k}{2}\|x_k-x_{k-1}\|^2+\|A\|\|x_k-x_{k-1}\|\|y_k-y\|\\ &\leqslant-(\tau_k+\mu_d)W(y_k, y)+\frac{\|A\|^2}{2\eta_k}\|y_k-y\|^2\\ &\leqslant-\left(\tau_k+\mu_d-\frac{\|A\|^2}{\eta_k}\right)W(y_k, y)\end{aligned}$$

在上面的不等式中固定 $z=z^*$，并利用 $Q(z_t, z^*)\geqslant 0$ 的事实，我们就得到了式(3.6.18)。最后，用类似的思想和不同的上界

$$\begin{aligned}&-(\tau_k+\mu_d)W(y_k, y)-\eta_k V(x_{k-1}, x_k)+\langle A(x_k-x_{k-1}), y_k-y\rangle\\ &\leqslant-\frac{\tau_k+\mu_d}{2}\|y_k-y\|_2^2-\eta_k V(x_{k-1}, x_k)+\|A\|\|x_k-x_{k-1}\|\|y_k-y\|_2\\ &\leqslant-\eta_k V(x_{k-1}, x_k)+\frac{\|A\|^2}{2(\tau_k+\mu_d)}\|x_k-x_{k-1}\|^2\end{aligned}$$

$$\leqslant -\left(\eta_k - \frac{\|A\|^2}{\tau_k + \mu_d}\right)V(x_{k-1}, x_k)$$

就可以证明式(3.6.19)成立。■

基于定理 3.8，针对不同类型的问题，指定不同的参数$\{\tau_t\}$、$\{\eta_t\}$和$\{\gamma_t\}$值，将得到不同的算法。

3.6.1　一般双线性鞍点问题

在本小节中，我们假设式(3.6.2)中的参数为 $\mu_p = \mu_d = 0$。另外，为了简单起见，还假设解的原始可行集 X 和对偶可行集 Y 都是有界的。关于求解可行集无界问题的原始-对偶方法，将在 3.6.4 节和 4.4 节进行讨论。

给定 $\bar{z} \in Z$，我们将问题的原始-对偶间隙定义为

$$\max_{z \in Z} Q(\bar{z}, z) \tag{3.6.21}$$

我们的目标是要证明在输出解处原始-对偶间隙的值

$$\bar{z}_k = \frac{\sum_{t=1}^{k}(\gamma_t z_k)}{\sum_{t=1}^{k}\gamma_t} \tag{3.6.22}$$

在适当地指定算法参数的情况下，该间隙值将会收敛于零。在原始-对偶方法的收敛性分析中，我们使用以下几个量：

$$D_X^2 \equiv D_{X,v}^2 := \max_{x_0, x \in X} V(x_0, x) \quad 和 \quad D_Y^2 \equiv D_{Y,\omega}^2 = \max_{y_0, y \in Y} W(y_0, y) \tag{3.6.23}$$

推论 3.6　*对于任意 $t = 1, \cdots, k$，如果 $\gamma_t = 1$，$\tau_t = \tau$，$\eta_t = \eta$，$\lambda_t = 1$，并且满足 $\tau\eta \geqslant \|A\|^2$，那么下式成立：*

$$\max_{z \in Z} Q(\bar{z}_k, z) \leqslant \frac{1}{k}(\eta D_X^2 + \tau D_Y^2)$$

证明　我们很容易检查式(3.6.13)～式(3.6.16)都成立。然后由式(3.6.17)可以得出

$$\sum_{t=1}^{k} Q(z_t, z) \leqslant \eta V(x_0, x) + \tau W(y_0, y) \tag{3.6.24}$$

上式两边同时除以 k，并利用 $Q(\bar{z}_k, z)$关于 $\bar{z}_k$ 的凸性可得

$$Q(\bar{z}_k, z) \leqslant \frac{1}{k}[\eta V(x_0, x) + \tau W(y_0, y)]$$

将上述不等式两边关于变量 $z \in Z$ 进行最大化，即得到结果。■

从以上推论的结果可以看出，变量 τ 和 η 的最佳选择是

$$\eta = \frac{\|A\| D_Y}{D_X} \quad 和 \quad \tau = \frac{\|A\| D_X}{D_Y}$$

通过这样的参数选择，原始-对偶方法的收敛速度简化为

$$\max_{z \in Z} Q(\bar{z}_k, z) \leqslant \frac{2\|A\| D_X D_Y}{k}$$

3.6.2　光滑双线性鞍点问题

在这一小节中，我们首先假设参数 $\mu_p = 0$ 但是 $\mu_d > 0$。我们称这样的问题为光滑双线性鞍点问题，因为式(3.6.1)中的目标函数是一个具有 Lipschitz 连续梯度的可微凸函数。

我们将证明，通过适当地指定算法的参数，原始-对偶方法将显示 $\mathcal{O}(1/k^2)$ 的收敛速度。为了简单起见，假定原始问题的可行域 X 是有界的。

推论 3.7　如果选取参数 $\gamma_t=t$，$\tau_t=\mu_d(t-1)/2$，$\eta_t=2\|A\|^2/(\mu_d t)$，$\lambda_t=(t-1)/t$，那么

$$\max_{z\in Z} Q(\overline{z}_k,\ z)\leqslant\frac{4\|A\|^2 D_X^2}{\mu_d k(k+1)}$$

其中 $\overline{z}_k$ 由式(3.6.22)定义。

证明　注意到式(3.6.13)～式(3.6.16)都成立，由式(3.6.17)可以得到

$$\sum_{t=1}^{k}\gamma_t Q(z_t,\ z)\leqslant\gamma_1\eta_1 V(x_0,\ x)=\frac{2\|A\|^2 V(x_0,\ x)}{\mu_d} \tag{3.6.25}$$

上式两边同时除以 $\sum_t\gamma_t$，利用间隙函数 $Q(\overline{z}_k,\ z)$ 关于变量 $\overline{z}_k$ 的凸性可得

$$Q(\overline{z}_k,\ z)\leqslant\frac{4\|A\|^2 V(x_0,\ x)}{\mu_d k(k+1)}$$

将上述不等式两边关于 $z\in X$ 进行最大化即得到推论结果。■

接下来，我们假设参数 $\mu_p>0$ 但是 $\mu_d=0$。此外，为了简单起见，我们假设对偶可行集 Y 是有界的。与前面的推论相似，我们有下面的结果。

推论 3.8　如果选择参数 $\gamma_t=t+1$，$\tau_t=4\|A\|^2/[\mu_p(t+1)]$，$\eta_t=\mu_p t/2$，$\lambda_t=t/(t+1)$，那么有

$$\max_{z\in Z} Q(\overline{z}_k,\ z)\leqslant\frac{2}{k(k+3)}\left[\mu_p D_X^2+\frac{4\|A\|^2 D_Y^2}{\mu_p}\right]$$

证明　注意到式(3.6.13)～式(3.6.16)都成立，由式(3.6.17)可以得出

$$\begin{aligned}\sum_{t=1}^{k}\gamma_t Q(z_t,\ z)&\leqslant\gamma_1\eta_1 V(x_0,\ x)+\gamma_1\tau_1 W(y_0,\ y)\\&\leqslant\mu_p V(x_0,\ x)+\frac{4\|A\|^2 W(y_0,\ y)}{\mu_p}\end{aligned} \tag{3.6.26}$$

两边同时除以 $\sum_t\gamma_t$，利用间隙函数 $Q(\overline{z}_k,\ z)$ 关于变量 $\overline{z}_k$ 的凸性可得

$$Q(\overline{z}_k,\ z)\leqslant\frac{2}{k(k+3)}\left[\mu_p V(x_0,\ x)+\frac{4\|A\|^2 W(y_0,\ y)}{\mu_p}\right]$$

将上述不等式两边关于变量 $z\in X$ 进行最大化即得到结果。■

3.6.3　光滑强凸双线性鞍点问题

在本小节中，我们假设参数 $\mu_p>0$ 和 $\mu_d>0$。我们称这类问题为光滑强凸双线性鞍点问题，因为式(3.6.1)中的目标函数既是光滑的又是强凸的。

推论 3.9　假设

$$\lambda=\frac{1}{2}\left[2+\frac{\mu_p\mu_d}{\|A\|^2}-\sqrt{\left(2+\frac{\mu_p\mu_d}{\|A\|^2}\right)^2-4}\right]$$

如果取参数 $\gamma_t=\lambda^{-t}$，$\tau_t=\mu_d\lambda/(1-\lambda)$，$\eta_t=\mu_p\lambda/(1-\lambda)$，$\lambda_t=\lambda$，那么有下式成立：

$$\frac{\mu_p}{1-\lambda}V(x_k,\ x^*)+\mu_d W(y_k,\ y^*)\leqslant\frac{\lambda^k}{1-\lambda}[\mu_p V(x_0,\ x^*)+\mu_d W(y_0,\ y^*)]$$

证明　注意到式(3.6.13)～式(3.6.16)都成立。根据式(3.6.17)(取 $z=z^*$)以及条件

$Q(z_t, z^*)\geqslant 0$，得出

$$0\leqslant \sum_{t=1}^{k}\gamma_t Q(z_t, z^*)\leqslant \gamma_1\tau_1 W(y_0, y^*)-\gamma_k\mu_d W(y_k, y^*)+$$
$$\gamma_1\eta_1 V(x_0, x^*)-\gamma_k(\eta_k+\mu_p)V(x_k, x^*)$$

这显然意味着结果成立。 ■

3.6.4 线性约束问题

在本小节中，我们分析应用于线性约束问题(3.6.6)的原始-对偶方法的收敛性。为了简单起见，我们假设 $b=0$。取 $\hat{f}(x)=f(x)$ 和 $\hat{g}(x)=0$，将原始-对偶方法应用于问题(3.6.6)重写后得到的鞍点问题

$$\min_{x\in X}\max_{y}\{f(x)+\langle Ax, y\rangle\} \tag{3.6.27}$$

由于对偶可行集是无界的，我们将对偶邻近函数设为 $W(y_{t-1}, y)=\|y-y_{t-1}\|_2^2/2$，并将算法重新表示如下：

$$\widetilde{x}_t=x_{t-1}+\lambda_t(x_{t-1}-x_{t-2}) \tag{3.6.28}$$

$$y_t=\arg\min_{y}\left\{\langle -A\widetilde{x}_t, y\rangle+\frac{\tau_t}{2}\|y-y_{t-1}\|_2^2\right\}=y_{t-1}+\frac{1}{\tau_t}A\widetilde{x}_t \tag{3.6.29}$$

$$x_t=\arg\min_{x\in X}\langle y_t, Ax\rangle+f(x)+\eta_t V(x_{t-1}, x) \tag{3.6.30}$$

此外，为了处理式(3.6.27)的对偶可行集无界情形，我们必须修改前面小节给出的收敛性分析。

我们首先在不指定算法具体参数的情况下证明上述算法的一般收敛性。

定理 3.9 假设式(3.6.13)～式(3.6.16)中的条件成立(取参数 $\mu_d=0$)，另外取

$$\gamma_1\tau_1=\gamma_k\tau_k \tag{3.6.31}$$

$$\tau_k\eta_k\geqslant\|A\|^2 \tag{3.6.32}$$

那么，有下面两式成立：

$$f(\overline{x}_k)-f(x^*)\leqslant\frac{1}{\sum_{t=1}^{k}\gamma_t}\left[\gamma_1\eta_1 V(x_0, x^*)+\frac{\gamma_1\tau_1}{2}\|y_0\|_2^2\right] \tag{3.6.33}$$

$$\|A\overline{x}_k\|_2\leqslant\frac{1}{\sum_{t=1}^{k}\gamma_t}\left\{\frac{\gamma_1\tau_1\sqrt{\eta_k}+\gamma_k\|A\|\sqrt{\tau_k}}{\sqrt{\gamma_k(\eta_k\tau_k-\|A\|^2)}}\sqrt{2\gamma_1\eta_1 V(x_0, x^*)}+\left[\frac{\gamma_1\tau_1\sqrt{\eta_k}+\gamma_k\|A\|\sqrt{\tau_k}}{\sqrt{\gamma_k(\eta_k\tau_k-\|A\|^2)}}\sqrt{\gamma_1\tau_1}+\gamma_1\tau_1\right]\|y_0-y^*\|_2\right\} \tag{3.6.34}$$

证明 由条件式(3.6.31)和式(3.6.32)可知

$$\gamma_1\tau_1 W(y_0, y)-\gamma_k\tau_k W(y_k, y)-\gamma_k\eta_k V(x_{k-1}, x_k)-\gamma_k\langle A(x_k-x_{k-1}), y_k-y\rangle$$
$$\leqslant\frac{\gamma_1\tau_1}{2}\|y-y_0\|_2^2-\frac{\gamma_k\tau_k}{2}\|y-y_k\|_2^2-\frac{\gamma_k\eta_k}{2}\|x_k-x_{k-1}\|^2-\gamma_k\langle A(x_k-x_{k-1}), y_k-y\rangle$$
$$=\frac{\gamma_1\tau_1}{2}\|y_0\|_2^2-\frac{\gamma_k\tau_k}{2}\|y_k\|_2^2-\frac{\gamma_k\eta_k}{2}\|x_k-x_{k-1}\|^2-\gamma_k\langle A(x_k-x_{k-1}), y_k\rangle+$$
$$\langle\gamma_1\tau_1(y_k-y_0)+\gamma_k A(x_k-x_{k-1}), y\rangle$$
$$\leqslant\frac{\gamma_1\tau_1}{2}\|y_0\|_2^2+\langle\gamma_1\tau_1(y_k-y_0)+\gamma_k A(x_k-x_{k-1}), y\rangle$$

根据式(3.6.20)，意味着

$$\sum_{t=1}^{k}\gamma_t Q(z_t, z)\leqslant\gamma_1\eta_1 V(x_0, x)-\gamma_k(\eta_k+\mu_p)V(x_k, x)+\frac{\gamma_1\tau_1}{2}\|y_0\|_2^2+\langle\gamma_1\tau_1(y_k-y_0)+\gamma_k A(x_k-x_{k-1}), y\rangle$$

固定参数 $x=x^*$，注意到 $Ax^*=0$，我们有 $Q(z_t, (x^*, y))=f(x_t)-f(x^*)+\langle Ax_t, y\rangle$。利用前面两个关系，可以得到

$$\sum_{t=1}^{k}\gamma_t[f(x_t)-f(x^*)]+\left\langle\sum_{t=1}^{k}(\gamma_t Ax_t)-\gamma_1\tau_1(y_k-y_0)-\gamma_k A(x_k-x_{k-1}), y\right\rangle$$
$$\leqslant\gamma_1\eta_1 V(x_0, x^*)-\gamma_k(\eta_k+\mu_p)V(x_k, x^*)+\frac{\gamma_1\tau_1}{2}\|y_0\|_2^2 \tag{3.6.35}$$

对于任意 y 成立，由此推得

$$\sum_{t=1}^{k}(\gamma_t Ax_t)-\gamma_1\tau_1(y_k-y_0)-\gamma_k A(x_k-x_{k-1})=0$$

因为如若不然，不等式(3.6.35)的左边可以是无界的。利用上述两个观察结果和 f 的凸性，我们有

$$\begin{aligned}f(\overline{x}_k)-f(x^*)&\leqslant\frac{1}{\sum_{t=1}^{k}\gamma_t}\sum_{t=1}^{k}\gamma_t[f(x_t)-f(x^*)]\\&\leqslant\frac{1}{\sum_{t=1}^{k}\gamma_t}\left[\gamma_1\eta_1 V(x_0, x^*)+\frac{\gamma_1\tau_1}{2}\|y_0\|_2^2\right]\end{aligned}$$

$$\begin{aligned}\|A\overline{x}_k\|_2&=\frac{1}{\sum_{t=1}^{k}\gamma_t}\sum_{t=1}^{k}\|\gamma_t Ax_t\|_2\\&=\frac{1}{\sum_{t=1}^{k}\gamma_t}[\|\gamma_1\tau_1(y_k-y_0)+\gamma_k A(x_k-x_{k-1})\|_2]\\&\leqslant\frac{1}{\sum_{t=1}^{k}\gamma_t}[\gamma_1\tau_1\|y_k-y_0\|_2+\gamma_k\|A\|\|x_k-x_{k-1}\|]\end{aligned}\tag{3.6.36}$$

另外，由式(3.6.18)和式(3.6.19)可得

$$\|y_k-y^*\|_2^2\leqslant\frac{\eta_k}{\gamma_k(\eta_k\tau_k-\|A\|^2)}[2\gamma_1\eta_1 V(x_0, x^*)+\gamma_1\tau_1\|y_0-y^*\|_2^2]$$

$$\|x_k-x_{k-1}\|^2\leqslant\frac{\tau_k}{\gamma_k(\eta_k\tau_k-\|A\|^2)}[2\gamma_1\eta_1 V(x_0, x^*)+\gamma_1\tau_1\|y_0-y^*\|_2^2]$$

这意味着

$$\begin{aligned}&\gamma_1\tau_1\|y_k-y_0\|_2+\gamma_k\|A\|\|x_k-x_{k-1}\|\\&\leqslant\gamma_1\tau_1(\|y_k-y^*\|_2+\|y_0-y^*\|_2)+\gamma_k\|A\|\|x_k-x_{k-1}\|\\&\leqslant\gamma_1\tau_1\left[\sqrt{\frac{\eta_k}{\gamma_k(\eta_k\tau_k-\|A\|^2)}}\left(\sqrt{2\gamma_1\eta_1 V(x_0, x^*)}+\sqrt{\gamma_1\tau_1}\|y_0-y^*\|_2\right)+\|y_0-y^*\|_2\right]+\end{aligned}$$

$$\gamma_k \|A\| \sqrt{\frac{\tau_k}{\gamma_k(\eta_k\tau_k - \|A\|^2)}} \left(\sqrt{2\gamma_1\eta_1 V(x_0, x^*)} + \sqrt{\gamma_1\tau_1}\|y_0 - y^*\|_2\right)$$

$$= \frac{\gamma_1\tau_1\sqrt{\eta_k} + \gamma_k\|A\|\sqrt{\tau_k}}{\sqrt{\gamma_k(\eta_k\tau_k - |A\|^2)}}\left[\sqrt{2\gamma_1\eta_1 V(x_0, x^*)} + \sqrt{\gamma_1\tau_1}\|y_0 - y^*\|_2\right] + \gamma_1\tau_1\|y_0 - y^*\|_2$$

将这一关系应用于式(3.6.36)就得到式(3.6.34)。■

下面我们首先考虑 f 是一般凸函数但不一定是强凸的情况。这个结果的证明可以直接从定理3.9得到。

推论3.10 对于任意 $t=1, \cdots, k$，如果取 $\gamma_t=1$，$\tau_t=\tau$，$\eta_t=\eta$，$\lambda_t=1$，$\tau\eta \geqslant \|A\|^2$，那么有

$$f(\bar{x}_k) - f(x^*) \leqslant \frac{1}{k}\left[\eta V(x_0, x^*) + \frac{\tau}{2}\|y_0\|_2^2\right]$$

$$\|A\bar{x}_k\|_2 \leqslant \frac{1}{k}\left[\frac{\tau\sqrt{\eta} + \|A\|\sqrt{\tau}}{\eta\tau - \|A\|^2}\sqrt{2\eta V(x_0, x^*)} + \left(\frac{\tau\sqrt{\eta\tau} + \|A\|\tau}{\eta\tau - \|A\|^2} + \tau\right)\|y_0 - y^*\|_2\right]$$

特别是，如果参数 $\eta = 2\|A\|$ 和 $\tau = \|A\|$，那么有下式成立：

$$f(\bar{x}_k) - f(x^*) \leqslant \frac{\|A\|}{k}\left[2V(x_0, x^*) + \frac{1}{2}\|y_0\|^2\right]$$

$$\|A\bar{x}_k\|_2 \leqslant \frac{2(\sqrt{2}+1)}{k}\sqrt{V(x_0, x^*)} + \frac{\|A\| + \sqrt{2} + 1}{k}\|y_0 - y^*\|$$

接下来我们考虑 f 是模 p 强凸的情形。

推论3.11 如果 $\gamma_t = t+1$，$\tau_t = 4\|A\|^2/[\mu_p(t+1)]$，$\eta_t = \mu_p t/2$，$\lambda_t = t/(t+1)$，则对于任意 $k \geqslant 2$ 有

$$f(\bar{x}_k) - f(x^*) \leqslant \frac{2}{k(k+3)}\left[\mu_p V(x_0, x^*) + \frac{2\|A\|^2}{\mu_p}\|y_0\|_2^2\right]$$

$$\|A\bar{x}_k\|_2 \leqslant \frac{2}{k(k+3)}\left[2(2+\sqrt{3})\|A\|\sqrt{2V(x^0, x^*)} + \frac{4(3+\sqrt{3})\|A\|^2\|y_0 - y^*\|_2}{\mu_p}\right]$$

证明 首先注意 $\sum_{t-1}^{k}\gamma_t = k(k+3)/2$，也观察到

$$\eta_k\tau_k - \|A\|^2 = \frac{2k\|A\|^2}{k+1} - \|A\|^2 = \frac{(k-1)\|A\|^2}{k+1}$$

因此有下式成立：

$$\frac{\gamma_1\tau_1\sqrt{\eta_k} + \gamma_k\|A\|\sqrt{\tau_k}}{\sqrt{\gamma_k(\eta_k\tau_k - \|A\|^2)}} = \frac{4\|A\|\sqrt{k/2} + 2\|A\|\sqrt{k+1}}{\sqrt{\mu_p(k-1)}} \leqslant \frac{2\|A\|}{\sqrt{\mu_p}}(2+\sqrt{3}), \quad \forall k \geqslant 2$$

结果是由式(3.6.33)和式(3.6.34)，参量 γ_t、τ_t、η_t 的选择，以及先前的界一起得到的。■

3.7 乘子交替方向法

在这一节中，我们讨论一种常用的原始-对偶型方法——乘子交替方向法(ADMM)，用于求解一类特殊的线性约束凸优化问题。

考虑如下问题：

$$\min_{x\in X, y\in Y}\{f(x)+g(y): Ax+By=b\} \tag{3.7.1}$$

其中，$X\subseteq\mathbb{R}^p$、$Y\subseteq\mathbb{R}^q$ 为闭凸集，向量 $b\in\mathbb{R}^m$、矩阵 $A\in\mathbb{R}^{m\times p}$ 和矩阵 $B\in\mathbb{R}^{m\times q}$ 给定。此外，我们假设最优解(x^*, y^*)存在，同时存在一个与线性约束 $Ax+By=b$ 相关的任意对偶乘子$\lambda^*\in\mathbb{R}^m$。此问题可以看作问题(3.6.6)的一个特例。

ADMM 同时更新了原始变量和对偶变量(x_t, y_t, λ_t)。给定$(y_{t-1}, \lambda_{t-1})\in Y\times\mathbb{R}^m$ 以及惩罚参数$\rho>0$，则该算法依如下公式计算(x_t, y_t, λ_t)：

$$x_t=\arg\min_{x\in X} f(x)+\langle\lambda_{t-1}, Ax+By_{t-1}-b\rangle+\frac{\rho}{2}\|Ax+By_{t-1}-b\|^2 \tag{3.7.2}$$

$$y_t=\arg\min_{y\in Y} g(y)+\langle\lambda_{t-1}, Ax_t+By-b\rangle+\frac{\rho}{2}\|Ax_t+By-b\|^2 \tag{3.7.3}$$

$$\lambda_t=\lambda_{t-1}+\rho(Ax_t+By_t-b) \tag{3.7.4}$$

为了记号使用方便，记 $z_t\equiv(x_t, y_t, \lambda_t)$，$z\equiv(x, y, \lambda)$，并按式(3.6.7)定义原始-对偶间隙函数 Q，即

$$Q(z_t, z)=f(x_t)+g(y_t)+\langle\lambda, Ax_t+By_t-b\rangle-[f(x)+g(y)+\langle\lambda_t, Ax+By-b\rangle] \tag{3.7.5}$$

另外，我们把问题(3.7.1)的任意原始-对偶解对记为 $z^*=(x^*, y^*, \lambda^*)$。

定理 3.10 令 $z_t(t=1, \cdots, k)$为给出参量 $\rho>0$ 后通过 ADMM 算法生成的序列，并定义 $\overline{z}_k=\sum_{t=1}^{k}z_t/k$。我们有

$$f(\overline{x}_k)+g(\overline{y}_k)-f(x^*)-g(y^*)\leqslant\frac{1}{2k}\left[\frac{1}{\rho}\|\lambda_0\|_2^2+\rho\|B(y_0-y^*)\|_2^2\right] \tag{3.7.6}$$

$$\|A\overline{x}_k+B\overline{y}_k-b\|_2\leqslant\frac{1}{k}\left(\frac{2}{\rho}\|\lambda_0-\lambda^*\|_2+\|B(y_0-y^*)\|_2\right) \tag{3.7.7}$$

证明 由式(3.7.2)和式(3.7.3)的最优性条件，我们有

$$f(x_t)-f(x)+\langle\lambda_{t-1}+\rho(Ax_t+By_{t-1}-b), A(x_t-x)\rangle\leqslant 0$$
$$g(y_t)-g(y)+\langle\lambda_{t-1}+\rho(Ax_t+By_t-b), B(y_t-y)\rangle\leqslant 0$$

它们和式(3.7.4)一起可以得到

$$f(x_t)-f(x)\leqslant-\langle\lambda_t+\rho B(y_{t-1}-y_t), A(x_t-x)\rangle$$
$$g(y_t)-g(y)\leqslant-\langle\lambda_t, B(y_t-y)\rangle$$

利用这两个关系和式(3.7.5)，我们有

$$\begin{aligned}Q(z_t, z)&\leqslant-\langle\lambda_t+\rho B(y_{t-1}-y_t), A(x_t-x)\rangle-\langle\lambda_t, B(y_t-y)\rangle+\\&\quad\langle\lambda, Ax_t+By_t-b\rangle-\langle\lambda_t, Ax+By-b\rangle\\&=\langle\lambda-\lambda_t, Ax_t+By_t-b\rangle+\rho\langle B(y_t-y_{t-1}), A(x_t-x)\rangle\\&=\langle\lambda-\lambda_t, \frac{1}{\rho}(\lambda_t-\lambda_{t-1})\rangle+\rho\langle B(y_t-y_{t-1}), A(x_t-x)\rangle\end{aligned}$$

注意到

$$2\langle\lambda-\lambda_t, \lambda_t-\lambda_{t-1}\rangle=\|\lambda-\lambda_{t-1}\|_2^2-\|\lambda-\lambda_t\|_2^2-\|\lambda_{t-1}-\lambda_t\|_2^2$$

和

$$\begin{aligned}&2\langle B(y_t-y_{t-1}), A(x_t-x)\rangle\\&=\|Ax+By_{t-1}-b\|_2^2-\|Ax+By_t-b\|_2^2+\|Ax_t+By_t-b\|_2^2-\|Ax_t+By_{t-1}-b\|_2^2\\&=\|Ax+By_{t-1}-b\|_2^2-\|Ax+By_t-b\|_2^2+\frac{1}{\rho^2}\|\lambda_{t-1}-\lambda_t\|_2^2-\|Ax_t+By_{t-1}-b\|_2^2\end{aligned}$$

可以得出这样的结论：

$$Q(z_t, z) \leqslant \frac{1}{2\rho}(\|\lambda_{t-1}-\lambda\|_2^2 - \|\lambda_t-\lambda\|_2^2) +$$

$$\frac{\rho}{2}(\|Ax+By_{t-1}-b\|_2^2 - \|Ax+By_t-b\|_2^2 - \|Ax_t+By_{t-1}-b\|_2^2)$$

将上述不等式从 $t=1$ 到 $t=k$ 累加起来，可以得到

$$\sum_{t=1}^{k} Q(z_t, z) \leqslant \frac{1}{2\rho}(\|\lambda_0-\lambda\|_2^2 - \|\lambda_k-\lambda\|_2^2) + \frac{\rho}{2}(\|B(y_0-y)\|_2^2 - \|B(y_k-y)\|_2^2) \tag{3.7.8}$$

在上面的不等式中设 $z=z^*$ 并利用间隙函数 $Q(\overline{z}_k, z^*)\geqslant 0$ 这一事实，我们可以看到

$$\|\lambda_k-\lambda^*\|_2^2 \leqslant \|\lambda_0-\lambda^*\|_2^2 + \rho^2\|B(y_0-y^*)\|_2^2$$

因此，

$$\|\lambda_k-\lambda_0\|_2 \leqslant \|\lambda_0-\lambda^*\|_2 + \|\lambda_k-\lambda^*\|_2 \leqslant 2\|\lambda_0-\lambda^*\|_2 + \rho\|B(y_0-y^*)\|_2 \tag{3.7.9}$$

另外，在式(3.7.8)中令 $z=(x^*, y^*, \lambda)$，并注意到

$$\frac{1}{k}\sum_{t=1}^{k} Q(z_t, (x^*, y^*, \lambda)) \geqslant Q(\overline{z}_k, (x^*, y^*, \lambda))$$

$$= f(\overline{x}_k) + g(\overline{y}_k) - f(x^*) - g(y^*) + \langle \lambda, A\overline{x}_k + B\overline{y}_k - b\rangle$$

以及

$$\frac{1}{2}(\|\lambda_0-\lambda\|_2^2 - \|\lambda_k-\lambda\|_2^2) = \frac{1}{2}(\|\lambda_0\|_2^2 - \|\lambda_k\|_2^2) - \langle \lambda, \lambda_0-\lambda_k\rangle$$

对于任意 $\lambda\in\mathbb{R}^m$，我们有

$$f(\overline{x}_k) + g(\overline{y}_k) - f(x^*) - g(y^*) + \langle \lambda, A\overline{x}_k + B\overline{y}_k - b + \frac{1}{\rho k}(\lambda_0-\lambda_k)\rangle$$

$$\leqslant \frac{1}{2k}\left[\frac{1}{\rho}(\|\lambda_0\|_2^2 - \|\lambda_k\|_2^2) + \rho(\|B(y_0-y^*)\|_2^2 - \|B(y_k-y^*)\|_2^2)\right]$$

$$\leqslant \frac{1}{2k}\left[\frac{1}{\rho}\|\lambda_0\|_2^2 + \rho\|B(y_0-y^*)\|_2^2\right]$$

这个关系意味着 $A\overline{x}_k + B\overline{y}_k - b + \frac{1}{\rho_k}(\lambda_0-\lambda_k) = 0$，因此式(3.7.6)成立。式(3.7.7)和式(3.7.9)也可直接根据前面的观察得出。■

与原始-对偶算法相比，ADMM 算法在算法参数的选择上更为简单。而且，ADMM 算法的收敛速度只取决于约束矩阵中某一部分的范数，即 B 的范数 $\|B\|$，而不取决于 $\|[A, B]\|$。然而，这种方法需要求解更复杂的子问题，而且推广这种方法来解决两个以上变量块的问题并不是一件简单的事。

3.8　变分不等式的镜面-邻近方法

本节的重点是变分不等式(VI)，它可以用来建模广泛的优化、均衡和互补问题。给定一个非空闭凸集 $X\subseteq\mathbb{R}^n$ 和一个连续映射 $F: X\to\mathbb{R}^n$，用 VI(X, F)表示的变分不等式问题是为了寻找 $x^*\in X$，满足

$$\langle F(x^*), x-x^*\rangle \geqslant 0 \quad \forall x\in X \tag{3.8.1}$$

这样的点 x^* 通常被称为 VI(X，F)的强解。特别是，如果 F 由 f 的梯度给出，则式(3.8.1)正是 $\min_{x\in X} f(x)$ 一阶最优性的必要条件。

一类重要的 VI 问题叫作单调 VI 问题，此时算子 $F(\cdot)$ 是单调的，也就是说，

$$\langle F(x)-F(y),\ x-y\rangle \geqslant 0 \quad \forall x,\ y\in X \tag{3.8.2}$$

这些单调 VI 问题将凸优化问题作为一种特殊情况。它们还涵盖了以下鞍点问题：

$$\min_{x\in X}\max_{y\in Y} F(x,\ y)$$

其中函数 F 关于变量 x 是凸的，而关于变量 y 是凹的。

一个相关的概念是 VI(X，F)的弱解，即点 $x^*\in X$ 使得下式成立

$$\langle F(x),\ x-x^*\rangle \geqslant 0 \quad \forall x\in X \tag{3.8.3}$$

注意，如果函数 $F(\cdot)$ 是单调且连续的，VI(X，F)的弱解一定也是一个强解，反之亦然。

在这一节中，我们将重点讨论如何用镜面-邻近方法来解决 VI 问题。镜面-邻近方法是从 Korpelevich 的超梯度(外梯度)方法发展而来的。我们假设一个模 1 的距离生成函数 v，以及它的关联邻近函数 V：$X^O\times X\to\mathbb{R}_+$ 已经给定。基本镜面-邻近方法的过程描述如下。

输入：初始点 $x_1\in X$，步长为 $\{\gamma_k\}_{k\geqslant 1}$。

(0) 置 $k=1$。

(1) 计算

$$y_k=\arg\min_{x\in X}\{\langle\gamma_k F(x_k),\ x\rangle+V(x_k,\ x)\} \tag{3.8.4}$$

$$x_{k+1}=\arg\min_{x\in X}\{\langle\gamma_k F(y_k),\ x\rangle+V(x_k,\ x)\} \tag{3.8.5}$$

(2) 置 $k=k+1$，转到步骤 1。

我们现在对上面的镜面-邻近方法进行一些简单说明。首先，可以发现在欧几里得情况下，当 $\|\cdot\|=\|\cdot\|_2$ 和 $v(x)=\|x\|^2/2$ 时，$(y_t,\ x_t)(t\geqslant 1)$ 的计算方法与 Korpelevich 超梯度法或欧几里得超梯度法相同。其次，上述方法与 Nemirovski 的镜面-邻近方法在求解单调 VI 问题时略有不同，依赖于算法执行的过程，该方法有可能会跳过式(3.8.5)超梯度计算步骤。我们后文将建立解决不同类型的 VI 问题时镜面-邻近方法的收敛性。

3.8.1　单调变分不等式

在本小节中，我们讨论求解单调变分不等式的镜面-邻近方法的收敛性。

我们首先展示一个求解 VI(X，F)问题的镜面-邻近方法的重要递归公式，它适用于一般的 VI 问题，而不仅仅是单调的 VI。

引理 3.9　给定 $x_1\in X$，变量对 $(y_k,\ x_{k+1})\in X\times X$ 是按式(3.8.4)～式(3.8.5)计算得到的。则对于任意 $x\in X$，有下式成立

$$\gamma_k\langle F(y_k),\ y_k-x\rangle-\frac{\gamma_k^2}{2}\|F(x_k)-F(y_k)\|_*^2+V(x_k,\ y_k)\leqslant V(x_k,\ x)-V(x_{k+1},\ x) \tag{3.8.6}$$

证明　根据式(3.8.4)和引理 3.5(其中取 $p(\cdot)=\gamma_k\langle F(x_k),\ \cdot\rangle$，$\tilde{x}=x_k$，$\hat{u}=y_k$)，我们有

$$\gamma_k\langle F(x_k),\ y_k-x\rangle+V(x_k,\ y_k)+V(y_k,\ x)\leqslant V(x_k,\ x),\quad \forall x\in X$$

在上面的不等式中令 $x=x_{k+1}$，可以得到

$$\gamma_k\langle F(x_k), y_k-x_{k+1}\rangle+V(x_k, y_k)+V(y_k, x_{k+1})\leqslant V(x_k, x_{k+1}) \quad (3.8.7)$$

此外，通过式(3.8.5)和引理 3.5(此时取 $p(\cdot)=\gamma_k\langle F(y_k), \cdot\rangle$，$\tilde{x}=x_k$，$\hat{u}=x_{k+1}$)，我们有

$$\gamma_k\langle F(y_k), x_{k+1}-x\rangle+V(x_k, x_{k+1})+V(x_{k+1}, x)\leqslant V(x_k, x), \quad \forall x\in X$$

使用式(3.8.7)中的上界替换上面不等式中的 $V(x_k, x_{k+1})$，并注意到$\langle F(y_k), x_{k+1}-x\rangle=\langle F(y_k), y_k-x\rangle-\langle F(y_k), y_k-x_{k+1}\rangle$，可以得到

$$\gamma_k\langle F(y_k), y_k-x\rangle+\gamma_k\langle F(x_k)-F(y_k), y_k-x_{k+1}\rangle+$$
$$V(x_k, y_k)+V(y_k, x_{k+1})+V(x_{k+1}, x)\leqslant V(x_k, x)$$

此外，利用 Cauchy-Schwarz 不等式和函数 v 的强凸性，可以得到

$$\begin{aligned}
&\gamma_k\langle F(x_k)-F(y_k), y_k-x_{k+1}\rangle+V(x_k, y_k)+V(y_k, x_{k+1})\\
\geqslant&-\gamma_k\|F(x_k)-F(y_k)\|_*\|y_k-x_{k+1}\|+V(x_k, y_k)+V(y_k, x_{k+1})\\
\geqslant&-\gamma_k\|F(x_k)-F(y_k)\|_*[2V(y_k, x_{k+1})]^{1/2}+V(x_k, y_k)+V(y_k, x_{k+1})\\
\geqslant&-\frac{\gamma_k^2}{2}\|F(x_k)-F(y_k)\|_*^2+V(x_k, y_k)
\end{aligned}$$

其中，最后一个不等式是由式(3.1.6)得到的。结合以上两个结论，我们得到关系式(3.8.20)的结果。 ■

我们定义一个终止准则来描述 VI 问题的弱解，如下所示：

$$g(\bar{x}):=\sup_{x\in X}\langle F(x),\bar{x}-x\rangle \quad (3.8.8)$$

请注意，通过在上面定义式右边设置 $x=\bar{x}$，可知一定会有 $g(\bar{x})\geqslant 0$。因此，$g(\bar{x})$度量了当前值违反解条件(3.8.3)中的条件的程度。值得注意的是，镜面-邻近方法也可以生成一个解，该解可近似满足式(3.8.1)所给的更强的条件。我们将在下一小节中讨论强解的计算。

为了简单起见，我们将集中讨论函数 F 是 Lipschitz 连续的情形，即满足

$$\|F(x)-F(y)\|_*\leqslant L\|x-y\|, \quad \forall x, y\in X \quad (3.8.9)$$

然而，应该注意到该算法也可以应用于更一般的问题，其中的 F 可以是 Hölder 连续的、局部 Lipschitz 连续的、连续的或有界的。我们把算法针对这些情况的扩展留作练习。

定理 3.11 给定 $x_1\in X$，变量对$(y_k, x_{k+1})\in X\times X$ 是按式(3.8.4)～式(3.8.5)计算得到的，并记

$$\bar{y}_k:=\frac{\sum_{t=1}^{k}(\gamma_t y_t)}{\sum_{t=1}^{k}\gamma_t} \quad (3.8.10)$$

如果式(3.8.9)成立，并且

$$\gamma_k=\frac{1}{L}, \quad k=1, 2, \cdots \quad (3.8.11)$$

那么，就有

$$g(\bar{y}_k)\leqslant\frac{LD_X^2}{k}, \quad k\geqslant 1 \quad (3.8.12)$$

其中函数 D_X 和 g 分别如式(3.2.4)和式(3.8.8)中所定义。

证明 注意到，根据 F 的单调性，即式(3.8.2)成立，则对于任何 $x\in X$，我们有$\langle F(y_k), y_k-x\rangle\geqslant\langle F(x), y_k-x\rangle$。并且，由函数 F 是 Lipschitz 连续的，即满足

式(3.8.9)的性质，以及函数 v 的凸性，我们得到

$$-\frac{\gamma_k^2}{2}\|F(x_k)-F(y_k)\|_*^2+V(x_k, y_k)\geqslant -\frac{L^2\gamma_k^2}{2}\|x_k-y_k\|^2+\|x_k-y_k\|^2\geqslant 0$$

在式(3.8.6)中使用这些关系，我们就得到了

$$\gamma_k\langle F(x), y_k-x\rangle\leqslant V(x_k, x)-V(x_{k+1}, x), \quad \forall x\in X \quad 且 \quad k\geqslant 1$$

把这些关系式进行累加，然后在所得不等式两边对变量 x 最大化，就得到结论——式(3.8.12)。 ■

对于求解单调 VI 的镜面-邻近方法，定理 3.11 建立了算法的收敛速度。在下一小节中，我们将讨论镜面-邻近方法在求解一类不具备单调性的 VI 问题时的收敛性。

3.8.2　广义单调变分不等式

在本小节中，我们要研究一类广义单调变分不等式(GMVI)问题，这类问题满足对任意 $x^*\in X^*$

$$\langle F(x), x-x^*\rangle\geqslant 0 \quad \forall x\in X \tag{3.8.13}$$

显然，如果函数 $F(\cdot)$是单调的，条件(3.8.13)可以得到满足。而且，如果 $F(\cdot)$是伪单调的，也就是说，

$$\langle F(y), x-y\rangle\geqslant 0\Rightarrow\langle F(x), x-y\rangle\geqslant 0 \tag{3.8.14}$$

这一假设也成立。举一个例子，如果 $F(\cdot)$是一个实值可微的伪凸函数的梯度，那么，该函数是伪单调的。不难构造出满足式(3.8.13)的 VI 问题，其算子 $F(\cdot)$在任何地方都既不单调也不伪单调。一组简单的例子可由所有满足下面条件的 F：$\mathbb{R}\rightarrow\mathbb{R}$ 所给出：

$$F(x)\begin{cases}=0, & x=x_0\\ \geqslant 0, & x\geqslant x_0\\ \leqslant 0, & x\leqslant x_0\end{cases} \tag{3.8.15}$$

尽管这些问题在 $x^*=x_0$ 时都满足式(3.8.13)，但它们既不是单调的也不是伪单调的。

下面我们引入求解与邻近映射相关的 VI 问题的终止准则，通过首先提供 VI(X, F)的强解的一个简单表征而给出。

引理 3.10　*一个点 $x\in X$ 是 VI(X, F)的强解，当且仅当对某个 $\gamma>0$*

$$x=\arg\min_{z\in X}\langle\gamma F(x), z\rangle+V(x, z) \tag{3.8.16}$$

证明　式(3.8.16)成立当且仅当

$$\langle\gamma F(x)+\nabla v(x)-\nabla v(x), z-x\rangle\geqslant 0, \quad \forall z\in X \tag{3.8.17}$$

或者等价地，对于任何 $z\in X$，$\langle\gamma F(x), z-x\rangle\geqslant 0$，再结合已知 $\gamma>0$ 和式(3.8.1)中的定义，得出 x 是 VI(X, F)的强解。 ■

受引理 3.10 的启发，我们可以对给定的 $x\in X$ 定义残差函数(剩余函数)。

定义 3.1　令$\|\cdot\|$为空间 $\mathbb{R}^n$ 上的范数，$v(\cdot)$是一个关于$\|\cdot\|$的模 1 的距离生成函数，对于某个正常数 γ

$$x^+:=\arg\min_{z\in X}\{\langle\gamma F(x), z\rangle+V(x, z)\}$$

然后，定义点 $x\in X$ 处的残差函数 $R_\gamma(\cdot)$为

$$R_\gamma(x)\equiv P_X(x, F(x), \gamma):=\frac{1}{\gamma}[x-x^+] \tag{3.8.18}$$

我们观察到在欧几里得设置下的取法：范数$\|\cdot\|=\|\cdot\|_2$，函数为 $v(x)=\|x\|_2^2/2$。于是式(3.8.18)中的残差函数 $R_\gamma(\cdot)$就化成

$$R_{\gamma}(x)=\frac{1}{\gamma}\left[x-\prod_{X}(x-\gamma F(x))\right] \tag{3.8.19}$$

这里，$\prod_{X}(\cdot)$表示在 X 上的欧几里得投影。特别是，若 $F(\cdot)$是一个实值可微函数 $f(\cdot)$的梯度，则式(3.8.19)的残差函数 $R_{\gamma}(\cdot)$通常被称为函数 $f(\cdot)$在点 x 处的投影梯度。

下面两个结果是引理 3.10 和定义 3.1 的直接结果。

引理 3.11　点 $x \in X$ 是问题 VI(X，F)的强解，当且仅当对某个 $\gamma>0$ 有$\|R_{\gamma}(x)\|=0$。

引理 3.12　假设 $x_k \in X$，$\gamma_k \in (0，\infty)$，$k=1，2，\cdots$，以及

$$y_k=\arg\min_{z \in X}\{\langle \gamma_k F(x_k)，z\rangle+V(x_k，z)\}$$

满足以下条件：

(i) $\lim\limits_{k\to\infty} V(x_k，y_k)=0$

(ii) 存在 $K \in \mathbb{N}$ 和 $\gamma^*>0$ 使得对于任意 $k \geqslant K$ 都有 $\gamma_k \geqslant \gamma^*$

那么，一定有$\lim\limits_{k\to\infty}\|R_{\gamma_k}(x_k)\|=0$。此外，如果序列$\{x_k\}$是有界的，那么，一定存在一个$\{x_k\}$的聚点 $\tilde{x}$ 使得 $\tilde{x} \in X^*$，其中 X^* 表示 VI(X，F)的解集。

证明　由 v 的强凸性和条件(i)可得$\lim\limits_{k\to\infty}\|x_k-y_k\|=0$。根据条件(ii)及定义 3.1，这一观察可以推出$\lim\limits_{k\to\infty}\|R_{\gamma_k}(x_k)\|=0$。此外，如果$\{x_k\}$是有界的，则对 $n_1 \leqslant n_2 \leqslant \cdots$，通过设定 $\tilde{x}_i=x_{n_i}$ 可得到序列$\{x_k\}$的子序列$\{\tilde{x}_i\}$，使得$\lim\limits_{i\to\infty}\|\tilde{x}_i-\tilde{x}\|=0$。与此相对应，令$\{\tilde{y}_i\}$为在序列$\{y_k\}$中对应的子序列，也就是 $y_i=\arg\min\limits_{z \in X}\{\langle \gamma_{n_i} F(x_{n_i})，z\rangle+V(x_{n_i}，z)\}$，并且取 $\tilde{\gamma}_i=\gamma_{n_i}$。我们有$\lim\limits_{i\to\infty}\|\tilde{x}_i-\tilde{y}_i\|=0$。此外，根据式(3.8.17)，我们有

$$\left\langle F(\tilde{x}_i)+\frac{1}{\tilde{\gamma}_i}[\nabla v(\tilde{y}_i)-\nabla v(\tilde{x}_i)]，z-\tilde{y}_i\right\rangle \geqslant 0, \quad \forall z \in X, \quad \forall i \geqslant 1$$

在上面的不等式中令 i 趋于$+\infty$，并利用函数 $F(\cdot)$和$\nabla v(\cdot)$的连续性以及条件(ii)，我们得出这样的结论：对任意 $z \in X$，$\langle F(\tilde{x})，z-\tilde{x}\rangle \geqslant 0$。■

我们将对引理 3.9 的结果进行特殊化，以求解 GMVI 问题。

引理 3.13　给定 $x_1 \in X$，按式(3.8.4)～式(3.8.5)计算变量对$(y_k，x_{k+1}) \in X \times X$。令 X^* 表示 VI(X，F)的解集。那么，以下性质成立：

(a) 存在 $x^* \in X^*$，满足

$$-\frac{\gamma_k^2}{2}\|F(x_k)-F(y_k)\|_*^2+V(x_k，y_k) \leqslant V(x_k，x^*)-V(x_{k+1}，x^*) \tag{3.8.20}$$

(b) 如果函数 $F(\cdot)$是 Lipschitz 连续的(即满足式(3.8.9)的条件)，那么有

$$(1-L^2\gamma_k^2)V(x_k，y_k) \leqslant V(x_k，x^*)-V(x_{k+1}，x^*) \tag{3.8.21}$$

证明　我们首先证明(a)部分。固定式(3.8.6)中 $x=x^*$，并利用由于式(3.8.13)成立所以$\langle F(y_k)，y_k-x^*\rangle \geqslant 0$ 这一事实，我们就得到欲证的结果。

现在，由假设(3.8.9)和 v 的强凸性可知

$$\|F(x_k)-F(y_k)\|_*^2 \leqslant L^2\|x_k-y_k\|^2 \leqslant 2L^2 V(x_k，y_k)$$

将之前的观察结果与式(3.8.20)相结合，就得到式(3.8.21)的结论。■

我们现在准备建立 GMVI 问题的镜面下降算法的复杂性。

定理 3.12　假设函数 $F(\cdot)$是 Lipschitz 连续的(即满足式(3.8.9)的条件)，设置步长 γ_k 为

$$\gamma_k=\frac{1}{\sqrt{2}L},\quad k\geqslant 1 \tag{3.8.22}$$

并按式(3.8.18)定义残差函数 R_γ。那么，对于任何 $k\in\mathbb{N}$，存在 $i\leqslant k$ 使得

$$\|R_{\gamma_i}(x_i)\|^2\leqslant\frac{8L^2}{k}V(x_1,\ x^*),\quad k\geqslant 1 \tag{3.8.23}$$

证明　利用式(3.8.21)和式(3.8.22)，我们得到

$$\frac{1}{2}V(x_k,\ y_k)\leqslant V(x_k,\ x^*)-V(x_{k+1},\ x^*),\quad k\geqslant 1$$

由函数 v 的强凸性和式(3.8.18)残差函数的定义可知

$$V(x_k,\ y_k)\geqslant\frac{1}{2}\|x_k-y_k\|^2=\frac{\gamma_k^2}{2}\|R_{\gamma_k}(x_k)\|^2 \tag{3.8.24}$$

综合以上两个观察结果，我们得到

$$\gamma_k^2\|R_{\gamma_k}(x_k)\|^2\leqslant 4[V(x_k,\ x^*)-V(x_{k+1},\ x^*)],\quad k\geqslant 1$$

把这些不等式加起来，就得到了

$$\sum_{i=1}^k\gamma_i^2\min_{i=1,\cdots,k}\|R_{\gamma_i}(x_i)\|^2\leqslant\sum_{i=1}^k\gamma_i^2\|R_{\gamma_i}(x_i)\|^2\leqslant 4V(x_1,\ x^*),\quad k\geqslant 1$$

这就意味着

$$\min_{i=1,\cdots,k}\|R_{\gamma_i}(x_i)\|^2\leqslant\frac{4}{\sum_{i=1}^k\gamma_i^2}V(x_1,\ x^*) \tag{3.8.25}$$

利用上述不等式和式(3.8.22)中 γ_k 的设置，就可得到式(3.8.23)的界。■

从定理 3.12 可以看出，镜面-邻近法可以用于求解 GMVI 问题，且问题不必单调。此外，计算近似强解的收敛速度，以 $\min\limits_{i=1,\cdots,k}R_{\gamma_i}$ 表示时，其上界为 $\mathcal{O}(1/\sqrt{k})$。

3.9　加速水平法

在这一节中，我们要讨论一类重要的一阶方法，即大规模凸优化的水平束方法。这类方法通过割平面模型利用历史的一阶信息，被认为是实践中最有效的一阶优化方法之一。前面几节讨论的其他一阶优化方法通常要求我们估计问题相关的多个参数(如 L 和 D_X 等)，而本节所给出的水平束方法则不需要太多的问题信息，但在解决几个不同类型的凸优化问题时仍然可以达到最好的性能。

3.9.1　非光滑、光滑和弱光滑问题

考虑凸规划

$$f^*:=\min_{x\in X}f(x) \tag{3.9.1}$$

其中 X 为凸紧集，f：$X\to\mathbb{R}$ 为闭凸函数。在经典的黑箱方式设置中，f 用一阶预言机表示，给定输入点 $x\in X$，返回 $f(x)$和 $f'(x)\in\partial f(x)$，其中 $\partial f(x)$表示 f 在 $x\in X$ 处的次微分。另外，我们假设对于某个 $M>0$，$\rho\in[0,\ 1]$和 $f'(x)\in\partial f(x)$，有下式成立：

$$f(y)-f(x)-\langle f'(x),\ y-x\rangle\leqslant\frac{M}{1+\rho}\|y-x\|^{1+\rho},\quad\forall x,\ y\in X \tag{3.9.2}$$

显然，这类问题涵盖了非光滑($\rho=0$)、光滑($\rho=1$)以及弱光滑问题，即当 $\rho\in(0,\ 1)$时

Hölder 连续梯度的问题。

我们首先简单介绍求解问题(3.9.1)的经典割平面法。这种方法的基本思想是构造 f^* 上的下界和上界，并保证这些下界和上界之间的间隙收敛于0。

当 f^* 的上界由可行解的目标值给出时，我们需要讨论如何计算 f^* 的下界。给定一个搜索点的序列 x_1，…，$x_k \in X$，问题(3.9.1)的目标函数 f 的一个重要构造——割平面模型，由下式给出

$$m_k(x) := \max\{h(x_i, x): 1 \leqslant i \leqslant k\} \tag{3.9.3}$$

其中，

$$h(z, x) := f(z) + \langle f'(z), x - z \rangle \tag{3.9.4}$$

在割平面法中，我们用 m_k 来逐步逼近 f，并根据下式对搜索点进行更新

$$x_{k+1} \in \operatorname{Arg}\min_{x \in X} m_k(x) \tag{3.9.5}$$

于是，x_{k+1} 会在下一次迭代中定义一个新的可行解，更新后的模型 $m_k(x_{k+1})$ 会提供 f^* 的一个改进的下界。但无论在理论上还是在实际应用中，该方案的收敛速度都比较慢。

为了改进割平面法的基本方案，我们需要引入一种新的方法来利用 f 的(近似)水平集来构造 f^* 的下界。用记号 $\mathcal{E}_f(l)$ 表示 f 的(近似)水平集

$$\mathcal{E}_f(l) := \{x \in X: f(x) \leqslant l\} \tag{3.9.6}$$

同时对于某个 $z \in X$，设 $h(z, x)$ 为如式(3.9.4)所定义的割平面，并记

$$\bar{h} := \min\{h(z, x): x \in \mathcal{E}_f(l)\} \tag{3.9.7}$$

那么，很容易验证

$$\min\{l, \bar{h}\} \leqslant f(x), \quad \forall x \in X \tag{3.9.8}$$

事实上，如果 $l \leqslant f^*$，就有 $\mathcal{E}_f(l) = \varnothing$，$\bar{h} = +\infty$ 和 $\min\{l, \bar{h}\} = l$ 成立。因此式(3.9.8)显然是正确的。现在考虑 $l > f^*$ 的情形。显然，对于任意式(3.9.1)定义的最优解 x^*，我们有 $x^* \in \mathcal{E}_f(l)$。并且，由式(3.9.4)、式(3.9.7)和 f 的凸性条件可知，对任意 $x \in \mathcal{E}_f(l)$，$\bar{h} \leqslant h(z, x) \leqslant f(x)$ 成立。因此，$\bar{h} \leqslant f(x^*) = f^*$ 成立，从而式(3.9.8)成立。

但是请注意，解决问题(3.9.7)通常与解决最初的问题(3.9.1)是一样困难的。为了更方便地计算 f^* 的下界，我们将式(3.9.7)中的 $\mathcal{E}_f(l)$ 替换为一个凸紧集 X'，该集合满足

$$\mathcal{E}_f(l) \subseteq X' \subseteq X \tag{3.9.9}$$

集合 X' 将被称为水平集 $\mathcal{E}_f(l)$ 的局部化集。下面的结果显示了通过放宽式(3.9.7)条件为局部化水平集后，求得 f^* 的下界的计算过程。

引理 3.14　*设对于 $l \in \mathbb{R}$，X' 为水平集 $\mathcal{E}_f(l)$ 的局部化集，函数 $h(z, x)$ 如式(3.9.4)中所定义。记*

$$\underline{h} := \min\{h(z, x): x \in X'\} \tag{3.9.10}$$

则有

$$\min\{l, \underline{h}\} \leqslant f(x), \quad \forall x \in X \tag{3.9.11}$$

证明　注意如果 $X' = \varnothing$(也就是式(3.9.10)是不可行的)，那么有 $\underline{h} = +\infty$。这里，对于任意 $x \in X$，有 $\mathcal{E}_f(l) = \varnothing$ 和 $f(x) \geqslant l$ 成立。现在假定 $X' \neq \varnothing$。根据式(3.9.7)、式(3.9.9)和式(3.9.10)，我们有 $\underline{h} \leqslant \bar{h}$，此式连同式(3.9.8)，显然可推出式(3.9.11)成立。 ■

我们也将采用加速梯度下降方法的一些思想来保证水平方法的快速收敛。特别地，我们将使用3种不同的序列，即使用列 $\{x_k^l\}$，$\{x_k\}$ 和 $\{x_k^u\}$ 来相应更新下界、搜索点和上界。

与镜面下降法相似，假设给定了一个模 1 的距离生成函数。

现在我们已经准备好描述间隙降低过程，用 $\mathcal{G}_{\text{APL}}$ 表示，对于一个给定的搜索点 p 和 f^* 的下界 lb，计算一个新的搜索点 p^+ 和一个新的 f^* 的下界 lb^+，满足对于某个 $q\in(0, 1)$，使 $f(p^+)-\text{lb}^+\leqslant q[f(p)-\text{lb}]$ 成立。请注意，q 的值将取决于算法的两个输入参数：β，$\theta\in(0, 1)$。

APL 间隙减小过程：$(p^+, \text{lb}^+)=\mathcal{G}_{\text{APL}}(p, \text{lb}, \beta, \theta)$

(0) 设置 $x_0^u=p$，$\overline{f}_0=f(x_0^u)$，$\underline{f}_0=\text{lb}$ 和 $l=\beta\underline{f}_0+(1-\beta)\overline{f}_0$。并让 $x_0\in X$ 和初始局部化集 X_0' 是可以任意选择的，如 $x_0=p$ 和 $X_0'=X$。设置邻近函数 $V(x_0, x)=v(x)-[v(x_0)+\langle v'(x_0), x-x_0\rangle]$。置 $k=1$。

(1) 更新下界：设置 $x_k^l=(1-\alpha_k)x_{k-1}^u+\alpha_k x_{k-1}$，$h(x_k^l, x)=f(x_k^l)+\langle f'(x_k^l), x-x_k^l\rangle$ 和

$$\underline{h}_k := \min_{x\in X_{k-1}'}\{h(x_k^l, x)\},\quad \underline{f}_k := \max\{\underline{f}_{k-1}, \min\{l, \underline{h}_k\}\} \tag{3.9.12}$$

如果 $\underline{f}_k\geqslant l-\theta(l-\underline{f}_0)$，那么**终止程序**，取 $p^+=x_{k-1}^u$ 和 $\text{lb}^+=\underline{f}_k$。

(2) 更新邻近中心：设置

$$x_k := \arg\min_{x\in X_{k-1}'}\{V(x_0, x):\ h(x_k^l, x)\leqslant l\} \tag{3.9.13}$$

(3) 更新上限：设置 $\overline{f}_k=\min\{\overline{f}_{k-1}, f(\alpha_k x_k+(1-\alpha_k)x_{k-1}^u)\}$，并选择 x_k^u 使得 $f(x_k^u)=\overline{f}_k$。如果 $\overline{f}_k\leqslant l+\theta(\overline{f}_0-l)$，那么**终止程序**，取 $p^+=x_k^u$ 和 $\text{lb}^+=\underline{f}_k$。

(4) 更新局部化集：选择任意 X_k' 使得 $\underline{X}_k\subseteq X_k'\subseteq\overline{X}_k$，其中集的上下界为：

$$\begin{aligned}\underline{X}_k &:= \{x\in X_{k-1}':\ h(x_k^l, x)\leqslant l\}\\ \overline{X}_k &:= \{x\in X:\ \langle v'(x_k)-v'(x_0), x-x_k\rangle\geqslant 0\}\end{aligned} \tag{3.9.14}$$

(5) 置 $k=k+1$，转到步骤(1)。

现在我们对上面描述的 $\mathcal{G}_{\text{APL}}$ 过程添加一些注释。首先，注意式(3.9.13)中使用的水平值 l 在整个计算过程中都是固定不变的。另外，两个参数(即 β 和 θ)也是预先给定的，例如，取 $\beta=\theta=0.5$。

其次，$\mathcal{G}_{\text{APL}}$ 过程可以在步骤 1 或步骤 3 终止。如果在步骤 1 终止，则表示在下界 $\underline{f}_k$ 的计算上取得了显著进展；如果在步骤 3 中终止，则表示在上界 $\overline{f}_k$ 的计算上取得了显著进展。

最后，观察到在 $\mathcal{G}_{\text{APL}}$ 过程的步骤 4 中，我们可以选择任何一组 X_k' 满足 $\underline{X}_k\subseteq X_k'\subseteq\overline{X}_k$ (最简单的方法是设置 $X_k'=\underline{X}_k$ 或 $X_k'=\overline{X}_k$)。尽管 $\underline{X}_k$ 中约束数量随 k 增加而增加，但 $\overline{X}_k$ 中约束只比 X 多一个。通过在这两个极端情况之间选择 X_k'，我们可以控制子问题(3.9.12)和式(3.9.13)中的约束数量。因此，尽管 $\mathcal{G}_{\text{APL}}$ 过程的迭代代价高于投影梯度下降型方法，但其代价仍可以控制在一定范围内。

下面我们总结一些关于 $\mathcal{G}_{\text{APL}}$ 过程执行中可观察到的结果。

引理 3.15　对于过程 $\mathcal{G}_{\text{APL}}$ 以下性质成立。

(a) $\{X_k'\}_{k\geqslant 0}$ 是水平集 $\mathcal{E}_f(l)$ 的局部化集序列。

(b) 对任意 $k\geqslant 1$，$\underline{f}_0\leqslant\underline{f}_1\leqslant\cdots\leqslant\underline{f}_k\leqslant f^*$ 和 $\overline{f}_0\geqslant\overline{f}_1\geqslant\cdots\geqslant\overline{f}_k\geqslant f^*$ 成立。

(c) 除非程序终止，否则问题(3.9.13)总是可行的。

(d) 对任意 $k\geqslant 1$，$\emptyset\neq\underline{X}_k\subseteq\overline{X}_k$，因而除非程序终止，否则步骤 4 总是可行的。

(e) 无论程序在哪里终止，总有 $f(p^+)-\text{lb}^+\leqslant q[f(p)-\text{lb}]$，其中

$$q\equiv q(\beta,\theta):=1-(1-\theta)\min\{\beta,1-\beta\} \tag{3.9.15}$$

证明 先证明(a)部分。首先，注意到 $\mathcal{E}_f(l)\subseteq X'_0$，我们可以通过归纳法得出 $\mathcal{E}_f(l)\subseteq X'_k$，在 $k\geqslant 1$ 时成立。假设 X'_{k-1} 是水平集 $\mathcal{E}_f(l)$ 的局部化集。那么，对于任意 $x\in\mathcal{E}_f(l)$，我们有 $x\in X'_{k-1}$。而且，根据 h 的定义，对于任意 $x\in\mathcal{E}_f(l)$，都有 $h(x_k^l,x)\leqslant f(x)\leqslant l$。使用这两个观察结果和式(3.9.14)中 $\underline{X}_k$ 的定义，我们有 $\mathcal{E}_f(l)\subseteq\underline{X}_k$，而根据 $\underline{X}_k\subseteq X'_k$ 这一事实，这就意味着 $\mathcal{E}_f(l)\subseteq X'_k$，即 X'_k 是水平集 $\mathcal{E}_f(l)$ 的局部化集。

再证明(b)部分。第一个关系可从引理 5.7、式(3.9.12)和条件 X'_k，$k\geqslant 0$ 是 $\mathcal{E}_f(l)$ 的局部化集(引理中(a)的结论)这三者推出。第二个关系成立可立即由 $\overline{f}_k$，$k\geqslant 0$ 的定义得到。

为了证明(c)部分，假设问题(3.9.13)不可行。然后，由式(3.9.12)中 $\underline{h}_k$ 的定义，我们有 $\underline{h}_k>l$，这意味着 $\underline{f}_k\geqslant l$，反过来又可推知该过程应该在进行第 k 次迭代时，将在步骤 1 终止。

为了证明(d)部分，请注意根据(c)部分的结论，集合 $\underline{X}_k$ 是非空的。此外，通过式(3.9.13)的最优性条件和式(3.9.14)中 $\underline{X}_k$ 的定义，我们有对任何 $x\in\underline{X}_k$，$\langle\nabla v(x_k),x-x_k\rangle\geqslant 0$，这就意味着 $\underline{X}_k\subseteq\overline{X}_k$。

现在给出(e)部分的证明。首先假设过程在进行第 k 次迭代时在第 1 步结束，我们一定会有 $\underline{f}_k\geqslant l-\theta(l-\underline{f}_0)$。通过使用这个条件、$f(p^+)\leqslant\overline{f}_0$ 的事实(参见(b)的部分)和关系 $l=\beta\underline{f}_0+(1-\beta)\overline{f}_0$，我们得到

$$\begin{aligned}f(p^+)-\text{lb}^+&=f(p^+)-\underline{f}_k\leqslant\overline{f}_0-[l-\theta(l-\underline{f}_0)]\\&=[1-(1-\beta)(1-\theta)](\overline{f}_0-\underline{f}_0)\end{aligned} \tag{3.9.16}$$

现在假设过程在进行第 k 次迭代的第 3 步结束，则我们一定有 $\overline{f}_k\leqslant l+\theta(\overline{f}_0-l)$。由这一条件、$\text{lb}^+\geqslant\underline{f}_0$ 的事实(见(b)部分)和关系 $l=\beta\underline{f}_0+(1-\beta)\overline{f}_0$，我们得到

$$f(p^+)-\text{lb}^+=\overline{f}_k-\text{lb}^+\leqslant l+\theta(\overline{f}_0-l)-\underline{f}_0=[1-(1-\theta)\beta](\overline{f}_0-\underline{f}_0)$$

将以上两个关系结合起来就推出了(e)部分。 ■

通过说明上界(即 $f(x_k^u)$)和水平值 l 之间的差距如何随着 k 增加而减小，我们将在定理 3.13 中建立 $\mathcal{G}_{\text{APL}}$ 过程的一些重要收敛性质。在此之前，我们需要先证明两个技术性的结果。

引理 3.16 令 $(x_{k-1},x_{k-1}^u)\in X\times X$ 在 $\mathcal{G}_{\text{APL}}$ 迭代方案的第 k 次迭代($k\geqslant 1$)时给出，并记 $x_k^l=\alpha_k x_{k-1}+(1-\alpha_k)x_{k-1}^u$。同时，令函数 $h(z,\cdot)$ 如式(3.9.4)中定义，并且假设新的搜索点对 $(x_k,\tilde{x}_k^u)\in X\times X$ 满足性质：对于 $l\in\mathbb{R}$ 和 $\alpha_k\in(0,1)$ 有下面式子成立，

$$h(x_k^l,x_k)\leqslant l \tag{3.9.17}$$

$$\tilde{x}_k^u=\alpha_k x_k+(1-\alpha_k)x_{k-1}^u \tag{3.9.18}$$

那么就有

$$f(\tilde{x}_k^u)\leqslant(1-\alpha_k)f(x_{k-1}^u)+\alpha_k l+\frac{M}{1+\rho}\|\alpha_k(x_k-x_{k-1})\|^{1+\rho} \tag{3.9.19}$$

证明 由式(3.9.18)和 x_k^l 的定义可以很容易看出

$$\tilde{x}_k^u-x_k^l=\alpha_k(x_k-x_{k-1}) \tag{3.9.20}$$

利用上面的表示和式(3.9.2)、式(3.9.4)、式(3.9.17)、式(3.9.18)四个式子以及 f 的凸

函数性质，我们得到

$$
\begin{aligned}
f(\tilde{x}_k^u) &\leqslant h(x_k^l,\ \tilde{x}_k^u)+\frac{M}{1+\rho}\|\tilde{x}_k^u-x_k^l\|^{1+\rho}\\
&=(1-\alpha_k)h(x_k^1,\ x_{k-1}^u)+\alpha_k h(x_k^l,\ x_k)+\frac{M}{1+\rho}\|\tilde{x}_k^u-x_k^l\|^{1+\rho}\\
&=(1-\alpha_k)h(x_k^l,\ x_{k-1}^u)+\alpha_k h(x_k^l,\ x_k)+\frac{M}{1+\rho}\|\alpha_k(x_k-x_{k-1})\|^{1+\rho}\\
&\leqslant(1-\alpha_k)f(x_{k-1}^u)+\alpha_k h(x_k^l,\ x_k)+\frac{M}{1+\rho}\|\alpha_k(x_k-x_{k-1})\|^{1+\rho}\\
&\leqslant(1-\alpha_k)f(x_{k-1}^u)+\alpha_k l+\frac{M}{1+\rho}\|\alpha_k(x_k-x_{k-1})\|^{1+\rho}
\end{aligned}
$$

其中，三个不等式分别来自式(3.9.2)和式(3.9.4)相结合得到结果、凸性定义和式(3.9.17)；而两个相等的式子分别来自式(3.9.18)和式(3.9.20)。■

引理 3.17　令 $w_k\in(0,\ 1]$，给定 $k=1,\ 2,\ \cdots$，同时记

$$
W_k:=\begin{cases}1, & k=1\\ (1-w_k)W_{k-1}, & k\geqslant 2\end{cases} \tag{3.9.21}
$$

假设对所有 $k\geqslant 2$ 都有 $W_k>0$，且序列 $\{\delta_k\}_{k\geqslant 0}$ 满足

$$
\delta_k\leqslant(1-w_k)\delta_{k-1}+B_k,\quad k=1,\ 2,\ \cdots \tag{3.9.22}
$$

那么，有下式成立

$$
\delta_k\leqslant W_k(1-w_1)\delta_0+W_k\sum_{i=1}^{k}(B_i/W_i)
$$

证明　将式(3.9.22)两边同时除以 W_k 得到不等式

$$
\frac{\delta_1}{W_1}\leqslant\frac{(1-w_1)\delta_0}{W_1}+\frac{B_1}{W_1}
$$

和

$$
\frac{\delta_k}{W_k}\leqslant\frac{\delta_{k-1}}{W_{k-1}}+\frac{B_k}{W_k},\quad \forall k\geqslant 2
$$

把上述两个不等式两边相加，并重新整理排列项，就得到了命题的结果。■

现在我们准备分析 APL 间隙减小过程中的收敛行为。请注意，以下量将用于我们的分析中：

$$
\gamma_k:=\begin{cases}1 & k=1\\ (1-\alpha_k)\gamma_{k-1} & k\geqslant 2\end{cases} \tag{3.9.23}
$$

$$
\Gamma_k:=\{\gamma_1^{-1}\alpha_1^{1+\rho},\ \gamma_2^{-1}\alpha_2^{1+\rho},\ \cdots,\ \gamma_k^{-1}\alpha_k^{1+\rho}\} \tag{3.9.24}
$$

定理 3.13　令 $\alpha_k\in(0,\ 1]$，给定 $k=1,\ 2,\ \cdots$，并且令 $(x_k^l,\ x_k,\ x_k^u)\in X\times X\times X$ $(k\geqslant 1)$ 为搜索点，l 为水平值，V 为 $\mathcal{G}_{\mathrm{APL}}$ 过程中使用的邻近函数。那么，对于任意 $k\geqslant 1$，都有下式成立

$$
\begin{aligned}
f(x_k^u)-l\leqslant&(1-\alpha_1)\gamma_k[f(x_0^u)-l]+\\
&\frac{M}{1+\rho}[2V(x_0,\ x_k)]^{(1+\rho)/2}\gamma_k\|\Gamma_k\|_{2/(1-\rho)}
\end{aligned} \tag{3.9.25}
$$

其中，$\|\cdot\|_p$ 代表 l_p 范数，γ_k 和 Γ_k 分别在式(3.9.23)和式(3.9.24)中定义。特别地，如果这样选择 $\alpha_k\in(0,\ 1]$，$k=1,\ 2,\ \cdots$，使得对于某个 $c>0$，取

$$
\alpha_1=1\quad 且\quad \gamma_k\|\Gamma_k\|_{2/(1-\rho)}\leqslant ck^{-(1+3\rho)/2} \tag{3.9.26}
$$

那么，$\mathcal{G}_{\mathrm{APL}}$ 过程的迭代次数会以下面的值为界

$$K_{\mathrm{APL}}(\Delta_0):=\left\lceil\left(\frac{2cMD_X^{1+\rho}}{\beta\theta(1+\rho)\Delta_0}\right)^{2/(1+3\rho)}\right\rceil \tag{3.9.27}$$

其中，$\Delta_0=\overline{f}_0-\underline{f}_0$，$D_X$ 如式(3.2.4)中定义。

证明　我们先来证明，$\mathcal{G}_{\mathrm{APL}}$ 过程中邻近中心$\{x_k\}$，以量 $\sum_{i=1}^{k}\|x_{i-1}-x_i\|^2$ 来衡量是“接近”的。注意到函数 $V(x_0,x)$是模 1 的强凸函数，这里 $x_0=\arg\min_{x\in X}V(x_0,x)$，并且 $V(x_0,x_0)=0$。因此有

$$\frac{1}{2}\|x_1-x_0\|^2\leqslant V(x_0,x_1) \tag{3.9.28}$$

此外，由式(3.9.14)，对任意 $x\in\overline{X}_k$，有$\langle\nabla V(x_0,x_k),x-x_k\rangle\geqslant 0$。此式与关系 $X_k'\subseteq\overline{X}_k$ 一起就可以得出，对任意 $x\in X_k'$，有$\langle\nabla V(x_0,x_k),x-x_k\rangle\geqslant 0$。使用这一观察结果，由式(3.9.13)得到的事实 $x_{k+1}\in X_k'$，以及 $V(x_0,\cdot)$的强凸性，可以得到

$$\begin{aligned}\frac{1}{2}\|x_{k+1}-x_k\|^2&\leqslant V(x_0,x_{k+1})-V(x_0,x_k)-\langle\nabla V(x_0,x_k),x_{k+1}-x_k\rangle\\&\leqslant V(x_0,x_{k+1})-V(x_0,x_k)\end{aligned}$$

对于任意 $k\geqslant 1$。将上述不等式与式(3.9.28)相加，得到

$$\frac{1}{2}\sum_{i=1}^{k}\|x_i-x_{i-1}\|^2\leqslant V(x_0,x_k) \tag{3.9.29}$$

接下来，我们将为 $\mathcal{G}_{\mathrm{APL}}$ 过程建立一个递归式。让我们表示 $\tilde{x}_k^u\equiv\alpha_k x_k+(1-\alpha_k)x_{k-1}^u$。根据 x_k^u 和 $\tilde{x}_k^u$ 的定义，我们有 $f(x_k^u)\leqslant f(\tilde{x}_k^u)$。同样由式(3.9.13)可得到 $h(x_k^l,x)\leqslant l$。利用这里观察结果和引理 3.16，对于任意 $k\geqslant 1$，我们有

$$f(x_k^u)\leqslant f(\tilde{x}_k^u)\leqslant(1-\alpha_k)f(x_{k-1}^u)+\alpha_k l+\frac{M}{1+\rho}\|\alpha_k(x_k-x_{k-1})\|^{1+\rho}$$

将上面不等式两边同时减去 l，得到对于任意 $k\geqslant 1$，下式成立

$$f(x_k^u)-l\leqslant(1-\alpha_k)[f(x_{k-1}^u)-l]+\frac{M}{1+\rho}\|\alpha_k(x_k-x_{k-1})\|^{1+\rho} \tag{3.9.30}$$

使用上面的不等式和引理 3.17(式中参数取 $\delta=f(x_k^u)-l$，$w_k=\alpha_k$，$W_k=\gamma_k$ 和 $B_k=M\|\alpha_k(x_k-x_{k-1})\|^{1+\rho}/(1+\rho)$)，可得到对于任意 $k\geqslant 1$，下式成立

$$\begin{aligned}f(x_k^u)-l&\leqslant(1-\alpha_1)\gamma_k[f(x_0^u)-l]+\frac{M}{1+\rho}\gamma_k\sum_{i=1}^{k}\gamma_i^{-1}\|\alpha_i(x_i-x_{i-1})\|^{1+\rho}\\&\leqslant(1-\alpha_1)\gamma_k[f(x_0^u)-l]+\frac{M}{1+\rho}\gamma_k\|\Gamma_k\|_{2/(1-\rho)}\left[\sum_{i=1}^{k}\|x_i-x_{i-1}\|^2\right]^{(1+\rho)/2}\end{aligned}$$

其中最后一个不等式由 Hölder 不等式得到。上述结论与式(3.9.29)结合起来表明式(3.9.25)成立。

现在，引入记号 $K=K_{\mathrm{APL}}(\epsilon)$并假设条件(3.9.26)成立，那么由式(3.9.25)、式(3.9.26)和式(3.2.4)我们得到

$$\begin{aligned}f(x_K^u)-l&\leqslant\frac{cM}{1+\rho}[2V(x_0,x_K)]^{(1+\rho)/2}K^{-(1+3\rho)/2}\leqslant\frac{2cM}{1+\rho}D_X^{1+\rho}K^{-(1+3\rho)/2}\\&\leqslant\theta\beta\Delta_0=\theta(\overline{f}_0-l)\end{aligned}$$

最后一个等式是基于 $l=\beta\underline{f}_0+(1-\beta)\overline{f}_0=\overline{f}_0-\beta\Delta_0$ 这一事实。因此，$\mathcal{G}_{\mathrm{APL}}$ 过程一定会在

第 K 次迭代的第 3 步结束。 ■

根据定理 3.13，我们下面讨论满足条件(3.9.26)并保证 $\mathcal{G}_{\mathrm{APL}}$ 过程终止的 $\{\alpha_k\}$ 的几种可能选择。值得注意的是，$\{\alpha_k\}$ 的这些选择不依赖任何具体问题的参数，包括 M、ρ 和 D_X，也不依赖任何其他算法的参数，如 β 和 θ 等。

命题 3.2　设 γ_k 和 Γ_k 分别如式(3.9.23)和式(3.9.24)定义。

(a) 若 $\alpha_k=2/(k+1)$，$k=1, 2, \cdots$，则 $\alpha_k\in(0, 1]$，且关系(3.9.26)成立，其中取 $c=2^{1+\rho}3^{-(1-\rho)/2}$

(b) 如果 α_k，$k=1, 2, \cdots$ 递归定义为

$$\alpha_1=\gamma_1=1, \quad \gamma_k=\alpha_k^2=(1-\alpha_k)\gamma_{k-1}, \quad \forall k\geqslant 2 \tag{3.9.31}$$

那么对于任意 $k\geqslant 1$ 有 $\alpha_k\in(0, 1]$。此外，条件(3.9.26)也是满足的(当 $c=\dfrac{4}{3^{(1-\rho)/2}}$ 时)。

证明　我们首先证明(a)部分。由式(3.9.23)和式(3.9.24)，我们有

$$\gamma_k=\frac{2}{k(k+1)} \quad 且 \quad \gamma_k^{-1}\alpha_k^{1+\rho}=\left(\frac{2}{k+1}\right)^{\rho}k\leqslant 2^{\rho}k^{1-\rho} \tag{3.9.32}$$

利用式(3.9.32)和观察到 $\sum_{i=1}^{k}i^2=\dfrac{k(k+1)(2k+1)}{6}\leqslant\dfrac{k(k+1)^2}{3}$ 的简单事实，就可得到

$$\begin{aligned}\gamma_k\|\Gamma_k\|_{2/(1-\rho)}&\leqslant\gamma_k\left[\sum_{i=1}^{k}(2^{\rho}i^{1-\rho})^{2/(1-\rho)}\right]^{(1-\rho)/2}=2^{\rho}\gamma_k\left(\sum_{i=1}^{k}i^2\right)^{(1-\rho)/2}\\&\leqslant 2^{\rho}\gamma_k\left[\frac{k(k+1)^2}{3}\right]^{(1-\rho)/2}=(2^{1+\rho}3^{-(1-\rho)/2})\left[k^{-(1+\rho)/2}(k+1)^{-\rho}\right]\\&\leqslant(2^{1+\rho}3^{-(1-\rho)/2})k^{-(1+3\rho)/2}\end{aligned}$$

现在我们证明(b)部分。注意到由式(3.9.31)，有

$$\alpha_k=\frac{1}{2}\left(-\gamma_{k-1}+\sqrt{\gamma_{k-1}^2+4\gamma_{k-1}}\right), \quad k\geqslant 2 \tag{3.9.33}$$

这清楚地表明 $\alpha_k>0$，$k\geqslant 2$。我们现在来归纳证明 $\alpha_k\leqslant 1$ 和 $\gamma_k\leqslant 1$。实际上，如果 $\gamma_{k-1}\leqslant 1$，则由式(3.9.33)可得到

$$\alpha_k\leqslant\frac{1}{2}\left(-\gamma_{k-1}+\sqrt{\gamma_{k-1}^2+4\gamma_{k-1}+4}\right)=1$$

由前面的结论，加上由式(3.9.31)推导出的 $\alpha_k^2=\gamma_k$ 这一事实，可以推知 $\gamma_k\leqslant 1$。现在我们来确定对 $k\geqslant 2$ 为 $1/\sqrt{\gamma_k}$ 的界。首先注意到由式(3.9.31)，对于任意 $k\geqslant 2$，我们有

$$\frac{1}{\sqrt{\gamma_k}}-\frac{1}{\sqrt{\gamma_{k-1}}}=\frac{\sqrt{\gamma_{k-1}}-\sqrt{\gamma_k}}{\sqrt{\gamma_{k-1}\gamma_k}}=\frac{\gamma_{k-1}-\gamma_k}{\sqrt{\gamma_{k-1}\gamma_k}\left(\sqrt{\gamma_{k-1}}+\sqrt{\gamma_k}\right)}=\frac{\alpha_k\gamma_{k-1}}{\gamma_{k-1}\sqrt{\gamma_k}+\gamma_k\sqrt{\gamma_{k-1}}}$$

利用上面的等式、式(3.9.31)以及由式(3.9.31)得到的 $\gamma_k\leqslant\gamma_{k-1}$ 这一事实，可以得出

$$\frac{1}{\sqrt{\gamma_k}}-\frac{1}{\sqrt{\gamma_{k-1}}}\geqslant\frac{\alpha_k}{2\sqrt{\gamma_k}}=\frac{1}{2} \quad 且 \quad \frac{1}{\sqrt{\gamma_k}}-\frac{1}{\sqrt{\gamma_{k-1}}}\leqslant\frac{\alpha_k}{\sqrt{\gamma_k}}=1$$

对上式，由于 $\gamma_1=1$，则可推出 $(k+1)/2\leqslant 1/\sqrt{\gamma_k}\leqslant k$。利用前面的不等式和式(3.9.31)，我们得到

$$\gamma_k\leqslant\frac{4}{(k+1)^2}, \quad \gamma_k^{-1}\alpha_k^{1+\rho}=(\sqrt{\gamma_k})^{-(1-\rho)}\leqslant k^{1-\rho}$$

以及

$$\gamma_k \|\Gamma_k\|_{2/(1-\rho)} \leqslant \gamma_k \left[\sum_{i=1}^{k} i^2\right]^{(1-\rho)/2} \leqslant \gamma_k \left(\int_0^{k+1} u^2 \mathrm{d}u\right)^{(1-\rho)/2}$$
$$\leqslant \frac{4}{3^{(1-\rho)/2}}(k+1)^{-(1+3\rho)/2} \leqslant \frac{4}{3^{(1-\rho)/2}} k^{-(1+3\rho)/2}$$ ■

根据引理 3.15(e)和 $\mathcal{G}_{\mathrm{APL}}$ 过程的终止标准，对该过程的每次调用，其给出的 f^* 上下限之间的间隙都会依一个常数因子 q(见式(3.9.15))减少。在下面的 APL 方法中，我们将循环调用 $\mathcal{G}_{\mathrm{APL}}$ 过程，直到找到问题(3.9.1)的某个准确的解。

APL 的方法

输入： 初始点 $p_0 \in X$，误差 $\varepsilon > 0$ 和算法参数 β，$\theta \in (0, 1)$。

(0) 设定 $p_1 \in \arg\min_{x \in X} h(p_0, x)$，$\mathrm{lb}_1 = h(p_0, p_1)$ 且 $\mathrm{ub}_1 = f(p_1)$。令 $s=1$。

(1) 如果 $\mathrm{ub}_s - \mathrm{lb}_s \leqslant \varepsilon$，**终止**；

(2) 设定$(p_{s+1}, \mathrm{lb}_{s+1}) = \mathcal{G}_{\mathrm{APL}}(p_s, \mathrm{lb}_s, \beta, \theta)$及 $\mathrm{ub}_{s+1} = f(p_{s+1})$；

(3) 设 $s = s+1$，转到步骤 1。

每当 s 增加 1 时，我们说 APL 方法出现了一个新阶段(phase)。除非另有说明，$\mathcal{G}_{\mathrm{APL}}$ 过程的一次迭代也称为 APL 方法的一次迭代。现将上述 APL 方法的主要收敛性质总结如下。

定理 3.14 令 M，ρ，D_X，和 q 由式(3.9.2)、式(3.2.4)、式(3.9.15)中定义。假设 $\mathcal{G}_{\mathrm{APL}}$ 过程中选取 $\alpha_k \in (0, 1]$，$k=1, 2, \cdots$，使得对于某个 $c>0$，式(3.9.26)成立。

(a) APL 方法执行的阶段数目不超过

$$\bar{S}(\varepsilon) := \left\lceil \max\left\{0, \log_{1/q} \frac{2MD_X^{1+\rho}}{(1+\rho)\varepsilon}\right\}\right\rceil \tag{3.9.34}$$

(b) APL 方法迭代总次数以下面的值为上界

$$\bar{S}(\varepsilon) + \frac{1}{1-q^{2/(1+3\rho)}}\left(\frac{2cMD_X^{1+\rho}}{\beta\theta(1+\rho)\varepsilon}\right)^{2/(1+3\rho)} \tag{3.9.35}$$

证明 表示 $\delta_s \equiv \mathrm{ub}_s - \mathrm{lb}_s$，$s \geqslant 1$。不失一般性，我们可以假设 $\delta_1 > \varepsilon$，因为不然的话，命题的陈述显然是正确的。根据引理 3.15(e)和 ub_s、lb_s 的含义，我们有

$$\delta_{s+1} \leqslant q\delta_s, \quad s \geqslant 1 \tag{3.9.36}$$

另外注意到，通过式(3.9.2)、式(3.2.4)和 APL 方法中 p_1 的定义，我们有

$$\begin{aligned}\delta_1 &= f(p_1) - h(p_0, p_1) = f(p_1) - [f(p_0) + \langle f'(p_0), p_1 - p_0\rangle] \\ &\leqslant \frac{M\|p_1 - p_0\|^{1+\rho}}{1+\rho} \leqslant \frac{2MD_X^{1+\rho}}{1+\rho}\end{aligned} \tag{3.9.37}$$

前面的两个观察结果清楚地表明，APL 方法所执行的阶段数被限制在式(3.9.34)以内。

现在我们来确定 APL 方法执行时迭代的总次数的界。假设 $\mathcal{G}_{\mathrm{APL}}$ 过程被调用了 $\bar{s}$ 次，其中 $\bar{s}$ 满足 $1 \leqslant \bar{s} \leqslant \bar{S}(\varepsilon)$。由式(3.9.36)可知：根据 $\bar{s}$ 的意义应有 $\delta_{\bar{s}} > \varepsilon$，从而有 $\delta_s > \varepsilon q^{s-\bar{s}}$，$s=1, \cdots, \bar{s}$。利用这个观察，我们得到

$$\sum_{s=1}^{\bar{s}} \delta_s^{-2/(1+3\rho)} < \sum_{s=1}^{\bar{s}} \frac{q^{2(\bar{s}-s)/(1+3\rho)}}{\varepsilon^{2/(1+3\rho)}} = \sum_{t=0}^{\bar{s}-1} \frac{q^{2t/(1+3\rho)}}{\varepsilon^{2/(1+3\rho)}} \leqslant \frac{1}{(1-q^{2/(1+3\rho)})\varepsilon^{2/(1+3\rho)}}$$

此外，根据定理 3.13，APL 方法的迭代总次数的界为

$$\sum_{s=1}^{\bar{s}} K_{\mathrm{APL}}(\delta_s) \leqslant \bar{s} + \sum_{s=1}^{\bar{s}} \left(\frac{2cMD_X^{1+\rho}}{\beta\theta(1+\rho)\delta_s}\right)^{2/(1+3\rho)}$$

结合上面两个不等式，立即得到了我们的结论。■

显然，从定理 3.14 可以看出，对非光滑凸优化和光滑凸优化，APL 方法可以实现的迭代的复杂度分别为 $\mathcal{O}(1/\varepsilon^2)$ 和 $\mathcal{O}\left(\frac{1}{\sqrt{\varepsilon}}\right)$。同时，该方法也能获得弱光滑问题的最佳复杂度界限。有趣的是，该算法不需要输入任何光滑的信息(如问题是光滑的、非光滑的还是弱光滑的)，以及 Lipschitz 连续常数和平滑级别的具体值。此外，依赖于问题历史的一阶信息被使用的情况，它的迭代成本或多或少是可控制的。

3.9.2 鞍点问题

在本节中，我们将考虑已经在 3.5 节中研究过的双线性鞍点问题(3.5.1)。如 3.5 节所示，式(3.5.2)中的非光滑函数 F 可近似为式(3.5.4)中给出的光滑凸函数 $F\eta$。

由于 F_η 是一个光滑的凸函数，对一个适当选取的 $\eta>0$，我们可以对问题 $\min_{x\in X} f_\eta(x)$ 应用光滑凸优化方法，例如加速梯度法。研究表明，在最多 $\mathcal{O}(1/\varepsilon)$ 次迭代的情况下，就可以得到问题(3.5.1)～问题(3.5.2)的一个 ε-解。但是，这种方法需要我们输入一些问题参数(如 $\|A\|$ 和 D_Y)或算法参数(如迭代次数或要达到的目标精度)。

在本节中，我们的目标是提出一个与问题的参数完全无关的平滑技术，即通过对 3.9.1 节中的 APL 方法进行适当修改，从而得到的*均匀平滑水平*(USL)*方法*。在 USL 方法中，平滑参数 η 在过程执行中会进行动态调整，而不是预先固定的。此外，该方法还可以自动提供 D_Y 的估计值。我们从描述 USL 间隙缩减过程开始，用 $\mathcal{G}_{\mathrm{USL}}$ 表示，它将被 USL 方法迭代调用。具体地说，对于一个给定的搜索点 p，f^* 的下界 lb 和一个对 D_Y 的初始估计，对于某个 $q\in(0,1)$，$\mathcal{G}_{\mathrm{USL}}$ 过程或是计算一个新的搜索点 p^+ 和一个新的下界 lb^+，且满足 $f(p^+)-\mathrm{lb}^+\leqslant q[f(p)-\mathrm{lb}]$，或是提供一个对 D_Y 估计值的更新 $\widetilde{D}^+$，如果当前估计的 $\widetilde{D}$ 不够准确的话。

USL 间隙缩减过程：$(p^+,\mathrm{lb}^+,\widetilde{D}^+)=\mathcal{G}_{\mathrm{USL}}(p,\mathrm{lb},\widetilde{D},\beta,\theta)$

---

(0) 设置 $x_0^u=p$，$\overline{f}_0=f(x_0^u)$，$\underline{f}_0=\mathrm{lb}$，$l=\beta\underline{f}_0+(1-\beta)\overline{f}_0$，和参数

$$\eta:=\theta(\overline{f}_0-l)/(2\widetilde{D}) \tag{3.9.38}$$

同时也让 $x_0\in X$ 并且任意选择初始的局部化集 X_0'，例如取 $x_0=p$ 以及 $X_0'=X$，同时设置邻近函数为 $d(x)=v(x)-[v(x_0)+\langle v'(x_0),x-x_0\rangle]$，并置 $k=1$。

(1) 更新下界：$x_k^l=(1-\alpha_k)x_{k-1}^u+\alpha_k x_{k-1}$ 和函数

$$h(x_k^l,x)=h_\eta(x_k^l,x):=\hat{f}(x)+F_\eta(x_k^l)+\langle\nabla F_\eta(x_k^l),x-x_k^l\rangle \tag{3.9.39}$$

根据式(3.9.12)计算 $\underline{f}_k$。如果 $\underline{f}_k\geqslant l-\theta(l-\underline{f}_0)$，那么**终止过程**，返回参数置为 $p^+=x_{k-1}^u$，$\mathrm{lb}^+=\underline{f}_k$，$\widetilde{D}^+=\widetilde{D}$。

(2) 更新近邻中心：根据公式(3.9.13)设置 x_k。

(3) 更新上限：置变量 $\overline{f}_k=\min\{\overline{f}_{k-1},f(\alpha_k x_k+(1-\alpha_k)x_{k-1}^u)\}$，并选择 x_k^u 使得 $f(x_k^u)=\overline{f}_k$。检查以下两个可能的终止准则是否满足：

(3a) 如果满足 $\overline{f}_k\leqslant l+\theta(\overline{f}_0-l)$，**终止过程**，返回参数置为 $p^+=x_k^u$，$\mathrm{lb}^+=\underline{f}_k$，$\widetilde{D}^+=\widetilde{D}$；

(3b) 否则，如果 $f_\eta(x_k^u)\leqslant l+\frac{\theta}{2}(\overline{f}_0-l)$，那么**终止过程**，返回参数置为 $p^+=x_k^u$，$\mathrm{lb}^+=\underline{f}_k$，$\widetilde{D}^+=2\widetilde{D}$。

(4) 更新局部化集：选择任意一个满足 $\underline{X}_k \subseteq X'_k \subseteq \overline{X}_k$ 的集 X'_k，其中 $\underline{X}_k$ 和 $\overline{X}_k$ 如式(3.9.14)中所定义。

(5) 置 $k=k+1$，跳转到步骤1。

我们注意到，上述 $\mathcal{G}_{\text{USL}}$ 过程与3.9.1节中 $\mathcal{G}_{\text{APL}}$ 过程之间存在一些本质区别。首先，与 $\mathcal{G}_{\text{APL}}$ 过程相比，$\mathcal{G}_{\text{USL}}$ 过程需要使用一个额外的输入参数，即 $\widetilde{D}$ 来定义 η(见式(3.9.38))，以及形如式(3.5.5)中相应的逼近函数 f_η。

其次，我们使用了在式(3.9.39)$\mathcal{G}_{\text{USL}}$ 过程中定义的 $f_\eta(x)$的支撑函数 $h_\eta(x_k^l, x)$，而不是在 $\mathcal{G}_{\text{APL}}$ 过程中定义使用的 $f(x)$割平面。注意，根据式(3.9.39)、F_η 的凸性和式(3.5.6)中的第一个关系，我们有

$$h_\eta(x_k^l, x) \leqslant \hat{f}(x)+F_\eta(x) \leqslant \hat{f}(x)+F(x)=f(x) \tag{3.9.40}$$

这意味着函数 $h_\eta(x_k^l, x)$在集合 X 上处处都低估了 f 的值。因此，在这个过程的第一步计算得到的 $\underline{f}_k$ 确实是 f^* 的下界。

最后，终止 $\mathcal{G}_{\text{USL}}$ 过程有三种可能的方法。与 $\mathcal{G}_{\text{APL}}$ 过程类似，如果它在执行步骤1和步骤3a时终止，则相应地我们称 f^* 的上界和下界计算取得了显著进展。步骤3b中新添加的终止准则只有当 $\widetilde{D}$ 的值没有正确地指定时才会用到。我们把观察到的这些性质形式化地表述成下面的简单结论。

引理3.18　下面对 $\mathcal{G}_{\text{USL}}$ 过程的陈述成立。

(a) 如果过程在步骤1或步骤3a终止，有 $f(p^+)-\text{lb}^+ \leqslant q[f(p)-\text{lb}]$，其中 q 如式(3.9.15)定义；

(b) 如果过程在步骤3b终止，那么 $\widetilde{D}<D_Y$。

证明　(a)部分的证明与引理3.15(e)的证明是一样的，我们只需要证明(b)部分。观察到步骤3b发生时，我们有 $\overline{f}_k>l+\theta(\overline{f}_0-l)$和 $f_\eta(x_k^u) \leqslant l+\frac{\theta}{2}(\overline{f}_0-l)$成立。因此，

$$f(x_k^u)-f\eta(x_k^u)=\overline{f}_k-f_\eta(x_k^u)>\frac{\theta}{2}(\overline{f}_0-l)$$

根据公式(3.5.7)的第二个关系，可推得 $\eta D_Y>\theta(\overline{f}_0-l)/2$。应用这一结果和式(3.9.38)，我们得到了结论 $\widetilde{D}<D_Y$。■

我们观察到引理3.15(a)～引理3.15(d)中关于 $\mathcal{G}_{\text{APL}}$ 过程执行的所有结果也同样适用于过程 $\mathcal{G}_{\text{USL}}$。此外，与定理3.13相似，我们通过显示 $f(x_k^u)$和水平值 l 之间的差距是如何减小的，建立起了 $\mathcal{G}_{\text{USL}}$ 过程的一些重要的收敛性质。

定理3.15　给定 $\alpha_k \in (0, 1]$，$k=1, 2, \cdots$，同时令$(x_k^l, x_k, x_k^u) \in X \times X \times X$，$k \geqslant 1$，为搜索点列，$l$ 是水平值，$V(x_0, \cdot)$为邻近函数，η 是 $\mathcal{G}_{\text{USL}}$ 过程中的平滑参数(参见式(3.9.38))。那么，我们有

$$f_\eta(x_k^u)-l \leqslant (1-\alpha_1)\gamma_k[f_\eta(x_0^u)-l]+\frac{\|A\|^2 V(x_0, x_k)}{\eta}\gamma_k\|\Gamma_k\|_\infty \tag{3.9.41}$$

对任意 $k \geqslant 1$ 成立，式中$\|\cdot\|_\infty$代表 l_∞ 范数，参数 γ_k 和 Γ_k 分别在式(3.9.23)和式(3.9.24)中定义。特别地，如果选取 $\alpha_k \in (0, 1]$，$k=1, 2, \cdots$，使得对某个 $c>0$ 时，条件(3.9.26)在 $\rho=1$ 时成立，那么，$\mathcal{G}_{\text{APL}}$ 过程的迭代次数将以下面的值为界

$$K_{\text{USL}}(\Delta_0, \widetilde{D}):=\left\lceil \frac{2\|A\|\sqrt{cD_X\widetilde{D}}}{\beta\theta\Delta_0} \right\rceil \tag{3.9.42}$$

其中 D_X 在式(3.2.4)中定义。

证明　注意到根据式(3.9.40)和式(3.5.5)，对于任何 z，$x\in X$，都有 $h_\eta(z, x)\leqslant f_\eta(x)$成立。此外，通过式(3.5.5)、式(3.9.39)以及 F_η 具有关联常数 $\mathcal{L}_\eta$ 的 Lipschitz 连续梯度，我们可以得到

$$f_\eta(x)-h_\eta(z, x)=F_\eta(x)-[F_\eta(z)+\langle\nabla F_\eta(z), x-z\rangle]\leqslant\frac{\mathcal{L}_\eta}{2}\|x-z\|^2=\frac{\|A\|^2}{2\eta}\|x-z\|^2$$

对于任意 z，$x\in X$ 成立，其中最后一个不等式由 F_η 的光滑性推得。鉴于这些观察结果，式(3.9.41)可以使用和式(3.9.25)证明类似的方法得到，证明时取参数 $f=f_\eta$，$M=L_\eta$，$\rho=1$。

使用式(3.2.4)、式(3.9.26)(其中取 $\rho=1$)、式(3.9.38)和式(3.9.41)，就能得到

$$\begin{aligned}f_\eta(x_k^u)-l&\leqslant\frac{\|A\|^2V(x_0, x_k)}{\eta}\gamma_k(1)\|\Gamma_k(1, \rho)\|_\infty\leqslant\frac{c\|A\|^2V(x_0, x_k)}{\eta k^2}\\&\leqslant\frac{c\|A\|^2D_X}{\eta k^2}=\frac{2c\|A\|^2D_X\widetilde{D}}{\theta(\overline{f}_0-l)k^2}\end{aligned}$$

记 $K=K_{\mathrm{USL}}(\Delta_0, \widetilde{D})$并注意到 $\Delta_0=\overline{f}_0-\underline{f}_0=(\overline{f}_0-l)/\beta$，我们从前面不等式可推得 $f_\eta(x_K^u)-l\leqslant\frac{\theta}{2}(\overline{f}_0-l)$。这一结果和式(3.5.7)一起表明，如果 $\widetilde{D}\geqslant D_Y$，那么 $f(x_K^u)-l\leqslant f_\eta(x_K^u)-l+\eta D_Y\leqslant\theta(\overline{f}_0-l)$。针对观察到的这两个结果和在步骤 3 中采用的终止标准，至多经过 $K_{\mathrm{APL}}(\Delta_0, \widetilde{D})$次迭代，$\mathcal{G}_{\mathrm{USL}}$ 过程必然终止。■

从引理 3.18 来看，对每次调用 $\mathcal{G}_{\mathrm{USL}}$ 过程都可以用一个常数因子 q 来减小给定 f^* 的上界和下界之间的间隙，或者以 2 倍来更新对 D_Y 值的估计。在下面的 USL 方法中，我们将以迭代方式调用 $\mathcal{G}_{\mathrm{USL}}$ 过程，直到找到某个精度的解为止。

USL 方法

输入：$p_0\in X$，误差 $\varepsilon>0$，初始估计值 $Q_1\in(0, D_Y]$，算法参数 β，$\theta\in(0, 1)$。

(1) 设置

$$p_1\in\arg\min_{x\in X}\{h_0(p_0, x):=\hat{f}(x)+F(p_0)+\langle F'(p_0), x-p_0\rangle\}\tag{3.9.43}$$

下界和上界各自为 $\mathrm{lb}_1=h_0(p_0, p_1)$，$\mathrm{ub}_1:=\min\{f(p_1), f(\widetilde{p}_1)\}$。并记迭代次数为 $s=1$。

(2) 若 $\mathrm{ub}_s-\mathrm{lb}_s\leqslant\varepsilon$，**过程终止**。

(3) 调用过程$(p_{s+1}, \mathrm{lb}_{s+1}, Q_{s+1})=\mathcal{G}_{\mathrm{USL}}(p_s, \mathrm{lb}_s, Q_s, \beta, \theta)$，以及 $\mathrm{ub}_{s+1}=f(p_{s+1})$。

(4) 修改迭代次数 $s=s+1$，转到步骤 1。

现在我们对上面描述的 USL 方法做一些说明。首先，对每个阶段 $s(s\geqslant1)$，USL 方法都与 D_Y 上 Q_s 的估计，及给定的输入参数 $Q_1\in(0, D_Y]$相关联。注意，通过 D_Y 的定义，这样的 Q_1 可以很容易地得到。其次，我们区分两种类型的阶段：如果 $\mathcal{G}_{\mathrm{USL}}$ 过程在步骤 1 或步骤 3a 终止，则称为重要的阶段，否则称为不重要的阶段。最后，根据引理 3.18(b)，如果 s 阶段不重要，则一定有 $Q_s\leqslant D_Y$。另外，根据前面的观察，考虑到 $Q_1\leqslant D_Y$，且 Q_s 只会在不重要阶段增至原来 2 倍，所以在所有重要阶段都一定会有 $Q_s\leqslant 2D_Y$。

在建立上述 USL 方法的复杂性之前，我们首先给出一个技术性结果，用于方便估计 f^* 的初始下界和上界之间的间隙。

命题 3.3　设 F 如式(3.5.2)中定义，v 为集合 Y 上模 1 的邻近函数，则有

$$F(x_0)-F(x_1)-\langle F'(x_1),\ x_0-x_1\rangle\leqslant 2(2\|A\|^2D_Y)^{1/2}\|x_0-x_1\|,\quad \forall\, x_0,\ x_1\in\mathbb{R}^n \tag{3.9.44}$$

其中 $F'(x_1)\in\partial F(x_1)$，$D_Y$ 如式(3.2.4)中定义。

证明　首先，我们需要给出 F 的次梯度相关的一些特性。假设函数 F 和 F_η 分别按式(3.5.2)和式(3.5.4)定义。另外，也给出记号 ψ_x，对于任意的 $\eta>0$ 和 $x\in X$，定义

$$\psi_x(z):=F_\eta(x)+\langle\nabla F_\eta(x),\ z-x\rangle+\frac{\mathcal{L}_\eta}{2}\|z-x\|^2+\eta D_Y \tag{3.9.45}$$

其中 D_Y 和 $\mathcal{L}_\eta$ 分别由式(3.2.4)和式(3.5.8)定义。显然，根据式(3.9.2)和式(3.5.6)，ψ_x 同时是 F_η 和 F 的强函数。对于一个给定的 $x\in X$，定义集合 Z_x 为

$$Z_x:=\{z\in\mathbb{R}^n\,|\,\psi_x(z)+\langle\nabla\psi_x(z),\ x-z\rangle=F(x)\} \tag{3.9.46}$$

其中 $\nabla\psi_x(z)=\nabla F_\eta(z)+\mathcal{L}_\eta(z-x)$。与此等价，我们可另表示为

$$Z_x:=\left\{z\in\mathbb{R}^n:\ \|z-x\|^2=\frac{2}{\mathcal{L}_\eta}[\eta D_Y+F_\eta(x)-F(x)]\right\} \tag{3.9.47}$$

显然，由式(3.5.6)中的第一个关系可得

$$\|z-x\|^2\leqslant\frac{2\eta D_Y}{\mathcal{L}_\eta},\quad \forall\, z\in Z_x \tag{3.9.48}$$

而且，对于任意给定的 $x\in\mathbb{R}^n$ 和 $p\in\mathbb{R}^n$，存在 $z\in Z_x$ 使得

$$\langle F'(x),\ p\rangle\leqslant\langle\nabla\psi_x(z),\ p\rangle=\langle\nabla F_\eta(x)+\mathcal{L}_\eta(z-x),\ p\rangle \tag{3.9.49}$$

其中 $F'(x)\in\partial F(x)$。事实上，我们如下表示

$$t=\frac{1}{\|p\|}\left\{\frac{2}{\mathcal{L}_\eta}[\eta D_Y+F_\eta(x)-F(x)]\right\}^{1/2}$$

及点 $z_0=x+tp$。显然，根据式(3.9.47)定义，有 $z_0\in Z_x$。由函数 F 的凸性，已知条件 $F(z_0)\leqslant\psi_x(z_0)$ 和式(3.9.46)的定义可以得到

$$\begin{aligned}F(x)+\langle F'(x),\ tp\rangle\leqslant F(x+tp)\leqslant\psi_x(z_0)&=F(x)+\langle\nabla\psi_x(z_0),\ z_0-x\rangle\\&=F(x)+t\langle\nabla\psi_x(z_0),\ p\rangle\end{aligned}$$

这显然推出了式(3.9.49)的结果。

现在我们准备证明主要结论。首先，由于 F 的凸性，有

$$F(x_0)-[F(x_1)+\langle F'(x_1),\ x_0-x_1\rangle]\leqslant\langle F'(x_0),\ x_0-x_1\rangle+\langle F'(x_1),\ x_1-x_0\rangle$$

而且，由式(3.9.49)知，存在 $z_0\in Z_{x_0}$ 和 $z_1\in Z_{x_1}$ 使得下式成立

$$\begin{aligned}&\langle F'(x_0),\ x_0-x_1\rangle+\langle F'(x_1),\ x_1-x_0\rangle\\&\leqslant\langle\nabla F_\eta(x_0)-\nabla F_\eta(x_1),\ x_0-x_1\rangle+\mathcal{L}_\eta\langle z_0-x_0-(z_1-x_1),\ x_0-x_1\rangle\\&\leqslant\mathcal{L}_\eta\|x_0-x_1\|^2+\mathcal{L}_\eta(\|z_0-x_0\|+\|z_1-x_1\|)\|x_0-x_1\|\\&\leqslant\mathcal{L}_\eta\|x_0-x_1\|^2+2\mathcal{L}_\eta\left(\frac{2\eta D_Y}{\mathcal{L}_\eta}\right)^{1/2}\|x_0-x_1\|\\&=\frac{\|A\|^2}{\eta}\|x_0-x_1\|^2+2(2\|A\|^2D_Y)^{1/2}\|x_0-x_1\|\end{aligned}$$

最后一个不等式和最后一个等式分别来自式(3.9.48)和式(3.5.8)的结果。结合以上两个关系，我们有

$$F(x_0)-[F(x_1)+\langle F'(x_1),\ x_0-x_1\rangle]\leqslant\frac{\|A\|^2}{\eta}\|x_0-x_1\|^2+2(2\|A\|^2D_Y)^{1/2}\|x_0-x_1\|$$

在上述关系中令 η 趋于正无穷便得到命题结果。 ■

现在我们准备给出 USL 方法的主要收敛结果。

定理 3.16 假设选取 $\mathcal{G}_{\text{USL}}$ 过程中的 $\alpha_k\in(0,1]$，$k=1$，2，…，使条件(3.9.26)在 $\rho=1$ 时对某 $c>0$ 成立。将 USL 方法应用于问题(3.5.1)～问题(3.5.2)时下面性质成立：

(a) 过程执行时，不重要的阶段执行次数的界是 $\widetilde{S}_F(Q_1):=\lceil\log D_Y/Q_1\rceil$，重要阶段执行次数的界是

$$S_F(\varepsilon):=\left\lceil\max\left\{0,\ \log_{1/q}\left(\frac{4\|A\|\sqrt{D_X D_Y}}{\varepsilon}\right)\right\}\right\rceil \tag{3.9.50}$$

(b) USL 方法执行时，间隙缩减迭代的总次数不超过

$$S_F(\varepsilon)+\widetilde{S}_F(Q_1)+\frac{\widetilde{c}\,\overline{\Delta}_F}{\varepsilon} \tag{3.9.51}$$

其中的变量 $\widetilde{c}:=2[\sqrt{2}/(1-q)+\sqrt{2}+1]\sqrt{c}/\beta\theta$。

证明 令变量 $\delta_s\equiv\mathrm{ub}_s-\mathrm{lb}_s$，$s\geqslant1$。不失一般性，我们假设 $\delta_1>\varepsilon$，因为如若不然，这些陈述显然是正确的。(a)部分中的不重要阶段陈述是根据以下事实得出的：根据引理 3.18(b)，只有当 $Q_1\leqslant D_Y$ 时才会出现不重要阶段，而且 $Q_s(s\geqslant1)$在每个不重要阶段中都增加 2 倍。为了证明(a)部分的第二项陈述，我们首先确定初始最优性间隙 $\mathrm{ub}_1-\mathrm{lb}_1$ 的界。由 F 的凸性、式(3.5.5)和式(3.9.43)，很容易看出 $\mathrm{lb}_1\leqslant f^*$。此外，由式(3.5.5)、式(3.9.44)和式(3.9.43)我们可得到结论

$$\begin{aligned}\mathrm{ub}_1-\mathrm{lb}_1&\leqslant f(p_1)-\mathrm{lb}_1=F(p_1)-F(p_0)-\langle F'(p_0),\ p_1-p_0\rangle\\&\leqslant2(2\|A\|^2D_Y)^{1/2}\|p_1-p_0\|\leqslant4\|A\|\sqrt{D_XD_Y}\end{aligned}$$

上式中最后一个不等式来自 $\|p_1-p_0\|\leqslant\sqrt{2}D_X$ 这一事实。利用这个观察结果和引理 3.18(a)，我们可以很容易地看到重要阶段的数目是由 $S_F(\varepsilon)$限定的。

我们现在证明(b)部分成立。令 $B=\{b_1,b_2,\cdots,b_k\}$ 和 $N=\{n_1,n_2,\cdots,n_m\}$ 分别表示重要阶段和不重要阶段的指数索引集。请注意，$\delta_{b_{t+1}}\leqslant q\delta_{b_t}$，$t\geqslant1$，因此，$\delta_{b_t}\geqslant q^{t-k}\delta_{b_k}>\varepsilon q^{t-k}$，$1\leqslant t\leqslant k$。再注意到 $Q_{b_t}\leqslant 2D_Y$(参见 USL 方法语句后面的注释)。使用这些观察结果和定理 3.15，我们可得出结论，在重要阶段执行的总迭代次数是有限的，其界为

$$\begin{aligned}\sum_{t=1}^{k}K_{\text{USL}}(\delta_{b_t},Q_{b_t})&\leqslant\sum_{t=1}^{k}K_{\text{USL}}(\varepsilon q^{t-k},2D_Y)\\&\leqslant k+\frac{2\|A\|}{\beta\theta\varepsilon}\sqrt{C_1D_XD_Y}\sum_{t=1}^{k}q^{k-t}\\&\leqslant S_F+\frac{2\|A\|}{\beta\theta(1-q)\varepsilon}\sqrt{2C_1D_XD_Y}\end{aligned} \tag{3.9.52}$$

最后的不等式是由本定理(a)部分结论和观察到的关系 $\sum_{t=1}^{k}q^{k-t}\leqslant1/(1-q)$ 所得出。此外，注意到对于任意 $1\leqslant r\leqslant m$ 有 $\Delta_{n_r}>\varepsilon$，以及对于任意 $1\leqslant r\leqslant m$ 有 $Q_{n_{r+1}}=2Q_{n_r}$。根据这些结果和定理 3.15，我们可以得出在不重要阶段执行的总迭代次数的界是

$$\sum_{r=1}^{m}K_{\text{USL}}(\delta_{n_r}Q_{n_r})\leqslant\sum_{r=1}^{m}K_{\text{USL}}(\varepsilon,Q_{n_r})$$

$$
\begin{aligned}
&\leqslant m+\frac{2\|A\|}{\beta\theta\varepsilon}\sqrt{C_1 D_X Q_1}\sum_{r=1}^{m}2^{(r-1)/2}\\
&\leqslant \widetilde{S}_F+\frac{2\|A\|}{\beta\theta\varepsilon}\sqrt{C_1 D_X Q_1}\sum_{r=1}^{\widetilde{S}_F}2^{(r-1)/2}\\
&\leqslant \widetilde{S}_F+\frac{2\|A\|}{(\sqrt{2}-1)\beta\theta\varepsilon}\sqrt{C_1 D_X D_Y}
\end{aligned}
\tag{3.9.53}
$$

将式(3.9.52)和式(3.9.53)相结合得到式(3.9.51)。 ■

有趣的是，如果 $Q_1=D_Y$，那么算法执行中就没有不重要的阶段，USL 方法执行的迭代次数会被简单地限定为式(3.9.52)。在这种情况下，我们不需要在步骤 3b 中计算 $f_\eta(x_k^u)$的值。同样有趣的是，从定理 3.16 角度看，即使没有给出 D_Y 的良好初始估计，USL 方法仍然达到了式(3.9.51)中所给出的最优复杂性的界。

3.10 练习和注释

练习

1. 设$\{x_t\}$为将镜面下降法公式(3.2.5)应用于式(3.1.2)生成的序列。
   (a) 假设梯度$\|g(x_t)\|_*\leqslant M$

   $$f(y)\geqslant f(x)+\langle g(x),\ y-x\rangle+\mu V(x,\ y),\quad \forall x,\ y\in X \tag{3.10.1}$$

   并且 $\gamma_t=2/(\mu t)$对某个 $\mu>0$。提供关于$\|x_t-x^*\|^2$ 和 $\overline{x}$ 的界，其中 x^* 是式(3.1.2)的最优解，$\overline{x}$ 在式(3.1.9)中定义。
   (b) 推导用于光滑凸优化问题，即

   $$\|\nabla f(x)-\nabla f(y)\|_*\leqslant L\|x-y\|,\quad \forall x,\ y\in X$$

   时的镜面下降法步长$\{\gamma_t\}$的选择式和算法收敛速度。如果该问题也是强凸的，即式(3.10.1)成立，结果又如何？
2. 证明如果将加速梯度下降法(式(3.3.4)～式(3.3.6))中的步长式(3.3.6)替换为

   $$\overline{x}_t=\arg\min_{x\in X}\left\{f(\underline{x}_t)+\langle f(\underline{x}_t),\ x-\underline{x}_t\rangle+\frac{L}{2}\|x-\underline{x}_t\|^2\right\}$$

   那么，算法仍然会收敛，且保证有与定理 3.6 和定理 3.7 所述相当的性能。
3. 在加速梯度下降法的博弈解释中，请说明 τ_t、λ_t、q_t 和 α_t 的选取，从而使式(3.4.16)和式(3.4.17)等价于式(3.3.5)和式(3.3.6)。
4. 在求解鞍点问题的平滑方式中，我们定义

   $$F_\eta(x):=\max_y\{\langle Ax,\ y\rangle-\hat{g}(y)+\eta(D_Y^2-W(y))\}$$

   另外，将加速梯度下降法中式(3.3.23)～式(3.3.25)修改为：

   $$\underline{x}_t=(1-q_t)\overline{x}_{t-1}+q_t x_{t-1} \tag{3.10.2}$$

   $$x_t=\arg\min_{x\in X}\{\gamma_t[\langle\nabla F_{\eta_t}(\underline{x}_t),\ x\rangle+\mu V(\underline{x}_t,\ x)+\hat{f}(x)]+V(x_{t-1},\ x)\} \tag{3.10.3}$$

   $$\overline{x}_t=(1-\alpha_t)\overline{x}_{t-1}+\alpha_t x_t \tag{3.10.4}$$

   证明如果式(3.10.3)中的 η_t 设置为

   $$\eta_t=\frac{\|A\|D_X}{t},\quad t=1,\ 2\cdots$$

   那么，利用上述算法，至多需要 $\mathcal{O}\left(\frac{\|A\|D_X D_Y}{\varepsilon}\right)$次迭代就可以找到式(3.5.1)的 ε-解，

即点 $\bar{x} \in X$ 使得 $f(\bar{x}) - f^* \leqslant \varepsilon$。

5. 考虑式(3.6.1)中的鞍点问题，即 $f^* = \min\limits_{x \in X} f(x)$，其中

$$f(x) = \hat{f}(x) + \max_{y \in Y} \langle Ax, y \rangle - \hat{g}(y)$$

并且 $Q(\bar{z}, z)$ 由式(3.6.7)定义。

(a) 证明 $\bar{z} \in Z$ 是式(3.6.1)的鞍点，当且仅当任意 $z \in Z$ 有 $Q(\bar{z}, z) \leqslant 0$。

(b) 证明 $f(\bar{x}) - f^* \leqslant \max\limits_{z \in Z} Q(\bar{z}, z)$。

(c) 证明 $0 \leqslant f^* - \min\limits_{x \in X} \{\hat{f}(x) + \langle Ax, \bar{y} \rangle - \hat{g}(\bar{y})\} \leqslant \max\limits_{z \in Z} Q(\bar{z}, z)$

6. 考虑式(3.7.1)中的线性约束凸优化问题，建立以下预处理 ADMM 法的收敛速度，该方法将式(3.7.2)替换为

$$x_t = \arg\min_{x \in X} \Big\{ f(x) + \langle \lambda_{t-1}, Ax + By_{t-1} - b \rangle + \rho \langle Ax_{t-1} + By_{t-1} - b, Ax \rangle + \frac{\eta}{2} \| x - x_{t-1} \|^2 \Big\}$$

对某个 $\eta > 0$。

7. 考虑式(3.8.1)中的变分不等式问题。建立式(3.8.4)和式(3.8.5)中镜面-邻近方法在下列情况下的收敛速度。

(a) 算子是单调的，即式(3.8.2)成立且函数是 Hölder 连续的，即

$$\| F(x) - F(y) \|_* \leqslant L \| x - y \|^v, \quad \forall x, y \in X \tag{3.10.5}$$

对某个 $v \in [0, 1]$ 和 $L \geqslant 0$。

(b) 该算子不是单调的，但满足条件(3.8.3)。此外，它还满足条件(3.10.5)，对某个 $v \in (0, 1]$ 和 $L \geqslant 0$。

8. 描述 3.9.1 节讨论的 APL 方法的一个变体，取 APL 间隙缩减程序的参数 $\alpha_k = 1$，并确定该算法用于求解问题(3.9.1)时的收敛速度。

注释

次梯度下降求解的收敛速度最早是在文献[94]中建立的。镜面下降法最先由 Nemirovski 和 Yudin 在文献[94]中提出，后来在文献[5]中进行了简化。Nesterov 在文献[96]中首次引入了加速梯度下降法，在文献[7, 72, 97, 99, 100]中发现了该方法的不同变体。Lan 和 Zhou 在文献[71]中介绍了加速梯度下降法的博弈论解释以及该方法与原始-对偶方法的关系。Nesterov[99] 首先提出了求解双线性鞍点问题的平滑方案，而求解这些问题的原始-对偶方法首先是由 Chambolle 和 Pock 在文献[18]中引入的。Chen、Lan、Ouyang[23]，以及 Dang 和 Lan[26] 给出了原始-对偶方法的推广，例如，对于非欧几里得设置和光滑和/或强凸双线性鞍点问题。Boyd 等人在文献[17]中给出了 ADMM 的全面的综述。ADMM 的收敛速度分析是在文献[48, 86]中首次提出的，在文献[105]中根据其原始最优性间隙和可行性违背程度建立了不同类型 ADMM 的收敛速度。受到求解双线性鞍点问题的平滑方案的启发，Nemirovski 在文献[93]中发展了求解变分不等式的镜面-邻近方法。该方法是从 Korpelevish 的超梯度法文献[61]发展而来。关于变分不等式和互补问题的综合处理也参见文献[33]。在文献[27]中建立起了求解广义单调变分不等式问题的镜面-邻近方法的复杂性。Lan 在文献[66]首先提出了加速的邻近-水平和均匀平滑水平方法来解决不同类别的凸优化问题，水平束类型方法的早期发展参见文献[9, 10, 60, 76]。

随机凸优化

在本章中，我们主要讨论在机器学习中应用广泛的随机凸优化问题。我们将首先研究两种经典方法，即随机镜面下降法和加速随机梯度下降法。然后，我们将提出求解一般凸凹鞍点、随机双线性鞍点和随机变分不等式问题的随机优化方法。最后，讨论如何将随机块分解法融入随机优化方法中。

4.1 随机镜面下降法

我们考虑下面的优化问题：

$$f^* \equiv \min_{x \in X} \{ f(x) := \mathbb{E}[F(x, \xi)] \} \tag{4.1.1}$$

其中，$X \subset \mathbb{R}^m$ 是一个非空的有界闭凸集，ξ 是一个随机向量，其概率分布 P 在支撑集 $\Xi \subset \mathbb{R}^d$ 上，并且函数 F：$X \times \Xi \to \mathbb{R}$。我们假设对于每一个 $\xi \in \Xi$，函数 $F(\cdot, \xi)$在 X 上都是凸的，并有期望

$$\mathbb{E}[F(x, \xi)] = \int_{\Xi} F(x, \xi) \mathrm{d}P(\xi) \tag{4.1.2}$$

对于每一个 $x \in X$，期望有定义且为有限值，从而得到函数 $f(\cdot)$是凸的且在 X 上为有限值。此外，我们假设 $f(\cdot)$在 X 上是连续的。显然，如果 $f(\cdot)$具有有限的值并且在 X 的邻域上是凸的，那么，$f(\cdot)$的连续性可从凸性得到。在这些假设下，问题(4.1.1)就成为一个凸规划问题。求解随机优化问题(4.1.1)的一个基本难点是，如式(4.1.2)的高维积分(期望)不能达到很高的计算精度，例如维数 d 大于 5 的多维积分情形。本节的目的是介绍一种基于蒙特卡罗抽样技术的计算方法。为此，我们做以下假定。

假设 1 可以通过生成一个独立同分布(i. i. d.)的样本序列 ξ_1，ξ_2，…来实现随机向量 ξ。

假设 2 存在一种机制或随机一阶(SFO)预言机，对于每一个给定的 $x \in X$ 和 $\xi \in \Xi$，它会返回一个随机向量的次梯度，即随机向量 $G(x, \xi)$使得期望 $g(x) := \mathbb{E}[G(x, \xi)]$是有定义的。

在本节中，我们还假设随机次梯度 G 满足以下假设：

假设 3 对于任意 $x \in X$，有下式成立：

$$\text{a) } \mathbb{E}[G(x, \xi_t)] \equiv f'(x) \in \partial f(x) \tag{4.1.3}$$

$$\text{b) } \mathbb{E}[\|G(x, \xi_t) - f'(x)\|_*^2] \leqslant \sigma^2 \tag{4.1.4}$$

回想一下，如果函数 $F(\cdot, \xi)$，$\xi \in \Xi$ 是凸的，并且 $f(\cdot)$在点 x 的邻域内的值是有限的，那么

$$\partial f(x) = \mathbb{E}[\partial_x F(x, \xi)] \tag{4.1.5}$$

在这种情况下，我们可以使用一个可测的选择函数 $G(x, \xi) \in \partial_x F(x, \xi)$ 作为随机次梯度。

随机镜面下降法也称为镜面下降随机逼近法，是通过替换镜面下降法中式(3.2.5)的

精确次梯度 $g(x_t)$ 得到的，把精确次梯度替换为随机预言机返回的随机次梯度 $G_t := G(x_t, \xi_t)$。更具体地说，它根据下式修改 x_t：

$$x_{t+1} = \arg\min_{x\in X} \gamma_t \langle G_t, x\rangle + V(x_t, x), \quad t=1, 2, \cdots \tag{4.1.6}$$

这里 V 表示与距离生成函数 v 关联的邻近函数。为简单起见，我们假设函数 v 的模 σ_v 为 1（见 3.2 节）。我们将建立这个随机优化问题中目标函数 f 在不同的假设条件下的收敛性。

4.1.1 一般非光滑凸函数

在本节中，我们假设目标函数 f 的次梯度有界，即使得下式成立：

$$\|g(x)\|_* \leqslant M, \quad \forall x\in X \tag{4.1.7}$$

根据引理 2.4，这一假设意味着 f 在 X 上是 Lipschitz 连续的。

很容易看出，引理 3.4 中的结果在将 g_t 替换成 G_t 时仍然成立。利用这个结果，我们可以建立起上述随机镜面下降法的收敛性质。

定理 4.1　令 $x_t(t=1, \cdots, k)$ 由式(4.1.6)生成，$\overline{x}_s^k$ 由式(3.1.9)定义。那么

$$\mathbb{E}[f(\overline{x}_s^k)] - f^* \leqslant \Big(\sum_{t=s}^{k}\gamma_t\Big)^{-1}\Big[\mathbb{E}[V(x_s, x^*)] + (M^2+\sigma^2)\sum_{t=s}^{k}\gamma_t^2\Big] \tag{4.1.8}$$

这里 x^* 表示式(4.4.1)的任意解，式中对变量 $\xi_1, \cdots, \xi_k$ 求期望。

证明　记 $\delta_t = G_t - g_t$，$t=1, \cdots, k$，由 f 的凸性和引理 3.4 可得

$$\begin{aligned}\gamma_t[f(x_t)-f(x)] &\leqslant \gamma_t\langle G_t, x_t-x\rangle - \gamma_t\langle\delta_t, x_t-x\rangle\\ &\leqslant V(x_t, x)-V(x_{t+1}, x)+\gamma_t\langle G_t, x_t-x_{t+1}\rangle - V(x_t, x_{t+1}) -\\ &\quad\ \gamma_t\langle\delta_t, x_t-x\rangle\\ &\leqslant V(x_t, x)-V(x_{t+1}, x)+\frac{1}{2}\gamma_t^2\|G_t\|^2-\gamma_t\langle\delta_t, x_t-x\rangle\end{aligned}$$

其中，最后一个不等式由以下三者得到：函数 v 的强凸性；Cauchy-Schwarz 不等式；以及对于任意一个 $a>0$，$bt-\frac{at^2}{2}\leqslant\frac{b^2}{2a}$。由前面的结论，加上式(4.1.7)，得到的下面的事实：

$$\|G_t\|_*^2 \leqslant 2(\|g_t\|_*^2+\|\delta\|_*^2) \leqslant 2(M^2+\|\delta\|_*^2) \tag{4.1.9}$$

可以得出

$$\gamma_t[f(x_t)-f(x)] \leqslant V(x_t, x)-V(x_{t+1}, x)+\gamma_t^2(M^2+\|\delta\|_*^2)-\gamma_t\langle\delta_t, x_t-x\rangle$$

将这些不等式累加，并应用性质 $f(\overline{x}_s^k)\leqslant\Big(\sum_{t=s}^{k}\gamma_t\Big)^{-1}\sum_{t=s}^{k}f(x_t)$，可得

$$\begin{aligned}f(\overline{x}_s^k)-f^* \leqslant \Big(\sum_{t=s}^{k}\gamma_t\Big)^{-1}\Big[&V(x_s, x^*)-V(x_{k+1}, x^*)+\\ &\sum_{t=s}^{k}\gamma_t^2(M^2+\|\delta_t\|_*^2)-\sum_{t=s}^{k}\gamma_t\langle\delta_t, x_t-x\rangle\Big]\end{aligned} \tag{4.1.10}$$

然后对上述不等式的两边都取期望即可得到所需结果。 ■

假设计算的总步数 k 提前给定，并对不等式(4.1.8)的右侧进行优化，可以得到固定步长选取策略

$$\gamma_t = \frac{D_X}{\sqrt{k(M^2+\sigma^2)}}, \quad t=1, \cdots, k \tag{4.1.11}$$

其中，D_X 如式(3.2.4)中定义，这样可得到相关的效率估计

$$\mathbb{E}[f(\widetilde{x}_1^k)-f(x_*)]\leqslant 2D_X\sqrt{\frac{M^2+\sigma^2}{k}} \tag{4.1.12}$$

当然，我们对算法也可以使用不同的步长策略，其处理过程类似于前一章讨论的确定性镜面下降方法。

到目前为止，我们所有的效率估计都是就目标函数而言，其非最优性期望的上界，即由算法产生的近似(最优)解。这里我们用大偏差概率的界来补充完成些结果。注意到由 Markov 不等式和式(4.1.12)可知

$$\operatorname{Prob}\{f(\widetilde{x}_1^k)-f(x_*)>\varepsilon\}\leqslant\frac{2D_X\sqrt{M^2+\sigma^2}}{\varepsilon\sqrt{k}},\quad\forall\varepsilon>0 \tag{4.1.13}$$

这意味着为了找到一个式(4.4.1)的(ε,Λ)-解，也就是说，找到一个点 $\bar{x}\in X$ 使得 $\operatorname{Prob}\{f(\widetilde{x}_1^k)-f(x_*)>\varepsilon\}<\Lambda$，其中 $\Lambda\in(0,1)$，需要运行随机镜面下降方法的迭代次数为

$$\mathcal{O}\left\{\frac{D_X^2(M^2+\sigma^2)}{\Lambda^2\varepsilon^2}\right\} \tag{4.1.14}$$

然而，为了获得更精细的偏差概率的界，通过对分布 $G(x,\xi)$施加更多的限制，这一目标是有可能的实现的。具体来说，我们加入下面的“轻尾”假设。

假设 4　对于任何 $x\in X$，有

$$\mathbb{E}[\exp\{\|G(x,\xi_t)-g(x)\|_*^2/\sigma^2\}]\leqslant\exp\{1\} \tag{4.1.15}$$

很容易看出，由假设 4 可以推出假设 3(b)。的确，如果某一随机变量 Y 满足对某个 $a>0$ 有 $\mathbb{E}[\exp\{Y/a\}]\leqslant\exp\{1\}$成立，则通过 Jensen 不等式可知 $\exp\{\mathbb{E}[Y/a]\}\leqslant\mathbb{E}[\exp\{Y/a\}]\leqslant\exp\{1\}$，因此 $\mathbb{E}[Y]\leqslant a$。当然，如果对所有的$(x,\xi)\in X\times\Xi$ 都有$\|G(x,\xi)-g(x)\|_*\leqslant\sigma$ 成立，那么也满足条件(4.1.15)。

假设 4 有时称为亚高斯假设。许多不同的随机变量，如高斯分布、均匀分布和任何有界支撑的随机变量，都可以满足这一假设。

现在，我们说明下面关于鞅-差分序列的众所周知的结果。

引理 4.1　令 $\xi_{[t]}\equiv\{\xi_1,\xi_2,\cdots,\xi_t\}$是一个 i.i.d 的随机变量序列，并且 $\zeta_t=\zeta_t(\xi_{[t]})$是序列 $\xi_{[t]}$的确定性波雷尔函数，使得几乎处处有期望 $\mathbb{E}_{|\xi_{[t-1]}}[\zeta_t]=0$ 和几乎处处 $\mathbb{E}_{|\xi_{[t-1]}}[\exp\{\zeta_t^2/\sigma_t^2\}]\leqslant\exp\{1\}$，其中的均方差 $\sigma_t>0$ 是确定的。那么，就有

$$\forall\lambda\geqslant 0:\ \operatorname{Prob}\left\{\sum_{t=1}^N\zeta_t>\lambda\sqrt{\sum_{t=1}^N\sigma_t^2}\right\}\leqslant\exp\{-\lambda^2/3\}$$

证明　为简单起见，以 $\mathbb{E}_{|t-1}$ 表示条件期望 $\mathbb{E}_{|\xi_{[t-1]}}$，并记 $\bar{\zeta}_t=\zeta_t/\sigma_t$。则我们知道对所有的 x，都有 $\exp\{x\}\leqslant x+\exp\{9x^2/16\}$，所以可以得到几乎处处都有 $\mathbb{E}_{|t-1}[\bar{\zeta}_t]=0$ 和 $\mathbb{E}_{|t-1}[\exp\{\bar{\zeta}_t^2\}]\leqslant\exp\{1\}$。根据这些关系以及随机变量矩的不等式，我们有

$$\forall\lambda\in[0,4/3]:\ \mathbb{E}_{|t-1}[\exp\{\lambda\bar{\zeta}_t\}]\leqslant\mathbb{E}_{|t-1}[\exp\{(9\lambda^2/16)\bar{\zeta}_t^2\}]\leqslant\exp\{9\lambda^2/16\} \tag{4.1.16}$$

除此之外，我们有 $\lambda x\leqslant\frac{3}{8}\lambda^2+\frac{2}{3}x^2$，因而

$$\mathbb{E}_{|t-1}[\exp\{\lambda\bar{\zeta}_t\}]\leqslant\exp\{3\lambda^2/8\}\mathbb{E}_{|t-1}[\exp\{2\bar{\zeta}_t^2/3\}]\leqslant\exp\left\{\frac{2}{3}+3\lambda^2/8\right\}$$

将上面后一个不等式与式(4.1.16)相结合，得到

$$\forall\lambda\geqslant 0:\ \mathbb{E}_{|t-1}[\exp\{\lambda\bar{\zeta}_t\}]\leqslant\exp\{3\lambda^2/4\}$$

此式的另外一种表达方式为

$$\forall v \geqslant 0: \mathbb{E}_{|t-1}[\exp\{v\zeta_t\}] \leqslant \exp\{3v^2\sigma_t^2/4\}$$

现在，既然 ζ_t 是变量 $\xi_{[\tau]}$ 的一个确定性的函数，所以我们有递推关系

$$\forall v \geqslant 0: \mathbb{E}\left[\exp\{v\sum_{\tau=1}^{t}\zeta_\tau\}\right] = \mathbb{E}\left[\exp\left\{v\sum_{\tau=1}^{t-1}\zeta_\tau\right\}\mathbb{E}_{|t-1}\exp\{v\zeta_\tau\}\right]$$

$$\leqslant \exp\{3v^2\sigma_\tau^2/4\}\mathbb{E}\left[\exp\left\{v\sum_{\tau=1}^{t-1}\zeta_\tau\right\}\right]$$

从而

$$\forall v \geqslant 0: \mathbb{E}\left[\exp\left\{v\sum_{t=1}^{N}\zeta_t\right\}\right] \leqslant \exp\left\{3v^2\sum_{t=1}^{N}\sigma_t^2/4\right\}$$

应用契比雪夫不等式，我们得到对一个正的 λ，有

$$\text{Prob}\left\{\sum_{t=1}^{N}\zeta_t > \lambda\sqrt{\sum_{t=1}^{N}\sigma_t^2}\right\} \leqslant \inf_{v\geqslant 0}\exp\left\{3v^2\sum_{t=1}^{N}\sigma_t^2/4\right\}\exp\left\{-\lambda v\sqrt{\sum_{t=1}^{N}\sigma_t^2}\right\}$$

$$= \exp\{-\lambda^2/3\}$$ ■

命题 4.1 如果在假设 4 的情况下，采用式(4.1.11)中的固定步长，那么，对任意一个 $\lambda \geqslant 0$ 的模型都有下式成立：

$$\text{Prob}\left\{f(\tilde{x}_1^k) - f(x_*) > \frac{3D_X}{\sqrt{k}}(\sqrt{M^2+\sigma^2}+\lambda\sigma)\right\} \leqslant \exp\{-\lambda\} + \exp\{-\lambda^2/3\}$$

证明 令 $\zeta_t = \gamma_t\langle\delta_t, x^* - x_t\rangle$。显然，$\{\zeta_t\}_{t\geqslant 1}$ 是一个鞅-差分序列。由 D_X 的定义和式(4.1.15)可知

$$\mathbb{E}_{|\xi_{[t-1]}}[\exp\{\zeta_t^2/(\gamma_t D_X\sigma)^2\}] \leqslant \mathbb{E}_{|\xi_{[t-1]}}[\exp\{(\gamma_t D_X\|\delta_t\|_*)^2/(\gamma_t D_X\sigma)^2\}]$$
$$\leqslant \exp(1)$$

根据引理 4.1，由前面两个观察到的结果可推知

$$\forall \lambda \geqslant 0: \text{Prob}\left\{\sum_{t=s}^{k}\zeta_t > \lambda D_X\sigma\sqrt{\sum_{t=s}^{k}\gamma_t^2}\right\} \leqslant \exp\{-\lambda^2/3\} \tag{4.1.17}$$

现在观察到在假设 4 下有

$$\mathbb{E}_{|\xi_{t-1}}[\exp\{\|\delta_t\|_*^2/\sigma^2\}] \leqslant \exp\{1\}$$

置 $\theta_t = \gamma_t^2 \Big/ \sum_{t=s}^{k}\gamma_t^2$ 后可得到

$$\exp\left\{\sum_{t=s}^{k}\theta_t(\|\delta_t\|_*^2/\sigma^2)\right\} \leqslant \sum_{t=s}^{k}\theta_t\exp\{\|\delta_t\|_*^2/\sigma^2\}$$

从而，取其期望

$$\mathbb{E}\left[\exp\left\{\sum_{t=s}^{k}\gamma_t^2\|\delta_t\|_*^2\Big/\left(\sigma^2\sum_{t=s}^{k}\gamma_t^2\right)\right\}\right] \leqslant \exp\{1\}$$

由 Markov 不等式可知

$$\forall \lambda \geqslant 0: \text{Prob}\left\{\sum_{t=s}^{k}\gamma_t^2\|\delta_t\|_*^2 > (1+\lambda)\sigma^2\sum_{t=s}^{k}\gamma_t^2\right\} \leqslant \exp\{-\lambda\} \tag{4.1.18}$$

在式(4.1.10)中使用式(4.1.17)和式(4.1.18)的结果，可以得到

$$\text{Prob}\left\{f(\overline{x}_s^k) - f^* > \left(\sum_{t=s}^{k}\gamma_t\right)^{-1}\left[D_X^2 + 2\sum_{t=s}^{k}\gamma_t^2[M^2+(1+\lambda)\sigma^2] + \lambda D_X\sigma\sqrt{\sum_{t=s}^{k}\gamma_t^2}\right]\right\}$$
$$\leqslant \exp\{-\lambda\} + \exp\{-\lambda^2/3\} \tag{4.1.19}$$

由上面的不等式和式(4.1.11)立即得到欲证的结论。 ■

以命题 4.1 的角度来看，如果满足假设 4，那么用随机镜面下降法找到问题(4.4.1)的一个(ε, Λ)-解所需要的迭代次数有下面的界：

$$\mathcal{O}\left\{\frac{D_X^2(M^2+\sigma^2)\log(1/\Lambda)}{\varepsilon^2}\right\}$$

在本节中，我们聚焦于非光滑问题，这些非光滑问题不一定是强凸的。在 4.6 节中，我们将会针对一个更一般的条件，讨论求解强凸非光滑问题的随机镜面下降法的收敛性。

4.1.2　光滑凸问题

在本节中，我们仍然考虑问题(4.1.1)，但假设 $f: X\rightarrow\mathbb{R}$ 是一个具有 Lipschitz 连续梯度的凸函数，即满足条件

$$\|\nabla f(x)-\nabla f(x')\|_*\leqslant L\|x-x'\|, \quad \forall x, x'\in X \tag{4.1.20}$$

我们将随机镜面下降法直接应用于上面的光滑随机凸优化问题，首先给出算法收敛速度，请注意，

$$\begin{aligned}\|\nabla f(x_t)\|_*^2&\leqslant(\|\nabla f(x_1)+\nabla f(x_t)-\nabla f(x_1)\|_*^2)\\&\leqslant2\|\nabla f(x_1)\|_*^2+2\|\nabla f(x_t)-\nabla f(x_1)\|_*^2\\&\leqslant2\|\nabla f(x_1)\|_*^2+2L^2\|x_t-x_1\|_*^2\\&\leqslant2\|\nabla f(x_1)\|_*^2+2L^2D_X^2\end{aligned} \tag{4.1.21}$$

由上面的不等式和式(4.1.12)可以很容易看出，直接应用随机镜面下降算法的收敛速度有下面的界：

$$\mathcal{O}(1)\left[\frac{D_X(\|\nabla f(x_1)\|_*+LD_X+\sigma)}{\sqrt{k}}\right] \tag{4.1.22}$$

与上述方法相关的一个问题在于它没有探索 f 的光滑性。我们将看到，通过利用 f 的光滑性，结合不同的收敛分析，可以获得更快的收敛速度。我们还将稍微修改输出解的表示，使其变成下面的形式：

$$x_{t+1}^{av}=\left(\sum_{\tau=1}^{t}\gamma_\tau\right)^{-1}\sum_{\tau=1}^{t}\gamma_\tau x_{\tau+1} \tag{4.1.23}$$

更具体地说，序列$\{x_t^{av}\}_{t\geqslant2}$ 以如下方式获得：$x_t(t\geqslant2)$与相应的权重 γ_{t-1} 进行加权平均得到迭代值 x_t。而在原始随机镜面下降法中，迭代值是对整个轨迹 $x_t(t\geqslant1)$和权重 γ_t 进行平均获得的。但是请注意，如果使用常数步长，即 $\gamma_t=\gamma$，$\forall t\geqslant1$，那么上述方法的求平均步骤，与原始随机镜面下降法在移到下一个迭代前，将是完全相同的。

下面的引理为光滑优化问题的随机镜面下降算法建立了一个重要的递归关系。

引理 4.2　假定步长 γ_t 满足 $L\gamma_t<1$，$t\geqslant1$，同时令 $\delta_t:=G(x_t, \xi_t)-g(x_t)$，其中 $g(x_t)=\mathbb{E}[G(x_t, \xi_t)]=\nabla f(x_t)$，那么有

$$\gamma_t[f(x_{t+1})-f(x)]+V(x_{t+1}, x)\leqslant V(x_t, x)+\Delta_t(x), \quad \forall x\in X \tag{4.1.24}$$

其中

$$\Delta_t(x):=\gamma_t\langle\delta_t, x-x_t\rangle+\frac{\|\delta_t\|_*^2\gamma_t^2}{2(1-L\gamma_t)} \tag{4.1.25}$$

证明　记 $d_t:=x_{t+1}-x_t$，由函数 v 的强凸性，我们有$\|d_t\|^2/2\leqslant V(x_t, x_{t+1})$，此式和式(3.1.17)一起可推得

$$\gamma_t f(x_{t+1})\leqslant\gamma_t\left[f(x_t)+\langle g(x_t), d_t\rangle+\frac{L}{2}\|d_t\|^2\right]$$

$$=\gamma_t[f(x_t)+\langle g(x_t),\ d_t\rangle]+\frac{1}{2}\|d_t\|^2-\frac{1-L\gamma_t}{2}\|d_t\|^2$$

$$\leqslant\gamma_t[f(x_t)+\langle g(x_t),\ d_t\rangle]+V(x_t,\ x_{t+1})-\frac{1-L\gamma_t}{2}\|d_t\|^2$$

$$=\gamma_t[f(x_t)+\langle G_t,\ d_t\rangle]-\gamma_t\langle\delta_t,\ d_t\rangle+V(x_t,\ x_{t+1})-\frac{1-L\gamma_t}{2}\|d_t\|^2$$

$$\leqslant\gamma_t[f(x_t)+\langle G_t,\ d_t\rangle]+V(x_t,\ x_{t+1})-\frac{1-L\gamma_t}{2}\|d_t\|^2+\|\delta_t\|_*\gamma_t\|d_t\|$$

$$\leqslant\gamma_t[f(x_t)+\langle G_t,\ d_t\rangle]+V(x_t,\ x_{t+1})+\frac{\|\delta_t\|_*^2\gamma_t^2}{2(1-L\gamma_t)} \tag{4.1.26}$$

此外，将引理 3.4 中的函数 g_t 换成 G_t 可得到

$$\begin{aligned}&\gamma_t f(x_t)+[\gamma_t\langle G_t,\ x_{t+1}-x_t\rangle+V(x_t,\ x_{t+1})]\\ \leqslant&\gamma_t f(x_t)+[\gamma_t\langle G_t,\ x-x_t\rangle+V(x_t,\ x)-V(x_{t+1},\ x)]\\ =&\gamma_t[f(x_t)+\langle g(x_t),\ x-x_t\rangle]+\gamma_t\langle\delta_t,\ x-x_t\rangle+V(x_t,\ x)-V(x_{t+1},\ x)\\ \leqslant&\gamma_t f(x)+\gamma_t\langle\delta_t,\ x-x_t\rangle+V(x_t,\ x)-V(x_{t+1},\ x)\end{aligned}$$

上式中最后一个不等式由函数 $f(\cdot)$ 的凸性得到。将以上两个结论结合，并对项进行重新排列，我们就得到了式(4.1.24)。 ■

现在我们准备好描述上述随机镜面下降算法的一般收敛性质，这里不再需要指定步长 γ_t。

定理 4.2 假设步长 γ_t 满足 $0<\gamma_t\leqslant 1/(2L)$，$\forall t\geqslant 1$。令 $\{x_{t+1}^{av}\}_{t\geqslant 1}$ 为用改进随机镜面下降算法依式(4.1.23)计算的序列。

(a) 在假设 3 下，有

$$\mathbb{E}[f(x_{k+1}^{av})-f^*]\leqslant K_0(k),\quad \forall k\geqslant 1 \tag{4.1.27}$$

式中

$$K_0(k):=\left(\sum_{t=1}^k\gamma_t\right)^{-1}\left[D_X^2+\sigma^2\sum_{t=1}^k\gamma_t^2\right]$$

(b) 在假设 3 和 4 下，对任意 $\lambda>0$ 和 $k\geqslant 1$，

$$\mathrm{Prob}\{f(x_{k+1}^{av})-f^*>K_0(k)+\lambda K_1(k)\}\leqslant\exp\{-\lambda^2/3\}+\exp\{-\lambda\} \tag{4.1.28}$$

其中

$$K_1(k):=\left(\sum_{t=1}^k\gamma_t\right)^{-1}\left[D_X\sigma\sqrt{\sum_{t=1}^k\gamma_t^2}+\sigma^2\sum_{t=1}^k\gamma_t^2\right]$$

证明 对不等式(4.1.24)从 $t=1$ 到 k 累加求和得到

$$\begin{aligned}\sum_{t=1}^k[\gamma_t(f(x_{t+1})-f^*)]&\leqslant V(x_1,\ x^*)-V(x_{t+1},\ x^*)+\sum_{t=1}^k\Delta_t(x^*)\\&\leqslant V(x_1,\ x^*)+\sum_{t=1}^k\Delta_t(x^*)\leqslant D_X^2+\sum_{t=1}^k\Delta_t(x^*)\end{aligned}$$

根据

$$f(x_{t+1}^{av})\leqslant\left(\sum_{t=1}^k\gamma_t\right)^{-1}\sum_{t=1}^k\gamma_t f(x_{t+1})$$

可以推出

$$\left(\sum_{t=1}^k\gamma_t\right)[f(x_{t+1}^{av})-f^*]\leqslant D_X^2+\sum_{t=1}^k\Delta_t(x^*) \tag{4.1.29}$$

记 $\zeta_t := \gamma_t \langle \delta_t, x^* - x_t \rangle$，观察得到

$$\Delta_t(x^*) = \zeta_t + \frac{\gamma_t^2 \|\delta_t\|_*^2}{2(1-L\gamma_t)}$$

然后由式(4.1.29)得到

$$\left(\sum_{t=1}^{k} \gamma_t\right)[f(x_{t+1}^{av}) - f^*] \leqslant D_X^2 + \sum_{t=1}^{k} \left[\zeta_t + \frac{\gamma_t^2 \|\delta_t\|_*^2}{2(1-L\gamma_t)}\right] \tag{4.1.30}$$

$$\leqslant D_X^2 + \sum_{t=1}^{k} (\zeta_t + \gamma_t^2 \|\delta_t\|_*^2)$$

上面的最后一个不等式由假设条件 $\gamma_t \leqslant 1/(2L)$ 推出。

注意，元素对(x_t, x_t^{av})是一个 $\xi_{[t-1]} := (\xi_1, \cdots, \xi_{t-1})$的函数，即随机过程生成的历史值的函数，因此是随机的。对式(4.1.30)两边都取期望，并注意到在假设 3 下，$\mathbb{E}[\|\delta_t\|_*^2] \leqslant \sigma^2$，以及

$$\mathbb{E}_{|\xi_{[\tau-1]}}[\zeta_t] = 0 \tag{4.1.31}$$

可以得到

$$\left(\sum_{t=1}^{k} \gamma_t\right)\mathbb{E}[f(x_{t+1}^{av}) - f^*] \leqslant D_X^2 + \sigma^2 \sum_{t=1}^{k} \gamma_t^2$$

显然可以推出(a)部分。

(b)部分的证明与命题 4.1 的证明相似，故略去细节。■

我们现在描述改进的随机镜面下降法步长的选择。为了简单起见，我们假设上述算法的迭代次数是事先固定的，比如说等于 k，并且采用常数步长策略，即对某个 $\gamma < 1/(2L)$，取 $\gamma_t = \gamma$，$t = 1, \cdots, k$(注意，不变步长的假设并不会损害对效率的估计)。然后由定理 4.2 得出，所得到的解 $x_{k+1}^{av} = k^{-1} \sum_{t=1}^{k} x_{t+1}$ 满足

$$\mathbb{E}[f(x_{k+1}^{av}) - f^*] \leqslant \frac{D_X^2}{k\gamma} + \gamma\sigma^2$$

对变量 γ 在区间$(0, 1/(2L)]$上极小化上述不等式的右侧，我们得出结论

$$\mathbb{E}[f(x_{k+1}^{av}) - f^*] \leqslant K_0^*(k) := \frac{2LD_X^2}{k} + \frac{2D_X\sigma}{\sqrt{k}} \tag{4.1.32}$$

式(4.1.32)可通过选择 γ 为下面的值得到：

$$\gamma = \min\left\{\frac{1}{2L}, \sqrt{\frac{D_X^2}{k\sigma^2}}\right\}$$

此外，这样选择 γ 后我们就有

$$K_1(k) = \frac{D_X\sigma}{\sqrt{k}} + \gamma\sigma^2 \leqslant \frac{2D_X\sigma}{\sqrt{k}}$$

因此，式(4.1.28)中的界意味着对于任意的 $\lambda > 0$

$$\operatorname{Prob}\left\{f(x_{k+1}^{av}) - f^* > \frac{2LD_X^2}{k} + \frac{2(1+\lambda)D_X\sigma}{\sqrt{k}}\right\} \leqslant \exp\{-\lambda^2/3\} + \exp\{-\lambda\}$$

注意改进随机镜面下降方法的收敛速度(式(4.1.32))和原始随机镜面下降法应用于一个方向的收敛速度(式(4.1.22))，两者的比较是颇为有趣的。显然，后者总是比前者更糟糕。而且，在

$$L \leqslant \frac{\sqrt{k\sigma^2}}{D_X} \tag{4.1.33}$$

的参数范围内，式(4.1.32)中的第一个分量(简称 L 分量)仅仅不会影响误差估计式(4.1.32)。注意，式(4.1.33)中所述的范围随着 N 的增加而扩展，这意味着如果 k 很大，f 的 Lipschitz 常数不会影响寻找好的近似解的复杂性。相反，这一现象没有出现在原始随机镜面下降算法推导的误差估计式(4.1.22)中，该算法采用了简单的步长策略，没有考虑目标函数 f 的结构。

在本节中，我们关注的平滑问题不一定是强凸的。在 4.6 节中，我们将在一个更一般的设置下，讨论求解光滑和强凸光滑问题的随机镜面下降法的收敛性。

值得注意的是，随机镜面下降算法是由镜面下降算法直接衍生的。众所周知，这类算法不是光滑凸优化的最优算法。在 4.2 节中，我们将研究光滑凸优化方法的随机版本。事实上，我们将会证明，适当指定步长后这些方法对非光滑问题的求解也是最优的。

4.1.3　准确性证书

在本节中，我们讨论一种在运行随机镜面下降算法时估计问题(4.1.1)最优值上下界的方法。为了简单起见，我们主要讨论具有有界子梯度的一般非光滑凸规划问题，即当不等式(4.1.7)成立时。关于光滑问题的准确性证书的讨论将在 4.2.4 节中提出。

设 k 为随机镜面下降算法的总步数，并记

$$v_t := \frac{\gamma_t}{\sum_{i=1}^{k}\gamma_i},\quad t=1,\cdots,k,\quad 且\quad \tilde{x}_k := \sum_{t=1}^{k} v_t x_t \tag{4.1.34}$$

考虑函数

$$f^k(x) := \sum_{t=1}^{k} v_t[f(x_t)+g(x_t)^{\mathrm{T}}(x-x_t)]$$

$$\hat{f}^k(x) := \sum_{t=1}^{k} v_t[F(x_t,\xi_t)+G(x_t,\xi_t)^{\mathrm{T}}(x-x_t)]$$

并定义

$$f_*^k := \min_{x\in X} f^k(x)\quad 且\quad f^{*k} := \sum_{t=1}^{k} v_t f(x_t) \tag{4.1.35}$$

因为 $v_t>0$ 且 $\sum_{t=1}^{k} v_t=1$，由函数 $f(\cdot)$的凸性知 $f^k(\cdot)$对于 X 上的每个点都是 $f(\cdot)$的不足的估计，从而 $f_*^k \leqslant f^*$。由于 $\tilde{x}_k \in X$，我们也有 $f^* \leqslant f(\tilde{x}_k)$，并且由函数 $f(\cdot)$的凸性知 $f(\tilde{x}_k) \leqslant f^{*k}$。也就是说，对于任何实现了的随机样本 ξ_1，ξ_2，…，ξ_k，有

$$f_*^k \leqslant f^* \leqslant f(\tilde{x}_k) \leqslant f^{*k} \tag{4.1.36}$$

从而由式(4.1.36)也可得到 $\mathbb{E}[f_*^k] \leqslant f^* \leqslant \mathbb{E}[f^{*k}]$。

由于 $f(x_t)$的值是不能精确知道的，所以两个界 f_*^k 和 f^{*k} 是不可观测的。因此我们代之以考虑可计算的对应值

$$\underline{f}^k = \min_{x\in X} \hat{f}^k(x)\quad 和\quad \overline{f}^k = \sum_{t=1}^{k} v_t F(x_t,\xi_t) \tag{4.1.37}$$

执行随机镜面下降过程的程序可以很容易地计算界 $\overline{f}^k$。而界 $\underline{f}^k$ 涉及在集合 X 上最小化一个线性目标函数的问题求解。

由于 x_t 是 $\xi_{[t-1]}=(\xi_1, \cdots, \xi_{t-1})$ 的函数，并且 ξ_t 独立于变量 $\xi_{[t-1]}$，我们有

$$\mathbb{E}[\overline{f}^k]=\sum_{t=1}^{k} v_t \mathbb{E}\{\mathbb{E}[F(x_t, \xi_t) | \xi_{[t-1]}]\}=\sum_{t=1}^{k} v_t \mathbb{E}[f(x_t)]=\mathbb{E}[f^{*k}]$$

和

$$\begin{aligned}\mathbb{E}[\underline{f}^k]&=\mathbb{E}\left[\mathbb{E}\left\{\min_{x\in X}\left[\sum_{t=1}^{k} v_t[F(x_t, \xi_t)+G(x_t, \xi_t)^{\mathrm{T}}(x-x_t)]\right] | \xi_{[t-1]}\right\}\right]\\&\leqslant\mathbb{E}\left[\min_{x\in X}\left\{\mathbb{E}\left[\sum_{t=1}^{k} v_t[F(x_t, \xi_t)+G(x_t, \xi_t)^{\mathrm{T}}(x-x_t)]\right] | \xi_{[t-1]}\right\}\right]\\&=\mathbb{E}[\min_{x\in X} f^k(x)]=\mathbb{E}[f_*^k]\end{aligned}$$

由此可见，

$$\mathbb{E}[\underline{f}^k]\leqslant f^*\leqslant\mathbb{E}[\overline{f}^k] \tag{4.1.38}$$

也就是说，在平均意义上，$\underline{f}^k$ 和 $\overline{f}^k$ 分别给出了最优化问题(4.4.1)的最优值的下界和上界。

在本节余下的部分，我们的目标是搞清楚下界和上界($\underline{f}^k$ 和 $\overline{f}^k$)与最优值的接近程度。后续我们表示 $\Delta_t := F(x_t, \xi_t)-f(x_t)$ 和 $\delta_t := G(x_t, \xi_t)-g(x_t)$。由于 x_t 是 $\xi_{[t-1]}$ 的函数，并且 ξ_t 和 $\xi_{[t-1]}$ 是独立的，我们有这两个变量的条件期望

$$\mathbb{E}_{|t-1}[\Delta_t]=0 \quad 和 \quad \mathbb{E}_{|t-1}[\delta_t]=0 \tag{4.1.39}$$

并且，两个变量的无条件期望也为 0，即 $\mathbb{E}[\Delta_t]=0$ 和 $\mathbb{E}[\delta_t]=0$。

我们对 Δ_t 做出以下假设。

假设 5 *存在一个正的常数 Q，使得对于任何 $t\geqslant0$ 有*

$$\mathbb{E}[\Delta_t^2]\leqslant Q^2 \tag{4.1.40}$$

我们首先需要证明以下简单的结果。

引理 4.3 *令 $\zeta_1, \cdots, \zeta_j$ 为 $\mathbb{R}^n$ 的元素序列。在 X^O 中定义序列 $v_t(t=1, 2, \cdots)$，$v_1\in X^O$，以及*

$$v_{t+1}=\arg\min_{x\in X}\{\langle\zeta_t, x\rangle+V(v_t, x)\}$$

那么，对于任意 $x\in X$，以下不等式成立：

$$\langle\zeta_t, v_t-x\rangle\leqslant V(v_t, x)-V(v_{t+1}, x)+\frac{\|\zeta_t\|_*^2}{2} \tag{4.1.41}$$

$$\sum_{t=1}^{j}\langle\zeta_t, v_t-x\rangle\leqslant V(v_1, x)+\frac{1}{2}\sum_{t=1}^{j}\|\zeta_t\|_*^2 \tag{4.1.42}$$

证明 根据引理 3.4，我们有

$$\langle\zeta_t, v_{t+1}-x\rangle+V(v_t, v_{t+1})\leqslant V(v_t, x)-V(v_{t+1}, x)$$

考虑到这一事实：

$$\langle\zeta_t, v_t-v_{t+1}\rangle-V(v_t, v_{t+1})\leqslant\langle\zeta_t, v_t-v_{t+1}\rangle-\frac{1}{2}\|v_{t+1}-v_t\|^2\leqslant\frac{1}{2}\|\zeta_t\|_*^2$$

然后可推得式(4.1.41)。将式(4.1.41)从 $t=1$ 到 j 累加，则由于对于任何 $v\in Z^o$，$x\in Z$ 有 $V(v, x)\geqslant0$，我们就可得到式(4.1.42)。 ■

现在我们已经准备好了给出上述问题(4.1.1)的最优值，并对该最优值的上界和下界之间差距的期望进行定界。

定理 4.3 *若假设 1～3 和假设 5 成立，则*

$$\mathbb{E}[f^{*k}-f_*^k]\leqslant\frac{4D_X^2+(2M^2+3\sigma^2)\sum_{t=1}^k\gamma_t^2}{2\sum_{t=1}^k\gamma_t}\tag{4.1.43}$$

$$\mathbb{E}[|\overline{f}^k-f^{*k}|]\leqslant Q\sqrt{\sum_{t=1}^k v_t^2}\tag{4.1.44}$$

$$\mathbb{E}[|\underline{f}^k-f_*^k|]\leqslant\frac{D_X^2+(M^2+\sigma^2)\sum_{t=1}^k\gamma_t^2}{\sum_{t=1}^k\gamma_t}+(Q+2\sqrt{2}D_X\sigma)\sqrt{\sum_{t=1}^k v_t^2}\tag{4.1.45}$$

特别是，在采用固定步长策略(4.1.11)的情况下，有

$$\mathbb{E}[f^{*k}-f_*^k]\leqslant\frac{7D_X\sqrt{M^2+\sigma^2}}{2\sqrt{k}}$$

$$\mathbb{E}[|\overline{f}^k-f^{*k}|]\leqslant Qk^{-1/2}$$

$$\mathbb{E}[|\underline{f}^k-f_*^k|]\leqslant\frac{2D_X\sqrt{M^2+\sigma^2}}{\sqrt{k}}+(Q+2\sqrt{2}D_X\sigma)k^{-1/2}\tag{4.1.46}$$

证明　如果在引理4.3中取 $v_1:=x_1$ 和 $\zeta_t:=\gamma_t G(x_t,\ \xi_t)$，那么，相应的迭代中 v_t 与 x_t 重合。因此，我们有式(4.1.41)，并且由于 $V(x_1,\ u)\leqslant D_X^2$，得到

$$\sum_{t=1}^k\gamma_t(x_t-u)^{\mathrm{T}}G(x_t,\ \xi_t)\leqslant D_X^2+2^{-1}\sum_{t=1}^k\gamma_t^2\|G(x_t,\ \xi_t)\|_*^2,\quad\forall u\in X\tag{4.1.47}$$

由此，对于任意 $u\in X$：

$$\sum_{t=1}^k v_t[-f(x_t)+(x_t-u)^{\mathrm{T}}g(x_t)]+\sum_{t=1}^k v_tf(x_t)$$

$$\leqslant\frac{D_X^2+2^{-1}\sum_{t=1}^k\gamma_t^2\|G(x_t,\ \xi_t)\|_*^2}{\sum_{t=1}^k\gamma_t}+\sum_{t=1}^k v_t\delta_t^{\mathrm{T}}(u-x_t)$$

由于

$$f^{*k}-f_*^k=\sum_{t=1}^k v_tf(x_t)+\max_{u\in X}\sum_{t=1}^k v_t[-f(x_t)+(x_t-u)^{\mathrm{T}}g(x_t)]$$

从而可得，

$$f^{*k}-f_*^k\leqslant\frac{D_X^2+2^{-1}\sum_{t=1}^k\gamma_t^2\|G(x_t,\ \xi_t)\|_*^2}{\sum_{t=1}^k\gamma_t}+\max_{u\in X}\sum_{t=1}^k v_t\delta_t^{\mathrm{T}}(u-x_t)\tag{4.1.48}$$

让我们对式(4.1.48)右边的第二项进行估计，令

$$u_1=v_1=x_1$$

$$u_{t+1}=\arg\min_{x\in X}\{\langle-\gamma_t\delta_t,\ x\rangle+V(u_t,\ x)\},\quad t=1,\ 2,\ \cdots,\ k\tag{4.1.49}$$

$$v_{t+1}=\arg\min_{x\in X}\{\langle\gamma_t\delta_t,\ x\rangle+V(v_t,\ x)\},\quad t=1,\ 2,\ \cdots,\ k$$

观察到 δ_t 是变量 $\xi_{[t]}$ 的一个确定性函数，而 u_t 和 v_t 是 $\xi_{[t-1]}$ 的确定性函数。利用引理 4.3 可得到

$$\sum_{t=1}^{k}\gamma_t\delta_t^{\mathrm{T}}(v_t-u)\leqslant D_X^2+2^{-1}\sum_{t=1}^{k}\gamma_t^2\|\delta_t\|_*^2,\quad \forall u\in X \tag{4.1.50}$$

此外，

$$\delta_t^{\mathrm{T}}(v_t-u)=\delta_t^{\mathrm{T}}(x_t-u)+\delta_t^{\mathrm{T}}(v_t-x_t)$$

由式(4.1.50)可推出

$$\max_{u\in X}\sum_{t=1}^{k}v_t\delta_t^{\mathrm{T}}(x_t-u)\leqslant\sum_{t=1}^{k}v_t\delta_t^{\mathrm{T}}(x_t-v_t)+\frac{D_X^2+2^{-1}\sum_{t=1}^{k}\gamma_t^2\|\delta_t\|_*^2}{\sum_{t=1}^{k}\gamma_t} \tag{4.1.51}$$

可以看到，对变量 $(-\delta_t)$ 进行与上面过程中的变量 δ_t 同样的推理，我们得到

$$\max_{u\in X}\left[-\sum_{t=1}^{k}v_t\delta_t^{\mathrm{T}}(x_t-u)\right]\leqslant\left[-\sum_{t=1}^{k}v_t\delta_t^{\mathrm{T}}(x_t-u_t)\right]+\frac{D_X^2+2^{-1}\sum_{t=1}^{k}\gamma_t^2\|\delta_t\|_*^2}{\sum_{t=1}^{k}\gamma_t} \tag{4.1.52}$$

此外，$\mathbb{E}_{|t-1}[\delta_t]=0$，并且 u_t、v_t 和 x_t 是变量 $\xi_{[t-1]}$ 的函数，而 $\mathbb{E}_{|t-1}\delta_t=0$，因此

$$\mathbb{E}_{|t-1}[(x_t-v_t)^{\mathrm{T}}\delta_t]=\mathbb{E}_{|t-1}[(x_t-u_t)^{\mathrm{T}}\delta_t]=0 \tag{4.1.53}$$

由式(4.1.4)我们得到了 $\mathbb{E}_{|t-1}[\|\delta_t\|_*^2]\leqslant\sigma^2$，由式(4.1.51)和式(4.1.53)可得

$$\mathbb{E}\left[\max_{u\in X}\sum_{t=1}^{k}v_t\delta_t^{\mathrm{T}}(x_t-u)\right]\leqslant\frac{D_X^2+2^{-1}\sigma^2\sum_{t=1}^{k}\gamma_t^2}{\sum_{t=1}^{k}\gamma_t} \tag{4.1.54}$$

因此，对式(4.1.48)两边取期望，使用式(4.1.4)、式(4.1.9)和式(4.1.54)就可以得到式(4.1.43)的估值公式。

为了证明式(4.1.44)，我们观察到 $\overline{f}_k-f^{*k}=\sum_{t=1}^{k}v_t\Delta_t$，并且对 $1\leqslant s<t\leqslant k$，

$$\mathbb{E}[\Delta_s\Delta_t]=\mathbb{E}\{\mathbb{E}_{|t-1}[\Delta_s\Delta_t]\}=\mathbb{E}\{\Delta_s\mathbb{E}_{|t-1}[\Delta_t]\}=0$$

因此

$$\begin{aligned}\mathbb{E}[(\overline{f}^k-f^{*k})^2]=\mathbb{E}\left[\left(\sum_{t=1}^{k}v_t\Delta_t\right)^2\right]&=\sum_{t=1}^{k}v_t^2\mathbb{E}[\Delta_t^2]\\&=\sum_{t=1}^{k}v_t^2\mathbb{E}\{\mathbb{E}_{|t-1}[\Delta_t^2]\}\end{aligned}$$

并且，通过假设(A5)的条件(4.1.40)，有 $\mathbb{E}_{|t-1}[\Delta_t^2]\leqslant Q^2$，因此

$$\mathbb{E}[(\overline{f}^k-f^{*k})^2]\leqslant Q^2\sum_{t=1}^{k}v_t^2 \tag{4.1.55}$$

由于对任意随机变量 Y 有 $\sqrt{\mathbb{E}[Y^2]}\geqslant\mathbb{E}|Y|$，可由式(4.1.55)推得不等式(4.1.44)。

现在让我们看看式(4.1.45)。我们有

$$|\underline{f}^k - f_*^k| = |\min_{x\in X}\hat{f}^k(x) - \min_{x\in X} f^k(x)| \leqslant \max_{x\in X}\hat{f}^k(x) - f^k(x)|$$
$$\leqslant \left|\sum_{t=1}^k v_t\Delta_t\right| + \max_{x\in X}\left|\sum_{t=1}^k v_t\delta_t^{\mathrm{T}}(x_t - x)\right| \tag{4.1.56}$$

我们已经在上式证明了(参见式(4.1.55))这一点：

$$\mathbb{E}\left[\left|\sum_{t=1}^k v_t\Delta_t\right|\right] \leqslant Q\sqrt{\sum_{t=1}^k v_t^2} \tag{4.1.57}$$

应用式(4.1.51)和式(4.1.52)的结果，我们得到

$$\max_{x\in X}\left|\sum_{t=1}^k v_t\delta_t^{\mathrm{T}}(x_t - x)\right| \leqslant \left|\sum_{t=1}^k v_t\delta_t^{\mathrm{T}}(x_t - v_t)\right| +$$
$$\left|\sum_{t=1}^k v_t\delta_t^{\mathrm{T}}(x_t - u_t)\right| + \frac{D_X^2 + 2^{-1}\sum_{t=1}^k \gamma_t^2\|\delta_t\|_*^2}{\sum_{t=1}^k \gamma_t} \tag{4.1.58}$$

而且，对于 $1\leqslant s<t\leqslant k$，我们有 $\mathbb{E}[(\delta_s^{\mathrm{T}}(x_s - v_s))(\delta_t^{\mathrm{T}}(x_t - v_t))]=0$，因此

$$\mathbb{E}\left[\left|\sum_{t=1}^k v_t\delta_t^{\mathrm{T}}(x_t - v_t)\right|^2\right] = \sum_{t=1}^k v_t^2\mathbb{E}[|\delta_t^{\mathrm{T}}(x_t - v_t)|^2]$$
$$\leqslant \sigma^2\sum_{t=1}^k v_t^2\mathbb{E}[\|x_t - v_t\|^2]$$
$$\leqslant 2\sigma^2 D_X^2\sum_{t=1}^k v_t^2$$

其中，最后一个不等式来自函数 v 的强凸性。从而可得，

$$\mathbb{E}\left[\left|\sum_{t=1}^k v_t\delta_t^{\mathrm{T}}(x_t - v_t)\right|\right] \leqslant \sqrt{2}D_X\sigma\sqrt{\sum_{t=1}^k v_t^2}$$

基于相似的原因，

$$\mathbb{E}\left[\left|\sum_{t=1}^k v_t\delta_t^{\mathrm{T}}(x_t - u_t)\right|\right] \leqslant \sqrt{2}D_X\sigma\sqrt{\sum_{t=1}^k v_t^2}$$

结合这两个不等式的结果以及式(4.1.57)、式(4.1.58)、式(4.1.56)，就可得到式(4.1.45)。

■

定理 4.3 表明，当 k 的值很大时，在线可观测的随机量 $\overline{f}^k$ 和 $\underline{f}^k$ 分别接近上界 f^{*k} 和下界 f_*^k。除此之外，平均而言，$\overline{f}^k$ 确实高估了 f^*，而 $\underline{f}^k$ 确实低估了 f_*。更具体地说，当采取式(4.1.11)的常数步长策略时，我们知道式(4.1.46)右边给出的所有估计都是 $O(k^{-1/2})$阶的。由此可知，在常数步长策略下，随着样本容量 k 的增大，上界 $\overline{f}^k$ 和下界 $\underline{f}^k$ 的差以 $O(k^{-1/2})$的速率平均收敛于零。可以推导和细化下界和上界之间的差的大偏差特性，特别是当我们用下式推广式(4.1.40)时：

$$\mathbb{E}[\exp\{\delta_t^2/Q^2\}] \leqslant \exp\{1\} \tag{4.1.59}$$

其发展将类似于定理 4.2(b)(有关讨论见 4.2.4 节)。

注意到样本平均近似(SAA)的方法(参见 1.6 节)还提供了一个较低的平均约束随机量 $\hat{f}_{\mathrm{SAA}}^k$，这是样本的最优值平均问题(参见式(4.1.60))。假设相同的样本 ξ_t，$t=1$，…，k，应用随机镜面下降和 SAA 方法。除此之外，假设随机镜面下降法采用恒定步长策略，因而会有 $v_t=1/k$，$t=1$，…，k。最后，假设(通常是这样情形)$G(x, \xi)$是一个 $F(x, \xi)$

的次梯度。由于 $F(x, \xi)$的凸性，以及下界 $\underline{f}^k=\min_{x\in X}\hat{f}^k(x)$，我们有

$$
\begin{aligned}
\hat{f}_{\mathrm{SAA}}^k &:= \min_{x\in X} k^{-1}\sum_{t=1}^{k}F(x, \xi_t)\\
&\geqslant \min_{x\in X}\sum_{t=1}^{k}v_t(F(x_t, \xi_t)+G(x_t, \xi_t)^{\mathrm{T}}(x-x_t))=\underline{f}^k
\end{aligned}
\tag{4.1.60}
$$

即对于同一样本，下界 $\underline{f}^k$ 是小于SAA 方法获得的下界的。然而，应该注意的是，下界 $\underline{f}^k$ 的计算速度远远超过 $\hat{f}_{\mathrm{SAA}}^k$，因为后者相当于计算所生成样本的样本平均优化问题。

与 SAA 方法类似，为了估计下界 $\underline{f}^k$ 的可变性，可以运行随机镜面下降法 M 次：对相互独立的样本，每次大小为 k，计算平均值和样本方差 M 次以实现随机量 $\underline{f}^k$。或者，我们可以运行一次随机镜面下降过程，但要进行 kM 次迭代，然后将得到的轨迹分割成 M 个连续的部分，每个部分的大小都是 k；对于每一个部分，计算相应的随机镜面下降的下界，然后对所获得的 M 个数字计算平均值和样本方差。后一种方法在思想上类似于在仿真输出分析中使用的批处理方法。这种方法的一个优点是，随着越来越多的迭代运行，随机镜面下降方法可以输出一个解 $\widetilde{x}_{kM}$，它比 $\widetilde{x}_k$ 有更好的目标值。但是，该方法与批量均值方法有相同的缺点，即连续块之间的相关性会导致对样本方差的估计有偏差。

4.2　随机加速梯度下降法

在本节中，我们研究一类如下式给出的随机复合优化问题：

$$
\Psi^* := \min_{x\in X}\{\Psi(x) := f(x)+h(x)\}
\tag{4.2.1}
$$

其中 X 是 $\mathbb{R}^m$ 上的一个闭凸集，$h(x)$是一个结构已知的简单凸函数(例如，$h(x)=0$ 或 $h(x)=\|x\|_1$)，f：$X\to\mathbb{R}$ 是一个一般的凸函数，满足对于某些 $L\geqslant 0$、$M\geqslant 0$ 和 $\mu\geqslant 0$，

$$
\begin{aligned}
&\mu V(x, y)\leqslant f(y)-f(x)-\langle f'(x), y-x\rangle\leqslant\\
&\frac{L}{2}\|y-x\|^2+M\|y-x\|, \quad \forall x, y\in X
\end{aligned}
\tag{4.2.2}
$$

其中 $f'(x)\in\partial f(x)$，$\partial f(x)$表示 f 在 x 处的次微分，而且我们只能获得关于函数 f 的一阶随机信息。更具体地说，在第 t 次迭代时，对于一个给定的 $x_t\in X$，随机一阶(SFO)预言机返回 $F(x_t, \xi_t)$和 $G(x_t, \xi_t)$，分别满足 $\mathbb{E}[F(x_t, \xi_t)]=f(x_t)$和 $\mathbb{E}[G(x_t, \xi_t)]\equiv g(x_t)\in\partial f(x_t)$，其中$\{\xi_t\}_{t\geqslant 1}$ 是一个独立同分布的随机变量序列。

由于参数 L、M、μ 和 σ 可以为 0，所以上面描述的问题(4.2.1)涉及广泛的凸规划问题。特别是，如果 f 是有常数 M 的一般 Lipschitz 连续函数，则当 $L=0$ 时，关系式(4.2.2)成立。如果 f 是一个具有 L-Lipschitz 连续梯度的光滑凸函数，则当 $M=0$ 时，式(4.2.2)成立。显然，如果 f 是光滑凸函数和非光滑凸函数的总和，则(4.2.2)也成立。此外，如果 $\mu>0$，则函数 f 为强凸函数，并且如果 $\sigma=0$，则问题(4.2.1)将涵盖不同类别的确定性凸规划问题。

如果条件(4.2.2)中的 $\mu>0$，那么，通过经典的凸规划的复杂性理论，找到一个式(4.2.1)的 ε-解，即点 $\bar{x}\in X$ 使得 $\mathbb{E}[\Psi(\bar{x})-\Psi^*]<\varepsilon$，所需调用 SFO 预言机的数量(或迭代)不会小于

$$
\mathcal{O}(1)\left\{\sqrt{\frac{L}{\mu}}\log\frac{L\|x_0-x^*\|^2}{\varepsilon}+\frac{(M+\sigma)^2}{\mu\varepsilon}\right\}
\tag{4.2.3}
$$

式中，x_0 为初始点，x^* 为问题(4.2.1)的最优解，$\mathcal{O}(1)$代表一个绝对常数。而且，如果在式(4.2.2)中，$\mu=0$，则根据凸规划的复杂性理论，对 SFO 预言机的调用次数不会小于

$$\mathcal{O}(1)\left\{\sqrt{\frac{L\|x_0-x^*\|^2}{\varepsilon}}+\frac{\sigma^2}{\varepsilon^2}\right\} \tag{4.2.4}$$

尽管复杂性表达式(4.2.3)和式(4.2.4)中不涉及 σ，即来自确定性凸规划的项，但我们还将简要讨论涉及 σ 的关键项是如何推导的。让我们来关注一下式(4.2.3)中的项 $\sigma^2/(\mu\varepsilon)$。考虑最小化问题 $\min_x\{\Psi(x)=\mu(x-\alpha)^2\}$，其中的 α 未知，并假设随机梯度由 $2\mu(x-\alpha-\xi/\mu)$ 给出，其中随机变量 $\xi\sim\mathbb{N}(0,\sigma^2)$。在此设定下，我们的优化问题相当于通过观测 $\zeta=\alpha+\xi/\mu\sim\mathbb{N}(\sigma,\sigma^2/\mu^2)$ 的抽样来估计未知的参量 α，并且残余量是已恢复的均值 α 平方误差期望的 μ 倍。根据标准统计理论，当 α 的初始范围大于 σ/μ 时，要让这个预期的平方误差小于 $\delta^2\equiv\varepsilon/\mu$，或者等价地，$\mathbb{E}[\Psi(\bar{x})-\Psi_*]\leqslant\varepsilon$，我们需要的观察数量至少是

$$N=\mathcal{O}(1)((\sigma^2/\mu^2)/\delta^2)=\mathcal{O}(1)(\sigma^2/(\mu\varepsilon))$$

在本节中，我们的目标是要提出一种最优的随机梯度下降类型算法，即随机加速梯度下降法，它可以实现如式(4.2.3)和式(4.2.4)中所述的较低复杂度的界。随机加速梯度下降法，又称为加速随机逼近法(AC-SA)，是通过将加速梯度下降法中的精确梯度替换为随机梯度而得到的。该算法的基本方案可以描述如下。

$$\underline{x}_t=(1-q_t)\bar{x}_{t-1}+q_t x_{t-1} \tag{4.2.5}$$

$$x_t=\arg\min_{x\in X}\{\gamma_t[\langle G(\underline{x}_t,\xi_t),x\rangle+h(x)+\mu V(\underline{x}_t,x)]+V(x_{t-1},x)\} \tag{4.2.6}$$

$$\bar{x}_t=(1-\alpha_t)\bar{x}_{t-1}+\alpha_t x_t \tag{4.2.7}$$

观察到，虽然原来的加速梯度下降法是专为求解确定性凸优化问题而设计的，但通过使用一种新的收敛分析方法，我们将证明该算法不仅对光滑问题是最优的，而且对一般的非光滑和随机优化问题也是最优的。

以下结果描述了 Ψ 复合函数的一些性质。

引理 4.4　对某个 $\alpha_t\in[0,1]$ 以及 $(\bar{x}_{t-1},x_t)\in X\times X$，令 $\bar{x}_t:=(1-\alpha_t)\bar{x}_{t-1}+\alpha_t x_t$，则对于任意 $z\in X$ 都有

$$\Psi(\bar{x}_t)\leqslant(1-\alpha_t)\Psi(\bar{x}_{t-1})+\alpha_t[f(z)+\langle f'(z),x_t-z\rangle+h(x_t)]+\frac{L}{2}\|\bar{x}_t-z\|^2+M\|\bar{x}_t-z\|$$

证明　首先可以观察到根据 $\bar{x}_t$ 的定义和 f 的凸性，我们有

$$\begin{aligned}f(z)+\langle f'(z),\bar{x}_t-z\rangle&=f(z)+\langle f'(z),\alpha_t x_t+(1-\alpha_t)\bar{x}_{t-1}-z\rangle\\&=(1-\alpha_t)[f(z)+\langle f'(z),\bar{x}_{t-1}-z\rangle]+\\&\quad\ \alpha_t[f(z)+\langle f'(z),x_t-z\rangle]\\&\leqslant(1-\alpha_t)f(\bar{x}_{t-1})+\alpha_t[f(z)+\langle f'(z),x_t-z\rangle]\end{aligned}$$

利用这个结果和式(4.2.2)，有

$$\begin{aligned}f(\bar{x}_t)&\leqslant f(z)+\langle f'(z),\bar{x}_t-z\rangle+\frac{L}{2}\|\bar{x}_t-z\|^2+M\|\bar{x}_t-z\|\\&\leqslant(1-\alpha_t)f(\bar{x}_{t-1})+\alpha_t[f(z)+\langle f'(z),x_t-z\rangle]+\frac{L}{2}\|\bar{x}_t-z\|^2+M\|\bar{x}_t-z\|\end{aligned}$$

使用 h 的凸性，可知 $h(\bar{x}_t)\leqslant(1-\alpha_t)h(\bar{x}_{t-1})+\alpha_t h(x_t)$。上述两个不等式两边分别相加，并利用式(4.2.1)关于 Ψ 的定义，我们就得到了要证的结果。■

后续，我们仍将使用记号 $\delta_t(t\geqslant 1)$ 来表示 f 的次梯度的计算误差，即

$$\delta_t \equiv G(\underline{x}_t, \xi_t) - f'(\underline{x}_t), \quad \forall t\geqslant 1 \tag{4.2.8}$$

其中 $f'(\underline{x}_t)$ 代表边界 $\partial f(\underline{x}_t)$ 上的任意元素，无论它出现在什么地方。

下面的命题建立起了一般随机加速梯度下降法的基本递归过程。

命题 4.2 假定 $(x_{t-1}, \overline{x}_{t-1})\in X\times X$ 给定，同时令 $(\underline{x}_t, x_t, \overline{x}_t)\in X\times X\times X$ 由式(4.2.5)、式(4.2.6)和式(4.2.7)计算得到。如果满足条件

$$\frac{q_t(1-\alpha_t)}{\alpha_t(1-q_t)} = \frac{1}{1+\mu\gamma_t} \tag{4.2.9}$$

$$1+\mu\gamma_t > L\alpha_t\gamma_t \tag{4.2.10}$$

那么，对于任何 $x\in X$，有

$$\begin{aligned}\Psi(\overline{x}_t) \leqslant &(1-\alpha_t)\Psi(\overline{x}_{t-1}) + \alpha_t l_\Psi(\underline{x}_t, x) + \\ &\frac{\alpha_t}{\gamma_t}[V(x_{t-1}, x) - (1+\mu\gamma_t)V(x_t, x)] + \Delta_t(x)\end{aligned} \tag{4.2.11}$$

其中

$$l_\Psi(\underline{x}_t, x) := f(\underline{x}_t) + \langle f'(\underline{x}_t), x - \underline{x}_t\rangle + h(x) + \mu V(\underline{x}_t, x) \tag{4.2.12}$$

$$\Delta_t(x) := \frac{\alpha_t\gamma_t(M+\|\delta_t\|_*)^2}{2[1+\mu\gamma_t - L\alpha_t\gamma_t]} + \alpha_t\langle\delta_t, x - x_{t-1}^+\rangle \tag{4.2.13}$$

$$x_{t-1}^+ := \frac{\mu\gamma_t}{1+\mu\gamma_t}\underline{x}_t + \frac{1}{1+\mu\gamma_t}x_{t-1} \tag{4.2.14}$$

证明 记 $d_t := \overline{x}_t - \underline{x}_t$，通过引理 4.4(取 $z=x_t$)，我们得到

$$\Psi(\overline{x}_t) \leqslant (1-\alpha_t)\Psi(\overline{x}_{t-1}) + \alpha_t[f(\underline{x}_t) + \langle f'(\underline{x}_t), x_t - \underline{x}_t\rangle + h(x_t)] + \frac{L}{2}\|d_t\|^2 + M\|d_t\|$$

此外，由式(4.2.6)和引理 3.5，得到

$$\begin{aligned}&\gamma_t[\langle G(\underline{x}_t, \xi_t), x_t - \underline{x}_t\rangle + h(x_t) + \mu V(\underline{x}_t, x_t)] + V(x_{t-1}, x_t) \\ \leqslant &\gamma_t[\langle G(\underline{x}_t, \xi_t), x - \underline{x}_t\rangle + h(x) + \mu V(\underline{x}_t, x)] + V(x_{t-1}, x) - (1+\mu\gamma_t)V(x_t, x)\end{aligned}$$

对于任意 $x\in X$。利用 $G(\underline{x}_t, \xi_t) = f'(\underline{x}_t) + \delta_t$ 这一事实，结合以上两个不等式，得到

$$\begin{aligned}\Psi(\overline{x}_t) \leqslant &(1-\alpha_t)\Psi(\overline{x}_{t-1}) + \alpha_t[f(\underline{x}_t) + (f'(\underline{x}_t), x - \underline{x}_t) + h(x) + \mu V(\underline{x}_t, x)] + \\ &\frac{\alpha_t}{\gamma_t}[V(x_{t-1}, x) - (1+\mu\gamma_t)V(x_t, x) - V(x_{t-1}, x_t) - \mu\gamma_t V(\underline{x}_t, x_t)] + \\ &\frac{L}{2}\|d_t\|^2 + M\|d_t\| + \alpha_t\langle\delta_t, x - x_t\rangle\end{aligned} \tag{4.2.15}$$

注意到通过式(3.3.11)、式(4.2.9)和式(4.2.14)，可以得出

$$\begin{aligned}d_t &= \alpha_t\left[x_t - \frac{\alpha_t - q_t}{\alpha_t(1-q_t)}\underline{x}_t - \frac{q_t(1-\alpha_t)}{\alpha_t(1-q_t)}x_{t-1}\right] \\ &= \alpha_t\left[x_t - \frac{\mu\gamma_t}{1+\mu\gamma_t}\underline{x}_t - \frac{1}{1+\mu\gamma_t}x_{t-1}\right] \\ &= \alpha_t[x_t - x_{t-1}^+]\end{aligned} \tag{4.2.16}$$

由 V 的强凸性、范数平方 $\|\cdot\|^2$ 的凸性和式(4.2.14)可得到

$$\begin{aligned}V(x_{t-1}, x_t) + \mu\gamma_t V(\underline{x}_t, x_t) &\geqslant \frac{1}{2}[\|x_t - x_{t-1}\|^2 + \mu\gamma_t\|x_t - \underline{x}_t\|^2] \\ &\geqslant \frac{1+\mu\gamma_t}{2}\|x_t - \frac{1}{1+\mu\gamma_t}x_{t-1} - \frac{\mu\gamma_t}{1+\mu\gamma_t}\underline{x}_t\|^2\end{aligned} \tag{4.2.17}$$

$$=\frac{1+\mu\gamma_t}{2}\|x_t-x_{t-1}^+\|^2$$
$$=\frac{1+\mu\gamma_t}{2\alpha_t^2}\|d_t\|^2 \tag{4.2.18}$$

从式(4.2.16)还可以得到

$$\alpha_t\langle\delta_t,\ x-x_t\rangle=-\langle\delta_t,\ d_t\rangle+\alpha_t\langle\delta_t,\ x-x_{t-1}^+\rangle \tag{4.2.19}$$

在式(4.2.15)中利用的上面两个关系，有

$$\begin{aligned}\Psi(\overline{x}_t)\leqslant&(1-\alpha_t)\Psi(\overline{x}_{t-1})+\alpha_t[f(\underline{x}_t)+(f'(\underline{x}_t),\ x-\underline{x}_t)+h(x)+\mu V(\underline{x}_t,\ x)]+\\&\frac{\alpha_t}{\gamma_t}[V(x_{t-1},\ x)-(1+\mu\gamma_t)V(x_t,\ x)]-\\&\frac{1+\mu\gamma_t-L\alpha_t\gamma_t}{2\alpha_t\gamma_t}\|d_t\|^2+(M+\|\delta_t\|_*)\|d_t\|+\alpha_t\langle\delta_t,\ x-x_{t-1}^+\rangle\end{aligned}$$

命题结果可立即由上面的不等式、l_Ψ 的定义和简单的不等式(3.1.6)得到。■

命题 4.3 是由命题 4.2 通过式(4.2.11)中的关系累加求和得出的。

命题 4.3　令序列 $\{\overline{x}_t\}_{t\geqslant1}$ 由随机加速梯度下降算法计算得到，并假定选择的序列 $\{\alpha_t\}_{t\geqslant1}$ 和 $\{\gamma_t\}_{t\geqslant1}$ 使得关系式(4.2.9)和式(4.2.10)成立，那么，对于任意 $x\in X$ 和任意 $t\geqslant1$，有

$$\begin{aligned}\Psi(\overline{x}_k)-\Gamma_k\sum_{t=1}^{k}\left[\frac{\alpha_t}{\Gamma_t}l_\Psi(\underline{x}_t,\ x)\right]\leqslant&\Gamma_k(1-\alpha_1)\Psi(\overline{x}_1)+\Gamma_k\sum_{t=1}^{k}\frac{\alpha_t}{\gamma_t\Gamma_t}[V(x_{t-1},\ x)-\\&(1+\mu\gamma_t)V(x_t,\ x)]+\Gamma_k\sum_{t=1}^{k}\frac{\Delta_t(x)}{\Gamma_t}\end{aligned} \tag{4.2.20}$$

其中 $l_\Psi(z,\ x)$ 和 $\Delta t(x)$ 分别按式(4.2.12)和式(4.2.13)定义，且定义

$$\Gamma_t:=\begin{cases}1, & t=1\\(1-\alpha_t)\Gamma_{t-1}, & t\geqslant2\end{cases} \tag{4.2.21}$$

证明　关系式(4.2.11)两边同时除以 Γ_t，并使用式(4.2.21)中 Γ_t 的定义，可以得到

$$\begin{aligned}\frac{1}{\Gamma_t}\Psi(\overline{x}_t)\leqslant&\frac{1}{\Gamma_{t-1}}\Psi(\overline{x}_{t-1})+\frac{\alpha_t}{\Gamma_t}l_\Psi(\underline{x}_t,\ x)+\\&\frac{\alpha_t}{\Gamma_t\gamma_t}[V(x_{t-1},\ x)-(1+\mu\gamma_t)V(x_t,\ x)]+\frac{\Delta_t(x)}{\Gamma_t}\end{aligned}$$

对上面的不等式两边累加求和，就得到了要证的结果。

下面的定理 4.4 概括了一般随机加速梯度下降法的主要收敛性质。■

定理 4.4　假定根据初值 $\alpha_1=1$ 及关系式(4.2.9)和式(4.2.10)选择参数 $\{q_t\}$、$\{\alpha_t\}$ 和 $\{\gamma_t\}$，并假定 $\{\alpha_t\}_{t\geqslant1}$ 和 $\{\gamma_t\}_{t\geqslant1}$ 满足

$$\frac{\alpha_t}{\gamma_t\Gamma_t}\leqslant\frac{\alpha_{t-1}(1+\mu\gamma_{t-1})}{\gamma_{t-1}\Gamma_{t-1}} \tag{4.2.22}$$

其中 Γ_t 如式(4.2.21)中定义。

(a) 在假设 3 之下，对于任意 $t\geqslant1$，有

$$\mathbb{E}[\Psi(\overline{x}_k)-\Psi^*]\leqslant B_e(k):=\frac{\Gamma_k}{\gamma_1}V(x_0,\ x^*)+\Gamma_k\sum_{t=1}^{k}\frac{\alpha_t\gamma_t(M^2+\sigma^2)}{\Gamma_t(1+\mu\gamma_t-L\alpha_t\gamma_t)} \tag{4.2.23}$$

成立，其中 x^* 是式(4.2.1)的任意最优解。

(b) 在假设 4 之下，对于任意 $\lambda>0$ 和 $k\geqslant1$，有

$$\text{Prob}\{\Psi(\overline{x}_k)-\Psi^*\geqslant B_e(k)+\lambda B_p(k)\}\leqslant\exp\{-\lambda^2/3\}+\exp\{-\lambda\} \tag{4.2.24}$$

其中

$$B_p(k):=\sigma\Gamma_k R_X(x^*)\left(\sum_{t=1}^{k}\frac{\alpha_t^2}{\Gamma_t^2}\right)^{1/2}+\Gamma_k\sum_{t=1}^{k}\frac{\alpha_t\gamma_t\sigma^2}{\Gamma_t(1+\mu\gamma_t-L\alpha_t\gamma_t)} \tag{4.2.25}$$

$$R_X(x^*):=\max_{x\in X}\|x-x^*\| \tag{4.2.26}$$

(c) 如果集合 X 是紧集，并将条件(4.2.22)替换为

$$\frac{\alpha_t}{\gamma_t\Gamma_t}\geqslant\frac{\alpha_{t-1}}{\gamma_{t-1}\Gamma_{t-1}} \tag{4.2.27}$$

那么，简单地将 $B_e(k)$ 定义中的第一项替换为 $\alpha_k D_X^2/\gamma_k$ 后，其中 D_X^2 如式(3.2.4)中定义时，上面的(a)和(b)性质仍然成立。

证明　我们首先证明(a)部分。注意到根据式(4.2.21)中 Γ_t 的定义，并利用已知 $\alpha_1=1$，我们有

$$\sum_{t=1}^{k}\frac{\alpha_t}{\Gamma_t}=\frac{\alpha_1}{\Gamma_1}+\sum_{t=2}^{k}\frac{1}{\Gamma_t}\left(1-\frac{\Gamma_t}{\Gamma_{t-1}}\right)=\frac{1}{\Gamma_1}+\sum_{t=2}^{k}\left(\frac{1}{\Gamma_t}-\frac{1}{\Gamma_{t-1}}\right)=\frac{1}{\Gamma_k} \tag{4.2.28}$$

利用前面的观察和式(4.2.2)，可得

$$\Gamma_k\sum_{t=1}^{k}\left[\frac{\alpha_t}{\Gamma_t}l_\Psi(\underline{x}_t,\ x)\right]\leqslant\Gamma_k\sum_{t=1}^{k}\left[\frac{\alpha_t}{\Gamma_t}\Psi(x)\right]=\Psi(x),\quad\forall x\in X \tag{4.2.29}$$

此外，由条件(4.2.22)可知

$$\Gamma_k\sum_{t=1}^{k}\frac{\alpha_t}{\gamma_t\Gamma_t}[V(x_{t-1},\ x)-(1+\mu\gamma_t)V(x_t,\ x)]\leqslant\Gamma_k\frac{\alpha_1}{\gamma_1\Gamma_1}V(x_0,\ x)=\frac{\Gamma_k}{\gamma_1}V(x_0,\ x) \tag{4.2.30}$$

其中最后一个不等式是由 $\Gamma_1=1$ 和 $V(x_t,\ x)\geqslant 0$ 得到的。利用 $V(x_t,\ x)\geqslant 0$，并用上面两个上界对式(4.2.20)中的项进行替换，可得到

$$\Psi(\overline{x}_k)-\Psi(x)\leqslant\frac{\Gamma_k}{\gamma_1}V(x_0,\ x)-\frac{\alpha_k(1+\mu\gamma_k)}{\gamma_k}V(x_k,\ x)+\Gamma_k\sum_{t=1}^{k}\frac{\Delta_t(x)}{\Gamma_t},\quad\forall x\in X \tag{4.2.31}$$

其中 $\Delta_t(x)$ 如式(4.2.13)所定义。观察到三元组$(\underline{x}_t,\ x_{t-1},\ \overline{x}_{t-1})$是一个随机过程的历史抽样 $\xi_{[t-1]}:=(\xi_1,\ \cdots,\ \xi_{t-1})$的函数，因而它也是随机的。对式(4.2.31)两边取期望，并注意到在假设 3 下，$\mathbb{E}[\|\delta_t\|_*^2]\leqslant\sigma^2$，且

$$\mathbb{E}_{|\xi_{[t-1]}}[\langle\delta_t,\ x^*-x_{t-1}^+\rangle]=0 \tag{4.2.32}$$

从而可得

$$\begin{aligned}\mathbb{E}[\Psi(\overline{x}_k)-\Psi^*]&\leqslant\frac{\Gamma_k}{\gamma_1}V(x_0,\ x^*)+\Gamma_k\sum_{t=1}^{k}\frac{\alpha_t\gamma_t\mathbb{E}[(M+\|\delta_t\|_*)^2]}{2\Gamma_t(1+\mu\gamma_t-L\alpha_t\gamma_t)}\\&\leqslant\frac{\Gamma_k}{\gamma_1}V(x_0,\ x^*)+\Gamma_k\sum_{t=1}^{k}\frac{\alpha_t\gamma_t(M^2+\sigma^2)}{\Gamma_t(1+\mu\gamma_t-L\alpha_t\gamma_t)}\end{aligned}$$

要证明(b)部分，记 $\zeta_t:=\Gamma_t^{-1}\alpha_t\langle\delta_t,\ x^*-x_{t-1}^+\rangle$. 显然，由式(4.2.26)给出的 $R_X(x^*)$的定义，有$\|x^*-x_{t-1}^+\|\leqslant R_X(x^*)$，再结合假设 4，可推出

$$\begin{aligned}&\mathbb{E}_{|\xi_{[t-1]}}[\exp\{\zeta_t^2/[\Gamma_t^{-1}\alpha_t\sigma R_X(x^*)]^2\}]\\&\leqslant\mathbb{E}_{|\xi_{[t-1]}}[\exp\{(\|\delta_t\|_*\|x^*-x_{t-1}^+\|)^2/[\sigma R_X(x^*)]^2\}]\\&\leqslant\mathbb{E}_{|\xi_{[t-1]}}[\exp\{(\|\delta_t\|_*)^2/\sigma^2\}]\leqslant\exp(1)\end{aligned}$$

此外，还可注意到$\{\zeta_t\}_{t\geqslant 1}$是鞅-差分。利用前面两个观察的结果和引理 4.1，我们有

$$\forall \lambda \geqslant 0：\operatorname{Prob}\left\{\sum_{t=1}^{k} \zeta_{t}>\lambda \sigma R_{X}(x^{*})\left[\sum_{t=1}^{k}(\Gamma_{t}{}^{-1} \alpha_{t})^{2}\right]^{1/2}\right\} \leqslant \exp\{-\lambda^{2}/3\} \tag{4.2.33}$$

同时观察到在假设 4 下有 $\mathbb{E}_{|\xi_{[t-1]}}[\exp\{\|\delta_t\|_*^2/\sigma^2\}]\leqslant\exp\{1\}$。设

$$\pi_{t}^{2}=\frac{\alpha_{t}^{2}}{\Gamma_{t}(\mu+\gamma_{t}-L\alpha_{t}^{2})} \quad 和 \quad \theta_{t}=\frac{\pi_{t}^{2}}{\sum_{t=1}^{k}\pi_{t}^{2}}$$

我们有

$$\exp\left\{\sum_{t=1}^{k} \theta_{t}(\|\delta_{t}\|_{*}^{2}/\sigma^{2})\right\} \leqslant \sum_{t=1}^{k} \theta_{t} \exp\left\{\|\delta_{t}\|_{*}^{2}/\sigma^{2}\right\}$$

从而上式取期望后得

$$\mathbb{E}\left[\exp\left\{\sum_{t=1}^{k} \pi_{t}^{2}\|\delta_{t}\|_{*}^{2}/\left(\sigma^{2} \sum_{t=1}^{t} \pi_{t}^{2}\right)\right\}\right] \leqslant \exp\{1\}$$

由 Markov 不等式可得

$$\forall \lambda \geqslant 0：\operatorname{Prob}\left\{\sum_{t=1}^{k} \pi_{t}^{2}\|\delta_{t}\|_{*}^{2}>(1+\lambda) \sigma^{2} \sum_{t=1}^{k} \pi_{t}^{2}\right\} \leqslant \exp\{-\lambda\} \tag{4.2.34}$$

组合式(4.2.31)、式(4.2.33)和式(4.2.34)，再重新排列项后，我们得到式(4.2.24)。

最后，由条件(4.2.27)、$V(u, x)\geqslant 0$ 和 D_X 的定义可知

$$\begin{aligned}
&\Gamma_{k} \sum_{t=1}^{k} \frac{\alpha_{t}}{\gamma_{t} \Gamma_{t}}[V(x_{t-1}, x)-V(x_{t}, x)] \\
&\leqslant \Gamma_{k}\left[\frac{\alpha_{1}}{\gamma_{1} r_{1}} D_{X}^{2}+\sum_{t=2}^{k}\left(\frac{\alpha_{t}}{\gamma_{t} \Gamma_{t}}-\frac{\alpha_{t-1}}{\gamma_{t-1} \Gamma_{t-1}}\right) D_{X}^{2}-\frac{\alpha_{k}}{\gamma_{k} \Gamma_{k}} V(x_{k}, x)\right] \\
&\leqslant \frac{\alpha_{k}}{\gamma_{k}} D_{X}^{2}-\frac{\alpha_{k}}{\gamma_{k}} V(x_{k}, x) \leqslant \frac{\alpha_{k}}{\gamma_{k}} D_{X}^{2}
\end{aligned} \tag{4.2.35}$$

类似于(a)和(b)部分的证明，将式(4.2.30)中的上界替换为上面的公式，我们就能证明(c)部分成立。 ■

4.2.1 无强凸性问题

在本小节中，我们仍考虑问题(4.2.1)，但现在目标函数 f 不一定是强凸的。在一般算法框架下，通过设置 $\mu=0$，合理选择步长参数 $\{\alpha_t\}_{t\geqslant1}$ 和 $\{\gamma_t\}_{t\geqslant1}$，我们给出了求解这些问题的随机加速梯度下降法。

观察到，如果 μ 被设为 0，那么通过式(4.2.9)可得到 $q_t=\alpha_t$。因此等式(4.2.5)和等式(4.2.6)分别成为

$$\underline{x}_{t}=(1-\alpha_{t}) \overline{x}_{t-1}+\alpha_{t} x_{t-1} \tag{4.2.36}$$

$$x_{t}=\arg \min_{x \in X}\{\gamma_{t}[\langle G(\underline{x}_{t}, \xi_{t}), x\rangle+h(x)]+V(x_{t-1}, x)\} \tag{4.2.37}$$

我们将研究和比较两种随机加速梯度下降算法，每一种算法都使用不同的步长策略来选择 $\{\alpha_t\}_{t\geqslant1}$ 和 $\{\gamma_t\}_{t\geqslant1}$。

下面所述的第一个步长策略及其相关的收敛结果是定理 4.4 的直接结果。

命题 4.4　对某个 $\gamma\leqslant 1/(4L)$ 取

$$\alpha_{t}=\frac{2}{t+1}, \quad \gamma_{t}=\gamma t, \quad \forall t \geqslant 1 \tag{4.2.38}$$

那么，在假设 3 下，有 $\mathbb{E}[\Psi(\overline{x}_t)-\Psi^*]\leqslant C_{e,1}(t)$，$\forall t\geqslant 1$，其中

$$C_{e,1}(k)\equiv C_{e,1}(x_0,\gamma,k):=\frac{2V(x_0,x^*)}{\gamma k(k+1)}+\frac{4\gamma(M^2+\sigma^2)(k+1)}{3} \tag{4.2.39}$$

如果加上假设 4 成立，那么 $\forall\lambda>0$，$\forall k\geqslant 1$，有

$$\text{Prob}\{\Psi(\overline{x}_k)-\Psi^*>C_{e,1}(k)+\lambda C_{p,1}(k)\}\leqslant\exp\{-\lambda^2/3\}+\exp\{-\lambda\} \tag{4.2.40}$$

其中

$$C_{p,1}(k)\equiv C_{p,1}(\gamma,k):=\frac{2\sigma R_X(x^*)}{\sqrt{3k}}+\frac{4\sigma^2\gamma(k+1)}{3} \tag{4.2.41}$$

证明　显然，由式(4.2.21)中 Γ_t 的定义，式(4.2.38)确定的步长策略，以及 $\gamma\leqslant 1/(4L)$ 和 $\mu=0$ 的事实，我们有

$$\Gamma_t=\frac{2}{t(t+1)},\ \frac{\alpha_t}{\Gamma_t}=t,\ 1+\mu\gamma_t-L\alpha_t\gamma_t=1-\frac{2\gamma Lt}{t+1}\geqslant\frac{1}{2},\quad \forall t\geqslant 1 \tag{4.2.42}$$

因此，式(4.2.38)中所选择的 α_t 和 γ_t 满足条件(4.2.10)和式(4.2.22)。由前面的结果和式(4.2.38)也容易看出

$$\sum_{t=1}^{k}\frac{\alpha_t\gamma_t}{\Gamma_t(1-L\alpha_t\gamma_t)}\leqslant 2\sum_{t=1}^{k}\gamma t^2=\frac{\gamma k(k+1)(2k+1)}{3}\leqslant\frac{2\gamma k(k+1)^2}{3} \tag{4.2.43}$$

$$\sum_{t=1}^{k}(\Gamma_t^{-1}\alpha_t)^2=\sum_{t=1}^{k}t^2=\frac{k(k+1)(2k+1)}{6}\leqslant\frac{k(k+1)^2}{3} \tag{4.2.44}$$

现在令 $B_e(k)$ 和 $B_p(k)$ 分别如式(4.2.23)和式(4.2.25)所定义。由式(4.2.42)、式(4.2.43)和式(4.2.44)可得到

$$B_e(k)\leqslant\frac{\Gamma_k}{\gamma}V(x_0,x^*)+\frac{2(M^2+\sigma^2)\Gamma_k\gamma k(k+1)^2}{3}=C_{e,1}(k)$$

$$B_p(k)\leqslant\Gamma_k\left[\sigma R_X(x^*)\left(\frac{k(k+1)^2}{3}\right)^{1/2}+\frac{2\sigma^2\gamma k(k+1)^2}{3}\right]=C_{p,1}(k)$$

根据定理 4.4，可以清楚地得出命题的结果。■

我们现在简要讨论如何推导出最优收敛速度。预先给定固定的迭代次数 k，假设步长参数 $\{\alpha_t\}_{t=1}^k$ 和 $\{\gamma_t\}_{t=1}^k$ 按照式(4.2.38)设定，其中 γ 取为

$$\gamma=\gamma_k^*=\min\left\{\frac{1}{4L},\left[\frac{3V(x_0,x^*)}{2(M^2+\sigma^2)k(k+1)^2}\right]^{1/2}\right\} \tag{4.2.45}$$

注意，式(4.2.45)中的 γ_N^* 是通过使 $C_{e,1}(N)$(参见式(4.2.39))在区间[0，1/(4L)]内通过对变量 γ 最小化得到的。从而，由式(4.2.39)和式(4.2.41)可知

$$C_{e,1}(x_0,\gamma_k^*,k)\leqslant\frac{8LV(x_0,x^*)}{k(k+1)}+\frac{4\sqrt{2(M^2+\sigma^2)V(x_0,x^*)}}{\sqrt{3k}}=:C_{e,1}^*(N) \tag{4.2.46}$$

$$C_{p,1}(\gamma_N^*,N)\leqslant\frac{2\sigma R_X(x^*)}{\sqrt{3k}}+\frac{2\sigma\sqrt{6V(x_0,x^*)}}{3\sqrt{k}}=:C_{p,1}^*(k) \tag{4.2.47}$$

事实上，令

$$\overline{\gamma}:=\left[\frac{3V(x_0,x^*)}{2(M^2+\sigma^2)k(k+1)^2}\right]^{1/2}$$

根据关系式(4.2.45)，我们有 $\gamma_k^*\leqslant\min\{1/(4L),\overline{\gamma}\}$。利用这些事实和式(4.2.39)，我们得到

$$C_{e,1}(x_0, \gamma_k^*, k) \leqslant \frac{8LV(x_0, x^*)}{k(k+1)} + \frac{2V(x_0, x^*)}{\overline{\gamma}k(k+1)} + \frac{4\overline{\gamma}(M^2+\sigma^2)(k+1)}{3}$$
$$= \frac{8LV(x_0, x^*)}{k(k+1)} + \frac{4\sqrt{2(M^2+\sigma^2)V(x_0, x^*)}}{\sqrt{3k}}$$

同样，由式(4.2.41)，我们有

$$C_{p,1}(k) \leqslant \frac{2\sigma R_X(x^*)}{\sqrt{3k}} + \frac{4\sigma^2\overline{\gamma}(k+1)}{3}$$

这就可以推出式(4.2.47)。

因此，由命题4.4，在假设3下，我们有 $\mathbb{E}[\Psi(\overline{x}_k)-\Psi^*] \leqslant C_{e,1}^*(k)$。这样，对于求解非强凸性的问题，该性质给出了一个最佳预期收敛速度。而且，如果假设4成立，那么 $\text{Prob}\{\Psi(\overline{x}_k)-\Psi^* \geqslant C_{e,1}^*(k)+\lambda C_{p,1}^*(k)\} \leqslant \exp\left(-\frac{\lambda^2}{3}\right)+\exp(-\lambda)$。值得注意的是，$C_{p,1}^*$ 和 $C_{e,1}^*$ 的数量级是相同的，即均为 $\mathcal{O}(1/\sqrt{k})$。注意，因为 $V(x_0, x^*)$通常是未知的，所以需要估计 $V(x_0, x^*)$的界来实现这个步长策略。

步长策略(4.2.38)取 $\gamma=\gamma_k^*$ 时的一个可能的缺点是需要事先确定 k。在命题4.5中，我们提出了一个替代的步长策略，该策略不需要固定迭代次数 k。注意，为了正确地应用这个步长策略，我们需要假设所有迭代$\{x_k\}_{k\geqslant 1}$都停留在一个有界集合内。

命题4.5　假设 X 是紧的，通过随机加速梯度下降法计算得到序列$\{\overline{x}_t\}_{t\geqslant 1}$，且对 $\gamma>0$，取

$$\alpha_t = \frac{2}{t+1} \quad \text{且} \quad \frac{1}{\gamma_t} = \frac{2L}{t} + \gamma\sqrt{t}, \quad \forall t \geqslant 1 \tag{4.2.48}$$

那么，在假设3下，$\forall k \geqslant 1$，有 $\mathbb{E}[\Psi(\overline{x}_k)-\Psi^*] \leqslant C_{e,2}(t)$，其中

$$C_{e,2}(k) \equiv C_{e,2}(\gamma, k) := \frac{4LD_X}{k(k+1)} + \frac{2\gamma D_X}{\sqrt{k}} + \frac{4\sqrt{2}}{3\gamma\sqrt{k}}(M^2+\sigma^2) \tag{4.2.49}$$

上面的 D_X 在式(3.2.4)中定义。此外，如果假设4也成立，那么 $\forall \lambda>0$，$\forall k \geqslant 1$，有下式成立：

$$\text{Prob}\{\Psi(\overline{x}_k)-\Psi^* > C_{e,2}(k)+\lambda C_{p,2}(k)\} \leqslant \exp\{-\lambda^2/3\}+\exp\{-\lambda\} \tag{4.2.50}$$

其中

$$C_{p,2}(k) \equiv C_{p,2}(\gamma, k) := \frac{2\sigma D_X}{\sqrt{3k}} + \frac{4\sqrt{2}\sigma^2}{3\gamma\sqrt{k}} \tag{4.2.51}$$

证明　显然，由 Γ_t 在式(4.2.21)中的定义、式(4.2.48)的步长策略和 $\mu=0$，一定有

$$\Gamma_t = \frac{2}{t(t+1)}, \quad \frac{\alpha_t}{\gamma_t\Gamma_t} = 2L+\gamma t\sqrt{t}, \quad \frac{1}{\gamma_t} - L\alpha_t = \frac{2L}{t} + \gamma\sqrt{t} - \frac{2L}{t+1} \geqslant \gamma\sqrt{t} \tag{4.2.52}$$

因此，式(4.2.48)中所选定的 α_t 和 γ_t 可以满足条件(4.2.10)和式(4.2.27)。由前面的观察和式(4.2.48)也很容易看出

$$\sum_{t=1}^{k}(\Gamma_t^{-1}\alpha_t)^2 = \sum_{t=1}^{k} t^2 = \frac{k(k+1)(2k+1)}{6} \leqslant \frac{k(k+1)^2}{3} \tag{4.2.53}$$

$$\sum_{t=1}^{k} \frac{\alpha_t\gamma_t}{\Gamma_t(1-L\alpha_t\gamma_t)} = \sum_{t=1}^{k} \frac{t}{1/\gamma_t - L\alpha_t} \leqslant \frac{1}{\gamma}\sum_{t=1}^{k}\sqrt{t} \leqslant \frac{1}{\gamma}\int_1^{k+1}\sqrt{x}\,\mathrm{d}x \leqslant \frac{2}{3\gamma}(k+1)^{3/2} \tag{4.2.54}$$

现在，用 $\alpha_k D_X/\gamma_k$ 代替(4.2.23)中 $B_e(k)$ 定义中的第一项得到 $B_e'(k)$，$B_p(k)$ 由

式(4.2.25)定义。由式(4.2.48)、式(4.2.52)、式(4.2.53)和式(4.2.54)可得

$$B_e'(k)\leqslant\frac{\alpha_k D_X}{\gamma_k}+\frac{2\Gamma_k(M^2+\sigma^2)}{3\gamma}(k+1)^{3/2}\leqslant C_{e,2}(k)$$

$$B_p(k)\leqslant\Gamma_k\left[\sigma R_X(x^*)\left(\frac{k(k+1)^2}{3}\right)^{1/2}+\frac{2\Gamma_k\sigma^2}{3\gamma}(k+1)^{3/2}\right]\leqslant C_{p,2}(t)$$

根据定理 4.4(c)，显然可以得到欲证的结果。 ■

易见，如果将式(4.2.48)中的步长策略 γ 设置为

$$\gamma=\widetilde{\gamma}^*:=\left[\frac{2\sqrt{2}(M^2+\sigma^2)}{3D_X}\right]^{1/2}$$

则由式(4.2.49)，可得

$$\mathbb{E}[\Psi(\overline{x}_k)-\Psi^*]\leqslant\frac{4L\overline{V}(x^*)}{k(k+1)}+4\left[\frac{2\sqrt{2}D_X(M^2+\sigma^2)}{3k}\right]^{1/2}=:C_{e,2}^*$$

它也给出了非强凸问题的最优期望收敛速度。正如之前所讨论的，相比于式(4.2.38)取 $\gamma=\gamma_k^*$ 的步长策略，式(4.2.48)取 $\gamma=\widetilde{\gamma}^*$ 的步长策略的一个明显优势是不需要 k 的相关知识。因此，它允许算法可能的提前终止，特别是当结合 4.2.4 节中讨论的验证的时候。但是需要注意的是，算法的收敛速度 $C_{e,1}^*$ 取决于 $V(x_0, x^*)$，而如果在 $x_0\in X$ 有一个好的初始点，则 $C_{e,1}^*$ 的值会远小于在 $C_{e,2}^*$ 中的 D_X。

4.2.2 非光滑强凸问题

本节的目的是提出一个随机加速梯度下降算法来解决 $\mu>0$ 时的强凸问题。我们首先给出一个采用简单步长策略的算法，并讨论它的收敛性。值得注意的是，这个步长策略不依赖于 σ、M 和 $V(x_0, x^*)$，因此执行起来非常方便。

命题 4.6 令 $\{\overline{x}_t\}_{t\geqslant1}$ 是随机加速梯度下降算法得到的序列，其中取

$$\alpha_t=\frac{2}{t+1},\quad \frac{1}{\gamma_t}=\frac{\mu(t-1)}{2}+\frac{2L}{t},\quad q_t=\frac{\alpha_t}{\alpha_t+(1-\alpha_t)(1+\mu\gamma_t)},\quad \forall t\geqslant1 \tag{4.2.55}$$

那么，在假设 3 下，有

$$\mathbb{E}[\Psi(\overline{x}_k)-\Psi^*]\leqslant D_e(k):=\frac{4LV(x_0, x^*)}{k(k+1)}+\frac{4(M^2+\sigma^2)}{\mu(k+1)},\quad \forall t\geqslant1 \tag{4.2.56}$$

另外，如果假设 4 成立，那么 $\forall\lambda>0$，$\forall t\geqslant1$，有

$$\mathrm{Prob}\{\Psi(\overline{x}_k)-\Psi^*\geqslant D_e(k)+\lambda D_p(k)\}\leqslant\exp\{-\lambda^2/3\}+\exp\{-\lambda\} \tag{4.2.57}$$

其中

$$D_p(k):=\frac{2\sigma R_X(x^*)}{\sqrt{3k}}+\frac{4\sigma^2}{\mu(k+1)} \tag{4.2.58}$$

证明 显然，根据式(4.2.21)中的 Γ_t 的定义和式(4.2.55)中的步长策略，我们有

$$\Gamma_t=\frac{2}{t(t+1)},\quad \frac{\alpha_t}{\Gamma_t}=t \tag{4.2.59}$$

$$\frac{\alpha_t}{\gamma_t\Gamma_t}=t\left[\frac{\mu(t-1)}{2}+\frac{2L}{t}\right]=\frac{\mu t(t-1)}{2}+2L$$

$$\frac{\alpha_{t-1}(1+\mu\gamma_{t-1})}{y_{t-1}\Gamma_{t-1}}=\frac{\alpha_{t-1}}{\gamma_{t-1}\Gamma_{t-1}}+\frac{\alpha_{t-1}\mu}{\Gamma_{t-1}}=\frac{\mu t(t-1)}{2}+2L$$

$$\frac{1}{\gamma_t}+\mu-L\alpha_t=\frac{\mu(t+1)}{2}+\mu+\frac{2L}{t}-\frac{2L}{t+1}>\frac{\mu(t+1)}{2}$$

因此，式(4.2.55)中的 q_t、α_t 和 γ_t 的取法满足条件(4.2.9)、式(4.2.10)和式(4.2.22)。由前面的结果和式(4.2.55)也容易看出，式(4.2.44)成立，并且

$$\sum_{t=1}^{k}\frac{\alpha_t\gamma_t}{\Gamma_t[1+\mu\gamma_t-L\alpha_t\gamma_t]}=\sum_{t=1}^{k}\frac{t}{1/\gamma_t+\mu-L\alpha_t}\leqslant\sum_{\tau=1}^{t}\frac{2}{\mu}\leqslant\frac{2k}{\mu}\qquad(4.2.60)$$

令 $B_e(k)$ 和 $B_p(k)$ 分别如式(4.2.23)和式(4.2.25)所定义，由关系式(4.2.44)、式(4.2.59)和式(4.2.60)可得

$$B_e(k)\leqslant\Gamma_k\left[\frac{V(x_0,\ x^*)}{\gamma_1}+\frac{2k(M^2+\sigma^2)}{\mu}\right]=D_e(t)$$

$$B_p(k)\leqslant\Gamma_k\left[\sigma R_X(x^*)\left(\frac{k(k+1)^2}{3}\right)^{1/2}+\frac{2k\sigma^2}{\mu}\right]=D_p(k)$$

从而根据定理 4.4，显然可以得到欲证的结果。■

我们现在对命题 4.6 中得到的结果做一些评述。首先，从式(4.2.3)的角度，采用式(4.2.55)步长策略的随机加速梯度下降法求解非光滑问题时达到了最优收敛速度，即对于无光滑分量($L=0$)的强凸问题。在下述意义之下，它同时也是光滑强凸问题的近似最优解：式(4.2.56)中 $D_e(k)$ 的第二项 $4(M^2+\sigma^2)/[\mu(k+1)]$ 是不可改进的。$D_e(k)$ 的第一项(简称为 L 分量)取决于 L 和 $V(x_0,\ x^*)$ 的积，该值可大至 $LV(x_0,\ x^*)\leqslant 2(k+1)(M^2+\sigma^2)/\mu$，而不会影响收敛速度(可有一个常数因子 2)。请注意，与式(4.2.3)相比，似乎可以提高 D_e 的 L 分量。在下一小节中，我们将展示解决光滑强凸问题的最优多轮(optimal multi-epoch)随机加速梯度下降算法，该算法可以大幅减少 $D_e(t)$ 中的 L 分量。另一种可能的改进方法是使用一批 ξ 样本(随着批量的增加)，以便所估计梯度的方差会在每次迭代中以指数方式递减。我们将在 5.2.3 节中讨论这种方法。

其次，观察到分别在式(4.2.56)和式(4.2.58)中定义的界 $D_e(k)$ 和 $D_p(k)$ 是不在同一个数量级上的，即 $D_e(k)=\mathcal{O}(1/k)$ 和 $D_p(k)=\mathcal{O}(1/\sqrt{k})$。我们现在讨论由此产生的一些结果。根据式(4.2.56)和 Markov 不等式，在假设 3 之下，我们有

$$\mathrm{Prob}\{\Psi(\overline{x}_k)-\Psi^*\geqslant\lambda D_e(k)\}\leqslant 1/\lambda$$

对于任意 $\lambda>0$ 和 $k\geqslant 1$ 成立。因此，对于给定的置信度 $\Lambda\in(0,\ 1)$，可以很容易地看到，寻找(ε，Λ)-解，即 $\overline{x}\in X$，使 $\mathrm{Prob}\{\Psi(\overline{x})-\Psi^*<\varepsilon\}\geqslant 1-\Lambda$ 的迭代次数的界为

$$\mathcal{O}\left\{\frac{1}{\Lambda}\left(\sqrt{\frac{LV(x_0,\ x^*)}{\varepsilon}}+\frac{M^2+\sigma^2}{\mu\varepsilon}\right)\right\}\qquad(4.2.61)$$

此外，如果假设 4 成立，设置式(4.2.57)中 λ 的值使得 $\exp(-\lambda^2/3)+\exp(-\lambda)\leqslant\Lambda$，并根据 D_e 和 D_p 在式(4.2.56)和式(4.2.58)中的定义，我们可以得出式(4.2.1)的(ε，Λ)-解的迭代次数的界为

$$\mathcal{O}\left\{\sqrt{\frac{LV(x_0,\ x^*)}{\varepsilon}}+\frac{M^2+\sigma^2}{\mu\varepsilon}+\frac{\sigma^2}{\mu\varepsilon}\log\frac{1}{\Lambda}+\left(\frac{\sigma R_X(x^*)}{\varepsilon}\log\frac{1}{\Lambda}\right)^2\right\}\qquad(4.2.62)$$

注意，上面的迭代复杂度界对 ε 的依赖性比式(4.2.61)中的更高，尽管它只对 $1/\Lambda$ 有对数依赖。为了解决这个问题，在下一小节中将在上述方法内纳入一个特定的域收缩程序。

4.2.3　光滑强凸问题

在本小节中，我们证明一般的随机加速梯度下降法可以产生一个解决强凸问题的最优算法，即使该问题是光滑的。更具体地说，我们提出了一种求解非强凸性问题的最优算法，该算法是通过适当地重新启动 4.2.1 节中给出的算法过程而得到的。我们还讨论了在

解决这些强凸问题时，如何改进与最优期望收敛速度相关的大偏差性质。

一种多轮随机加速梯度下降法

(0) 给定一个点 $p_0 \in X$ 和一个界 Δ_0，使得满足 $\Psi(p_0)-\Psi(x^*)\leqslant\Delta_0$。

(1) 对于 $s=1, 2, \cdots$：

(a) 进行 N_s 次随机加速梯度法的迭代，取 $x_0=p_{k-1}$，$\alpha_t=2/(t+1)$，$q_t=\alpha_t$ 和 $\gamma_t=\gamma_s t$，其中

$$N_s=\left\lceil\max\left\{4\sqrt{\frac{2L}{\mu}},\ \frac{64(M^2+\sigma^2)}{3\mu\Delta_0 2^{-(s)}}\right\}\right\rceil \tag{4.2.63}$$

$$\gamma_s=\min\left\{\frac{1}{4L},\ \left[\frac{3\Delta_0 2^{-(s-1)}}{2\mu(M^2+\sigma^2)N_s(N_s+1)^2}\right]^{1/2}\right\} \tag{4.2.64}$$

(b) 置 $p_s=\overline{x}_{N_s}$，其中 $\overline{x}_{N_s}$ 是在步骤 1(a)中得到的解。

上述算法被称为多轮随机加速梯度下降法，在 s 值增加 1 时会发生一轮计算。显然，该算法的第 s 轮由随机加速梯度下降法的 N_s 次迭代组成，为了便于记号使用，也称为多轮随机加速梯度下降法的迭代。下面的命题总结了多轮算法的收敛性。

命题 4.7　设序列 $\{p_s\}_{s\geqslant 1}$ 用多轮随机加速梯度下降法计算得到，则在假设 3 下有

$$\mathbb{E}[\Psi(p_s)-\Psi^*]\leqslant\Delta_s\equiv\Delta_0 2^{-s},\quad \forall s\geqslant 0 \tag{4.2.65}$$

因此，这个多轮算法会在至多 $S:=\lceil\log\Delta_0/\varepsilon\rceil$轮中找到优化问题(4.2.1)的一个解 $\overline{x}\in X$，使得对任意 $\varepsilon\in(0, \Delta_0)$有 $\mathbb{E}[\Psi(\overline{x})-\Psi^*]\leqslant\varepsilon$ 成立。另外，该算法为找到这样一个解所执行的总迭代次数以 $\mathcal{O}(T_1(\varepsilon))$为上界，其中

$$T_1(\varepsilon):=\sqrt{\frac{L}{\mu}}\max\left(1,\ \log\frac{\Delta_0}{\varepsilon}\right)+\frac{M^2+\sigma^2}{\mu\varepsilon} \tag{4.2.66}$$

证明　我们首先通过归纳法证明式(4.2.65)是成立的。显然式(4.2.65)在 $s=0$ 时成立。假设某个 $s\geqslant 1$ 时，有 $\mathbb{E}[\Psi(p_{s-1})-\Psi^*]\leqslant\Delta_{s-1}=\Delta_0 2^{-(s-1)}$。这个假设再加上式(4.2.2)显然意味着下式成立：

$$\mathbb{E}[V(p_{s-1},\ x^*)]\leqslant\mathbb{E}\left[\frac{\Psi(p_{s-1})-\Psi^*}{\mu}\right]\leqslant\frac{\Delta_{s-1}}{\mu} \tag{4.2.67}$$

另外注意到，根据式(4.2.63)和式(4.2.65)中 N_s 和 Δs 的定义，我们可得到

$$Q_1(N_s)\equiv\frac{8L\Delta_{s-1}}{\mu N_s(N_s+1)}\leqslant\frac{8L\Delta_{s-1}}{\mu N_s^2}=\frac{16L\Delta_s}{\mu N_s^2}\leqslant\frac{1}{2}\Delta_s \tag{4.2.68}$$

$$Q_2(N_s)\equiv\frac{(M^2+\sigma^2)\Delta_{s-1}}{6\mu N_s}\leqslant\frac{\Delta_s^2}{64} \tag{4.2.69}$$

然后，由命题 4.4、式(4.2.64)、式(4.2.67)、式(4.2.68)和式(4.2.69)可以得到

$$\begin{aligned}\mathbb{E}[\Psi(p_s)-\Psi^*]&\leqslant\frac{2\mathbb{E}[V(p_{s-1},\ x^*)]}{\gamma_s N_s(N_s+1)}+\frac{4\gamma_s(M^2+\sigma^2)(N_s+1)}{3}\\&\leqslant\frac{2\Delta_{s-1}}{\mu\gamma_s N_s(N_s+1)}+\frac{4\gamma_s(M^2+\sigma^2)(N_s+1)}{3}\\&\leqslant\max\{Q_1(N_s),\ 4\sqrt{Q_2(N_s)}\}+4\sqrt{Q_2(N_s)}\leqslant\Delta_s\end{aligned}$$

这样我们就证明了式(4.2.65)是成立的。现在假设多轮随机加速梯度下降算法执行了 S 轮。由式(4.2.65)，我们有 $\mathbb{E}[\Psi(p_s)-\Psi^*]\leqslant\Delta_0 2^{-s}\leqslant\Delta_0 2^{\log(\varepsilon/\Delta_0)}=\varepsilon$。进一步，由式(4.2.63)可

知，迭代的总次数的界为

$$
\begin{aligned}
\sum_{s=1}^{S} N_s &\leqslant \sum_{s=1}^{S}\left[4\sqrt{\frac{2L}{\mu}}+\frac{64(M^2+\sigma^2)}{3\mu\Delta_0 2^{-s}}+1\right] \\
&= S\left(4\sqrt{\frac{2L}{\mu}}+1\right)+\frac{64(M^2+\sigma^2)}{3\mu\Delta_0}\sum_{s=1}^{S}2^S \\
&\leqslant S\left(4\sqrt{\frac{2L}{\mu}}+1\right)+\frac{64(M^2+\sigma^2)}{3\mu\Delta_0}2^{s+1} \\
&\leqslant \left(4\sqrt{\frac{2L}{\mu}}+1\right)\left\lceil \log\frac{\Delta_0}{\varepsilon}\right\rceil+\frac{86(M^2+\sigma^2)}{\mu\varepsilon}
\end{aligned}
$$

由此显然可推得式(4.2.66)的界。 ■

这里给出关于命题4.7结果的一些评述。第一，根据式(4.2.3)，多轮随机加速梯度下降法求解强凸问题达到了最优的预期收敛速度。需要注意的是，由于 Δ_0 只出现在式(4.2.66)的对数项内，所以初始点 $p_0\in X$ 的选取对该算法的效率影响不大。第二，假设我们对给定的置信水平 $\Lambda\in(0,1)$，运行 $K_\Lambda:=\lceil\log\Delta_0/(\Lambda\varepsilon)\rceil$ 轮的多轮随机加速梯度下降算法。然后，根据式(4.2.65)和Markov不等式，我们得到了 $\text{Prob}[\Psi(p_{K_\Lambda})-\Psi^*>\varepsilon]\leqslant\mathbb{E}[\Psi(p_{K_\Lambda})-\Psi^*]/\varepsilon\leqslant\Lambda$，由此可知用多轮随机加速梯度下降法找到式(4.2.1)的 (ε,Λ)-解的迭代总数能够以 $\mathcal{O}(T_1(\Lambda\varepsilon))$ 为界。第三，与单轮随机加速梯度下降法类似，在更强的假设4下，我们可以改进多轮随机加速梯度下降法求解式(4.2.1)的 (ε,Λ)-解的迭代复杂度，使其依赖于 $\log(1/\Lambda)$ 而不是 $1/\Lambda$。然而，这一迭代复杂度结果将在另一种意义上更加依赖于 ε，它将是 $1/\varepsilon^2$ 级而不是 $1/\varepsilon$ 级。

现在我们假定假设条件4成立，引入一种收缩的多轮随机加速梯度下降算法，在寻找式(4.2.1)的 (ε,Λ)-解时，它具有线性依赖于 $\log(1/\Lambda)$ 和 $1/\varepsilon$ 的迭代复杂度上界。值得注意的是，采用步长策略式(4.2.38)或式(4.2.48)的随机加速梯度下降算法还可用于更新不断缩小的多轮随机加速梯度下降算法中的 p_s 迭代，尽管本章后面将重点讨论前者。

收缩多轮随机加速梯度下降法

(0) 设给定一个点 $p_0\in X$ 和一个界 Δ_0，使得 $\Psi(p_0)-\Psi(x^*)\leqslant\Delta_0$。置 $\overline{S}:=\lceil\log\Delta_0/\varepsilon\rceil$ 和 $\lambda:=\lambda(\overline{S})>0$ 满足 $\exp\left(-\frac{\lambda^2}{3}\right)+\exp(-\lambda)\leqslant\Lambda/\overline{S}$。

(1) 对 $s=1,\cdots,\overline{S}$：

(a) 对于问题 $\min_{x\in\hat{X}_s}\{\Psi(x)\}$，运行 $\hat{N}_s$ 次迭代的随机加速梯度下降算法，置输入 $x_0=p_{s-1}$，$\alpha_t=2/(t+1)$，$q_t=\alpha_t$ 和 $\gamma_t=\hat{\gamma}_s t$，其中

$$
\hat{X}_s:=\left\{x\in X:\ V(p_{s-1},x)\leqslant\hat{R}_{s-1}^2:=\frac{\Delta_0}{\mu 2^{s-1}}\right\} \tag{4.2.70}
$$

$$
\hat{N}_s=\left\lceil\max\left\{4\sqrt{\frac{2L}{\mu}},\ \frac{\max\{256(M^2+\sigma^2),\ 288\lambda^2\sigma^2\}}{3\mu\Delta_0 2^{-(s+1)}}\right\}\right\rceil \tag{4.2.71}
$$

$$
\hat{\gamma}_s=\min\left\{\frac{1}{4L},\ \left[\frac{3\Delta_0 2^{-(s-1)}}{2\mu(M^2+\sigma^2)N_s(N_s+1)^2}\right]^{1/2}\right\} \tag{4.2.72}
$$

(b) 置 $p_s=\overline{x}_{\hat{N}_s}$，其中 $\overline{x}_{\hat{N}_s}$ 是在步骤1(a)中得到的解。

注意，在收缩多轮随机加速梯度下降算法中，轮的极限 $\overline{S}$ 是对于一个给定的精度 ϵ 进行计算的。然后用 $\overline{S}$ 的值计算 $\lambda(\overline{S})$，随后用于计算 $\hat{N}_s$ 和 $\hat{\gamma}_s$（参见式(4.2.71)和式(4.2.72)）。这与没有收缩的多轮随机加速梯度下降算法形成了鲜明对比，没有缩减时的式(4.2.63)和式(4.2.64)中 N_s 和 γ_s 的定义不依赖于目标精度 ϵ。

下面的结果显示了收缩多轮随机加速梯度下降算法的一些收敛性质。

引理 4.5　设 $\{p_s\}_{s\geq 1}$ 是用收缩多轮随机加速梯度下降算法计算得到的序列。对任何 $s\geq 0$，令 $\Delta_s\equiv\Delta_0 2^{-s}$，并表示事件 $A_s:=\{\Psi(p_s)-\Psi^*\leq\Delta_s\}$，那么在假设条件 2 下，

$$\text{Prob}[\Psi(p_s)-\Psi^*\geq\Delta_s|A_{s-1}]\leq\frac{\Lambda}{\overline{S}},\quad \forall\, 1\leq s\leq\overline{S} \tag{4.2.73}$$

证明　由式(4.2.73)的条件性假设，我们有 $\Psi(p_{s-1})-\Psi^*\leq\Delta_{s-1}$，并根据 f 的强凸性和式(4.2.70)中 $\hat{R}_{s-1}$ 的定义，可以推出

$$V(p_{s-1},\ x^*)\leq\frac{[\Psi(p_{s-1})-\Psi^*]}{\mu}\leq\frac{\Delta_{s-1}}{\mu}=\hat{R}_{s-1}^2 \tag{4.2.74}$$

因此，受限的问题 $\min_{x\in\hat{X}_S}\{\Psi(x)\}$ 与式(4.2.1)有相同的解。然后，我们从适用于前面的受限问题的命题 4.4 中得到

$$\begin{aligned}&\text{Prob}[\Psi(p_s)-\Psi^*>\hat{C}_{e,1}(\hat{N}_s)+\lambda\hat{C}_{p,1}(\hat{N}_s)|A_{s-1}]\\&\leq\exp\{-\lambda^2/3\}+\exp\{-\lambda\}\leq\frac{\Lambda}{\overline{S}}\end{aligned} \tag{4.2.75}$$

其中

$$\hat{C}_{e,1}(\hat{N}_s):=\frac{2V(p_{s-1},\ x^*)}{\hat{\gamma}_s\hat{N}_s(\hat{N}_{s+1})}+\frac{4\hat{\gamma}_s(M^2+\sigma^2)(\hat{N}_{s+1})}{3}$$

$$\hat{C}_{p,1}(\hat{N}_s):=\frac{2\sigma R_{\hat{X}_s}(x^*)}{\sqrt{3\hat{N}_s}}+\frac{4\sigma^2\hat{\gamma}_s(\hat{N}_s+1)}{3}$$

令 $Q_1(\cdot)$ 和 $Q_2(\cdot)$ 分别由式(4.2.68)和式(4.2.69)定义。注意，根据式(4.2.71)中 $\hat{N}_s$ 的定义，我们有 $Q_1(\hat{N}_s)\leq\Delta_s/4$ 和 $Q_2(\hat{N}_s)\leq\Delta_s^2/256$。根据前面观察到的结果、式(4.2.74)和式(4.2.72)中 $\hat{\gamma}_s$ 的定义，我们有

$$\begin{aligned}\hat{C}_{e,1}(\hat{N}_s)&\leq\frac{2\Delta_{s-1}}{\mu\hat{\gamma}_s\hat{N}_s(\hat{N}_s+1)}+\frac{4\hat{\gamma}_s(M^2+\sigma^2)(\hat{N}_s+1)}{3}\\&\leq\max\left\{Q_1(\hat{N}_s),\ 4\sqrt{Q_2(\hat{N}_s)}\right\}+4\sqrt{Q_2(\hat{N}_s)}\leq\frac{\Delta_s}{2}\end{aligned} \tag{4.2.76}$$

此外，注意由 v 的强凸性、式(4.2.70)和式(4.2.74)，对任何 $x\in\hat{X}_s$，我们有

$$\|x-p_{s-1}\|\leq\sqrt{2V(p_{s-1},\ x)}\leq\sqrt{\frac{2\Delta_{s-1}}{\mu}}$$

及

$$\|x-x^*\|\leq\|x-p_{s-1}\|+\|p_{s-1}-x^*\|\leq 2\sqrt{\frac{2\Delta_{s-1}}{\mu}}$$

因而得 $R_{\hat{X}_s}(x^*)\leq 2\sqrt{2\Delta_{s-1}/\mu}$，再加上式(4.2.71)和式(4.2.72)就可推出

$$\begin{aligned}\hat{C}_{p,1}(\hat{N}_s)&\leqslant 4\sigma\sqrt{\frac{2\Delta_{s-1}}{3\mu\hat{N}_s}}+\frac{4\sigma^2(\hat{N}_s+1)}{3}\left[\frac{3\Delta_0 2^{-(s-1)}}{2\mu(M^2+\sigma^2)N_s(N_{s+1})^2}\right]^{1/2}\\&\leqslant\frac{4\sigma}{3}\sqrt{\frac{6\Delta_{s-1}}{\mu\hat{N}_s}}+\frac{2\sigma}{3}\sqrt{\frac{6\Delta_{s-1}}{\mu\hat{N}_s}}\\&=2\sigma\sqrt{\frac{6\Delta_{s-1}}{\mu\hat{N}_k}}\leqslant\frac{\sqrt{\Delta_{s-1}\Delta_0 2^{-(s+1)}}}{2\lambda}=\frac{\Delta_s}{2\lambda}\end{aligned}\tag{4.2.77}$$

结合不等式(4.2.75)、式(4.2.76)和式(4.2.77)，我们就得到了式(4.2.73)。 ■

以下命题建立了收缩多轮随机加速梯度下降算法的迭代复杂度。

命题 4.8 设序列$\{p_s\}_{s\geqslant 1}$是由收缩多轮加速随机梯度下降算法计算得到的。那么，在假设条件 4 下，有

$$\text{Prob}[\Psi(p_{\bar{S}})-\Psi^*>\varepsilon]\leqslant\Lambda\tag{4.2.78}$$

而且，该算法为找到这样一个解所执行的总迭代次数以$\mathcal{O}(T_2(\varepsilon,\Lambda))$为界，其中

$$T_2(\varepsilon,\Lambda):=\sqrt{\frac{L}{\mu}}\max\left(1,\log\frac{\Delta_0}{\varepsilon}\right)+\frac{M^2+\sigma^2}{\mu\varepsilon}+\left[\ln\frac{\log(\Delta_0/\varepsilon)}{\Lambda}\right]^2\frac{\sigma^2}{\mu\varepsilon}\tag{4.2.79}$$

证明 记$\Delta_s=\Delta_0 2^{-s}$。用A_s表示事件$\{\Psi(p_s)-\Psi^*\leqslant\Delta_s\}$，集合$\bar{A}_s$是它的补集。显然，我们有概率$\text{Prob}(A_0)=1$，并且也很容易看出

$$\begin{aligned}\text{Prob}[\Psi(p_s)-\Psi^*>\Delta_s]&\leqslant\text{Prob}[\Psi(p_s)-\Psi^*>\Delta_s|A_{s-1}]+\text{Prob}[\bar{A}_{s-1}]\\&\leqslant\frac{\Lambda}{\bar{S}}+\text{Prob}[\Psi(p_{s-1})-\Psi^*>\Delta_{s-1}],\quad\forall\,1\leqslant s\leqslant\bar{S}\end{aligned}$$

其中最后一个不等式由引理 4.5 和$\bar{A}_{s-1}$的定义得到。把上述不等式两边都从$s=1$累加到$\bar{S}$，就能得到式(4.2.78)。现在，由计算式(4.2.71)，可以得到随机加速梯度下降迭代的总数的上界为

$$\begin{aligned}\sum_{s=1}^{\bar{S}}\hat{N}_s&\leqslant\sum_{s=1}^{\bar{S}}\left\{8\sqrt{\frac{L}{\mu}}+\frac{\max\{256(M^2+\sigma^2),288\lambda^2\sigma^2\}}{3\mu\Delta_0 2^{-(s+1)}}+1\right\}\\&=\bar{S}\left(8\sqrt{\frac{L}{\mu}}+1\right)+\frac{\max\{256(M^2+\sigma^2),288\lambda^2\sigma^2\}}{3\mu\Delta_0}\sum_{s=1}^{\bar{S}}2^{s+1}\\&\leqslant\bar{S}\left(8\sqrt{\frac{L}{\mu}}+1\right)+\frac{\max\{256(M^2+\sigma^2),288\lambda^2\sigma^2\}}{3\mu\Delta_0}2^{\bar{S}+2}\end{aligned}$$

使用上面的结论、$\bar{S}=\lceil\log(\Delta_0/\varepsilon)\rceil$的事实、观察到的$\lambda=\mathcal{O}\{\ln(\bar{S}/\Lambda)\}$结果，以及式(4.2.79)，我们得出这样的结论：随机梯度下降迭代加速的总数受限于$\mathcal{O}(T_2(\varepsilon,\lambda))$。 ■

虽然命题 4.8 显示了收缩多轮随机加速梯度下降法具有大偏差的性质，但我们也还可以推导出该算法的预期收敛速度。为了简单起见，我们只考虑这样的情形：当$M=0$且$\varepsilon>0$足够小时，使得$\hat{N}_s\geqslant\lambda^2 N_s$，$s=1,\cdots,\bar{S}$，其中$N_s$在式(4.2.63)中定义。然后，通过使用类似于在命题 4.7 的证明中使用过的论证过程，我们可以推得

$$\mathbb{E}[\Psi(P_s)-\Psi^*]=\mathcal{O}\left(\frac{\Delta_0 2^{-s}}{\lambda^{2-2^{-s}}}\right),\ s=1,\cdots,\bar{S}$$

利用这个结果和$\bar{S}$的定义，我们得出$\mathbb{E}[\Psi(p_s)-\Psi^*]=\mathcal{O}(\varepsilon/\lambda^{2-\varepsilon/\Delta_0})$。

4.2.4 准确性证书

在本小节中，我们展示了在执行加速随机梯度下降算法时，不需要额外的计算工作，计算式(4.2.1)的最佳值就可以达到某些随机下界。这些随机下界，当与最优值上的某些随机上界组合在一起时，可以为生成的解提供在线的准确性证明。

我们从讨论通用的随机加速梯度下降算法的准确性证书开始。函数 $l_\Psi(z, x)$ 如式(4.2.12)所定义，并记

$$\mathrm{lb}_t := \min_{x\in X}\left\{\underline{\Psi}_t(x) := \Gamma_t \sum_{\tau=1}^{t}\left[\frac{\alpha_\tau}{\Gamma_\tau} l_\Psi(\underline{x}_\tau, x)\right]\right\} \tag{4.2.80}$$

根据式(4.2.29)，$\underline{\Psi}_t(\cdot)$在集合 X 的所有点上都低估了 $\Psi(\cdot)$的值。但是注意，lb_t 是不可观测的，因为我们并不能精确知道 $\underline{\Psi}_t(\cdot)$。和 lb_t 一样，我们来定义

$$\widetilde{\mathrm{lb}}_t = \min_{x\in X}\left\{\underline{\widetilde{\Psi}}_t(x) := \Gamma_t \sum_{\tau=1}^{t}\frac{\alpha_\tau}{\Gamma_\tau}\widetilde{l}_\Psi(\underline{x}_\tau, \xi_\tau, x)\right\} \tag{4.2.81}$$

其中

$$\widetilde{l}_\Psi(z, \xi, x) := F(z, \xi) + \langle G(z, \xi), x - z\rangle + \mu V(z, x) + h(x)$$

基于式(4.2.6)易于求解的假设，界 $\widetilde{\mathrm{lb}}_t$ 是易于计算的。而且，由于 $\underline{x}_t$ 是 $\xi_{[t-1]}$的函数，且 ξ_t 与 $\xi_{[t-1]}$无关，因此得到

$$\begin{aligned}\mathbb{E}[\widetilde{\mathrm{lb}}_t] &= \mathbb{E}\left[\mathbb{E}_{\xi_{[t-1]}}\left[\min_{x\in X}\left(\Gamma_t \sum_{\tau=1}^{t}\widetilde{l}_\Psi(\underline{x}_\tau, \xi_\tau, x)\right)\right]\right] \\ &\leqslant \mathbb{E}\left[\min_{x\in X}\mathbb{E}_{\xi_{[t-1]}}\left[\left(\Gamma_t \sum_{\tau=1}^{t}\widetilde{l}_\Psi(\underline{x}_\tau, \xi_\tau, x)\right)\right]\right] \\ &= \mathbb{E}[\min_{x\in X}\underline{\Psi}_t(x)] = \mathbb{E}[\mathrm{lb}_t] \leqslant \Psi^*\end{aligned} \tag{4.2.82}$$

也就是，平均而言，$\widetilde{\mathrm{lb}}_t$ 给出了式(4.2.1)的最优值的下界。为了看到下界 $\widetilde{\mathrm{lb}}_t$ 与最优值接近的程度，我们在下面的定理 4.5 中要估计期望和相应的错误概率。为建立 $\widetilde{\mathrm{lb}}_t$ 的大偏差的结果，我们还需要对 SFO 预言机做以下假设。

假设 6　对任何 $x\in X$ 和 $t\geqslant 1$，对某个 $Q>0$，有 $\mathbb{E}[\exp\{\|F(x, \xi_t) - f(x)\|_*^2/Q^2\}] \leqslant \exp\{1\}$成立。

注意，当假设 4 描述了关于随机梯度 $G(x, \xi)$的某种“轻尾”假设时，假设 6 对函数值 $F(x, \xi)$施加了类似的限制。在建立所导出的 Ψ^* 随机在线上下界的大偏差特性时，这样一个附加的假设是需要的，两者都涉及函数值的估计，也就是说，式(4.2.81)中的 $F(\underline{x}_t, \xi_t)$和式(4.2.91)中的 $F(\overline{x}_t, \xi_t)$。另一方面，我们不需要使用随机加速梯度下降法中式(4.2.5)～式(4.2.7)的函数值估计。

定理 4.5　考虑将通用随机加速梯度下降算法应用于问题(4.2.1)，取$\{\alpha_t\}_{t\geqslant 1}$、$\{q_t\}_{t\geqslant 1}$和$\{\gamma_t\}_{t\geqslant 1}$，使 $\alpha_1=1$，且关系式(4.2.9)、式(4.2.10)和式(4.2.22)成立，并令 $\widetilde{\mathrm{lb}}_t$ 如式(4.2.81)所定义。那么，

(a) 在假设 3 下，对于任意 $t\geqslant 2$，有

$$\mathbb{E}[\Psi(\overline{x}_t) - \widetilde{\mathrm{lb}}_t] \leqslant \widetilde{B}_e(t) := \frac{\Gamma_t}{\gamma_1}\max_{x\in X}V(x_0, x) + \Gamma_t \sum_{\tau=1}^{t}\frac{\alpha_\tau\gamma_\tau(M^2+\sigma^2)}{\Gamma_\tau(1+\mu\gamma_\tau - L\alpha_\tau\gamma_\tau)} \tag{4.2.83}$$

(b) 如果假设 4 和 6 成立，则对于任意 $t\geqslant 1$ 和 $\lambda>0$，有

$$\text{Prob}\{\Psi(\overline{x}_t)-\widetilde{\text{lb}}_t>\widetilde{B}_e(t)+\lambda\widetilde{B}_p(t)\}\leqslant 2\exp(-\lambda^2/3)+\exp(-\lambda) \tag{4.2.84}$$

其中

$$\widetilde{B}_p(t):=Q\Gamma_t\left(\sum_{\tau=1}^{t}\frac{\alpha_\tau^2}{\Gamma_\tau^2}\right)^{1/2}+\sigma\Gamma_t R_X(x^*)\left(\sum_{\tau=1}^{t}\frac{\alpha_\tau^2}{\Gamma_\tau^2}\right)^{1/2}+\sigma^2\Gamma_t\sum_{\tau=1}^{t}\frac{\alpha_\tau\gamma_\tau}{\Gamma_\tau(1+\mu\gamma_\tau-L\alpha_\tau\gamma_\tau)} \tag{4.2.85}$$

其中 $R_X(x^*)$如式(4.2.26)所定义。

(c) 如果 X 是紧的，并用条件(4.2.27)取代式(4.2.22)，则替换 $\widetilde{B}_e(t)$定义的第一项为 $\alpha_t D_X/\gamma_t$ 后，(a)和(b)部分的结论仍然成立，其中 D_X 如式(3.2.4)所定义。

证明　令 $\zeta_t:=F(\underline{x}_t,\xi_t)-f(\underline{x}_t)$，$t\geqslant 1$，且 δ_t 如式(4.2.8)所定义。注意到由不等式(4.2.20)和式(4.2.30)成立，关系式(4.2.81)，以及由式(5.1.15)可知的 $V(x_t,x)\geqslant 0$ 的事实，可以得到

$$\begin{aligned}
\Psi(\overline{x}_t)-\underline{\widetilde{\Psi}}_t(x)&=\Psi(\overline{x}_t)-\Gamma_t\sum_{\tau=1}^{t}\frac{\alpha_\tau}{\Gamma_\tau}[l_\Psi(\underline{x}_\tau,x)+\zeta_\tau+\langle\delta_\tau,x-\underline{x}_\tau\rangle]\\
&\leqslant\Gamma_t\sum_{\tau=1}^{t}\frac{\alpha_\tau}{\gamma_\tau\Gamma_\tau}[V(x_{\tau-1},x)-V(x_\tau,x)]+\\
&\quad\Gamma_t\sum_{\tau=1}^{t}\frac{1}{\Gamma_\tau}[\Delta_\tau(x)-\alpha_\tau(\zeta_\tau+\langle\delta_\tau,x-\underline{x}_\tau\rangle)]\\
&\leqslant\frac{\Gamma_t}{\gamma_1}V(x_0,x)+\Gamma_t\sum_{\tau=1}^{t}\frac{1}{\Gamma_\tau}[\Delta_\tau(x)-\alpha_\tau(\zeta_\tau+\langle\delta_\tau,x-\underline{x}_\tau\rangle)]\\
&=\frac{\Gamma_t}{\gamma_1}V(x_0,x)+\Gamma_t\sum_{\tau=1}^{t}\frac{1}{\Gamma_\tau}\left[\alpha_\tau\langle\delta_\tau,\underline{x}_\tau-x_{\tau-1}^+\rangle+\frac{\alpha_\tau\gamma_t(M+\|\delta_\tau\|_*)^2}{2(1+\mu\gamma_\tau-L\alpha_\tau\gamma_\tau)}-\alpha_\tau\zeta_\tau\right]
\end{aligned} \tag{4.2.86}$$

最后一个等式由式(4.2.13)而来。注意，变量 $\underline{x}_t$ 和 x_{t-1}^+ 是 $\xi_{[t-1]}=(\xi_1,\cdots,\xi_{t-1})$的函数，$\xi_t$ 是独立于 $\xi_{[t-1]}$的。其余的证明与定理 4.4 的论证类似，因此忽略证明细节。■

现在我们为定理 4.5 中得到的结果加上一些注释。首先，注意关系(4.2.83)和式(4.2.84)告诉我们 $\Psi(\overline{x}_t)$和 $\widetilde{\text{lb}}_t$ 之间的差距收敛于零。通过比较关系(4.2.23)和式(4.2.24)，我们可以很容易地看到，$\Psi(\overline{x}_t)-\widetilde{\text{lb}}_t$ 和 $\Psi(\overline{x}_t)-\Psi^*$ 以相同的数量级收敛到零。

其次，可以将定理 4.5 中的结果特殊化以解决不同类型的随机凸优化问题。特别是，命题 4.9 讨论了求解强凸问题的下界 $\widetilde{\text{lb}}_t^*$。这个结果的证明类似于命题 4.6，因此细节略过。

命题 4.9　利用加速随机梯度下降算法求解强凸问题时，采用式(4.2.55)步长策略得到了 $\overline{x}_t$，并令 $\widetilde{\text{lb}}_t$ 由式(4.2.81)定义。如果条件(4.2.2)中的 $\mu>0$，则在假设条件 3 下，对 $\forall t\geqslant 1$，有

$$\mathbb{E}[\Psi(\overline{x}_t)-\widetilde{\text{lb}}_t]\leqslant\widetilde{D}_e(t):=\frac{4L\max_{x\in X}V(x_0,x)}{vt(t+1)}+\frac{4(M^2+\sigma^2)}{v\mu(t+1)} \tag{4.2.87}$$

如果假设 4 和 6 成立，那么 $\forall\lambda>0$，$\forall t\geqslant 1$，有

$$\text{Prob}\{\Psi(\overline{x}_t)-\widetilde{\text{lb}}_t>\widetilde{D}_e(t)+\lambda\widetilde{D}_p(t)\}\leqslant 2\exp(-\lambda^2/3)+\exp(-\lambda) \tag{4.2.88}$$

其中

$$\widetilde{D}_p(t):=\frac{Q}{(t+1)^{1/2}}+\frac{2\sigma R_X(x^*)}{\sqrt{3t}}+\frac{4\sigma^2}{v\mu(t+1)} \tag{4.2.89}$$

其中，$R_X(x^*)$如式(4.2.26)所定义，参数 Q 来自假设 6。

定理 4.5 提供了一个用来评估解 $\overline{x}_t(t\geqslant1)$的质量的方法，即计算 $\Psi(\overline{x}_t)$和 $\widetilde{\mathrm{lb}}_t$(参见式(4.2.81))之间的差距。尽管 $\widetilde{\mathrm{lb}}_t$ 很容易计算，但估计 $\Psi(\overline{x}_t)$可能会非常耗费时，因为需要变量 ξ 的大量样本。在本节的其余部分，我们将通过有效计算最优值 Ψ^* 的上界，简要讨论如何增强这些下界，以便人们可以在线评估生成的解的质量。更具体地说，对于任意 $t\geqslant1$，我们给出下面的记号表示

$$\beta_t := \sum_{\tau=\lceil t/2\rceil}^{t}\tau$$

$$\mathrm{ub}_t := \beta_t^{-1}\sum_{\tau=\lceil t/2\rceil}^{t}\tau\Psi(\overline{x}_\tau) \quad 且 \quad \overline{x}_t^{ag} := \beta_t^{-1}\sum_{\tau=\lceil t/2\rceil}^{t}\tau\overline{x}_\tau \tag{4.2.90}$$

显然，由于 Ψ 的凸性，有 $\mathrm{ub}_t\geqslant\Psi(\overline{x}_t^{ag})\geqslant\Psi^*$。我们也同时来定义值

$$\overline{\mathrm{ub}}_t=\beta_t^{-1}\sum_{\tau=\lceil t/2\rceil}^{t}\tau\{F(\overline{x}_\tau, \xi_\tau)+h(\overline{x}_\tau)\}, \quad \forall t\geqslant1 \tag{4.2.91}$$

由于 $\mathbb{E}_{\xi_\tau}[F(\overline{x}_\tau, \xi_\tau)]=f(\overline{x}_\tau)$，我们有 $\mathbb{E}[\overline{\mathrm{ub}}_t]=\mathrm{ub}_t\geqslant\Psi^*$。也就是说，$\overline{\mathrm{ub}}_t(t\geqslant1)$平均而言提供在线上界 Ψ^*。据此，我们定义新的在线下界为

$$\overline{\mathrm{lb}}_t=\beta_t^{-1}\sum_{\tau=\lceil t/2\rceil}^{t}\tau\widetilde{\mathrm{lb}}_\tau, \quad \forall t\geqslant1 \tag{4.2.92}$$

其中 $\widetilde{\mathrm{lb}}_\tau$ 在式(4.2.81)中定义。

为了限定上下边界之间的差距，令 $\widetilde{B}_e(\tau)$由式(4.2.83)定义，并假定对一些 $q\in[1/2, 1]$有 $\widetilde{B}_e(\tau)=\mathcal{O}(t^{-q})$。根据定理 4.5(a)、式(4.2.90)和式(4.2.92)，我们得到

$$\begin{aligned}\mathbb{E}[\overline{\mathrm{ub}}_{t-1}-\overline{\mathrm{lb}}_t]&=\beta_t^{-1}\sum_{\tau=\lceil t/2\rceil}^{t}\tau[\Psi(\overline{x}_\tau)-\widetilde{\mathrm{lb}}_\tau]\leqslant\beta_t^{-1}\sum_{\tau=\lceil t/2\rceil}^{t}[\tau\widetilde{B}_e(\tau)]\\&=\mathcal{O}\left(\beta_t^{-1}\sum_{\tau=\lceil t/2\rceil}^{t}\tau^{1-q}\right)=\mathcal{O}(t^{-q}), \quad t\geqslant3\end{aligned}$$

其中最后一个等式由事实 $\sum_{\tau=\lceil t/2\rceil}^{t}\tau^{1-q}=\mathcal{O}(t^{2-q})$ 和不等式

$$\beta_t\geqslant\frac{1}{2}\left[t(t+1)-\left(\frac{t}{2}+1\right)\left(\frac{t}{2}+2\right)\right]\geqslant\frac{1}{8}(3t^2-2t-8)$$

得到。因此，在线 $\overline{\mathrm{ub}}_t$ 上界和下界 $\overline{\mathrm{lb}}_t$ 之间的差距收敛于 0，$\Psi(\overline{x}_t)$和 $\widetilde{\mathrm{lb}}_\tau$ 之间的差亦收敛于 0，且二者以相同数量级的速度收敛。这里应该提到的是，随机上界 $\overline{\mathrm{ub}}_t$ 平均而言高估了 $\Psi(\overline{x}_t^{ag})$(参见式(4.2.90))，这就表明也可以使用 $\overline{x}_t^{ag}(t\geqslant1)$作为随机加速梯度下降算法的输出。

4.3 随机凹凸鞍点问题

我们在这一节中展示如何修改随机镜面下降算法来解决随机凹凸鞍点问题。考虑下面的极大极小(鞍点)问题：

$$\min_{x\in X}\max_{y\in Y}\{\phi(x, y) := \mathbb{E}[\Phi(x, y, \xi)]\} \tag{4.3.1}$$

在此，$X\subset\mathbb{R}^n$ 和 $Y\subset\mathbb{R}^m$ 为非空有界闭凸集，ξ 为一个随机向量，其概率分布 P 在支撑集 $\Xi\subset\mathbb{R}^d$ 上，映射函数为 Φ：$X\times Y\times\Xi\to\mathbb{R}$。我们假定对于每一个 $\xi\in\Xi$，函数 $\Phi(x, y, \xi)$

关于变量 $x\in X$ 是凸的、关于 $y\in Y$ 是凹的，且对于所有变量 $x\in X$，$y\in Y$，期望

$$\mathbb{E}[\Phi(x, y, \xi)]=\int_{\Xi}\Phi(x, y, \xi)\mathrm{d}P(\xi)$$

有定义并且有限。从而 $\phi(x, y)$ 关于 $x\in X$ 是凸的、关于 $y\in Y$ 是凹的，并且具有有限值，因此式(4.3.1)应是一个凹凸鞍点问题。此外，我们假设 $\phi(\cdot, \cdot)$ 在 $X\times Y$ 上是 Lipschitz 连续的。众所周知，在上面的条件下，问题(4.3.1)是可解的。也就是说，相应的"原始"和"对偶"优化问题，分别为 $\min\limits_{x\in X}[\max\limits_{y\in Y}\phi(x, y)]$ 和 $\max\limits_{y\in Y}[\min\limits_{x\in X}\phi(x, y)]$，都有最优解，并且它们的最优解相等。我们将 $X\times Y$ 上形如 $\phi(x, y)$ 的问题的最优解值记为 ϕ^*，取得最优解的变量对(鞍点)记为 (x^*, y^*)。

在最小化问题(4.1.1)中，我们假定，无论是函数 $\phi(x, y)$ 还是它对变量 x 和 y 的次/超梯度都不能显式得到。然而，我们做了以下假设。

假设 7　*存在一个随机一阶预言机，对于每一个给定的 $x\in X$、$y\in Y$ 和 $\xi\in\Xi$，它会返回值 $\Phi(x, y, \xi)$ 和一个随机次梯度，即 $(n+m)$ 维向量*

$$G(x, y, \xi)=\begin{bmatrix}G_x(x, y, \xi)\\-G_y(x, y, \xi)\end{bmatrix}$$

这一向量使得

$$g(x, y)=\begin{bmatrix}g_x(x, y)\\-g_y(x, y)\end{bmatrix}:=\begin{bmatrix}\mathbb{E}[G_x(x, y, \xi)]\\-\mathbb{E}[G_y(x, y, \xi)]\end{bmatrix}$$

有定义，并且分量 $g_x(x, y)\in\partial_x\phi(x, y)$ 和 $-g_y(x, y)\in\partial y(-\phi(x, y))$。

例如，在温和的假设下，我们可以设定

$$G(x, y, \xi)=\begin{bmatrix}G_x(x, y, \xi)\\-G_y(x, y, \xi)\end{bmatrix}\in\begin{bmatrix}\partial_x\Phi(x, y, \xi)\\\partial_y(-\Phi(x, y, \xi))\end{bmatrix}$$

设 $\|\cdot\|_X$ 为空间 $\mathbb{R}^n$ 上的范数，$\|\cdot\|_Y$ 为空间 $\mathbb{R}^m$ 上的范数，分别以 $\|\cdot\|_{*,X}$ 和 $\|\cdot\|_{*,Y}$ 代表 X 和 Y 对应的对偶范数。在 4.1 节中，我们对随机预言机的基本假设(除了我们已经假设的统计无偏性外)是：存在正常数 M_X^2 和 M_Y^2 使得

$$\mathbb{E}[\|G_x(u, v, \xi)\|_{*,X}^2]\leqslant M_X^2\quad\text{且}\quad\mathbb{E}[\|G_y(u, v, \xi)\|_{*,Y}^2]\leqslant M_Y^2,\quad\forall(u, v)\in X\times Y \tag{4.3.2}$$

4.3.1　通用算法框架

我们给空间 X 和 Y 分别增加距离生成函数 v_X：$X\to\mathbb{R}$ 模 1 对应于 $\|\cdot\|_X$ 和 v_Y：$Y\to\mathbb{R}$ 模 1 对应于 $\|\cdot\|_Y$。设 $D_X\equiv D_{X,v_X}$ 和 $D_Y\equiv D_{Y,v_Y}$ 分别为各自的常数(见 3.2 节)。对空间 $\mathbb{R}^n\times\mathbb{R}^m$，我们赋予范数

$$\|(x, y)\|:=\sqrt{\frac{1}{2D_X^2}\|x\|_X^2+\frac{1}{2D_Y^2}\|y\|_Y^2} \tag{4.3.3}$$

所以相应的对偶范数是

$$\|(\zeta, \eta)\|_*=\sqrt{2D_X^2\|\zeta\|_{*,X}^2+2D_Y^2\|\eta\|_{*,Y}^2} \tag{4.3.4}$$

由式(4.3.2)可得

$$\mathbb{E}[\|G(x, y, \xi)\|_*^2]\leqslant 2D_X^2M_X^2+2D_Y^2M_Y^2=:M^2 \tag{4.3.5}$$

我们使用符号 $z=(x, y)$，并赋予空间 $Z:=X\times Y$ 距离生成函数

$$v(z):=\frac{v_X(x)}{2D_X^2}+\frac{v_Y(y)}{2D_Y^2}$$

可以立即看出，v 确实是对于 Z 的关于$\|\cdot\|$范数模 1 的距离生成函数，且有 $Z^O=X^O\times Y^O$ 和 $D_Z\equiv D_{Z,v}=1$。在下文中，$V(z, u)$：$Z^O\times Z\to\mathbb{R}$ 是 v 和 z 相关的邻近函数(见 3.2 节)。

我们现在准备提出解决一般鞍点问题的随机镜面下降算法。这是一个迭代过程

$$z_{t+1}:=\arg\min_{Z\in X}\{\gamma_t\langle G(z_t, \xi_t), z\rangle+V(z_t, z)\} \tag{4.3.6}$$

其中，初始点 $z_1\in Z$ 取为 $v(z)$在 Z 上的极小化子，并定义问题(4.3.1)第 j 次迭代后的近似值 $\widetilde{z}_j$ 为

$$\widetilde{z}_j=(\widetilde{x}_j, \widetilde{y}_j):=\left(\sum_{t=1}^{j}\gamma_t\right)^{-1}\sum_{t=1}^{j}\gamma_t z_t \tag{4.3.7}$$

我们分析算法的收敛性。可通过下面的误差度量近似解 $\widetilde{z}=(\widetilde{x}, \widetilde{y})$的优劣：

$$\varepsilon_\phi(\widetilde{z}):=[\max_{y\in Y}\phi(\widetilde{x}, y)-\phi_*]+[\phi_*-\min_{x\in X}\phi(x, \widetilde{y})]=\max_{y\in Y}\phi(\widetilde{x}, y)-\min_{x\in X}\phi(x, \widetilde{y})$$

由于 $\varphi(\cdot, y)$的凸性，我们得到

$$\phi(x_t, y_t)-\phi(x, y_t)\leqslant g_x(x_t, y_t)^{\mathrm{T}}(x_t-x), \quad \forall x\in X$$

而由于 $\varphi(x, \cdot)$的凹性，我们有

$$\phi(x_t, y)-\phi(x_t, y_t)\leqslant g_y(x_t, y_t)^{\mathrm{T}}(y-y_t), \quad \forall y\in Y$$

所以，对于所有 $z=(x, y)\in Z$ 有

$$\phi(x_t, y)-\phi(x, y_t)\leqslant g_x(x_t, y_t)^{\mathrm{T}}(x_t-x)+g_y(x_t, y_t)^{\mathrm{T}}(y-y_t)=g(z_t)^{\mathrm{T}}(z_t-z)$$

再次使用 φ 的凸凹性质，我们有

$$\begin{aligned}
\varepsilon_\phi(\widetilde{z}_j)&=\max_{y\in Y}\phi(\widetilde{x}_j, y)-\min_{x\in X}\phi(x, \widetilde{y}_j)\\
&\leqslant\left[\sum_{t=1}^{j}\gamma_t\right]^{-1}\left[\max_{y\in Y}\sum_{t=1}^{j}\gamma_t\phi(x_t, y)-\min_{x\in X}\sum_{t=1}^{j}\gamma_t\phi(x, y_t)\right]\\
&\leqslant\left(\sum_{t=1}^{j}\gamma_t\right)^{-1}\max_{z\in Z}\sum_{t=1}^{j}\gamma_t g(z_t)^{\mathrm{T}}(z_t-z)
\end{aligned} \tag{4.3.8}$$

现在我们给出不等式(4.3.8)右侧的一个上界。

引理 4.6　对于任意 $j\geqslant 1$，下面的不等式成立：

$$\mathbb{E}\left[\max_{z\in Z}\sum_{t=1}^{j}\gamma_t g(z_t)^{\mathrm{T}}(z_t-z)\right]\leqslant 2+\frac{5}{2}M^2\sum_{t=1}^{j}\gamma_t^2 \tag{4.3.9}$$

证明　在式(4.1.41)中取 $\zeta_t=\gamma_t G(z_t, \xi_t)$，对任意 $u\in Z$，我们有

$$\gamma_t(z_t-u)^{\mathrm{T}}G(z_t, \xi_t)\leqslant V(z_t, u)-V(z_{t+1}, u)+\frac{\gamma_t^2}{2}\|G(z_t, \xi_t)\|_*^2 \tag{4.3.10}$$

这个关系意味着对于每一个 $u\in Z$，有

$$\gamma_t(z_t-u)^{\mathrm{T}}g(z_t)\leqslant V(z_t, u)-V(z_{t+1}, u)+\frac{\gamma_t^2}{2}\|G(z_t, \xi_t)\|_*^2-\gamma_t(z_t-u)^{\mathrm{T}}\Delta_t \tag{4.3.11}$$

其中 $\Delta_t:=G(z_t, \xi_t)-g(z_t)$。把 $t=1, \cdots, j$ 的上述不等式相加起来，我们得到

$$\sum_{t=1}^{j}\gamma_t(z_t-u)^{\mathrm{T}}g(z_t)\leqslant V(z_1, u)-V(z_{j+1}, u)+\sum_{t=1}^{j}\frac{\gamma_t^2}{2}\|G(z_t, \xi_t)\|_*^2-\sum_{t=1}^{j}\gamma_t(z_t-u)^{\mathrm{T}}\Delta_t$$

我们也把引理 4.3 应用到一个辅助序列，该序列的 $v_1=z_1$，$\zeta_t=-\gamma_t\Delta_t$，有

$$\forall u\in Z: \sum_{t=1}^{j}\gamma_t\Delta_t^{\mathrm{T}}(u-v_t)\leqslant V(z_1, u)+\frac{1}{2}\sum_{t=1}^{j}\gamma_t^2\|\Delta_t\|_*^2 \tag{4.3.12}$$

观察到

$$\mathbb{E}\|\Delta_t\|_*^2 \leqslant 4\mathbb{E}\|G(z_t,\ \xi_t)\|_*^2 \leqslant 4(2D_X^2M_X^2+2D_Y^2M_Y^2)=4M^2$$

对于式(4.3.12)两边同时取期望时，得到

$$\mathbb{E}\left[\sup_{u\in Z}\left(\sum_{t=1}^{j}\gamma_t\Delta_t^{\mathrm{T}}(u-v_t)\right)\right]\leqslant 1+2M^2\sum_{t=1}^{j}\gamma_t^2 \tag{4.3.13}$$

(回想一下，在 Z 上的 $V(z_1,\ \cdot)$是以 1 为界的)，现在我们将式(4.3.11)从 $t=1$ 到 j 求和，得到

$$\begin{aligned}\sum_{t=1}^{j}\gamma_t(z_t-u)^{\mathrm{T}}g(z_t) &\leqslant V(z_1,\ u)+\sum_{t=1}^{j}\frac{\gamma_t^2}{2}\|G(z_t,\ \xi_t)\|_*^2-\sum_{t=1}^{j}\gamma_t(z_t-u)^{\mathrm{T}}\Delta_t\\ &=V(z_1,\ u)+\sum_{t=1}^{j}\frac{\gamma_t^2}{2}\|G(z_t,\ \xi_t)\|_*^2-\sum_{t=1}^{j}\gamma_t(z_t-v_t)^{\mathrm{T}}\Delta_t+\sum_{t=1}^{j}\gamma_t(u-v_t)^{\mathrm{T}}\Delta_t\end{aligned} \tag{4.3.14}$$

考虑到 z_t 和 v_t 是 $\xi_{[t-1]}=(\xi_1,\ \cdots,\ \xi_{t-1})$的确定性函数，且给定 $\xi_{[t-1]}$时 Δ_t 的条件期望消失，我们得出期望 $\mathbb{E}[(z_t-v_t)^{\mathrm{T}}\Delta_t]=0$。我们现在取 $u\in Z$ 的上界，再对式(4.3.14)两边取期望：

$$\begin{aligned}\mathbb{E}\left[\sup_{u\in Z}\sum_{t=1}^{j}\gamma_t(z_t-u)^{\mathrm{T}}g(z_t)\right] &\leqslant \sup_{u\in Z}V(z_1,\ u)+\sum_{t=1}^{j}\frac{\gamma_t^2}{2}\mathbb{E}\|G(z_t,\ \xi_t)\|_*^2+\\ &\qquad \sup_{u\in Z}\sum_{t=1}^{j}\gamma_t(u-v_t)^{\mathrm{T}}\Delta_t\\ [\text{由式}(4.3.13)] &\leqslant 1+\frac{M^2}{2}\sum_{t=1}^{j}\gamma_t^2+\left[1+2M^2\sum_{t=1}^{j}\gamma_t^2\right]\\ &=2+\frac{5}{2}M^2\sum_{t=1}^{j}\gamma_t^2\end{aligned}$$

于是我们就得到了式(4.3.9)。 ■

为了得到解 $\widetilde{z}_j$ 的误差界，只需将不等式(4.3.9)代入式(4.3.8)即可得到

$$\mathbb{E}[\varepsilon_\phi(\widetilde{z}j)]\leqslant\left(\sum_{t=1}^{j}\gamma_t\right)^{-1}\left[2+\frac{5}{2}M^2\sum_{t=1}^{j}\gamma_t^2\right]$$

我们使用常数步长策略

$$\gamma_t=\frac{2}{M\sqrt{5N}},\quad t=1,\ \cdots,\ N \tag{4.3.15}$$

则 $\varepsilon_\phi(\widetilde{z}_N)\leqslant 2M\sqrt{5/N}$，因而(见 M 的定义式(4.3.5))有

$$\varepsilon_\phi(\widetilde{z}_N)\leqslant 2\sqrt{\frac{10[D_X^2M_X^2+D_Y^2M_Y^2]}{N}} \tag{4.3.16}$$

与 3.2 节中讨论的最小化情形一样，我们可以从固定“时间范围”上的常量步长过渡到递减步长策略

$$\gamma_t:=\frac{1}{(M\sqrt{t})},\quad t=1,\ 2,\ \cdots$$

从所有迭代的平均到“滑动平均”

$$\widetilde{z}_j=\left(\sum_{t=j-\lfloor j/\ell\rfloor}^{j}\gamma_t\right)^{-1}\sum_{t=j-\lfloor j/\ell\rfloor}^{j}\gamma_t z_t$$

这样就得出效率估计为

$$\varepsilon_{\phi}(\widetilde{z}_j)\leqslant O(1)\frac{\ell \overline{D}_{Z,v}M}{\sqrt{j}} \tag{4.3.17}$$

其中假设数量 $\overline{D}_{Z,v}=[2\sup_{z\in Z^o,w\in Z}V(z,w)]^{1/2}$ 是有限的。

下面我们给出误差 $\varepsilon_{\phi}(\widetilde{z}_N)$ 大偏差概率的一个界。这个结果的证明与命题 4.10 类似，因此证明细节略过。

命题 4.10 假设界(4.3.16)的条件已被验证满足，且对所有 $(u, v)\in Z$ 都有下式成立：

$$\mathbb{E}[\exp\{\|G_x(u,v,\xi)\|_{*,X}^2/M_X^2\}]\leqslant\exp\{1\}$$
$$\mathbb{E}[\exp\{\|G_y(x,y,\xi)\|_{*,Y}^2/M_Y^2\}]\leqslant\exp\{1\} \tag{4.3.18}$$

那么，对于式(4.3.15)所给的步长，对任意 $\lambda\geqslant 1$，有

$$\text{Prob}\left\{\varepsilon_{\phi}(\widetilde{z}_N)>\frac{(8+2\lambda)\sqrt{5}M}{\sqrt{N}}\right\}\leqslant 2\exp\{-\lambda\} \tag{4.3.19}$$

4.3.2 极小极大随机问题

考虑下面的极小极大随机问题：

$$\min_{x\in X}\max_{1\leqslant i\leqslant m}\{f_i(x):=\mathbb{E}[F_i(x,\xi)]\} \tag{4.3.20}$$

其中 $X\subset\mathbb{R}^n$ 是一个非空有界闭凸集，ξ 为一个随机向量，其概率分布 P 在支撑集 $\Xi\subset\mathbb{R}^d$ 上，映射函数 F_i：$X\times\Xi\to\mathbb{R}$，$i=1$，…，m。我们假定函数 $F_i(\cdot,\xi)$ 对于变量 ξ 几乎处处是凸的，并且对于每一个 $x\in\mathbb{R}^n$，$F_i(x,\cdot)$ 是可积的，即期望

$$\mathbb{E}[F_i(x,\xi)]=\int_{\Xi}F_i(x,\xi)\mathrm{d}P(\xi),\quad i=1,\cdots,m \tag{4.3.21}$$

都有定义并且值是有限的。找到极小极大问题(4.3.20)的解与解决鞍点问题是完全相同的：

$$\min_{x\in X}\max_{y\in Y}\left\{\phi(x,y):=\sum_{i=1}^m y_i f_i(x)\right\} \tag{4.3.22}$$

其中集合 $Y:=\left\{y\in\mathbb{R}^m: y\geqslant 0, \sum_{i=1}^m y_i=1\right\}$。

与假设 1 和假设 2 的条件类似，假设我们不能显式地计算 $f_i(x)$(因此 $\phi(x,y)$ 也不能)，但能够根据概率分布 P 生成独立的样本序列 ξ_1，ξ_2，…，并且对于给定的 $x\in X$ 和 $\xi\in\Xi$，我们可以计算 $F_i(x,\xi)$ 及其随机次梯度 $G_i(x,\xi)$，即使得 $g_i(x)=\mathbb{E}[G_i(x,\xi)]$ 有定义，其中 $g_i(x)\in\partial f_i(x)$，$x\in X$，$i=1$，…，m。换句话说，对于这个问题我们有一个求解问题(4.3.22)的随机预言机，满足假设 7，并且有定义

$$G(x,y,\xi):=\begin{bmatrix}\sum_{i=1}^m y_iG_i(x,\xi)\\(-F_1(x,\xi),\cdots,-F_m(x,\xi))\end{bmatrix} \tag{4.3.23}$$

和

$$g(x,y):=\mathbb{E}[G(x,y,\xi)]=\begin{bmatrix}\sum_{i=1}^m y_ig_i(x)\\(-f_1(x),\cdots,-f_m(x))\end{bmatrix}\in\begin{bmatrix}\partial_x\phi(x,y)\\-\partial_y\phi(x,y)\end{bmatrix} \tag{4.3.24}$$

设给集合 X 赋以范数 $\|\cdot\|_X$，其对偶范数为 $\|\cdot\|_{*,X}$，并且对应于范数 $\|\cdot\|_X$ 有模 1 距离生成函数 v。我们给集合 Y 赋予范数 $\|\cdot\|_Y := \|\cdot\|_1$，则其对偶范数为 $\|\cdot\|_{*,Y} = \|\cdot\|_\infty$，并赋予距离生成函数

$$v_Y(y) := \sum_{i=1}^{m} y_i \ln y_i$$

因此有 $D_Y^2 = \ln m$。接下来，根据式(4.3.3)，设

$$\|(x, y)\| := \sqrt{\frac{\|x\|_X^2}{2D_X^2} + \frac{\|y\|_1^2}{2D_Y^2}}$$

从而

$$\|(\zeta, \eta)\|_* = \sqrt{2D_X^2\|\zeta\|_{*,X}^2 + 2D_Y^2\|\eta\|_\infty^2}$$

假设有一致的界：

$$\mathbb{E}[\max_{1\leqslant i\leqslant m}\|G_i(x, \xi)\|_{*,X}^2] \leqslant M_X^2, \quad \mathbb{E}[\max_{1\leqslant i\leqslant m}|F_i(x, \xi)|^2] \leqslant M_Y^2, \quad i=1, \cdots, m$$

注意到期望

$$\begin{aligned}\mathbb{E}[\|G(x, y, \xi)\|_*^2] &= 2D_X^2\mathbb{E}\left[\left\|\sum_{i=1}^{m} y_i G_i(x, \xi)\right\|_{*,X}^2\right] + 2D_Y^2\mathbb{E}[\|F(x, \xi)\|_\infty^2] \\ &\leqslant 2D_X^2M_X^2 + 2D_Y^2M_Y^2 = 2D_X^2M_X^2 + 2M_Y^2\ln m =: M^2\end{aligned} \tag{4.3.25}$$

现在让我们使用随机镜面下降算法的式(4.3.6)和式(4.3.7)求解问题，采用恒定步长策略

$$\gamma_t = \frac{2}{M\sqrt{5N}}, \quad t=1, 2, \cdots, N$$

将 M 的值代入上式，可由式(4.3.16)得到：

$$\begin{aligned}\mathbb{E}[\varepsilon_\phi(\tilde{z}_N)] &= \mathbb{E}[\max_{y\in Y}\phi(\hat{x}_N, y) - \min_{x\in X}\phi(x, \hat{y}_N)] \leqslant 2M\sqrt{\frac{5}{N}} \\ &\leqslant 2\sqrt{\frac{10[D_X^2M_X^2 + M_Y^2\ln m]}{N}}\end{aligned} \tag{4.3.26}$$

观察式(4.3.26)给出的界可以得出以下重要的结论。在这种情况下，随机镜面下降算法的误差“几乎与”约束的数量 m 无关(随着 m 的增加，它会以 $\mathcal{O}(\sqrt{\ln m})$的量级增加)。感兴趣的读者可以很容易地验证，如果随机梯度下降法(用欧氏距离生成函数)中使用相同的设置(例如，算法的范数调整为 $\|\cdot\|_y := \|\cdot\|_2$)，相应的界会随着 m 增长得更快(事实上，在这种情况下我们得到的误差界将是 $\mathcal{O}(\sqrt{m})$)。

注意，随机镜面下降的性质可以用来显著降低算法实现的计算开销。为此，让我们看看随机预言机的定义式(4.3.23)：为了实现 $G(x, y, \xi)$，必须计算 m 个随机次梯度 $G_i(x, \xi)$，$i=1, \cdots, m$，并计算它们的凸组合 $\sum_{i=1}^{m} y_i G_i(x, \xi)$。假设 η 是与 ξ 无关且在 $[0, 1]$上均匀分布的随机变量，并假设映射 $\iota(\eta, y)$：$[0, 1]\times Y \to \{1, \cdots, m\}$，当满足 $\sum_{s=1}^{i-1} y_s < \eta < \sum_{s=1}^{i} y_s$ 时，其值为 i。也就是说，随机变量 $\hat{\iota} = \iota(\eta, y)$以概率 $y_1, \cdots, y_m$ 取得值 $1, \cdots, m$。考虑随机向量

$$G(x, y, (\xi, \eta)) := \begin{bmatrix} G_{\iota(\eta,y)}(x, \xi) \\ (-F_1(x, \xi), \cdots, -F_m(x, \xi)) \end{bmatrix} \tag{4.3.27}$$

我们把 $G(x, y, (\xi, \eta))$作为求解问题(4.3.22)的随机预言机，其对应的随机参数为(ξ, η)。

对于这样的构造，我们仍然有 $\mathbb{E}[G(x, y, (\xi, \eta))]=g(x, y)$，其中 g 的定义如式(4.3.24)，而且 $\mathbb{E}[\|G(x, y, (\xi, \eta))\|_*^2]$的界仍为式(4.3.25)中的界。我们的结论是，对于随机预言机的随机镜面下降算法的误差，准确的界(4.3.26)是成立的。另一方面，在后一种方法中，每次迭代只需要计算一个随机次梯度 $G_{\hat{\imath}}(x, \xi)$。可以进一步发展这个简单的想法，一个非常有趣的应用便是使用随机镜面下降算法求解双线性矩阵对策问题，我们将在下文中讨论。

4.3.3 双线性矩阵博弈

考虑标准矩阵博弈问题，即形如式(4.3.1)的问题，定义

$$\phi(x, y):=y^{\mathrm{T}}Ax+b^{\mathrm{T}}x+c^{\mathrm{T}}y$$

其中矩阵 $A\in\mathbb{R}^{m\times n}$，$X$ 和 Y 均为标准单纯形，即

$$X:=\left\{x\in\mathbb{R}^n: x\geqslant 0, \sum_{j=1}^{n}x_j=1\right\}, \quad Y:=\left\{y\in\mathbb{R}^m: y\geqslant 0, \sum_{i=1}^{m}y_i=1\right\}$$

对如上问题，通常很自然地在空间 $\mathbb{R}^n$(对应的，$\mathbb{R}^m$)上定义$\|\cdot\|_1$ 范数，并选择熵作为相应的距离生成函数：

$$v_X(x):=\sum_{i=1}^{n}x_i\ln x_i, \quad v_Y(y):=\sum_{i=1}^{m}y_i\ln y_i$$

正如我们已经看到的那样，这样选择的结果是分别使 $D_X^2=\ln n$ 和 $D_Y^2=\ln m$。根据关系(4.3.3)，可以设置

$$\|(x, y)\|:=\sqrt{\frac{\|x\|_1^2}{2\ln n}+\frac{\|y\|_1^2}{2\ln m}}$$

因此有对偶范数

$$\|(\zeta, \eta)\|_*=\sqrt{2\|\zeta\|_\infty^2\ln n+2\|\eta\|_\infty^2\ln m} \tag{4.3.28}$$

使用随机镜面下降迭代算法的式(4.3.6)进行计算时，为了通过 $\phi(x, y)$估计 $\Phi(x, y, \xi)$，以及通过 $g(x, y)=(b+A^{\mathrm{T}}y, -c-Ax)$估计 $G(x, y, \xi)$，我们需要使用随机预言机

$$\Phi(x, y, \xi)=c^{\mathrm{T}}x+b^{\mathrm{T}}y+A_{\iota(\xi_1, y)\iota(\xi_2, x)}$$

$$G(x, y, \xi)=\begin{bmatrix} b+A^{\iota(\xi_1, y)} \\ -c-A_{\iota(\xi_2, x)} \end{bmatrix}$$

其中 ξ_1、ξ_2 是在区间[0, 1]上独立、一致分布的随机变量，函数 $\hat{j}=\iota(\xi_1, y)$和 $\hat{\imath}=\iota(\xi_2, x)$如式(4.3.27)定义，即 $\hat{j}$ 以概率 $y_1, \cdots, y_m$ 取值 $1, \cdots, m$，$\hat{\imath}$ 以概率 $x_1, \cdots, x_n$ 取值 $1, \cdots, n$，并且 A_j 和$[A^i]^{\mathrm{T}}$ 分别是 A 的第 j 列和第 i 行。

请注意 $g(x, y):=\mathbb{E}[G(x, y, (\hat{j}, \hat{\imath}))]\in\begin{bmatrix} \partial_x\phi(x, y) \\ \partial_y(-\phi(x, y)) \end{bmatrix}$。除此之外，

$$|G(x, y, \xi)_i|\leqslant\max_{1\leqslant j\leqslant m}\|A^j+b\|_\infty, \quad i=1, \cdots, n$$

和

$$|G(x, y, \xi)_i|\leqslant\max_{1\leqslant j\leqslant n}\|A_j+c\|_\infty, \quad i=n+1, \cdots, n+m$$

成立。因此，根据式(4.3.28)中$\|\cdot\|_*$的定义，

$$\mathbb{E}\|G(x, y, \xi)\|_*^2\leqslant M^2:=2\ln n\max_{1\leqslant j\leqslant m}\|A^j+b\|_\infty^2+2\ln m\max_{1\leqslant j\leqslant n}\|A_j+c\|_\infty^2$$

从而，随机镜面下降算法的输入满足式(4.3.16)的有效性条件，其中 M 为上面给出的界。

使用常量步长策略

$$\gamma_t=\frac{2}{M\sqrt{5N}},\quad t=1,\ \cdots,\ N$$

由式(4.3.16)可得到：

$$\mathbb{E}[\epsilon_\phi(\tilde{z}_N)]=\mathbb{E}[\max_{y\in Y}\phi(\tilde{x}_N,\ y)-\min_{x\in X}\phi(x,\ \tilde{y}_N)]\leqslant 2M\sqrt{\frac{5}{N}} \tag{4.3.29}$$

下面，针对双线性矩阵博弈问题，我们继续讨论鞍点镜面SA问题，它是命题4.10的对应结果。

命题4.11　对于任何$\Omega\geqslant 1$，下式成立：

$$\mathrm{Prob}\left\{\epsilon_\phi(\tilde{z}_N)>2M\sqrt{\frac{5}{N}}+\frac{4\overline{M}}{\sqrt{N}}\Omega\right\}\leqslant\exp\{-\Omega^2/2\} \tag{4.3.30}$$

其中

$$\overline{M}:=\max_{1\leqslant j\leqslant m}\|A^j+b\|_\infty+\max_{1\leqslant j\leqslant n}\|A_j+c\|_\infty \tag{4.3.31}$$

证明　与命题4.10的证明相同，令$\Gamma_N=\sum_{t=1}^N\gamma_t$时，利用关系式(4.3.8)、式(4.3.12)和式(4.3.14)，并结合$\|G(z,\ \xi_y)\|_*\leqslant M$的事实，可以得到

$$\begin{aligned}\Gamma_N\epsilon_\phi(\tilde{z}_N)&\leqslant 2+\sum_{t=1}^N\frac{\gamma_t^2}{2}[\|G(z_t,\ \xi_t)\|_*^2+\|\Delta_t\|_*^2]+\sum_{t=1}^N\gamma_t(v_t-z_t)^{\mathrm{T}}\Delta_t\\&\leqslant 2+\frac{5}{2}M^2\sum_{t=1}^N\gamma_t^2+\underbrace{\sum_{t=1}^N\gamma_t(v_t-z_t)^{\mathrm{T}}\Delta_t}_{\alpha_N}\end{aligned} \tag{4.3.32}$$

其中第二个不等式是由Δt的定义和下面的结果得出的：

$$\|\Delta_t\|_*=\|G(z_t,\ \xi_t)-g(z_t)\|_*\leqslant\|G(z_t,\ \xi_t)\|+\|g(z_t)\|_*\leqslant 2M$$

注意，$\zeta_t=\gamma_t(v_t-z_t)^{\mathrm{T}}\Delta_t$是一个有界鞅-差分，也就是说，$\mathbb{E}(\zeta_t|\xi_{[t-1]})=0$，并且$|\zeta_t|\leqslant 4\gamma_t\overline{M}$(这里$\overline{M}$如式(4.3.31)所定义)。由引理4.1知，对于任意$\Omega\geqslant 0$有

$$\mathrm{Prob}\left(\alpha_N>4\Omega\overline{M}\sqrt{\sum_{t=1}^N\gamma_t^2}\right)\leqslant e^{-\Omega^2/2} \tag{4.3.33}$$

实际上，我们记$v_t=(v_t^{(x)},\ v_t^{(y)})$，$\Delta_t=(\Delta_t^{(x)},\ \Delta_t^{(y)})$。当考虑到$\|v_t^{(x)}\|_1\leqslant 1$，$\|v_t^{(y)}\|_1\leqslant 1$和关系$\|x_t\|_1\leqslant 1$，$\|y_t\|_1\leqslant 1$时，可得出

$$\begin{aligned}|(v_t-z_t)^{\mathrm{T}}\Delta_t|&\leqslant|(v_t^{(x)}-x_t)^{\mathrm{T}}\Delta_t^{(x)}|+|(v_t^{(y)}-y_t)^{\mathrm{T}}\Delta_t^{(y)}|\\&\leqslant 2\|\Delta_t^{(x)}\|_\infty+2\|\Delta_t^{(y)}\|_\infty\\&\leqslant 4\max_{1\leqslant j\leqslant m}\|A^j+b\|_\infty+4\max_{1\leqslant j\leqslant n}\|A_j+c\|_\infty\\&=4\overline{M}\end{aligned}$$

由关系式(4.3.32)和式(4.3.33)可得到

$$\mathrm{Prob}\left(\Gamma_N\epsilon_\phi(\tilde{z}_N)>2+\frac{5}{2}M^2\sum_{t=1}^N\gamma_t^2+4\Omega\overline{M}\sqrt{\sum_{t=1}^N\gamma_t^2}\right)\leqslant e^{-\Omega^2/2}$$

将式(4.3.15)中定义的常数步长γ_t代入，很容易就得到了本命题中的界(4.3.30)。■

考虑当$m=n$且$b=c=0$时的双线性矩阵博弈问题。假设我们有兴趣在一个固定的相对精度ρ内求解该问题，也就是说，要确保一个(可能是随机的)近似解$\tilde{z}_N$，在经过N次

迭代后，可以满足误差界

$$\varepsilon_\phi(\widetilde{z}_N) \leqslant \rho \max_{1\leqslant i,j\leqslant n} |A_{ij}|$$

其概率至少为 $1-\delta$。根据式(4.3.30)，随机镜面下降算法的式(4.3.6)的迭代次数会以下面的值为界：

$$N = O(1)\frac{\ln n + \ln(\delta^{-1})}{\rho^2} \tag{4.3.34}$$

基于该方法构造 $\widetilde{z}_N$ 的计算代价为

$$O(1)\frac{[\ln n + \ln(\delta^{-1})]\mathcal{R}}{\rho^2}$$

次算术运算，其中 $\mathcal{R}$ 是在给定列/行索引的情况下，从 A 中提取列/行元素的算术代价。该算法访问的总行数和列数不会超过式(4.3.34)中给出的样本大小 N，因此在整个计算过程中使用的 A 中的条目总数不会超过

$$M = O(1)\frac{n(\ln n + \ln(\delta^{-1}))}{\rho^2}$$

当 ρ 固定且 n 较大时，该值就大大小于 A 中的元素总数 n^2。因此，当 $n\to\infty$ 时，该算法通过检查随机选择数据中可忽略不计的一部分，对大规模矩阵博弈可以产生具有事先确定质量的可靠的解。注意，这里的随机化非常重要。很容易看出，能够找到(确定性的)相对精度 $\rho\leqslant 0.1$ 的解决方案的确定性算法，在最坏的情况下必须"检查"至少 A 的 $O(1)n$ 行/列。

4.4 随机加速原始-对偶方法

假定 $X\subseteq\mathbb{R}^n$ 和 $Y\subseteq\mathbb{R}^m$ 是给定的闭凸集，并给出相应的内积 $\langle\cdot,\cdot\rangle$ 和范数 $\|\cdot\|$。本节关注的基本问题是如下形式的鞍点问题(SPP)：

$$\min_{x\in X}\{f(x) := \max_{y\in Y}\hat{f}(x) + \langle Ax, y\rangle - \hat{g}(y)\} \tag{4.4.1}$$

这里，$\hat{f}(x)$ 是一般的光滑凸函数，A 是一个线性算子，使得

$$\hat{f}(u) - \hat{f}(x) - \langle\nabla\hat{f}(x), u-x\rangle \leqslant \frac{L_{\hat{f}}}{2}\|u-x\|^2, \quad \forall x, u\in X$$

$$\|Au - Ax\|_* \leqslant \|A\|\|u-x\|, \quad \forall x, u\in X \tag{4.4.2}$$

并且 $\hat{g}: Y\to\mathbb{R}$ 是一个相对简单的、正常的、凸的、下半连续(l. s. c)的函数(即下面的问题(4.4.15)很容易解决)。特别地，如果 $\hat{g}$ 是某个凸函数 F 的凸共轭并且 $Y\equiv\mathbb{R}^m$，则问题(4.4.1)等价于下面的原始问题：

$$\min_{x\in X}\hat{f}(x) + F(Ax) \tag{4.4.3}$$

这种类型的问题最近在数据分析中得到了广泛的应用，特别是在图像处理和机器学习方面。在很多这类应用中，$\hat{f}(x)$ 是凸的数据保真项，而 $F(Ax)$ 是某种正则化项，如总的变分、低秩张量、重叠群 Lasso 和图正则化项等。

由于式(4.4.1)中定义的目标函数 f 一般是非光滑的，传统的非光滑优化方法，例如次梯度法或镜面下降法，在应用于问题(4.4.1)时收敛速度为 $\mathcal{O}(1/\sqrt{N})$，其中 N 为迭代次数。正如 3.5 节所讨论的，如果 X 和 Y 是紧的，那么上述算法加入平滑方案后求解问题(4.4.1)时，收敛速度的界会变成

$$\mathcal{O}\left(\frac{L_{\hat{f}}}{N^2}+\frac{\|A\|}{N}\right) \tag{4.4.4}$$

这大大改善了之前 $\mathcal{O}(1/\sqrt{N})$ 的上界。

虽然 Nesterov 的平滑方案或其变体依赖于对原问题(4.4.1)的平滑逼近，但 3.6 节中讨论的原始-对偶方法可直接适用于原始鞍点问题。在 3.6 节中，我们假定 $\hat{f}$ 相对简单，以便能有效地求解子问题。不需要更多的推导，我们就可以证明，通过在每一步对 $\hat{f}$ 进行线性化，可以把该方法应用于一般光滑凸函数 $\hat{f}$，并可给出改进算法的收敛速度

$$\mathcal{O}\left(\frac{L_{\hat{f}}+\|A\|}{N}\right) \tag{4.4.5}$$

对于 $L_{\hat{f}}$ 的依赖，式(4.4.4)的收敛速度明显优于式(4.4.5)。因此，Nesterov 的平滑方案允许一个非常大的 Lipschitz 常数 $L_{\hat{f}}$(与 $\mathcal{O}(N)$ 一样大)，而不会影响收敛速度(达到常数因子 2)。这在许多数据分析应用中是非常理想的，其中 $L_{\hat{f}}$ 通常明显大于 $\|A\|$。

类似于针对极小化问题的假设 1 和 2，在随机设置里我们假设存在一个随机一阶(SFO)预言机，可以提供梯度算子 $\nabla\hat{f}(x)$ 和 $(-Ax, A^{\mathrm{T}}y)$ 的无偏估计量。更具体地说，在第 i 次对 SFO 预言机的调用中，以 $(x_i, y_i)\in X\times Y$ 作为输入，该预言机将输出随机梯度 $(\hat{G}(x_i), \hat{A}_x(x_i), \hat{A}_y(y_i))\equiv(G(x_i, \xi_i), A_x(x_i, \xi_i), A_y(y_i, \xi_i))$ 使得

$$\mathbb{E}[\hat{G}(x_i)]=\nabla\hat{f}(x_i),\quad \mathbb{E}\left[\begin{pmatrix}-\hat{A}_x(x_i)\\ \hat{A}_y(y_i)\end{pmatrix}\right]=\begin{pmatrix}-Ax_i\\ A^{\mathrm{T}}y_i\end{pmatrix} \tag{4.4.6}$$

这里 $\{\xi_i\in\mathbb{R}^d\}_{i=1}^{\infty}$ 是一个 i. i. d. 的随机变量序列。此外，我们还假设，对于某些 $\sigma_{x,\hat{f}}$，σ_y，$\sigma_{x,A}\geqslant 0$，对所有 $x_i\in X$ 和 $y_i\in Y$ 都满足下面的假设条件。

假设 8

$$\mathbb{E}[\|\hat{G}(x_i)-\nabla\hat{f}(x_i)\|_*^2]\leqslant\sigma_{x,\hat{f}}^2$$
$$\mathbb{E}[\|\hat{A}_x(x_i)-Ax_i\|_*^2]\leqslant\sigma_y^2$$
$$\mathbb{E}[\|\hat{A}_y(y_i)-A^{\mathrm{T}}y_i\|_*^2]\leqslant\sigma_{x,A}^2$$

有时为了记号使用方便，我们简单地表示 $\sigma_x:=\sqrt{\sigma_{x,\hat{f}}^2+\sigma_{x,A}^2}$。还应该注意，确定性 SPP 是上述问题的一种特殊情况，即设置了均方差 $\sigma_x=\sigma_y=0$。

我们可以应用前面讨论过的一些随机优化算法来求解上述随机 SPP。更具体地说，随机镜面下降法应用于随机 SPP 时，将达到收敛速度

$$\mathcal{O}\left\{(L_{\hat{f}}+\|A\|+\sigma_x+\sigma_y)\frac{1}{\sqrt{N}}\right\} \tag{4.4.7}$$

此外，加速随机梯度下降法应用于上述随机 SPP 问题时，其具有的收敛速度由下式给出：

$$\mathcal{O}\left\{\frac{L_{\hat{f}}}{N^2}+(\|A\|+\sigma_x+\sigma_y)\frac{1}{\sqrt{N}}\right\} \tag{4.4.8}$$

在对于 Lipschitz 常数 $L_{\hat{f}}$ 的依赖上，它改进了式(4.4.55)中的界。

本节的目标是进一步加快 3.6 节中原始-对偶方法的速度，对确定性 SPP 达到式(4.4.4)的收敛速度，并可处理无界的可行集 X 和 Y 的情况。此外，我们打算发展出一种随机加速原始-对偶方法，它可以进一步提高式(4.4.8)中的收敛速度。值得注意的是，SPP 算法对于 $\hat{f}$ 的梯度计算次数的复杂性的改进，将在 8.2 节中再做讨论。

4.4.1 加速原始-对偶方法

将 3.6 节中原始-对偶方法应用于问题(4.4.1)时可能存在的一个限制是：$\hat{f}$ 和 $\hat{g}$ 都需要足够简单。为了使该算法适用于实际的问题，我们考虑更一般的情况，其中 $\hat{g}$ 是简单的，但 $\hat{f}$ 可能不是这样。特别地，我们假设 $\hat{f}$ 是一个满足条件(4.4.2)的一般光滑凸函数。在这种情况下，我们可以将 $\hat{f}$ 替换为其线性近似 $\hat{f}(x_t)+\langle\nabla\hat{f}(x_t), x-x_t\rangle$，得到如算法 4.1 中所谓的“线性化原始-对偶方法”。通过一些额外的努力，我们可以证明，如果在迭代 $t=1, \cdots, N$ 中，参数选择满足 $0<\theta_t=\tau_{t-1}/\tau_t=\eta_{t-1}/\eta_t\leqslant 1$ 和 $L_{\hat{f}}\eta_t+\|A\|^2\eta_t\tau_t\leqslant 1$，那么$(x^N, y^N)$在部分对偶间隙的意义上具有 $\mathcal{O}((L_{\hat{f}}+\|A\|)/N)$的收敛速度。

算法 4.1 求解确定性 SPP 的线性化原始-对偶方法

1：选择 $x_1\in X$，$y_1\in Y$，设置 $\overline{x}_1=x_1$。

2：当 $t=1, \cdots, N$ 时，计算

$$y_{t+1}=\arg\min_{y\in Y}\langle -A\overline{x}_t, y\rangle+\hat{g}(y)+\frac{1}{2\tau_t}\|y-y_t\|^2 \tag{4.4.9}$$

$$x_{t+1}=\arg\min_{x\in X}\langle\nabla\hat{f}(x_t), x\rangle+\langle Ax, y_{t+1}\rangle+\frac{1}{2\eta_t}\|x-x_t\|^2 \tag{4.4.10}$$

$$\widetilde{x}_{t+1}=\theta_t(x_{t+1}-x_t)+x_{t+1} \tag{4.4.11}$$

3：**输出**：$\overline{x}_N$，$\overline{y}_N$。

为了进一步提高上述算法 4.1 的收敛速度，我们在算法 4.2 中提出了加速原始-对偶(APD)方法，该方法将加速梯度下降法集成到原始-对偶方法的线性化版本中。对于任意 $x, u\in X$ 及 $y, v\in Y$，函数 $V_X(\cdot,\cdot)$和 $V_Y(\cdot,\cdot)$均为 Bregman 散度，即

$$V_X(x, u):=v_X(x)-v_X(u)-\langle\nabla v_X(u), x-u\rangle \tag{4.4.12}$$

$$V_Y(y, v):=v_Y(y)-v_Y(v)-\langle\nabla v_Y(v), y-v\rangle \tag{4.4.13}$$

其中 $v_X(\cdot)$和 $v_Y(\cdot)$为强凸函数，具有强凸参数(模)1。假设 $\hat{g}(y)$是一个简单凸函数，这样就可以有效地求解式(4.4.15)中的优化问题。

算法 4.2 确定性 SPP 的加速原始-对偶方法

1：选择 $x_1\in X$，$y_1\in Y$，设置 $\overline{x}_1=x_1$，$\overline{y}_1=y_1$，$\widetilde{x}_1=x_1$。

2：当 $t=1, 2, \cdots, N-1$ 时，计算

$$\underline{x}_t=(1-\beta_t^{-1})\overline{x}_t+\beta_t^{-1}x_t \tag{4.4.14}$$

$$y_{t+1}=\arg\min_{y\in Y}\langle -A\widetilde{x}_t, y\rangle+\hat{g}(y)+\frac{1}{\tau_t}V_Y(y, y_t) \tag{4.4.15}$$

$$x_{t+1}=\arg\min_{x\in Y}\langle\nabla\hat{f}(\underline{x}_t), x\rangle+\langle x, A^{\mathrm{T}}y_{t+1}\rangle+\frac{1}{\eta_t}V_x(x, x_t) \tag{4.4.16}$$

$$\widetilde{x}_{t+1}=\theta_{t+1}(x_{t+1}-x_t)+x_{t+1} \tag{4.4.17}$$

$$\overline{x}_{t+1}=(1-\beta_t^{-1})\overline{x}_t+\beta_t^{-1}x_{t+1} \tag{4.4.18}$$

$$\overline{y}_{t+1}=(1-\beta_t^{-1})\overline{y}_t+\beta_t^{-1}y_{t+1} \tag{4.4.19}$$

3：**输出**：x_N^{ag}，y_N^{ag}。

注意，如果对所有 $t\geqslant 1$ 都有 $\beta_t=1$，那么 $\underline{x}_t=x_t$，$\overline{x}_{t+1}=x_{t+1}$，并且这时算法 4.2 与算法 4.1 的线性化版本相同。但是，通过指定 β_t 的不同选择方式(例如 $\beta_t=O(t)$)，我们

可以显著提高算法 4.2 相对于 $L_{\hat{f}}$ 的收敛速度。需要注意的是，APD 算法的迭代代开销与算法 4.1 的基本相同。

为了分析算法 4.2 的收敛性，我们使用了与 3.6 节分析原始-对偶方法时相同的记号来刻画式(4.4.1)的解。具体来说，记集 $Z=X\times Y$，对于任意 $\tilde{z}=(\tilde{x},\tilde{y})\in Z$ 和 $z=(x,y)\in Z$，我们定义

$$Q(\tilde{z},z):=[\hat{f}(\tilde{x})+\langle A\tilde{x},y\rangle-\hat{g}(y)]-[\hat{f}(x)+\langle Ax,\tilde{y}\rangle-\hat{g}(\tilde{y})] \tag{4.4.20}$$

很容易看出，$\tilde{z}$ 是问题(4.4.1)的一个解，当且仅当对于所有 $z\in Z$ 都有 $Q(\tilde{z},z)\leqslant 0$。因此，如果 Z 有界，建议使用间隙函数

$$g(\tilde{z}):=\max_{z\in Z}Q(\tilde{z},z) \tag{4.4.21}$$

来评价可行解 $\tilde{z}\in Z$ 的质量优劣。事实上，我们可以证明对于所有 $\tilde{z}\in Z$，有 $f(\tilde{x})-f^*\leqslant g(\tilde{z})$，其中 f^* 表示问题(4.4.1)的最优解。

然而，如果 Z 是无界的，那么，即使解 $\tilde{z}\in Z$ 接近最优解，$g(\tilde{z})$也没有很好的定义。因此，在接下来的部分，我们将分别考虑 Z 有界和无界的情况，通过对后者采用稍微不同的误差度量来进行。特别地，我们会在定理 4.6 和 4.7 中分别建立起算法 4.2 在有界和无界两种情况下的收敛性。

我们需要先证明两个技术性的结果：命题 4.12 显示了式(4.4.20)中函数 $Q(\cdot,\cdot)$的一些重要性质，而引理 4.7 则对 $Q(\overline{x}_t,z)$建立了一个上界。另外注意，APD 算法的收敛性分析中将会用到下面的量

$$\gamma_t=\begin{cases}1, & t=1\\ \theta_t^{-1}\gamma_{t-1}, & t\geqslant 2\end{cases} \tag{4.4.22}$$

命题 4.12　假设对所有 t 都有 $\beta_t\geqslant 1$。如果 $\overline{z}_{t+1}=(\overline{x}_{t+1},\overline{y}_{t+1})$是由算法 4.2 生成的，则对所有的 $z=(x,y)\in Z$，有

$$\begin{aligned}&\beta_tQ(\overline{z}_{t+1},z)-(\beta_t-1)Q(\overline{z}_t,z)\\&\leqslant\langle\nabla\hat{f}(\underline{x}_t),x_{t+1}-x\rangle+\frac{L_{\hat{f}}}{2\beta_t}\|x_{t+1}-x_t\|^2+\\&\quad[\hat{g}(y_{t+1})-\hat{g}(y)]+\langle Ax_{t+1},y\rangle-\langle Ax,y_{t+1}\rangle\end{aligned} \tag{4.4.23}$$

证明　由方程式(4.4.14)和式(4.4.18)知，$\overline{x}_{t+1}-\underline{x}_t=\beta_t^{-1}(x_{t+1}-x_t)$。利用这个观察结果和 $\hat{f}(\cdot)$的凸性，可以得到

$$\begin{aligned}\beta_t\hat{f}(\overline{x}_{t+1})&\leqslant\beta_t\hat{f}(\underline{x}_t)+\beta_t\langle\nabla\hat{f}(\underline{x}_t),\overline{x}_{t+1}-\underline{x}_t\rangle+\frac{\beta_tL_{\hat{f}}}{2}\|\overline{x}_{t+1}-\underline{x}_t\|^2\\
&=\beta_t\hat{f}(\underline{x}_t)+\beta_t\langle\nabla\hat{f}(\underline{x}_t),\overline{x}_{t+1}-\underline{x}_t\rangle+\frac{L_{\hat{f}}}{2\beta_t}\|x_{t+1}-x_t\|^2\\
&=\beta_t\hat{f}(\underline{x}_t)+(\beta_t-1)\langle\nabla\hat{f}(\underline{x}_t),\overline{x}_t-\underline{x}_t\rangle+\\
&\quad\langle\nabla\hat{f}(\underline{x}_t)+x_{t+1}-\underline{x}_t\rangle+\frac{L_{\hat{f}}}{2\beta_t}\|x_{t+1}-x_t\|^2\\
&=(\beta_t-1)[\hat{f}(\underline{x}_t)+\langle\nabla\hat{f}(\underline{x}_t),\overline{x}_t-\underline{x}_t\rangle]+\\
&\quad[\hat{f}(\underline{x}_t)+\langle\nabla\hat{f}(\underline{x}_t),x_{t+1}-\underline{x}_t\rangle]+\frac{L_{\hat{f}}}{2\beta_t}\|x_{t+1}-x_t\|^2\\
&=(\beta_t-1)[\hat{f}(\underline{x}_t)+\langle\nabla\hat{f}(\underline{x}_t),\overline{x}_t-\underline{x}_t\rangle]+[\hat{f}(\underline{x}_t)+\langle\nabla\hat{f}(\underline{x}_t),x-\underline{x}_t\rangle]+\\
&\quad\langle\nabla\hat{f}(\underline{x}_t),x_{t+1}-x\rangle+\frac{L_{\hat{f}}}{2\beta_t}\|x_{t+1}-x_t\|^2\end{aligned}$$

$$\leqslant(\beta_t-1)\hat{f}(\overline{x}_t)+\hat{f}(x)+\langle\nabla\hat{f}(\underline{x}_t),\ x_{t+1}-x\rangle+\frac{L_{\hat{f}}}{2\beta_t}\|x_{t+1}-x_t\|^2$$

进一步，通过式(4.4.19)和 $\hat{g}(\cdot)$ 的凸性，得到

$$\beta_t\hat{g}(\overline{y}_{t+1})-\beta_t\hat{g}(y)\leqslant(\beta_t-1)\hat{g}(\overline{y}_t)+\hat{g}(y_{t+1})-\beta_t\hat{g}(y)$$
$$=(\beta_t-1)[\hat{g}(\overline{y}_t)-\hat{g}(y)]+\hat{g}(y_{t+1})-\hat{g}(y)$$

通过式(4.4.20)、式(4.4.18)、式(4.4.19)和上面两个不等式，我们得到

$$\begin{aligned}&\beta_t Q(\overline{z}_{t+1},\ z)-(\beta_t-1)Q(\overline{z}_t,\ z)\\&=\beta_t\{[\hat{f}(\overline{x}_{t+1})+\langle A\overline{x}_{t+1},\ y\rangle-\hat{g}(y)]-[\hat{f}(x)+\langle Ax,\overline{y}_{t+1}\rangle-\hat{g}(\overline{y}_{t+1})]\}-\\&\quad(\beta_t-1)\{[\hat{f}(\overline{x}_t)+\langle A\overline{x}_t,\ y\rangle-\hat{g}(y)]-[\hat{f}(x)+\langle Ax,\overline{y}_t\rangle-\hat{g}(\overline{y}_t)]\}\\&=\beta_t\hat{f}(\overline{x}_{t+1})-(\beta_t-1)\hat{f}(\overline{x}_t)-\hat{f}(x)+\beta_t[\hat{g}(\overline{y}_{t+1})-\hat{g}(y)]-\\&\quad(\beta_t-1)[\hat{g}(\overline{y}_t)-\hat{g}(y)]+\langle A(\beta_t\overline{x}_{t+1}-(\beta_t-1)\overline{x}_t),\ y\rangle-\\&\quad\langle Ax,\ \beta_t\overline{y}_{t+1}-(\beta_t-1)\overline{y}_t\rangle\\&\leqslant\langle\nabla\hat{f}(\underline{x}_t),\ x_{t+1}-x\rangle+\frac{L_{\hat{f}}}{2\beta_t}\|x_{t+1}-x_t\|^2+\hat{g}(y_{t+1})-\hat{g}(y)+\langle Ax_{t+1},\ y\rangle-\langle Ax,\ y_{t+1}\rangle\end{aligned}$$

■

引理 4.7 为所有 $z\in Z$ 建立了 $Q(\overline{z}_{t+1},\ z)$ 的上界，这一上界将会用于定理 4.6 和定理 4.7 两者的证明中。

引理 4.7　假设 $\overline{z}_{t+1}=(\overline{x}_{t+1},\ \overline{y}_{t+1})$ 是由算法 4.2 进行迭代时生成的，且 β_t，θ_t，η_t 和 τ_t 等参数设置满足

$$\beta_1=1,\quad \beta_{t+1}-1=\beta_t\theta_{t+1}\tag{4.4.24}$$

$$0<\theta_t\leqslant\min\left\{\frac{\eta_{t-1}}{\eta_t},\ \frac{\tau_{t-1}}{\tau_t}\right\}\tag{4.4.25}$$

$$\frac{1}{\eta_t}-\frac{L_{\hat{f}}}{\beta_t}-\|A\|^2\tau_t\geqslant 0\tag{4.4.26}$$

那么，对于任意 $z\in Z$，有

$$\begin{aligned}\beta_t\gamma_t Q(\overline{z}_{t+1},\ z)\leqslant B_t(z,\ z_{[t]})+\gamma_t\langle A(x_{t+1}-x_t),\ y-y_{t+1}\rangle-\\\gamma_t\left(\frac{1}{2\eta_t}-\frac{L_{\hat{f}}}{2\beta_t}\right)\|x_{t+1}-x_t\|^2\end{aligned}\tag{4.4.27}$$

其中 γ_t 在式(4.4.22)中定义，$z_{[t]}:=\{(x_i,\ y_i)\}_{i=1}^{t+1}$，并且

$$\begin{aligned}B_t(z,\ z_{[t]}):=\sum_{i=1}^{t}\left\{\frac{\gamma_i}{\eta_i}[V_X(x,\ x_i)-V_X(x,\ x_{i+1})]+\right.\\\left.\frac{\gamma_i}{\tau_i}[V_Y(y,\ y_i)-V_Y(y,\ y_{i+1})]\right\}\end{aligned}\tag{4.4.28}$$

证明　首先，我们探讨式(4.4.15)和式(4.4.16)的最优性条件。将引理 3.5 应用到式(4.4.15)中，可以得到

$$\begin{aligned}&\langle -A\tilde{x}_t,\ y_{t+1}-y\rangle+\hat{g}(y_{t+1})-\hat{g}(y)\\&\leqslant\frac{1}{\tau_t}V_Y(y,\ y_t)-\frac{1}{\tau_t}V_Y(y_{t+1},\ y_t)-\frac{1}{\tau_t}V_Y(y,\ y_{t+1})\\&\leqslant\frac{1}{\tau_t}V_Y(y,\ y_t)-\frac{1}{2\tau_t}\|y_{t+1}-y_t\|^2-\frac{1}{\tau_t}V_Y(y,\ y_{t+1})\end{aligned}\tag{4.4.29}$$

最后一个不等式源于这一事实：由 $v_Y(\cdot)$ 的强凸性和式(4.4.13)可得到

$$V_Y(y_1, y_2) \geqslant \frac{1}{2}\|y_1 - y_2\|^2, \quad 对所有 y_1, y_2 \in Y \tag{4.4.30}$$

类似地，可以从式(4.4.16)推出

$$\begin{aligned}&\langle \nabla \hat{f}(\underline{x}_t), x_{t+1} - x\rangle + \langle x_{t+1} - x, A^{\mathrm{T}} y_{t+1}\rangle \\ \leqslant & \frac{1}{\eta_t} V_X(x, x_t) - \frac{1}{2\eta_t}\|x_{t+1} - x_t\|^2 - \frac{1}{\eta_t} V_X(x, x_{t+1})\end{aligned} \tag{4.4.31}$$

我们的下一步是要建立算法 4.2 的关键递推式。由不等式(4.4.23)、式(4.4.29)和式(4.4.31)可知

$$\begin{aligned}&\beta_t Q(\overline{z}_{t+1}, z) - (\beta_t - 1) Q(\overline{z}_t, z) \\ \leqslant & \langle \nabla \hat{f}(\underline{x}_t), x_{t+1} - x\rangle + \frac{L_{\hat{f}}}{2\beta_t}\|x_{t+1} - x_t\|^2 + [\hat{g}(y_{t+1}) - \hat{g}(y)] + \langle A x_{t+1}, y\rangle - (Ax, y_{t+1}) \\ \leqslant & \frac{1}{\eta_t} V_X(x, x_t) - \frac{1}{\eta_t} V_X(x, x_{t+1}) - \left(\frac{1}{2\eta_t} - \frac{L_{\hat{f}}}{2\beta_t}\right)\|x_{t+1} - x_t\|^2 + \\ & \frac{1}{\tau_t} V_Y(y, y_t) - \frac{1}{\tau_t} V_Y(y, y_{t+1}) - \frac{1}{2\tau_t}\|y_{t+1} - y_t\|^2 - \\ & \langle x_{t+1} - x, A^{\mathrm{T}} y_{t+1}\rangle + \langle A\widetilde{x}_t, y_{t+1} - y\rangle + \langle A x_{t+1}, y\rangle - \langle Ax, y_{t+1}\rangle\end{aligned} \tag{4.4.32}$$

另外注意到，由式(4.4.17)，有

$$\begin{aligned}&-\langle x_{t+1} - x, A^{\mathrm{T}} y_{t+1}\rangle + \langle A\widetilde{x}_t, y_{t+1} - y\rangle + \langle A x_{t+1}, y\rangle - \langle Ax, y_{t+1}\rangle \\ = & \langle A(x_{t+1} - x_t), y - y_{t+1}\rangle - \theta_t \langle A(x_t - x_{t-1}), y - y_{t+1}\rangle \\ = & \langle A(x_{t+1} - x_t), y - y_{t+1}\rangle - \theta_t \langle A(x_t - x_{t-1}), y - y_t\rangle - \theta_t \langle A(x_t - x_{t-1}), y_t - y_{t+1}\rangle\end{aligned}$$

在式(4.4.32)的两边同时乘以 γ_t，利用上面的恒等式和由(4.4.22)可知的事实 $\gamma_t\theta_t = \gamma_{t-1}$，可以得到

$$\begin{aligned}&\beta_t\gamma_t Q(\overline{z}_{t+1}, z) - (\beta_t - 1)\gamma_t Q(\overline{z}_t, z) \\ \leqslant & \frac{\gamma_t}{\eta_t} V_X(x, x_t) - \frac{\gamma_t}{\eta_t} V_X(x, x_{t+1}) + \frac{\gamma_t}{\tau_t} V_Y(y, y_t) - \frac{\gamma_t}{\tau_t} V_Y(y, y_{t+1}) + \\ & \gamma_t \langle A(x_{t+1} - x_t), y - y_{t+1}\rangle - \gamma_{t-1}\langle A(x_t - x_{t-1}), y - y_t\rangle - \\ & \gamma_t\left(\frac{1}{2\eta_t} - \frac{L_{\hat{f}}}{2\beta_t}\right)\|x_{t+1} - x_t\|^2 - \frac{\gamma_t}{2\tau_t}\|y_{t+1} - y_t\|^2 - \\ & \gamma_{t-1}\langle A(x_t - x_{t-1}), y_t - y_{t+1}\rangle\end{aligned} \tag{4.4.33}$$

然后，将 Cauchy-Schwartz 不等式应用于式(4.4.33)的最后一项，在式(4.4.2)中使用范数$\|A\|$，并注意到由式(4.4.25)可知 $\gamma_{t-1}/\gamma_t = \theta_t \leqslant \min\{\eta_{t-1}/\eta_t, \tau_{t-1}/\tau_t\}$，可以得到

$$\begin{aligned}&-\gamma_{t-1}\langle A(x_t - x_{t-1}), y_t - y_{t+1}\rangle \leqslant \gamma_{t-1}\|A(x_t - x_{t-1})\|_* \|y_t - y_{t+1}\| \\ \leqslant & \|A\|\gamma_{t-1}\|x_t - x_{t-1}\|\|y_t - y_{t+1}\| \leqslant \frac{\|A\|^2\gamma_{t-1}^2\tau_t}{2\gamma_t}\|x_t - x_{t-1}\|^2 + \frac{\gamma_t}{2\tau_t}\|y_t - y_{t+1}\|^2 \\ \leqslant & \frac{\|A\|^2\gamma_{t-1}\tau_{t-1}}{2}\|x_t - x_{t-1}\|^2 + \frac{\gamma_t}{2\tau_t}\|y_t - y_{t+1}\|^2\end{aligned}$$

注意到 $\theta_{t+1} = \frac{\gamma_t}{\gamma_{t+1}}$ 成立，所以由式(4.4.24)可知 $(\beta_{t+1} - 1)\gamma_{t+1} = \beta_t\gamma_t$。将上述两个关系与不等式(4.4.33)相结合，得到算法 4.2 的递归公式如下

$$(\beta_{t+1}-1)\gamma_{t+1}Q(\bar{z}_{t+1},z)-(\beta_t-1)\gamma_t Q(\bar{z}_t,z)=\beta_t\gamma_t Q(\bar{z}_{t+1},z)-(\beta_t-1)\gamma_t Q(\bar{z}_t,z)$$
$$\leqslant\frac{\gamma_t}{\eta_t}V_X(x,x_t)-\frac{\gamma_t}{\eta_t}V_X(x,x_{t+1})+\frac{\gamma_t}{\tau_r}V_Y(y,y_t)-\frac{\gamma_t}{\tau_t}V_Y(y,y_{t+1})+$$
$$\gamma_t\langle A(x_{t+1}-x_t),y-y_{t+1}\rangle-\gamma_{t-1}\langle A(x_t-x_{t-1}),y-y_t\rangle-$$
$$\gamma_t\left(\frac{1}{2\eta_t}-\frac{L_{\hat{f}}}{2\beta_t}\right)\|x_{t+1}-x_t\|^2+\frac{\|A\|^2\gamma_{t-1}\tau_{t-1}}{2}\|x_t-x_{t-1}\|^2,\quad\forall t\geqslant 1$$

归纳应用上面的不等式，并假设 $x_0=x_1$，我们得出结果

$$(\beta_{t+1}-1)\gamma_{t+1}Q(\bar{z}_{t+1},z)-(\beta_1-1)\gamma_1 Q(\bar{z}_1,z)$$
$$\leqslant B_t(z,z_{[t]})+\gamma_t\langle A(x_{t+1}-x_t),y-y_{t+1}\rangle-$$
$$\gamma_t\left(\frac{1}{2\eta_t}-\frac{L_{\hat{f}}}{2\beta_t}\right)\|x_{t+1}-x_t\|^2-\sum_{i=1}^{t-1}\gamma_i\left(\frac{1}{2\eta_i}-\frac{L_{\hat{f}}}{2\beta_i}-\frac{\|A\|^2\tau_i}{2}\right)\|x_{i+1}-x_i\|^2$$

根据式(4.4.26)和 $\beta_1=1$，以及由式(4.4.24)所得的 $(\beta_{t+1}-1)\gamma_{t+1}=\beta_t\gamma_t$ 这一事实，可以推出式(4.4.27)。■

下面的定理 4.6 描述了算法 4.2 在 Z 有界时的收敛性。这一结论是引理 4.7 的直接结果。

定理 4.6　假设对于某两个 D_X，$D_Y>0$ 有

$$\sup_{x_1,x_2\in X}V_X(x_1,x_2)\leqslant D_X^2\quad 且\quad \sup_{y_1,y_2\in Y}V_Y(y_1,y_2)\leqslant D_Y^2 \tag{4.4.34}$$

并假设在算法 4.2 中选取 β_t、θ_t、η_t、τ_t 等参数使得关系式(4.4.24)、式(4.4.25)和式(4.4.26)成立。那么，对所有 $t\geqslant 1$ 都有

$$g(\bar{z}_{t+1})\leqslant\frac{1}{\beta_t\eta_t}D_X^2+\frac{1}{\beta_t\tau_t}D_Y^2 \tag{4.4.35}$$

证明　令 $B_t(z,z_{[t]})$ 如式(4.4.28)中定义。首先注意，由式(4.4.22)中 γ_t 的定义和关系式(4.4.25)，我们有 $\theta_t=\gamma_{t-1}/\gamma_t\leqslant\eta_{t-1}/\eta_t$，因此 $\gamma_{t-1}/\eta_{t-1}\leqslant\gamma_t/\eta_t$。利用这个结果和式(4.4.34)，得到这样的结果

$$B_t(z,z_{[t]})=\frac{\gamma_1}{\eta_1}V_X(x,x_1)-\sum_{i=1}^{t-1}\left(\frac{\gamma_i}{\eta_i}-\frac{\gamma_{i+1}}{\eta_{i+1}}\right)V_X(x,x_{i+1})-\frac{\gamma_t}{\eta_t}V_X(x,x_{t+1})+$$
$$\frac{\gamma_1}{\tau_1}V_Y(y,y_1)-\sum_{i=1}^{t-1}\left(\frac{\gamma_i}{\tau_i}-\frac{\gamma_{i+1}}{\tau_{i+1}}\right)V_Y(y,y_{i+1})-\frac{\gamma_t}{\tau_t}V_Y(y,y_{t+1})$$
$$\leqslant\frac{\gamma_1}{\eta_1}D_X^2-\sum_{i=1}^{t-1}\left(\frac{\gamma_i}{\eta_i}-\frac{\gamma_{i+1}}{\eta_{i+1}}\right)D_X^2-\frac{\gamma_t}{\eta_t}V_X(x,x_{t+1})+$$
$$\frac{\gamma_1}{\tau_1}D_Y^2-\sum_{i=1}^{t-1}\left(\frac{\gamma_i}{\tau_i}-\frac{\gamma_{i+1}}{\tau_{i+1}}\right)D_Y^2-\frac{\gamma_t}{\tau_t}V_Y(y,y_{t+1})$$
$$=\frac{\gamma_t}{\eta_t}D_X^2-\frac{\gamma_t}{\eta_t}V_X(x,x_{t+1})+\frac{\gamma_t}{\tau_t}D_Y^2-\frac{\gamma_t}{\tau_t}V_Y(y,y_{t+1}) \tag{4.4.36}$$

现在将 Cauchy - Schwartz 不等式应用于式(4.4.27)中的内积项，得到

$$\begin{aligned}\gamma_t\langle A(x_{t+1}-x_t),y-y_{t+1}\rangle&\leqslant\|A\|\gamma_t\|x_{t+1}-x_t\|\|y-y_{t+1}\|\\&\leqslant\frac{\|A\|^2\gamma_t\tau_t}{2}\|x_{t+1}-x_t\|^2+\frac{\gamma_t}{2\tau_t}\|y-y_{t+1}\|^2\end{aligned} \tag{4.4.37}$$

使用上面的两个关系、式(4.4.26)、式(4.4.27)和式(4.4.30)，可以得到

$$\beta_t\gamma_t Q(\bar{z}_{t+1}, z)\leqslant\frac{\gamma_t}{\eta_t}D_X^2-\frac{\gamma_t}{\eta_t}V_X(x, x_{t+1})+\frac{\gamma_t}{\tau_t}D_Y^2-\frac{\gamma_t}{\tau_t}\left(V_Y(y, y_{t+1})-\frac{1}{2}\|y-y_{t+1}\|^2\right)-$$

$$\gamma_t\left(\frac{1}{2\eta_t}-\frac{L_{\hat{f}}}{2\beta_t}-\frac{\|A\|^2\tau_t}{2}\right)\|x_{t+1}-x_t\|^2\leqslant\frac{\gamma_t}{\eta_t}D_X^2+\frac{\gamma_t}{\tau_t}D_Y^2,\quad \forall z\in Z$$

此式与式(4.4.21)一起显然可以推出式(4.4.35)。■

满足式(4.4.24)～式(4.4.26)的参数 β_t、η_t、τ_t 和 θ_t 可以有多种选择，下面我们提供一个这样的实例。

推论 4.1　假定式(4.4.34)成立，在算法 4.2 中，如果将参数设置为

$$\beta_t=\frac{t+1}{2},\quad \theta_t=\frac{t-1}{t},\quad \eta_t=\frac{t}{2L_{\hat{f}}+t\|A\|D_Y/D_X}\quad 且\quad \tau_t=\frac{D_Y}{\|A\|D_X}\tag{4.4.38}$$

那么，对于所有 $t\geqslant2$ 的情况都有

$$g(\bar{z}_t)\leqslant\frac{4L_{\hat{f}}D_X^2}{t(t-1)}+\frac{4\|A\|D_XD_Y}{t}\tag{4.4.39}$$

证明　只需验证式(4.4.38)中的参数满足定理 4.6 中的式(4.4.24)～式(4.4.26)。容易验证式(4.4.24)和式(4.4.25)成立。此外，

$$\frac{1}{\eta_t}-\frac{L_{\hat{f}}}{\beta_t}-\|A\|^2\tau_t=\frac{2L_{\hat{f}}+t\|A\|D_Y/D_X}{t}-\frac{2L_{\hat{f}}}{t+1}-\frac{\|A\|D_Y}{D_X}\geqslant0$$

所以式(4.4.26)成立。因此，由式(4.4.35)，对于所有 $t\geqslant1$，有

$$g(\bar{z}_t)\leqslant\frac{1}{\beta_{t-1}\eta_{t-1}}D_X^2+\frac{1}{\beta_{t-1}\tau_{t-1}}D_Y^2=\frac{4L_{\hat{f}}+2(t-1)\|A\|D_Y/D_X}{t(t-1)}\cdot D_X^2+\frac{2\|A\|D_X/D_Y}{t}\cdot D_Y^2$$

$$=\frac{4L_{\hat{f}}D_X^2}{t(t-1)}+\frac{4\|A\|D_XD_Y}{t}$$

■

显然，由式(4.4.4)可知，按式(4.4.38)选择参数时，算法 4.2 应用于问题(4.4.1)时的收敛速度会是最优的；同时，我们注意到还需要使用这些参数来估计 D_Y/D_X。然而，应该指出的是，用任何正常数替换式(4.4.38)中的 D_Y/D_X，只会使式(4.4.39)的右边增加一个常数因子。

现在，我们来研究当集合 $Z=X\times Y$ 是无界的时，APD 算法的收敛性。所采用的方法是对扩展的极大化单调算子使用基于扰动的终止准则。更具体地说，我们可以看到，总存在一个扰动向量 v 使得

$$\tilde{g}(\tilde{z}, v):=\max_{z\in Z}Q(\tilde{z}, z)-\langle v, \tilde{z}-z\rangle\tag{4.4.40}$$

有定义，尽管如果 Z 是无界的时，式(4.4.21)中 $g(\tilde{z})$ 的值有可能是无界的。在接下来的结果中，我们证明了对于一个小的扰动向量 v(即 $\|v\|$ 很小时)，APD 算法可以计算出一个近似最优解 $\tilde{z}$ 和其较小的残差 $\tilde{g}(\tilde{z}, v)$。另外，我们还推导出了迭代次数的复杂度的界与初始点到解集的距离成正比。对于 Z 无界的情况，我们在算法 4.2 中假设 $V_X(x, x_t)=\|x-x_t\|^2/2$ 和 $V_Y(y, y_t)=\|y-y_t\|^2/2$，其中范数是由内积导出的。

我们将首先证明一个技术性结果，它是当式(4.4.24)、式(4.4.41)和式(4.4.42)成立时，引理 4.7 特殊化的结果。

引理 4.8　设 $\hat{z}=(\hat{x}, \hat{y})\in Z$ 为问题(4.4.1)的鞍点，如果 β_t，θ_t，η_t 和 τ_t 的设置满足条件(4.4.24)和下面两式

$$\theta_t=\frac{\eta_{t-1}}{\eta_t}=\frac{\tau_{t-1}}{\tau_t}\tag{4.4.41}$$

$$\frac{1}{\eta_t}-\frac{L_{\hat{f}}}{\beta_t}-\frac{\|A\|^2\tau_t}{p}\geqslant 0 \tag{4.4.42}$$

那么，对于任意 $t\geqslant 1$，有

$$\|\hat{x}-x_{t+1}\|^2+\frac{\eta_t(1-p)}{\tau_t}\|\hat{y}-y_{t+1}\|^2\leqslant\|\hat{x}-x_1\|^2+\frac{\eta_t}{\tau_t}\|\hat{y}-y_1\|^2 \tag{4.4.43}$$

$$\widetilde{g}(\overline{z}_{t+1},\ v_{t+1})\leqslant\frac{1}{2\beta_t\eta_t}\|\overline{x}_{t+1}-x_1\|^2+\frac{1}{2\beta_t\tau_t}\|\overline{y}_{t+1}-y_1\|^2=:\delta_{t+1} \tag{4.4.44}$$

其中 $\widetilde{g}(\cdot,\cdot)$ 如式(4.4.40)中定义，并且

$$v_{t+1}=\left(\frac{1}{\beta_t\eta_t}(x_1-x_{t+1}),\quad \frac{1}{\beta_t\tau_t}(y_1-y_{t+1})-\frac{1}{\beta_t}A(x_{t+1}-x_t)\right) \tag{4.4.45}$$

证明 很容易验证引理 4.7 中的条件是可以满足的。由式(4.4.41)，引理 4.7 中的式(4.4.27)此时会变为

$$\begin{aligned}\beta_t Q(\overline{z}_{t+1},\ z)\leqslant&\frac{1}{2\eta_t}\|x-x_1\|^2-\frac{1}{2\eta_t}\|x-x_{t+1}\|^2+\frac{1}{2\tau_t}\|y-y_1\|^2-\frac{1}{2\tau_t}\|y-y_{t+1}\|^2+\\&\langle A(x_{t+1}-x_t),\ y-y_{t+1}\rangle-\left(\frac{1}{2\eta_t}-\frac{L_{\hat{f}}}{2\beta_t}\right)\|x_{t+1}-x_t\|^2\end{aligned} \tag{4.4.46}$$

为了证明式(4.4.43)，观察到有

$$\langle A(x_{t+1}-x_t),\ y-y_{t+1}\rangle\leqslant\frac{\|A\|^2\tau_t}{2p}\|x_{t+1}-x_t\|^2+\frac{p}{2\tau_t}\|y-y_{t+1}\|^2 \tag{4.4.47}$$

其中 p 在式(4.4.42)中是常数。通过式(4.4.42)和上面两个不等式，可以得到

$$\beta_t Q(\overline{z}_{t+1},\ z)\leqslant\frac{1}{2\eta_t}\|x-x_1\|^2-\frac{1}{2\eta_t}\|x-x_{t+1}\|^2+\frac{1}{2\tau_t}\|y-y_1\|^2-\frac{1-p}{2\tau_t}\|y-y_{t+1}\|^2$$

令上式中 $z=\hat{z}$，并利用 $Q(\overline{z}_{t+1},\ \hat{z})\geqslant 0$ 这一事实，就可以得到式(4.4.43)。现在我们来证明式(4.4.44)成立。注意到

$$\begin{aligned}\|x-x_1\|^2-\|x-x_{t+1}\|^2&=2\langle x_{t+1}-x_1,\ x\rangle+\|x_1\|^2-\|x_{t+1}\|^2\\&=2\langle x_{t+1}-x_1,\ x-\overline{x}_{t+1}\rangle+2\langle x_{t+1}-x_1,\overline{x}_{t+1}\rangle+\|x_1\|^2-\|x_{t+1}\|^2\\&=2\langle x_{t+1}-x_1,\ x-\overline{x}_{t+1}\rangle+\|\overline{x}_{t+1}-x_1\|^2-\|\overline{x}_{t+1}-x_{t+1}\|^2\end{aligned} \tag{4.4.48}$$

由式(4.4.42)和式(4.4.46)可知，对于任意 $z\in Z$，

$$\begin{aligned}&\beta_t Q(\overline{z}_{t+1},\ z)+\langle A(x_{t+1}-x_t),\ \overline{y}_{t+1}-y\rangle-\\&\frac{1}{\eta_t}\langle x_1-x_{t+1},\ \overline{x}_{t+1}-x\rangle-\frac{1}{\tau_t}\langle y_1-y_{t+1},\ \overline{y}_{t+1}-y\rangle\\\leqslant&\frac{1}{2\eta_t}(\|\overline{x}_{t+1}-x_1\|^2-\|\overline{x}_{t+1}-x_{t+1}\|^2)+\frac{1}{2\tau_t}(\|\overline{y}_{t+1}-y_1\|^2-\|\overline{y}_{t+1}-y_{t+1}\|^2)+\\&\langle A(x_{t+1}-x_t),\ \overline{y}_{t+1}-y_{t+1}\rangle-\left(\frac{1}{2\eta_t}-\frac{L_{\hat{f}}}{2\beta_t}\right)\|x_{t+1}-x_t\|^2\\\leqslant&\frac{1}{2\eta_t}(\|\overline{x}_{t+1}-x_1\|^2-\|\overline{x}_{t+1}-x_{t+1}\|^2)+\frac{1}{2\tau_t}(\|\overline{y}_{t+1}-y_1\|^2-\|\overline{y}_{t+1}-y_{t+1}\|^2)+\\&\frac{p}{2\tau_t}\|\overline{y}_{t+1}-y_{t+1}\|^2-\left(\frac{1}{2\eta_t}-\frac{L_{\hat{f}}}{2\beta_t}-\frac{\|A\|^2\tau_t}{2\rho}\right)\|x_{t+1}-x_t\|^2\\\leqslant&\frac{1}{2\eta_t}\|\overline{x}_{t+1}-x_1\|^2+\frac{1}{2\tau_t}\|\overline{y}_{t+1}-y_1\|^2\end{aligned}$$

式(4.4.44)和式(4.4.45)的结果直接来自上面的不等式和式(4.4.40)的定义。 ■

现在我们准备建立算法 4.2 在 X 或 Y 无界时的收敛性。

定理 4.7　设$\{\overline{z}_t\}=\{(\overline{x}_t, \overline{y}_t)\}$为算法 4.2 迭代生成的序列，算法中取 $V_X(x, x_t)=\|x-x_t\|^2/2$ 和 $V_Y(y, y_t)=\|y-y_t\|^2/2$。假设对于所有 $t\geqslant 1$ 和某些 $0<p<1$，参数 β_t，θ_t，η_t 和 τ_t 满足式(4.4.24)、式(4.4.41)和式(4.4.42)。那么，对于任意 $t\geqslant 1$，存在一个扰动向量 v_{t+1} 满足

$$\widetilde{g}(\overline{z}_{t+1}, v_{t+1})\leqslant\frac{(2-p)D^2}{\beta_t\eta_t(1-p)}=:\varepsilon_{t+1} \tag{4.4.49}$$

此外，对扰动向量有

$$\|v_{t+1}\|\leqslant\frac{1}{\beta_t\eta_t}\|\hat{x}-x_1\|+\frac{1}{\beta_t\tau_t}\|\hat{y}-y_1\|+\left[\frac{1}{\beta_t\eta_t}\left(1+\sqrt{\frac{\eta_1}{\tau_1(1-p)}}\right)+\frac{2\|A\|}{\beta_t}\right]D \tag{4.4.50}$$

其中$(\hat{x}, \hat{y})$是问题(4.4.1)的解对，并且

$$D:=\sqrt{\|\hat{x}-x_1\|^2+\frac{\eta_1}{\tau_1}\|\hat{y}-y_1\|^2} \tag{4.4.51}$$

证明　我们在引理 4.8 中建立了 v_{t+1} 和 δ_{t+1} 的表达式。只需估计$\|v_{t+1}\|$和 δ_{t+1} 的上界即可。由 D 的定义、式(4.4.41)和式(4.4.43)可知，对任意 $t\geqslant 1$，有$\|\hat{x}-x_{t+1}\|\leqslant D$ 和$\|\hat{y}-y_{t+1}\|\leqslant D\sqrt{\frac{\tau_1}{\eta_1(1-p)}}$成立。现在根据式(4.4.45)，有

$$\begin{aligned}
\|v_{t+1}\|&\leqslant\frac{1}{\beta_t\eta_t}\|x_1-x_{t+1}\|+\frac{1}{\beta_t\tau_t}\|y_1-y_{t+1}\|+\frac{\|A\|}{\beta_t}\|x_{t+1}-x_t\|\\
&\leqslant\frac{1}{\beta_t\eta_t}(\|\hat{x}-x_1\|+\|\hat{x}-x_{t+1}\|)+\frac{1}{\beta_t\tau_t}(\|\hat{y}-y_1\|+\|\hat{y}-y_{t+1}\|)+\\
&\quad\frac{\|A\|}{\beta_t}(\|\hat{x}-x_{t+1}\|+\|\hat{x}-x_t\|)\\
&\leqslant\frac{1}{\beta_t\eta_t}(\|\hat{x}-x_1\|+D)+\frac{1}{\beta_t\tau_t}\left(\|\hat{y}-y_1\|+D\sqrt{\frac{\tau_1}{\eta_1(1-p)}}\right)+\frac{2\|A\|}{\beta_t}D\\
&=\frac{1}{\beta_t\eta_t}\|\hat{x}-x_1\|+\frac{1}{\beta_t\tau_t}\|\hat{y}-y_1\|+D\left[\frac{1}{\beta_t\eta_t}\left(1+\sqrt{\frac{\eta_1}{\tau_1(1-p)}}\right)+\frac{2\|A\|}{\beta_t}\right]
\end{aligned}$$

为了估计 δ_{t+1} 的界，考虑式(4.4.22)中定义的序列$\{\gamma_t\}$。利用由式(4.4.24)和式(4.4.22)两式得到的$(\beta_{t+1}-1)\gamma_{t+1}=\beta_t\gamma_t$ 这一事实，并归纳式(4.4.18)和式(4.4.19)可得到

$$\overline{x}_{t+1}=\frac{1}{\beta_t\gamma_t}\sum_{i=1}^{t}\gamma_i x_{i+1}, \quad \overline{y}_{t+1}=\frac{1}{\beta_t y_t}\sum_{i=1}^{t}\gamma_i y_{i+1}, \quad \frac{1}{\beta_t\gamma_t}\sum_{i=1}^{t}\gamma_i=1 \tag{4.4.52}$$

因此 $\overline{x}_{t+1}$ 和 $\overline{y}_{t+1}$ 是序列$\{x_{i+1}\}_{i=1}^t$ 和$\{y_{i+1}\}_{i=1}^t$ 的凸组合。使用这些关系和式(4.4.43)，我们就得到了

$$\begin{aligned}
\delta_{t+1}&=\frac{1}{2\beta_t\eta_t}\|\overline{x}_{t+1}-x_1\|^2+\frac{1}{2\beta_t\tau_t}\|\overline{y}_{t+1}-y_1\|^2\\
&\leqslant\frac{1}{\beta_t\eta_t}(\|\hat{x}-\overline{x}_{t+1}\|^2+\|\hat{x}-x_1\|^2)+\frac{1}{\beta_t\tau_t}(\|\hat{y}-\overline{y}_{t+1}\|^2+\|\hat{y}-y_1\|^2)\\
&=\frac{1}{\beta_t\eta_t}\left(D^2+\|\hat{x}-\overline{x}_{t+1}\|^2+\frac{\eta_t(1-p)}{\tau_t}\|\hat{y}-\overline{y}_{t+1}\|^2+\frac{\eta_t p}{\tau_t}\|\hat{y}-\overline{y}_{t+1}\|^2\right)\\
&\leqslant\frac{1}{\beta_t\eta_t}\left[D^2+\frac{1}{\beta_t y_t}\sum_{i=1}^{t}\gamma_i\left(\|\hat{x}-x_{i+1}\|^2+\frac{\eta_t(1-p)}{\tau_t}\|\hat{y}-y_{i+1}\|^2+\frac{\eta_t p}{\tau_t}\|\hat{y}-y_{i+1}\|^2\right)\right]
\end{aligned}$$

$$\leqslant \frac{1}{\beta_t\eta_t}\left[D^2+\frac{1}{\beta_t\gamma_t}\sum_{i=1}^{t}\gamma_i\left(D^2+\frac{\eta_t p}{\tau_t}\cdot\frac{\tau_1}{\eta_1(1-p)}D^2\right)\right]=\frac{(2-p)D^2}{\beta_t\eta_t(1-p)}$$ ■

下面我们给出了一个满足式(4.4.24)、式(4.4.41)和式(4.4.42)的特定参数设置的建议。

推论 4.2　*在算法 4.2 中，如果给定 N，并设置参数为*

$$\beta_t=\frac{t+1}{2},\quad \theta_t=\frac{t-1}{t},\quad \eta_t=\frac{t+1}{2(L_{\hat{f}}+N\|A\|)},\quad \tau_t=\frac{t+1}{2N\|A\|} \tag{4.4.53}$$

那么存在满足式(4.4.49)的 v_N 及相应的界

$$\varepsilon_N\leqslant\frac{10L_{\hat{f}}\hat{D}^2}{N^2}+\frac{10\|A\|\hat{D}^2}{N}\quad 且\quad \|v_N\|\leqslant\frac{15L_{\hat{f}}\hat{D}}{N^2}+\frac{19\|A\|\hat{D}}{N} \tag{4.4.54}$$

其中

$$\hat{D}=\sqrt{\|\hat{x}-x_1\|^2+\|\hat{y}-y_1\|^2}$$

证明　对于式(4.4.53)中的参数 β_t，γ_t，η_t 和 τ_t，显然关系式(4.4.24)和式(4.4.41)均成立。进一步，令 $p=1/4$，对于任意 $t=1$，…，$N-1$，有

$$\frac{1}{\eta_t}-\frac{L_{\hat{f}}}{\beta_t}-\frac{\|A\|^2\tau_t}{p}=\frac{2L_{\hat{f}}+2\|A\|N}{t+1}-\frac{2L_{\hat{f}}}{t+1}-\frac{2\|A\|^2(t+1)}{\|A\|N}\geqslant\frac{2\|A\|N}{t+1}-\frac{2\|A\|(t+1)}{N}\geqslant 0$$

因此式(4.4.42)成立。根据定理 4.7，不等式(4.4.49)和式(4.4.50)都成立。注意到 $\eta_t\leqslant\tau_t$，在式(4.4.49)和式(4.4.50)中 $D\leqslant\hat{D}$，$\|\hat{x}-x_1\|+\|\hat{y}-y_1\|\leqslant\sqrt{2}\hat{D}$，因此有

$$\|v_{t+1}\|\leqslant\frac{\sqrt{2}\hat{D}}{\beta_t\eta_t}+\frac{(1+\sqrt{4/3})\hat{D}}{\beta_t\eta_t}+\frac{2\|A\|\hat{D}}{\beta_t}$$

和

$$\varepsilon_{t+1}\leqslant\frac{(2-p)\hat{D}^2}{\beta_t\eta_t(1-p)}=\frac{7\hat{D}^2}{3\beta_t\eta_t}$$

另外注意到，由式(4.4.53)，有 $\frac{1}{\beta_{N-1}\eta_{N-1}}=\frac{4(L_{\hat{f}}+\|A\|N)}{N^2}=\frac{4L_{\hat{f}}}{N^2}+\frac{4\|A\|}{N}$。利用这三个关系和式(4.4.53)中 β_t 的定义，对常数化简后即可得到式(4.4.54)。 ■

有趣的是，我们注意到如果将算法 4.2 中的参数按式(4.4.53)进行设置，则式(4.4.54)中的 ε_N 和 $\|v_N\|$ 都以几乎相同的收敛速度(达到 $\hat{D}$ 的倍数)趋向于零。

4.4.2　随机双线性鞍点问题

为了用一个随机一阶预言机求解随机 SPP 问题(4.4.1)，我们发展了一个与 APD 方法相对应的随机方法，即随机 APD 法，并证明它实际上可以实现下面给出的收敛速度。

$$\mathcal{O}\left\{(L_{\hat{f}}+\|A\|+\sigma_x+\sigma_y)\frac{1}{\sqrt{N}}\right\} \tag{4.4.55}$$

因此，该算法相对变量 $\|A\|$ 进一步提高了式(4.4.8)中的误差界。事实上，可以证明，除非假定上述随机 SPP 具有某些特殊性质，否则这一收敛速度在理论上是无法改进的。

将加速原始-对偶方法中式(4.4.15)和式(4.4.16)的梯度算子 $-A\widetilde{x}_t$，$\nabla\hat{f}(x_t^{md})$ 和 $A^{\mathrm{T}}y_{t+1}$，相应地替换为 SFO 预言机计算得到的随机梯度算子 $-\hat{A}_x(\widetilde{x}_t)$，$\hat{G}(\underline{x}_t)$ 和 $\hat{A}_y(y_{t+1})$，就得到了随机 APD 方法。该算法的形式化描述见算法 4.3。

算法 4.3　随机 SPP 的随机 APD 方法

将算法 4.2 中的式(4.4.15)和式(4.4.16)修改为

$$y_{t+1}=\arg\min_{y\in Y}\langle -\hat{A}_x(\widetilde{x}_t),\ y\rangle+\hat{g}(y)+\frac{1}{\tau_t}V_Y(y,\ y_t) \tag{4.4.56}$$

$$x_{t+1}=\arg\min_{x\in X}\langle \hat{G}(\underline{x}_t),\ x\rangle+\langle x,\ \hat{A}_y(y_{t+1})\rangle+\frac{1}{\eta_t}V_X(x,\ x_t) \tag{4.4.57}$$

如前所述，解决随机 SPP 问题的一种可能的方法是将加速随机梯度下降法应用到问题(4.4.1)的某种平滑近似式上。然而，这种方法的收敛速度将取决于为光滑逼近问题计算的随机梯度的方差，而这一方差通常是未知的和难以描述的。另一方面，上述随机 APD 方法直接处理原始问题，而不需要应用平滑技术，其收敛速度将取决于为原始问题计算的随机梯度算子的方差，即 $\sigma^2_{x,\hat{f}}$、σ^2_y 和 $\sigma^2_{x,A}$。

与 4.4.1 节讨论类似，我们根据可行集 $Z=X\times Y$ 是否有界，可以分别使用由式(4.4.21)和式(4.4.40)所定义的两个间隙函数 $g(\cdot)$ 和 $\widetilde{g}(\cdot,\cdot)$，作为随机 APD 算法的终止准则。更具体地说，我们在定理 4.8 和 4.9 中分别建立了随机 APD 方法在 Z 有界和无界情况下的收敛性。由于算法在性质上是随机的，对于这两种情况，都采用 $g(\cdot)$ 或 $\widetilde{g}(\cdot,\cdot)$ 来确定它的预期收敛速度，即算法多次运行的“平均”收敛速度。此外，我们还证明了如果 Z 有界，那么在随机一阶预言机的“轻尾”假设下，APD 算法的收敛性可以得到加强。

假设 9

$$\mathbb{E}[\exp\{\|\nabla\hat{f}(x)-\hat{G}(x)\|^2_*/\sigma^2_{x,\hat{f}}\}]\leqslant\exp\{1\}$$

$$\mathbb{E}[\exp\{\|Ax-\hat{A}_x(x)\|^2_*/\sigma^2_y\}]\leqslant\exp\{1\}$$

$$\mathbb{E}[\exp\{\|A^{\mathrm{T}}y-\hat{A}_y(y)\|^2_*/\sigma^2_{x,A}\}]\leqslant\exp\{1\}$$

设 $\hat{G}(\underline{x}_t)$、$\hat{A}_x(\widetilde{x}_t)$ 和 $\hat{A}_y(y_{t+1})$ 分别为算法 4.3 第 t 次迭代时 SFO 预言机的输出，我们引入记号

$$\Delta^t_{x,\hat{f}}:=\hat{G}(\underline{x}_t)-\nabla\hat{f}(x^{md}_t),\quad \Delta^t_{x,A}:=\hat{A}_y(y_{t+1})-A^{\mathrm{T}}y_{t+1},\quad \Delta^t_y:=-\hat{A}_x(\widetilde{x}_t)+A\widetilde{x}_t$$

$$\Delta^t_x:=\Delta^t_{x,\hat{f}}+\Delta^t_{x,A}\quad 且\quad \Delta^t:=(\Delta^t_x,\ \Delta^t_y)$$

此外，对于一个给定的 $z=(x,\ y)\in Z$，让我们记 $\|z\|^2=\|x\|^2+\|y\|^2$ 及与点 $\Delta=(\Delta_x,\ \Delta_y)$ 关联的对偶范数定义为 $\|\Delta\|^2_*=\|\Delta_x\|^2_*+\|\Delta_y\|^2_*$。对于点 $z=(x,\ y)$ 和 $\widetilde{z}=(\widetilde{x},\ \widetilde{y})$，还定义了它们的 Bregman 散度 $V(z,\ \widetilde{z}):=V_X(x,\ \widetilde{x})+V_Y(y,\ \widetilde{y})$。

我们首先需要对所有 $z\in Z$ 估计上界 $Q(\overline{z}_{t+1},\ z)$。这个结果类似于确定性 APD 方法的引理 4.7。

引理 4.9　设 $\overline{z}_t=(\overline{x}_t,\ \overline{y}_t)$ 为算法 4.3 生成的迭代序列。假定参数 β_t，θ_t，η_t 和 τ_t 满足条件(4.4.24)、式(4.4.25)，以及下面不等式

$$\frac{q}{\eta_t}-\frac{L_{\hat{f}}}{\beta_t}-\frac{\|A\|^2\tau_t}{p}\geqslant 0 \tag{4.4.58}$$

对于 p，$q\in(0,\ 1)$。那么，对于任意 $z\in Z$，有

$$\begin{aligned}\beta_t\gamma_tQ(\overline{z}_{t+1},\ z)\leqslant{}& B_t(z,\ z_{[t]})+\gamma_t\langle A(x_{t+1}-x_t),\ y-y_{t+1}\rangle-\\ &\gamma_t\left(\frac{q}{2\eta_t}-\frac{L_{\hat{f}}}{2\beta_t}\right)\|x_{t+1}-x_t\|^2+\sum_{i=1}^{t}\Lambda_i(z)\end{aligned} \tag{4.4.59}$$

其中，γ_t 和 $B_t(z, z_{[t]})$ 分别由式(4.4.22)和式(4.4.28)定义，$z_{[t]}=\{(x_i, y_i)\}_{i=1}^{t+1}$，以及

$$\Lambda_i(z):=-\frac{(1-q)\gamma_i}{2\eta_i}\|x_{i+1}-x_i\|^2-\frac{(1-p)\gamma_i}{2\tau_i}\|y_{i+1}-y_i\|^2-\gamma_i\langle\Delta^i, z_{i+1}-z\rangle \tag{4.4.60}$$

证明　与式(4.4.29)和式(4.4.31)的证明类似，由式(4.4.56)和式(4.4.57)的最优条件可以得出

$$\langle -\hat{A}_x(\tilde{x}_t), y_{t+1}-y\rangle+\hat{g}(y_{t+1})-\hat{g}(y)\leqslant\frac{1}{\tau_t}V_Y(y, y_t)-\frac{1}{2\tau_t}\|y_{t+1}-y_t\|^2-\frac{1}{\tau_t}V_Y(y, y_{t+1})$$

$$\langle\hat{G}(\underline{x}_t), x_{t+1}-x\rangle+\langle x_{t+1}-x, \hat{A}_y(y_{t+1})\rangle\leqslant\frac{1}{\eta_t}V_X(x, x_t)-\frac{1}{2\eta_t}\|x_{t+1}-x_t\|^2-\frac{1}{\eta_t}V_X(x, x_{t+1})$$

现在我们要为算法 4.3 建立一个重要的递归式。观察到命题 4.12 对于算法 4.3 也成立，并将上述两个不等式应用到命题 4.12 的式(4.4.23)中，与不等式(4.4.33)的推导类似，我们可得到

$$\begin{aligned}&\beta_t\gamma_t Q(\overline{z}_{t+1}, z)-(\beta_t-1)\gamma_t Q(\overline{z}_t, z)\\&\leqslant\frac{\gamma_t}{\eta_t}V_X(x, x_t)-\frac{\gamma_t}{\eta_t}V_X(x, x_{t+1})+\frac{\gamma_t}{\tau_t}V_Y(y, y_t)-\frac{\gamma_t}{\tau_t}V_Y(y, y_{t+1})+\\&\quad\gamma_t\langle A(x_{t+1}-x_t), y-y_{t+1}\rangle-\gamma_{t-1}\langle A(x_t-x_{t-1}), y-y_t\rangle-\\&\quad\gamma_t\left(\frac{1}{2\eta_t}-\frac{L_{\hat{f}}}{2\beta_t}\right)\|x_{t+1}-x_t\|^2-\frac{\gamma_t}{2\tau_t}\|y_{t+1}-y_t\|^2-\gamma_{t-1}\langle A(x_t-x_{t-1}), y_t-y_{t+1}\rangle-\\&\quad\gamma_t\langle\Delta_{x,\hat{f}}^t+\Delta_{x,A}^t, x_{t+1}-x\rangle-\gamma_t\langle\Delta_y^t, y_{t+1}-y\rangle,\quad\forall z\in Z\end{aligned}\tag{4.4.61}$$

通过 Cauthy-Schwartz 不等式和式(4.4.25)，对所有 $p\in(0, 1)$，有

$$\begin{aligned}&-\gamma_{t-1}\langle A(x_t-x_{t-1}), y_t-y_{t+1}\rangle\leqslant\gamma_{t-1}\|A(x_t-x_{t-1})\|_*\|y_t-y_{t+1}\|\\&\leqslant\|A\|\gamma_{t-1}\|x_t-x_{t-1}\|\|y_t-y_{t+1}\|\leqslant\frac{\|A\|^2\gamma_{t-1}^2\tau_t}{2p\gamma_t}\|x_t-x_{t-1}\|^2+\frac{p\gamma_t}{2\tau_t}\|y_t-y_{t+1}\|^2\\&\leqslant\frac{\|A\|^2\gamma_{t-1}\tau_{t-1}}{2p}\|x_t-x_{t-1}\|^2+\frac{p\gamma_t}{2\tau_t}\|y_t-y_{t+1}\|^2\end{aligned}\tag{4.4.62}$$

通过式(4.4.24)、式(4.4.60)、式(4.4.61)和式(4.4.62)，可以发展出算法 4.3 的以下递归式：

$$\begin{aligned}&(\beta_{t+1}-1)\gamma_{t+1}Q(\overline{z}_{t+1}, z)-(\beta_t-1)\gamma_t Q(\overline{z}_t, z)=\beta_t\gamma_t Q(\overline{z}_{t+1}, z)-(\beta_t-1)\gamma_t Q(\overline{z}_t, z)\\&\leqslant\frac{\gamma_t}{\eta_t}V_X(x, x_t)-\frac{\gamma_t}{\eta_t}V_X(x, x_{t+1})+\frac{\gamma_t}{\tau_t}V_Y(y, y_t)-\frac{\gamma_t}{\tau_t}V_Y(y, y_{t+1})+\\&\quad\gamma_t\langle A(x_{t+1}-x_t), y-y_{t+1}\rangle-\gamma_{t-1}\langle A(x_t-x_{t-1}), y-y_t\rangle-\\&\quad\gamma_t\left(\frac{q}{2\eta_t}-\frac{L_{\hat{f}}}{2\beta_t}\right)\|x_{t+1}-x_t\|^2+\frac{\|A\|^2\gamma_{t-1}\tau_{t-1}}{2p}\|x_t-x_{t-1}\|^2+\Lambda_t(x),\quad\forall z\in Z\end{aligned}$$

归纳应用上述不等式，并假设 $x_0=x_1$，我们得到

$$(\beta_{t+1}-1)\gamma_{t+1}Q(\overline{z}_{t+1}, z)-(\beta_t-1)\gamma_t Q(\overline{z}_t, z)$$

$$\leqslant B_t(z, z_{[t]})+\gamma_t\langle A(x_{t+1}-x_t), y-y_{t+1}\rangle-\gamma_t\left(\frac{q}{2\eta_t}-\frac{L_{\hat{f}}}{2\beta_t}\right)\|x_{t+1}-x_t\|^2-$$

$$\sum_{i=1}^{t-1}\gamma_i\left(\frac{q}{2\eta_i}-\frac{L_{\hat{f}}}{2\beta_i}-\frac{\|A\|^2\tau_i}{2p}\right)\|x_{i+1}-x_i\|^2+\sum_{i=1}^{t}\Lambda_i(x), \ \forall z\in Z$$

由以上不等式、式(4.4.24)和式(4.4.58)就直接得出了关系式(4.4.59)。 ■

我们还需要以下的技术性的结果，其证明基于引理4.3。

引理4.10　令 η_i、τ_i 和 $\gamma_i(i=1, 2, \cdots)$ 为给定的正常数。对于任意 $z_1\in Z$，如果定义 $z_1^v=z_1$ 和

$$z_{i+1}^v=\underset{z=(x,y)\in Z}{\arg\min}\{-\eta_i\langle\Delta_x^i, x\rangle-\tau_i\langle\Delta_y^i, y\rangle+V(z, z_i^v)\} \tag{4.4.63}$$

那么，

$$\sum_{i=1}^{t}\gamma_i\langle-\Delta^i, z_i^v-z\rangle\leqslant B_t(z, z_{[t]}^v)+\sum_{i=1}^{t}\frac{\eta_i\gamma_i}{2}\|\Delta_x^i\|_*^2+\sum_{i=1}^{t}\frac{\tau_i\gamma_i}{2}\|\Delta_y^i\|_*^2 \tag{4.4.64}$$

其中记 $z_{[t]}^v:=\{z_i^v\}_{i=1}^t$，$B_t(z, z_{[t]}^v)$ 如式(4.4.28)中定义。

证明　注意由式(4.4.63)可推知 $z_{i+1}^v=(x_{i+1}^v, y_{i+1}^v)$，其中

$$x_{i+1}^v=\underset{x\in X}{\arg\min}\{-\eta_i\langle\Delta_x^i, x\rangle+V_X(x, x_i^v)\}$$

$$y_{i+1}^v=\underset{y\in Y}{\arg\min}\{-\tau_i\langle\Delta_y^i, y\rangle+V(y, y_i^v)\}$$

从引理4.3可以得到对于所有 $i\geqslant1$ 有

$$V_X(x, x_{i+1}^v)\leqslant V_X(x, x_i^v)-\eta_i\langle\Delta_x^i, x-x_i^v\rangle+\frac{\eta_i^2\|\Delta_x^i\|_*^2}{2}$$

$$V_Y(y, y_{i+1}^v)\leqslant V_Y(y, y_i^v)-\tau_i\langle\Delta_y^i, y-y_i^v\rangle+\frac{\tau_i^2\|\Delta_y^i\|_*^2}{2}$$

因此，

$$\frac{\gamma_i}{\eta_i}V_X(x, x_{i+1}^v)\leqslant\frac{\gamma_i}{\eta_i}V_X(x, x_i^v)-\gamma_i\langle\Delta_x^i, x-x_i^v\rangle+\frac{\gamma_i\eta_i\|\Delta_x^i\|_*^2}{2}$$

$$\frac{\gamma_i}{\tau_i}V_Y(y, y_{i+1}^v)\leqslant\frac{\gamma_i}{\tau_i}V_Y(y, y_i^v)-\gamma_i\langle\Delta_y^i, y-y_i^v\rangle+\frac{\gamma_i\tau_i\|\Delta_x^i\|_*^2}{2}$$

把上面两个不等式加起来，再从 $i=1$ 到 t 进行累加，我们就得到

$$0\leqslant B_t(z, z_{[t]}^v)-\sum_{i=1}^{t}\gamma_i\langle\Delta^i, z-z_i^v\rangle+\sum_{i=1}^{t}\frac{\gamma_i\eta_i\|\Delta_x^i\|_*^2}{2}+\sum_{i=1}^{t}\frac{\gamma_i\tau_i\|\Delta_y^i\|_*^2}{2}$$

所以式(4.5.35)成立。 ■

现在我们准备建立起随机APD算法在集合 Z 有界情况下的收敛性。

定理4.8　假设对于 D_X，$D_Y>0$ 有式(4.4.34)成立，并假定对于所有 $t\geqslant1$，对于参数 p，$q\in(0, 1)$，算法4.3中的参数 β_t，θ_t，η_t 和 τ_t 满足式(4.4.24)、式(4.4.25)和式(4.4.58)。那么，

(a) 在假设8下，对所有 $t\geqslant1$ 有

$$\mathbb{E}[g(\overline{z}_{t+1})]\leqslant Q_0(t) \tag{4.4.65}$$

其中

$$Q_0(t):=\frac{1}{\beta_t\gamma_t}\left\{\frac{4\gamma_t}{\eta_t}D_X^2+\frac{4\gamma_t}{\tau_t}D_Y^2\right\}+\frac{1}{2\beta_t\gamma_t}\sum_{i=1}^{t}\left\{\frac{(2-q)\eta_i\gamma_i}{1-q}\sigma_x^2+\frac{(2-p)\tau_i\gamma_i}{1-p}\sigma_y^2\right\}\tag{4.4.66}$$

(b) 在假设 9 下，对于所有 $\lambda>0$ 和 $t\geqslant 1$，有

$$\text{Prob}\{g(\bar{z}_{t+1})>Q_0(t)+\lambda Q_1(t)\}\leqslant 3\exp\{-\lambda^2/3\}+3\exp\{-\lambda\}\tag{4.4.67}$$

成立，其中

$$Q_1(t):=\frac{1}{\beta_t\gamma_t}(2\sigma_x D_X+\sqrt{2}\sigma_y D_Y)\sqrt{2\sum_{i=1}^{t}\gamma_i^2}+\frac{1}{2\beta_t\gamma_t}\sum_{i=1}^{t}\left[\frac{(2-q)\eta_i\gamma_i}{1-q}\sigma_x^2+\frac{(2-p)\tau_i\gamma_i}{1-p}\sigma_y^2\right]\tag{4.4.68}$$

证明　首先，将不等式(4.4.36)和式(4.4.37)中的上界应用于式(4.4.59)，可以得到

$$\begin{aligned}\beta_t\gamma_t Q(\bar{z}_{t+1},\ z)&\leqslant\frac{\gamma_t}{\eta_t}D_X^2-\frac{\gamma_t}{\eta_t}V_X(x,\ x_{t+1})+\frac{\gamma_t}{\tau_t}D_Y^2-\frac{\gamma_t}{\tau_t}V_Y(y,\ y_{t+1})+\frac{\gamma_t}{2\tau_t}\|y-y_{t+1}\|^2-\\&\quad\gamma_t\left(\frac{q}{2\eta_t}-\frac{L_{\hat{f}}}{2\beta_t}-\frac{\|A\|^2\tau_t}{2}\right)\|x_{t+1}-x_t\|^2+\sum_{i=1}^{t}\Lambda_i(z)\\&\leqslant\frac{\gamma_t}{\eta_t}D_X^2+\frac{\gamma_t}{\tau_t}D_Y^2+\sum_{i=1}^{t}\Lambda_i(z),\quad\forall z\in Z\end{aligned}\tag{4.4.69}$$

由式(4.4.60)，有

$$\begin{aligned}\Lambda_i(z)&=-\frac{(1-q)\gamma_i}{2\eta_i}\|x_{i+1}-x_i\|^2-\frac{(1-p)\gamma_i}{2\tau_i}\|y_{i+1}-y_i\|^2+\gamma_i\langle\Delta^i,\ z-z_{i+1}\rangle\\&=-\frac{(1-q)\gamma_i}{2\eta_i}\|x_{i+1}-x_i\|^2-\frac{(1-p)\gamma_i}{2\tau_i}\|y_{i+1}-y_i\|^2+\gamma_i\langle\Delta^i,\ z_i-z_{i+1}\rangle+\gamma_i\langle\Delta^i,\ z-z_i\rangle\\&\leqslant\frac{\eta_i\gamma_i}{2(1-q)}\|\Delta_x^i\|_*^2+\frac{\tau_i\gamma_i}{2(1-p)}\|\Delta_y^i\|_*^2+\gamma_i\langle\Delta^i,\ z-z_i\rangle\end{aligned}\tag{4.4.70}$$

其中最后一个关系是由式(3.1.6)得到的。对所有 $i\geqslant 1$，令 $z_1^v=z_1$，并且 z_{i+1}^v 是用式(4.4.63)计算得到的，我们可由式(4.4.70)和引理 4.10 得出：对于任意 $z\in Z$ 有

$$\begin{aligned}&\sum_{i=1}^{t}\Lambda_i(z)\\&\leqslant\sum_{i=1}^{t}\left\{\frac{\eta_i\gamma_i}{2(1-q)}\|\Delta_x^i\|_*^2+\frac{\tau_i\gamma_i}{2(1-p)}\|\Delta_y^i\|_*^2+\gamma_i\langle\Delta^i,\ z_i^v-z_i\rangle+\gamma_i\langle-\Delta^i,\ z_i^v-z\rangle\right\}\\&\leqslant B_t(z,\ z_{[t]}^v)+\underbrace{\frac{1}{2}\sum_{i=1}^{t}\left\{\frac{(2-q)\eta_i\gamma_i}{(1-q)}\|\Delta_x^i\|_*^2+\frac{(2-p)\tau_i\gamma_i}{1-p}\|\Delta_y^i\|_*^2+2\gamma_i\langle\Delta^i,\ z_i^v-z_i\rangle\right\}}_{U_t}\end{aligned}\tag{4.4.71}$$

其中，类似式(4.4.36)，我们有 $B_t(z,\ z_{[t]}^v)\leqslant\frac{D_X^2\gamma_t}{\eta_t}+\frac{D_Y^2\gamma_t}{\tau_t}$。利用上面的不等式，及式(4.4.21)、式(4.4.34)和式(4.4.69)，就可得到

$$\beta_t\gamma_t g(\bar{z}_{t+1})\leqslant\frac{2\gamma_t}{\eta_t}D_X^2+\frac{2\gamma_t}{\tau_t}D_Y^2+U_t\tag{4.4.72}$$

现在，只需给出上述量 U_t 的上限，就能证明期望((a)部分)和概率((b)部分)两者结论都

成立。

我们首先证明(a)部分。需要注意的是，根据我们对 SFO 预言机的假设，在算法 4.3 的第 i 次迭代中，随机噪声 Δi 与随机变量 z_i 是相互独立的，因而有 $\mathbb{E}[\langle \Delta^i, z-z_i\rangle]=0$。此外，假设 8 意味着 $\mathbb{E}[\|\Delta_x^i\|_*^2]\leqslant \sigma_{x,\hat{f}}^2+\sigma_{x,A}^2=\sigma_x^2$（注意在进行第 i 次迭代时 $\Delta_{x,\hat{f}}^i$ 和 $\Delta_{x,A}^i$ 是相互独立的），以及 $\mathbb{E}[\|\Delta_y^i\|_*^2]\leqslant \sigma_y^2$。因此有

$$\mathbb{E}[U_t]\leqslant \frac{1}{2}\sum_{i=1}^{t}\left\{\frac{(2-q)\eta_i\gamma_i\sigma_x^2}{1-q}+\frac{(2-p)\tau_i\gamma_i\sigma_y^2}{1-p}\right\} \tag{4.4.73}$$

对不等式(4.4.72)的两边取期望，并利用上面的不等式，即可得到式(4.4.65)。

我们现在来证明(b)部分成立。需要注意的是，根据我们对 SFO 预言机的假设和 z_i^v 的定义，序列 $\{\langle \Delta_{x,\hat{f}}^i, x_i^v-x_i\rangle\}_{i\geqslant 1}$ 是一个鞅-差分序列。由鞅-差分序列的大偏差定理(见引理 4.1)，以及下面事实

$$\begin{aligned}
&\mathbb{E}[\exp\{\gamma_i^2\langle \Delta_{x,\hat{f}}^i, x_i^v-x_i\rangle^2/(2\gamma_i^2D_X^2\sigma_{x,\hat{f}}^2)\}]\\
\leqslant &\mathbb{E}[\exp\{\|\Delta_{x,\hat{f}}^i\|_*^2\|x_i^v-x_i\|^2/(2D_X^2\sigma_{x,\hat{f}}^2)\}]\\
\leqslant &\mathbb{E}[\exp\{\|\Delta_{x,\hat{f}}^i\|_*^2V_X(x_i^v, x_i)/(D_X^2\sigma_{x,\hat{f}}^2)\}]\\
\leqslant &\mathbb{E}[\exp\{\|\Delta_{x,\hat{f}}^i\|_*^2/\sigma_{x,\hat{f}}^2\}]\leqslant \exp\{1\}
\end{aligned}$$

可以得到：

$$\operatorname{Prob}\left\{\sum_{i=1}^{t}\gamma_i\langle \Delta_{x,\hat{f}}^i, x_i^v-x_i\rangle>\lambda\cdot\sigma_{x,\hat{f}}D_X\sqrt{2\sum_{i=1}^{t}\gamma_i^2}\right\}\leqslant \exp\{-\lambda^2/3\},\quad \forall\lambda>0$$

通过使用类似的论证，可以证明，$\forall\lambda>0$，

$$\begin{aligned}
&\operatorname{Prob}\left\{\sum_{i=1}^{t}\gamma_i\langle \Delta_y^i, y_i^v-y_i\rangle>\lambda\cdot\sigma_yD_Y\sqrt{2\sum_{i=1}^{t}\gamma_i^2}\right\}\leqslant \exp\{-\lambda^2/3\}\\
&\operatorname{Prob}\left\{\sum_{i=1}^{t}\gamma_i\langle \Delta_{x,A}^i, x-x_i\rangle>\lambda\cdot\sigma_{x,A}D_X\sqrt{2\sum_{i=1}^{t}\gamma_i^2}\right\}\\
&\leqslant \exp\{-\lambda^2/3\}
\end{aligned}$$

利用前面的三个不等式和 $\sigma_{x,\hat{f}}+\sigma_{x,A}\leqslant\sqrt{2}\sigma_x$ 这一事实，我们得到，$\forall\lambda>0$，

$$\begin{aligned}
&\operatorname{Prob}\left\{\sum_{i=1}^{t}\gamma_i\langle \Delta^i, z_i^v-z_i\rangle>\lambda[\sqrt{2}\sigma_xD_X+\sigma_yD_Y]\sqrt{2\sum_{i=1}^{t}\gamma_i^2}\right\}\\
&\leqslant \operatorname{Prob}\left\{\sum_{i=1}^{t}\gamma_i\langle \Delta^i, z_i^v-z_i\rangle>\lambda[(\sigma_{x,\hat{f}}+\sigma_{x,A})D_X+\sigma_yD_Y]\sqrt{2\sum_{i=1}^{t}\gamma_i^2}\right\}\\
&\leqslant 3\exp\{-\lambda^2/3\}
\end{aligned} \tag{4.4.74}$$

现在我们定义 $S_i:=(2-q)\eta_i\gamma_i/(1-q)$ 和 $S:=\sum_{i=1}^{t}S_i$。根据指数函数的凸性质，得到

$$\mathbb{E}\left[\exp\left\{\frac{1}{S}\sum_{i=1}^{t}S_i\|\Delta_{x,\hat{f}}^i\|_*^2/\sigma_{x,\hat{f}}^2\right\}\right]\leqslant \mathbb{E}\left[\frac{1}{S}\sum_{i=1}^{t}S_i\exp\{\|\Delta_{x,\hat{f}}^i\|_*^2/\sigma_{x,\hat{f}}^2\}\right]\leqslant \exp\{1\}$$

上式最后一个不等式来自假设 9。因此，根据 Markov 不等式，对于所有 $\lambda>0$，

$$\begin{aligned}
&\operatorname{Prob}\left\{\sum_{i=1}^{t}\frac{(2-q)\eta_i\gamma_i}{1-q}\|\Delta_{x,\hat{f}}^i\|_*^2>(1+\lambda)\sigma_{x,\hat{f}}^2\sum_{i=1}^{t}\frac{(2-q)\eta_i\gamma_i}{1-q}\right\}\\
&=\operatorname{Prob}\left\{\exp\left\{\frac{1}{S}\sum_{i=1}^{t}S_i\|\Delta_{x,\hat{f}}^i\|_*^2/\sigma_{x,\hat{f}}^2\right\}\geqslant\exp\{1+\lambda\}\right\}\leqslant\exp\{-\lambda\}
\end{aligned}$$

用类似的论证，可以给出

$$\text{Prob}\left\{\sum_{i=1}^{t}\frac{(2-q)\eta_i\gamma_i}{1-q}\|\Delta_{x,A}^i\|_*^2>(1+\lambda)\sigma_{x,A}^2\sum_{i=1}^{t}\frac{(2-q)\eta_i\gamma_i}{1-q}\right\}\leqslant\exp\{-\lambda\}$$

$$\text{Prob}\left\{\sum_{i=1}^{t}\frac{(2-p)\tau_i\gamma_i}{1-p}\|\Delta_y^i\|_*^2>(1+\lambda)\sigma_y^2\sum_{i=1}^{t}\frac{(2-p)\tau_i\gamma_i}{1-p}\right\}\leqslant\exp\{-\lambda\}$$

将上面的三个不等式结合在一起，我们得到

$$\begin{aligned}\text{Prob}\Bigg\{&\sum_{i=1}^{t}\frac{(2-q)\eta_i\gamma_i}{1-q}\|\Delta_x^i\|_*^2+\sum_{i=1}^{t}\frac{(2-p)\tau_i\gamma_i}{1-p}\|\Delta_y^i\|_*^2\\&>(1+\lambda)\left[\sigma_x^2\sum_{i=1}^{t}\frac{(2-q)\eta_i\gamma_i}{1-q}+\sigma_y^2\sum_{i=1}^{t}\frac{(2-p)\tau_i\gamma_i}{1-p}\right]\Bigg\}\leqslant 3\exp\{-\lambda\}\end{aligned}\tag{4.4.75}$$

我们的结果可由式(4.4.71)、式(4.4.72)、式(4.4.74)和式(4.4.75)直接得到。■

下面，在 Z 有界的情况下，我们给出了随机 APD 方法参数 β_t，θ_t，η_t 和 τ_t 的一个具体选择。

推论 4.3 假设式(4.4.34)成立，在算法 4.3 中，如果参数设置为

$$\beta_t=\frac{t+1}{2},\quad \theta_t=\frac{t-1}{t},\quad \eta_t=\frac{2\sqrt{2}D_Xt}{6\sqrt{2}L_{\hat{f}}D_X+3\sqrt{2}\|A\|D_Yt+3\sigma_xt^{3/2}}\quad \text{且}\quad \tau_t=\frac{2\sqrt{2}D_Y}{3\sqrt{2}\|A\|D_X+3\sigma_y\sqrt{t}}\tag{4.4.76}$$

那么根据假设 8，不等式(4.4.65)成立，并且有

$$Q_0(t)\leqslant\frac{12L_{\hat{f}}D_X^2}{t(t+1)}+\frac{12\|A\|D_XD_Y}{t}+\frac{6\sqrt{2}(\sigma_xD_X+\sigma_yD_Y)}{\sqrt{t}}\tag{4.4.77}$$

此外，如果假设 9 也成立，那么对任意 $\lambda>0$，不等式(4.4.67)成立，并且有

$$Q_1(t)\leqslant\frac{5\sqrt{2}\sigma_xD_X+4\sqrt{2}\sigma_yD_Y}{\sqrt{t}}\tag{4.4.78}$$

证明 首先，我们检查式(4.4.76)中给出的参数满足定理 4.8 中的条件。很容易验证参数选择满足不等式(4.4.24)和式(4.4.25)。而且，当 $p=q=2/3$ 时，对于所有 $t\geqslant1$，我们有

$$\frac{q}{\eta_t}-\frac{L_{\hat{f}}}{\beta_t}-\frac{\|A\|^2\tau_t}{p}\geqslant\frac{2L_{\hat{f}}D_X+\|A\|D_Yt}{D_Xt}-\frac{2L_{\hat{f}}}{t+1}-\frac{\|A\|^2D_Yt}{\|A\|D_Xt}\geqslant0$$

因此式(4.4.58)成立，从而定理 4.8 成立。现在只需证明关系式(4.4.77)和式(4.4.78)成立即可。

观察到通过式(4.4.22)和式(4.4.76)的设置，我们可得到 $\gamma_t=t$。另外，我们也观察到

$$\sum_{i=1}^{t}\sqrt{i}\leqslant\int_1^{t+1}\sqrt{u}\,\mathrm{d}u\leqslant\frac{2}{3}(t+1)^{3/2}\leqslant\frac{2\sqrt{2}}{3}(t+1)\sqrt{t}$$

因此

$$\frac{1}{\gamma_t}\sum_{i=1}^{t}\eta_i\gamma_i\leqslant\frac{2\sqrt{2}D_X}{3\sigma_xt}\sum_{i=1}^{t}\sqrt{i}\leqslant\frac{8D_X(t+1)\sqrt{t}}{9\sigma_xt}$$

$$\frac{1}{\gamma_t}\sum_{i=1}^{t}\tau_i\gamma_i\leqslant\frac{2\sqrt{2}D_Y}{3\sigma_yt}\sum_{i=1}^{t}\sqrt{i}\leqslant\frac{8D_Y(t+1)\sqrt{t}}{9\sigma_yt}$$

将上面的界应用到式(4.4.66)和式(4.4.68)，我们得到了

$$Q_0(t) \leqslant \frac{2}{t+1}\left(\frac{6\sqrt{2}L_{\hat{f}}D_X+3\sqrt{2}\|A\|D_Y t+3\sigma_x t^{3/2}}{\sqrt{2}D_X t}\cdot D_X^2+\frac{3\sqrt{2}\|A\|D_X+3\sigma_y\sqrt{t}}{\sqrt{2}D_Y}\cdot D_Y^2+\right.$$

$$\left.2\sigma_x^2\cdot\frac{8D_X(t+1)\sqrt{t}}{9\sigma_x{}^t}+2\sigma_y^2\cdot\frac{4D_Y(t+1)\sqrt{t}}{9\sigma_y t}\right)$$

$$Q_1(t) \leqslant \frac{2}{t(t+1)}(\sqrt{2}\sigma_x D_X+\sigma_y D_Y)\sqrt{\frac{2t(t+1)^2}{3}}+\frac{4\sigma_x^2}{t+1}\cdot\frac{8D_X(t+1)\sqrt{t}}{9\sigma_x t}+$$

$$\frac{4\sigma_y^2}{t+1}\cdot\frac{8D_Y(t+1)\sqrt{t}}{9\sigma_y t}$$

化简上面的不等式，我们看到式(4.4.77)和式(4.4.78)都成立。■

根据关系式(4.4.77)，随机 APD 方法允许我们有非常大的 Lipschitz 常数 $L_{\hat{f}}$（大到 $\mathcal{O}(N^{3/2})$）和 $\|A\|$（大到 $\mathcal{O}(\sqrt{N})$），而不会显著影响其收敛速度。

我们现在给出应用于可能无界可行集 Z 随机鞍点问题的随机 APD 方法的收敛性结果。与定理 4.7 的证明类似，我们首先将引理 4.14 按式(4.4.24)、式(4.4.41)和式(4.4.58)条件下取值的结果具体化。下面的引理与引理 4.8 类似。

引理 4.11　令 $\hat{z}=(\hat{x},\hat{y})\in Z$ 是问题(4.4.1)的鞍点。若算法 4.3 中 $V_X(x, x_t)=\|x-x_t\|^2/2$ 和 $V_Y(y, y_t)=\|y-y_t\|^2/2$，参数 β_t、θ_t、η_t 和 τ_t 按式(4.4.24)、式(4.4.41)和式(4.4.58)设置，则对于所有 $t\geqslant 1$，有

$$\|\hat{x}-x_{t+1}\|^2+\|\hat{x}-x_{t+1}^v\|^2+\frac{\eta_t(1-p)}{\tau_t}\|\hat{y}-y_{t+1}\|^2+\frac{\eta_t}{\tau_t}\|\hat{y}-y_{t+1}^v\|^2$$

$$\leqslant 2\|\hat{x}-x_1\|^2+\frac{2\eta_t}{\tau_t}\|\hat{y}-y_1\|^2+\frac{2\eta_t}{\gamma_t}U_t \tag{4.4.79}$$

$$\widetilde{g}(\overline{z}_{t+1}, v_{t+1}) \leqslant \frac{1}{\beta_t\eta_t}\|\overline{x}_{t+1}-x_1\|^2+\frac{1}{\beta_t\tau_t}\|\overline{y}_{t+1}-y_1\|^2+\frac{1}{\beta_t\gamma_t}U_t =: \delta_{t+1} \tag{4.4.80}$$

其中，记号(x_{t+1}^v, y_{t+1}^v)、U_t 和 $\widetilde{g}(\cdot,\cdot)$分别在式(4.4.63)、式(4.4.71)和式(4.4.40)中定义，并且

$$v_{t+1}=\left(\frac{1}{\beta_t\eta_t}(2x_1-x_{t+1}-x_{t+1}^v), \frac{1}{\beta_t\tau_t}(2y_1-y_{t+1}-y_{t+1}^v)+\frac{1}{\beta_t}A(x_{t+1}-x_t)\right) \tag{4.4.81}$$

证明　将引理 4.14 中的式(4.4.58)、式(4.4.47)和式(4.4.71)应用于式(4.4.59)，得到

$$\beta_t\gamma_t Q(\overline{z}_{t+1}, z) \leqslant \overline{B}(z, z_{[t]})+\frac{p\gamma_t}{2\tau_t}\|y-y_{t+1}\|^2+\overline{B}(z, z_{[t]}^v)+U_t$$

其中，$\overline{B}(\cdot,\cdot)$可定义为

$$\overline{B}(z, \widetilde{z}_{[t]}) := \frac{\gamma_t}{2\eta_t}\|x-\widetilde{x}_1\|^2-\frac{\gamma_t}{2\eta_t}\|x-\widetilde{x}_{t+1}\|^2+\frac{\gamma_t}{2\tau_t}\|y-\widetilde{y}_1\|^2-\frac{\gamma_t}{2\tau_t}\|y-\widetilde{y}_{t+1}\|^2$$

对于所有 $z\in Z$ 和 $\widetilde{z}_{[t]}\subset Z$，这是由于式(4.4.41)设置的缘故。现在让 $z=\hat{z}$，注意 $Q(\overline{z}_{t+1}, \hat{z})\geqslant 0$，我们可以得到式(4.4.79)。另一方面，如果只应用式(4.4.58)和式(4.4.71)于引理 4.14 的式(4.4.59)中，则得到

$$\beta_t\gamma_t Q(\overline{z}_{t+1}, z) \leqslant \overline{B}(z, z_{[t]})+\gamma_t\langle A(x_{t+1}-x_t), y-y_{t+1}\rangle+\overline{B}(z, z_{[t]}^v)+U_t$$

将式(4.4.41)和式(4.4.48)应用于上述不等式中的 $\overline{B}(z, z_{[t]})$ 和 $\overline{B}(z, z_{[t]}^v)$，即可得到关系式(4.4.80)。■

借助于引理 4.11，我们准备证明定理 4.9，它总结了算法 4.2 在集合 X 或 Y 无界时的收敛性质。

定理 4.9　假设$\{\bar{z}_t\}=\{(\bar{x}_t,\ \bar{y}_t)\}$为取 $V_X(x,\ x_t)=\|x-x_t\|^2/2$ 和 $V_Y(y,\ y_t)=\|y-y_t\|^2/2$ 时算法 4.2 生成的迭代序列。如果对所有 $t\geqslant 1$ 和参数 $p,\ q\in(0,\ 1)$，算法 4.3 中所取参数 β_t，θ_t，η_t 和 τ_t 的满足式(4.4.24)、式(4.4.41)和式(4.4.58)，那么存在扰动向量 v_{t+1}，使对于任意 $t\geqslant 1$，有

$$\mathbb{E}[\tilde{g}(\bar{z}_{t+1},\ v_{t+1})]\leqslant\frac{1}{\beta_t\eta_t}\left(\frac{6-2p}{1-p}D^2+\frac{5-p}{1-p}C^2\right)=:\varepsilon_{t+1} \tag{4.4.82}$$

此外，还有

$$\begin{aligned}\mathbb{E}[\|v_{t+1}\|]\leqslant&\frac{2\|\hat{x}-x_1\|}{\beta_t\eta_t}+\frac{2\|\hat{y}-y_1\|}{\beta_t\tau_t}+\\&\sqrt{2D^2+2C^2}\left[\frac{2}{\beta_t\eta_t}+\frac{1}{\beta_t\tau_t}\sqrt{\frac{\tau_1}{\eta_1}}\left(\sqrt{\frac{1}{1-p}}+1\right)+\frac{2\|A\|}{\beta_t}\right]\end{aligned} \tag{4.4.83}$$

其中$(\hat{x},\ \hat{y})$是问题(4.4.1)的解对，D 如式(4.4.51)中定义，并且

$$C:=\sqrt{\sum_{i=1}^{t}-\frac{\eta_i^2\sigma_x^2}{1-q}+\sum_{i=1}^{t}-\frac{\eta_i\tau_i\sigma_y^2}{1-p}} \tag{4.4.84}$$

证明　令 δ_{t+1} 和 v_{t+1} 分别如式(4.4.80)和式(4.4.81)中定义，同时也令 C 和 D 分别如式(4.4.84)和式(4.4.51)中定义。证明只需对 $\mathbb{E}[\|v_{t+1}\|]$和 $\mathbb{E}[\delta_{t+1}]$进行估计。首先，由式(4.4.41)、式(4.4.84)和式(4.4.73)可得

$$\mathbb{E}[U_t]\leqslant\frac{\gamma_t}{\eta_t}C^2 \tag{4.4.85}$$

使用上面的不等式、式(4.4.41)、式(4.4.51)和式(4.4.79)可得到 $\mathbb{E}[\|\hat{x}-x_{t+1}\|^2]\leqslant 2D^2+2C^2$ 和 $\mathbb{E}[\|\hat{y}-y_{t+1}\|^2]\leqslant(2D^2+2C^2)\tau_1/[\eta_1(1-p)]$，再由 Jensen 不等式，就可得到 $\mathbb{E}[\|\hat{x}-x_{t+1}\|]\leqslant\sqrt{2D^2+2C^2}$ 和 $\mathbb{E}[\|\hat{y}-y_{t+1}\|]\leqslant\sqrt{2D^2+2C^2}\sqrt{\tau_1/[\eta_1(1-p)]}$。类似地，我们可以证明 $\mathbb{E}[\|\hat{x}-x_{t+1}^v\|]\leqslant\sqrt{2D^2+2C^2}$ 和 $\mathbb{E}[\|\hat{y}-y_{t+1}^v\|]\leqslant\sqrt{2D^2+2C^2}\sqrt{\tau_1/\eta_1}$。因此，通过式(4.4.81)和以上四个不等式，我们有

$$\begin{aligned}&\mathbb{E}[\|v_{t+1}\|]\\\leqslant&\mathbb{E}\left[\frac{1}{\beta_t\eta_t}(\|x_1-x_{t+1}\|+\|x_1-x_{t+1}^v\|)+\frac{1}{\beta_t\tau_t}(\|y_1-y_{t+1}\|+\|y_1-y_{t+1}^v\|)+\right.\\&\left.\frac{\|A\|}{\beta_t}\|x_{t+1}-x_t\|\right]\\\leqslant&\mathbb{E}\left[\frac{1}{\beta_t\eta_t}(2\|\hat{x}-x_1\|+\|\hat{x}-x_{t+1}\|+\|\hat{x}-x_{t+1}^v\|)+\right.\\&\left.\frac{1}{\beta_t\tau_t}(2\|\hat{y}-y_1\|+\|\hat{y}-y_{t+1}\|+\|\hat{y}-y_{t+1}^v\|)+\frac{\|A\|}{\beta_t}(\|\hat{x}-x_{t+1}\|+\|\hat{x}-x_t\|)\right]\\\leqslant&\frac{2\|\hat{x}-x_1\|}{\beta_t\eta_t}+\frac{2\|\hat{y}-y_1\|}{\beta_t\tau_t}+\sqrt{2D^2+2C^2}\left[\frac{2}{\beta_t\eta_t}+\frac{1}{\beta_t\tau_t}\sqrt{\frac{\tau_t}{\eta_1}}\left(\sqrt{\frac{1}{1-p}}+1\right)+\frac{2\|A\|}{\beta_t}\right]\end{aligned}$$

因此不等式(4.4.83)成立。

现在让我们估计 δ_{t+1} 的上界。由式(4.4.52)、式(4.4.73)、式(4.4.79)和式(4.4.85)可得

$$
\begin{aligned}
\mathbb{E}[\delta_{t+1}]&=\mathbb{E}\left[\frac{1}{\beta_t\eta_t}\|\overline{x}_{t+1}-x_1\|^2+\frac{1}{\beta_t\tau_t}\|\overline{y}_{t+1}-y_1\|^2\right]+\frac{1}{\beta_t\gamma_t}\mathbb{E}[U_t]\\
&\leqslant\mathbb{E}\left[\frac{2}{\beta_t\eta_t}(\|\hat{x}-\overline{x}_{t+1}\|^2+\|\hat{x}-x_1\|^2)+\frac{2}{\beta_t\tau_t}(\|\hat{y}-\overline{y}_{t+1}\|^2+\|\hat{y}-y_1\|^2)\right]+\frac{1}{\beta_t\eta_t}C^2\\
&=\mathbb{E}\left[\frac{1}{\beta_t\eta_t}(2D^2+2\|\hat{x}-\overline{x}_{t+1}\|^2+\frac{2\eta_t(1-p)}{\tau_t}\|\hat{y}-\overline{y}_{t+1}\|^2+\frac{2\eta_t p}{\tau_t}\|\hat{y}-\overline{y}_{t+1}\|^2)\right]+\frac{1}{\beta_t\eta_t}C^2\\
&\leqslant\frac{1}{\beta_t\eta_t}\left[2D^2+C^2+\frac{2}{\beta_t\gamma_t}\sum_{i=1}^{t}\gamma_i\left(\mathbb{E}[\|\hat{x}-x_{i+1}\|^2]+\frac{\eta_t(1-p)}{\tau_t}\mathbb{E}[\|\hat{y}-y_{i+1}\|^2]+\right.\right.\\
&\qquad\left.\left.\frac{\eta_t p}{\tau_t}\mathbb{E}[\|\hat{y}-y_{i+1}\|^2]\right)\right]\\
&\leqslant\frac{1}{\beta_t\eta_t}\left[2D^2+C^2+\frac{2}{\beta_t\gamma_t}\sum_{i=1}^{t}\gamma_i\left(2D^2+C^2+\frac{\eta_t p}{\tau_t}\cdot\frac{\tau_1}{\eta_1(1-p)}(2D^2+C^2)\right)\right]\\
&=\frac{1}{\beta_t\eta_t}\left(\frac{6-2p}{1-p}D^2+\frac{5-p}{1-p}C^2\right)
\end{aligned}
$$

因此不等式(4.4.82)成立。 ■

下面我们通过选择一组满足式(4.4.24)、式(4.4.41)和式(4.4.58)的参数来给出定理 4.9 的一个具体的结果。

推论 4.4　在算法 4.3 中，如果给定 N，如下设置参数

$$\beta_t=\frac{t+1}{2},\quad \theta_t=\frac{t-1}{t},\quad \eta_t=\frac{3t}{4\eta},\quad \tau_t=\frac{t}{\eta} \tag{4.4.86}$$

其中

$$\eta=2L_{\hat{f}}+2\|A\|(N-1)+\frac{N\sqrt{N-1}\sigma}{\widetilde{D}},\quad \widetilde{D}>0,\quad \sigma=\sqrt{\frac{9}{4}\sigma_x^2+\sigma_y^2} \tag{4.4.87}$$

那么，存在 v_N 满足不等式(4.4.82)，且

$$\varepsilon_N\leqslant\frac{40L_{\hat{f}}D^2}{N(N-1)}+\frac{40\|A\|D^2}{N}+\frac{\sigma D(20D/\widetilde{D}+6\widetilde{D}/D)}{\sqrt{N-1}} \tag{4.4.88}$$

$$\mathbb{E}[\|v_N\|]\leqslant\frac{50L_{\hat{f}}D}{N(N-1)}+\frac{\|A\|D(55+4\widetilde{D}/D)}{N}+\frac{\sigma(9+25D/\widetilde{D})}{\sqrt{N-1}} \tag{4.4.89}$$

其中 D 如(4.4.51)中定义。

证明　对于式(4.4.86)中所取的参数，显然式(4.4.24)和式(4.4.41)成立。进一步，令 $p=1/4$, $q=3/4$，那么对于所有 $t=1$，…，$N-1$，都有

$$\frac{q}{\eta_t}-\frac{L_{\hat{f}}}{\beta_t}-\frac{\|A\|^2\tau_t}{p}=\frac{\eta}{t}-\frac{2L_{\hat{f}}}{t+1}-\frac{4\|A\|^2t}{\eta}\geqslant\frac{2L_{\hat{f}}+2\|A\|(N-1)}{t}-\frac{2L_{\hat{f}}}{t}-\frac{2\|A\|^2t}{\|A\|(N-1)}\geqslant 0$$

因此式(4.4.58)成立。根据定理 4.9，我们得到式(4.4.82)和式(4.4.83)。注意到 $\eta_t/\tau_t=3/4$，并且

$$
\begin{aligned}
&\frac{1}{\beta_{N-1}\eta_{N-1}}\|\hat{x}-x_1\|\leqslant\frac{1}{\beta_{N-1}\eta_{N-1}}D,\quad \frac{1}{\beta_{N-1}\tau_{N-1}}\|\hat{y}-y_1\|\\
&\qquad\leqslant\frac{1}{\beta_{N-1}\eta_{N-1}}\cdot\frac{\eta_{N-1}}{\tau_{N-1}}\cdot\sqrt{\frac{4}{3}}D=\frac{\sqrt{3/4}\,D}{\beta_{N-1}\eta_{N-1}}
\end{aligned}
$$

因此对式(4.4.82)和式(4.4.83)我们有

$$\epsilon_N \leqslant \frac{1}{\beta_{N-1}\eta_{N-1}}\left(\frac{22}{3}D^2+\frac{19}{3}C^2\right) \tag{4.4.90}$$

$$\mathbb{E}[\|v_N\|] \leqslant \frac{(2+\sqrt{3})D}{\beta_{N-1}\eta_{N-1}}+\frac{\sqrt{2D^2+2C^2}(3+\sqrt{3/4})}{\beta_{N-1}\eta_{N-1}}+\frac{2\|A\|\sqrt{2D^2+2C^2}}{\beta_{N-1}} \tag{4.4.91}$$

由不等式(4.4.84)和 $\sum_{i=1}^{N-1} i^2 \leqslant N^2(N-1)/3$ 的事实，可得

$$C=\sqrt{\sum_{i=1}^{N-1}\frac{9\sigma_x^2 i^2}{4\eta^2}+\sum_{i=1}^{N-1}\frac{\sigma_y^2 i^2}{\eta^2}} \leqslant \sqrt{\frac{1}{3\eta^2}N^2(N-1)\left(\frac{9\sigma_x^2}{4}+\sigma_y^2\right)}=\frac{\sigma N\sqrt{N-1}}{\sqrt{3}\eta}$$

将上面的界应用于式(4.4.90)和式(4.4.91)，并利用式(4.4.87)和关系 $\sqrt{2D^2+C^2}\leqslant\sqrt{2}D+C$，我们可以得到

$$\begin{aligned}
\epsilon_N &\leqslant \frac{8\eta}{3N(N-1)}\left(\frac{22}{3}D^2+\frac{19\sigma^2N^2(N-1)}{9\eta^2}\right)=\frac{8}{3N(N-1)}\left(\frac{22}{3}\eta D^2+\frac{19\sigma^2N^2(N-1)}{9\eta}\right)\\
&\leqslant \frac{352L_{\hat{f}}D^2}{9N(N-1)}+\frac{352\|A\|(N-1)D^2}{9N(N-1)}+\frac{176N\sqrt{N-1}\sigma D^2/\widetilde{D}}{9N(N-1)}+\frac{152\sigma^2N^2(N-1)}{27N(N-1)\sigma N\sqrt{N-1}/\widetilde{D}}\\
&=\frac{352L_{\hat{f}}D^2}{9N(N-1)}+\frac{352\|A\|D^2}{9N}+\frac{\sigma D}{\sqrt{N-1}}+\left(\frac{176D}{9\widetilde{D}}+\frac{152\widetilde{D}}{27D}\right)\\
&\leqslant \frac{40L_{\hat{f}}D^2}{N(N-1)}+\frac{40\|A\|D^2}{N}+\frac{\sigma D(20D/\widetilde{D}+6\widetilde{D}/D)}{\sqrt{N-1}}
\end{aligned}$$

$$\begin{aligned}
\mathbb{E}[\|v_N\|] &\leqslant \frac{1}{\beta_{N-1}\eta_{N-1}}(2D+\sqrt{3}D+3\sqrt{2}D+\sqrt{6}D/2+3\sqrt{2}C+\sqrt{6}C/2)+\\
&\quad \frac{2\sqrt{2}\|A\|D}{\beta_{N-1}}+\frac{2\sqrt{2}\|A\|C}{\beta_{N-1}}\\
&\leqslant \frac{16L_{\hat{f}}+16\|A\|(N-1)+8N\sqrt{N-1}\sigma/\widetilde{D}}{3N(N-1)}(2+\sqrt{3}+3\sqrt{2}+\sqrt{6}/2)D+\\
&\quad \frac{8\sigma}{3\sqrt{N-1}}(\sqrt{6}+\sqrt{2}/2)+\frac{4\sqrt{2}\|A\|D}{N}+\frac{4\sqrt{2}\|A\|\sigma N\sqrt{N-1}}{N\sqrt{3}N\sqrt{N-1}\sigma/\widetilde{D}}\\
&\leqslant \frac{50L_{\hat{f}}D}{N(N-1)}+\frac{\|A\|D(55+4\widetilde{D}/D)}{N}+\frac{\sigma(9+25D/\widetilde{D})}{\sqrt{N-1}}
\end{aligned}$$

定理得证。■

我们注意到，与确定有界的情况下参数选择式(4.4.53)相比，对于确定且无界的情况，式(4.4.86)～式(4.4.87)中的参数设置更复杂。特别地，对于随机无界问题的情形，我们需要选择一个参数 $\widetilde{D}$，而这在确定性情况中是不需要的。显然，极小化式(4.4.88)中右边部分的界时，$\widetilde{D}$ 的最优选择是 $\sqrt{6}D$。然而，需要注意的是，对于无界的情况，D 的值是很难估计的，因此人们常常不得不求助于对 $\widetilde{D}$ 的次优选择。比如，当取 $\widetilde{D}=1$ 时，式(4.4.88)和式(4.4.89)的右边部分就分别变成了 $\mathcal{O}(L_{\hat{f}}D^2/N^2+\|A\|D^2/N+\sigma D^2/\sqrt{N})$ 和 $\mathcal{O}(L_{\hat{f}}D/N^2+\|A\|D/N+\sigma D/\sqrt{N})$。

4.5 随机加速镜面-邻近方法

设 $\mathbb{R}^n$ 为一个有限维的向量空间，该空间具有内积 $\langle\cdot,\cdot\rangle$ 和范数 $\|\cdot\|$（不一定由内积 $\langle\cdot,\cdot\rangle$ 导出），集合 Z 为 $\mathbb{R}^n$ 空间中的一个非空闭凸集。我们感兴趣的问题是要找到 $u^*\in Z$，它是下面单调随机变分不等式(SVI)问题的解：

$$\langle\mathbb{E}_{\xi,\zeta}[F(u;\xi,\zeta)],u^*-u\rangle\leqslant 0,\quad\forall u\in Z \tag{4.5.1}$$

在这里，分别对随机向量 ξ 和 ζ 求期望，ξ 和 ζ 的分布分别是在 $\Xi\subseteq\mathbb{R}^d$ 和 $\Xi'\subseteq\mathbb{R}^{d'}$ 上，且函数 F 由三个具有结构不同性质的项的和给出，即

$$F(u;\xi,\zeta)=G(u;\xi)+H(u;\zeta)+J'(u),\quad\forall u\in Z \tag{4.5.2}$$

具体来说，假设 $J'(u)\in\partial J(u)$ 是一个相对简单的凸函数 J（见后面的式(4.5.9)）的次梯度，$H(u;\zeta)$ 是单调且 Lipschitz 连续的算子 H 的无偏估计，满足 $\mathbb{E}_\zeta[H(u;\zeta)]=H(u)$，并且，

$$\langle H(w)-H(v),w-v\rangle\geqslant 0,\ 且\ \|H(w)-H(v)\|_*\leqslant M\|w-v\|,\quad\forall w,v\in Z \tag{4.5.3}$$

其中 $\|\cdot\|_*$ 为 $\|\cdot\|$ 的共轭范数。此外，我们假定 $G(u;\xi)$ 是一个连续可微的凸函数 G 的梯度的无偏估计，使得 $\mathbb{E}_\xi[G(u;\xi)]=\nabla G(u)$，并且

$$0\leqslant G(w)-G(v)-\langle\nabla G(v),w-v\rangle\leqslant\frac{L}{2}\|w-v\|^2,\quad\forall w,v\in Z \tag{4.5.4}$$

注意由式(4.5.1)所给出的 u^* 通常被称为 SVI 的弱解。回顾一下与此相关的概念，即 SVI 的强解（见 3.8 节）。更具体地说，令

$$F(u):=\mathbb{E}_{\xi,\zeta}[F(u;\xi,\zeta)]=\nabla G(u)+H(u)+J'(u), \tag{4.5.5}$$

我们说 u^* 是一个 SVI 的强解，如果它满足

$$\langle F(u^*),u^*-u\rangle\leqslant 0,\quad\forall u\in Z \tag{4.5.6}$$

需要注意的是，上面的算子 F 可能不是连续的，且问题(4.5.1)和式(4.5.6)也分别被称为 Minty 变分不等式和 Stampacchia 变分不等式。对于任意单调算子 F，众所周知，在宽松的假设之下（如 F 是连续的），由式(4.5.6)定义的强解同时也是式(4.5.1)中的弱解，反之亦然。例如，对于式(4.5.5)中的 F，如果 $J=0$，则分别由式(4.5.1)和式(4.5.6)定义的弱解和强解是等价的。为了表示方便，我们用 SVI(Z; G, H, J)或简单地用 SVI(Z; F)来表示问题(4.5.1)。

在本节中，我们假定存在随机一阶预言机 SFO_G 和 SFO_H，对任意一个测试点 $u\in Z$，它们分别输出 $G(u;\xi)$ 和 $H(u;\xi)$ 的随机样本。

假设 10　当输入为 $z\in Z$ 并对 SFO_G 和 SFO_H 进行第 i 次调用时，预言机 SFO_G 和 SFO_H 分别输出随机信息 $G(z;\xi_i)$ 和 $H(z;\zeta_i)$，满足

$$\mathbb{E}[\|G(u;\xi_i)-\nabla G(u)\|_*^2]\leqslant\sigma_G^2,\quad\mathbb{E}[\|H(u;\zeta_i)-H(u)\|_*^2]\leqslant\sigma_H^2$$

对于某个 σ_G，$\sigma_H\geqslant 0$，并且 ξ_i 和 ζ_i 是独立分布的随机样本。

为了便于表示，在本节中，我们也使用记号

$$\sigma:=\sqrt{\sigma_G^2+\sigma_H^2} \tag{4.5.7}$$

假设 10 表明 $G(u,\xi_i)$ 和 $H(u,\zeta_i)$ 的方差是有界的。需要注意的是，确定性 VI 问题，表示为 VI(Z; G, H, J)，是 SVI 问题当 $\sigma_G=\sigma_H=0$ 时的特殊情况。上述设置包含了正则 SVI 的特例，其算子 $G(u)$ 或 $H(u)$ 以式(4.5.1)所示期望的形式给出。此外，上述处理还提供了一个研究解决确定性 VI 或鞍点问题的随机算法的框架。

4.5.1 算法框架

通过检查式(4.5.1)中 SVI 问题的结构性质(如梯度场 G 和 H 的 Lipschitz 连续性)，我们可以看到，求解 SVI 的梯度和算子计算的总数不可能少于

$$\mathcal{O}\left(\sqrt{\frac{L}{\varepsilon}}+\frac{M}{\varepsilon}+\frac{\sigma^2}{\varepsilon^2}\right) \tag{4.5.8}$$

这一个复杂度下界是根据以下三个观察结果推导出来的：

(a) 当 $H=0$ 且 $\sigma=0$ 时，SVI(Z；G，0，0)就等价于一个光滑优化问题 $\min\limits_{u\in Z} G(u)$，并且极小化 $G(u)$ 的复杂度不会低于 $\mathcal{O}(\sqrt{L/\varepsilon})$。

(b) 当 $G=0$ 且 $\sigma=0$ 时，求解 SVI(Z；0，H，0)的复杂度不会低于 $\mathcal{O}(M/\varepsilon)$。

(c) 当 $H=0$ 时，SVI(Z；G，0，0)等价于随机光滑优化问题，其复杂度不会低于 $\mathcal{O}(\sigma^2/\varepsilon^2)$。

式(4.5.8)中的复杂度下界和上面所陈述的三个观察结果，为用式(4.5.5)中所给出的算子设计有效的算法来求解 SVI 问题，提供了重要的方法论指导。考虑更普遍的问题(4.5.6)的求解时，将式(4.5.5)中的 $\nabla G(u)$ 和 $H(u)$ 组合为一个单一的单调算子，而不是将它们分开，似乎是很自然的处理。从泛化的角度来看，这样的考虑是合理的，因为注意到函数 $G(u)$ 的凸性与 $\nabla G(u)$ 的单调性是等价的，而且还有 $\nabla G(u)$ 的 Lipschitz 条件(4.5.3)和式(4.5.4)等价于式(4.5.6)中 $F(u)$ 的 Lipschitz 条件，即 $\|F(w)-F(v)\|_*\leqslant(L+M)\|w-v\|$。然而，从算法的观点来看，将 ∇G 与 H 分开进行特殊处理，对于加速算法的设计将是至关重要的。根据对上面(b)和(c)的观察，如果考虑 $F:=\nabla G+H$ 为单个单调算子，求解 SVI(Z；0；F；0)的复杂度不能小于

$$\mathcal{O}\left(\frac{L+M}{\varepsilon}+\frac{\sigma^2}{\varepsilon^2}\right)$$

在对 L 的依赖性上这会是比式(4.5.8)更差的结果。

为了使 SVI 问题达到式(4.5.8)中的复杂性界，我们在 3.8 节的镜面-邻近方法中加入了一种多步加速方案，并引入了一种可以发现式(4.5.1)的结构特性的随机加速镜面-邻近(SAMP)方法。具体来说，我们假设以下子问题可以有效地求解：

$$\arg\min_{u\in Z}\langle\eta, u-z\rangle+V(z, u)+J(u) \tag{4.5.9}$$

这里 $V(\cdot,\cdot)$ 是与距离生成函数 ω：$Z\to\mathbb{R}$ 相关联的邻近函数

$$V(z, u):=\omega(u)-\omega(z)-\langle\nabla\omega(z), u-z\rangle,\quad \forall u, z\in Z \tag{4.5.10}$$

使用上述的邻近映射定义，我们在算法 4.4 中描述了 SAMP 方法。

算法 4.4 随机加速镜面邻近算法(SAMP)

取 $r_1\in Z$，设置 $w_1=r_1$，$\overline{w}_1=r_1$。

对于 $t=1, 2, \cdots, N-1$，计算

$$\underline{w}_t=(1-\alpha_t)\overline{w}_t+\alpha_t r_t \tag{4.5.11}$$

$$w_{t+1}=\arg\min_{u\in Z}\gamma_t[\langle H(r_t;\zeta_{2t-1})+G(\underline{w}_r;\xi_t), u-r_t\rangle+J(u)]+V(r_t, u) \tag{4.5.12}$$

$$r_{t+1}=\arg\min_{u\in Z}\gamma_t[\langle H(w_{t+1};\zeta_{2t})+G(\underline{w}_r;\xi_t), u-r_t\rangle+J(u)]+V(r_t, u) \tag{4.5.13}$$

$$\overline{w}_{t+1}=(1-\alpha_t)\overline{w}_t+\alpha_t w_{t+1} \tag{4.5.14}$$

输出：w_N^{ag}。

可以看到，在 SAMP 算法中，我们引入了两个序列，即$\{\underline{w}_t\}$和$\{\overline{w}_t\}$，这两个序列是迭代$\{w_t\}$和$\{r_t\}$的凸组合，其中系数$\alpha_t\in[0,1]$。如果$\alpha_t\equiv 1$，$G=0$，$J=0$，那么求解 SVI(Z；0，H，0)的算法 4.4 等价于 3.8 节中镜面-邻近方法的随机版本。另外，当距离生成函数为$\omega(\cdot)=\|\cdot\|_2^2/2$时，原来式(4.5.12)和式(4.5.13)的迭代变为

$$w_{t+1}=\arg\min_{u\in Z}\langle\gamma_t H(r_t),\ u-r_t\rangle+\frac{1}{2}\|u-r_t\|_2^2$$

$$r_{t+1}=\arg\min_{u\in Z}\langle\gamma_t H(w_{t+1}),\ u-r_t\rangle+\frac{1}{2}\|u-r_t\|_2^2$$

这就是外梯度方式的迭代。另一方面，如果$H=0$，则式(4.5.12)和式(4.5.13)产生相同的优化器$w_{t+1}=r_{t+1}$，算法 4.4 等价于 4.2 节中的随机加速梯度下降法。因此，算法 4.4 可以看作是随机镜面-邻近法和随机加速梯度下降法的混合算法，故将其命名为随机加速镜面-邻近法。有趣的是，对于任何t，该算法都会有两次SFO_H调用，而只有一次SFO_G调用。

4.5.2 收敛性分析

为了分析算法 4.4 的收敛性，我们引入了一个概念来刻画 SVI(Z；G，H，J)的弱解。对于所有$\tilde{u}$，$u\in Z$，我们定义

$$Q(\tilde{u},\ u):=G(\tilde{u})-G(u)+\langle H(u),\ \tilde{u}-u\rangle+J(\tilde{u})-J(u)\tag{4.5.15}$$

显然，对于式(4.5.5)中定义的F，有$\langle F(u),\ \tilde{u}-u\rangle\leqslant Q(\tilde{u},\ u)$成立。因此，如果对于所有$u\in Z$都有$Q(\tilde{u},\ u)\leqslant 0$，则$\tilde{u}$是 SVI($Z$；$G$，$H$，$J$)的一个弱解。从而，当$Z$有界时，很自然可以使用间隙函数

$$g(\tilde{u}):=\sup_{u\in Z}Q(\tilde{u},\ u)\tag{4.5.16}$$

来估算一个可行解$\tilde{u}\in Z$的精度。然而，如果Z是无界的，那么即使$\tilde{z}\in Z$几乎是一个最优解，$g(\tilde{z})$也有可能没有定义。因此，为了度量Z无界时候选解的精度，需要对间隙函数稍做修改。在后面，我们将分别考虑Z有界时和无界时的情况。对于这两种情形，都会以它们期望的形式去建立间隙函数的收敛速度，即算法多次运行的“平均”收敛速度。此外，我们论证了如果Z是有界的，那么，也可以在概率意义上细化$g(\cdot)$的收敛速度，在以下“轻尾”假设条件下。

假设 11　当对预言机SFO_G和SFO_H在任意输入$u\in Z$时，对于它们的第i次调用有

$$\mathbb{E}[\exp\{\|\nabla G(u)-G(u;\ \xi_i)\|_*^2/\sigma_G^2\}]\leqslant\exp\{1\}$$

和

$$\mathbb{E}[\exp\{\|H(u)-H(u;\ \zeta_i)\|_*^2/\sigma_H^2\}]\leqslant\exp\{1\}$$

成立。

这里需要注意的是，由 Jensen 不等式可知，假设 11 包含了假设 10。

我们首先建立算法 4.4 当Z有界时的一些收敛性质。注意在本算法的收敛性分析过程中始终会用到以下的量：

$$\Gamma=\begin{cases}1, & t=1\\(1-\alpha_t)\Gamma_{t-1}, & t>1\end{cases}\tag{4.5.17}$$

为了证明随机 AMP 算法的收敛性，我们首先给出了一些技术性结果。引理 4.12 描述了算法 4.4 中式(4.5.12)和式(4.5.13)使用的投影(或邻近-映射)的一些重要性质。引理 4.13 提供了与式(4.5.15)中定义的$Q(\cdot,\cdot)$函数相关的递归式。借助引理 4.12 和 4.13，我们估

计了引理 4.14 中函数 $Q(\cdot,\cdot)$的界。

引理 4.12　已知 $r, w, y\in Z$ 和 $\eta, \vartheta\in\mathbb{R}^n$ 满足

$$w=\arg\min_{u\in Z}\langle\eta, u-r\rangle+V(r, u)+J(u) \tag{4.5.18}$$

$$y=\arg\min_{u\in Z}\langle\vartheta, u-r\rangle+V(r, u)+J(u) \tag{4.5.19}$$

和

$$\|\vartheta-\eta\|_*^2\leqslant L^2\|w-r\|^2+M^2 \tag{4.5.20}$$

那么，对于所有 $u\in Z$ 有

$$(\vartheta, w-u)+J(w)-J(u)\leqslant V(r, u)-V(y, u)-\left(\frac{1}{2}-\frac{L^2}{2}\right)\|r-w\|^2+\frac{M^2}{2} \tag{4.5.21}$$

和

$$V(y, w)\leqslant L^2V(r, w)+\frac{M^2}{2} \tag{4.5.22}$$

证明　将引理 3.5 应用于式(4.5.18)和式(4.5.19)，对于所有 $u\in Z$，我们有

$$\langle\eta, w-u\rangle+J(w)-J(u)\leqslant V(r, u)-V(r, w)-V(w, u) \tag{4.5.23}$$

$$\langle\vartheta, y-u\rangle+J(y)-J(u)\leqslant V(r, u)-V(r, y)-V(y, u) \tag{4.5.24}$$

特别地，在式(4.5.23)中取 $u=y$，会有

$$\langle\eta, w-y\rangle+J(w)-J(y)\leqslant V(r, y)-V(r, w)-V(w, y) \tag{4.5.25}$$

将不等式(4.5.24)和式(4.5.25)两边分别相加，则有

$$\langle\vartheta, y-u\rangle+(\eta, w-y\rangle+J(w)-J(u)\leqslant V(r, u)-V(y, u)-V(r, w)-V(w, y)$$

此式等价于

$$\langle\vartheta, w-u\rangle+J(w)-J(u)\leqslant\langle\vartheta-\eta, w-y\rangle+V(r, u)-V(y, u)-V(r, w)-V(w, y)$$

将 Cauchy-Schwartz 不等式和不等式(3.1.6)应用于上面不等式，再结合由于式(4.5.10)中 $\omega(\cdot)$的强凸性得到的如下事实

$$\frac{1}{2}\|z-u\|^2\leqslant V(u, z),\quad\forall u, z\in Z \tag{4.5.26}$$

我们得到

$$\begin{aligned}
&\langle\vartheta, w-u\rangle+J(w)-J(u)\\
&\leqslant\|\vartheta-\eta\|_*\|w-y\|+V(r, u)-V(y, u)-V(r, w)-\frac{1}{2}\|w-y\|^2\\
&\leqslant\frac{1}{2}\|\vartheta-\eta\|_*^2+\frac{1}{2}\|w-y\|^2+V(r, u)-V(y, u)-V(r, w)-\frac{1}{2}\|w-y\|^2\\
&=\frac{1}{2}\|\vartheta-\eta\|_*^2+V(r, u)-V(y, u)-V(r, w)
\end{aligned} \tag{4.5.27}$$

不等式(4.5.21)的结果可直接由上述关系、式(4.5.20)和式(4.5.26)得到。

此外，在式(4.5.24)和式(4.5.27)中分别设置 $u=w$ 和 $u=y$，我们有

$$\langle\vartheta, y-w\rangle+J(y)-J(w)\leqslant V(r, w)-V(r, y)-V(y, w)$$

$$\langle\vartheta, w-y\rangle+J(w)-J(y)\leqslant\frac{1}{2}\|\vartheta-\eta\|_*^2+V(r, y)-V(r, w)$$

将上述两个不等式相加，使用不等式(4.5.20)和式(4.5.26)，得到

$$0\leqslant\frac{1}{2}\|\vartheta-\eta\|_*^2-V(y, w)\leqslant\frac{L^2}{2}\|r-w\|^2+\frac{M^2}{2}-V(y, w)\leqslant L^2V(r, w)+\frac{M^2}{2}-V(y, w)$$

因此式(4.5.22)成立。 ■

引理 4.13　对于任意序列$\{r_t\}_{t\geqslant 1}$和$\{w_t\}_{t\geqslant 1}\subset Z$，如果序列$\{\overline{w}_t\}$和$\{\underline{w}_t\}$分别是由式(4.5.11)和式(4.5.14)生成的，那么对所有$u\in Z$，有

$$Q(\overline{w}_{t+1}, u)-(1-\alpha_t)Q(\overline{w}_t, u)$$
$$\leqslant \alpha_t\langle \nabla G(\underline{w}_t)+H(w_{t+1}), w_{t+1}-u\rangle+\frac{L\alpha_t^2}{2}\|w_{t+1}-r_t\|^2+\alpha_t J(w_{t+1})-\alpha_t J(u) \tag{4.5.28}$$

证明　观察到由式(4.5.11)和式(4.5.14)有$\overline{w}_{t+1}-\underline{w}_t=\alpha_t(w_{t+1}-r_t)$。这一结果和$G(\cdot)$的凸性表明，对于所有$u\in Z$有

$$\begin{aligned}G(\overline{w}_{t+1})&\leqslant G(\underline{w}_t)+\langle \nabla G(\underline{w}_t), \overline{w}_{t+1}-\underline{w}_t\rangle+\frac{L}{2}\|\overline{w}_{t+1}-\underline{w}_t\|^2\\&=(1-\alpha_t)[G(\underline{w}_t)+\langle\nabla G(\underline{w}_t), \overline{w}_t-\underline{w}_t\rangle]+\\&\quad\alpha_t[G(\underline{w}_t)+\langle\nabla G(\underline{w}_t), u-\underline{w}_t\rangle]+\\&\quad\alpha_t(\nabla G(\underline{w}_t), w_{t+1}-u)+\frac{L\alpha_t^2}{2}\|w_{t+1}-r_t\|^2\\&\leqslant(1-\alpha_t)G(\overline{w}_t)+\alpha_t G(u)+\alpha_t(\nabla G(\underline{w}_t), w_{t+1}-u)+\frac{L\alpha_t^2}{2}\|w_{t+1}-r_t\|^2\end{aligned}$$

利用上式、式(4.5.14)、式(4.5.15)和$H(\cdot)$的单调性，我们有

$$\begin{aligned}&Q(\overline{w}_{t+1}, u)-(1-\alpha_t)Q(\overline{w}_t, u)\\&=G(\overline{w}_{t+1})-(1-\alpha_t)G(\overline{w}_t)-\alpha_t G(u)+\\&\quad\langle H(u), \overline{w}_{t+1}-u\rangle-(1-\alpha_t)\langle H(u), \overline{w}_t-u\rangle+\\&\quad J(\overline{w}_{t+1})-(1-\alpha_t)J(\overline{w}_t)-\alpha_t J(u)\\&\leqslant G(\overline{w}_{t+1})-(1-\alpha_t)G(\overline{w}_t)-\alpha_t G(u)+\alpha_t\langle H(u), w_{t+1}-u\rangle+\\&\quad\alpha_t J(w_{t+1})-\alpha_t J(u)\\&\leqslant\alpha_t\langle\nabla G(\underline{w}_t), w_{t+1}-u\rangle+\frac{L\alpha_t^2}{2}\|w_{t+1}-r_t\|^2+\alpha_t\langle H(w_{t+1}), w_{t+1}-u\rangle+\\&\quad\alpha_t J(w_{t+1})-\alpha_t J(u)\end{aligned}$$

■

后续，我们将使用以下符号来描述预言机SFO_H和SFO_G的一阶信息的不精确性。在第t次迭代中，以$H(r_t; \zeta_{2t-1})$，$H(w_{t+1}; \zeta_{2t})$和$G(\underline{w}_t; \xi_t)$作为随机预言机的输出，我们引入表示符号：

$$\begin{aligned}\Delta_H^{2t-1}&:=H(r_t; \zeta_{2t-1})-H(r_t)\\\Delta_H^{2t}&:=H(w_{t+1}; \zeta_{2t})-H(w_{t+1})\\\Delta_G^t&:=G(\underline{w}_r; \xi_t)-\nabla G(\underline{w}_t)\end{aligned} \tag{4.5.29}$$

下面的引理4.14给出了对于所有$u\in Z$，函数$Q(\overline{w}_{t+1}, u)$具有的上界。

引理 4.14　假设算法4.4中的参数$\{\alpha_t\}$对所有$t>1$都满足$\alpha_1=1$且$0\leqslant\alpha_t<1$，那么迭代$\{r_t\}$，$\{w_t\}$和$\{\overline{w}_t\}$满足

$$\frac{1}{\Gamma_t}Q(\overline{w}_{t+1}, u)$$
$$\leqslant B_t(u, r_{[t]})-\sum_{i=1}^t\frac{\alpha_i}{2\Gamma_i\gamma_i}(q-L\alpha_i\gamma_i-3M^2\gamma_i^2)\|r_i-w_{i+1}\|^2+\sum_{i=1}^t\Lambda_i(u),\quad\forall u\in Z \tag{4.5.30}$$

其中Γ_t在式(4.5.17)中定义，并且

$$B_t(u, r_{[t]}) := \sum_{i=1}^{t} \frac{\alpha_i}{\Gamma_i \gamma_i}(V(r_i, u) - V(r_{i+1}, u)) \tag{4.5.31}$$

和

$$\begin{aligned} \Lambda_i(u) := & \frac{3\alpha_i\gamma_i}{2\Gamma_i}(\|\Delta_H^{2i}\|_*^2 + \|\Delta_H^{2i-1}\|_*^2) - \frac{(1-q)\alpha_i}{2\Gamma_i\gamma_i}\|r_i - w_{i+1}\|^2 - \\ & \frac{\alpha_i}{\Gamma_i}\langle \Delta_H^{2i} + \Delta_G^i, w_{i+1} - u\rangle \end{aligned} \tag{4.5.32}$$

证明 从式(4.5.29)中可以看出

$$\begin{aligned} & \|H(w_{t+1}; \zeta_{2t}) - H(r_t; \zeta_{2t-1})\|_*^2 \\ \leqslant & (\|H(w_{t+1}) - H(r_t)\|_* + \|\Delta_H^{2t}\|_* + \|\Delta_H^{2t-1}\|_*)^2 \\ \leqslant & 3(\|H(w_{t+1}) - H(r_t)\|_*^2 + \|\Delta_H^{2t}\|_*^2 + \|\Delta_H^{2t-1}\|_*^2) \\ \leqslant & 3(M^2\|w_{t+1} - r_t\|^2 + \|\Delta_H^{2t}\|_*^2 + \|\Delta_H^{2t-1}\|_*^2) \end{aligned} \tag{4.5.33}$$

将引理 4.12 应用于式(4.5.12)和式(4.5.13)(分别取 $r = r_t$，$w = w_{t+1}$，$y = r_{t+1}$，$\eta = \gamma_t H(r_t; \zeta_{2t-1}) + \gamma_t G(\underline{w}_t; \xi_t)$，$\vartheta = \gamma_t H(w_{t+1}; \zeta_{2t}) + \gamma_t G(\underline{w}_t; \xi_t)$，$J = \gamma_t J$，$L^2 = 3M^2\gamma_t^2$ 及 $M^2 = 3\gamma_t^2(\|\Delta_H^{2t}\|_*^2 + \|\Delta_H^{2t-1}\|_*^2)$)，并使用式(4.5.33)，对任何 $u \in Z$，我们有

$$\begin{aligned} & \gamma_t\langle H(w_{t+1}; \zeta_{2t}) + G(\underline{w}_t; \xi_t), w_{t+1} - u\rangle + \gamma_t J(w_{t+1}) - \gamma_t J(u) \\ \leqslant & V(r_t, u) - V(r_{t+1}, u) - \left(\frac{1}{2} - \frac{3M^2\gamma_t^2}{2}\right)\|r_t - w_{t+1}\|^2 + \frac{3\gamma_t^2}{2}(\|\Delta_H^{2t}\|_*^2 + \|\Delta_H^{2t-1}\|_*^2) \end{aligned}$$

将式(4.5.29)和上面的不等式应用到式(4.5.28)，会有

$$\begin{aligned} & Q(w_{t+1}, u) - (1-\alpha_t)Q(\overline{w}_t, u) \\ \leqslant & \alpha_t\langle H(w_{t+1}; \zeta_{2t}) + G(w_r; \xi_t), w_{t+1} - u\rangle + \alpha_t J(w_{t+1}) - \alpha_t J(u) + \\ & \frac{L\alpha_t^2}{2}\|w_{t+1} - r_t\|^2 - \alpha_t\langle \Delta_H^{2t} + \Delta_G^t, w_{t+1} - u\rangle \\ \leqslant & \frac{\alpha_t}{\gamma_t}(V(r_t, u) - V(r_{t+1}, u)) - \frac{\alpha_t}{2\gamma_t}(1 - L\alpha_t\gamma_t - 3M^2\gamma_t^2)\|r_t - w_{t+1}\|^2 + \\ & \frac{3\alpha_t\gamma_t}{2}(\|\Delta_H^{2t}\|_*^2 + \|\Delta_H^{2t-1}\|_*^2) - \alpha_t\langle \Delta_H^{2t} + \Delta_G^t, w_{t+1} - u\rangle \end{aligned}$$

将上面的不等式两边除以 Γ_t，并利用如式(4.5.32)中的 $\Lambda_t(u)$的定义，得到

$$\begin{aligned} & \frac{1}{\Gamma_t}Q(\overline{w}_{t+1}, u) - \frac{1-\alpha_t}{\Gamma_t}Q(\overline{w}_t, u) \\ \leqslant & \frac{\alpha_t}{\Gamma_t\gamma_t}(V(r_t, u) - V(r_{t+1}, u)) - \\ & \frac{\alpha_t}{2\Gamma_t\gamma_t}(q - L\alpha_t\gamma_t - 3M^2\gamma_t^2)\|r_t - w_{t+1}\|^2 + \Lambda_t(u) \end{aligned}$$

注意到 $\alpha_1 = 1$，而由式(4.5.17)知 $(1-\alpha_1)/\Gamma_t = 1/\Gamma_{t-1}$，$t > 1$，递归地应用上述不等式，并利用式(4.5.31)中 $B_t(\cdot,\cdot)$的定义，即可得式(4.5.30)。 ■

在证明定理 4.10 和 4.11 之前，我们仍然需要以下技术性结果，以帮助给出式(4.5.30)中最后一个随机项的界。

引理 4.15 令 θ_t，$\gamma_t > 0$，$t = 1, 2, \cdots$，是给定的。对于任意 $w_1 \in Z$ 和任意序列 $\{\Delta_t\} \subset \mathbb{R}^n$，如果定义 $w_1^v = w_1$ 和

$$w_{i+1}^v = \arg\min_{u \in Z} -\gamma_i\langle \Delta^i, u\rangle + V(w_i^v, u), \quad \forall i > 1 \tag{4.5.34}$$

那么，

$$\sum_{i=1}^{t}\theta_i\langle -\Delta^i,\ w_i^v-u\rangle\leqslant\sum_{i=1}^{t}\frac{\theta_i}{\gamma_i}(V(w_i^v,\ u)-V(w_{i+1}^v,\ u))+\sum_{i=1}^{t}\frac{\theta_i\gamma_i}{2}\|\Delta_i\|_*^2,\quad\forall u\in Z \tag{4.5.35}$$

证明　应用引理3.5到式(4.5.34)中(取 $r=w_i^v$，$w=w_i^{v+1}$，$\zeta=-\gamma_i\Delta^i$ 和 $J=0$)，我们有

$$-\gamma_i\langle\Delta^i,\ w_{i+1}^v-u\rangle\leqslant V(w_i^v,\ u)-V(w_i^v,\ w_{i+1}^v)-V(w_{i+1}^v,\ u),\quad\forall u\in Z$$

此外，根据Cauthy-Schwartz不等式，式(3.1.6)和式(4.5.26)，可以得到

$$\begin{aligned}&-\gamma_i\langle\Delta^i,\ w_i^v-w_{i+1}^v\rangle\\&\leqslant\gamma_i\|\Delta^i\|_*\|w_i^v-w_{i+1}^v\|\leqslant\frac{\gamma_i^2}{2}\|\Delta_i\|_*^2+\frac{1}{2}\|w_i^v-w_{i+1}^v\|^2\leqslant\frac{\gamma_i^2}{2}\|\Delta_i\|_*^2+V(w_i^v,\ w_{i+1}^v)\end{aligned}$$

将上述两个不等式相加，并将所得到的不等式乘以 θ_i/γ_i，得到

$$-\theta_i\langle\Delta^i,\ w_i^v-u\rangle\leqslant\frac{\theta_i\gamma_i}{2}\|\Delta_i\|_*^2+\frac{\theta_i}{\gamma_i}(V(w_i^v,\ u)-V(w_{i+1}^v,\ u))$$

将以上不等式从 $i=1$ 到 t 累加，就得到了式(4.5.35)的结论。■

在引理4.14和引理4.15的帮助下，我们现在准备证明定理4.10，该定理提供了对SAMP的间隙函数的期望和概率两方面的估计。

定理4.10　假设

$$\sup_{z_1,z_2\in Z}V(z_1,\ z_2)\leqslant D_Z^2 \tag{4.5.36}$$

同时假设算法4.4中的参数 $\{\alpha_t\}$ 和 $\{\gamma_t\}$ 满足 $\alpha_1=1$，

$$q-L\alpha_t\gamma_t-3M^2\gamma_t^2\geqslant 0,\ \text{对于某些}\ q\in(0,\ 1)\quad\text{且}\quad\frac{\alpha_t}{\Gamma_t\gamma_t}\leqslant\frac{\alpha_{t+1}}{\Gamma_{t+1}\gamma_{t+1}},\quad\forall t\geqslant 1 \tag{4.5.37}$$

其中 Γ_t 在式(4.5.17)中定义。那么，

(a) 在假设10下，对所有 $t\geqslant 1$，有

$$\mathbb{E}[g(\overline{w}_{t+1})]\leqslant Q_0(t):=\frac{2\alpha_t}{\gamma_t}D_Z^2+\left[4\sigma_H^2+\left(1+\frac{1}{2(1-q)}\right)\sigma_G^2\right]\Gamma_t\sum_{i=1}^{t}\frac{\alpha_i\gamma_i}{\Gamma_i} \tag{4.5.38}$$

(b) 在假设11下，对于所有 $\lambda>0$ 和 $t\geqslant 1$，有

$$\mathrm{Prob}\{g(\overline{w}_{t+1})>Q_0(t)+\lambda Q_1(t)\}\leqslant 2\exp\{-\lambda^2/3\}+3\exp\{-\lambda\} \tag{4.5.39}$$

其中

$$\begin{aligned}Q_1(t):=&\Gamma_t(\sigma_G+\sigma_H)D_Z\sqrt{2\sum_{i=1}^{t}\left(\frac{\alpha_i}{\Gamma_i}\right)^2}+\\&\left[4\sigma_H^2+\left(1+\frac{1}{2(1-q)}\right)\sigma_G^2\right]\Gamma_t\sum_{i=1}^{t}\frac{\alpha_i\gamma_i}{\Gamma_i}\end{aligned} \tag{4.5.40}$$

证明　我们首先给出了 $B_t(u,\ r_{[t]})$ 的一个界。由于序列 $\{r_i\}_{i=1}^{t+1}$ 在有界集合 Z 中，将式(4.5.36)和式(4.5.37)应用到式(4.5.31)中，我们有

$$\begin{aligned}&B_t(u,\ r_{[t]})\\&=\frac{\alpha_1}{\Gamma_1\gamma_1}V(r_1,\ u)-\sum_{i=1}^{t-1}\left[\frac{\alpha_i}{\Gamma_t\gamma_i}-\frac{\alpha_{i+1}}{\Gamma_{i+1}\gamma_{i+1}}\right]V(r_{t+1}[i],\ u)-\frac{\alpha_t}{\Gamma_t\gamma_t}V(r_{t+1},\ u)\\&\leqslant\frac{\alpha_1}{\Gamma_1\gamma_1}D_Z^2-\sum_{i=1}^{t-1}\left[\frac{\alpha_i}{\Gamma_i\gamma_i}-\frac{\alpha_{i+1}}{\Gamma_{i+1}\gamma_{i+1}}\right]D_Z^2=\frac{\alpha_t}{\Gamma_t\gamma_t}D_Z^2,\ \forall u\in Z\end{aligned} \tag{4.5.41}$$

将式(4.5.37)中关系和上述不等式应用到引理 4.14 中的不等式(4.5.30)，有

$$\frac{1}{\Gamma_t}Q(\overline{w}_{t+1}, u) \leqslant \frac{\alpha_t}{\Gamma_t\gamma_t}D_Z^2 + \sum_{i=1}^{t}\Lambda_i(u), \quad \forall u \in Z \tag{4.5.42}$$

令 $w_i^v = w_1$，如式(4.5.34)中定义 w_{i+1}^v，其中对于所有 $i>1$ 取 $\Delta^i = \Delta_H^{2i} + \Delta_G^i$。由式(4.5.31)和引理 4.15(取 $\theta_i = \alpha_i/\Gamma_i$)得出

$$-\sum_{i=1}^{t}\frac{\alpha_i}{\Gamma_i}\langle\Delta_H^{2i} + \Delta_G^i, w_i^v - u\rangle \leqslant B_t(u, w_{[t]}^v) + \sum_{i=1}^{t}\frac{\alpha_i\gamma_i}{2\Gamma_i}\|\Delta_H^{2i} + \Delta_G^i\|_*^2, \quad \forall u \in Z \tag{4.5.43}$$

由上述不等式、式(4.5.32)和 Young 不等式可以得出

$$\begin{aligned}\sum_{i=1}^{t}\Lambda_i(u) = &-\sum_{i=1}^{t}\frac{\alpha_i}{\Gamma_i}\langle\Delta_H^{2i} + \Delta_G^i, w_i^v - u\rangle + \sum_{i=1}^{t}\frac{3\alpha_i\gamma_i}{2\Gamma_i}(\|\Delta_H^{2i}\|_*^2 + \|\Delta_H^{2i-1}\|_*^2) + \\ &\sum_{i=1}^{t}\frac{\alpha_i}{\Gamma_i}\left[-\frac{1-q}{2\gamma_i}\|r_i - w_{i+1}\|^2 - \langle\Delta_G^i, w_{i+1} - r_i\rangle\right] - \\ &\sum_{i=1}^{t}\frac{\alpha_i}{\Gamma_i}\langle\Delta_G^i, r_i - w_i^v\rangle - \sum_{i=1}^{t}\frac{\alpha_i}{\Gamma_i}\langle\Delta_H^{2i}, w_{i+1} - w_i^v\rangle \\ \leqslant\ & B_t(u, w_{[t]}^v) + U_t\end{aligned} \tag{4.5.44}$$

其中

$$\begin{aligned}U_t := &\sum_{i=1}^{t}\frac{\alpha_i\gamma_i}{2\Gamma_i}\|\Delta_H^{2i} + \Delta_G^i\|_*^2 + \sum_{i=1}^{t}\frac{\alpha_i\gamma_i}{2(1-q)\Gamma_i}\|\Delta_G^i\|_*^2 + \\ &\sum_{i=1}^{t}\frac{3\alpha_i\gamma_i}{2\Gamma_i}(\|\Delta_H^{2i}\|_*^2 + \|\Delta_H^{2i-1}\|_*^2) - \\ &\sum_{i=1}^{t}\frac{\alpha_i}{\Gamma_i}\langle\Delta_G^i, r_i - w_i^v\rangle - \sum_{i=1}^{t}\frac{\alpha_i}{\Gamma_i}\langle\Delta_H^{2i}, w_{i+1} - w_i^v\rangle\end{aligned} \tag{4.5.45}$$

将式(4.5.41)和式(4.5.44)应用到式(4.5.42)中，我们得到

$$\frac{1}{\Gamma_t}Q(\overline{w}_{t+1}, u) \leqslant \frac{2\alpha_t}{\gamma_t\Gamma_t}D_Z^2 + U_t, \quad \forall u \in Z$$

或者说，

$$g(\overline{w}_{t+1}) \leqslant \frac{2\alpha_t}{\gamma_t}D_Z^2 + \Gamma_t U_t \tag{4.5.46}$$

现在只需要给出关于 U_t 的期望和概率上的界即可。

我们先证明(a)部分。由于对预言机 SO_G 和 SO_H 的假设，根据式(4.5.12)、式(4.5.13)和式(4.5.34)的迭代算式，在算法 4.4 的第 i 次迭代中，随机噪声 Δ_H^{2i} 是独立于 w_{i+1} 和 w_i^v 的，并且 Δ_G^i 独立于 r_i 和 w_i^v。因此 $\mathbb{E}[\langle\Delta_G^i, r_i - w_i^v\rangle] = \mathbb{E}[\langle\Delta_H^{2i}, w_{i+1} - w_i^v\rangle] = 0$。此外，假设条件 10 意味着 $\mathbb{E}[\|\Delta_G^i\|_*^2] \leqslant \sigma_G^2$、$\mathbb{E}[\|\Delta_H^{2i-1}\|_*^2] \leqslant \sigma_H^2$ 和 $\mathbb{E}[\|\Delta_H^{2i}\|_*^2] \leqslant \sigma_H^2$，其中 Δ_G^i、Δ_H^{2i-1} 和 Δ_H^{2i} 是独立的。因此，对式(4.5.45)取期望，会有

$$\begin{aligned}\mathbb{E}[U_t] \leqslant\ &\mathbb{E}\left[\sum_{t=i}^{t}\frac{\alpha_i\gamma_i}{\Gamma_i}(\|\Delta_H^{2i}\|^2 + \|\Delta_G^i\|_*^2) + \sum_{i=1}^{t}\frac{\alpha_i\gamma_i}{2(1-q)\Gamma_i}\|\Delta_G^i\|_*^2 + \right. \\ &\left.\sum_{i=1}^{t}\frac{3\alpha_i\gamma_i}{2\Gamma_i}(\|\Delta_H^{2i}\|_*^2 + \|\Delta_H^{2i-1}\|_*^2)\right] \\ =\ &\sum_{i=1}^{t}\frac{\alpha_i\gamma_i}{\Gamma_i}\left[4\sigma_H^2 + \left(1 + \frac{1}{2(1-q)}\right)\sigma_G^2\right]\end{aligned} \tag{4.5.47}$$

在式(4.5.46)两边取期望，利用式(4.5.47)就得到了式(4.5.38)。

接下来我们证明(b)部分。观察到序列$\{\langle\Delta_G^i, r_i-w_i^v\rangle\}_{i\geqslant 1}$是一个鞅-差分，因此满足大偏差定理(参见引理4.1)。使用假设条件11和事实

$$\begin{aligned}&\mathbb{E}\left[\exp\left\{\frac{(\alpha_i\Gamma_i^{-1}\langle\Delta_G^i, r_i-w_i^v\rangle)^2}{2(\sigma_G\alpha_i\Gamma_i^{-1}D_Z)^2}\right\}\right]\\&\leqslant\mathbb{E}\left[\exp\left\{\frac{\|\Delta_G^i\|_*^2\|r_i-w_i^v\|^2}{2\sigma_G^2D_Z^2}\right\}\right]\leqslant\mathbb{E}[\exp\{\|\Delta_G^i\|_*^2/\sigma_G^2\}]\leqslant\exp\{1\}\end{aligned}$$

从大偏差定理可以得出

$$\operatorname{Prob}\left\{-\sum_{i=1}^t\frac{\alpha_i}{\Gamma_i}\langle\Delta_G^i, r_i-w_i^v\rangle>\lambda\sigma_GD_Z\sqrt{2\sum_{i=1}^t\left(\frac{\alpha_i}{\Gamma_i}\right)^2}\right\}\leqslant\exp\{-\lambda^2/3\}\tag{4.5.48}$$

通过使用类似的论证可得

$$\operatorname{Prob}\left\{-\sum_{i=1}^t\frac{\alpha_i}{\Gamma_i}\langle\Delta_H^{2i}, w_{i+1}-w_i^v\rangle>\lambda\sigma_HD_Z\sqrt{2\sum_{i=1}^t\left(\frac{\alpha_i}{\Gamma_i}\right)^2}\right\}\leqslant\exp\{-\lambda^2/3\}\tag{4.5.49}$$

此外，令$S_i=\alpha_i\gamma_i/(\Gamma_i)$和$S=\sum_{i=1}^tS_i$，由假设条件11和指数函数的凸性，我们有$\mathbb{E}\left[\exp\left\{\frac{1}{S}\sum_{i=1}^tS_i\|\Delta_G^i\|_*^2/\sigma_G^2\right\}\right]\leqslant\mathbb{E}\left[\frac{1}{S}\sum_{i=1}^tS_i\exp\{\|\Delta_G^i\|_*^2/\sigma_G^2\}\right]\leqslant\exp\{1\}$。

由Markov不等式可知，对于所有非负随机变量X和常数$a>0$，$P(X>a)\leqslant E[X]/a$，上述不等式表明

$$\begin{aligned}&\operatorname{Prob}\left[\sum_{i=1}^tS_i\|\Delta_G^i\|_*^2>(1+\lambda)\sigma_G^2S\right]\\&=\operatorname{Prob}\left[\exp\left\{\frac{1}{S}\sum_{i=1}^tS_i\|\Delta_G^i\|_*^2/\sigma_G^2\right\}>\exp\{1+\lambda\}\right]\\&\leqslant\mathbb{E}\left[\exp\left\{\frac{1}{S}\sum_{i=1}^tS_i\|\Delta_G^i\|_*^2/\sigma_G^2\right\}\right]/\exp\{1+\lambda\}\\&\leqslant\exp\{-\lambda\}\end{aligned}$$

回忆有$S_i=\alpha_i\gamma_i/(\Gamma_i)$和$S=\sum_{i=1}^tS_i$，上述关系等价于

$$\begin{aligned}&\operatorname{Prob}\left\{\left(1+\frac{1}{2(1-q)}\right)\sum_{i=1}^t\frac{\alpha_i\gamma_i}{\Gamma_i}\|\Delta_G^i\|_*^2>(1+\lambda)\sigma_G^2\left(1+\frac{1}{2(1-q)}\right)\sum_{i=1}^t\frac{\alpha_i\gamma_i}{\Gamma_i}\right\}\\&\leqslant\exp\{-\lambda\}\end{aligned}\tag{4.5.50}$$

使用类似的论证，我们还会有

$$\operatorname{Prob}\left\{\sum_{i=1}^t\frac{3\alpha_i\gamma_i}{2\Gamma_i}\|\Delta_H^{2i-1}\|_*^2>(1+\lambda)\frac{3\sigma_H^2}{2}\sum_{t=i}^t\frac{\alpha_i\gamma_i}{\Gamma_i}\right\}\leqslant\exp\{-\lambda\}\tag{4.5.51}$$

$$\operatorname{Prob}\left\{\sum_{i=1}^t\frac{5\alpha_i\gamma_i}{2\Gamma_i}\|\Delta_H^{2i}\|_*^2>(1+\lambda)\frac{5\sigma_H^2}{2}\sum_{i=1}^t\frac{\alpha_i\gamma_i}{\Gamma_i}\right\}\leqslant\exp\{-\lambda\}\tag{4.5.52}$$

使用$\|\Delta_H^{2i}+\Delta_G^{2i-1}\|_*^2\leqslant2\|\Delta_H^{2i}\|_*^2+2\|\Delta_G^{2i-1}\|_*^2$这一事实，我们由式(4.5.46)和式(4.5.52)可得出式(4.5.39)成立。■

满足式(4.5.37)的参数$\{\alpha_t\}$和$\{\gamma_t\}$可以有很多种选择。在下面的推论中，我们给出了这样的参数设置的一个例子。

推论4.5　假设式(4.5.36)成立。如果算法4.4中的步长$\{\alpha_t\}$和$\{\gamma_t\}$分别设置为：

$$\alpha_t=\frac{2}{t+1} \quad 且 \quad \gamma_t=\frac{t}{4L+3Mt+\beta(t+1)\sqrt{t}} \tag{4.5.53}$$

其中 $\beta>0$ 是一个参数，那么在假设 10 之下有

$$\mathbb{E}[g(\overline{w}_{t+1})]\leqslant\frac{16LD_Z^2}{t(t+1)}+\frac{12MD_Z^2}{t+1}+\frac{\sigma D_Z}{\sqrt{t-1}}\left(\frac{4\beta D_Z}{\sigma}+\frac{16\sigma}{3\beta D_Z}\right)=:C_0(t) \tag{4.5.54}$$

其中 σ 和 D_Z 分别在式(4.5.7)和式(4.5.36)中定义。此外，在假设条件 11 下，有

$$\operatorname{Prob}\{g(\overline{w}_{t+1})>C_0(t)+\lambda C_1(t)\}\leqslant 2\exp\{-\lambda^2/3\}+3\exp\{-\lambda\}, \quad \forall\lambda>0$$

成立，其中

$$C_1(t):=\frac{\sigma D_Z}{\sqrt{t-1}}\left(\frac{4\sqrt{3}}{3}+\frac{16\sigma}{3\beta D_Z}\right) \tag{4.5.55}$$

证明 很容易验证下面性质：

$$\Gamma_t=\frac{2}{t(t+1)} \quad 且 \quad \frac{\alpha_t}{\Gamma_t\gamma_t}\leqslant\frac{\alpha_{t+1}}{\Gamma_{t+1}\gamma_{t+1}}$$

此外，根据式(4.5.53)，我们有 $\gamma_t\leqslant t/(4L)$ 和 $\gamma_t^2\leqslant 1/(9M^2)$，这意味着

$$\frac{5}{6}-L\alpha_t\gamma_t-3M^2\gamma_t^2\geqslant\frac{5}{6}-\frac{t}{4}\cdot\frac{2}{t+1}-\frac{1}{3}\geqslant 0$$

因此，式(4.5.37)中的第一个关系式在常数 $q=5/6$ 时成立。根据定理 4.10，现在只需证明 $Q_0(t)\leqslant C_0(t)$ 和 $Q_1(t)\leqslant C_1(t)$ 即可。注意到 $\alpha_t/\Gamma_t=t$ 和 $\gamma_t\leqslant 1/(\beta\sqrt{t})$ 成立，我们得到

$$\sum_{i=1}^{t}\frac{\alpha_i\gamma_i}{\Gamma_i}\leqslant\frac{1}{\beta}\sum_{i=1}^{t}\sqrt{i}\leqslant\frac{1}{\beta}\int_0^{t+1}\sqrt{t}\,\mathrm{d}t=\frac{1}{\beta}\cdot\frac{2(t+1)^{3/2}}{3}=\frac{2(t+1)^{3/2}}{3\beta}$$

使用上面的关系式、式(4.5.36)、式(4.5.38)、式(4.5.40)和式(4.5.53)以及 $\sqrt{t+1}/t\leqslant 1/\sqrt{t-1}$ 和 $\sum_{i=1}^{t}i^2\leqslant t(t+1)^2/3$ 的事实，可以得到

$$\begin{aligned}Q_0(t)&=\frac{4D_Z^2}{t(t+1)}(4L+3Mt+\beta(t+1)\sqrt{t})+\frac{8\sigma^2}{t(t+1)}\sum_{i=1}^{t}\frac{\alpha_i\gamma_i}{\Gamma_i}\\&\leqslant\frac{16LD_Z^2}{t(t+1)}+\frac{12MD_Z^2}{t+1}+\frac{4\beta D_Z^2}{\sqrt{t}}+\frac{16\sigma^2\sqrt{t+1}}{3\beta t}\\&\leqslant C_0(t)\end{aligned}$$

和

$$\begin{aligned}Q_1(t)&=\frac{2(\sigma_G+\sigma_H)}{t(t+1)}D_Z\sqrt{2\sum_{i=1}^{t}i^2}+\frac{8\sigma^2}{t(t+1)}\sum_{i=1}^{t}\frac{\alpha_i\gamma_i}{\Gamma_i}\\&\leqslant\frac{2\sqrt{2}(\sigma_G+\sigma_H)D_Z}{\sqrt{3t}}+\frac{16\sigma^2\sqrt{t+1}}{3\beta t}\\&\leqslant C_1(t)\end{aligned}$$

■

现在我们对推论 4.5 中得到的结果做一些说明。首先，由式(4.5.8)、式(4.5.54)和式(4.5.55)可以清楚地看出，SAMP 方法对 σ 和 D_Z 的估计是鲁棒的。实际上，只要参数满足 $\beta=\mathcal{O}(\sigma/D_Z)$，SAMP 方法就可以达到求解 *SVI* 问题的最优迭代复杂度。特别地，在这种情况下，SAMP 方法求解问题(4.5.1)的 ε-解的迭代次数，即点 $\overline{w}\in Z$ 使得 $\mathbb{E}[g(\overline{w})]\leqslant\varepsilon$，囿于以下的界

$$\mathcal{O}\left(\sqrt{\frac{L}{\varepsilon}}+\frac{M}{\varepsilon}+\frac{\sigma^2}{\varepsilon^2}\right) \tag{4.5.56}$$

这就意味着，该算法当 L 大小为 $\mathcal{O}(\varepsilon^{-3/2})$ 及 M 大小为 $\mathcal{O}(\varepsilon^{-1})$ 时，并不会显著地影响其收敛性质。其次，在 $\sigma=0$ 的确定性场合的情形下，当求解问题(4.5.1)时，以所依赖的 Lipschitz 常数 L 表示，式(4.5.56)的复杂度界达到了迄今为止的最好的结果(参见式(4.5.8))。

在下面的定理中，我们将展示算法 4.4 在集合 Z 无界时解决随机问题 SVI(Z；G，H，J)的一些收敛性。为了研究这种情况下 SAMP 的收敛性，我们使用了一个基于极大单调算子扩展的基于扰动的终止准则。具体而言，我们称元组对 $(\widetilde{v},\ \widetilde{u})\in\mathbb{R}^n\times Z$ 是 SVI(Z；G，H，J)问题的一个 $(\rho,\ \varepsilon)$ 近似解，如果 $\|\widetilde{v}\|\leqslant\rho$ 和 $\widetilde{g}(\widetilde{u},\ \widetilde{v})\leqslant\varepsilon$，其中间隙函数 $\widetilde{g}(\cdot,\cdot)$ 由下式定义

$$\widetilde{g}(\widetilde{u},\ \widetilde{v}):=\sup_{u\in Z}Q(\widetilde{u},\ u)-\langle\widetilde{v},\ \widetilde{u}-u\rangle \tag{4.5.57}$$

我们称 $\widetilde{v}$ 为关于 $\widetilde{u}$ 的扰动向量。使用这个终止准则的一个优点是其收敛分析过程不依赖于 Z 的有界性。

下面的定理 4.11 描述了在问题(4.5.6)存在强解的前提下，SAMP 算法求解具有无界可行集的 SVI 问题时的收敛性。

定理 4.11　对任意 $r\in Z$ 和 $z\in Z$，定义 $V(r,\ z):=\|z-r\|^2/2$。如果算法 4.4 中的参数 $\{\alpha_t\}$ 和 $\{\gamma_t\}$ 这样选取，使 $\alpha_1=1$，且对所有 $t>1$，

$$0\leqslant\alpha_t<1,\ L\alpha_t\gamma_t+3M^2\gamma_t^2\leqslant c^2<q,\ \text{对于某些 } c,\ q\in(0,\ 1)\quad\text{且}\quad\frac{\alpha_t}{\Gamma_t\gamma_t}=\frac{\alpha_{t+1}}{\Gamma_{t+1}\gamma_{t+1}} \tag{4.5.58}$$

其中 Γ_t 由式(4.5.17)定义，那么，对于所有 $t\geqslant1$ 存在一个扰动向量 v_{t+1} 和相应残差 $\varepsilon_{t+1}\geqslant0$，使得 $\widetilde{g}(\overline{w}_{t+1},\ v_{t+1})\leqslant\varepsilon_{t+1}$。而且，对于所有 $t\geqslant1$ 还有

$$\mathbb{E}[\|v_{t+1}\|]\leqslant\frac{\alpha_t}{\gamma_t}(2D+2\sqrt{D^2+C_t^2}) \tag{4.5.59}$$

$$\mathbb{E}[\varepsilon_{t+1}]\leqslant\frac{\alpha_t}{\gamma_t}[(3+6\theta)D^2+(1+6\theta)C_t^2]+\frac{18\alpha_t^2\sigma_H^2}{\gamma_t^2}\sum_{i=1}^t\gamma_i^3 \tag{4.5.60}$$

其中，

$$D:=\|r_1-u^*\| \tag{4.5.61}$$

u^* 是问题 SVI(Z；G，H，J)的一个强解，且

$$\theta=\max\left\{1,\ \frac{c^2}{q-c^2}\right\}\quad\text{且}\quad c_t=\sqrt{\left[4\sigma_H^2+\left(1+\frac{1}{2(1-q)}\right)\sigma_G^2\right]\sum_{i=1}^t\gamma_i^2} \tag{4.5.62}$$

证明　令 U_t 如式(4.5.45)中定义。首先，将关系式(4.5.58)和式(4.5.44)应用于引理 4.14 中的式(4.5.30)，我们得到

$$\begin{aligned}&\frac{1}{\Gamma_t}Q(\overline{w}_{t+1},\ u)\\&\leqslant B_t(u,\ r_{[t]})-\frac{\alpha_t}{2\Gamma_t\gamma_t}\sum_{i=1}^t(q-c^2)\|r_i-w_{i+1}\|^2+B_t(u,\ w_{[t]}^v)+U_t,\quad\forall u\in Z\end{aligned} \tag{4.5.63}$$

再将式(4.5.58)应用于式(4.5.31)中 $B_t(\cdot,\cdot)$ 的定义，可得

$$B_t(u,\ r_{[t]})=\frac{\alpha_t}{2\Gamma_t\gamma_t}(\|r_1-u\|^2-\|r_{t+1}-u\|^2) \tag{4.5.64}$$

$$=\frac{\alpha_t}{2\Gamma_t\gamma_t}(\|r_1-\overline{w}_{t+1}\|^2-\|r_{t+1}-\overline{w}_{t+1}\|^2+2\langle r_1-r_{t+1},\ \overline{w}_{t+1}-u\rangle) \tag{4.5.65}$$

通过相似的论证和 $w_1^v=w_1=r_1$ 这一事实，可以得到

$$B_t(u, w_{[t]}^v)=\frac{\alpha_t}{2\Gamma_t\gamma_t}(\|r_1-u\|^2-\|w_{t+1}^v-u\|^2) \tag{4.5.66}$$

$$=\frac{\alpha_t}{2\Gamma_t\gamma_t}(\|r_1-\overline{w}_{t+1}\|^2-\|w_{t+1}^v-\overline{w}_{t+1}\|^2+2\langle r_1-w_{t+1}^v, \overline{w}_{t+1}-u\rangle) \tag{4.5.67}$$

然后我们从式(4.5.63)、式(4.5.65)和式(4.5.67)得出结果

$$Q(\overline{w}_{t+1}, u)-\langle v_{t+1}, \overline{w}_{t+1}-u\rangle\leqslant\varepsilon_{t+1}, \quad \forall u\in Z \tag{4.5.68}$$

其中

$$v_{t+1}:=\frac{\alpha_t}{\gamma_t}(2r_1-r_{t+1}-w_{t+1}^v) \tag{4.5.69}$$

和

$$\varepsilon_{t+1}:=\frac{\alpha_t}{2\gamma_t}(2\|r_1-\overline{w}_{t+1}\|^2-\|r_{t+1}-\overline{w}_{t+1}\|^2-\|w_{t+1}^v-\overline{w}_{t+1}\|^2-\sum_{i=1}^{t}(q-c^2)\|r_i-w_{i+1}\|^2)+\Gamma_tU_t \tag{4.5.70}$$

容易看出，在式(4.5.68)中取 $u=\overline{w}_{t+1}$ 时，残差 ε_{t+1} 为正。故 $\widetilde{g}(\overline{w}_{t+1}, v_{t+1})\leqslant\varepsilon_{t+1}$。为了完成证明，只需估计 $\mathbb{E}[\|v_{t+1}\|]$ 和 $\mathbb{E}[\varepsilon_{t+1}]$ 的界即可。通过式(4.5.2)、式(4.5.6)、式(4.5.15)，以及 G 和 J 的凸性，有

$$Q(\overline{w}_{t+1}, u^*)\geqslant\langle F(u^*), \overline{w}_{t+1}-u^*\rangle\geqslant0 \tag{4.5.71}$$

其中最后一个不等式是由 u^* 是 SVI(Z; G, H, J)的一个强解这一假设推导出来的。利用上面的不等式并令式(4.5.63)中 $u=u^*$，由式(4.5.64)和式(4.5.66)得出

$$2\|r_1-u^*\|^2-\|r_{t+1}-u^*\|^2-\|w_{t+1}^v-u^*\|^2-\sum_{i=1}^{t}(q-c^2)\|r_i-w_{i+1}\|^2+\frac{2\Gamma_t\gamma_t}{\alpha_t}U_t$$
$$\geqslant\frac{2\gamma_t}{\alpha_t}Q(\overline{w}_{t+1}, u^*)\geqslant0$$

根据上述不等式和式(4.5.61)中 D 的定义，有

$$\|r_{t+1}-u^*\|^2+\|w_{t+1}^v-u^*\|^2+\sum_{i=1}^{t}(q-c^2)\|r_i-w_{i+1}\|^2\leqslant 2D^2+\frac{2\Gamma_t\gamma_t}{\alpha_t}U_t \tag{4.5.72}$$

此外，将式(4.5.58)和式(4.5.62)中 C_t 的定义应用到式(4.5.47)中，有

$$\mathbb{E}[U_t]\leqslant\sum_{i=1}^{t}\frac{\alpha_i\gamma_i^2}{\Gamma_t\gamma_t}\left[4\sigma_H^2+\left(1+\frac{1}{2(1-q)}\right)\sigma_G^2\right]=\frac{\alpha_t}{\Gamma_t\gamma_t}C_t^2 \tag{4.5.73}$$

结合式(4.5.72)和式(4.5.73)，我们得到

$$\mathbb{E}[\|r_{t+1}-u^*\|^2]+\mathbb{E}[\|w_{t+1}^v-u^*\|^2]+\sum_{i=1}^{t}(q-c^2)\mathbb{E}[\|r_i-w_{i+1}\|^2]\leqslant2D^2+2C_t^2 \tag{4.5.74}$$

现在我们准备证明式(4.5.59)。观察到根据式(4.5.69)中 v_{t+1} 的定义和式(4.5.61)中 D 的定义，有 $\|v_{t+1}\|\leqslant\alpha_i(2D+\|w_{t+1}^v-u^*\|+\|r_{t+1}-u^*\|)/\gamma_t$，利用前面的不等式、Jensen 不等式和式(4.5.74)可得到

$$\mathbb{E}[\|v_{t+1}\|]\leqslant\frac{\alpha_t}{\gamma_t}(2D+\sqrt{\mathbb{E}[(\|r_{t+1}-u^*\|+\|w_{t+1}^v-u^*\|)^2]})$$
$$\leqslant\frac{\alpha_t}{\gamma_t}(2D+\sqrt{2\mathbb{E}[\|r_{t+1}-u^*\|^2+\|w_{t+1}^v-u^*\|^2]})\leqslant\frac{\alpha_t}{\gamma_t}(2D+2\sqrt{D^2+C_t^2})$$

我们剩下的工作就是证明式(4.5.60)。通过等式(4.5.14)和式(4.5.17)可以得到

$$\frac{1}{\Gamma_t}\overline{w}_{t+1}=\frac{1}{\Gamma_{t-1}}\overline{w}_t+\frac{\alpha_t}{\Gamma_i}w_{t+1},\quad \forall t>1$$

再使用 $\overline{w}_1=w_1$ 的假设，得到了

$$\overline{w}_{t+1}=\Gamma_t\sum_{i=1}^{t}\frac{\alpha_i}{\Gamma_i}w_{i+1} \tag{4.5.75}$$

由式(4.5.17)中定义得到

$$\Gamma_t\sum_{i=1}^{t}\frac{\alpha_i}{\Gamma_i}=1 \tag{4.5.76}$$

因此，$\overline{w}_{t+1}$ 是迭代值 w_2，…，w_{t+1} 的凸组合。而且，通过与引理 4.14 证明过程中相似的论证，将引理 4.12 应用到式(4.5.12)和式(4.5.13)两式中(取 $r=r_t$，$w=w_{t+1}$，$y=r_{t+1}$，$\eta=\gamma_t H(r_t;\zeta_{2t-1})+\gamma_t G(\underline{w}_t;\xi_t)$，$\vartheta=\gamma_t H(w_{t+1};\zeta_{2t})+\gamma_t G(\underline{w}_t;\xi_t)$，$J=\gamma_t J$，$L=3M^2\gamma_t^2$ 和 $M^2=3\gamma_t^2(\|\Delta_H^{2t}\|_*^2+\|\Delta_H^{2t-1}\|_*^2)$等)，并使用式(4.5.22)和式(4.5.33)，有

$$\begin{aligned}\frac{1}{2}\|r_{t+1}-w_{t+1}\|^2&\leqslant\frac{3M^2\gamma_t^2}{2}\|r_t-w_{t+1}\|^2+\frac{3\gamma_t^2}{2}(\|\Delta_H^{2t}\|_*^2+\|\Delta_H^{2t-1}\|_*^2)\\&\leqslant\frac{c^2}{2}\|r_t-w_{t+1}\|^2+\frac{3\gamma_t^2}{2}(\|\Delta_H^{2t}\|_*^2+\|\Delta_H^{2t-1}\|_*^2)\end{aligned}$$

其中，最后一个不等式由式(4.5.58)得到。

利用不等式(4.5.70)、式(4.5.75)、式(4.5.76)和上述不等式，同时应用 Jensen 不等式，有

$$\begin{aligned}\varepsilon_{t+1}-\Gamma_t U_t&\leqslant\frac{\alpha_t}{\gamma_t}\|r_1-\overline{w}_{t+1}\|^2\\&=\frac{\alpha_t}{\gamma_t}\|r_1-u^*+\Gamma_t\sum_{i=1}^{t}\frac{\alpha_i}{\Gamma_i}(u^*-r_{t+1}[i])+\\&\quad\Gamma_t\sum_{i=1}^{t}\frac{\alpha_i}{\Gamma_i}(r_{t+1}[i]-w_{t+1}[i])\|^2\\&\leqslant\frac{3\alpha_t}{\gamma_t}\left[D^2+\Gamma_t\sum_{i=1}^{t}\frac{\alpha_i}{\Gamma_i}(\|r_{i+1}-u^*\|^2+\|w_{i+1}-r_{i+1}\|^2)\right]\\&\leqslant\frac{3\alpha_t}{\gamma_t}\left[D^2+\Gamma_t\sum_{i=1}^{t}\frac{\alpha_i}{\Gamma_i}(\|r_{i+1}-u^*\|^2+c^2\|w_{i+1}-r_i\|^2+\right.\\&\quad\left.3\gamma_i^2(\|\Delta_H^{2i}\|_*^2+\|\Delta_H^{2i-1}\|_*^2))\right]\end{aligned} \tag{4.5.77}$$

注意到由式(4.5.62)和式(4.5.72)可得，

$$\begin{aligned}&\Gamma_i\sum_{i=1}^{t}\frac{\alpha_i}{\Gamma_i}(\|r_{i+1}-u^*\|^2+c^2\|w_{i+1}-r_i\|^2)\\&\leqslant\Gamma_i\sum_{i=1}^{t}\frac{\alpha_i\theta}{\Gamma_i}(\|r_{i+1}-u^*\|^2+(q-c^2)\|w_{i+1}-r_i\|^2)\\&\leqslant\Gamma_i\sum_{i=1}^{t}\frac{\alpha_i\theta}{\Gamma_i}(2D^2+\frac{2\Gamma_i\gamma_i}{\alpha_i}U_i)=2\theta D^2+2\theta\Gamma_t\sum_{i=1}^{t}\gamma_i U_i\end{aligned}$$

由式(4.5.58)知

$$\Gamma_t\sum_{i=1}^{t}\frac{3\alpha_i\gamma_i^2}{\Gamma_i}(\|\Delta_H^{2i}\|_*^2+\|\Delta_H^{2i-1}\|_*^2)$$

$$=\Gamma_t\sum_{i=1}^{t}\frac{3\alpha_t\gamma_i^3}{\Gamma_t\gamma_t}(\|\Delta_H^{2i}\|_*^2+\|\Delta_H^{2i-1}\|_*^2)=\frac{3\alpha_t}{\gamma_t}\sum_{i=1}^{t}\gamma_i^3(\|\Delta_H^{2i}\|_*^2+\|\Delta_H^{2i-1}\|_*^2)$$

于是，我们由不等式(4.5.73)、式(4.5.77)以及假设条件 10 得到

$$\begin{aligned}\mathbb{E}[\varepsilon_{t+1}]&\leqslant\Gamma_t\mathbb{E}[U_t]+\frac{3\alpha_t}{\gamma_t}\left[D^2+2\theta D^2+2\theta\Gamma_t\sum_{i=1}^{t}\gamma_i\mathbb{E}[U_i]+\frac{6\alpha_t\sigma_H^2}{\gamma_t}\sum_{i=1}^{t}\gamma_i^3\right]\\&\leqslant\frac{\alpha_t}{\gamma_t}C_t^2+\frac{3\alpha_t}{\gamma_t}\left[(1+2\theta)D^2+2\theta\Gamma_i\sum_{i=1}^{t}\frac{\alpha_i}{\Gamma_i}C_i^2+\frac{6\alpha_t\sigma_H^2}{\gamma_t}\sum_{i=1}^{t}\gamma_i^3\right]\end{aligned}$$

最后，注意由式(4.5.62)和式(4.5.76)可知

$$\Gamma_t\sum_{i=1}^{t}\frac{\alpha_i}{\Gamma_i}C_i^2\leqslant C_t^2\Gamma_t\sum_{i=1}^{t}\frac{\alpha_i}{\Gamma_i}=C_t^2$$

由以上不等式就得出了式(4.5.60)的结论 ■

下面我们给出一个满足关系(4.5.58)的参数 α_t 和 γ_t 的例子。

推论 4.6　假设式(4.5.1)的强解存在。如果给定最大迭代次数 N，算法 4.4 中的步长$\{\alpha_t\}$和$\{\gamma_t\}$取

$$\alpha_t=\frac{2}{t+1}\quad 且\quad \gamma_t=\frac{t}{5L+3MN+\beta N\sqrt{N-1}}\tag{4.5.78}$$

其中 σ 在推论 4.5 中定义。那么，存在 $v_N\in\mathbb{R}^n$ 和 $\varepsilon_N>0$，使得 $\tilde{g}(\overline{w}_N,\ v_N)\leqslant\varepsilon_N$

$$\mathbb{E}[\|v_N\|]\leqslant\frac{40LD}{N(N-1)}+\frac{24MD}{N-1}+\frac{\sigma}{\sqrt{N-1}}\left(\frac{8\beta D}{\sigma}+5\right)\tag{4.5.79}$$

和

$$\mathbb{E}[\varepsilon_N]\leqslant\frac{90LD^2}{N(N-1)}+\frac{54MD^2}{N-1}+\frac{\sigma D}{\sqrt{N-1}}\left(\frac{18\beta D}{\sigma}+\frac{56\sigma}{3\beta D}+\frac{18\sigma}{\beta DN}\right)\tag{4.5.80}$$

证明　显然，我们有 $\Gamma_t=2/[t(t+1)]$，因此满足式(4.5.17)。此外，根据式(4.5.78)，我们有

$$\begin{aligned}L\alpha_t\gamma_t+3M^2\gamma_t^2&\leqslant\frac{2L}{5L+3MN}+\frac{3M^2N^2}{(5L+3MN)^2}\\&=\frac{10L^2+6LMN+3M^2N^2}{(5L+3MN)^2}<\frac{5}{12}<\frac{5}{6}\end{aligned}$$

这意味着取 $c^2=5/12$，$q=5/6$ 时，条件(4.5.58)被满足。从式(4.5.78)观察到 $\gamma_t=t\gamma_1$，在式(4.5.62)和式(4.5.78)两式中令 $t=N-1$，我们得到

$$\frac{\alpha_{N-1}}{\gamma_{N-1}}=\frac{2}{\gamma_1N(N-1)}\quad 且\quad C_{N-1}^2=4\sigma^2\sum_{i=1}^{N-1}\gamma_1^2i^2\leqslant\frac{4\sigma^2\gamma_1^2N^2(N-1)}{3}\tag{4.5.81}$$

其中 C_{N-1} 在式(4.5.62)中定义。将式(4.5.81)应用到式(4.5.59)可以有

$$\begin{aligned}\mathbb{E}[\|v_N\|]&\leqslant\frac{2}{\gamma_1N(N-1)}(4D+2C_{N-1})\leqslant\frac{8D}{\gamma_1N(N-1)}+\frac{8\sigma}{\sqrt{3(N-1)}}\\&\leqslant\frac{40LD}{N(N-1)}+\frac{24MD}{N-1}+\frac{\sigma}{\sqrt{N-1}}\left(\frac{8\beta D}{\sigma}+5\right)\end{aligned}$$

此外，利用式(4.5.60)、式(4.5.81)和式(4.5.62)中 $\theta=1$ 的事实，以及

$$\sum_{i=1}^{N-1}\gamma_i^3=\gamma_1^3N^2(N-1)^2/4$$

我们有

$$\begin{aligned}\mathbb{E}[\varepsilon_N-1] &\leqslant \frac{2}{\gamma_1 N(N-1)}(9D^2+7C_{N-1}^2)+\frac{72\sigma_H^2}{\gamma_1^2 N^2(N-1)^2}\cdot\frac{\gamma_1^3 N^2(N-1)^2}{4}\\ &\leqslant \frac{18D^2}{\gamma_1 N(N-1)}+\frac{56\sigma^2\gamma_1 N}{3}+18\sigma_H^2\gamma_1\\ &\leqslant \frac{90LD^2}{N(N-1)}+\frac{54MD^2}{N-1}+\frac{18\beta D^2}{\sqrt{N-1}}+\frac{56\sigma^2}{3\beta\sqrt{N-1}}+\frac{18\sigma_H^2}{\beta N\sqrt{N-1}}\\ &\leqslant \frac{90LD^2}{N(N-1)}+\frac{54MD^2}{N-1}+\frac{\sigma D}{\sqrt{N-1}}\left(\frac{18\beta D}{\sigma}+\frac{56\sigma}{3\beta D}+\frac{18\sigma}{\beta DN}\right)\end{aligned}$$

这里对定理 4.11 和推论 4.6 所得到的结果做一些说明。首先，类似于有界情况(见推论 4.5 后的备注)，人们可能想要这样选择 β，以使式(4.5.79)或式(4.5.80)的右侧最小化，例如取 $\beta=\mathcal{O}(\sigma/D)$。然而，由于 D 的值在无界情况下很难估计，人们常常不得不求助于 β 的次优选择。例如，如果取 $\beta=\sigma$，则式(4.5.79)和式(4.5.80)的不等式右边分别为 $\mathcal{O}\left(\frac{LD}{N^2}+MD/N+\sigma D/\sqrt{N}\right)$ 和 $\mathcal{O}\left(\frac{LD^2}{N^2}+MD^2/N+\sigma D^2/\sqrt{N}\right)$。其次，式(4.5.79)和式(4.5.80)中的残差 $\|v_N\|$ 和 ε_N 以相同的速率收敛到 0(会差一个常数因子)。最后，为了证明简单起见，我们选取了 $V(r, z)=\|z-r\|^2/2$。事实上，在 $\nabla\omega$ 为 Lipschitz 连续的条件下，也可以得到上面类似的结果。

4.6 随机块镜面下降方法

在这一节我们考虑随机规划问题

$$f^* := \min_{x\in X}\{f(x) := \mathbb{E}[F(x, \xi)]\} \tag{4.6.1}$$

在这里，$X\subseteq\mathbb{R}^n$ 是一个闭凸集，ξ 是在支撑集 $\Xi\subseteq\mathbb{R}^d$ 上的随机变量，并且对于 $\xi\in\Xi$，$F(\cdot, \xi)$: $X\to\mathbb{R}$ 是连续的。另外，我们假设 X 具有块结构，即：

$$X=X_1\times X_2\times\cdots\times X_b \tag{4.6.2}$$

其中 $X_i\subseteq\mathbb{R}^{n_i}$，$i=1, \cdots, b$，并且 $n_1+n_2+\cdots+n_b=n$。

块坐标下降法(block coordinate descent，BCD)是解决集合 X 以式(4.6.2)形式给出的问题的一种自然方法。与常规的一阶方法相比，这些方法每次迭代只需更新一个变量块。特别是，如果每个块只包含一个变量(也就是，$n_i=1$，$i=1, \cdots, b$)，则 BCD 方法退化成为经典坐标下降(CD)方法。

绝大多数 BCD 方法是为解决确定性优化问题而设计的。解决问题(4.6.1)的一种可能的方法，是基于这些方法和样本平均近似(SAA)法，算法过程可以描述如下：对给定独立无关同分布的样本(数据集)$\xi_k(k=1, \cdots, N)$，首先通过 $\tilde{f}(x) := 1/N\sum_{k=1}^{N}F(x, \xi_k)$ 来逼近问题(4.6.1)中 $f(\cdot)$；然后应用 BCD 方法求出 $\min_{x\in X}\tilde{f}(x)$。因为 $\xi_k(k=1, \cdots, N)$是预先固定的，通过递归更新 $\tilde{f}$ 的(次)梯度，BCD 法的迭代代价可以比梯度下降法小很多。然而，上述 SAA 方法的缺点也是众所周知的：(a) 需要存储数据 $\xi_k(k=1, \cdots, N)$所产生的大容量要求；(b) 迭代成本高度依赖(至少是线性的)于样本集大小 N，这在处理大型数据集时可能是昂贵的；(c) 难以将该方法应用于在线情形处理，即每当采集到新的数据 ξ_k 时就需要更新其解。

解决问题(4.6.1)的另一种方法是应用前面几节介绍的随机梯度下降(SGD)类型的方法。注意，所有这些算法在每次迭代时只需要访问一个单一的 ξ_k，因此不需要太多内存。此外，它们的迭代代价与样本大小 N 无关。然而，由于这些算法每次迭代都需要更新整个解向量 x，所以除非问题是非常稀疏的，否则它们的迭代代价会对解的维数 n 具有很强的依赖性。

我们在这一节的主要目标是提出一种新的随机优化方法，称为随机块镜面下降(SBMD)方法，通过将上述块坐标分解纳入经典的随机镜面下降方法来求解。作为一个启发性的例子，考虑形如 $F(x, \xi)=\psi(Bx-q, \xi)$ 的一类重要的 SP 问题，其中 B 是一个特定的线性算子，ψ 是一个相对简单的函数。这样的问题会出现在许多机器学习的应用中，其中 ψ 是一个损失函数，$B\in\mathbb{R}^{m\times n}$ 表示通过度量学习获得的某个基(或字典)。现有 SGD 方法的每次迭代都需要 $\mathcal{O}(mn)$的算术运算来计算 Bx，如果 mn 超过 10^{12}，就算不下去了。另一方面，通过使用 $n_i=1$ 的块坐标分解，SBMD 算法的迭代开销可以显著地降低至 $\mathcal{O}(m)$，而且如果 B 和 ξk 是稀疏的话，算法开销还可以进一步降低(更多讨论见 4.6.1.1 节)。我们工作的进展受到这一情形的启发，当镜面下降法的瓶颈存在于投影(或邻近-映射)子问题时，因为 X 是可分解的，计算位于 X 上的投影的开销会更甚于计算位于 X 的梯度。在这种情况下，应用 SBMD 方法，我们可以大大减少迭代使用块坐标分解的代价，因为 SBMD 方法每次迭代只需要在某一个 $X_i(1\leqslant i\leqslant b)$上进行投影，而镜面下降法则需要对所有的 $1\leqslant i\leqslant b$ 时的 X_i 进行投影。然而，值得注意的是，SMBD 算法并不适用于当 X 不具备块分解性时的情况。

组织一下本节中的符号，我们用 $\mathbb{R}^{n_i}(i=1, \cdots, b)$表示欧几里得空间，该空间具有内积$\langle\cdot, \cdot\rangle$和范数$\|\cdot\|_i$($\|\cdot\|_{i,*}$为其共轭)，并且使得 $\sum_{i=1}^{b} n_i=n$。设 I_n 为 $\mathbb{R}^n$ 中的单位矩阵，$U_i\in\mathbb{R}^{n\times n_i}(i=1, 2, \cdots, b)$满足$(U_1, U_2, \cdots, U_b)=I_n$。对于给定的 $x\in\mathbb{R}^n$，我们记第 i 个块为 $x^{(i)}=U_i^{\mathrm{T}}x(i=1, \cdots, b)$。注意有 $x=U_1x^{(1)}+\cdots+U_bx^{(b)}$。此外，我们定义范数为$\|x\|^2=\|x^{(1)}\|_1^2+\cdots+\|x^{(b)}\|_b^2$，并表示它的共轭为$\|y\|_*^2=\|y^{(1)}\|_{1,*}^2+\cdots+\|y^{(b)}\|_{b,*}^2$。

4.6.1　非光滑凸优化

在本小节中，我们假设问题(4.6.1)的目标函数 f 是凸的，但不一定是可微的。SBMD 方法在经典的镜面下降法中加入了随机块分解。更具体地说，该算法的每次迭代都沿 $G_{i_k}(x_k, \xi_k)\equiv U_{i_k}^{\mathrm{T}}G(x, \xi)$给定的随机(次)梯度方向更新搜索点的一个块。这里，指标 i_k 是随机选取的，且 $G(x, \xi)$是 $f(\cdot)$次梯度的无偏估计，即

$$\mathbb{E}[G(x, \xi)]=g(x)\in\partial f(x), \quad \forall x\in X \tag{4.6.3}$$

此外，我们假设

$$\mathbb{E}[\|G_i(x, \xi)\|_{i,*}^2]\leqslant M_i^2, \quad i=1, 2, \cdots, b \tag{4.6.4}$$

显然，由式(4.6.3)和式(4.6.4)我们得到

$$\|g_i(x)\|_{i,*}^2=\|\mathbb{E}[G_i(x, \xi)]\|_{i,*}^2\leqslant E[\|G_i(x, \xi)\|_{i,*}^2]\leqslant M_i^2, \ i=1, 2, \cdots, b \tag{4.6.5}$$

和

$$\|g(x)\|_*^2=\sum_{i=1}^{b}\|g_i(x)\|_{i,*}^2\leqslant\sum_{i=1}^{b}M_i^2 \tag{4.6.6}$$

4.6.1.1 非光滑问题的SBMD算法

我们给出SBMD算法的一般方案，该方案基于Bregman散度求解随机凸优化问题。

回忆一下，函数 v_i：$X_i \to R$ 是距离生成函数，对于范数 $\|\cdot\|_i$ 的模 α_i，如果 v_i 是连续可微的，且对于范数 $\|\cdot\|_i$ 和参数 α_i 具有强凸性。不失一般性，我们在本节中约定，对于任意 $i=1, \cdots, b$ 都设定 $\alpha_i=1$，因为当 $\alpha_i \neq 1$ 时，我们总是可以重新缩放 $v_i(x)$ 成为 $\overline{v}_i(x)=v_i(x)/\alpha_i$。因此，我们有

$$\langle x-z, \nabla v_i(x)-\nabla v_i(z)\rangle \geqslant \|x-z\|_i^2 \quad \forall x, z \in X_i$$

v_i 对应的邻近函数(或Bregman距离)由下式给定

$$V_i(z, x)=v_i(x)-[v_i(z)+\langle \nabla v_i(z), x-z\rangle] \quad \forall x, z \in X_i \tag{4.6.7}$$

假设集合 X_i 是有界的，距离生成函数 v_i 也产生了 X_i 的直径，该直径在我们的收敛性分析中会经常用到：

$$\mathcal{D}_{v_i, X_i} := \max_{x \in X_i} v_i(x) - \min_{x \in X_i} v_i(x) \tag{4.6.8}$$

为了便于标记，有时我们简单地用 D_i 表示 $\mathcal{D}_{v_i, X_i}$。注意，$\mathcal{D}_{v_i, X_i}$ 的定义与式(3.2.4)中直径 D_{X_i} 的定义略有不同。有时候，计算 $\mathcal{D}_{v_i, X_i}$ 比计算 D_{X_i} 更容易一些。但是，我们在本节讨论的大多数收敛结果，在对一些常数因子稍做修改之后，用 D_{X_i} 来代替 $\mathcal{D}_{v_i, X_i}$ 也是成立的。

令 $x_1^{(i)}=\arg\min_{x \in X_i} v_i(x)$，$i=1, \cdots, b$，我们可以很容易地看到，对于任意 $x \in X$，有

$$V_i(x_1^{(i)}, x^{(i)})=v_i(x^{(i)})-v_i(x_1^{(i)})-\langle \nabla v_i(x_1^{(i)}), x^{(i)}-x_1^{(i)}\rangle \leqslant v_i(x^{(i)})-v_i(x_1^{(i)}) \leqslant D_i \tag{4.6.9}$$

这里，v_i 的强凸性也意味着 $\|x_1^{(i)}-x^{(i)}\|_i^2/2 \leqslant D_i$。因此，对于任意 $x, y \in X$，我们有

$$\|x^{(i)}-y^{(i)}\|_i \leqslant \|x^{(i)}-x_1^{(i)}\|_i+\|x_1^{(i)}-y^{(i)}\|_i \leqslant 2\sqrt{2D_i} \tag{4.6.10}$$

$$\|x-y\|=\sqrt{\sum_{i=1}^{b}\|x^{(i)}-y^{(i)}\|_i^2} \leqslant 2\sqrt{2\sum_{i=1}^{b}D_i} \tag{4.6.11}$$

根据上述邻近-映射的定义，我们可以形式化地描述随机块镜面下降(SBMD)方法，如算法4.5所示。

算法4.5 随机块镜面下降(SBMD)算法

令 $x_1 \in X$，正的步长 $\{\gamma_k\}_k \geqslant 1$，非负权 $\{\theta_k\}_k \geqslant 1$，以及给定概率 $p_i \in [0, 1]$，$i=1, \cdots, b$，使得 $\sum_{i=1}^{b} p_i=1$。置 $s_1=0$ 和 $u_i=1$，$i=1, \cdots, b$。

for $k=1, \cdots, N$ **do**

1. 根据下面的概率生成随机变量 i_k：

$$\text{Prob}\{i_k=i\}=p_i, \ i=1, \cdots, b \tag{4.6.12}$$

2. 按下式更新 $s_k^{(i)}$，$i=1, \cdots, b$：

$$s_{k+1}^{(i)}=\begin{cases} s_k^{(i)}+x_k^{(i)}\sum_{j=u_{i_k}}^{k}\theta_j & i=i_k \\ s_k^{(i)} & i \neq i_k \end{cases} \tag{4.6.13}$$

然后设置 $u_{i_k}=k+1$。

3. 据下式更新 $x_k^{(i)}$，$i=1, \cdots, b$：

$$x_{k+1}^{(i)}=\begin{cases}\arg\min_{u\in X_i}\langle G_{i_k}(x_k,\xi_k),u\rangle+\frac{1}{\gamma_k}V_i(x_k^{(i)},u) & i=i_k\\ x_k^{(i)} & i\neq i_k\end{cases} \tag{4.6.14}$$

end for

输出： 置 $s_{N+1}^{(i)}=s_{N+1}^{(i)}+x_N^{(i)}\sum_{j=u_i}^{N}\theta_j$，$i=1,\cdots,b$，$i\neq i_N$ 和 $\overline{x}_N=s_{N+1}/\sum_{k=1}^{N}\theta_k$。

关于上面提到的 SBMD 算法，我们现在给出一些注释。首先，注意到在这个算法中，假定随机变量 ξ_k 和 i_k 是相互独立的。其次，SBMD 方法的每次迭代都基于第 i_k 块的随机次梯度 $G_{i_k}(x_k,\xi_k)$，递归地更新搜索点 x_k。

此外，我们不像镜面下降法那样在算法的最后取$\{x_k\}$的平均值，而是引入一个增量块平均方案来生成算法的输出。更具体地说，我们使用累加求和向量 s_k 表示 x_k 的加权求和，用指标变量 $u_i(i=1,\cdots,b)$来记录当第 i 块 s_k 更新时的最新迭代。那么，式(4.6.13)中，将 s_k 的第 i_k 块与 $x_k\sum_{j=i_k}^{k}\theta_j$ 相加，其中 $\sum_{j=i_k}^{k}\theta_j$ 通常用公式显式给出，因此比较容易计算。可以验证，通过使用这样的平均方式，我们有

$$\overline{x}_N=\left(\sum_{k=1}^{N}\theta_k\right)^{-1}\sum_{k=1}^{N}(\theta_k x_k) \tag{4.6.15}$$

第三，观察到除了式(4.6.13)和式(4.6.14)的更新之外，SBMD 方法的每次迭代都涉及 x_k 的计算。在任何可能的情况下，我们都应该递归地更新 G_{i_k}，以减少 SBMD 算法的迭代代价。考虑带有目标函数的 SP 问题

$$f(x)=\mathbb{E}[\psi(Bx-q,\xi)]+\chi(x)$$

其中，$\psi(\cdot)$和$\chi(\cdot)$都是相对简单的函数，向量 $q\in\mathbb{R}^n$，矩阵 $B\in\mathbb{R}^{m\times n}$。为了简单起见，我们也假设 $n_1=\cdots=n_b=1$。例如，在著名的支持向量机问题(1.4 节)中，所取的函数为 $\psi(y)=\max\{\langle y,\xi\rangle,0\}$和 $\chi(x)=\|x\|_2^2/2$。为了计算完整的向量 $G(x_k,\xi_k)$，我们需要 $\mathcal{O}(mn)$的算术运算来计算向量 Bx_k-q，如果 ψ 和 χ 很简单，相比其他运算，该计算将是主要工作。另一方面，通过递归地更新 SBMD 方法中的向量 $y_k=Bx_k$，我们可以将迭代开销从$\mathcal{O}(mn)$显著地降低到 $\mathcal{O}(m)$。如果 ξ_k 和 B 都是稀疏的(即向量 ξ_k 和矩阵 B 的每个行向量都只有几个非零的值)，则这个上界可以进一步简化。上述例子可以推广为：B 有 $r\times b$ 个块，子块 $B_{i,j}\in\mathbb{R}^{m_i\times n_j}$ $1\leqslant i\leqslant r$ 且 $1\leqslant j\leqslant b$，且所构成的每个块的行 $B_i=(B_{i,1},\cdots,B_{i,b})$，$i=1,\cdots,r$ 是块稀疏的。

最后，注意到上述 SBMD 方法只是概念上的，因为我们还没有指定步长$\{\gamma_k\}$、权值$\{\theta_k\}$和相应概率$\{p_i\}$的选择。在建立了该方法的一些基本收敛性质后，我们将详细说明这些参数的选取。

4.6.1.2　非光滑问题 SBMD 的收敛性

在本节中，我们将讨论 SBMD 方法在解决一般的非光滑凸问题时的主要收敛性质。

定理 4.12　设 $\overline{x}_N$ 为 SBMD 算法的输出，假定

$$\theta_k=\gamma_k,\ k=1,\cdots,N \tag{4.6.16}$$

那么，对于任意 $N\geqslant1$ 有

$$\mathbb{E}[f(\overline{x}_N)-f(x_*)]\leqslant\left(\sum_{k=1}^{N}\gamma_k\right)^{-1}\left[\sum_{i=1}^{b}p_i^{-1}V_i(x_1^{(i)},x_*^{(i)})+\frac{1}{2}\sum_{k=1}^{N}\gamma_k^2\sum_{i=1}^{b}M_i^2\right] \tag{4.6.17}$$

其中，x^* 是问题(4.6.1)的任意解，并且上面期望是对$\{i_k\}$和$\{\xi_k\}$所取。

证明　为简单起见，让我们表示 $V_i(z, x) \equiv V_i(z^{(i)}, x^{(i)})$，$g_{i_k} \equiv g^{(i_k)}(x_k)$(参见式(4.6.3))和 $V(z, x) = \sum_{i=1}^{b} p_i^{-1} V_i(x, z)$，同时也引入记号 $\zeta_k = (i_k, \xi_k)$和 $\zeta_{[k]} = (\zeta_1, \cdots, \zeta_k)$。由引理 4.3 和式(4.6.14)中 $x_k^{(i)}$ 的定义可知

$$V_{i_k}(x_{k+1}, x) \leqslant V_{i_k}(x_k, x) + \gamma_k \langle G_{i_k}(x_k, \xi_k), U_{i_k}^{\mathrm{T}}(x - x_k) \rangle + \frac{1}{2}\gamma_k^2 \| G_{i_k}(x_k, \xi_k) \|_{i_k,*}^2$$

根据这个观察，对于任意 $k \geqslant 1$ 及 $x \in X$，有

$$\begin{aligned}
V(x_{k+1}, x) &= \sum_{i \neq i_k} p_i^{-1} V_i(x_k, x) + p_{i_k}^{-1} V_{i_k}(x_{k+1}, x) \\
&\leqslant \sum_{i \neq i_k} p_i^{-1} V_i(x_k, x) + \\
&\quad p_{i_k}^{-1} \left[V_{i_k}(x_k, x) + \gamma_k \langle G_{i_k}(x_k, \xi_k), U_{i_k}^{\mathrm{T}}(x - x_k) \rangle + \frac{1}{2}\gamma_k^2 \| G_{i_k}(x_k, \xi_k) \|_{i_k,*}^2 \right] \\
&= V(x_k, x) + \gamma_k p_{i_k}^{-1} \langle U_{i_k} G_{i_k}(x_k, \xi_k), x - x_k \rangle + \frac{1}{2}\gamma_k^2 p_{i_k}^{-1} \| G_{i_k}(x_k, \xi_k) \|_{i_k,*}^2 \\
&= V(x_k, x) + \gamma_k \langle g(x_k), x - x_k \rangle + \gamma_k \delta_k + \frac{1}{2}\gamma_k^2 \bar{\delta}_k
\end{aligned} \tag{4.6.18}$$

其中

$$\delta_k := \langle p_{i_k}^{-1} U_{i_k} G_{i_k}(x_k, \xi_k) - g(x_k), x - x_k \rangle \quad 且 \quad \bar{\delta}_k := p_{i_k}^{-1} \| G_{i_k}(x_k, \xi_k) \|_{i_k,*}^2 \tag{4.6.19}$$

由式(4.6.18)和函数 $f(\cdot)$的凸性可知，对于任意 $k \geqslant 1$ 及 $x \in X$，有

$$\gamma_k [f(x_k) - f(x)] \leqslant \gamma_k \langle g(x_k), x_k - x \rangle \leqslant V(x_k, x) - V(x_{k+1}, x) + \gamma_k \delta_k + \frac{1}{2}\gamma_k^2 \bar{\delta}_k$$

利用上述不等式、$f(\cdot)$的凸性，以及由式(4.6.15)和式(4.6.16)得到的 $\bar{x}_N = \sum_{k=1}^{N} (\gamma_k x_k) / \sum_{k=1}^{N} \gamma_k$ 这一事实，可知对于任意 $N \geqslant 1$，$x \in X$，有

$$\begin{aligned}
f(\bar{x}_N) - f(x) &\leqslant \left(\sum_{k=1}^{N} \gamma_k \right)^{-1} \sum_{k=1}^{N} \gamma_k [f(x_k) - f(x)] \\
&\leqslant \left(\sum_{k=1}^{N} \gamma_k \right)^{-1} \left[V(x_1, x) + \sum_{k=1}^{N} \left(\gamma_k \delta_k + \frac{1}{2}\gamma_k^2 \bar{\delta}_k \right) \right]
\end{aligned} \tag{4.6.20}$$

现在，通过式(4.6.3)和式(4.6.12)可得到

$$\begin{aligned}
\mathbb{E}_{\zeta_k}[p_{i_k}^{-1} \langle U_{i_k} G_{i_k}, x - x_k \rangle \mid \zeta_{[k-1]}] &= \sum_{i=1}^{b} \mathbb{E}_{\xi_k}[\langle U_i G_i(x_k, \xi_k), x - x_k \rangle \mid \zeta_{[k-1]}] \\
&= \sum_{i=1}^{b} \langle U_i g_i(x_k), x - x_k \rangle = \langle g(x_k), x - x_k \rangle
\end{aligned}$$

因此，利用 i_k 和 ξ_k 之间的独立性，我们得到

$$\mathbb{E}[\delta_k \mid \zeta_{k-1}] = 0 \tag{4.6.21}$$

此外，由式(4.6.4)和式(4.6.12)可得

$$\mathbb{E}[p_{i_k}^{-1} \| G_{i_k}(x_k, \xi_k) \|_{i_k,*}^2] = \sum_{i=1}^{b} p_i p_i^{-1} \| G_i(x_k, \xi_k) \|_{i,*}^2 \leqslant \sum_{i=1}^{b} M_i^2 \tag{4.6.22}$$

在式(4.6.20)的两边取期望，用 x_* 替换 x，并使用式(4.6.21)和式(4.6.22)两式中的观

察结果，就可以直接得到式(4.6.17)中的结果。 ■

下面我们给出适当选择$\{p_i\}$、$\{\gamma_k\}$和$\{\theta_k\}$后，SBMD 算法的一些特定的收敛结果。

推论 4.7 假设按照式(4.6.16)设置算法 4.5 中的$\{\theta_k\}$，并且x_*是问题(4.6.1)的任意解。

(a) 如果 X 有界，且$\{p_i\}$和$\{\gamma_k\}$被设置为

$$p_i=\frac{\sqrt{D_i}}{\sum_{i=1}^{b}\sqrt{D_i}},\quad i=1,\cdots,b,\quad \gamma_k=\gamma\equiv\frac{\sqrt{2}\sum_{i=1}^{b}\sqrt{D_i}}{\sqrt{N\sum_{i=1}^{b}M_i^2}},\quad k=1,\cdots,N \tag{4.6.23}$$

那么

$$\mathbb{E}[f(\overline{x}_N)-f(x_*)]\leqslant\sqrt{\frac{2}{N}}\sum_{i=1}^{b}\sqrt{D_i}\sqrt{\sum_{i=1}^{b}M_i^2} \tag{4.6.24}$$

(b) 如果将$\{p_i\}$和$\{\gamma_k\}$设置为

$$p_i=\frac{1}{b},\quad i=1,\cdots,b,\quad \gamma_k=\gamma\equiv\frac{\sqrt{2b}\,\widetilde{D}}{\sqrt{N\sum_{i=1}^{b}M_i^2}},\quad k=1,\cdots,N \tag{4.6.25}$$

其中 $\widetilde{D}>0$，那么，

$$\mathbb{E}[f(\overline{x}_N)-f(x_*)]\leqslant\sqrt{\sum_{i=1}^{b}M_i^2}\left(\frac{\sum_{i=1}^{b}V_i(x_1^{(i)},x_*^{(i)})}{\widetilde{D}}+\widetilde{D}\right)\frac{\sqrt{b}}{\sqrt{2N}} \tag{4.6.26}$$

证明 我们只展示(a)部分证明，因为(b)部分可以用同样的方法证明。请注意，由式(4.6.9)和式(4.6.23)可得到

$$\sum_{i=1}^{b}p_i^{-1}V_i(x_1,x_*)\leqslant\sum_{i=1}^{b}p_i^{-1}D_i=\Big(\sum_{i=1}^{b}\sqrt{D_i}\Big)^2$$

使用这个观察结果、式(4.6.17)和式(4.6.23)，我们就得到了结论

$$\begin{aligned}\mathbb{E}[f(\overline{x}_N)-f(x_*)]&\leqslant(N\gamma)^{-1}\left[\Big(\sum_{i=1}^{b}\sqrt{D_i}\Big)^2+\frac{N\gamma^2}{2}\sum_{i=1}^{b}M_i^2\right]\\&=\sqrt{\frac{2}{N}}\sum_{i=1}^{b}\sqrt{D_i}\sqrt{\sum_{i=1}^{b}M_i^2}\end{aligned}$$

■

现在对定理 4.12 和推论 4.7 所得到的结果做一些说明。首先，式(4.6.23)中设置的参数仅适用于 X 有界的情况，而式(4.6.25)中的参数设置还可适用于 X 无界或 $D_i(i=1,\cdots,b)$是未知的时候。可以看出，式(4.6.26)中 $\widetilde{D}$ 的最优选择为 $\sqrt{\sum_{i=1}^{b}V_i(x_1,x_*)}$。在这种情况下，式(4.6.26)可简化为

$$\begin{aligned}\mathbb{E}[f(\overline{x}_N)-f(x_*)]&\leqslant\sqrt{2\sum_{i=1}^{b}M_i^2}\sqrt{\sum_{i=1}^{b}V_i(x_1,x_*)}\frac{\sqrt{b}}{\sqrt{N}}\\&\leqslant\sqrt{2\sum_{i=1}^{b}M_i^2}\sqrt{\sum_{i=1}^{b}D_i}\frac{\sqrt{b}}{\sqrt{N}}\end{aligned} \tag{4.6.27}$$

这里第二个不等式由式(4.6.9)得出。注意到上述上界与式(4.6.24)上界之间的差别是有趣的。具体来说，通过使用非均匀分布$\{p_i\}$得到的式(4.6.24)中的界，总会使用

Cauthy-Schwartz 不等式极小化式(4.6.27)中的界。

其次，根据式(4.6.24)可以看出，用 SBMD 方法求式(4.6.1)的 ε-解所需要的总迭代次数的界为

$$2\left(\sum_{i=1}^{b}\sqrt{D_i}\right)^2\left(\sum_{i=1}^{b}M_i^2\right)\frac{1}{\varepsilon^2} \tag{4.6.28}$$

同时注意到，采用相同的 $v_i(\cdot)$，$i=1$，…，b 是

$$2\sum_{i=1}^{b}D_i\left(\sum_{i=1}^{b}M_i^2\right)\frac{1}{\varepsilon^2} \tag{4.6.29}$$

显然，式(4.6.28)中的界可以比式(4.6.29)中的界更大，可以到其 b 倍。因此，如果 SBMD 算法的迭代代价比镜面下降 SA 算法的迭代代价差因子 $\mathcal{O}(b)$，则 SBMD 算法的总算法代价将与镜面下降 SA 算法相当或更小。

最后，在推论 4.7 中我们使用了常数步长策略使 $\gamma_1=\cdots=\gamma_N$。然而，应该注意到的是，可变步长策略也可以在 SBMD 方法中使用。

4.6.1.3　非光滑强凸问题

在本小节中，我们假设问题(4.6.1)中的目标函数 $f(\cdot)$ 为强凸函数，即 $\exists\mu>0$ 使得

$$f(y)\geqslant f(x)+\langle g(x),\ y-x\rangle+\mu\sum_{i=1}^{b}V_i(x^{(i)},\ y^{(i)})\ \forall x,\ y\in X \tag{4.6.30}$$

另外，为了简单起见，我们假设 i_k 的分布概率是均匀的，即

$$p_1=p_2=\cdots=p_b=\frac{1}{b} \tag{4.6.31}$$

然而，应该注意的是，我们后面的分析也可以很容易地适用于 i_k 不是均匀分布的情况。

现在我们准备描述求解非光滑强凸问题的 SBMD 算法的主要收敛性质。

定理 4.13　假设条件(4.6.30)和式(4.6.31)成立，如果满足

$$\gamma_k\leqslant\frac{b}{\mu} \tag{4.6.32}$$

和

$$\theta_k=\frac{\gamma_k}{\Gamma_k}\quad 其中，\quad \Gamma_k=\begin{cases}1 & k=1\\ \Gamma_{k-1}\left(1-\dfrac{\gamma_k\mu}{b}\right) & k\geqslant 2\end{cases} \tag{4.6.33}$$

那么，对于任意 $N\geqslant 1$ 有

$$\mathbb{E}[f(\overline{x}_N)-f(x_*)]\leqslant\left(\sum_{k=1}^{N}\theta_k\right)^{-1}\left[(b-\gamma_1\mu)\sum_{i=1}^{b}V_i(x_1^{(i)},\ x_*^{(i)})+\frac{1}{2}\sum_{k=1}^{N}\gamma_k\theta_k\sum_{i=1}^{b}M_i^2\right] \tag{4.6.34}$$

式中的 x_* 是问题(4.6.1)的最优解。

证明　为简单起见，我们记 $V_i(z,\ x)\equiv V_i(z^{(i)},\ x^{(i)})$，$g_{i_k}\equiv g^{(i_k)}(x_k)$ 和 $V(z,\ x)=\sum_{i=1}^{b}p_i^{-1}V_i(z,\ x)$。另外，我们也记 $\zeta_k=(i_k,\ \xi_k)$ 和 $\zeta_{[k]}=(\zeta_1,\ \cdots,\ \zeta_k)$，$\delta_k$ 和 $\overline{\delta}_k$ 如式(4.6.19)中定义。由关系(4.6.31)，我们有

$$V(z,\ x)=b\sum_{i=1}^{b}V_i(z^{(i)},\ x^{(i)}) \tag{4.6.35}$$

使用这个关系、式(4.6.18)和式(4.6.30)，可以得到

$$\begin{aligned}V(x_{k+1}, x) &\leqslant V(x_k, x)+\gamma_k\langle g(x_k), x-x_k\rangle+\gamma_k\delta_k+\frac{1}{2}\gamma_k^2\bar{\delta}_k\\ &\leqslant V(x_k, x)+\gamma_k\left[f(x)-f(x_k)-\frac{m}{b}V(x_k, x)\right]+\gamma_k\delta_k+\frac{1}{2}\gamma_k^2\bar{\delta}k\\ &\leqslant\left(1-\frac{\gamma_k\mu}{b}\right)V(x_k, x)+\gamma_k[f(x)-f(x_k)]+\gamma_k\delta_k+\frac{1}{2}\gamma_k^2\bar{\delta}_k\end{aligned}$$

此式根据引理 3.17 又可推出

$$\frac{1}{\Gamma_N}V(x_{N+1}, x)\leqslant\left(1-\frac{\gamma_1\mu}{b}\right)V(x_1, x)+\sum_{k=1}^{N}\Gamma_k^{-1}\gamma_k[f(x)-f(x_k)+\delta_k+\frac{1}{2}\gamma_k^2\bar{\delta}_k]\tag{4.6.36}$$

利用 $V(x_{N+1}, x)\geqslant 0$ 性质和式(4.6.33)中的定义，由上述关系可得出

$$\sum_{k=1}^{N}\theta_k[f(x_k)-f(x)]\leqslant\left(1-\frac{\gamma_1\mu}{b}\right)V(x_1, x)+\sum_{k=1}^{N}\theta_k\delta_k+\frac{1}{2}\sum_{k=1}^{N}\gamma_k\theta_k\bar{\delta}_k\tag{4.6.37}$$

对上面不等式两边取期望，利用关系式(4.6.21)和式(4.6.22)得到

$$\sum_{k=1}^{N}\theta_k\mathbb{E}[f(x_k)-f(x)]\leqslant\left(1-\frac{\gamma_1\mu}{b}\right)V(x_1, x)+\frac{1}{2}\sum_{k=1}^{N}\gamma_k\theta_k\sum_{i=1}^{b}M_i^2$$

这里，考虑到式(4.6.15)、式(4.6.31)，以及 $f(\cdot)$ 的凸性质，显然可以推得式(4.6.34)。■

下面我们给出了 SBMD 方法在适当选择$\{\gamma_k\}$后求解非光滑强凸问题时的一个特定的收敛结果。

推论 4.8　假设条件式(4.6.30)和式(4.6.31)成立。如果$\{\theta_k\}$依式(4.6.33)设定，$\{\gamma_k\}$按下式取值

$$\gamma_k=\frac{2b}{\mu(k+1)},\quad k=1, \cdots, N\tag{4.6.38}$$

那么，对于任意 $N\geqslant 1$ 有

$$\mathbb{E}[f(\overline{x}_N)-f(x_*)]\leqslant\frac{2b}{\mu(N+1)}\sum_{i=1}^{b}M_i^2\tag{4.6.39}$$

其中 x_* 是问题(4.6.1)的最优解。

证明　从式(4.6.33)和式(4.6.38)可以很容易看出

$$\Gamma_k=\frac{2}{k(k+1)},\quad\theta_k=\frac{\gamma_k}{\Gamma_k}=\frac{bk}{\mu},\quad b-\gamma_1\mu=0\tag{4.6.40}$$

$$\sum_{k=1}^{N}\theta_k=\frac{bN(N+1)}{2\mu},\quad\sum_{k=1}^{N}\gamma_k\theta_k\leqslant\frac{2b^2N}{\mu^2}\tag{4.6.41}$$

以及

$$\sum_{k=1}^{N}\theta_k^2=\frac{b^2}{\mu^2}\frac{N(N+1)(2N+1)}{6}\leqslant\frac{b^2}{\mu^2}\frac{N(N+1)^2}{3}\tag{4.6.42}$$

因此，由不等式(4.6.34)可知

$$\mathbb{E}[f(\overline{x}_N)-f(x_*)]\leqslant\frac{1}{2}\left(\sum_{k=1}^{N}\theta_k\right)^{-1}\sum_{k=1}^{N}\gamma_k\theta_k\sum_{i=1}^{b}M_i^2\leqslant\frac{2b}{\mu(N+1)}\sum_{i=1}^{b}M_i^2$$ ■

根据关系式(4.6.39)，用 SBMD 方法求非光滑强凸问题的 ε-解所需的迭代次数以 $\frac{2b}{\mu\varepsilon}\sum_{i=1}^{b}M_i^2$ 为上界。

4.6.1.4　非光滑问题的大偏差性质

本小节的目标是在以下关于随机变量 ξ 分布的"轻尾"假设下，建立 SBMD 算法求解问题时相关的大偏差结果：

$$\mathbb{E}\{\exp[\|G_i(x,\xi)\|_{i,*}^2/M_i^2]\}\leqslant\exp(1),\quad i=1,2,\cdots,b \tag{4.6.43}$$

由 Jensen 不等式很容易看出，式(4.6.43)隐含了式(4.6.4)。这里需要指出的是，对于次梯度有界的确定性问题，上述"轻尾"假设总是满足的。

为简单起见，我们只考虑 SBMD 算法中随机变量 $\{i_k\}$ 是均匀分布的情形，即关系式(4.6.31)成立。下面的结果说明了求解一般非光滑问题时 SBMD 算法的大偏差性质。

定理 4.14　假定条件(4.6.43)和式(4.6.31)成立，并且集合 X 是有界的。

(a) 对于求解一般的非光滑 CP 问题(即式(4.6.16)成立时)，对于任意 $N\geqslant1$ 和 $\lambda>0$，有

$$\text{Prob}\left\{f(\overline{x}_N)-f(x_*)\geqslant b\left(\sum_{k=1}^N\gamma_k\right)^{-1}\left[\sum_{i=1}^b V_i(x_1^{(i)},x_*^{(i)})+\frac{1}{2}\overline{M}^2\sum_{k=1}^N\gamma_k^2+\right.\right.$$
$$\left.\left.\lambda\overline{M}\left(\frac{1}{2}\overline{M}\sum_{k=1}^N\gamma_k^2+4\sqrt{2}\sqrt{\sum_{i=1}^b D_i}\sqrt{\sum_{k=1}^N\gamma_k^2}\right)\right]\right\}\leqslant\exp(-\lambda^2/3)+\exp(-\lambda) \tag{4.6.44}$$

成立，其中 $\overline{M}=\max\limits_{i=1,\cdots,b}M_i$，并且 x_* 是问题(4.6.1)的任意解。

(b) 对于求解强凸问题(即式(4.6.30)、式(4.6.32)和式(4.6.33)成立时)，当任意 $N\geqslant1$ 时，有

$$\text{Prob}\left\{f(\overline{x}_N)-f(x_*)\geqslant b\left(\sum_{k=1}^N\theta_k\right)^{-1}\left[\left(1-\frac{\gamma_1\mu}{b}\right)\sum_{i=1}^b V_i(x_1^{(i)},x_*^{(i)})+\right.\right.$$
$$\left.\left.\frac{1}{2}\overline{M}^2\sum_{k=1}^N\gamma_k\theta_k+\lambda\overline{M}\left(\frac{1}{2}\overline{M}\sum_{k=1}^N\gamma_k\theta_k+4\sqrt{2}\sqrt{\sum_{i=1}^b D_i}\sqrt{\sum_{k=1}^N\theta_k^2}\right)\right]\right\}$$
$$\leqslant\exp(-\lambda^2/3)+\exp(-\lambda) \tag{4.6.45}$$

成立，其中 x_* 是问题(4.6.1)的最优解。

证明　首先证明(a)的部分。注意，根据式(4.6.43)，当 $t\geqslant0$ 时函数 $\phi(t)=\sqrt{t}$ 的凹性质，以及 Jensen 不等式，则对于任意 $i=1,2,\cdots,b$，有下式成立

$$\mathbb{E}\{\exp[\|G_i(x,\xi)\|_{i,*}^2/(2M_i^2)]\}\leqslant\sqrt{\mathbb{E}\{\exp[\|G_i(x,\xi)\|_{i,*}^2/M_i^2]\}}\leqslant\exp(1/2) \tag{4.6.46}$$

同时注意到，由式(4.6.21)可知，$\delta_k(k=1,\cdots,N)$为鞅-差分。另外，记 $\text{M}^2\equiv32b^2\overline{M}^2\sum\limits_{i=1}^b D_i$，我们有

$$\begin{aligned}\mathbb{E}[\exp(\text{M}^{-2}\delta_k^2)]&\leqslant\sum_{i=1}^b\frac{1}{b}\mathbb{E}[\exp(\text{M}^{-2}\|x-x_k\|^2\|bU_i^{\text{T}}G_i-g(x_k)\|_*^2)]\\&\leqslant\sum_{i=1}^b\frac{1}{b}\mathbb{E}\{\exp[2\text{M}^{-2}\|x-x_k\|^2(b^2\|G_i\|_{i,*}^2+\|g(x_k)\|_*^2)]\}\\&\leqslant\sum_{i=1}^b\frac{1}{b}\mathbb{E}\left\{\exp\left[16\text{M}^{-2}\left(\sum_{i=1}^b D_i\right)\left(b^2\|G_i\|_{i,*}^2+\sum_{i=1}^b M_i^2\right)\right]\right\}\\&\leqslant\sum_{i=1}^b\frac{1}{b}\mathbb{E}\left\{\exp\left[\frac{b^2\|G_i\|_{i,*}^2+\sum_{i=1}^b M_i^2}{2b^2\overline{M}^2}\right]\right\}\\&\leqslant\sum_{i=1}^b\frac{1}{b}\mathbb{E}\left\{\exp\left[\frac{\|G_i\|_{i,*}^2}{2M_i^2}+\frac{1}{2}\right]\right\}\leqslant\exp(1)\end{aligned} \tag{4.6.47}$$

上面的前五个不等式分别这样得到：第一个由式(4.6.12)和式(4.6.19)得到；第二个由式(4.6.31)得到；第三个由式(4.6.6)和式(4.6.11)得到；第四个根据 M 的定义；第五个由式(4.6.46)得到。因此，根据鞅-差分的大偏差定理(见引理4.1)，有

$$\operatorname{Prob}\left\{\sum_{k=1}^{N}\gamma_k\delta_k \geqslant \lambda M\sqrt{\sum_{k=1}^{N}-\gamma_k^2}\right\} \leqslant \exp(-\lambda^2/3) \tag{4.6.48}$$

注意到在假设关系式(4.6.43)、式(4.6.12)、式(4.6.19)、式(4.6.31)下会有

$$\begin{aligned}\mathbb{E}[\exp(\bar{\delta}_k/(b\overline{M}^2))] &\leqslant \sum_{i=1}^{b}\frac{1}{b}\mathbb{E}[\exp(\|G_i(x_k,\ \xi_k)\|_{i,*}^2/\overline{M}^2)]\\ &\leqslant \sum_{i=1}^{b}\frac{1}{b}\mathbb{E}[\exp(\|G_i(x_k,\ \xi_k)\|_{i,*}^2/\mathrm{M}_i^2)]\\ &\leqslant \sum_{i=1}^{b}\frac{1}{b}\exp(1)=\exp(1)\end{aligned} \tag{4.6.49}$$

其中第二个不等式来自 $\overline{M}$ 的定义，第三个不等式来自式(4.6.4)。设置 $\psi_k=\gamma_k^2/\sum_{k=1}^{N}\gamma_k^2$，我们有 $\exp\left\{\sum_{k=1}^{N}\psi_k\bar{\delta}_k/(b\overline{M}^2)\right\} \leqslant \sum_{k=1}^{N}\psi_k\exp\{\bar{\delta}_k/(b\overline{M}^2)\}$，再利用前面的两个不等式，可得到

$$\mathbb{E}\left[\exp\left\{\sum_{k=1}^{N}\gamma_k^2\bar{\delta}_k/\left(b\overline{M}^2\sum_{k=1}^{N}\gamma_k^2\right)\right\}\right] \leqslant \exp\{1\}$$

然后由 Markov 不等式可得 $\forall\lambda\geqslant 0$

$$\begin{aligned}&\operatorname{Prob}\left\{\sum_{k=1}^{N}\gamma_k^2\bar{\delta}_k > (1+\lambda)(b\overline{M}^2)\sum_{k=1}^{N}\gamma_k^2\right\} = \operatorname{Prob}\left\{\exp\left\{\sum_{k=1}^{N}\gamma_k^2\bar{\delta}_k/(b\overline{M}^2\sum_{k=1}^{N}\gamma_k^2)\right\} > \exp\{(1+\lambda)\}\right\}\\ &\leqslant \frac{\mathbb{E}\left[\exp\left\{\sum_{k=1}^{N}\gamma_k^2\bar{\delta}_k/\left(b\overline{M}^2\sum_{k=1}^{N}\gamma_k^2\right)\right\}\right]}{\exp\{1+\lambda\}} \leqslant \frac{\exp\{1\}}{\exp\{1+\lambda\}} = \exp\{-\lambda\}\end{aligned} \tag{4.6.50}$$

结合不等式(4.6.20)、式(4.6.48)和式(4.6.50)，即可得到式(4.6.44)的结果。

(b)部分式(4.6.45)中所给出的概率界，可以根据条件(4.6.37)，再使用和不等式(4.6.44)证明中类似的推导得到，在此略去证明细节。 ■

我们现在给出一些$\{\gamma_k\}$和$\{\theta_k\}$的不同选择下 SBMD 算法的特定的大偏差结果。

推论 4.9 假设条件(4.6.43)和式(4.6.31)成立，并且 X 是有界的。

(a) 对于一般非光滑问题，如果序列$\{\theta_k\}$和$\{\gamma_k\}$分别按式(4.6.16)和式(4.6.25)取值，并且 $\widetilde{D}=\sqrt{\sum_{i=1}^{b}V_i(x_1^{(i)},\ x_*^{(i)})}$，则对于任意 $\lambda>0$，有

$$\operatorname{Prob}\left\{f(\bar{x}_N)-f(x_*) \geqslant \frac{\sqrt{b\sum_{i=1}^{b}M_i^2\sum_{i=1}^{b}D_i}}{\sqrt{2N}}\left[1+(1+\lambda)\frac{\overline{M}^2}{\overline{m}^2}+8\lambda\frac{\overline{M}}{\overline{m}}\right]\right\}$$
$$\leqslant \exp(-\lambda^2/3)+\exp(-\lambda) \tag{4.6.51}$$

其中，$\overline{m}=\min_{i=1,\cdots,b} M_i$，并且 x_* 是(4.6.1)的任意解。

(b)对于强凸问题，如果序列$\{\theta_k\}$和$\{\gamma_k\}$分别按式(4.6.33)和式(4.6.38)取值，则对于任意 $\lambda>0$，有

$$\text{Prob}\left\{f(\overline{x}_N)-f(x_*)\geqslant\frac{2(1+\lambda)b\sum_{i=1}^{b}}{(N+1)\mu}\frac{\overline{M}_i^2}{\overline{m}^2}+\frac{8\sqrt{2}\lambda\overline{M}\sqrt{b\sum_{i=1}^{b}M_i^2\sum_{i=1}^{b}D_i}}{\overline{m}\sqrt{3N}}\right\}$$
$$\leqslant\exp(-\lambda^2/3)+\exp(-\lambda) \tag{4.6.52}$$

其中 x_* 是式(4.6.1)的最优解。

证明　注意到由式(4.6.9)可知 $\sum_{i=1}^{b}V_i(x_1^{(i)},x_*^{(i)})\leqslant\sum_{i=1}^{b}D_i$，另外由式(4.6.25)还可以有

$$\sum_{k=1}^{N}\gamma_k=\left(\frac{2Nb\widetilde{D}^2}{\sum_{i=1}^{b}M_i^2}\right)^{1/2}\quad 且\quad \sum_{k=1}^{N}\gamma_k^2=\frac{2b\widetilde{D}^2}{\sum_{i=1}^{b}M_i^2}$$

使用这些恒等式和式(4.6.44)，我们可得到

$$\text{Prob}\left\{f(\overline{x}_N)-f(x_*)\geqslant b\left(\frac{\sum_{i=1}^{b}M_i^2}{2Nb\widetilde{D}^2}\right)^{1/2}\left[\sum_{i=1}^{b}V_i(x_1^{(i)},x_*^{(i)})+b\widetilde{D}^2\overline{M}^2\left(\sum_{i=1}^{b}M_i^2\right)^{-1}+\right.\right.$$
$$\left.\left.\lambda\overline{M}\left(2b\overline{M}\widetilde{D}^2\left(\sum_{i=1}^{b}M_i^2\right)^{-1}+8b^{1/2}\widetilde{D}\sqrt{\sum_{i=1}^{b}D_i}\left(\sum_{i=1}^{b}M_i^2\right)^{-\frac{1}{2}}\right)\right]\right\}$$
$$\leqslant\exp(-\lambda^2/3)+\exp(-\lambda)$$

使用 $\sum_{i=1}^{b}M_i^2\geqslant b\overline{m}^2$ 这一事实和 $\widetilde{D}=\sqrt{\sum_{i=1}^{b}V_i(x_1^{(i)},x_*^{(i)})}$ 简化上面的关系，得到结论(4.6.51)。类似地，关系(4.6.52)可直接从式(4.6.45)以及式(6.4.40)、式(6.4.41)和式(4.6.42)中的几个上限推导而来。■

现在，我们就定理 4.14 和推论 4.9 所得到的结果给出一些注释说明。首先，由式(4.6.51)可以看出，SBMD 方法求出式(4.6.1)的(ε，Λ)-解所需要的迭代次数，即一个点 $\overline{x}\in X$ 使得 $\text{Prob}\{f(\overline{x})-f^*\geqslant\varepsilon\}\leqslant\Lambda$，在忽略一些常数因子后有界，其界为

$$\mathcal{O}\left(\frac{b\log^2(1/\Lambda)}{\varepsilon^2}\right)$$

其次，由式(4.6.52)可知，用 SBMD 方法求解非光滑强凸问题的(ε，Λ)-解，在不考虑若干常数因子后，其迭代次数可被限定为 $\mathcal{O}(b\log^2(1/\Lambda)/\varepsilon^2)$，而在 $b=1$ 的情况下，是与在不假设凸性的情况下求解非光滑问题所得到的复杂度结果大致相同。然而，需要注意的是，这个界是可以改进为 $\mathcal{O}(b\log(1/\Lambda)/\varepsilon)$的，例如通过引入一个域收缩过程(见 4.2 节)。

4.6.2　凸复合优化

在这一节中，我们考虑一类特殊的凸随机组合优化问题

$$\phi^*:=\min_{x\in X}\{\phi(x):=f(x)+\chi(x)\} \tag{4.6.53}$$

这里，$\chi(\cdot)$是一个相对简单的凸函数，$f(\cdot)$是由式(4.6.1)定义的一个光滑凸函数，具有 Lipschitz 连续梯度 $g(\cdot)$。我们的目标是提出一种 SBMD 算法的变体，它会利用目标函数的光滑性。更具体地说，我们考虑以式(4.6.53)形式给出的凸复合优化问题，其中 $f(\cdot)$

是光滑的且其梯度 $g(\cdot)$ 满足

$$\|g_i(x+U_i\rho_i)-g_i(x)\|_{i,*}\leqslant L_i\|\rho_i\|_i\ \forall\rho_i\in\mathbb{R}^{n_i},\quad i=1,2,\cdots,b \tag{4.6.54}$$

于是可得到

$$f(x+U_i\rho_i)\leqslant f(x)+\langle g_i(x),\rho_i\rangle+\frac{L_i}{2}\|\rho_i\|_i^2\ \forall\rho_i\in\mathbb{R}^{n_i},\ x\in X \tag{4.6.55}$$

在本节中我们都假定以下假设成立。

假设 12　函数 $\chi(\cdot)$ 为块可分函数，即可以将 $\chi(\cdot)$ 分解为

$$\chi(x)=\sum_{i=1}^{b}\chi_i(x^{(i)})\ \forall x\in X \tag{4.6.56}$$

其中函数 χ_i：$\mathbb{R}^{n_i}\rightarrow\mathbb{R}$ 是闭且凸的。

我们现在准备描述 SBMD 算法的一个变体来解决光滑和复合的问题。

算法 4.6　一种求解凸随机组合优化的 SBMD 变形算法

设 $x_1\in X$，正步长 $\{\gamma_k\}_{k\geqslant1}$，非负权值 $\{\theta_k\}_{k\geqslant1}$，且概率 $p_i\in[0,1]$，$i=1,\cdots b$，使 $\sum_{i=1}^{b}p_i=1$。置 $s_1=0$，对 $i=1,\cdots,b$，置 $u_i=1$ 以及 $\theta_1=0$。

for $k=1,\cdots N$ **do**

1. 根据概率式(4.6.12)生成随机变量 i_k。
2. 根据式(4.6.13)更新 $s_k^{(i)}$，$i=1,\cdots,b$，然后设置 $u_{i_k}=k+1$。
3. 按下式更新 $x_k^{(i)}$，$i=1,\cdots,b$：

$$x_{k+1}^{(i)}=\begin{cases}\arg\min\limits_{z\in X_i}\langle G_i(x_k,\xi_k),z-x_k^{(i)}\rangle+\dfrac{1}{\gamma_k}V_i(x_k^{(i)},z)+\chi_i(x) & i=i_k\\ x_k^i & i\neq i_k\end{cases} \tag{4.6.57}$$

end for

输出：$s_{N+1}^{(i)}=s_{N+1}^{(i)}+x_{N+1}^{(i)}\sum_{j=u_i}^{N+1}\theta_j$，$i=1,\cdots,b$，以及 $\overline{x}_N=s_{N+1}\Big/\sum_{k=1}^{N+1}\theta_k$。

我们对上述求解复合凸问题的 SBMD 变形算法进行一些评述。首先，与算法 4.5 类似，$G(x_k,\xi_k)$ 是 $g(x_k)$ 的无偏估计(即式(4.6.3)成立)。此外，为了准确地了解随机噪声对 $G(x_k,\xi_k)$ 的影响，我们假定当 $\sigma_i\geqslant0$ 时，

$$\mathbb{E}[\|G_i(x,\xi)-g_i(x)\|_{i,*}^2]\leqslant\sigma_i^2,\quad i=1,\cdots,b \tag{4.6.58}$$

显然，如果 $\sigma_i=0$，$i=1,\cdots b$，那么，问题就是确定性的。为了便于标记，我们也使用记号

$$\sigma:=\Big(\sum_{i=1}^{b}\sigma_i^2\Big)^{1/2} \tag{4.6.59}$$

其次，我们在算法 4.6 中计算输出 $\overline{x}_N$ 的方式与算法 4.5 略有不同。特别地，我们设 $\theta_1=0$，算法 4.6 的 $\overline{x}_N$ 作为搜索点 $x_2,\cdots,x_{N+1}$ 的加权平均值计算，也就是说，

$$\overline{x}_N=\Big(\sum_{k=2}^{N+1}\theta_k\Big)^{-1}s_{N+1}=\Big(\sum_{k=2}^{N+1}\theta_k\Big)^{-1}\sum_{k=2}^{N+1}(\theta_kx_k) \tag{4.6.60}$$

而算法 4.5 的输出取的是 $x_1,\cdots,x_N$ 的加权平均值。

最后，从式(4.6.9)、式(4.6.54)和式(4.6.58)可以很容易看出，如果 X 是有界的，

那么有

$$\begin{aligned}\mathbb{E}[\|G_i(x,\xi)\|_{i,*}^2] &\leqslant 2[\|g_i(x)\|_{i,*}^2+2\mathbb{E}\|G_i(x,\xi)-g_i(x)\|_{i,*}^2]\leqslant 2\|g_i(x)\|_{i,*}^2+2\sigma_i^2\\ &\leqslant 2[2\|g_i(x)-g_i(x_1)\|_{i,*}^2+2\|g_i(x_1)\|_{i,*}^2]+2\sigma_i^2\\ &\leqslant 2[2\|g(x)-g(x_1)\|_*^2+2\|g_i(x_1)\|_{i,*}^2]+2\sigma_i^2\\ &\leqslant 4\Big(\sum_{i=1}^b L_i\Big)^2\|x-x_1\|^2+4\|g_i(x_1)\|_{i,*}^2+2\sigma_i^2\\ &\leqslant 32b^2\overline{L}^2\sum_{i=1}^b D_i+4\|g_i(x_1)\|_{i,*}^2+2\sigma_i^2,\quad i=1,\cdots,b \qquad (4.6.61)\end{aligned}$$

其中$\overline{L}=\max\limits_{i=1,\cdots,b}L_i$，第四个不等式由$g$是常数$\sum\limits_{i=1}^b L_i$下Lipschitz连续的得出。因此，我们可以直接将上一节的算法4.5应用于问题(4.6.53)，其收敛速度已经由定理4.12和4.13给出。然而，在这一节中，我们将证明，通过在上述SBMD算法的改进中适当地选取$\{\theta_k\}$、$\{\gamma_k\}$和$\{p_i\}$，我们可以显著地改善SBMD算法对于Lipschitz常数L_i，$i=1,\cdots b$的收敛速度。

我们首先讨论在不假设强凸性的情况下凸随机复合优化算法4.6的主要收敛性质。

定理4.15　假设算法4.6中的$\{i_k\}$是均匀分布的，即式(4.6.31)成立。另外假设选择$\{\gamma_k\}$和$\{\theta_k\}$，使得当任意$k\geqslant 1$时，

$$\gamma_k\leqslant\frac{1}{2\overline{L}} \qquad (4.6.62)$$

$$\theta_{k+1}=b\gamma_k-(b-1)\gamma_{k+1} \qquad (4.6.63)$$

那么，在假设式(4.6.3)和式(4.6.58)下，对于任意$N\geqslant 2$，有

$$\begin{aligned}&\mathbb{E}[\phi(\overline{x}_N)-\phi(x_*)]\\ &\leqslant\Big(\sum_{k=2}^{N+1}\theta_k\Big)^{-1}\Big[(b-1)\gamma_1[\phi(x_1)-\phi(x_*)]+b\sum_{i=1}^b V_i(x_1^{(i)},x_*^{(i)})+\sigma^2\sum_{k=1}^N\gamma_k^2\Big] \qquad (4.6.64)\end{aligned}$$

其中x_*是问题(4.6.53)的任意解，σ由式(4.6.59)定义。

证明　为简单起见，让我们表示函数$V_i(z,x)\equiv V_i(z^{(i)},x^{(i)})$，$g_{i_k}\equiv g^{(i_k)}(x_k)$和$V(z,x)=\sum\limits_{i=1}^b p_i^{-1}V_i(x,z)$。并记$\zeta_k=(i_k,\xi_k)$和$\zeta_{[k]}=(\zeta_1,\cdots,\zeta_k)$，并令$\delta_{i_k}=G_{i_k}(x_k,\xi_k)-g_{i_k}(x_k)$和$\rho_{i_k}=U_{i_k}^{\mathrm{T}}(x_{k+1}-x_k)$。根据式(4.6.53)中$\phi(\cdot)$的定义和式(4.6.55)，我们得到

$$\begin{aligned}\phi(x_{k+1})&\leqslant f(x_k)+\langle g_{i_k}(x_k),\rho_{i_k}\rangle+\frac{L_{i_k}}{2}\|\rho_{i_k}\|_{i_k}^2+\chi(x_{k+1})\\ &=f(x_k)+\langle G_{i_k}(x_k,\xi_k),\rho_{i_k}\rangle+\frac{L_{i_k}}{2}\|\rho_{i_k}\|_{i_k}^2+\chi(x_{k+1})-\langle\delta_{i_k},\rho_{i_k}\rangle \qquad (4.6.65)\end{aligned}$$

此外，由引理3.5和关系式(4.6.57)可得，对于任意$x\in X$，有

$$\begin{aligned}\langle G_{i_k}(x_k,\xi_k),\rho_{i_k}\rangle+\chi_{i_k}(x_{k+1}^{(i_k)})\leqslant&\langle G_{i_k}(x_k,\xi_k),x^{(i_k)}-x_k^{(i_k)}\rangle+\chi_{i_k}(x^{(i_k)})+\\ &\frac{1}{\gamma_k}[V_{i_k}(x_k,x)-V_{i_k}(x_{k+1},x)-V_{i_k}(x_{k+1},x_k)]\end{aligned}$$

结合以上两个不等式，并用式(4.6.56)得到

$$\phi(x_{k+1})\leqslant f(x_k)+\langle G_{i_k}(x_k,\xi_k),x^{(i_k)}-x_k^{(i_k)}\rangle+\chi_{i_k}(x^{(i_k)})+$$

$$\frac{1}{\gamma_k}[V_{i_k}(x_k, x)-V_{i_k}(x_{k+1}, x)-V_{i_k}(x_{k+1}, x_k)]+$$

$$\frac{L_{i_k}}{2}\|\rho_{i_k}\|_{i_k}^2+\sum_{i\neq i_k}\chi_i(x_{k+1}^{(i)})-\langle\delta_{i_k}, \rho_{i_k}\rangle \tag{4.6.66}$$

通过 $v_i(\cdot)$ 的强凸性和式(4.6.62)，并利用简单不等式 $\frac{au^2}{2}\leqslant\frac{b^2}{2a}$，$\forall a>0$，可以得到

$$-\frac{1}{\gamma_k}V_{i_k}(x_{k+1}, x_k)+\frac{L_{i_k}}{2}\|\rho_{i_k}\|_{i_k}^2-\langle\delta_{i_k}, \rho_{i_k}\rangle\leqslant-\left(\frac{1}{2\gamma_k}-\frac{L_{i_k}}{2}\right)\|\rho_{i_k}\|_{i_k}^2-\langle\delta_{i_k}, \rho_{i_k}\rangle$$

$$\leqslant\frac{\gamma_k\|\delta_{i_k}\|_*^2}{2(1-\gamma_k L_{i_k})}\leqslant\frac{\gamma_k\|\delta_{i_k}\|_*^2}{2(1-\gamma_k\bar{L})}\leqslant\gamma_k\|\delta_{i_k}\|_*^2$$

另观察到通过 x_{k+1} 在式(4.6.57)和式(4.6.14)中的定义，以及 $V(\cdot, \cdot)$ 的定义，我们有等式 $\sum_{i\neq i_k}\chi_i(x_{k+1}^{(i)})=\sum_{i\neq i_k}\chi_i(x_k^{(i)})$ 和 $V_{i_k}(x_k, x)-V_{i_k}(x_{k+1}, x)=[V(x_k, x)-V(x_{k+1}, x)]/b$ 。利用这里观察到的结果，从式(4.6.66)得出结果

$$\phi(x_{k+1})\leqslant f(x_k)+\langle G_{i_k}(x_k, \xi_k), x^{(i_k)}-x_k^{(i_k)}\rangle+\frac{1}{b\gamma_k}[V(x_k, x)-V(x_{k+1}, x)]+$$

$$\gamma_k\|\delta_{i_k}\|_*^2+\sum_{i\neq i_k}\chi_i(x_k^{(i)})+\chi_{i_k}(x^{(i_k)}) \tag{4.6.67}$$

现在注意到

$$\mathbb{E}_{\zeta_k}[\langle G_{i_k}(x_k, \xi_k), x^{(i_k)}-x_k^{(i_k)}\rangle\,|\,\zeta_{[k-1]}]=\frac{1}{b}\sum_{i=1}^{b}\mathbb{E}_{\xi_k}[\langle G_i(x_k, \xi_k), x^{(i)}-x_k^{(i)}\rangle\,|\,\zeta_{[k-1]}]$$

$$=\frac{1}{b}\langle g(x_k), x-x_k\rangle\leqslant\frac{1}{b}[f(x)-f(x_k)] \tag{4.6.68}$$

$$\mathbb{E}_{\zeta_k}[\|\delta_{i_k}\|_*^2\,|\,\zeta_{[k-1]}]=\frac{1}{b}\sum_{i=1}^{b}\mathbb{E}_{\xi_k}[\|G_i(x_k, \xi_k)-g_i(x_k)\|_{i,*}^2\,|\,\zeta_{[k-1]}]\leqslant\frac{1}{b}\sum_{i=1}^{b}\sigma_i^2=\frac{\sigma^2}{b} \tag{4.6.69}$$

$$\mathbb{E}_{\zeta_k}\left[\sum_{i\neq i_k}\chi_i(x_k^{(i)})\,|\,\zeta_{[k-1]}\right]=\frac{1}{b}\sum_{j=1}^{b}\sum_{i\neq j}\chi_i(x_k^{(i)})=\frac{b-1}{b}\chi(x_k) \tag{4.6.70}$$

$$\mathbb{E}_{\zeta_k}[\chi_{i_k}(x^{(i_k)})\,|\,\zeta_{[k-1]}]=\frac{1}{b}\sum_{i=1}^{b}\chi_i(x^{(i)})=\frac{1}{b}\chi(x) \tag{4.6.71}$$

我们由式(4.6.67)可以得到

$$\mathbb{E}_{\zeta_k}\left[\phi(x_{k+1})+\frac{V(x_{k+1}, x)}{b\gamma_k}\middle|\zeta_{[k-1]}\right]\leqslant f(x_k)+\frac{1}{b}[f(x)-f(x_k)]+\frac{1}{b}\chi(x)+$$

$$\frac{V(x_k. x)}{b\gamma_k}+\frac{\gamma_k}{b}\sigma^2+\frac{b-1}{b}\chi(x_k)=\frac{b-1}{b}\phi(x_k)+\frac{1}{b}\phi(x)+\frac{V(x_k. x)}{b\gamma_k}+\frac{\gamma_k}{b}\sigma^2$$

这意味着

$$b\gamma_k\mathbb{E}[\phi(x_{k+1})-\phi(x)]+\mathbb{E}[V(x_{k+1}, x)]\leqslant(b-1)\gamma_k\mathbb{E}[\phi(x_k)-\phi(x)]+$$

$$\mathbb{E}[V(x_k, x)]+\gamma_k^2\sigma^2 \tag{4.6.72}$$

现在，对 $k=1$，…，N 的上述不等式(当 $x=x_*$ 时)进行累加，并注意关系 $\theta_{k+1}=b\gamma_k-(b-1)\gamma_{k+1}$，得到

$$\sum_{k=2}^{N}\theta_k\mathbb{E}[\phi(x_k)-\phi(x_*)]+b\gamma_N\mathbb{E}[\phi(x_{N+1})-\phi(x_*)]+\mathbb{E}[V(x_{N+1},x_*)]$$
$$\leqslant(b-1)\gamma_1[\phi(x_1)-\phi(x_*)]+V(x_1,x_*)+\sigma^2\sum_{k=1}^{N}\gamma_k^2$$

利用上述不等式和 $V(\cdot,\cdot)\geqslant 0$ 的事实，以及 $\phi(x_{N+1})\geqslant\phi(x_*)$，我们就得出结果

$$\sum_{k=2}^{N+1}\theta_k\mathbb{E}[\phi(x_k)-\phi(x_*)]\leqslant(b-1)\gamma_1[\phi(x_1)-\phi(x_*)]+V(x_1,x_*)+\sigma^2\sum_{k=1}^{N}\gamma_k^2$$

这里，根据式(4.6.59)和式(4.6.60)，以及 $\phi(\cdot)$的凸性，显然就得到了式(4.6.64)结论。■

下面的推论描述了算法 4.6 在适当选择$\{\gamma_k\}$后求解凸随机复合优化问题的一个专门的收敛结果。

推论 4.10　假设算法 4.6 中的$\{p_i\}$按式(4.6.31)设置，对某个 $\widetilde{D}>0$ 按下式设置$\{\gamma_k\}$

$$\gamma_k=\gamma=\min\left\{\frac{1}{2\bar{L}},\ \frac{\widetilde{D}}{\sigma}\sqrt{\frac{b}{N}}\right\}\tag{4.6.73}$$

并按式(4.6.63)设置$\{\theta_k\}$。那么，在假设条件(4.6.3)和式(4.6.58)下，可得到

$$\mathbb{E}[\phi(\overline{x}_N)-\phi(x_*)]\leqslant\frac{(b-1)[\phi(x_1)-\phi(x_*)]}{N}+\frac{2b\bar{L}\sum_{i=1}^{b}V_i(x_1^{(i)},x_*^{(i)})}{N}+\frac{\sigma\sqrt{b}}{\sqrt{N}}\left[\frac{\sum_{i=1}^{b}V_i(x_1^{(i)},x^{(i)})}{\widetilde{D}}+\widetilde{D}\right]\tag{4.6.74}$$

其中 x_*是问题(4.6.53)的任意解。

证明　由式(4.6.63)和式(4.6.73)的参量设置可知 $\theta_k=\gamma_k=\gamma$，$k=1,\cdots,N$。利用这个结果和定理 4.15，我们得到

$$\mathbb{E}[\phi(\overline{x}_N)-\phi(x_*)]\leqslant\frac{(b-1)[\phi(x_1)-\phi(x_*)]}{N}+\frac{b\sum_{i=1}^{b}V_i(x_1^{(i)},x_*^{(i)})}{N_\gamma}+\gamma\sigma^2$$

从而由式(4.6.73)可得式(4.6.74)。■

现在我们对推论 4.10 中得到的结果做一些说明。首先，针对式(4.6.74)，$\widetilde{D}$ 的一个最优选择将会是 $\sqrt{\sum_{i=1}^{b}V_i(x_1^{(i)},x_*^{(i)})}$。在这种情况下，式(4.6.74) 简化为

$$\mathbb{E}[\phi(\overline{x}_N)-\phi(x_*)]\leqslant\frac{(b-1)[\phi(x_1)-\phi(x_*)]}{N}+\frac{2b\bar{L}\sum_{i=1}^{b}V_i(x_1^{(i)},x_*^{(i)})}{N}+\frac{2\sigma\sqrt{b}\sqrt{\sum_{i=1}^{b}D_i}}{\sqrt{N}}$$
$$\leqslant\frac{(b-1)[\phi(x_1)-\phi(x_*)]}{N}+\frac{2b\bar{L}\sum_{i=1}^{b}D_i}{N}+\frac{2\sigma\sqrt{b}\sqrt{\sum_{i=1}^{b}D_i}}{\sqrt{N}}\tag{4.6.75}$$

其次，如果我们直接将算法 4.5 应用到问题(4.6.53)中，则根据期望不等式(4.6.27)和式(4.6.61)，我们有

$$\mathbb{E}[\phi(\overline{x}_N)-\phi(x_*)]\leqslant 2\sqrt{\sum_{i=1}^{b}\left[4b^2\overline{L}^2\left(\sum_{i=1}^{b}D_i\right)+2\|g_i(x_1)\|_{i,*}^2+\sigma_i^2\right]}\frac{\sqrt{b}\sqrt{\sum_{i=1}^{b}D_i}}{\sqrt{N}}$$

$$\leqslant\frac{4b^2\overline{L}\sum_{i=1}^{b}D_i}{\sqrt{N}}+2\sqrt{\sum_{i=1}^{b}-(2\|g_i(x_1)\|_{i,*}^2+\sigma_i^2)}\frac{\sqrt{b}\sqrt{\sum_{i=1}^{b}D_i}}{\sqrt{N}}$$

(4.6.76)

显然，式(4.6.75)中的界对 Lipschitz 常数 $\overline{L}$ 的依赖比式(4.6.76)中的依赖要弱得多。特别地，我们可以看到在不考虑其他一些常数因子的情况下，$\overline{L}$ 可以与 $\mathcal{O}(\sqrt{N})$一样大，而不会影响到式(4.6.75)中的界。此外，式(4.6.75)中的约束对块数量 b 的依赖性也比式(4.6.76)中的依赖要弱得多。

在本节的其余部分，我们考虑目标函数为强凸函数的情况，即式(4.6.53)中的函数 $f(\cdot)$满足式(4.6.30)。下面的定理描述了求解强凸复合问题的 SBMD 算法的一些收敛性质。

定理 4.16　假设条件式(4.6.30)和式(4.6.31)成立，并假设参数$\{\gamma_k\}$和$\{\theta_k\}$的选择使得对于任意 $k\geqslant 1$，有

$$\gamma_k\leqslant\min\left\{\frac{1}{2\overline{L}},\ \frac{b}{\mu}\right\}\tag{4.6.77}$$

$$\theta_{k+1}=\frac{b\gamma_k}{\Gamma_k}-\frac{(b-1)\gamma_{k+1}}{\Gamma_{k+1}}\quad\text{其中，}\quad\Gamma_k=\begin{cases}1 & k=1\\ \Gamma_{k-1}\left(1-\frac{\gamma_k\mu}{b}\right) & k\geqslant 2\end{cases}\tag{4.6.78}$$

那么，对于任意 $N\geqslant 2$，有

$$\mathbb{E}[\phi(\overline{x}_N)-\phi(x_*)]\leqslant\left[\sum_{k=2}^{N+1}\theta_k\right]^{-1}\left[(b-\mu\gamma_1)\sum_{i=1}^{b}V_i(x_1^{(i)},\ x_*^{(i)})+\right.$$

$$\left.(b-1)\gamma_1[\phi(x_1)-\phi(x_*)]+\sum_{k=1}^{N}\frac{\gamma_k^2}{\Gamma_k}\sigma^2\right]\tag{4.6.79}$$

其中 x_*是问题(4.6.53)的最优解。

证明　可以看出，由于 $f(\cdot)$的强凸性，对于任意 $x\in X$，关系式(4.6.68)可以加强为

$$\mathbb{E}_{\zeta_k}[\langle G_{i_k}(x_k,\ \xi_k),\ x^{(i_k)}-x_k^{(i_k)}\rangle\,|\,\zeta_{[k-1]}]$$

$$=\frac{1}{b}\langle g(x_k),\ x-x_k\rangle\leqslant\frac{1}{b}[f(x)-f(x_k)-\frac{\mu}{2}\|x-x_k\|^2]$$

据此，以及关系式(4.6.69)、式(4.6.70)和式(4.6.71)，可由式(4.6.67)得到

$$\mathbb{E}_{\zeta_k}\left[\phi(x_{k+1})+\frac{1}{b\gamma_k}V(x_{k+1},\ x)\,|\,\zeta_{[k-1]}\right]\leqslant f(x_k)+\frac{1}{b}\left[f(x)-f(x_k)-\frac{\mu}{2}\|x-x_k\|^2\right]+$$

$$\frac{1}{b\gamma_k}V(x_k,\ x)+\frac{\gamma_k}{b}\sigma^2+\frac{b-1}{b}\chi(x_k)+\frac{1}{b}\chi(x)$$

$$\leqslant\frac{b-1}{b}\phi(x_k)+\frac{1}{b}\phi(x)+\left(\frac{1}{b\gamma_K}-\frac{\mu}{b^2}\right)V(x_k,\ x)+\frac{\gamma_k}{b}\sigma^2$$

最后一个不等式由式(4.6.35)得出。将上述不等式的两边对 $\xi_{[k-1]}$取期望，并将 x 替换为 x_*，可以得出对于任意 $k\geqslant 1$，

$$\mathbb{E}[V(x_{k+1}, x_*)] \leqslant \left(1-\frac{\mu\gamma_k}{b}\right)\mathbb{E}[V(x_k, x_*)]+(b-1)\gamma_k\mathbb{E}[\phi(x_k)-\phi(x_*)]-$$
$$b\gamma_k\mathbb{E}[\phi(x_{k+1})-\phi(x_*)]+\gamma_k^2\sigma^2$$

从而，由引理 3.17(取 $a_k=\frac{\gamma_k\mu}{(b)}$, $A_k=\Gamma_k$ 和 $B_k=(b-1)\gamma_k[\phi(x_k)-\phi(x_*)]-b\gamma_k\mathbb{E}[\phi(x_{k+1})-\phi(x_*)]+\gamma_k^2\sigma^2$)，显然可以得到

$$\frac{1}{\Gamma_N}[V(x_{k+1}, x_*)] \leqslant \left(1-\frac{\mu\gamma_1}{b}\right)V(x_1, x_*)+(b-1)\sum_{k=1}^{N}\frac{\gamma_k}{\Gamma_k}[\phi(x_k)-\phi(x_*)]-$$
$$b\sum_{k=1}^{N}\frac{\gamma_k}{\Gamma_k}[\phi(x_{k+1})-\phi(x_*)]+\sum_{k=1}^{N}\frac{\gamma_k^2}{\Gamma_k}\sigma^2$$
$$\leqslant \left(1-\frac{\mu\gamma_1}{b}\right)V(x_1, x_*)+(b-1)\gamma_1[\phi(x_1)-\phi(x_*)]-$$
$$\sum_{k=2}^{N+1}\theta_k[\phi(x_k)-\phi(x_*)]+\sum_{k=1}^{N}\frac{\gamma_k^2}{\Gamma_k}\sigma^2$$

式中，最后一个不等式是由式(4.6.78)和 $\phi(x_{N+1})-\phi(x^*)\geqslant 0$ 这一事实得出的。再注意到 $V(x_{N+1}, x_*)\geqslant 0$，可从上面的不等式得到

$$\sum_{k=2}^{N+1}\theta_k\mathbb{E}[\phi(x_k)-\phi(x_*)] \leqslant \left(1-\frac{\mu\gamma_1}{b}\right)V(x_1, x_*)+(b-1)\gamma_1[\phi(x_1)-\phi(x_*)]+$$
$$\sum_{k=1}^{N}\frac{\gamma_k^2}{\Gamma_k}\sigma^2$$

我们命题的结果直接源自上述不等式、$\phi(\cdot)$的凸性和关系式(4.6.60)。 ■

下面我们讨论 SBMD 方法选择适当的$\{\gamma_k\}$去求解强凸复合问题时具体的收敛速度。

推论 4.11　假设关系式(4.6.30)和式(4.6.31)成立，$\{\theta_k\}$按式(4.6.78)选择，并取

$$\gamma_k=2b/(\mu(k+k_0))\ \forall k\geqslant 1 \tag{4.6.80}$$

其中

$$k_0 := \left\lfloor\frac{4b\bar{L}}{\mu}\right\rfloor$$

那么，对于任意 $N\geqslant 2$，有

$$\mathbb{E}[\phi(\bar{x}_N)-\phi(x_*)] \leqslant \frac{\mu k_0^2}{N(N+1)}\sum_{i=1}^{b}V_i(x_1, x_*)+\frac{2(b-1)k_0}{N(N+1)}[\phi(x_1)-\phi(x_*)]+$$
$$\frac{4b\sigma^2}{\mu(N+1)} \tag{4.6.81}$$

其中 x_* 是问题(4.6.53)的最优解。

证明　我们可以检查一下

$$\gamma_k=\frac{2b}{\mu(k+\lfloor 4b\bar{L}/\mu\rfloor)}\leqslant\frac{1}{2\bar{L}}$$

从 γ_k 的定义和式(4.6.78)也很容易看出

$$\Gamma_k=\frac{k_0(k_0+1)}{(k+k_0)(k+k_0-1)},\quad 1-\frac{\gamma_1\mu}{b}=\frac{k_0-1}{k_0+1},\ \forall k\geqslant 1 \tag{4.6.82}$$

$$\theta_k=\frac{b\gamma_k}{\Gamma_k}-\frac{(b-1)\gamma_{k+1}}{\Gamma_{k+1}}=\frac{2bk+2b(k_0-b)}{\mu k_0(k_0+1)}\geqslant\frac{2bk}{\mu k_0(k_0+1)} \tag{4.6.83}$$

其中，关系式 $k_0 \geqslant b$ 是根据 k_0 的定义和 $\overline{L} \geqslant \mu$ 这一事实得到的。因此，

$$\sum_{k=2}^{N+1}\theta_k \geqslant \frac{bN(N+1)}{\mu k_0(k_0+1)},\ \sum_{k=1}^{N}\frac{\gamma_k^2}{\Gamma_k} = \frac{4b^2}{\mu^2 k_0(k_0+1)}\sum_{k=1}^{N}\frac{k+k_0-1}{k+k_0} \leqslant \frac{4Nb^2}{\mu^2 k_0(k_0+1)} \tag{4.6.84}$$

利用上述观察和式(4.6.79)，就可以得到

$$\begin{aligned}
&\mathbb{E}[\phi(\overline{x}_N)-\phi(x_*)]\\
&\leqslant \left(\sum_{k=2}^{N+1}\theta_k\right)^{-1}\left[\left(1-\frac{\mu\gamma_1}{b}\right)V(x_1,\ x_*)+(b-1)\gamma_1[\phi(x_1)-\phi(x_*)]+\sum_{k=1}^{N}\frac{\gamma_k^2}{\Gamma_k}\sigma^2\right]\\
&\leqslant \frac{\mu k_0(k_0+1)}{bN(N+1)}\left[\frac{k_0-1}{k_0+1}V(x_1,\ x_*)+\frac{2b(b-1)}{\mu(k_0+1)}[\phi(x_1)-\phi(x_*)]+\frac{4Nb^2\sigma^2}{\mu^2 k_0(k_0+1)}\right]\\
&\leqslant \frac{\mu k_0^2}{bN(N+1)}V(x_1,\ x_*)+\frac{2(b-1)k_0}{N(N+1)}[\phi(x_1)-\phi(x_*)]+\frac{4b\sigma^2}{\mu(N+1)}
\end{aligned}$$

其中第二个不等式是由关系式(4.6.82)、式(4.6.83)和式(4.6.84)得出的。■

可以十分有趣地观察到，根据式(4.6.81)和 k_0 的定义，在不考虑其他常数因子的情况下，求解强凸随机复合优化问题时，Lipschitz 常数 $\overline{L}$ 可以达到 $\mathcal{O}(\sqrt{N})$ 而不影响 SB-MD 算法的收敛速度。

4.7　练习和注释

练习

1. 给出在以下情况下使用随机镜面下降法求解问题(4.1.1)时的收敛速度。

   (a) 非光滑强凸问题，当式(4.1.7)和下式成立时

   $$f(y)-f(x)-\langle f'(x),\ y-x\rangle \geqslant \mu V(x,\ y),\ \forall x,\ y\in X \tag{4.7.1}$$

   (b) 光滑强凸问题，当式(4.1.20)和式(4.7.85)均满足时。

2. 建立随机优化方法应用于问题(4.2.1)时的复杂度下界如式(4.2.3)和式(4.2.4)。

3. 当式(4.2.1)中目标函数 f 可微且梯度为 Hölder 连续时，即对于 $v\in[0,\ 1]$，

   $$\|\nabla f(x)-\nabla f(y)\|_* \leqslant L\|x-y\|^v,\ \forall x,\ y\in X$$

   成立，给出加速随机梯度下降法求解此问题的收敛速度。

4. 考虑矩阵博弈问题，即问题(4.3.1)中，

   $$\phi(x,\ y):=y^{\mathrm{T}}Ax+b^{\mathrm{T}}x+c^{\mathrm{T}}y$$

   其中 $A\in\mathbb{R}^{m\times n}$，$X$ 为标准欧几里得球，即

   $$X:=\{x\in\mathbb{R}^n:\ \sum_{j=1}^{n}x_j^2\leqslant 1\}$$

   Y 是标准单纯形，即

   $$Y:=\{y\in\mathbb{R}^m:\ y\geqslant 0,\ \sum_{i=1}^{m}y_i=1\}$$

   试着为 4.3 节中讨论的随机镜面下降法推导出一个解决这个问题的随机预言机。

5. 考虑算法 4.1 中的线性原始-对偶方法。

   (a) 给出式(4.4.1)中求解确定性鞍点问题的收敛速度。

   (b) 发展该方法的随机版本，如 4.4 节所述的随机一阶预言机，并给出其求解问题(4.4.1)的收敛速度。

6. 在 $\alpha_t=1$，$G=0$，和 $J=0$ 时的随机加速镜面-邻近方法等价于镜面-邻近方法的随机版本。
   (a) 建立应用于单调变分不等式算法的收敛速度(即 H 是单调的时)。
   (b) 给出应用于广义单调变分不等式算法的收敛速度，即存在一个 $\bar{z}\in Z$，使得

$$\langle H(z),\ z-\bar{z}\rangle \geqslant 0,\ \forall z\in Z$$

注释

随机梯度下降法(又称随机近似法)可以追溯到 Robbins 和 Monro[117]。Nemirovksi 和 Yudin[94]在 1983 年首次引入了随机镜面下降法，并在文献[95，98，108-109]进行了改进。特别是，Nemirovski 等人[95]对随机镜面下降法进行了全面的处理，包括一般非光滑、强凸和凸凹鞍点问题的复杂性分析、大偏差结果的推导，以及大量的数值实验。Lan、Nemirovski 和 Shapiro[73]给出了验证分析，即该方法的准确性证书。Lan[62]于 2008 年首次提出了加速随机梯度下降法(accelerated stochastic gradient descent，又称加速随机近似，简称矩的 SGD)，并于文献[63]中正式发表论文。Ghadimi 和 Lan 在文献[38-39]中对该方法进行了全面的研究，包括解决强凸复合优化问题的推广、多轮(或多阶段)变量、收缩过程和精度证明。Chen、Lan 和 Ouyang 给出了求解文献[23]中具有双线性结构的随机鞍点问题的随机加速原始-对偶方法，以及求解文献[22]中一类复合变分不等式的随机加速镜面-邻近方法。注意，在文献[58]中提出了一个早期的不带加速步骤的随机镜面-邻近方法。Dang 和 Lan 在文献[28]中首次将随机化块分解引入非光滑随机优化中。需要注意的是，块坐标下降法求解确定性优化问题的研究由来已久(见文献[77，80，101，116，131])。

凸有限和及分布式优化

在这一章中，我们将研究一类重要的凸优化问题，其目标函数是由多个分量的和给出的。这类问题可以被视为具有特殊有限和结构的确定性优化问题，或是具有离散分布的随机优化问题，它们在机器学习和分布式优化中得到了广泛的应用。因此，我们将研究求解这样问题的两类典型随机化算法：第一类是在原始-对偶方法的对偶空间中引入随机块分解进行确定性凸优化，第二类是在随机梯度下降法中引入降低方差技术进行随机优化。

5.1 随机原始-对偶梯度法

在这一节中，我们感兴趣的是如下的凸规划问题：

$$\Psi^* := \min_{x\in X}\{\Psi(x) := \frac{1}{m}\sum_{i=1}^{m} f_i(x) + h(x) + \mu v(x)\} \tag{5.1.1}$$

其中，$X\subseteq\mathbb{R}^n$ 为一个闭凸集，h 为一个相对简单的凸函数，f_i：$\mathbb{R}^n\to\mathbb{R}(i=1,\cdots,m)$为具有 Lipschitz 连续梯度的光滑凸函数，即 $\exists L_i\geqslant 0$，使

$$\|\nabla f_i(x_1)-\nabla f_i(x_2)\|_*\leqslant L_i\|x_1-x_2\|,\quad \forall x_1,x_2\in\mathbb{R}^n \tag{5.1.2}$$

v：$X\to\mathbb{R}$ 是对任意范数$\|\cdot\|$模 1 的强凸函数，即

$$\langle v'(x_1)-v'(x_2),x_1-x_2\rangle\geqslant\frac{1}{2}\|x_1-x_2\|^2,\quad \forall x_1,x_2\in X \tag{5.1.3}$$

$\mu\geqslant 0$ 是一个给定的常数。因此，当 $\mu>0$ 时，称目标函数 Ψ 是强凸的。为记号使用方便，我们也记 $f(x)\equiv\frac{1}{m}\sum_{i=1}^{m}f_i(x)$ 和 $L\equiv\frac{1}{m}\sum_{i=1}^{m}L_i$。很容易看出，对于某个 $L_f\geqslant 0$，

$$\|\nabla f(x_1)-\nabla f(x_2)\|_*\leqslant L_f\|x_1-x_2\|\leqslant L\|x_1-x_2\|,\quad \forall x_1,x_2\in\mathbb{R}^n \tag{5.1.4}$$

在本节中，我们假定下面形式的子问题

$$\arg\min_{x\in X}\langle g,x\rangle+h(x)+\mu v(x) \tag{5.1.5}$$

对于任意 $g\in\mathbb{R}^n$ 和 $\mu\geqslant 0$，都是容易求解的。下面几个例子都满足这样的假设：

- 如果 X 是相对简单的，比如为欧几里得球、单纯形或 l_1 球，并且 $h(x)=0$，$v(\cdot)$ 是适当选择的距离生成函数，则可以得到问题(5.1.5)的封闭解。这是常规一阶方法中使用的标准设置。
- 如果问题不受约束，即 $X=\mathbb{R}^n$，且 $h(x)$相对简单，对于一些有趣的情形，我们可以推导出式(5.1.5)的封闭解。例如，对 $h(x)=\|x\|_1$ 和 $v(x)=\|x\|_2^2$，用一阶最优性条件很容易得出式(5.1.5)的显式解。与此类似的一个例子是由 $h(x)=\sum_{i=1}^{d}\sigma_i(x)$ 和 $v(x)=\mathrm{tr}(x^{\mathrm{T}}x)/2$ 给出的，其中 $\sigma_i(x)(i=1,\cdots,d)$代表 $x\in\mathbb{R}^{d\times d}$ 的奇异值。
- 如果 X 是相对简单的，$h(x)$是非平凡的，对于一些有趣的特例，我们仍然可以计算式(5.1.5)的封闭解，例如，X 是标准单纯形，并且 $v(x)=\sum_{i=1}^{d}x_i\log x_i$ 和

$$h(x)=\sum_{i=1}^{d}x_i。$$

确定性有限和问题(5.1.1)在机器学习和统计推理中可以对经验风险最小化进行建模，因此在过去几年里已经成为大量研究的主题。我们对有限和问题(5.1.1)的研究也受到分布式优化和机器学习需求的推动。上述分布式问题的一个典型例子是联邦学习(见图5.1)。在这种设置下，每个分量函数 f_i 都与一个智能体(agent)$i(i=1,\cdots,m)$关联，它们通过分布式网络连接起来。虽然分布式优化可以考虑不同的拓扑结构，但在这一节中，我们关注的是星形网络，其中 m 个智能体连接到一个中心服务器，所有智能体只与服务器进行通信(见图5.1)。这些类型的分布式优化问题有几个独有的特性。第一，它们允许数据私密性，因为没有本地数据存储在服务器中。第二，网络智能体的行为是独立的，它们有可能不会同时进行响应。第三，服务器和智能体之间的通信可能是昂贵的，并且有很高的延迟。在分布式设置下，需要全梯度计算的方法可能会产生额外的通信和同步成本。因此，在这一方面，需要更少的全梯度计算的方法似乎更有优势。作为一个特殊的例子，在 l_2 正则化逻辑回归问题中，我们有

$$f_i(x)=l_i(x):=\frac{1}{N_i}\sum_{j=1}^{N_i}\log(1+\exp(-b_j^i a_j^{i\mathrm{T}}x)),\quad i=1,\cdots,m$$

$$v(x)=R(x):=\frac{1}{2}\|x\|_2^2 \tag{5.1.6}$$

假设 f_i 是智能体 i 的损失函数，训练数据为$\{a_j^i,b_j^i\}_{j=1}^{N_i}\in\mathbb{R}^n\times\{-1,1\}$，$\mu:=\lambda$ 为惩罚参数。请注意另一种解决分布式优化的拓扑结构，它是没有中央服务器的多智能体网络结构，即分散式(或去中心化)设置，如图5.2所示。在分散式设置中，智能体只能与邻居通信以更新信息(见8.3节中关于分散式算法的讨论)。

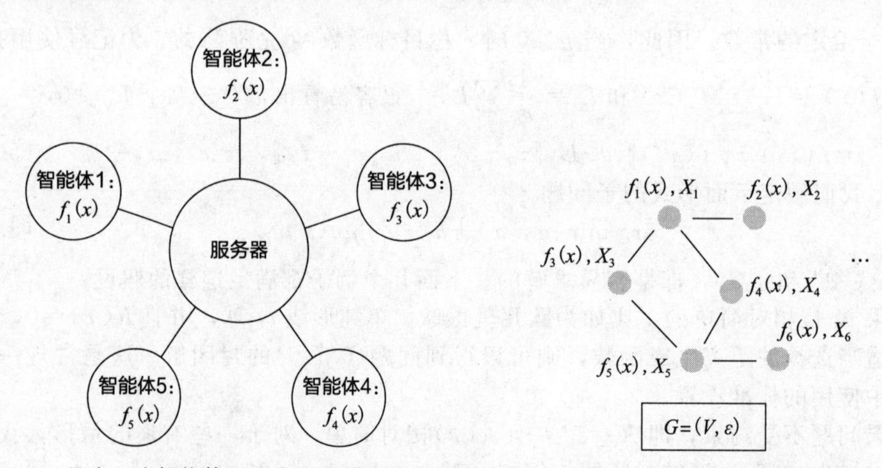

图5.1　具有5个智能体和1个服务器的分布式网络　　图5.2　去中心化网络示例

第4章中讨论的随机(子)梯度下降(SGD)类型的方法已被证明对求解式(5.1.1)给出的问题是有用的。回想一下，SGD最初是为解决如下的随机优化问题而设计的：

$$\min_{x\in X}\mathbb{E}_\xi[F(x,\xi)] \tag{5.1.7}$$

其中 ξ 是支撑集 $\Xi\subseteq\mathbb{R}^d$ 上的一个随机变量。问题(5.1.1)可以被看作式(5.1.7)的一种特殊情况，可将 ξ 设为支撑集$\{1,\cdots,m\}$上的离散随机变量，具有概率 $\mathrm{Prob}\{\xi=i\}=p_i$，且

$$F(x,i)=(mp_i)^{-1}f_i(x)+h(x)+\mu v(x),\quad i=1,\cdots,m$$

注意到，根据式(5.1.5)中的假设，算法不需要 v 和 h 的次梯度。因此，SGD 的每次迭代只需要计算随机选择的 f_i 的(次)梯度即可。因此，它们的迭代代价明显小于确定性一阶方法(FOM)，这里涉及需要计算 f 的一阶信息，从而计算 f_i 的所有 m 个(次)梯度。此外，当 f_i 是一般凸且 Lipschitz 常量为 M_i 的 Lipschitz 连续函数时，通过适当地指定概率 $p_i=M_i\Big/\sum_{i=1}^{m}M_i$，$i=1$，…，$m$，可以证明(见 4.1 节)SGD 和 FOM 的迭代复杂度是同一个数量级。因此，SGD 所需的次梯度计算总次数只为 FOM 所需的 $1/m$。

但是请注意，如果 f_i 是光滑凸函数，那么 SGD 和确定性 FOM 之间的复杂性上界会有很大的差距。为了简单起见，我们关注 $\mu>0$ 且 x^* 是式(5.1.1)的最优解的强凸情况。为了找到解 $\bar{x}\in X$ 使得 $\|\bar{x}-x^*\|^2\leqslant\varepsilon$，最优 FOM 对 f_i 进行梯度计算的总次数(见 3.3 节)为

$$\mathcal{O}\left\{m\sqrt{\frac{L_f}{\mu}}\log\frac{1}{\varepsilon}\right\} \tag{5.1.8}$$

另外，直接将最优 SGD(见 4.2 节)应用于式(5.1.1)的随机优化公式，改写后将产生

$$\mathcal{O}\left\{\sqrt{\frac{L}{\mu}}\log\frac{1}{\varepsilon}+\frac{\sigma^2}{\mu\varepsilon}\right\} \tag{5.1.9}$$

以 f_i 的梯度求值次数为变量的迭代复杂度界。这里 $\sigma>0$ 表示随机梯度的方差，即 $\mathbb{E}[\|G(x,\xi)-\nabla f(x)\|_*^2]\leqslant\sigma^2$，其中 $G(x,\xi)$ 是梯度 $\nabla f(x)$ 的一种无偏估计量。显然，在对 m 的依赖上，后者肯定是比式(5.1.8)更好的，但依赖精度 ε 和其他一些问题参数(例如，L 和 μ)更糟。需要注意的是，对于一般随机规划式(5.1.7)，式(5.1.9)的最优性并不排除求解式(5.1.1)的更有效算法的存在，因为式(5.1.1)是具有有限支撑集 Ξ 的式(5.1.7)的一种特殊情况。

按照 3.3 节的结构，我们提出一种随机化的原始-对偶梯度(RPDG)方法，这是一种增量梯度方法，在每次迭代中只使用随机选择的一个 ∇f_i 分量。该方法是通过以下思想发展起来的：①适当地将问题(5.1.1)转化为一个具有多个对偶选手的原始-对偶鞍点问题；②基于对偶空间中 f 的共轭函数，引入了一个新的不可微邻近函数(或 Bregman 距离)。与加速梯度下降法的博弈解释不同，RPDG 方法在执行原始下降步骤(使用正确定义的原始邻近函数)之前附加了一个双重预测步骤。我们证明了 RPDG 所要求的迭代次数(以及梯度的次数)是有界的：

$$\mathcal{O}\left(\left(m+\sqrt{\frac{mL}{\mu}}\right)\log\frac{1}{\varepsilon}\right) \tag{5.1.10}$$

对期望和高的概率均有这一结果。我们在建立 RPDG 方法的复杂度界时，不仅考虑了迭代点 x_k 到最优解点的距离，而且还考虑了基于迭代的遍历均值的原始最优性间隙。

此外，我们还证明了任何随机化增量梯度方法求式(5.1.1)的 ε-解，即存在一个点 $\bar{x}\in X$，使得 $\mathbb{E}[\|\bar{x}-x^*\|_2^2]\leqslant\varepsilon$，所需的梯度计算次数不能小于

$$\Omega\left(\left(m+\sqrt{\frac{mL}{\mu}}\right)\log\frac{1}{\varepsilon}\right) \tag{5.1.11}$$

只要维数 $n\geqslant(k+m/2)/\log(1/q)$。这个界是通过仔细构造一类特殊的可分二次规划问题，并在每次迭代中紧密限定用于选择 f_i 的任意分布与最优解之间距离的期望而得到的。注意，为了简单起见，我们假设分布是在算法执行之前选定的，并且与迭代数无关。然而，这种构造可以扩展到更一般的随机方法。通过比较式(5.1.10)和式(5.1.11)，我们得出，当 n 足够大时，RPDG 方法的复杂度是最优的。意想不到的是，我们还利用上述最坏情况

的可分离结构，导出了随机块坐标下降方法的复杂度下界。

最后，我们将 RPDG 推广到非强凸(即 $\mu=0$)和/或涉及结构非光滑项 f_i 的问题中。我们证明，在所有这些情况下，与相应的最优确定性 FOM 相比，RPDG 的代价是要多调用 $\mathcal{O}(\sqrt{m})$次的邻近-预言机，但可以节省 $\mathcal{O}(\sqrt{m})$次的梯度计算(某个对数因子)。特别是，我们证明了当问题(5.1.1)的原始和对偶都不是强凸的时，RPDG 方法的迭代总数是有界的，即 $\mathcal{O}(\sqrt{m}/\varepsilon)$(对数因子)，也就是说，相比于确定性方法求解双线性鞍点问题(见 3.6 节)，RPDG 方法在需要求解的对偶子问题的总数上，会有 $\mathcal{O}(\sqrt{m})$倍的改善。

5.1.1　多人共轭空间博弈的重新表述

我们首先引入式(5.1.1)的一个新的鞍点表示公式。设 J_i：$\mathcal{Y}_i\to\mathbb{R}$ 是 f_i/m 的共轭函数，并且 $\mathcal{Y}_i(i=1,\cdots,m)$为 f_i/m 梯度所在的对偶空间。为方便表示，给出记号 $J(y):=\sum_{i=1}^{m}J_i(y_i)$，$\mathcal{Y}:=\mathcal{Y}_1\times\mathcal{Y}_2\times\cdots\times\mathcal{Y}_m$ 和 $y=(y_1;y_2;\cdots;y_m)$，任意 $y_i\in\mathcal{Y}_i$，$i=1,\cdots,m$。显然，我们可以将问题(5.1.1)等价地重新表述为鞍点问题：

$$\Psi^*:=\min_{x\in X}\{h(x)+\mu v(x)+\max_{y\in\mathcal{Y}}\langle x,Uy\rangle-J(y)\}\tag{5.1.12}$$

其中 $U\in\mathbb{R}^{n\times nm}$ 由下式给出：

$$U:=[I,I,\cdots,I]\tag{5.1.13}$$

这里 I 是 $\mathbb{R}^n$ 中的单位矩阵。给出式(5.1.12)的一对可行解 $\bar{z}=(\bar{x},\bar{y})$和 $z=(x,y)$，我们如下定义原始-对偶间隙函数 $Q(\bar{z},z)$：

$$Q(\bar{z},z):=[h(\bar{x})+\mu v(\bar{x})+\langle\bar{x},Uy\rangle-J(y)]-[h(x)+\mu v(x)+\langle x,U\bar{y}\rangle-J(\bar{y})]\tag{5.1.14}$$

已经知道，$\bar{z}\in Z\equiv X\times\mathcal{Y}$ 是问题(5.1.12)的最优解，当且仅当对于所有 $z\in Z$，有 $Q(\bar{z},z)\leqslant 0$。

我们现在分别讨论与问题(5.1.12)相关的原始和对偶空间中的原始和对偶邻近函数(邻近控制函数)。

回想一下，式(5.1.1)中的函数 v：$X\to\mathbb{R}$ 是关于范数$\|\cdot\|$的模 1 强凸函数。我们可以对 v 定义一个相关的原始邻近函数

$$V(x^0,x)\equiv V_v(x^0,x):=v(x)-[v(x^0)+\langle v'(x^0),x-x^0\rangle]\tag{5.1.15}$$

其中 $v'(x^0)\in\partial v(x^0)$是 v 在 x^0 处的任意次梯度。显然，由于 v 的强凸性，我们有

$$V(x^0,x)\geqslant\frac{1}{2}\|x-x^0\|^2,\quad\forall x,x^0\in X\tag{5.1.16}$$

注意到上面描述的邻近函数 $V(\cdot,\cdot)$在函数 v 不一定可微的意义上推广了 Bregman 距离(见 3.2 节)。在本节中，我们假设由下面式子给出的与 X、v 和 h 相关的邻近映射对于任意 $x^0\in X$，$g\in\mathbb{R}^n$，$\mu\geqslant 0$ 以及 $\eta>0$ 而言都是很容易计算的：

$$\arg\min_{x\in X}\{\langle g,x\rangle+h(x)+\mu v(x)+\eta V(x^0,x)\}\tag{5.1.17}$$

显然，这等价于假设(5.1.5)很容易求解。只要 v 不可微，我们就需要在执行邻近映射之前说明子梯度 v'的特定选择。在本节中，我们将假设 v'的选择是用如下递归的方式定义的。使用记号

$$x^1=\arg\min_{x\in X}\{\langle g,x\rangle+h(x)+\mu v(x)+\eta V(x^0,x)\}$$

根据最优条件，我们得到

$$g+h'(x^1)+(\mu+\eta)v'(x^1)-\eta v'(x^0)\in\mathcal{N}_X(x^1)$$

其中 $\mathcal{N}_X(x^1)$表示 X 在 x^1 处的法锥，即 $\mathcal{N}_X(\overline{x}):=\{v\in\mathbb{R}^n:\ v^{\mathrm{T}}(x-\overline{x})\leqslant 0,\ \forall x\in X\}$。一旦确定了满足上述关系的 $v'(x^1)$，我们将在下一次的迭代中定义 $V(x^1,\ x)$时，将其作为次梯度使用。需要注意的是，只要获得了点 x^1，就可以识别出这样的次梯度，而不需要额外的计算成本，这是因为我们在求得 x^1 时已经检查了式(5.1.17)的最优性条件。

由于函数 $J_i(i=1,\ \cdots,\ m)$关于$\|\cdot\|_*$模 $\sigma_i=m/L_i$ 是强凸的，我们可以将与它们相关联的对偶邻近函数和对偶邻近映射定义为

$$W_i(y_i^0,\ y_i):=J_i(y_i)-[J_i(y_i^0)+\langle J_i'(y_i^0),\ y_i-y_i^0\rangle] \tag{5.1.18}$$

$$\arg\min_{y_i\in\mathcal{Y}_i}\{\langle-\widetilde{x},\ y_i\rangle+J_i(y_i)+\tau W_i(y_i^0,\ y_i)\} \tag{5.1.19}$$

对于任意 $y_i^0,\ y_i\in\mathcal{Y}_i$。因此，我们定义

$$W(\widetilde{y},\ y):=\sum_{i=1}^m W_i(\widetilde{y}_i,\ y_i) \tag{5.1.20}$$

同样，因为 J_i 不一定是可微的，所以 W_i 可能不是唯一定义的。因而，我们将在本节后文中讨论如何确定特定的选择 $J_i'\in\partial J_i$。

5.1.2 梯度计算的随机化

随机原始-对偶梯度法(见算法5.1)的基本思想是：在求解问题(5.1.12)时，将随机块分解纳入3.6节讨论的原始-对偶方法中。根据我们在3.4节的讨论，对偶邻近映射的计算等价于梯度的计算，因此，随机化计算对偶邻近映射就简化为梯度的随机化计算。

算法5.1　随机原始-对偶梯度(RPDG)法

设 $x^0=x^{-1}\in X$，并给定非负参数$\{\tau_t\}$、$\{\eta_t\}$和$\{\alpha_t\}$。

置 $y_i^0=\dfrac{1}{m}\nabla f_i(x^0)$，$i=1,\ \cdots,\ m$。

for $t=1,\ \cdots,\ k$ **do**

根据 $\mathrm{Prob}\{i_t=i\}=p_i(i=1,\ \cdots,\ m)$选择 i_t。

根据下面式子更新 $z^t=(x^t,\ y^t)$：

$$\widetilde{x}^t=\alpha_t(x^{t-1}-x^{t-2})+x^{t-1} \tag{5.1.21}$$

$$y_i^t=\begin{cases}\arg\min\limits_{y_i\in\mathcal{Y}_i}\{\langle-\widetilde{x}^t,\ y_i\rangle+J_i(y_i)+\tau W_i(y_i^{t-1},\ y_i)\}, & i=i_t\\ y_i^{t-1}, & i\neq i_t\end{cases} \tag{5.1.22}$$

$$\widetilde{y}_i^t=\begin{cases}p_i^{-1}(y_i^t-y_i^{t-1})+y_i^{t-1}, & i=i_t\\ y_i^{t-1}, & i\neq i_t\end{cases} \tag{5.1.23}$$

$$x^t=\arg\min_{x\in X}\left\{\left\langle\sum_{i=1}^m\widetilde{y}_i^t,\ x\right\rangle+h(x)+\mu v(x)+\eta_t V(x^{t-1},\ x)\right\} \tag{5.1.24}$$

end for

现在我们加入一些关于随机原始-对偶梯度法的说明。首先，在式(5.1.22)中，我们只计算随机选择的对偶邻近映射。其次，除了原始的预测步骤(5.1.21)之外，我们添加了一个新的对偶预测步骤(5.1.23)，然后将预测的对偶变量 $\widetilde{y}^t$ 应用于式(5.1.24)，以计算出的新搜索点 x^t。很容易看出，当块数 $m=1$ 时，RPDG法可以简化为原始-对偶法和加

速梯度法(见 3.4 节)。

RPDG 法可以看作一个买方和 m 个供应商(卖方)迭代求出式(5.1.12)中鞍点问题的解(订购数量和产品价格)的博弈过程。在这个博弈中，买方和卖方可以分别获得其本地成本 $h(x)+\mu v(x)$ 和 $J_i(y_i)$，以及由双线性函数 $\langle x, y_i\rangle$ 表示的交互成本(或收益)。此外，买方必须从每个卖方购买相同数量的产品(为了公平)。虽然有 m 个卖方，但是在每次迭代中，只有一个随机选择的卖方可以根据式(5.1.22)使用预测的需求 $\tilde{x}^t$ 进行价格调整。为了理解式(5.1.24)中买方的决定，我们先给出下面的表示：

$$\hat{y}_i^t := \arg\min_{y_i \in \mathcal{Y}_i}\{\langle -\tilde{x}^t, y_i\rangle + J_i(y_i) + \tau W_i(y_i^{t-1}, y_i)\}, \quad i=1, \cdots, m;\ t=1, \cdots, k \tag{5.1.25}$$

换句话说，$\hat{y}_i^t(i=1, \cdots, m)$表示所有卖方在第 t 次迭代时可能建立的价格。可以看到

$$\mathbb{E}_t[\tilde{y}_i^t] = \hat{y}_i^t \tag{5.1.26}$$

事实上，我们有

$$y_i^t = \begin{cases} \hat{y}_i^t, & i=i_t \\ y_i^{t-1}, & i \neq i_t \end{cases} \tag{5.1.27}$$

因此，期望 $\mathbb{E}_t[y_i^t] = p_i \hat{y}_i^t + (1-p_i) y_i^{t-1}$，$i=1, \cdots, m$。将这个等式应用到式(5.1.23) $\tilde{y}^t$ 的定义中，得到式(5.1.26)。在式(5.1.24)中，买方没有使用 $\sum_{i=1}^m \hat{y}_i^t$ 来决定这个订单，而是注意到只有一个卖方的价格发生了变化，因此，使用 $\sum_{i=1}^m \tilde{y}_i^t$ 来预测出所有的博弈双方同时修改价格的情形。

为了实现上述 RPDG 法，我们将明确指定式(5.1.22)对偶邻近映射的定义中子梯度 J'_{i_t} 的选择。记 $\underline{x}_i^0 = x^0$，$i=1, \cdots, m$，我们很容易从 $y_i^0 = \frac{1}{m}\nabla f_i(x^0)$中看出点 $\underline{x}_i^0 \in \partial J_i(y_i^0)$，$i=1, \cdots, m$。使用这一关系，并令式(5.1.22)中的 $W_i(y_i^{t-1}, y_i)$(定义见式(5.1.18))计算所使用的 $J'_i(y_i^{t-1}) = \underline{x}_i^{t-1}$，我们从引理 3.6 和式(5.1.22)中得到：对于任意 $t \geqslant 1$，

$$\underline{x}_{i_t}^t = (\tilde{x}^t + \tau_t \underline{x}_{i_t}^{t-1})/(1+\tau_t), \quad \underline{x}_i^t = \underline{x}_i^{t-1}, \quad \forall i \neq i_t$$

$$y_{i_t}^t = \frac{1}{m}\nabla f_{i_t}(\underline{x}_{i_t}^t), \quad y_i^t = y_i^{t-1}, \quad \forall i \neq i_t$$

另外，式(5.1.24)中 x^t 的计算需要一个复杂的计算 $\sum_{i=1}^m \tilde{y}_i^t$。为了节省计算时间，我们建议用下面递归的方式计算。记 $g^t \equiv \sum_{i=1}^m y_i^t$。显然，鉴于事实 $y_i^t = y_i^{t-1}$，$\forall i \neq i_t$，有

$$g^t = g^{t-1} + (y_{i_t}^t - y_{i_t}^{t-1})$$

同样，根据 g^t 的定义和式(5.1.23)，有

$$\begin{aligned}\sum_{i=1}^m \tilde{y}_i^t &= \sum_{i \neq i_t} y_i^{t-1} + p_{i_t}^{-1}(y_{i_t}^t - y_{i_t}^{t-1}) + y_{i_t}^{t-1} \\ &= \sum_{i=1}^m y_i^{t-1} + p_{i_t}^{-1}(y_{i_t}^t - y_{i_t}^{t-1}) \\ &= g^{t-1} + p_{i_t}^{-1}(y_{i_t}^t - y_{i_t}^{t-1})\end{aligned}$$

结合上述两种思想，我们给出了算法 5.2 中 RPDG 法的非常高效的实现。

算法 5.2　RPDG 法的高效实现

设 $x^0=x^{-1}\in X$，并给定非负参数 $\{\alpha_t\}$、$\{\tau_t\}$ 和 $\{\eta_t\}$。

置 $\underline{x}_i^0=x^0$，$y_i^0=\frac{1}{m}\nabla f_i(x^0)$，$i=1$，…，$m$，$g^0=\sum_{i=1}^{m}\tilde{y}_i^0$。

for $t=1$，…，k **do**

根据 $\mathrm{Prob}\{i_t=i\}=p_i$，$i=1$，…，$m$，选择 i_t。

根据下面式子更新 $z^t:=(x^t, y^t)$：

$$\tilde{x}^t=\alpha_t(x_i^{t-1}-x^{t-2})+x^{t-1} \tag{5.1.28}$$

$$\underline{x}_i^t=\begin{cases}(1+\tau_t)^{-1}(\tilde{x}^t+\tau_t\underline{x}_i^{t-1}), & i=i_t\\ \underline{x}_i^{t-1}, & i\neq i_t\end{cases} \tag{5.1.29}$$

$$y_i^t=\begin{cases}\frac{1}{m}\nabla f_i(\underline{x}_i^t), & i=i_t\\ y_i^{t-1}, & i\neq i_t\end{cases} \tag{5.1.30}$$

$$x^t=\arg\min_{x\in X}\{\langle g^{t-1}+p_{i_t}^{-1}(y_{i_t}^t-y_{i_t}^{t-1}), x\rangle+h(x)+\mu v(x)+\eta_t V(x^{t-1}, x)\} \tag{5.1.31}$$

$$g^t=g^{t-1}+y_{i_t}^t-y_{i_t}^{t-1} \tag{5.1.32}$$

end for

显然，RPDG 法是一种增量梯度类型的方法，因为该算法的每次迭代都只涉及计算一个分量函数的梯度∇f_{i_t}。如 5.1.3 节所示，这样的随机方案可以显著减少梯度计算的总次数，但其代价是要有更多原始邻近映射。

另外还需要注意的是，由于 RPDG 方法的随机性，一般来说，我们不能保证对于所有 $i=1$，…，m，$t\geqslant 1$ 有 $\underline{x}_i^t\in X$，即使我们确实有所有的迭代中点 $x^t\in X$，这就是我们需要对于 RPDG 法假设 f_i 在 $\mathbb{R}^n$ 上可微的原因。我们将在 5.2 节中讨论另外一个不同的随机化算法。

5.1.3　强凸问题的收敛性

本小节的目的是描述 $\mu>0$ 时的强凸情况下 RPDG 法的收敛性。关于非强凸情况下的 RPDG 法的推广将在 5.1.5 节中讨论。

5.1.3.1 节和 5.1.3.2 节将分别介绍 RPDG 方法用到的一些基本工具和一般结果，5.1.3.3 节将描述主要的收敛性质，在 5.1.4 节中，我们将导出求解有限和优化问题的随机化算法的复杂度下界。

5.1.3.1　一些基本工具

下面的结果提供了关于式(5.1.12)中的对偶可行集 $\mathcal{Y}$ 的直径的几个不同的界。

引理 5.1　给定 $x^0\in X$，且 $y_i^0=\frac{1}{m}\nabla f_i(x^0)$，$i=1$，…，$m$。设式(5.1.18)的 $W(y^0, y)$ 定义中 $J_i'(y_i^0)=x^0$。

(a) 对于任意 $x\in X$ 和 $y_i=\frac{1}{m}\nabla f_i(x)$，$i=1$，…，$m$，有

$$W(y^0, y)\leqslant\frac{L_f}{2}\|x^0-x\|^2\leqslant L_f V(x^0, x) \tag{5.1.33}$$

(b) 如果 $x^*\in X$ 是式(5.1.1)的最优解，并且 $y_i^*=\frac{1}{m}\nabla f_i(x^*)$，$i=1$，…，$m$，那么有

$$W(y^0, y^*) \leqslant \Psi(x^0) - \Psi(x^*) \tag{5.1.34}$$

证明　我们先来证明(a)部分，它可由 $W(y_0, y)$ 和 J_i 的定义得出

$$\begin{aligned}
W(y^0, y) &= J(y) - J(y^0) - \sum_{i=1}^{m} \langle J_i'(y_i^0), y_i - y_i^0 \rangle \\
&= \langle x, Uy \rangle - f(x) + f(x^0) - \langle x^0, Uy^0 \rangle - \langle x^0, U(y - y^0) \rangle \\
&= f(x^0) - f(x) - \langle Uy, x^0 - x \rangle \\
&\leqslant \frac{L_f}{2} \| x^0 - x \|^2 \leqslant L_f V(x^0, x)
\end{aligned}$$

最后一个不等式由式(5.1.16)得到。我们现在再来证明(b)部分。根据上述关系、h 和 v 的凸性以及 (x^*, y^*) 的最优性，有

$$\begin{aligned}
W(y^0, y^*) &= f(x^0) - f(x^*) - \langle Uy^*, x^0 - x^* \rangle \\
&= f(x^0) - f(x^*) + \langle h'(x^*) + \mu v'(x^*), x^0 - x^* \rangle - \\
&\quad \langle Uy^* + h'(x^*) + \mu v'(x^*), x^0 - x^* \rangle \\
&\leqslant f(x^0) - f(x^*) + \langle h'(x^*) + \mu v'(x^*), x^0 - x^* \rangle \leqslant \Psi(x^0) - \Psi(x^*)
\end{aligned}$$

证毕。■

下面的引理给出了对于某个 $\overline{x} \in X$，原始最优性间隙 $\Psi(\overline{x}) - \Psi(x^*)$ 的一个重要的界。

引理 5.2　若 $(\overline{x}, \overline{y}) \in Z$ 是问题(5.1.12)的一个可行解对，且 $z^* = (x^*, y^*)$ 是式(5.1.12)的一个最优解对，则

$$\Psi(\overline{x}) - \Psi(x^*) \leqslant Q((\overline{x}, \overline{y}), z^*) + \frac{L_f}{2} \| \overline{x} - x^* \|^2 \tag{5.1.35}$$

证明　令 $\overline{y}_* = \left(\frac{1}{m} \nabla f_1(\overline{x}); \frac{1}{m} \nabla f_2(\overline{x}); \cdots; \frac{1}{m} \nabla f_m(\overline{x}) \right)$。根据式(5.1.14)中 $Q(\cdot, \cdot)$ 的定义，有

$$\begin{aligned}
Q((\overline{x}, \overline{y}), z^*) &= [h(\overline{x}) + \mu v(\overline{x}) + \langle \overline{x}, Uy^* \rangle - J(y^*)] - [h(x^*) + \mu v(x^*) + \langle x^*, U\overline{y} \rangle - J(\overline{y})] \\
&\geqslant [h(\overline{x}) + \mu v(\overline{x}) + \langle \overline{x}, U\overline{y}_* \rangle - J(\overline{y}_*)] + \langle \overline{x}, U(y^* - \overline{y}_*) \rangle - J(y^*) + J(\overline{y}_*) - \\
&\quad [h(x^*) + \mu v(x^*) + \max_{y \in Y} \{ \langle x^*, Uy \rangle - J(y) \}] \\
&= \Psi(\overline{x}) - \Psi(x^*) + \langle \overline{x}, U(y^* - \overline{y}_*) \rangle - \langle x^*, Uy^* \rangle + f(x^*) + \langle \overline{x}, U\overline{y}_* \rangle - f(\overline{x}) \\
&= \Psi(\overline{x}) - \Psi(x^*) + f(x^*) - f(\overline{x}) + \langle \overline{x} - x^*, \nabla f(x^*) \rangle \\
&\geqslant \Psi(\overline{x}) - \Psi(x^*) - \frac{L_f}{2} \| \overline{x} - x^* \|^2
\end{aligned}$$

上面第二个等式是由 $J_i (i = 1, \cdots, m)$ 是 f_i 的共轭函数得到的。■

5.1.3.2　RPDG 的一般结果

我们将在命题 5.1 中建立一些一般性的收敛结果。在给出命题 5.1 之前，我们将讨论一些技术性的结果。下面的引理 5.3 给出式(5.1.17)和式(5.1.19)中邻近映射的解的特性。这个结果稍微推广了引理 3.5。

引理 5.3　假设 U 是一个闭凸集，并且给定点 $\tilde{u} \in U$。又设 $w: U \to \mathbb{R}$ 为一个凸函数，并且对某个 $w'(\tilde{u}) \in \partial w(\tilde{u})$ 有

$$W(\tilde{u}, u) = w(u) - w(\tilde{u}) - \langle w'(\tilde{u}), u - \tilde{u} \rangle \tag{5.1.36}$$

假设函数 $q: U \to \mathbb{R}$ 对于 $\mu_0 \geqslant 0$ 满足

$$q(u_1) - q(u_2) - \langle q'(u_2), u_1 - u_2 \rangle \geqslant \mu_0 W(u_2, u_1), \quad \forall u_1, u_2 \in U \tag{5.1.37}$$

同时假设所选择的标量 μ_1 和 μ_2 使得 $\mu_0+\mu_1+\mu_2\geqslant 0$。如果

$$u^* \in \operatorname{Arg\,min}\{q(u)+\mu_1 w(u)+\mu_2 W(\widetilde{u},\ u):\ u\in U\} \tag{5.1.38}$$

那么，对于任意 $u\in U$，有

$$q(u^*)+\mu_1 w(u^*)+\mu_2 W(\widetilde{u},\ u^*)+\langle\mu_0+\mu_1+\mu_2\rangle W(u^*,\ u)\leqslant q(u)+\mu_1 w(u)+\mu_2 W(\widetilde{u},\ u)$$

证明　令 $\phi(u):=q(u)+\mu_1 w(u)+\mu_2 W(\widetilde{u},\ u)$。很容易证明对于任意 $u_1,\ u_2\in U$，有

$$W(\widetilde{u},\ u_1)=W(\widetilde{u},\ u_2)+\langle W'(\widetilde{u},\ u_2),\ u_1-u_2\rangle+W(u_2,\ u_1)$$

$$w(u_1)=w(u_2)+\langle w'(u_2),\ u_1-u_2\rangle+W(u_2,\ u_1)$$

利用这些关系和式(5.1.37)，得到

$$\phi(u_1)-\phi(u_2)-\langle\phi'(u_2),\ u_1-u_2\rangle\geqslant(\mu_0+\mu_1+\mu_2)W(u_2,\ u_1) \tag{5.1.39}$$

对于任意 $u_1,\ u_2\in Y$，再加上 $\mu_0+\mu_1+\mu_2\geqslant 0$ 这一条件，可知函数 ϕ 是凸的。由于 u^* 是式(5.1.38)的最优解，所以我们有内积 $\langle\phi'(u),\ u-u^*\rangle\geqslant 0$。将这个不等式与式(5.1.39)相结合，我们得到

$$\phi(u)-\phi(u^*)\geqslant(\mu_0+\mu_1+\mu_2)W(u^*,\ u).$$

由此立刻推得结论。■

下面的简单结果提供了一些关于迭代变量 y^t 和 $\widetilde{y}^t$ 的恒等式，这些式子对分析 RPDG 算法是非常有用的。

引理 5.4　令变量 y^t，$\widetilde{y}^t$ 和 $\hat{y}^t$ 分别如式(5.1.22)、式(5.1.23)和式(5.1.25)中所定义。那么，对于任意 $i=1,\ \cdots,\ m$，$t=1,\ \cdots,\ k$，$y\in\mathcal{Y}$，有

$$\mathbb{E}_t[W_i(y_i^{t-1},\ y_i^t)]=p_i W_i(y_i^{t-1},\ \hat{y}_i^t) \tag{5.1.40}$$

$$\mathbb{E}_t[W_i(y_i^t,\ y_i)]=p_i W_i(\hat{y}_i^t,\ y_i)+(1-p_i)W_i(y_i^{t-1},\ y_i) \tag{5.1.41}$$

其中 $\mathbb{E}_t$ 表示给定 $i_1,\ \cdots,\ i_{t-1}$ 时 i_t 的条件期望。

证明　基于如下事实可以直接得到式(5.1.40)：y_i^t 取各个值的概率为 $\operatorname{Prob}_t\{y_i^t=\hat{y}_i^t\}=\operatorname{Prob}_t\{i_t=i\}=p_i$ 和 $\operatorname{Prob}_t\{y_i^t=y_i^{t-1}\}=1-p_i$。这里 Prob_t 表示给定 $i_1,\ \cdots,\ i_{t-1}$ 时 i_t 的条件概率。类似地，我们可以证明式(5.1.41)成立。■

我们现在证明关于 RPDG 方法的一个重要递归式。

引理 5.5　假定间隙函数 Q 如式(5.1.14)中定义，并令变量 x^t 和 $\hat{y}^t$ 分别如式(5.1.24)和式(5.1.25)中定义。那么对于任意 $t\geqslant 1$，有

$$\begin{aligned}\mathbb{E}[Q((x^t,\ \hat{y}^t),\ z)]\leqslant{}&\mathbb{E}[\eta_t V(x^{t-1},\ x)-(\mu+\eta_t)V(x^t,\ x)-\eta_t V(x^{t-1},\ x^t)]+\\&\sum_{i=1}^m\mathbb{E}[(p_i^{-1}(1+\tau_t)-1)W_i(y_i^{t-1},\ y_i)-p_i^{-1}(1+\tau_t)W_i(y_i^t,\ y_i)]+\\&\mathbb{E}[\langle\widetilde{x}^t-x^t,\ U(\widetilde{y}^t-y)\rangle-\tau_t p_{i_t}^{-1}W_{i_t}(y_{i_t}^{t-1},\ y_{i_t}^t)],\ \forall z\in Z\end{aligned} \tag{5.1.42}$$

证明　将引理 5.3 应用于式(5.1.24)可得，$\forall x\in X$，

$$\begin{aligned}&\langle x^t-x,\ U\widetilde{y}^t\rangle+h(x^t)+\mu v(x^t)-h(x)-\mu v(x)\\\leqslant{}&\eta_t V(x^{t-1},\ x)-(\mu+\eta_t)V(x^t,\ x)-\eta_t V(x^{t-1},\ x^t)\end{aligned} \tag{5.1.43}$$

此外，将引理 5.3 应用于式(5.1.25)，我们有，对于任意 $i=1,\ \cdots,\ m$，$t=1,\ \cdots,\ k$

$$\langle-\widetilde{x}^t,\ \hat{y}_i^t-y_i\rangle+J_i(\hat{y}_i^t)-J_i(y_i)\leqslant\tau_t W_i(y_i^{t-1},\ y_i)-(1+\tau_t)W_i(\hat{y}_i^t,\ y_i)-\tau_t W_i(y_i^{t-1},\ \hat{y}_i^t)$$

把 $i=1,\ \cdots,\ m$ 这些不等式累加起来，我们有，对于 $\forall y\in Y$，

$$\begin{aligned}&\langle-\widetilde{x}^t,\ U(\hat{y}^t-y)\rangle+J(\hat{y}^t)-J(y)\\\leqslant{}&\sum_{i=1}^m[\tau_t W_i(y_i^{t-1},\ y_i)-(1+\tau_t)W_i(\hat{y}_i^t,\ y_i)-\tau_t W_i(y_i^{t-1},\ \hat{y}_i^t)]\end{aligned} \tag{5.1.44}$$

根据式(5.1.14)中 Q 的定义、不等式(5.1.43)和式(5.1.44)，有

$$
\begin{aligned}
Q((x^t,\hat{y}^t),z)\leqslant{}&\eta_t V(x^{t-1},x)-(\mu+\eta_t)V(x^t,x)-\eta_t V(x^{t-1},x^t)+\\
&\sum_{i=1}^m[\tau_t W_i(y_i^{t-1},y_i)-(1+\tau_t)W_i(\hat{y}_i^t,y_i)-\tau_t W_i(y_i^{t-1},\hat{y}_i^t)]+\\
&\langle\tilde{x}^t,U(\hat{y}^t-y)\rangle-\langle x^t,U(\tilde{y}^t-y)\rangle+\langle x,U(\tilde{y}^t-\hat{y}^t)\rangle
\end{aligned}\tag{5.1.45}
$$

同时观察到由式(5.1.22)、式(5.1.26)、式(5.1.40)和式(5.1.41)，有

$$
\begin{gathered}
W_i(y_i^{t-1},y_i^t)=0,\ \forall i\neq i_t\\
\mathbb{E}[\langle x,U(\tilde{y}^t-\hat{y}^t)\rangle]=0\\
\mathbb{E}[\langle\tilde{x}^t,U\hat{y}^t\rangle]=\mathbb{E}[\langle\tilde{x}^t,U\tilde{y}^t\rangle]\\
\mathbb{E}[W_i(y_i^{t-1},\hat{y}_i^t)]=\mathbb{E}[p_i^{-1}W_i(y_i^{t-1},y_i^t)]\\
\mathbb{E}[W_i(\hat{y}_i^t,y_i)]=p_i^{-1}\mathbb{E}[W_i(y_i^t,y_i)]-(p_i^{-1}-1)\mathbb{E}[W_i(y_i^{t-1},y_i)]
\end{gathered}
$$

对式(5.1.45)两边取期望，并利用上述观察结果就可得到不等式(5.1.42)。■

现在我们准备建立 RPDG 的一般性收敛结果。

命题 5.1　假设 RPDG 方法中所取的参数 $\{\tau_t\}$、$\{\eta_t\}$ 和 $\{\alpha_t\}$ 满足下面条件：对于 $\theta_t\geqslant 0$ $(t=1,\cdots,k)$

$$
\theta_t(p_i^{-1}(1+\tau_t)-1)\leqslant p_i^{-1}\theta_{t-1}(1+\tau_{t-1}),\quad i=1,\cdots,m;\ t=2,\cdots,k\tag{5.1.46}
$$

$$
\theta_t\eta_t\leqslant\theta_{t-1}(\mu+\eta_{t-1}),\quad t=2,\cdots,k\tag{5.1.47}
$$

$$
\frac{\eta_k}{4}\geqslant\frac{L_i(1-p_i)^2}{m\tau_k p_i},\quad i=1,\cdots,m\tag{5.1.48}
$$

$$
\frac{\eta_{t-1}}{2}\geqslant\frac{L_i\alpha_t}{m\tau_t p_i}+\frac{(1-p_j)^2L_j}{m\tau_{t-1}p_j},\quad i,j\in\{1,\cdots,m\};\ t=2,\cdots,k\tag{5.1.49}
$$

$$
\frac{\eta_k}{2}\geqslant\frac{\sum_{i=1}^m(p_iL_i)}{m(1+\tau_k)}\tag{5.1.50}
$$

$$
\alpha_t\theta_t=\theta_{t-1},\quad t=2,\cdots,k\tag{5.1.51}
$$

那么，对于任意 $k\geqslant 1$ 和任意给定的 $z\in Z$，有

$$
\begin{aligned}
\sum_{t=1}^k\theta_t\mathbb{E}[Q((x^t,\hat{y}^t),z)]\leqslant{}&\eta_1\theta_1V(x^0,x)-(\mu+\eta_k)\theta_k\mathbb{E}[V(x^k,x)]+\\
&\sum_{i=1}^m\theta_1(p_i^{-1}(1+\tau_1)-1)W_i(y_i^0,y_i)
\end{aligned}\tag{5.1.52}
$$

证明　将不等式(5.1.42)两边乘以 θ_t，并把得到的不等式累加，有

$$
\begin{aligned}
&\mathbb{E}\left[\sum_{t=1}^k\theta_tQ((x^t,\hat{y}^t),z)\right]\\
\leqslant{}&\mathbb{E}\left[\sum_{t=1}^k\theta_t(\eta_tV(x^{t-1},x)-(\mu+\eta_t)V(x^t,x)-\eta_tV(x^{t-1},x^t))\right]+\\
&\sum_{i=1}^m\mathbb{E}\left\{\sum_{t=1}^k\theta_t[(p_i^{-1}(1+\tau_t)-1)W_i(y_i^{t-1},y_i)-p_i^{-1}(1+\tau_t)W_i(y_i^t,y_i)]\right\}+\\
&\mathbb{E}\left[\sum_{t=1}^k\theta_t(\langle\tilde{x}^t-x^t,U(\tilde{y}^t-y)\rangle-\tau_tp_{i_t}^{-1}W_{i_t}(y_{i_t}^{t-1},y_{i_t}^t))\right]
\end{aligned}
$$

根据式(5.1.47)和式(5.1.46)中的假设，上式意味着

$$\mathbb{E}\Big[\sum_{t=1}^{k}\theta_t Q((x^t,\ \hat{y}^t),\ z)\Big]\leqslant \eta_1\theta_1 V(x^0,\ x)-(\mu+\eta_k)\theta_k\mathbb{E}[V(x^k,\ x)]+$$
$$\sum_{i=1}^{m}\mathbb{E}[\theta_1(p_i^{-1}(1+\tau_1)-1)W_i(y_i^0,\ y_i)-p_i^{-1}\theta_k(1+\tau_k)W_i(y_i^k,\ y_i)]-$$
$$\mathbb{E}\Big[\sum_{t=1}^{k}\theta_t\Delta_t\Big] \tag{5.1.53}$$

其中

$$\Delta_t:=\eta_t V(x^{t-1},\ x^t)-\langle\widetilde{x}^t-x^t,\ U(\widetilde{y}^t-y)\rangle+\tau_t p_{i_t}^{-1}W_{i_t}(y_{i_t}^{t-1},\ y_{i_t}^t) \tag{5.1.54}$$

我们现在给出式(5.1.53)中 $\sum_{t=1}^{k}\theta_t\Delta_t$ 的一个界。注意，通过式(5.1.21)，我们可得到

$$\begin{aligned}\langle\widetilde{x}^t-x^t,\ U(\widetilde{y}^t-y)\rangle&=\langle x^{t-1}-x^t,\ U(\widetilde{y}^t-y)\rangle-\alpha_t\langle x^{t-2}-x^{t-1},\ U(\widetilde{y}^t-y)\rangle\\&=\langle x^{t-1}-x^t,\ U(\widetilde{y}^t-y)\rangle-\alpha_t\langle x^{t-2}-x^{t-1},\ U(\widetilde{y}^{t-1}-y)\rangle-\\&\quad\alpha_t\langle x^{t-2}-x^{t-1},\ U(\widetilde{y}^t-\widetilde{y}^{t-1})\rangle\\&=\langle x^{t-1}-x^t,\ U(\widetilde{y}^t-y)\rangle-\alpha_t\langle x^{t-2}-x^{t-1},\ U(\widetilde{y}^{t-1}-y)\rangle-\\&\quad\alpha_t p_{i_t}^{-1}\langle x^{t-2}-x^{t-1},\ y_{i_t}^t-y_{i_t}^{t-1}\rangle-\\&\quad\alpha_t(p_{i_{t-1}}^{-1}-1)\langle x^{t-2}-x^{t-1},\ y_{i_{t-1}}^{t-2}-y_{i_{t-1}}^{t-1}\rangle\end{aligned} \tag{5.1.55}$$

最后的等式来自式(5.1.22)和式(5.1.23)的结果，而

$$\begin{aligned}U(\widetilde{y}^t-\widetilde{y}^{t-1})&=\sum_{i=1}^{m}\{[p_i^{-1}(y_i^t-y_i^{t-1})+y_i^{t-1}]-[p_i^{-1}(y_i^{t-1}-y_i^{t-2})+y_i^{t-2}]\}\\&=\sum_{i=1}^{m}\{[p_i^{-1}y_i^t-(p_i^{-1}-1)y_i^{t-1}]-[p_i^{-1}y_i^{t-1}-(p_i^{-1}-1)y_i^{t-2}]\}\\&=\sum_{i=1}^{m}[p_i^{-1}(y_i^t-y_i^{t-1})+(p_i^{-1}-1)(y_i^{t-2}-y_i^{t-1})]\\&=p_{i_t}^{-1}(y_{i_t}^t-y_{i_t}^{t-1})+(p_{i_{t-1}}^{-1}-1)(y_{i_{t-1}}^{t-2}-y_{i_{t-1}}^{t-1})\end{aligned}$$

把式(5.1.54)中 Δ_t 的定义应用到关系式(5.1.55)，我们得到

$$\begin{aligned}\sum_{t=1}^{k}\theta_t\Delta_t=\sum_{t=1}^{k}\theta_t[&\eta_t V(x^{t-1},\ x^t)-\\&\langle x^{t-1}-x^t,\ U(\widetilde{y}^t-y)\rangle+\alpha_t\langle x^{t-2}-x^{t-1},\ U(\widetilde{y}^{t-1}-y)\rangle+\\&\alpha_t p_{i_t}^{-1}\langle x^{t-2}-x^{t-1},\ y_{i_t}^t-y_{i_t}^{t-1}\rangle+\\&\alpha_t(p_{i_{t-1}}^{-1}-1)\langle x^{t-2}-x^{t-1},\ y_{i_{t-1}}^{t-2}-y_{i_{t-1}}^{t-1}\rangle+\\&p_{i_t}^{-1}\tau_t W_{i_t}(y_{i_t}^{t-1},\ y_{i_t}^t)]\end{aligned} \tag{5.1.56}$$

可以观察到，由式(5.1.51)和 $x^{-1}=x^0$ 可得

$$\begin{aligned}&\sum_{t=1}^{k}\theta_t[\langle x^{t-1}-x^t,\ U(\widetilde{y}^t-y)\rangle-\alpha_t\langle x^{t-2}-x^{t-1},\ U(\widetilde{y}^{t-1}-y)\rangle]\\&=\theta_k\langle x^{k-1}-x^k,\ U(\widetilde{y}^k-y)\rangle\\&=\theta_k\langle x^{k-1}-x^k,\ U(y^k-y)\rangle+\theta_k\langle x^{k-1}-x^k,\ U(\widetilde{y}^k-y^k)\rangle\\&=\theta_k\langle x^{k-1}-x^k,\ U(y^k-y)\rangle+\theta_k(p_{i_k}^{-1}-1)\langle x^{k-1}-x^k,\ y_{i_k}^k-y_{i_k}^{k-1}\rangle\end{aligned}$$

其中，最后的等式分别来自式(5.1.22)和式(5.1.23)中 y^k 和 $\widetilde{y}^k$ 的定义。同时，由于函数 V 和 W_i 的强凸性，我们有

$$V(x^{t-1},\ x^t)\geqslant\frac{1}{2}\|x^{t-1}-x^t\|^2\quad 以及\quad W_{i_t}(y_{i_t}^{t-1},\ y_{i_t}^t)\geqslant\frac{m}{2L_{i_t}}\|y_{i_t}^{t-1}-y_{i_t}^t\|^2$$

把前面三个关系应用于式(5.1.56)中，我们得到

$$\sum_{t=1}^{k}\theta_t\Delta_t \geqslant \sum_{t=1}^{k}\theta_t\Big[\frac{\eta_t}{2}\|x^{t-1}-x^t\|^2+\alpha_t p_{i_t}^{-1}\langle x^{t-2}-x^{t-1},\ y_{i_t}^t-y_{i_t}^{t-1}\rangle+$$
$$\alpha_t(p_{i_{t-1}}^{-1}-1)\langle x^{t-2}-x^{t-1},\ y_{i_{t-1}}^{t-2}-y_{i_{t-1}}^{t-1}\rangle+\frac{m\tau_t}{2L_{i_t}p_{i_t}}\|y_{i_t}^{t-1}-y_{i_t}^t\|^2\Big]-$$
$$\theta_k\langle x^{k-1}-x^k,\ U(y^k-y)\rangle-\theta_k(p_{i_k}^{-1}-1)\langle x^{k-1}-x^k,\ y_{i_k}^k-y_{i_k}^{k-1}\rangle$$

将上述关系中的项重新组合，并利用 $x^{-1}=x^0$ 这一事实，可以得到

$$\sum_{t=1}^{k}\theta_t\Delta_t \geqslant \theta_k\Big[\frac{\eta_k}{4}\|x^{k-1}-x^k\|^2-\langle x^{k-1}-x^k,\ U(y^k-y)\rangle\Big]+$$
$$\theta_k\Big[\frac{\eta_k}{4}\|x^{k-1}-x^k\|^2-(p_{i_k}^{-1}-1)\langle x^{k-1}-x^k,\ y_{i_k}^k-y_{i_k}^{k-1}\rangle+$$
$$\frac{m\tau_k}{4L_{i_k}p_{i_k}}\|y_{i_k}^{k-1}-y_{i_k}^k\|^2\Big]+$$
$$\sum_{t=2}^{k}\theta_t\Big[\frac{\alpha_t}{p_{i_t}}\langle x^{t-2}-x^{t-1},\ y_{i_t}^t-y_{i_t}^{t-1}\rangle+\frac{m\tau_t}{4L_{i_t}p_{i_t}}\|y_{i_t}^{t-1}-y_{i_t}^t\|^2\Big]+$$
$$\sum_{t=2}^{k}\Big[\alpha_t\theta_t(p_{i_{t-1}}^{-1}-1)\langle x^{t-2}-x^{t-1},\ y_{i_{t-1}}^{t-2}-y_{i_{t-1}}^{t-1}\rangle+$$
$$\frac{m\tau_{t-1}\theta_{t-1}}{4L_{i_{t-1}}p_{i_{t-1}}}\|y_{i_{t-1}}^{t-2}-y_{i_{t-1}}^{t-1}\|^2\Big]+$$
$$\sum_{t=2}^{k}\frac{\theta_{t-1}\eta_{t-1}}{2}\|x^{t-2}-x^{t-1}\|^2$$
$$\geqslant \theta_k\Big[\frac{\eta_k}{4}\|x^{k-1}-x^k\|^2-\langle x^{k-1}-x^k,\ U(y^k-y)\rangle\Big]+$$
$$\theta_k\Big(\frac{\eta_k}{4}-\frac{L_{i_k}(1-p_{i_k})^2}{m\tau_k p_{i_k}}\Big)\|x^{k-1}-x^k\|^2+$$
$$\sum_{t=2}^{k}\Big[\frac{\theta_{t-1}\eta_{t-1}}{2}-\frac{L_{i_t}\alpha_t^2\theta_t}{m\tau_t p_{i_t}}-\frac{\alpha_t^2\theta_t^2(1-p_{i_{t-1}})^2L_{i_{t-1}}}{m\tau_{t-1}\theta_{t-1}p_{i_{t-1}}}\Big]\|x^{t-2}-x^{t-1}\|^2$$
$$=\theta_k\Big[\frac{\eta_k}{4}\|x^{k-1}-x^k\|^2-\langle x^{k-1}-x^k,\ U(y^k-y)\rangle\Big]+$$
$$\theta_k\Big(\frac{\eta_k}{4}-\frac{L_{i_k}(1-p_{i_k})^2}{m\tau_k p_{i_k}}\Big)\|x^{k-1}-x^k\|^2+$$
$$\sum_{t=2}^{k}\theta_{t-1}\Big(\frac{\eta_{t-1}}{2}-\frac{L_{i_t}\alpha_t}{m\tau_t p_{i_t}}-\frac{(1-p_{i_{t-1}})^2L_{i_{t-1}}}{m\tau_{t-1}p_{i_{t-1}}}\Big)\|x^{t-2}-x^{t-1}\|^2$$
$$\geqslant \theta_k\Big[\frac{\eta_k}{4}\|x^{k-1}-x^k\|^2-\langle x^{k-1}-x^k,\ U(y^k-y)\rangle\Big] \tag{5.1.57}$$

其中的第二个不等式是由

$$b\langle u,\ v\rangle+a\|v\|^2/2\geqslant -b^2\|u\|^2/(2a),\ \forall a>0 \tag{5.1.58}$$

和式(3.1.6)得到的，式(5.1.58)由 Cauchy-Schwarz 不等式导出，最后一个不等式由不等式(5.1.48)和式(5.1.49)得出。将式(5.1.57)的界代入式(5.1.53)中，就得到

$$\sum_{t=1}^{k}\theta_t\mathbb{E}[Q((x^t,\ \hat{y}^t),\ z)]\leqslant\theta_1\eta_1V(x^0,\ x)-\theta_k(\mu+\eta_k)\mathbb{E}[V(x^k,\ x)]+$$

$$\sum_{i=1}^{m}\theta_1(p_i^{-1}(1+\tau_1)-1)W_i(y_i^0,\ y_i)-$$

$$\theta_k\mathbb{E}\Big[\frac{\eta_k}{4}\|x^{k-1}-x^k\|^2-\langle x^{k-1}-x^k,\ U(y^k-y)\rangle+$$

$$\sum_{i=1}^{m}p_i^{-1}(1+\tau_k)W_i(y_i^k,\ y_i)\Big]$$

同时由不等式(5.1.50)和式(5.1.58)可知

$$\frac{\eta_k}{4}\|x^{k-1}-x^k\|^2-\langle x^{k-1}-x^k,\ U(y^k-y)\rangle+\sum_{i=1}^{m}p_i^{-1}(1+\tau_k)W_i(y_i^k,\ y_i)$$

$$\geqslant\frac{\eta_k}{4}\|x^{k-1}-x^k\|^2+\sum_{i=1}^{m}\Big[-\langle x^{k-1}-x^k,\ y_i^k-y_i\rangle+\frac{m(1+\tau_k)}{2L_ip_i}\|y_i^k-y_i\|^2\Big]$$

$$\geqslant\left(\frac{\eta_k}{4}-\frac{\sum_{i=1}^{m}(p_iL_i)}{2m(1+\tau_k)}\right)\|x^{k-1}-x^k\|^2\geqslant 0$$

将上述两个结论结合起来就得到命题中的结果。■

5.1.3.3　主要收敛结果

现在，我们准备建立将 RPDG 方法应用于 $\mu>0$ 的强凸问题时的收敛性质。

定理 5.1　假定 RPDG 方法中的$\{\tau_t\}$、$\{\eta_t\}$和$\{\alpha_t\}$均为常数，即

$$\tau_t=\tau,\ \eta_t=\eta,\quad 且\quad \alpha_t=\alpha \tag{5.1.59}$$

对于任意 $t\geqslant 1$，使得

$$(1-\alpha)(1+\tau)\leqslant p_i,\ i=1,\ \cdots,\ m \tag{5.1.60}$$

$$\eta\leqslant\alpha(\mu+\eta) \tag{5.1.61}$$

$$\eta\tau p_i\geqslant 4L_i/m,\ i=1,\ \cdots,\ m \tag{5.1.62}$$

对于某个 $\alpha\in(0,\ 1)$成立。那么，对于任意 $k\geqslant 1$，有

$$\mathbb{E}[V(x^k,\ x^*)]\leqslant\left(1+\frac{L_f\alpha}{(1-\alpha)\eta}\right)\alpha^kV(x^0,\ x^*) \tag{5.1.63}$$

$$\mathbb{E}[\Psi(\overline{x}^k)-\Psi(x^*)]\leqslant\alpha^{k/2}\left(\alpha^{-1}\eta+\frac{3-2\alpha}{1-\alpha}L_f+\frac{2L_f^2\alpha}{(1-\alpha)\eta}\right)V(x^0,\ x^*) \tag{5.1.64}$$

其中 $\overline{x}^k=\left(\sum_{t=1}^{k}\theta_t\right)^{-1}\sum_{t=1}^{k}(\theta_tx^t)$，以及

$$\theta_t=\frac{1}{\alpha^t},\ \forall t=1,\ \cdots,\ k \tag{5.1.65}$$

并且 x^* 表示问题(5.1.1)的最优解，其中的期望是对变量 i_1，…，i_k 所取。

证明　容易验证，按关系式(5.1.59)～式(5.1.62)取$\{\tau_t\}$、$\{\eta_t\}$、$\{\alpha_t\}$和$\{\theta_t\}$时，可以满足式(5.1.46)～式(5.1.51)的条件。利用 $Q((x^t,\ \hat{y}^t),\ z^*)\geqslant 0$ 这一事实，我们由式(5.1.52)(取 $x=x^*$ 和 $y=y^*$ 时)得到：对于任意 $k\geqslant 1$，

$$\mathbb{E}[V(x^k,\ x^*)]\leqslant\frac{1}{\theta_k(\mu+\eta)}\left[\theta_1\eta V(x^0,\ x^*)+\frac{\theta_1\alpha}{1-\alpha}W(y^0,\ y^*)\right]$$

$$\leqslant\left(1+\frac{L_f\alpha}{(1-\alpha)\eta}\right)\alpha^kV(x^0,\ x^*)$$

其中第一个不等式由式(5.1.59)和式(5.1.60)得出，第二个不等式由式(5.1.61)和式(5.1.33)得出。

记 $\overline{y}^k \equiv \left(\sum_{t=1}^{k}\theta_t\right)^{-1}\sum_{t=1}^{k}(\theta_t\hat{y}^t)$，$\overline{z}^k=(\overline{x}^k, \overline{y}^k)$。根据式(5.1.35)、范数$\|\cdot\|$的凸性和式(5.1.16)，我们有

$$\begin{aligned}\mathbb{E}[\Psi(\overline{x}^k)-\Psi(x^*)] &\leqslant \mathbb{E}[Q(\overline{z}^k, z^*)]+\frac{L_f}{2}\left(\sum_{t=1}^{k}\theta_t\right)^{-1}\mathbb{E}\left[\sum_{t=1}^{k}\theta_t\|x^t-x^*\|^2\right]\\ &\leqslant \mathbb{E}[Q(\overline{z}^k, z^*)]+L_f\left(\sum_{t=1}^{k}\theta_t\right)^{-1}\mathbb{E}\left[\sum_{t=1}^{k}\theta_t V(x^t, x^*)\right]\end{aligned} \tag{5.1.66}$$

利用式(5.1.52)(取 $x=x^*$ 和 $y=y^*$)，$V(x^k, x^*)\geqslant 0$ 这一事实，以及式(5.1.65)，可以得到

$$\begin{aligned}\mathbb{E}[Q(\overline{z}^k, z^*)] &\leqslant \left(\sum_{t=1}^{k}\theta_t\right)^{-1}\sum_{t=1}^{k}\theta_t\mathbb{E}[Q((x^t, \hat{y}^t), z^*)]\\ &\leqslant \alpha^k\left(\alpha^{-1}\eta+\frac{L_f}{1-\alpha}\right)V(x^0, x^*)\end{aligned}$$

由式(5.1.63)和$\{\theta_t\}$的定义可得出

$$\begin{aligned}&\left(\sum_{t=1}^{k}\theta_t\right)^{-1}\mathbb{E}\left[\sum_{t=1}^{k}\theta_t V(x^t, x^*)\right]\\ &=\left(\sum_{t=1}^{k}\alpha^{-t}\right)^{-1}\sum_{t=1}^{k}\alpha^{-t}\left(1+\frac{L_f\alpha}{(1-\alpha)\eta}\right)\alpha^t V(x^0, x^*)\\ &\leqslant \frac{1-\alpha}{\alpha^{-k}-1}\sum_{t=1}^{k}\frac{\alpha^t}{\alpha^{3t/2}}\left(1+\frac{L_f\alpha}{(1-\alpha)\eta}\right)V(x^0, x^*)\\ &=\frac{1-\alpha}{\alpha^{-k}-1}\,\frac{\alpha^{-k/2}-1}{1-\alpha^{1/2}}\left(1+\frac{L_f\alpha}{(1-\alpha)\eta}\right)V(x^0, x^*)\\ &=\frac{1+\alpha^{1/2}}{1+\alpha^{-k/2}}\left(1+\frac{L_f\alpha}{(1-\alpha)\eta}\right)V(x^0, x^*)\\ &\leqslant 2\alpha^{k/2}\left(1+\frac{L_f\alpha}{(1-\alpha)\eta}\right)V(x^0, x^*)\end{aligned}$$

利用上述两个关系和式(5.1.66)，就得到了结论

$$\begin{aligned}\mathbb{E}[\Psi(\overline{x}^k)-\Psi(x^*)] &\leqslant \alpha^k\left(\alpha^{-1}\eta+\frac{L_f}{1-\alpha}\right)V(x^0, x^*)+L_f 2\alpha^{k/2}\left(1+\frac{L_f\alpha}{(1-\alpha)\eta}\right)V(x^0, x^*)\\ &\leqslant \alpha^{k/2}\left(\alpha^{-1}\eta+\frac{3-2\alpha}{1-\alpha}L_f+\frac{2L_f^2\alpha}{(1-\alpha)\eta}\right)V(x^0, x^*)\end{aligned}$$

■

我们现在给出一些满足条件式(5.1.60)~式(5.1.62)的参数 p_i，τ，η 和 α 的特定选择，并建立这些选择下使用 RPDG 方法求问题(5.1.1)的随机 ε-解的复杂性(也就是说，一个点 $\overline{x}\in X$ 使得 $\mathbb{E}[V(\overline{x}, x^*)]\leqslant\varepsilon$)，以及求问题(5.1.1)的随机$(\varepsilon, \lambda)$-解的复杂性(也就是说，对某个 $\lambda\in(0, 1)$，点 $\overline{x}\in X$ 使概率 $\text{Prob}\{V(\overline{x}, x^*)\leqslant\varepsilon\}\geqslant 1-\lambda$)。此外，根据式(5.1.64)，RPDG 方法类似的复杂度界可以根据原始最优间隙来建立，即针对 $\mathbb{E}[\Psi(\overline{x})-\Psi^*]$给出。

下面的推论说明了随机变量 $i_t(t=1, \cdots, k)$在非均匀分布下的 RPDG 算法的收敛性。

推论 5.1　假设 RPDG 方法中的$\{i_t\}$在$\{1, \cdots, m\}$上按以下概率分布：

$$p_i = \text{Prob}\{i_t = i\} = \frac{1}{2m} + \frac{L_i}{2mL}, \quad i = 1, \cdots, m \tag{5.1.67}$$

并假定$\{\tau_t\}$、$\{\eta_t\}$和$\{\alpha_t\}$按式(5.1.59)设定，相关值为

$$\left.\begin{aligned} \tau &= \frac{\sqrt{(m-1)^2 + 4mC} - (m-1)}{2m} \\ \eta &= \frac{\mu\sqrt{(m-1)^2 + 4mC} + \mu(m-1)}{2} \\ \alpha &= 1 - \frac{1}{(m+1) + \sqrt{(m-1)^2 + 4mC}} \end{aligned}\right\} \tag{5.1.68}$$

其中

$$C = \frac{8L}{\mu} \tag{5.1.69}$$

那么对于任意 $k \geqslant 1$，有

$$\mathbb{E}[V(x^k, x^*)] \leqslant \left(1 + \frac{3L_f}{\mu}\right)\alpha^k V(x^0, x^*) \tag{5.1.70}$$

$$\mathbb{E}[\Psi(\overline{x}^k) - \Psi^*] \leqslant \alpha^{k/2}(1-\alpha)^{-1}\left[\mu + 2L_f + \frac{L_f^2}{\mu}\right]V(x^0, x^*) \tag{5.1.71}$$

因此，用 RPDG 方法求得的问题(5.1.1)的随机 ε-解和随机(ε，λ)-解的迭代次数，以到最优解的距离，即 $\mathbb{E}[V(x^k, x^*)]$表示，可以分别以 $K(\varepsilon, C)$和 $K(\lambda\varepsilon, C)$为界，其中

$$K(\varepsilon, C) := \left[(m+1) + \sqrt{(m-1)^2 + 4mC}\right]\log\left[\left(1 + \frac{3L_f}{\mu}\right)\frac{V(x^0, x^*)}{\varepsilon}\right] \tag{5.1.72}$$

类似地，用 RPDG 方法求得的式(5.1.1)的随机 ε-解和随机(ε，λ)-解的总迭代次数，以原始最优间隙，即 $\mathbb{E}[\Psi(\overline{x}^k) - \Psi^*]$表示，可以分别以 $\widetilde{K}(\varepsilon, C)$和 $\widetilde{K}(\lambda\varepsilon, C)$为界，其中

$$\begin{aligned} \widetilde{K}(\varepsilon, C) &:= 2\left[(m+1) + \sqrt{(m-1)^2 + 4mC}\right] \\ &\log\left[2\left(\mu + 2L_f + \frac{L_f^2}{\mu}\right)(m + \sqrt{mC})\frac{V(x^0, x^*)}{\varepsilon}\right] \end{aligned} \tag{5.1.73}$$

证明　由式(5.1.68)可以得出

$(1-\alpha)(1+\tau) = 1/(2m) \leqslant p_i$，$(1-\alpha)\eta = (\alpha - 1/2)\mu \leqslant \alpha\mu$　且　$\eta\tau p_i = \mu C p_i \geqslant 4L_i/m$

因此，式(5.1.60)～式(5.1.62)中的条件得到了满足。注意，由 $\alpha \geqslant 3/4$ 这一事实，当 $m \geqslant 1$ 时按式(5.1.68)取值，我们得到

$$1 + \frac{L_f\alpha}{(1-\alpha)\eta} = 1 + L_f\frac{\alpha}{(\alpha - 1/2)\mu} \leqslant 1 + \frac{3L_f}{\mu}$$

在式(5.1.63)中使用上面的界，可以得到式(5.1.70)。由$(1-\alpha)\eta \leqslant \alpha\mu$，$1/2 \leqslant \alpha \leqslant 1$，$\forall m \geqslant 1$，$\eta \geqslant \mu\sqrt{C} \geqslant 2\mu$ 可以得出

$$\alpha^{-1}\eta + \frac{3-2\alpha}{1-\alpha}L_f + \frac{2L_f^2\alpha}{(1-\alpha)\eta} \leqslant (1-\alpha)^{-1}\left(\mu + 2L_f + \frac{L_f^2}{\mu}\right)$$

使用式(5.1.64)中的上界，得到了式(5.1.71)。记 $D \equiv \left(1 + \frac{3L_f}{\mu}\right)V(x_0, x^*)$，由不等式(5.1.70)和对任意 $x \in (0, 1)$有 $\log x \leqslant x - 1$ 这一事实可得到

$$\mathbb{E}[V(x^{K(\varepsilon, C)}, x^*)] \leqslant D\alpha^{\frac{\log(D/\varepsilon)}{1-\alpha}} \leqslant D\alpha^{\frac{\log(D/\varepsilon)}{-\log\alpha}} \leqslant D\alpha^{\frac{\log(\varepsilon/D)}{\log\alpha}} = \varepsilon$$

此外，根据 Markov 不等式、式(5.1.70)以及对于任意 $x \in (0, 1)$有 $\log x \leqslant x - 1$ 这一事

实，我们得到

$$\mathrm{Prob}\{V(x^{K(\lambda\varepsilon,C)},\ x^*)>\varepsilon\}\leqslant\frac{1}{\varepsilon}\mathbb{E}[V(x^{K(\lambda\varepsilon,C)},\ x^*)]\leqslant\frac{D}{\varepsilon}\alpha^{\frac{\log(D/(\lambda\varepsilon))}{1-\alpha}}$$

$$\leqslant\frac{D}{\varepsilon}\alpha^{\frac{\log(\lambda\varepsilon/D)}{\log\alpha}}=\lambda$$

以原始最优性间隙所表示的复杂度的界的证明过程与此类似，因此跳过证明细节。■

对于式(5.1.67)中的非均匀分布，需要估计 Lipschitz 常数 L_i，$i=1$，…，m。如果没有这样的信息，我们可以对 i_t 使用均匀分布，因此，复杂度的界将取决于下面更大的条件数：

$$\max_{i=1,\cdots,m} L_i/\mu$$

然而，如果我们确实有 $L_1=L_2=\cdots=L_m$，那么用均匀分布得到的结果比推论 5.1 中用非均匀分布得到的结果略微好一些。

推论 5.2　假定 RPDG 方法中的$\{i_t\}$在$\{1,\ \cdots,\ m\}$上均匀分布，即

$$p_i=\mathrm{Prob}\{i_t=i\}=\frac{1}{m},\ i=1,\ \cdots,\ m \tag{5.1.74}$$

并假定$\{\tau_t\}$、$\{\eta_t\}$和$\{\alpha_t\}$依据式(5.1.59)设定，相关值为

$$\left.\begin{aligned}\tau&=\frac{\sqrt{(m-1)^2+4m\overline{C}}-(m-1)}{2m}\\ \eta&=\frac{\mu\sqrt{(m-1)^2+4m\overline{C}}+\mu(m-1)}{2}\\ \alpha&=1-\frac{2}{(m+1)+\sqrt{(m-1)^2+4m\overline{C}}}\end{aligned}\right\} \tag{5.1.75}$$

其中

$$\overline{C}:=\frac{4}{\mu}\max_{i=1,\cdots,m} L_i \tag{5.1.76}$$

那么，对于任意 $k\geqslant1$，有

$$\mathbb{E}[V(x^k,\ x^*)]\leqslant\left(1+\frac{L_f}{\mu}\right)\alpha^k V(x^0,\ x^*) \tag{5.1.77}$$

$$\mathbb{E}[\Psi(\overline{x}^k)-\Psi^*]\leqslant\alpha^{k/2}(1-\alpha)^{-1}\left(\mu+2L_f+\frac{L_f^2}{\mu}\right)V(x^0,\ x^*) \tag{5.1.78}$$

成立。因此，执行 RPDG 方法来求得问题(5.1.1)的随机 ε-解和随机(ε，λ)-解的迭代次数，以到最优解的距离 $\mathbb{E}[V(x^k,\ x^*)]$来表示，可以分别给出上界 $K_u(\varepsilon,\ \overline{C})$和 $K_u(\lambda\varepsilon,\ \overline{C})$，其中

$$K_u(\varepsilon,\ \overline{C}):=\frac{(m+1)+\sqrt{(m-1)^2+4m\overline{C}}}{2}\log\left[\left(1+\frac{L_f}{\mu}\right)\frac{V(x^0,\ x^*)}{\varepsilon}\right]$$

类似地，执行 RPDG 方法来求得的问题(5.1.1)的随机 ε-解和随机(ε，λ)-解的总迭代次数，以原始的最优间隙 $\mathbb{E}[\Psi(\overline{x}^k)-\Psi^*]$来表示，上界可分别为 $\widetilde{K}(\varepsilon,\ \overline{C})/2$ 和 $\widetilde{K}(\lambda\varepsilon,\ \overline{C})/2$，其中 $\widetilde{K}(\varepsilon,\ \overline{C})$如式(5.1.73)中定义。

证明　从式(5.1.75)可以得出

$$(1-\alpha)(1+\tau)=1/m=p_i,\quad(1-\alpha)\eta-\alpha\mu=0,\quad\eta\tau=\mu\overline{C}\geqslant4L_i$$

因此，上面的选择可满足式(5.1.60)～式(5.1.62)的条件。通过等式$(1-\alpha)\eta=\alpha\mu$，我们得到

$$1+\frac{L_f\alpha}{(1-\alpha)\eta}=1+\frac{L_f}{\mu}$$

使用式(5.1.63)中的上界，就可以得到式(5.1.77)。此外，请注意，$\eta\geqslant\mu\sqrt{C}\geqslant 2\mu$ 及 $2/3\leqslant\alpha\leqslant 1$，$\forall m\geqslant 1$，有

$$\alpha^{-1}\eta+\frac{3-2\alpha}{1-\alpha}L_f+\frac{2L_f^2\alpha}{(1-\alpha)\eta}\leqslant(1-\alpha)^{-1}\left(\mu+2L_f+\frac{L_f^2}{\mu}\right)$$

使用式(5.1.64)中的上界，我们就得到欲证的不等式(5.1.78)。复杂度界的证明类似于推论 5.1 中的证明，因此我们跳过细节。 ■

将推论 5.1 和推论 5.2 中获得的复杂度界与其他任何最优确定性的一阶方法的界进行比较，只要主要项为$\sqrt{mC}\log(1/\varepsilon)$，它们就仅相差因子 $\mathcal{O}(\sqrt{mL_f/L})$。显然，当 L_f 和 L 为同一个数量级时，RPDG 可以比确定性一阶方法节省 $\mathcal{O}(\sqrt{m})$ 的分量函数 f_i 的梯度计算。但是需要指出的是，L_f 可以比 L 小得多，特别是当 $L_i=L_j$，$\forall i, j\in\{1, \cdots, m\}$，$L_f=L/m$ 时。在下一小节中，我们将构造这些极端情况下的例子，以获得一般随机增量梯度方法的复杂度下界。

5.1.4　随机化方法的复杂度下界

在本小节中，我们的目标是，证明定理 5.1 以及 RPDG 方法的推论 5.1 和推论 5.2 中获得的复杂度界本质上是不可改进的。可以看到，虽然确定性一阶方法的文献中存在丰富的复杂度下界，但对随机方法的复杂度下界的研究仍然相当有限。

为了得到梯度增量法的性能极限，我们考虑一类特殊的无约束可分强凸优化问题

$$\min_{x_i\in\mathbb{R}^{\tilde{n}},\ i=1,\cdots,m}\left\{\Psi(x):=\sum_{i=1}^{m}\frac{1}{m}\left[f_i(x_i)+\frac{\mu}{2}\|x_i\|_2^2\right]\right\}\tag{5.1.79}$$

其中 $\tilde{n}\equiv n/m\in\{1, 2, \cdots\}$，$\|\cdot\|_2$ 为标准欧几里得范数。仍用之前所使用的符号，记 $x=(x_1, \cdots, x_m)$。此外，假设 f_i 由下面的二次型函数给出：

$$f_i(x_i)=\frac{\mu m(Q-1)}{4}\left[\frac{1}{2}\langle Ax_i, x_i\rangle-\langle e_1, x_i\rangle\right]\tag{5.1.80}$$

其中 $e_1:=(1, 0, \cdots, 0)$，A 是 $\mathbb{R}^{\tilde{n}\times\tilde{n}}$ 上的对称矩阵

$$A=\begin{bmatrix}2&-1&0&0&\cdots&0&0&0\\-1&2&-1&0&\cdots&0&0&0\\0&-1&2&-1&\cdots&0&0&0\\\vdots&\vdots&\vdots&\vdots&&\vdots&\vdots&\vdots\\0&0&0&0&\cdots&-1&2&-1\\0&0&0&0&\cdots&0&-1&\kappa\end{bmatrix},\quad\kappa=\frac{\sqrt{Q}+3}{\sqrt{Q}+1}\tag{5.1.81}$$

注意，上面的三对角矩阵 A 含有一个不同的对角元素 κ。可以很容易地验证 $A\succeq 0$，并且其最大特征值不超过 4。事实上，对于任意 $s\equiv(s_1, \cdots, s_{\tilde{n}})\in\mathbb{R}^{\tilde{n}}$，有

$$\langle As, s\rangle=s_1^2+\sum_{i=1}^{\tilde{n}-1}(s_i-s_{i+1})^2+(\kappa-1)s_{\tilde{n}}^2\geqslant 0$$

$$\langle As, s\rangle\leqslant s_1^2+\sum_{i=1}^{\tilde{n}-1}2(s_i^2+s_{i+1}^2)+(\kappa-1)s_{\tilde{n}}^2$$

$$=3s_1^2+4\sum_{i=2}^{\tilde{n}-1}s_i^2+(\kappa+1)s_{\tilde{n}}^2\leqslant 4\|s\|_2^2$$

最后一个不等式是由 $\kappa\leqslant 3$ 得到的。因此，对于任意 $Q>1$，式(5.1.80)中的分量函数 f_i 是凸的，其梯度是Lipschitz连续的，Lipschitz常数的界是 $L_i=\mu m(Q-1)$，$i=1$，…，m。

下面给出了问题(5.1.79)最优解的显式表达公式。

引理 5.6　设 q 如式(5.1.91)中定义，$x_{i,j}^*$ 是 x_i 的第 j 个元素，定义

$$x_{i,j}^*=q^j,\ i=1,\ \cdots,\ m;\ j=1,\ \cdots,\ \tilde{n} \tag{5.1.82}$$

则 x^* 是问题式(5.1.79)的唯一最优解。

证明　很容易看出，q 是下面方程的最小根：

$$q^2-2\frac{Q+1}{Q-1}q+1=0 \tag{5.1.83}$$

注意 x^* 满足式(5.1.79)的最优性条件，即

$$\left(A+\frac{4}{Q-1}I\right)x_i^*=e_1,\ i=1,\ \cdots,\ m \tag{5.1.84}$$

实际上，我们可以将式(5.1.84)写成下面单一坐标的形式：

$$2\frac{Q+1}{Q-1}x_{i,1}^*-x_{i,2}^*=1 \tag{5.1.85}$$

$$x_{i,j+1}^*-2\frac{Q+1}{Q-1}x_{i,j}^*+x_{i,j-1}^*=0,\ j=2,\ 3,\ \cdots,\ \tilde{n}-1 \tag{5.1.86}$$

$$-\left(\kappa+\frac{4}{Q-1}\right)x_{i,\tilde{n}}^*+x_{i,\tilde{n}-1}^*=0 \tag{5.1.87}$$

其中前两个方程直接从 x^* 的定义和关系式(5.1.83)导出，最后一个方程由式(5.1.81)中 κ 的定义和式(5.1.82)中 x^* 的定义推得。■

我们考虑一般的随机化增量梯度方法，该方法顺序地在 t 次迭代时获得随机选择的分量函数 f_{i_t} 的梯度。更具体地说，我们假设独立随机变量 $i_t(t=1,\ 2,\ \cdots)$ 满足

$$\text{Prob}\{i_t=i\}=p_i\quad 且\quad \sum_{i=1}^m p_i=1,\ p_i\geqslant 0,\ i=1,\ \cdots,\ m \tag{5.1.88}$$

另外，假设该方法生成测试点序列 $\{x^k\}$，使得

$$x^k\in x^0+\text{Lin}\{\nabla f_{i_1}(x^0),\ \cdots,\ \nabla f_{i_k}(x^{k-1})\} \tag{5.1.89}$$

其中Lin表示线性张成的空间。

定理5.2描述了上述随机化增量梯度方法求解问题式(5.1.79)的性能极限。我们还需要一些技术性结果来建立复杂度的下限。

引理 5.7

(a) 对于任意 $x>1$，有

$$\log\left(1-\frac{1}{x}\right)\geqslant-\frac{1}{x-1} \tag{5.1.90}$$

(b) 给定 ρ，q，$\bar{q}\in(0,\ 1)$。如果对于任意 $t\geqslant 0$，有

$$\tilde{n}\geqslant\frac{t\log\bar{q}+\log(1-\rho)}{2\log q}$$

那么

$$\bar{q}^t-q^{2\tilde{n}}\geqslant\rho\bar{q}^t(1-q^{2\tilde{n}})$$

证明　我们首先证明(a)部分。记函数 $\phi(x)=\log\left(1-\frac{1}{x}\right)+\frac{1}{x-1}$，容易看出，$\lim\limits_{x\to+\infty}\phi(x)=0$。而且，对于任意 $x>1$，我们有

$$\phi'(x)=\frac{1}{x(x-1)}-\frac{1}{(x-1)^2}=\frac{1}{x-1}\left(\frac{1}{x}-\frac{1}{x-1}\right)<0$$

这表明当 $x>1$ 时，ϕ 是一个严格递减函数。因此，对于任意 $x>1$，一定有 $\phi(x)>0$。(b)部分可以由下面的简单计算得出：

$$\overline{q}^t-q^{2\widetilde{n}}-\rho\overline{q}^t(1-q^{2\widetilde{n}})=(1-\rho)\overline{q}^t-q^{2\widetilde{n}}+\rho\overline{q}^t q^{2\widetilde{n}}\geqslant(1-\rho)\overline{q}^t-q^{2\widetilde{n}}\geqslant 0$$

■

现在我们准备描述关于复杂度下界的主要结果。

定理 5.2　设 x^* 为问题式(5.1.79)的最优解，并记

$$q:=\frac{\sqrt{Q}-1}{\sqrt{Q}+1} \tag{5.1.91}$$

那么由随机化增量梯度法生成的迭代 $\{x^k\}$ 一定满足

$$\frac{\mathbb{E}[\|x^k-x^*\|_2^2]}{\|x^0-x^*\|_2^2}\geqslant\frac{1}{2}\exp\left(-\frac{4k\sqrt{Q}}{m(\sqrt{Q}+1)^2-4\sqrt{Q}}\right) \tag{5.1.92}$$

对于任意

$$n\geqslant\underline{n}(m,k)\equiv\frac{m\log[(1-(1-q^2)/m)^k/2]}{2\log q} \tag{5.1.93}$$

证明　不失一般性，我们可以假设初始点 $x_i^0=0$，$i=1$，…，m。事实上，式(5.1.89)中描述的增量梯度方法对于多个决策变量的同时偏移是不变的。换句话说，迭代 $\{x^k\}$ 的序列通过这样一种方法从 x^0 开始来最小化函数 $\Psi(x)$：它是为了最小化 $\overline{\Psi}(x)=\Psi(x+x^0)$ 而从原点开始不断进行移位所产生的序列。

现在，以 $k_i(i=1,\cdots,m)$ 表示从第 1 次迭代到第 k 次迭代计算分量函数 f_i 的梯度的次数。很明显，k_i 是支撑集 $\{0,1,\cdots,k\}$ 上使 $\sum\limits_{i=1}^m k_i=k$ 的二项随机变量。又观察到对于任何 $k\geqslant 0$ 且 $k_i+1\leqslant j\leqslant\widetilde{n}$，我们一定会有 $x_{i,j}^k=0$，因为每次计算梯度 ∇f_i 时，由于梯度 ∇f_i 的结构，增量梯度方法最多为 x^k 的第 i 个分量增加一个非零项。

因此，我们有

$$\frac{\|x^k-x^*\|_2^2}{\|x^0-x^*\|_2^2}=\frac{\sum\limits_{i=1}^m\|x_i^k-x_i^*\|_2^2}{\sum\limits_{i=1}^m\|x_i^*\|^2}\geqslant\frac{\sum\limits_{i=1}^m\sum\limits_{j=k_i+1}^{\widetilde{n}}(x_{i,j}^*)^2}{\sum\limits_{i=1}^m\sum\limits_{j=1}^{\widetilde{n}}(x_{i,j}^*)^2}=\frac{\sum\limits_{i=1}^m(q^{2k_i}-q^{2\widetilde{n}})}{m(1-q^{2\widetilde{n}})} \tag{5.1.94}$$

注意到对于任意 $i=1$，…，m，

$$\mathbb{E}[q^{2k_i}]=\sum_{t=0}^k\left[q^{2t}\binom{k}{t}p_i^t(1-p_i)^{k-t}\right]=[1-(1-q^2)p_i]^k$$

然后从式(5.1.94)可得出

$$\frac{\mathbb{E}[\|x^k-x^*\|_2^2]}{\|x^0-x^*\|_2^2}\geqslant\frac{\sum\limits_{i=1}^m[1-(1-q^2)p_i]^k-mq^{2\widetilde{n}}}{m(1-q^{2\widetilde{n}})}$$

注意到对于任意 $p_i\in[0,1]$ 和 $k\geqslant 1$，$[1-(1-q^2)p_i]^k$ 关于变量 p_i 是凸的，通过对

$p_i(i=1,\cdots,m)$最小化上述不等式右边的界，p_i 满足 $\sum_{i=1}^{m}p_i=1$ 及 $p_i\geqslant 0$ 的约束，得出

$$\frac{\mathbb{E}[\|x^k-x^*\|_2^2]}{\|x^0-x^*\|_2^2}\geqslant\frac{[1-(1-q^2)/m]^k-q^{2\bar{n}}}{1-q^{2\bar{n}}}\geqslant\frac{1}{2}[1-(1-q^2)/m]^k \tag{5.1.95}$$

对于任意 $n\geqslant\underline{n}(m,k)$(参见式(5.1.93))和满足条件式(5.1.88)的 $p_i(i=1,\cdots,m)$成立，其中最后一个不等式来自引理5.7(b)。注意

$$\begin{aligned}1-(1-q^2)/m&=1-\left[1-\left(\frac{\sqrt{Q}-1}{\sqrt{Q}+1}\right)^2\right]\frac{1}{m}=1-\frac{1}{m}+\frac{1}{m}\left(1-\frac{2}{\sqrt{Q}+1}\right)^2\\&=1-\frac{4}{m(\sqrt{Q}+1)}+\frac{4}{m(\sqrt{Q}+1)^2}=1-\frac{4\sqrt{Q}}{m(\sqrt{Q}+1)^2}\end{aligned}$$

由式(5.1.95)和引理5.7(a)得到结论

$$\begin{aligned}\frac{\mathbb{E}[\|x^k-x^*\|_2^2]}{\|x^0-x^*\|_2^2}&\geqslant\frac{1}{2}\left[1-\frac{4\sqrt{Q}}{m(\sqrt{Q}+1)^2}\right]^k=\frac{1}{2}\exp\left(k\log\left(1-\frac{4\sqrt{Q}}{m(\sqrt{Q}+1)^2}\right)\right)\\&\geqslant\frac{1}{2}\exp\left(-\frac{4k\sqrt{Q}}{m(\sqrt{Q}+1)^2-4\sqrt{Q}}\right)\end{aligned}$$

■

作为定理5.2的直接结果，我们得到了随机化增量梯度方法的复杂度下界。

推论5.3　任何随机化增量梯度法求问题式(5.1.1)的解，即 $\bar{x}\in X$ 使得 $\mathbb{E}[\|\bar{x}-x^*\|_2^2]\leqslant\varepsilon$，所需的梯度计算次数不能小于

$$\Omega\left\{(\sqrt{m\mathcal{C}}+m)\log\frac{\|x^0-x^*\|_2^2}{\varepsilon}\right\}$$

当 n 足够大时，其中 $\mathcal{C}=L/\mu$，$L=\frac{1}{m}\sum_{i=1}^{m}L_i$。

证明　由式(5.1.92)可知，任何随机化增量梯度法求近似解 $\bar{x}$ 所需的迭代次数 k 必须满足

$$k\geqslant\left(\frac{m(\sqrt{Q}+1)^2}{4\sqrt{Q}}-1\right)\log\frac{\|x^0-x^*\|_2^2}{2\varepsilon}\geqslant\left[\frac{m}{2}\left(\frac{\sqrt{Q}}{2}+1\right)-1\right]\log\frac{\|x^0-x^*\|_2^2}{2\varepsilon} \tag{5.1.96}$$

注意，对于式(5.1.79)中的最坏情形，有 $L_i=\mu m(Q-1)$，$i=1,\cdots,m$，因而 $L=\frac{1}{m}\sum_{i=1}^{m}L_i=\mu m(Q-1)$。利用这个关系，就得出了结论

$$k\geqslant\left[\frac{1}{2}\left(\frac{\sqrt{m\mathcal{C}+m^2}}{2}+m\right)-1\right]\log\frac{\|x^0-x^*\|_2^2}{2\varepsilon}=:\underline{k}$$

于是，当 $n\geqslant\underline{n}(m,\underline{k})$时，上面的界成立。 ■

根据定理5.2，我们也可以推导出随机化块坐标下降法的复杂度下界，它在每次迭代计算$\min_{x\in X}\Psi(x)$时更新一个随机选择的变量块，这里 Ψ 是光滑的强凸函数，使得

$$\frac{\mu_\Psi}{2}\|x-y\|_2^2\leqslant\Psi(x)-\Psi(y)-\langle\nabla\Psi(y),x-y\rangle\leqslant\frac{L_\Psi}{2}\|x-y\|_2^2,\quad\forall x,y\in X$$

推论5.4　任意随机化块坐标下降法求解$\min_{x\in X}\Psi(x)$的一个解 $\bar{x}\in X$ 使得 $\mathbb{E}[\|\bar{x}-x^*\|_2^2]\leqslant\varepsilon$ 的迭代次数不会小于

$$\Omega\left\{(m\sqrt{Q\Psi})\log\frac{\|x^0-x^*\|_2^2}{\varepsilon}\right\}$$

如果 n 足够大，其中 $Q_\Psi=L_\Psi/\mu_\Psi$ 表示函数 Ψ 的条件数。

证明　式(5.1.79)中最坏情形下的实例具有块可分离结构。因此，任何随机化增量梯度方法都等价于随机化块坐标下降法。上面的结果立即由式(5.1.96)得到。■

5.1.5　对非强凸性问题的推广

在本小节中，我们将把 RPDG 方法推广到解决几种不同类型的非光滑强凸优化问题。

5.1.5.1　有界可行集的光滑问题

本小节的目标是推广 RPDG 方法以求解非强凸性(即 $\mu=0$ 时)的光滑问题。不同于加速梯度下降方法，很难发展一个简单的步长策略$\{\tau_t\}$、$\{\eta_t\}$和$\{\alpha_t\}$来保证该方法的收敛性，除非使用的是更弱的终止准则。为了获得更强的收敛性结果，我们将讨论一种不同的方法，该方法通过将 RPDG 方法应用于式(5.1.1)的微扰动问题而获得。

为了应用这种扰动方法，我们假设 X 是有界的(可能的扩展见 5.1.5.3 节)，即给定 $x_0\in X$，$\exists D_X\geqslant 0$，使得

$$\max_{x\in X}V(x_0,\ x)\leqslant D_X^2 \tag{5.1.97}$$

现在我们把扰动问题定义为

$$\Psi_\delta^*:=\min_{x\in X}\{\Psi_\delta(x):=f(x)+h(x)+\delta V(x_0,\ x)\} \tag{5.1.98}$$

对于某个固定的 $\delta>0$。众所周知，如果 δ 足够小，则式(5.1.98)的近似解也将是式(5.1.1)的近似解。具体而言，很容易验证

$$\Psi^*\leqslant\Psi_\delta^*\leqslant\Psi^*+\delta D_X^2 \tag{5.1.99}$$

$$\Psi(x)\leqslant\Psi_\delta(x)\leqslant\Psi(x)+\delta D_X^2,\ \forall x\in X \tag{5.1.100}$$

下面的结果描述了用这种扰动方法解决非强凸性光滑问题(即 $\mu=0$)的复杂度。

命题 5.2　将 RPDG 方法应用于扰动问题式(5.1.98)，并使用推论 5.1 中的参数设置，对于某个 $\varepsilon>0$，取

$$\delta=\frac{\varepsilon}{2D_X^2} \tag{5.1.101}$$

那么，找到一个解 $\overline{x}\in X$ 使得 $\mathbb{E}[\Psi(\overline{x})-\Psi^*]\leqslant\varepsilon$ 需要的迭代次数最多为

$$\mathcal{O}\left\{\left(m+\sqrt{\frac{mLD_X^2}{\varepsilon}}\right)\log\frac{mL_fD_X}{\varepsilon}\right\} \tag{5.1.102}$$

而且，对于任意 $\lambda\in(0,\ 1)$，找到一个解 $\overline{x}\in X$ 使得 $\text{Prob}\{\Psi(\overline{x})-\Psi^*>\varepsilon\}\leqslant\lambda$ 需要的迭代次数最多为

$$\mathcal{O}\left\{\left(m+\sqrt{\frac{mLD_X^2}{\varepsilon}}\right)\log\frac{mL_fD_X}{\lambda\varepsilon}\right\} \tag{5.1.103}$$

证明　设 x_δ^* 为扰动问题式(5.1.98)的最优解。记 $C:=16LD_X^2/\varepsilon$ 和

$$K:=2[(m+1)+\sqrt{(m-1)^2+4mC}]\log\left[(m+\sqrt{mC})\left(\delta+2L_f+\frac{L_f^2}{\delta}\right)\frac{4D_X^2}{\varepsilon}\right]$$

很容易看出

$$\Psi(\overline{x}^K)-\Psi^*\leqslant\Psi_\delta(\overline{x}^K)-\Psi_\delta^*+\delta D_X^2=\Psi_\delta(\overline{x}^K)-\Psi_\delta^*+\frac{\varepsilon}{2}$$

注意，问题(5.1.98)以式(5.1.1)的形式给出，强凸函数的模 $\mu=\delta$，且 $h(x)=h(x)-\delta\langle v'(x_0),\ x\rangle$。因此，通过应用推论 5.1，我们得到

$$\mathbb{E}[\Psi_\delta(\overline{x}^K)-\Psi_\delta^*]\leqslant\frac{\varepsilon}{2}$$

结合这两个不等式，就得到了 $\mathbb{E}[\Psi(\overline{x}^K)-\Psi^*]\leqslant\varepsilon$，这意味着式(5.1.102)中的界。式(5.1.103)中的界可以用相似的方式证明，因此略去细节。■

观察到如果我们应用确定的最优一阶方法(例如 Nesterov 方法或 PDG 方法)求解问题，对于$\nabla f_i(i=1,\ \cdots,\ m)$梯度计算的总次数是

$$m\sqrt{\frac{L_f D_X^2}{\varepsilon}}$$

将这个界与式(5.1.102)比较，我们可以看到，当 L 和 L_f 在同一数量级时，RPDG 方法执行的梯度计算次数与其确定性方法相比，确定性方法是 RPDG 方法的 $\mathcal{O}(\sqrt{m}\log^{-1}(mL_fD_X/\varepsilon))$倍。

5.1.5.2　结构化非光滑问题

在本小节中，我们假设分量函数 f_i 是非光滑的，但可以用光滑的函数近似。更具体地说，我们假设

$$f_i(x):=\max_{y_i\in Y_i}\langle A_i x,\ y_i\rangle-q_i(y_i)\tag{5.1.104}$$

可以分别通过下式近似 $f_i(x)$和 f：

$$\widetilde{f}_i(x,\ \delta):=\max_{y_i\in Y_i}\langle A_i x,\ y_i\rangle-q_i(y_i)-\delta w_i(y_i)\quad\text{和}\quad\widetilde{f}(x,\ \delta)=\frac{1}{m}\sum_{i=1}^m\widetilde{f}_i(x,\ \delta)\tag{5.1.105}$$

其中 $w_i(y_i)$是一个模为 1 的强凸函数，使得

$$0\leqslant w_i(y_i)\leqslant D_{Y_i}^2,\ \forall y_i\in Y_i\tag{5.1.106}$$

特别是，我们很容易证明

$$\widetilde{f}_i(x,\ \delta)\leqslant f_i(x)\leqslant\widetilde{f}_i(x,\ \delta)+\delta D_{Y_i}^2\quad\text{且}\quad\widetilde{f}(x,\ \delta)\leqslant f(x)\leqslant\widetilde{f}(x,\ \delta)+\delta D_Y^2\tag{5.1.107}$$

对于任意 $x\in X$，其中 $D_Y^2=\frac{1}{m}\sum_{i=1}^m D_{Y_i}^2$。$f_i(\cdot,\ \delta)$和 $f(\cdot,\ \delta)$是连续可微的，它们的梯度是 Lipschitz 连续的，Lipschitz 常数分别由

$$\widetilde{L}_i=\frac{\|A_i\|^2}{\delta}\quad\text{和}\quad\widetilde{L}=\frac{\sum_{i=1}^m\|A_i\|^2}{m\delta}=\frac{\|A\|^2}{m\delta}\tag{5.1.108}$$

给出。因此，我们可以应用 RPDG 方法来解决近似问题

$$\widetilde{\Psi}_\delta^*:=\min_{x\in X}\{\widetilde{\Psi}_\delta(x):=\widetilde{f}(x,\ \delta)+h(x)+\mu v(x)\}\tag{5.1.109}$$

下面的结果给出了在 $\mu>0$ 的情况下，RPDG 方法求解上述结构的非光滑问题的复杂度界。

命题 5.3　如果将 RPDG 方法和推论 5.1 中的参数设置应用到近似问题式(5.1.109)中，且

$$\delta=\frac{\varepsilon}{2D_Y^2}\tag{5.1.110}$$

对于某个 $\varepsilon>0$，找到一个解 $\bar{x}\in X$ 使得 $\mathbb{E}[\Psi(\bar{x})-\Psi^*]\leqslant\varepsilon$ 至多需要

$$\mathcal{O}\left\{\|A\|D_Y\sqrt{\frac{m}{\mu\varepsilon}}\log\frac{\|A\|D_X D_Y}{m\mu\varepsilon}\right\} \tag{5.1.111}$$

次迭代。而且，对于任意 $\lambda\in(0,1)$，找到一个解 $\bar{x}\in X$ 使得 $\text{Prob}\{\Psi(\bar{x})-\Psi^*>\varepsilon\}\leqslant\lambda$ 至多需要

$$\mathcal{O}\left\{\|A\|D_Y\sqrt{\frac{m}{\mu\varepsilon}}\log\frac{\|A\|D_X D_Y}{\lambda m\mu\varepsilon}\right\} \tag{5.1.112}$$

次迭代。

证明　由式(5.1.107)和式(5.1.109)可知

$$\Psi(\bar{x}^k)-\Psi^*\leqslant\widetilde{\Psi}_\delta(\bar{x}^k)-\widetilde{\Psi}_\delta^*+\delta D_Y^2=\widetilde{\Psi}_\delta(\bar{x}^k)-\widetilde{\Psi}_\delta^*+\frac{\varepsilon}{2} \tag{5.1.113}$$

利用关系(5.1.108)和推论 5.1，我们得出满足 $\mathbb{E}[\widetilde{\Psi}_\delta(\bar{x}^K)-\widetilde{\Psi}_\delta^*]\leqslant\varepsilon/2$ 的解 $\bar{x}^k\in X$ 可通过

$$\mathcal{O}\left\{\|A\|D_Y\sqrt{\frac{m}{\mu\varepsilon}}\log\left[\left(m+\sqrt{\frac{m\widetilde{L}}{\mu}}\right)\left(\mu+2\widetilde{L}+\frac{\widetilde{L}^2}{\mu}\right)\frac{D_X^2}{\varepsilon}\right]\right\}$$

次迭代找到。这一观察结果连同式(5.1.113)和式(5.1.108)中 $\widetilde{L}$ 的定义意味着式(5.1.111)中的界。式(5.1.112)中的界由式(5.1.113)和推论 5.1 类似地得到，因此略去证明细节。■

当 $\mu=0$ 时，将 RPDG 方法应用于上述结构的非光滑问题，会得到下面的结果。

命题 5.4　对某个 $\varepsilon>0$ 及式(5.1.110)中的 δ，如果 RPDG 方法采用推论 5.1 中的参数设置来求解近似问题(5.1.109)，则找到一个解 $\bar{x}\in X$ 使得 $\mathbb{E}[\Psi(\bar{x})-\Psi^*]\leqslant\varepsilon$ 至多需要

$$\mathcal{O}\left\{\frac{\sqrt{m}\|A\|D_X D_Y}{\varepsilon}\log\frac{\|A\|D_X D_Y}{m\varepsilon}\right\}$$

次迭代。而且，对于任意 $\lambda\in(0,1)$，找到一个解 $\bar{x}\in X$ 使得 $\text{Prob}\{\Psi(\bar{x})-\Psi^*>\varepsilon\}\leqslant\lambda$ 至多需要

$$\mathcal{O}\left\{\frac{\sqrt{m}\|A\|D_X D_Y}{\varepsilon}\log\frac{m\|A\|D_X D_Y}{\lambda m\varepsilon}\right\}$$

次迭代。

证明　与命题 5.3 的证明中使用的论证过程类似，结果可以由式(5.1.113)以及将命题 5.2 应用于问题(5.1.109)中得到。■

根据命题 5.3 和命题 5.4，忽略对数因子的情况下，在对 $\widetilde{f}(\cdot,\delta)$ 进行梯度计算的总数上，确定性一阶方法是 RPDG 方法的 $\mathcal{O}(\sqrt{m})$ 倍。

5.1.5.3　无约束光滑问题

在本小节中，我们在式(5.1.1)中设 $X=\mathbb{R}^n$，$h(x)=0$，$\mu=0$，考虑基本凸规划问题

$$f^*:=\min_{x\in\mathbb{R}^n}\left\{f(x):=\frac{1}{m}\sum_{i=1}^m f_i(x)\right\} \tag{5.1.114}$$

假设这个问题的最优解集 X^* 是非空的。

我们仍将使用 5.1.5.1 节中所述的基于扰动的方法，求解下面所给出的扰动问题

$$f_\delta^*:=\min_{x\in\mathbb{R}^n}\left\{f_\delta(x):=f(x)+\frac{\delta}{2}\|x-x^0\|_2^2\right\} \tag{5.1.115}$$

对于某 $x_0\in X$，$\delta>0$，其中 $\|\cdot\|_2$ 为欧几里得范数。以 L_δ 表示 $f_\delta(x)$ 的 Lipschitz 常数。显

然，$L_\delta=L+\delta$。由于问题是无约束的，并且关于最优解大小的信息是不可获得的，因此很难用绝对精度来估计迭代的总次数 $\mathbb{E}[f(\overline{x})-f^*]$。相反，对于给定 $\overline{x}\in X$，我们定义与它相关联的相对精度

$$R_{ac}(\overline{x},\ x^0,\ f^*):=\frac{2[f(\overline{x})-f^*]}{L(1+\min\limits_{u\in X^*}\|x^0-u\|_2^2)} \tag{5.1.116}$$

现在我们准备用 $R_{ac}(\overline{x},\ x^0,\ f^*)$来表示将 RPDG 方法应用于求解问题(5.1.114)时的复杂度。

命题 5.5 将带有参数设置的 RPDG 方法应用于扰动问题(5.1.115)，对于某个 $\varepsilon>0$，取

$$\delta=\frac{L\varepsilon}{2} \tag{5.1.117}$$

那么，求出解 $\overline{x}\in X$ 使得 $\mathbb{E}[R_{ac}(\overline{x},\ x^0,\ f^*)]\leqslant\varepsilon$ 至多需要

$$\mathcal{O}\left\{\sqrt{\frac{m}{\varepsilon}}\log\frac{m}{\varepsilon}\right\} \tag{5.1.118}$$

次迭代。而且，对于任意 $\lambda\in(0,\ 1)$，找到一个解 $\overline{x}\in X$ 使得 $\text{Prob}\{R_{ac}(\overline{x},\ x^0,\ f^*)>\varepsilon\}\leqslant\lambda$ 至多需要

$$\mathcal{O}\left\{\sqrt{\frac{m}{\varepsilon}}\log\frac{m}{\lambda\varepsilon}\right\} \tag{5.1.119}$$

次迭代。

证明 设 x_δ^* 为问题(5.1.115)的最优解。同时，令 x^* 是式(5.1.114)最接近 x^0 的最优解，即 $x^*=\arg\min\limits_{u\in X^*}\|x^0-u\|_2$。从 f_δ 的强凸性可以得出

$$\begin{aligned}\frac{\delta}{2}\|x_\delta^*-x^*\|_2^2&\leqslant f_\delta(x^*)-f_\delta(x_\delta^*)\\&=f(x^*)+\frac{\delta}{2}\|x^*-x^0\|_2^2-f_\delta(x_\delta^*)\\&\leqslant\frac{\delta}{2}\|x^*-x^0\|_2^2\end{aligned}$$

这意味着

$$\|x_\delta^*-x^*\|_2\leqslant\|x^*-x^0\|_2 \tag{5.1.120}$$

此外，利用 f_δ 的定义和 x^* 对于问题式(5.1.115)是可行的这一事实，可以得到

$$f^*\leqslant f_\delta^*\leqslant f^*+\frac{\delta}{2}\|x^*-x^0\|_2^2$$

这意味着

$$f(\overline{x}^K)-f^*\leqslant f_\delta(\overline{x}^K)-f_\delta^*+f_\delta^*-f^*\leqslant f_\delta(\overline{x}^K)-f_\delta^*+\frac{\delta}{2}\|x^*-x^0\|_2^2$$

现在假设我们用 RPDG 方法求解问题(5.1.115)进行了 K 次迭代。根据推论 5.1，我们得到

$$\begin{aligned}\mathbb{E}[f_\delta(\overline{x}^K)-f_\delta^*]&\leqslant\alpha^{K/2}(1-\alpha)^{-1}\left(\delta+2L_\delta+\frac{L_\delta^2}{\delta}\right)\|x^0-x_\delta^*\|_2^2\\&\leqslant2\alpha^{K/2}(1-\alpha)^{-1}\left(\delta+2L_\delta+\frac{L_\delta^2}{\delta}\right)[\|x^0-x^*\|_2^2+\|x^*-x_\delta^*\|_2^2]\\&\leqslant4\alpha^{K/2}(1-\alpha)^{-1}\left(3\delta+2L+\frac{(L+\delta)^2}{\delta}\right)\|x^0-x^*\|_2^2\end{aligned}$$

最后一个不等式由式(5.1.120)得出，α 在式(5.1.68)中定义，且 $C=\frac{8L_\delta}{\delta}=\frac{8(L+\delta)}{\delta}=8\left(\frac{2}{\varepsilon}+1\right)$。结合上面两个关系式，有

$$\mathbb{E}[f(\overline{x}^K)-f^*]\leqslant\left[4\alpha^{K/2}(1-\alpha)^{-1}\left(3\delta+2L+\frac{(L+\delta)^2}{\delta}\right)+\frac{\delta}{2}\right]\|x^0-x^*\|_2^2$$

上述不等式的两边同时除以 $L(1+\|x^0-x^*\|_2^2)/2$，就得到

$$\begin{aligned}\mathbb{E}[R_{ac}(\overline{x}^K,\ x^0,\ f^*)]&\leqslant\frac{2}{L}\left[4\alpha^{K/2}(1-\alpha)^{-1}\left(3\delta+2L+\frac{(L+\delta)^2}{\delta}\right)+\frac{\delta}{2}\right]\\&\leqslant 8\left(m+2\sqrt{2m\left(\frac{2}{\varepsilon}+1\right)}\right)\left(3\varepsilon+4+(2+\varepsilon)\left(\frac{2}{\varepsilon}+1\right)\right)\alpha^{K/2}+\frac{\varepsilon}{2}\end{aligned}$$

这显然蕴涵了式(5.1.118)中的界。式(5.1.119)中的界也是由上述不等式和 Markov 不等式推导出来的。 ■

根据命题 5.5，确定性最优一阶方法所需的分量函数 f_i 的梯度计算总数是 RPDG 方法的 $\mathcal{O}(\sqrt{m}\log^{-1}(m/\varepsilon))$ 倍。

5.2 随机梯度外插法

在上一节中，我们介绍了一种随机原始-对偶梯度(RPDG)方法，它可以被看作 3.3 节中加速梯度方法的随机化版本，用于解决有限和及分布优化问题。如前所述，与 RPDG 相关的一个潜在问题是，它需要一个限制性的假设，即每个 f_i 都必须是可微的，并且由于其原始的外插步骤，在整个 $\mathbb{R}^n$ 上具有 Lipschitz 连续梯度。此外，RPDG 有一个复杂的算法方案，除了解决原始邻近子问题外，还包含一个原始外插步骤和一个梯度(对偶)预测步骤，从而导致复杂的原始-对偶收敛分析。本节的目标是通过提出一种新颖的随机一阶方法来解决这些问题，即随机梯度外插法(RGEM)。在讨论 RGEM 之前，我们首先需要引入梯度外插法这一概念，这是一种新的最优一阶方法，灵感来自加速梯度下降法的博弈解释。

更具体地，我们考虑如下形式的有限和凸规划问题：

$$\psi^*:=\min_{x\in X}\{\Psi(x):=\frac{1}{m}\sum_{i=1}^m f_i(x)+\mu v(x)\}\qquad(5.2.1)$$

这里，$X\subseteq\mathbb{R}^n$ 是一个闭凸集，f_i：$X\to\mathbb{R}(i=1,\ \cdots,\ m)$是 X 上具有 Lipschitz 连续梯度的光滑凸函数，即 $\exists L_i\geqslant 0$ 使得

$$\|\nabla f_i(x_1)-\nabla f_i(x_2)\|_*\leqslant L_i\|x_1-x_2\|,\ \forall x_1,\ x_2\in X\qquad(5.2.2)$$

v：$X\to\mathbb{R}$ 是一个关于范数$\|\cdot\|$模为 1 的强凸函数，即

$$v(x_1)-v(x_2)-\langle v'(x_2),\ x_1-x_2\rangle\geqslant\frac{1}{2}\|x_1-x_2\|^2,\ \forall x_1,\ x_2\in X\qquad(5.2.3)$$

其中 $v'(\cdot)$表示 $v(\cdot)$的任意次梯度(或梯度)，且 $\mu\geqslant 0$ 为给定常数。因此，只要 $\mu>0$，ψ 就是强凸函数。为记号上方便，我们也记 $f(x)\equiv\frac{1}{m}\sum_{i=1}^m f_i(x)$，$L=\frac{1}{m}\sum_{i=1}^m L_i$ 和 $\hat{L}=\max_{i=1,\cdots,m}L_i$。很容易看出，对于某个 $L_f\geqslant 0$，

$$\|\nabla f(x_1)-\nabla f(x_2)\|_*\leqslant L_f\|x_1-x_2\|\leqslant L\|x_1-x_2\|,\quad\forall x_1,\ x_2\in X\qquad(5.2.4)$$

注意到问题(5.2.1)比上一节的有限和优化问题(5.1.1)稍微简单一些，因为式(5.2.1)中没有凸性的项 h。然而，在本节中扩展我们的讨论以解决式(5.1.1)中更一般的有限和优化问题是相对容易的。

我们还考虑如下的一类随机有限和优化问题：

$$\psi^* := \min_{x \in X}\left\{\psi(x) := \frac{1}{m}\sum_{i=1}^{m}\mathbb{E}_{\xi_i}[F_i(x, \xi_i)] + \mu v(x)\right\} \tag{5.2.5}$$

其中，ξ_i 是支撑集 $\Xi_i \subseteq \mathbb{R}^d$ 上的随机变量。容易看出，问题(5.2.5)是式(5.2.1)中 $f_i(x)=\mathbb{E}_{\xi_i}[F_i(x, \xi_i)](i=1, \cdots, m)$ 的特例。然而，与确定性有限和优化问题不同，式(5.2.5)中的随机有限和优化问题只能访问各分量函数 f_i 的噪声梯度信息。通过考虑随机有限和优化问题，我们不仅对确定性经验风险最小化感兴趣，而且对分布式机器学习的泛化风险感兴趣，分布式机器学习允许以在线(流式数据)方式收集每个智能体的私有数据。在式(5.1.6)给出的分布式学习示例中，为了使广义风险最小化，f_i 以期望的形式给出，即

$$f_i(x)=l_i(x) := \mathbb{E}_{\xi_i}[\log(1+\exp(-\xi_i^{\mathrm{T}} x))], \quad i=1, \cdots, m$$

其中，随机变量 ξ_i 为智能体 i 的训练数据集的基础分布模型。但是需要注意的是，在随机一阶方法的研究中，对式(5.2.5)中的随机有限和问题关注较少。在本节中，我们提出了一种新的随机优化算法，它只需要少量的通信轮数(即 $\mathcal{O}(\log 1/\varepsilon)$)，但可以实现最优的采样复杂度 $\mathcal{O}(1/\varepsilon)$来解决式(5.2.5)中的随机有限和问题。

5.2.1　梯度外插方法

本小节的目标是介绍一个新的算法框架，称为梯度外插方法(GEM)，以解决由下式给出的凸优化问题：

$$\psi^* := \min_{x \in X}\{\psi(x) := f(x) + \mu v(x)\} \tag{5.2.6}$$

我们证明，GEM 可以被视为加速梯度下降法的对偶算法，尽管这两种算法表面上似乎是相当不同的。此外，GEM 具有一些优良的性质，使我们能够开发并分析随机梯度外插法，以用于分布式和随机优化。

5.2.1.1　算法

与 5.1 节类似，我们定义一个与 v 相关的邻近函数

$$V(x^0, x) \equiv V_v(x^0, x) := v(x) - [v(x^0) + \langle v'(x^0), x - x^0\rangle] \tag{5.2.7}$$

其中 $v'(x^0) \in \partial v(x^0)$是 v 在点 x^0 处的任意次梯度。根据 v 的强凸性我们有

$$V(x^0, x) \geqslant \frac{1}{2}\|x - x^0\|^2, \ \forall x, \ x^0 \in X \tag{5.2.8}$$

应当指出，上述的邻近函数 $V(\cdot, \cdot)$在 v 不一定可微的意义上是广义的 Bregman 距离。在本小节中，我们假设与 X 和 v 相关的邻近映射由下式给出：

$$\arg\min_{x \in X}\{\langle g, x\rangle + \mu v(x) + \eta V(x^0, x)\} \tag{5.2.9}$$

对于任意 $x^0 \in X$，$g \in \mathbb{R}^n$，$\mu \geqslant 0$，$\eta > 0$，该函数都很容易计算。请注意，只要 v 是不可微的，我们就需要在执行邻近映射之前指定一个次梯度 v'。在本小节中，我们假设 v'以类似于 5.1 节的方式递归定义，取 $h=0$。

现在我们已准备好描述梯度外插法(GEM)。如算法 5.3 所示，GEM 从梯度外插步骤式(5.2.10)开始，由前面两个梯度 g^{t-1} 和 g^{t-2} 计算 $\tilde{g}^t$。以 $\tilde{g}^t$ 为基础，执行邻近梯度下降步骤式(5.2.11)，并更新输出解 $\underline{x}^t$。最后，计算 $\underline{x}^t$ 处的梯度，并在下一次迭代中进行

梯度外插。

算法 5.3　最优梯度外插法(GEM)

输入：设 $x^0 \in X$，给定非负参数 $\{\alpha_t\}$、$\{\eta_t\}$ 和 $\{\tau_t\}$。

置 $\underline{x}^t = x^0$，$g^{-1} = g^0 = \nabla f(x^0)$。

for $t = 1, 2, \cdots, k$ **do**

$$\widetilde{g}^t = \alpha_t(g^{t-1} - g^{t-2}) + g^{t-1} \tag{5.2.10}$$

$$x^t = \arg\min_{x \in X}\{\langle \widetilde{g}^t, x\rangle + \mu v(x) + \eta_t V(x^{t-1}, x)\} \tag{5.2.11}$$

$$\underline{x}^t = (x^t + \tau_t \underline{x}^{t-1})/(1+\tau_t) \tag{5.2.12}$$

$$g^t = \nabla f(\underline{x}^t) \tag{5.2.13}$$

end for

输出：$\underline{x}^k$。

我们现在证明，GEM 可以被视为加速梯度下降(AGD)法的对偶。为了看出这样的关系，我们将首先以原始-对偶形式重写 GEM。考虑 f 的梯度所在的对偶空间 $\mathcal{G}$，并赋以共轭范数 $\|\cdot\|_*$。设 J_f：$\mathcal{G} \to \mathbb{R}$ 是函数 $f(x) := \max_{g \in \mathcal{G}}\{\langle x, g\rangle - J_f(g)\}$ 的共轭函数。我们可以将式(5.2.6)中的问题重新表述为如下鞍点问题：

$$\psi^* := \min_{x \in X}\{\max_{g \in \mathcal{G}}\{\langle x, g\rangle - J_f(g)\} + \mu v(x)\} \tag{5.2.14}$$

很明显，J_f 关于共轭范数 $\|\cdot\|_*$ 模 $1/L_f$ 是强凸的。因此，对于任意 g^0，$g \in \mathcal{G}$，我们可以将其相关的对偶广义 Bregman 距离和对偶邻近映射定义为

$$W_f(g^0, g) := J_f(g) - [J_f(g^0) + \langle J_f'(g^0), g - g^0\rangle] \tag{5.2.15}$$

$$\arg\min_{g \in \mathcal{G}}\{\langle -\widetilde{x}, g\rangle + J_f(g) + \tau W_f(g^0, g)\} \tag{5.2.16}$$

引理 3.6 表明，与 W_f 相关的对偶邻近映射的计算等价于梯度 ∇f 的计算。利用这个结果，我们可以看到 GEM 迭代可以写成原始-对偶形式。给定 $(x^0, g^{-1}, g^0) \in X \times \mathcal{G} \times \mathcal{G}$ 与 $W_f(g^{t-1}, g)$ 中的一个特定选择 $J_f'(g^{t-1}) = \underline{x}^{t-1}$，通过下式更新 (x^t, g^t)：

$$\widetilde{g}^t = \alpha_t(g^{t-1} - g^{t-2}) + g^{t-1} \tag{5.2.17}$$

$$x^t = \arg\min_{x \in X}\{\langle \widetilde{g}^t, x\rangle + \mu v(x) + \eta_t V(x^{t-1}, x)\} \tag{5.2.18}$$

$$g^t = \arg\min_{g \in \mathcal{G}}\{\langle -\widetilde{x}^t, g\rangle + J_f(g) + \tau_t W_f(g^{t-1}, g)\} \tag{5.2.19}$$

确实，通过记 $\underline{x}^0 = x^0$，我们可以很容易地从 $g^0 = \nabla f(\underline{x}^0)$ 看出 $\underline{x}^0 \in \partial J_f(g^0)$。现在，假设 $g^{t-1} = \nabla f(\underline{x}^{t-1})$，于是有 $\underline{x}^{t-1} \in \partial J_f(g^{t-1})$。根据式(5.2.19)中 g^t 的定义和引理 3.6 得到的结果，$g^t = \nabla f(\underline{x}^t)$，其中 $\underline{x}^t = (x^t + \tau_t \underline{x}^{t-1})/(1+\tau_t)$，这与式(5.2.12)和式(5.2.13)中的定义是完全一致的。

回想一下，AGD 方法中给定 $(x^{t-1}, \overline{x}^{t-1}) \in X \times X$ 后，对某个 $\lambda_t \in [0, 1]$ 依据下式更新 $(x^t, \overline{x}^t)$：

$$\underline{x}^t = (1-\lambda_t)\overline{x}^{t-1} + \lambda_t x^{t-1} \tag{5.2.20}$$

$$g^t = \nabla f(\underline{x}^t) \tag{5.2.21}$$

$$x^t = \arg\min_{x \in X}\{\langle g^t, x\rangle + \mu v(x) + \eta_t V(x^{t-1}, x)\} \tag{5.2.22}$$

$$\overline{x}^t = (1-\lambda_t)\overline{x}^{t-1} + \lambda_t x^t \tag{5.2.23}$$

此外，根据 3.4 节的讨论，我们可以证明式(5.2.20)～式(5.2.23)可以被视为以下原始-

对偶更新的一个具体实例：

$$\tilde{x}^t = \alpha_t(x^{t-1} - x^{t-2}) + x^{t-1} \tag{5.2.24}$$

$$g^t = \arg\min_{g \in \mathcal{G}} \{\langle -\tilde{x}^t, g\rangle + J_f(g) + \tau_t W_f(g^{t-1}, g)\} \tag{5.2.25}$$

$$x^t = \arg\min_{x \in X} \{\langle g^t, x\rangle + \mu v(x) + \eta_t V(x^{t-1}, x)\} \tag{5.2.26}$$

比较式(5.2.17)～式(5.2.19)和式(5.2.24)～式(5.2.26)，我们可以清楚地看到，GEM是AGD的对偶版本，可以通过交换式(5.2.24)～式(5.2.26)的每个方程的原始变量和对偶变量得到。这两者的主要区别在于，GEM的外插步骤是在对偶空间中进行的，而AGD的外插步骤是在原始空间中进行的。事实上，对偶空间的外插可以帮助我们极大地简化且进一步增强5.1节中随机原始-对偶梯度法。另一个有趣的事实是：在GEM中，梯度是为了输出解$\{\underline{x}^t\}$而计算的；AGD方法的输出解由$\{\overline{x}^t\}$给出，而梯度是为了外插序列$\{\underline{x}^t\}$而计算的。

5.2.1.2　GEM的收敛性

我们开始建立求解问题(5.2.6)的GEM方法的收敛性。请注意，我们的分析完全是在原始空间中进行的，并不依赖于前面描述的对于问题的原始-对偶解释。这类分析方法也与AGD方法有很大的不同。

我们需要建立关于光滑凸函数的一些基本性质。

引理5.8　若$f: X \to \mathbb{R}$具有Lipschitz连续梯度，其常数为L，则

$$\frac{1}{2L}\|\nabla f(x) - \nabla f(z)\|_*^2 \leqslant f(x) - f(z) - \langle \nabla f(z), x - z\rangle \quad \forall x, z \in X$$

证明　记$\phi(x) = f(x) - f(z) - \langle \nabla f(z), x - z\rangle$。显然，$\phi$也具有L-Lipschitz连续梯度。很容易验证$\nabla\phi(z) = 0$，因此$\min_x \phi(x) = \phi(z) = 0$，可以推得

$$\begin{aligned}
\phi(z) &\leqslant \min_y \phi(y) \leqslant \min_y \left\{\phi(x) + \langle \phi(x), y - x\rangle + \frac{L}{2}\|y - x\|^2\right\} \\
&= \min_y \left\{\phi(x) - \|\nabla\phi(x)\|_* \|y - x\| + \frac{L}{2}\|y - x\|^2\right\} \\
&= \min_t \left\{\phi(x) - \|\nabla\phi(x)\|_* t + \frac{L}{2}t^2\right\} \\
&= \phi(x) - \frac{\|\nabla\phi(x)\|_*^2}{2L}
\end{aligned}$$

于是，我们有$\frac{1}{2L}\|\nabla\phi(x)\|_*^2 \leqslant \phi(x) - \phi(z) = \phi(x)$，从这个关系可以直接得到结果。■

我们首先来建立光滑凸($\mu = 0$)和强凸($\mu > 0$)函数情况下GEM的一些一般收敛性质。

定理5.3　假设GEM算法中$\{\eta_t\}$、$\{\tau_t\}$和$\{\alpha_t\}$对于某个$\theta_t \geqslant 0$($t = 1, \cdots, k$)满足

$$\theta_{t-1} = \alpha_t \theta_t, \quad t = 2, \cdots, k \tag{5.2.27}$$

$$\theta_t \eta_t \leqslant \theta_{t-1}(\mu + \eta_{t-1}), \quad t = 2, \cdots, k \tag{5.2.28}$$

$$\theta_t \tau_t = \theta_{t-1}(1 + \tau_{t-1}), \quad t = 2, \cdots, k \tag{5.2.29}$$

$$\alpha_t L_f \leqslant \tau_{t-1}\eta_t, \quad t = 2, \cdots, k \tag{5.2.30}$$

$$2L_f \leqslant \tau_k(\mu + \eta_k) \tag{5.2.31}$$

那么，对于任意$k \geqslant 1$和任意给定的$x \in X$，有

$$\begin{aligned}
&\theta_k(1 + \tau_k)[\psi(\underline{x}^k) - \psi(x)] + \frac{\theta_k(\mu + \eta_k)}{2}V(x^k, x) \\
&\leqslant \theta_1\tau_1[\psi(x^0) - \psi(x)] + \theta_1\eta_1 V(x^0, x)
\end{aligned} \tag{5.2.32}$$

证明 将引理3.5应用于式(5.2.11)，有

$$\begin{aligned}&\langle x^t-x,\ \alpha_t(g^{t-1}-g^{t-2})+g^{t-1}\rangle+\mu v(x^t)-\mu v(x)\\&\leqslant\eta_t V(x^{t-1},\ x)-(\mu+\eta_t)V(x^t,\ x)-\eta_t V(x^{t-1},\ x^t)\end{aligned}\tag{5.2.33}$$

此外，利用 ψ 的定义、f 的凸性，以及 $g^t=\nabla f(\underline{x}^t)$ 这一事实，可以得到

$$\begin{aligned}&(1+\tau_t)f(\underline{x}^t)+\mu v(x^t)-\psi(x)\\&\leqslant(1+\tau_t)f(\underline{x}^t)+\mu v(x^t)-\mu v(x)-[f(\underline{x}^t)+\langle g^t,\ x-\underline{x}^t\rangle]\\&=\tau_t[f(\underline{x}^t)-\langle g^t,\ \underline{x}^t-\underline{x}^{t-1}\rangle]-\langle g^t,\ x-x^t\rangle+\mu v(x^t)-\mu v(x)\\&\leqslant-\frac{\tau_t}{2L_f}\|g^t-g^{t-1}\|_*^2+\tau_t f(\underline{x}^{t-1})-\langle g^t,\ x-x^t\rangle+\mu v(x^t)-\mu v(x)\end{aligned}$$

其中第一个等式源于式(5.2.12)中 $\underline{x}^t$ 的定义，最后一个不等式由引理5.8推得。根据式(5.2.33)，得到

$$\begin{aligned}&(1+\tau_t)f(\underline{x}^t)+\mu v(x^t)-\psi(x)\\&\leqslant-\frac{\tau_t}{2L_f}\|g^t-g^{t-1}\|_*^2+\tau_t f(\underline{x}^{t-1})+\langle x^t-x,\ g^t-g^{t-1}-\alpha_t(g^{t-1}-g^{t-2})\rangle+\\&\eta_t V(x^{t-1},\ x)-(\mu+\eta_t)V(x^t,\ x)-\eta_t V(x^{t-1},\ x^t)\end{aligned}$$

将上述不等式的两边同时乘以 θ_t，并将得到的不等式从 $t=1$ 到 k 累加，得到

$$\begin{aligned}&\sum_{t=1}^k\theta_t(1+\tau_t)f(\underline{x}^t)+\sum_{t=1}^k\theta_t[\mu v(x^t)-\psi(x)]\\&\leqslant-\sum_{t=1}^k\frac{\theta_t\tau_t}{2L_f}\|g^t-g^{t-1}\|_*^2+\sum_{t=1}^k\theta_t\tau_t f(\underline{x}^{t-1})+\\&\sum_{t=1}^k\theta_t\langle x^t-x,\ g^t-g^{t-1}-\alpha_t(g^{t-1}-g^{t-2})\rangle+\\&\sum_{t=1}^k\theta_t[\eta_t V(x^{t-1},\ x)-(\mu+\eta_t)V(x^t,\ x)-\eta_t V(x^{t-1},\ x^t)]\end{aligned}\tag{5.2.34}$$

现在根据式(5.2.27)和 $g^{-1}=g^0$ 这一事实，可以得到

$$\begin{aligned}&\sum_{t=1}^k\theta_t\langle x^t-x,\ g^t-g^{t-1}-\alpha_t(g^{t-1}-g^{t-2})\rangle\\&=\sum_{t=1}^k\theta_t[\langle x^t-x,\ g^t-g^{t-1}\rangle-\alpha_t\langle x^{t-1}-x,\ g^{t-1}-g^{t-2}\rangle]-\\&\sum_{t=2}^k\theta_t\alpha_t\langle x^t-x^{t-1},\ g^{t-1}-g^{t-2}\rangle\\&=\theta_k\langle x^k-x,\ g^k-g^{k-1}\rangle-\sum_{t=2}^k\theta_t\alpha_t\langle x^t-x^{t-1},\ g^{t-1}-g^{t-2}\rangle\end{aligned}\tag{5.2.35}$$

此外，再根据式(5.2.28)、式(5.2.29)，以及式(5.2.12)中 $\underline{x}^t$ 的定义，可得

$$\begin{aligned}&\sum_{t=1}^k\theta_t[\eta_t V(x^{t-1},\ x)-(\mu+\eta_t)V(x^t,\ x)]\\&\overset{(5.2.28)}{\leqslant}\theta_1\eta_1 V(x^0,\ x)-\theta_k(\mu+\eta_k)V(x^k,\ x)\end{aligned}\tag{5.2.36}$$

$$\begin{aligned}&\sum_{t=1}^k\theta_t[(1+\tau_t)f(\underline{x}^t)-\tau_t f(\underline{x}^{t-1})]\\&\overset{(5.2.29)}{=}\theta_k(1+\tau_k)f(\underline{x}^k)-\theta_1\tau_1 f(\underline{x}^0)\end{aligned}\tag{5.2.37}$$

$$\sum_{t=1}^{k}\theta_t \overset{(5.2.29)}{=} \sum_{t=2}^{k}[\theta_t\tau_t-\theta_{t-1}\tau_{t-1}]+\theta_k=\theta_k(1+\tau_k)-\theta_1\tau_1 \tag{5.2.38}$$

$$\begin{aligned}\theta_k(1+\tau_k)\underline{x}^k &\overset{(5.2.12)}{=}\theta_k\left(x^k+\frac{\tau_k}{1+\tau_{k-1}}x^{k-1}+\cdots+\prod_{t=2}^{k}\frac{\tau_t}{1+\tau_{t-1}}x^1+\prod_{t=2}^{k}\frac{\tau_t}{1+\tau_{t-1}}\tau_1x^0\right)\\ &\overset{(5.2.29)}{=}\sum_{t=1}^{k}\theta_tx^t+\theta_1\tau_1x^0\end{aligned} \tag{5.2.39}$$

根据 $v(\cdot)$的凸性，最后两个关系式(即式(5.2.38)和式(5.2.39))意味着

$$\theta_k(1+\tau_k)\mu v(\underline{x}^k)\leqslant\sum_{t=1}^{k}\theta_t\mu v(x^t)+\theta_1\tau_1\mu v(x^0)$$

因此，由关系式(5.2.34)～式(5.2.39)以及 ψ 的定义，得出以下结论：

$$\begin{aligned}&\theta_k(1+\tau_k)[\psi(\underline{x}^k)-\psi(x)]\\ \leqslant&\sum_{t=2}^{k}\left[-\frac{\theta_{t-1}\tau_{t-1}}{2L_f}\|g^{t-1}-g^{t-2}\|_*^2-\theta_t\alpha_t\langle x^t-x^{t-1},\ g^{t-1}-g^{t-2}\rangle-\theta_t\eta_tV(x^{t-1},\ x^t)\right]-\\ &\theta_k\left[\frac{\tau_k}{2L_f}\|g^k-g^{k-1}\|_*^2-\langle x^k-x,\ g^k-g^{k-1}\rangle+(\mu+\eta_k)V(x^k,\ x)\right]+\theta_1\eta_1V(x^0,\ x)+\\ &\theta_1\tau_1[\psi(x^0)-\psi(x)]-\theta_1\eta_1V(x^0,\ x^1)\end{aligned} \tag{5.2.40}$$

由式(5.2.8)中函数 $V(\cdot,\ \cdot)$的强凸性、式(5.1.58)中的简单关系，以及式(5.2.30)和式(5.2.31)中的条件，得到

$$\begin{aligned}&-\sum_{t=2}^{k}\left[\frac{\theta_{t-1}\tau_{t-1}}{2L_f}\|g^{t-1}-g^{t-2}\|_*^2+\theta_t\alpha_t\langle x^t-x^{t-1},\ g^{t-1}-g^{t-2}\rangle+\theta_t\eta_tV(x^{t-1},\ x^t)\right]\\ \leqslant&\sum_{t=2}^{k}\frac{\theta_t}{2}\left(\frac{\alpha_tL_f}{\tau_{t-1}}-\eta_t\right)\|x^{t-1}-x^t\|^2\leqslant0\\ &-\theta_k\left[\frac{\tau_k}{2L_f}\|g^k-g^{k-1}\|_*^2-\langle x^k-x,\ g^k-g^{k-1}\rangle+\frac{(\mu+\eta_k)}{2}V(x^k,\ x)\right]\\ \leqslant&\frac{\theta_k}{2}\left(\frac{L_f}{\tau_k}-\frac{\mu+\eta_k}{2}\right)\|x^k-x\|^2\leqslant0\end{aligned}$$

对式(5.2.40)应用上面的关系，我们就得到了式(5.2.32)。 ■

作为定理 5.3 的一个结果，我们现在准备建立 GEM 算法的最优收敛性质。首先，我们给出一个常数步长策略，该策略保证了强凸情形($\mu>0$)下的最优线性收敛速度。

推论 5.5　设 x^* 为式(5.2.1)的最优解，x^k 和 $\underline{x}^k$ 分别在式(5.2.11)、式(5.2.12)中定义。假设 $\mu>0$，$\{\tau_t\}$、$\{\eta_t\}$和$\{\alpha_t\}$被设置为

$$\tau_t\equiv\tau=\sqrt{\frac{2L_f}{\mu}},\ \eta_t\equiv\eta=\sqrt{2L_f\mu}\quad 和\quad \alpha_t\equiv\alpha=\frac{\sqrt{2L_f/\mu}}{1+\sqrt{2L_f/\mu}},\qquad \forall t=1,\ \cdots,\ k \tag{5.2.41}$$

那么，

$$V(x^k,\ x^*)\leqslant2\alpha^k\left[V(x^0,\ x^*)+\frac{1}{\mu}(\psi(x^0)-\psi^*)\right] \tag{5.2.42}$$

$$\psi(\underline{x}^k)-\psi^*\leqslant\alpha^k[\mu V(x^0,\ x^*)+\psi(x^0)-\psi^*] \tag{5.2.43}$$

证明　设 $\theta_t=\alpha^{-t}$，$t=1$，…，k。容易验证式(5.2.41)中$\{\tau_t\}$、$\{\eta_t\}$和$\{\alpha_t\}$的选择满足式(5.2.27)～式(5.2.31)中的条件。根据定理 5.3 和式(5.2.41)，我们有

$$\psi(\underline{x}^k)-\psi(x^*)+\frac{\mu+\eta}{2(1+\tau)}V(x^k, x^*)\leqslant\frac{\theta_1\tau}{\theta_k(1+\tau)}[\psi(x^0)-\psi(x^*)]+\frac{\theta_1\eta}{\theta_k(1+\tau)}V(x^0, x^*)$$
$$=\alpha^k[\psi(x^0)-\psi(x^*)+\mu V(x^0, x^*)]$$

从上面的关系、$\psi(\underline{x}^k)-\psi(x^*)\geqslant 0$ 这一事实和式(5.2.41)也可以得出

$$V(x^k, x^*)\leqslant\frac{2(1+\tau)\alpha^k}{\mu+\eta}[\mu V(x^0, x^*)+\psi(x^0)-\psi(x^*)]$$
$$=2\alpha^k\left[V(x^0, x^*)+\frac{1}{\mu}(\psi(x^0)-\psi(x^*))\right]$$

■

在光滑情况($\mu=0$)下，我们给出了一个保证最优收敛速度的步长策略。注意到，在光滑情况下，我们只能估计序列$\{\underline{x}^k\}$的解的质量。

推论 5.6 设 x^* 是问题(5.2.1)的最优解，$\underline{x}^k$ 如式(5.2.12)中定义。假设 $\mu=0$，$\{\tau_t\}$、$\{\eta_t\}$和$\{\alpha_t\}$被设置为

$$\tau_t=\frac{t}{2},\ \eta_t=\frac{4L_f}{t}\quad 且\quad \alpha_t=\frac{t}{t+1},\ \forall t=1, \cdots, k \tag{5.2.44}$$

那么，有

$$\psi(\underline{x}^k)-\psi(x^*)=f(\underline{x}^k)-f(x^*)\leqslant\frac{2}{(k+1)(k+2)}[f(x^0)-f(x^*)+8L_f V(x^0, x^*)] \tag{5.2.45}$$

证明 设 $\theta_t=t+1$，$t=1$，…，k，容易验证式(5.2.44)中的参数满足式(5.2.30)～式(5.2.31)中的条件。根据式(5.2.32)和式(5.2.44)，我们得到结论

$$\psi(\underline{x}^k)-\psi(x^*)\leqslant\frac{2}{(k+1)(k+2)}[\psi(x^0)-\psi(x^*)+8L_f V(x^0, x^*)]$$

■

在推论 5.7 中，我们通过使用不同的步长策略和对光滑情况($\mu=0$)稍微复杂一些的分析，改进了上述复杂度结果对于 $f(x^0)-f(x^*)$值的依赖。

推论 5.7 设 x^* 为问题(5.2.1)的最优解，x^k 和 $\underline{x}^k$ 分别在式(5.2.11)、式(5.2.12)中定义。假设 $\mu=0$，$\{\tau_t\}$、$\{\eta_t\}$和$\{\alpha_t\}$设置为

$$\tau_t=\frac{t-1}{2},\ \eta_t=\frac{6L_f}{t},\ 且\quad \alpha_t=\frac{t-1}{t},\ \forall t=1, \cdots, k \tag{5.2.46}$$

那么，对于任意 $k\geqslant 1$，有

$$\psi(\underline{x}^k)-\psi(x^*)=f(\underline{x}^k)-f(x^*)\leqslant\frac{12L_f}{k(k+1)}V(x^0, x^*) \tag{5.2.47}$$

证明 设 $\theta_t=t$，$t=1$，…，k，容易验证式(5.2.46)中的参数满足条件式(5.2.27)～式(5.2.29)和式(5.2.31)。然而，条件式(5.2.30)只在 $t=3$，…，k 时成立，即

$$\alpha_t L_f\leqslant\tau_{t-1}\eta_t,\quad t=3, \cdots, k \tag{5.2.48}$$

根据式(5.2.40)和 $\tau_1=0$ 这一事实，我们得到

$$\begin{aligned}&\theta_k(1+\tau_k)[\psi(\underline{x}^k)-\psi(x)]\\&\leqslant-\theta_2[\alpha_2\langle x^2-x^1, g^1-g^0\rangle+\eta_2 V(x^1, x^2)]-\theta_1\eta_1 V(x^0, x^1)-\\&\quad\sum_{t=3}^k\left[\frac{\theta_{t-1}\tau_{t-1}}{2L_f}\|g^{t-1}-g^{t-2}\|_*^2+\theta_t\alpha_t(x^t-x^{t-1}, g^{t-1}-g^{t-2})+\theta_t\eta_t V(x^{t-1}, x^t)\right]-\\&\quad\theta_k\left[\frac{\tau_k}{2L_f}\|g^k-g^{k-1}\|_*^2-\langle x^k-x, g^k-g^{k-1}\rangle+(\mu+\eta_k)V(x^k, x)\right]+\theta_1\eta_1 V(x^0, x)\end{aligned}$$

$$\leqslant\frac{\theta_1\alpha_2}{2\eta_2}\|g^1-g^0\|_*^2-\frac{\theta_1\eta_1}{2}\|x^1-x^0\|^2+\sum_{t=3}^{k}\frac{\theta_t}{2}\left(\frac{\alpha_t L_f}{\tau_{t-1}}-\eta_t\right)\|x^{t-1}-x^t\|^2+$$

$$\frac{\theta_k}{2}\left(\frac{L_f}{\tau_k}-\frac{\eta_k}{2}\right)\|x^k-x\|^2+\theta_1\eta_1 V(x^0,x)-\frac{\theta_k\eta_k}{2}V(x^k,x)$$

$$\leqslant\frac{\theta_1\alpha_2 L_f^2}{2\eta_2}\|\underline{x}^1-\underline{x}^0\|^2-\frac{\theta_1\eta_1}{2}\|x^1-x^0\|^2+\theta_1\eta_1 V(x^0,x)-\frac{\theta_k\eta_k}{2}V(x^k,x)$$

$$\leqslant\theta_1\left(\frac{\alpha_2 L_f^2}{2\eta_2}-\eta_1\right)\|x^1-x^0\|^2+\theta_1\eta_1 V(x^0,x)-\frac{\theta_k\eta_k}{2}V(x^k,x)$$

其中第二个不等式由简单的关系式(5.1.58)和式(5.2.8)得到，第三个不等式由式(5.2.48)、式(5.2.31)、式(5.2.13)中 g^t 的定义以及式(5.2.4)得到，最后一个不等式由两个事实 $\underline{x}^0=x^0$ 和 $\underline{x}^1=x^1$(由于 $\tau_1=0$)得到。因此，通过将式(5.2.46)设置的参数代入上面的不等式中，我们就得到了结论：

$$\psi(\underline{x}^k)-\psi^*=f(\underline{x}^k)-f(x^*)\leqslant[\theta_k(1+\tau_k)]^{-1}\left[\theta_1\eta_1 V(x^0,x^*)-\frac{\theta_k\eta_k}{2}V(x^k,x)\right]$$

$$\leqslant\frac{12L_f}{k(k+1)}V(x^0,x^*)$$

■

从上述三个推论得到的结果来看，GEM 在强凸和光滑情况下都具有最优的收敛速度。与经典的 AGD 方法不同，GEM 是对梯度而不是迭代进行外插。这一事实将有助于我们开发一种 RPDG 增强的随机化增量梯度法，即随机梯度外插法，这一方法还大大简化了相关分析。

5.2.2　确定性有限和问题

在本小节中，我们提出一个随机版本的 GEM，并讨论它用于解决式(5.2.1)中的确定性有限和问题的收敛性质。

5.2.2.1　算法框架

RGEM 基本方案的形式化说明如算法 5.4。该算法简单地将梯度初始化为 $y_i^{-1}=y_i^0=0$，$i=1,\cdots,m$。在每次迭代时，RGEM 只需要随机选择一个分量函数 f_i 的梯度作为新的梯度信息，但维持 m 对搜索点和相应的梯度$(\underline{x}_i^t,y_i^t)$，$i=1,\cdots,m$，它们在分布式网络中可能由其对应的智能体存储。更具体地说，首先在式(5.2.49)中执行梯度外插步骤，在式(5.2.50)中执行原始邻近映射。然后在式(5.2.51)中更新随机选择的块 $\underline{x}_{i_t}^t$，并在式(5.2.52)中计算相应的分量梯度 ∇f_{i_t}。从算法 5.4 可以看出，RGEM 不需要任何精确的梯度计算。

算法 5.4　随机梯度外插法(RGEM)

输入： 设 $x^0\in X$，给定非负参数$\{\alpha_t\}$、$\{\eta_t\}$和$\{\tau_t\}$。

初始化：

置 $\underline{x}_i^0=x^0$，$y_i^{-1}=y_i^0=\mathbf{0}$，$i=1,\cdots,m$。

for $t=1,\cdots,k$ **do**

　根据 $\mathrm{Prob}\{i_t=i\}=1/m$，$i=1,\cdots,m$，选择 i_t。

$$\tilde{y}_i^t=y_i^{t-1}+\alpha_t(y_i^{t-1}-y_i^{t-2}),\ \forall i \tag{5.2.49}$$

$$x^t=\arg\min_{x\in X}\left\{\left\langle\frac{1}{m}\sum_{i=1}^{m}\tilde{y}_i^t,x\right\rangle+\mu v(x)+\eta_t V(x^{t-1},x)\right\} \tag{5.2.50}$$

$$\underline{x}_i^t=\begin{cases}(1+\tau_t)^{-1}(x^t+\tau_t\underline{x}_i^{t-1}), & i=i_t\\ \underline{x}_i^{t-1}, & i\neq i_t\end{cases}\tag{5.2.51}$$

$$y_i^t=\begin{cases}\nabla f_i(\underline{x}_i^t), & i=i_t\\ y_i^{t-1}, & i\neq i_t\end{cases}\tag{5.2.52}$$

end for

输出：对于 $\theta_t>0$，$t=1$，…，k，置

$$\underline{x}^k:=\left(\sum_{t=1}^k\theta_t\right)^{-1}\sum_{t=1}^k\theta_t x^t\tag{5.2.53}$$

注意，计算式(5.2.50)中的 x^t 需要一个复杂的计算 $\frac{1}{m}\sum_{i=1}^m\widetilde{y}_i^t$。为了在实现该算法时节省计算时间，我们建议采用递归的方式计算该量，如下所示。记 $g^t\equiv\frac{1}{m}\sum_{i=1}^m y_i^t$，$t=1$，…，$k$。显然，考虑到 $y_i^t=y_i^{t-1}$，$\forall i\neq i_t$，会有

$$g^t=g^{t-1}+\frac{1}{m}(y_{i_t}^t-y_{i_t}^{t-1})\tag{5.2.54}$$

同样，根据 g^t 的定义和式(5.2.49)，我们得到

$$\frac{1}{m}\sum_{i=1}^m\widetilde{y}_i^t=\frac{1}{m}\sum_{i=1}^m y_i^{t-1}+\frac{\alpha_t}{m}(y_{i_{t-1}}^{t-1}-y_{i_{t-1}}^{t-2})=g^{t-1}+\frac{\alpha_t}{m}(y_{i_{t-1}}^{t-1}-y_{i_{t-1}}^{t-2})\tag{5.2.55}$$

利用上述两种思路，我们可以将计算 $\frac{1}{m}\sum_{i=1}^m\widetilde{y}_i^t$ 分为两步：(i)初始化 $g^0=0$，在梯度评估步骤(5.2.52)之后，按照式(5.2.54)更新 g^t；(ii)用式(5.2.55)代替式(5.2.49)计算 $\frac{1}{m}\sum_{i=1}^m\widetilde{y}_i^t$。还要注意，差值 $y_{i_t}^t-y_{i_t}^{t-1}$ 可以保存，因为它在式(5.2.54)和式(5.2.55)的下次迭代中会使用。这些改进将并入 5.2.4 节的分布式设置中，这样就能节省通信成本。

观察 RGEM 和 RPDG(5.1 节中)之间的差异也是有趣的。RGEM 只有一个外插步骤——式(5.2.49)，它结合了两种类型的预测。其一是利用历史数据预测未来的梯度，其二是根据随机更新的 f_i 梯度信息得到 f 当前精确梯度的估计值。然而，RPDG 方法在原始空间和对偶空间中都需要两个外插步骤。由于原始外插步骤的存在，RPDG 不能保证它进行梯度计算的搜索点仍落在可行集 X 内，因此需要假设 f_i 在 $\mathbb{R}^n$ 上可微，并具有 Lipschitz 连续梯度。RGEM 并不需要这样一个强的假设条件，因为 RGEM 生成的所有原始迭代都在可行集 X 内。因此，RGEM 可以处理比 RPDG 更广泛的一类问题。此外，在 RGEM 中，我们不需要计算初始点 $\underline{x}_i^0$ 的精确梯度，而只需将它们设置为 $y_i^0=0$。可以看出，在对梯度进行 L-光滑的假设(即条件(5.2.4))下，有 $0\leqslant\sigma_0<+\infty$ 使得

$$\frac{1}{m}\sum_{i=1}^m\|\nabla f_i(x^0)\|_*^2=\sigma_0^2\tag{5.2.56}$$

5.2.2.2 收敛性分析

本小节的主要目标是为解决问题(5.2.1)的 RGEM 算法建立收敛性。

对比算法 5.4 中的 RGEM 和算法 5.3 中的 GEM，可以看出 RGEM 是对 GEM 的直接随机化。因此，继承自 GEM，RGEM 收敛性分析完全在原始空间中进行。然而，RGEM 的分析更具挑战性，特别是我们需要做以下工作：①建立 $\frac{1}{m}\sum_{i=1}^m f_i(\underline{x}_i^k)$ 与 $f(\underline{x}^k)$ 之间的关

系，因而发现可利用式(5.2.59)中定义的函数 Q 作为中间工具；②限制初始点的不精确梯度引起的误差；③分析随机化和随机梯度噪声造成的累积误差。

在建立 RGEM 的收敛性之前，我们首先提供一些重要的技术性结果。假设 $\hat{\underline{x}}_i^t$ 和 $\hat{y}_i^t(i=1, \cdots, m, t\geqslant 1)$ 分别定义为

$$\hat{\underline{x}}_i^t=(1+\tau_t)^{-1}(x^t+\tau_t \underline{x}_i^{t-1}) \tag{5.2.57}$$

$$\hat{y}_i^t=\nabla f_i(\hat{\underline{x}}_i^t) \tag{5.2.58}$$

下面这个简单的结果展示了几个与 $\underline{x}_i^t$(参见式(5.2.51))和 y_i^t(参见式(5.2.52))有关的恒等式。

引理 5.9 假设 x^t 和 y_i^t 分别如式(5.2.50)和式(5.2.52)中定义，$\hat{\underline{x}}_i^t$ 和 $\hat{y}_i^t$ 分别如式(5.2.57)和式(5.2.58)中定义。那么，对任意 $i=1, \cdots, m$ 和 $t=1, \cdots, k$，有

$$\mathbb{E}_t[y_i^t]=\frac{1}{m}\hat{y}_i^t+\left(1-\frac{1}{m}\right)y_i^{t-1}$$

$$\mathbb{E}_t[\underline{x}_i^t]=\frac{1}{m}\hat{\underline{x}}_i^t+\left(1-\frac{1}{m}\right)\underline{x}_i^{t-1}$$

$$\mathbb{E}_t[f_i(\underline{x}_i^t)]=\frac{1}{m}f_i(\hat{\underline{x}}_i^t)+\left(1-\frac{1}{m}\right)f_i(\underline{x}_i^{t-1})$$

$$\mathbb{E}_t[\|\nabla f_i(\underline{x}_i^t)-\nabla f_i(\underline{x}_i^{t-1})\|_*^2]=\frac{1}{m}\|\nabla f_i(\hat{\underline{x}}_i^t)-\nabla f_i(\underline{x}_i^{t-1})\|_*^2$$

其中记号 $\mathbb{E}_t$ 为给定 $i_1, \cdots, i_{t-1}$ 时随机变量 i_t 的条件期望，且 y_i^t 由式(5.2.52)定义。

证明 第一个等式可立刻由 $\text{Prob}_t(y_i^t=\hat{y}_i^t)=\text{Prob}_t(i_t=i)=1/m$ 和 $\text{Prob}_t(y_i^t=y_i^{t-1})=1-1/m$ 这样的事实得到。这里 Prob_t 表示给定 $i_1, \cdots, i_{t-1}$ 时 i_t 的条件概率。同样，我们可以证明其余的等式成立。 ■

我们定义函数 Q 来帮助分析 RGEM 的收敛性质。设 $\underline{x}, x\in X$ 是问题(5.2.1)(或问题(5.2.5))的两个可行解，则对应的 $Q(\underline{x}, x)$ 定义为

$$Q(\underline{x}, x):=\langle \nabla f(x), \underline{x}-x\rangle+\mu v(\underline{x})-\mu v(x) \tag{5.2.59}$$

很明显，如果我们固定 $x=x^*$，x^* 是问题(5.2.1)(或式(5.2.5))的最优解，根据 v 的凸性和 x^* 的最优条件，对于任意可行解 $\underline{x}$，可以得到

$$Q(\underline{x}, x^*)\geqslant\langle \nabla f(x^*)+\mu v'(x^*), \underline{x}-x^*\rangle\geqslant 0$$

而且，观察到 f 是光滑的，我们得到如下结论：

$$\begin{aligned}Q(\underline{x}, x^*)&=f(x^*)+\langle \nabla f(x^*), \underline{x}-x^*\rangle+\mu v(\underline{x})-\psi(x^*)\\&\geqslant-\frac{L_f}{2}\|\underline{x}-x^*\|^2+\psi(\underline{x})-\psi(x^*)\end{aligned} \tag{5.2.60}$$

下面的引理建立了一个关于 Q 的重要关系。

引理 5.10 设 x^t 由式(5.2.50)定义，且 $x\in X$ 是问题(5.2.1)或式(5.2.5)的任意可行解。设 RGEM 中的 τ_t 满足

$$\theta_t(m(1+\tau_t)-1)=\theta_{t-1}m(1+\tau_{t-1}), \quad t=2, \cdots, k \tag{5.2.61}$$

对于某个 $\theta_t\geqslant 0$，$t=1, \cdots, k$，有

$$\begin{aligned}\sum_{t=1}^k \theta_t\mathbb{E}[Q(x^t, x)]\leqslant&\ \theta_k(1+\tau_k)\sum_{i=1}^m \mathbb{E}[f_i(\underline{x}_i^k)]+\sum_{t=1}^k \theta_t\mathbb{E}[\mu v(x^t)-\psi(x)]-\\&\theta_1(m(1+\tau_1)-1)[\langle x^0-x, \nabla f(x)\rangle+f(x)]\end{aligned} \tag{5.2.62}$$

证明 根据式(5.2.59)中 Q 的定义，有

$$Q(x^t, x)=\frac{1}{m}\sum_{i=1}^{m}\langle\nabla f_i(x), x^t-x\rangle+\mu v(x^t)-\mu v(x)$$

$$\overset{(5.2.57)}{=}\frac{1}{m}\sum_{i=1}^{m}[(1+\tau_t)\langle\underline{\hat{x}}_i^t-x, \nabla f_i(x)\rangle-\tau_t\langle\underline{\hat{x}}_i^{t-1}-x, \nabla f_i(x)\rangle]+\mu v(x^t)-\mu v(x)$$

在上述关系的两边对$\{i_1, \cdots, i_k\}$取期望，利用引理 5.11，得到

$$\mathbb{E}[Q(x^t, x)]=\sum_{i=1}^{m}\mathbb{E}\left[(1+\tau_t)\langle\underline{x}_i^t-x, \nabla f_i(x)\rangle-\left((1+\tau_t)-\frac{1}{m}\right)\langle\underline{x}_i^{t-1}-x, \nabla f_i(x)\rangle\right]+\mathbb{E}[\mu v(x^t)-\mu v(x)]$$

上面不等式的两边乘以θ_t，然后把$t=1$到k的各不等式加起来，得到

$$\sum_{t=1}^{k}\theta_t\mathbb{E}[Q(x^t, x)]$$
$$=\sum_{i=1}^{m}\sum_{t=1}^{k}\mathbb{E}\left[\theta_t(1+\tau_t)\langle\underline{x}_i^t-x, \nabla f_i(x)\rangle-\theta_t\left((1+\tau_t)-\frac{1}{m}\right)\langle\underline{x}_i^{t-1}-x, \nabla f_i(x)\rangle\right]+$$
$$\sum_{t=1}^{k}\theta_t\mathbb{E}[\mu v(x^t)-\mu v(x)]$$

注意由式(5.2.61)和$\underline{x}_i^0=x^0$，$i=1, \cdots, m$这一事实，有

$$\sum_{t=1}^{k}\theta_t=\sum_{t=2}^{k}[\theta_t m(1+\tau_t)-\theta_{t-1}m(1+\tau_{t-1})]+\theta_1$$
$$=\theta_k m(1+\tau_k)-\theta_1(m(1+\tau_1)-1) \tag{5.2.63}$$

$$\sum_{t=1}^{k}\left[\theta_t(1+\tau_t)\langle\underline{x}_i^t-x, \nabla f_i(x)\rangle-\theta_t\left((1+\tau_t)-\frac{1}{m}\right)\langle\underline{x}_i^{t-1}-x, \nabla f_i(x)\rangle\right]$$
$$=\theta_k(1+\tau_k)\langle\underline{x}_i^k-x, \nabla f_i(x)\rangle-\theta_1\left((1+\tau_1)-\frac{1}{m}\right)\langle x^0-x, \nabla f_i(x)\rangle$$

对于$i=1, \cdots, m$。结合以上三种关系，利用f_i的凸性得到

$$\sum_{t=1}^{k}\theta_t\mathbb{E}[Q(x^t, x)]$$
$$\leqslant\theta_k(1+\tau_k)\sum_{i=1}^{m}\mathbb{E}[f_i(\underline{x}_i^k)-f_i(x)]-\theta_1(m(1+\tau_1)-1)\langle x^0-x, \nabla f(x)\rangle+$$
$$\sum_{t=1}^{k}\theta_t\mathbb{E}[\mu v(x^t)-\mu v(x)]$$

根据式(5.2.63)就得到了式(5.2.62)的结论。 ■

我们现在证明 RGEM 求解问题(5.2.1)的主要收敛性质。注意，RGEM 以$y_i^0=0$，$i=1, \cdots, m$开始，只更新对应的i_t块($\underline{x}_i^t$，y_i^t)，$i=1, \cdots, m$，分别根据式(5.2.51)和式(5.2.52)进行计算。因此，对于 RGEM 生成的y_i^t，我们有

$$y_i^t=\begin{cases}0, & \text{如果前面 } t \text{ 次迭代中没有更新第 } i \text{ 个块}\\ \nabla f_i(\underline{x}_i^t), & \text{否则}\end{cases} \tag{5.2.64}$$

在这一小节中，我们假设$\sigma_0\geqslant 0$存在，它是初始梯度的上界，即式(5.2.56)是成立的。下面的命题 5.6 建立起了求解强凸问题的 RGEM 的一般收敛性质。

命题 5.6　设x_t和$\underline{x}^k$分别由式(5.2.50)和式(5.2.53)定义，x^*是式(5.2.1)的最优解。σ_0如式(5.2.56)定义，假设 RGEM 中的$\{\eta_t\}$、$\{\tau_t\}$和$\{\alpha_t\}$满足式(5.2.61)和下面各式

$$m\theta_{t-1}=\alpha_t\theta_t,\quad t\geqslant 2 \tag{5.2.65}$$

$$\theta_t\eta_t\leqslant\theta_{t-1}(\mu+\eta_{t-1}),\quad t\geqslant 2 \tag{5.2.66}$$

$$2\alpha_t L_i\leqslant m\tau_{t-1}\eta_t,\quad i=1,\cdots,m;\ t\geqslant 2 \tag{5.2.67}$$

$$4L_i\leqslant\tau_k(\mu+\eta_k),\quad i=1,\cdots,m \tag{5.2.68}$$

对于某些 $\theta_t\geqslant 0$，$t=1$，…，k。则对于任意 $k\geqslant 1$，有

$$\begin{aligned}&\mathbb{E}[Q(\underline{x}^k,x^*)]\leqslant\Big(\sum_{t=1}^k\theta_t\Big)^{-1}\widetilde{\Delta}_{0,\sigma_0}\\&\mathbb{E}[V(x^k,x^*)]\leqslant\frac{2\widetilde{\Delta}_{0,\sigma_0}}{\theta_k(\mu+\eta_k)}\end{aligned} \tag{5.2.69}$$

其中

$$\begin{aligned}\widetilde{\Delta}_{0,\sigma_0}:=&\theta_1(m(1+\tau_1)-1)(\psi(x^0)-\psi^*)+\theta_1\eta_1 V(x^0,x^*)+\\&\sum_{t=1}^k\left(\frac{m-1}{m}\right)^{t-1}\frac{2\theta_t\alpha_{t+1}}{m\eta_{t+1}}\sigma_0^2\end{aligned} \tag{5.2.70}$$

证明　根据式(5.2.50)中 x^t 的定义和引理 3.5，我们有

$$\begin{aligned}&\Big\langle x^t-x,\frac{1}{m}\sum_{i=1}^m\widetilde{y}_i^t\Big\rangle+\mu v(x^t)-\mu v(x)\\&\leqslant\eta_t V(x^{t-1},x)-(\mu+\eta_t)V(x^t,x)-\eta_t V(x^{t-1},x^t)\end{aligned} \tag{5.2.71}$$

利用式(5.2.1)中 ψ 的定义、f_i 的凸性，以及 $\hat{y}_i^t=\nabla f_i(\hat{\underline{x}}_i^t)$(见式(5.2.58)，其中 y_i^t 在式(5.2.52)中有定义)，得到

$$\begin{aligned}&\frac{1+\tau_t}{m}\sum_{i=1}^m f_i(\hat{\underline{x}}_i^t)+\mu v(x^t)-\psi(x)\\&\leqslant\frac{1+\tau_t}{m}\sum_{i=1}^m f_i(\hat{\underline{x}}_i^t)+\mu v(x^t)-\mu v(x)-\frac{1}{m}\sum_{i=1}^m[f_i(\hat{\underline{x}}_i^t)+\langle\hat{y}_i^t,x-\hat{\underline{x}}_i^t\rangle]\\&=\frac{\tau_t}{m}\sum_{i=1}^m[f_i(\hat{\underline{x}}_i^t)+\langle\hat{y}_i^t,\underline{x}_i^{t-1}-\hat{\underline{x}}_i^t\rangle]+\mu v(x^t)-\mu v(x)-\frac{1}{m}\sum_{i=1}^m\langle\hat{y}_i^t,x-x^t\rangle\\&\leqslant-\frac{\tau_t}{2m}\sum_{i=1}^m\frac{1}{L_i}\|\nabla f_i(\hat{\underline{x}}_i^t)-\nabla f_i(\underline{x}_i^{t-1})\|_*^2+\frac{\tau_t}{m}\sum_{i=1}^m f_i(\underline{x}_i^{t-1})+\mu v(x^t)-\\&\quad\mu v(x)-\frac{1}{m}\sum_{i=1}^m\langle\hat{y}_i^t,x-x^t\rangle\end{aligned} \tag{5.2.72}$$

上面第一个等式可由式(5.2.57)中的 $\hat{\underline{x}}_i^t$ 定义得出，最后一个不等式由 f_i 的光滑性(引理 5.8)和式(5.2.58)得出。由式(5.2.71)和式(5.2.49)中 $\widetilde{y}_i^t$ 的定义可知

$$\begin{aligned}&\frac{1+\tau_t}{m}\sum_{i=1}^m f_i(\hat{\underline{x}}_i^t)+\mu v(x^t)-\psi(x)\\&\leqslant-\frac{\tau_t}{2m}\sum_{i=1}^m\frac{1}{L_i}\|\nabla f_i(\hat{\underline{x}}_i^t)-\nabla f_i(\underline{x}_i^{t-1})\|_*^2+\frac{\tau_t}{m}\sum_{i=1}^m f_i(\underline{x}_i^{t-1})+\\&\quad\Big\langle x^t-x,\frac{1}{m}\sum_{i=1}^m[\hat{y}_i^t-y_i^{t-1}-\alpha_t(y_i^{t-1}-y_i^{t-2})]\Big\rangle+\\&\quad\eta_t V(x^{t-1},x)-(\mu+\eta_t)V(x^t,x)-\eta_t V(x^{t-1},x^t)\end{aligned}$$

因此，对变量 $\{i_1,\cdots,i_k\}$ 的上述关系的两边取期望，然后应用引理 5.11，得到

$$
\begin{aligned}
&\mathbb{E}\Big[(1+\tau_t)\sum_{i=1}^{m}f_i(\underline{x}_i^t)+\mu v(x^t)-\psi(x)\Big]\\
&\leqslant \mathbb{E}\Big[-\frac{\tau_t}{2L_{i_t}}\|\nabla f_{i_t}(\underline{x}_{i_t}^t)-\nabla f_{i_t}(\underline{x}_{i_t}^{t-1})\|_*^2+\frac{1}{m}\sum_{i=1}^{m}(m(1+\tau_t)-1)f_i(\underline{x}_i^{t-1})\Big]+\\
&\mathbb{E}\Big\{\Big\langle x^t-x,\ \frac{1}{m}\sum_{i=1}^{m}[m(y_i^t-y_i^{t-1})-\alpha_t(y_i^{t-1}-y_i^{t-2})]\Big\rangle\Big\}+\\
&\mathbb{E}[\eta_t V(x^{t-1},x)-(\mu+\eta_t)V(x^t,x)-\eta_t V(x^{t-1},x^t)]
\end{aligned}
$$

将上述不等式的两边乘以 θ_t，并将上述不等式从 $t=1$ 到 k 相加，得到

$$
\begin{aligned}
&\sum_{t=1}^{k}\sum_{i=1}^{m}\mathbb{E}[\theta_t(1+\tau_t)f_i(\underline{x}_i^t)]+\sum_{t=1}^{k}\theta_t\mathbb{E}[\mu v(x^t)-\psi(x)]\\
&\leqslant \sum_{t=1}^{k}\theta_t\mathbb{E}\Big[-\frac{\tau_t}{2L_{i_t}}\|\nabla f_{i_t}(x_{i_t}^t)-\nabla f_{i_t}(\underline{x}_{i_t}^t)\|_*^2+\sum_{i=1}^{m}\Big((1+\tau_t)-\frac{1}{m}\Big)f_i(\underline{x}_i^{t-1})\Big]+\\
&\sum_{t=1}^{k}\sum_{i=1}^{m}\theta_t\mathbb{E}[\langle x^t-x,\ y_i^t-y_i^{t-1}-\frac{\alpha_t}{m}(y_i^{t-1}-y_i^{t-2})\rangle]+\\
&\sum_{t=1}^{k}\theta_t\mathbb{E}[\eta_t V(x^{t-1},x)-(\mu+\eta_t)V(x^t,x)-\eta_t V(x^{t-1},x^t)]
\end{aligned}
\tag{5.2.73}
$$

现在由式(5.2.65)，$y_i^{-1}=y_i^0$，$i=1$，…，m 这一事实，以及只更新 $y_{i_t}^t$（见式(5.2.52)）的事实，得到

$$
\begin{aligned}
&\sum_{t=1}^{k}\sum_{i=1}^{m}\theta_t\Big\langle x^t-x,\ y_i^t-y_i^{t-1}-\frac{\alpha_t}{m}(y_i^{t-1}-y_i^{t-2})\Big\rangle\\
&=\sum_{t=1}^{k}\theta_t\langle x^t-x,\ y_{i_t}^t-y_{i_t}^{t-1}\rangle-\frac{\theta_t\alpha_t}{m}\langle x^{t-1}-x,\ y_{i_{t-1}}^{t-1}-y_{i_{t-1}}^{t-2}\rangle-\\
&\sum_{t=2}^{k}\frac{\theta_t\alpha_t}{m}\langle x^t-x^{t-1},\ y_{i_{t-1}}^{t-1}-y_{i_{t-1}}^{t-2}\rangle\\
&\overset{(5.2.65)}{=}\theta_k\langle x^k-x,\ y_{i_k}^k-y_{i_k}^{k-1}\rangle-\sum_{t=2}^{k}\frac{\theta_t\alpha_t}{m}\langle x^t-x^{t-1},\ y_{i_{t-1}}^{t-1}-y_{i_{t-1}}^{t-2}\rangle
\end{aligned}
$$

另外，由式(5.2.66)、式(5.2.61)及 $\underline{x}_i^0=x^0$，$i=1$，…，m 这一事实，得到

$$
\begin{aligned}
&\sum_{t=1}^{k}\theta_t[\eta_t V(x^{t-1},x)-(\mu+\eta_t)V(x^t,x)]\\
&\overset{(5.2.66)}{\leqslant}\theta_1\eta_1 V(x^0,x)-\theta_k(\mu+\eta_k)V(x^k,x)\\
&\sum_{t=1}^{k}\sum_{i=1}^{m}\theta_t(1+\tau_t)f_i(\underline{x}_i^t)-\theta_t\Big((1+\tau_t)-\frac{1}{m}\Big)f_i(\underline{x}_i^{t-1})\\
&\overset{(5.2.61)}{=}\sum_{i-1}^{m}\theta_k(1+\tau_k)f_i(\underline{x}_i^k)-\theta_1(m(1+\tau_1)-1)f(x^0)
\end{aligned}
$$

此式与式(5.2.73)、式(5.2.64)以及 $\theta_1\eta_1 V(x_0,x_1)\geqslant 0$ 的事实可推得

$$
\begin{aligned}
&\theta_k(1+\tau_k)\sum_{i=1}^{m}\mathbb{E}[f_i(\underline{x}_i^k)]+\sum_{t=1}^{k}\theta_t\mathbb{E}[\mu v(x^t)-\psi(x)]+\frac{\theta_k(\mu+\eta_k)}{2}\mathbb{E}[V(x^k,x)]\\
&\leqslant\theta_1(m(1+\tau_1)-1)f(x^0)+\theta_1\eta_1 V(x^0,x)+\sum_{t=2}^{k}\mathbb{E}\Big[-\frac{\theta_t\alpha_t}{m}\langle x^t-x^{t-1},\ y_{i_{t-1}}^{t-1}-y_{i_{t-1}}^{t-2}\rangle-
\end{aligned}
$$

$$\theta_t\eta_t V(x^{t-1}, x^t)-\frac{\theta_{t-1}\tau_{t-1}}{2L_{i_{t-1}}}\|y_{i_{t-1}}^{t-1}-\nabla f_{i_{t-1}}(\underline{x}_{i_{t-1}}^{t-2})\|_*^2\Big]+$$

$$\theta_k\mathbb{E}\Big[\langle x^k-x, y_{i_k}^k-y_{i_k}^{k-1}\rangle-\frac{(\mu+\eta_k)}{2}V(x^k, x)-\frac{\tau_k}{2L_{i_k}}\|y_{i_k}^k-\nabla f_{i_k}(\underline{x}_{i_k}^{k-1})\|_*^2\Big] \tag{5.2.74}$$

由式(5.2.8)中 $V(\cdot, \cdot)$的强凸性，及简单的关系式 $b\langle u, v\rangle-\frac{a\|v\|^2}{2}\leqslant\frac{b^2\|u\|^2}{2a}$，$\forall a>0$，以及$\|a+b\|^2\leqslant 2\|a\|^2+2\|b\|^2$，我们有

$$\begin{aligned}
&\sum_{t=2}^k\Big[-\frac{\theta_t\alpha_t}{m}\langle x^t-x^{t-1}, y_{i_{t-1}}^{t-1}-y_{i_{t-1}}^{t-2}\rangle-\theta_t\eta_t V(x^{t-1}, x^t)-\frac{\theta_{t-1}\tau_{t-1}}{2L_{i_{t-1}}}\|y_{i_{t-1}}^{t-1}-\nabla f_{i_{t-1}}(\underline{x}_{t-1}^{t-2})\|_*^2\Big]\\
&\overset{(5.2.8)}{\leqslant}\sum_{t=2}^k\Big[-\frac{\theta_t\alpha_t}{m}\langle x^t-x^{t-1}, y_{i_{t-1}}^{t-1}-y_{i_{t-1}}^{t-2}\rangle-\frac{\theta_t\eta_t}{2}\|x^{t-1}-x^t\|^2-\\
&\quad\frac{\theta_{t-1}\tau_{t-1}}{2L_{i_{t-1}}}\|y_{i_{t-1}}^{t-1}-\nabla f_{i_{t-1}}(\underline{x}_{i_{t-1}}^{t-2})\|_*^2\Big]\\
&\leqslant\sum_{t=2}^k\Big[\frac{\theta_{t-1}\alpha_t}{2m\eta_t}\|y_{i_{t-1}}^{t-1}-y_{i_{t-1}}^{t-2}\|_*^2-\frac{\theta_{t-1}\tau_{t-1}}{2L_{i_{t-1}}}\|y_{i_{t-1}}^{t-1}-\nabla f_{i_{t-1}}(\underline{x}_{i_{t-1}}^{t-2})\|_*^2\Big]\\
&\leqslant\sum_{t=2}^k\Big[\Big(\frac{\theta_{t-1}\alpha_t}{m\eta_t}-\frac{\theta_{t-1}\tau_{t-1}}{2L_{i_{t-1}}}\Big)\|y_{i_{t-1}}^{t-1}-\nabla f_{i_{t-1}}(\underline{x}_{i_{t-1}}^{t-2})\|_*^2+\frac{\theta_{t-1}\alpha_t}{m\eta_l}\|\nabla f_{i_{t-1}}(\underline{x}_{i_{t-1}}^{t-2})-y_{i_{t-1}}^{t-2}\|_*^2\Big]
\end{aligned}$$

由式(5.2.67)的条件，可以推出

$$\begin{aligned}
&\sum_{t=2}^k\Big[-\frac{\theta_t\alpha_t}{m}\langle x^t-x^{t-1}, y_{i_{t-1}}^{t-1}-y_{i_{t-1}}^{t-2}\rangle-\theta_t\eta_t V(x^{t-1}, x^t)-\frac{\theta_{t-1}\tau_{t-1}}{2L_{i_{t-1}}}\|y_{i_{t-1}}^{t-1}-\nabla f_{i_{t-1}}(\underline{x}_{i_{t-1}}^{t-2})\|_*^2\Big]\\
&\overset{(5.2.67)}{\leqslant}\sum_{t=2}^k\frac{\theta_{t-1}\alpha_t}{m\eta_t}[\|\nabla f_{i_{t-1}}(\underline{x}_{i_{t-1}}^{t-2})-y_{i_{t-1}}^{t-2}\|_*^2]
\end{aligned}$$

同理，由式(5.2.68)可得

$$\begin{aligned}
&\theta_k\Big[\langle x^k-x, y_{i_k}^k-y_{i_k}^{k-1}\rangle-\frac{(\mu+\eta_k)}{2}V(x^k, x)-\frac{\tau_k}{2L_{i_k}}\|y_{i_k}^k-\nabla f_{i_k}(\underline{x}_{i_k}^{k-1})\|_*^2\Big]\\
&\leqslant\frac{2\theta_k}{\mu+\eta_k}[\|\nabla f_{i_k}(\underline{x}_{i_k}^{k-1})-y_{i_k}^{k-1}\|_*^2]\leqslant\frac{2\theta_k\alpha_{k+1}}{m\eta_{k+1}}[\|\nabla f_{i_k}(x_{i_k}^{k-1})-y_{i_k}^{k-1}\|_*^2]
\end{aligned}$$

其中最后一个不等式是由 $m\eta_{k+1}\leqslant\alpha_{k+1}(\mu+\eta_k)$(由式(5.2.65)和式(5.2.66)推出的)得到。因此，结合以上三个关系式，得到

$$\begin{aligned}
&\theta_k(1+\tau_k)\sum_{i=1}^m\mathbb{E}[f_i(\underline{x}_i^k)]+\sum_{t=1}^k\theta_t\mathbb{E}[\mu v(x^t)-\psi(x)]+\frac{\theta_k(\mu+\eta_k)}{2}\mathbb{E}[V(x^k, x)]\\
&\leqslant\theta_1(m(1+\tau_1)-1)f(x^0)+\theta_1\eta_1 V(x^0, x)+\sum_{t=1}^k\frac{2\theta_t\alpha_{t+1}}{m\eta_{t+1}}\mathbb{E}[\|\nabla f_{i_t}(\underline{x}_{i_t}^{t-1})-y_{i_t}^{t-1}\|_*^2]
\end{aligned} \tag{5.2.75}$$

我们现在给出 $\mathbb{E}[\|\nabla f_{i_t}(\underline{x}_{i_t}^{t-1})-y_{i_t}^{t-1}\|_*^2]$的一个界。根据式(5.2.64)，有

$$\|\nabla f_{i_t}(\underline{x}_{i_t}^{t-1})-y_{i_t}^{t-1}\|_*^2=\begin{cases}\|\nabla f_{i_t}(\underline{x}_{i_t}^{t-1})\|_*^2, & \text{直到第 } t \text{ 次迭代才更新第 } i_t \text{ 个块}\\ 0, & \text{否则}\end{cases}$$

让我们表示事件界 $\mathcal{B}_{i_t}:=\{$第 i_t 个块直到第 t 次迭代才被更新$\}$，对于所有 $t=1, \cdots, k$，会有

$$\mathbb{E}[\|\nabla f_{i_t}(\underline{x}_{i_t}^{t-1})-y_{i_t}^{t-1}\|_*^2]=\mathbb{E}[\|\nabla f_{i_t}(\underline{x}_{i_t}^{t-1})\|_*^2\mid\mathcal{B}_{i_t}]\text{Prob}\{\mathcal{B}_{i_t}\}\leqslant\left(\frac{m-1}{m}\right)^{t-1}\sigma_0^2$$

其中最后一个不等式由 $\mathcal{B}_{i_t}$ 定义、式(5.2.51)中 $\underline{x}_i^t$ 定义和式(5.2.56)的 σ_0^2 推得。固定 $x=x^*$，并使用上述式(5.2.75)的结果，然后，由式(5.2.75)和引理 5.10 可以得到

$$\begin{aligned}0\leqslant&\sum_{t=1}^{k}\theta_t\mathbb{E}[Q(x^t,x^*)]\\&\leqslant\theta_1(m(1+\tau_1)-1)[f(x^0)-\langle x^0-x^*,\nabla f(x^*)\rangle-f(x^*)]+\\&\quad\theta_1\eta_1V(x^0,x^*)+\sum_{t=1}^{k}\left(\frac{m-1}{m}\right)^{t-1}\frac{2\theta_t\alpha_{t+1}}{m\eta_{t+1}}\sigma_0^2-\frac{\theta_k(\mu+\eta_k)}{2}\mathbb{E}[V(x^k,x^*)]\end{aligned}$$

其中，由关系 $-\langle x^0-x^*,\nabla f(x^*)\rangle\leqslant\langle x^0-x^*,\mu v'(x^*)\rangle\leqslant\mu v(x^0)-\mu v(x^*)$ 和函数 $Q(\cdot,x^*)$ 的凸性，推得式(5.2.69)中第一个结果。此外，我们还可以由上面的不等式得出

$$\begin{aligned}&\frac{\theta_k(\mu+\eta_k)}{2}\mathbb{E}[V(x^k,x^*)]\\&\leqslant\theta_1(m(1+\tau_1)-1)[\psi(x^0)-\psi(x^*)]+\theta_1\eta_1V(x^0,x^*)+\sum_{t=1}^{k}\left(\frac{m-1}{m}\right)^{t-1}\frac{2\theta_t\alpha_{t+1}}{m\eta_{t+1}}\sigma_0^2\end{aligned}$$

由此式可以得到式(5.2.69)中的第二个结果。 ■

借助于命题 5.6 的结果，我们现在准备建立 RGEM 的收敛性。

定理 5.4 设 x^* 为问题(5.2.1)的最优解，x^k 和 $\underline{x}^k$ 分别由式(5.2.50)和式(5.2.53)定义，且 $\hat{L}=\max\limits_{i=1,\cdots,m}L_i$。同时将 $\{\eta_t\}$、$\{\tau_t\}$ 和 $\{\alpha_t\}$ 设置为

$$\tau_t\equiv\tau=\frac{1}{m(1-\alpha)}-1,\quad\eta_t\equiv\eta=\frac{\alpha}{1-\alpha}\mu\quad\text{且}\quad\alpha_t\equiv m\alpha\tag{5.2.76}$$

如果式(5.2.56)成立，且置 α 为

$$\alpha=1-\frac{1}{m+\sqrt{m^2+16m\hat{L}/\mu}}\tag{5.2.77}$$

那么，

$$\mathbb{E}[V(x^k,x^*)]\leqslant\frac{2\Delta_{0,\sigma_0}\alpha^k}{\mu}\tag{5.2.78}$$

$$\mathbb{E}[\psi(\underline{x}^k)-\psi(x^*)]\leqslant16\max\left\{m,\frac{\hat{L}}{\mu}\right\}\Delta_{0,\sigma_0}\alpha^{k/2}\tag{5.2.79}$$

其中

$$\Delta_{0,\sigma_0}:=\mu V(x^0,x^*)+\psi(x^0)-\psi^*+\frac{\sigma_0^2}{m\mu}\tag{5.2.80}$$

证明 令 $\theta_t=\alpha^t$，$t=1,\cdots,k$，我们可以很容易地检查式(5.2.76)中的参数设置，以及式(5.2.77)中定义的 α 满足条件式(5.2.61)和关系式(5.2.65)～式(5.2.68)。由式(5.2.76)和式(5.2.69)可以得出

$$\mathbb{E}[Q(x^k,x^*)]\leqslant\frac{\alpha^k}{1-\alpha^k}\left[\mu V(x^0,x^*)+\psi(x^0)-\psi^*+\frac{2m(1-\alpha)^2\sigma_0^2}{(m-1)\mu}\sum_{t=1}^{k}\left(\frac{m-1}{m\alpha}\right)^t\right]$$

$$\mathbb{E}[V(x^k,x^*)]\leqslant2\alpha^k\left[V(x^0,x^*)+\frac{\psi(x^0)-\psi^*}{\mu}+\frac{2m(1-\alpha)^2\sigma_0^2}{(m-1)\mu^2}\sum_{t=1}^{k}\left(\frac{m-1}{m\alpha}\right)^t\right],\quad\forall k\geqslant1$$

同时观察到 $\alpha \geqslant \frac{2m-1}{2m}$，我们得到

$$\sum_{t=1}^{k}\left(\frac{m-1}{m\alpha}\right)^{t} \leqslant \sum_{t=1}^{k}\left(\frac{2(m-1)}{2m-1}\right)^{t} \leqslant 2(m-1)$$

结合以上三个关系式和 $m(1-\alpha) \leqslant 1/2$ 这一事实，得到

$$\mathbb{E}[Q(\underline{x}^{k}, x^{*})] \leqslant \frac{\alpha^{k}}{1-\alpha^{k}}\Delta_{0,\sigma_0}$$

$$\mathbb{E}[V(x^{k}, x^{*})] \leqslant 2\alpha^{k}\Delta_{0,\sigma_0}/\mu, \ \forall k \geqslant 1 \tag{5.2.81}$$

其中，Δ_{0,σ_0} 在式(5.2.80)中定义。第二个关系可以直接推出我们在式(5.2.78)中的界。另外，由于式(5.2.8)和式(5.2.78)中 $V(\cdot, \cdot)$ 的强凸性，得到

$$\begin{aligned}\frac{L_f}{2}\mathbb{E}[\|\underline{x}^{k}-x^{*}\|^2] &\leqslant \frac{L_f}{2}\left(\sum_{t=1}^{k}\theta_t\right)^{-1}\sum_{t=1}^{k}\theta_t\mathbb{E}[\|x^{t}-x^{*}\|^2] \\ &\overset{(5.2.8)}{\leqslant} L_f\frac{(1-\alpha)\alpha^{k}}{1-\alpha^{k}}\sum_{t=1}^{k}\alpha^{-t}\mathbb{E}[V(x^{t}, x^{*})] \\ &\overset{(5.2.78)}{\leqslant} \frac{L_f(1-\alpha)\alpha^{k}}{1-\alpha^{k}}\sum_{t=1}^{k}\frac{2\Delta_{0,\sigma_0}}{\mu} = \frac{2L_f(1-\alpha)\Delta_{0,\sigma_0}k\alpha^{k}}{\mu(1-\alpha^{k})}\end{aligned}$$

将上述关系与式(5.2.81)中的第一个不等式、式(5.2.60)相结合，得到

$$\begin{aligned}\mathbb{E}[\psi(\underline{x}^{k})-\psi(x^{*})] &\overset{(5.2.60)}{\leqslant} \mathbb{E}[Q(\underline{x}^{k}, x^{*})] + \frac{L_f}{2}\mathbb{E}[\|\underline{x}^{k}-x^{*}\|^2] \\ &\leqslant \left(1+\frac{2L_f(1-\alpha)}{\mu}k\right)\frac{\Delta_{0,\sigma_0}\alpha^{k}}{1-\alpha^{k}} = \left(\frac{1}{1-\alpha}+\frac{2L_f}{\mu}k\right)\frac{\Delta_{0,\sigma_0}\alpha^{k}(1-\alpha)}{1-\alpha^{k}}\end{aligned}$$

观察到

$$\frac{1}{1-\alpha} \leqslant \frac{16}{3}\max\{m, \hat{L}/\mu\}$$

$$\frac{2L_f}{\mu} \leqslant \frac{16}{3}\max\{m, \hat{L}/\mu\}$$

$$\begin{aligned}(k+1)\frac{\alpha^{k}(1-\alpha)}{1-\alpha^{k}} &= \left(\sum_{t=1}^{k}\frac{\alpha^{t}}{\alpha^{t}}+1\right)\frac{\alpha^{k}(1-\alpha)}{1-\alpha^{k}} \leqslant \left(\sum_{t=1}^{k}\frac{\alpha^{t}}{\alpha^{3t/2}}+1\right)\frac{\alpha^{k}(1-\alpha)}{1-\alpha^{k}} \\ &\leqslant \frac{1-\alpha^{k/2}}{\alpha^{k/2}(1-\alpha^{1/2})}\frac{\alpha^{k}(1-\alpha)}{1-\alpha^{k}} + \alpha^{k} \leqslant 2\alpha^{k/2}+\alpha^{k} \leqslant 3\alpha^{k/2}\end{aligned}$$

我们有结论

$$\mathbb{E}[\psi(\underline{x}^{k})-\psi(x^{*})] \leqslant \frac{16}{3}\max\left\{m, \frac{\hat{L}}{\mu}\right\}\frac{(k+1)\alpha^{k}(1-\alpha)\Delta_{0,\sigma_0}}{1-\alpha^{k}} \leqslant 16\max\left\{m, \frac{\hat{L}}{\mu}\right\}\Delta_{0,\sigma_0}\alpha^{k/2}$$ ■

根据定理 5.4，我们可以给出一个由 RGEM 寻找问题(5.2.1)的随机 ε-解的梯度计算执行总次数的界，即点 $\bar{x} \in X$ 使得 $\mathbb{E}[\psi(\bar{x})-\psi^{*}] \leqslant \varepsilon$。定理 5.4 表明 RGEM 对 f_i 进行梯度计算以找到式(5.2.1)的随机 ε-解的次数受限于

$$\begin{aligned}K(\varepsilon, C, \sigma_0^2) &= 2(m+\sqrt{m^2+16mC})\log\frac{16\max\{m, C\}\Delta_{0,\sigma_0}}{\varepsilon} \\ &= \mathcal{O}\left\{\left(m+\sqrt{\frac{m\hat{L}}{\mu}}\right)\log\frac{1}{\varepsilon}\right\}\end{aligned} \tag{5.2.82}$$

这里，$C=\hat{L}/\mu$。因此，每当 $\sqrt{mC}\log(1/\varepsilon)$ 为支配项，且 L_f 和 $\hat{L}$ 在同一数量级时，RGEM

比最优确定性一阶方法节省 $\mathcal{O}(\sqrt{m})$ 分量函数 f_i 的梯度计算。更具体地说，RGEM 不需要任何精确的梯度计算，其迭代代价类似于纯粹的随机梯度下降。应该指出的是，虽然定理 5.4 中获得的 RGEM 的收敛速度是用期望来表述的，但我们可以使用类似在 5.1 节中解决强凸问题的技巧，得到这些收敛速度的大偏差结果。

此外，如果在初始点有一次精确的梯度求值，即 $y_i^{-1}=y_i^0=\nabla f_i(x^0)$，$i=1$，…，$m$，我们可以采用更激进的步长策略

$$\alpha=1-\frac{2}{m+\sqrt{m^2+8m\hat{L}/\mu}}$$

同样，我们可以证明 RGEM 用这种初始化方法对 f_i 进行梯度计算以找到随机 ε-解的次数可以具有界

$$(m+\sqrt{m^2+8mC})\log\left(\frac{6\max\{m,\ C\}\Delta_{0,0}}{\varepsilon}\right)+m=\mathcal{O}\left\{\left(m+\sqrt{\frac{m\hat{L}}{\mu}}\right)\log\frac{1}{\varepsilon}\right\}$$

值得注意的是，根据式(5.2.76)中的参数设置，我们有

$$\eta=\left(\frac{1}{1-\alpha}-1\right)\mu=(m+\sqrt{m^2+16m\hat{L}/\mu})\mu-\mu=\Omega(m\mu+\sqrt{mL\mu})$$

在一些 l_2 正则化的统计学习应用中(即 $\omega(x)=\|x\|_2^2/2$)，通常会选择 $\mu=\Omega(1/m)$。在这些应用中，RGEM 的步长阶为 $1/\sqrt{L}$，是未加速的方法的 $1/L$ 倍。

5.2.3　随机有限和问题

在这一小节中，我们将讨论随机有限和优化和在线学习问题，其中只有 f_i 的噪声梯度信息可以通过随机一阶(SFO)预言机访问。特别地，对于任一给定点 $\underline{x}_i^t\in X$，SFO 预言机输出向量 $G_i(\underline{x}_i^t,\ \xi_i^t)$，使得

$$\mathbb{E}_{\xi}[G_i(\underline{x}_i^t,\ \xi_i^t)]=\nabla f_i(\underline{x}_i^t),\quad i=1,\ \cdots,\ m \tag{5.2.83}$$

$$\mathbb{E}_{\xi}[\|G_i(\underline{x}_i^t,\ \xi_i^t)-\nabla f_i(\underline{x}_i^t)\|_*^2]\leqslant\sigma^2,\quad i=1,\ \cdots,\ m \tag{5.2.84}$$

我们还假定在本小节中，$\|\cdot\|$是内积$\langle\cdot,\cdot\rangle$所关联的范数。

如算法 5.5 所示，将算法 5.4(见式(5.2.52))中 f_i 的梯度计算替换为式(5.2.85)中 f_i 的随机梯度估计，就很自然地得到了随机有限和优化的 RGEM 方法。特别是，在每次迭代时，我们只收集一个随机选择分量 f_i 的随机梯度的 B_t 数，并取其平均值作为∇f_i 的随机估计量。此外，需要说明的是，RGEM 初始化梯度的方式，即取 $y^{-1}=y^0=0$，对于随机优化而言是非常重要的，因为即使在初始点，通常也不可能计算出期望函数的精确梯度。

算法 5.5　随机有限和优化的 RGEM 算法

该算法除需将式(5.2.52)替换为下式外，其他部分与算法 5.4 相同。

$$y_i^t=\begin{cases}\dfrac{1}{B_t}\displaystyle\sum_{j=1}^{B_t}G_i(\underline{x}_i^t,\ \xi_{i,j}^t), & i=i_t\\ y_i^{t-1}, & i\neq i_t\end{cases} \tag{5.2.85}$$

这里，$G_i(\underline{x}_i^t,\ \xi_{i,j}^t)$，$j=1$，…，$B_t$ 是由 SFO 预言机计算的 f_i 在 $\underline{x}_i^t$ 的随机梯度。

在随机优化的式(5.2.83)和式(5.2.84)的标准假设下，在适当选择算法参数的情况下，我们可以证明，当用 f_i 的随机梯度的数目来求解以式(5.2.5)的形式给出的强凸问题时，RGEM 可以达到最优的 $\mathcal{O}\{\sigma^2/(\mu^2\epsilon)\}$ 的收敛速度(差某个对数因子)。

在建立 RGEM 的收敛性之前，我们首先提供了一些重要的技术性结果。设 $\hat{\underline{x}}_i^t$ 如式(5.2.57)中定义，并且

$$\hat{y}_i^t=\frac{1}{B_t}\sum_{j=1}^{B_t}G_i(\hat{\underline{x}}_i^t, \xi_{i,j}^t) \tag{5.2.86}$$

需要注意上面 $\hat{y}_i^t$ 的定义与式(5.2.85)中的定义不一致。

下面这个简单的结果展示了几个与 $\underline{x}_i^t$(参见式(5.2.51))和 y_i^t(参见式(5.2.52)或式(5.2.85))有关的恒等式。为了表示方便，我们使用 $\mathbb{E}_{[i_k]}$ 表示对$\{i_1, \cdots, i_k\}$取期望，$\mathbb{E}_\xi$ 表示对变量$\{\xi^1, \cdots, \xi^k\}$取期望，$\mathbb{E}$ 为对于所有随机变量的期望。

引理 5.11 设 x^t 和 y_i^t 分别由式(5.2.50)和式(5.2.85)定义，$\hat{\underline{x}}_i^t$ 和 $\hat{y}_i^t$ 分别由式(5.2.57)和式(5.2.86)定义。那么，对于任意 $i=1, \cdots, m$ 以及 $t=1, \cdots, k$，有

$$\mathbb{E}_t[y_i^t]=\frac{1}{m}\hat{y}_i^t+\left(1-\frac{1}{m}\right)y_i^{t-1}$$

$$\mathbb{E}_t[\underline{x}_i^t]=\frac{1}{m}\hat{\underline{x}}_i^t+\left(1-\frac{1}{m}\right)\underline{x}_i^{t-1}$$

$$\mathbb{E}_t[f_i(\underline{x}_i^t)]=\frac{1}{m}f_i(\hat{\underline{x}}_i^t)+\left(1-\frac{1}{m}\right)f_i(\underline{x}_i^{t-1})$$

$$\mathbb{E}_t[\|\nabla f_i(\underline{x}_i^t)-\nabla f_i(\underline{x}_i^{t-1})\|_*^2]=\frac{1}{m}\|\nabla f_i(\hat{\underline{x}}_i^t)-\nabla f_i(\underline{x}_i^{t-1})\|_*^2$$

其中 $\mathbb{E}_t$ 分别表示当 y_i^t 由式(5.2.52)定义且给定 $i_1, \cdots, i_{t-1}$ 时 i_t 的条件期望和当 y_i^t 由式(5.2.85)定义且给定 $i_1, \cdots, i_{t-1}$ 和 $\xi_1^t, \cdots, \xi_m^t$ 时 i_t 的条件期望。

证明 第一个等式可直接由下述事实得出：$\text{Prob}_t\{y_i^t=\hat{y}_i^t\}=\text{Prob}_t\{i_t=i\}=1/m$ 和 $\text{Prob}_t\{y_i^t=y_i^{t-1}\}=1-1/m$，其中 Prob_t 表示给定 $i_1, \cdots, i_{t-1}$ 和 $\xi_1^t, \cdots, \xi_m^t$ 时 i_t 的条件概率。同样，我们可以证明其余的等式。 ■

注意，算法 5.5 中的参数$\{B_t\}$表示式(5.2.85)中计算 $y_{i_t}^t$ 所用的批处理大小。由于我们现在假设$\|\cdot\|$与某一内积有关，从式(5.2.85)和我们对 SFO 预言机计算的随机梯度的两个假设条件式(5.2.83)和式(5.2.84)，可以很容易看出，

$$\mathbb{E}_\xi[y_{i_t}^t]=\nabla f_{i_t}(\underline{x}_{i_t}^t) \quad 和 \quad \mathbb{E}_\xi[\|y_{i_t}^t-\nabla f_{i_t}(\underline{x}_{i_t}^t)\|_*^2]\leqslant\frac{\sigma^2}{B_t}, \quad \forall i_t, t=1, \cdots, k \tag{5.2.87}$$

因此，$y_{i_t}^t$ 是$\nabla f_{i_t}(\underline{x}_{i_t}^k)$的无偏估计。另外，对于算法 5.5 生成的 y_i^t，我们可以看到

$$y_i^t=\begin{cases}0, & 第 1 次迭代时第 i 块没有更新\\ \dfrac{1}{B_l}\sum_{j=1}^{B_l}G_i(\underline{x}_i^l, \xi_{i,j}^l), & 最近一次迭代发生在第 l 次，1\leqslant l\leqslant t\end{cases} \tag{5.2.88}$$

现在我们来建立算法 5.5 的一些一般收敛性质。

命题 5.7 设 x^t 和 $\underline{x}^k$ 分别如式(5.2.50)和式(5.2.53)定义，x^* 是式(5.2.5)的最优解。假定 σ_0 和 σ 分别由式(5.2.56)和式(5.2.84)定义，对于某些 $\theta_t\geqslant 0$，$t=1, \cdots, k$，算法 5.5 中的$\{\eta_t\}$、$\{\tau_t\}$和$\{\alpha_t\}$满足关系式(5.2.61)、式(5.2.65)、式(5.2.66)和式(5.2.68)。另外，如果

$$3\alpha_t L_i \leqslant m\tau_{t-1}\eta_t, \quad i=1, \cdots, m; \ t\geqslant 2 \tag{5.2.89}$$

那么，对于任意 $k\geqslant 1$，有

$$\mathbb{E}[Q(\underline{x}^k, x^*)] \leqslant \left(\sum_{t=1}^{k}\theta_t\right)^{-1}\widetilde{\Delta}_{0,\sigma_0,\sigma}$$

$$\mathbb{E}[V(x^k, x^*)] \leqslant \frac{2\widetilde{\Delta}_{0,\sigma_0,\sigma}}{\theta_k(\mu+\eta_k)} \tag{5.2.90}$$

其中

$$\widetilde{\Delta}_{0,\sigma_0,\sigma} := \widetilde{\Delta}_{0,\sigma_0} + \sum_{t=2}^{k}\frac{3\theta_{t-1}\alpha_t\sigma^2}{2m\eta_t B_{t-1}} + \sum_{t=1}^{k}\frac{2\theta_t\alpha_{t+1}}{m^2\eta_{t+1}}\sum_{l=1}^{t-1}\left(\frac{m-1}{m}\right)^{t-1-l}\frac{\sigma^2}{B_l} \tag{5.2.91}$$

式中 $\widetilde{\Delta}_{0,\sigma_0}$ 在式(5.2.70)中定义。

证明　注意到在算法 5.5 中 y_i^t 的更新与式(5.2.85)相同。因此，根据式(5.2.86)，会有

$$\hat{y}_i^t = \frac{1}{B_t}\sum_{j=1}^{B_t} G_i(\hat{\underline{x}}_i^t, \xi_{i,j}^t), \quad i=1, \cdots, m, \quad t\geqslant 1$$

这与式(5.2.87)中的第一个关系一起，可推出 $\mathbb{E}_\xi[\langle \hat{y}_i^t, x-\hat{\underline{x}}_i^t\rangle] = \mathbb{E}_\xi[\langle \nabla f_i(\hat{\underline{x}}_i^t), x-\hat{\underline{x}}_i^t\rangle]$。因此，我们可以将式(5.2.72)重写为

$$\begin{aligned}
&\mathbb{E}_\xi\left[\frac{1+\tau_t}{m}\sum_{i=1}^{m} f_i(\hat{\underline{x}}_i^t) + \mu v(x^t) - \psi(x)\right] \\
&\leqslant \mathbb{E}_\xi\left[\frac{1+\tau_t}{m}\sum_{i=1}^{m} f_i(\hat{\underline{x}}_i^t) + \mu v(x^t) - \mu v(x) - \frac{1}{m}\sum_{i=1}^{m}[f_i(\hat{\underline{x}}_i^t) + \langle \nabla f_i(\hat{\underline{x}}_i^t), x-\hat{\underline{x}}_i^t\rangle]\right] \\
&= \mathbb{E}_\xi\left[\frac{1+\tau_t}{m}\sum_{i=1}^{m} f_i(\hat{\underline{x}}_i^t) + \mu v(x^t) - \mu v(x) - \frac{1}{m}\sum_{i=1}^{m}[f_i(\hat{\underline{x}}_i^t) + \langle \hat{y}_i^t, x-\hat{\underline{x}}_i^t\rangle]\right] \\
&\leqslant \mathbb{E}_\xi\Big[-\frac{\tau_t}{2m}\sum_{i=1}^{m}\frac{1}{L_i}\|\nabla f_i(\hat{\underline{x}}_i^t) - \nabla f_i(\underline{x}_i^{t-1})\|_*^2 + \frac{\tau_t}{m}\sum_{i=1}^{m} f_i(\underline{x}_i^{t-1}) + \\
&\quad \left\langle x^t - x, \frac{1}{m}\sum_{i=1}^{m}[\hat{y}_i^t - y_i^{t-1} - \alpha_t(y_i^{t-1} - y_i^{t-2})]\right\rangle + \\
&\quad \eta_t V(x^{t-1}, x) - (\mu+\eta_t)V(x^t, x) - \eta_t V(x^{t-1}, x^t)\Big]
\end{aligned}$$

最后一个不等式由式(5.2.71)得到。与命题 5.6 的证明过程相同，我们可得到以下类似关系(参见式(5.2.74))

$$\begin{aligned}
&\theta_k(1+\tau_k)\sum_{i=1}^{m}\mathbb{E}[f_i(\underline{x}_i^k)] + \sum_{t=1}^{k}\theta_t\mathbb{E}[\mu v(x^t) - \psi(x)] + \frac{\theta_k(\mu+\eta_k)}{2}\mathbb{E}[V(x^k, x)] \\
&\leqslant \theta_1(m(1+\tau_1)-1)f(x^0) + \theta_1\eta_1 V(x^0, x) + \\
&\quad \sum_{t=2}^{k}\mathbb{E}\Big[-\frac{\theta_t\alpha_t}{m}\langle x^t - x^{t-1}, y_{i_{t-1}}^{t-1} - y_{i_{t-1}}^{t-2}\rangle - \theta_t\eta_t V(x^{t-1}, x^t) - \\
&\qquad \frac{\theta_{t-1}\tau_{t-1}}{2L_{i_{t-1}}}\|\nabla f_{i_{t-1}}(\underline{x}_{i_{t-1}}^{t-1}) - \nabla f_{i_{t-1}}(\underline{x}_{i_{t-1}}^{t-2})\|_*^2\Big] + \\
&\quad \theta_k\mathbb{E}\left[\langle x^k - x, y_{i_k}^k - y_{i_k}^{k-1}\rangle - \frac{(\mu+\eta_k)}{2}V(x^k, x) - \frac{\tau_k}{2L_{i_k}}\|\nabla f_{i_k}(\underline{x}_{i_k}^k) - \nabla f_{i_k}\underline{x}_{i_k}^{k-1}\|_*^2\right]
\end{aligned}$$

由于式(5.2.8)中 $V(\cdot,\cdot)$ 的强凸性和式(5.1.58)中的简单关系，对 $t=2$，…，k，有

$$
\begin{aligned}
&\mathbb{E}\Big[-\frac{\theta_t\alpha_t}{m}\langle x^t-x^{t-1},\ y_{i_{t-1}}^{t-1}-y_{i_{t-1}}^{t-2}\rangle-\theta_t\eta_t V(x^{t-1},\ x^t)-\\
&\quad\frac{\theta_{t-1}\tau_{t-1}}{2L_{i_{t-1}}}\|\nabla f_{i_{t-1}}(\underline{x}_{i_{t-1}}^{t-1})-\nabla f_{i_{t-1}}(\underline{x}_{i_{t-1}}^{t-2})\|_*^2\Big]\\
&\overset{(5.2.8)}{\leqslant}\mathbb{E}\Big[-\frac{\theta_t\alpha_t}{m}\langle x^t-x^{t-1},\ y_{i_{t-1}}^{t-1}-\nabla f_{i_{t-1}}(\underline{x}_{i_{t-1}}^{t-1})+\nabla f_{i_{t-1}}(\underline{x}_{i_{t-1}}^{t-1})-\nabla f_{i_{t-1}}(\underline{x}_{i_{t-1}}^{t-2})+\\
&\quad\nabla f_{i_{t-1}}(\underline{x}_{i_{t-1}}^{t-2})-y_{i_{t-1}}^{t-2}\rangle\Big]-\\
&\quad\mathbb{E}\left[\frac{\theta_t\eta_t}{2}\|x^{t-1}-x^t\|^2+\frac{\theta_{t-1}\tau_{t-1}}{2L_{i_{t-1}}}\|\nabla f_{i_{t-1}}(\underline{x}_{i_{t-1}}^{t-1})-\nabla f_{i_{t-1}}(\underline{x}_{i_{t-1}}^{t-2})\|_*^2\right]\\
&\leqslant\mathbb{E}\left[\left(\frac{3\theta_{t-1}\alpha_t}{2m\eta_t}-\frac{\theta_{t-1}\tau_{t-1}}{2L_{i_{t-1}}}\right)\|\nabla f_{i_{t-1}}(\underline{x}_{i_{t-1}}^{t-1})-\nabla f_{i_{t-1}}(\underline{x}_{i_{t-1}}^{t-2})\|_*^2\right]+\\
&\quad\frac{3\theta_{t-1}\alpha_t}{2m\eta_t}\mathbb{E}[\|y_{i_{t-1}}^{t-1}-\nabla f_{i_{t-1}}(\underline{x}_{i_{t-1}}^{t-1})\|_*^2+\|\nabla f_{i_{t-1}}(\underline{x}_{i_{t-1}}^{t-2})-y_{i_{t-1}}^{t-2}\|_*^2]\\
&\overset{(5.2.89)}{\leqslant}\frac{3\theta_{t-1}\alpha_t}{2m\eta_t}\mathbb{E}[\|y_{i_{t-1}}^{t-1}-\nabla f_{i_{t-1}}(\underline{x}_{i_{t-1}}^{t-1})\|_*^2+\|\nabla f_{i_{t-1}}(x_{i_{t-1}}^{t-2})-y_{i_{t-1}}^{t-2}\|_*^2]
\end{aligned}
$$

类似地，也可以得到

$$
\begin{aligned}
&\mathbb{E}[\langle x^k-x,\ y_{i_k}^k-y_{i_k}^{k-1}\rangle-\frac{(\mu+\eta_k)}{2}V(x^k,\ x)-\frac{\tau_k}{2L_{i_k}}\|f_{i_k}(\underline{x}_{i_k}^k)-\nabla f_{i_k}(\underline{x}_{i_k}^{k-1})\|_*^2]\\
&\overset{(5.2.87),(5.2.8)}{\leqslant}\mathbb{E}[\langle x^k-x,\ \nabla f_{i_k}(\underline{x}_{i_k}^k)-\nabla f_{i_k}(\underline{x}_{i_k}^{k-1})+\nabla f_{i_k}-(\underline{x}_{i_k}^{k-1})-y_{i_k}^{k-1}\rangle]-\\
&\quad\mathbb{E}\left[\frac{(\mu+\eta_k)}{4}\|x^k-x\|_*^2+\frac{\tau_k}{2L_{i_k}}\|f_{i_k}(x_{i_k}^k)-\nabla f_{i_k}(x_{i_k}^{k-1})\|_*^2\right]\\
&\leqslant\mathbb{E}\left[\left(\frac{2}{\mu+\eta_k}-\frac{\tau_k}{2L_{i_k}}\right)\|\nabla f_{i_k}(\underline{x}_{i_k}^k)-\nabla f_{i_k}(\underline{x}_{i_k}^{k-1})\|_*^2+\frac{2}{\mu+\eta_k}\|\nabla f_{i_k}(\underline{x}_{i_k}^{k-1})-y_{i_k}^{k-1}\|_*^2\right]\\
&\overset{(5.2.68)}{\leqslant}\mathbb{E}\left[\frac{2}{\mu+\eta_k}\|\nabla f_{i_k}(\underline{x}_{i_k}^{k-1})-y_{i_k}^{k-1}\|_*^2\right]
\end{aligned}
$$

将以上三个关系式结合，并利用 $m\eta_{k+1}\leqslant\alpha_{k+1}(\mu+\eta_k)$（由式(5.2.65)和式(5.2.66)导出）这一事实，可以得到

$$
\begin{aligned}
&\theta_k(1+\tau_k)\sum_{i=1}^m\mathbb{E}[f_i(\underline{x}_i^k)]+\sum_{t=1}^k\theta_t\mathbb{E}[\mu v(x^t)-\psi(x)]+\frac{\theta_k(\mu+\eta_k)}{2}\mathbb{E}[V(x^k,\ x)]\\
&\leqslant\theta_1(m(1+\tau_1)-1)f(x^0)+\theta_1\eta_1 V(x^0,\ x)+\\
&\quad\sum_{t=2}^k\frac{3\theta_{t-1}\alpha_t}{2m\eta_t}\mathbb{E}[\|y_{i_{t-1}}^{t-1}-\nabla f_{i_{t-1}}(\underline{x}_{i_{t-1}}^{t-1})\|_*^2]+\sum_{t=1}^k\frac{2\theta_t\alpha_{t+1}}{m\eta_{t+1}}\mathbb{E}[\|\nabla f_{i_t}(\underline{x}_{i_t}^{t-1})-y_{i_t}^{t-1}\|_*^2]
\end{aligned}
$$

此外，根据式(5.2.87)中的第二个关系，会有

$$
\mathbb{E}[\|y_{i_{t-1}}^{t-1}-\nabla f_{i_{t-1}}(\underline{x}_{i_{t-1}}^{t-1})\|_*^2]\leqslant\frac{\sigma^2}{B_{t-1}},\quad\forall t\geqslant 2
$$

让我们记 $\mathcal{E}_{i_t,t}:=\max\{l:\ i_l=i_t,\ l<t\}$，以及 $\mathcal{E}_{i_t,t}=0$，表示直到第 t 次迭代第 i_t 个块才被更新这一事件，于是也能得到对于任意 $t\geqslant1$，有

$$\mathbb{E}[\|\nabla f_{i_t}(\underline{x}_{i_t}^{t-1})-y_{i_t}^{t-1}\|_*^2]=\sum_{l=0}^{t-1}\mathbb{E}[\|\nabla f_{i_l}(\underline{x}_{i_l}^{l})-y_{i_l}^{l}\|_*^2\mid\{\mathcal{E}_{i_t,t}=l\}]\text{Prob}\{\mathcal{E}_{i_t,t}=l\}$$
$$\leqslant\left(\frac{m-1}{m}\right)^{t-1}\sigma_0^2+\sum_{l=1}^{t-1}\frac{1}{m}\left(\frac{m-1}{m}\right)^{t-1-l}\frac{\sigma^2}{B_l}$$

其中，不等式中的第一项对应于 i_t 块在第一个 $t-1$ 次迭代中从未更新的情况，第二项表示其在第一个 $t-1$ 次迭代中的最新更新发生在第 l 次迭代中。因此，使用引理 5.10，并运用命题 5.6 证明中的相同论证，就得到了式(5.2.90)中的结果。 ■

现在我们准备证明定理 5.5，该定理建立了对 SFO 预言机调用的数量的最优复杂度界(到一个对数因子)，并在求解问题(5.2.5)的通信复杂度方面建立了线性收敛速度。

定理 5.5 设 x^* 是问题(5.2.5)的最优解，由算法 5.5 生成 x^k 和 $\underline{x}^k$，且 $\hat{L}=\max_{i=1,\cdots,m}L_i$。假定式(5.2.56)中定义了 σ_0，式(5.2.84)中定义了 σ。给定迭代极限次数 k，将 $\{\tau_t\}$，$\{\eta_t\}$ 和 $\{\alpha_t\}$ 按式(5.2.76)设定，α 按式(5.2.77)设定，并且也设

$$B_t=[k(1-\alpha)^2\alpha^{-t}],\quad t=1,\cdots,k \tag{5.2.92}$$

那么，

$$\mathbb{E}[V(x^k,x^*)]\leqslant\frac{2\alpha^k\Delta_{0,\sigma_0,\sigma}}{\mu} \tag{5.2.93}$$

$$\mathbb{E}[\psi(\underline{x}^k)-\psi(x^*)]\leqslant 16\max\left\{m,\frac{\hat{L}}{\mu}\right\}\Delta_{0,\sigma_0,\sigma}\alpha^{k/2} \tag{5.2.94}$$

其中是对 $\{i_t\}$ 和 $\{\xi_i^t\}$ 取期望，并且

$$\Delta_{0,\sigma_0,\sigma}:=\mu V(x^0,x^*)+\psi(x^0)-\psi(x^*)+\frac{\sigma_0^2/m+5\sigma^2}{\mu} \tag{5.2.95}$$

证明 设 $\theta_t=\alpha^{-t}$，$t=1,\cdots,k$。容易验证，式(5.2.76)中定义 α 的参数设置满足命题 5.7 要求的条件式(5.2.61)、式(5.2.65)、式(5.2.66)、式(5.2.68)和式(5.2.89)。根据式(5.2.76)、式(5.2.92)中 B_t 的定义以及 $\alpha\geqslant(2m-1)/(2m)>(m-1)/m$ 的事实，我们得到

$$\sum_{t=2}^{k}\frac{3\theta_{t-1}\alpha_t\sigma^2}{2m\eta_tB_{t-1}}\leqslant\sum_{t=2}^{k}\frac{3\sigma^2}{2\mu(1-\alpha)k}\leqslant\frac{3\sigma^2}{2\mu(1-\alpha)}$$

$$\begin{aligned}\sum_{t=1}^{k}\frac{2\theta_t\alpha_{t+1}}{m^2\eta_{t+1}}\sum_{l=1}^{t-1}\left(\frac{m-1}{m}\right)^{t-1-l}\frac{\sigma^2}{B_l}&\leqslant\frac{2\sigma^2}{\alpha\mu m(1-\alpha)k}\sum_{t=1}^{k}\left(\frac{m-1}{m\alpha}\right)^{t-1}\sum_{l=1}^{t-1}\left(\frac{m\alpha}{m-1}\right)^{l}\\&\leqslant\frac{2\sigma^2}{\mu(1-\alpha)m\alpha k}\sum_{t=1}^{k}\left(\frac{m-1}{m\alpha}\right)^{t-1}\left(\frac{m\alpha}{m-1}\right)^{t-1}\frac{1}{1-(m-1)/(m\alpha)}\\&\leqslant\frac{2\sigma^2}{\mu(1-\alpha)}\frac{1}{m\alpha-(m-1)}\leqslant\frac{4\sigma^2}{\mu(1-\alpha)}\end{aligned}$$

因此，类似于定理 5.4 的证明，应用上述关系和式(5.2.76)到式(5.2.90)中，我们就得到了

$$\mathbb{E}[Q(\underline{x}^k,x^*)]\leqslant\frac{\alpha^k}{1-\alpha^k}\left[\Delta_{0,\sigma_0}+\frac{5\sigma^2}{\mu}\right]$$
$$\mathbb{E}[V(x^k,x^*)]\leqslant 2\alpha^k\left[\Delta_{0,\sigma_0}+\frac{5\sigma^2}{\mu^2}\right]$$

其中，Δ_{0,σ_0} 定义在式(5.2.80)中。第二个关系包含了式(5.2.93)中的结果。另外，使用和我们在证明定理 5.4 中相同的论证可以得到式(5.2.94)。 ■

由式(5.2.94)可知，RGEM 为找到式(5.2.5)的随机 ε-解而进行的迭代次数有界

$$\hat{K}(\varepsilon, C, \sigma_0^2, \sigma^2) := 2(m+\sqrt{m^2+16mC})\log\frac{16\max\{m, C\}\Delta_{0,\sigma_0,\sigma}}{\varepsilon} \tag{5.2.96}$$

根据式(5.2.93)，该迭代复杂度界可以改进为

$$\overline{K}(\varepsilon, \alpha, \sigma_0^2, \sigma^2) := \log_{1/\alpha}\frac{2\widetilde{\Delta}_{0,\sigma_0,\sigma}}{\mu\varepsilon} \tag{5.2.97}$$

以求点 $\overline{x}\in X$ 使得 $\mathbb{E}[V(\overline{x}, x^*)]\leqslant\varepsilon$ 表示。因此，RGEM 为求解问题(5.2.5)所进行的随机梯度计算的相应次数可以被限定为

$$\sum_{t=1}^{k}B_t\leqslant k\sum_{t=1}^{k}(1-\alpha)^2\alpha^{-t}+k=\mathcal{O}\left\{\left(\frac{\Delta_{0,\sigma_0,\sigma}}{\mu\varepsilon}+m+\sqrt{mC}\right)\log\frac{\Delta_{0,\sigma_0,\sigma}}{\mu\varepsilon}\right\}$$

此式与式(5.2.95)一起表明，所需要的随机梯度或随机变量样本的总数是 $\xi_i(i=1, \cdots, m)$可以被限定为

$$\widetilde{\mathcal{O}}\left\{\frac{\sigma_0^2/m+\sigma^2}{\mu^2\varepsilon}+\frac{\mu V(x^0, x^*)+\psi(x^0)-\psi^*}{\mu\varepsilon}+m+\sqrt{\frac{m\hat{L}}{\mu}}\right\}$$

注意，对于足够小的 ε，这个界不依赖于项的数目 m。这个复杂度界实际上与随机加速梯度下降法(4.2 节)的复杂度边界是相同的数量级(对一个对数因子)，该方法均匀地对所有随机变量 $\xi_i(i=1, \cdots, m)$进行抽样。然而，后一种方法在分布式环境下将涉及更高的通信成本(更多讨论见 5.2.4 节)。

5.2.4 分布式实现

本小节从两个不同的角度专门介绍 RGEM(参见算法 5.4 和算法 5.5)，即分布式设置下的服务器和激活的智能体角度。我们还讨论了在这种设置下 RGEM 所需要的通信成本。

分布式网络中的服务器和智能体都以相同的全局起始点 x^0 开始，即 $\underline{x}_i^0=x^0$，$i=1, \cdots, m$，服务器也设置了 $\Delta y=0$ 和 $g^0=0$。在 RGEM 的过程中，服务器更新迭代变量 x^t，并计算出由 $\mathrm{sum}x/\mathrm{sum}\theta$ 给出的解 $\underline{x}^k$ 加以输出(参见式(5.2.53))。每个智能体只存储其局部变量 $\underline{x}_i^t$，并在被激活时根据从智能服务器接收到的信息(即 x^t)进行更新。激活的智能体还需要将梯度 Δy_i 的变化上传到服务器。注意，如果智能体保存了上次更新的历史梯度信息，那么从第 i_t 个智能体的角度来看，执行 RGEM 的第 5 行是可选的。

RGEM 服务器的视角

1：**while** $t\leqslant k$ **do**
2：　$x^t\leftarrow\arg\min_{x\in X}\{\langle g^{t-1}+\alpha_t/m\Delta y, x\rangle+\mu v(x)+\eta_t V(x^{t-1}, x)\}$
3：　$\mathrm{sum}x\leftarrow\mathrm{sum}x+\theta_t x^t$
4：　$\mathrm{sum}\theta\leftarrow\mathrm{sum}\theta+\theta_t$
5：　向第 i_t 个智能体发送信号，其中 i_t 是从$\{1, \cdots, m\}$中均匀挑选出来的
6：　**if** 第 i_t 个智能体有响应 **then**
7：　　发送当前迭代 x_t 到第 i_t 个智能体
8：　　**if** 收到反馈 Δy **then**
9：　　　$g^t\leftarrow g^{t-1}+\Delta y$
10：　　　$t\leftarrow t+1$

11：　　　　else goto 第 5 行
12：　　　　end if
13：　　else goto 第 5 行
14：　　end if
15：end while

RGEM 激活了的第 i_t 个智能体的视角

1：从服务器下载当前的迭代 x_t
2：**if** $t=1$ **then**
3：　　$y_i^{t-1} \leftarrow 0$
4：**else**
5：　　$y_i^{t-1} \leftarrow \nabla f_i(\underline{x}_i^{t-1})$
6：**end if**
7：$\underline{x}_i^t \leftarrow (1+\tau_t)^{-1}(x^t+\tau_t \underline{x}_i^{t-1})$
8：$y_i^t \leftarrow \nabla f_i(\underline{x}_i^t)$
9：将本地修改信息上传到服务器，即 $\Delta y_i = y_i^t - y_i^{t-1}$

我们现在补充一些关于 RGEM 在分布式优化和机器学习方面的潜在优点。首先，由于 RGEM 不需要对 f 进行任何精确的梯度计算，因此它不需要等待所有智能体的响应来计算精确的梯度。RGEM 的每次迭代只涉及服务器和激活的第 i_t 个智能体之间的通信。事实上，如果没有从第 i_t 个智能体收到响应，RGEM 将移动到下一个迭代。该方案的工作前提是假定任何智能体响应或在某一特定时间点上的可用性是相等的。其次，由于 RGEM 的每次迭代只涉及智能服务器和一个选定智能体之间固定数量的通信往返轮数，因此在分布式设置下，RGEM 的通信复杂度以下式为界

$$\mathcal{O}\left\{\left(m+\sqrt{\frac{m\hat{L}}{\mu}}\right)\log\frac{1}{\varepsilon}\right\}$$

因此，它可以比最优确定性一阶方法节省 $\mathcal{O}\{\sqrt{m}\}$ 轮的通信。为了解决分布式随机有限和优化问题(5.2.5)，从第 i_t 个智能体的角度对 RGEM 进行如下修改。

RGEM 激活了的第 i_t 个智能体解决问题(5.2.5)的视角

1：从服务器下载当前的迭代 x^t
2：**if** $t=1$ **then**
3：　　$y_i^{t-1} \leftarrow 0$　　　　▷假设 RGEM 对 $t\geqslant 2$ 保存 y_i^{t-1} 为最新更新
4：**end if**
5：$\underline{x}_i^t \leftarrow (1+\tau_t)^{-1}(x^t+\tau_t \underline{x}_i^{t-1})$
6：$y_i^t \leftarrow \frac{1}{B_t}\sum_{j=1}^{B_t} G_i(\underline{x}_i^t, \xi_{i,j}^t)$　　　　▷B_t 为批大小，G_i 为 SFO 算法所给出的随机梯度
7：将本地修改信息上传到服务器，即 $\Delta y_i = y_i^t - y_i^{t-1}$

与确定性有限和优化的情况类似，为解决问题(5.2.5)，上述 RGEM 执行的往返通信

轮数的总数以下式为界

$$\mathcal{O}\left\{\left(m+\sqrt{\frac{m\hat{L}}{\mu}}\right)\log\frac{1}{\varepsilon}\right\}$$

每一轮通信只涉及智能服务器和随机选择的智能体。这种通信复杂度似乎是最优的，因为它与5.1.4节中建立的较低复杂度边界式(5.1.11)相匹配。此外，采样复杂度(即所有智能体收集的样本总数)也接近于最优，可以与集中收集样本并采用随机加速梯度下降法处理的情况相比较。

5.3　降低方差的镜面下降法

在前两节中，我们通过在第3章的加速梯度下降(或原始-对偶)方法中引入随机化，导出了一些有限和优化的随机算法。在本节中，我们将研究这些有限和问题，从不同的角度将问题看作一些特殊的有限支撑的随机优化问题。我们的目标是通过引入新的降低方差的梯度估计来改进第4章中的随机优化方法。

更具体地说，我们考虑如下问题

$$\min_{x\in X}\{\Psi(x):=f(x)+h(x)\} \tag{5.3.1}$$

其中，$X\subseteq R^m$ 为闭凸集，f 为 m 个光滑凸分量函数 f_i 的平均值，即 $f(x)=\sum_{i=1}^{m}f_i(x)/m$，$h$ 为简单但可能不可微的凸函数。我们假设对于 $\forall i=1, 2, \cdots, m$，$\exists L_i>0$，使得

$$\|\nabla f_i(x)-\nabla f_i(y)\|_*\leqslant L_i\|x-y\|,\quad \forall x, y\in X$$

很明显，f 有Lipschitz连续梯度且具有常数

$$L_f\leqslant L\equiv\frac{1}{m}\sum_{i=1}^{m}L_i$$

此外，我们假设目标函数 f 可能是强凸函数，即 $\exists\mu\geqslant 0$，使得

$$f(y)\geqslant f(x)+\langle\nabla f(x), y-x\rangle+\mu V(x, y),\quad \forall x, y\in X \tag{5.3.2}$$

值得注意的是，与问题(5.1.1)和问题(5.2.1)相比，我们不需要在式(5.3.1)的目标函数中显式地加入强凸项，因为本节将要介绍的随机算法并不依赖于强凸项。

在基本的随机梯度(镜面)下降法中，我们可以随机选择分量 $i_t\in\{1, \cdots, m\}$ 对应的 $\nabla f_{i_t}(x)$ 作为精确梯度 $\nabla f(x)$ 的无偏估计量。此梯度估计量的方差将在整个算法内保持为常数。与此基本算法相反，降低方差镜面下降拟寻找一个无偏梯度估计，当算法收敛时其方差将会消失。算法5.6描述了降低方差的镜面下降法的基本方案。

降低方差的镜面下降法是一种多轮算法。该方法的每一轮包含 T 次迭代，并且每一轮要求计算点 $\tilde{x}$ 处的完全梯度。然后，每当进行第 t 次迭代时，将使用梯度 $\nabla f(\tilde{x})$ 定义 $\nabla f(x^{t-1})$ 的梯度估计量 G_t。我们会证明 G_t 的方差小于上述的 $\nabla f_{i_t}(x^{t-1})$，尽管这两者都是 $\nabla f(x^{t-1})$ 的无偏估计量。

算法5.6　降低方差的镜面下降法

输入：x^0，$\{\gamma_s\}$，$\{T_s\}$，$\{\theta_t\}$，$\{q_1, \cdots, q_m\}$

$\tilde{x}^0=x^0$

for $s=1, 2, \cdots$ **do**

置 $\widetilde{x}=\widetilde{x}^{s-1}$ 和 $\widetilde{g}=\nabla f(\widetilde{x})$

置 $x_1=x^{s-1}$ 和 $T=T_s$

在$\{1, \cdots, m\}$上的概率 $Q=\{q_1, \cdots, q_m\}$

for $t=1, 2, \cdots, T$ **do**

根据 Q 随机选取 $i_t\in\{1, \cdots, m\}$

$G_t=(\nabla f_{i_t}(x_t)-\nabla f_{i_t}(\widetilde{x}))/(q_{i_t}m)+\widetilde{g}$

$x_{t+1}=\arg\min_{x\in X}\{\gamma[\langle G_t, x\rangle+h(x)]+V(x_t, x)\}$

end for

置 $x^s=x_{T+1}$ 以及 $\widetilde{x}^s=\dfrac{\sum_{t=2}^{T}(\theta_t x^t)}{\sum_{t=2}^{T}\theta_t}$

end for

与前两节讨论的随机方法不同，降低方差的镜面下降法需要时不时地计算完整的梯度，因为优化和机器学习问题在分布式环境下的同步要求，这可能会导致额外的延迟。但该方法不需要计算 m 个搜索点 $\underline{x}_i(i=1, \cdots, m)$处的梯度。而且，每次迭代中都通过计算两个梯度$\nabla f_{i_t}(x_t)$和$\nabla f_{i_t}(\widetilde{x})$，避免了保存$\nabla f_i(\widetilde{x})$的梯度。因此，该算法不需要太多的内存。正如我们将在下一节中展示的那样，加速版的降低方差镜面下降法可以达到与RPGD和RGEM相当甚至更好的收敛速度。在本节中，我们将重点讨论无加速的降低方差镜面下降法基本方案的收敛性分析。

我们现在讨论几个结果，这些结果将用于建立降低方差随机镜面下降法的收敛性。作为引理5.8的推论，可以得出下面的结果。

引理5.12 若 x^* 是问题(5.3.1)的最优解，则

$$\frac{1}{m}\sum_{i=1}^{m}\frac{1}{mq_i}\|\nabla f_i(x)-\nabla f_i(x^*)\|_*^2\leqslant 2L_Q[\Psi(x)-\Psi(x^*)], \qquad \forall x\in X \tag{5.3.3}$$

其中

$$L_Q:=\frac{1}{m}\max_{i=1,\cdots,m}\frac{L_i}{q_i} \tag{5.3.4}$$

证明 根据引理5.8(其中 $f=f_i$)，我们有

$$\|\nabla f_i(x)-\nabla f_i(x^*)\|_*^2\leqslant 2L_i[f_i(x)-f_i(x^*)-\langle\nabla f_i(x^*), x-x^*\rangle]$$

不等式除以 $1/(m^2q_i)$，并对 $i=1, \cdots, m$ 求和，得到

$$\frac{1}{m}\sum_{i=1}^{m}\frac{1}{mq_i}\|\nabla f_i(x)-\nabla f_i(x^*)\|_*^2\leqslant 2L_Q[f(x)-f(x^*)-\langle\nabla f(x^*), x-x^*\rangle] \tag{5.3.5}$$

根据 x^* 的最优性，对于任何 $x\in X$，我们有$\langle\nabla f(x^*)+h'(x^*), x-x^*\rangle\geqslant 0$；由于 h 的凸性，对于任何 $x\in X$，我们有$\langle\nabla f(x^*), x-x^*\rangle\geqslant h(x^*)-h(x)$。然后结合前面两个结论即得出结果。 ■

在后续中，我们仍然表示 $\delta_t:=G_t-g(x_t)$，其中 $g(x_t)=\nabla f(x_t)$。下面的引理5.13表明，如果算法收敛，则 δ_t 的方差会越来越小。

引理5.13 对随机变量 $x_1, \cdots, x_t$ 有如下条件期望

$$\mathbb{E}[\delta_t]=0 \tag{5.3.6}$$

$$\mathbb{E}[\|\delta_t\|_*^2] \leqslant 2L_Q[f(\widetilde{x})-f(x_t)-\langle \nabla f(x_t), \widetilde{x}-x_t\rangle] \tag{5.3.7}$$

$$\mathbb{E}[\|\delta_t\|_*^2] \leqslant 4L_Q[\Psi(x_t)-\Psi(x^*)+\Psi(\widetilde{x})-\Psi(x^*)] \tag{5.3.8}$$

证明　在条件 x_1，…，x_t 下对 i_t 取条件期望，得到

$$\mathbb{E}\left[\frac{1}{mq_{i_t}}\nabla f_{i_t}(x_t)\right] = \sum_{i=1}^m \frac{q_i}{mq_i}\nabla f_i(x_t) = \sum_{i=1}^m \frac{1}{m}\nabla f_i(x_t) = \nabla f(x_t)$$

类似地，我们有 $\mathbb{E}\left[\frac{1}{mq_{i_t}}\nabla f_{i_t}(\widetilde{x})\right]=\nabla f(\widetilde{x})$。因此，

$$\mathbb{E}[G_t]=\mathbb{E}\left[\frac{1}{mq_{i_t}}(\nabla f_{i_t}(x_t)-\nabla f_{i_t}(\widetilde{x}))+\nabla f(\widetilde{x})\right]=\nabla f(x_t) \tag{5.3.9}$$

要限定方差，我们有

$$\begin{aligned}\mathbb{E}[\|\delta_t\|_*^2] &= \mathbb{E}\left[\left\|\frac{1}{mq_{i_t}}(\nabla f_{i_t}(x_t)-\nabla f_{i_t}(\widetilde{x}))+\nabla f(\widetilde{x})-\nabla f(x_t)\right\|_*^2\right] \\ &= \mathbb{E}\left[\frac{1}{(mq_{i_t})^2}\|\nabla f_{i_t}(x_t)-\nabla f_{i_t}(\widetilde{x})\|_*^2\right]-\|\nabla f(x_t)-\nabla f(\widetilde{x})\|_*^2 \\ &\leqslant \mathbb{E}\left[\frac{1}{(mq_{i_t})^2}\|\nabla f_{i_t}(x_t)-\nabla f_{i_t}(\widetilde{x})\|_*^2\right]\end{aligned}$$

通过上面的关系，结合关系(5.3.5)(把 x 和 x^* 被替换成 $\widetilde{x}$ 和 x_t)，就得到了式(5.3.7)。此外，

$$\begin{aligned}&\mathbb{E}\left[\frac{1}{(mq_{i_t})^2}\|\nabla f_{i_t}(x_t)-\nabla f_{i_t}(\widetilde{x})\|_*^2\right] \\ &= \mathbb{E}\left[\frac{1}{(mq_{i_t})^2}\|\nabla f_{i_t}(x_t)-\nabla f_i(x_*)+\nabla f_i(x_*)-\nabla f_{i_t}(\widetilde{x})\|_*^2\right] \\ &\leqslant \mathbb{E}\left[\frac{2}{(mq_{i_t})^2}\|\nabla f_{i_t}(x_t)-\nabla f_{i_t}(x^*)\|_*^2\right]+\mathbb{E}\left[\frac{2}{(mq_{i_t})^2}\|\nabla f_{i_t}(\widetilde{x})-\nabla f_{i_t}(x^*)\|_*^2\right] \\ &= \frac{2}{m}\sum_{i=1}^m \frac{1}{mq_i}\|\nabla f_i(x_t)-\nabla f_i(x^*)\|_*^2+\frac{2}{m}\sum_{i=1}^m \frac{1}{mq_i}\|\nabla f_i(\widetilde{x})-\nabla f_i(x^*)\|_*^2\end{aligned}$$

此式与引理 5.12 一起就推出了式(5.3.8)。■

引理 5.13 隐式地假定了 $\|\cdot\|_*$ 为内积范数。对于一般的范数(不一定和某个内积相关联)，关系式(5.3.7)的结论和其证明过程均需要略做修改，如下所示：

$$\begin{aligned}\mathbb{E}[\|\delta_t\|_*^2] &= \mathbb{E}\left[\left\|\frac{1}{mq_{i_t}}(\nabla f_{i_t}(x_t)-\nabla f_{i_t}(\widetilde{x}))+\nabla f(\widetilde{x})-\nabla f(x_t)\right\|_*^2\right] \\ &\leqslant \mathbb{E}\left[\frac{2}{mq_{i_t}}\left\|(\nabla f_{i_t}(x_t)-\nabla f_{i_t}(\widetilde{x}))\right\|_*^2+\frac{2}{mq_{i_t}}\|\nabla f(\widetilde{x})-\nabla f(x_t)\|_*^2\right] \\ &= \mathbb{E}\left[\frac{2}{(mq_{i_t})^2}\|\nabla f_{i_t}(x_t)-\nabla f_{i_t}(\widetilde{x})\|_*^2\right]+2\|f(\widetilde{x})-\nabla f(x_t)\|_*^2 \\ &\leqslant 4(L_Q+L_f)[f(\widetilde{x})-f(x_t)-\langle \nabla f(x_t), \widetilde{x}-x_t\rangle]\end{aligned}$$

我们现在展示降低方差镜面下降法每一次迭代可能取得的进展。这里的结果类似于原始随机镜面下降法的引理 4.2。

引理 5.14　*如果步长 γ 满足 $L\gamma\leqslant 1/2$，则对任意 $x\in X$，有*

$$\gamma[\Psi(x_{t+1})-\Psi(x)]+V(x_{t+1}, x)\leqslant(1-\gamma\mu)V(x_t, x)+\gamma\langle\delta_t, x-x_t\rangle+\gamma^2\|\delta_t\|_*^2 \tag{5.3.10}$$

另外，以 i_1，…，i_{t-1} 为条件，有

$$\begin{aligned}&\gamma\mathbb{E}[\Psi(x_{t+1})-\Psi(x^*)]+\mathbb{E}[V(x_{t+1}, x^*)]\\&\leqslant(1-\gamma\mu)V(x_t, x^*)+4L_Q\gamma^2[\Psi(x_t)-\Psi(x^*)+\Psi(\widetilde{x})-\Psi(x^*)]\end{aligned}\tag{5.3.11}$$

证明 类似于式(4.1.26)，我们有

$$\begin{aligned}\gamma f(x_{t+1})&\leqslant\gamma[f(x_t)+\langle G_t, x_{t+1}-x_t\rangle]+V(x_t, x_{t+1})+\frac{\gamma^2\|\delta_t\|_*^2}{2(1-L\gamma)}\\&\leqslant\gamma[f(x_t)+\langle G_t, x_{t+1}-x_t\rangle]+V(x_t, x_{t+1})+\gamma^2\|\delta_t\|_*^2\end{aligned}$$

其中，最后一个不等式来自 $L\gamma\leqslant1/2$ 的假设。此外，由引理 3.5 可得出

$$\begin{aligned}&\gamma[f(x_t)+\langle G_t, x_{t+1}-x_t\rangle+h(x_{t+1})]+V(x_t, x_{t+1})\\&\leqslant\gamma[f(x_t)+\langle G_t, x-x_t\rangle+h(x)]+V(x_t, x)-V(x_{t+1}, x)\\&=\gamma[f(x_t)+\langle g(x_t), x-x_t\rangle+h(x)]+\gamma\langle\delta_t, x-x_t\rangle+V(x_t, x)-V(x_{t+1}, x)\\&\leqslant\gamma[\Psi(x)-\mu V(x_t, x)]+\gamma\langle\delta_t, x-x_t\rangle+V(x_t, x)-V(x_{t+1}, x)\end{aligned}$$

其中，最后一个不等式由 $f(\cdot)$的凸性得到。结合以上两个结论，整理后重新排列项，就得到了式(5.3.10)。利用引理 5.13 以及式(5.3.10)两边对 i_t 取期望，就得到了式(5.3.11)。 ■

借助引理 5.14，我们将能够建立求解几种不同类型的有限和优化问题的降低方差随机镜面下降法的收敛速度。

5.3.1 无强凸性的光滑问题

在本小节中，我们假设 f 不一定是强凸的，即在式(5.3.2)中的 $\mu=0$。我们将首先给出一个一般性的收敛结果，然后讨论算法中一些参数的选取(例如，γ 和 T_s)。

定理 5.6 *假设降低方差随机镜面下降法的算法参数的选取满足*

$$\theta_t=1,\quad t\geqslant1\tag{5.3.12}$$

$$4L_Q\gamma\leqslant1\tag{5.3.13}$$

$$w_s:=(1-4L_Q\gamma)(T_{s-1}-1)-4L_Q\gamma T_s>0,\quad s\geqslant2\tag{5.3.14}$$

则有

$$\mathbb{E}[\Psi(\overline{x}^S)-\Psi(x^*)]\leqslant\frac{\gamma(1+4L_Q\gamma T_1)[\Psi(x^0)-\Psi(x^*)]+V(x^0, x^*)}{\gamma\sum_{s=1}^{S}w_s}\tag{5.3.15}$$

其中

$$\overline{x}^S=\frac{\sum_{s=1}^{S}(w_s\widetilde{x}^s)}{\sum_{s=1}^{S}w_s}\tag{5.3.16}$$

证明 在 $\mu=0$ 时，对式(5.3.11)取 $t=1$，…，T 进行求和，对随机变量 i_1，…，i_T 取期望，得到

$$\begin{aligned}&\gamma\mathbb{E}[\Psi(x_{T+1})-\Psi(x^*)]+(1-4L_Q\gamma)\gamma\sum_{t=2}^{T}\mathbb{E}[\Psi(x_t)-\Psi(x^*)]+\mathbb{E}[V(x_{T+1}, x^*)]\\&\leqslant4L_Q\gamma^2[\Psi(x_1)-\Psi(x^*)]+4L_Q\gamma^2T[\Psi(\widetilde{x})-\Psi(x^*)]+V(x_1, x^*)\end{aligned}$$

现在考虑一个固定的执行轮数 s，具有迭代极限 $T=T_s$，输入为 $x_1=x^{s-1}$ 和 $\widetilde{x}=\widetilde{x}^{s-1}$，输

出为 $x^s=x_{T+1}$ 和 $\tilde{x}^s=\sum_{t=2}^{T}x^t/(T-1)$（由于此时 $\theta_{t=1}$）。由上面的不等式和 Ψ 的凸性，有

$$
\begin{aligned}
&\gamma\mathbb{E}[\Psi(x^s)-\Psi(x^*)]+(1-4L_Q\gamma)\gamma(T_s-1)\mathbb{E}[\Psi(\tilde{x}^s)-\Psi(x^*)]+\mathbb{E}[V(x^s,x^*)]\\
&\leqslant 4L_Q\gamma^2[\Psi(x^{s-1})-\Psi(x^*)]+4L_Q\gamma^2T_s[\Psi(\tilde{x}^{s-1})-\Psi(x^*)]+V(x^{s-1},x^*)\\
&\leqslant \gamma[\Psi(x^{s-1})-\Psi(x^*)]+4L_Q\gamma^2T_s[\Psi(\tilde{x}^{s-1})-\Psi(x^*)]+V(x^{s-1},x^*)
\end{aligned}
$$

其中，最后一个不等式由假设条件 $4L_Q\gamma\leqslant 1$ 得出。对上面的不等式取 $s=1,\cdots,S$ 进行求和，然后对所有随机变量取完全期望，我们有

$$
\begin{aligned}
&\gamma\mathbb{E}[\Psi(x^S)-\Psi(x^*)]+(1-4L_Q\gamma)\gamma(T_S-1)\mathbb{E}[\Psi(\tilde{x}^S)-\Psi(x^*)]+\\
&\gamma\sum_{s=1}^{S-1}[(1-4L_Q\gamma)(T_{s-1}-1)-4L_Q\gamma T_s]\mathbb{E}[\Psi(\tilde{x}^s)-\Psi(x^*)]+\mathbb{E}[V(x^S,x^*)]\\
&\leqslant \gamma[\Psi(x^0)-\Psi(x^*)]+4L_Q\gamma^2T_1[\Psi(\tilde{x}^0)-\Psi(x^*)]+V(x^0,x^*)\\
&=\gamma(1+4L_Q\gamma T_1)[\Psi(x^0)-\Psi(x^*)]+V(x^0,x^*)
\end{aligned}
$$

其中，由于式(5.3.16)和 Ψ 的凸性，就可以推得式(5.3.15)的结果。■

根据定理 5.6，我们现在提供一些具体的规则来选择 γ 和 T_s，并建立所得到结果的算法复杂度。当然，可以发展许多其他规则来指定这些参数。

推论 5.8　假设 $\theta=1$，$\gamma=1/(16L_Q)$，并且定义

$$T_s=2T_{s-1},\quad s=2,3,\cdots \tag{5.3.17}$$

以及 $T_1=7$。那么，对于任意 $S\geqslant 1$，有

$$\mathbb{E}[\Psi(\bar{x}^S)-\Psi(x^*)]\leqslant\frac{8}{2^S-1}\left[\frac{11}{4}(\Psi(x^0)-\Psi(x^*))+16L_QV(x^0,x^*)\right] \tag{5.3.18}$$

此外，求得式(5.3.1)的 ε-解，即点 $\bar{x}\in X$ 使得 $\Psi(\bar{x})-\Psi(x^*)\leqslant\varepsilon$，所需的梯度计算总数囿于界

$$\mathcal{O}\left\{m\log\frac{\Psi(x^0)-\Psi(x^*)+L_QV(x^0,x^*)}{\varepsilon}+\frac{\Psi(x^0)-\Psi(x^*)+L_QV(x^0,x^*)}{\varepsilon}\right\} \tag{5.3.19}$$

证明　注意到由式(5.3.17)，会有

$$
\begin{aligned}
w_s&=\frac{3}{4}(T_{s-1}-1)-\frac{1}{4}T_s=\frac{1}{8}T_s-\frac{3}{4}\\
&\geqslant\frac{1}{8}T_s-\frac{3}{28}T_s=\frac{1}{56}T_s
\end{aligned} \tag{5.3.20}
$$

其中不等式由 $T_s\geqslant 7$ 这一事实得出。利用这个结果和式(5.3.17)，得到

$$\sum_{s=1}^{S}w_s\geqslant\frac{1}{8}(2^S-1)$$

利用式(5.3.15)中的这些关系，可得到式(5.3.18)。根据式(5.3.18)，求得式(5.3.1)的 ε-解的总轮数 S 可被限定为 $\bar{S}\equiv\log(\Psi(x^0)-\Psi(x^*)+L_QV(x^0,x^*))/\varepsilon$。因此，梯度计算的总数会被限定为 $m\bar{S}+\sum_{s=1}^{\bar{S}}T_s$，从而以式(5.3.19)为界。■

回想一下，直接应用镜面下降法寻找式(5.3.1)的 ε-解时，需要对每个分量函数 f_i 进行 $\mathcal{O}(m/\varepsilon)$ 次梯度计算。有趣的是，通过降低方差的镜面下降法所需的梯度计算总数的界对项 m 的依赖得到了极大的改善。此外，式(5.3.19)中的界也小于直接应用随机镜面下

降法中式(5.3.1)的界，在忽略一些常量因子之后，只需要满足

$$m \leqslant \mathcal{O}\left\{\frac{1}{\log(1/\varepsilon)}\left(\frac{1}{\varepsilon^2}-\frac{1}{\varepsilon}\right)\right\}$$

5.3.2　光滑和强凸问题

在本小节中，我们假设 f 是强凸的，即式(5.3.2)中的 $\mu>0$。下面的结果显示了降低方差的镜面下降法在每一轮中所能取得的进展。

定理 5.7　假设降低方差的镜面下降法的算法参数满足

$$\theta_t=(1-\gamma\mu)^{-t},\quad t\geqslant 0 \tag{5.3.21}$$

$$1\geqslant 2L\gamma \tag{5.3.22}$$

$$1\geqslant \gamma\mu+4L_Q\gamma \tag{5.3.23}$$

那么，对于任意 $s\geqslant 1$，一定有 $\Delta s\leqslant \rho\Delta_{s-1}$，其中

$$\begin{aligned}\Delta_s:=&\gamma\mathbb{E}[\Psi(x^s)-\Psi(x^*)]+\mathbb{E}[V(x^s,x^*)]+\\&(1-\gamma\mu-4L_Q\gamma)\mu^{-1}(\theta_T-\theta_1)\mathbb{E}[\Psi(\widetilde{x}^s)-\Psi(x^*)]\end{aligned} \tag{5.3.24}$$

$$\rho:=\max\left\{\frac{1}{\theta_T},\frac{4L_Q\gamma(\theta_T-1)}{(1-\gamma\mu-4L_Q\gamma)(\theta_T-\theta_1)}\right\} \tag{5.3.25}$$

证明　用式(5.3.21)中的 θ_t 同时乘以不等式(5.3.11)的两边得到

$$\begin{aligned}&\gamma\theta_t\mathbb{E}[\Psi(x_{t+1})-\Psi(x^*)]+\theta_t\mathbb{E}[V(x_{t+1},x^*)]\\&\leqslant 4L_Q\gamma^2\theta_t[\Psi(x_t)-\Psi(x^*)+\Psi(\widetilde{x})-\Psi(x^*)]+\theta_{t-1}V(x_t,x^*)\end{aligned}$$

把前面的不等式对 $t=1,\cdots,T$ 求和，对随机变量 $i_1,\cdots,i_T$ 取期望，我们得到

$$\begin{aligned}&\gamma\theta_T\mathbb{E}[\Psi(x_{T+1})-\Psi(x^*)]+\\&(1-\gamma\mu-4L_Q\gamma)\gamma\sum_{t=2}^{T}\theta_t\mathbb{E}[\Psi(x_t)-\Psi(x^*)]+\theta_T\mathbb{E}[V(x_{T+1},x^*)]\\&\leqslant 4L_Q\gamma^2[\Psi(x_1)-\Psi(x^*)]+4L_Q\gamma^2\sum_{t=1}^{T}\theta_t[\Psi(\widetilde{x})-\Psi(x^*)]+V(x_1,x^*)\end{aligned}$$

现在考虑一个固定的计算轮数 s，其输入为 $x_1=x^{s-1}$ 和 $\widetilde{x}=\widetilde{x}^{s-1}$，输出为 $x^s=x_{T+1}$ 和 $\widetilde{x}^s=\sum_{t=2}^{T}\theta_t x^t/\sum_{t=2}^{T}\theta_t$。由于以上不等式、$\Psi$ 的凸性，以及如下事实

$$\sum_{t=s}^{T}\theta_t=(\gamma\mu)^{-1}\sum_{t=s}^{T}(\theta_t-\theta_{t-1})=(\gamma\mu)^{-1}(\theta_T-\theta_{s-1}) \tag{5.3.26}$$

从而有

$$\begin{aligned}&\gamma\theta_T\mathbb{E}[\Psi(x^s)-\Psi(x^*)]+\\&(1-\gamma\mu-4L_Q\gamma)\mu^{-1}(\theta_T-\theta_1)\mathbb{E}[\Psi(\widetilde{x}^s)-\Psi(x^*)]+\theta_T\mathbb{E}[V(x^s,x^*)]\\&\leqslant 4L_Q\gamma^2[\Psi(x^{s-1})-\Psi(x^*)]+4L_Q\gamma\mu^{-1}(\theta_T-1)[\Psi(\widetilde{x}^{s-1})-\Psi(x^*)]+V(x^{s-1},x^*)\\&\leqslant\gamma[\Psi(x^{s-1})-\Psi(x^*)]+4L_Q\gamma\mu^{-1}(\theta_T-1)[\Psi(\widetilde{x}^{s-1})-\Psi(x^*)]+V(x^{s-1},x^*)\end{aligned}$$

其中最后一个不等式因 $4L_Q\gamma\leqslant 1$ 而成立，而 $4L_Q\gamma\leqslant 1$ 这一事实可由式(5.3.23)得到。于是由上面不等式可以直接得到命题结果。■

现在我们准备建立降低方差的镜面下降法的收敛性质。

推论 5.9　假设降低方差的镜面下降法的参数设置为

$$\gamma=\frac{1}{21L} \tag{5.3.27}$$

$$q_i = \frac{L_i}{\sum_{i=1}^{m} L_i} \tag{5.3.28}$$

$$T \geqslant 2 \tag{5.3.29}$$

$$\theta_t = (1-\gamma\mu)^{-t}, \ t \geqslant 0 \tag{5.3.30}$$

那么，对于任意 $s \geqslant 1$，有

$$\Delta s \leqslant \left\{ \max\left[\left(1-\frac{\mu}{21L}\right)^{\mathrm{T}}, \ \frac{1}{2} \right] \right\}^{s} \Delta_0 \tag{5.3.31}$$

其中 Δs 在式(5.3.24)中定义。特别地，如果将 T 设为 m 的一个常数因子，记为 $o\{m\}$，那么求问题(5.3.1)的 ε-解所需的计算梯度总数是以 $\mathcal{O}\left\{ \left(\frac{L}{\mu}+m\right) \log\left(\frac{\Delta_0}{\varepsilon}\right) \right\}$ 为界。

证明　很容易验证 $L_Q = \frac{1}{m}\sum_{i=1}^{m} L_i = L$。此外，每当 $T \geqslant 2$ 时，有 $\frac{\theta_T - 1}{\theta_T - \theta_1} \leqslant 2$。事实上，

$$\frac{\theta_T - 1}{\theta_T - \theta_1} - 2 = \frac{1-(1-\gamma\mu)^{\mathrm{T}}}{1-(1-\gamma\mu)^{\mathrm{T}-1}} - 2 = \frac{(1-\gamma\mu)^{\mathrm{T}-1}(1+\gamma\mu)-1}{1-(1-\gamma\mu)^{\mathrm{T}-1}} \leqslant 0 \tag{5.3.32}$$

因此，

$$\frac{4L_Q\gamma(\theta_T - 1)}{(1-\gamma\mu-4L_Q\gamma)(\theta_T-\theta_1)} \leqslant \frac{8L_Q\gamma}{1-\gamma\mu-4L_Q\gamma} \leqslant \frac{8L\gamma}{1-5L\gamma} \leqslant \frac{1}{2} \tag{5.3.33}$$

利用命题 5.7 中的这些关系，我们得到式(5.3.31)。现在假设 $T = o\{m\}$，我们考虑两种情况：如果 $\left(1-\frac{\mu}{21L}\right)^{\mathrm{T}} \leqslant 1/2$，则通过式(5.3.31)可以限定总轮数以 $\mathcal{O}(\log(\Delta_0/\varepsilon))$ 为界，这意味着梯度计算的总次数 $(s \times (m+T))$ 可以限定为 $\mathcal{O}\{m\log(\Delta_0/\varepsilon)\}$ 界；如果 $\left(1-\frac{\mu}{21L}\right)^{\mathrm{T}} \geqslant 1/2$，则由式(5.3.31)可知，总迭代次数 $(s \times T)$ 和总梯度计算次数 $(s \times (m+T))$ 均以 $\mathcal{O}\{L/\mu \log(\Delta_0/\varepsilon)\}$ 为界。将这两种情形结合起来就得到证明结果。■

推论 5.9 得到的复杂度界显著改进了随机镜面下降法在应用某一方向时的 $\mathcal{O}(1/(\mu\varepsilon))$ 复杂度界，因为随机降低方差镜面下降法的界是依赖于 $\log(1/\varepsilon)$。但随机镜面下降法和随机加速梯度下降法仍有其优点。首先，它们可以用于处理不同类别的问题，比如一般的非光滑问题，以及具有连续(而不是离散)随机变量的随机优化问题。其次，假设应用降低方差镜面下降法求解 $\min_{x \in X} \mathbb{E}[F(x, \xi)]$ 的样本平均逼近问题。换句话说，我们将收集并保存一个样本 $\{\xi_1, \cdots, \xi_m\}$，容量 $m = \mathcal{O}(1/\varepsilon)$，利用降低方差方法求解确定性对应对象 $\min_{x \in X} \frac{1}{m}\sum_{i=1}^{m} F(x, \xi_i)$。与随机镜面下降法和随机加速梯度下降法相比，这种方法的梯度计算次数要少到 $\mathcal{O}(\log(1/\varepsilon))$。第三，随机镜面下降法和随机加速梯度下降法不需要保存样本 $\{\xi_1, \cdots, \xi_m\}$，可用于处理在线学习和优化问题。

5.4　降低方差加速梯度下降法

在这一节中，我们介绍了一种新的随机增量梯度方法，即降低方差的加速梯度算法，用于解决式(5.3.1)中的有限和优化问题，其目标函数由 m 个光滑分量的平均值和一个简单的凸项组成。我们证明了降低方差的加速梯度方法在解决凸问题和强凸问题时具有一致的最优收敛速度。特别是，对于非强凸的光滑凸问题，降低方差加速梯度算法不需要在目

标函数中添加任何强凸扰动项，就可以直接达到最优的复杂度界 $\mathcal{O}(m\log m+\sqrt{mL/\varepsilon})$。在某些较低的精度范围内，该界可以改进到 $\mathcal{O}(m\log(1/\varepsilon))$。这里 L 和 ε 分别表示梯度的 Lipschitz 常数和目标精度。此外，对于模 μ 的强凸问题，采用统一步长策略的降低方差加速梯度法可以根据条件数(L/μ)的取值自行调整，在条件数相对较小时可获得最优线性收敛速度，否则就会得到独立于条件数的次线性收敛速度。此外，我们还证明了，相比于求解强凸问题，对于只满足一定误差界条件的一类广泛的弱强凸问题，降低方差的加速梯度方法展现了加速线性收敛速度。

降低方差加速梯度法的基本格式在算法 5.7 中形式化地描述。该算法由多轮组成，在每一轮(或外部循环)中，它首先计算在点 $\widetilde{x}$ 上的完全梯度 $\nabla f(\widetilde{x})$，然后在内部循环的每次迭代中重复使用 $\nabla f(\widetilde{x})$ 定义的梯度估计量 G_t，这与 5.3 节中介绍的降低方差技术相同。内循环的算法方案与 4.2 节中的随机加速梯度法类似，采用不变步长策略。实际上，内循环中使用的参数，即 $\{\gamma_s\}$、$\{\alpha_s\}$ 和 $\{p_s\}$，只依赖轮数 s 的索引。内循环的每次迭代只需要一个随机选择的分量函数的梯度信息，并维持三个原始序列的值。

算法 5.7　降低方差加速梯度法

输入：x^0，$\{\gamma_s\}$，$\{T_s\}$，$\{\theta_t\}$，$\{q_1, \cdots, q_m\}$

$\widetilde{x}^0=x^0$

for $s=1, 2, \cdots$ **do**

　置 $\widetilde{x}=\widetilde{x}^{s-1}=x^0$ 和 $\widetilde{g}=\nabla F(\widetilde{x})$

　置 $x_0=x^{s-1}$，$\overline{x}_0=\widetilde{x}$ 和 $T=T_s$

　for $t=1, 2, \cdots, T$ **do**

　　根据概率 $Q=\{q_1, \cdots, q_m\}$ 从 $\{1, \cdots, m\}$ 中随机选 $i_t\in\{1, \cdots, m\}$

　　$\underline{x}_t=[(1+\mu\gamma_s)(1-\alpha_s-p_s)\overline{x}_{t-1}+\alpha_s x_{t-1}+(1+\mu\gamma_s)p_s\widetilde{x}]/[1+\mu\gamma_s(1-\alpha_s)]$

　　$G_t=(\nabla f_{i_t}(\underline{x}_t)-\nabla f_{i_t}(\widetilde{x}))/(q_{i_t}m)+\widetilde{g}$

　　$x_t=\arg\min\limits_{x\in X}\{\gamma_s[\langle G_t, x\rangle+h(x)+\mu V(\underline{x}_t, x)]+V(x_{t-1}, x)\}$

　　$\overline{x}_t=(1-\alpha_s-p_s)\overline{x}_{t-1}+\alpha_s x_t+p_s\widetilde{x}$

　end for

　置 $x^s=x_T$ 和 $\widetilde{x}^s=\sum\limits_{t=1}^{k}(\theta_t\widetilde{x}_t)\Big/\sum\limits_{t=1}^{T}\theta_t$

end for

当 $\alpha_s=1$，$p_s=0$ 时，降低方差加速梯度法就会退化为降低方差镜面下降法。在这种情况下，算法只保持了一个原始序列 $\{x_t\}$，并表现出非加速收敛速度，求解式(5.3.1)时的复杂度为 $\mathcal{O}\{(m+L/\mu)\log(1/\varepsilon)\}$，接着我们定义

$$l_f(z, x):=f(z)+\langle\nabla f(z), x-z\rangle \tag{5.4.1}$$

$$\delta_t:=G_t-\nabla f(\underline{x}_t) \tag{5.4.2}$$

$$x_{t-1}^{+}:=\frac{1}{1+\mu\gamma_s}(x_{t-1}+\mu\gamma_s\underline{x}_t) \tag{5.4.3}$$

与引理 5.13 中的结果(即式(5.3.6)和式(5.3.7))类似，在变量 $x_1, \cdots, x_t$ 的条件下，有期望

$$\mathbb{E}[\delta_t]=0 \tag{5.4.4}$$

$$\mathbb{E}[\|\delta_t\|_*^2]\leqslant 2L_Q[f(\widetilde{x})-f(x_t)-\langle\nabla f(x_t), \widetilde{x}-x_t\rangle] \tag{5.4.5}$$

还可以观察到，辅助点 x_{t-1}^+ 已用于原来的加速梯度法及其对应的随机算法。利用上面 x_{t-1}^+ 的定义，以及算法 5.7 中 $\underline{x}_t$ 和 $\overline{x}_t$ 的定义，我们就有

$$\begin{aligned}\overline{x}_t-\underline{x}_t&=(1-\alpha_s-p_s)\overline{x}_{t-1}+\alpha_s x_t+p_s\widetilde{x}-\underline{x}_t\\&=\alpha_s x_t+\frac{1}{1+\mu\gamma_s}\{[1+\mu\gamma_s(1-\alpha_s)]\underline{x}_t-\alpha_s x_{t-1}\}-\underline{x}_t\\&=\alpha_s(x_t-x_{t-1}^+)\end{aligned}\tag{5.4.6}$$

下面的结果检验了与算法 5.7 中 x_t 的定义相关的最优性条件。

引理 5.15　对于任意 $x\in X$，有下式成立

$$\gamma_s[l_f(\underline{x}_t,x_t)-l_f(\underline{x}_t,x)+h(x_t)-h(x)]\leqslant\gamma_s\mu V(\underline{x}_t,x)+V(x_{t-1},x)-(1+\mu\gamma_s)V(x_t,x)-\frac{1+\mu\gamma_s}{2}\|x_t-x_{t-1}^+\|^2-\gamma_s\langle\delta_t,x_t-x\rangle$$

证明　由引理 3.5 和算法 5.7 中 x_t 的定义可知

$$\begin{aligned}&\gamma_s[\langle G_t,x_t-x\rangle+h(x_t)-h(x)+\mu V(\underline{x}_t,x_t)]+V(x_{t-1},x_t)\\&\leqslant\gamma_s\mu V(\underline{x}_t,x)+V(x_{t-1},x)-(1+\mu\gamma_s)V(x_t,x)\end{aligned}$$

并且注意到

$$\begin{aligned}\langle G_t,x_t-x\rangle&=\langle\nabla f(\underline{x}_t),x_t-x\rangle+\langle\delta_t,x_t-x\rangle\\&=l_f(\underline{x}_t,x_t)-l_f(\underline{x}_t,x)+\langle\delta_t,x_t-x\rangle\end{aligned}$$

和

$$\begin{aligned}\gamma_s\mu V(\underline{x}_t,x_t)+V(x_{t-1},x_t)&\geqslant\frac{1}{2}(\mu\gamma_s\|x_t-\underline{x}_t\|^2+\|x_t-x_{t-1}\|^2)\\&\geqslant\frac{1+\mu\gamma_s}{2}\|x_t-x_{t-1}^+\|^2\end{aligned}$$

其中最后一个不等式是由式(5.4.3)中 x_{t-1}^+ 的定义和范数$\|\cdot\|$的凸性得出的。综合上述三个关系即可得出结果。■

我们现在来展示降低方差加速梯度法在每一次内部迭代中可能的进展。

引理 5.16　假设参数 $\alpha_s\in[0,1]$、$p_s\in[0,1]$和 $\gamma_s>0$ 满足

$$1+\mu\gamma_s-L\alpha_s\gamma_s>0\tag{5.4.7}$$

$$p_s-\frac{L_Q\alpha_s\gamma_s}{1+\mu\gamma_s-L\alpha_s\gamma_s}\geqslant 0\tag{5.4.8}$$

那么，以 $x_1,\cdots,x_{t-1}$ 为条件变量，对于任意 $x\in X$，有

$$\begin{aligned}&\frac{\gamma_s}{\alpha_s}\mathbb{E}[\psi(\overline{x}_t)-\psi(x)]+(1+\mu\gamma_s)\mathbb{E}[V(x_t,x)]\leqslant\frac{\gamma_s}{\alpha_s}(1-\alpha_s-p_s)\mathbb{E}[\psi(\overline{x}_{t-1})-\psi(x)]+\\&\qquad\frac{\gamma_s p_s}{\alpha_s}\mathbb{E}[\psi(\widetilde{x})-\psi(x)]+\mathbb{E}[V(x_{t-1},x)]\end{aligned}\tag{5.4.9}$$

证明　注意到由 f 的光滑性和点 $\overline{x}_t$ 的定义，有

$$\begin{aligned}f(\overline{x}_t)&\leqslant l_f(\underline{x}_t,\overline{x}_t)+\frac{L}{2}\|\overline{x}_t-\underline{x}_t\|^2\\&=(1-\alpha_s-p_s)l_f(\underline{x}_t,\overline{x}_{t-1})+\alpha_s l_f(\underline{x}_t,x_t)+p_s l_f(\underline{x}_t,\widetilde{x})+\frac{L\alpha_s^2}{2}\|x_t-x_{t-1}^+\|^2\end{aligned}$$

由上面的不等式，结合引理 5.15 和 f 的(强)凸性可以推出

$$
\begin{aligned}
f(\overline{x}_t) \leqslant & (1-\alpha_s-p_s) l_f(\underline{x}_t, \overline{x}_{t-1}) + \\
& \alpha_s\left[l_f(\underline{x}_t, x)+h(x)-h(x_t)+\mu V(\underline{x}_t, x)+\frac{1}{\gamma_s}V(x_{t-1}, x)-\frac{1+\mu\gamma_s}{\gamma_s}V(x_t, x)\right]+ \\
& p_s l_f(\underline{x}_t, \widetilde{x})-\frac{\alpha_s}{2\gamma_s}(1+\mu\alpha_s-L\alpha_s\gamma_s)\|x_t-x_{t-1}^{+}\|^2-\alpha_s\langle\delta_t, x_t-x\rangle \\
\leqslant & (1-\alpha_s-p_s)f(\overline{x}_{t-1})+\alpha_s\left[\Psi(x)-h(x_t)+\frac{1}{\gamma_s}V(x_{t-1}, x)-\frac{1+\mu\gamma_s}{\gamma_s}V(x_t, x)\right]+ \\
& p_s l_f(\underline{x}_t, \widetilde{x})-\frac{\alpha_s}{2\gamma_s}(1+\mu\alpha_s-L\alpha_s\gamma_s)\|x_t-x_{t-1}^{+}\|^2- \\
& \alpha_s\langle\delta_t, x_t-x_{t-1}^{+}\rangle-\alpha_s\langle\delta_t, x_{t-1}^{+}-x\rangle \\
\leqslant & (1-\alpha_s-p_s)f(\overline{x}_{t-1})+\alpha_s\left[\Psi(x)-h(x_t)+\frac{1}{\gamma_s}V(x_{t-1}, x)-\frac{1+\mu\gamma_s}{\gamma_s}V(x_t, x)\right]+ \\
& p_s l_f(\underline{x}_t, \widetilde{x})+\frac{\alpha_s\gamma_s\|\delta_t\|_*^2}{2(1+\mu\gamma_s-L\alpha_s\gamma_s)}+\alpha_s\langle\delta_t, x_{t-1}^{+}-x\rangle
\end{aligned}
$$

注意，由于关系式(5.4.4)、式(5.4.5)、式(5.4.8)和 f 的凸性，并以 x_1，…，x_{t-1} 为条件变量，有

$$
\begin{aligned}
& p_s l_f(\underline{x}_t, \widetilde{x})+\frac{\alpha_s\gamma_s\mathbb{E}[\|\delta_t\|_*^2]}{2(1+\mu\gamma_s-L\alpha_s\gamma_s)}+\alpha_s\mathbb{E}[\langle\delta_t, x_{t-1}^{+}-x\rangle] \\
\leqslant & p_s l_f(\underline{x}_t, \widetilde{x})+\frac{L_Q\alpha_s\gamma_s}{1+\mu\gamma_s-L\alpha_s\gamma_s}[f(\widetilde{x})-l_f(\underline{x}_t, \widetilde{x})] \\
\leqslant & \left(p_s-\frac{L_Q\alpha_s\gamma_s}{1+\mu\gamma_s-L\alpha_s\gamma_s}\right)l_f(\underline{x}_t, \widetilde{x})+\frac{L_Q\alpha_s\gamma_s}{1+\mu\gamma_s-L\alpha_s\gamma_s}f(\widetilde{x}) \\
\leqslant & p_s f(\widetilde{x})
\end{aligned}
$$

此外，通过 h 的凸性，我们得到 $h(\overline{x}_t)\leqslant(1-\alpha_s-p_s)h(\overline{x}_{t-1})+\alpha_s h(x_t)+p_s h(\widetilde{x})$。将前述三个结论结合，我们就得到了

$$
\mathbb{E}[\Psi(\overline{x}_t)]\leqslant(1-\alpha_s-p_s)\Psi(\overline{x}_{t-1})+p_s\Psi(\widetilde{x})+\alpha_s\Psi(x)+ \tag{5.4.10}
$$

$$
\frac{\alpha_s}{\gamma_s}[V(x_{t-1}, x)-(1+\mu\gamma_s)V(x_t, x)] \tag{5.4.11}
$$

然后将上述不等式两边同时减去 $\Psi(x)$，就得到了命题结论。 ■

通过在引理5.16中利用这个结果，我们将在接下来的几个小节中讨论降低方差加速梯度法求解这样一些问题时的收敛性，包括求解光滑问题、光滑和强凸问题以及满足一定误差界条件的光滑问题。

5.4.1 无强凸性的光滑问题

在本小节中，我们考虑 f 不一定是强凸的情况，即式(5.3.2)中的 $\mu=0$。

下面的结果说明了用降低方差的加速梯度法求解光滑有限和凸优化问题时，函数值在每一轮可能的减小。

引理 5.17 假设对于第 s 轮，$s\geqslant1$，选择 α_s、γ_s、p_s 和 T_s，使关系式(5.4.7)～式(5.4.8)成立。同样，设置参数

$$\theta_t=\begin{cases}\frac{\gamma_s}{\alpha_s}(\alpha_s+p_s) & t=1,\cdots,T_s-1\\ \frac{\gamma_s}{\alpha_s} & t=T_s\end{cases}\tag{5.4.12}$$

此外，使用下述记号

$$\mathcal{L}_s:=\frac{\gamma_s}{\alpha_s}+(T_s-1)\frac{\gamma_s(\alpha_s+p_s)}{\alpha_s},\quad \mathcal{R}_s:=\frac{\gamma_s}{\alpha_s}(1-\alpha_s)+(T_s-1)\frac{\gamma_s p_s}{\alpha_s}\tag{5.4.13}$$

并假设

$$w_s:=\mathcal{L}_s-\mathcal{R}_{s+1}\geqslant 0,\quad \forall s\geqslant 1\tag{5.4.14}$$

那么，有

$$\begin{aligned}&\mathcal{L}_s\mathbb{E}[\Psi(\widetilde{x}^s)-\Psi(x)]+\Big(\sum_{j=1}^{s-1}w_j\Big)\mathbb{E}[\Psi(\overline{x}^s)-\Psi(x)]\\&\leqslant\mathcal{R}_1\mathbb{E}[\Psi(\widetilde{x}^0)-\Psi(x)]+V(x^0,x)-V(x^s,x)\end{aligned}\tag{5.4.15}$$

其中

$$\overline{x}^s:=\Big(\sum_{j=1}^{s-1}w_j\Big)^{-1}\sum_{j=1}^{s-1}(w_j\widetilde{x}^j)\tag{5.4.16}$$

证明　利用上述对 α_s，γ_s 和 p_s 的假设及 $\mu=0$ 的事实，我们有

$$\begin{aligned}\frac{\gamma_s}{\alpha_s}\mathbb{E}[\Psi(\overline{x}_t)-\Psi(x)]\leqslant&\frac{\gamma_s}{\alpha_s}(1-\alpha_s-p_s)\mathbb{E}[\Psi(\overline{x}_{t-1})-\Psi(x)]+\\&\frac{\gamma_s p_s}{\alpha_s}\mathbb{E}[\Psi(\widetilde{x})-\Psi(x)]+V(x_{t-1},x)-V(x_t,x)\end{aligned}$$

对 $t=1,\cdots,T_s$ 进行不等式求和，利用 θ_t 在式(5.4.12)中的定义和 $\overline{x}_0=\widetilde{x}$ 的事实，并重新排列这些项，有

$$\begin{aligned}\sum_{t=1}^{T_s}\theta_t\mathbb{E}[\Psi(\overline{x}_t)-\Psi(x)]\leqslant&\Big[\frac{\gamma_s}{\alpha_s}(1-\alpha_s)+(T_s-1)\frac{\gamma_s p_s}{\alpha_s}\Big]\mathbb{E}[\Psi(\widetilde{x})-\Psi(x)]+\\&V(x_0,x)-V(x_{T_s},x)\end{aligned}$$

现在使用 $x^s=x_T$，$\widetilde{x}^s=\sum_{t=1}^{T}\theta_t x^t/\sum_{t=1}^{T_s}\theta_t$，$\widetilde{x}=\widetilde{x}^{s-1}$ 这些事实和函数 Ψ 的凸性，我们有

$$\begin{aligned}\sum_{t=1}^{T_s}\theta_t\mathbb{E}[\Psi(\widetilde{x}^s)-\Psi(x)]\leqslant&\Big[\frac{\gamma_s}{\alpha_s}(1-\alpha_s)+(T_s-1)\frac{\gamma_s p_s}{\alpha_s}\Big]\mathbb{E}[\Psi(\widetilde{x}^{s-1})-\Psi(x)]+\\&V(x^{s-1},x)-V(x^s,x)\end{aligned}$$

这里，由 $\sum_{t=1}^{T_s}\theta_t=\frac{\gamma_s}{\alpha_s}+(T_s-1)\frac{\gamma_s(\alpha_s+p_s)}{\alpha_s}$ 这一事实，可以推得

$$\mathcal{L}_s\mathbb{E}[\Psi(\widetilde{x}^s)-\Psi(x)]\leqslant\mathcal{R}_s\mathbb{E}[\Psi(\widetilde{x}^{s-1})-\Psi(x)]+V(x^{s-1},x)-V(x^s,x)$$

综合上述关系，利用 Ψ 的凸性，重新排列项，我们就得到所需的式(5.4.15)。■

在引理 5.17 的帮助下，我们现在准备建立式(5.3.2)中当 $\mu=0$ 情况下的降低方差加速梯度法的主要收敛性质。

定理 5.8　设 θ_t 如式(5.4.12)中定义，并且概率 q_i 设置为 $L_i/\sum_{i=1}^{m}L_i$，$i=1,\cdots,m$。此外，令 $s_0:=\lfloor\log_2 m\rfloor+1$，并假设

$$T_s=\begin{cases}2^{s-1}, & s\leqslant s_0\\ T_{s_0}, & s>s_0\end{cases},\quad \gamma_s=\frac{1}{3L\alpha_s},\quad p_s=\frac{1}{2}\tag{5.4.17}$$

式中

$$\alpha_s=\begin{cases}\dfrac{1}{2}, & s\leqslant s_0\\ \dfrac{2}{s-s_0+4}, & s>s_0\end{cases}\tag{5.4.18}$$

那么对于任意 $x\in X$，有

$$\mathbb{E}[\Psi(\widetilde{x}^s)-\Psi(x)]\leqslant\begin{cases}2^{-(s+1)}D_0, & 1\leqslant s\leqslant s_0\\ \dfrac{8LD_0}{(s-s_0+4)^2(m+1)}, & s>s_0\end{cases}\tag{5.4.19}$$

其中

$$D_0:=2[\psi(x^0)-\psi(x^*)]+3LV(x^0,x^*)\tag{5.4.20}$$

证明　注意到根据式(5.3.4)中 L_Q 的定义和 q_i 的选择，有 $L_Q=L$。观察到条件式(5.4.7)和式(5.4.8)都是满足的，因为

$$1+\mu\gamma_s-L\alpha_s\gamma_s=1-L\alpha_s\gamma_s=\frac{2}{3}$$

和

$$p_s-\frac{L_Q\alpha_s\gamma_s}{1+\mu\gamma_s-L\alpha_s\gamma_s}=p_s-\frac{1}{2}=0$$

接下来，令 $\mathcal{L}_s$ 和 $\mathcal{R}_s$ 如式(5.4.13)中定义，我们将证明对于任何 $s\geqslant1$，有 $\mathcal{L}_s\geqslant\mathcal{R}_{s+1}$。事实上，如果 $1\leqslant s<s_0$，会有 $\alpha_{s+1}=\alpha_s$，$\gamma_{s+1}=\gamma_s$，$T_{s+1}=2T_s$。因此

$$w_s=\mathcal{L}_s-\mathcal{R}_{s+1}=\frac{\gamma_s}{\alpha_s}[1+(T_s-1)(\alpha_s+p_s)-(1-\alpha_s)-(2T_s-1)p_s]=\frac{\gamma_s}{\alpha_s}[T_s(\alpha_s-p_s)]=0$$

而且，如果 $s\geqslant s_0$，有

$$\begin{aligned}w_s&=\mathcal{L}_s-\mathcal{R}_{s+1}=\frac{\gamma_s}{\alpha_s}-\frac{\gamma_{s+1}}{\alpha_{s+1}}(1-\alpha_{s+1})+(T_{s_0}-1)\left[\frac{\gamma_s(\alpha_s+p_s)}{\alpha_s}-\frac{\gamma_{s+1}p_{s+1}}{\alpha_{s+1}}\right]\\&=\frac{1}{12L}+\frac{(T_{s_0}-1)[2(s-s_0+4)-1]}{24L}\geqslant0\end{aligned}$$

循环使用式(5.4.15)中的这些观察结果，然后我们得出这样的结论：对于任意 $s\geqslant1$，

$$\begin{aligned}\mathcal{L}_s\mathbb{E}[\Psi(\widetilde{x}^s)-\Psi(x)]&\leqslant\mathcal{R}_1\mathbb{E}[\Psi(\widetilde{x}^0)-\Psi(x)]+V(x^0,x)-V(x^s,x)\\&\leqslant\frac{2}{3L}[\Psi(x^0)-\Psi(x)]+V(x^0,x)\end{aligned}$$

最后一个恒等式来自 $\mathcal{R}_1=\frac{2}{3L}$。可以很容易地看出，当 $s\leqslant s_0$ 时，$\mathcal{L}_s=\frac{2^{s+1}}{3L}$。另外，如果 $s\geqslant s_0$，则有

$$\begin{aligned}\mathcal{L}_s&=\frac{1}{3L\alpha_s^2}\left[1+(T_s-1)\left(\alpha_s+\frac{1}{2}\right)\right]\\&=\frac{(s-s_0+4)(T_{s_0}-1)}{6L}+\frac{(s-s_0+4)^2(T_{s_0}+1)}{24L}\\&\geqslant\frac{(s-s_0+4)^2(m+1)}{24L}\end{aligned}\tag{5.4.21}$$

然后结合前面三个不等式，立即得到所需结果。 ■

根据定理 5.8，我们可以将 f_i 的梯度计算总数上界确定如下。

推论 5.10　采用降低方差加速梯度法进行梯度计算的总数的上界为

$$\overline{N} := \begin{cases} \mathcal{O}\left\{m\log\dfrac{D_0}{\varepsilon}\right\} & m\varepsilon \geqslant D_0 \\ \mathcal{O}\left\{\sqrt{\dfrac{mD_0}{\varepsilon}}+m\log m\right\} & \text{否则} \end{cases} \tag{5.4.22}$$

其中 D_0 由式(5.4.20)定义。

证明　首先考虑精度较低或分量较多的情况，即当 $m\varepsilon \geqslant D_0$ 时的情形。在这种情况下，我们最多需要运行 s_0 轮的算法，因为我们可以很容易检查条件

$$\frac{D_0}{2^{s_0-1}-1} \leqslant \varepsilon$$

更准确地说，轮的数量可以被限定为

$$S_l := \min\left\{\left\lceil 1+\log_2\left(\frac{D_0}{\varepsilon}\right)\right\rceil,\ s_0\right\}$$

因此，梯度计算的总数可以限定为

$$\begin{aligned} mS_l + \sum_{s=1}^{S_l} T_s &= mS_l + \sum_{s=1}^{S_l} 2^{s-1} \leqslant mS_l + 2^{S_l} \\ &= \mathcal{O}\left\{\min\left(m\log\frac{D_0}{\varepsilon},\ m\log m\right)\right\} = \mathcal{O}\left\{m\log\frac{D_0}{\varepsilon}\right\} \end{aligned} \tag{5.4.23}$$

其中，最后一个等式来自 $m\varepsilon \geqslant D_0$ 的假设。现在让我们考虑高精度和/或更小数量的分量的区域，即当 $m\varepsilon < D_0$ 时。在这种情况下，我们可能需要运行该算法超过 s_0 轮。更准确地说，轮的总数可以被限定为

$$S_h := \left\lceil \sqrt{\frac{16D_0}{(m+1)\varepsilon}} + s_0 - 4 \right\rceil$$

注意，第一个 s_0 轮所需梯度计算的总数可以限定为 $ms_0 + \sum_{s=1}^{s_0} T_s$，而之后其余各轮的梯度计算总数可限定为 $(T_{s_0}+m)(S_h-s_0)$。因此，梯度计算的总次数就会以下式为界

$$\begin{aligned} ms_0 + \sum_{s=1}^{s_0} T_s + (T_{s_0}+m)(S_h-s_0) &= \sum_{s=1}^{s_0} T_s + (T_{s_0}+m)S_h \\ &= \mathcal{O}\left\{\sqrt{\frac{mD_0}{\varepsilon}} + m\log m\right\} \end{aligned} \tag{5.4.24}$$

得证。 ■

我们现在对推论 5.10 中得到的结果进行一些说明。首先，当要求的精度 ε 较低或计算分量数 m 较大时，即使目标函数不是强凸函数，降低方差加速梯度法也能实现快速的线性收敛速度；否则，该算法具有一个最优的次线性收敛速度，其复杂度的界为 $\mathcal{O}\left\{\sqrt{\dfrac{mD_0}{\varepsilon}}+m\log m\right\}$。其次，如果在式(5.4.22)的第二种情况下，当 $\sqrt{mD_0/\varepsilon}$ 为支配项时，求解式(5.3.1)的问题，降低方差的加速梯度法比最优确定性一阶方法可节省 $\mathcal{O}(\sqrt{m})$ 的梯度计算量。

5.4.2　光滑和强凸问题

在本小节中，我们考虑当 f 可能是强凸的情况，并讨论问题几乎是非强凸的情况，即 $\mu\approx 0$ 的情形。我们的目标是提供一个统一的步长策略，允许降低方差的加速梯度方法在式(5.3.1)的有限和优化中实现最优收敛速度，而与其强凸性无关。

我们首先讨论了在降低方差的加速梯度方法中如何指定算法参数。实际上，对 $\{T_s\}$，$\{\gamma_s\}$ 和 $\{p_s\}$ 的选择与光滑凸情况下式(5.4.17)中的选择完全相同，但 α_s 由下式给出

$$\alpha_s=\begin{cases}\dfrac{1}{2} & s\leqslant s_0\\ \max\left\{\dfrac{2}{s-s_0+4},\ \min\left\{\sqrt{\dfrac{m\mu}{3L}},\ \dfrac{1}{2}\right\}\right\} & s>s_0\end{cases}\tag{5.4.25}$$

这种 α_s 的选择使我们能够考虑具有不同问题参数(如 L/μ 和 m)的不同类别的问题。然而，$\{\theta_t\}$ 的选择，即每轮迭代的平均权值，将会更为复杂。具体而言，记 $s_0:=\lfloor \log m\rfloor+1$，我们假设当 $1\leqslant s\leqslant s_0$ 或者 $s_0<s\leqslant s_0+\sqrt{\dfrac{12L}{m\mu}}-4$，$m<\dfrac{3L}{4\mu}$ 时，$\{\theta_t\}$ 按照式(5.4.12)设置，否则，我们将它们设置为

$$\theta_t=\begin{cases}\Gamma_{t-1}-(1-\alpha_s-p_s)\Gamma_t & 1\leqslant t\leqslant T_{s-1}\\ \Gamma_{t-1} & t=T_s\end{cases}\tag{5.4.26}$$

其中参数 $\Gamma_t=(1+\mu\gamma_s)^t$。这些权值的选择来自算法收敛性分析的结果，我们将在后面看到。

下面我们考虑四种不同的情况，并会建立每种情况下降低方差加速梯度方法的收敛性质。

引理 5.18　*若 $s\leqslant s_0$，则对于任意 $x\in X$，有*

$$\mathbb{E}[\psi(\tilde{x}^s)-\psi(x)]\leqslant 2^{-(s+1)}D_0,\quad 1\leqslant s\leqslant s_0$$

其中 D_0 如式(5.4.20)中定义。

证明　在这种情况下，我们有 $\alpha_s=p_s=\dfrac{1}{2}$，$\gamma_s=\dfrac{2}{3L}$ 和 $T_s=2^{s-1}$。由式(5.4.9)可以得到

$$\frac{\gamma_s}{\alpha_s}\mathbb{E}[\psi(\bar{x}_t)-\psi(x)]+(1+\mu\gamma_s)\mathbb{E}[V(x_t,x)]\leqslant\frac{\gamma_s}{2\alpha_s}\mathbb{E}[\psi(\tilde{x})-\psi(x)]+\mathbb{E}[V(x_{t-1},x)]$$

将上面关系式从 $t=1$ 到 T_s 相加，有

$$\begin{aligned}\frac{\gamma_s}{\alpha_s}\sum_{t=1}^{T_s}\mathbb{E}[\psi(\bar{x}_t)-\psi(x)]+\mathbb{E}[V(x_{T_s},x)]+\mu\gamma_s\sum_{t=1}^{T_s}\mathbb{E}[V(x_t,x)]\\ \leqslant\frac{\gamma_sT_s}{2\alpha_s}\mathbb{E}[\psi(\tilde{x})-\psi(x)]+\mathbb{E}[V(x_0,x)]\end{aligned}$$

注意，在这种情况下，θ_t 按式(5.4.12)选择，即在 $\tilde{x}^s$ 的定义中取 $\theta_t=\gamma_s/\alpha_s$，$t=1,\cdots,T_s$，然后会有

$$\begin{aligned}\frac{4T_s}{3L}\mathbb{E}[\psi(\tilde{x}^s)-\psi(x)]+\mathbb{E}[V(x^s,x)]&\leqslant\frac{4T_s}{6L}\mathbb{E}[\psi(\tilde{x}^{s-1})-\psi(x)]+\mathbb{E}[V(x^{s-1},x)]\\ &=\frac{4T_{s-1}}{3L}\mathbb{E}[\psi(\tilde{x}^{s-1})-\psi(x)]+\mathbb{E}[V(x^{s-1},x)]\end{aligned}$$

这里在 s 轮时我们使用 $\tilde{x}=\tilde{x}^{s-1}$，$x_0=x^{s-1}$ 和 $x^s=x_{T_s}$，参数按式(5.4.17)中设置。递归

地应用这个不等式，我们有

$$\frac{4T_s}{3L}\mathbb{E}[\psi(\tilde{x}^s)-\psi(x)]+\mathbb{E}[V(x^s,\ x)]\leqslant\frac{2}{3L}\mathbb{E}[\psi(\tilde{x}^0)-\psi(x)]+V(x^0,\ x)$$
$$=\frac{2}{3L}\mathbb{E}[\psi(x^0)-\psi(x)]+V(x^0,\ x)\tag{5.4.27}$$

将 $T_s=2^{s-1}$ 代入上述不等式，即得到命题结果。■

引理 5.19　若 $s\geqslant s_0$ 且 $m>3L/4\mu$，

$$\mathbb{E}[\psi(\tilde{x}^s)-\psi(x^*)]\leqslant\left(\frac{4}{5}\right)^s D_0$$

其中 x^* 是式(5.3.1)的最优解。

证明　在这种情况下，我们有 $\alpha_s=p_s=\frac{1}{2}$，$\gamma_s=\gamma=\frac{2}{3L}$ 和 $T_s\equiv T_{s_0}=2^{s_0-1}$，$s\geqslant s_0$。由式(5.4.9)可以得到

$$\frac{4}{3L}\mathbb{E}[\psi(\bar{x}_t)-\psi(x)]+\left(1+\frac{2\mu}{3L}\right)\mathbb{E}[V(x_t,\ x)]\leqslant\frac{2}{3L}\mathbb{E}[\psi(\tilde{x})-\psi(x)]+\mathbb{E}[V(x_{t-1},\ x)]$$

在该不等式两边同时乘以 $\Gamma_{t-1}=\left(1+\frac{2\mu}{3L}\right)^{t-1}$，得到

$$\frac{4}{3L}\Gamma_{t-1}\mathbb{E}[\psi(\bar{x}_t)-\psi(x)]+\Gamma_t\mathbb{E}[V(x_t,\ x)]$$
$$\leqslant\frac{2}{3L}\Gamma_{t-1}\mathbb{E}[\psi(\tilde{x})-\psi(x)]+\Gamma_{t-1}\mathbb{E}[V(x_{t-1},\ x)]$$

注意到 θ_t 如在式(5.4.26)中选 $s\geqslant s_0$ 时的选择，即 $\theta_t=\Gamma_{t-1}=\left(1+\frac{2\mu}{3L}\right)^{t-1}$，$t=1,\ \cdots,\ T_s$，$s\geqslant s_0$。将上面不等式对 $t=1,\ \cdots,\ T_s$ 求和，可以得到

$$\frac{4}{3L}\sum_{t=1}^{T_s}\theta_t\mathbb{E}[\psi(\bar{x}_t)-\psi(x)]+\Gamma_{T_s}\mathbb{E}[V(x_{T_s},\ x)]$$
$$\leqslant\frac{2}{3L}\sum_{t=1}^{T_s}\theta_t\mathbb{E}[\psi(\tilde{x})-\psi(x)]+\mathbb{E}[V(x_0,\ x)],\quad s\geqslant s_0$$

观察到当 $s\geqslant s_0$ 时，有 $m\geqslant T_s\equiv T_{s_0}=2^{\lfloor\log_2 m\rfloor}\geqslant m/2$，因此

$$\Gamma_{T_s}=\left(1+\frac{2\mu}{3L}\right)^{T_s}=\left(1+\frac{2\mu}{3L}\right)^{T_{s_0}}\geqslant1+\frac{2\mu T_{s_0}}{3L}\geqslant1+\frac{T_{s_0}}{2m}\geqslant\frac{5}{4},\quad\forall s\geqslant s_0\tag{5.4.28}$$

并使用在第 s 轮的相关事实：$\tilde{x}^s=\sum_{t=1}^{T_s}(\theta_t\bar{x}_t)\Big/\sum_{t=1}^{T_s}\theta_t$，$\tilde{x}=\tilde{x}^{s-1}$，$x_{T_s}=x^s$，以及 $\psi(\tilde{x}^s)-\psi(x^*)\geqslant0$ 的性质，我们可从上述不等式得出

$$\frac{5}{4}\left\{\frac{2}{3L}\mathbb{E}[\psi(\tilde{x}^s)-\psi(x^*)]+\left(\sum_{t=1}^{T_s}\theta_t\right)^{-1}\mathbb{E}[V(x^s,\ x^*)]\right\}$$
$$\leqslant\frac{2}{3L}\mathbb{E}[\psi(\tilde{x}^{s-1})-\psi(x^*)]+\left(\sum_{t=1}^{T_s}\theta_t\right)^{-1}\mathbb{E}[V(x^{s-1},\ x^*)],\quad s\geqslant s_0$$

对 $s\geqslant s_0$ 递归地应用这个关系，得到

$$\frac{2}{3L}\mathbb{E}[\psi(\tilde{x}^s)-\psi(x^*)]+\left(\sum_{t=1}^{T_s}\theta_t\right)^{-1}\mathbb{E}[V(x^s,\ x^*)]$$

$$\leqslant\left(\frac{4}{5}\right)^{s-s_0}\left\{\frac{2}{3L}\mathbb{E}[\psi(\widetilde{x}^{s_0})-\psi(x^*)]+\left(\sum_{t=1}^{T_s}\theta_t\right)^{-1}\mathbb{E}[V(x^{s_0}, x^*)]\right\}$$
$$\leqslant\left(\frac{4}{5}\right)^{s-s_0}\left\{\frac{2}{3L}\mathbb{E}[\psi(\widetilde{x}^{s_0})-\psi(x^*)]+\frac{1}{T_{s_0}}\mathbb{E}[V(x^{s_0}, x^*)]\right\}$$

其中最后一个不等式是由 $\sum_{t=1}^{T_s}\theta_t\geqslant T_s=T_{s_0}$ 得出。将式(5.4.27)代入上面不等式，得到

$$\mathbb{E}[\psi(\widetilde{x}^s)-\psi(x^*)]\leqslant\left(\frac{4}{5}\right)^{s-s_0}\frac{D_0}{2T_{s_0}}=\left(\frac{4}{5}\right)^{s-s_0}\frac{D_0}{2^{s_0}}\leqslant\left(\frac{4}{5}\right)^{s}D_0,\quad s\geqslant s_0$$ ■

引理 5.20 若 $s_0<s\leqslant s_0+\sqrt{\frac{12L}{m\mu}}-4$，且 $m<\frac{3L}{4\mu}$，则对任意 $x\in X$，有

$$\mathbb{E}[\psi(\widetilde{x}^s)-\psi(x)]\leqslant\frac{16D_0}{(s-s_0+4)^2m}$$

证明 在这种情形中，$1/2\geqslant\frac{2}{s-s_0+4}\geqslant\sqrt{\frac{m\mu}{3L}}$。因此，我们如式(5.4.12)中设置 θ_t，并取 $\alpha_s=\frac{2}{s-s_0+4}$，$p_s=\frac{1}{2}$，$\gamma_s=\frac{1}{3L\alpha_s}$，$T_s\equiv T_{s_0}$。可以看出，这种情况下的参数设置与定理5.8中光滑情况下的设置相同。因此，按照与定理5.8证明中相同的步骤，我们可以得到

$$\begin{aligned}\mathcal{L}_s\mathbb{E}[\psi(\widetilde{x}^s)-\psi(x)]+\mathbb{E}[V(x^s, x)]&\leqslant\mathcal{R}_{s_0+1}\mathbb{E}[\psi(\widetilde{x}^{s_0})-\psi(x)]+\mathbb{E}[V(x^{s_0}, x)]\\&\leqslant\mathcal{L}_{s_0}\mathbb{E}[\psi(\widetilde{x}^{s_0})-\psi(x)]+\mathbb{E}[V(x^{s_0}, x)]\\&\leqslant\frac{D_0}{3L}\end{aligned}\tag{5.4.29}$$

其中最后一个不等式由 $\mathcal{L}_{s_0}\geqslant\frac{2T_{s_0}}{3L}$ 这一事实和关系式(5.4.27)一起推出。再注意到 $\mathcal{L}_{s_0}\geqslant\frac{(s-s_0+4)^2m}{3L}$(参见式(5.4.21))成立，于是得到了命题结果。 ■

引理 5.21 若 $s>\bar{s}_0:=s_0+\sqrt{\frac{12L}{m\mu}}-4$，并且 $m<\frac{3L}{4\mu}$，则

$$\mathbb{E}[\psi(\widetilde{x}^s)-\psi(x^*)]\leqslant\left(1+\sqrt{\frac{\mu}{3mL}}\right)^{\frac{-m(s-\bar{s}_0)}{2}}\frac{D_0}{3L/4\mu}\tag{5.4.30}$$

其中 x^* 是式(5.3.1)的最优解。

证明 在这种情形中，$1/2\geqslant\sqrt{\frac{m\mu}{3L}}\geqslant\frac{2}{s-s_0+4}$。因此，我们可采用常数步长策略，即 $\alpha_s\equiv\sqrt{\frac{m\mu}{3L}}$，$p_s\equiv\frac{1}{2}$，$\gamma_s\equiv\frac{1}{3L\alpha_s}=\frac{1}{\sqrt{3mL\mu}}$，$T_s\equiv T_{s_0}$。另外注意到，在这种情况下 θ_t 的选择与式(5.4.26)相同。在式(5.4.9)两边同时乘以 $\Gamma_{t-1}=(1+\mu\gamma_s)^{t-1}$，我们得到

$$\frac{\gamma_s}{\alpha_s}\Gamma_{t-1}\mathbb{E}[\psi(\bar{x}_t)-\psi(x)]+\Gamma_t\mathbb{E}[V(x_t, x)]\leqslant\frac{\Gamma_{t-1}\gamma_s}{\alpha_s}(1-\alpha_s-p_s)\mathbb{E}[\psi(\bar{x}_{t-1})-\psi(x)]+$$
$$\frac{\Gamma_{t-1}\gamma_s p_s}{\alpha_s}\mathbb{E}[\psi(\widetilde{x})-\psi(x)]+\Gamma_{t-1}\mathbb{E}[V(x_{t-1}, x)]$$

把上面的不等式对 $t=1, \cdots, T_s$ 累加求和，并利用 $\bar{x}_0=\widetilde{x}$ 这一事实，得到

$$
\begin{aligned}
&\frac{\gamma_s}{\alpha_s}\sum_{t=1}^{T_s}\theta_t\mathbb{E}[\psi(\overline{x}_t)-\psi(x)]+\Gamma_{T_s}\mathbb{E}[V(x_{T_s},x)]\\
&\leqslant\frac{\gamma_s}{\alpha_s}\left[1-\alpha_s-p_s+p_s\sum_{t=1}^{T_s}\Gamma_{t-1}\right]\mathbb{E}[\psi(\widetilde{x})-\psi(x)]+\mathbb{E}[V(x_0,x)]
\end{aligned}
$$

现在使用事实 $x^s=x_{T_s}$，$x_0=x^{s-1}$，$\widetilde{x}^s=\sum_{t=1}^{T_s}(\theta_t\overline{x}_t)\Big/\sum_{t=1}^{T_s}\theta_t$，$\widetilde{x}=\widetilde{x}^{s-1}$，$T_s=T_{s_0}$，以及 ψ 的凸性，我们得到对于任何 $s>\overline{s}_0$，有

$$
\begin{aligned}
&\frac{\gamma_s}{\alpha_s}\sum_{t=1}^{T_{s_0}}\theta_t\mathbb{E}[\psi(\widetilde{x}^s)-\psi(x)]+\Gamma_{T_{s_0}}\mathbb{E}[V(x^s,x)]\\
&\leqslant\frac{\gamma_s}{\alpha_s}\left[1-\alpha_s-p_s+p_s\sum_{t=1}^{T_{s_0}}\Gamma_{t-1}\right]\mathbb{E}[\psi(\widetilde{x}^{s-1})-\psi(x)]+\mathbb{E}[V(x^{s-1},x)]
\end{aligned}
\tag{5.4.31}
$$

此外，我们有

$$
\begin{aligned}
\sum_{t=1}^{T_{s_0}}\theta_t&=\Gamma_{T_{s_0}-1}+\sum_{t=1}^{T_{s_0}-1}(\Gamma_{t-1}-(1-\alpha_s-p_s)\Gamma_t)\\
&=\Gamma_{T_{s_0}}(1-\alpha_s-p_s)+\sum_{t=1}^{T_{s_0}}(\Gamma_{t-1}-(1-\alpha_s-p_s)\Gamma_t)\\
&=\Gamma_{T_{s_0}}(1-\alpha_s-p_s)+[1-(1-\alpha_s-p_s)(1+\mu\gamma_s)]\sum_{t=1}^{T_{s_0}}\Gamma_{t-1}
\end{aligned}
$$

观察到对任意 $T>1$ 和 $0\leqslant\delta T\leqslant1$，有 $(1+\delta)^T\leqslant1+2T$ 成立，而 $\alpha_s\geqslant\sqrt{\frac{m\mu}{3L}}\geqslant\sqrt{\frac{T_{s_0}\mu}{3L}}$，因此，

$$
\begin{aligned}
1-(1-\alpha_s-p_s)(1+\mu\gamma_s)&\geqslant(1+\mu\gamma_s)(\alpha_s-\mu\gamma_s+p_s)\\
&\geqslant(1+\mu\gamma_s)(T_{s_0}\mu\gamma_s-\mu\gamma_s+p_s)\\
&=p_s(1+\mu\gamma_s)[2(T_{s_0}-1)\mu\gamma_s+1]\\
&\geqslant p_s(1+\mu\gamma_s)^{T_{s_0}}=p_s\Gamma_{T_{s_0}}
\end{aligned}
$$

于是我们得出这一结论：$\sum_{t=1}^{T_{s_0}}\theta_t\geqslant\Gamma_{T_{s_0}}\left[1-\alpha_s-p_s+p_s\sum_{t=1}^{T_{s_0}}\Gamma_{t-1}\right]$。此式与关系式(5.4.31)和性质 $\psi(\widetilde{x}^s)-\psi(x^*)\geqslant0$ 一起，有

$$
\begin{aligned}
&\Gamma_{T_{s_0}}\left\{\frac{\gamma_s}{\alpha_s}\left[1-\alpha_s-p_s+p_s\sum_{t=1}^{T_{s_0}}\Gamma_{t-1}\right]\mathbb{E}[\psi(\widetilde{x}^s)-\psi(x^*)]+\mathbb{E}[V(x^s,x^*)]\right\}\\
&\leqslant\frac{\gamma_s}{\alpha_s}\left[1-\alpha_s-p_s+p_s\sum_{t=1}^{T_{s_0}}\Gamma_{t-1}\right]\mathbb{E}[\psi(\widetilde{x}^{s-1})-\psi(x^*)]+\mathbb{E}[V(x^{s-1},x^*)]
\end{aligned}
$$

对 $s>\overline{s}_0=s_0+\sqrt{\frac{12L}{m\mu}}-4$ 递归应用上述关系，并注意到 $\Gamma_t=(1+\mu\gamma_s)^t$ 和此时所采用的固定步长策略，得到

$$
\frac{\gamma_s}{\alpha_s}\left[1-\alpha_s-p_s+p_s\sum_{t=1}^{T_{s_0}}\Gamma_{t-1}\right]\mathbb{E}[\psi(\widetilde{x}^s)-\psi(x^*)]+\mathbb{E}[V(x^s,x^*)]
$$

$$\leqslant(1+\mu\gamma_s)^{-T_{s_0}(s-\bar{s}_0)}\left\{\frac{\gamma_s}{\alpha_s}\left[1-\alpha_s-p_s+p_s\sum_{t=1}^{T_{s_0}}\Gamma_{t-1}\right]\mathbb{E}[\psi(\tilde{x}^{\bar{s}_0})-\psi(x^*)]+\mathbb{E}[V(x^{\bar{s}_0},x^*)]\right\}$$

根据在这一情形中参数设置，即 $\alpha_s\equiv\sqrt{\frac{m\mu}{3L}}$，$p_s\equiv\frac{1}{2}$，$\gamma_s=\frac{1}{3L\alpha_s}=\frac{1}{\sqrt{3mL\mu}}$ 和 $\bar{s}_0=s_0+\sqrt{\frac{12L}{m\mu}}-4$，我们有 $\frac{\gamma_s}{\alpha_s}\left[1-\alpha_s-p_s+p_s\sum_{t=1}^{T_{s_0}}\Gamma_{t-1}\right]\geqslant\frac{\gamma_s p_s T_{s_0}}{\alpha_s}=\frac{T_{s_0}}{2m\mu}\frac{(\bar{s}_0-s_0+4)^2T_{s_0}}{24L}$ 成立。利用上述不等式中的观察结果，我们得到下面结论

$$\begin{aligned}
&\mathbb{E}[\psi(\tilde{x}^s)-\psi(x^*)]\\
&\leqslant(1+\mu\gamma_s)^{-T_{s_0}(s-\bar{s}_0)}\left[\mathbb{E}[\psi(\tilde{x}^{\bar{s}_0})-\psi(x^*)]+\frac{24L}{(\bar{s}_0-s_0+4)^2T_{s_0}}\mathbb{E}[V(x^{\bar{s}_0},x^*)]\right]\\
&\leqslant(1+\mu\gamma_s)^{-T_{s_0}(s-\bar{s}_0)}\frac{24L}{(\bar{s}_0-s_0+4)^2T_{s_0}}[\mathcal{L}_{\bar{s}_0}\mathbb{E}[\psi(\tilde{x}^{\bar{s}_0})-\psi(x^*)]+\mathbb{E}[V(x^{\bar{s}_0},x^*)]]\\
&\leqslant(1+\mu\gamma_s)^{-T_{s_0}(s-\bar{s}_0)}\frac{24L}{(\bar{s}_0-s_0+4)^2T_{s_0}}\frac{D_0}{3L}\\
&\leqslant(1+\mu\gamma_s)^{-T_{s_0}(s-\bar{s}_0)}\frac{16D_0}{(\bar{s}_0-s_0+4)^2m}\\
&=(1+\mu\gamma_s)^{-T_{s_0}(s-\bar{s}_0)}\frac{D_0}{3L/4\mu}
\end{aligned}$$

其中的第二个不等式由式(5.4.21)根据 $\mathcal{L}_{\bar{s}_0}\geqslant\frac{(\bar{s}_0-s_0+4)^2T_{s_0}}{24L}=\frac{T_{s_0}}{2m\mu}$ 这一事实得到，第三个不等式由式(5.4.29)的第三种情形得到，最后一个不等式由 $T_{s_0}=2^{\lfloor\log_2 m\rfloor}\geqslant m/2$ 得到。 ■

将上述四个结果结合在一起，我们就得到了下面本小节的主要结果。

定理 5.9　假设概率 q_i 被设置为 $L_i/\sum_{i=1}^m L_i$，$i=1,\cdots,m$，同时记 $s_0:=\lfloor\log m\rfloor+1$，并假定当 $1\leqslant s\leqslant s_0$ 或 $s_0<s\leqslant s_0\sqrt{\frac{12L}{m\mu}}-4$，$m<\frac{3L}{4\mu}$ 时，$\{\theta_t\}$ 按式(5.4.12)设置，否则按式(5.4.26)设置。如果参数 $\{T_s\}$、$\{\gamma_s\}$ 和 $\{p_s\}$ 依式(5.4.17)设置，并且 $\{\alpha_s\}$ 由式(5.4.25)给出，则有下式成立

$$\mathbb{E}[\psi(\tilde{x}^s)-\psi(x^*)]\leqslant\begin{cases}2^{-(s+1)}D_0 & 1\leqslant s\leqslant s_0\\ \left(\frac{4}{5}\right)^sD_0 & s>s_0\text{ 且 }m\geqslant\frac{3L}{4\mu}\\ \frac{16D_0}{(s-s_0+4)^2m} & s_0<s\leqslant s_0+\sqrt{\frac{12L}{m\mu}}-4\text{ 且 }m<\frac{3L}{4\mu}\\ \left(1+\sqrt{\frac{\mu}{3mL}}\right)^{\frac{-m(s-\bar{s}_0)}{2}}\frac{D_0}{3L/4\mu} & s_0+\sqrt{\frac{12L}{m\mu}}-4=\bar{s}_0<s\text{ 且 }m<\frac{3L}{4\mu}\end{cases}\tag{5.4.32}$$

其中 x^* 是方程式(5.3.1)的最优解，D_0 如式(5.4.20)定义。

现在我们准备导出算法的复杂度界，将以梯度计算的总次数来表示。

推论 5.11　使用算法 5.7 寻找问题(2.0.1)的随机 ε-解时，对 f_i 进行梯度计算的总次数的界为

$$\overline{N}:=\begin{cases}\mathcal{O}\left\{m\log\dfrac{D_0}{\varepsilon}\right\} & m\geqslant\dfrac{D_0}{\varepsilon}\text{或 }m\geqslant\dfrac{3L}{4\mu}\\ \mathcal{O}\left\{m\log m+\sqrt{\dfrac{mD_0}{\varepsilon}}\right\} & m<\dfrac{D_0}{\varepsilon}\leqslant\dfrac{3L}{4\mu}\\ \mathcal{O}\left\{m\log m+\sqrt{\dfrac{mL}{\mu}}\log\dfrac{D_0/\varepsilon}{3L/4\mu}\right\} & m<\dfrac{3L}{4\mu}\leqslant\dfrac{D_0}{\varepsilon}\end{cases}\tag{5.4.33}$$

其中 D_0 如式(5.4.20)定义。

证明　首先，很明显，第一种情形和第三种情形对应于推论 5.10 中所讨论的平滑情形的结果。因此，梯度计算的总次数也可分别受限为式(5.4.23)和式(5.4.24)。其次，对于式(5.4.32)的第二种情况，很容易看出降低方差的加速梯度法最多需要运行 $S:=\mathcal{O}\{\log D_0/\varepsilon\}$轮，因此梯度计算的总次数可以被限定为

$$mS+\sum_{s=1}^{S}T_s\leqslant 2mS=\mathcal{O}\left\{m\log\frac{D_0}{\varepsilon}\right\}\tag{5.4.34}$$

最后，对于式(5.4.32)中的最后一种情况，由于降低方差的加速梯度法最多只需要运行 $S'=\bar{s}_0+2\sqrt{\dfrac{3L}{m\mu}}\log\dfrac{D_0/\varepsilon}{3L/4\mu}$轮，梯度计算的总次数被限定为

$$\begin{aligned}\sum_{s=1}^{S'}(m+T_s)&=\sum_{s=1}^{s_0}(m+T_s)+\sum_{s=s_0+1}^{\bar{s}_0}(m+T_{s_0})+(m+T_{s_0})(S'-\bar{s}_0)\\&\leqslant 2m\log m+2m\left(\sqrt{\frac{12L}{m\mu}}-4\right)+4m\sqrt{\frac{3L}{m\mu}}\log\frac{D_0/\varepsilon}{3L/4\mu}\\&=\mathcal{O}\left\{m\log m+\sqrt{\frac{mL}{\mu}}\log\frac{D_0/\varepsilon}{3L/4\mu}\right\}\end{aligned}$$

■

可以看出，复杂度界式(5.4.33)是降低方差加速梯度法求解确定性光滑有限和优化问题(2.0.1)时统一表示的收敛结果。当目标函数的强凸模 μ 足够大时，即 $3L/\mu<D_0/\varepsilon$ 时，从式(5.4.33)的第三种情况可以看出，降低方差加速梯度法会表现出最优的线性收敛速度。在 μ 相对较小的情况下，该算法将有限和问题(5.3.1)视为一个不具有强凸性的光滑问题，从而导致了与推论 5.10 中具有相同的复杂度界。

5.4.3　满足错误界条件的问题

在本节中，我们建立对一些更一般的有限和优化问题使用降低方差加速梯度法求解时的收敛性质。特别地，我们研究了一类弱化的强凸问题，即目标函数 $\psi(x)$满足如下给定的误差界条件

$$V(x,X^*)\leqslant\frac{1}{\mu}(\psi(x)-\psi^*),\quad\forall x\in X\tag{5.4.35}$$

其中 X^* 表示问题(5.3.1)的最优解集。

许多优化问题都满足上述误差界的条件，包括线性系统、二次规划、线性矩阵不等式、强凸外函数和多面体内函数的复合问题。即使这些问题不是强凸的，通过适当地重新启动降低方差加速梯度法，我们仍可以用一个加速的线性收敛速度算法来求解这些问题，如下面结果所示。

定理 5.10 假设 q_i 的概率设定为 $L_i/\sum_{i=1}^{m} L_i$，其中 $i=1, \cdots, m$，θ_t 如式(5.4.12)定义。此外，将参数$\{\gamma_s\}$，$\{p_s\}$和$\{\alpha_s\}$按式(5.4.17)和式(5.4.18)设置，其中轮数上界为

$$T_s=\begin{cases}T_1 2^{s-1}, & s\leqslant s_0 \\ T_{s_0}, & s>s_0\end{cases} \tag{5.4.36}$$

式中 $s_0=4$，$s=s_0+4\sqrt{\frac{L}{\bar{\mu} m}}$ 且 $T_1=\min\left\{m, \frac{L}{\bar{\mu}}\right\}$。那么在条件(5.4.35)下，对于任意 $x^* \in X^*$，有下式成立

$$\mathbb{E}[\psi(\widetilde{x}^s)-\psi(x^*)]\leqslant\frac{5}{16}[\psi(x^0)-\psi(x^*)] \tag{5.4.37}$$

此外，如果重新启动算法 5.7 $k=\log \frac{\psi(x^0)-\psi(x^*)}{\varepsilon}$ 次，并且每次启动后执行 s 次迭代，则

$$\mathbb{E}[\psi(\widetilde{x}^{sk})-\psi(x^*)]\leqslant\left(\frac{5}{16}\right)^k[\psi(x^0)-\psi(x^*)]\leqslant\varepsilon$$

并且，求得问题(2.0.1)随机 ε-解的 f_i 梯度求值的总次数受限于

$$\overline{N}:=k\left(\sum_s(m+T_s)\right)=\mathcal{O}\left(m+\sqrt{\frac{mL}{\bar{\mu}}}\right)\log\frac{\psi(x^0)-\psi(x^*)}{\varepsilon} \tag{5.4.38}$$

证明 与光滑情形类似，根据式(5.4.15)，对于任意 $x\in X$，有

$$\begin{aligned}\mathcal{L}_s\mathbb{E}[\psi(\widetilde{x}^s)-\psi(x)]&\leqslant\mathcal{R}_1\mathbb{E}[\psi(\widetilde{x}^0)-\psi(x)]+\mathbb{E}[V(x^0, x)-V(x^s, x)]\\&\leqslant\mathcal{R}_1[\psi(x^0)-\psi(x)]+V(x^0, x)\end{aligned}$$

然后，我们用 x^* 代替 x，并利用式(5.4.35)的关系可以得到

$$\mathcal{L}_s\mathbb{E}[\psi(\widetilde{x}^s)-\psi(x^*)]\leqslant\mathcal{R}_1[\psi(x^0)-\psi(x^*)]+\frac{1}{u}[\psi(x)-\psi(x^*)]$$

现在，我们来计算 $\mathcal{L}_s$ 和 $\mathcal{R}_1$。根据式(5.4.21)，我们有 $\mathcal{L}_s\geqslant\frac{(s-s_0+4)^2(T_{s_0}+1)}{24L}$。将参数 γ_1、p_1、α_1 和 T_1 代入式(5.4.13)可得到 $\mathcal{R}_1=\frac{2T_1}{3L}$。因此，我们证明式(5.4.37)如下$\left(\text{回想一下 } s_0=4 \text{ 和 } s=s_0+4\sqrt{\frac{L}{\bar{\mu} m}}\right)$：

$$\begin{aligned}\mathbb{E}[\psi(\widetilde{x}^s)-\psi(x^*)]&\leqslant\frac{16T_1+24L/\bar{\mu}}{(s-s_0+4)^2T_1 2^{s_0-1}}[\psi(x^0)-\psi(x^*)]\\&\leqslant\frac{16+24L/(\bar{\mu}T_1)}{(s-s_0+4)^2 2^{s_0-1}}[\psi(x^0)-\psi(x^*)]\\&\leqslant\frac{5}{16}\frac{L/(\bar{\mu}T_1)}{1+L/(\bar{\mu}m)}[\psi(x^0)-\psi(x^*)]\\&\leqslant\frac{5}{16}[\psi(x^0)-\psi(x^*)]\end{aligned}$$

其中最后一个不等式由 $T_1=\min\left\{m, \frac{L}{\bar{\mu}}\right\}$ 得到。最后，我们把 $k=\log\frac{\psi(x^0)-\psi(x^*)}{\varepsilon}$，$s_0=4$，$s=s_0+4\sqrt{\frac{L}{\bar{\mu} m}}$ 和 $T_1=\min\left\{m, \frac{L}{\bar{\mu}}\right\}$ 代入上式即证明了式(5.4.38)：

$$\overline{N}:=k\Big(\sum_s(m+T_s)\Big)\leqslant k(ms+T_1 2^{s_0}(s-s_0+1))=\mathcal{O}\Big(m+\sqrt{\frac{mL}{\overline{\mu}}}\Big)\log\frac{\psi(x^0)-\psi(x^*)}{\varepsilon}$$

■

5.5 练习和注释

练习

1. 在分析原始-对偶梯度法时，找出一种使用函数值 f_i 及其梯度 ∇f_i 的方法，用以代替共轭函数 J_i 的方法。
2. 可以将镜面邻近法具体化来解决在式(5.2.14)中的鞍点问题。请以这样一种方式说明这个算法，即只涉及梯度计算，而不涉及对偶邻近映射计算。
3. 考虑式(5.3.1)中的有限和问题，并假设式(5.3.2)成立且参数 $\mu>0$。证明以下用于解决该问题的降低方差梯度法的收敛速度。给定 $k-1$ 次迭代结束时 x_{k-1} 的值以及每个 $f_i'(\phi_i^{k-1})$，则第 k 次迭代的更新分别为：
   (a) 均匀随机取一个 j。
   (b) 取 $\phi_j^{k-1}=x^{k-1}$，并把 $f_j'(\phi_j^k)$存储在表中。表中其他所有条目保持不变。ϕ_j^k 的值没有显式地存储。
   (c) 使用 $f_j'(\phi_j^k)$，$f_j'(\phi_j^{k-1})$和表中平均值更新 x：

$$w^k=x^{k-1}-\gamma\left[f'_j(\phi_j^k)-f'_j(\phi_j^{k-1})+\frac{1}{n}\sum_{i=1}^n f'_i(\phi_i^{k-1})\right] \tag{5.5.1}$$

$$x^k=\arg\min_{x\in X}\{\gamma[\langle w^k,x\rangle+h(x)]+V(x_t,x)\} \tag{5.5.2}$$

4. 试建立求解在式(5.2.5)中随机有限和问题的降低方差镜面下降的收敛性。
5. 试建立求解在式(5.2.5)中随机有限和问题的降低方差加速梯度法的收敛性。

注释

随机原始-对偶梯度(RPDG)方法是由 Lan 和 Zhou[71] 在 2015 年首次提出的。他们还建立了求解一类有限和优化问题的更低的复杂度界。随机和分布优化的梯度外插方法最早由 Lan 和 Zhou 在文献[70]中提出。RPDG 和 Lin 等[78] 诱导出的方案是文献[71]中最先实现较低复杂度界限的两种增量梯度方法。Allen-zhu[2] 提出了 Katyusha 方法，该方法结合了一类特殊的加速 SGD 和降低方差技术。Lan 等人[74] 引入了一种新的降低方差的加速梯度方法，称为 Varag，它是均匀凸和强凸问题的最优解，也是满足误差界条件的问题的最优解。我们对降低方差加速梯度法的介绍遵循文献[74]。在随机增量梯度法方面，文献[15，29，56，121]取得了较早的重要进展。特别是 Schimidt 等[121] 提出了一种随机平均梯度(SAG)方法，该方法利用随机抽样来更新梯度，并能实现线性收敛速度，即 $\mathcal{O}\{m+(mL/\mu)\log(1/\varepsilon)\}$复杂度界，用于解决无约束有限和问题(5.2.1)。Johnson 和 Zhang 后来在文献[56]中提出了一种 ∇f 的降低方差梯度(SVRG)方法，该方法通过迭代更新当前精确梯度信息中随机选择的某个 f_i 的梯度，并随之重新计算精确梯度，来计算 ∇f 的估计量。文献[140]后来扩展了 SVRG 来解决邻近有限和问题(5.2.1)。所有这些方法都具有$\mathcal{O}\{(m+L/\mu)\log(1/\varepsilon)\}$复杂度界，文献[29]还提出了一种改进的 SAG 方法，称为 SAGA，也可以实现这样的复杂度结果。相关的随机对偶方法(例如，文献[122-123，141])可能涉及更复杂的子问题的解决。尽管有了这些发展，但据我们所知，直到 5.3 节，降低方差才被纳入更一般的镜面下降法中。

非凸优化

在之前的几章中，我们讨论了几种随机梯度下降型方法，并建立了利用它们求解不同凸优化问题时的收敛速度。但是请注意，凸性在我们的相关分析中扮演了重要的角色。在本章中，我们将重点讨论不一定是凸的随机优化问题。我们首先介绍一些新的随机优化算法，包括随机化随机梯度法和随机加速梯度下降法，用来解决这些非凸问题。我们建立了这些方法求解非线性规划问题近似平稳点的复杂性。我们还要讨论这些方法的变体，以解决一类基于模拟的优化问题，这类问题中只有随机零阶信息是可用的。此外，我们还研究了求解非凸有限和问题的降低方差镜面下降法，以及通过邻近点求解非凸有限和问题和多块问题的间接加速方案。

6.1 无约束非凸随机优化法

在本节中，我们研究经典的无约束非线性规划(NLP)问题，形如

$$f^* := \inf_{x \in \mathbb{R}^n} f(x) \tag{6.1.1}$$

其中，$f: \mathbb{R}^n \to \mathbb{R}$ 是一个可微的(不一定是凸的)有下界的函数，而且它的梯度 $\nabla f(\cdot)$ 满足

$$\|\nabla f(y) - \nabla f(x)\| \leqslant L\|y-x\|, \quad \forall x, y \in \mathbb{R}^n$$

我们说 $f \in \mathcal{C}_L^{1,1}(\mathbb{R}^n)$，如果它是可微的，并且满足上述假设。显然，我们有

$$|f(y) - f(x) - \langle \nabla f(x), y-x \rangle| \leqslant \frac{L}{2}\|y-x\|^2, \quad \forall x, y \in \mathbb{R}^n \tag{6.1.2}$$

此外，如果 $f(\cdot)$ 是凸的，那么

$$f(y) - f(x) - \langle \nabla f(x), y-x \rangle \geqslant \frac{1}{2L}\|\nabla f(y) - \nabla f(x)\|^2 \tag{6.1.3}$$

和

$$\langle \nabla f(y) - \nabla f(x), y-x \rangle \geqslant \frac{1}{L}\|\nabla f(y) - \nabla f(x)\|^2, \quad \forall x, y \in \mathbb{R}^n \tag{6.1.4}$$

然而，与标准的 NLP 不同的是，在本节中假设我们只能访问式(6.1.1)中关于目标函数 f 的噪声函数值或梯度值。特别是，在基本的设置中，我们假设问题(6.1.1)将通过迭代算法求解，迭代算法通过后续调用随机一阶(SFO)预言机获得 f 的梯度。在算法的第 k 次迭代时，x_k 为输入，SFO 预言机输出一个随机梯度 $G(x_k, \xi_k)$，其中 $\xi_k (k \geqslant 1)$ 是随机变量，其分布 P_k 在支撑集 $\Xi_k \subseteq \mathbb{R}^d$ 上。对 Borel 函数 $G(x_k, \xi_k)$ 有以下假设。

假设 13 对于任意 $k \geqslant 1$ 有

$$\text{a)}\ \mathbb{E}[G(x_k, \xi_k)] = \nabla f(x_k) \tag{6.1.5}$$

$$\text{b)}\ \mathbb{E}[\|G(x_k, \xi_k) - \nabla f(x_k)\|^2] \leqslant \sigma^2 \tag{6.1.6}$$

对于某些参数 $\sigma \geqslant 0$。

可以注意到，由式(6.1.5)可知，$G(x_k, \xi_k)$ 是 $\nabla f(x_k)$ 的无偏估计量，并且由式(6.1.6)可知，随机变量的方差 $\|G(x_k, \xi_k) - \nabla f(x_k)\|$ 是有界的。值得注意的是，在随

机规划(SP)的标准设置中，$\xi_k(k=1, 2, \cdots)$是相互独立的(x_k 也是如此)。我们这里的假设比较弱，因为我们不需要假设 $\xi_k(k=1, 2, \cdots)$是独立的。

我们对上述 SP 问题的研究是在一些有趣的应用驱动下进行的，简要说明如下。

- 在许多机器学习问题中，我们打算最小化正则化的损失函数 $f(\cdot)$，由下式给出：

$$f(x)=\int_{\Xi} L(x, \xi)\mathrm{d}P(\xi)+r(x) \tag{6.1.7}$$

其中损失函数 $L(x, \xi)$或正则化函数 $r(x)$是非凸的。

- 另一类重要问题源于 SP 中的*内生不确定性*。更具体地说，这些 SP 问题的目标函数以下面的形式给出

$$f(x)=\int_{\Xi(x)} F(x, \xi)\mathrm{d}P_x(\xi) \tag{6.1.8}$$

其中支撑函数 $\Xi(x)$和依赖于 x 的随机向量 ξ 的值的分布函数为 P_x。在式(6.1.8)中的函数 f 通常是非凸的，即使 $F(x, \xi)$相对于变量 x 是凸的。例如，如果支撑集 Ξ 不依赖于 x，对于某些固定的分布 P，可以表示 $\mathrm{d}P_x=H(x)\mathrm{d}P$，通常这种变换会导致一个非凸的被积函数。其他技术也被发展出来以计算式(6.1.8)中 $f(\cdot)$梯度的无偏估计量。

- 最后，在*基于仿真的优化*中，目标函数由 $f(x)=\mathbb{E}_{\xi}[F(x, \xi)]$给出，其中 $F(\cdot, \xi)$不是显式给出的，而是通过一个黑箱仿真程序。因此，我们不知道函数 f 是否为凸函数。此外，在这些情况下，我们通常只能获得关于 $f(\cdot)$函数值的零阶随机信息，而不能获得其梯度信息。

在确定性假设条件下(即式(6.1.6)中 $\sigma=0$)，我们对梯度下降法求解问题(6.1.1)的复杂性已经有了深入的理解。特别是，我们知道，在运行最多 $N=\mathcal{O}(1/\epsilon)$步之后，有 $\min\limits_{k=1,\cdots,N}\|\nabla f(x_k)\|^2\leqslant\epsilon$。然而，需要注意的是，这种分析并不适用于随机场合(即式(6.1.6)中的 $\sigma>0$)的情形。此外，即使已经有 $\min\limits_{k=1,\cdots,N}\|\nabla f(x_k)\|^2\leqslant\epsilon$，从$\{x_1, \cdots, x_N\}$中找到最优解也仍然是困难的，因为并不知道$\|\nabla f(x_k)\|$的准确值。本节的内容安排如下。首先，为了解决上述非凸 SP 问题，我们提出了一种随机化随机梯度下降(RSGD)方法，它对经典的随机梯度下降方法进行了以下改进：不同于在凸 SP 的随机镜面下降中取迭代的平均值为输出，它从$\{x_1, \cdots, x_N\}$中按一定的概率分布选出后作为输出 $\bar{x}$。我们证明了在运行该方法最多 $N=\mathcal{O}(1/\epsilon^2)$次迭代后，其解满足 $\mathbb{E}[\|\nabla f(\bar{x})\|^2]\leqslant\epsilon$。此外，当 $f(\cdot)$为凸函数时，我们可以证明 $\mathbb{E}[f(\bar{x})-f^*]\leqslant\epsilon$ 的关系始终成立。这样就证明了这种复杂性结果对于解决凸 SP 问题几乎是最优的(见推论 6.1 之后的讨论)。毫不意外，随机情况下的复杂度比确定性情况下的复杂度要差得多。例如，在凸情况下，从前一章的讨论中已经知道，当从确定性改成为随机的设置时，找到一个解 $\bar{x}$ 满足$[f(\bar{x})-f^*]\leqslant\epsilon$ 的复杂度将从 $\mathcal{O}(1/\sqrt{\epsilon})$大幅增加到 $\mathcal{O}(1/\epsilon^2)$。

其次，为了改善 RSGD 方法的大偏差特性并提高可靠性，我们提出了一种两阶段随机化的随机梯度下降(2-RSGD)方法，通过引入一个后优化阶段来评估一个小的解的列表，该表由几次独立运行的 RSGD 方法生成的多个解构成。我们证明了求解问题(6.1.1)的(ϵ, Λ)-解的 2-RSGD 算法的复杂性，即对于某个 $\epsilon>0$ 和 $\Lambda\in(0, 1)$，存在点 $\bar{x}$ 使得 $\mathrm{Prob}\{\|\nabla f(\bar{x})\|^2\leqslant\epsilon\}\geqslant1-\Lambda$ 的 2-RSGD 方法有上界

$$\mathcal{O}\left\{\frac{\log(1/\Lambda)\sigma^2}{\epsilon}\left[\frac{1}{\epsilon}+\frac{\log(1/\Lambda)}{\Lambda}\right]\right\}$$

可进一步证明，在关于 SFO 预言机的某个轻尾假设下，上述复杂度界可以减小为

$$\mathcal{O}\left\{\frac{\log(1/\Lambda)\sigma^2}{\varepsilon}\left(\frac{1}{\varepsilon}+\log\frac{1}{\Lambda}\right)\right\}$$

最后，我们将 RSGD 对于只有零阶随机信息可用的情况进行了专门处理。在非线性规划中，零阶(或无导数)方法有着相当长的发展历史。然而，只有少数的复杂性结果可用于这类方法，大多是凸规划和确定性非凸规划问题。通过在上述 RSGD 方法中引入高斯平滑技术，我们提出了一种求解一类基于仿真的优化问题的随机无梯度(RSGF)方法，并证明了该方法求问题的 ε-解(即 $\mathbb{E}[\|\nabla f(\bar{x})\|^2]\leqslant\varepsilon$)的迭代复杂度界为 $\mathcal{O}(n/\varepsilon^2)$。此外，当以 $\mathbb{E}[f(\bar{x})-f^*]\leqslant\varepsilon$ 表示解时，该算法求解光滑凸 SP 问题的复杂度为 $\mathcal{O}(n/\varepsilon^2)$。

6.1.1 随机一阶方法

本节的目标是提出并分析一类新的 SGD 算法来解决一般光滑的非线性(可能是非凸的)SP 问题。具体来说，我们在 6.1.1.1 节中提出 RSGD 方法并建立了其收敛性，然后介绍 2-RSGD 方法，该方法可以显著改进 6.1.1.2 节中 RSGD 方法的大偏差性质。

在本节中，我们假定假设 13 成立。在某些情况下，下面的“轻尾”假设补充了假设 13。

假设 14 对于任意 $x\in\mathbb{R}^n$ 及 $k\geqslant 1$，有下式成立：

$$\mathbb{E}[\exp\{\|G(x, \xi_k)-\nabla f(x)\|^2/\sigma^2\}]\leqslant\exp\{1\} \tag{6.1.9}$$

可以很容易地看出，由于 Jensen 不等式，假设 14 实际隐含了假设 13(b)。

6.1.1.1 随机化的随机梯度法

现有的 SGD 方法的收敛性要求函数 $f(\cdot)$是凸的。此外，为了保证 $f(\cdot)$的凸性，常常需要假设各随机变量 $\xi_k(k\geqslant 1)$独立于搜索序列$\{x_k\}$。下面我们提出一种新的 SGD 型算法，它可以处理凸的和非凸的 SP 问题，并且允许随机噪声依赖于搜索序列。该算法是通过在经典的 SGD 方法中纳入特定的随机化方案而得到的。

随机化的随机梯度(RSGD)方法

输入： 初始点 x_1，迭代极限 N，步长$\{\gamma_k\}_{k\geqslant 1}$，概率质量函数 $P_R(\cdot)$在支撑集$\{1, \cdots, N\}$上。

步骤 0。设 R 为随机变量，概率质量函数为 P_R。

步骤 $k=1, \cdots, R$。调用随机一阶预言机计算 $G(x_k, \xi_k)$，并设置

$$x_{k+1}=x_k-\gamma_k G(x_k, \xi_k) \tag{6.1.10}$$

输出： x_R。

下面是对上述 RSGD 方法的几点说明。首先，与经典的 SGD 算法相比，我们采用随机迭代计数 R 来终止 RSGD 算法的执行。同样，我们也可以从以下略微不同的角度来看待这种随机化方案。与在第 R 步终止算法不同，我们还可以运行 RSGD 算法进行 N 次迭代，但从其轨迹中随机选择一个搜索点 x_R(根据概率 P_R)作为算法的输出。显然，使用后一种方案，我们只需要运行 R 次迭代算法，其余 $N-R$ 次为剩余部分。然而，请注意，引入随机迭代计数 R 的主要目的是为非凸 SP 导出新的复杂度结果，而不是节省算法最后 $N-R$ 次迭代的计算工作量。事实上，如果 R 是均匀分布的，那么这种随机化方案的计算增益是简单的因子 2。其次，上述 RSGD 算法还只是概念上的，因为我们还没有指定步长$\{\gamma_k\}$和概率质量函数 P_R 的选择。在建立 RSGD 方法的一些基本收敛性质之后我们将解决这个问题。

下面的结果描述了 RSGD 方法的一些收敛性。

定理 6.1　假设在 RSGD 方法中选择步长$\{\gamma_k\}$和概率质量函数 $P_R(\cdot)$，使得 $\gamma_k<2/L$ 并且

$$P_R(k):=\text{Prob}\{R=k\}=\frac{2\gamma_k-L\gamma_k^2}{\sum_{k=1}^{N}(2\gamma_k-L\gamma_k^2)},\quad k=1,\cdots,N \tag{6.1.11}$$

那么，在假设 13 下：

(a) 对于任意 $N\geqslant 1$，有

$$\frac{1}{L}\mathbb{E}[\|\nabla f(x_R)\|^2]\leqslant\frac{D_f^2+\sigma^2\sum_{k=1}^{N}\gamma_k^2}{\sum_{k=1}^{N}(2\gamma_k-L\gamma_k^2)} \tag{6.1.12}$$

其中，对变量 R 和 $\xi_{[N]}:=(\xi_1,\cdots,\xi_N)$取期望，$D_f$ 定义为

$$D_f:=\left[\frac{2(f(x_1)-f^*)}{L}\right]^{\frac{1}{2}} \tag{6.1.13}$$

这里 f^* 为问题(6.1.1)的最优值。

(b) 另外，如果问题(6.1.1)是凸的，且最优解为 x^*，那么，对于任意 $N\geqslant 1$，有

$$\mathbb{E}[f(x_R)-f^*]\leqslant\frac{D_X^2+\sigma^2\sum_{k=1}^{N}\gamma_k^2}{\sum_{k=1}^{N}(2\gamma_k-L\gamma_k^2)} \tag{6.1.14}$$

上式中是对 R 和 $\xi[N]$取期望，并且

$$D_X:=\|x_1-x^*\| \tag{6.1.15}$$

证明　记 $\delta_k\equiv G(x_k,\xi_k)-\nabla f(x_k)$，$k\geqslant 1$。我们首先证明(a)部分。使用假设 $f\in\mathcal{C}_L^{1,1}(\mathbb{R}^n)$、式(6.1.2)和式(6.1.10)，对于任何 $k=1,\cdots,N$，有

$$\begin{aligned}
f(x_{k+1})&\leqslant f(x_k)+\langle\nabla f(x_k),x_{k+1}-x_k\rangle+\frac{L}{2}\gamma_k^2\|G(x_k,\xi_k)\|^2\\
&=f(x_k)-\gamma_k\langle\nabla f(x_k),G(x_k,\xi_k)\rangle+\frac{L}{2}\gamma_k^2\|G(x_k,\xi_k)\|^2\\
&=f(x_k)-\gamma_k\|\nabla f(x_k)\|^2-\gamma_k\langle\nabla f(x_k),\delta_k\rangle+\\
&\quad\frac{L}{2}\gamma_k^2[\|\nabla f(x_k)\|^2+2\langle\nabla f(x_k),\delta_k\rangle+\|\delta_k\|^2]\\
&=f(x_k)-\left(\gamma_k-\frac{L}{2}\gamma_k^2\right)\|\nabla f(x_k)\|^2-\\
&\quad(\gamma_k-L\gamma_k^2)\langle\nabla f(x_k),\delta_k\rangle+\frac{L}{2}\gamma_k^2\|\delta_k\|^2
\end{aligned} \tag{6.1.16}$$

对上述不等式求和，并重新排列各项，我们得到

$$\sum_{k=1}^{N}\left(\gamma_k-\frac{L}{2}\gamma_k^2\right)\|\nabla f(x_k)\|^2\leqslant f(x_1)-f(x_{N+1})-\sum_{k=1}^{N}(\gamma_k-L\gamma_k^2)\langle\nabla f(x_k),\delta_k\rangle+\frac{L}{2}\sum_{k=1}^{N}\gamma_k^2\|\delta_k\|^2$$

$$\leqslant f(x_1)-f^*-\sum_{k=1}^{N}(\gamma_k-L\gamma_k^2)\langle\nabla f(x_k),\ \delta_k\rangle+\frac{L}{2}\sum_{k=1}^{N}\gamma_k^2\|\delta_k\|^2 \tag{6.1.17}$$

最后一个不等式源于 $f(x_{N+1})\geqslant f^*$ 这一性质。注意，搜索点 x_k 是生成的随机过程的历史 $\xi_{[k-1]}$ 的函数，因此它是随机的。对式(6.1.17)两边的 $\xi_{[N]}$ 均取期望值，并注意在假设13下，$\mathbb{E}[\|\delta_k\|^2]\leqslant\sigma^2$，且

$$\mathbb{E}[\langle\nabla f(x_k),\ \delta_k\rangle|\xi_{[k-1]}]=0 \tag{6.1.18}$$

我们得到

$$\sum_{k=1}^{N}\left(\gamma_k-\frac{L}{2}\gamma_k^2\right)\mathbb{E}_{\xi_{[N]}}\|\nabla f(x_k)\|^2\leqslant f(x_1)-f^*+\frac{L\sigma^2}{2}\sum_{k=1}^{N}\gamma_k^2 \tag{6.1.19}$$

上述不等式两边同时除以 $L\sum_{k=1}^{N}(\gamma_k-L\gamma_k^2/2)$，并注意到

$$\mathbb{E}[\|\nabla f(x_R)\|^2]=\mathbb{E}_{R,\xi_{[N]}}[\|\nabla f(x_R)\|^2]=\frac{\sum_{k=1}^{N}(2\gamma_k-L\gamma_k^2)\mathbb{E}_{\xi_{[N]}}\|\nabla f(x_k)\|^2}{\sum_{k=1}^{N}(2\gamma_k-L\gamma_k^2)}$$

我们得出这样的结论：

$$\frac{1}{L}\mathbb{E}[\|\nabla f(x_R)\|^2]\leqslant\frac{1}{\sum_{k=1}^{N}(2\gamma_k-L\gamma_k^2)}\left[\frac{2(f(x_1)-f^*)}{L}+\sigma^2\sum_{k=1}^{N}\gamma_k^2\right]$$

而从式(6.1.13)来看，这显然蕴含着式(6.1.12)。

我们现在证明(b)部分是成立的。记 $v_k\equiv\|x_k-x^*\|$。首先观察到，对于任意 $k=1,\cdots,N$，有

$$\begin{aligned}v_{k+1}^2&=\|x_k-\gamma_k G(x_k,\ \xi_k)-x^*\|^2\\&=v_k^2-2\gamma_k\langle G(x_k,\ \xi_k),\ x_k-x^*\rangle+\gamma_k^2\|G(x_k,\ \xi_k)\|^2\\&=v_k^2-2\gamma_k\langle\nabla f(x_k)+\delta_k,\ x_k-x^*\rangle+\gamma_k^2(\|\nabla f(x_k)\|^2+2\langle\nabla f(x_k),\ \delta_k\rangle+\|\delta_k\|^2)\end{aligned}$$

此外，由于式(6.1.4)且梯度 $\nabla f(x^*)=0$，我们有

$$\frac{1}{L}\|\nabla f(x_k)\|^2\leqslant\langle\nabla f(x_k),\ x_k-x^*\rangle \tag{6.1.20}$$

综合上述两个关系可得到，对于任意 $k=1,\cdots,N$，有

$$\begin{aligned}v_{k+1}^2&\leqslant v_k^2-(2\gamma_k-L\gamma_k^2)\langle\nabla f(x_k),\ x_k-x^*\rangle-2\gamma_k\langle x_k-\gamma_k\nabla f(x_k)-x^*,\ \delta_k\rangle+\gamma_k^2\|\delta_k\|^2\\&\leqslant v_k^2-(2\gamma_k-L\gamma_k^2)[f(x_k)-f^*]-2\gamma_k\langle x_k-\gamma_k\nabla f(x_k)-x^*,\ \delta_k\rangle+\gamma_k^2\|\delta_k\|^2\end{aligned}$$

其中，最后一个不等式由 $f(\cdot)$ 的凸性和 $\gamma_k\leqslant 2/L$ 得到。将上面的不等式累加起来，并重新排列项，我们得到

$$\begin{aligned}\sum_{k=1}^{N}(2\gamma_k-L\gamma_k^2)[f(x_k)-f^*]&\leqslant v_1^2-v_{N+1}^2-2\sum_{k=1}^{N}\gamma_k\langle x_k-\gamma_k\nabla f(x_k)-x^*,\ \delta_k\rangle+\sum_{k=1}^{N}\gamma_k^2\|\delta_k\|^2\\&\leqslant D_X^2-2\sum_{k=1}^{N}\gamma_k\langle x_k-\gamma_k\nabla f(x_k)-x^*,\ \delta_k\rangle+\sum_{k=1}^{N}\gamma_k^2\|\delta_k\|^2\end{aligned}$$

上式中的最后一个不等式由式(6.1.15)和 $v_{N+1}\geqslant 0$ 得出。该证明的其余部分与(a)部分相似，因此略去有关细节。 ■

我们现在描述在 RSGD 方法中选择步长 $\{\gamma_k\}$ 的一个可能策略。为简单起见，我们假设

采用恒定步长策略，即 $\gamma_k=\gamma$，$k=1$，…，N，对于 $\gamma\in(0, 2/L)$。这里请注意，恒定步长的假设不会损害对 RSGD 方法的效率估计。通过适当选择参数 γ，得到定理 6.1 的以下推论。

推论 6.1　假设对 $\widetilde{D}>0$，步长$\{\gamma_k\}$设置为

$$\gamma_k=\min\left\{\frac{1}{L}, \frac{\widetilde{D}}{\sigma\sqrt{N}}\right\}, \quad k=1, \cdots, N \tag{6.1.21}$$

并假设概率质量函数 $P_R(\cdot)$设置为式(6.1.11)。那么，在假设 13 下，有

$$\frac{1}{L}\mathbb{E}[\|\nabla f(x_R)\|^2]\leqslant\mathcal{B}_N:=\frac{LD_f^2}{N}+\left(\widetilde{D}+\frac{D_f^2}{\widetilde{D}}\right)\frac{\sigma}{\sqrt{N}} \tag{6.1.22}$$

其中，D_f 在式(6.1.13)中定义。此外，如果问题(6.1.1)是凸的，且最优解为 x^*，那么

$$\mathbb{E}[f(x_R)-f^*]\leqslant\frac{LD_X^2}{N}+\left(\widetilde{D}+\frac{D_X^2}{\widetilde{D}}\right)\frac{\sigma}{\sqrt{N}} \tag{6.1.23}$$

其中的 D_X 在式(6.1.15)中定义。

证明　注意到由式(6.1.21)，我们有

$$\begin{aligned}\frac{D_f^2+\sigma^2\sum_{k=1}^{N}\gamma_k^2}{\sum_{k=1}^{N}(2\gamma_k-L\gamma_k^2)}&=\frac{D_f^2+N\sigma^2\gamma_1^2}{N\gamma_1(2-L\gamma_1)}\leqslant\frac{D_f^2+N\sigma^2\gamma_1^2}{N\gamma_1}=\frac{D_f^2}{N\gamma_1}+\sigma^2\gamma_1\\&\leqslant\frac{D_f^2}{N}\max\left\{L, \frac{\sigma\sqrt{N}}{\widetilde{D}}\right\}+\sigma^2\frac{\widetilde{D}}{\sigma\sqrt{N}}\\&\leqslant\frac{LD_f^2}{N}+\left(\widetilde{D}+\frac{D_f^2}{\widetilde{D}}\right)\frac{\sigma}{\sqrt{N}}\end{aligned}$$

此式与式(6.1.12)一起可推出式(6.1.22)。类似地，关系式(6.1.23)也可由上述不等式(用 D_X 代替 D_f)和式(6.1.14)推得。 ■

现在我们对定理 6.1 和推论 6.1 中得到的结果进行一些说明。首先，由式(6.1.19)可以看出，该方法没有从$\{x_1, \cdots, x_N\}$中随机选出 x_R，而是采用另一种可能方法，输出满足下面条件的解 $\hat{x}_N$：

$$\|\nabla f(\hat{x}_N)\|=\min_{k=1,\cdots,N}\|\nabla f(x_k)\| \tag{6.1.24}$$

我们可以证明 $\mathbb{E}\|\nabla f(\hat{x}_N)\|$以类似于式(6.1.12)和式(6.1.22)的收敛速度趋于零。然而，使用这个策略将需要一些额外的计算开销来计算$\|\nabla f(x_k)\|$，对所有的 $k=1$，…，N。由于$\|\nabla f(x_k)\|$不能精确计算，用蒙特卡罗模拟来估计它们会产生额外的逼近误差计算开销，并产生一些结果的可靠性问题。另一方面，上述 RSGD 方法不需要额外的计算开销来估计$\|\nabla f(x_k)\|$，$k=1$，…，N。

其次，注意在步长策略即式(6.1.21)中，我们需要指定一个参数 $\widetilde{D}$。虽然 RSGD 方法对任意 $\widetilde{D}>0$ 都收敛，但由式(6.1.22)和式(6.1.23)可以看出，对于非凸 SP 问题和凸 SP 问题，$\widetilde{D}$ 的最优选择分别为 D_f 和 D_X。通过这样的选择，式(6.1.22)和式(6.1.23)中的界会分别减小为

$$\frac{1}{L}\mathbb{E}[\|\nabla f(x_R)\|^2]\leqslant\frac{LD_f^2}{N}+\frac{2D_f\sigma}{\sqrt{N}} \tag{6.1.25}$$

和

$$\mathbb{E}[f(x_R)-f^*]\leqslant\frac{LD_X^2}{N}+\frac{2D_X\sigma}{\sqrt{N}} \tag{6.1.26}$$

然而，我们注意到，D_f 或 D_X 的确切值很少被先验得知，通常需要将 $\widetilde{D}$ 设置为一个次优值，如 D_f 或 D_X 的某个上界。

最后，上述 RSGD 方法的一个可能的缺点是需要估计出 L 才能得到 γ_k 的上界(见式(6.1.21))，这也可能影响 P_R 的选择(见式(6.1.11))。请注意，某些确定性的一阶方法(如梯度下降法和加速梯度下降法)也存在类似的要求。而在确定性设置下，尽管可以通过使用某些线性搜索程序来放宽这种要求，以提高这些方法的实际性能，但为随机设置设计类似的线性搜索程序则比较困难，因为没有 $f(x_k)$和 $\nabla f(x_k)$的确切值。然而，需要注意的是，在 RSGD 方法中，我们不需要对 L 进行非常准确的估计。实际上，如果步长 $\{\gamma_k\}$设置为

$$\min\left\{\frac{1}{qL},\ \frac{\widetilde{D}}{\sigma\sqrt{N}}\right\},\ k=1,\ \cdots,\ N$$

则很容易验证对于任意 $q\in[1,\ \sqrt{N}]$，RSGD 方法的收敛速度为 $\mathcal{O}(1/\sqrt{N})$。换句话说，我们可以将 L 的值高估，最高可达 $\sqrt{N}$的一个因子，而最终的 RSGD 方法仍然表现出相似的收敛速度。随机优化的一种常见做法是利用在少量试验点上计算的随机梯度来估计 L。值得注意的是，虽然 P_R 的选择一般依赖于 γ_k，因此也依赖于 L，但在某些特殊情况下，这种依赖是不必要的。特别是，如果步长$\{\gamma_k\}$是根据恒定步长策略选择的(如式(6.1.21))，则 R 均匀分布在$\{1,\ \cdots,\ N\}$上。需要强调的是，目前看来，步长对 Lipschitz 常数的持续依赖基本上是不可能克服的，这是未来随机方法研究的一个具有潜在挑战性的方向。

第四，非常有趣的一点是，鉴于$\{\gamma_k\}$和 $P_R(\cdot)$(参见式(6.1.11)和式(6.1.21))的说明，RSGD 方法允许我们对非凸 SP 问题和凸 SP 问题进行统一处理。回顾第 4 章，求解光滑凸 SP 问题的最优收敛速度是

$$\mathcal{O}\left(\frac{LD_X^2}{N^2}+\frac{D_X\sigma}{\sqrt{N}}\right)$$

比较式(6.1.26)和上面的界，RSGD 方法具有近似最优的收敛速度，因为式(6.1.26)中的第二项是无法改进的，而式(6.1.26)中的第一项却可以得到很大的改进。

最后，注意到我们可以使用不同的步长策略，而不仅是式(6.1.21)中的常量策略。特别地，我们可以证明，具有以下两种步长策略的 RSGD 方法将表现出与推论 6.1 相似的收敛速度。

- 加大步长策略：

$$\gamma_k=\min\left\{\frac{1}{L},\ \frac{\widetilde{D}\sqrt{k}}{\sigma N}\right\},\quad k=1,\ \cdots,\ N$$

- 减小步长策略：

$$\gamma_k=\min\left\{\frac{1}{L},\ \frac{\widetilde{D}}{\sigma(kN)^{1/4}}\right\},\quad k=1,\ \cdots,\ N$$

直观地说，人们可能希望选择减小步长，根据式(6.1.11)中 $P_R(\cdot)$的定义，这样可以更早地终止算法执行。另一方面，随着算法的前向运行和关于梯度的局部信息变得更好，选择增加步长可能是一个更好的选择。我们预计这些步长策略的实际性能取决于要求解的每个

问题实例。

虽然定理 6.1 和推论 6.1 在 RSGD 方法的多次运行中建立了预期的收敛性能，但我们也对该方法进行一次运行的大偏差特性很感兴趣。特别是，我们在计算问题(6.1.1)的(ε, Λ)-解时，对建立该算法的复杂性感兴趣，即对于某个 $\varepsilon>0$ 和 $\Lambda\in(0, 1)$，点 $\bar{x}$ 满足 $\text{Prob}\{\|\nabla f(\bar{x})\|^2\leqslant\varepsilon\}\geqslant 1-\Lambda$。利用式(6.1.22)和 Markov 不等式，得到

$$\text{Prob}\{\|\nabla f(x_R)\|^2\geqslant\lambda L\mathcal{B}_N\}\leqslant\frac{1}{\lambda},\quad \forall\lambda>0 \tag{6.1.27}$$

然后可以得出，在忽略一些常数因子后，用 RSGD 方法寻找(ε, Λ)-解时，调用 SFO 预言机的次数的界为

$$\mathcal{O}\left\{\frac{1}{\Lambda\varepsilon}+\frac{\sigma^2}{\Lambda^2\varepsilon^2}\right\} \tag{6.1.28}$$

就其对 Λ 的依赖而言，上述复杂度结果是相当悲观的。我们将在下一小节中研究一种可能的方法来显著地改进它。

6.1.1.2　两阶段随机化的随机梯度法

在本小节中，我们将描述 RSGD 方法的一个变体，它可以显著改善式(6.1.28)中的复杂度界。这个过程包括两个阶段：优化阶段(通过 RSGD 方法的一些独立运行来生成候选解列表)和优化后阶段(从候选列表中选择解)。

一种两阶段 RSGD(2-RSGD)方法

输入： 初始点 x_1，运行次数 S，迭代极限 N，样本数量 T。

优化阶段：

对于 $s=1, \cdots, S$，

调用 RSGD 方法，其中，输入为 x_1，迭代极限为 N，步长为$\{\gamma_k\}$(式(6.1.21))，概率质量函数为 P_R(式(6.1.11))。令这个过程的输出为 $\bar{x}_s$。

优化后阶段：

从候选列表$\{\bar{x}_1, \cdots, \bar{x}_S\}$中选择一个解 $\bar{x}^*$，使得

$$\|g(\bar{x}^*)\|=\min_{s=1,\cdots,S}\|g(\bar{x}_s)\|,\quad g(\bar{x}_s):=\frac{1}{T}\sum_{k=1}^{T}G(\bar{x}_s, \xi_k) \tag{6.1.29}$$

其中 $G(x, \xi_k)$，$k=1, \cdots, T$ 为 SFO 预言机返回的随机梯度。

观察到在式(6.1.29)中，我们将最优解 $\bar{x}^*$ 定义为具有最小$\|g(\bar{x}_s)\|$，$s=1, \cdots, S$ 值的 $\bar{x}_s$。或者，可以从$\{\bar{x}_1, \cdots, \bar{x}_S\}$中选择最优解 $\bar{x}^*$，使得

$$\tilde{f}(\bar{x}^*)=\min_{1,\cdots,S}\tilde{f}(\bar{x}_s),\quad \tilde{f}(\bar{x}_s)=\frac{1}{T}\sum_{k=1}^{T}F(\bar{x}_s, \xi_k) \tag{6.1.30}$$

在上述 2-RSGD 方法中，优化阶段和优化后阶段对 SFO 预言机的调用次数分别由 $S\times N$ 和 $S\times T$ 给出。注意，在 2-RSGD 方法的优化后阶段，我们可能在所有梯度估计中循环同一个序列$\{\xi_k\}$。下面将给出定理 6.2，它提供了问题(6.1.1)的(ε, Λ)-解关于 S、N 和 T 的一个界。

我们需要以下关于向量值鞅大偏差的结果(参见文献[57]中的定理 2.1)。

引理 6.1　*假设给定一个具有 Borel 概率测度 μ 的波兰空间，以及空间 Ω 的 Borel σ 代数的 σ 子代数的 $\mathcal{F}_0=\{\emptyset, \Omega\}\subseteq\mathcal{F}_1\subseteq\mathcal{F}_2\subseteq\cdots$序列。令 $\zeta_i\in\mathbb{R}^n$，$i=1, \cdots, \infty$ 为 Ω 上 Borel*

函数的鞅-差分序列，使得 ζ_i 是 $\mathcal{F}_i$ 可测的，并且有 $\mathbb{E}[\zeta_i|i-1]=0$，其中 $\mathbb{E}[\cdot|i]$，$i=1$，2，…代表对 $\mathcal{F}_i$ 的条件期望，$\mathbb{E}\equiv\mathbb{E}[\cdot|0]$表示关于 μ 的期望。

(a) 如果对任意 $i\geqslant1$，有 $\mathbb{E}[\|\zeta_i\|^2]\leqslant\sigma^2$，则 $\mathbb{E}\left[\left\|\sum_{i=1}^{N}\zeta_i\right\|^2\right]\leqslant\sum_{i=1}^{N}\sigma^2$。因此，有

$$\forall N\geqslant1,\ \lambda\geqslant0:\ \text{Prob}\left\{\left\|\sum_{i=1}^{N}\zeta_i\right\|^2\geqslant\lambda\sum_{i=1}^{N}\sigma_i^2\right\}\leqslant\frac{1}{\lambda}$$

(b) 如果对于任何 $i\geqslant1$，几乎处处有 $\mathbb{E}\left\{\exp\left(\frac{\|\zeta_i\|^2}{\sigma_i^2}\right)|i-1\right\}\leqslant\exp(1)$，则

$$\forall N\geqslant1,\ \lambda\geqslant0:\ \text{Prob}\left\{\left\|\sum_{i=1}^{N}\zeta_i\right\|\geqslant\sqrt{2}(1+\lambda)\sqrt{\sum_{i-1}^{N}\sigma_i^2}\right\}\leqslant\exp(-\lambda^2/3)$$

我们现在准备描述 2 - RSGD 方法的主要收敛性质。更具体地说，下面的定理 6.2(a)显示了该算法在一组给定参数(S，N，T)下的收敛速度，而定理 6.2(b)建立了找到问题(6.1.1)的(ϵ，Λ)-解的 2 - RSGD 方法的复杂度。

定理 6.2 在假设 13 下，关于问题(6.1.1)的 2 - RSGD 方法有以下性质成立。

(a) 令 $\mathcal{B}_N$ 如式(6.1.22)所定义，则有

$$\text{Prob}\left\{\|\nabla f(\overline{x}^*)\|^2\geqslant2\left(4L\mathcal{B}_N+\frac{3\lambda\sigma^2}{T}\right)\right\}\leqslant\frac{S+1}{\lambda}+2^{-S},\quad\forall\lambda>0\tag{6.1.31}$$

(b) 给定 $\epsilon>0$ 和 $\Lambda\in(0,1)$，如果参数(S，N，T)设置如下：

$$S=S(\Lambda):=\lceil\log(2/\Lambda)\rceil\tag{6.1.32}$$

$$N=N(\epsilon):=\left\lceil\max\left\{\frac{32L^2D_f^2}{\epsilon},\left[32L\left(\widetilde{D}+\frac{D_f^2}{\widetilde{D}}\right)\frac{\sigma}{\epsilon}\right]^2\right\}\right\rceil\tag{6.1.33}$$

$$T=T(\epsilon,\Lambda):=\left\lceil\frac{24(S+1)\sigma^2}{\Lambda\epsilon}\right\rceil\tag{6.1.34}$$

那么，2 - RSGD 方法计算出问题(6.1.1)的(ϵ，Λ)-解至多需要

$$S(\Lambda)[N(\epsilon)+T(\epsilon,\Lambda)]\tag{6.1.35}$$

次调用一阶随机预言机。

证明 我们首先证明(a)部分。观察到，由式(6.1.29)中 $\overline{x}^*$ 的定义，我们有

$$\begin{aligned}\|g(\overline{x}^*)\|^2&=\min_{s=1,\cdots,S}\|g(\overline{x}_s)\|^2=\min_{s=1,\cdots,S}\|\nabla f(\overline{x}_s)+g(\overline{x}_s)-\nabla f(\overline{x}_s)\|^2\\&\leqslant\min_{s=1,\cdots,S}\{2\|\nabla f(\overline{x}_s)\|^2+2\|g(\overline{x}_s)-\nabla f(\overline{x}_s)\|^2\}\\&\leqslant2\min_{s=1,\cdots,S}\|\nabla f(\overline{x}_s)\|^2+2\max_{s=1,\cdots,S}\|g(\overline{x}_s)-\nabla f(\overline{x}_s)\|^2\end{aligned}$$

这意味着

$$\begin{aligned}\|\nabla f(\overline{x}^*)\|^2\leqslant2\|g(\overline{x}^*)\|^2+2\|\nabla f(\overline{x}^*)-g(\overline{x}^*)\|^2\leqslant4\min_{s=1,\cdots,S}\|\nabla f(\overline{x}_s)\|^2+\\4\max_{s=1,\cdots,S}\|g(\overline{x}_s)-\nabla f(\overline{x}_s)\|^2+2\|\nabla f(\overline{x}^*)-g(\overline{x}^*)\|^2\end{aligned}\tag{6.1.36}$$

我们现在给出上述不等式右边三项的概率上界。首先，利用 $\overline{x}_s(1\leqslant s\leqslant S)$是独立的这一事实和关系式(6.1.27)($\lambda=2$)，有

$$\text{Prob}\left\{\min_{s=1,\cdots,S}\|\nabla f(\overline{x}_s)\|^2\geqslant2L\mathcal{B}_N\right\}=\prod_{s=1}^{S}\text{Prob}\{\|\nabla f(\overline{x}_s)\|^2\geqslant2L\mathcal{B}_N\}\leqslant2^{-S}\tag{6.1.37}$$

此外，记 $\delta_{s,k}=G(\overline{x}_s,\xi_k)-\nabla f(\overline{x}_s)$，$k=1$，…，$T$，有 $g(\overline{x}_s)-\nabla f(\overline{x}_s)=\sum_{k=1}^{T}\frac{\delta_{s,k}}{T}$。根

据这一观察结果、假设 13 和引理 6.1(a)，得到对于任意 $s=1,\cdots,S$，有

$$\text{Prob}\left\{\|g(\overline{x}_s)-\nabla f(\overline{x}_s)\|^2\geqslant\frac{\lambda\sigma^2}{T}\right\}=\text{Prob}\left\{\left\|\sum_{k=1}^{T}\delta_{s,k}\right\|^2\geqslant\lambda T\sigma^2\right\}\leqslant\frac{1}{\lambda}\text{，}\forall\lambda>0$$

这意味着

$$\text{Prob}\left\{\max_{s=1,\cdots,S}\|g(\overline{x}_s)-\nabla f(\overline{x}_s)\|^2\geqslant\frac{\lambda\sigma^2}{T}\right\}\leqslant\frac{S}{\lambda}\text{，}\forall\lambda>0 \tag{6.1.38}$$

并且

$$\text{Prob}\left\{\|g(\overline{x}^*)-\nabla f(\overline{x}^*)\|^2\geqslant\frac{\lambda\sigma^2}{T}\right\}\leqslant\frac{1}{\lambda}\text{，}\forall\lambda>0 \tag{6.1.39}$$

将关系式(6.1.36)、式(6.1.37)、式(6.1.38)、式(6.1.39)结合，即得到欲证的结果。

我们现在证明(b)部分也是成立的。2-RSGD 方法需要在优化阶段调用 RSGD 方法 S 次，迭代的极限为 $N(\varepsilon)$次，并在优化后阶段以样本容量 $T(\varepsilon)$估计梯度 $g(\overline{x}_s)$，$s=1,\cdots,S$，对随机一阶预言机的调用总次数以 $S[N(\varepsilon)+T(\varepsilon)]$为界。仍然需要证明 $\overline{x}^*$ 是问题(6.1.1)的一个(ε,Λ)-解。分别由式(6.1.22)和式(6.1.33)中 θ_1 和 $N(\varepsilon)$的定义可得到

$$\mathcal{B}_{N(\varepsilon)}=\frac{LD_f^2}{N(\varepsilon)}+\left(\widetilde{D}+\frac{D_f^2}{\widetilde{D}}\right)\frac{\sigma}{\sqrt{N(\varepsilon)}}\leqslant\frac{\varepsilon}{32L}+\frac{\varepsilon}{32L}=\frac{\varepsilon}{16L}$$

利用上述观察结果、式(6.1.34)和式(6.1.31)中置 $\lambda=[2(S+1)]/\Lambda$ 的结果，有

$$4LB_{N(\varepsilon)}+\frac{3\lambda\sigma^2}{T(\varepsilon)}=\frac{\varepsilon}{4}+\frac{\lambda\Lambda\varepsilon}{8(S+1)}=\frac{\varepsilon}{2}$$

此式连同关系式(6.1.31)和式(6.1.32)，以及 λ 的选择，可以推出命题结论

$$\text{Prob}\{\|\nabla f(\overline{x}^*)\|^2\geqslant\varepsilon\}\leqslant\frac{\Lambda}{2}+2^{-S}\leqslant\Lambda$$

■

比较式(6.1.35)和式(6.1.28)中的复杂度界限是很有趣的。根据式(6.1.32)、式(6.1.33)和式(6.1.34)，忽略几个常数因子后，式(6.1.35)中的复杂度界等于

$$\mathcal{O}\left\{\frac{\log(1/\Lambda)}{\varepsilon}+\frac{\sigma^2}{\varepsilon^2}\log\frac{1}{\Lambda}+\frac{\log^2(1/\Lambda)\sigma^2}{\Lambda\varepsilon}\right\} \tag{6.1.40}$$

当第二项是式(6.1.40)和式(6.1.28)两个上界中主要的项时，上面的界比式(6.1.28)中的界要小得多，式(6.1.28)相比上式的缩减因子至多为 $1/[\Lambda^2\log(1/\Lambda)]$。

下面的结果表明，在一定的 SFO 预言机轻尾假设下，定理 6.2 中得到的边界(6.1.35)可以得到进一步的改进。

推论 6.2 在假设 13 和 14 下，适用于问题(6.1.1)的 2-RSGD 方法有以下性质成立。

(a) 设 $\mathcal{B}_N$ 如式(6.1.22)中定义，对于 $\forall\lambda>0$，有

$$\text{Prob}\left\{\|\nabla f(\overline{x}^*)\|^2\geqslant4\left[2L\mathcal{B}_N+3(1+\lambda)^2\frac{\sigma^2}{T}\right]\right\}\leqslant(S+1)\exp(-\lambda^2/3)+2^{-S} \tag{6.1.41}$$

(b) 给定 $\varepsilon>0$ 和 $\Lambda\in(0,1)$。设 S 和 N 分别为式(6.1.32)、式(6.1.33)中的 $S(\Lambda)$和 $N(\varepsilon)$，样本量 T 置为

$$T=T'(\varepsilon,\Lambda):=\frac{24\sigma^2}{\varepsilon}\left[1+\left(3\ln\frac{2(S+1)}{\Lambda}\right)^{\frac{1}{2}}\right]^2 \tag{6.1.42}$$

那么，2-RSGD 方法找到问题(6.1.1)的一个(ε,Λ)-解最多需要

$$S(\Lambda)[N(\varepsilon)+T'(\varepsilon,\Lambda)] \tag{6.1.43}$$

次调用一阶随机预言机。

证明 我们只提供(a)部分的证明，因为(b)部分可由(a)部分直接推得，只需使用类似于定理 6.2(b)证明中使用的论证。记 $\delta_{s,k}=G(\overline{x}_s, \xi_k)-\nabla f(\overline{x}_s)$，$k=1, \cdots, T$，有 $g(\overline{x}_s)-\nabla f(\overline{x}_s)=\sum_{k=1}^{T}\frac{\delta_{s,k}}{T}$。根据这一观察结果、假设 14 和引理 6.1(b)，我们得到对于任意 $s=1, \cdots, S$ 和 $\lambda>0$，有

$$\begin{aligned}&\operatorname{Prob}\left\{\|g(\overline{x}_s)-\nabla f(\overline{x}_s)\|^2\geqslant 2(1+\lambda)^2\frac{\sigma^2}{T}\right\}\\=&\operatorname{Prob}\left\{\left\|\sum_{k=1}^{T}\delta_{s,k}\right\|\geqslant\sqrt{2T}(1+\lambda)\sigma\right\}\leqslant\exp(-\lambda^2/3)\end{aligned}$$

这意味着

$$\operatorname{Prob}\left\{\max_{s=1, \cdots, S}\|g(\overline{x}_s)-\nabla f(\overline{x}_s)\|^2\geqslant 2(1+\lambda)^2\frac{\sigma^2}{T}\right\}\leqslant S\exp(-\lambda^2/3), \quad \forall\lambda>0 \tag{6.1.44}$$

以及

$$\operatorname{Prob}\left\{\|g(\overline{x}^*)-\nabla f(\overline{x}^*)\|^2\geqslant 2(1+\lambda)^2\frac{\sigma^2}{T}\right\}\leqslant\exp(-\lambda^2/3), \quad \forall\lambda>0 \tag{6.1.45}$$

从而，(a)部分的结果将由式(6.1.36)、式(6.1.37)、式(6.1.44)和式(6.1.45)组合后推得。 ■

对于式(6.1.32)、式(6.1.33)和式(6.1.42)，忽略几个常数因子后，式(6.1.43)中的界等价于

$$\mathcal{O}\left\{\frac{\log(1/\Lambda)}{\varepsilon}+\frac{\sigma^2}{\varepsilon^2}\log\frac{1}{\Lambda}+\frac{\log^2(1/\Lambda)\sigma^2}{\varepsilon}\right\} \tag{6.1.46}$$

显然，上界的第三项大大小于式(6.1.40)中相应的项，式(6.1.40)中的项相比上式的缩减因子为 $1/\Lambda$。

6.1.2 随机零阶方法

本节我们感兴趣的是问题(6.1.1)，其中的函数 f 以期望的形式给出，即

$$f^* :=\inf_{x\in\mathbb{R}^n}\left\{f(x) :=\int_{\Xi}F(x, \xi)\mathrm{d}P(\xi)\right\} \tag{6.1.47}$$

此外，我们假设几乎肯定 $F(x, \xi)\in\ell_L^{1,1}(\mathbb{R}^n)$，这明确地暗示了 $f(x)\in\ell_L^{1,1}(\mathbb{R}^n)$。本小节的目标是在 6.1.2.1 小节和 6.1.2.2 小节中分别专门化 RSGD 和 2-RSGD 方法，用以处理只有 f 的随机零阶信息可用的情况。

6.1.2.1 随机化的随机无梯度法

在本节中，我们假设函数 f 用随机零阶预言机(SZO)表示。具体地说，在第 k 次迭代中，x_k 和 ξ_k 为输入，SZO 输出量 $F(x_k, \xi_k)$，使得下面的假设成立：

假设 15 对于任意 $k\geqslant 1$，下式成立：

$$\mathbb{E}[F(x_k, \xi_k)]=f(x_k) \tag{6.1.48}$$

为了充分利用零阶信息，我们考虑目标函数 f 的光滑逼近。众所周知，f 与任何非负可测的有界函数 $\psi: \mathbb{R}^n\to\mathbb{R}$——$\psi$ 满足 $\int_{\mathbb{R}^n}\psi(u)\mathrm{d}u=1$——的卷积是 f 的近似，它至少和 f 一样光滑。ψ 函数最重要的例子之一是概率密度函数。这里，我们在卷积中使用高斯分

布。设 u 为 n 维标准高斯随机向量，$\mu>0$ 为平滑参数。然后可定义 f 的平滑逼近为

$$f_\mu(x)=\frac{1}{(2\pi)^{\frac{n}{2}}}\int f(x+\mu u)\mathrm{e}^{-\frac{1}{2}\|u\|^2}\mathrm{d}u=\mathbb{E}_u[f(x+\mu u)] \tag{6.1.49}$$

下面的结果描述了 $f_\mu(\cdot)$的一些性质(参见文献[102])。

引理 6.2　如果 $f\in\mathcal{C}_L^{1,1}(\mathbb{R}^n)$，那么

(a) f_μ 也是 Lipschitz 连续可微的，具有梯度 Lipschitz 常数 $L_\mu\leqslant L$，以及

$$\nabla f_\mu(x)=\frac{1}{(2\pi)^{\frac{n}{2}}}\int\frac{f(x+\mu v)-f(x)}{\mu}v\mathrm{e}^{-\frac{1}{2}\|v\|^2}\mathrm{d}v \tag{6.1.50}$$

(b) 对于任意 $x\in\mathbb{R}^n$，有

$$|f_\mu(x)-f(x)|\leqslant\frac{\mu^2}{2}Ln \tag{6.1.51}$$

$$\|\nabla f_\mu(x)-\nabla f(x)\|\leqslant\frac{\mu}{2}L(n+3)^{\frac{3}{2}} \tag{6.1.52}$$

$$\mathbb{E}_v\left[\left\|\frac{f(x+\mu v)-f(x)}{\mu}v\right\|^2\right]\leqslant 2(n+4)\|\nabla f(x)\|^2+\frac{\mu^2}{2}L^2(n+6)^3 \tag{6.1.53}$$

(c) 只要函数 f 是凸的，则函数 f_μ 也是凸的。

由性质(6.1.52)立即可以得出

$$\|\nabla f_\mu(x)\|^2\leqslant 2\|\nabla f(x)\|^2+\frac{\mu^2}{2}L^2(n+3)^3 \tag{6.1.54}$$

$$\|\nabla f(x)\|^2\leqslant 2\|\nabla f_\mu(x)\|^2+\frac{\mu^2}{2}L^2(n+3)^3 \tag{6.1.55}$$

此外，表示最优为

$$f_\mu^*:=\min_{x\in\mathbb{R}^n}f_\mu(x) \tag{6.1.56}$$

由式(6.1.57)可得到 $|f_\mu^*-x^*|\leqslant\mu^2Ln/2$，从而有

$$-\mu^2Ln\leqslant[f_\mu(x)-f_\mu^*]-[f(x)-f^*]\leqslant\mu^2Ln \tag{6.1.57}$$

下面我们对 6.1.1.1 小节中的 RSGD 方法进行修改，将使用零阶随机信息而不是原来的一阶信息来求解问题(6.1.47)。

一种随机化的无梯度(RSGF)方法

输入： 初始点 x_1，迭代极限 N，步长$\{\gamma_k\}_{k\geqslant1}$，概率质量函数 $P_R(\cdot)$在支撑集$\{1,\cdots,N\}$上。

步骤 0。设 R 为随机变量，概率质量函数为 P_R。

步骤 $k=1,\cdots,R$。由高斯随机向量发生器生成 u_k，并调用随机零阶预言机计算 $G_\mu(x_k,\xi_k,u_k)$：

$$G_\mu(x_k,\xi_k,u_k)=\frac{F(x_k+\mu u_k,\xi_k)-F(x_k,\xi_k)}{\mu}u_k \tag{6.1.58}$$

设置

$$x_{k+1}=x_k-\gamma_kG_\mu(x_k,\xi_k,u_k) \tag{6.1.59}$$

输出： x_R。

注意 $G_\mu(x_k,\xi_k,u_k)$是$\nabla f_\mu(x_k)$的无偏估计量。事实上，通过式(6.1.50)和假设 15，我们有

$$\mathbb{E}_{\xi,u}[G_\mu(x,\xi,u)]=\mathbb{E}_u[\mathbb{E}_\xi[G_\mu(x,\xi,u)|u]]=\nabla f_\mu(x) \tag{6.1.60}$$

因此，如果方差 $\tilde{\sigma}^2 \equiv \mathbb{E}_{\xi,u}[\|G_\mu(x, \xi, u) - \nabla f_\mu(x)\|^2]$ 是有界的，我们就可以将定理6.1中的收敛结果直接应用于上述RSGF方法。然而，这种方法仍然存在一些问题。首先，我们不知道界限的显式表达 $\tilde{\sigma}^2$。其次，这种方法没有提供任何关于怎样适当地指定平滑参数 μ 的信息。后一个问题对于RSGF方法的实现是至关重要的。

将引理6.2中的近似结果应用于函数 $F(\cdot, \xi_k)$，$k=1, \cdots, N$，并使用与定理6.1中略有不同的收敛分析，我们能够得到上述RSGF方法的更精细的收敛结果。

定理6.3 假设在RSGF方法中选择步长 $\{\gamma_k\}$ 和概率质量函数 $P_R(\cdot)$，使得 $\gamma_k < 1/[2(n+4)L]$ 和

$$P_R(k) := \text{Prob}\{R=k\} = \frac{\gamma_k - 2L(n+4)\gamma_k^2}{\sum_{k=1}^{N}[\gamma_k - 2L(n+4)\gamma_k^2]}, \quad k=1, \cdots, N \tag{6.1.61}$$

那么，在假设13和15下，有以下结论。

(a) 对于任意 $N \geqslant 1$，有

$$\frac{1}{L}\mathbb{E}[\|\nabla f(x_R)\|^2] \leqslant \frac{1}{\sum_{k=1}^{N}[\gamma_k - 2L(n+4)\gamma_k^2]}$$

$$\left[D_f^2 + 2\mu^2(n+4)\left(1 + L(n+4)^2\sum_{k=1}^{N}\left(\frac{\gamma_k}{4} + L\gamma_k^2\right)\right) + 2(n+4)\sigma^2\sum_{k=1}^{N}\gamma_k^2\right] \tag{6.1.62}$$

上式中对随机变量 R、$\xi_{[N]}$ 和 $u_{[N]}$ 取期望，其中 D_f 在式(6.1.13)中定义。

(b) 此外，如果问题(6.1.47)是凸的，且最优解为 x^*，则对于任意 $N \geqslant 1$，有

$$\mathbb{E}[f(x_R) - f^*] \leqslant \frac{1}{2\sum_{k=1}^{N}[\gamma_k - 2(n+4)L\gamma_k^2]}$$

$$\left[D_X^2 + 2\mu^2 L(n+4)\sum_{k=1}^{N}[\gamma_k + L(n+4)^2\gamma_k^2] + 2(n+4)\sigma^2\sum_{k=1}^{N}\gamma_k^2\right] \tag{6.1.63}$$

上式中对随机变量 R、$\xi_{[N]}$ 和 $u_{[N]}$ 取期望，其中 D_X 在式(6.1.15)中定义。

证明 令 $\zeta_k \equiv (\xi_k, u_k)$，$k \geqslant 1$，$\zeta_{[N]} := (\zeta_1, \cdots, \zeta_N)$，并且 $\mathbb{E}_{\zeta_{[N]}}$ 表示关于随机变量 $\zeta_{[N]}$ 的期望。另记 $\Delta_k \equiv G_\mu(x_k, \xi_k, u_k) - \nabla f_\mu(x_k) \equiv G_\mu(x_k, \zeta_k) - \nabla f_\mu(x_k)$，$k \geqslant 1$。利用 $f \in \mathcal{C}_L^{1,1}(\mathbb{R}^n)$ 这一事实、引理6.2(a)、式(6.1.2)和式(6.1.59)，对于任意 $k=1, \cdots, N$，有

$$\begin{aligned} f_\mu(x_{k+1}) &\leqslant f_\mu(x_k) - \gamma_k \langle \nabla f_\mu(x_k), G_\mu(x_k, \zeta_k)\rangle + \frac{L}{2}\gamma_k^2\|G_\mu(x_k, \zeta_k)\|^2 \\ &= f_\mu(x_k) - \gamma_k\|\nabla f_\mu(x_k)\|^2 - \gamma_k\langle \nabla f_\mu(x_k), \Delta_k\rangle + \frac{L}{2}\gamma_k^2\|G_\mu(x_k, \zeta_k)\|^2 \end{aligned} \tag{6.1.64}$$

将这些不等式求和，重新排列项，并注意到 $f_\mu^* \leqslant f_\mu(x_{N+1})$，得到

$$\sum_{k=1}^{N}\gamma_k\|\nabla f_\mu(x_k)\|^2 \leqslant f_\mu(x_1) - f_\mu^* - \sum_{k=1}^{N}\gamma_k\langle \nabla f_\mu(x_k), \Delta_k\rangle + \frac{L}{2}\sum_{k=1}^{N}\gamma_k^2\|G_\mu(x_k, \zeta_k)\|^2 \tag{6.1.65}$$

现在，观察到由式(6.1.60)可知

$$\mathbb{E}[\langle \nabla f_\mu(x_k), \Delta_k\rangle | \zeta_{[k-1]}] = 0 \tag{6.1.66}$$

并且根据假设 $F(\cdot, \xi_k) \in \mathcal{C}_L^{1,1}(\mathbb{R}^n)$、式(6.1.53)(其中取 $f=F(\cdot, \xi_k)$)和关系(6.1.58)，有下式成立

$$\begin{aligned}\mathbb{E}[\|G_\mu(x_k, \zeta_k)\|^2 \mid \zeta_{[k-1]}] &\leqslant 2(n+4)\mathbb{E}[\|G(x_k, \xi_k)\|^2 \mid \zeta_{[k-1]}] + \frac{\mu^2}{2}L^2(n+6)^3 \\ &\leqslant 2(n+4)[\mathbb{E}[\|\nabla f(x_k)\|^2 \mid \zeta_{[k-1]}] + \sigma^2] + \frac{\mu^2}{2}L^2(n+6)^3\end{aligned} \tag{6.1.67}$$

上面的第二个不等式来自假设13。取式(6.1.65)两边关于 $\zeta_{[N]}$ 的期望，并利用上述两个观察结果，我们得到

$$\begin{aligned}&\sum_{k=1}^N \gamma_k \mathbb{E}_{\zeta[N]}[\|\nabla f_\mu(x_k)\|^2] \leqslant f_\mu(x_1) - f_\mu^* + \\ &\frac{L}{2}\sum_{k=1}^N \gamma_k^2 \left\{2(n+4)[\mathbb{E}_{\zeta[N]}[\|\nabla f(x_k)\|^2] + \sigma^2] + \frac{\mu^2}{2}L^2(n+6)^3\right\}\end{aligned}$$

以上结论与式(6.1.54)和式(6.1.57)相结合，可以得出

$$\begin{aligned}&\sum_{k=1}^N \gamma_k [\mathbb{E}_{\zeta[N]}[\|\nabla f(x_k)\|^2] - \frac{\mu^2}{2}L^2(n+3)^3] \leqslant 2[f(x_1) - f^*] + 2\mu^2 Ln + \\ &2L(n+4)\sum_{k=1}^N \gamma_k^2 \mathbb{E}_{\zeta[N]}[\|\nabla f(x_k)\|^2] + [2L(n+4)\sigma^2 + \frac{\mu^2}{2}L^3(n+6)^3]\sum_{k=1}^N \gamma_k^2\end{aligned} \tag{6.1.68}$$

通过重新排列这些项和简化常数，我们得到

$$\begin{aligned}&\sum_{k=1}^N \{[\gamma_k - 2L(n+4)\gamma_k^2]\mathbb{E}_{\zeta[N]}[\|\nabla f(x_k)\|^2]\} \\ &\leqslant 2[f(x_1) - f^*] + 2L(n+4)\sigma^2 \sum_{k=1}^N \gamma_k^2 + 2\mu^2 Ln + \\ &\frac{\mu^2}{2}L^2 \sum_{k=1}^N [(n+3)^3 \gamma_k + L(n+6)^3 \gamma_k^2] \\ &\leqslant 2[f(x_1) - f^*] + 2L(n+4)\sigma^2 \sum_{k=1}^N \gamma_k^2 + \\ &2\mu^2 L(n+4)\left[1 + L(n+4)^2 \sum_{k=1}^N \left(\frac{\gamma_k}{4} + L\gamma_k^2\right)\right]\end{aligned} \tag{6.1.69}$$

上述不等式两边同时除以 $\sum_{k=1}^N [\gamma_k - 2L(n+4)\gamma_k^2]$，并注意到

$$\mathbb{E}[\|\nabla f(x_R)\|^2] = \mathbb{E}_{R, \zeta[N]}[\|\nabla f(x_R)\|^2] = \frac{\sum_{k=1}^N \{[\gamma_k - 2L(n+4)\gamma_k^2]\mathbb{E}_{\zeta[N]}\|\nabla f(x_k)\|^2\}}{\sum_{k=1}^N [\gamma_k - 2L(n+4)\gamma_k^2]}$$

我们就得到了式(6.1.62)。

我们现在给出(b)部分的证明。记 $v_k \equiv \|x_k - x^*\|$。首先注意到，对于任意 $k=1, \cdots, N$，有

$$\begin{aligned}v_{k+1}^2 &= \|x_k - \gamma_k G_\mu(x_k, \zeta_k) - x^*\|^2 \\ &= v_k^2 - 2\gamma_k \langle \nabla f_\mu(x_k) + \Delta_k, x_k - x^* \rangle + \gamma_k^2 \|G_\mu(x_k, \zeta_k)\|^2\end{aligned}$$

因此,

$$v_{N+1}^2 = v_1^2 - 2\sum_{k=1}^{N}\gamma_k\langle\nabla f_\mu(x_k), x_k - x^*\rangle - 2\sum_{k=1}^{N}\gamma_k\langle\Delta_k, x_k - x^*\rangle +$$
$$\sum_{k=1}^{N}\gamma_k^2\|G_\mu(x_k, \zeta_k)\|^2$$

上述等式两边对随机变量 $\zeta_{[N]}$ 取期望，利用关系式(6.1.67)，并注意到通过式(6.1.60)有 $\mathbb{E}[\langle\Delta_k, x_k - x^*\rangle | \zeta_{[k-1]}] = 0$，我们可得到

$$\begin{aligned}
\mathbb{E}_{\zeta[N]}[v_{N+1}^2] \leqslant\ & v_1^2 - 2\sum_{k=1}^{N}\gamma_k\mathbb{E}_{\zeta[N]}[\langle\nabla f_\mu(x_k), x_k - x^*\rangle] + \\
& 2(n+4)\sum_{k=1}^{N}\gamma_k^2\mathbb{E}_{\zeta[N]}[\|\nabla f(x_k)\|^2] + \\
& [2(n+4)\sigma^2 + \frac{\mu^2}{2}L^2(n+6)^3]\sum_{k=1}^{N}\gamma_k^2 \\
\leqslant\ & v_1^2 - 2\sum_{k=1}^{N}\gamma_k\mathbb{E}_{\zeta[N]}[f_\mu(x_k) - f_\mu(x^*)] + \\
& 2(n+4)L\sum_{k=1}^{N}\gamma_k^2\mathbb{E}_{\zeta[N]}[f(x_k) - f^*] + \\
& [2(n+4)\sigma^2 + \frac{\mu^2}{2}L^2(n+6)^3]\sum_{k=1}^{N}\gamma_k^2 \\
\leqslant\ & v_1^2 - 2\sum_{k=1}^{N}\gamma_k\mathbb{E}_{\zeta[N]}[f(x_k) - f^* - \mu^2 Ln] + \\
& 2(n+4)L\sum_{k=1}^{N}\gamma_k^2\mathbb{E}_{\zeta[N]}[f(x_k) - f^*] + \\
& [2(n+4)\sigma^2 + \frac{\mu^2}{2}L^2(n+6)^3]\sum_{k=1}^{N}\gamma_k^2
\end{aligned}$$

其中第二个不等式由式(6.1.20)和 f_μ 的凸性推导而来，最后一个不等式由式(6.1.57)推导而来。利用 $v_{N+1}^2 \geqslant 0$ 和 $f(x_k) \geqslant f^*$，重新排列上述不等式中的项，并简化常数，我们有

$$\begin{aligned}
& 2\sum_{k=1}^{N}[\gamma_k - 2(n+4)L\gamma_k^2)]\mathbb{E}_{\zeta[N]}[f(x_k) - f^*] \\
\leqslant\ & 2\sum_{k=1}^{N}[\gamma_k - (n+4)L\gamma_k^2)]\mathbb{E}_{\zeta[N]}[f(x_k) - f^*] \\
\leqslant\ & v_1^2 + 2\mu^2 L(n+4)\sum_{k=1}^{N}\gamma_k + 2(n+4)[L^2\mu^2(n+4)^2 + \sigma^2]\sum_{k=1}^{N}\gamma_k^2
\end{aligned}$$

证明的剩余部分与(a)部分的处理类似，因此跳过细节。 ■

与 RSGD 方法类似，我们可以将定理 6.3 中的收敛结果专门化，使 RSGF 方法具有恒定步长策略。

推论 6.3 假设步长 $\{\gamma_k\}$ 设置为

$$\gamma_k = \frac{1}{\sqrt{n+4}}\min\left\{\frac{1}{4L\sqrt{n+4}}, \frac{\widetilde{D}}{\sigma\sqrt{N}}\right\}, \quad k=1, \cdots, N \tag{6.1.70}$$

对某个 $\widetilde{D} > 0$。也假设概率质量函数 $P_R(\cdot)$ 按式(6.1.61)设置，并选择 μ 满足

$$\mu \leqslant \frac{D_f}{(n+4)\sqrt{2N}} \tag{6.1.71}$$

式中，D_f 和 D_X 分别如式(6.1.13)和式(6.1.15)所定义。然后，在假设 13 和假设 15 之下，有

$$\frac{1}{L}\mathbb{E}[\|\nabla f(x_R)\|^2] \leqslant \mathcal{B}_N := \frac{12(n+4)LD_f^2}{N} + \frac{4\sigma\sqrt{n+4}}{\sqrt{N}}\left(\widetilde{D} + \frac{D_f^2}{\widetilde{D}}\right) \tag{6.1.72}$$

此外，如果问题(6.1.47)是凸的，且最优解 x^* 和 μ 的选择使

$$\mu \leqslant \frac{D_X}{\sqrt{(n+4)}}$$

那么，

$$\mathbb{E}[f(x_R) - f^*] \leqslant \frac{5L(n+4)D_X^2}{N} + \frac{2\sigma\sqrt{n+4}}{\sqrt{N}}\left(\widetilde{D} + \frac{D_X^2}{\widetilde{D}}\right) \tag{6.1.73}$$

证明　我们只证明式(6.1.72)，因为关系(6.1.73)可以用类似的推理来证明。首先注意到由关系式(6.1.70)，我们有

$$\gamma_k \leqslant \frac{1}{4(n+4)L},\ k=1,\ \cdots,\ N \tag{6.1.74}$$

$$\sum_{k=1}^{N}[\gamma_k - 2L(n+4)\gamma_k^2] = N\gamma_1[1 - 2L(n+4)\gamma_1] \geqslant \frac{N\gamma_1}{2} \tag{6.1.75}$$

因此，利用上述不等式和式(6.1.62)，可得

$$\begin{aligned}
\frac{1}{L}\mathbb{E}[\|\nabla f(x_R)\|^2] &\leqslant \frac{2D_f^2 + 4\mu^2(n+4)}{N\gamma_1} + \mu^2 L(n+4)^3 + 4(n+4)[\mu^2L^2(n+4)^2 + \sigma^2]\gamma_1 \\
&\leqslant \frac{2D_f^2 + 4\mu^2(n+4)}{N}\max\left\{4L(n+4),\ \frac{\sigma\sqrt{(n+4)N}}{\widetilde{D}}\right\} + \\
&\quad \mu^2 L(n+4)^2[(n+4)+1] + \frac{4\sqrt{n+4}\,\widetilde{D}\sigma}{\sqrt{N}}
\end{aligned}$$

又由于式(6.1.71)，可以推出

$$\begin{aligned}
\frac{1}{L}\mathbb{E}[\|\nabla f(x_R)\|^2] &\leqslant \frac{2D_f^2}{N}\left[1 + \frac{1}{(n+4)N}\right]\left[4L(n+4) + \frac{\sigma\sqrt{(n+4)N}}{\widetilde{D}}\right] + \\
&\quad \frac{LD_f^2}{2N}[(n+4)+1] + \frac{4\sqrt{n+4}\,\widetilde{D}\sigma}{\sqrt{N}} \\
&= \frac{LD_f^2}{N}\left[\frac{17(n+4)}{2} + \frac{8}{N} + \frac{1}{2}\right] + \frac{2\sigma\sqrt{n+4}}{\sqrt{N}}\left[\frac{D_f^2}{\widetilde{D}}\left(1 + \frac{1}{(n+4)N}\right) + 2\widetilde{D}\right] \\
&\leqslant \frac{12L(n+4)D_f^2}{N} + \frac{4\sigma\sqrt{n+4}}{\sqrt{N}}\left(\widetilde{D} + \frac{D_f^2}{\widetilde{D}}\right)
\end{aligned}$$

■

对推论 6.1 中得到的结果进行几点说明是必要的。首先，与 RSGD 方法相似，我们在凸的和非凸的 SP 问题中使用了相同的步长 $\{\gamma_k\}$ 和概率质量函数 $P_R(\cdot)$。特别是以式(6.1.72)来看，当使用 RSGF 方法寻找问题(6.1.47)的 ϵ-解时，该算法的迭代复杂度的界为 $\mathcal{O}(n/\epsilon^2)$。此外，根据式(6.1.73)，如果问题是凸的，则求解 $\bar{x}$ 满足 $\mathbb{E}[f(\bar{x}) - f^*] \leqslant \epsilon$ 同样也可以由 $\mathcal{O}(n/\epsilon^2)$ 次迭代完成。

其次，我们需要为式(6.1.70)中规定的步长策略指定 $\tilde{D}$。根据式(6.1.72)和式(6.1.73)，对于非凸的和凸的情况，$\tilde{D}$ 的最优选择分别为 D_f 和 D_X。通过这样的选择，式(6.1.72)和式(6.1.73)中的界分别减小为

$$\frac{1}{L}\mathbb{E}[\|\nabla f(x_R)\|^2]\leqslant\frac{12(n+4)LD_f^2}{N}+\frac{8\sqrt{n+4}D_f\sigma}{\sqrt{N}} \tag{6.1.76}$$

$$\mathbb{E}[f(x_R)-f^*]\leqslant\frac{5L(n+4)D_X^2}{N}+\frac{4\sqrt{n+4}D_X\sigma}{\sqrt{N}} \tag{6.1.77}$$

与 RSGD 方法类似，对于某个 $\varepsilon>0$ 和 $\Lambda\in(0,1)$，我们可以建立求解问题(6.1.47)的(ε,Λ)-解的 RSGF 方法的复杂度。更具体地说，利用式(6.1.72)和 Markov 不等式，我们得到

$$\operatorname{Prob}\{\|\nabla f(x_R)\|^2\geqslant\lambda L\bar{\mathcal{B}}_N\}\leqslant\frac{1}{\lambda},\quad\forall\lambda>0 \tag{6.1.78}$$

这意味着用 RSGF 方法求得问题(6.1.47)的(ε,Λ)-解时对 SZO 的调用总数可以限制在

$$\mathcal{O}\left\{\frac{nL^2D_f^2}{\Lambda\varepsilon}+\frac{nL^2}{\Lambda^2}\left(\tilde{D}+\frac{D_f^2}{\tilde{D}}\right)^2\frac{\sigma^2}{\varepsilon^2}\right\} \tag{6.1.79}$$

在下一小节中，我们将研究一种可能的方法来改进上述复杂性界限。

6.1.2.2　一种两阶段随机化的随机无梯度法

在这一节中，我们将修改 2-RSGD 方法，使上述寻找问题(6.1.47)的(ε,Λ)-解的算法的复杂度较式(6.1.79)得到改进。

一种两阶段 RSGF(2-RSGF)方法

输入： 初始点 x_1，运行次数 S，迭代极限 N，样本大小 T。

优化阶段：

对于 $s=1,\cdots,S$，

调用 RSGF 方法，其中，输入为 x_1，迭代极限为 N，步长为 $\{\gamma_k\}$(式(6.1.70))，概率质量函数为 P_R(式(6.1.61))，平滑参数为 μ(式(6.1.71))。令这个过程的输出为 $\bar{x}_s$。

优化后阶段：

从候选列表 $\{\bar{x}_1,\cdots,\bar{x}_S\}$ 中选择一个解 $\bar{x}^*$，使得

$$\|g_\mu(\bar{x}^*)\|=\min_{s=1,\cdots,S}\|g_\mu(\bar{x}_s)\|,\ g_\mu(\bar{x}_s):=\frac{1}{T}\sum_{k=1}^{T}G_\mu(\bar{x}_s,\xi_k,u_k) \tag{6.1.80}$$

其中，$G_\mu(x,\xi,u)$ 在式(6.1.58)中定义。

2-RSGF 方法的主要收敛性概括在定理 6.4 中。更具体地说，定理 6.4(a)建立了 2-RSGF 方法在给定一组参数(S,N,T)下的收敛速度，而定理 6.4(b)显示了该方法寻找问题(6.1.47)的一个(ε,Λ)-解的复杂性。

定理 6.4　*在假设 13 和 15 下，应用于问题(6.1.47)的 2-RSGF 方法有以下性质成立。*

(a) 设 $\bar{\mathcal{B}}_N$ 在式(6.1.72)中定义，则

$$\operatorname{Prob}\left\{\|\nabla f(\bar{x}^*)\|^2\geqslant 8L\bar{\mathcal{B}}_N+\frac{3(n+4)L^2D_f^2}{2N}+\frac{24(n+4)\lambda}{T}\left[L\bar{\mathcal{B}}_N+\frac{(n+4)L^2D_f^2}{N}+\sigma^2\right]\right\}$$
$$\leqslant\frac{S+1}{\lambda}+2^{-S},\ \forall\lambda>0 \tag{6.1.81}$$

(b) 给定 $\varepsilon>0$ 和 $\Lambda\in(0,1)$。如果将 S 设置为式(6.1.32)中的 $S(\Lambda)$，并且迭代极限 N 和样本大小 T 分别设置为

$$N=\hat{N}(\varepsilon):=\max\left\{\frac{12(n+4)(6LD_f)^2}{\varepsilon},\ \left[72L\sqrt{n+4}\left(\widetilde{D}+\frac{D_f^2}{\widetilde{D}}\right)\frac{\sigma}{\varepsilon}\right]^2\right\} \quad (6.1.82)$$

$$T=\hat{T}(\varepsilon,\Lambda):=\frac{24(n+4)(S+1)}{\Lambda}\max\left\{1,\ \frac{6\sigma^2}{\varepsilon}\right\} \quad (6.1.83)$$

则 2-RSGF 方法至多需要

$$2S(\Lambda)[\hat{N}(\varepsilon)+\hat{T}(\varepsilon,\Lambda)] \quad (6.1.84)$$

次调用 SZO 就可以计算出问题(6.1.47)的一个(ε,Λ)-解。

证明　首先，通过式(6.1.52)、式(6.1.71)和式(6.1.72)，可以得到

$$\|\nabla f_\mu(x)-\nabla f(x)\|^2\leqslant\frac{\mu^2}{4}L^2(n+3)^3\leqslant\frac{(n+4)L^2D_f^2}{8N} \quad (6.1.85)$$

利用这一观测结果和式(6.1.80)中 $\overline{x}^*$ 的定义，得到

$$\begin{aligned}\|g_\mu(\overline{x}^*)\|^2&=\min_{s=1,\cdots,S}\|g_\mu(\overline{x}_s)\|^2=\min_{s=1,\cdots,S}\|\nabla f(\overline{x}_s)+g_\mu(\overline{x}_s)-\nabla f(\overline{x}_s)\|^2\\&\leqslant\min_{s=1,\cdots,S}\{2[\|\nabla f(\overline{x}_s)\|^2+\|g_\mu(\overline{x}_s)-\nabla f(\overline{x}_s)\|^2]\}\\&\leqslant\min_{s=1,\cdots,S}\{2[\|\nabla f(\overline{x}_s)\|^2+2\|g_\mu(\overline{x}_s)-\nabla f_\mu(\overline{x}_s)\|^2+2\|\nabla f_\mu(\overline{x}_s)-\nabla f(\overline{x}_s)\|^2]\}\\&\leqslant 2\min_{s=1,\cdots,S}\|\nabla f(\overline{x}_s)\|^2+4\max_{s=1,\cdots,S}\|g_\mu(\overline{x}_s)-\nabla f(\overline{x}_s)\|^2+\frac{(n+4)L^2D_f^2}{2N}\end{aligned}$$

这意味着

$$\begin{aligned}\|\nabla f(\overline{x}^*)\|^2&\leqslant 2\|g_\mu(\overline{x}^*)\|^2+2\|\nabla f(\overline{x}^*)-g_\mu(\overline{x}^*)\|^2\\&\leqslant 2\|g_\mu(\overline{x}^*)\|^2+4\|\nabla f_\mu(\overline{x}^*)-g_\mu(\overline{x}^*)\|^2+4\|\nabla f(\overline{x}^*)-\nabla f_\mu(\overline{x}^*)\|^2\\&\leqslant 4\min_{s=1,\cdots,S}\|\nabla f(\overline{x}_s)\|^2+8\max_{s=1,\cdots,S}\|g_\mu(\overline{x}_s)-\nabla f(\overline{x}_s)\|^2+\frac{(n+4)L^2D_f^2}{N}+\\&\quad 4\|\nabla f_\mu(\overline{x}^*)-g_\mu(\overline{x}^*)\|^2+4\|\nabla f(\overline{x}^*)-\nabla f_\mu(\overline{x}^*)\|^2\\&\leqslant 4\min_{s=1,\cdots,S}\|\nabla f(\overline{x}_s)\|^2+8\max_{s=1,\cdots,S}\|g_\mu(\overline{x}_s)-\nabla f(\overline{x}_s)\|^2+\\&\quad 4\|\nabla f_\mu(\overline{x}^*)-g_\mu(\overline{x}^*)\|^2+\frac{3(n+4)L^2D_f^2}{2N}\end{aligned} \quad (6.1.86)$$

其中的最后一个不等式也来自式(6.1.85)。我们现在提供上述不等式右侧单个项的特定概率界。利用式(6.1.78)(取 $\lambda=2$)，可得到

$$\mathrm{Prob}\left\{\min_{s=1,\cdots,S}\|\nabla f(\overline{x}_s)\|^2\geqslant 2L\overline{\mathcal{B}}_N\right\}=\prod_{s=1}^{S}\mathrm{Prob}\{\|\nabla f(\overline{x}_s)\|^2\geqslant 2L\overline{\mathcal{B}}_N\}\leqslant 2^{-S} \quad (6.1.87)$$

此外，记 $\Delta_{s,k}=G_\mu(\overline{x}_s,\xi_k,u_k)-\nabla f_\mu(\overline{x}_s)$，$k=1,\cdots,T$。注意，与式(6.1.67)类似，有

$$\begin{aligned}\mathbb{E}[\|G_\mu(\overline{x}_s,\xi_k,u_k)\|^2]&\leqslant 2(n+4)[\mathbb{E}[\|G(\overline{x}_s,\xi)\|^2]]+\frac{\mu^2}{2}L^2(n+6)^3\\&\leqslant 2(n+4)[\mathbb{E}[\|\nabla f(\overline{x}_s)\|^2]+\sigma^2]+2\mu^2L^2(n+4)^3\end{aligned}$$

由前面的不等式(6.1.71)和式(6.1.72)可知

$$\begin{aligned}\mathbb{E}[\|\Delta_{s,k}\|^2]&=\mathbb{E}[\|G_\mu(\overline{x}_s,\xi_k,u_k)-\nabla f_\mu(\overline{x}_s)\|^2]\leqslant\mathbb{E}[\|G_\mu(\overline{x}_s,\xi_k,u_k)\|^2]\\&\leqslant 2(n+4)[L\overline{\mathcal{B}}_N+\sigma^2]+2\mu^2L^2(n+4)^3\end{aligned}$$

$$\leqslant 2(n+4)[L\bar{\mathcal{B}}_N+\sigma^2+\frac{L^2D_f^2}{2N}]=:\mathcal{D}_N \tag{6.1.88}$$

注意 $g_\mu(\bar{x}_s)-\nabla f_\mu(\bar{x}_s)=\sum_{k=1}^{T}\frac{\Delta_{s,k}}{T}$，由式(6.1.88)、假设 13 和引理 6.1(a)可知，对任何 $s=1,\cdots,S$，有

$$\text{Prob}\left\{\|g_\mu(\bar{x}_s)-\nabla f_\mu(\bar{x}_s)\|^2\geqslant\frac{\lambda\mathcal{D}_N}{T}\right\}=\text{Prob}\left\{\|\sum_{k=1}^{T}\Delta_{s,k}\|^2\geqslant\lambda T\mathcal{D}_N\right\}$$
$$\leqslant\frac{1}{\lambda},\quad\forall\lambda>0$$

这意味着

$$\text{Prob}\left\{\max_{s=1,\cdots,S}\|g_\mu(\bar{x}_s)-\nabla f_\mu(\bar{x}_s)\|^2\geqslant\frac{\lambda\mathcal{D}_N}{T}\right\}\leqslant\frac{S}{\lambda},\quad\forall\lambda>0 \tag{6.1.89}$$

并且

$$\text{Prob}\left\{\|g_\mu(\bar{x}^*)-\nabla f_\mu(\bar{x}^*)\|^2\geqslant\frac{\lambda\mathcal{D}_N}{T}\right\}\leqslant\frac{1}{\lambda},\quad\forall\lambda>0 \tag{6.1.90}$$

然后将关系式(6.1.86)、式(6.1.87)、式(6.1.88)、式(6.1.89)和式(6.1.90)结合起来得到结论。

我们现在证明(b)部分成立。显然，2 - RSGF 方法中对 SZO 的调用总数有上限 $2S[\hat{N}(\varepsilon)+\hat{T}(\varepsilon)]$。那么，只需要证明 $\bar{x}^*$ 是问题(6.1.47)的一个(ε,Λ)-解。注意，分别根据式(6.1.72)和式(6.1.82)给出的 $\bar{B}(N)$ 和 $\hat{N}(\varepsilon)$ 的定义，我们有

$$\bar{\mathcal{B}}_{\hat{N}(\varepsilon)}=\frac{12(n+4)LD_f^2}{\hat{N}(\varepsilon)}+\frac{4\sigma\sqrt{n+4}}{\sqrt{\hat{N}(\varepsilon)}}\left(\tilde{D}+\frac{D_f^2}{\tilde{D}}\right)\leqslant\frac{\varepsilon}{36L}+\frac{\varepsilon}{18L}=\frac{\varepsilon}{12L}$$

从而有

$$8L\hat{B}_{\hat{N}(\varepsilon)}+\frac{3(n+4)L^2D_f^2}{2\hat{N}(\varepsilon)}\leqslant\frac{2\varepsilon}{3}+\frac{\varepsilon}{288}\leqslant\frac{17\varepsilon}{24}$$

另外，设定 $\lambda=[2(S+1)]/\Lambda$，利用式(6.1.82)和式(6.1.83)可得到

$$\frac{24(n+4)\lambda}{T}[L\bar{\mathcal{B}}_{\hat{N}(\varepsilon)}+\frac{(n+4)L^2D_f^2}{\hat{N}(\varepsilon)}+\sigma^2]\leqslant\frac{24(n+4)\lambda}{T}\left(\frac{\varepsilon}{12}+\frac{\varepsilon}{432}+\sigma^2\right)$$
$$\leqslant\frac{\varepsilon}{12}+\frac{\varepsilon}{432}+\frac{\varepsilon}{6}\leqslant\frac{7\varepsilon}{24}$$

利用这两个观察结果和当 $\lambda=[2(S+1)]/\Lambda$ 时关系式(6.1.81)的结果，我们得到结论

$$\text{Prob}\{\nabla f(\bar{x}^*)\|^2\geqslant\varepsilon\}\leqslant\text{Prob}\left\{\|\nabla f(\bar{x}^*)\|^2\geqslant 8L\bar{\mathcal{B}}_{\hat{N}(\varepsilon)}+\frac{3(n+4)L^2D_f^2}{2\hat{N}(\varepsilon)}+\right.$$
$$\left.\frac{24(n+4)\lambda}{T}\left[L\bar{\mathcal{B}}_{\hat{N}(\varepsilon)}+\frac{(n+4)L^2D_f^2}{\hat{N}(\varepsilon)}+\sigma^2\right]\right\}\leqslant\frac{S+1}{\lambda}+2^{-S}=\Lambda \quad ■$$

注意到，从式(6.1.32)、式(6.1.82)和式(6.1.83)来看，2 - RSGF 方法对 SZO 的总调用次数以下式为界：

$$\mathcal{O}\left\{\frac{nL^2D_f^2\log(1/\Lambda)}{\varepsilon}+nL^2\left(\tilde{D}+\frac{D_f^2}{\tilde{D}}\right)^2\frac{\sigma^2}{\varepsilon^2}\log\frac{1}{\Lambda}+\frac{n\log^2(1/\Lambda)}{\Lambda}\left(1+\frac{\sigma^2}{\varepsilon}\right)\right\} \tag{6.1.91}$$

当第二项是式(6.1.79)和式(6.1.91)两个界中最主要的项时，上面的界比式(6.1.79)中要

小得多，式(6.1.79)中的相应项达到了上式中的 $\mathcal{O}\left(1/\left[\Lambda^2\log\left(\frac{1}{\Lambda}\right)\right]\right)$倍。

6.2 非凸随机复合优化法

在本节中，我们考虑以下问题：

$$\Psi^* := \min_{x \in X}\{\Psi(x) := f(x) + h(x)\} \tag{6.2.1}$$

其中，X 是欧氏空间 $\mathbb{R}^n$ 中的闭凸集，$f: X \to \mathbb{R}$ 是连续可微的，但可能是非凸的；h 是一个简单的具有已知结构的凸函数，但可能是非光滑的(例如，$h(x)=\|x\|_1$ 或 $h(x)\equiv 0$)。我们也假设对于某个 $L>0$，f 的梯度是 L-Lipschitz 连续的，即

$$\|\nabla f(y) - \nabla f(x)\| \leqslant L\|y-x\|, \quad \text{对于任意 } x, y \in X \tag{6.2.2}$$

或者说，

$$|f(y) - f(x) - \langle \nabla f(x), y-x \rangle| \leqslant \frac{L}{2}\|y-x\|^2, \quad x, y \in X \tag{6.2.3}$$

Ψ 在 X 上是向下有界的，即 Ψ^* 是有限的。虽然 f 是 Lipschitz 连续可微的，但如前一节所讨论的那样，我们假设只能通过后续调用随机一阶(SFO)预言机，来得到 f 的有噪声的梯度。具体地说，在第 $k(k\geqslant 1)$ 次调用时，对于输入 $x_k \in X$，SFO 预言机将输出一个随机梯度 $G(x_k, \xi_k)$，其中 ξ_k 是一个随机变量，其分布在支撑集 $\Xi_k \subseteq \mathbb{R}^d$ 上。贯穿本节，我们也假定 Borel 函数 $G(x_k, \xi_k)$满足上一节给出的假设 13。

在上一节中，我们提出了一个随机化的随机梯度(RSGD)方法，用于解决无约束非凸 SP 问题，即问题(6.2.1)中 $h\equiv 0$ 和 $X=\mathbb{R}^n$。虽然 RSGD 算法及其变形可以处理无约束非凸 SP 问题，但在随机复合优化问题(6.2.1)中，当 $X\neq\mathbb{R}^n$ 和/或 $h(\cdot)$不可微时，算法不能保证收敛。

本节的目标主要包括发展出若干 RSGD 算法的变体，即在算法的每次迭代中获取小批量样本，以处理受约束的复合问题，并同时保持复杂度结果不变。具体地说，我们首先修改 RSGD 算法的方案，提出一种求解约束非凸随机组合问题的随机化的随机镜面下降(RSMD)算法。与 RSGD 算法不同的是，在 RSMD 算法的每次迭代中，为找到解 $\bar{x}\in X$ 使得 $\mathbb{E}[\|g_X(\bar{x})\|^2]\leqslant\varepsilon$，我们会取多个样本，并使得调用 SFO 预言机的总数仍然是 $\mathcal{O}(\sigma^2/\varepsilon^2)$，其中 $g_X(\bar{x})$是函数 Ψ 于点 $\bar{x}$ 在空间 X 上的一个广义投影梯度。此外，我们的 RSMD 算法是在一个更一般的设置上，它依赖于一个更一般的距离函数，而不是欧几里得距离。这对于特殊的结构化约束集(如 X 是一个标准单纯形)尤其有用。其次，我们提出了两阶段随机化的随机镜面下降(2-RSMD)算法，该 RSMD 算法带有一个优化后阶段，用以改善 RSMD 算法的大偏差结果。我们证明了在关于 SFO 预言机的轻尾假设下，该方法的复杂性可以进一步改善。最后，在假设 f 的梯度也在 X 上有界的情况下，我们专门研究了 RSMD 算法，给出了一种只使用随机零阶信息的随机化的随机无梯度镜面下降(RSMDF)算法。

本节的其余部分组织如下。在 6.2.1 节中，我们首先描述基于一般距离函数的投影的一些性质。在 6.2.2 节中，提出问题(6.2.1)的一阶确定性方法，这主要是为后面章节发展出的随机算法提供基础。然后，通过引入一个随机方案，我们提出求解式(6.2.1)中 SP 问题的 RSMD 和 2-RSMD 算法。在 6.2.4 节中，我们讨论如何将 RSMD 算法推广到只有零阶信息可用的情形。

6.2.1　邻近映射的一些性质

如前几章关于凸集的介绍，一般的距离生成函数，而不是通常的欧几里得距离函数，将有助于我们设计可以调整并适应几何形状可行集的算法。此外，非欧几里得邻近映射有时更容易计算。我们这一节的目标是对非凸设定推广这种构造。

回想一下，称函数 $v:X\to\mathbb{R}$ 是相对于$\|\cdot\|$的模为 1 的距离生成函数，如果 v 是连续可微且强凸的，并且满足

$$\langle x-z,\ \nabla v(x)-\nabla v(z)\rangle\geqslant\|x-z\|^2,\quad \forall x,\ z\in X \tag{6.2.4}$$

那么，与 v 相关联的近邻函数定义为

$$V(z,\ x)=v(x)-[v(z)+\langle\nabla v(z),\ x-z\rangle] \tag{6.2.5}$$

在这一节中，我们假设邻近函数 V 的选择使由下式给出的广义投影问题是容易求解的：

$$x^+=\arg\min_{u\in X}\left\{\langle g,\ u\rangle+\frac{1}{\gamma}V(x,\ u)+h(u)\right\} \tag{6.2.6}$$

对于任何 $\gamma>0$、$g\in\mathbb{R}^n$ 和 $x\in X$。显然，在邻近函数的定义中可以选择使用不同的 v。

为了讨论式(6.2.6)中定义的广义投影的一些重要性质，我们首先定义

$$P_X(x,\ g,\ \gamma)=\frac{1}{\gamma}(x-x^+) \tag{6.2.7}$$

其中，x^+ 由式(6.2.6)给出。可以看到，$P_X(x,\ \nabla f(x),\ \gamma)$(参见式(3.8.18))可以被看作 Ψ 在 x 上的广义投影梯度(或梯度映射)。确实，如果 $X=\mathbb{R}^n$ 且 h 消失，则有 $P_X(x,\ \nabla f(x),\ \gamma)=\nabla f(x)=\nabla\Psi(x)$。对于更一般的 h，以下结果表明，随着 $P_X(x,\ \nabla f(x),\ \gamma)$的大小消失，$x^+$ 将趋近于问题(6.2.1)的平衡点(或驻点)。

引理 6.3　假设 $x\in\mathbb{R}^n$ 给定，并记 $g\equiv\nabla f(x)$，且设距离生成函数 v 具有 L_v-Lipschitz 梯度。如果对某个 $\gamma>0$，有$\|P_X(x,\ g,\ \gamma)\|\leqslant\varepsilon$，那么

$$-\nabla f(x^+)\in\partial h(x^+)+N_X(x^+)+B(\varepsilon(\gamma L+L_v))$$

其中，$\partial h(\cdot)$表示 $h(\cdot)$的次微分，N_X 表示由下式给出的法向锥

$$N_X(\bar{x}):=\{d\in\mathbb{R}^n:\ \langle d,\ x-\bar{x}\rangle\leqslant 0,\ \forall x\in X\} \tag{6.2.8}$$

及球

$$B(r):=\{x\in\mathbb{R}^n:\ \|x\|\leqslant r\}$$

证明　由式(6.2.6)的最优性条件，我们有 $-\nabla f(x)-\frac{1}{\gamma}(\nabla v(x^+)-\nabla v(x))\in\partial h(x^+)+N_X(x^+)$，这意味着

$$-\nabla f(x^+)+\left[\nabla f(x^+)-\nabla f(x)-\frac{1}{\gamma}(\nabla v(x^+)-\nabla v(x))\right]\in\partial h(x^+)+N_X(x^+) \tag{6.2.9}$$

我们的结论立即从上述关系和下面的简单的事实得出

$$\begin{aligned}\left\|\nabla f(x^+)-\nabla f(x)-\frac{1}{\gamma}(\nabla v(x^+)-\nabla v(x))\right\|&\leqslant L\|x^+-x\|+\frac{L_v}{\gamma}\|x^+-x\|\\&\leqslant L\|x^+-x\|+\frac{L_v}{\gamma}\|x^+-x\|\\&=(\gamma L+L_v)\|P_X(x,\ g,\ \gamma)\|\end{aligned}$$

■

下面的引理为 $P_X(x,\ g,\ \gamma)$的大小提供了一个界。

引理 6.4 设 x^+ 由式(6.2.6)给出，则对于任何 $x\in X$、$g\in\mathbb{R}^n$ 和 $\gamma>0$，有

$$\langle g, P_X(x, g, \gamma)\rangle \geqslant \|P_X(x, g, \gamma)\|^2+\frac{1}{\gamma}[h(x^+)-h(x)] \tag{6.2.10}$$

证明 根据式(6.2.6)的最优性条件和式(6.2.5)中邻近函数的定义，存在一个 $p\in\partial h(x^+)$ 使得

$$\left\langle g+\frac{1}{\gamma}[\nabla v(x^+)-\nabla v(x)]+p, u-x^+\right\rangle \geqslant 0, \quad u\in X$$

在上面的不等式中令 $u=x$，通过 h 的凸性和关系式(6.2.4)，就得到

$$\begin{aligned}\langle g, x-x^+\rangle &\geqslant \frac{1}{\gamma}\langle\nabla v(x^+)-\nabla v(x), x^+-x\rangle+\langle p, x^+-x\rangle\\ &\geqslant \frac{1}{\gamma}\|x^+-x\|^2+[h(x^+)-h(x)]\end{aligned}$$

由式(6.2.7)和 $\gamma>0$ 显然可推出式(6.2.10)。■

众所周知，欧几里得投影是 Lipschitz 连续的。下面，我们说明此属性也适用于一般邻近映射。

引理 6.5 令 x_1^+ 和 x_2^+ 是将式(6.2.6)中的 g 分别用 g_1 和 g_2 替换得到的，那么

$$\|x_2^+-x_1^+\| \leqslant \gamma\|g_2-g_1\| \tag{6.2.11}$$

证明 根据式(6.2.6)的最优条件，对于任何 $u\in X$，存在 $p_1\in\partial h(x_1^+)$ 和 $p_2\in\partial h(x_2^+)$，使得下面两式成立

$$\left\langle g_1+\frac{1}{\gamma}[\nabla v(x_1^+)-\nabla v(x)]+p_1, \quad u-x_1^+\right\rangle \geqslant 0 \tag{6.2.12}$$

和

$$\left\langle g_2+\frac{1}{\gamma}[\nabla v(x_2^+)-\nabla v(x)]+p_2, \quad u-x_2^+\right\rangle \geqslant 0 \tag{6.2.13}$$

令式(6.2.12)中的 $u=x_2^+$，由 h 的凸性可得

$$\begin{aligned}\langle g_1, x_2^+-x_1^+\rangle &\geqslant \frac{1}{\gamma}\langle\nabla v(x)-\nabla v(x_1^+), x_2^+-x_1^+\rangle+\langle p_1, x_1^+-x_2^+\rangle\\ &\geqslant \frac{1}{\gamma}\langle\nabla v(x_2^+)-\nabla v(x_1^+), x_2^+-x_1^+\rangle+\\ &\quad\ \frac{1}{\gamma}\langle\nabla v(x)-\nabla v(x_2^+), x_2^+-x_1^+\rangle+h(x_1^+)-h(x_2^+)\end{aligned} \tag{6.2.14}$$

同样，令式(6.2.13)中的 $u=x_1^+$，得到

$$\begin{aligned}\langle g_2, x_1^+-x_2^+\rangle &\geqslant \frac{1}{\gamma}\langle\nabla v(x)-\nabla v(x_2^+), x_1^+-x_2^+\rangle+\langle p_2, x_2^+-x_1^+\rangle\\ &\geqslant \frac{1}{\gamma}\langle\nabla v(x)-\nabla v(x_2^+), x_1^+-x_2^+\rangle+h(x_2^+)-h(x_1^+)\end{aligned} \tag{6.2.15}$$

将式(6.2.14)和式(6.2.15)相加，由表示 v 强凸性的式(6.2.4)，可以得到

$$\|g_1-g_2\|\|x_2^+-x_1^+\| \geqslant \langle g_1-g_2, x_2^+-x_1^+\rangle \geqslant \frac{1}{\gamma}\|x_2^+-x_1^+\|^2$$

从而给出了式(6.2.11)。■

根据上述引理，我们就得到 $P_X(x, \cdot, \gamma)$ 是 Lipschitz 连续的这一性质。

命题 6.1 设 $P_X(x, g, \gamma)$ 如式(6.2.7)所定义。对于 $\mathbb{R}^n$ 中的任意 g_1 和 g_2，有

$$\|P_X(x, g_1, \gamma)-P_X(x, g_2, \gamma)\|\leqslant\|g_1-g_2\| \tag{6.2.16}$$

证明 注意到关系式(6.2.7)、式(6.2.12)和式(6.2.13)，有

$$\begin{aligned}\|P_X(x, g_1, \gamma)-P_X(x, g_2, \gamma)\| &= \left\|\frac{1}{\gamma}(x-x_1^+)-\frac{1}{\gamma}(x-x_2^+)\right\| \\ &= \frac{1}{\gamma}\|x_2^+-x_1^+\|\leqslant\|g_1-g_2\|\end{aligned}$$

其中最后一个不等式由式(6.2.11)得到。 ■

下面的引理刻画了广义投影的解，它的证明是引理3.5结果的一个特例。

引理6.6 设x^+由式(6.2.6)给出，则对于任何$u\in X$，有

$$\langle g, x^+\rangle+h(x^+)+\frac{1}{\gamma}V(x, x^+)\leqslant\langle g, u\rangle+h(u)+\frac{1}{\gamma}[V(x, u)-V(x^+, u)] \tag{6.2.17}$$

6.2.2 非凸镜面下降法

在本小节中，我们考虑$f\in\mathcal{C}_L^{1,1}(X)$的问题(6.2.1)，而且假设对于每个输入$x_k\in X$，可以得到确切的梯度$\nabla f(x_k)$的值。利用精确的梯度信息，我们给出了求解式(6.2.1)的确定性非凸镜面下降(MD)算法，这为我们在下一小节中发展随机一阶算法打下了基础。

一种非凸镜面下降(MD)算法

输入：初始点$x_1\in X$，总迭代次数N，步长$\{\gamma_k\}$，$\gamma_k>0$，$k\geqslant1$。

步骤$k=1$，…，N。计算

$$x_{k+1}=\arg\min_{u\in X}\left\{\langle\nabla f(x_k), u\rangle+\frac{1}{\gamma_k}V(x_k, u)+h(u)\right\} \tag{6.2.18}$$

输出：$x_R\in\{x_1, \cdots, x_N\}$，使得

$$R=\arg\min_{k\in\{1,\cdots,N\}}\|g_{X,k}\| \tag{6.2.19}$$

其中$g_{X,k}$由下式给出：

$$g_{X,k}=P_X(x_k, \nabla f(x_k), \gamma_k) \tag{6.2.20}$$

可以看到，上面算法的输出为经迭代得到的广义投影梯度的最小范数。在实际应用中，可以选择函数值最小的解作为算法的输出。但是，由于f可能不是一个凸函数，从理论上，我们不能为通过这样的选择得到的输出解提供性能保证。在上述算法中，我们没有指定步长$\{\gamma_k\}$的具体选择。在建立以下收敛结果之后，我们将回头讨论这个问题。

定理6.5 假设在非凸MD算法中选择步长$\{\gamma_k\}$，使$0<\gamma_k\leqslant2/L$，且至少对某一个k有$\gamma_k<2/L$。那么，就有

$$\|g_{X,R}\|^2\leqslant\frac{LD_\Psi^2}{\sum_{k=1}^{N}(\gamma_k-L\gamma_k^2/2)} \tag{6.2.21}$$

其中

$$g_{X,R}=P_X(x_R, \nabla f(x_R), \gamma_R) \quad 且 \quad D_\Psi:=\left[\frac{(\Psi(x_1)-\Psi^*)}{L}\right]^{\frac{1}{2}} \tag{6.2.22}$$

证明 由于$f\in\mathcal{C}_L^{1,1}(X)$，由关系式(6.2.3)、式(6.2.7)、式(6.2.18)和式(6.2.20)可知，对于任意$k=1$，…，N，有下式成立：

$$f(x_{k+1})\leqslant f(x_k)+\langle\nabla f(x_k),\ x_{k+1}-x_k\rangle+\frac{L}{2}\|x_{k+1}-x_k\|^2$$

$$=f(x_k)-\gamma_k\langle\nabla f(x_k),\ g_{X,k}\rangle+\frac{L}{2}\gamma_k^2\|g_{X,k}\|^2 \tag{6.2.23}$$

然后，对引理 6.4 取 $x=x_k$、$\gamma=\gamma_k$ 和 $g=\nabla f(x_k)$，得到

$$f(x_{k+1})\leqslant f(x_k)-[\gamma_k\|g_{X,k}\|^2+h(x_{k+1})-h(x_k)]+\frac{L}{2}\gamma_k^2\|g_{X,k}\|^2$$

这意味着

$$\Psi(x_{k+1})\leqslant\Psi(x_k)-\left(\gamma_k-\frac{L}{2}\gamma_k^2\right)\|g_{X,k}\|^2 \tag{6.2.24}$$

当 $k=1$，…，N 时对上述不等式求和，由式(6.2.19)和 $\gamma_k\leqslant 2/L$，有

$$\|g_{X,R}\|^2\sum_{k=1}^N\left(\gamma_k-\frac{L}{2}\gamma_k^2\right)\leqslant\sum_{k=1}^N\left(\gamma_k-\frac{L}{2}\gamma_k^2\right)\|g_{X,k}\|^2$$

$$\leqslant\Psi(x_1)-\Psi(x_{k+1})\leqslant\Psi(x_1)-\Psi^* \tag{6.2.25}$$

根据假设有 $\sum_{k=1}^N(\gamma_k-L\gamma_k^2/2)>0$。因此，将上述不等式两边同时除以 $\sum_{k=1}^N(\gamma_k-L\gamma_k^2/2)$，就得到了式(6.2.21)。 ■

下面的推论显示了当非凸 MD 算法采用一个适当的常数步长策略时，可以得到特定的复杂性结果。

推论 6.4　假设在非凸 MD 算法中，对于所有的 $k=1$，…，N 均采用步长 $\gamma_k=1/L$。那么，有

$$\|g_{X,R}\|^2\leqslant\frac{2L^2D_\Psi^2}{N} \tag{6.2.26}$$

证明　对于所有 $k=1$，…，N 取常数步长 $\gamma_k=1/L$，有

$$\frac{LD_\Psi^2}{\sum_{k=1}^N(\gamma_k-L\gamma_k^2/2)}=\frac{2L^2D_\Psi^2}{N} \tag{6.2.27}$$

此式与式(6.2.21)一起显然就得到了式(6.2.26)的结果。 ■

6.2.3　非凸随机镜面下降法

在本小节中，我们考虑问题(6.2.1)的求解，但不能得到 f 的准确梯度。我们假设通过后续调用随机一阶(SFO)预言机，f 的一阶噪声信息是可用的。特别是，给定算法的第 k 次迭代 $x_k\in X$，该 SFO 预言机将输出随机梯度 $G(x_k,\ \xi_k)$，其中 ξ_k 是一个随机向量，分布在支撑集 $\Xi_k\subseteq\mathbb{R}^d$ 上。我们假设随机梯度 $G(x_k,\ \xi_k)$满足假设 13。

本节的内容如下。在 6.2.3.1 节中，我们给出一个包含随机化停止准则的非凸 MD 算法对应的随机变体算法，称为 RSMD 算法。然后，在 6.2.3.2 节中，我们描述一种两阶段 RSMD 算法，称为 2 - RSMD 算法，该算法可以显著减小 RSMD 算法产生的大偏差。在本节中，我们假设范数$\|\cdot\|$与内积$\langle\cdot,\cdot\rangle$相关联。

6.2.3.1　随机镜面下降法

对于前述 SGD 算法，目标函数的凸性在建立起收敛性结果时往往发挥了重要的作用。类似于 RSGD 方法，在本小节中我们试图给出一个不要求目标函数凸性的 SGD 型算法。此外，这个较弱的要求也得使算法能够处理随机噪声$\{\xi_k\}(k\geqslant 1)$依赖于迭代$\{x_k\}$的情况。

随机化的随机镜面下降(RSMD)算法

输入：初始点 $x_1 \in X$；迭代极限 N；步长$\{\gamma_k\}$，$\gamma_k>0$，$k\geqslant 1$；批大小$\{m_k\}$，$m_k>0$，$k\geqslant 1$；以及概率质量函数 P_R 在支撑集$\{1,\cdots,N\}$上。

步骤 0。设 R 为随机变量，概率质量函数为 P_R。

步骤 $k=1,\cdots,R-1$。调用 SFO 预言机 m_k 次得到 $G(x_k,\xi_{k,i})$，$i=1,\cdots,m_k$，置

$$G_k=\frac{1}{m_k}\sum_{i=1}^{m_k}G(x_k,\xi_{k,i}) \tag{6.2.28}$$

计算

$$x_{k+1}=\arg\min_{u\in X}\{\langle G_k,u\rangle+\frac{1}{\gamma_k}V(x_k,u)+h(u)\} \tag{6.2.29}$$

输出：x_R。

我们使用一个随机化迭代计数来终止 RSMD 算法。在该算法中，我们还需要指定步长$\{\gamma_k\}$、批大小$\{m_k\}$和概率质量函数 P_R。在给出 RSMD 算法的一些收敛性结果后，我们将再次解决这些问题。

定理 6.6 假设在 RSMD 算法中选择步长$\{\gamma_k\}$使 $0<\gamma_k\leqslant 1/L$，且至少存在某一个 k 使 $\gamma_k<1/L$，并选择概率质量函数 P_R 使对任意 $k=1,\cdots,N$，有

$$P_R(k):=\mathrm{Prob}\{R=k\}=\frac{\gamma_k-L\gamma_k^2}{\sum_{k=1}^{N}(\gamma_k-L\gamma_k^2)} \tag{6.2.30}$$

那么，在假设 13 下有如下结论。

(a) 对于任意 $N\geqslant 1$，有

$$\mathbb{E}[\|\widetilde{g}_{X,R}\|^2]\leqslant\frac{LD_\Psi^2+\sigma^2\sum_{k=1}^{N}(\gamma_k/m_k)}{\sum_{k=1}^{N}(\gamma_k-L\gamma_k^2)} \tag{6.2.31}$$

其中对变量 R 和 $\xi_{[N]}:=(\xi_1,\cdots,\xi_N)$取期望，$D_\Psi$ 在式(6.2.22)中定义，并且随机投影梯度为

$$\widetilde{g}_{X,k}:=P_X(x_k,G_k,\gamma_k) \tag{6.2.32}$$

其中 P_X 在式(6.2.7)中定义。

(b) 另外，如果问题(6.2.1)中的 f 是凸的，最优解为 x^*，而且步长$\{\gamma_k\}$是非递减的，即

$$0\leqslant\gamma_1\leqslant\gamma_2\leqslant\cdots\leqslant\gamma_N\leqslant\frac{1}{L} \tag{6.2.33}$$

则有

$$\mathbb{E}[\Psi(x_R)-\Psi(x^*)]\leqslant\frac{(1-L\gamma_1)V(x_1,x^*)+(\sigma^2/2)\sum_{k=1}^{N}(\gamma_k^2/m_k)}{\sum_{k=1}^{N}(\gamma_k-L\gamma_k^2)} \tag{6.2.34}$$

其中对变量 R 和 $\xi_{[N]}$取期望。同样，如果步长$\{\gamma_k\}$是非递增的，即

$$\frac{1}{L}\geqslant\gamma_1\geqslant\gamma_2\geqslant\cdots\geqslant\gamma_N\geqslant 0 \tag{6.2.35}$$

那么有

$$\mathbb{E}[\Psi(x_R)-\Psi(x^*)]\leqslant\frac{(1-L_{\gamma N})\overline{V}(x^*)+(\sigma^2/2)\sum_{k=1}^{N}(\gamma_k^2/m_k)}{\sum_{k=1}^{N}(\gamma_k-L\gamma_k^2)} \tag{6.2.36}$$

其中

$$\overline{V}(x^*):=\max_{u\in X}V(u,x^*)$$

证明　令 $\delta_k\equiv G_k-\nabla f(x_k)$，$k\geqslant1$。由于 f 是光滑的，由关系式(6.2.3)、式(6.2.7)、式(6.2.29)和式(6.2.32)可知，对于任意 $k=1,\cdots,N$，有

$$\begin{aligned}f(x_{k+1})&\leqslant f(x_k)+\langle\nabla f(x_k),x_{k+1}-x_k\rangle+\frac{L}{2}\|x_{k+1}-x_k\|^2\\&=f(x_k)-\gamma_k\langle\nabla f(x_k),\tilde{g}_{X,k}\rangle+\frac{L}{2}\gamma_k^2\|\tilde{g}_{X,k}\|^2\\&=f(x_k)-\gamma_k\langle G_k,\tilde{g}_{X,k}\rangle+\frac{L}{2}\gamma_k^2\|\tilde{g}_{X,k}\|^2+\gamma_k\langle\delta_k,\tilde{g}_{X,k}\rangle\end{aligned} \tag{6.2.37}$$

因此，在引理6.4中取 $x=x_k$、$\gamma=\gamma_k$ 和 $g=G_k$，得到

$$\begin{aligned}f(x_{k+1})\leqslant{}&f(x_k)-[\gamma_k\|\tilde{g}_{X,k}\|^2+h(x_{k+1})-h(x_k)]+\frac{L}{2}\gamma_k^2\|\tilde{g}_{X,k}\|^2+\\&\gamma_k\langle\delta_k,g_{X,k}\rangle+\gamma_k\langle\delta_k,\tilde{g}_{X,k}-g_{X,k}\rangle\end{aligned}$$

其中投影梯度 $g_{X,k}$ 定义于式(6.2.20)。于是，由上述不等式、式(6.2.20)和式(6.2.32)，可得到

$$\begin{aligned}\Psi(x_{k+1})&\leqslant\Psi(x_k)-\left(\gamma_k-\frac{L}{2}\gamma_k^2\right)\|\tilde{g}_{X,k}\|^2+\gamma_k\langle\delta_k,g_{X,k}\rangle+\gamma_k\|\delta_k\|\|\tilde{g}_{X,k}-g_{X,k}\|\\&\leqslant\Psi(x_k)-\left(\gamma_k-\frac{L}{2}\gamma_k^2\right)\|\tilde{g}_{X,k}\|^2+\gamma_k\langle\delta_k,g_{X,k}\rangle+\gamma_k\|\delta_k\|^2\end{aligned} \tag{6.2.38}$$

其中最后一个不等式来自对命题6.1的结果取 $x=x_k$、$\gamma=\gamma_k$、$g_1=G_k$ 和 $g_2=\nabla f(x_k)$。在 $k=1,\cdots,N$ 时对上述不等式求和，并注意到 $\gamma_k\leqslant1/L$，得到

$$\begin{aligned}\sum_{k=1}^{N}(\gamma_k-L\gamma_k^2)\|\tilde{g}_{X,k}\|^2&\leqslant\sum_{k=1}^{N}\left(\gamma_k-\frac{L}{2}\gamma_k^2\right)\|\tilde{g}_{X,k}\|^2\\&\leqslant\Psi(x_1)-\Psi(x_{N+1})+\sum_{k=1}^{N}\{\gamma_k\langle\delta_k,g_{X,k}\rangle+\gamma_k\|\delta_k\|^2\}\\&\leqslant\Psi(x_1)-\Psi^*+\sum_{k=1}^{N}\{\gamma_k\langle\delta_k,g_{X,k}\rangle+\gamma_k\|\delta_k\|^2\}\end{aligned} \tag{6.2.39}$$

注意，迭代 x_k 是所生成的随机过程历史 $\xi_{[k-1]}$ 的函数，因此它是随机的。通过假设13(a)部分，我们有 $\mathbb{E}[\langle\delta_k,g_{X,k}\rangle|\xi_{[k-1]}]=0$。此外，表示 $\delta_{k,i}\equiv G(x_k,\xi_{k,i})-\nabla f(x_k)$，$i=1,\cdots,m_k$，$k=1,\cdots,N$，$S_j=\sum_{i=1}^{j}\delta_{k,i}$，$j=1,\cdots,m_k$，$S_0=0$，并注意到 $\mathbb{E}$ 对所有 $i=1,\cdots,m_k$ 有$[\langle S_{i-1},\delta_{k,i}\rangle|S_{i-1}]=0$，我们有

$$\begin{aligned}\mathbb{E}[\|S_{m_k}\|^2]&=\mathbb{E}[\|S_{m_k-1}\|^2+2\langle S_{m_k-1},\delta_{k,m_k}\rangle+\|\delta_{k,m_k}\|^2]\\&=\mathbb{E}[\|S_{m_k-1}\|^2]+\mathbb{E}[\|\delta_{k,m_k}\|^2]=\cdots=\sum_{i=1}^{m_k}\mathbb{E}\|\delta_{k,i}\|^2\end{aligned}$$

根据式(6.2.28)和假设13(b)，这意味着

$$\mathbb{E}[\|\delta_k\|^2]=\mathbb{E}\left[\left\|\frac{1}{m_k}\sum_{i=1}^{m_k}\delta_{k,i}\right\|^2\right]=\frac{1}{m_k^2}\mathbb{E}[\|S_{m_k}\|^2]=\frac{1}{m_k^2}\sum_{i=1}^{m_k}\mathbb{E}[\|\delta_{k,i}\|^2]\leqslant\frac{\sigma^2}{m_k} \tag{6.2.40}$$

观察到这些结果，并对式(6.2.39)两边依变量 $\xi_{[N]}$ 取期望，就得到

$$\sum_{k=1}^{N}(\gamma_k-L\gamma_k^2)\mathbb{E}\|\widetilde{g}_{X,k}\|^2\leqslant\Psi(x_1)-\Psi^*+\sigma^2\sum_{k=1}^{N}(\gamma_k/m_k)$$

然后，根据我们的假设，有 $\sum_{k=1}^{N}(\gamma_k-L\gamma_k^2)>0$，对上述不等式两边同时除以 $\sum_{k=1}^{N}(\gamma_k-L\gamma_k^2)$，并注意到

$$\mathbb{E}[\|\widetilde{g}_{X,R}\|^2]=\frac{\sum_{k=1}^{N}(\gamma_k-L\gamma_k^2)\mathbb{E}\|\widetilde{g}_{X,k}\|^2}{\sum_{k=1}^{N}(\gamma_k-L\gamma_k^2)}$$

得出式(6.2.31)成立。

我们现在给出定理(b)部分的证明。根据引理 6.6，取 $x=x_k$，$\gamma=\gamma_k$，$g=G_k$ 和 $u=x^*$，有

$$\langle G_k,\ x_{k+1}\rangle+h(x_{k+1})+\frac{1}{\gamma_k}V(x_k,\ x_{k+1})$$
$$\leqslant(G_k,\ x^*)+h(x^*)+\frac{1}{\gamma_k}[V(x_k,\ x^*)-V(x_{k+1},\ x^*)]$$

从而由式(6.2.3)和 δ_k 的定义给出了

$$f(x_{k+1})+\langle\nabla f(x_k)+\delta_k,\ x_{k+1}\rangle+h(x_{k+1})+\frac{1}{\gamma_k}V(x_k,\ x_{k+1})$$
$$\leqslant f(x_k)+\langle\nabla_f(x_k),\ x_{k+1}-x_k\rangle+\frac{L}{2}\|x_{k+1}-x_k\|^2+\langle\nabla f(x_k)+\delta_k,\ x^*\rangle+h(x^*)+$$
$$\frac{1}{\gamma_k}[V(x_k,\ x^*)-V(x_{k+1},\ x^*)]$$

化简上面的不等式，得到

$$\Psi(x_{k+1})\leqslant f(x_k)+\langle\nabla f(x_k),\ x^*-x_k\rangle+h(x^*)+\langle\delta_k,\ x^*-x_{k+1}\rangle+\frac{L}{2}\|x_{k+1}-x_k\|^2-$$
$$\frac{1}{\gamma_k}V(x_k,\ x_{k+1})+\frac{1}{\gamma_k}[V(x_k,\ x^*)-V(x_{k+1},\ x^*)]$$

然后，由 f 的凸性、式(6.2.4)和式(6.2.5)可知

$$\Psi(x_{k+1})\leqslant f(x^*)+h(x^*)+\langle\delta_k,\ x^*-x_{k+1}\rangle+\left(\frac{L}{2}-\frac{1}{2\gamma_k}\right)\|x_{k+1}-x_k\|^2+$$
$$\frac{1}{\gamma_k}[V(x_k,\ x^*)-V(x_{k+1},\ x^*)]$$
$$=\Psi(x^*)+\langle\delta_k,\ x^*-x_k\rangle+\langle\delta_k,\ x_k-x_{k+1}\rangle+\frac{L\gamma_k-1}{2\gamma_k}\|x_{k+1}-x_k\|^2+$$
$$\frac{1}{\gamma_k}[V(x_k,\ x^*)-V(x_{k+1},\ x^*)]$$

$$\leqslant \Psi(x^*)+\langle\delta_k, x^*-x_k\rangle+\|\delta_k\|\|x_k-x_{k+1}\|-\frac{1-L\gamma_k}{2\gamma_k}\|x_{k+1}-x_k\|^2+$$
$$\frac{1}{\gamma_k}[V(x_k, x^*)-V(x_{k+1}, x^*)]$$
$$\leqslant \Psi(x^*)+\langle\delta_k, x^*-x_k\rangle+\frac{\gamma_k}{2(1-L\gamma_k)}\|\delta_k\|^2+\frac{1}{\gamma_k}[V(x_k, x^*)-V(x_{k+1}, x^*)]$$

其中最后一个不等式由 $ax-bx^2/2\leqslant a^2/(2b)$ 得出。注意到 $\gamma_k\leqslant 1/L$，将上述不等式两边同时乘以 $(\gamma_k-L\gamma_k^2)$，并对 $k=1, \cdots, N$ 时的结果进行累加，我们得到

$$\sum_{k=1}^N(\gamma_k-L\gamma_k^2)[\Psi(x_{k+1})-\Psi(x^*)]\leqslant\sum_{k=1}^N(\gamma_k-L\gamma_k^2)\langle\delta_k, x^*-x_k\rangle+\sum_{k=1}^N\frac{\gamma_k^2}{2}\|\delta_k\|^2+$$
$$\sum_{k=1}^N(1-L\gamma_k)[V(x_k, x^*)-V(x_{k+1}, x^*)] \tag{6.2.41}$$

现在，如果步长递增条件(6.2.33)满足，我们可由 $V(x_{N+1}, x^*)\geqslant 0$ 得到

$$\sum_{k=1}^N(1-L\gamma_k)[V(x_k, x^*)-V(x_{k+1}, x^*)]$$
$$=(1-L\gamma_1)V(x_1, x^*)+\sum_{k=2}^N(1-L\gamma_k)V(x_k, x^*)-\sum_{k=1}^N(1-L\gamma_k)V(x_{k+1}, x^*)$$
$$\leqslant(1-L\gamma_1)V(x_1, x^*)+\sum_{k=2}^N(1-L\gamma_{k-1})V(x_k, x^*)-\sum_{k=1}^N(1-L\gamma_k)V(x_{k+1}, x^*)$$
$$=(1-L\gamma_1)V(x_1, x^*)-(1-L\gamma_N)V(x_{N+1}, x^*)$$
$$\leqslant(1-L\gamma_1)V(x_1, x^*)$$

将式(6.2.41)两边对 $\xi_{[N]}$ 取期望，再利用 $\mathbb{E}[\|\delta_k^2\|]\leqslant\sigma^2/m_k$ 和 $\mathbb{E}[\langle\delta_k, g_{X,k}\rangle|\xi_{[k-1]}]=0$ 的观察结果，由上述不等式得出

$$\sum_{k=1}^N(\gamma_k-L\gamma_k^2)\mathbb{E}_{\xi_{[N]}}[\Psi(x_{k+1})-\Psi(x^*)]\leqslant(1-L\gamma_1)V(x_1, x^*)+\frac{\sigma^2}{2}\sum_{k=1}^N(\gamma_k^2/m_k)$$

最后，根据上面的不等式，利用与(a)部分类似的论证就可推导出式(6.2.34)。现在，如果步长递减条件(6.2.35)满足，我们从定义 $\overline{V}(x^*):=\max_{u\in X}V(u, x^*)\geqslant 0$ 且 $V(x_{N+1}, x^*)\geqslant 0$ 得到

$$\sum_{k=1}^N(1-L\gamma_k)[V(x_k, x^*)-V(x_{k+1}, x^*)]$$
$$=(1-L\gamma_1)V(x_1, x^*)+L\sum_{k=1}^{N-1}(\gamma_k-\gamma_{k+1})V(x_{k+1}, x^*)-(1-L\gamma_N)V(x_{N+1}, x^*)$$
$$\leqslant(1-L\gamma_1)\overline{V}(x^*)+L\sum_{k=1}^{N-1}(\gamma_k-\gamma_{k+1})\overline{V}(x^*)-(1-L\gamma_N)V(x_{N+1}, x^*)$$
$$\leqslant(1-L\gamma_N)\overline{V}(x^*)$$

再加上式(6.2.41)，并使用与上面类似的论证，就可以得到式(6.2.36)的结论。 ■

这里对定理6.6再做一些注释说明。首先，如果 f 是凸的，且批大小 $m_k=1$，那么通过适当选择步长 $\{\gamma_k\}$（如当 k 较大时，$\gamma_k=\mathcal{O}(1/\sqrt{k})$），我们仍然可以保证RSMD算法具有接近最优的收敛速度（见式(6.2.34)或式(6.2.36)）。但是，如果 f 可能是非凸的，并且

$m_k=1$，则式(6.2.31)的右边以下面的值为界：

$$\frac{LD_\Psi^2+\sigma^2\sum_{k=1}^{N}\gamma_k}{\sum_{k=1}^{N}(\gamma_k-L\gamma_k^2)}\geqslant\sigma^2$$

无论步长$\{\gamma_k\}$如何指定，都不能保证 RSMD 算法的收敛性。这就是我们考虑对于某个$m_k>1$，在 RSMD 方法的每次迭代中，取多个样本$G(x_k, \xi_{k,i})$，$i=1, \cdots, m_k$ 的原因。

其次，我们需要估计 L 来保证步长 γ_k 的条件。但是，我们不需要对 L 进行非常准确的估计(关于类似情况的更多细节，请参见推论 6.1 之后的讨论)。

最后，由定理 6.6 证明中的式(6.2.39)可知，可以进一步放宽步长策略，得到类似于式(6.2.31)的结果。更具体地说，我们可以得到下面的推论。

推论 6.5 假设 RSMD 算法中选择步长$\{\gamma_k\}$使 $0<\gamma_k\leqslant 2/L$，且至少有一个 k 使得有 $\gamma_k<2/L$，并选择概率质量函数 P_R 使对于任意$k=1, \cdots, N$，有

$$P_R(k):=\mathrm{Prob}\{R=k\}=\frac{\gamma_k-L\gamma_k^2/2}{\sum_{k=1}^{N}(\gamma_k-L\gamma_k^2/2)} \tag{6.2.42}$$

那么，在假设 13 下，有

$$\mathbb{E}[\|\tilde{g}_{X,R}\|^2]\leqslant\frac{LD_\Psi^2+\sigma^2\sum_{k=1}^{N}(\gamma_k/m_k)}{\sum_{k=1}^{N}(\gamma_k-L\gamma_k^2/2)} \tag{6.2.43}$$

其中，上述期望是对随机变量 R 和 $\xi_{[N]}:=(\xi_1, \cdots, \xi_N)$所取。

基于定理 6.6，在每次迭代中适当选择步长$\{\gamma_k\}$和批大小$\{m_k\}$，我们可以建立 RSMD 算法的复杂度结果如下。

推论 6.6 假设在 RSMD 算法中，对于所有的$k=1, \cdots, N$，步长取为 $\gamma_k=1/(2L)$，按式(6.2.30)选择概率质量函数 P_R，并假设对某个 $m\geqslant 1$，有批大小 $m_k=m$，$k=1, \cdots, N$。在假设 13 下，有

$$\mathbb{E}[\|g_{X,R}\|^2]\leqslant\frac{8L^2D_\Psi^2}{N}+\frac{6\sigma^2}{m} \quad 且 \quad \mathbb{E}[\|\tilde{g}_{X,R}\|^2]\leqslant\frac{4L^2D_\Psi^2}{N}+\frac{2\sigma^2}{m} \tag{6.2.44}$$

式中，$g_{X,R}$ 和 $\tilde{g}_{X,R}$ 分别由式(6.2.20)和式(6.2.32)定义。此外，如果问题(6.2.1)中的 f 是凸的，且最优解为 x^*，那么

$$\mathbb{E}[\Psi(x_R)-\Psi(x^*)]\leqslant\frac{2LV(x_1, x^*)}{N}+\frac{\sigma^2}{2Lm} \tag{6.2.45}$$

证明 由式(6.2.31)，有

$$\mathbb{E}[\|\tilde{g}_{X,R}\|^2]\leqslant\frac{LD_\Psi^2+\frac{\sigma^2}{m}\sum_{k=1}^{N}\gamma_k}{\sum_{k=1}^{N}(\gamma_k-L\gamma_k^2)}$$

此式与恒定步长条件 $\gamma_k=1/(2L)$(对所有 $k=1, \cdots, N$)一起，可以推出

$$\mathbb{E}[\|\tilde{g}_{X,R}\|^2]=\frac{LD_\Psi^2+\frac{\sigma^2N}{2mL}}{\frac{N}{4L}}=\frac{4L^2D_\Psi^2}{N}+\frac{2\sigma^2}{m}$$

然后，根据命题 6.1，取 $x=x_R$，$\gamma=\gamma_R$，$g_1=\nabla f(x_R)$，$g_2=G_k$，由上面的不等式和式(6.2.40)得到

$$\begin{aligned}\mathbb{E}[\|g_{X,R}\|^2]&\leqslant 2\mathbb{E}[\|\tilde{g}_{X,R}\|^2]+2\mathbb{E}[\|g_{X,R}-\tilde{g}_{X,R}\|^2]\\&\leqslant 2\left(\frac{4L^2D_\Psi^2}{N}+\frac{2\sigma^2}{m}\right)+2\mathbb{E}[\|G_k-\nabla f(x_R)\|^2]\\&\leqslant\frac{8L^2D_\Psi^2}{N}+\frac{6\sigma^2}{m}\end{aligned}$$

此外，由于对于所有的 $k=1,\cdots,N$ 都有 $\gamma_k=1/(2L)$，步长条件(6.2.33)得到满足。因此，如果求解的问题是凸的，我们可以用类似式(6.2.34)的方法推导出式(6.2.45)。■

请注意，上述推论中的所有上界都依赖于 m。确实，如果 m 被设为某个固定的正整数常数，那么当 N 足够大时，上述结果中的第二项总是会比第一项占优。因此，所选择的 m 应该与迭代次数 N 相平衡，这最终取决于用户给出的总计算开销。下面的推论表明，m 的适当选择取决于对 SFO 预言机的调用总次数。

推论 6.7 假设推论 6.6 中的所有条件都满足，并给定一个固定的 SFO 预言机调用总数 $\overline{N}$，如果 RSMD 算法每次迭代时，对于某些 $\tilde{D}>0$，对 SFO 预言机的调用数(样本的数目)为

$$m=\left\lceil\min\left\{\max\left\{1,\frac{\sigma\sqrt{6\overline{N}}}{4L\tilde{D}}\right\},\overline{N}\right\}\right\rceil\tag{6.2.46}$$

则有 $\mathbb{E}[\|g_{X,R}\|^2]/L\leqslant\mathcal{B}_{\overline{N}}$，其中

$$\mathcal{B}_{\overline{N}}:=\frac{16LD_\Psi^2}{\overline{N}}+\frac{4\sqrt{6}\sigma}{\sqrt{\overline{N}}}\left(\frac{D_\Psi^2}{\tilde{D}}+\tilde{D}\max\left\{1,\frac{\sqrt{6}\sigma}{4L\tilde{D}\sqrt{\overline{N}}}\right\}\right)\tag{6.2.47}$$

此外，如果问题(6.2.1)中的 f 是凸的，则 $\mathbb{E}[\Psi(x_R)-\Psi(x^*)]\leqslant\ell_{\overline{N}}$，其中 x^* 是最优解，并且

$$\ell_{\overline{N}}:=\frac{4LV(x_1,x^*)}{\overline{N}}+\frac{\sqrt{6}\sigma}{\sqrt{\overline{N}}}\left(\frac{V(x_1,x^*)}{\tilde{D}}+\frac{\tilde{D}}{3}\max\left\{1,\frac{\sqrt{6}\sigma}{4L\tilde{D}\sqrt{\overline{N}}}\right\}\right)\tag{6.2.48}$$

证明 给定每次迭代时对随机一阶预言机的调用总数 $\overline{N}$ 和对 SFO 预言机的调用总数 m，则 RSMD 算法最多可执行 $N=\lfloor\overline{N}/m\rfloor$ 次迭代。显然，$N\geqslant\overline{N}/(2m)$。根据这个观察结果和式(6.2.44)，我们得到

$$\begin{aligned}\mathbb{E}[\|g_{X,R}\|^2]&\leqslant\frac{16mL^2D_\Psi^2}{\overline{N}}+\frac{6\sigma^2}{m}\\&\leqslant\frac{16L^2D_\Psi^2}{\overline{N}}\left(1+\frac{\sigma\sqrt{6\overline{N}}}{4L\tilde{D}}\right)+\max\left\{\frac{4\sqrt{6}L\tilde{D}\sigma}{\sqrt{\overline{N}}},\frac{6\sigma^2}{\overline{N}}\right\}\\&=\frac{16L^2D_\Psi^2}{\overline{N}}+\frac{4\sqrt{6}L\sigma}{\sqrt{\overline{N}}}\left(\frac{D_\Psi^2}{\tilde{D}}+\tilde{D}\max\left\{1,\frac{\sqrt{6}\sigma}{4L\tilde{D}\sqrt{\overline{N}}}\right\}\right)\end{aligned}\tag{6.2.49}$$

这就给出了式(6.2.47)。可以用类似的方法得到式(6.2.48)的界。■

现在我们对推论 6.7 给出的结果进行一些说明。首先，虽然我们在每次迭代中均使用恒定值 $m_k=m$，但在 RSMD 算法的执行过程中也可以自适应地选择它，同时监控算法的收敛性。例如，在实践中，m_k 可以自适应地依赖于方差 $\sigma_k^2:=\mathbb{E}[\|G(x_k,\xi_k)-\nabla f(x_k)\|^2]$

的大小。另外的一个例子是选择增加批的大小，在算法开始使用少量的样本。特别是，通过设置

$$m_k=\left\lceil \min\left\{\frac{\sigma(k^2\overline{N})^{\frac{1}{4}}}{L\widetilde{D}},\ \overline{N}\right\}\right\rceil$$

很容易看到，与推论 6.7 中那些使用恒定批大小的情况相比，RSMD 算法仍然可达到相同的收敛速度。其次，我们需要在式(6.2.46)中指定参数 $\widetilde{D}$。由式(6.2.47)和式(6.2.48)可以看出，当 $\overline{N}$ 相对比较大时，即满足

$$\max\{1,\ \sqrt{6}\sigma/(4L\widetilde{D}\sqrt{\overline{N}})\}=1,\qquad 即\ \overline{N}\geqslant 3\sigma^2/(8L^2\widetilde{D}^2) \tag{6.2.50}$$

对于非凸的和凸的 SP 问题，$\widetilde{D}$ 的最优选择分别为 D_Ψ 和 $\sqrt{3V(x_1,\ x^*)}$。这样选择 $\widetilde{D}$，则式(6.2.47)和式(6.2.48)的界分别减至

$$\frac{1}{L}\mathbb{E}[\|g_{X,R}\|^2]\leqslant\frac{16LD_\Psi^2}{\overline{N}}+\frac{8\sqrt{6}D_\Psi\sigma}{\sqrt{\overline{N}}} \tag{6.2.51}$$

和

$$\mathbb{E}[\Psi(x^*)-\Psi(x_1)]\leqslant\frac{4LV(x_1,\ x^*)}{\overline{N}}+\frac{2\sqrt{2V(x_1,\ x^*)}\sigma}{\sqrt{\overline{N}}} \tag{6.2.52}$$

最后，推论 6.6 中给出的步长策略、RSMD 算法每次迭代时的概率质量函数(6.2.30)以及样本数(6.2.46)的取法，为求解凸的和非凸的 SP 问题提供了统一的策略。特别是，RSMD 算法在求解光滑凸 SP 问题时展现出了近乎最优的收敛速度，因为在式(6.2.52)中的第二项是不可改进的，尽管式(6.2.52)中的第一项可以得到相当大的改进。

6.2.3.2 两阶段随机镜面下降法

在前面的小节中，我们给出了 RSMD 算法多次运行后复杂度结果的期望。事实上，我们也对 RSMD 单次运行的性能感兴趣。特别地，我们打算建立问题(6.2.1)的$(\epsilon,\ \Lambda)$-解的复杂度结果，即点 $x\in X$ 满足对于一些 $\epsilon>0$ 和 $\Lambda\in(0,\ 1)$ 使 $\text{Prob}\{\|g_X(x)\|^2\leqslant\epsilon\}\geqslant 1-\Lambda$ 成立。注意到通过 Markov 不等式(6.2.47)，我们可以直接证明

$$\text{Prob}\{\|g_{X,R}\|^2\geqslant\gamma\lambda L\mathcal{B}_{\overline{N}}\}\leqslant\frac{1}{\lambda},\quad \lambda>0 \tag{6.2.53}$$

这意味着，在忽略一些常数因子后，RSMD 算法为寻找$(\epsilon,\ \Lambda)$-解而执行的 SFO 预言机调用的总数可以被限制在

$$\mathcal{O}\left\{\frac{1}{\Lambda\epsilon}+\frac{\sigma^2}{\Lambda^2\epsilon^2}\right\} \tag{6.2.54}$$

在本小节中，我们将提出一种方法来改善上述界对 Λ 的依赖。更具体地说，我们提出了 RSMD 算法的一个变体，它有两个阶段：优化阶段和优化后阶段。优化阶段由 RSMD 算法的独立单次运行组成，以生成候选解的列表，在优化后阶段，我们从优化阶段生成的这些候选解中选择一个作为解 x^*。为了简单起见，我们在本小节中假定空间 $\mathbb{R}^n$ 中的范数 $\|\cdot\|$ 是标准欧氏范数。

两阶段 RSMD(2-RSMD)算法

输入： 给定初始点 $x_1\in X$，运行次数 S，RSMD 算法每次运行对 SFO 预言机的调用总数 $\overline{N}$，优化后阶段样本量 T。

优化阶段：

对于 $s=1, \cdots, S$，

调用 RSMD 算法，其中，输入为 x_1，迭代极限为 $N=\lfloor \overline{N}/m \rfloor$，$m$ 由式(6.2.46)给出，对于 $k=1, \cdots, N$，步长为 $\gamma_k=1/(2L)$，批大小 $m_k=m$，概率质量函数为 P_R（式(6.2.30)）。

令这个过程的输出为 $\overline{x}_s=x_{R_s}$，$s=1, \cdots, S$。

优化后阶段：

从候选列表 $\{\overline{x}_1, \cdots, \overline{x}_S\}$ 中选择一个解 $\overline{x}^*$，使得

$$\|\overline{g}_X(\overline{x}^*)\| = \min_{s=1,\cdots,S} \|\overline{g}_X(\overline{x}_s)\|, \ \overline{g}_X(\overline{x}_s) := P_X(\overline{x}_s, \overline{G}_T(\overline{x}_s), \gamma_{R_s}) \tag{6.2.55}$$

其中 $\overline{G}_T(x)=1/T\sum_{k=1}^{T} G(x, \xi_k)$ 和 $P_X(x, g, \gamma)$ 在式(6.2.7)中定义。

输出： $\overline{x}^*$。

在 2 - RSMD 算法中，优化阶段和优化后阶段的 SFO 预言机调用总数分别以 $S\times\overline{N}$ 和 $S\times T$ 为界。在下一个定理中，我们提供了求解问题(6.2.1)的(ε, Λ)-解时 S、$\overline{N}$ 和 T 的相关界的确定。

我们现在准备陈述 2 - RSMD 算法的主要收敛性质。

定理 6.7 在假设 13 下，适用于问题(6.2.1)的 2 - RSMD 算法有以下性质成立。

(a) 令 $\mathcal{B}_{\overline{N}}$ 如式(6.2.47)所定义。则对于所有 $\lambda>0$，有

$$\mathrm{Prob}\left\{\|g_X(\overline{x}^*)\|^2 \geqslant 2\left(4L\mathcal{B}_{\overline{N}}+\frac{3\lambda\sigma^2}{T}\right)\right\} \leqslant \frac{s}{\lambda}+2^{-s} \tag{6.2.56}$$

(b) 令 $\varepsilon>0$ 和 $\Lambda\in(0, 1)$，如果参数$(S, \overline{N}, T)$设置为

$$S(\Lambda) := \lceil \log_2(2/\Lambda) \rceil \tag{6.2.57}$$

$$\overline{N}(\varepsilon) := \left\lceil \max\left\{\frac{512L^2D_\Psi^2}{\varepsilon}, \left[\left(\widetilde{D}+\frac{D_\Psi^2}{\widetilde{D}}\right)\frac{128\sqrt{6}L\sigma}{\varepsilon}\right]^2, \frac{3\sigma^2}{8L^2\widetilde{D}^2}\right\}\right\rceil \tag{6.2.58}$$

$$T(\varepsilon, \Lambda) := \left\lceil \frac{24S(\Lambda)\sigma^2}{\Lambda\varepsilon} \right\rceil \tag{6.2.59}$$

那么，2 - RSMD 算法求解问题(6.2.1)的(ε, Λ)-解至多需要

$$S(\Lambda)[\overline{N}(\varepsilon)+T(\varepsilon, \Lambda)] \tag{6.2.60}$$

次调用随机一阶预言机。

证明 我们先证明(a)部分，令 $g_X(\overline{x}_s)=P_X(\overline{x}_s, \nabla f(\overline{x}_s), \gamma_{R_s})$。由(6.2.55)中 $\overline{x}^*$ 的定义可知

$$\begin{aligned}
\|\widetilde{g}_X(\overline{x}^*)\|^2 &= \min_{s=1,\cdots,S}\|\overline{g}_X(\overline{x}_s)\|^2 = \min_{s=1,\cdots,S}\|g_X(\overline{x}_s)+\overline{g}_X(\overline{x}_s)-g_X(\overline{x}_s)\|^2 \\
&\leqslant \min_{s=1,\cdots,S}\{2\|g_X(\overline{x}_s)\|^2+2\|\overline{g}_X(\overline{x}_s)-g_X(\overline{x}_s)\|^2\} \\
&\leqslant 2\min_{s=1,\cdots,S}\|g_X(\overline{x}_s)\|^2+2\max_{s=1,\cdots,S}\|\overline{g}_X(\overline{x}_s)-g_X(\overline{x}_s)\|^2
\end{aligned}$$

这意味着

$$\begin{aligned}
\|g_X(\overline{x}^*)\|^2 &\leqslant 2\|\overline{g}_X(\overline{x}^*)\|^2+2\|g_X(\overline{x}^*)-\overline{g}_X(\overline{x}^*)\|^2 \\
&\leqslant 4\min_{s=1,\cdots,S}\|g_X(\overline{x}_s)\|^2+4\max_{s=1,\cdots,S}\|\overline{g}_X(\overline{x}_s)-g_X(\overline{x}_s)\|^2+ \\
&\quad\ 2\|g_X(\overline{x}^*)-\overline{g}_X(\overline{x}^*)\|^2 \\
&\leqslant 4\min_{s=1,\cdots,S}\|g_X(\overline{x}_s)\|^2+6\max_{s=1,\cdots,S}\|\overline{g}_X(\overline{x}_s)-g_X(\overline{x}_s)\|^2
\end{aligned} \tag{6.2.61}$$

我们现在给出上述不等式右边两项的概率界。首先，从 $\overline{x}_s(1\leqslant s\leqslant S)$ 相互独立的事实，且不等式(6.2.53)($\lambda=2$ 时)成立，我们有

$$\operatorname{Prob}\left\{\min_{s\in\{1,2,\cdots,S\}}\|g_X(\overline{x}_s)\|^2\geqslant 2L\mathcal{B}_{\overline{N}}\right\}=\prod_{s=1}^{S}\operatorname{Prob}\{\|g_X(\overline{x}_s)\|^2\geqslant 2L\mathcal{B}_{\overline{N}}\}\leqslant 2^{-S}\quad(6.2.62)$$

此外，记 $\delta_{s,k}=G(\overline{x}_s,\ \xi_k)-\nabla f(\overline{x}_s)$，$k=1$，…，$T$。由命题 6.1，取 $x=\overline{x}_s$，$\gamma=\gamma_{R_s}$，$g_1=\overline{G}_T(\overline{x}_s)$，$g_2=\nabla f(\overline{x}_s)$，有

$$\|\overline{g}_X(\overline{x}_s)-g_X(\overline{x}_s)\|\leqslant\left\|\sum_{k=1}^{T}\delta_{s,k}/T\right\|\quad(6.2.63)$$

由上面的不等式、假设 13 和引理 6.1(a)，对于任意 $\lambda>0$ 和任意 $s=1$，…，S，有

$$\operatorname{Prob}\left\{\|\overline{g}_X(\overline{x}_s)-g_X(\overline{x}_s)\|^2\geqslant\frac{\lambda\sigma^2}{T}\right\}\leqslant\operatorname{Prob}\left\{\left\|\sum_{k=1}^{T}\delta_{s,k}\right\|^2\geqslant\lambda T\sigma^2\right\}\leqslant\frac{1}{\lambda}$$

这意味着

$$\operatorname{Prob}\{\max_{s=1,\cdots,S}\|\overline{g}_X(\overline{x}_s)-g_X(\overline{x}_s)\|^2\geqslant\frac{\lambda\sigma^2}{T}\}\leqslant\frac{S}{\lambda}\quad(6.2.64)$$

由不等式(6.2.61)、式(6.2.62)和式(6.2.64)就可得出结论(6.2.56)。

我们现在证明(b)部分。对于(b)部分的设置，很容易看到在 2-RSMD 算法中，SFO 预言机调用的总次数上限由式(6.2.60)给出。因此，我们只需要证明由 2-RSMD 算法返回的 $\overline{x}^*$ 确实是问题(6.2.1)的一个(ε，Λ)-解即可。在式(6.2.58)中选择 $\overline{N}(\varepsilon)$，我们可以看到式(6.2.50)成立。从式(6.2.47)和式(6.2.58)可得到

$$\mathcal{B}_{\overline{N}(\varepsilon)}=\frac{16LD_\Psi^2}{\overline{N}(\varepsilon)}+\frac{4\sqrt{6}\sigma}{\sqrt{\overline{N}(\varepsilon)}}\left(\widetilde{D}+\frac{D_\Psi^2}{\widetilde{D}}\right)\leqslant\frac{\varepsilon}{32L}+\frac{\varepsilon}{32L}=\frac{\varepsilon}{16L}$$

由上述不等式和式(6.2.59)，并令式(6.2.56)中的 $\lambda=2S/\Lambda$，得到

$$8L\mathcal{B}_{\overline{N}(\varepsilon)}+\frac{6\lambda\sigma^2}{T(\varepsilon,\ \Lambda)}\leqslant\frac{\varepsilon}{2}+\frac{\lambda\Lambda\varepsilon}{4S}=\varepsilon$$

该式与式(6.2.56)、式(6.2.57)及 $\lambda=2S/\Lambda$ 可推出

$$\operatorname{Prob}\{\|g_X(\overline{x}^*)\|^2\geqslant\varepsilon\}\leqslant\frac{\Lambda}{2}+2^{-S}\leqslant\Lambda$$

因此，$\overline{x}^*$ 是问题(6.2.1)的一个(ε，Λ)-解。 ■

现在，将式(6.2.60)和式(6.2.54)中的复杂度界进行比较是非常有趣的。从式(6.2.57)、式(6.2.58)和式(6.2.59)来看，在式(6.2.60)中，剔除几个常数因子后，求一个(ε，Λ)-解的复杂度界等价于

$$\mathcal{O}\left\{\frac{1}{\varepsilon}\log_2\frac{1}{\Lambda}+\frac{\sigma^2}{\varepsilon^2}\log_2\frac{1}{\Lambda}+\frac{\sigma^2}{\Lambda\varepsilon}\log_2^2\frac{1}{\Lambda}\right\}\quad(6.2.65)$$

当第二项是式(6.2.65)和式(6.2.54)两个界中的支配项时，式(6.2.65)的界会比式(6.2.54)中的界小得多，式(6.2.54)中的相应项可达上式的 $1/[\Lambda^2\log_2(1/\Lambda)]$。

下面的定理说明，在“轻尾”假设 14 下，定理 6.7 中式(6.2.60)的界可以进一步改进。

推论 6.8 在假设 13 和 14 中，适用于问题(6.2.1)的 2-RSMD 算法有以下性质成立。

(a) 令 $\mathcal{B}_{\overline{N}}$ 如式(6.2.47)所定义。对于所有 $\lambda>0$，有

$$\operatorname{Prob}\left\{\|g_X(\overline{x}^*)\|^2\geqslant\left[8L\mathcal{B}_{\overline{N}}+\frac{12(1+\lambda)^2\sigma^2}{T}\right]\right\}\leqslant S\exp\left(-\frac{\lambda^2}{3}\right)+2^{-S}\quad(6.2.66)$$

(b) 令$\varepsilon>0$和$\Lambda\in(0,1)$，若S和$\overline{N}$分别置为式(6.2.57)和式(6.2.58)中的$S(\Lambda)$和$\overline{N}(\varepsilon)$，并且样本量$T$置为

$$T'(\varepsilon,\Lambda):=\frac{24\sigma^2}{\varepsilon}\left[1+\left(3\log_2\frac{2S(\Lambda)}{\Lambda}\right)^{\frac{1}{2}}\right]^2 \tag{6.2.67}$$

那么，2-RSMD算法计算出问题(6.2.1)的(ε,Λ)-解至多需要

$$S(\Lambda)[\overline{N}(\varepsilon)+T'(\varepsilon,\Lambda)] \tag{6.2.68}$$

次调用一阶随机预言机。

证明　我们只给出(a)部分的证明。(b)部分的证明可由(a)部分和定理6.7中(b)部分的类似论证过程得出。现在，记$\delta_{s,k}=G(\overline{x}_s,\xi_k)-\nabla f(\overline{x}_s)$，$k=1,\cdots,T$，由命题6.1，关系式(6.2.63)成立。然后，根据假设14和引理6.1(b)，对于任意$\lambda>0$和任意$s=1,\cdots,S$，我们有

$$\begin{aligned}&\text{Prob}\left\{\|\tilde{g}_X(\overline{x}_s)-g_X(\overline{x}_s)\|^2\geqslant(1+\lambda)^2\frac{2\sigma^2}{T}\right\}\\ &\leqslant\text{Prob}\left\{\left\|\sum_{k=1}^{T}\delta_{s,k}\right\|\geqslant\sqrt{2T}(1+\lambda)\sigma\right\}\leqslant\exp\left(-\frac{\lambda^2}{3}\right)\end{aligned}$$

这意味着对于任何$\lambda>0$，有

$$\text{Prob}\left\{\max_{s=1,\cdots,S}\|\overline{g}_X(\overline{x}_s)-g_X(\overline{x}_s)\|^2\geqslant(1+\lambda)^2\frac{2\sigma^2}{T}\right\}\leqslant S\exp\left(-\frac{\lambda^2}{3}\right) \tag{6.2.69}$$

由关系式(6.2.61)、式(6.2.62)和式(6.2.69)可得出结论(6.2.66)。■

鉴于式(6.2.57)、式(6.2.58)和式(6.2.67)，在式(6.2.68)中剔除几个常数因子后的界等于

$$\mathcal{O}\left\{\frac{1}{\varepsilon}\log_2\frac{1}{\Lambda}+\frac{\sigma^2}{\varepsilon^2}\log_2\frac{1}{\Lambda}+\frac{\sigma^2}{\varepsilon}\log_2^2\frac{1}{\Lambda}\right\} \tag{6.2.70}$$

显然，上界表达式中的第三项为式(6.2.65)中第三项的$1/\Lambda$。

在本节的剩余部分，我们将简要讨论2-RSMD算法的另一种变体，即2-RSMD-V算法，它可能会提高2-RSMD算法的实际性能。与2-RSMD算法类似，这种变体也包括两个阶段。唯一的区别存在于，2-RSMD-V算法在优化阶段运行S次RSMD算法时不是相互独立的，每次运行的输出会作为下一次运行的初始点；两者优化后阶段执行的算法是完全一样的。我们现在形式化地将2-RSMD-V算法的优化阶段表述如下。

2-RSMD-V 算法的优化阶段

对于$s=1,\cdots,S$，

调用RSMD算法，其中，输入为$\overline{x}_{s-1}$，$\overline{x}_0=x_1$，$\overline{x}_s=x_{R_s}$，$s=1,\cdots,S$是RSMD算法第S次运行的输出，迭代极限为$N=\lfloor\overline{N}/m\rfloor$，其中$m$由式(6.2.46)给出，步长为$\gamma_k=1/(2L)$，$k=1,\cdots,N$，批大小$m_k=m$，概率质量函数为$P_R$(式(6.2.30))。

如前所述，在2-RSMD-V算法中，与2-RSMD算法不同，生成的S个候选解不是独立的，因此不能直接应用定理6.7的分析。然而，稍微修改定理3的证明，我们可以证明上述2-RSMD-V算法在某些更严格的条件下表现出与2-RSMD算法相似的收敛行为。

推论 6.9　假设可行集 X 是有界的，且假设 13 成立。那么，2 - RSMD - V 算法求问题(6.2.1)的(ϵ, Λ)-解的复杂度以式(6.2.65)为界。另外，如果假设 14 也成立，那么这个复杂度上限将改进为式(6.2.70)。

证明　记 $\overline{\Psi}=\max_{x\in X}\Psi(x)$，设 E_s 为事件使得 $\|g_X(\overline{x}_s)\|^2\geqslant 2L\hat{\mathcal{B}}_{\overline{N}}$，其中

$$\hat{\mathcal{B}}_{\overline{N}}:=\frac{16(\overline{\Psi}-\Psi^*)}{\overline{N}}+\frac{4\sqrt{6}\sigma}{\sqrt{\overline{N}}}\left(\frac{\overline{\Psi}-\Psi^*}{L\widetilde{D}}+\widetilde{D}\max\left\{1,\ \frac{\sqrt{6}\sigma}{4L\widetilde{D}\sqrt{\overline{N}}}\right\}\right)$$

现在注意，由于 X 的有界性和 f 的连续性，$\overline{\Psi}$ 是有限的，因此 $\hat{\mathcal{B}}_{\overline{N}}$ 是有效的。同时注意到，由于式(6.2.53)($\lambda=2$ 时)加上 $\hat{\mathcal{B}}_{\overline{N}}\geqslant\mathcal{B}_{\overline{N}}$ 这一事实，我们得到

$$\text{Prob}\left\{E_s \mid \bigcap_{j=1}^{s-1}E_j\right\}\leqslant\frac{1}{2},\ s=1,\ 2,\ \cdots,\ S$$

这意味着

$$\begin{aligned}&\text{Prob}\left\{\min_{s\in\{1,2,\cdots,S\}}\|g_X(\overline{x}_s)\|^2\geqslant 2L\hat{\mathcal{B}}_{\overline{N}}\right\}\\&=\text{Prob}\left\{\bigcap_{s=1}^{S}E_s\right\}=\prod_{s=1}^{s}\text{Prob}\left\{E_s \mid \bigcap_{j=1}^{s-1}E_j\right\}\leqslant 2^{-S}\end{aligned}$$

注意到上面的不等式与式(6.2.62)相似，证明的其余步骤与定理 6.7 和推论 6.8 几乎相同，因此我们略过细节。■

6.2.4　复合问题的随机零阶方法

在这一节中，我们将讨论如何专门化 RSMD 算法，用以处理问题(6.2.1)中只有噪声函数值可用的情况。更具体地说，假设我们只能通过一个随机零阶预言机(SZO)访问 f 的零阶噪声信息。对于任何输入 x_k 和 ξ_k，SZO 将输出一个量 $F(x_k, \xi_k)$，其中 x_k 是我们算法的第 k 次迭代结果，ξ_k 是一个随机变量，它分布在支撑集 $\Xi\subseteq\mathbb{R}^d$ 上(注意 Ξ 不依赖于 x_k)。在本节中，我们假设 $F(x_k, \xi_k)$是满足假设 15 的 $f(x_k)$的无偏估计量。

我们将应用随机化的平滑技术来探索 f 的零阶信息。因此，在本节中，我们假设 $F(\cdot, \xi_k)$是光滑的，也就是说，它是可微的，并且其梯度是常数为 L 的 Lipschitz 连续，对 $\xi_k\in\Xi$ 几乎处处成立的函数，此条件与假设 15 一起意味着 f 是光滑的且其梯度为常数 L 的 Lipschitz 连续。此外，在这一节中，我们假定$\|\cdot\|$是标准欧几里得范数。

与 6.1.2.1 节相似，我们像式(6.1.58)一样定义函数 f 在 x_k 处的近似随机梯度，并定义 $G(x_k, \xi_k)=\nabla_x F(x_k, \xi_k)$。我们假设 $G(x_k, \xi_k)$满足条件假设 1。那么，根据假设 15 和引理 6.2(a)，我们可直接得到

$$\mathbb{E}_{v,\xi_k}[G_\mu(x_k, \xi_k, v)]=\nabla f_\mu(x_k) \tag{6.2.71}$$

上式是对随机变量 v 和 ξ_k 求期望。

现在，我们在 RSMD 算法的基础上，描述一个只使用零阶信息来解决问题(6.2.1)的算法。

随机化的随机梯度自由镜面下降(RSMDF)算法

输入：给定初始点 $x_1\in X$；迭代极限 N；步长$\{\gamma_k\}$，$\gamma_k>0$，$k\geqslant 1$；批大小$\{m_k\}$，$m_k>0$，$k\geqslant 1$；概率质量函数 P_R 在支撑集$\{1, \cdots N\}$上。

步骤 0。设 R 为随机变量，概率质量函数为 P_R。

步骤 $k=1, \cdots, R-1$。调用 SZO m_k 次得到 $G_\mu(x_k, \xi_{k,i}, v_{k,i})$，$i=1, \cdots, m_k$，置

$$G_{\mu,k}=\frac{1}{m_k}\sum_{i=1}^{m_k} G_\mu(x_k, \xi_{k,i}, v_{k,i}) \tag{6.2.72}$$

计算

$$x_{k+1}=\arg\min_{u\in X}\left\{\langle G_{\mu,k}, u\rangle+\frac{1}{\gamma_k}V(x_k, u)+h(u)\right\} \tag{6.2.73}$$

输出：x_R。

与 RSMD 算法相比，我们看到，在进行第 k 次迭代时，RSMDF 算法简单地将 RSMD 中的随机梯度 G_k 替换为近似的随机梯度 $G_{\mu,k}$。由式(6.2.71)，$G_{\mu,k}$ 可以简单地看成光滑函数 f_μ 的无偏随机梯度估值。然而，为了应用上一节的结果，我们仍然需要估计随机梯度 $G_{\mu,k}$ 的变化的界。另外，平滑参数 μ 在 RSMDF 算法中所起的作用以及如何选择恰当的 μ 目前还不清楚。我们将在下面的一系列定理及推论中回答这些问题。

定理 6.8 假设选择 RSMDF 算法中的步长$\{\gamma_k\}$，$0<\gamma_k\leqslant 1/L$，且至少存在一个 k 使 $\gamma_k<1/L$，概率质量函数 P_R 按式(6.2.30)设置。如果对所有 $x\in X$，有 $\|\nabla f(x)\|\leqslant M$，则在假设 13 和 15 下有如下结论。

(a) 对于任意 $N\geqslant 1$，有

$$\mathbb{E}[\|\bar{g}_{\mu,X,R}\|^2]\leqslant\frac{LD_\Psi^2+\mu^2Ln+\tilde{\sigma}^2\sum_{k=1}^{N}(\gamma_k/m_k)}{\sum_{k=1}^{N}(\gamma_k-L\gamma_k^2)} \tag{6.2.74}$$

其中，期望是对随机变量 R，$\xi_{[N]}$ 和 $v_{[N]}:=(v_1, \cdots, v_N)$所取，$D_\Psi$ 按式(6.2.22)定义，

$$\tilde{\sigma}^2=2(n+4)[M^2+\sigma^2+\mu^2L^2(n+4)^2] \tag{6.2.75}$$

及

$$\bar{g}_{\mu,X,k}=P_X(x_k, G_{\mu,k}, \gamma_k) \tag{6.2.76}$$

P_X 在式(6.2.7)中定义。

(b) 另外，如果问题(6.2.1)中的 f 是凸的，且有最优解 x^*，而且如式(6.2.33)设置的步长$\{\gamma_k\}$是非递减的，则有

$$\mathbb{E}[\Psi(x_R)-\Psi(x^*)]\leqslant\frac{(1-L\gamma_1)V(x_1, x^*)+(\tilde{\sigma}^2/2)\sum_{k=1}^{N}(\gamma_k^2/m_k)}{\sum_{k=1}^{N}(\gamma_k-L\gamma_k^2)}+\mu^2Ln \tag{6.2.77}$$

其中，期望是对随机变量 R，$\xi_{[N]}$ 和 $v_{[N]}$ 所取。

证明 我们假设 $F(\cdot, \xi_k)$几乎是处处光滑的，并且式(6.1.53)(应用 $f=F(\cdot, \xi_k)$)成立，有

$$\begin{aligned}\mathbb{E}_{v_k,\xi_k}[\|G_\mu(x_k, \xi_k, v_k)\|^2]&=\mathbb{E}_{\xi_k}[\mathbb{E}_{v_k}[\|G_\mu(x_k, \xi_k, v_k)\|^2]]\\&\leqslant 2(n+4)[\mathbb{E}_{\xi_k}[\|G(x_k, \xi)\|^2]]+\frac{\mu^2}{2}L^2(n+6)^3\\&\leqslant 2(n+4)[\mathbb{E}_{\xi_k}[\|\nabla f(x_k)\|^2]+\sigma^2]+2\mu^2L^2(n+4)^3\end{aligned}$$

最后一个不等式由假设 1 和 $G(x_k, \xi_k)=\nabla_x F(x_k, \xi_k)$得出。然后，由式(6.2.71)、上面的不等式和$\|\nabla f(x_k)\|\leqslant M$，就会有

$$\mathbb{E}_{v_k,\xi_k}[\|G_\mu(x_k, \xi_k, v_k)-\nabla f_\mu(x_k)\|^2]$$

$$
\begin{aligned}
&=\mathbb{E}_{v_k,\xi_k}[\|G_\mu(x_k,\ \xi_k,\ v_k)\|^2+\|\nabla f_\mu(x_k)\|^2-2\langle G_\mu(x_k,\ \xi_k,\ v_k),\ \nabla f_\mu(x_k)\rangle]\\
&=\mathbb{E}_{v_k,\xi_k}[\|G_\mu(x_k,\ \xi_k,\ v_k)\|^2]+\|\nabla f_\mu(x_k)\|^2-2\langle \mathbb{E}_{v_k,\xi_k}[G_\mu(x_k,\ \xi_k,\ v_k)],\ \nabla f_\mu(x_k)\rangle\\
&=\mathbb{E}_{v_k,\xi_k}[\|G_\mu(x_k,\ \xi_k,\ v_k)\|^2]+\|\nabla f_\mu(x_k)\|^2-2\|\nabla f_\mu(x_k)\|^2\\
&\leqslant\mathbb{E}_{v_k,\xi_k}[\|G_\mu(x_k,\ \xi_k,\ v_k)\|^2]\leqslant 2(n+4)[M^2+\sigma^2+\mu^2L^2(n+4)^2]=\tilde{\sigma}^2
\end{aligned}
\tag{6.2.78}
$$

现在令 $\Psi_\mu(x)=f_\mu(x)+h(x)$ 和 $\Psi_\mu^*=\min_{x\in X}\Psi_\mu(x)$，从式(6.1.57)可得到

$$
|(\Psi_\mu(x)-\Psi_\mu^*)-(\Psi(x)-\Psi^*)|\leqslant\mu^2Ln \tag{6.2.79}
$$

由引理(6.2)(a)可知 $L_\mu\leqslant L$，因此 f_μ 是光滑的，其梯度是关于常数 L Lipschitz 连续的。观察这一结果，注意到式(6.2.71)和式(6.2.78)，视 $G_\mu(x_k,\ \xi_k,\ v_k)$ 为 f_μ 的随机梯度，然后由定理 6.6(a)部分直接可得

$$
\mathbb{E}[\|\bar{g}_{\mu,X,R}\|^2]\leqslant\frac{LD_{\Psi_\mu}^2+\tilde{\sigma}^2\sum_{k=1}^{N}(\gamma_k/m_k)}{\sum_{k=1}^{N}(\gamma_k-L\gamma_k^2)}
$$

其中，$D_{\Psi_\mu}=[(\Psi_\mu(x_1)-\Psi_\mu^*)/L]^{1/2}$，上式期望是对 R，$\xi_{[N]}$ 和 $v_{[N]}$ 所取。从而，结论式(6.2.74)就可由上述不等式和关系(6.2.79)得到。

我们现在给出(b)部分证明。由于 f 是凸的，根据引理(6.2)(c)，f_μ 也是凸的。再由式(6.2.79)，有

$$
\mathbb{E}[\Psi(x_R)-\Psi(x^*)]\leqslant\mathbb{E}[\Psi_\mu(x_R)-\Psi_\mu(x^*)]+\mu^2Ln
$$

然后，通过这个不等式和 f_μ 的凸性，根据定理 6.6(b)部分和本定理(a)部分的类似论证，就得到了结论(6.2.77)。■

利用先前的定理 6.8，类似于推论 6.6，我们可以给出 RSMDF 算法在每次迭代时采用恒定的步长和批大小时结果的推论。

推论 6.10　假设在 RSMDF 算法中，对于所有的 $k=1$，…，N，$\gamma_k=1/(2L)$，批大小 $m_k=m$，对所有 $k=1$，…，N，概率质量函数 P_R 如式(6.2.30)所设。那么，在假设 13 和 15 之下，有

$$
\mathbb{E}[\|\bar{g}_{\mu,X,R}\|^2]\leqslant\frac{4L^2D_\Psi^2+4\mu^2L^2n}{N}+\frac{2\tilde{\sigma}^2}{m} \tag{6.2.80}
$$

和

$$
\mathbb{E}[\|g_{X,R}\|^2]\leqslant\frac{\mu^2L^2(n+3)^2}{2}+\frac{16L^2D_\Psi^2+16\mu^2L^2n}{N}+\frac{12\tilde{\sigma}^2}{m} \tag{6.2.81}
$$

其中，期望是对变量 R，$\xi_{[N]}$ 和 $v_{[N]}$ 所取，并且 $\tilde{\sigma}$，$\bar{g}_{\mu,X,R}$，和 $g_{X,R}$ 分别由式(6.2.75)、式(6.2.76)和式(6.2.20)定义。

此外，如果问题(6.2.1)中的 f 是凸的，且最优解为 x^*，那么

$$
\mathbb{E}[\Psi(x_R)-\Psi(x^*)]\leqslant\frac{2LV(x_1,\ x^*)}{N}+\frac{\tilde{\sigma}^2}{2Lm}+\mu^2Ln \tag{6.2.82}
$$

证明　在式(6.2.74)中取 $\gamma_k=1/(2L)$ 和 $m_k=m$，$k=1$，…，N 立即得到方程式(6.2.80)。现在令 $g_{\mu,X,R}=P_X(x_R,\ \nabla f_\mu(x_R),\ \gamma_R)$，由式(6.1.52)，并在命题 6.1 中取 $x=x_R$，$\gamma=\gamma_R$，$g_1=\nabla f(x_R)$ 和 $g_2=\nabla f_\mu(x_R)$，有

$$
\mathbb{E}[\|g_{X,R}-g_{\mu,X,R}\|^2]\leqslant\frac{\mu^2L^2(n+3)^2}{4} \tag{6.2.83}
$$

同样，在命题 6.1 中，取 $x=x_R$，$\gamma=\gamma_R$，$g_1=\bar{G}_{\mu,k}$ 且 $g_2=\nabla f_\mu(x_R)$，有

$$\mathbb{E}[\|\tilde{g}_{\mu,X,R}-g_{\mu,X,R}\|^2]\leqslant\frac{\tilde{\sigma}^2}{m} \tag{6.2.84}$$

由式(6.2.83)、式(6.2.84)和式(6.2.80)就可得出

$$\begin{aligned}\mathbb{E}[\|g_{X,R}\|^2]&\leqslant 2\mathbb{E}[\|g_{X,R}-g_{\mu,X,R}\|^2]+2\mathbb{E}[\|g_{\mu,X,R}\|^2]\\&\leqslant\frac{\mu^2L^2(n+3)^2}{2}+4\mathbb{E}[\|g_{\mu,X,R}-\bar{g}_{\mu,X,R}\|^2]+4\mathbb{E}[\|\tilde{g}_{\mu,X,R}\|^2]\\&\leqslant\frac{\mu^2L^2(n+3)^2}{2}+\frac{12\tilde{\sigma}^2}{m}+\frac{16L^2D_\Psi^2+16\mu^2L^2n}{N}\end{aligned}$$

此外，如果 f 是凸的，则由式(6.2.77)立即可得到式(6.2.82)，且对所有 $k=1,\cdots,N$ 都有常数步长 $\gamma_k=1/(2L)$。 ■

与 RSMD 算法的推论 6.6 相似，上述结果也依赖于每次迭代时的样本数 m。此外，上述结果也依赖于平滑参数 μ。下面的推论与推论 6.7 类似，说明了如何适当地选择 m 和 μ 的值。

推论 6.11 假设推论 6.10 中的所有条件都得到满足。给定一个固定的 SZO 调用的总次数 $\bar{N}$，如果平滑参数满足

$$\mu\leqslant\frac{D_\Psi}{\sqrt{(n+4)\bar{N}}} \tag{6.2.85}$$

且 RSMDF 方法每次迭代时，对 SZO 的调用次数为

$$m=\left\lceil\min\left\{\max\left\{\frac{\sqrt{(n+4)(M^2+\sigma^2)\bar{N}}}{L\tilde{D}},\ n+4\right\},\ \bar{N}\right\}\right\rceil \tag{6.2.86}$$

对于某个 $\tilde{D}>0$，则有 $1/L\mathbb{E}[\|g_{X,R}\|^2]\leqslant\bar{\mathcal{B}}_{\bar{N}}$ 成立，其中参数值为

$$\bar{\mathcal{B}}_{\bar{N}}:=\frac{(24\theta_2+41)LD_\Psi^2(n+4)}{\bar{N}}+\frac{32\sqrt{(n+4)(M^2+\sigma^2)}}{\sqrt{\bar{N}}}(D_\Psi^2/\tilde{D}+\tilde{D}\theta_1) \tag{6.2.87}$$

和

$$\theta_1=\max\left\{1,\ \frac{\sqrt{(n+4)(M^2+\sigma^2)}}{L\tilde{D}\ \sqrt{\bar{N}}}\right\}\quad 且\quad \theta_2=\max\left\{1,\ \frac{n+4}{\bar{N}}\right\} \tag{6.2.88}$$

此外，如果问题(6.2.1)中的 f 是凸的，且平滑参数满足

$$\mu\leqslant\sqrt{\frac{V(x_1,\ x^*)}{(n+4)\bar{N}}} \tag{6.2.89}$$

那么，$\mathbb{E}[\Psi(x_R)-\Psi(x^*)]\leqslant\bar{\mathcal{C}}_{\bar{N}}$，其中 x^* 是最优解，并且

$$\bar{\mathcal{C}}_{\bar{N}}:=\frac{(5+\theta_2)LV(x_1,\ x^*)(n+4)}{\bar{N}}+\frac{\sqrt{(n+4)(M^2+\sigma^2)}}{\sqrt{\bar{N}}}\left(\frac{4V(x_1,\ x^*)}{\tilde{D}}+\tilde{D}\theta_1\right) \tag{6.2.90}$$

证明 根据 θ_1 和 θ_2 在式(6.2.88)中的定义，m 在式(6.2.86)的定义，有

$$m=\left\lceil\max\left\{\frac{\sqrt{(n+4)(M^2+\sigma^2)\bar{N}}}{L\tilde{D}\theta_1},\ \frac{n+4}{\theta_2}\right\}\right\rceil \tag{6.2.91}$$

给定对 SZO 的总调用次数 $\bar{N}$ 和每次迭代对 SZO 的调用次数 m，RSMDF 算法最多可以执行 $N=\lfloor\bar{N}/m\rfloor$ 次迭代。显然，$N\geqslant\bar{N}/(2m)$。观察到有 $\bar{N}\geqslant m$、$\theta_1\geqslant 1$ 和 $\theta_2\geqslant 1$，由

式(6.2.81)、式(6.2.85)和式(6.2.91)可以得到

$$
\begin{aligned}
&\mathbb{E}[\|g_{X,R}\|^2] \\
\leqslant &\frac{L^2D_\Psi^2(n+3)}{2\overline{N}}+\frac{24(n+4)(M^2+\sigma^2)}{m}+\frac{24L^2D_\Psi^2(n+4)^2}{m\overline{N}}+\frac{32L^2D_\Psi^2 m}{\overline{N}}\left(1+\frac{1}{\overline{N}}\right) \\
\leqslant &\frac{L^2D_\Psi^2(n+4)}{2\overline{N}}+\frac{24\theta_1 L\widetilde{D}\sqrt{(n+4)(M^2+\sigma^2)}}{\sqrt{\overline{N}}}+\frac{24\theta_2L^2D_\Psi^2(n+4)}{\overline{N}}+ \\
&\frac{32L^2D_\Psi^2}{\overline{N}}\left(\frac{\sqrt{(n+4)(M^2+\sigma^2)\overline{N}}}{L\widetilde{D}\theta_1}+\frac{n+4}{\theta_2}\right)+\frac{32L^2D_\Psi^2}{\overline{N}} \\
\leqslant &\frac{L^2D_\Psi^2(n+4)}{2\overline{N}}+\frac{24\theta_1 L\widetilde{D}\sqrt{(n+4)(M^2+\sigma^2)}}{\sqrt{\overline{N}}}+\frac{24\theta_2L^2D_\Psi^2(n+4)}{\overline{N}}+ \\
&\frac{32LD_\Psi^2\sqrt{(n+4)(M^2+\sigma^2)}}{\widetilde{D}\sqrt{\overline{N}}}+\frac{32L^2D_\Psi^2(n+4)}{\overline{N}}+\frac{32L^2D_\Psi^2}{\overline{N}}
\end{aligned}
$$

各项积分后就得到式(6.2.87)。类似地，由式(6.2.89)和式(6.2.82)可以得到式(6.2.90)的结论。 ■

现在我们对推论 6.11 中的结果再进行一些说明。首先，上述复杂度界与推论 6.7 中的一阶 RSMD 方法相似，也依赖于算法调用随机预言机的总数 $\overline{N}$。然而，对于零阶情况，推论 6.11 中的复杂度还取决于梯度的大小 M 和问题维数 n。其次，$\widetilde{D}$ 的值没有指定。由式(6.2.87)和式(6.2.90)不难看出，当 $\overline{N}$ 比较大时，使得 $\theta_1=1$，$\theta_2=1$，即

$$\overline{N}\geqslant\max\left\{\frac{(n+4)^2(M^2+\sigma^2)}{L^2\widetilde{D}^2},\ n+4\right\} \tag{6.2.92}$$

对于非凸和凸 SP 问题，$\widetilde{D}$ 的最优选择分别为 D_Ψ 和 $2\sqrt{V(x_1,\ x^*)}$。选择 $\widetilde{D}$ 后，式(6.2.87)和式(6.2.90)中的界分别简化为

$$\frac{1}{L}\mathbb{E}[\|g_{X,R}\|^2]\leqslant\frac{65LD_\Psi^2(n+4)}{\overline{N}}+\frac{64\sqrt{(n+4)(M^2+\sigma^2)}}{\sqrt{\overline{N}}} \tag{6.2.93}$$

和

$$\mathbb{E}[\Psi(x_R)-\Psi(x^*)]\leqslant\frac{6LV(x_1,\ x^*)(n+4)}{\overline{N}}+\frac{4\sqrt{V(x_1,\ x^*)(n+4)(M^2+\sigma^2)}}{\sqrt{\overline{N}}} \tag{6.2.94}$$

最后，式(6.2.90)的复杂性结果表明，当函数 Ψ 是凸的时，如果 ε 足够小，那么找到一个解 $\overline{x}$ 使 $\mathbb{E}[\Psi(\overline{x})-\Psi^*]\leqslant\varepsilon$，所需要的调用 SZO 的次数的界为 $\mathcal{O}(n/\varepsilon^2)$，它仅线性依赖于维数 n。

6.3 非凸随机块镜面下降法

在这一节中，我们考虑由下面式子给出的一类特殊的随机复合优化问题

$$\phi^*:=\min_{x\in X}\{\phi(x):=f(x)+\chi(x)\} \tag{6.3.1}$$

这里，$f(\cdot)$是光滑的(但不一定是凸的)，而且它的梯度$\nabla f(\cdot)$满足下式

$$\|\nabla f_i(x+U_i\rho_i)-\nabla f_i(x)\|_{i,*}\leqslant L_i\|\rho_i\|_i \quad \forall \rho_i\in\mathbb{R}^{n_i},\ i=1,\ 2,\ \cdots,\ b \tag{6.3.2}$$

从而可以得到

$$f(x+U_i\rho_i)\leqslant f(x)+\langle\nabla f_i(x),\ \rho_i\rangle+\frac{L_i}{2}\|\rho_i\|_i^2 \quad \forall \rho_i\in\mathbb{R}^{n_i},\ x\in X \tag{6.3.3}$$

此外，非光滑分量$\chi(\cdot)$仍然是凸的且是可分的，即

$$\chi(x)=\sum_{i=1}^{b}\chi_i(x^{(i)}) \quad \forall x\in X \tag{6.3.4}$$

其中映射χ_i：$\mathbb{R}^{n_i}\to\mathbb{R}$是闭凸的。另外，我们假设$X$具有块结构，即

$$X=X_1\times X_2\times\cdots\times X_b \tag{6.3.5}$$

式中$X_i\subseteq\mathbb{R}^{n_i}(i=1,\ \cdots,\ b)$是闭凸集，并且$n_1+n_2+\cdots+n_b=n$。我们的目标是推广4.6节中引入的随机块镜面下降法来求解上述非凸随机复合优化问题。

与4.6节相似，我们使用$\mathbb{R}^{n_i}(i=1,\ \cdots,\ b)$表示具有内积$\langle\cdot,\ \cdot\rangle$和范数$\|\cdot\|$($\|\cdot\|_{i,*}$为共轭空间)的欧几里得空间，使$\sum_{i=1}^{b}n_i=n$。设$I_n$为$\mathbb{R}^n$中的单位矩阵和$U_i\in\mathbb{R}^{n\times n_i}(i=1,\ 2,\ \cdots,\ b)$是一系列矩阵使得$(U_1,\ U_2,\ \cdots,\ U_b)=I_n$。对于一个给定的矢量$x\in\mathbb{R}^n$，我们记它的第$i$个块为$x^{(i)}=U_i^{\mathrm{T}}x(i=1,\ \cdots,\ b)$。注意到$x=U_1x^{(1)}+\cdots+U_bx^{(b)}$。此外，我们定义范数$\|x\|^2=\|x^{(1)}\|_1^2+\cdots+\|x^{(b)}\|_b^2$，并记它的共轭为$\|y\|_*^2=\|y^{(1)}\|_{1,*}^2+\cdots+\|y^{(b)}\|_{b,*}^2$。

设v_i：$X_i\to R$为对范数$\|\cdot\|_i$模1的距离生成函数，V_i为相关的邻近函数。对于给定的$x\in X_i$和$y\in\mathbb{R}^{n_i}$，我们定义邻近映射为

$$\arg\min_{z\in X_i}\langle y,\ z-x\rangle+\frac{1}{\gamma}V_i(x,\ z)+\chi_i(z) \tag{6.3.6}$$

我们需要假设邻近函数$V_i(\cdot,\ \cdot)$，$i=1,\ \cdots,\ b$满足二次增长条件：对于某个$Q>0$，有

$$V_i(x^{(i)},\ z^{(i)})\leqslant\frac{Q}{2}\|z^{(i)}-x^{(i)}\|_i^2 \quad \forall z^{(i)},\ x^{(i)}\in X_i \tag{6.3.7}$$

为了讨论求解非凸复合问题的SBMD算法的收敛性，我们首先需要定义一个合适的终止准则。请注意，如果$X=\mathbb{R}^n$并且$\chi(x)=0$，那么评估候选解x质量的自然的方法是通过$\|\nabla f(x)\|$。对于更一般的非凸复合问题，我们引入了复合投影梯度的概念来评价候选解的质量。更具体地说，对于给定的$x\in X$，$y\in\mathbb{R}^n$和一个常数$\gamma>0$，我们根据下式定义$P_X(x,\ y,\ \gamma)\equiv(P_{X_1}(x,\ y,\ \gamma),\ \cdots,\ P_{X_b}(x,\ y,\ \gamma))$

$$P_{X_i}(x,\ y,\ \gamma):=\frac{1}{\gamma}[x_i-x_i^+],\ i=1,\ \cdots,\ b \tag{6.3.8}$$

其中

$$x_i^+:=\arg\min_{z\in X_i}\langle y,\ z-x_i\rangle+\frac{1}{\gamma}V_i(x_i,\ z)+\chi_i(z)$$

特别是，如果$y=\nabla f(x)$，则我们称$P_X(x,\ \nabla f(x),\ \gamma)$为$x$对$\gamma$的复合投影梯度。很容易看出，当$X=\mathbb{R}^n$且$\chi(x)=0$时，$P_X(x,\ \nabla f(x),\ \gamma)=\nabla f(x)$。下面的命题6.2将复合投影梯度与更一般条件下的复合问题的一阶最优性条件联系起来。

命题6.2　*设$x\in X$给定，对于某个$\gamma>0$，$P_X(x,\ y,\ \gamma)$如式(6.3.8)定义。同时，记$x^+:=x-\gamma P_X(x,\ g(x),\ \gamma)$。则存在$p_i\in\partial\chi_i(U_i^{\mathrm{T}}x^+)$，使得*

$$U_i^{\mathrm{T}} g(x^+) + p_i \in -N_{X_i}(U_i^{\mathrm{T}} x^+) + B_i((L_i\gamma + Q)\|P_X(x, g(x), \gamma)\|_i), \quad i=1, \cdots, b \tag{6.3.9}$$

其中，$B_i(\varepsilon) := \{v \in \mathbb{R}^{n_i} : \|v\|_{i,*} \leqslant \varepsilon\}$，并且 $N_{X_i}(U_i^{\mathrm{T}} x^+)$表示 X_i 在 $U_i^{\mathrm{T}} x^+$ 的法锥。

证明 根据 x^+ 的定义、式(6.3.6)和式(6.3.8)，我们有 $U_i^{\mathrm{T}} x^+ = P_{X_i}(U_i^{\mathrm{T}} x, U_i^{\mathrm{T}} g(x), \gamma)$。利用上述关系和式(6.3.6)的最优性条件，得出存在 $p_i \in \partial \chi_i(U_i^{\mathrm{T}} x^+)$，使得

$$\langle U_i^{\mathrm{T}} g(x) + \frac{1}{\gamma}[\nabla v_i(U_i^{\mathrm{T}} x^+) - \nabla v_i(U_i^{\mathrm{T}} x)] + p_i, u - U_i^{\mathrm{T}} x^+ \rangle \geqslant 0, \quad \forall u \in X_i$$

现在，记 $\zeta = U_i^{\mathrm{T}}[g(x) - g(x^+)] + \frac{1}{\gamma}[\nabla v_i(U_i^{\mathrm{T}} x^+) - \nabla v_i(U_i^{\mathrm{T}} x)]$。我们从上面的关系得出 $U_i^{\mathrm{T}} g(x^+) + p_i + \zeta \in -N_{X_i}(U_i^{\mathrm{T}} x^+)$。另外注意到由 $\|U_i^{\mathrm{T}}[g(x^+) - g(x)]\|_{i,*} \leqslant L_i \|U_i^{\mathrm{T}}(x^+ - x)\|_i$ 和 $\|\nabla v_i(U_i^{\mathrm{T}} x^+) - \nabla v_i(U_i^{\mathrm{T}} x)\|_{i,*} \leqslant Q_i \|U_i^{\mathrm{T}}(x^+ - x)\|_i$ 可知

$$\begin{aligned} \|\zeta\|_{i,*} &\leqslant \left(L_i + \frac{Q}{\gamma}\right)\|U_i^{\mathrm{T}}(x^+ - x)\|_i = \left(L_i + \frac{Q}{\gamma}\right)\gamma \|U_i^{\mathrm{T}} P_X(x, g(x), \gamma)\|_i \\ &= (L_i\gamma + Q)\|U_i^{\mathrm{T}} P_X(x, g(x), \gamma)\|_i \end{aligned}$$

由上述两个关系立刻得到式(6.3.9)。 ■

梯度下降法解决非凸问题(对于 $X = \mathbb{R}^n$ 和 $\chi(x) = 0$ 的简单情况)的一个常见做法是选择输出解 $\overline{x}_N$ 使得

$$\|g(\overline{x}_N)\|_* = \min_{k=1,\cdots,N} \|g(x_k)\|_* \tag{6.3.10}$$

其中 $x_k(k=1, \cdots, N)$为梯度下降法生成的轨迹。然而，这样的过程需要在每次迭代时计算整个向量 $g(x_k)$，因此，如果 n 很大，相应的开销可能会很大。在本节中，我们后面将通过一个随机化方案引入 SBMD 算法来解决这个问题。我们没有像式(6.3.10)那样从轨迹中取得最优解，而是从 $x_1, \cdots, x_N$ 中，按一定的概率分布随机选择 $\overline{x}_N$。该算法的基本方案如下所示。

算法 6.1 非凸 SBMD 算法

令 $x_1 \in X$，步长 $\{\gamma_k\}_{k \geqslant 1}$ 使得 $\gamma_k < 2/L_i$，$i=1, \cdots, b$，概率 $p_i \in [0, 1]$，$i=1, \cdots, b$，使得 $\sum_{i=1}^{b} p_i = 1$。

for $k=1, \cdots, N$ **do**

1. 根据下面概率生成一个随机变量 i_k

$$\mathrm{Prob}\{i_k = i\} = p_i, \quad i=1, \cdots, b \tag{6.3.11}$$

2. 对第 i_k 块计算 $f(\cdot)$在 x_k 处的(随机)梯度 G_{i_k}，满足

$$\mathbb{E}[G_{i_k}] = U_{i_k}^{\mathrm{T}} g(x_k) \quad 且 \quad \mathbb{E}[\|G_{i_k} - U_{i_k}^{\mathrm{T}} g(x_k)\|_{i_k,*}^2] \leqslant \overline{\sigma}_k^2 \tag{6.3.12}$$

并通过下式更新 x_k

$$x_{k+1}^{(i)} = \begin{cases} P_{X_i}(x_k^{(i)}, G_{i_k}(x_k, \xi_k), \gamma_k) & i = i_k \\ x_k^{(i)} & i \neq i_k \end{cases} \tag{6.3.13}$$

end for

根据下式随机设置 $\overline{x}_N = x_R$

$$\mathrm{Prob}(R=k) = \frac{\gamma_k \min\limits_{i=1,\cdots,b} p_i \left(1 - \frac{L_i}{2}\gamma_k\right)}{\sum\limits_{k=1}^{N} \gamma_k \min\limits_{i=1,\cdots,b} p_i \left(1 - \frac{L_i}{2}\gamma_k\right)}, \quad k=1, \cdots, N \tag{6.3.14}$$

我们对上述非凸 SBMD 算法进行一些补充说明。首先，请注意，我们还没有指定如何计算梯度 G_{i_k}。如果问题是确定性的，则可以简单地设 $G_{i_k}=U_{i_k}^{\mathrm{T}}g(x_k)$ 和 $\bar{\sigma}_k=0$。然而，如果问题是随机的，那么 G_{i_k} 的计算就变得有些复杂了，不能简单地设 $G_{i_k}=U_{i_k}^{\mathrm{T}}\nabla F(x_k,\xi_k)$。其次，依式(6.3.14)的概率选择 x_R，$R=1,\cdots,N$ 作为输出。这种随机化方案被证明是建立非凸随机优化的复杂性的关键，如本章前面所示。

在建立上述非凸 SBMD 算法的收敛性之前，我们将首先给出一个技术性的结果，该结果总结了关于复合邻近映射和投影梯度的一些重要性质。注意，该结果推广了 6.2.1 节中的一些结果。

引理 6.7 令 x_{k+1} 由式(6.3.13)定义，记 $g_k\equiv P_X(x_k,\nabla f(x_k),\gamma_k)$ 和 $\tilde{g}_k\equiv P_{X_{i_k}}(x_k,U_{i_k}g_{i_k},\gamma_k)$，有

$$\langle G_{i_k},\tilde{g}_k\rangle\geqslant\|\tilde{g}_k\|^2+\frac{1}{\gamma_k}[\chi(x_{k+1})-\chi(x_k)] \tag{6.3.15}$$

$$\|\tilde{g}_k-U_{i_k}^{\mathrm{T}}g_k\|_{i_k}\leqslant\|G_{i_k}-U_{i_k}\nabla f(x_k)\|_{i_k,*} \tag{6.3.16}$$

证明 根据式(6.3.6)的最优条件和式(6.3.13)中 x_{k+1} 的定义，存在 $p\in\partial\chi_{i_k}(x_{k+1})$ 使得

$$\left\langle G_{i_k}+\frac{1}{\gamma_k}[\nabla v_{i_k}(U_{i_k}^{\mathrm{T}}x_{k+1})-\nabla v_{i_k}(U_{i_k}^{\mathrm{T}}x_k)]+p,\ \frac{1}{\gamma_k}(u-U_{i_k}^{\mathrm{T}}x_{k+1})\right\rangle\geqslant0,\quad\forall u\in X_{i_k} \tag{6.3.17}$$

在上述不等式中，令 $u=U_{i_k}^{\mathrm{T}}x_k$，重新排列项，得到

$$\begin{aligned}\left\langle G_{i_k},\frac{1}{\gamma_k}U_{i_k}^{\mathrm{T}}(x_k-x_{k+1})\right\rangle&\geqslant\frac{1}{\gamma_k^2}\langle\nabla v_{i_k}(U_{i_k}^{\mathrm{T}}x_{k+1})-\nabla v_{i_k}(U_{i_k}^{\mathrm{T}}x_k),U_{i_k}^{\mathrm{T}}(x_{k+1}-x_k)\rangle+\\&\quad\left\langle p,\frac{1}{\gamma_k}U_{i_k}^{\mathrm{T}}(x_{k+1}-x_k)\right\rangle\\&\geqslant\frac{1}{\gamma_k^2}\langle\nabla v_{i_k}(U_{i_k}^{\mathrm{T}}x_{k+1})-\nabla v_{i_k}(U_{i_k}^{\mathrm{T}}x_k),U_{i_k}^{\mathrm{T}}(x_{k+1}-x_k)\rangle+\\&\quad\frac{1}{\gamma_k}[\chi_{i_k}(U_{i_k}^{\mathrm{T}}x_{k+1})-\chi_{i_k}(U_{i_k}^{\mathrm{T}}x_k)]\\&\geqslant\frac{1}{\gamma_k^2}\|U_{i_k}^{\mathrm{T}}(x_{k+1}-x_k)\|^2+\frac{1}{\gamma_k}[\chi_{i_k}(U_{i_k}^{\mathrm{T}}x_{k+1})-\chi_{i_k}(U_{i_k}^{\mathrm{T}}x_k)]\\&=\frac{1}{\gamma_k^2}\|U_{i_k}^{\mathrm{T}}(x_{k+1}-x_k)\|^2+\frac{1}{\gamma_k}[\chi(x_{k+1})-\chi(x_k)]\end{aligned} \tag{6.3.18}$$

其中，第二个和第三个不等式分别由 χ_{i_k} 的凸性和 v 的强凸性得到，最后一个等式遵循 x_{k+1} 的定义和关于 χ 的可分性假设(6.3.4)。由于上述不等式，及式(6.3.8)和式(6.3.13)可推得 $\gamma_k\tilde{g}_k=U_{i_k}^{\mathrm{T}}(x_k-x_{k+1})$ 的事实，就得出了式(6.3.15)。

现在我们证明式(6.3.16)是成立的。我们记 $x_{k+1}^+=x_k-\gamma_kg_k$。根据式(6.3.6)的最优性条件和 g_k 的定义，对于某 $q\in\partial\chi_{i_k}(x_{k+1}^+)$，有

$$\left\langle U_{i_k}^{\mathrm{T}}\nabla(x_k)+\frac{1}{\gamma_k}[\nabla v_{i_k}(U_{i_k}^{\mathrm{T}}x_{k+1}^+)-\nabla v_{i_k}(U_{i_k}^{\mathrm{T}}x_k)]+q,\ \frac{1}{\gamma_k}(u-U_{i_k}^{\mathrm{T}}x_{k+1}^+)\right\rangle\geqslant0,\quad\forall u\in X_{i_k} \tag{6.3.19}$$

在式(6.3.17)中记 $u=U_{i_k}^{\mathrm{T}}x_{k+1}^{+}$，使用类似于式(6.3.18)的论证过程，我们有

$$\left\langle G_{i_k},\ \frac{1}{\gamma_k}U_{i_k}^{\mathrm{T}}(x_{k+1}^{+}-x_{k+1})\right\rangle \geqslant \frac{1}{\gamma_k^2}\langle \nabla v_{i_k}(U_{i_k}^{\mathrm{T}}x_{k+1})-\nabla v_{i_k}(U_{i_k}^{\mathrm{T}}x_k),\ U_{i_k}^{\mathrm{T}}(x_{k+1}-x_{k+1}^{+})\rangle + \frac{1}{\gamma_k}[\chi_{i_k}(U_{i_k}^{\mathrm{T}}x_{k+1})-\chi_{i_k}(U_{i_k}^{\mathrm{T}}x_{k+1}^{+})]$$

类似地，在式(6.3.19)中记 $u=U_{i_k}^{\mathrm{T}}x_{k+1}$，有

$$\langle U_{i_k}^{\mathrm{T}}\nabla(x_k),\ \frac{1}{\gamma_k}U_{i_k}^{\mathrm{T}}(x_{k+1}-x_{k+1}^{+})\rangle \geqslant \frac{1}{\gamma_k^2}\langle \nabla v_{i_k}(U_{i_k}^{\mathrm{T}}x_{k+1}^{+})-\nabla v_{i_k}(U_{i_k}^{\mathrm{T}}x_k)$$

$$U_{i_k}^{\mathrm{T}}(x_{k+1}^{+}-x_{k+1})\rangle + \frac{1}{\gamma_k}[\chi_{i_k}(U_{i_k}^{\mathrm{T}}x_{k+1}^{+})-\chi_{i_k}(U_{i_k}^{\mathrm{T}}x_{k+1})]$$

把上面两个不等式加起来，得到

$$\langle G_{i_k}-U_{i_k}^{\mathrm{T}}\ \nabla(x_k),\ U_{i_k}^{\mathrm{T}}(x_{k+1}^{+}-x_{k+1})\rangle \geqslant$$

$$\frac{1}{\gamma_k}\langle \nabla v_{i_k}(U_{i_k}^{\mathrm{T}}x_{k+1})-\nabla v_{i_k}(U_{i_k}^{\mathrm{T}}x_{k+1}^{+}),\ U_{i_k}^{\mathrm{T}}(x_{k+1}-x_{k+1}^{+})\rangle \geqslant \frac{1}{\gamma_k}\|U_{i_k}^{\mathrm{T}}(x_{k+1}-x_{k+1}^{+})\|_{i_k}^2$$

从 Cauchy-Schwarz 不等式来看，这意味着

$$\frac{1}{\gamma_k}\|U_{i_k}^{\mathrm{T}}(x_{k+1}-x_{k+1}^{+})\|_{i_k} \leqslant \|G_{i_k}-U_{i_k}^{\mathrm{T}}\nabla(x_k)\|_{i_k,*}$$

利用上面的关系和式(6.3.8)，就得到了结论

$$\|\widetilde{g}_k-U_{i_k}^{\mathrm{T}}g_k\|_{i_k} = \left\|\frac{1}{\gamma_k}U_{i_k}^{\mathrm{T}}(x_k-x_{k+1})-\frac{1}{\gamma_k}U_{i_k}^{\mathrm{T}}(x_k-x_{k+1}^{+})\right\|_{i_k}$$

$$=\frac{1}{\gamma_k}\|U_{i_k}^{\mathrm{T}}(x_{k+1}^{+}-x_{k+1})\|_{i_k} \leqslant \|G_{i_k}-U_{i_k}^{\mathrm{T}}\nabla(x_k)\|_{i_k,*}$$ ■

我们现在准备描述非凸 SBMD 算法的主要收敛性质。

定理 6.9 设 $\overline{x}_N=x_R$ 为非凸 SBMD 算法的输出，则对于任意 $N\geqslant 1$，有

$$\mathbb{E}[P_X\|(x_R,\ g(x_R),\ \gamma_R)\|^2] \leqslant \frac{\phi(x_1)-\phi^* + 2\sum_{k=1}^{N}\gamma_k\overline{\sigma}_k^2}{\sum_{k=1}^{N}\gamma_k \min_{i=1,\cdots,b} p_i\left(1-\frac{L_i}{2}\gamma_k\right)} \tag{6.3.20}$$

其中期望是对变量 i_k，G_{i_k} 和 R 所取。

证明 对 $k\geqslant 1$，记 $\delta_k\equiv G_{i_k}-U_{i_k}^{\mathrm{T}}\nabla f(x_k)$，$g_k\equiv P_X(x_k,\ \nabla f(x_k),\ \gamma_k)$ 和 $\widetilde{g}_k\equiv P_{X_{i_k}}(x_k,\ U_{i_k}G_{i_k},\ \gamma_k)$。注意由式(6.3.13)和式(6.3.8)，我们有 $x_{k+1}-x_k=-\gamma_k U_{i_k}\widetilde{g}_k$。利用这个观察结果和式(6.3.3)，对于任意 $k=1,\ \cdots,\ N$，有

$$f(x_{k+1}) \leqslant f(x_k)+\langle \nabla f(x_k),\ x_{k+1}-x_k\rangle + \frac{L_{i_k}}{2}\|x_{k+1}-x_k\|^2$$

$$=f(x_k)-\gamma_k\langle \nabla f(x_k),\ U_{i_k}\widetilde{g}_k\rangle + \frac{L_{i_k}}{2}\gamma_k^2\|\widetilde{g}_k\|_{i_k}^2$$

$$=f(x_k)-\gamma_k\langle G_{i_k},\ \widetilde{g}_k\rangle + \frac{L_{i_k}}{2}\gamma_k^2\|\widetilde{g}_k\|_{i_k}^2+\gamma_k\langle \delta_k,\ \widetilde{g}_k\rangle$$

利用上面的不等式和引理 6.7，得到

$$f(x_{k+1}) \leqslant f(x_k)-[\gamma_k\|\widetilde{g}_k\|_{i_k}^2+\chi(x_{k+1})-\chi(x_k)] + \frac{L_{i_k}}{2}\gamma_k^2\|\widetilde{g}_k\|_{i_k}^2+\gamma_k\langle \delta_k,\ \widetilde{g}_k\rangle$$

这里，考虑到 $\phi(x)=f(x)+\chi(x)$ 这一事实，此式就意味着

$$\phi(x_{k+1})\leqslant\phi(x_k)-\gamma_k\left(1-\frac{L_{i_k}}{2}\gamma_k\right)\|\widetilde{g}_k\|_{i_k}^2+\gamma_k\langle\delta_k,\ \widetilde{g}_k\rangle \tag{6.3.21}$$

另外，根据式(6.3.16)、$\widetilde{g}_k$ 的定义，以及 $U_{i_k}^{\mathrm{T}}g_k=P_{X_{i_k}}(x_k,\ \nabla f(x_k),\ \gamma_k)$，有

$$\|\widetilde{g}_k-U_{i_k}^{\mathrm{T}}g_k\|_{i_k}\leqslant\|G_{i_k}-U_{i_k}^{\mathrm{T}}\nabla f(x_k)\|_{i_k,*}=\|\delta_k\|_{i_k,*}$$

因此，

$$\begin{aligned}\|U_{i_k}^{\mathrm{T}}g_k\|_{i_k}^2&=\|\widetilde{g}_k+U_{i_k}^{\mathrm{T}}g_k-\widetilde{g}_k\|_{i_k}^2\leqslant2\|\widetilde{g}_k\|_{i_k}^2+2\|U_{i_k}^{\mathrm{T}}g_k-\widetilde{g}_k\|_{i_k}^2\\&\leqslant2\|\widetilde{g}_k\|_{i_k}^2+2\|\delta_k\|_{i_k,*}^2\end{aligned}$$

$$\begin{aligned}\langle\delta_k,\ \widetilde{g}_k\rangle&=\langle\delta_k,\ U_{i_k}^{\mathrm{T}}g_k\rangle+\langle\delta_k,\ \widetilde{g}_k-U_{i_k}^{\mathrm{T}}g_k\rangle\leqslant\langle\delta_k,\ U_{i_k}^{\mathrm{T}}g_k\rangle+\|\delta_k\|_{i_k,*}\|\widetilde{g}_k-U_{i_k}^{\mathrm{T}}g_k\|_{i_k}\\&\leqslant\langle\delta_k,\ U_{i_k}^{\mathrm{T}}g_k\rangle+\|\delta_k\|_{i_k,*}^2\end{aligned}$$

通过使用上面的两个界和式(6.3.21)，可以得到：对于任意 $k=1,\ \cdots,\ N$，有

$$\phi(x_{k+1})\leqslant\phi(x_k)-\gamma_k\left(1-\frac{L_{i_k}}{2}\gamma_k\right)\left(\frac{1}{2}\|U_{i_k}^{\mathrm{T}}g_k\|_{i_k}^2-\|\delta_k\|_{i_k,*}^2\right)+\gamma_k\langle\delta_k,\ U_{i_k}^{\mathrm{T}}g_k\rangle+\gamma_k\|\delta_k\|_{i_k,*}^2$$

将上述不等式累加求和，重新排列各项，得到

$$\begin{aligned}\sum_{k=1}^N\frac{\gamma_k}{2}\left(1-\frac{L_{i_k}}{2}\gamma_k\right)\|U_{i_k}^{\mathrm{T}}g_k\|_{i_k}^2&\leqslant\phi(x_1)-\phi(x_{k+1})+\sum_{k=1}^N[\gamma_k\langle\delta_k,\ U_{i_k}^{\mathrm{T}}g_k\rangle+\gamma_k\|\delta_k\|_{i_k,*}^2]+\\&\qquad\sum_{k=1}^N\gamma_k\left(1-\frac{L_{i_k}}{2}\gamma_k\right)\|\delta_k\|_{i_k,*}^2\\&\leqslant\phi(x_1)-\phi^*+\sum_{k=1}^N[\gamma_k\langle\delta_k,\ U_{i_k}^{\mathrm{T}}g_k\rangle+2\gamma_k\|\delta_k\|_{i_k,*}^2]\end{aligned}$$

其中最后一个不等式由 $\phi(x_{k+1})\geqslant\phi^*$ 和 $L_{i_k}\gamma_k^2\|\delta_k\|_{i_k,*}^2\geqslant0$ 得出。现在，记 $\zeta_k=G_{i_k}$，$\zeta_{[k]}=\{\zeta_1,\ \cdots,\ \zeta_k\}$ 和 $i_{[k]}=\{i_1,\ \cdots,\ i_k\}$，上面不等式两边对 $\zeta_{[N]}$ 和 $i_{[N]}$ 取期望，并注意由式(6.3.11)和式(6.3.12)，有

$$\mathbb{E}_{\zeta_k}[\langle\delta_k,\ U_{i_k}^{\mathrm{T}}g_k\rangle\mid i_{[k]},\ \zeta_{[k-1]}]=\mathbb{E}_{\zeta_k}[\langle G_{i_k}-U_{i_k}^{\mathrm{T}}\nabla f(x_k),\ U_{i_k}^{\mathrm{T}}g_k\rangle\mid i_{[k]},\ \zeta_{[k-1]}]=0,$$

$$\mathbb{E}_{\zeta_{[N]},i_{[N]}}[\|\delta_k\|_{i_k,*}^2]\leqslant\bar{\sigma}_k^2$$

$$\begin{aligned}\mathbb{E}_{i_k}\left[\left(1-\frac{L_{i_k}}{2}\gamma_k\right)\|U_{i_k}^{\mathrm{T}}g_k\|^2\mid\zeta_{[k-1]},\ i_{[k-1]}\right]&=\sum_{i=1}^b p_i\left(1-\frac{L_i}{2}\gamma_k\right)\|U_i^{\mathrm{T}}g_k\|^2\\&\geqslant\left(\sum_{i=1}^b\|U_i^{\mathrm{T}}g_k\|^2\right)\min_{i=1,\cdots,b}p_i\left(1-\frac{L_i}{2}\gamma_k\right)\\&=\|g_k\|^2\min_{i=1,\cdots,b}p_i\left(1-\frac{L_i}{2}\gamma_k\right)\end{aligned}$$

可得出

$$\sum_{k=1}^N\gamma_k\min_{i=1,\cdots,b}p_i\left(1-\frac{L_i}{2}\gamma_k\right)\mathbb{E}_{\zeta_{[N]},i_{[N]}}[\|g_k\|^2]\leqslant\phi(x_1)-\phi^*+2\sum_{k=1}^N\gamma_k\bar{\sigma}_k^2$$

上面不等式两边同时除以 $\sum_{k=1}^N\gamma_k\min_{i=1,\cdots,b}p_i\left(1-\frac{L_i}{2}\gamma_k\right)$，并利用式(6.3.14)中给出的 R 的概率分布，我们就得到了式(6.3.20)。 ■

我们现在讨论定理 6.9 产生的一些结果。更具体地，在推论 6.12 和 6.13 中，我们分别讨论了求解确定性和随机问题的非凸 SBMD 算法的收敛速度。

推论 6.12　*考虑式(6.3.12)中当 $\bar{\sigma}_k=0(k=1,\ \cdots,\ N)$ 时对应的确定情形。假设随机*

变量$\{i_k\}$是均匀分布的，即

$$p_1=p_2=\cdots=p_b=\frac{1}{b} \tag{6.3.22}$$

如果$\{\gamma_k\}$设定为

$$\gamma_k=\frac{1}{\overline{L}},\ k=1,\ \cdots,\ N \tag{6.3.23}$$

其中$\overline{L}:=\max\limits_{i=1,\cdots,b} L_i$，则对于任意$N\geqslant 1$，有

$$\mathbb{E}[\|P_X(x_R,\ \nabla f(x_R),\ \gamma_R)\|^2]\leqslant\frac{2b\overline{L}[\phi(x_1)-\phi^*]}{N} \tag{6.3.24}$$

证明 根据对p_i的假设和式(6.3.23)，我们得到

$$\min_{i=1,\cdots,b} p_i\left(1-\frac{L_i}{2}\gamma_k\right)=\frac{1}{b}\min_{i=1,\cdots,b}\left(1-\frac{L_i}{2}\gamma_k\right)\geqslant\frac{1}{2b} \tag{6.3.25}$$

其中根据式(6.3.20)和$\overline{\sigma}_k=0$可推出，对于任意$N\geqslant 1$，有

$$\mathbb{E}[\|P_X(x_R,\ \nabla f(x_R),\ \gamma_R)\|^2]\leqslant\frac{2b[\phi(x_1)-\phi^*]}{N}\frac{1}{\overline{L}}=\frac{2b\overline{L}[\phi(x_1)-\phi^*]}{N}$$ ■

现在，让我们考虑以期望的形式给出$f(\cdot)$的随机情况(见式(4.6.1))。设范数$\|\cdot\|_i$是空间$\mathbb{R}^{n_i}$上的内积范数，并且对于任意$i=1,\ \cdots,\ b$，有

$$\mathbb{E}[\|U_i\nabla F(x,\ \xi)-g_i(x)\|]\leqslant\sigma\quad \forall x\in X \tag{6.3.26}$$

还假设G_{i_k}是通过使用大小为T_k的最小批方法计算，即对于某些$T_k\geqslant 1$，有

$$G_{i_k}=\frac{1}{T_k}\sum_{t=1}^{T_k}U_{i_k}\nabla F(x_k,\ \xi_{k,t}) \tag{6.3.27}$$

其中$\xi_{k,1},\ \cdots,\ \xi_{k,T_k}$是$\xi$的i.i.d抽样的样本。

推论6.13 假设随机变量$\{i_k\}$是均匀分布的(即式(6.3.22)成立)，并假设G_{i_k}由式(6.3.27)取$T_k=T$计算，且$\{\gamma_k\}$由式(6.3.23)设定。那么，对于任意$N\geqslant 1$，有

$$\mathbb{E}[\|P_X(x_R,\ \nabla f(x_R),\ \gamma_R)\|^2]\leqslant\frac{2b\overline{L}[\phi(x_1)-\phi^*]}{N}+\frac{4b\sigma^2}{T} \tag{6.3.28}$$

其中$\overline{L}:=\max\limits_{i=1,\cdots,b} L_i$。

证明 记$\delta_{k,t}\equiv U_{i_k}[\nabla F(x_k,\ \xi_{k,t})-\nabla f(x_k)]$和$S_t=\sum\limits_{i=1}^{t}\delta_{k,i}$。注意$\mathbb{E}[\langle S_{t-1},\ \delta_{k,t}\rangle|S_{t-1}]=0$，对$t=1,\ \cdots,\ T_k$成立，于是有

$$\begin{aligned}\mathbb{E}[\|S_{T_k}\|^2]&=\mathbb{E}[\|S_{T_k-1}\|^2+2\langle S_{T_k-1},\ \delta_{k,T_k}\rangle+\|\delta_{k,T_k}\|^2]\\&=\mathbb{E}[\|S_{T_k-1}\|^2]+\mathbb{E}[\|\delta_{k,T_k}\|^2]=\cdots=\sum_{t=1}^{T_k}\|\delta_{k,t}\|^2\end{aligned}$$

此式与式(6.3.27)一起，则表明条件(6.3.12)成立且$\overline{\sigma}_k^2=\sigma^2/T_k$。然后根据前面的观察结果和式(6.3.20)可得出

$$\begin{aligned}\mathbb{E}[\|P_X(x_R,\ \nabla f(x_R),\ \gamma_R)\|^2]&\leqslant\frac{2b[\phi(x_1)-\phi^*]}{\frac{N}{\overline{L}}}+\frac{4b}{N}\sum_{k=1}^{N}\frac{\sigma^2}{T_k}\\&\leqslant\frac{2b\overline{L}[\phi(x_1)-\phi^*]}{N}+\frac{4b\sigma^2}{T}\end{aligned}$$ ■

根据推论 6.13，为了求得问题(6.3.1)的 ε-解，我们需要有

$$N=\mathcal{O}\left(\frac{b\overline{L}}{\varepsilon}[\phi(x_1)-\phi^*]\right) \quad 且 \quad T=\mathcal{O}\left(\frac{b\sigma^2}{\varepsilon}\right) \tag{6.3.29}$$

这就意味着所需的 ξ 的样本总数可以限定为

$$\mathcal{O}(b^2\overline{L}\sigma^2[\phi(x_1)-\phi^*]/\varepsilon^2)$$

6.4　非凸随机加速梯度下降法

在本节中，我们旨在推广最初为光滑凸优化设计的加速梯度下降(AGD)法，用以解决更一般的 NLP(可能是非凸和随机的)问题，从而提出对凸的、非凸的和随机优化的统一处理和分析。

除了 AGD 方法的理论发展之外，我们的研究还受到以下解决非线性规划问题的更多实际考虑的启发。首先，许多一般的非线性目标函数是局部凸的，对凸问题和非凸问题的统一处理将有助于我们利用这些局部凸性质。特别是，我们打算了解是否可以在更一般的设置下，在 AGD 方法中应用众所周知的激进步长策略，以从这种局部凸性中获益。其次，由稀疏优化和机器学习产生的许多非线性目标函数同时包含凸的和非凸的部分，分别对应于数据保真度和稀疏正则化项。一个有趣的问题是，是否可以设计出更有效的算法来解决这些非凸复合问题以利用它们的凸结构。第三，黑箱程序所代表的一些目标函数的凸性通常是未知的，例如在基于仿真的优化中。因此，统一的处理和分析可以帮助我们应对这种结构上的歧义。第四，在某些情况下，目标函数对于几个联合的决策变量是非凸的，但对每个单独的决策变量而言是凸的。许多机器学习或图像处理问题都是以这种形式给出的。目前实际的做法是，首先运行一个 NLP 求解器来找到一个平衡点，然后在固定一个变量后，运行一个 CP 求解器。为了更好地处理这类问题，需要对凸问题和非凸问题进行更有力、统一的处理。

在这一节中，我们首先考虑如下形式的经典 NLP 问题

$$\Psi^*=\min_{x\in\mathbb{R}^n}\Psi(x) \tag{6.4.1}$$

其中 $\Psi(\cdot)$是具有 Lipschitz 连续梯度的光滑(可能是非凸的)函数，即 $\exists L_\Psi>0$，使得

$$\|\nabla\Psi(y)-\nabla\Psi(x)\|\leqslant L_\Psi\|y-x\| \quad \forall x,\ y\in\mathbb{R}^n \tag{6.4.2}$$

此外，我们假设 $\Psi(\cdot)$是向下有界的。我们证明 AGD 方法，当使用某些步长策略时，可以找到一个(6.4.1)的 ε-解，即存在一个点 $\overline{x}$ 使得$\|\nabla\Psi(\overline{x})\|^2\leqslant\varepsilon$，最多需要进行 $\mathcal{O}(1/\varepsilon)$ 次迭代，此结果就是著名的一阶方法求解一般 NLP 问题的复杂度界。请注意，如果 Ψ 是凸的，并且在 AGD 方法中应用了一个更激进的步长策略，那么上述复杂度界限可以改进到 $\mathcal{O}(1/\varepsilon^{1/3})$。实际上，通过结合某种正则化技术，这个界可以改进为 $\mathcal{O}([1/\varepsilon^{1/4}]\ln 1/\varepsilon)$，在一个对数因子之下，这对于凸规划是最优的。

然后，我们考虑一类复合问题

$$\min_{x\in\mathbb{R}^n}\Psi(x)+\chi(x),\quad \Psi(x):=f(x)+h(x) \tag{6.4.3}$$

其中 f 是光滑的，但可能是非凸的，它的梯度是 Lipschitz 连续的，具有常数 L_f；h 是光滑且凸的，它的梯度是 Lipschitz 连续的，具有 Lipschitz 常数 L_h；χ 是有界定义域上的简单凸函数(可能是非光滑的)(例如，$\chi(x)=I_X(\cdot)$，其中 $I_X(\cdot)$是一个凸紧集 $X\subset\mathbb{R}^n$ 的指示函数)。显然，我们有 Ψ 是光滑的，它的梯度是 Lipschitz 连续的，且有 Lipschitz 常数

$L_\Psi=L_f+L_h$。由于 χ 可能是不可微的，我们需要采用基于广义投影梯度(或梯度映射) $P_{\mathbb{R}}^n(\cdot,\cdot,\cdot)$(参见式(6.3.8)，更准确地说是式(6.4.43))的不同终止准则来分析 AGD 方法的复杂性。我们将证明，依复杂度对 Lipschitz 常数 L_h 的依赖关系，与 AGD 方法相关的复杂度界改进了 6.2.2 节中所建立的应用于问题(6.4.3)的非凸面镜下降法的复杂度界。此外，当 L_f 足够小时，它明显优于后一个界(详见 6.4.1.2 节)。

最后，我们考虑形如式(6.4.1)或式(6.4.3)的随机 NLP 问题，其中只有噪声一阶信息 Ψ 可以通过后续调用随机一阶(SFO)预言机得到。更具体地说，在第 k 次调用时，$x_k\in\mathbb{R}^n$ 为输入，SFO 预言机输出一个随机梯度 $G(x_k, \xi_k)$，其中$\{\xi_k\}_{k\geqslant1}$ 是随机向量，其分布 P_k 在支撑集 $\Xi_k\subseteq\mathbb{R}^d$ 上。对随机梯度 $G(x_k, \xi_k)$也进行如下假设。

假设 16 对于任意 $x\in\mathbb{R}^n$ 且 $k\geqslant1$，我们有

(a)
$$\mathbb{E}[G(x, \xi_k)]=\nabla\Psi(x) \tag{6.4.4}$$

(b)
$$\mathbb{E}[\|G(x, \xi_k)-\nabla\Psi(x)\|^2]\leqslant\sigma^2 \tag{6.4.5}$$

如前两节所示，可以使用随机化的随机梯度(RSGD)方法来解决这些问题。然而，RSGD 方法及其变体只是在求解凸 SP 时近乎是最优的。基于 AGD 方法，这里提出了一种随机化的随机 AGD(RSAGD)方法求解一般随机 NLP 问题，并证明了如果目标函数 $\Psi(\cdot)$ 是非凸的，那么，RSAGD 方法可以找到问题(6.4.1)的一个 ε-解，即存在一个点 $\bar{x}$ 使得 $\mathbb{E}[\|\nabla\Psi(\bar{x})\|^2]\leqslant\varepsilon$，至多需要

$$\mathcal{O}=\left(\frac{L_\Psi}{\varepsilon}+\frac{L_\Psi\sigma^2}{\varepsilon^2}\right) \tag{6.4.6}$$

次调用 SFO 预言机。如果 $\Psi(\cdot)$是凸的，则 RSAGD 对函数最优性间隙会表现出最优的收敛速度，类似于加速 SGD 方法。在这种情况下，可以将(6.4.6)中梯度残差的复杂度界改进为

$$\mathcal{O}\left(\frac{L_\Psi^{2/3}}{\varepsilon^{1/3}}+\frac{L_\Psi^{2/3}\sigma^2}{\varepsilon^{4/3}}\right)$$

我们还要将这些复杂性分析推广到一类非凸随机复合优化问题中，通过在 RSAGD 方法中引入小批量的方法，改进 6.2 节中给出的求解这些随机复合优化问题的复杂性结果。

6.4.1 非凸加速梯度下降法

我们在这一节的目的就是要证明，最初为光滑凸优化而设计的 AGD 方法，经过适当的修改后应用于非凸优化问题也会是收敛的。具体地说，我们首先提出了求解 6.4.1.1 节中一类一般非线性优化问题的 AGD 方法，然后描述了求解 6.4.1.2 节中一类特殊非凸组合优化问题的 AGD 方法。

6.4.1.1 光滑函数的最小化

在本节中，我们假设 $\Psi(\cdot)$是一个可微的非凸函数，函数是向下有界的，其梯度满足式(6.4.2)。于是可得

$$|\Psi(y)-\Psi(x)-\langle\nabla\Psi(x), y-x\rangle|\leqslant\frac{L_\Psi}{2}\|y-x\|^2 \quad \forall x, y\in\mathbb{R}^n \tag{6.4.7}$$

当 $\Psi(\cdot)$为凸函数时，尽管梯度下降法在求解上述一类非凸优化问题时收敛，但就函数最优性间隙而言，算法并没有达到最佳的收敛速度。另一方面，原始的 AGD 方法对于求解凸优化问题是最优的，但对于求解非凸优化问题却不一定收敛。下面，我们提出了一种改进的 AGD 方法，并证明通过采取适当的步长策略，该方法不仅在凸优化问题中获得最优

的收敛速度，而且在使用一阶方法求解一般光滑非线性规划问题时也表现出了熟知的收敛速度。

算法 6.2　加速梯度下降(AGD)算法

输入： $x_0\in\mathbb{R}^n$，$\{\alpha_k\}$，$\alpha_1=1$ 和对于任何 $k\geqslant 2$，$\{\beta_k>0\}$，$\{\lambda_k>0\}$，$\alpha_k\in(0,1)$。

0. 设置初始点 $\overline{x}_0=x_0$，$k=1$。
1. 设置

$$\underline{x}_k=(1-\alpha_k)\overline{x}_{k-1}+\alpha_k x_{k-1} \tag{6.4.8}$$

2. 计算 $\nabla\Psi(\underline{x}_k)$ 并设置

$$x_k=x_{k-1}-\lambda_k\nabla\Psi(\underline{x}_k) \tag{6.4.9}$$

$$\overline{x}_k=\underline{x}_k-\beta_k\nabla\Psi(\underline{x}_k) \tag{6.4.10}$$

3. 设置 $k\leftarrow k+1$，跳转至步骤 1。

注意，如果 $\beta_k=\alpha_k\lambda_k$，$\forall k\geqslant 1$，则我们有 $\overline{x}_k=\alpha_k x_k+(1-\alpha_k)\overline{x}_{k-1}$。在这种情况下，上述 AGD 方法等效于 3.3 节中讨论的加速梯度下降法。另一方面，如果 $\beta_k=\lambda_k$，$k=1$，2，…，则通过归纳可以得到 $\underline{x}_k=x_{k-1}$ 和 $\overline{x}_k=x_k$。此时，算法 6.2 简化为梯度下降法。在本小节中，我们将证明上述 AGD 方法在凸的和非凸的情况下对 $\{\alpha_k\}$、$\{\beta_k\}$ 和 $\{\lambda_k\}$ 的不同选择实际上是收敛的。

我们现在准备描述 AGD 方法的主要收敛性质。

定理 6.10　设 $\{\underline{x}_k,\overline{x}_k\}_{k\geqslant 1}$ 是用算法 6.2 计算所得，并定义

$$\Gamma_k:=\begin{cases}1, & k=1,\\ (1-\alpha_k)\Gamma_{k-1}, & k\geqslant 2\end{cases} \tag{6.4.11}$$

(a) 如果选择 $\{\alpha_k\}$、$\{\beta_k\}$ 和 $\{\lambda_k\}$，使得

$$C_k:=1-L_\Psi\lambda_k-\frac{L_\Psi(\lambda_k-\beta_k)^2}{2\alpha_k\Gamma_k\lambda_k}\left(\sum_{\tau=k}^{N}\Gamma_\tau\right)>0\quad 1\leqslant k\leqslant N \tag{6.4.12}$$

那么，对于任意 $N\geqslant 1$，有

$$\min_{k=1,\cdots,N}\|\nabla\Psi(\underline{x}_k)\|^2\leqslant\frac{\Psi(x_0)-\Psi^*}{\sum_{k=1}^{N}\lambda_k C_k} \tag{6.4.13}$$

(b) 假设 $\Psi(\cdot)$ 是凸的，且问题(6.4.1)存在最优解 x^*。如果选择 $\{\alpha_k\}$、$\{\beta_k\}$ 和 $\{\lambda_k\}$ 使得

$$\alpha_k\lambda_k\leqslant\beta_k<\frac{1}{L_\Psi} \tag{6.4.14}$$

$$\frac{\alpha_1}{\lambda_1\Gamma_1}\geqslant\frac{\alpha_2}{\lambda_2\Gamma_2}\geqslant\cdots \tag{6.4.15}$$

那么对于任意 $N\geqslant 1$，有

$$\min_{k=1,\cdots,N}\|\nabla\Psi(\underline{x}_k)\|^2\leqslant\frac{\|x_0-x^*\|^2}{\lambda_1\sum_{k=1}^{N}\Gamma_k^{-1}\beta_k(1-L_\Psi\beta_k)} \tag{6.4.16}$$

$$\Psi(\overline{x}_N)-\Psi(x^*)\leqslant\frac{\Gamma_N\|x_0-x^*\|^2}{2\lambda_1} \tag{6.4.17}$$

证明　我们首先证明(a)部分。记 $\Delta_k:=\nabla\Psi(x_{k-1})-\nabla\Psi(\underline{x}_k)$。由式(6.4.2)和式

(6.4.8)得到

$$\|\Delta_k\| = \|\nabla\Psi(x_{k-1}) - \nabla\Psi(\underline{x}_k)\| \leqslant L_\Psi \|x_{k-1} - \underline{x}_k\| = L_\Psi(1-\alpha_k)\|\overline{x}_{k-1} - x_{k-1}\| \tag{6.4.18}$$

通过式(6.4.7)和式(6.4.9)可得到

$$\begin{aligned}
\Psi(x_k) &\leqslant \Psi(x_{k-1}) + \langle \nabla\Psi(x_{k-1}),\ x_k - x_{k-1}\rangle + \frac{L_\Psi}{2}\|x_k - x_{k-1}\|^2 \\
&= \Psi(x_{k-1}) + \langle \Delta_k + \nabla\Psi(\underline{x}_k),\ -\lambda_k \nabla\Psi(\underline{x}_k)\rangle + \frac{L_\Psi \lambda_k^2}{2}\|\nabla\Psi(x_k)\|^2 \\
&= \Psi(x_{k-1}) - \lambda_k\left(1 - \frac{L_\Psi\lambda_k}{2}\right)\|\nabla\Psi(\underline{x}_k)\|^2 - \lambda_k\langle \Delta_k,\ \nabla\Psi(\underline{x}_k)\rangle \\
&\leqslant \Psi(x_{k-1}) - \lambda_k\left(1 - \frac{L_\Psi\lambda_k}{2}\right)\|\nabla\Psi(\underline{x}_k)\|^2 + \lambda_k \|_{\Delta_k}\| \times \|\nabla\Psi(\underline{x}_k)\|
\end{aligned} \tag{6.4.19}$$

其中最后一个不等式是由 Cauchy - Schwarz 不等式推导出的。结合前面两个不等式，得到

$$\begin{aligned}
\Psi(x_k) \leqslant\ & \Psi(x_{k-1}) - \lambda_k\left(1 - \frac{L_\Psi\lambda_k}{2}\right)\|\nabla\Psi(\underline{x}_k)\|^2 + \\
& L_\Psi(1-\alpha_k)\lambda_k\|\nabla\Psi(\underline{x}_k)\| \times \|\overline{x}_{k-1} - x_{k-1}\| \\
\leqslant\ & \Psi(x_{k-1}) - \lambda_k\left(1 - \frac{L_\Psi\lambda_k}{2}\right)\|\nabla\Psi(\underline{x}_k)\|^2 + \\
& \frac{L_\Psi\lambda_k^2}{2}\|\nabla\Psi(\underline{x}_k)\|^2 + \frac{L_\Psi(1-\alpha_k)^2}{2}\|\overline{x}_{k-1} - x_{k-1}\|^2 \\
=\ & \Psi(x_{k-1}) - \lambda_k(1 - L_\Psi\lambda_k)\|\nabla\Psi(\underline{x}_k)\|^2 + \frac{L_\Psi(1-\alpha_k)^2}{2}\|\overline{x}_{k-1} - x_{k-1}\|^2
\end{aligned} \tag{6.4.20}$$

上面第二个不等式是由 $ab \leqslant (a^2 + b^2)/2$ 得出的。现在，通过式(6.4.8)、式(6.4.9)和式(6.4.10)我们得到

$$\begin{aligned}
\overline{x}_k - x_k &= (1-\alpha_k)\overline{x}_{k-1} + \alpha_k x_{k-1} - \beta_k\nabla\Psi(\underline{x}_k) - [x_{k-1} - \lambda_k\nabla\Psi(\underline{x}_k)] \\
&= (1-\alpha_k)(\overline{x}_{k-1} - x_{k-1}) + (\lambda_k - \beta_k)\nabla\Psi(\underline{x}_k)
\end{aligned}$$

等式两边同时除以 Γ_k 并求和，注意到式(6.4.11)，可得

$$\overline{x}_k - x_k = \Gamma_k \sum_{\tau=1}^{k}\left(\frac{\lambda_\tau - \beta_\tau}{\Gamma_\tau}\right)\nabla\Psi(\underline{x}_\tau)$$

利用上述恒等式、与 $\|\cdot\|^2$ 相关的 Jensen 不等式，以及下面事实

$$\sum_{\tau=1}^{k}\frac{\alpha_\tau}{\Gamma_\tau} = \frac{\alpha_1}{\Gamma_1} + \sum_{\tau=2}^{k}\frac{1}{\Gamma_\tau}\left(1 - \frac{\Gamma_\tau}{\Gamma_{\tau-1}}\right) = \frac{1}{\Gamma_1} + \sum_{\tau=2}^{k}\left(\frac{1}{\Gamma_\tau} - \frac{1}{\Gamma_{\tau-1}}\right) = \frac{1}{\Gamma_k} \tag{6.4.21}$$

我们有

$$\begin{aligned}
\|\overline{x}_k - x_k\|^2 &= \left\|\Gamma_k \sum_{\tau=1}^{k}\left(\frac{\lambda_\tau - \beta_\tau}{\Gamma_\tau}\right)\nabla\Psi(\underline{x}_\tau)\right\|^2 = \left\|\Gamma_k \sum_{\tau=1}^{k}\frac{\alpha_\tau}{\Gamma_\tau}\left[\left(\frac{\lambda_\tau - \beta_\tau}{\alpha_\tau}\right)\nabla\Psi(\underline{x}_\tau)\right]\right\|^2 \\
&\leqslant \Gamma_k \sum_{\tau=1}^{k}\frac{\alpha_\tau}{\Gamma_\tau}\left\|\left(\frac{\lambda_\tau - \beta_\tau}{\alpha_\tau}\right)\nabla\Psi(\underline{x}_\tau)\right\|^2 = \Gamma_k \sum_{\tau=1}^{k}\frac{(\lambda_\tau - \beta_\tau)^2}{\Gamma_\tau\alpha_\tau}\|\nabla\Psi(\underline{x}_\tau)\|^2
\end{aligned} \tag{6.4.22}$$

以此替换式(6.4.20)中的上界，得到

$$\begin{aligned}
\Psi(x_k) \leqslant\ & \Psi(x_{k-1}) - \lambda_k(1 - L_\Psi\lambda_k)\|\nabla\Psi(\underline{x}_k)\|^2 + \\
& \frac{L_\Psi\Gamma_{k-1}(1-\alpha_k)^2}{2}\sum_{\tau=1}^{k-1}\frac{(\lambda_\tau - \beta_\tau)^2}{\Gamma_\tau\alpha_\tau}\|\nabla\Psi(\underline{x}_\tau)\|^2
\end{aligned}$$

$$\leqslant\Psi(x_{k-1})-\lambda_k(1-L_\Psi\lambda_k)\|\nabla\Psi(\underline{x}_k)\|^2+\frac{L_\Psi\Gamma_k}{2}\sum_{\tau=1}^{k}\frac{(\lambda_\tau-\beta_\tau)^2}{\Gamma_\tau\alpha_\tau}\|\nabla\Psi(\underline{x}_\tau)\|^2 \tag{6.4.23}$$

对于任意 $k\geqslant1$，其中最后一个不等式根据式(6.4.11)中 Γ_k 的定义，及对于所有 $k\geqslant1$，$\alpha_k\in(0,1)$得到。把上面的不等式相加，并引入式(6.4.12)中定义的 C_k，我们有

$$\begin{aligned}\Psi(x_N)&\leqslant\Psi(x_0)-\sum_{k=1}^{N}\lambda_k(1-L_\Psi\lambda_k)\|\nabla\Psi(\underline{x}_k)\|^2+\\&\quad\frac{L_\Psi}{2}\sum_{k=1}^{N}\Gamma_k\sum_{\tau=1}^{k}\frac{(\lambda_\tau-\beta_\tau)^2}{\Gamma_\tau\alpha_\tau}\|\nabla\Psi(\underline{x}_\tau)\|^2\\&=\Psi(x_0)-\sum_{k=1}^{N}\lambda_k(1-L_\Psi\lambda_k)\|\nabla\Psi(\underline{x}_k)\|^2+\\&\quad\frac{L_\Psi}{2}\sum_{k=1}^{N}\frac{(\lambda_k-\beta_k)^2}{\Gamma_k\alpha_k}\Big(\sum_{\tau=k}^{N}\Gamma_\tau\Big)\|\nabla\Psi(x_k)\|^2\\&=\Psi(x_0)-\sum_{k=1}^{N}\lambda_kC_k\|\nabla\Psi(\underline{x}_k)\|^2\end{aligned} \tag{6.4.24}$$

重新排列上述不等式中的项，并注意到 $\Psi(x_N)\geqslant\Psi^*$，得到

$$\min_{k=1,\cdots,N}\|\nabla\Psi(\underline{x}_k)\|^2\Big(\sum_{k=1}^{N}\lambda_kC_k\Big)\leqslant\sum_{k=1}^{N}\lambda_kC_k\|\nabla\Psi(\underline{x}_k)\|^2\leqslant\Psi(x_0)-\Psi^*$$

从而，考虑到 $C_k>0$ 的假设，这显然就意味着式(6.4.13)结论成立。

我们现在来证明(b)部分。首先，注意到由式(6.4.10)，会有

$$\begin{aligned}\Psi(\overline{x}_k)&\leqslant\Psi(\underline{x}_k)+\langle\nabla\Psi(\underline{x}_k),\overline{x}_k-\underline{x}_k\rangle+\frac{L_\Psi}{2}\|\overline{x}_k-\underline{x}_k\|^2\\&=\Psi(\underline{x}_k)-\beta_k\|\nabla\Psi(\underline{x}_k)\|^2+\frac{L_\Psi\beta_k^2}{2}\|\nabla\Psi(\underline{x}_k)\|^2\end{aligned} \tag{6.4.25}$$

同时根据 $\Psi(\cdot)$的凸性和式(6.4.8)，

$$\begin{aligned}&\Psi(\underline{x}_k)-[(1-\alpha_k)\Psi(\overline{x}_{k-1})+\alpha_k\Psi(x)]\\&=\alpha_k[\Psi(\underline{x}_k)-\Psi(x)]+(1-\alpha_k)[\Psi(\underline{x}_k)-\Psi(\overline{x}_{k-1})]\\&\leqslant\alpha_k\langle\nabla\Psi(\underline{x}_k),\underline{x}_k-x\rangle+(1-\alpha_k)\langle\nabla\Psi(\underline{x}_k),\underline{x}_k-\overline{x}_{k-1}\rangle\\&=\langle\nabla\Psi(\underline{x}_k),\alpha_k(\underline{x}_k-x)+(1-\alpha_k)(\underline{x}_k-\overline{x}_{k-1})\rangle=\alpha_k\langle\nabla\Psi(\underline{x}_k),x_{k-1}-x\rangle\end{aligned} \tag{6.4.26}$$

从式(6.4.9)也可以得出

$$\begin{aligned}&\|x_{k-1}-x\|^2-2\lambda_k\langle\nabla\Psi(\underline{x}_k),x_{k-1}-x\rangle+\lambda_k^2\|\nabla\Psi(\underline{x}_k)\|^2\\&=\|x_{k-1}-\lambda_k\nabla\Psi(\underline{x}_k)-x\|^2=\|x_k-x\|^2\end{aligned}$$

因此，

$$\alpha_k\langle\nabla\Psi(\underline{x}_k),x_{k-1}-x\rangle=\frac{\alpha_k}{2\lambda_k}[\|x_{k-1}-x\|^2-\|x_k-x\|^2]+\frac{\alpha_k\lambda_k}{2}\|\nabla\Psi(\underline{x}_k)\|^2 \tag{6.4.27}$$

将式(6.4.25)、式(6.4.26)和式(6.4.27)三式相结合得到

$$\begin{aligned}\Psi(\overline{x}_k)&\leqslant(1-\alpha_k)\Psi(\overline{x}_{k-1})+\alpha_k\Psi(x)+\frac{\alpha_k}{2\lambda_k}[\|x_{k-1}-x\|^2-\|x_k-x\|^2]-\\&\quad\beta_k\Big(1-\frac{L_\Psi\beta_k}{2}-\frac{\alpha_k\lambda_k}{2\beta_k}\Big)\|\nabla\Psi(\underline{x}_k)\|^2\end{aligned}$$

$$\leqslant(1-\alpha_k)\Psi(\overline{x}_{k-1})+\alpha_k\Psi(x)+\frac{\alpha_k}{2\lambda_k}[\|x_{k-1}-x\|^2-\|x_k-x\|^2]-$$

$$\frac{\beta_k}{2}(1-L_\Psi\beta_k)\|\nabla\Psi(\underline{x}_k)\|^2 \tag{6.4.28}$$

其中，最后一个不等式由式(6.4.14)中的假设得到。上面的不等式两边同时减去 $\Psi(x)$，利用引理 3.17 和 $\alpha_1=1$ 的事实，就得到

$$\begin{aligned}\frac{\Psi(\overline{x}_N)-\Psi(x)}{\Gamma_N}&\leqslant\sum_{k=1}^N\frac{\alpha_k}{2\lambda_k\Gamma_k}[\|x_{k-1}-x\|^2-\|x_k-x\|^2]-\\&\quad\sum_{k=1}^N\frac{\beta_k}{2\Gamma_k}(1-L_\Psi\beta_k)\|\nabla\Psi(\underline{x}_k)\|^2\\&\leqslant\frac{\|x_0-x\|^2}{2\lambda_1}-\sum_{k=1}^N\frac{\beta_k}{2\Gamma_k}(1-L_\Psi\beta_k)\|\nabla\Psi(\underline{x}_k)\|^2\ \forall x\in\mathbb{R}^n\end{aligned} \tag{6.4.29}$$

其中第二个不等式是由下面简单关系推导出来的

$$\sum_{k=1}^N\frac{\alpha_k}{\lambda_k\Gamma_k}[\|x_{k-1}-x\|^2-\|x_k-x\|^2]\leqslant\frac{\alpha_1\|x_0-x\|^2}{\lambda_1\Gamma_1}=\frac{\|x_0-x\|^2}{\lambda_1} \tag{6.4.30}$$

此式由式(6.4.15)和 $\alpha_1=\Gamma_1=1$ 这一事实得到。因此由上述不等式和式(6.4.14)中的假设可立刻得到式(6.4.17)。此外，固定 $x=x^*$，重新排列式(6.4.29)中的项，并注意 $\Psi(\overline{x}_N)\geqslant\Psi(x^*)$这一事实，得到

$$\begin{aligned}\min_{k=1,\cdots,N}\|\nabla\Psi(\underline{x}_k)\|^2\sum_{k=1}^N\frac{\beta_k}{2\Gamma_k}(1-L_\Psi\beta_k)&\leqslant\sum_{k=1}^N\frac{\beta_k}{2\Gamma_k}(1-L_\Psi\beta_k)\|\nabla\Psi(\underline{x}_k)\|^2\\&\leqslant\frac{\|x^*-x_0\|^2}{2\lambda_1}\end{aligned}$$

此式与式(6.4.14)一起显然可推出式(6.4.16)。■

我们对定理 6.10 的结论再进行一些观察。首先，由式(6.4.28)，对于凸问题的情形，我们可以使用与式(6.4.14)中不同的步长策略假设。特别是，我们只需要下面关系

$$2-L_\Psi\beta_k-\frac{\alpha_k\lambda_k}{\beta_k}>0 \tag{6.4.31}$$

去证明最小化光滑凸问题的 AGD 方法的收敛性。但是，由于式(6.4.14)给出的条件是最小化 6.4.1.2 节和 6.4.2.2 节中的复合问题所必需的，为了简单起见，我们也约定此条件是满足的。其次，为了保证 AGD 算法的收敛性，有多种$\{\alpha_k\}$、$\{\beta_k\}$和$\{\lambda_k\}$可供选择。下面我们提供一些解决凸的和非凸的问题时参数的具体选择。

推论 6.14　设 AGD 方法中的$\{\alpha_k\}$和$\{\beta_k\}$设置为

$$\alpha_k=\frac{2}{k+1}\quad 且\quad \beta_k=\frac{1}{2L_\Psi} \tag{6.4.32}$$

(a) 如果 $\{\lambda_k\}$满足

$$\lambda_k\in\left[\beta_k,\ \left(1+\frac{\alpha_k}{4}\right)\beta_k\right]\quad\forall k\geqslant1 \tag{6.4.33}$$

那么，对于任意 $N\geqslant1$，有

$$\min_{k=1,\cdots,N}\|\nabla\Psi(\underline{x}_k)\|^2\leqslant\frac{6L_\Psi[\Psi(x_0)-\Psi^*]}{N} \tag{6.4.34}$$

(b) 假定 $\Psi(\cdot)$是凸的，且问题(6.4.1)存在最优解 x^*。如果$\{\lambda_k\}$满足

$$\lambda_k=\frac{k\beta_k}{2}\quad \forall k\geqslant 1 \tag{6.4.35}$$

那么，对于任意 $N\geqslant 1$，有

$$\min_{k=1,\cdots,N}\|\nabla\Psi(\underline{x}_k)\|^2\leqslant\frac{96L_\Psi^2\|x_0-x^*\|^2}{N(N+1)(N+2)} \tag{6.4.36}$$

$$\Psi(\overline{x}_N)-\Psi(x^*)\leqslant\frac{4L_\Psi\|x_0-x^*\|^2}{N(N+1)} \tag{6.4.37}$$

证明　我们首先证明(a)的部分。注意，通过式(6.4.11)和式(6.4.32)，我们有

$$\Gamma_k=\frac{2}{k(k+1)} \tag{6.4.38}$$

这意味着

$$\sum_{\tau=k}^{N}\Gamma_\tau=\sum_{\tau=k}^{N}\frac{2}{\tau(\tau+1)}=2\sum_{\tau=k}^{N}\left(\frac{1}{\tau}-\frac{1}{\tau+1}\right)\leqslant\frac{2}{k} \tag{6.4.39}$$

由式(6.4.33)也可以看出 $0\leqslant\lambda_k-\beta_k\leqslant\alpha_k\beta_k/4$。使用这些观测结果、式(6.4.32)和式(6.4.33)，我们有

$$\begin{aligned}
C_k&=1-L_\Psi\left[\lambda_k+\frac{(\lambda_k-\beta_k)^2}{2\alpha_k\Gamma_k\lambda_k}\left(\sum_{\tau=k}^{N}\Gamma_\tau\right)\right]\\
&\geqslant 1-L_\Psi\left[\left(1+\frac{\alpha_k}{4}\right)\beta_k+\frac{\alpha_k^2\beta_k^2}{16}\frac{1}{k\alpha_k\Gamma_k\beta_k}\right]\\
&=1-\beta_kL_\Psi\left(1+\frac{\alpha_k}{4}+\frac{1}{16}\right)\\
&\geqslant 1-\beta_kL_\Psi\,\frac{21}{16}=\frac{11}{32}
\end{aligned}$$

$$\lambda_kC_k\geqslant\frac{11\beta_k}{32}=\frac{11}{64L_\Psi}\geqslant\frac{1}{6L_\Psi} \tag{6.4.40}$$

将上述关系与式(6.4.13)相结合，就得到了式(6.4.34)的结论。

我们再证明(b)部分。通过对式(6.4.32)和式(6.4.35)的观察，有

$$\alpha_k\lambda_k=\frac{k}{k+1}\beta_k<\beta_k$$

$$\frac{\alpha_1}{\lambda_1\Gamma_1}=\frac{\alpha_2}{\lambda_2\Gamma_2}=\cdots=4L_\Psi$$

这意味着式(6.4.14)和式(6.4.15)都成立。此外，还有

$$\sum_{k=1}^{N}\Gamma_k^{-1}\beta_k(1-L_\Psi\beta_k)=\frac{1}{4L_\Psi}\sum_{k=1}^{N}\Gamma_k^{-1}=\frac{1}{8L_\Psi}\sum_{k=1}^{N}(k+k^2)=\frac{N(N+1)(N+2)}{24L_\Psi} \tag{6.4.41}$$

利用关系(6.4.38)，并把上面的界代入到式(6.4.16)和式(6.4.17)，就得到了式(6.4.36)和式(6.4.37)的结果。■

我们现在对推论6.14中得到的结果加上一些注释。首先，AGD方法在式(6.4.34)中的收敛速度与梯度下降方法的收敛速度是相同的数量级。值得注意的是，在式(6.4.33)中选择 $\lambda_k=\beta_k$，AGD方法的收敛速度相差一个常数因子。然而，在这种情况下，AGD方法被简化为本小节前面提到的梯度下降法。其次，如果问题是凸的，通过在式(6.4.35)中选择更激进的步长 $\{\lambda_k\}$，AGD方法的最优收敛速度如式(6.4.37)所示；而且，这样选择

$\{\lambda_k\}$时，AGD 方法可以根据式(6.4.36)找到一种使$\|\nabla\Psi(\bar{x})\|^2\leqslant\varepsilon$ 的解 $\bar{x}$，最多进行 $\mathcal{O}(1/\varepsilon^{1/3})$次迭代。

可以看出，对于一般的非凸问题，$\{\lambda_k\}$在式(6.4.33)中的级是 $\mathcal{O}(1/L_\Psi)$，而对于凸问题，在式(6.4.35)中的级会更大(为 $\mathcal{O}(k/L_\Psi)$)。于是，一个有趣的问题是，我们是否可以在式(6.4.35)中应用相同的步长策略来解决一般的非线性规划问题，无论它们是凸的还是非凸的。我们将在下一节中讨论凸的和非凸的复合问题的统一处理方法。

6.4.1.2　非凸复合函数的最小化

在本小节中，我们考虑一类以式(6.4.3)的形式给出的特殊非线性规划问题。我们在本小节的目的是展示在 AGD 方法中使用一个更进取的步长策略，类似于在凸情况下使用的策略(见定理 6.10(b)和推论 6.14(b))，来解决这些复合问题，即使 $\Psi(\cdot)$可能是非凸的。

在本小节中，我们对式(6.4.3)中的凸(可能不可微)分量 $\chi(\cdot)$做以下假设。

假设 17　存在一个常数 M，对于任意 $c\in(0,+\infty)$，$\|x^+(y,c)\|\leqslant M$，且 $x, y\in\mathbb{R}^n$，其中

$$x^+(y,c):=\arg\min_{u\in\mathbb{R}^n}\{(y,u)+\frac{1}{2c}\|u-x\|^2+\chi(u)\}\tag{6.4.42}$$

下面结果显示在某些情况下可以确保假设 17 得到满足。注意，因为证明很简单，我们跳过它。

引理 6.8　假设 17 是成立的，当且仅当下面任一条件成立：

(a) $\chi(\cdot)$是在有界域上定义的正常闭凸函数。

(b) 存在一个常数 M，使得对于任意 $x, y\in\mathbb{R}^n$，$\|x^+(y)\|\leqslant M$ 成立，其中

$$x^+(y)\equiv x^+(y,+\infty):=\arg\min_{u\in\mathbb{R}^n}\{\langle y,u\rangle+\chi(u)\}$$

基于上述结果，我们可以给出以下例子。假设 $X\subseteq\mathbb{R}^n$ 是给定的凸紧集。可以很容易地看出，当 $\chi(x)=I_X(x)$时，假设 17 成立。这里 I_X 是由下式给出的 X 的指示函数

$$I_X(x)=\begin{cases}0 & x\in X\\ +\infty & x\notin X\end{cases}$$

另一个重要的例子是 $\chi(x)=I_X(x)+\|x\|_1$，其中$\|\cdot\|_1$ 表示 l_1 范数。

可以看到式(6.4.42)中的 $x^+(y,c)$也产生了一个重要的量，在我们的收敛分析中会经常用到，即

$$P_X(x,y,c):=\frac{1}{c}[x-x^+(y,c)]\tag{6.4.43}$$

具体地说，如果 $y=\nabla\Psi(x)$，则 $P_X(x,y,c)$称为在 x 处的梯度映射，该映射已被用作求解约束或复合非线性规划处理问题的终止准则。可以看出，当 $\chi(\cdot)=0$ 时，对于任意 $c>0$ 都有 $P_X(x,\nabla\Psi(x),c)=\nabla\Psi(x)$。对于更一般的 $\chi(\cdot)$，我们可以证明，随着 $P_X(x,\nabla\Psi(x),c)$的大小消失，$x^+(\nabla\Psi(x),c)$趋于问题(6.4.3)的平衡点。确实，设 $x\in\mathbb{R}^n$ 已给定，记 $g\equiv\nabla\Psi(x)$。如果对于某个 $c>0$，有$\|P_X(x,g,c)\|\leqslant\varepsilon$，则由引理 6.3

$$-\nabla\Psi(x^+(g,c))\in\partial\chi(x^+(g,c))+B(\varepsilon(cL_\Psi+1))\tag{6.4.44}$$

其中，$\partial\chi(\cdot)$表示 $\chi(\cdot)$的次微分，且 $B(r):=\{x\in\mathbb{R}^n:\|x\|\leqslant r\}$。此外，根据引理 6.1 对任何 $y_1, y_2\in\mathbb{R}^n$，我们有

$$\|P_X(x,y_1,c)-P_X(x,y_2,c)\|\leqslant\|y_1-y_2\|\tag{6.4.45}$$

我们现在准备描述用于解决问题(6.4.3)的 AGD 算法，它与算法 6.2 仅仅在步骤 2 中

不同。

算法 6.3　复合优化的 AGD 方法

将算法 6.2 第 2 步中的(6.4.9)和(6.4.10)分别替换为

$$x_k=\arg\min_{u\in\mathbb{R}^n}\left\{\langle\nabla\Psi(\underline{x}_k),\ u\rangle+\frac{1}{2\lambda_k}\|u-x_{k-1}\|^2+\chi(u)\right\} \tag{6.4.46}$$

$$\overline{x}_k=\arg\min_{u\in\mathbb{R}^n}\left\{\langle\nabla\Psi(\underline{x}_k),\ u\rangle+\frac{1}{2\beta_k}\|u-\underline{x}_k\|^2+\chi(u)\right\} \tag{6.4.47}$$

下面是关于算法 6.3 的一些注释。首先，可以观察到子问题(6.4.46)和式(6.4.47)是以式(6.4.42)的形式给出的，因此在假设 17 下，搜索点 x_k 和 x_k^{ag} ($\forall k\geqslant 1$)保持在一个有界集合内。其次，我们需要假设 $\chi(\cdot)$ 足够简单，以便子问题(6.4.46)和式(6.4.47)很容易计算。最后，由式(6.4.43)和式(6.4.47)，我们有

$$P_X(\underline{x}_k,\ \nabla\Psi(\underline{x}_k),\ \beta_k)=\frac{1}{\beta_k}(\underline{x}_k-\overline{x}_k) \tag{6.4.48}$$

我们将 $\|P_X(\underline{x}_k,\ \nabla\Psi(\underline{x}_k),\ \beta_k)\|$ 作为上述 AGD 方法中复合优化的终止准则。

在建立上述 AGD 方法的收敛性之前，我们首先陈述了一个技术性的结果，表明式(6.4.7)中的关系对于复合函数是可以增强的。

引理 6.9　令 $\Psi(\cdot)$ 由式(6.4.3)定义，对于任何 x，$y\in\mathbb{R}^n$，有

$$-\frac{L_f}{2}\|y-x\|^2\leqslant\Psi(y)-\Psi(x)-\langle\nabla\Psi(x),\ y-x\rangle\leqslant\frac{L_\Psi}{2}\|y-x\|^2 \tag{6.4.49}$$

证明　我们只需要证明第一个关系，因为第二个关系可由式(6.4.7)得到。

$$\begin{aligned}\Psi(y)-\Psi(x)&=\int_0^1\langle\nabla\Psi(x+t(y-x)),\ y-x\rangle\mathrm{d}t\\&=\int_0^1\langle\nabla f(x+t(y-x)),\ y-x\rangle\mathrm{d}t+\int_0^1\langle\nabla h(x+t(y-x)),\ y-x\rangle\mathrm{d}t\\&=\langle\nabla f(x),\ y-x\rangle+\int_0^1\langle\nabla f(x+t(y-x))-\nabla f(x),\ y-x\rangle\mathrm{d}t+\\&\quad\ \langle\nabla h(x),\ y-x\rangle+\int_0^1\langle\nabla h(x+t(y-x))-\nabla h(x),\ y-x\rangle\mathrm{d}t\\&\geqslant\langle\nabla f(x),\ y-x\rangle+\int_0^1\langle\nabla f(x+t(y-x))-\nabla f(x),\ y-x\rangle\mathrm{d}t+\\&\quad\ \langle\nabla h(x),\ y-x\rangle\\&\geqslant\langle\nabla\Psi(x),\ y-x\rangle-\frac{L_f}{2}\|y-x\|^2\quad\forall x,\ y\in\mathbb{R}^n\end{aligned}$$

其中，第一个不等式源自 $\langle\nabla h(x+t(y-x)-\nabla h(x),\ y-x\rangle\geqslant 0$ 这一事实，这是因为 h 的凸性；最后一个不等式是因为 $\langle\nabla f(x+t(y-x))-\nabla f(x),\ y-x\rangle\geqslant-\|f(x+t(y-x))-\nabla f(x)\|\|y-x\|\geqslant-L_f t\|y-x\|^2$ 这一事实。■

我们现在准备描述算法 2 解决问题(6.4.3)时的主要收敛性质。

定理 6.11　如果假设 17 成立，选择算法 6.3 中的 $\{\alpha_k\}$、$\{\beta_k\}$ 和 $\{\lambda_k\}$ 使得式(6.4.14)和式(6.4.15)成立，另外，设问题(6.4.3)存在最优解 x^*。那么，对于任意 $N\geqslant 1$，有

$$\min_{k=1,\cdots,N}\|P_X(\underline{x}_k,\ \nabla\Psi(\underline{x}_k),\ \beta_k)\|^2\leqslant\left[\sum_{k=1}^N\Gamma_k^{-1}\beta_k(1-L_\Psi\beta_k)\right]^{-1}$$

$$\left[\frac{\|x_0-x^*\|^2}{2\lambda_1}+\frac{L_f}{\Gamma_N}(\|x^*\|^2+M^2)\right] \tag{6.4.50}$$

式中，$P_X(\cdot,\cdot,\cdot)$由式(6.4.43)定义。另外，如果$L_f=0$，那么有

$$\Phi(\overline{x}_N)-\Phi(x^*)\leqslant\frac{\Gamma_N\|x_0-x^*\|^2}{2\lambda_1} \tag{6.4.51}$$

其中，$\Phi(x)\equiv\Psi(x)+\chi(x)$。

证明 根据假设条件，Ψ是光滑的，我们有

$$\Psi(\overline{x}_k)\leqslant\Psi(\underline{x}_k)+\langle\nabla\Psi(\underline{x}_k),\ \overline{x}_k-\underline{x}_k\rangle+\frac{L_\Psi}{2}\|\overline{x}_k-\underline{x}_k\|^2 \tag{6.4.52}$$

另根据引理6.9，会有

$$\begin{aligned}
&\Psi(\underline{x}_k)-[(1-\alpha_k)\Psi(\overline{x}_{k-1})+\alpha_k\Psi(x)]\\
\leqslant&\alpha_k\left[\langle\nabla\Psi(\underline{x}_k),\ \underline{x}_k-x\rangle+\frac{L_f}{2}\|\underline{x}_k-x\|^2\right]+\\
&(1-\alpha_k)\left[\langle\nabla\Psi(\underline{x}_k),\ \underline{x}_k-\overline{x}_{k-1}\rangle+\frac{L_f}{2}\|\underline{x}_k-\overline{x}_{k-1}\|^2\right]\\
=&\langle\nabla\Psi(\underline{x}_k),\ \underline{x}_k-\alpha_kx-(1-\alpha_k)\overline{x}_{k-1}\rangle+\\
&\frac{L_f\alpha_k}{2}\|\underline{x}_k-x\|^2+\frac{L_f(1-\alpha_k)}{2}\|\underline{x}_k-\overline{x}_{k-1}\|^2\\
\leqslant&\langle\nabla\Psi(\underline{x}_k),\ \underline{x}_k-\alpha_kx-(1-\alpha_k)\overline{x}_{k-1}\rangle+\\
&\frac{L_f\alpha_k}{2}\|\underline{x}_k-x\|^2+\frac{L_f\alpha_k^2(1-\alpha_k)}{2}\|\overline{x}_{k-1}-x_{k-1}\|^2
\end{aligned} \tag{6.4.53}$$

其中，最后一个不等式由$\underline{x}_k-\overline{x}_{k-1}=\alpha_k(\overline{x}_{k-1}-x_{k-1})$这一事实得出，而该事实由式(6.4.8)得到。现在，利用子问题(6.4.46)的最优性条件，并令$p\in\partial\chi(x_k)$，对于任意$x\in\mathbb{R}^n$，有

$$\begin{aligned}
\frac{1}{2\lambda_k}[\|\underline{x}_k-x\|^2-\|x_k-x\|^2-\|x_k-\underline{x}_{k-1}\|^2]&=\frac{1}{\lambda_k}\langle x-x_k,\ x_k-x_{k-1}\rangle\\
&\geqslant\langle\nabla\Psi(\underline{x}_k)+p,\ x_k-x\rangle
\end{aligned}$$

此式与$\chi(\cdot)$的凸性可推出，对于任何$x\in\mathbb{R}^n$，有

$$\langle\nabla\Psi(\underline{x}_k),\ x_k-x\rangle+\chi(x_k)\leqslant\chi(x)+\frac{1}{2\lambda_k}[\|x_{k-1}-x\|^2-\|x_k-x\|^2-\|x_k-x_{k-1}\|^2] \tag{6.4.54}$$

类似地，我们可以得到

$$\langle\nabla\Psi(\underline{x}_k),\ \overline{x}_k-x\rangle+\chi(\overline{x}_k)\leqslant\chi(x)+\frac{1}{2\beta_k}[\|\underline{x}_k-x\|^2-\|\overline{x}_k-x\|^2-\|\overline{x}_k-\underline{x}_k\|^2] \tag{6.4.55}$$

在式(6.4.55)中取$x=\alpha_kx_k+(1-\alpha_k)\overline{x}_{k-1}$，会有

$$\begin{aligned}
&\langle\nabla\Psi(\underline{x}_k),\ \overline{x}_k-\alpha_kx_k-(1-\alpha_k)\overline{x}_{k-1}\rangle+\chi(\overline{x}_k)\\
\leqslant&\chi(\alpha_kx_k+(1-\alpha_k)\overline{x}_{k-1})+\frac{1}{2\beta_k}[\|\underline{x}_k-\alpha_kx_k-(1-\alpha_k)\overline{x}_{k-1}\|^2-\|\overline{x}_k-\underline{x}_k\|^2]\\
\leqslant&\alpha_k\chi(x_k)+(1-\alpha_k)\chi(\overline{x}_{k-1})+\frac{1}{2\beta_k}[\alpha_k^2\|x_k-x_{k-1}\|^2-\|\overline{x}_k-\underline{x}_k\|^2]
\end{aligned}$$

其中最后一个不等式来自χ的凸性和式(6.4.8)。将上述不等式与式(6.4.54)(两边同时乘

以 α_k)求和，得到

$$
\begin{aligned}
&\langle \nabla\Psi(\underline{x}_k),\ \overline{x}_k-\alpha_k x-(1-\alpha_k)\overline{x}_{k-1}\rangle+\chi(\overline{x}_k)\\
&\leqslant(1-\alpha_k)\chi(\overline{x}_{k-1})+\alpha_k\chi(x)+\frac{\alpha_k}{2\lambda_k}[\|x_{k-1}-x\|^2-\|x_k-x\|^2]+\\
&\frac{\alpha_k(\lambda_k\alpha_k-\beta_k)}{2\beta_k\lambda_k}\|x_k-x_{k-1}\|^2-\frac{1}{2\beta_k}\|\overline{x}_k-\underline{x}_k\|^2\\
&\leqslant(1-\alpha_k)\chi(\overline{x}_{k-1})+\alpha_k\chi(x)+\frac{\alpha_k}{2\lambda_k}[\|x_{k-1}-x\|^2-\|x_k-x\|^2]-\\
&\frac{1}{2\beta_k}\|\overline{x}_k-\underline{x}_k\|^2
\end{aligned}\tag{6.4.56}
$$

其中最后一个不等式来源于假设 $\alpha_k\lambda_k\leqslant\beta_k$。结合式(6.4.52)、式(6.4.53)和式(6.4.56)，并使用定义 $\Phi(x)\equiv\Psi(x)+\chi(x)$，会有

$$
\begin{aligned}
\Phi(\overline{x}_k)\leqslant&(1-\alpha_k)\Phi(\overline{x}_{k-1})+\alpha_k\Phi(x)-\frac{1}{2}\left(\frac{1}{\beta_k}-L_\Psi\right)\|\overline{x}_k-\underline{x}_k\|^2+\\
&\frac{\alpha_k}{2\lambda_k}[\|x_{k-1}-x\|^2-\|x_k-x\|^2]+\frac{L_f\alpha_k}{2}\|\underline{x}_k-x\|^2+\\
&\frac{L_f\alpha_k^2(1-\alpha_k)}{2}\|\overline{x}_{k-1}-x_{k-1}\|^2
\end{aligned}\tag{6.4.57}
$$

在上述不等式两边同时减去 $\Phi(x)$，重新排列项，并利用引理 3.17 和关系式(6.4.30)，得到

$$
\begin{aligned}
&\frac{\Phi(\overline{x}_N)-\Phi(x)}{\Gamma_N}+\sum_{k=1}^{N}\frac{1-L_\Psi\beta_k}{2\beta_k\Gamma_k}\|\overline{x}_k-\underline{x}_k\|^2\\
&\leqslant\frac{\|x_0-x\|^2}{2\lambda_1}+\frac{L_f}{2}\sum_{k=1}^{N}\frac{\alpha_k}{\Gamma_k}[\|\underline{x}_k-x\|^2+\alpha_k(1-\alpha_k)\|\overline{x}_{k-1}-x_{k-1}\|^2]
\end{aligned}
$$

现在，在上面的不等式中令 $x=x^*$，并注意到根据假设 17 和式(6.4.8)，有

$$
\begin{aligned}
&\|\underline{x}_k-x^*\|^2+\alpha_k(1-\alpha_k)\|\overline{x}_{k-1}-x_{k-1}\|^2\\
&\leqslant2[\|x^*\|^2+\|\underline{x}_k\|^2+\alpha_k(1-\alpha_k)\|\overline{x}_{k-1}-x_{k-1}\|^2]\\
&=2[\|x^*\|^2+(1-\alpha_k)^2\|\overline{x}_{k-1}\|^2+\alpha_k^2\|x_{k-1}\|^2+\alpha_k(1-\alpha_k)(\|\overline{x}_{k-1}\|^2+\|x_{k-1}\|^2)]\\
&=2[\|x^*\|^2+(1-\alpha_k)\|\overline{x}_{k-1}\|^2+\alpha_k\|x_{k-1}\|^2]\leqslant2(\|x^*\|^2+M^2)
\end{aligned}\tag{6.4.58}
$$

我们得到

$$
\begin{aligned}
\frac{\Phi(\overline{x}_N)-\Phi(x^*)}{\Gamma_N}+\sum_{k=1}^{N}\frac{1-L_\Psi\beta_k}{2\beta_k\Gamma_k}\|\overline{x}_k-\underline{x}_k\|^2&\leqslant\frac{\|x_0-x\|^2}{2\lambda_1}+L_f\sum_{k=1}^{N}\frac{\alpha_k}{\Gamma_k}(\|x^*\|^2+M^2)\\
&=\frac{\|x_0-x\|^2}{2\lambda_1}+\frac{L_f}{\Gamma_N}(\|x^*\|^2+M^2)
\end{aligned}\tag{6.4.59}
$$

其中最后一个不等式由式(6.4.21)得出。鉴于式(6.4.14)和假设 $L_f=0$，上述关系表明了式(6.4.51)成立。另外，由该关系、式(6.4.48)和 $\Psi(\overline{x}_N)-\Psi(x^*)\geqslant0$ 的事实可知

$$
\begin{aligned}
\sum_{k=1}^{N}\frac{\beta_k(1-L_\Psi\beta_k)}{2\Gamma_k}\|P_X(\underline{x}_k,\ \nabla\Psi(\underline{x}_k),\ \beta_k)\|^2&=\sum_{k=1}^{N}\frac{1-L_\Psi\beta_k}{2\beta_k\Gamma_k}\|\overline{x}_k-\underline{x}_k\|^2\\
&\leqslant\frac{\|x_0-x^*\|^2}{2\lambda_1}+\frac{L_f}{\Gamma_N}(\|x^*\|^2+M^2)
\end{aligned}
$$

从式(6.4.14)来看，这显然意味着式(6.4.50)的结论成立。 ■

如定理 6.11 所示，我们可以对凸的和非凸的复合问题都有统一的处理。更具体地说，

我们允许将定理6.10(b)中相同的步长策略用于凸的和非凸的复合优化问题。在下一个结果中，我们通过选择特定的$\{\alpha_k\}$、$\{\beta_k\}$和$\{\lambda_k\}$，给出定理6.11中对应的专门化结果。

推论6.15 如果假设17成立，算法6.3中的$\{\alpha_k\}$、$\{\beta_k\}$和$\{\lambda_k\}$分别按式(6.4.32)和式(6.4.35)设置，同时假设问题(6.4.3)存在最优解x^*。那么，对于任意$N\geqslant 1$，有

$$\min_{k=1,\cdots,N}\|P_X(\underline{x}_k,\ \nabla\Psi(\underline{x}_k),\ \beta_k)\|^2\leqslant 24L_\Psi\left[\frac{4L_\Psi\|x_0-x^*\|^2}{N(N+1)(N+2)}+\frac{L_f}{N}(\|x^*\|^2+M^2)\right] \tag{6.4.60}$$

另外，如果$L_f=0$，则有

$$\Phi(\overline{x}_N)-\Phi(x^*)\leqslant\frac{4L_\Psi\|x_0-x^*\|^2}{N(N+1)} \tag{6.4.61}$$

证明 将Γ_k的值代入式(6.4.38)，λ_1的值代入式(6.4.35)，式(6.4.41)的界分别代入式(6.4.50)和式(6.4.51)，就得到结果。 ■

显然，从式(6.4.60)可以看出，在运行AGD方法最多$N=\mathcal{O}(L_\Psi^{\frac{2}{3}}/\varepsilon^{\frac{1}{3}}+L_\Psi L_f/\varepsilon)$次迭代之后，我们有$-\nabla\Psi(\overline{x}_N)\in\partial\chi(\overline{x}_N)+B(\sqrt{\varepsilon})$。据$L_\Psi=L_f+L_h$这一事实，我们可以很容易地看出，如果光滑凸项$h(\cdot)$或非凸项$f(\cdot)$中有一个变成零，那么先前的复杂度界会分别减小至$\mathcal{O}(L_f^2/\varepsilon)$或$\mathcal{O}(L_h^2/\varepsilon^{\frac{1}{3}})$。

对问题(6.4.3)，比较式(6.4.60)的收敛速度和应用非凸镜面下降法的收敛速度是很有趣的。更具体地，设$\{p_k\}$和$\{v_k\}$分别表示非凸反射镜面下降法的迭代次数和步长。又假设式(6.4.3)中的分量$\chi(\cdot)$是Lipschitz连续的，并具有Lipschitz常数L_χ。那么由式(6.2.26)可得

$$\begin{aligned}\min_{k=1,\cdots,N}\|P_X(p_k,\ \nabla\Psi(p_k),\ v_k)\|^2&\leqslant\frac{L_\Psi[\Phi(p_0)-\Phi(x^*)]}{N}\\&\leqslant\frac{L_\Psi}{N}(\|\nabla\Psi(x^*)\|+L_\chi)(\|x^*\|+\|p_0\|)+\frac{L_\Psi^2}{N}(\|x^*\|^2+\|p_0\|^2)\end{aligned} \tag{6.4.62}$$

其中最后一个不等式由下式得出

$$\begin{aligned}\Phi(p_0)-\Phi(x^*)&=\Psi(p_0)-\Psi(x^*)+\chi(p_0)-\chi(x^*)\\&\leqslant\langle\nabla\Psi(x^*),\ p_0-x^*\rangle+\frac{L_\Psi}{2}\|p_0-x^*\|^2+L_\chi\|p_0-x^*\|\\&\leqslant(\|\nabla\Psi(x^*)\|+L_\chi)\|p_0-x^*\|+\frac{L_\Psi}{2}\|p_0-x^*\|^2\\&\leqslant(\|\nabla\Psi(x^*)\|+L_\chi)(\|x^*\|+\|p_0\|)+L_\Psi(\|x^*\|^2+\|p_0\|^2)\end{aligned}$$

将式(6.4.60)与式(6.4.62)比较，我们可以得出以下观察结果。首先，式(6.4.60)中的界不依赖于L_χ，而式(6.4.62)的界可能依赖于L_χ。其次，如果式(6.4.60)和式(6.4.62)都是主导的，那么，AGD方法的收敛速度的界是$\mathcal{O}(L_\Psi L_f/N)$，这比投影梯度法所具有的收敛速度$\mathcal{O}(L_\Psi^2/N)$更好，取决于Lipschitz常数$L_h$。最后，考虑$L_f=\mathcal{O}(L_h/N^2)$的情况。由式(6.4.60)，我们有

$$\min_{k=1,\cdots,N}\|P_X(\underline{x}_k,\ \nabla\Psi(\underline{x}_k),\ \beta_k)\|^2\leqslant\frac{96L_\Psi^2\|x_0-x^*\|^2}{N^3}\left(1+\frac{L_fN^2(\|x^*\|^2+M^2)}{4(L_f+L_h)\|x_0-x^*\|^2}\right)$$

这意味着AGD方法的收敛速度的界为

$$\mathcal{O}\left(\frac{L_h^2}{N^3}[\|x_0-x^*\|^2+\|x^*\|^2+M^2]\right)$$

对于这种特殊情况，前面的上界明显优于镜面下降法的 $\mathcal{O}(L_h^2/N)$ 收敛速度。最后，值得注意的是，6.2.2 节中的非凸镜面下降法可以用于解决更一般的问题，因为它不要求 χ 的定义域是有界的，相反，它只要求目标函数 $\Phi(x)$ 向下有界。

6.4.2　随机加速梯度下降法

我们在这一节的目标是提出一个随机算法相对应的 AGD 算法来解决随机优化问题。更具体地，我们讨论该算法求解 6.4.2.1 节中一般光滑(可能是非凸)SP 问题和 6.4.2.2 节中一类特殊的复合 SP 问题时的收敛性。

6.4.2.1　随机光滑函数的最小化

在本小节中，我们考虑问题(6.4.1)，其中的 Ψ 是可微且向下有界的，并且它的梯度是以常数 L_Ψ Lipschitz 连续的。此外，我们假设 $\Psi(\cdot)$的一阶信息是通过 SFO 预言机获得的，满足假设 16 的条件。另外值得一提的是，在 SP 的标准设置下，随机向量 $\xi_k(k=1, 2, \cdots)$是相互独立的。但是，我们这里的假设要稍弱一些，因为我们不需要要求 $\xi_k(k=1, 2, \cdots)$是独立的。

虽然 Nesterov 最初的加速梯度下降法在 4.2 节中得到了推广，获得了求解光滑的和非光滑的凸 SP 问题的最优收敛速度，但对于非凸 SP 问题是否收敛并不清楚。另一方面，随机化的随机梯度(RSGD)方法虽然对非凸 SP 问题具有收敛性，但在求解凸 SP 问题时不能达到最优收敛速度。下面，我们提出了一种新的 SGD 型算法，即随机化的随机 AGD (RSAGD)方法，该方法不仅对非凸 SP 问题具有收敛性，而且可通过指定适当步长策略，使其求解凸 SP 问题时具有最优的收敛速度。

RSAGD 方法是将算法 6.2 中的精确梯度替换为随机梯度，并像 RSGD 方法中那样，对非凸 SP 问题加入一个随机化终止准则。此算法的正式描述如下。

算法 6.4　随机化的随机 AGD(RSAGD)算法

输入：$x_0\in\mathbb{R}^n$，$\{\alpha_k\}$使得对于任意 $k\geqslant 2$，$\alpha_1=1$，$\alpha_k\in(0, 1)$，$\{\beta_k>0\}$和$\{\lambda_k>0\}$，迭代极限 $N\geqslant 1$，概率质量函数 $P_R(\cdot)$使得

$$\text{Prob}\{R=k\}=p_k,\ k=1,\ \cdots,\ N \tag{6.4.63}$$

0. 设置 $\overline{x}_0=x_0$，$k=1$。设 R 为随机变量，服从概率质量函数 P_R 分布。
1. 按式(6.4.8)设置 $\underline{x}_k$。
2. 调用 SFO 预言机计算 $G(\underline{x}_k, \xi_k)$，并设置

$$x_k=x_{k-1}-\lambda_k G(\underline{x}_k, \xi_k) \tag{6.4.64}$$

$$\overline{x}_k=\underline{x}_k-\beta_k G(\underline{x}_k, \xi_k) \tag{6.4.65}$$

3. 如果 $k=R$，**终止算法**。否则，设 $k=k+1$，执行步骤 1。

现在我们给上面的 RSAGD 算法添加一些注释。首先，与前面的讨论类似，如果 $\alpha_k=1$，$\beta_k=\lambda_k$，$\forall k\geqslant 1$，则上述算法简化为经典 SGD 算法。此外，如果 $\beta_k=\lambda_k$，$\forall k\geqslant 1$，则上述算法可归结为 4.2 节中的随机加速梯度下降法。其次，我们使用随机数 R 来终止上述 RSAGD 方法，以此解决一般(不一定是凸的)非线性规划处理问题。等价地，可以执行 RSAGD 方法的 N 次迭代，然后从轨迹$(\underline{x}_k, \overline{x}_k)$，$k=1, \cdots, N$ 中随机选择搜索点$(\underline{x}_R, \overline{x}_R)$作为算法 6.4 的输出。但是，请注意，剩余的 $N-R$ 次迭代将是多余的。

我们现在准备描述 RSAGD 算法在随机设置下应用于问题(6.4.1)时的主要收敛性。

定理6.12 令$\{\underline{x}_k, \overline{x}_k\}_{k\geqslant 1}$由算法6.4计算，且$\Gamma_k$在式(6.4.11)中定义，而且假设16成立。

(a) 如果选定$\{\alpha_k\}$、$\{\beta_k\}$、$\{\lambda_k\}$和$\{p_k\}$使得式(6.4.12)成立，并且

$$p_k=\frac{\lambda_k C_k}{\sum_{\tau=1}^{N}\lambda_\tau C_\tau}, \quad k=1, \cdots, N \tag{6.4.66}$$

其中C_k在式(6.4.12)中定义，则对于任意$N\geqslant 1$，有

$$\mathbb{E}[\|\nabla\Psi(\underline{x}_R)\|^2]\leqslant\frac{1}{\sum_{k=1}^{N}\lambda_k C_k}\left[\Psi(x_0)-\Psi^*+\frac{L_\Psi\sigma^2}{2}\sum_{k=1}^{N}\lambda_k^2\left(1+\frac{(\lambda_k-\beta_k)^2}{\alpha_k\Gamma_k\lambda_k^2}\sum_{\tau=k}^{N}\Gamma_\tau\right)\right] \tag{6.4.67}$$

其中期望是对变量R和$\xi_{[N]}:=(\xi_1, \cdots, \xi_N)$所取。

(b) 假设$\Psi(\cdot)$是凸的，且问题(6.4.1)存在最优解x^*。如果$\{\alpha_k\}$、$\{\beta_k\}$、$\{\lambda_k\}$和$\{p_k\}$的选择符合式(6.4.15)，且

$$\alpha_k\lambda_k\leqslant L_\Psi\beta_k^2, \quad \beta_k<1/L_\Psi \tag{6.4.68}$$

以及对所有$k=1, \cdots, N$，有

$$p_k=\frac{\Gamma_k^{-1}\beta_k(1-L_\Psi\beta_k)}{\sum_{\tau=1}^{N}\Gamma_\tau^{-1}\beta_\tau(1-L_\Psi\beta_\tau)} \tag{6.4.69}$$

那么对于任意$N\geqslant 1$，有

$$\mathbb{E}[\|\nabla\Psi(\underline{x}_R)\|^2]\leqslant\frac{(2\lambda_1)^{-1}\|x_0-x^*\|^2+L_\Psi\sigma^2\sum_{k=1}^{N}\Gamma_k^{-1}\beta_k^2}{\sum_{k=1}^{N}\Gamma_k^{-1}\beta_k(1-L_\Psi\beta_k)} \tag{6.4.70}$$

$$\mathbb{E}[\Psi(\overline{x}_R)-\Psi(x^*)]\leqslant\frac{\sum_{k=1}^{N}\beta_k(1-L_\Psi\beta_k)\left[(2\lambda_1)^{-1}\|x_0-x^*\|^2+L_\Psi\sigma^2\sum_{j=1}^{k}\Gamma_j^{-1}\beta_j^2\right]}{\sum_{k=1}^{N}\Gamma_k^{-1}\beta_k(1-L_\Psi\beta_k)} \tag{6.4.71}$$

证明 我们首先证明(a)部分。记$\delta_k:=G(\underline{x}_k, \xi_k)-\nabla\Psi(\underline{x}_k)$和$\Delta_k:=\nabla\Psi(x_{k-1})-\nabla\Psi(\underline{x}_k)$。由式(6.4.7)和式(6.4.64)得到

$$\begin{aligned}
\Psi(x_k)&\leqslant\Psi(x_{k-1})+\langle\nabla\Psi(x_{k-1}), x_k-x_{k-1}\rangle+\frac{L_\Psi}{2}\|x_k-x_{k-1}\|^2\\
&=\Psi(x_{k-1})+\langle\Delta_k+\nabla\Psi(\underline{x}_k), -\lambda_k[\nabla\Psi(\underline{x}_k)+\delta_k]\rangle+\frac{L_\Psi\lambda_k^2}{2}\|\nabla\Psi(\underline{x}_k)+\delta_k\|^2\\
&=\Psi(x_{k-1})+\langle\Delta_k+\nabla\Psi(\underline{x}_k), -\lambda_k\nabla\Psi(\underline{x}_k)\rangle-\lambda_k\langle\nabla\Psi(x_{k-1}), \delta_k\rangle+\\
&\quad\frac{L_\Psi\lambda_k^2}{2}\|\nabla\Psi(\underline{x}_k)+\delta_k\|^2\\
&\leqslant\Psi(x_{k-1})-\lambda_k\left(1-\frac{L_\Psi\lambda_k}{2}\right)\|\nabla\Psi(\underline{x}_k)\|^2+\lambda_k\|\Delta_k\|\|\nabla\Psi(\underline{x}_k)\|+\\
&\quad\frac{L_\Psi\lambda_k^2}{2}\|\delta_k\|^2-\lambda_k\langle\nabla\Psi(x_{k-1})-L_\Psi\lambda_k\nabla\Psi(\underline{x}_k), \delta_k\rangle
\end{aligned}$$

根据式(6.4.18)和$ab\leqslant(a^2+b^2)/2$的事实，可以推出

$$\begin{aligned}\Psi(x_k)\leqslant&\Psi(x_{k-1})-\lambda_k\left(1-\frac{L_\Psi\lambda_k}{2}\right)\|\nabla\Psi(\underline{x}_k)\|^2+\lambda_kL_\Psi(1-\alpha_k)\|\overline{x}_{k-1}-x_{k-1}\|\|\nabla\Psi(\underline{x}_k)\|+\\&\frac{L_\Psi\lambda_k^2}{2}\|\delta_k\|^2-\lambda_k\langle\nabla\Psi(x_{k-1})-L_\Psi\lambda_k\ \nabla\Psi(\underline{x}_k),\ \delta_k\rangle\\\leqslant&\Psi(x_{k-1})-\lambda_k(1-L_\Psi\lambda_k)\|\nabla\Psi(\underline{x}_k)\|^2+\frac{L_\Psi(1-\alpha_k)^2}{2}\|\overline{x}_{k-1}-x_{k-1}\|^2+\\&\frac{L_\Psi\lambda_k^2}{2}\|\delta_k\|^2-\lambda_k\langle\nabla\Psi(x_{k-1})-L_\Psi\lambda_k\ \nabla\Psi(\underline{x}_k),\ \delta_k\rangle\end{aligned}$$

注意，类似于式(6.4.22)，我们有

$$\begin{aligned}\|\overline{x}_{k-1}-x_{k-1}\|^2&\leqslant\Gamma_{k-1}\sum_{\tau=1}^{k-1}\frac{(\lambda_\tau-\beta_\tau)^2}{\Gamma_\tau\alpha_\tau}\|\nabla\Psi(\underline{x}_\tau)+\delta_k\|^2\\&=\Gamma_{k-1}\sum_{\tau=1}^{k-1}\frac{(\lambda_\tau-\beta_\tau)^2}{\Gamma_\tau\alpha_\tau}[\|\nabla\Psi(\underline{x}_\tau)\|^2+\|\delta_\tau\|^2+2\langle\nabla\Psi(\underline{x}_\tau),\ \delta_\tau\rangle]\end{aligned}$$

结合前面两个不等式，利用$\Gamma_{k-1}(1-\alpha_k)^2\leqslant\Gamma_k$这一事实，得到

$$\begin{aligned}\Psi(x_k)\leqslant&\Psi(x_{k-1})-\lambda_k(1-L_\Psi\lambda_k)\|\nabla\Psi(\underline{x}_k)\|^2+\frac{L_\Psi\lambda_k^2}{2}\|\delta_k\|^2-\lambda_k\langle\nabla\Psi(x_{k-1})-\\&L_\Psi\lambda_k\nabla\Psi(\underline{x}_k),\ \delta_k\rangle+\\&\frac{L_\Psi\Gamma_k}{2}\sum_{\tau=1}^{k}\frac{(\lambda_\tau-\beta_\tau)^2}{\Gamma_\tau\alpha_\tau}[\|\nabla\Psi(\underline{x}_\tau)\|^2+\|\delta_\tau\|^2+2\langle\nabla\Psi(\underline{x}_\tau),\ \delta_\tau\rangle]\end{aligned}$$

把上面的不等式加起来，我们得到

$$\begin{aligned}\Psi(x_N)\leqslant&\Psi(x_0)-\sum_{k=1}^N\lambda_k(1-L_\Psi\lambda_k)\|\nabla\Psi(\underline{x}_k)\|^2-\sum_{k=1}^N\lambda_k\langle\nabla\Psi(x_{k-1})-L_\Psi\lambda_k\nabla\Psi(\underline{x}_k),\ \delta_k\rangle+\\&\sum_{k=1}^N\frac{L_\Psi\lambda_k^2}{2}\|\delta_k\|^2+\frac{L_\Psi}{2}\sum_{k=1}^N\Gamma_k\sum_{\tau=1}^k\frac{(\lambda_\tau-\beta_\tau)^2}{\Gamma_\tau\alpha_\tau}[\|\nabla\Psi(\underline{x}_\tau)\|^2+\|\delta_\tau\|^2+\\&2\langle\nabla\Psi(\underline{x}_\tau),\ \delta_\tau\rangle]\\=&\Psi(x_0)-\sum_{k=1}^N\lambda_kC_k\|\nabla\Psi(\underline{x}_k)\|^2+\frac{L_\Psi}{2}\sum_{k=1}^N\lambda_k^2\\&\left(1+\frac{(\lambda_k-\beta_k)^2}{\alpha_k\Gamma_k\lambda_k^2}\sum_{\tau=k}^N\Gamma_\tau\right)\|\delta_k\|^2-\sum_{k=1}^Nb_k\end{aligned}$$

其中，$b_k=\langle v_k,\ \delta_k\rangle$和$v_k=\lambda_k\nabla\Psi(x_{k-1})-\left[L_\Psi\lambda_k^2+\frac{L_\Psi(\lambda_k-\beta_k)^2}{\Gamma_k\alpha_k}\left(\sum_{\tau=k}^N\Gamma_\tau\right)\right]\nabla\Psi(\underline{x}_k)$。上述不等式的两边对$\xi_{[N]}$取期望，并注意到在假设16下，$\mathbb{E}[\|\delta_k\|^2]\leqslant\sigma^2$且$\{b_k\}$是一个鞅-差分，因为$v_k$只依赖于$\xi_{[k-1]}$，并因此$\mathbb{E}[b_k|\xi_{[N]}]=\mathbb{E}[b_k|\xi_{[k-1]}]=\mathbb{E}[\langle v_k,\ \delta_k\rangle|\xi_{[k-1]}]=\langle v_k,\ \mathbb{E}[\delta_k|\xi_{[k-1]}]\rangle=0$，于是有

$$\begin{aligned}\sum_{k=1}^N\lambda_kC_k\mathbb{E}_{\xi_{[N]}}[\|\nabla\Psi(\underline{x}_k)\|^2]\leqslant&\Psi(x_0)-\mathbb{E}_{\xi_{[N]}}[\Psi(x_N)]+\frac{L_\Psi\sigma^2}{2}\sum_{k=1}^N\lambda_k^2\\&\left(1+\frac{(\lambda_k-\beta_k)^2}{\alpha_k\Gamma_k\lambda_k^2}\sum_{\tau=k}^N\Gamma_\tau\right)\end{aligned}$$

在关系式两边同时除以$\sum\limits_{k=1}^N\lambda_kC_k$，并利用$\Psi(x_N)\geqslant\Psi^*$和

$$\mathbb{E}[\|\nabla\Psi(\underline{x}_R)\|^2]=\mathbb{E}_{R,\xi_{[N]}}[\|\nabla\Psi(\underline{x}_R)\|^2]=\frac{\sum_{k=1}^{N}\lambda_k C_k\mathbb{E}_{\xi_{[N]}}[\|\nabla\Psi(\underline{x}_k)\|^2]}{\sum_{k=1}^{N}\lambda_k C_k}$$

我们就得到了式(6.4.67)。

我们现在证明(b)部分。通过式(6.4.7)、式(6.4.65)和式(6.4.26)，我们得到

$$\begin{aligned}\Psi(\overline{x}_k)&\leqslant\Psi(\underline{x}_k)+\langle\nabla\Psi(\underline{x}_k),\ \overline{x}_k-\underline{x}_k\rangle+\frac{L_\Psi}{2}\|\overline{x}_k-\underline{x}_k\|^2\\&=\Psi(\underline{x}_k)-\beta_k\|\nabla\Psi(\underline{x}_k)\|^2-\beta_k\langle\nabla\Psi(\underline{x}_k),\ \delta_k\rangle+\frac{L_\Psi\beta_k^2}{2}\|\nabla\Psi(\underline{x}_k)+\delta_k\|^2\\&\leqslant(1-\alpha_k)\Psi(\overline{x}_{k-1})+\alpha_k\Psi(x)+\alpha_k\langle\nabla\Psi(\underline{x}_k),\ x_{k-1}-x\rangle-\\&\quad\beta_k\|\nabla\Psi(\underline{x}_k)\|^2-\beta_k\langle\nabla\Psi(\underline{x}_k),\ \delta_k\rangle+\frac{L_\Psi\beta_k^2}{2}\|\nabla\Psi(\underline{x}_k)+\delta_k\|^2\end{aligned}\tag{6.4.72}$$

类似于式(6.4.27)，有

$$\alpha_k\langle\nabla\Psi(\underline{x}_k)+\delta_k,\quad x_{k-1}-x\rangle=\frac{\alpha_k}{2\lambda_k}[\|x_{k-1}-x\|^2-\|x_k-x\|^2]+\frac{\alpha_k\lambda_k}{2}\|\nabla\Psi(\underline{x}_k)+\delta_k\|^2$$

结合上面两个不等式，并利用下面事实

$$\|\nabla\Psi(\underline{x}_k)+\delta_k\|^2=\|\nabla\Psi(\underline{x}_k)\|^2+\|\delta_k\|^2+2\langle\nabla\Psi(\underline{x}_k),\ \delta_k\rangle$$

可以得到

$$\begin{aligned}\Psi(\overline{x}_k)\leqslant&(1-\alpha_k)\Psi(\overline{x}_{k-1})+\alpha_k\Psi(x)+\frac{\alpha_k}{2\lambda_k}[\|x_{k-1}-x\|^2-\|x_k-x\|^2]-\\&\beta_k\Big(1-\frac{L_\Psi\beta_k}{2}-\frac{\alpha_k\lambda_k}{2\beta_k}\Big)\|\nabla\Psi(\underline{x}_k)\|^2+\Big(\frac{L_\Psi\beta_k^2+\alpha_k\lambda_k}{2}\Big)\|\delta_k\|^2+\\&\langle\delta_k,\ (\beta_k+L_\Psi\beta_k^2+\alpha_k\lambda_k)\nabla\Psi(\underline{x}_k)+\alpha_k(x-x_{k-1})\rangle\end{aligned}$$

该不等式两边同时减去 $\Psi(x)$，利用引理 3.17 和式(6.4.30)，得到

$$\begin{aligned}\frac{\Psi(\overline{x}_N)-\Psi(x)}{\Gamma_N}\leqslant&\frac{\|x_0-x\|^2}{2\lambda_1}-\sum_{k=1}^{N}\frac{\beta_k}{2\Gamma_k}\Big(2-L_\Psi\beta_k-\frac{\alpha_k\lambda_k}{\beta_k}\Big)\|\nabla\Psi(\underline{x}_k)\|^2+\\&\sum_{k=1}^{N}\Big(\frac{L_\Psi\beta_k^2+\alpha_k\lambda_k}{2\Gamma_k}\Big)\|\delta_k\|^2+\sum_{k=1}^{N}b'_k\quad\forall x\in\mathbb{R}^n\end{aligned}$$

其中，$b'_k=\Gamma_k^{-1}\langle\delta_k,\ (\beta_k+L_\Psi\beta_k^2+\alpha_k\lambda_k)\nabla\Psi(\underline{x}_k)+\alpha_k(x-x_{k-1})\rangle$。由上述不等式与式(6.4.68)中的第一个关系可推得

$$\begin{aligned}\frac{\Psi(\overline{x}_N)-\Psi(x)}{\Gamma_N}\leqslant&\frac{\|x_0-x\|^2}{2\lambda_1}-\sum_{k=1}^{N}\frac{\beta_k}{\Gamma_k}(1-L_\Psi\beta_k)\|\nabla\Psi(\underline{x}_k)\|^2+\\&\sum_{k=1}^{N}\frac{L_\Psi\beta_k^2}{\Gamma_k}\|\delta_k\|^2+\sum_{k=1}^{N}b'_k\quad\forall x\in\mathbb{R}^n\end{aligned}$$

对上面关系式两边取期望(关于 $\xi_{[N]}$)，并注意到在假设 16 下，$\mathbb{E}[\|\delta_k\|^2]\leqslant\sigma^2$，且通过与(a)部分$\{b_k\}$的相似推理知$\{b'_k\}$是一个鞅-差分，我们得到对于任意 $x\in\mathbb{R}^n$，有

$$\begin{aligned}\frac{1}{\Gamma_N}\mathbb{E}_{\xi_{[N]}}[\Psi(\overline{x}_N)-\Psi(x)]\leqslant&\frac{\|x_0-x\|^2}{2\lambda_1}-\sum_{k=1}^{N}\frac{\beta_k}{\Gamma_k}(1-L_\Psi\beta_k)E_{\xi_{[N]}}\\&[\|\nabla\Psi(\underline{x}_k)\|^2]+\sigma^2\sum_{k=1}^{N}\frac{L_\Psi\beta_k^2}{\Gamma_k}\end{aligned}\tag{6.4.73}$$

现在，固定 $x=x^*$ 并注意到 $\Psi(\overline{x}_N)\geqslant\Psi(x^*)$，有

$$\sum_{k=1}^{N}\frac{\beta_k}{\Gamma_k}(1-L_{\Psi}\beta_k)E_{\xi_{[N]}}[\|\nabla\Psi(\underline{x}_k)\|^2]\leqslant\frac{\|x_0-x^*\|^2}{2\lambda_1}+\sigma^2\sum_{k=1}^{N}\frac{L_{\Psi}\beta_k^2}{\Gamma_k}$$

从 $\underline{x}_R$ 的定义来看，蕴涵了式(6.4.70)。由式(6.4.73)和式(6.4.68)还可以得出，对于任意 $N\geqslant 1$，

$$E_{\xi_{[N]}}[\Psi(\overline{x}_N)-\Psi(x^*)]\leqslant\Gamma_N\left(\frac{\|x_0-x\|^2}{2\lambda_1}+\sigma^2\sum_{k=1}^{N}\frac{L_{\Psi}\beta_k^2}{\Gamma_k}\right)$$

此式，由 $\overline{x}_R$ 的定义来看，意味着

$$E[\Psi(\overline{x}_R)-\Psi(x^*)]=\sum_{k=1}^{N}\frac{\Gamma_k^{-1}\beta_k(1-L_{\Psi}\beta_k)}{\sum_{\tau=1}^{N}\Gamma_{\tau}^{-1}\beta_{\tau}(1-L_{\Psi}\beta_{\tau})}E_{\xi_{[N]}}[\Psi(\overline{x}_k)-\Psi(x^*)]$$

$$\leqslant\frac{\sum_{k=1}^{N}\beta_k(1-L_{\Psi}\beta_k)[(2\lambda_1)^{-1}\|x_0-x\|^2+L_{\Psi}\sigma^2\sum_{j=1}^{k}\Gamma_j^{-1}\beta_j^2]}{\sum_{k=1}^{N}\Gamma_k^{-1}\beta_k(1-L_{\Psi}\beta_k)}$$ ■

现在我们对定理 6.12 中得到的结果进行一些说明。首先，请注意，与确定性的情况类似，我们可以使用式(6.4.31)中的假设，而不是式(6.4.68)中的假设。其次，式(6.4.67)、式(6.4.70)和式(6.4.71)中的期望，除 ξ 来自 SFO 预言机外，还另外增加了一个随机变量 R。具体来说，如本节前面所述，算法 6.4 的输出是从式(6.4.63)生成的轨迹 $\{(\underline{x}_1, \overline{x}_1), \cdots, (\underline{x}_N, \overline{x}_N)\}$ 中进行随机选择。最后，概率 $\{p_k\}$ 的值依赖于 $\{\alpha_k\}$、$\{\beta_k\}$ 和 $\{\lambda_k\}$ 的选择。

下面，我们通过对 $\{\alpha_k\}$、$\{\beta_k\}$ 和 $\{\lambda_k\}$ 的一些特定选择特例化定理 6.12 得到的结果。

推论 6.16 在假设 16 下将算法应用于问题(6.4.1)时，有如下性质成立。

(a) 若 RSAGD 方法中的 $\{\alpha_k\}$ 和 $\{\lambda_k\}$ 分别按式(6.4.32)、式(6.4.33)设置，则 $\{p_k\}$ 按式(6.4.66)设置，对于某个 $\widetilde{D}>0$，将 $\{\beta_k\}$ 设为

$$\beta_k=\min\left\{\frac{8}{21L_{\Psi}},\frac{\widetilde{D}}{\sigma\sqrt{N}}\right\},\quad k\geqslant 1 \tag{6.4.74}$$

且极限迭代次数 $N\geqslant 1$ 给定，则有

$$\mathbb{E}[\|\nabla\Psi(\underline{x}_R)\|^2]\leqslant\frac{21L_{\Psi}[\Psi(x_0)-\Psi^*]}{4N}+\frac{2\sigma}{\sqrt{N}}\left(\frac{\Psi(x_0)-\Psi^*}{\widetilde{D}}+L_{\Psi}\widetilde{D}\right)=:\mathcal{U}_N \tag{6.4.75}$$

(b) 假定 $\Psi(\cdot)$ 是凸的，且问题(6.4.1)存在最优解 x^*。当 $\{\alpha_k\}$ 按式(6.4.32)设置，$\{p_k\}$ 按(6.4.69)设置，$\{\beta_k\}$ 和 $\{\lambda_k\}$ 设置如下

$$\beta_k=\min\left\{\frac{1}{2L_{\Psi}},\left(\frac{\widetilde{D}^2}{L_{\Psi}^2\sigma^2N^3}\right)^{\frac{1}{4}}\right\} \tag{6.4.76}$$

$$\lambda_k=\frac{kL_{\Psi}\beta_k^2}{2},\ k\geqslant 1 \tag{6.4.77}$$

对于某个 $\widetilde{D}>0$，且极限迭代次数 $N\geqslant 1$，则有

$$\mathbb{E}[\|\nabla\Psi(\underline{x}_R)\|^2]\leqslant\frac{96L_{\Psi}^2\|x_0-x^*\|^2}{N(N+1)(N+2)}+\frac{2L_{\Psi}^{\frac{1}{2}}\sigma^{\frac{3}{2}}}{N^{\frac{3}{4}}}\left(\frac{6\|x_0-x^*\|^2}{\widetilde{D}^{\frac{3}{2}}}+\widetilde{D}^{\frac{1}{2}}\right) \tag{6.4.78}$$

$$\mathbb{E}[\Psi(\overline{x}_R)-\Psi(x^*)]\leqslant\frac{48L_{\Psi}\|x_0-x^*\|^2}{N(N+1)}+\frac{2\sigma}{\sqrt{N}}\left(\frac{6\|x_0-x^*\|^2}{\widetilde{D}}+\widetilde{D}\right) \tag{6.4.79}$$

证明 我们首先证明(a)部分。由式(6.4.33)，式(6.4.40)和式(6.4.74)可得

$$C_k \geqslant 1-\frac{21}{16}L_\Psi\beta_k \geqslant \frac{1}{2}>0 \quad 且 \quad \lambda_k C_k \geqslant \frac{\beta_k}{2}$$

另外，由关系式(6.4.33)、式(6.4.38)、式(6.4.39)和式(6.4.74)，对于任意 $k\geqslant 1$，有

$$\begin{aligned}\lambda_k^2\left[1+\frac{(\lambda_k-\beta_k)^2}{\alpha_k\Gamma_k\lambda_k^2}\left(\sum_{\tau=k}^N \Gamma_\tau\right)\right] &\leqslant \lambda_k^2\left[1+\frac{1}{\alpha_k\Gamma_k\lambda_k^2}\left(\frac{\alpha_k\beta_k}{4}\right)^2\frac{2}{k}\right]=\lambda_k^2+\frac{\beta_k^2}{8}\\ &\leqslant \left[\left(1+\frac{\alpha_k}{4}\right)^2+\frac{1}{8}\right]\beta_k^2 \leqslant 2\beta_k^2\end{aligned}$$

这些观察结果加上式(6.4.67)可推出

$$\begin{aligned}\mathbb{E}[\|\nabla\Psi(\underline{x}_R)\|^2] &\leqslant \frac{2}{\sum_{k=1}^N\beta_k}\left(\Psi(x_0)-\Psi^*+L_\Psi\sigma^2\sum_{k=1}^N\beta_k^2\right)\\ &\leqslant \frac{2[\Psi(x_0)-\Psi^*]}{N\beta_1}+2L_\Psi\sigma^2\beta_1\\ &\leqslant \frac{2[\Psi(x_0)-\Psi^*]}{N}\left\{\frac{21L_\Psi}{8}+\frac{\sigma\sqrt{N}}{\widetilde{D}}\right\}+\frac{2L_\Psi\widetilde{D}\sigma}{\sqrt{N}}\end{aligned}$$

从而可推得结论式(6.4.74)。

我们现在证明(b)部分。很容易验证根据式(6.4.76)和式(6.4.77)，有式(6.4.15)和式(6.4.68)成立。由式(6.4.38)和式(6.4.76)得到

$$\sum_{k=1}^N \Gamma_k^{-1}\beta_k(1-L_\Psi\beta_k) \geqslant \frac{1}{2}\sum_{k=1}^N \Gamma_k^{-1}\beta_k=\frac{\beta_1}{2}\sum_{k=1}^N \Gamma_k^{-1} \tag{6.4.80}$$

$$\sum_{k=1}^N \Gamma_k^{-1}=\sum_{k=1}^N \frac{k+k^2}{2}=\frac{N(N+1)(N+2)}{6} \tag{6.4.81}$$

利用这些观察结果，及关系式(6.4.38)、式(6.4.70)、式(6.4.76)和式(6.4.77)，我们得到

$$\begin{aligned}\mathbb{E}[\|\nabla\Psi(\underline{x}_R)\|^2] &\leqslant \frac{2}{\beta_1\sum_{k=1}^N\Gamma_k^{-1}}\left(\frac{\|x_0-x^*\|^2}{L_\Psi\beta_1^2}+L_\Psi\sigma^2\beta_1^2\sum_{k=1}^N\Gamma_k^{-1}\right)\\ &= \frac{2\|x_0-x^*\|^2}{L_\Psi\beta_1^3\sum_{k=1}^N\Gamma_k^{-1}}+2L_\Psi\sigma^2\beta_1 \leqslant \frac{12\|x_0-x^*\|^2}{L_\Psi N(N+1)(N+2)\beta_1^3}+2L_\Psi\sigma^2\beta_1\\ &\leqslant \frac{96L_\Psi^2\|x_0-x^*\|^2}{N(N+1)(N+2)}+\frac{2L_\Psi^{\frac{1}{2}}\sigma^{\frac{3}{2}}}{N^{\frac{3}{4}}}\left(\frac{6\|x_0-x^*\|^2}{\widetilde{D}^{\frac{3}{2}}}+\widetilde{D}^{\frac{1}{2}}\right)\end{aligned}$$

另外注意到根据式(6.4.76)可知，对于任何 $k\geqslant 1$，有 $1-L_\Psi\beta_k\leqslant 1$。利用这一观察结果，及关系式(6.4.71)、式(6.4.76)、式(6.4.80)和式(6.4.81)，可以得到

$$\begin{aligned}\mathbb{E}[\Psi(\overline{x}_R)-\Psi(x^*)] &\leqslant \frac{2}{\sum_{k=1}^N\Gamma_k^{-1}}\left[N(2\lambda_1)^{-1}\|x_0-x^*\|^2+L_\Psi\sigma^2\beta_1^2\sum_{k=1}^N\sum_{j=1}^k\Gamma_j^{-1}\right]\\ &\leqslant \frac{12\|x_0-x^*\|^2}{N(N+1)}L_\Psi\beta_1^2+\frac{12L_\Psi\sigma^2\beta_1^2}{N(N+1)(N+2)}\sum_{k=1}^N\frac{k(k+1)(k+2)}{6}\\ &= \frac{12\|x_0-x^*\|^2}{N(N+1)L_\Psi\beta_1^2}+\frac{L_\Psi\sigma^2\beta_1^2(N+3)}{2}\end{aligned}$$

$$\leqslant \frac{48L_\Psi\|x_0-x^*\|^2}{N(N+1)}+\frac{2\sigma}{N^{\frac{1}{2}}}\left(\frac{6\|x_0-x^*\|^2}{\widetilde{D}}+\widetilde{D}\right)$$

其中的等式是基于 $\sum_{k=1}^{N}k(k+1)(k+2)=N(N+1)(N+2)(N+3)/4$ 这一事实。■

我们现在对推论 6.16 中得到的结果添加一些注释。首先，注意上述推论中的步长 $\{\beta_k\}$依赖于参数 $\widetilde{D}$。尽管 RSAGD 方法对于任何 $\widetilde{D}>0$ 收敛时，通过最小化式(6.4.75)和式(6.4.79)的右边，对于非凸光滑 SP 问题和凸光滑 SP 问题，$\widetilde{D}$ 的最优选择分别为 $\sqrt{[\Psi(x_0)-\Psi(x^*)]/L_\Psi}$ 和 $\sqrt{6}\|x_0-x^*\|$。对 $\widetilde{D}$ 进行这样的选择后，式(6.4.75)、式(6.4.78)和式(6.4.79)中的界分别减少为

$$\mathbb{E}[\|\nabla\Psi(\underline{x}_R)\|^2]\leqslant\frac{21L_\Psi[\Psi(x_0)-\Psi^*]}{4N}+\frac{4\sigma[L_\Psi(\Psi(x_0)-\Psi^*)]^{\frac{1}{2}}}{\sqrt{N}}\tag{6.4.82}$$

$$\mathbb{E}[\|\nabla\Psi(\underline{x}_R)\|^2]\leqslant\frac{96L_\Psi^2\|x_0-x^*\|^2}{N^3}+\frac{4(\sqrt{6}L_\Psi\|x_0-x^*\|)^{\frac{1}{2}}\sigma^{\frac{3}{2}}}{N^{\frac{3}{4}}}\tag{6.4.83}$$

和

$$\mathbb{E}[\Psi(\overline{x}_R)-\Psi(x^*)]\leqslant\frac{48L_\Psi\|x_0-x^*\|^2}{N^2}+\frac{4\sqrt{6}\|x_0-x^*\|\sigma}{\sqrt{N}}\tag{6.4.84}$$

然而，应当注意的是，$\widetilde{D}$ 的这种最佳选择通常是不可获得的，需要用实践中各自的上界替换上述 $\widetilde{D}$ 的最佳选择中的 $\Psi(x_0)-\Psi(x^*)$ 或 $\|x_0-x^*\|$。其次，式(6.4.75)中的 RSAGD 算法对于一般非凸问题的收敛速度与光滑非凸 SP 问题的 RSAGD 算法的收敛速度相同(见 6.1 节)。但是，如果问题是凸的，那么 RSAGD 算法的复杂度将显著优于后一种算法。更具体地说，从式(6.4.84)来看，RSAGD 是对光滑随机优化的最优方法，而 RSGD 的收敛速度仅为近似最优。此外，从式(6.4.78)来看，如果 $\Psi(\cdot)$ 是凸的，则用 RSAGD 算法求式(6.4.1)的 ε-解，即存在一个点 $\overline{x}$，使 $\mathbb{E}[\|\nabla\Psi(\overline{x})\|^2]\leqslant\varepsilon$ 的迭代次数的界为

$$\mathcal{O}\left\{\left(\frac{1}{\varepsilon^{\frac{1}{3}}}+\frac{\sigma^2}{\varepsilon^{\frac{4}{3}}}\right)\left(L_\Psi\|x_0-x^*\|\right)^{\frac{2}{3}}\right\}$$

除了上述 RSAGD 方法的预期复杂度结果外，我们还可以建立它们相关的大偏差特性。例如，通过 Markov 不等式和式(6.4.75)，我们可以得到

$$\text{Prob}\{\|\nabla\Psi(\underline{x}_R)\|^2\geqslant\lambda\mathcal{U}_N\}\leqslant\frac{1}{\lambda}\quad\forall\lambda>0\tag{6.4.85}$$

这意味着 RSAGD 方法寻找问题(6.4.1)的一个$(\mathcal{S},\mathcal{O})$-解，也就是说，一个点 $\overline{x}$ 满足对 $\varepsilon>0$ 和 $\Lambda\in(0,1)$有概率 $\text{Prob}\{\|\nabla\Psi(\overline{x})\|^2\leqslant\varepsilon\}\geqslant1-\Lambda$ 时，执行调用 $\mathcal{S}$ 和 $\mathcal{O}$ 预言机的总数，在忽略一些常数的因子后，可以有界

$$\mathcal{O}\left\{\frac{1}{\Lambda\varepsilon}+\frac{\sigma^2}{\Lambda^2\varepsilon^2}\right\}\tag{6.4.86}$$

为了改进上面的界对置信水平 Λ 的依赖性，我们可以设计一个 RSAGD 方法的变体算法，它有两个阶段：优化阶段和优化后阶段。优化阶段由 RSAGD 方法独立运行组成，以生成候选解决方案列表，优化后阶段从优化阶段生成的候选解表中选择一个解(详见 6.1 节)。

6.4.2.2 非凸随机复合函数的最小化

在本节中，我们考虑同时满足假设 16 和 17 的随机复合问题(6.4.3)。我们的目的是要证明，在上述假设下，无论式(6.4.3)中的目标函数 $\Psi(\cdot)$是否是凸的，我们都可以在 RSAGD 方法中选择相同的激进步长策略。

我们修改算法 6.4 中的 RSAGD 方法，把随机梯度 $\nabla\Psi(\underline{x}_k, \xi_k)$替换为

$$\overline{G}_k=\frac{1}{m_k}\sum_{i=1}^{m_k} G(\underline{x}_k, \xi_{k,i}) \tag{6.4.87}$$

对于某些 $m_k\geqslant 1$，式中 $G(\underline{x}_k, \xi_{k,i})$，$i=1, \cdots, m_k$ 为第 k 次迭代中第 i 次调用 SFO 预言机时返回的随机梯度。改进的 RSAGD 算法形式化描述如下。

算法 6.5 随机组合优化的 RSAGD 算法

将算法 6.4 第 2 步中的式(6.4.64)和式(6.4.65)分别替换为

$$x_k=\arg\min_{u\in\mathbb{R}^n}\left\{\langle\overline{G}_k, u\rangle+\frac{1}{2\lambda_k}\|u-x_{k-1}\|^2+\chi(u)\right\} \tag{6.4.88}$$

$$\overline{x}_k=\arg\min_{u\in\mathbb{R}^n}\left\{\langle\overline{G}_k, u\rangle+\frac{1}{2\beta_k}\|u-\underline{x}_k\|^2+\chi(u)\right\} \tag{6.4.89}$$

其中，对于某些 $m_k\geqslant 1$，式(6.4.87)定义了 $\overline{G}_k$。

关于上述 RSAGD 算法有几点需要注意的地方。首先，请注意通过在每次迭代中多次调用 SFO 预言机，我们可以获得比算法 6.4 中一次调用 SFO 预言机的梯度更好的 $\nabla\Psi(x_k)$估计量。更具体地说，根据假设 16，我们有

$$\mathbb{E}[\overline{G}_k]=\frac{1}{m_k}\sum_{i=1}^{m_k}\mathbb{E}[G(\underline{x}_k, \xi_{k,i})]=\nabla\Psi(\underline{x}_k)$$

$$\mathbb{E}[\|\overline{G}_k-\nabla\Psi(\underline{x}_k)\|^2]=\frac{1}{m_k^2}\mathbb{E}\left[\left\|\sum_{i=1}^{m_k}[G(\underline{x}_k, \xi_{k,i})-\nabla\Psi(\underline{x}_k)]\right\|^2\right]\leqslant\frac{\sigma^2}{m_k} \tag{6.4.90}$$

其中最后一个不等式来自式(6.2.40)。因此，通过增大 m_k，可以减少 $\nabla\Psi(x_k)$估计中存在的误差。我们将在后面小节中讨论如何适当选择参数 m_k。其次，由于我们不需要取 $\nabla\Psi(x_k)$，我们不能计算出确切的梯度映射，即 6.4.1.2 节中复合优化的映射 $P_X(\underline{x}_k, \nabla\Psi(\underline{x}_k), \beta_k)$。然而，通过式(6.4.43)和式(6.4.88)，我们可以计算出由 $P_X(x_k, \overline{G}_k, \beta_k)$给出的近似随机梯度映射。事实上，通过式(6.4.45)和式(6.4.90)，我们得到了

$$\mathbb{E}[\|P_X(\underline{x}_k, \nabla\Psi(\underline{x}_k), \beta_k)-P_X(\underline{x}_k, \overline{G}_k, \beta_k)\|^2]\leqslant\mathbb{E}[\|\overline{G}_k-\nabla\Psi(\underline{x}_k)\|^2]\leqslant\frac{\sigma^2}{m_k} \tag{6.4.91}$$

最后值得一提的是，虽然已经开发了几种用于凸规划的 SGD 型算法，其 $m_k=1$，但在计算投影子问题(6.4.88)和式(6.4.89)时，算法 6.5 中的小批量 SGD 方法(即 $m_k>1$)比调用随机一阶预言机计算开销更大。

我们准备描述求解非凸随机组合问题的算法 6.5 的主要收敛性质。

定理 6.13 假设算法 6.5 中$\{\alpha_k\}$、$\{\beta_k\}$、$\{\lambda_k\}$和$\{p_k\}$的设置满足式(6.4.14)、式(6.4.15)和式(6.4.69)。那么，在假设 16 和 17 之下，有

$$\mathbb{E}[\|P_X(\underline{x}_R, \nabla\Psi(\underline{x}_R), \beta_R)\|^2]\leqslant 8\left[\sum_{k=1}^{N}\Gamma_k^{-1}\beta_k(1-L_\Psi\beta_k)\right]^{-1}$$

$$\left[\frac{\|x_0-x^*\|^2}{2\lambda_1}+\frac{L_f}{\Gamma_N}(\|x^*\|^2+M^2)+\sigma^2\sum_{k=1}^{N}\frac{\beta_k(4+(1-L_\Psi\beta_k)^2)}{4\Gamma_k(1-L_\Psi\beta_k)m_k}\right] \tag{6.4.92}$$

式中期望是对 R 和 $\xi_{k,i}$，$k=1\cdots$，N，$i=1$，…，m_k 所取。另外，如果 $L_f=0$，则有

$$\mathbb{E}[\Phi(\bar{x}_R)-\Phi(x^*)]\leqslant\left[\sum_{k=1}^{N}\Gamma_k^{-1}\beta_k(1-L_\Psi\beta_k)\right]^{-1}\left[\sum_{k=1}^{N}\beta_k(1-L_\Psi\beta_k)\right.$$
$$\left.\left(\frac{\|x_0-x^*\|^2}{2\lambda_1}+\sigma^2\sum_{j=1}^{k}\frac{\beta_j(4+(1-L_\Psi\beta_j)^2)}{4\Gamma_j(1-L_\Psi\beta_j)m_j}\right)\right] \tag{6.4.93}$$

其中 $\Phi(x)\equiv\Psi(x)+\chi(x)$。

证明 对任意 $k\geqslant1$，记 $\bar{\delta}_k\equiv\bar{G}_k-\nabla\Psi(\underline{x}_k)$ 和 $\bar{\delta}_{[k]}\equiv\{\bar{\delta}_1,\cdots,\bar{\delta}_k\}$，类似于式(6.4.54)和式(6.4.55)的结果，对于任何 $x\in\mathbb{R}^n$，有

$$\langle\nabla\Psi(\underline{x}_k)+\bar{\delta}_k,\ x_k-x\rangle+\chi(x_k)\leqslant\chi(x)+\frac{1}{2\lambda_k}[\|x_{k-1}-x\|^2-\|x_k-x\|^2-\|x_k-x_{k-1}\|^2] \tag{6.4.94}$$

$$\langle\nabla\Psi(\underline{x}_k)+\bar{\delta}_k,\ \bar{x}_k-x\rangle+\chi(\bar{x}_k)\leqslant\chi(x)+\frac{1}{2\beta_k}[\|\underline{x}_k-x\|^2-\|\bar{x}_k-x\|^2-\|\bar{x}_k-\underline{x}_k\|^2] \tag{6.4.95}$$

利用上面的关系，并用在定理 6.11 的证明中得到式(6.4.56)类似的论证过程，

$$\begin{aligned}&\langle\nabla\Psi(\underline{x}_k)+\bar{\delta}_k,\ \bar{x}_k-\alpha_kx-(1-\alpha_k)\bar{x}_{k-1}\rangle+\chi(\bar{x}_k)\leqslant(1-\alpha_k)\chi(\bar{x}_{k-1})+\alpha_k\chi(x)+\\&\quad\frac{\alpha_k}{2\lambda_k}[\|x_{k-1}-x\|^2-\|x_k-x\|^2]+\frac{\alpha_k(\lambda_k\alpha_k-\beta_k)}{2\beta_k\lambda_k}\|x_k-x_{k-1}\|^2-\frac{1}{2\beta_k}\|\bar{x}_k-\underline{x}_k\|^2\\&\leqslant(1-\alpha_k)\chi(\bar{x}_{k-1})+\alpha_k\chi(x)+\frac{\alpha_k}{2\lambda_k}[\|x_{k-1}-x\|^2-\|x_k-x\|^2]-\frac{1}{2\beta_k}\|\bar{x}_k-\underline{x}_k\|^2\end{aligned} \tag{6.4.96}$$

其中最后一个不等式源于假设条件 $\alpha_k\lambda_k\leqslant\beta_k$。将上述关系与式(6.4.52)和式(6.4.53)相结合，并使用定义 $\Phi(x)\equiv\Psi(x)+\chi(x)$，可以得到

$$\begin{aligned}\Phi(\bar{x}_k)&\leqslant(1-\alpha_k)\Phi(\bar{x}_{k-1})+\alpha_k\Phi(x)-\frac{1}{2}\left(\frac{1}{\beta_k}-L_\Psi\right)\|\bar{x}_k-\underline{x}_k\|^2+\\&\quad\langle\bar{\delta}_k,\ \alpha_k(x-x_{k-1})+\underline{x}_k-\bar{x}_k\rangle+\frac{\alpha_k}{2\lambda_k}[\|x_{k-1}-x\|^2-\|x_k-x\|^2]+\\&\quad\frac{L_f\alpha_k}{2}\|\underline{x}_k-x\|^2+\frac{L_f\alpha_k^2(1-\alpha_k)}{2}\|\bar{x}_{k-1}-x_{k-1}\|^2\\&\leqslant(1-\alpha_k)\Phi(\bar{x}_{k-1})+\alpha_k\Phi(x)+\langle\bar{\delta}_k,\ \alpha_k(x-x_{k-1})\rangle-\\&\quad\frac{1}{4}\left(\frac{1}{\beta_k}-L_\Psi\right)\|\bar{x}_k-\underline{x}_k\|^2+\frac{\beta_k\|\bar{\delta}_k\|^2}{1-L_\Psi\beta_k}+\frac{\alpha_k}{2\lambda_k}[\|x_{k-1}-x\|^2-\|x_k-x\|^2]+\\&\quad\frac{L_f\alpha_k}{2}\|\underline{x}_k-x\|^2+\frac{L_f\alpha_k^2(1-\alpha_k)}{2}\|\bar{x}_{k-1}-x_{k-1}\|^2\end{aligned}$$

最后一个不等式是由 Young 不等式推导出来的。将上述不等式两边同时减去 $\Phi(x)$，重新排列项，并利用引理 3.17 和式(6.4.30)，得到

$$\begin{aligned}&\frac{\Phi(\bar{x}_N)-\Phi(x)}{\Gamma_N}+\sum_{k=1}^{N}\frac{1-L_\Psi\beta_k}{4\beta_k\Gamma_k}\|\bar{x}_k-\underline{x}_k\|^2\leqslant\frac{\|x_0-x\|^2}{2\lambda_1}+\sum_{k=1}^{N}\frac{\alpha_k}{\Gamma_k}\langle\bar{\delta}_k,\ x-x_{k-1}\rangle+\\&\quad\frac{L_f}{2}\sum_{k=1}^{N}\frac{\alpha_k}{\Gamma_k}[\|\underline{x}_k-x\|^2+\alpha_k(1-\alpha_k)\|\bar{x}_{k-1}-x_{k-1}\|^2]+\end{aligned}$$

$$\sum_{k=1}^{N}\frac{\beta_k\|\bar{\delta}_k\|^2}{\Gamma_k(1-L_\Psi\beta_k)}\quad \forall x\in\mathbb{R}^n$$

在上式中令 $x=x^*$，应用式(6.4.21)和式(6.4.58)，有

$$\frac{\Phi(\bar{x}_N)-\Phi(x^*)}{\Gamma_N}+\sum_{k=1}^{N}\frac{1-L_\Psi\beta_k}{4\beta_k\Gamma_k}\|\bar{x}_k-\underline{x}_k\|^2\leqslant\frac{\|x_0-x^*\|^2}{2\lambda_1}+\sum_{k=1}^{N}\frac{\alpha_k}{\Gamma_k}\langle\bar{\delta}_k,\ x^*-x_{k-1}\rangle+\frac{L_f}{\Gamma_N}(\|x^*\|^2+M^2)+\sum_{k=1}^{N}\frac{\beta_k\|\bar{\delta}_k\|^2}{\Gamma_k(1-L_\Psi\beta_k)}$$

对上述不等式两边取期望，注意到在假设16下，会有 $\mathbb{E}[\langle\bar{\delta}_k,\ x^*-x_{k-1}\rangle\,|\,\bar{\delta}_{[k-1]}]=0$，利用式(6.4.90)和式(6.4.43)中梯度映射的定义，得到

$$\frac{\mathbb{E}_{\bar{\delta}_{[N]}}[\Phi(\bar{x}_N)-\Phi(x^*)]}{\Gamma_N}+\sum_{k=1}^{N}\frac{\beta_k[1-L_\Psi\beta_k]}{4\Gamma_k}\mathbb{E}_{\bar{\delta}_{[N]}}[\|P_X(\underline{x}_k,\ \bar{G}_k,\ \beta_k)\|^2]$$
$$\leqslant\frac{\|x_0-x^*\|^2}{2\lambda_1}+\frac{L_f}{\Gamma_N}(\|x^*\|^2+M^2)+\sigma^2\sum_{k=1}^{N}\frac{\beta_k}{\Gamma_k(1-L_\Psi\beta_k)m_k}$$

上式与由式(6.4.91)可知的 $\mathbb{E}_{\bar{\delta}[N]}[\|P_X(\underline{x}_k,\ \bar{G}_k,\ \beta_k)\|^2]\geqslant\mathbb{E}_{\bar{\delta}[N]}[\|P_X(\underline{x}_k,\nabla\Psi(\underline{x}_k),\ \beta_k)\|^2]/2-\sigma^2/m_k$ 这一事实，两者一起可以推出

$$\frac{\mathbb{E}_{\bar{\delta}_{[N]}}[\Phi(\bar{x}_N)-\Phi(x)]}{\Gamma_N}+\sum_{k=1}^{N}\frac{\beta_k(1-L_\Psi\beta_k)}{8\Gamma_k}\mathbb{E}_{\bar{\delta}_{[N]}}[\|P_X(\underline{x}_k,\nabla\Psi(\underline{x}_k),\ \beta_k)\|^2]$$
$$\leqslant\frac{\|x_0-x^*\|^2}{2\lambda_1}+\frac{L_f}{\Gamma_N}(\|x^*\|^2+M^2)+\sigma^2\left(\sum_{k=1}^{N}\frac{\beta_k}{\Gamma_k(1-L_\Psi\beta_k)m_k}+\sum_{k=1}^{N}\frac{\beta_k(1-L_\Psi\beta_k)}{4\Gamma_k m_k}\right)$$
$$=\frac{\|x_0-x^*\|^2}{2\lambda_1}+\frac{L_f}{\Gamma_N}(\|x^*\|^2+M^2)+\sigma^2\sum_{k=1}^{N}\frac{\beta_k[4+(1-L_\Psi\beta_k)^2]}{4\Gamma_k(1-L_\Psi\beta_k)m_k}\tag{6.4.97}$$

由于上面的关系与式(6.4.73)的关系相似，其余的证明也与定理6.12最后的证明部分相似，所以跳过细节。 ■

定理6.13表明，利用算法6.5中的RSAGD方法，我们可以对随机复合问题(6.4.3)进行统一的处理和分析，无论目标函数是凸的还是非凸的。在下一个结果中，我们将在定理6.13中给出$\{\alpha_k\}$、$\{\beta_k\}$和$\{\lambda_k\}$的一些特定选择，得到相关选择下的具体结果。

推论6.17 设算法6.5中的步长$\{\alpha_k\}$、$\{\beta_k\}$和$\{\lambda_k\}$分别按式(6.4.32)、式(6.4.35)设置，$\{p_k\}$按式(6.4.69)设置，并假设问题(6.4.3)存在最优解 x^*。那么，在假设16和17之下，对于任意 $N\geqslant1$，有

$$\mathbb{E}[\|P_X(\underline{x}_R,\nabla\Psi(\underline{x}_R),\ \beta_R)\|^2]\leqslant96L_\Psi\left[\frac{4L_\Psi\|x_0-x^*\|^2}{N(N+1)(N+2)}+\frac{L_f}{N}(\|x^*\|^2+M^2)+\frac{2\sigma^2}{L_\Psi N(N+1)(N+2)}\sum_{k=1}^{N}\frac{k(k+1)}{m_k}\right]\tag{6.4.98}$$

此外，如果 $L_f=0$，那么对于任意 $N\geqslant1$，有

$$\mathbb{E}[\Phi(\bar{x}_R)-\Phi(x^*)]\leqslant\frac{12L_\Psi\|x_0-x^*\|^2}{N(N+1)}+\frac{4\sigma^2}{L_\Psi N(N+1)(N+2)}\sum_{k=1}^{N}\sum_{j=1}^{k}\frac{j(j+1)}{m_j}\tag{6.4.99}$$

证明 与推论6.14(b)类似，我们很容易证明式(6.4.14)和式(6.4.15)成立。由关系式(6.4.92)、式(6.4.32)、式(6.4.35)、式(6.4.38)和式(6.4.41)，我们有

$$\mathbb{E}[\|P_X(\underline{x}_R,\nabla\Psi(\underline{x}_R),\ \beta_R)\|^2]\leqslant\frac{192L_\Psi}{N(N+1)(N+2)}\Big[2L_\Psi\|x_0-x^*\|^2+$$

$$\frac{N(N+1)L_f}{2}(\|x^*\|^2+M^2)+\sigma^2\sum_{k=1}^{N}\frac{17k(k+1)}{32L_\Psi m_k}\Big]$$

显然可由此式推出式(6.4.98)。由关系式(6.4.93)、式(6.4.32)、式(6.4.35)、式(6.4.38)和式(6.4.41)，我们有

$$\mathbb{E}[\Phi(\overline{x}_R)-\Phi(x^*)]\leqslant\frac{24L_\Psi}{N(N+1)(N+2)}\Big[\frac{N}{2}\|x_0-x^*\|^2+\frac{\sigma^2}{4L_\Psi}\sum_{k=1}^{N}\sum_{j=1}^{k}\frac{17j(j+1)}{32L_\Psi m_j}\Big]$$

这就可以推出式(6.4.99)。■

注意，所有上述推论中的界都依赖于$\{m_k\}$，它们可能不会对$\{m_k\}$的所有值都收敛到零。特别是，如果$\{m_k\}$被设置为正的整数常量，那么式(6.4.98)和式(6.4.99)中的最后一项与其他项不同，它们不会随着算法的推进而消失。另一方面，如果$\{m_k\}$非常大，那么算法 6.5 的每一次迭代都会有高昂的随机梯度计算代价。下面推论中的结果提供了$\{m_k\}$的一个合适选择。

推论 6.18　假设算法 6.5 中的步长$\{\alpha_k\}$、$\{\beta_k\}$、和$\{\lambda_k\}$分别按式(6.4.32)、式(6.4.35)设置，$\{p_k\}$按式(6.4.69)设置，并假设问题(6.4.3)存在最优解x^*，给定迭代极限$N\geqslant1$，设置

$$m_k=\left\lceil\frac{\sigma^2}{L_\Psi\widetilde{D}^2}\min\left\{\frac{k}{L_f},\ \frac{k(k+1)N}{L_\Psi}\right\}\right\rceil,\ k=1,\ 2,\ \cdots,\ N \tag{6.4.100}$$

对于某些参数$\widetilde{D}$。那么，在假设 16 和 17 之下，有

$$\begin{aligned}&\mathbb{E}[\|P_X(\underline{x}_R,\nabla\Psi(\underline{x}_R),\ \beta_R)\|^2]\\&\leqslant96L_\Psi\Big[\frac{4L_\Psi(\|x_0-x^*\|^2+\widetilde{D}^2)}{N(N+1)(N+2)}+\frac{L_f(\|x^*\|^2+M^2+2\widetilde{D}^2)}{N}\Big]\end{aligned} \tag{6.4.101}$$

此外，若$L_f=0$，则

$$\mathbb{E}[\Phi(\overline{x}_R)-\Phi(x^*)]\leqslant\frac{2L_\Psi}{N(N+1)}(6\|x_0-x^*\|^2+\widetilde{D}^2) \tag{6.4.102}$$

证明　由式(6.4.100)，我们得到

$$\begin{aligned}\frac{\sigma^2}{L_\Psi}\sum_{k=1}^{N}\frac{k(k+1)}{m_k}&\leqslant\widetilde{D}^2\sum_{k=1}^{N}k(k+1)\max\left\{\frac{L_f}{k},\ \frac{L_\Psi}{k(k+1)N}\right\}\\&\leqslant\widetilde{D}^2\sum_{k=1}^{N}k(k+1)\left\{\frac{L_f}{k}+\frac{L_\Psi}{k(k+1)N}\right\}\leqslant\widetilde{D}^2\Big[\frac{L_fN(N+3)}{2}+L_\Psi\Big]\end{aligned}$$

此式与式(6.4.98)一起可推出式(6.4.101)。如果$L_f=0$，那么由于式(6.4.100)，有

$$m_k=\left\lceil\frac{\sigma^2k(k+1)N}{L_\Psi^2\widetilde{D}^2}\right\rceil,\ \ k=1,\ 2,\ \cdots,\ N \tag{6.4.103}$$

根据这个观察，会有

$$\frac{\sigma^2}{L_\Psi}\sum_{k=1}^{N}\sum_{j=1}^{k}\frac{j(j+1)}{m_j}\leqslant\frac{L_\Psi\widetilde{D}^2(N+1)}{2}$$

因此，根据式(6.4.99)，可知式(6.4.102)成立。■

我们现在给出推论 6.18 中得到的结果的一些注释。首先，我们从式(6.4.101)和式(6.4.44)中得出，通过最多运行算法 6.5

$$\mathcal{O}\left\{\left[\frac{L_\Psi^2(\|x_0-x^*\|^2+\widetilde{D}^2)}{\varepsilon}\right]^{\frac{1}{3}}+\frac{L_fL_\Psi(M^2+\|x^*\|^2+\widetilde{D}^2)}{\varepsilon}\right\}$$

次迭代，我们有梯度$-\nabla\Psi(\overline{x}_R)\in\partial\chi(\overline{x}_R)+B(\sqrt{\varepsilon})$。同样在该算法的第 k 次迭代中，SFO

预言机被调用 m_k 次，因此对 SFO 预言机的总调用次数等于 $\sum_{k=1}^{N} m_k$。现在，注意到由式(6.4.100)我们得到

$$\sum_{k=1}^{N} m_k \leqslant \sum_{k=1}^{N} \left(1+\frac{k\sigma^2}{L_f L_\Psi \widetilde{D}^2}\right) \leqslant N+\frac{\sigma^2 N^2}{L_f L_\Psi \widetilde{D}^2} \tag{6.4.104}$$

利用这两个观察结果，我们得出结论：算法 6.5 为找到问题(6.4.3)的 ε-稳态点，即对某个 $\varepsilon>0$，存在点 $\overline{x}$ 满足 $-\nabla\Psi(\overline{x})\in\partial\chi(\overline{x})+B(\sqrt{\varepsilon})$，对 SFO 预言机的调用总数的界为

$$\mathcal{O}\left\{\left[\frac{L_\Psi^2(\|x_0-x^*\|^2+\widetilde{D}^2)}{\varepsilon}\right]^{\frac{1}{3}}+\frac{L_f L_\Psi(M^2+\|x^*\|^2+\widetilde{D}^2)}{\varepsilon}+\left[\frac{L_\Psi^{\frac{1}{2}}(\|x_0-x^*\|^2+\widetilde{D}^2)\sigma^3}{L_f^{\frac{3}{2}}\widetilde{D}^3\varepsilon}\right]^{\frac{2}{3}}+\right.$$

$$\left.\frac{L_f L_\Psi(M^2+\|x^*\|^2+\widetilde{D}^2)^2\sigma^2}{\widetilde{D}^2\varepsilon^2}\right\} \tag{6.4.105}$$

其次，注意在 m_k 的定义中，对于参数 $\widetilde{D}$ 可以有多种选择。尽管对于任意 $\widetilde{D}$，算法 6.5 都会收敛，但如果式(6.4.105)中的最后一项是支配项时，算法 6.5 求解非凸 SP 问题时，$\widetilde{D}$ 的一个最佳选择是 $\sqrt{\|x^*\|^2+M^2}$。第三，由式(6.4.102)和式(6.4.103)可以很容易证明，当 $L_f=0$ 时，与 6.4.2.1 节中所得到的光滑问题的结果相似，算法 6.5 对于求解凸 SP 问题也会具有最优复杂度。第四，请注意，在推论 6.18 中 $\{m_k\}$ 的定义依赖于迭代极限 N。特别是，由于式(6.4.100)，甚至在算法 6.5 开始时，我们都可能需要多次调用 SFO 预言机(取决于 N)。然而，在下面的结果中，我们为 $\{m_k\}$ 指定了一个不同的选择，它与 N 无关。但是，当 $L_f=0$ 时，下面的结果比式(6.4.101)中给出的结果稍弱。

推论 6.19 设算法 6.5 中的步长 $\{\alpha_k\}$、$\{\beta_k\}$ 和 $\{\lambda_k\}$ 分别按式(6.4.32)、式(6.4.35)设置，$\{p_k\}$ 按式(6.4.69)设置。再假设问题(6.4.3)存在最优解 x^*，并且对于某个参数 $\widetilde{D}$，有

$$m_k=\left\lceil\frac{\sigma^2 k}{L_\Psi \widetilde{D}^2}\right\rceil,\ k=1,\ 2,\ \cdots \tag{6.4.106}$$

那么，在假设 16 和假设 17 之下，对于任意 $N\geqslant 1$，有

$$\mathbb{E}[\|P_X(\underline{x}_R,\nabla\Psi(\underline{x}_R),\beta_R)\|^2]\leqslant 96L_\Psi\left[\frac{4L_\Psi\|x_0-x^*\|^2}{N(N+1)(N+2)}+\frac{L_f(\|x^*\|^2+M^2)+2\widetilde{D}^2}{N}\right] \tag{6.4.107}$$

证明 观察到由式(6.4.106)，我们得到

$$\frac{\sigma^2}{L_\Psi}\sum_{k=1}^{N}\frac{k(k+1)}{m_k}\leqslant\widetilde{D}^2\sum_{k=1}^{N}(k+1)\leqslant\frac{\widetilde{D}^2N(N+3)}{2}$$

利用这个观察结果和式(6.4.98)，我们就得到式(6.4.107)的结论。 ■

利用 Markov 不等式、式(6.4.104)、式(6.4.106)和式(6.4.107)，我们可以发现，算法 6.5 用于寻找问题(6.4.3)的一个$(\varepsilon,\ \Lambda)$-解，即对于任何 $c>0$，某些 $\varepsilon>0$ 和 $\Lambda\in(0,1)$，存在一个点 $\overline{x}$ 满足 $\text{Prob}\{\|P_X(\overline{x},\nabla\Psi(\overline{x}),c)\|^2\leqslant\varepsilon\}\geqslant 1-\Lambda$，求得该解的 SFO 预言机调用的总数，在忽略几个常数因子后可以有式(6.4.86)的界。我们也可以设计一个两阶段的方法来改进这个界对置信水平 Λ 的依赖性。

注意，在这一节中，我们通过假设 $\|\cdot\|$ 为欧几里得范数来关注欧几里得设置。值得注意的是，如果问题是确定性的，我们可以通过修改式(6.4.27)和式(6.4.54)，并利用

6.2.1 节中讨论的一些关于邻近映射的已有结果，轻易地将我们的结果推广到非欧几里得设置上。然而，对随机问题的非欧几里得设置的类似扩展更为复杂，主要是因为式(6.4.90)中的降低方差不等式要求一个内积范数。如果 $p\geqslant 2$ 的相关范数由 $\|\cdot\|_p$ 给出，则可能得到类似于式(6.4.90)的关系。然而，当 $p<2$ 时，这种关系不一定成立。另一种可能是通过观察到 $\mathbb{R}^n$ 中的所有范数都是等价的来导出复杂度结果。然而，这种复杂度结果通常对问题的维度会有更加复杂的依赖性。

6.5　非凸降低方差镜面下降法

在这一节中，我们考虑下列非凸有限和问题

$$\Psi^* := \min_{x\in X}\{\Psi(x) := f(x)+h(x)\} \tag{6.5.1}$$

其中 X 是欧氏空间 $\mathbb{R}^n$ 中的一个闭凸集，f 是 m 个光滑的、但可能是非凸的分量函数 f_i 的平均值，即 $f(x)=\sum_{i=1}^m f_i(x)/m$，$h$ 是一个简单的、具有已知结构的凸函数，但可能是非光滑的(例如，$h(x)=\|x\|_1$ 或 $h(x)\equiv 0$)。我们假设对于 $\forall i=1, 2, \cdots, m$，$\exists L_i>0$ 使得

$$\|\nabla f_i(x)-\nabla f_i(y)\|_* \leqslant L_i\|x-y\|,\ \forall x, y\in X$$

显然，f 具有 Lipschitz 连续梯度，对应 Lipschitz 常数为

$$L_f\leqslant L\equiv\frac{1}{m}\sum_{i=1}^m L_i \tag{6.5.2}$$

在本节中，我们假定 Ψ 在 X 上是向下有界的，即 Ψ^* 是有限的。可以看到这个问题类似于式(5.3.1)，不同的是 f_i 可能是非凸的。

我们在这一节的目标是将 5.3 节中的降低方差技术应用到 6.2.2 节中的非凸镜面下降方法中，并证明所得到的算法可以显著节省求解非凸有限和优化问题时所需的 f_i 的梯度计算次数。我们将修改该算法的基本格式，以解决一类重要的随机优化问题，其中 f 是由期望函数给出的。与前一节相似，我们假设范数 $\|\cdot\|$ 是欧几里得范数。

6.5.1　确定性问题的基本求解方案

我们首先关注求平均的项数 m 是固定时的基本情形。与 5.3 节中的降低方差镜面下降法类似，非凸降低方差镜面下降法(见算法 6.6)每 T 次迭代中会计算一个完全梯度。然而，与解决凸有限和问题的降低方差镜面下降法不同，全梯度 $\nabla f(\tilde{x})$ 不直接参加到梯度估计量 G_k 的计算中。相反，梯度估计器 G_k 将以基于 G_{k-1} 的递归方式进行计算。非凸降低方差镜面下降法与凸的降低方差镜面下降法的另一个不同之处在于，G_k 的定义使用了小批的样本数，大小为 b。然而，需要注意的是，降低方差的镜面下降法的原始算法格式仍然可以应用于非凸有限和问题，即使它在所需的梯度计算总数方面不会表现出最优的可能收敛速度。

算法 6.6　非凸方差缩减镜像下降法

输入：x_1，γ，T，$\{\theta_t\}$和概率分布 $Q=\{q_1, \cdots, q_m\}$在$\{1, \cdots, m\}$上。

for $k=1, 2, \cdots, N$ **do**

　if $k\% T==1$ **then**

设置 $G_k = \nabla f(x_k)$。

else

根据 Q 生成大小为 b 的 i.i.d 样本 I_b。

设置 $G_k = \frac{1}{b} \sum_{i \in I_b} (\nabla f_i(x_k) - \nabla f_i(x_{k-1}))/(q_i m) + G_{k-1}$。

end if

设置 $x_{k+1} = \arg\min_{x \in X} \{\gamma[\langle G_k, x\rangle + h(x)] + V(x_k, x)\}$。

end for

输出： x_R，其中 R 均匀分布在 $\{1, \cdots, N\}$ 上。

为了便于算法的分析，我们将迭代的索引 $k(k=1, 2, \cdots)$ 分成不同的轮

$\{\{1, 2, \cdots, T\}, \{T+1, T+2, \cdots, 2T\}, \cdots, \{sT+1, sT+2, \cdots, (s+1)T\}, \cdots\}$

换句话说，除了最后一轮，前面每轮 s，$s \geqslant 0$，由 $sT+1$ 到 $(s+1)T$ 的 T 次迭代组成，最后一轮是由剩余的迭代组成。对于给定的迭代索引 $k = sT+t$，我们总是交替使用索引 k 和 (s, t) 对。为了便于表示，我们还表示 $(s, T+1) == (s+1, 1)$。有时如果轮 s 与上下文无关，我们将简单地用 t 来表示 (s, t)。

我们将使用式(6.2.7)中定义的广义投影梯度 $P_X(x_k, \nabla f(x_k), \gamma)$ 来评价一个给定的搜索点 $x_k \in X$ 的解的质量。此外，将上面广义投影梯度中的 $\nabla f(x_k)$ 替换为 G_k，我们就得到了随机广义投影梯度 $P_X(x_k, G_k, \gamma)$。为了便于表示，我们简单地使用记号

$$g_{X,k} \equiv P_X(x_k, \nabla f(x_k), \gamma) \quad 和 \quad \tilde{g}_{X,k} \equiv P_X(x_k, G_k, \gamma)$$

记 $\delta_k \equiv G_k - \nabla f(x_k)$，然后根据推论 6.1，我们有

$$\|g_{X,k} - \tilde{g}_{X,k}\| \leqslant \|\delta_k\| \tag{6.5.3}$$

我们首先提供了大小为 $\|\delta_k\|$ 的一个界。

引理 6.10 令 L 如式(6.5.2)中定义，假设对于 $i=1, \cdots, m$，概率 q_i 为

$$q_i = \frac{L_i}{mL} \tag{6.5.4}$$

如果迭代索引 k（或等价地表示 (s, t)）代表示第 s 轮的第 t 次迭代，则

$$\mathbb{E}[\|\delta_k\|^2] \equiv \mathbb{E}[\|\delta_{(s,t)}\|^2] \leqslant \frac{L^2}{b} \sum_{i=2}^{t} \mathbb{E}[\|x_{(s,i)} - x_{(s,i-1)}\|^2] \tag{6.5.5}$$

证明 考虑第 s 轮的计算。为了简单起见，我们表示 $\delta_t \equiv \delta_{s,t}$ 和 $x_t \equiv x_{(s,t)}$。很容易看出，对于 s 轮的第一次迭代，有 $\delta_1 = 0$。注意根据 δ_t 的定义，我们有

$$\begin{aligned}\mathbb{E}[\|\delta_t\|^2] &= \mathbb{E}[\|\frac{1}{b} \sum_{i \in I_b} [\nabla f_i(x_t) - \nabla f_i(x_{t-1})]/(q_i m) + G_{t-1} - \nabla f(x_t)\|^2] \\ &= \mathbb{E}[\|\frac{1}{b} \sum_{i \in I_b} [\nabla f_i(x_t) - \nabla f_i(x_{t-1})]/(q_i m) - [\nabla f(x_t) - \nabla f(x_{t-1})] + \delta_{t-1}]\|^2\end{aligned}$$

记 $\zeta_i = [\nabla f_i(x_t) - \nabla f_i(x_{t-1})]/(q_i m)$。通过对 $i \in I_b$ 取条件期望，我们有 $\mathbb{E}[\zeta_i] = \nabla f(x_t) - \nabla f(x_{t-1})$，这与上面的等式一起可推出

$$\begin{aligned}\mathbb{E}[\|\delta_t\|^2] &= \mathbb{E}[\|\frac{1}{b} \sum_{i \in I_b} [\zeta_i - \nabla f(x_t) - \nabla f(x_{t-1})]\|^2] + \mathbb{E}[\|\delta_{t-1}\|^2] \\ &\leqslant \frac{1}{b^2} \sum_{i \in I_b} \mathbb{E}[\|\zeta_i\|^2] + \mathbb{E}[\|\delta_{t-1}\|^2]\end{aligned}$$

$$
\begin{aligned}
&=\frac{1}{b^2}\sum_{i\in I_b}\mathbb{E}\left[\frac{1}{m^2 q_i}\|\nabla f_i(x_t)-\nabla f_i(x_{t-1})\|^2\right]+\mathbb{E}[\|\delta_{t-1}\|^2] \\
&\leqslant\frac{1}{b}\sum_{j=1}^{m}\frac{L_j^2}{m^2 q_j}\|x_t-x_{t-1}\|^2+\mathbb{E}[\|\delta_{t-1}\|^2] \\
&=\frac{L^2}{b}\|x_t-x_{t-1}\|^2+\mathbb{E}[\|\delta_{t-1}\|^2]
\end{aligned}
\tag{6.5.6}
$$

然后通过归纳应用上述不等式，即可得到命题的结果。 ■

现在我们准备证明非凸降低方差镜面下降法的主要收敛性质。

定理 6.14　假设概率 q_i 按式(6.5.4)设定，并且

$$\gamma=1/L \quad 且 \quad b=17T \tag{6.5.7}$$

那么，对于任意 $k\geqslant1$，有

$$\mathbb{E}[\Psi(x_{k+1})]+\frac{1}{8L}\sum_{j=1}^{k}\mathbb{E}[\|g_{X,j}\|^2]\leqslant\mathbb{E}[\Psi(x_1)],\ \forall k\geqslant1 \tag{6.5.8}$$

因此，

$$\mathbb{E}[\|g_{X,R}\|^2]\leqslant\frac{8L}{N}[\Psi(x_1)-\Psi^*] \tag{6.5.9}$$

证明　利用 f 的光滑性和引理 6.4，对于任意 $k\geqslant1$，有

$$
\begin{aligned}
f(x_{k+1})&\leqslant f(x_k)+\langle\nabla f(x_k),\ x_{k+1}-x_k\rangle+\frac{L}{2}\|x_{k+1}-x_k\|^2 \\
&=f(x_k)+(G_k,\ x_{k+1}-x_k)+\frac{L}{2}\|x_{k+1}-x_k\|^2-\langle\delta_k,\ x_{k+1}-x_k\rangle \\
&=f(x_k)-\gamma\langle G_k,\ \tilde{g}_{X,k}\rangle+\frac{L\gamma^2}{2}\|\tilde{g}_{X,k}\|^2+\gamma\langle\delta_k,\ \tilde{g}_{X,k}\rangle \\
&\leqslant f(x_k)-\gamma\left[\|\tilde{g}_{X,k}\|^2+\frac{1}{\gamma}h(x_{k+1}-h(x_k))\right]+\frac{L\gamma^2}{2}\|\tilde{g}_{X,k}\|^2+\gamma\langle\delta_k,\ \tilde{g}_{X,k}\rangle
\end{aligned}
$$

重新整理上述不等式中的项，并应用 Cauchy-Schwarz 不等式，可以得到，对于任意 $q>0$，有

$$
\begin{aligned}
\Psi(x_{k+1})&\leqslant\Psi(x_k)-\gamma\|\tilde{g}_{X,k}\|^2+\frac{L\gamma^2}{2}\|\tilde{g}_{X,k}\|^2+\gamma\langle\delta_k,\ \tilde{g}_{X,k}\rangle \\
&\leqslant\Psi(x_k)-\gamma\left(1-\frac{L\gamma}{2}-\frac{q}{2}\right)\|\tilde{g}_{X,k}\|^2+\frac{\gamma}{2q}\|\delta_k\|^2
\end{aligned}
\tag{6.5.10}
$$

由式(6.5.3)可知，

$$\|g_{X,k}\|^2=\|g_{X,k}-\tilde{g}_{X,k}+\tilde{g}_{X,k}\|^2\leqslant2\|\delta_k\|^2+2\|\tilde{g}_{X,k}\|^2$$

用任意 $p>0$ 乘以上面的不等式，再加到式(6.5.10)中，可得

$$\Psi(x_{k+1})+p\|g_{X,k}\|^2\leqslant\Psi(x_k)-\left[\gamma\left(1-\frac{L_\gamma}{2}\right)-2p\right]\|\tilde{g}_{X,k}\|^2+\left(\frac{\gamma}{2q}+2p\right)\|\delta_k\|^2$$

我们现在将展示非凸降低方差镜面下降法每一轮所取得的可能进展。使用式(7.4.4)和 $x_{s,t}-x_{s,t-1}=-\gamma\tilde{g}_{X,t}$，$t=1$，…，$T+1$ 的事实(这里我们用到了符号 $(s,\ T+1)=(s+1,\ 1)$)，我们有

$$\mathbb{E}[\|\delta_{(s,t)}\|^2]\leqslant\frac{L^2}{b}\sum_{i=2}^{t}\|x_{s,i}-x_{s,i-1}\|^2=\frac{\gamma^2L^2}{b}\sum_{i=2}^{t}\|\tilde{g}_{X,(s,i)}\|^2$$

综合上述两个不等式，得到

$$\mathbb{E}[\Psi(x_{s,t+1})]+p\mathbb{E}[\|g_{X,(s,t)}\|^2]\leqslant\mathbb{E}[\Psi(x_{s,t})]-\left[\gamma\left(1-\frac{L\gamma}{2}\right)-2p\right]\mathbb{E}[\|\widetilde{g}_{X,(s,t)}\|^2]+\left(\frac{\gamma}{2q}+2p\right)\frac{\gamma^2L^2}{b}\sum_{i=2}^{t}\mathbb{E}[\|\widetilde{g}_{X,(s,i)}\|^2] \tag{6.5.11}$$

取上述不等式的远望和(the telescope sum，指序列多项累加求和时，中间项会相互抵消，得到较简单结果)，对任何 $t=1,\cdots,T$，有

$$\begin{aligned}&\mathbb{E}[\Psi(x_{s,t+1})]+p\sum_{j=1}^{t}\mathbb{E}[\|g_{X,(s,j)}\|^2]\leqslant\mathbb{E}[\Psi(x_{(s,1)})]-\\&\left[\gamma\left(1-\frac{L\gamma}{2}\right)-2p\right]\sum_{j=1}^{t}\mathbb{E}[\|\widetilde{g}_{X,(s,j)}\|^2]+\left(\frac{\gamma}{2q}+2p\right)\frac{\gamma^2L^2}{b}\sum_{j=1}^{t}\sum_{i=2}^{j}\mathbb{E}[\|\widetilde{g}_{X,(s,i)}\|^2]\\&\leqslant\mathbb{E}[\Psi(x_1)]-\left[\gamma\left(1-\frac{L\gamma}{2}\right)-2p\right]\sum_{j=1}^{t}\mathbb{E}[\|\widetilde{g}_{X,(s,j)}\|^2]+\\&\left(\frac{\gamma}{2q}+2p\right)\frac{\gamma^2L^2(t-1)}{b}\sum_{j=2}^{t}\mathbb{E}[\|\widetilde{g}_{X,(s,j)}\|^2]\\&\leqslant\mathbb{E}[\Psi(x_{(s,1)}]-\left[\gamma\left(1-\frac{L\gamma}{2}\right)-2p-\left(\frac{\gamma}{2q}+2p\right)\frac{\gamma^2L^2(t-1)}{b}\right]\sum_{j=1}^{t}\mathbb{E}[\|\widetilde{g}_{X,j}\|^2]\end{aligned} \tag{6.5.12}$$

对于任意 $p>0$ 和 $q>0$ 成立。固定上述不等式中的 $p=1/(8L)$ 和 $q=1/8$，并利用 $\gamma=1/L$，$b=21T$ 的事实和 $1\leqslant t\leqslant T$ 的条件，可以观察到

$$\gamma\left(1-\frac{L\gamma}{2}\right)-2p-\left(\frac{\gamma}{2q}+2p\right)\frac{\gamma^2L^2(t-1)}{b}=\frac{1}{4L}-\frac{17(T-1)}{4Lb}>0$$

那么对于任意一轮 $s\geqslant0$ 和 $1\leqslant t\leqslant T$，有

$$\mathbb{E}[\Psi(x_{(s,t+1)})]+\frac{1}{8L}\sum_{j=1}^{t}\mathbb{E}[\|g_{X,(s,i)}\|^2]\leqslant\mathbb{E}[\Psi(x_{(s,1)})] \tag{6.5.13}$$

因此，将上述形式的前 k 个不等式相加，很容易就得到式(6.5.8)。此外，由于随机变量 R 的定义和 $\Psi(x_N+1)\geqslant\Psi^*$ 的性质，可得到式(6.5.8)(当 $k=N$ 时)，从而可以推得式(6.5.9)的结论。 ■

我们现在准备导出非凸降低方差镜面下降法所需的梯度计算总数的界。

推论 6.20 假设概率 q_i 按式(6.5.4)设置，γ 和 b 按式(6.5.7)设置。此外，如果 $T=\sqrt{m}$，则用非凸降低方差镜面下降法求解 $\overline{x}\in X$，使得 $\mathbb{E}\|P_X(x_k,\nabla f(x_k),\gamma)\|^2\leqslant\varepsilon$ 所需的梯度求值总数可以有下面的界：

$$\mathcal{O}\left(m+\frac{\sqrt{m}L[\Psi(x_1)-\Psi^*]}{\varepsilon}\right)$$

证明 显然，梯度计算的总次数将受限于界

$$(m+bT)\left\lceil\frac{N}{T}\right\rceil=(m+17T^2)\left\lceil\frac{N}{T}\right\rceil$$

由式(6.5.9)，该方法执行的总迭代次数的界为 $N=\frac{8L}{\varepsilon}[\Psi(x_1)-\Psi^*]$。我们的结果是由这些观察和假设 $T=\sqrt{m}$ 得出的。 ■

6.5.2 随机优化问题的推广

在本节中，我们仍然考虑问题(6.5.1)，但是 f 由

$$f(x)=\mathbb{E}[F(x, \xi)] \tag{6.5.14}$$

给出。其中，当某个 $d\geqslant 1$ 时，ξ 是支撑集 $\Xi\subseteq\mathbb{R}^d$ 上的随机向量。我们在本节中做以下假设。

- 对于任何 $\xi\in\Xi$，$F(x, \xi)$是几乎处处具有 Lipschitz 常数 L 的光滑函数。
- 有可能生成 $\xi\in\Xi$ 的实现，并且对任何给定的两点 x，$y\in X$，计算 $\nabla F(x, \xi)$和 $\nabla F(y, \xi)$。
- 对于任意 x，有 $\mathbb{E}[\nabla F(x, \xi)]=\nabla f(x)$和下式成立。

$$\mathbb{E}[\|\nabla F(x, \xi)-\nabla f(x)\|^2]\leqslant\sigma^2 \tag{6.5.15}$$

我们观察到上述假设比 RSGD 和 RSMD 方法所要求的条件更强。

算法 6.7　非凸降低方差镜面下降法

输入：x_1，γ，T，$\{\theta_t\}$，样本大小 b 和 m，轮的指数 $s=0$。

for $k=1, 2, \cdots, N$ **do**

　if $k\%T==1$ **then**

　　生成随机变量 ξ 的 i. i. d. 样本 $H^s=\{\xi_1^s, \cdots, \xi_m^s\}$。

　　设置 $G_k=\frac{1}{m}\sum_{1}^{m}\nabla F(x_k, \xi_i^s)$。

　　设置 $s\leftarrow s+1$。

　else

　　生成随机变量 ξ 的 i. i. d. 样本 $I^k=\{\xi_1^k, \cdots, \xi_b^k\}$。

　　设置 $G_k=\frac{1}{b}\sum_{i=1}^{b}(\nabla F(x_k, \xi_i^k)-\nabla F(x_{k-1}, \xi_i^k))+G_{k-1}$

　end if

　设置 $x_{k+1}=\arg\min_{x\in X}\{\gamma[\langle G_k, x\rangle+h(x)]+V(x_k, x)\}$

end for

输出：x_R，其中 R 均匀分布在$\{1, \cdots, N\}$上。

类似于上一节，我们首先需要给出 $\delta_k=G_k-\nabla f(x_k)$的大小的上界。

引理 6.11　如果迭代索引 k(或等价的(s, t))表示第 s 轮的第 t 次迭代计算，那么

$$\mathbb{E}[\|\delta_k\|^2]\equiv\mathbb{E}[\|\delta_{(s,t)}\|^2]\leqslant\frac{L^2}{b}\sum_{i=2}^{t}\mathbb{E}[\|x_{(s,i)}-x_{(s,i-1)}\|^2]+\frac{\sigma^2}{m} \tag{6.5.16}$$

证明　类似于式(6.5.6)，可以证得

$$\mathbb{E}[\|\delta_{(s,t)}\|^2]=\frac{L^2}{b}\|x_{(s,t)}-x_{(s,t-1)}\|^2+\mathbb{E}[\|\delta_{(s,t-1)}\|^2]$$

另外，易证 $\mathbb{E}[\|\delta_{(s,0)}\|^2]\leqslant\sigma^2/m$。两式相结合，即得引理结果。■

定理 6.15　若 γ 和 b 按式(6.5.7)设置，则有

$$\mathbb{E}[\Psi(x_{k+1})]+\frac{1}{8L}\sum_{j=1}^{k}\mathbb{E}[\|g_{X,j}\|^2]\leqslant\mathbb{E}[\Psi(x_1)]+\frac{21k\sigma^2}{4Lm}, \ \forall k\geqslant 1,$$

$$\mathbb{E}[\|g_{X,R}\|^2]\leqslant\frac{8L}{N}[\Psi(x_1)-\Psi^*]+\frac{21\sigma^2}{4m}$$

证明　使用式(6.5.16)和一个类似于式(6.5.11)证明中使用的论证过程，我们可以证得

$$\mathbb{E}[\Psi(x_{s,t+1})]+p\mathbb{E}[\|g_{X,(s,t)}\|^2]\leqslant\mathbb{E}[\Psi(x_{s,t})]-\left[\gamma\left(1-\frac{L\gamma}{2}\right)-2p\right]\mathbb{E}[\|\widetilde{g}_{X,(s,t)}\|^2]+$$
$$\left(\frac{\gamma}{2q}+2p\right)\left[\frac{\gamma^2L^2}{b}\sum_{i=2}^{t}\mathbb{E}[\|\widetilde{g}_{X,(s,i)}\|^2]+\frac{\sigma^2}{m}\right] \tag{6.5.17}$$

因此，类似于式(6.5.12)，对于任意 $p>0$ 和 $q>0$，有

$$\mathbb{E}[\Psi(x_{s,t+1})]+p\sum_{j=1}^{t}\mathbb{E}[\|g_{X,(s,j)}\|^2]\leqslant\mathbb{E}[\Psi(x_1)]-$$
$$\left[\gamma\left(1-\frac{L\gamma}{2}\right)-2p-\left(\frac{\gamma}{2q}+2p\right)\frac{\gamma^2L^2_{(t-1)}}{b}\right]\sum_{j=1}^{t}\mathbb{E}[\|\widetilde{g}_{X,j}\|^2]+t\left(\frac{\gamma}{2q}+2p\right)\frac{\sigma^2}{m}$$

在上述不等式中固定 $p=1/(8L)$ 和 $q=1/8$，并利用 $\gamma=1/L$，$b=17T$ 和 $1\leqslant t\leqslant T$ 的事实，观察到

$$\gamma\left(1-\frac{L\gamma}{2}\right)-2p-\left(\frac{\gamma}{2q}+2p\right)\frac{\gamma^2L^2_{(t-1)}}{b}=\frac{1}{4L}-\frac{17(T-1)}{4Lb}>0$$

那么，对于任何轮 $s\geqslant 0$ 和 $1\leqslant t\leqslant T$，有

$$\mathbb{E}[\Psi(x_{(s,t+1)})]+\frac{1}{8L}\sum_{j=1}^{t}\mathbb{E}[\|g_{X,(s,i)}\|^2]\leqslant\mathbb{E}[\Psi(x_{(s,1)})]+\frac{17t\sigma^2}{4Lm} \tag{6.5.18}$$

归纳使用这些不等式，得到结论

$$\begin{aligned}\mathbb{E}[\Psi(x_{k+1})]+\frac{1}{8L}\sum_{j=1}^{k}\mathbb{E}[\|g_{x,j}\|^2]&\leqslant\mathbb{E}[\Psi(x_1)]+\frac{17L\sigma^2}{4}\left(\sum_{i=0}^{s-1}\frac{T}{m}+\frac{t}{m}\right)\\&=\mathbb{E}[\Psi(x_1)]+\frac{17k\sigma^2}{4Lm}\end{aligned}$$

■

现在，我们准备为求解随机优化问题的非凸降低方差镜面下降法所需的梯度计算总数给出一个界。

推论 6.21 假设 γ 和 b 按式(6.5.7)设定。对于给定的精度 $\varepsilon>0$，如果 $m=\sigma^2/\varepsilon^2$ 且 $T=\sqrt{m}$，那么，为找到解 $\overline{x}\in X$ 使得 $\mathbb{E}\|P_X(x_k,\nabla f(x_k),\gamma)\|^2\leqslant\varepsilon$，使用非凸降低方差镜面下降法时所需的梯度计算总数的界为

$$\mathcal{O}\left(\frac{L\sigma[\Psi(x_1)-\Psi^*]}{\varepsilon^{3/2}}\right) \tag{6.5.19}$$

证明 由定理 6.15 可知，总迭代次数 N 和样本大小 m 应分别以 $\mathcal{O}\left(\frac{L}{\varepsilon}[\Psi(x_1)-\Psi^*]\right)$ 和 $\mathcal{O}(\sigma^2/\varepsilon)$ 为界。显然，梯度计算的总次数将以下式为界

$$(m+bT)\left\lceil\frac{N}{T}\right\rceil=(m+17T^2)\left\lceil\frac{N}{T}\right\rceil=\mathcal{O}(\sqrt{m}N)$$

这就意味着式(6.5.19)的结果成立。 ■

我们观察到，由于假定掌握了问题所具有的特殊结构信息，上述复杂度界比 RSMD 方法(见 6.2 节)得到的复杂度界要好得多。特别地，我们需要假定函数 $F(x,\xi)$ 对于每一 ξ 是几乎处处光滑的。相反，RSMD 却只要求 f 是光滑的。在很多情况下，F 是非光滑的但 f 是光滑的。我们所依赖的第二个假设是当计算不同搜索点的梯度时，固定随机变量 ξ 值的可能性。这一假设在机器学习的许多应用中都得到了满足，但在其他一些应用中却不一定，如模拟或随机动态优化问题，这些应用中随机变量可能会依赖于决策变量。

6.6 随机化加速邻近点方法

在本节中，我们将讨论基于邻近点方法的一种不同类型的加速方法，来解决非凸的优化问题。在这些方法中，我们首先将原来的非凸优化问题转化为一系列强凸优化问题，然后应用加速方法求解这些问题。

我们考虑两类广泛应用于机器学习的非凸优化问题。第一类问题的目的是最小化多个项的和：

$$\min_{x\in X}\{f(x):=\frac{1}{m}\sum_{i=1}^{m}f_i(x)\} \tag{6.6.1}$$

其中，$X\subseteq\mathbb{R}^n$ 为闭凸集，且 $f_i: X\to\mathbb{R}$，$i=1$，…，m 是在 X 上具有 L-Lipschitz 连续梯度的非凸光滑函数，即对于某个 $L\geqslant 0$，

$$\|\nabla f_i(x_1)-\nabla f_i(x_2)\|\leqslant L\|x_1-x_2\|,\quad\forall x_1,\quad x_2\in X \tag{6.6.2}$$

此外，我们假设存在 $0<\mu\leqslant L$，使得

$$f_i(x_1)-f_i(x_2)-\langle\nabla f_i(x_2),\ x_1-x_2\rangle\geqslant -\frac{\mu}{2}\|x_1-x_2\|^2,\quad\forall x_1,\quad x_2\in X \tag{6.6.3}$$

显然，式(6.6.2)隐含了式(6.6.3)(当 $\mu=L$ 时)。而在经典非线性规划设置中，只假设满足条件式(6.6.2)，通过使用这两个条件式(6.6.2)和式(6.6.3)，我们在设计问题(6.6.1)的求解方法时可以探索使用更多的结构信息。这类问题包括，我们在6.4节中作为特例讨论的非凸复合问题。在本节中，我们打算发展出更有效的算法来解决式(6.6.1)中条件数 L/μ 很大时的问题。在一些应用中有这样的问题，需对 $f(x)=1/m\sum_{i=1}^{m}h_i(x)+\rho p(x)$ 进行变量选择的统计，其中 h_i 是光滑凸函数，p 是非凸函数，$\rho>0$ 是一个较小的惩罚参数。注意一些非凸惩罚的例子中是由极大极小凹惩罚(MCP)或平滑截断绝对偏差(SCAD)法给出的。可以证明，这些问题的条件数通常大于 m。

除问题(6.6.1)外，我们还考虑一类重要的线性耦合约束的非凸多块优化问题，即

$$\begin{aligned}&\min_{x_i\in X_i}\sum_{i=1}^{m}f_i(x_i)\\&\text{s.t.}\ \sum_{i=1}^{m}A_ix_i=b\end{aligned} \tag{6.6.4}$$

其中，$X_i\subseteq\mathbb{R}^{d_i}$ 为闭凸集，$A_i\subseteq\mathbb{R}^{n\times d_i}$，$b\subseteq\mathbb{R}^n$，$f_i: X_i\to\mathbb{R}$ 满足对某个 $\mu\geqslant 0$，有

$$f_i(x)-f_i(y)-\langle\nabla f_i(y),\ x-y\rangle\geqslant -\frac{\mu}{2}\|x-y\|^2,\quad\forall x,\ y\in X_i \tag{6.6.5}$$

并且 $f_m: \mathbb{R}^n\to\mathbb{R}$ 有 L-lipschitz 连续梯度，即 $\exists L\geqslant 0$，使得

$$\|\nabla f_m(x)-\nabla f_m(y)\|\leqslant L\|x-y\|,\quad\forall x,\ y\in\mathbb{R}^n \tag{6.6.6}$$

此外，我们假设 $X_m=\mathbb{R}^n$ 和 A_m 是可逆的。也就是说，为了保证子问题的拉格朗日对偶的强凹性，我们做了一个结构假设，即其中一个块等于变量的维数。此外，我们还假设了计算 A_m^{-1}(例如，A_m 是单位矩阵，稀疏或对称对角占优)相对容易，以简化算法的表述和分析(更多讨论见注释6.1)。这类问题在压缩感知和分布式优化中会自然出现。例如，考虑基于非凸收缩惩罚函数的压缩感知问题：$\min_{x_i\in X_i}\{p(x): Ax=b\}$，其中 $A\in\mathbb{R}^{n\times d}$ 是一个具

有 $d \gg n$ 的大感知矩阵，$p(x)=\sum_{i=1}^{m} p_i(x_i)$ 是一个非凸的可分离惩罚函数。由于矩阵 A 很容易找到一个可逆的子矩阵，不失一般性，我们可以假设 A 的最后 n 列构成一个可逆矩阵。我们可以把这个问题视为式(6.6.4)的一个特例，方法是把 x 的最后 n 个分量分成 x_m 块，把剩下的 $d-n$ 个分量分至另外 $m-1$ 个块中。

6.6.1 非凸有限和问题

在本节中，我们发展了一种随机加速邻近梯度(RapGrad)方法来解决式(6.6.1)中的非凸有限和优化问题，并证明了它可以显著地提高这些问题的收敛速度，特别是当它们的目标函数具有较大的条件数时。我们将分别在 6.6.1.1 节和 6.6.1.2 节中描述该算法并建立其收敛性。

6.6.1.1 RapGrad 算法

求解问题(6.6.1)的 RapGrad 的基本思想是利用邻近点类型方法进行迭代。具体来说，给定第 ℓ 次迭代时的当前搜索点 $\overline{x}^{\ell-1}$，我们将适当修改 5.1 节的随机原始-对偶梯度法，得到随机加速梯度(RaGrad)近似求解

$$\min_{x \in X} \frac{1}{m} \sum_{i=1}^{m} f_i(x)+\frac{3\mu}{2}\|x-\overline{x}^{\ell-1}\|^2 \tag{6.6.7}$$

来计算新的搜索点 $\overline{x}^{\ell}$。

RapGrad 和 RaGrad 的算法方案分别在算法 6.8 和算法 6.9 中描述。虽然看起来我们可以直接应用随机原始-对偶梯度法(或其他快速随机增量梯度方法)来解决式(6.6.7)，由式(6.6.3)可知问题(6.6.7)是强凸的，但如果直接应用这些方法，那么，每当有一个新的子问题需要解决时，就要求我们一次又一次计算完全梯度。此外，直接应用现有的这些一阶方法求解式(6.6.7)，会在最终的复杂度界中产生一些额外的对数因子($\log(1/\varepsilon)$)。因此，我们使用 RaGrad 方法求解式(6.6.7)时，它与原来的随机原始-对偶梯度法有以下几个方面的不同。首先，与随机原始-对偶梯度法不同，RaGrad 的设计和分析不涉及 f_i 的共轭函数，而只涉及一阶信息(函数值和它的梯度)。这样的分析使我们能够建立连续的搜索点 $\overline{x}^{\ell}$ 之间的关系，以及序列 $\underline{x}_i^{\ell}$ 的收敛性，其中梯度 $\overline{y}_i^{\ell}$ 会被计算。有了这些关系，我们就可以确定算法 6.9 所需要的迭代次数，以确保整体的 RapGrad 算法会达到加速的收敛速度。

其次，最初的随机原始-对偶梯度法在每次迭代时只需要计算一个随机选择的梯度，不需要一次又一次地计算完全梯度。然而，当我们解决一个新的邻近子问题(即 $\overline{x}^{\ell-1}$ 在每次迭代中发生变化)时，是否需要完全计算所有的分量函数是不清楚的。结果表明，利用先前子问题中获得的信息，适当地初始化 RaGrad 中几个交织在一起的原始序列和梯度序列，在调用该方法时，只需要在第一次迭代时计算一次全梯度，而在整个 RapGrad 方法中解决其他子问题时不再计算完全梯度。实际上，RaGrad(算法 6.9)的输出 y_s^i 代表了 ψ_i 在搜索点 $\underline{x}_i^s$ 处的梯度。利用目标函数的强凸性，我们将能够证明所有搜索点 $\underline{x}_s^i$，$i=1,\cdots,m$ 收敛，它们与搜索点 x^s 相似，将收敛于式(6.6.8)(参见下文引理 6.13)中子问题的最优解。因此，我们可以用 y_s^i 逼近 $\nabla\psi_i(x^s)$，从而在求解下一个子问题时无须计算 x^s 的全梯度。

算法 6.8　RapGrad 非凸有限和优化

令 $\overline{x}^0 \in X$，设置 $\underline{x}_i^0 = \overline{x}^0$，$\overline{y}_i^0 = \nabla f_i(\overline{x}^0)$，$i=1, \cdots, m$。

for $\ell=1, \cdots, k$ **do**

设置 $x^{-1} = x^0 = \overline{x}^{\ell-1}$，$\underline{x}_i^0 = \underline{\overline{x}}_i^{\ell-1}$，$y_i^0 = \overline{y}_i^{\ell-1}$，$i=1, \cdots, m$。

运行 RaGrad(即算法 6.9)，使用输入 x^{-1}，x^0，$\underline{x}_i^0$，y_i^0，$i=1, \cdots, m$，以及 s，以求解下面的子问题

$$\min_{x \in X} \frac{1}{m} \sum_{i=1}^{m} \psi_i(x) + \varphi(x) \tag{6.6.8}$$

来得到输出 x^s，$\underline{x}_i^s$，y_i^s，$i=1, \cdots, m$，其中 $\psi_i(x) \equiv \psi_i^\ell(x) := f_i(x) + \mu \| x - \overline{x}_i^{\ell-1} \|^2$，$i=1, \cdots, m$ 和 $\varphi(x) \equiv \varphi^\ell(x) := \frac{\mu}{2} \| x - \overline{x}^{\ell-1} \|^2$。

设置 $\overline{x}^\ell = x^s$，$\underline{\overline{x}}_i^\ell = \underline{x}_i^s$ 且 $\overline{y}_i^\ell = y_i^s + 2\mu(\overline{x}_i^{\ell-1} - \overline{x}^\ell)$，$i=1, \cdots, m$(注意 $\overline{y}_i^\ell = \nabla \psi_i^{\ell+1}(\underline{\overline{x}}_i^\ell)$ 总成立)。

end for

输出：$\overline{x}^{\hat{\ell}}$，对于某个随机 $\hat{\ell} \in [k]$。

算法 6.9　RaGrad 迭代求解子问题(6.6.8)

输入：$x^{-1} = x^0 \in X$，$\underline{x}_i^0 \in X$，y_i^0，$i=1, \cdots, m$，迭代次数 s。假设非负参数 $\{\alpha_t\}$，$\{\tau_t\}$，$\{\eta_t\}$ 给定。

for $t=1, \cdots, s$ **do**

1. 生成在 $[m]$ 上均匀分布的随机变量 i_t。
2. 根据下面诸式更新 x^t 和 y^t

$$\widetilde{x}^t = \alpha_t (x^{t-1} - x^{t-2}) + x^{t-1} \tag{6.6.9}$$

$$\underline{x}_i^t = \begin{cases} (1+\tau_t)^{-1} (\widetilde{x}^t + \tau_t \underline{x}_i^{t-1}), & i = i_t, \\ \underline{x}_i^{t-1}, & i \neq i_t, \end{cases} \tag{6.6.10}$$

$$y_i^t = \begin{cases} \nabla \psi_i(\underline{x}_i^t), & i = i_t, \\ y_i^{t-1}, & i \neq i_t, \end{cases} \tag{6.6.11}$$

$$\widetilde{y}_i^t = m(y_i^t - y_i^{t-1}) + y_i^{t-1}, \quad \forall i=1, \cdots, m \tag{6.6.12}$$

$$x^t = \arg\min_{x \in X} \varphi(x) + \left\langle \frac{1}{m} \sum_{i=1}^{m} \widetilde{y}_i^t, x \right\rangle + \eta_t V_\varphi(x, x^{t-1}) \tag{6.6.13}$$

end for

输出：x^s，$\underline{x}_i^s$ 和 y_i^s，$i=1, \cdots, m$。

在建立 RapGrad 方法的收敛性之前，我们首先需要为问题(6.6.1)定义一个近似平衡点，该点适合于进行邻近点类型方法的分析。一个点 $x \in X$，如果它位于近似满足一阶最优性条件的点 $\hat{x} \in X$ 的小邻域内，则称为近似平衡点。

定义 6.1　一个点 $x \in X$ 称为问题(6.6.1)的(ε, δ)-解，如果存在某个 $\hat{x} \in X$ 使得

$$[d(\nabla f(\hat{x}), -N_X(\hat{x}))]^2 \leqslant \varepsilon \quad 且 \quad \| x - \hat{x} \|^2 \leqslant \delta$$

问题(6.6.1)的一个随机(ε, δ)-解是这样的一个解

$$\mathbb{E}[d(\nabla f(\hat{x}), -N_X(\hat{x}))]^2 \leqslant \varepsilon \quad 且 \quad \mathbb{E}\| x - \hat{x} \|^2 \leqslant \delta$$

其中，$d(x, Z) := \inf_{z \in Z} \| x - z \|$ 表示 x 到集合 Z 的距离，$N_X(\hat{x}) := \{x \in \mathbb{R}^n : \langle x, y - \hat{x} \rangle \leqslant 0$ 对于所有 $y \in X\}$ 表示 X 在 $\hat{x}$ 点的法锥。

为了更好地理解上述定义，让我们考虑无约束问题(6.6.1)，即当 $X=\mathbb{R}^n$ 时。设 $x\in X$ 是一个取 $\delta=\varepsilon/L^2$ 时的$(\varepsilon,\ \delta)$-解。那么，存在 $\hat{x}\in X$，使得 $\|\nabla f(\hat{x})\|^2\leqslant\varepsilon$ 和 $\|x-\hat{x}\|^2\leqslant\varepsilon/L^2$，从而可推出

$$\begin{aligned}\|\nabla f(x)\|^2&=\|\nabla f(x)-\nabla f(\hat{x})+\nabla f(\hat{x})\|^2\leqslant2\|\nabla f(x)-\nabla f(\hat{x})\|^2+2\|\nabla f(\hat{x})\|^2\\&\leqslant2L^2\|x-\hat{x}\|^2+2\|\nabla f(\hat{x})\|^2\leqslant4\varepsilon\end{aligned}\tag{6.6.14}$$

此外，如果 X 是一个紧集，且 $x\in X$ 是一个$(\varepsilon,\ \delta)$-解，我们可以定义所谓的 Wolfe 间隙(参见 7.1.1 节)的界如下：

$$\begin{aligned}\operatorname{gap}(x):&=\max_{z\in X}\langle\nabla f(x),\ x-z\rangle\\&=\max_{z\in X}\langle\nabla f(x)-\nabla f(\hat{x}),\ x-z\rangle+\max_{z\in X}\langle\nabla f(\hat{x}),\ x-\hat{x}\rangle+\max_{z\in X}\langle\nabla f(\hat{x}),\ \hat{x}-z\rangle\\&\leqslant L\sqrt{\delta}D_X+\sqrt{\delta}\|\nabla f(\hat{x})\|+\sqrt{\varepsilon}D_X\end{aligned}\tag{6.6.15}$$

其中 $D_X:=\max\limits_{x_1,x_2\in X}\|x_1-x_2\|$。与式(6.6.14)和式(6.6.15)中两个众所周知的判据相比，定义 6.1 中给出的判据似乎适用于更广泛的一类问题，尤其适用于邻近点类型的方法。

现在我们准备陈述 RapGrad 的主要收敛性质。该结果的证明更为复杂，因此证明过程单独放到 6.6.1.2 节中。

定理 6.16　*假设迭代序列 $\overline{x}^\ell$，$\ell=1$，…，k 是由算法 6.8 生成的，并且 ℓ 从$[k]$中随机选取。假设在算法 6.9 中，迭代次数 $s=\lceil-\log\widetilde{M}/\log\alpha\rceil$，其中*

$$\widetilde{M}:=6\left(5+\frac{2L}{\mu}\right)\max\left\{\frac{6}{5},\ \frac{L^2}{\mu^2}\right\},\quad\alpha=1-\frac{2}{m(\sqrt{1+16c/m}+1)},\quad c=2+\frac{L}{\mu}\tag{6.6.16}$$

并且其他参数如下设置

$$\alpha_t=\alpha,\quad\gamma_t=\alpha^{-t},\quad\tau_t=\frac{1}{m(1-\alpha)}-1,\quad\eta_t=\frac{\alpha}{1-\alpha},\quad\forall t=1,\ \cdots,\ s\tag{6.6.17}$$

则有

$$\mathbb{E}[d(\nabla f(x_*^{\hat{\ell}}),\ -N_X(x_*^{\hat{\ell}}))]^2\leqslant\frac{36\mu}{k}[f(\overline{x}^0)-f(x^*)]$$

$$\mathbb{E}\|\overline{x}^{\hat{\ell}}-x_*^{\hat{\ell}}\|^2\leqslant\frac{4\mu}{kL^2}[f(\overline{x}^0)-f(x^*)]$$

其中，x^* 和 x_*^ℓ 分别表示问题(6.6.1)和第 ℓ 个子问题(6.6.7)的最优解。

定理 6.16 保证，在期望中存在一个近似平衡点 $x_*^{\hat{\ell}}$，它是第 $\ell^{\hat{\ell}}$ 个子问题的最优解。虽然 $x_*^{\hat{\ell}}$ 对我们是未知的，但我们可以输出一个可计算得到的解 $\overline{x}^{\hat{\ell}}$，它足够接近于 $x_*^{\hat{\ell}}$。另外，在某些重要情况下，可以用式(6.6.14)和式(6.6.15)来直接衡量解的质量。

根据定理 6.16，我们可以限定 RapGrad 所要求的梯度计算的总数，从而得到式(6.6.1)的随机$(\varepsilon,\ \delta)$-解。实际上，注意到整个梯度只在第一个外部循环中计算一次，并且对于每个子问题(6.6.1)，我们只需要如下计算梯度 s 次

$$s=\left\lceil-\frac{\log\widetilde{M}}{\log\alpha}\right\rceil\sim\mathcal{O}\left(\left(m+\sqrt{m\frac{L}{\mu}}\right)\log\left(\frac{L}{\mu}\right)\right)$$

因此，RapGrad 执行的梯度计算的总数可以被限制为

$$N(\varepsilon,\ \delta):=\mathcal{O}\left(m+\mu\left(m+\sqrt{m\frac{L}{\mu}}\right)\log\left(\frac{L}{\mu}\right)\cdot\max\left\{\frac{1}{\delta L^2},\ \frac{1}{\varepsilon}\right\}D^0\right)$$

其中 $D^0:=f(\overline{x}^0)-f(x^*)$。作为比较，该算法的批量(batch)版本，视 $1/m\sum_{i=1}^{m}f_i(x)$ 为单个分量，会在每次迭代时更新式(6.6.10)和式(6.6.11)中所有的 $\underline{x}_i^t$ 和 y_i^t(对全部 $i=1,\cdots,m$)，因此需要

$$\hat{N}(\varepsilon,\delta):=\mathcal{O}\left(m\sqrt{L\mu}\log\left(\frac{L}{\mu}\right)\cdot\max\left\{\frac{1}{\delta L^2},\frac{1}{\varepsilon}\right\}D^0\right)$$

个梯度计算来得到问题(6.6.1)的(ε,δ)-解。对于满足条件 $L/\mu\geqslant m$ 的问题，与其批量形式算法和其他确定性批的方法相比，RapGrad 可以潜在地节省梯度计算的总次数，它们之间会差 $\mathcal{O}(\sqrt{m})$个因子的梯度计算。将 RapGrad 与那些降低方差的随机算法进行比较也很有趣(见 6.5 节)。为简单起见，考虑 $\delta=\varepsilon/L^2$ 和 $X\equiv\mathbb{R}^n$ 的情形。在这种情况下，RapGrad 算法的复杂度界由 $\mathcal{O}(\sqrt{mL\mu}/\varepsilon)$ 给出，该界小于复杂度界 $\mathcal{O}(\sqrt{m}L/\varepsilon)$，相差一个因子 $\mathcal{O}(L^{\frac{1}{2}}/\mu^{\frac{1}{2}})$，由于 $L/\mu\geqslant m$ 的缘故，该因子大于 $\mathcal{O}(m^{\frac{1}{2}})$。

定理 6.16 仅证明了 RapGrad 算法期望的收敛性。与非凸随机梯度下降法类似，我们可以利用两阶段过程建立压倒性概率下的 RapGrad 算法，并进一步改进其收敛性。具体而言，我们可以在优化阶段计算出短的候选解的表，这可以通过进行一些 RapGrad 的独立运行完成，或是从 RapGrad 计算的轨迹中随机选择几个解出来完成；然后从表中选择最好的解。例如，在优化后阶段依度量判据式(6.6.14)或式(6.6.15)来获得最优解。

6.6.1.2　RapGrad 的收敛性分析

在这一节中，我们将首先研究出算法 6.9 应用于凸有限和子问题(6.6.8)的收敛性的结果，然后利用它们来建立 RapGrad 算法收敛性。观察到式(6.6.8)中的分量函数 ψ_i 和 φ 满足：

1. $\frac{\mu}{2}\|x-y\|^2\leqslant\psi_i(x)-\psi_i(y)-\langle\nabla\psi_i(y),x-y\rangle\leqslant\frac{\hat{L}}{2}\|x-y\|^2$，$\forall x,y\in X$，$i=1,\cdots,m$

2. $\varphi(x)-\varphi(y)-\langle\nabla\varphi(y),x-y\rangle\geqslant\frac{\mu}{2}\|x-y\|^2$，$\forall x,y\in X$

其中 $\hat{L}=L+2\mu$。

我们首先叙述一些关于算法 6.9 生成的迭代的简单关系。

引理 6.12　设 $\hat{\underline{x}}_i^t=(1+\tau_t)^{-1}(\widetilde{x}^t+\tau_t\underline{x}_i^{t-1})$，对于 $i=1,\cdots,m$ 和 $t=1,\cdots,s$。则

$$\mathbb{E}_{i_t}[\psi(\hat{\underline{x}}_i^t)]=m\psi(\underline{x}_i^t)-(m-1)\psi(\hat{\underline{x}}_i^{t-1})\tag{6.6.18}$$

$$\mathbb{E}_{i_t}[\nabla\psi(\hat{\underline{x}}_i^t)]=m\nabla\psi(\underline{x}_i^t)-(m-1)\nabla\psi(\underline{x}_i^{t-1})=\mathbb{E}_{i_t}[\widetilde{y}_i^t]\tag{6.6.19}$$

证明　根据 $\hat{\underline{x}}_i^t$ 的定义，很容易看到 $\mathbb{E}_{i_t}[\underline{x}_i^t]=\frac{1}{m}\hat{\underline{x}}_i^t+\frac{m-1}{m}\underline{x}_i^{t-1}$，这样 $\mathbb{E}_{i_t}[\psi_i(\underline{x}_i^t)]=\frac{1}{m}\psi_i(\hat{\underline{x}}_i^t)+\frac{m-1}{m}\psi_i(\underline{x}_i^{t-1})$，并且 $\mathbb{E}_{i_t}[\nabla\psi_i(\underline{x}_i^t)]=\frac{1}{m}\nabla\psi_i(\hat{\underline{x}}_i^t)+\frac{m-1}{m}\nabla\psi_i(\underline{x}_i^{t-1})$，此式与 $\widetilde{y}_i^t=m(y_i^t-y_i^{t-1})+y_i^{t-1}$ 事实相结合就给出了要证明的关系。■

下面的引理 6.13 描述了关于算法 6.9 的一个重要结果，该结果通过展示 $\underline{x}_i^s$ 的收敛性改进了命题 5.1。

引理 6.13　*假设 x^t 和 y^t，$t=1,\cdots,s$ 由算法 6.9 迭代生成，x^* 是问题(6.6.8)的最优解。如果算法 6.9 中的参数对所有 $t=1,\cdots,s-1$，满足*

$$\alpha_{t+1}\gamma_{t+1}=\gamma_t\tag{6.6.20}$$

$$\gamma_{t+1}[m(1+\tau_{t+1})-1]\leqslant m\gamma_t(1+\tau_t) \tag{6.6.21}$$

$$\gamma_{t+1}\eta_{t+1}\leqslant\gamma_t(1+\eta_t) \tag{6.6.22}$$

$$\frac{\eta_s\mu}{4}\geqslant\frac{(m-1)^2\hat{L}}{m^2\tau_s} \tag{6.6.23}$$

$$\frac{\eta_t\mu}{2}\geqslant\frac{\alpha_{t+1}\hat{L}}{\tau_{t+1}}+\frac{(m-1)^2\hat{L}}{m^2\tau_t} \tag{6.6.24}$$

$$\frac{\eta_s\mu}{4}\geqslant\frac{\hat{L}}{m(1+\tau_s)} \tag{6.6.25}$$

那么，有

$$\mathbb{E}_s\left[\gamma_s(1+\eta_s)V_\varphi(x^*,x^s)+\sum_{i=1}^m\frac{\mu\gamma_s(1+\tau_s)}{4}\|\underline{x}_i^s-x^*\|^2\right]\leqslant\gamma_1\eta_1\mathbb{E}_sV_\varphi(x^*,x^0)+$$
$$\sum_{i=1}^m\frac{\gamma_1[(1+\tau_1)-1/m]\hat{L}}{2}\mathbb{E}_s\|\underline{x}_i^0-x^*\|^2$$

其中 $\mathbb{E}_s[X]$表示随机变量 X 在 i_1，…，i_s 上的期望。

证明 由 ψ 的凸性和 x^* 的最优性，我们有

$$\begin{aligned}Q_t:=&\varphi(x^t)+\psi(x^*)+\langle\nabla\psi(x^*),x^t-x^*\rangle-\\&[\varphi(x^*)+\frac{1}{m}\sum_{i=1}^m(\psi_i(\hat{\underline{x}}_i^t)+\langle\nabla\psi_i(\hat{\underline{x}}_i^t),x^*-\hat{\underline{x}}_i^t\rangle)]\\\geqslant&\varphi(x^t)+\psi(x^*)+\langle\nabla\psi(x^*),x^t-x^*\rangle-[\varphi(x^*)+\psi(x^*)]\\=&\varphi(x^t)-\varphi(x^*)+\langle\nabla\psi(x^*),x^t-x^*\rangle \qquad (6.6.26)\\\geqslant&\langle\nabla\varphi(x^*)+\nabla\psi(x^*),x^t-x^*\rangle\geqslant0 \qquad (6.6.27)\end{aligned}$$

为了使用符号方便，记 $\Psi(x,z):=\psi(x)-\psi(z)-\langle\nabla\psi(z),x-z\rangle$，

$$Q_t=\varphi(x^t)-\varphi(x^*)+\left\langle\frac{1}{m}\sum_{i=1}^m\tilde{y}_i^t,x^t-x^*\right\rangle+\delta_1^t+\delta_2^t \tag{6.6.28}$$

$$\begin{aligned}\delta_1^t:=&\psi(x^*)-\langle\nabla\psi(x^*),x^*\rangle-\frac{1}{m}\sum_{i=1}^m[\psi_i(\hat{\underline{x}}_i^t)-\langle\nabla\psi_i(\hat{\underline{x}}_i^t),\hat{\underline{x}}_i^t\rangle+\\&\langle\nabla\psi_i(\hat{\underline{x}}_i^t)-\nabla\psi_i(x^*),\tilde{x}^t\rangle]\\=&\frac{1}{m}\sum_{i=1}^m[\tau_t\Psi(\underline{x}_i^{t-1},x^*)-(1+\tau_t)\Psi(\hat{\underline{x}}_i^t,x^*)-\tau_t\Psi(\underline{x}_i^{t-1},\hat{\underline{x}}_i^t)]\end{aligned} \tag{6.6.29}$$

$$\delta_2^t:=\frac{1}{m}\sum_{i=1}^m[\langle\nabla\psi_i(\hat{\underline{x}}_i^t)-\nabla\psi_i(x^*),\tilde{x}^t\rangle-\langle\tilde{y}_i^t-\nabla\psi_i(x^*),x^t\rangle+\langle\tilde{y}_i^t-\nabla\psi_i(\hat{\underline{x}}_i^t),x^*\rangle]$$

由式(6.6.19)，有

$$\begin{aligned}\mathbb{E}_{i_t}[\delta_2^t]=&\frac{1}{m}\sum_{i=1}^m\mathbb{E}_{i_t}[\langle\nabla\psi_i(\hat{\underline{x}}_i^t)-\nabla\psi_i(x^*),\tilde{x}^t\rangle-\langle\tilde{y}_i^t-\nabla\psi_i(x^*),x^t\rangle+\\&\langle\tilde{y}_i^t-\nabla\psi_i(\hat{\underline{x}}_i^t),x^*\rangle]\\=&\frac{1}{m}\sum_{i=1}^m\mathbb{E}_{i_t}\langle\tilde{y}_i^t-\nabla\psi_i(x^*),\tilde{x}^t-x^t\rangle\end{aligned} \tag{6.6.30}$$

将每个 Q_t 乘以一个非负的 γ_t，再将它们累加起来，我们得到

$$\mathbb{E}_s\left[\sum_{t=1}^s\gamma_tQ_t\right]\leqslant\mathbb{E}_s\left\{\sum_{t=1}^s\gamma_t[\eta_tV_\varphi(x^*,x^{t-1})-(1+\eta_t)V_\varphi(x^*,x^t)-\eta_tV_\varphi(x^t,x^{t-1})]\right\}+$$

$$\mathbb{E}_s\left\{\sum_{t=1}^{s}\sum_{i=1}^{m}\left[\gamma_t\left(1+\tau_t-\frac{1}{m}\right)\Psi(\underline{x}_i^{t-1},x^*)-\gamma_t(1+\tau_t)\Psi(\underline{x}_i^t,x^*)\right]\right\}+$$
$$\mathbb{E}_s\left\{\sum_{t=1}^{s}\sum_{i=1}^{m}\gamma_t\left[\frac{1}{m}(\tilde{y}_i^t-\nabla\psi_i(x^*),x^t-x^t\rangle-\tau_t\Psi(\underline{x}_i^{t-1},\underline{x}_i^t))\right]\right\}$$
$$\leqslant\mathbb{E}_s[\gamma_1\eta_1V_\varphi(x^*,x^0)-(1+\eta_s)V_\varphi(x^*,x^s)]+$$
$$\mathbb{E}_s\left\{\sum_{i=1}^{m}\left[\gamma_1\left(1+\tau_1-\frac{1}{m}\right)\Psi(\underline{x}_i^0,x^*)-\gamma_s(1+\tau_s)\Psi(\underline{x}_i^s,x^*)\right]\right\}-\mathbb{E}_s\left[\sum_{t=1}^{s}\gamma_t\delta_t\right]\tag{6.6.31}$$

其中

$$\delta_t:=\eta_tV_\varphi(x^t,x^{t-1})-\sum_{i=1}^{m}\left[\frac{1}{m}\langle\tilde{y}_i^t-\nabla\Psi_i(x^*),\tilde{x}^t-x^t\rangle-\tau_t\Psi(\underline{x}_i^{t-1},\underline{x}_i^t)\right]$$
$$=\eta_tV_\varphi(x^t,x^{t-1})-\frac{1}{m}\sum_{i=1}^{m}(\tilde{y}_i^t-\nabla\Psi_i(x^*),\tilde{x}^t-x^t\rangle+\tau_t\Psi(\underline{x}_{i_t}^{t-1},\underline{x}_{i_t}^t)\tag{6.6.32}$$

第一个不等式由关系式(6.6.28)、式(6.6.29)、式(6.6.45)、式(6.6.30)和引理 6.12 推出，第二个不等式由式(6.6.21)和式(6.6.22)推出。

根据式(6.6.9)中的 $\tilde{x}$ 的定义，我们有

$$\frac{1}{m}\sum_{i=1}^{m}\langle\tilde{y}_i^t-\nabla\psi_i(x^*),\tilde{x}^t-x^t\rangle$$
$$=\frac{1}{m}\sum_{i=1}^{m}[\langle\tilde{y}_i^t-\nabla\psi_i(x^*),x^{t-1}-x^t\rangle-\alpha_t\langle\tilde{y}_i^t-\nabla\psi_i(x^*),x^{t-2}-x^{t-1}\rangle]$$
$$=\frac{1}{m}\sum_{i=1}^{m}[\langle\tilde{y}_i^t-\nabla\psi_i(x^*),x^{t-1}-x^t\rangle-\alpha_t\langle\tilde{y}_i^{t-1}-\nabla\psi_i(x^*),x^{t-2}-$$
$$x^{t-1}\rangle-\alpha_t\langle\tilde{y}_i^t-\tilde{y}_i^{t-1},x^{t-2}-x^{t-1}\rangle]$$
$$=\frac{1}{m}\sum_{i=1}^{m}[\langle\tilde{y}_i^t-\nabla\psi_i(x^*),x^{t-1}-x^t\rangle-\alpha_t(\tilde{y}_i^{t-1}-\nabla\psi_i(x^*),x^{t-2}-x^{t-1})]-$$
$$\alpha_t\langle\nabla\psi_{i_t}(\underline{x}_{i_t}^t)-\nabla\psi_{i_t}(\underline{x}_{i_t}^{t-1}),x^{t-2}-x^{t-1}\rangle-$$
$$\left(1-\frac{1}{m}\right)\alpha_t\langle\nabla\psi_{i_{t-1}}(\underline{x}_{i_{t-1}}^{t-2})-\nabla\psi_{i_{t-1}}(\underline{x}_{i_{t-1}}^{t-1}),x^{t-2}-x^{t-1}\rangle\tag{6.6.33}$$

由关系式(6.6.24)和 $x^{-1}=x^0$ 的事实，得到

$$\sum_{t=1}^{s}\gamma_t\frac{1}{m}\sum_{i=1}^{m}[\langle\tilde{y}_i^t-\nabla\psi_i(x^*),x^{t-1}-x^t\rangle-\alpha_t\langle\tilde{y}_i^{t-1}-\nabla\psi_i(x^*),x^{t-2}-x^{t-1}\rangle]$$
$$=\gamma_s\frac{1}{m}\sum_{i=1}^{m}\langle\tilde{y}_i^s-\nabla\psi_i(x^*),x^{s-1}-x^s\rangle$$
$$=\gamma_s\frac{1}{m}\sum_{i=1}^{m}\langle\nabla\psi_i(\underline{x}_i^s)-\nabla\psi_i(x^*),x^{s-1}-x^s\rangle+$$
$$\gamma_s\sum_{i=1}^{m}\left(1-\frac{1}{m}\right)\langle\nabla\psi_i(\underline{x}_i^s)-\nabla\psi_i(\underline{x}_i^{s-1}),x^{s-1}-x^s\rangle$$
$$=\gamma_s\frac{1}{m}\sum_{i=1}^{m}\langle\nabla\psi_i(\underline{x}_i^s)-\nabla\psi_i(x^*),x^{s-1}-x^s\rangle+$$
$$\gamma_s\left(1-\frac{1}{m}\right)\langle\nabla\psi_{i_s}(\underline{x}_{i_s}^s)-\nabla\psi_{i_s}(\underline{x}_{i_s}^{s-1}),x^{s-1}-x^s\rangle\tag{6.6.34}$$

下面我们准备给出式(6.6.31)中的最后一项的界：

$$
\begin{aligned}
&\sum_{t=1}^{s}\gamma_t\delta_t\\
&\overset{(a)}{=}\sum_{t=1}^{s}\gamma_t\left[\eta_t V_\varphi(x^t,\ x^{t-1})-\frac{1}{m}\sum_{i=1}^{m}\langle\tilde{y}_i^t-\nabla\psi_i(x^*),\ \tilde{x}^t-x^t\rangle+\tau_t\Psi(\underline{x}_{i_t}^{t-1},\ \underline{x}_{i_t}^{t})\right]\\
&\overset{(b)}{=}\sum_{t=1}^{s}\gamma_t[\eta_t V_\varphi(x^t,\ x^{t-1})+\alpha_t\langle\nabla\psi_{i_t}(\underline{x}_{i_t}^{t})-\nabla\psi_{i_t}(\underline{x}_{i_t}^{t-1}),\ x^{t-2}-x^{t-1}\rangle+\\
&\left(1-\frac{1}{m}\right)\alpha_t\langle\nabla\psi_{i_{t-1}}(\underline{x}_{i_{t-1}}^{t-2})-\nabla\psi_{i_{t-1}}(\underline{x}_{i_{t-1}}^{t-1})\rangle,\ x^{t-2}-x^{t-1}+\tau_t\Psi(\underline{x}_{i_t}^{t-1},\ \underline{x}_{i_t}^{t})]+\\
&\gamma_s\frac{1}{m}\sum_{i=1}^{m}\langle\nabla\psi_i(\underline{x}_i^s)-\nabla\psi_i(x^*),\ x^{s-1}-x^s\rangle-\\
&\gamma_s\left(1-\frac{1}{m}\right)\langle\nabla\psi_{i_s}(\underline{x}_{i_s}^{s})-\nabla\psi_{i_s}(\underline{x}_{i_s}^{s-1}),\ x^{s-1}-x^s\rangle\\
&\overset{(c)}{\geqslant}\sum_{t=1}^{s}\gamma_t\left[\frac{\eta_t r}{2}\|x^t-x^{t-1}\|^2+\alpha_t\langle\nabla\psi_{i_t}(\underline{x}_{i_t}^{t})-\nabla\psi_{i_t}(\underline{x}_{i_t}^{t-1}),\ x^{t-2}-x^{t-1}\rangle+\right.\\
&\left(1-\frac{1}{m}\right)\alpha_t\langle\nabla\psi_{i_{t-1}}(\underline{x}_{i_{t-1}}^{t-2})-\nabla\psi_{i_{t-1}}(\underline{x}_{i_{t-1}}^{t-1}),\ x^{t-2}-x^{t-1}\rangle+\\
&\left.\frac{\tau_t}{2\hat{L}}\|\nabla\psi_{i_t}(\underline{x}_{i_t}^{t})-\nabla\psi_{i_t}(\underline{x}_{i_t}^{t-1})\|^2\right]-\frac{\gamma_s}{m}\sum_{i=1}^{m}\langle x^{s-1}-x^s,\nabla\psi_i(\underline{x}_i^s)-\nabla\psi_i(x^*)\rangle-\\
&\gamma_s\left(1-\frac{1}{m}\right)\langle x^{s-1}-x^s,\nabla\psi_{i_s}(\underline{x}_{i_s}^{s})-\nabla\psi_{i_s}(\underline{x}_{i_s}^{s-1})\rangle
\end{aligned}
\tag{6.6.35}
$$

其中(a)处是由式(8.3.8)中 δ_t 定义得到的；(b)处由关系式(6.6.33)和式(6.6.34)得到；(c)处由 $V_\varphi(x^t,\ x^{t-1})\geqslant\frac{r}{2}\|x^t-x^{t-1}\|^2$ 及 $\psi(\underline{x}_{i_t}^{t-1},\ \underline{x}_{i_t}^{t})\geqslant\frac{1}{2\hat{L}}\|\nabla\psi_{i_t}(\underline{x}_{i_t}^{t-1})-\nabla\psi_{i_t}(\underline{x}_{i_t}^{t})\|^2$ 两个事实推得。

把式(6.6.35)右边的项适当重新组合得到

$$
\begin{aligned}
&\sum_{t=1}^{s}\gamma_t\delta_t\\
&\geqslant\gamma_s\left[\frac{\eta_s r}{4}\|x^s-x^{s-1}\|^2-\frac{1}{m}\sum_{i=1}^{m}\langle\nabla\psi_i(\underline{x}_i^s)-\nabla\psi_i(x^*),\ x^{s-1}-x^s\rangle\right]+\\
&\gamma_s\left[\frac{\eta_s r}{4}\|x^s-x^{s-1}\|^2-\left(1-\frac{1}{m}\right)\langle\nabla\psi_{i_s}(\underline{x}_{i_s}^{s})-\nabla\psi_{i_s}(\underline{x}_{i_s}^{s-1}),\ x^{s-1}-x^s\rangle+\right.\\
&\left.\frac{\tau_s}{4\hat{L}}\|\nabla\psi_{i_s}(\underline{x}_{i_s}^{s})-\nabla\psi_{i_s}(\underline{x}_{i_s}^{s-1})\|^2\right]+\sum_{t=2}^{s}\gamma_t[\alpha_t\langle\nabla\psi_{i_t}(\underline{x}_{i_t}^{t})-\nabla\psi_{i_t}(\underline{x}_{i_t}^{t-1}),\ x^{t-2}-x^{t-1}\rangle+\\
&\frac{\tau_t}{4\hat{L}}\|\nabla\psi_{i_t}(\underline{x}_{i_t}^{t})-\nabla\psi_{i_t}(\underline{x}_{i_t}^{t-1})\|^2]+\sum_{t=2}^{s}\left[\gamma_t\left(1-\frac{1}{m}\right)\alpha_t\langle\nabla\psi_{i_{t-1}}(\underline{x}_{i_{t-1}}^{t-1})-\right.\\
&\left.\nabla\psi_{i_{t-1}}(\underline{x}_{i_{t-1}}^{t-2}),\ x^{t-2}-x^{t-1}\rangle+\frac{\tau_{t-1}\gamma_{t-1}}{4\hat{L}}\|\nabla\psi_{i_{t-1}}(\underline{x}_{i_{t-1}}^{t-1})-\nabla\psi_{i_{t-1}}(\underline{x}_{i_{t-1}}^{t-2})\|^2\right]+\\
&\sum_{t=2}^{s}\frac{\gamma_{t-1}\eta_{t-1}r}{2}\|x^{t-1}-x^{t-2}\|^2\\
&\overset{(a)}{\geqslant}\gamma_s\left[\frac{\eta_s r}{4}\|x^s-x^{s-1}\|^2-\frac{1}{m}\sum_{i=1}^{m}\langle\nabla\psi_i(\underline{x}_i^s)-\nabla\psi_i(x^*),\ x^{s-1}-x^s\rangle\right]+
\end{aligned}
$$

$$\gamma_s\left(\frac{\eta_s r}{4}-\frac{(m-1)^2\hat{L}}{m^2\tau_s}\right)\|x^s-x^{s-1}\|^2+$$

$$\sum_{t=2}^{s}\left(\frac{\gamma_{t-1}\eta_{t-1}r}{2}-\frac{\gamma_t\alpha_t^2\hat{L}}{\tau_t}-\frac{(m-1)^2\gamma_t^2\alpha_t^2\hat{L}}{m^2\gamma_{t-1}\tau_{t-1}}\right)\|x^s-x^{s-1}\|^2$$

$$\overset{(b)}{\geqslant}\gamma_s\left[\frac{\eta_s r}{4}\|x^s-x^{s-1}\|^2-\frac{1}{m}\sum_{i=1}^{m}\langle\nabla\psi_i(\underline{x}_i^s)-\nabla\psi_i(x^*),\ x^{s-1}-x^s\rangle\right]$$

式中标出的(a)处由简单关系 $b\langle u,\ v\rangle-\frac{a\|v\|^2}{2}\leqslant\frac{b^2\|u\|^2}{2a}$，$\forall a>0$ 得到；(b)处由关系式(6.6.20)、式(6.6.23)和式(6.6.24)得出。由上面的不等式、式(6.6.26)和式(6.6.31)可得

$$\begin{aligned}
0\leqslant&\mathbb{E}_s[\gamma_1\eta_1V_\varphi(x^*,\ x^0)-\gamma_s(1+\eta_s)V_\varphi(x^*,\ x^s)]-\frac{\gamma_s\eta_s r}{4}\mathbb{E}_s\|x^s-x^{s-1}\|^2+\\
&\gamma_s\mathbb{E}_s\left[\frac{1}{m}\sum_{i=1}^{m}\langle\nabla\psi_i(\underline{x}_i^s)-\nabla\psi_i(x^*),\ x^{s-1}-x^s\rangle\right]+\\
&\mathbb{E}_s\left\{\sum_{i=1}^{m}\left[\gamma_1\left(1+\tau_1-\frac{1}{m}\right)\Psi(\underline{x}_i^0,\ x^*)-\gamma_s(1+\tau_s)\Psi(\underline{x}_i^s,\ x^*)\right]\right\}\\
\overset{(a)}{\leqslant}&\mathbb{E}_s[\gamma_1\eta_1V_\varphi(x^*,\ x^0)-\gamma_s(1+\eta_s)V_\varphi(x^*,\ x^s)]-\frac{\gamma_s\eta_s r}{4}\mathbb{E}_s\|x^s-x^{s-1}\|^2+\\
&\mathbb{E}_s\left\{\sum_{i=1}^{m}\left[\gamma_1\left(1+\tau_1-\frac{1}{m}\right)\Psi(\underline{x}_i^0,\ x^*)-\frac{\gamma_s(1+\tau_s)}{2}\Psi(\underline{x}_i^s,\ x^*)\right]\right\}-\\
&\gamma_s\frac{1}{m}\sum_{i=1}^{m}\mathbb{E}_s\left[\frac{m(1+\tau_s)}{4\hat{L}}\|\nabla\psi_i(\underline{x}_i^s)-\nabla\psi_i(x^*)\|^2-\langle\nabla\psi_i(\underline{x}_i^s)-\right.\\
&\left.\nabla\psi_i(x^*),\ x^{s-1}-x^s\rangle\right]\\
\overset{(b)}{\leqslant}&\mathbb{E}_s[\gamma_1\eta_1V_\varphi(x^*,\ x^0)-\gamma_s(1+\eta_s)V_\varphi(x^*,\ x^s)]-\gamma_s\left[\frac{\eta_s r}{4}-\frac{\hat{L}}{m(1+\tau_s)}\right]\mathbb{E}_s\|x^s-x^{s-1}\|^2+\\
&\sum_{i=1}^{m}\mathbb{E}_s\left[\gamma_1\left(1+\tau_1-\frac{1}{m}\right)\Psi(\underline{x}_i^0,\ x^*)-\frac{\gamma_s(1+\tau_s)}{2}\Psi(\underline{x}_i^s,\ x^*)\right]\\
\overset{(c)}{\leqslant}&\mathbb{E}_s[\gamma_1\eta_1V_\varphi(x^*,\ x^0)-\gamma_s(1+\eta_s)V_\varphi(x^*,\ x^s)]+\\
&\frac{\gamma_1[(1+\tau_1)-\frac{1}{m}]\hat{L}}{2}\sum_{i=1}^{m}\mathbb{E}_s\|\underline{x}_i^0-x^*\|^2-\frac{\mu\gamma_s(1+\tau_s)}{4}\sum_{i=1}^{m}\mathbb{E}_s\|\underline{x}_i^s-x^*\|^2
\end{aligned}\tag{6.6.36}$$

其中，(a)处由 $\Psi(\underline{x}_i^0,\ x^*)\geqslant\frac{1}{2\hat{L}}\|\nabla\psi_{i_t}(\underline{x}_i^0)-\nabla\psi_{i_t}(x^*)\|^2$ 得出；(b)处由简单关系式 $b\langle u,\ v\rangle-\frac{a\|v\|^2}{2}\leqslant\frac{b^2\|u\|^2}{2a}$，$\forall a>0$，给出；(c)处由式(6.6.25)、$\psi_i$ 的强凸性和 $\nabla\psi_i$ 的 Lipschitz 连续性得到。引理得证。 ■

借助于引理 6.13，我们现在就可以建立算法 6.9 的主要收敛性质。

定理 6.17　假设 x^* 是问题(6.6.8)的最优解，并假定参数$\{\alpha_t\}$、$\{\tau_t\}$、$\{\eta_t\}$和$\{\gamma_t\}$按式(6.6.16)和式(6.6.17)设置。如果对于某个 $z\in X$，有 $\varphi(x)=\frac{\mu}{2}\|x-z\|^2$，则对于任意

$s\geqslant 1$，有

$$\mathbb{E}_s[\|x^*-x^s\|^2]\leqslant\alpha^s\left(1+2\frac{\hat{L}}{\mu}\right)\mathbb{E}_s[\|x^*-x^0\|^2+\frac{1}{m}\sum_{i=1}^m\|\underline{x}_i^0-x^0\|^2]$$

$$\mathbb{E}_s\left[\frac{1}{m}\sum_{i=1}^m\|\underline{x}_i^s-x^s\|^2\right]\leqslant 6\alpha^s\left(1+2\frac{\hat{L}}{\mu}\right)\mathbb{E}_s\left[\|x^*-x^0\|^2+\frac{1}{m}\sum_{i=1}^m\|\underline{x}_i^0-x^0\|^2\right]$$

证明 很容易验证按式(6.6.16)和式(6.6.17)设置的参数满足关系式(6.6.20)、式(6.6.21)、式(6.6.22)、式(6.6.23)、式(6.6.24)和式(6.6.25)的条件。然后根据引理6.13，我们有

$$\mathbb{E}_s\left[V_\varphi(x^*,x^s)+\sum_{i=1}^m\frac{\mu}{4m}\|\underline{x}_i^s-x^*\|^2\right]\leqslant\alpha^s\mathbb{E}_s\left[V_\varphi(x^*,x^0)+\sum_{i=1}^m\frac{\hat{L}}{2m}\|\underline{x}_i^0-x^*\|^2\right] \tag{6.6.37}$$

由于$\varphi(x)=\frac{\mu}{2}\|x-z\|^2$，会有$V_\varphi(x^*,x^s)=\frac{\mu}{2}\|x^*-x^s\|^2$和$V_\varphi(x^0,x^s)=\frac{\mu}{2}\|x^*-x^0\|^2$。将此代入式(6.6.37)，可以得到以下两个关系：

$$\begin{aligned}\mathbb{E}_s[\|x^*-x^s\|^2]&\leqslant\alpha^s\mathbb{E}_s\left[\|x^*-x^0\|^2+\sum_{i=1}^m\frac{\hat{L}}{mr}\|\underline{x}_i^0-x^*\|^2\right]\\&\leqslant\alpha^s\mathbb{E}_s\left[\|x^*-x^0\|^2+\sum_{i=1}^m\frac{\hat{L}}{mr}(2\|\underline{x}_i^0-x^0\|^2+2\|x^0-x^*\|^2)\right]\\&=\alpha^s\mathbb{E}_s\left[\left(1+2\frac{\hat{L}}{\mu}\right)\|x^*-x^0\|^2+\sum_{i=1}^m\frac{2\hat{L}}{m\mu}\|\underline{x}_i^0-x^0\|^2\right]\\&\leqslant\alpha^s\left(1+2\frac{\hat{L}}{\mu}\right)\mathbb{E}_s[\|x^*-x^0\|^2+\sum_{i=1}^m\frac{1}{m}\|\underline{x}_i^0-x^0\|^2]\end{aligned}$$

$$\begin{aligned}\mathbb{E}_s\left[\frac{1}{m}\sum_{i=1}^m\|\underline{x}_i^s-x^*\|^2\right]&\leqslant 2\alpha^s\mathbb{E}_s\left[\|x^*-x^0\|^2+\sum_{i=1}^m\frac{\hat{L}}{m\mu}\|\underline{x}_i^0-x^*\|^2\right]\\&\leqslant 2\alpha^s\left(1+\frac{2\hat{L}}{\mu}\right)\mathbb{E}_s\left[\|x^*-x^0\|^2+\frac{1}{m}\sum_{i=1}^m\|\underline{x}_i^0-x^0\|^2\right]\end{aligned}$$

由于以上两个关系，我们有

$$\begin{aligned}\mathbb{E}_s\left[\frac{1}{m}\sum_{i=1}^m\|\underline{x}_i^s-x^s\|^2\right]&\leqslant\mathbb{E}_s\left[\frac{1}{m}\sum_{i=1}^m 2(\|\underline{x}_i^s-x^*\|^2+\|x^*-x^s\|^2)\right]\\&=2\mathbb{E}_s\left[\frac{1}{m}\sum_{i=1}^m\|\underline{x}_i^s-x^*\|^2\right]+2\mathbb{E}_s\|x^*-x^s\|^2\\&\leqslant 6\alpha^s\left(1+2\frac{\hat{L}}{\mu}\right)\mathbb{E}_s\left[\|x^*-x^0\|^2+\frac{1}{m}\sum_{i=1}^m\|\underline{x}_i^0-x^0\|^2\right]\end{aligned}$$ ■

根据定理6.17，应用于子问题(6.6.8)的算法6.9表现出了快速的线性收敛速度。实际上，如下所示，我们并不需要对子问题求得特别精确的解，每个子问题只要按算法6.9迭代恒定次数就足以保证算法6.8的收敛性。

引理6.14 假设内部迭代次数$s\geqslant\lceil-\log(\frac{7M}{6})/\log\alpha\rceil$，其中$M:=6(5+2L/\mu)$给定。同时设迭代$\overline{x}^\ell$，$\ell=1,\cdots,k$是由算法6.8生成，且$\hat{\ell}$是从$[k]$中随机选取的。那么

$$\mathbb{E}\|x^{\hat{\ell}}-\overline{x}^{\hat{\ell}-1}\|^2\leqslant\frac{4(1-M\alpha^s)}{k\mu(6-7M\alpha^s)}[f(\overline{x}^0)-f(x^*)]$$

$$\mathbb{E}\|x_*^{\hat{\ell}}-\overline{x}^{\hat{\ell}}\|^2\leqslant\frac{2M\alpha^s}{3k\mu(6-7M\alpha^s)}[f(\overline{x}^0)-f(x^*)]$$

其中，x^* 和 x_*^ℓ 分别是问题(6.6.1)的最优解和第 ℓ 个子问题(6.6.7)的最优解。

证明　根据定理6.17(取 $\hat{L}=2\mu+L$)，对于 $\ell\geqslant 1$，有

$$\mathbb{E}\|x_*^\ell-\overline{x}^\ell\|^2\leqslant\alpha^s\left(5+\frac{2L}{\mu}\right)\mathbb{E}\left[\|x_*^\ell-\overline{x}^{\ell-1}\|^2+\sum_{i=1}^m\frac{1}{m}\|\underline{\overline{x}}_i^{\ell-1}-\overline{x}^{\ell-1}\|^2\right]$$

$$\leqslant\frac{M\alpha^s}{6}\mathbb{E}\left[\|x_*^\ell-\overline{x}^{\ell-1}\|^2+\sum_{i=1}^m\frac{1}{m}\|\underline{\overline{x}}_i^{\ell-1}-\overline{x}^{\ell-1}\|^2\right]\tag{6.6.38}$$

$$\mathbb{E}\left[\frac{1}{m}\sum_{i=1}^m\|\underline{\overline{x}}_i^\ell-\overline{x}^\ell\|^2\right]\leqslant 4\alpha^s\left(5+\frac{2L}{\mu}\right)\mathbb{E}\left[\|x_*^\ell-\overline{x}^{\ell-1}\|^2+\sum_{i=1}^m\frac{1}{m}\|\underline{\overline{x}}_i^{\ell-1}-\overline{x}^{\ell-1}\|^2\right]$$

$$\leqslant M\alpha^s\mathbb{E}\left[\|x^\ell-\overline{x}^{\ell-1}\|^2+\sum_{i=1}^m\frac{1}{m}\|\underline{\overline{x}}_i^{\ell-1}-\overline{x}^{\ell-1}\|^2\right]\tag{6.6.39}$$

通过对式(6.6.39)的归纳，并注意到 $\underline{\overline{x}}_i^0=\overline{x}^0$，$i=1$，…，$m$，有

$$\mathbb{E}\left[\frac{1}{m}\sum_{i=1}^m\|\underline{\overline{x}}_i^\ell-\overline{x}^\ell\|^2\right]\leqslant\sum_{i=1}^\ell(M\alpha^s)^{\ell-j+1}\mathbb{E}\|x_*^j-\overline{x}^{j-1}\|^2$$

根据上述关系和式(6.6.38)，对于 $\ell\geqslant 2$，有

$$\mathbb{E}\|x_*^\ell-\overline{x}^\ell\|^2\leqslant\frac{M\alpha^s}{6}\mathbb{E}\left[\|x_*^\ell-\overline{x}^{\ell-1}\|^2+\sum_{j=1}^{\ell-1}(M\alpha^s)^{\ell-j}\|x_*^j-\overline{x}^{j-1}\|^2\right]$$

对上述不等式的两边分别从 $\ell=1$ 到 k 求和，得到

$$\begin{aligned}&\sum_{\ell=1}^k\mathbb{E}\|x_*^\ell-\overline{x}^\ell\|^2\\&\leqslant\frac{M\alpha^s}{6}\mathbb{E}\left[\|x_*^1-\overline{x}^0\|^2+\sum_{\ell=2}^k\left(\|x_*^\ell-\overline{x}^{\ell-1}\|^2+\sum_{j=1}^{\ell-1}(M\alpha^s)^{\ell-j}\|x_*^j-\overline{x}^{j-1}\|^2\right)\right]\\&=\frac{M\alpha^s}{6}\mathbb{E}\left[\|x_*^k-\overline{x}^{k-1}\|^2+\sum_{\ell=1}^{k-1}\left(\frac{1}{1-M\alpha^s}-\frac{(M\alpha^s)^{k+1-\ell}}{1-M\alpha^s}\right)\|x_*^\ell-\overline{x}^{\ell-1}\|^2\right]\\&\leqslant\frac{M\alpha^s}{6(1-M\alpha^s)}\sum_{\ell=1}^k\mathbb{E}\|x_*^\ell-\overline{x}^{\ell-1}\|^2\end{aligned}\tag{6.6.40}$$

利用 x_*^ℓ 是第 ℓ 个子问题的最优解的事实，并令 $x_*^0=\overline{x}^0$(x_*^0 是一个自由变量)，我们有

$$\sum_{\ell=1}^k[\psi^\ell(x_*^\ell)+\varphi^\ell(x_*^\ell)]\leqslant\sum_{\ell=1}^k[\psi^\ell(x_*^{\ell-1})+\varphi^\ell(x_*^{\ell-1})]$$

上式据 ψ^ℓ 和 φ^ℓ 的定义，可得出

$$\sum_{\ell=1}^k\mathbb{E}\left[f(x_*^\ell)+\frac{3\mu}{2}\|x_*^\ell-\overline{x}^{\ell-1}\|^2\right]\leqslant\sum_{\ell=1}^k\mathbb{E}\left[f(x_*^{\ell-1})+\frac{3\mu}{2}\|x_*^{\ell-1}-\overline{x}^{\ell-1}\|^2\right]\tag{6.6.41}$$

结合式(6.6.40)和式(6.6.41)，得到

$$\begin{aligned}&\frac{3\mu}{2}\sum_{\ell=1}^k\mathbb{E}\|x_*^\ell-\overline{x}^{\ell-1}\|^2\\&\leqslant\sum_{\ell=1}^k\mathbb{E}\{f(x_*^{\ell-1})-f(x_*^\ell)\}+\frac{3\mu}{2}\sum_{\ell=1}^k\mathbb{E}\|x_*^{\ell-1}-\overline{x}^{\ell-1}\|^2\\&\leqslant\sum_{\ell=1}^k\mathbb{E}\{f(x_*^{\ell-1})-f(x_*^\ell)\}+\frac{3\mu}{2}\sum_{\ell=1}^k\mathbb{E}\|x_*^\ell-\overline{x}^\ell\|^2\\&\leqslant\sum_{\ell=1}^k\mathbb{E}\{f(x_*^{\ell-1})-f(x_*^\ell)\}+\frac{3\mu}{2}\frac{M\alpha^s}{6(1-M\alpha^s)}\sum_{\ell=1}^k\mathbb{E}\|x_*^\ell-\overline{x}^{\ell-1}\|^2\end{aligned}\tag{6.6.42}$$

使用式(6.6.42)、式(6.6.40)和 s 的条件，得到

$$\sum_{\ell=1}^{k}\mathbb{E}\|x_*^{\ell}-\overline{x}^{\ell-1}\|^2\leqslant\frac{4(1-M\alpha^s)}{\mu(6-7M\alpha^s)}[f(\overline{x}^0)-f(x^*)]$$

$$\sum_{\ell=1}^{k}\mathbb{E}\|x_*^{\ell}-\overline{x}^{\ell}\|^2\leqslant\frac{2M\alpha^s}{3\mu(6-7M\alpha^s)}[f(\overline{x}^0)-f(x^*)]$$

由于 $\hat{\ell}$ 是在$[k]$中随机选择的，因此我们立即得到了要证的结果。 ■

现在我们准备用之前得到的所有结果来完成定理 6.16 的证明。

定理 6.16 的证明 根据第 $\hat{\ell}$ 个子问题(6.6.7)的最优性条件，

$$\nabla\psi^{\hat{\ell}}(x_*^{\hat{\ell}})+\nabla\varphi^{\hat{\ell}}(x_*^{\hat{\ell}})\in-N_X(x_*^{\hat{\ell}}) \tag{6.6.43}$$

由 $\psi^{\hat{\ell}}$ 和 $\varphi^{\hat{\ell}}$ 的定义得到

$$\nabla f(x_*^{\hat{\ell}})+3\mu(x_*^{\hat{\ell}}-\overline{x}^{\hat{\ell}-1})\in-N_X(x_*^{\hat{\ell}}) \tag{6.6.44}$$

由式(6.6.13)的最优性条件可得

$$\begin{aligned}&\varphi(x^t)-\varphi(x^*)+\left\langle\frac{1}{m}\sum_{i=1}^{m}\widetilde{y}_i^t,\ x^t-x^*\right\rangle\\&\leqslant\eta_t V_\varphi(x^*,\ x^{t-1})-(1+\eta_t)V_\varphi(x^*,\ x^t)-\eta_t V_\varphi(x^t,\ x^{t-1})\end{aligned} \tag{6.6.45}$$

利用上面的关系和引理 6.14，我们就有了定理的结果

$$\mathbb{E}\|\overline{x}^{\hat{\ell}-1}-x_*^{\hat{\ell}}\|^2\leqslant\frac{4(1-M\alpha^s)}{k\mu(6-7M\alpha^s)}[f(\overline{x}^0)-f(x^*)]\leqslant\frac{4}{k\mu}[f(\overline{x}^0)-f(x^*)]$$

$$\mathbb{E}[d(\nabla f(x_*^{\hat{\ell}}),\ -N_X(x_*^{\hat{\ell}}))]^2\leqslant\mathbb{E}\|3\mu(\overline{x}^{\hat{\ell}-1}-x_*^{\hat{\ell}})\|^2\leqslant\frac{36\mu}{k}[f(\overline{x}^0)-f(x^*)]$$

$$\begin{aligned}\mathbb{E}\|\overline{x}^{\hat{\ell}}-x_*^{\hat{\ell}}\|^2&\leqslant\frac{2M\alpha^s}{3k\mu(6-7M\alpha^s)}[f(\overline{x}^0)-f(x^*)]\leqslant\frac{4M\alpha^s}{k\mu}[f(\overline{x}^0)-f(x^*)]\\&\leqslant\frac{4\mu}{kL^2}[f(\overline{x}^0)-f(x^*)]\end{aligned}$$

■

6.6.2 非凸多块问题

在本节中，我们提出了一种用于求解式(6.6.4)中的非凸多块优化问题的随机加速邻近对偶(RapDual)算法，并展示了该算法在块更新总数方面的潜在优势。

如前所述，我们假设约束矩阵最后一块的逆是容易计算的。因此，记 $A_i=A_m^{-1}A_i$，$i=1,\ \cdots,\ m-1$ 和 $b=A_m^{-1}$，我们可以把问题(6.6.4)重新表述为

$$\begin{aligned}\min_{x\in X,x_m\in\mathbb{R}n}\ &f(x)+f_m(x_m)\\ \text{s.t.}\quad &Ax+x_m=b\end{aligned} \tag{6.6.46}$$

其中，$f(x):=\sum_{i=1}^{m-1}f_i(x_i)$，$X=X_1\times\cdots\times X_{m-1}$，$A=[A_1,\ \cdots,\ A_{m-1}]$和 $x=(x_1,\ \cdots,\ x_{m-1})$。需要注意的是，除某些特殊情况外，$A_m^{-1}$ 的计算需要多达 $\mathcal{O}(n^3)$的算术运算，这是在我们的算法总体计算代价之上添加的一次性计算开销(更多讨论请参见下面的注释 6.1)。

我们也可以将问题(6.6.46)用式(6.6.1)的形式重新表述，直接应用算法 6.8 去解决。更具体地说，将目标函数(6.6.46)中的 x_m 替换为$b-Ax$，得到

$$\min_{x\in X}\sum_{i=1}^{m-1}f_i(B_ix)+f_m(b-Ax) \tag{6.6.47}$$

其中 $B_i=(0,\ \cdots,\ I,\ \cdots,\ 0)$，其第 i 个块给出一个 $d_i\times d_i$ 的单位矩阵，因此 $x_i=B_ix$。但是，该方法效率低下，因为我们将每个 f_i 的维数从 d_i 扩大到 $\sum_{i=1}^{m-1}d_i$，从而导致在每次

迭代中都要更新每个块。也可以尝试应用 6.3 节中的非凸随机块镜面下降法来求解上述新公式。然而，这些方法不适用于非凸非光滑的情况。这促使我们设计新的 RapDual 方法，它每次只需要更新一个块，且适用于 f_i 不平滑的情况，同时在 f_i 平滑的情况下可以达到加速的收敛速度。

6.6.2.1 RapDual 算法

RapDual 算法的主要思想与 6.6.1.1 节中介绍的 RapGrad 方法的设计思想相似。已知上次迭代得到的近邻点 $\overline{x}^{\ell-1}$ 和 $\overline{x}_{m-1}^{\ell}$，我们定义了一个新的邻近子问题为

$$\begin{aligned}\min_{x\in X,x_m\in\mathbb{R}^n}\quad &\psi(x)+\psi_m(x_m),\\ \text{s.t.}\quad & Ax+x_m=b\end{aligned}\tag{6.6.48}$$

其中，定义 $\psi(x):=f(x)+\mu\|x-\overline{x}^{\ell-1}\|^2$ 和 $\psi_m(x_m):=f_m(x_m)+\mu\|x_m-x_m^{\ell-1}\|^2$。很明显，RaGrad 并不直接应用于这类子问题。在本节中，我们提出了求解式(6.6.48)中子问题的一种新的随机化算法，称为随机加速对偶(RaDual)方法，它将被 RapDual 方法迭代调用来求解问题(6.6.46)。

RaDual 方法(参见算法 6.11)可以看作是一种随机原始-对偶型方法。的确，通过乘子法和 Fenchel 共轭对偶性，我们得到

$$\begin{aligned}&\min_{x\in X,x_m\in\mathbb{R}^n}\left\{\psi(x)+\varphi_m(x_m)+\max_{y\in\mathbb{R}^n}\left\langle\sum_{i=1}^m A_ix_i-b,\ y\right\rangle\right\}\\ &=\min_{x\in X}\{\psi(x)+\max_{y\in\mathbb{R}^n}[\langle Ax-b,\ y\rangle+\min_{x_m\in\mathbb{R}^n}\{\psi_m(x_m)+\langle x_m,\ y\rangle\}]\}\\ &=\min_{x\in X}\{\psi(x)+\max_{y\in\mathbb{R}^n}[\langle Ax-b,\ y\rangle-h(y)]\}\end{aligned}\tag{6.6.49}$$

其中，$h(y):=-\min_{x_m\in\mathbb{R}^n}\{\psi_m(x_m)+\langle x_m,\ y\rangle\}=\psi_m^*(-y)$。可以看到，上述鞍点问题在 x 上是强凸的，在 y 上是强凹的。的确，由于增加了邻近项，$\psi(x)$是强凸的。此外，由于 ψ_m 具有 $\hat{L}$-Lipschitz 连续梯度，$h(y)=\psi_m^*(-y)$是 $1/\hat{L}$-强凸的。利用 h 是强凸的事实，我们可以看出，算法 6.11 中的式(6.6.52)～式(6.6.53)等价于适当选取的距离生成函数 $V_h(y,\ y^{t-1})$之下对偶镜面下降法的步长。具体地说，

$$\begin{aligned}y^t&=\arg\min_{y\in\mathbb{R}^n}h(y)+\langle -A\widetilde{x}^t+b,\ y\rangle+\tau_tV_h(y,\ y^{t-1})\\ &=\arg\max_{y\in\mathbb{R}^n}\langle(A\widetilde{x}^t-b+\tau_t\nabla h(y^{t-1}))/(1+\tau_t),\ y\rangle-h(y)\\ &=\nabla h^*[(A\widetilde{x}^t-b+\tau_t\nabla h(y^{t-1}))/(1+\tau_t)]\end{aligned}$$

如果设 $g^0=\nabla h(y^0)=-x_m^0$，则由归纳可知 $g^t=(\tau_tg^{t-1}+A\widetilde{x}^t-b)/(1+\tau_t)$，并且对所有 $t\geqslant 1$，有 $y^t=\nabla h^*(g^t)$。此外，由于 $h^*(g)=\max_{y\in\mathbb{R}^n}\langle g,\ y\rangle-h(y)=\max_{y\in\mathbb{R}^n}\langle g,\ y\rangle-\psi_m^*(-y)=\psi_m(-g)$，因此 $y^t=-\nabla\psi_m(-g^t)$是 ψ_m 在点$-g^t$ 的负梯度。因此，算法 6.11 并不显式依赖于函数 h，尽管上面的分析使用了这样的依赖关系。

算法 6.11 中的每次迭代只更新它在式(6.6.54)中随机选择的一个块，当块的数量 m 比较大的时候尤其有利。但是，当我们将该算法与邻近点类型方法相结合时，得到如算法 6.10 所示的最终的 RapDual 方法时，也会碰到类似 6.6.1.1 节中提到的问题。首先，算法 6.11 还保留了几个原始序列和对偶序列交织在一起，因此我们需要仔细决定算法 6.11 的输入和输出，以便充分利用 RapDual 之前迭代的信息。其次，算法 6.11 求解每个子问题所执行的迭代次数对 RapDual 的收敛速度起着至关重要的作用，这些迭代次数需要事先精心确定。

算法 6.10 描述了 RapDual 的基本方案。在开始时，所有的块都是用前一个子问题的输出进行初始化的。注意，x_m^0 用于初始化 g，并进一步帮助计算对偶变量 y，不需要使用 ψ_m 的共轭函数 h。我们将推导算法 6.11 在原始变量下的收敛结果，并构造连续搜索点 (x^ℓ, x_m^ℓ) 之间的关系，从而利用此关系证明 RapDual 最终收敛。

算法 6.10 RapDual 用于非凸多块优化

计算 A_m^{-1}，将问题(6.6.4)重新表述为式(6.6.46)。

令 $\overline{x}^0 \in X$，$\overline{x}_m^0 \in \mathbb{R}^n$，使得 $A\overline{x}^0 + \overline{x}_m^0 = b$ 和 $\overline{y}^0 = -\nabla f_m(\overline{x}_m^0)$。

for $\ell = 1, \cdots, k$ **do**

设置 $x^{-1} = x^0 = \overline{x}^{\ell-1}$，$x_m^0 = \overline{x}_m^{\ell-1}$

运行算法 6.11，输入 x^{-1}、x^0、x_m^0 和 s，求解下面的子问题

$$\begin{aligned} \min_{x \in X, x_m \in \mathbb{R}^n} \quad & \psi(x) + \psi_m(x_m) \\ \text{s.t.} \quad & Ax + x_m = b \end{aligned} \tag{6.6.50}$$

计算输出 (x^s, x_m^s)，其中 $\psi(x) \equiv \psi^\ell(x) := f(x) + \mu \|x - \overline{x}^{\ell-1}\|^2$ 和 $\psi_m(x) \equiv \psi_m^\ell(x) := f_m(x_m) + \mu \|x_m - \overline{x}_m^{\ell-1}\|^2$。

设置 $\overline{x}^\ell = x^s$，$\overline{x}_m^\ell = x_m^s$。

end for

输出： $(\overline{x}^{\hat{\ell}}, \overline{x}_m^{\hat{\ell}})$，对某个随机数 $\hat{\ell} \in [k]$。

算法 6.11 求解子问题(6.6.48)的 RaDual

设 $x^{-1} = x^0 \in X$，$x_m \in \mathbb{R}^n$，迭代次数 s 和非负参数 $\{\alpha_t\}$，$\{\tau_t\}$，$\{\eta_t\}$。设置 $g^0 = -x_m^0$。

for $t = 1, \cdots, s$ **do**

1. 生成一个随机变量 i_t，它在 $[m-1]$ 上均匀分布。
2. 根据下面诸式更新 x^t 和 y^t

$$\widetilde{x}^t = \alpha_t(x^{t-1} - x^{t-2}) + x^{t-1}, \tag{6.6.51}$$

$$g^t = (\tau_t g^{t-1} + A\widetilde{x}^t - b)/(1 + \tau_t), \tag{6.6.52}$$

$$y^t = \arg\min_{y \in \mathbb{R}^n} h(y) + (-A\widetilde{x}^t + b, y) + \tau_t V_h(y, y^{t-1}) = -\nabla \psi_m(-g^t), \tag{6.6.53}$$

$$x_t^t = \begin{cases} \arg\min_{x_i \in X_i} \psi_i(x_i) + \langle A_i^{\mathrm{T}} y^t, x_i \rangle + \dfrac{\eta_t}{2} \|x_i - x_i^{t-1}\|^2, & i = i_t \\ x_i^{t-1}, & i \neq i_t \end{cases} \tag{6.6.54}$$

end for

计算 $x_m^s = \arg\min_{x_m \in \mathbb{R}^n} \{\psi_m(x_m) + \langle x_m, y^s \rangle\}$。

输出： (x^s, x_m^s)。

在建立 RapDual 的收敛性之前，我们首先定义问题(6.6.4)的近似平衡点。

定义 6.2 点 $(x, x_m) \in X \times \mathbb{R}^n$ 称为问题(6.6.4)的一个 $(\varepsilon, \delta, \sigma)$-解，如果存在某个 $\hat{x} \in X$ 和 $\lambda \in \mathbb{R}^n$，使得

$$[d(\nabla f(\hat{x}) + A^{\mathrm{T}}\lambda, -N_X(\hat{x}))]^2 \leqslant \varepsilon, \quad \|\nabla f_m(x_m) + \lambda\|^2 \leqslant \varepsilon,$$

$$\|x - \hat{x}\|^2 \leqslant \delta, \quad \|Ax + x_m - b\|^2 \leqslant \sigma$$

此解对应的随机形式满足下面条件

$$\mathbb{E}[d(\nabla f(\hat{x})+A^T\lambda,\ -N_X(\hat{x}))]^2\leqslant\varepsilon,\ \mathbb{E}\|\nabla f_m(x_m)+\lambda\|^2\leqslant\varepsilon,$$
$$\mathbb{E}\|x-\hat{x}\|^2\leqslant\delta,\ \mathbb{E}\|Ax+x_m-b\|^2\leqslant\sigma$$

考虑 $X=\mathbb{R}^{\sum_{i=1}^{m-1}d_i}$ 的无约束问题。如果$(x,\ x_m)\in X\times\mathbb{R}^n$ 是一个 $\delta=\varepsilon/L^2$ 的$(\varepsilon,\ \delta,\ \sigma)$-解，则存在某个 $\hat{x}\in X$，使得$\|\nabla f(\hat{x})\|^2\leqslant\varepsilon$ 且$\|x-\hat{x}\|^2\leqslant\delta$。通过类似于式(6.6.14)的论证，我们可得到$\|\nabla f(x)\|^2\leqslant 4\varepsilon$。此外，问题有$(\varepsilon,\ \delta,\ \sigma)$-解的定义保证了$\|\nabla f_m(x_m)+\lambda\|^2\leqslant\varepsilon$ 以及$\|Ax+x_m-b\|^2\leqslant\sigma$，从而验证了$(x,\ x_m)$是一个相当好的解。下面的结果表明，RapDual 寻找这样的近似解的过程是收敛的。该定理的证明比较复杂，将推迟到 6.6.2.2 节中讨论。

定理 6.18　假定迭代$(x^\ell,\ x_m^\ell)$，$\ell=1,\ \cdots,\ k$ 由算法 6.10 生成，$\hat{\ell}$ 是从$[k]$中随机选取。假设在算法 6.11 中，迭代次数 $s=\lceil -\log\hat{M}/\log\alpha\rceil$，以及

$$\hat{M}=\left(2+\frac{L}{\mu}\right)\cdot\max\left\{2,\ \frac{L^2}{\mu^2}\right\}\quad 且\quad \alpha=1-\frac{2}{(m-1)(\sqrt{1+8c}+1)}\tag{6.6.55}$$

其中 $c=\dfrac{\overline{A}^2}{\mu\overline{\mu}}=\dfrac{(2\mu+L)\overline{A}^2}{\mu}$ 且 $\overline{A}=\max\limits_{i\in[m-1]}\|A_i\|$，其他参数设置为

$$\alpha_t=(m-1)\alpha,\ \gamma_t=\alpha^{-t},\ \tau_t=\frac{\alpha}{1-\alpha},\quad \eta_t=\frac{\left(\alpha-\frac{m-2}{m-1}\right)\mu}{1-\alpha},\ \forall t=1,\ \cdots,\ s\tag{6.6.56}$$

那么存在某个 $\lambda^*\in\mathbb{R}^n$ 使得

$$\mathbb{E}[d(\nabla f(x_*^{\hat{\ell}})+A^T\lambda^*,\ -N_X(x_*^{\hat{\ell}}))]^2\leqslant\frac{8\mu}{k}\{f(\overline{x}^0)+f_m(\overline{x}_m^0)-[f(x^*)+f_m(x_m^*)]\}$$

$$\mathbb{E}\|\nabla f_m(x_m^{\hat{\ell}})+\lambda^*\|^2\leqslant\frac{34\mu}{k}\{f(\overline{x}^0)+f_m(\overline{x}_m^0)-[f(x^*)+f_m(x_m^*)]\}$$

$$\mathbb{E}\|x^{\hat{\ell}}-x_*^{\hat{\ell}}\|^2\leqslant\frac{2\mu}{kL^2}\{f(\overline{x}^0)+f_m(\overline{x}_m^0)-[f(x^*)+f_m(x_m^*)]\}$$

$$\mathbb{E}\|Ax^{\hat{\ell}}+x_m^{\hat{\ell}}-b\|^2\leqslant\frac{2(\|A\|^2+1)\mu}{kL^2}\{f(\overline{x}^0)+f_m(\overline{x}_m^0)-[f(x^*)+f_m(x_m^*)]\}$$

其中$(x^*,\ x_m^*)$和$(x_*^\ell,\ x_{m*}^\ell)$分别表示问题(6.6.4)和第 ℓ 个子问题(6.6.48)的最优解。

定理 6.18 保证了我们的输出解$(x^{\hat{\ell}},\ x_m^{\hat{\ell}})$足够接近一个未知的近似平衡点$(x_*^\ell,\ x_{m*}^\ell)$。根据定理 6.18，我们可以用式(6.6.54)的块更新次数，来表示计算问题(6.6.4)随机$(\varepsilon,\ \delta,\ \sigma)$-解时的界。注意，对于每个子问题(6.6.48)，只需要更新 s 次原始块，

$$s=\left\lceil-\frac{\log\hat{M}}{\log\alpha}\right\rceil\sim\mathcal{O}\left(m\overline{A}\sqrt{\frac{L}{\mu}}\log\left(\frac{L}{\mu}\right)\right)$$

令 $\mathcal{D}^0:=f(\overline{x}^0)+f_m(\overline{x}_m^0)-[f(x^*)+f_m(x_m^*)]$。可以看出，获得一个随机$(\varepsilon,\ \delta,\ \sigma)$-解所需的原始块更新的总次数有下面的界

$$N(\varepsilon,\ \delta,\ \sigma):=\mathcal{O}\left(m\overline{A}\sqrt{L\mu}\log\left(\frac{L}{\mu}\right)\cdot\max\left\{\frac{1}{\varepsilon},\ \frac{1}{\delta L^2},\ \frac{\|A\|^2}{\sigma L^2}\right\}\mathcal{D}^0\right)\tag{6.6.57}$$

作为对比，该算法的批处理理版本将更新公式(6.6.54)中所有的 x_i^t，$i=1,\ \cdots,\ m$。因此，为了得到问题(6.6.4)的$(\varepsilon,\ \delta,\ \sigma)$-解需要

$$\hat{N}(\varepsilon, \delta, \sigma) := \mathcal{O}\left(m\|A\|\sqrt{L\mu}\log\left(\frac{L}{\mu}\right) \cdot \max\left\{\frac{1}{\varepsilon}, \frac{1}{\delta L^2}, \frac{\|A\|^2}{\sigma L^2}\right\}\mathcal{D}^0\right)$$

次原始块的更新。可以看出，随机化的好处来自$\|A\|$和$\overline{A}$之间的差异。显然，我们总是有$\|A\|>\overline{A}$，并且当所有的矩阵块有接近的范数时，$\|A\|$和$\overline{A}$之间的相对间隙可以很大。在所有块都相同的情况下，即$A_1=A_2=\cdots=A_{m-1}$，我们立即有$\|A\|=\sqrt{m-1}\overline{A}$，这意味着比起它的批处理形式算法，RapDual 可以隐性地节省原始块的更新，批处理形式块更新的数量为 RapDual 的$\mathcal{O}(\sqrt{m})$倍。

将 RapDual 与 6.3 节中的非凸随机化块镜面下降法进行比较也是很有趣的。为了比较这两种方法，我们假设对某个$\overline{L}\geq\mu$，分量f_i，$i=1$，$\cdots$，m是光滑的且有$\overline{L}$-Lipschitz 连续梯度。同时假设$\sigma>\|A\|^2\varepsilon/L^2$，$\delta=\varepsilon/L^2$，且$X=\mathbb{R}^{\sum_{i=1}^{m-1}d_i}$。那么，在忽略一些常数因子后，式(6.6.57)中的复杂度界下降为$\mathcal{O}(m\overline{A}\sqrt{L\mu}\mathcal{D}^0/\varepsilon)$，它总是小于推论 6.12 中的复杂度界$\mathcal{O}(m(\overline{L}+L\overline{A}^2)\mathcal{D}^0/\varepsilon)$。

注释 6.1 在这一节中，我们假设A_m^{-1}是易于计算的。一个自然的问题是，我们是否可以通过直接求解问题(6.6.4)，而不是通过计算A_m^{-1}来求解重新表述的问题(6.6.46)。为此，我们可以迭代求解下面鞍点子问题，用以替代式(6.6.49)中的子问题：

$$\begin{aligned}
&\min_{x\in X, x_m\in\mathbb{R}^n}\left\{\psi(x)+\psi_m(x_m)+\max_{y\in\mathbb{R}^n}\left\langle\sum_{i=1}^m A_i x_i-b, y\right\rangle\right\} \\
&=\min_{x\in X}\{\psi(x)+\max_{y\in\mathbb{R}^n}[\langle Ax-b, y\rangle+\min_{x_m\in\mathbb{R}^n}\{\psi_m(x_m)+(A_m x_m, y)\}]\} \\
&=\min_{x\in X}\{\psi(x)+\max_{y\in\mathbb{R}^n}[\langle Ax-b, y\rangle-\tilde{h}(y)]\} \qquad (6.6.58)
\end{aligned}$$

其中$A:=[A_1, \cdots, A_{m-1}]$，并且$\tilde{h}(y):=\max_{x_m\in\mathbb{R}^n}\{-\psi_m(x_m)-\langle A_m x_m, y\rangle\}$。前面的方法处理$\tilde{h}(y)$时，求解投影子问题(6.6.53)中需要保存$h(y)$，而这里我们不需要这样。在每次迭中代线性化该值，是通过计算其梯度$\nabla\tilde{h}(y^{t-1})=A_m^{\mathrm{T}}\overline{x}_m(y^{t-1})$来完成的，其中$\overline{x}_m(y^{t-1})=\arg\max_{x_m\in\mathbb{R}^n}\{-\psi_m(x_m)-\langle A_m x_m, y^{t-1}\rangle\}$。需要注意的是，由于目标函数的光滑性和强凹性，后一种优化问题可以通过一阶方法有效地解决。因此，无须计算A_m^{-1}，我们就能获得与 RapDual 相似的收敛速度。然而，该算法的表述和分析将比当前形式的 RapDual 要复杂得多。

6.6.2.2 RapDual 收敛性分析

在这一节中，我们首先证明用于求解凸多块子问题(6.6.50)时算法 6.11 的收敛性，该问题满足如下性质

1. $\psi_i(x)-\psi_i(y)-\langle\nabla\psi_i(y), x-y\rangle\geq\frac{\mu}{2}\|x-y\|^2$，$\forall x, y\in X_i$，$i=1, \cdots, m-1$

2. $\frac{\mu}{2}\|x-y\|^2\leq\psi_m(x)-\psi_m(y)-\langle\nabla\psi_m(y), x-y\rangle\leq\frac{\hat{L}}{2}\|x-y\|^2$，$\forall x, y\in\mathbb{R}^n$

关于算法 6.11 产生的一些简单迭代关系，在下面的引理中进行刻画，其证明可以直接根据式(6.6.59)中$\hat{x}$的定义，因此省略。

引理 6.15 令$\hat{x}^0=x^0$，且$\hat{x}^t$，$t=1$，$\cdots$，s如下定义：

$$\hat{x}^t=\arg\min_{x\in X}\psi(x)+\langle A^{\mathrm{T}}y^t,\ x\rangle+\frac{\eta_t}{2}\|x-x^{t-1}\|^2 \tag{6.6.59}$$

其中 x^t 和 y^t 是由式(6.6.53)～式(6.6.54)得到的，那么有

$$\mathbb{E}_{i_t}\{\|x-\hat{x}^t\|^2\}=\mathbb{E}_{i_t}\{(m-1)\|x-x^t\|^2-(m-2)\|x-x^{t-1}\|^2\} \tag{6.6.60}$$

$$\mathbb{E}_{i_t}\{\|\hat{x}^t-x^{t-1}\|^2\}=\mathbb{E}_{i_t}\{(m-1)\|x_{i_t}^t-x_{i_t}^{t-1}\|^2\} \tag{6.6.61}$$

下面的引理 6.16 在算法 6.11 的输入和输出之间建立起了一些原始变量和对偶变量之间的关联。

引理 6.16　当 $t=1$ 时，由算法 6.11 生成迭代 x_t 和 y_t，$t=1,\cdots,s$，并且 (x^*,y^*) 为问题(6.6.49)的鞍点。假设算法 6.11 中的参数对所有 $t=1,\cdots,s-1$，满足

$$\alpha_{t+1}=(m-1)\widetilde{\alpha}_{t+1} \tag{6.6.62}$$

$$\gamma_t=\gamma_{t+1}\widetilde{\alpha}_{t+1} \tag{6.6.63}$$

$$\gamma_{t+1}((m-1)\eta_{t+1}+(m-2)\mu)\leqslant(m-1)\gamma_t(\eta_t+\mu) \tag{6.6.64}$$

$$\gamma_{t+1}\tau_{t+1}\leqslant\gamma_t(\tau_{t+1}) \tag{6.6.65}$$

$$2(m-1)\widetilde{\alpha}_{t+1}\overline{A}^2\leqslant\overline{\mu}\eta_t\tau_{t+1} \tag{6.6.66}$$

其中，$\overline{A}=\max_{i\in[m-1]}\|A_i\|$。那么，有

$$\mathbb{E}_s\left\{\frac{\gamma_1((m-1)\eta_1+(m-2)\mu)}{2}\|x^*-x^0\|^2-\frac{(m-1)\gamma_s(\eta_s+\mu)}{2}\|x^*-x^s\|^2\right\}+$$
$$\mathbb{E}_s\left\{\gamma_1\tau_1V_h(y^*,\ y^0)-\frac{\gamma_s(\tau_s+1)\overline{\mu}}{2}V_h(y^*,\ y^s)\right\}\geqslant0 \tag{6.6.67}$$

证明　对于任意 $t\geqslant1$，因为 (x^*,y^*) 是问题(6.6.49)的鞍点，我们有

$$\psi(\hat{x}^t)-\psi(x^*)+\langle A\hat{x}^t-b,\ y^*\rangle-\langle Ax^*-b,\ y^t\rangle+h(y^*)-h(y^t)\geqslant0$$

对于非负 γ_t，可进一步得到

$$\mathbb{E}_s\left\{\sum_{i=1}^s\gamma_t[\psi(\hat{x}^t)-\psi(x^*)+\langle A\hat{x}^t-b,\ y^*\rangle-\langle Ax^*-b,\ y^t\rangle+h(y^*)-h(y^t)]\right\}\geqslant0 \tag{6.6.68}$$

分别根据式(6.6.59)和式(6.6.53)的最优性条件，以及 ψ 和 h 的强凸性，得到

$$\psi(\hat{x}^t)-\psi(x^*)+\frac{\mu}{2}\|x^*-\hat{x}^t\|^2+\langle A^{\mathrm{T}}y^t,\ \hat{x}^t-x^*\rangle$$
$$\leqslant\frac{\eta_t}{2}[\|x^*-x^{t-1}\|^2-\|x^*-\hat{x}^t\|^2-\|\hat{x}^t-x^{t-1}\|^2]$$
$$h(y^t)-h(y^*)+\langle-A\widetilde{x}^t+b,\ y^t-y^*\rangle$$
$$\leqslant\tau_tV_h(y^*,\ y^{t-1})-(\tau_t+1)V_h(y^*,\ y^t)-\tau_tV_h(y^t,\ y^{t-1})$$

将上述两个不等式与关系式(6.6.68)结合，得到

$$\mathbb{E}_s\left\{\sum_{t=1}^k\left[\frac{\gamma_t\eta_t}{2}\|x^*-x^{t-1}\|^2-\frac{\gamma_t(\eta_t+\mu)}{2}\|x^*-\hat{x}^t\|^2-\frac{\gamma_t\eta_t}{2}\|\hat{x}^t-x^{t-1}\|^2\right]\right\}+$$
$$\mathbb{E}_s\left\{\sum_{t=1}^s\gamma_t[\tau_tV_h(y^*,\ y^{t-1})-(\tau_{t+1})V_h(y^*,\ y^t)-\tau_tV_h(y^t,\ y^{t-1})]\right\}+$$
$$\mathbb{E}_s\left[\sum_{t=1}^s\gamma_t\langle A(\hat{x}^t-\widetilde{x}^t),\ y^*-y^t\rangle\right]\geqslant0$$

观察到对 $t\geqslant1$，有

$$\mathbb{E}_{i_t}\{\langle A(\hat{x}^t-\widetilde{x}^t),\ y^*\rangle\}=\mathbb{E}_{i_t}\{\langle A((m-1)x^t-(m-2)x^{t-1}-\widetilde{x}^t),\ y^*\rangle\}$$

应用此式和引理6.15中的结果式(6.6.60)和式(6.6.61)两式，可进一步得到

$$0\leqslant\mathbb{E}_s\left\{\sum_{t=1}^{s}\left[\frac{\gamma_t((m-1)\eta_t+(m-2)\mu)}{2}\|x^*-x^{t-1}\|^2-\frac{(m-1)\gamma_t(\eta_t+\mu)}{2}\|x^*-x^t\|^2\right]\right\}+$$
$$\mathbb{E}_s\left\{\sum_{t=1}^{s}[\gamma_t\tau_tV_h(y^*,\ y^{t-1})-\gamma_t(\tau_{t+1})V_h(y^*,\ y^t)]\right\}+\mathbb{E}_s\left\{\sum_{t=1}^{s}\gamma_t\delta_t\right\}$$
$$\leqslant\mathbb{E}_s\left[\frac{\gamma_1((m-1)\eta_1+(m-2)\mu)}{2}\|x^*-x^0\|^2-\frac{(m-1)\gamma_s(\eta_s+\mu)}{2}\|x^*-x^s\|^2\right]+$$
$$\mathbb{E}_s[\gamma_1\tau_1V_h(y^*,\ y^0)-y_s(\tau_s+1)V_h(y^*,\ y^s)]+\mathbb{E}_s\left[\sum_{t=1}^{s}\gamma_t\delta_t\right] \tag{6.6.69}$$

其中

$$\delta_t=-\frac{(m-1)\eta_t}{2}\|x_{i_t}^t-x_{i_t}^{t-1}\|^2-\tau_tV_h(y^t,\ y^{t-1})+$$
$$\langle A((m-1)x^t-(m-2)x^{t-1}-\widetilde{x}^t),\ y^*-y^t\rangle$$

并且第二个不等式由式(6.6.64)和式(6.6.65)得出。

由式(6.6.62)和 $\widetilde{x}^t$ 在式(6.6.51)中的定义，我们有

$$\sum_{t=1}^{s}\gamma_t\delta_t=\sum_{t=1}^{s}\left[-\frac{(m-1)\gamma_t\eta_t}{2}\|x_{i_t}^t-x_{i_t}^{t-1}\|^2-\gamma_t\tau_tV_h(y^t,\ y^{t-1})\right]+$$
$$\sum_{t=1}^{s}\gamma_t(m-1)\langle A(x^t-x^{t-1}),\ y^*-y^t\rangle- \tag{6.6.70}$$
$$\sum_{t=1}^{s}\gamma_t(m-1)\widetilde{\alpha}_t\langle A(x^{t-1}-x^{t-2}),\ y^*-y^{t-1}\rangle-$$
$$\sum_{t=1}^{s}\gamma_t(m-1)\widetilde{\alpha}_t(A(x^{t-1}-x^{t-2}),\ y^{t-1}-y^t)$$
$$=\sum_{t=1}^{s}\left[-\frac{(m-1)\gamma_t\eta_t}{2}\|x_{i_t}^t-x_{i_t}^{t-1}\|^2-\gamma_t\tau_tV_h(y^t,\ y^{t-1})\right]+$$
$$\gamma_s(m-1)\langle A(x^s-x^{s-1}),\ y^*-y^s\rangle-$$
$$\sum_{t=1}^{s}\gamma_t(m-1)\widetilde{\alpha}_t\langle A(x^{t-1}-x^{t-2}),\ y^{t-1}-y^t\rangle \tag{6.6.71}$$

其中第二个等式由式(6.6.63)和 $x^0=x^{-1}$ 这一事实得到。

由于 $\langle A(x^{t-1}-x^{t-2}),\ y^{t-1}-y^t\rangle=\langle A_{t-1}(x_{i_{t-1}}^{t-1}-x_{i_{t-1}}^{t-2}),\ y^{t-1}-y^t\rangle\leqslant\|A_{i_{t-1}}\|\|x_{i_{t-1}}^{t-1}-x_{i_{t-1}}^{t-2}\|\|y^t-y^{t-1}\|$ 和 $V_h(y^t,\ y^{t-1})\geqslant\frac{\overline{\mu}}{2}\|y^t-y^{t-1}\|^2$，由式(6.6.71)，有

$$\sum_{t=1}^{s}\gamma_t\delta_t\leqslant\sum_{t=1}^{s}\left[-\frac{(m-1)\gamma_t\eta_t}{2}\|x_{i_t}^t-x_{i_t}^{t-1}\|^2-\frac{g_t\tau_t\overline{\mu}}{2}\|y^t,\ y^{t-1}\|^2\right]+$$
$$\gamma_s(m-1)\langle A(x^s-x^{s-1}),\ y^*-y^s\rangle-$$
$$\sum_{t=1}^{s}\gamma_t(m-1)\widetilde{\alpha}_t\|A_{i_{t-1}}\|\|x_{i_{t-1}}^{t-1}-x_{i_{t-1}}^{t-2}\|\|y^t-y^{t-1}\|$$
$$\overset{(a)}{=}\gamma_s(m-1)\langle A(x^s-x^{s-1}),\ y^*-y^s\rangle-\frac{(m-1)\gamma_s\eta_s}{2}\|x_{i_s}^s-x_{i_s}^{s-1}\|^2+$$
$$\sum_{t=2}^{s}[\gamma_t(m-1)\widetilde{\alpha}_t\|A_{i_{t-1}}\|\|x_{i_{t-1}}^{t-1}-x_{i_{t-1}}^{t-2}\|\|y^t-y^{t-1}\|-$$
$$\frac{(m-1)\gamma_{t-1}\eta_{t-1}}{2}\|x_{i_{t-1}}^{t-1}-x_{i_{t-1}}^{t-2}\|^2-\frac{\overline{\mu}\gamma_t\tau_t}{2}\|y^t-y^{t-1}\|^2]$$

$$\stackrel{\text{(b)}}{\leqslant}\gamma_s(m-1)\langle A(x^s-x^{s-1}),\ y^*-y^s\rangle-\frac{(m-1)\gamma_s\eta_s}{2}\|x_{i_s}^s-x_{i_s}^{s-1}\|^2+$$

$$\sum_{t=2}^{s}\left(\frac{\gamma_t^2(m-1)^2\widetilde{\alpha}_t^2\overline{A}^2}{2(m-1)\gamma_{t-1}\eta_{t-1}}-\frac{\overline{\mu}\gamma_t\tau_t}{2}\right)\|y^t-y^{t-1}\|^2$$

$$\stackrel{\text{(c)}}{=}\gamma_s(m-1)\langle A(x^s-x^{s-1}),\ y^*-y^s\rangle-\frac{(m-1)\gamma_s\eta_s}{2}\|x_{i_s}^s-x_{i_s}^{s-1}\|^2$$

其中(a)处是重新组合项后得到的；(b)处由定义 $\overline{A}=\max_{i\in[m-1]}\|A_i\|$ 和简单关系 $b\langle u,v\rangle-\frac{a\|v\|^2}{2}\leqslant\frac{b^2\|u\|^2}{2a}$，$\forall a>0$ 得到；(c)处由式(6.6.63)和式(6.6.66)推得。

将上述关系与式(6.6.69)相结合，可得

$$\begin{aligned}0\leqslant&\mathbb{E}_s\left[\frac{\gamma_1((m-1)\eta_1+(m-2)\mu)}{2}\|x^*-x^0\|^2-\frac{(m-1)\gamma_s(\eta_s+\mu)}{2}\|x^*-x^s\|^2\right]+\\&\mathbb{E}_s[\gamma_1\tau_1V_h(y^*,\ y^0)-\gamma_s(\tau_s+1)V_h(y^*,\ y^s)]+\\&\mathbb{E}_s\left[\gamma_s(m-1)\langle A(x^s-x^{s-1}),\ y^*-y^s\rangle-\frac{(m-1)\gamma_s\eta_s}{2}\|x_{i_s}^s-x_{i_s}^{s-1}\|^2\right]\end{aligned}\tag{6.6.72}$$

注意下面的事实

$$\begin{aligned}&\mathbb{E}_s\left[\frac{\gamma_s(\tau_s+1)}{2}V_h(y^*,\ y^s)-\gamma_s(m-1)\langle A(x^s-x^{s-1}),\ y^*-y^s\rangle+\frac{(m-1)\gamma_s\eta_s}{2}\|x_{i_s}^s-x_{i_s}^{s-1}\|^2\right]\\&=\mathbb{E}_s\left[\frac{\gamma_s(\tau_s+1)}{2}V_h(y^*,\ y^s)-\gamma_s(m-1)\langle A(x_{i_s}^s-x_{i_s}^{s-1}),\ y^*-y^s\rangle+\right.\\&\quad\left.\frac{(m-1)\gamma_s\eta_s}{2}\|x_{i_s}^s-x_{i_s}^{s-1}\|^2\right]\\&\geqslant\gamma_s\mathbb{E}_s\left[\frac{(\tau_s+1)\overline{\mu}}{4}\|y^*-y^s\|^2-(m-1)\overline{A}\|x_{i_s}^s-x_{i_s}^{s-1}\|\|y^*-y^s\|+\right.\\&\quad\left.\frac{(m-1)\eta_s}{2}\|x_{i_s}^s-x_{i_s}^{s-1}\|^2\right]\\&\geqslant\gamma_s\mathbb{E}_s\left(\sqrt{\frac{(m-1)(\tau_s+1)\overline{\mu}\eta_s}{2}}-(m-1)\overline{A}\right)\|x_{i_s}^s-x_{i_s}^{s-1}\|\|y^*-y^s\|\geqslant0\end{aligned}\tag{6.6.73}$$

结论可由式(6.6.72)和式(6.6.73)得到，证毕。 ■

现在，我们会在定理6.19中给出算法6.11的主要收敛结果。该结果消除了算法收敛性对于对偶变量的依赖，并与RapDual中的连续搜索点直接联系。

定理6.19　令(x^*,y^*)是问题(6.6.49)的鞍点，并设参数$\{\alpha_t\}$、$\{\tau_t\}$、$\{\eta_t\}$和$\{\gamma_t\}$如式(6.6.55)和式(6.6.56)设置，且$\widetilde{\alpha}^t=\alpha$。那么，对于任意$s\geqslant1$，有

$$\mathbb{E}_s\{\|x^s-x^*\|^2+\|x_m^s-x_m^*\|^2\}\leqslant\alpha^sM(\|x^0-x^*\|^2+\|x_m^0-x_m^*\|^2)$$

其中，$x_m^*=\underset{x_m\in\mathbb{R}^n}{\arg\min}\{\psi_m(x_m)+\langle x_m,\ y^*\rangle\}$和$M=2\hat{L}/\mu$。

证明　当μ和$\overline{\mu}>0$时，很容易验证式(6.6.55)和式(6.6.56)满足条件式(6.6.62)、式(6.6.63)、式(6.6.64)、式(6.6.65)和式(6.6.66)。然后我们有

$$\begin{aligned}&\mathbb{E}_s\left\{\frac{(m-1)\gamma_s(\eta_s+\mu)}{2}\|x^s-x^*\|^2+\frac{\gamma_s(\tau_s+1)\overline{\mu}}{2}V_h(y^s,\ y^*)\right\}\\&\leqslant\frac{\gamma_1((m-1)\eta_1+(m-2)\mu)}{2}\|x^0-x^*\|^2+\gamma_1\tau_1V_h(y^0,\ y^*)\end{aligned}$$

因此，将这些值代入式(6.6.55)和式(6.6.56)，得到

$$\mathbb{E}_s[\mu\|x^s-x^*\|^2+V_h(y^s, y^*)]\leqslant\alpha^s[\mu\|x^0-x^*\|^2+2V_h(y^0, y^*)] \quad (6.6.74)$$

由于 $h(y)$具有 $1/\mu$-Lipschitz 连续梯度，且是 $1/L$ -强凸的，可以得到

$$V_h(y^s, y^*)\geqslant\frac{\mu}{2}\|\nabla h(y^s)-\nabla h(y^*)\|^2=\frac{\mu}{2}\|-x_m^s+x_m^*\|^2 \quad (6.6.75)$$

$$V_h(y^0, y^*)\leqslant\frac{\hat{L}}{2}\|\nabla h(y^0)-\nabla h(y^*)\|^2=\frac{\hat{L}}{2}\|-x_m^0+x_m^*\|^2 \quad (6.6.76)$$

将式(6.6.74)、式(6.6.75)和式(6.6.76)三式结合，得到

$$\mathbb{E}_s\{\|x^s-x^*\|^2+\|x_m^s-x_m^*\|^2\}\leqslant\alpha^s M(\|x^0-x^*\|^2+\|x_m^0-x_m^*\|^2)$$ ■

上述定理表明，子问题(6.6.50)可以用算法 6.11 通过线性收敛速度进行有效求解。事实上，我们不需要太精确地求解它，在迭代次数 s 固定且值相对较小的情况下，算法 6.11 仍然可以收敛，如下面引理所示。

引理 6.17 设算法 6.10 中迭代次数 $s\geqslant\lceil -\log M/\log\alpha\rceil$且 $M=4+2L/\mu$。迭代值(x^ℓ, x_m^ℓ)，$\ell=1, \cdots, k$ 由算法生成，且 $\hat{\ell}$ 从$[k]$中随机选取。那么

$$\mathbb{E}(\|x_*^\ell-\overline{x}^{\ell-1}\|^2+\|x_{m^*}^\ell-\overline{x}_m^{\ell-1}\|^2)$$
$$\leqslant\frac{1}{k\mu(1-M\alpha^s)}\{f(\overline{x}^0)+f_m(\overline{x}_m^0)-[f(x^*)+f_m(x_m^*)]\}$$
$$\mathbb{E}(\|x_*^\ell-\overline{x}^{\ell}\|^2+\|x_{m^*}^\ell-\overline{x}_m^{\ell}\|^2)$$
$$\leqslant\frac{M\alpha^s}{k\mu(1-M\alpha^s)}\{f(\overline{x}^0)+f_m(\overline{x}_m^0)-[f(x^*)+f_m(x_m^*)]\}$$

其中(x^*, x_m^*)和$(x_*^\ell, x_{m^*}^\ell)$分别是问题(6.6.4)的最优解和第 ℓ 个子问题(6.6.48)的最优解。

证明 根据定理 6.19，我们有

$$\mathbb{E}(\|\overline{x}^\ell-x_*^\ell\|^2+\|\overline{x}_m^\ell-x_{m^*}^\ell\|^2)\leqslant\alpha^s M(\|\overline{x}^{\ell-1}-x_*^\ell\|^2+\|\overline{x}_m^{\ell-1}-x_{m^*}^\ell\|^2) \quad (6.6.77)$$

令$(x_*^0, x_{m^*}^0)=(\overline{x}^0, \overline{x}_m^0)$，依据这一选择，当 $\ell=1$ 时，子问题(6.6.48)是可行的。由于$(x_*^\ell, x_{m^*}^\ell)$是最优的，并且$(x_*^{\ell-1}, x_{m^*}^{\ell-1})$对第 ℓ 个子问题是可行的，我们有

$$\psi^\ell(x_*^\ell)+\psi_m^\ell(x_{m^*}^\ell)\leqslant\psi^\ell(x_*^{\ell-1})+\psi_m^\ell(x_{m^*}^{\ell-1})$$

将 ψ^ℓ 和 ψ_m^ℓ 的定义代入上述不等式，并从 $\ell=1$ 到 k 求和，得到

$$\sum_{\ell=1}^k[f(x_*^\ell)+f_m(x_{m^*}^\ell)+\mu(\|x_*^\ell-\overline{x}^{\ell-1}\|^2+\|x_{m^*}^\ell-\overline{x}_m^{\ell-1}\|^2)]$$
$$\leqslant\sum_{\ell=1}^k[f(x_*^{\ell-1})+f_m(x_{m^*}^{\ell-1})+\mu(\|x_*^{\ell-1}-\overline{x}^{\ell-1}\|^2+\|x_{m^*}^{\ell-1}-\overline{x}_m^{\ell-1}\|^2)] \quad (6.6.78)$$

结合式(6.6.77)和式(6.6.78)，并注意到$(x_*^0, x_{m^*}^0)=(\overline{x}^0, \overline{x}_m^0)$，有

$$\mu\sum_{\ell=1}^k\mathbb{E}(\|x_*^\ell-\overline{x}^{\ell-1}\|^2+\|x_{m^*}^\ell-\overline{x}_m^{\ell-1}\|^2) \quad (6.6.79)$$
$$\leqslant\sum_{\ell=1}^k\{f(x_*^{\ell-1})+f_m(x_{m^*}^{\ell-1})-[f(x_*^\ell)+f_m(x_{m^*}^\ell)]\}+$$
$$\mu\sum_{\ell=1}^k\mathbb{E}(\|x_*^\ell-\overline{x}^{\ell}\|^2+\|x_{m^*}^\ell-\overline{x}_m^{\ell}\|^2)$$
$$\leqslant f(\overline{x}^0)+f_m(\overline{x}_m^0)-[f(x^*)+f_m(x_m^*)]+$$

$$\mu\alpha^s M\sum_{\ell=1}^{k}\mathbb{E}(\|x_*^\ell-\overline{x}^{\ell-1}\|^2+\|x_{m^*}^\ell-\overline{x}_m^{\ell-1}\|^2) \tag{6.6.80}$$

根据式(6.6.79)和式(6.6.77)，我们有

$$\sum_{\ell=1}^{k}\mathbb{E}(\|x_*^\ell-\overline{x}^{\ell-1}\|^2+\|x_{m^*}^\ell-\overline{x}_m^{\ell-1}\|^2)$$
$$\leqslant\frac{1}{\mu(1-M\alpha^s)}\{f(\overline{x}^0)+f_m(\overline{x}_m^0)-[f(x^*)+f_m(x_m^*)]\}$$
$$\sum_{\ell=1}^{k}\mathbb{E}(\|x_*^\ell-\overline{x}^{\ell}\|^2+\|x_{m^*}^\ell-\overline{x}_m^{\ell}\|^2)$$
$$\leqslant\frac{M\alpha^s}{\mu(1-M\alpha^s)}\{f(\overline{x}^0)+f_m(\overline{x}_m^0)-[f(x^*)+f_m(x_m^*)]\}$$

鉴于 $\hat{\ell}$ 是在[k]中随机选择的，这就推得了我们的结果，证毕。■

现在我们准备用上面得到的所有结果来证明定理 6.18 的结论。

定理 6.18 的证明　根据第 $\hat{\ell}$ 个子问题(6.6.48)的最优性条件，存在 λ^* 使得

$$\nabla\psi^{\hat{\ell}}(x_*^{\hat{\ell}})+A^{\mathrm{T}}\lambda^*\in-N_X(x_*^{\hat{\ell}})$$
$$\nabla\psi_m^{\hat{\ell}}(x_{m^*}^{\hat{\ell}})+\lambda^*=0$$
$$Ax_*^{\hat{\ell}}+x_{m^*}^{\hat{\ell}}=b \tag{6.6.81}$$

代入 $\psi^{\hat{\ell}}$ 和 $\psi_m^{\hat{\ell}}$ 的定义

$$\nabla f^{\hat{\ell}}(x_*^{\hat{\ell}})+2\mu(x_*^{\hat{\ell}}-\overline{x}^{\hat{\ell}-1})+A^{\mathrm{T}}\lambda^*\in-N_X(x_*^{\hat{\ell}}) \tag{6.6.82}$$
$$\nabla f_m^{\hat{\ell}}(x_{m^*}^{\hat{\ell}})+2\mu(x_{m^*}^{\hat{\ell}}-\overline{x}_m^{\hat{\ell}-1})+\lambda^*=0 \tag{6.6.83}$$

现在我们准备评估解($\overline{x}^{\hat{\ell}}$，$\overline{x}_m^{\hat{\ell}}$)的质量。根据式(6.6.82)和引理 6.17，会有

$$\mathbb{E}[d(\nabla f^{\hat{\ell}}(x_*^{\hat{\ell}})+A^{\mathrm{T}}\lambda^*,\ -N_X(x_*^{\hat{\ell}}))]^2\leqslant\mathbb{E}\|2\mu(x_*^{\hat{\ell}}-\overline{x}^{\hat{\ell}-1})\|^2$$
$$\leqslant\frac{4\mu}{k(1-M\alpha^s)}\{f(\overline{x}^0)+f_m(\overline{x}_m^0)-[f(x^*)+f_m(x_m^*)]\}$$
$$\leqslant\frac{8\mu}{k}\{f(\overline{x}^0)+f_m(\overline{x}_m^0)-[f(x^*)+f_m(x_m^*)]\}$$

类似地，根据式(6.6.83)和引理 6.17，得到

$$\mathbb{E}\|\nabla f_m^{\hat{\ell}}(x_m^{\hat{\ell}})+\lambda^*\|^2=\mathbb{E}\|\nabla f_m^{\hat{\ell}}(x_m^{\hat{\ell}})-\nabla f_m^{\hat{\ell}}(x_{m^*}^{\hat{\ell}})-2\mu(x_{m^*}^{\hat{\ell}}-x_m^{\hat{\ell}-1})\|^2$$
$$\leqslant2\mathbb{E}\{\|\nabla f_m^{\hat{\ell}}(x_m^{\hat{\ell}})-\nabla f_m^{\hat{\ell}}(x_{m^*}^{\hat{\ell}})\|^2+4\mu^2\|x_{m^*}^{\hat{\ell}}-x_m^{\hat{\ell}-1}\|^2\}$$
$$\leqslant\mathbb{E}\{18\mu^2\|x_{m^*}^{\hat{\ell}}-\overline{x}_m^{\hat{\ell}}\|^2+8\mu^2\|x_{m^*}^{\hat{\ell}}-\overline{x}_m^{\ell-1}\|^2\}$$
$$\leqslant\mu^2(8+18M\alpha^s)\mathbb{E}\{\|x^{\hat{\ell}}-\overline{x}^{\hat{\ell}-1}\|^2+\|x_{m^*}^{\hat{\ell}}-\overline{x}_m^{\hat{\ell}-1}\|^2\}$$
$$\leqslant\frac{2\mu(4+9M\alpha^s)}{k(1-M\alpha^s)}\mathbb{E}\{f(\overline{x}^0)+f_m(\overline{x}_m^0)-[f(x^*)+f_m(x_m^*)]\}$$
$$\leqslant\frac{34\mu}{k}\{f(\overline{x}^0)+f_m(\overline{x}_m^0)-[f(x^*)+f_m(x_m^*)]\}$$

根据引理 6.17，我们有

$$\mathbb{E}\|x^{\hat{\ell}}-x_*^{\hat{\ell}}\|^2\leqslant\frac{M\alpha^s}{k\mu(1-M\alpha^s)}\{f(\overline{x}^0)+f_m(x_m^0)-[f(x^*)+f_m(x_m^*)]\}$$
$$\leqslant\frac{2M\alpha^s}{k\mu}\{f(\overline{x}^0)+f_m(\overline{x}_m^0)-[f(x^*)+f_m(x_m^*)]\}$$

$$\leqslant\frac{2\mu}{kL^2}\{f(\overline{x}^0)+f_m(\overline{x}_m^0)-[f(x^*)+f_m(x_m^*)]\}$$

将式(6.6.81)和引理 6.17 相结合，就得到了结论

$$\begin{aligned}
&\mathbb{E}\|A\overline{x}^{\hat{\ell}}+\overline{x}_m^{\hat{\ell}}-b\|^2=\mathbb{E}\|A(\overline{x}^{\hat{\ell}}-x_*^{\hat{\ell}})+\overline{x}_m^{\hat{\ell}}-x_{m^*}^{\hat{\ell}}\|^2\\
&\leqslant 2\mathbb{E}\{\|A\|^2\|\overline{x}^{\hat{\ell}}-x_*^{\hat{\ell}}\|^2+\|\overline{x}_m^{\hat{\ell}}-x_{m^*}^{\hat{\ell}}\|^2\}\\
&\leqslant 2(\|A\|^2+1)\mathbb{E}\{\|\overline{x}^{\hat{\ell}}-x_*^{\hat{\ell}}\|^2+\|\overline{x}_m^{\hat{\ell}}-x_{m^*}^{\hat{\ell}}\|^2\}\\
&\leqslant\frac{2(\|A\|^2+1)M\alpha^s}{k\mu(1-M\alpha^s)}\{f(\overline{x}^0)+f_m(\overline{x}_m^0)-[f(x^*)+f_m(x_m^*)]\}\\
&\leqslant\frac{2(\|A\|^2+1)\mu}{kL^2}\{f(\overline{x}^0)+f_m(\overline{x}_m^0)-[f(x^*)+f_m(x_m^*)]\}
\end{aligned}$$ ■

我们观察到 RapDual 的主要思想是：使用邻近点方法将多块问题转化为一系列凸子问题，并利用随机化对偶方法，通过求解多个块优化问题的方法，更一般地应用于求解整体不可逆的块的优化问题。在这种更一般的情形下，鞍点子问题只在原始空间中具有强凸性，而在对偶空间中则没有。因此，子问题的求解复杂度只会是次线性的，从而总体复杂度会比 $\mathcal{O}(1/\epsilon)$差得多。值得注意的是，上面所提出的 RapGrad 和 RapDual 隐式地假设了 μ 是已知的，或者可以得到它的一个(紧密的)上界。

6.7 练习和注释

练习

1. 考虑 $\min\limits_{x\in X}f(x)$的问题，其中 $X\subseteq\mathbb{R}^n$ 是一个闭凸集，f 是一个凸函数。假设我们用梯度下降法或者加速梯度下降法来求解
$$\min_{x\in X}\left\{f(x)+\frac{\mu}{2}\|x-x^0\|^2\right\}$$
对于给定的初始点 $x_0\in X$ 和足够小的 $\mu>0$。请为这些方法建立最好的可能的复杂性界，以找到一个平稳点，使投影梯度的计算量较小。
2. 如果式(6.1.49)中的随机变量 u 不是高斯随机变量，而是标准欧几里得球上的均匀随机变量，建立 RSGF 方法的收敛性。
3. 提出一种类似于 2-RSMD-V 的随机无梯度镜面下降方法，要求该方法只需提供随机零阶信息，并建立该算法的复杂度界。

注释

在文献[40]中，Ghadimi 和 Lan 首先研究了非凸优化问题的随机梯度下降法。Ghadimi、Lan 和 Zhang 将此方法推广到求解文献[42]中的非凸随机复合问题。Dang 和 Lan 开发了随机块坐标下降法来解决文献[28]中的非凸问题。在文献[41]中，Ghaidimi 和 Lan 首先建立起了求解非凸随机优化问题的加速梯度下降法的收敛性。非凸降低方差镜面下降法中使用的梯度估计量最早是在凸优化[103]中引入的，并在文献[34，106，137]中对非凸优化进行了分析。在文献[142]中发展了一种基于嵌套降低方差技术的不同估计量。7.4 节将分析进一步推广到非凸镜面下降设置。非凸有限和多块优化的 RapGrad 和 RapDual 方法是 Lan 和 Yang 在文献[68]中首次提出的。值得注意的是，对于一些特殊的非凸优化问题，如低秩矩阵问题和字典学习等几何问题，以及求解这些问题的几种非凸优化算法，目前都有着活跃的研究。

无投影方法

在这一章中，我们提出了最近在机器学习和优化社区中都受到广泛关注的条件梯度类型方法。这些方法调用线性优化(LO)预言机来最小化可行集上的一系列线性函数。我们将介绍经典的条件梯度(即 Frank-Wolfe 方法)及其一些变体。我们还将讨论条件梯度滑动(CGS)算法，它可以一次又一次跳过梯度计算，因此可以实现最优的复杂度界，该界不仅是对于调用 LO 预言机的次数，而且还有梯度计算的次数。我们还会讨论如何将这些方法推广到非凸优化问题的求解。

7.1 条件梯度法

在这一节中，我们研究了一类新的优化算法，称为基于线性优化的凸规划(LCP)方法，用以解决大规模凸规划(CP)问题。具体来说，考虑凸规划 CP 问题

$$f^* := \min_{x\in X} f(x) \tag{7.1.1}$$

其中，$X\subseteq\mathbb{R}^n$ 为凸紧集，f：$X\to\mathbb{R}$ 为闭凸函数。LCP 方法通过迭代调用一个线性优化(LO)预言机来解决问题(7.1.1)，即对于给定的输入向量 $p\in\mathbb{R}^n$，计算如下形式子问题的解

$$\operatorname{Arg}\min_{x\in X}\langle p, x\rangle \tag{7.1.2}$$

特别是，如果 p 是基于一阶信息计算得到的，那么我们称这些算法为一阶 LCP 方法。显然，一阶 LCP 方法与更一般的一阶方法的区别在于对子问题中约束条件的限制形式。例如，在次梯度(镜面)下降法中，我们解决的投影(或邻近映射)子问题以如下形式给出

$$\arg\min_{x\in X}\{\langle p, x\rangle + d(x)\} \tag{7.1.3}$$

这里 d：$X\to\mathbb{R}$ 是某个强凸函数(如 $d(x)=\|x\|_2^2/2$)。

LCP 方法的发展最近重新受到了机器学习和优化社区的关注，主要原因如下：

- 低迭代成本。在许多情况下，线性子问题(7.1.2)的求解要比非线性子问题(7.1.3)的求解容易得多。例如，如果 X 是由 $X=\{x\in\mathbb{R}^{n\times n}: \operatorname{Tr}(x)=1, x\succeq 0\}$ 给出的一个谱多面体，则式(7.1.2)的解可以比式(7.1.3)的解更快地计算得到。
- 简单性。CndG 方法很容易实现，因为它不需要选择式(7.1.3)中的距离函数 $d(x)$，不需要微调步长，而在大多数其他一阶方法(某种程度上的例外是 3.9 节中几个水平类型一阶方法)中都需要这样做。
- 生成的解的结构化性质。CndG 方法的输出解可能具有某些希望的结构性质，例如稀疏性和低秩，因为它们常常可以写成 X 的少量极值点的凸组合。

在本节中，我们首先依据对 LO 预言机的调用数量，建立经典的条件梯度方法及其变体的收敛速度，通过调用 LO 预言机以解决如下不同类别的 CP 问题。

(a) f 是光滑凸函数，且满足条件

$$\|f'(x)-f'(y)\|_* \leqslant L\|x-y\|, \quad \forall x, y\in X \tag{7.1.4}$$

(b) f 是如下形式的一个特殊的非光滑函数

$$f(x)=\max_{y\in Y}\{\langle Ax,\ y\rangle-\hat{f}(y)\}\tag{7.1.5}$$

这里，$Y\subseteq\mathbb{R}^m$ 是一个凸紧集，A：$\mathbb{R}^n\to\mathbb{R}^m$ 是一个线性算子，$\hat{f}$：$Y\to\mathbb{R}$ 是一个简单的凸函数。

(c) f 是一般的非光滑 Lipschitz 连续凸函数

$$|f(x)-f(y)|\leqslant M\|x-y\|,\quad \forall x,\ y\in X\tag{7.1.6}$$

(d) 我们还讨论了在 $f(\cdot)$的强凸性假设下，利用增强的 LO 预言机改进 CndG 方法复杂性的可能性。

然后，我们提出了一些新的 LCP 算法，即原始平均 CndG(PA-CndG)和原始-对偶平均 CndG(PDA-CndG)算法，用于求解在 LO 预言机下的大规模 CP 问题。这些方法是用加速梯度下降法中的线性优化子问题代替投影子问题而得到的。

最后，我们通过建立一系列求解 LO 预言机下不同类别 CP 问题的复杂度下界，证明了在 LO 预言机下求解 CP 问题比在没有这些限制的情况下求解凸规划 CP 问题从根本上要困难得多。然后，我们将证明对 LO 预言机执行的调用数量在上述 LCP 方法中一般而言似乎没有改进的余地。

固定相应符号，令 $X\in\mathbb{R}^n$ 和 $Y\in\mathbb{R}^m$ 为凸紧集；同时，令$\|\cdot\|_X$ 和$\|\cdot\|_Y$ 分别为 $\mathbb{R}^n$ 和 $\mathbb{R}^m$ 中的范数(不一定与内积相关)。为了简单起见，我们经常跳过范数$\|\cdot\|_X$ 和$\|\cdot\|_Y$ 中的下标。对于一个给定范数$\|\cdot\|$，表示它的共轭为$\|s\|_*=\max\limits_{\|x\|\leqslant1}\langle s,\ x\rangle$。我们分别使用$\|\cdot\|_1$ 和$\|\cdot\|_2$ 来表示 l_1 和 l_2 上的正则范数。设 A：$\mathbb{R}^n\to\mathbb{R}^m$ 是一个给定的线性算子，以$\|A\|$表示的算子范数，是由$\|A\|=\max\limits_{\|x\|\leqslant1}\|Ax\|$给出的。设 f：$X\to\mathbb{R}$ 是一个凸函数，我们用下面的式子表示它在 x 处的线性逼近

$$l_f(x;y):=f(x)+\langle f'(x),\ y-x\rangle\tag{7.1.7}$$

显然，如果 f 满足式(7.1.4)，则

$$f(y)\leqslant l_f(x;y)+\frac{L}{2}\|y-x\|^2,\quad \forall x,\ y\in X\tag{7.1.8}$$

注意，式(7.1.4)和式(7.1.8)中的常数 L 取决于所取范数$\|\cdot\|$。

7.1.1 经典条件梯度

我们在这一部分的目标是建立经典 CndG 方法及其变体的收敛速度，以便根据对 LO 预言机的调用次数来求解不同类别的 CP 问题。

7.1.1.1 LO 预言机下的光滑凸问题

经典的 CndG 方法是最早用于求解问题(7.1.1)的迭代算法之一，该算法的基本方案如下所示。

算法 7.1 经典条件梯度(CndG)方法

给定 $x_0\in X$，并置 $y_0=x_0$。

for $k=1,\cdots,$ **do**

　调用 LO 预言机进行计算 $x_k\in\operatorname{Arg}\min\limits_{x\in X}\langle f'(y_{k-1}),\ x\rangle$。

　置 $y_k=(1-\alpha_k)y_{k-1}+\alpha_k x_k$ 对于某些 $\alpha_k\in[0,\ 1]$。

end for

为了保证经典 CndG 方法的收敛性，我们需要适当地指定 y_k 定义中的步长 α_k。流行的 α_k 的选择方式有两种：一种是设置

$$\alpha_k=\frac{2}{k+1},\quad k=1,2,\cdots \tag{7.1.9}$$

另外一种是通过求解一维极小化问题来得到 α_k

$$\alpha_k=\arg\min_{\alpha\in[0,1]} f((1-\alpha)y_{k-1}+\alpha x_k),\quad k=1,2,\cdots \tag{7.1.10}$$

我们现在正式描述上述经典 CndG 方法的收敛性。请注意，我们在定理 7.1 中明确地说明了该算法的收敛速度如何依赖于之前的迭代 y_{k-1} 和 LO 预言机的输出值之间的距离，即依赖于 $\|x_k-y_{k-1}\|$。同时还可以观察到，给定一个候选解 $\bar{x}\in X$，我们使用函数最优间隙 $f(\bar{x})-f^*$ 作为算法的终止准则。在 7.2 节中，我们将证明 CndG 方法在使用一个更强的终止准则后，也会表现出相同的收敛速度，即由 $\max\limits_{x\in X}\langle f'(\bar{x}),\bar{x}-x\rangle$ 给出的 Wolfe 间隙。以下变量将用于收敛性分析

$$\Gamma_k:=\begin{cases}1, & k=1\\ (1-\gamma_k)\Gamma_{k-1}, & k\geqslant 2\end{cases} \tag{7.1.11}$$

定理 7.1　设 $\{x_k\}$ 为经典 CndG 方法采用式(7.1.9)或式(7.1.10)的步长策略求解问题(7.1.1)所生成的序列。如果 $f(\cdot)$ 满足式(7.1.4)，则对任意 $k=1,2,\cdots$，有

$$f(y_k)-f^*\leqslant\frac{2L}{k(k+1)}\sum_{i=1}^{k}\|x_i-y_{i-1}\|^2 \tag{7.1.12}$$

证明　令 Γ_k 如式(7.1.11)中定义，且

$$\gamma_k:=\frac{2}{k+1} \tag{7.1.13}$$

容易验证，

$$\Gamma_k=\frac{2}{k(k+1)}\quad\text{且}\quad\frac{\gamma_k^2}{\Gamma_k}\leqslant 2,\quad k=1,2,\cdots \tag{7.1.14}$$

记 $\tilde{y}_k=(1-\gamma_k)y_{k-1}+\gamma_k x_k$，根据式(7.1.9)(或式(7.1.10))和算法 7.1 中 y_k 的定义，我们可以得出 $f(y_k)\leqslant f(\tilde{y}_k)$。而由 $\tilde{y}_k$ 的定义，可以得到 $\tilde{y}_k-y_{k-1}=\gamma_k(x_k-y_{k-1})$。令 $l_f(x;y)$ 如式(7.1.7)中定义，利用这两个观察值、式(7.1.8)、x_k 的定义和 $f(\cdot)$ 的凸性，有

$$\begin{aligned}f(y_k)&\leqslant f(\tilde{y}_k)\leqslant l_f(y_{k-1};\tilde{y}_k)+\frac{L}{2}\|y_k-y_{k-1}\|^2\\&=(1-\gamma_k)f(y_{k-1})+\gamma_k l_f(y_{k-1};x_k)+\frac{L}{2}\gamma_k^2\|x_k-y_{k-1}\|^2\\&\leqslant(1-\gamma_k)f(y_{k-1})+\gamma_k l_f(y_{k-1};x)+\frac{L}{2}\gamma_k^2\|x_k-y_{k-1}\|^2\\&\leqslant(1-\gamma_k)f(y_{k-1})+\gamma_k f(x)+\frac{L}{2}\gamma_k^2\|x_k-y_{k-1}\|^2,\quad\forall x\in X\end{aligned} \tag{7.1.15}$$

上述不等式两边同时减去 $f(x)$，得到

$$f(y_k)-f(x)\leqslant(1-\gamma_k)[f(y_{k-1})-f(x)]+\frac{L}{2}\gamma_k^2\|x_k-y_{k-1}\|^2 \tag{7.1.16}$$

由上式根据引理 3.17，可推得命题结论

$$\begin{aligned}f(y_k)-f(x)&\leqslant\Gamma_k(1-\gamma_1)[f(y_0)-f(x)]+\frac{\Gamma_k L}{2}\sum_{i=1}^{k}\frac{\gamma_i^2}{\Gamma_i}\|x_i-y_{i-1}\|^2\\&\leqslant\frac{2L}{k(k+1)}\sum_{i=1}^{k}\|x_i-y_{i-1}\|^2,\quad k=1,2,\cdots\end{aligned} \tag{7.1.17}$$

最后一个不等式来自 $\gamma_1=1$ 的事实和式(7.1.14)。■

现在我们对定理 7.1 中得到的结果添加一些注释。记

$$\overline{D}_X \equiv \overline{D}_{X,\|\cdot\|} := \max_{x,y\in X}\|x-y\| \tag{7.1.18}$$

首先，注意到由式(7.1.12)和式(7.1.18)，对于任意 $k=1,\cdots$，有

$$f(y_k)-f^* \leqslant \frac{2L}{k+1}\overline{D}_X^2$$

因此，经典的 CndG 方法求问题(7.1.1)的 ε-解所需的迭代次数受限于

$$\mathcal{O}(1)\frac{L\overline{D}_X^2}{\varepsilon} \tag{7.1.19}$$

其次，虽然 CndG 方法不要求选择范数 $\|\cdot\|$，但该算法的迭代复杂度如式(7.1.19)所述，确实依赖于 $\|\cdot\|$，因两个常数，即 $L\equiv L_{\|\cdot\|}$ 和 $\overline{D}_X\equiv\overline{D}_{X,\|\cdot\|}$ 都依赖于范数 $\|\cdot\|$。但是，由于式(7.1.19)中的结果对任意 $\|\cdot\|$ 都是成立的，所以经典 CndG 方法求解问题(7.1.1)的迭代复杂度实际上可以限定为

$$\mathcal{O}(1)\inf_{\|\cdot\|}\left\{\frac{L_{\|\cdot\|}\overline{D}_{X,\|\cdot\|}^2}{\varepsilon}\right\} \tag{7.1.20}$$

例如，如果 X 是一个单纯形，一种被广泛接受的使梯度类型方法加速的策略是：设置 $\|\cdot\|=\|\cdot\|_1$ 和式(7.1.3)中 $d(x)=\sum_{i=1}^n x_i\log x_i$，以便获得(几乎)维数独立的复杂性结果，这样，随着问题的维度增加，复杂度只有轻微的增加。而经典的 CndG 方法执行中确实会自动调整到可行集 X 的几何形状，从而获得对高维问题的可扩展性。

最后，观察发现式(7.1.12)的收敛速度依赖于 $\|x_k-y_{k-1}\|$，该值通常不会随着 k 的增加而消失。例如，假设 $\{y_k\}\to x^*$（如果 x^* 是问题(7.1.1)的唯一最优解此为真），那么距离 $\{\|x_k-y_{k-1}\|\}$ 并不一定收敛为零，除非 x^* 是 X 的一个极值点。在这些情况下，求和式 $\sum_{i=1}^k\|x_i-y_{i-1}\|^2$ 会随 k 线性增加。我们将在 7.1.2 节中讨论一些可能有助于改善这种情况的技术。

7.1.1.2　LO 预言机下的双线性鞍点问题

在本小节中，我们将证明 CndG 方法在经过一些适当的修改后，可以用来求解式(7.1.5)中所给出的目标函数 f 的双线性鞍点问题。

由于式(7.1.5)给出的 f 一般是非光滑的，所以我们不能直接应用 CndG 方法。但是，回想一下，式(7.1.5)中的函数 $f(\cdot)$ 可以用一类光滑凸函数来近似。更具体地说，对于给定的强凸函数 ω：$Y\to\mathbb{R}$ 使得

$$\omega(y)\geqslant\omega(x)+\langle\omega'(x),\ y-x\rangle+\frac{\sigma_\omega}{2}\|y-x\|^2,\quad \forall x,\ y\in Y \tag{7.1.21}$$

记 $c_\omega:=\arg\min_{y\in Y}\omega(y)$，$W(y):=\omega(y)-\omega(c_\omega)-\langle\nabla\omega(c_\omega),\ y-c_\omega\rangle$ 和

$$D_Y\equiv D_{Y,\omega}:=[\max_{y\in Y}W(y)]^{1/2} \tag{7.1.22}$$

那么，式(7.1.5)中的函数 $f(\cdot)$ 可以相当准确地近似为

$$f_\eta(x):=\max_y\{\langle Ax,\ y\rangle-\hat{f}(y)-\eta[V(y)-D_Y^2]:\ y\in Y\} \tag{7.1.23}$$

实际上，根据定义，我们有 $0\leqslant V(y)\leqslant D_Y^2$，因而对于任意 $\eta\geqslant0$，有

$$f(x)\leqslant f_\eta(x)\leqslant f(x)+\eta D_Y^2,\quad \forall x\in X \tag{7.1.24}$$

此外，可以证明 $f_\eta(\cdot)$是可微的，并且其梯度是 Lipschitz 连续的，而 Lipschitz 常数由下式给出(见引理 3.7)

$$\mathcal{L}_\eta := \frac{\|A\|^2}{\eta\sigma_v} \tag{7.1.25}$$

针对这一结果，我们可对 CndG 方法进行修改，将算法 7.1 中的梯度 $f'(y_k)$替换为 $f'_{\eta_k}(y_k)$，对于某个 $\eta_k>0$。可以看到，在 3.5 节的原始平滑方案中，我们首先需要通过预先指定平滑参数 η 来定义式(7.1.23)中的平滑逼近函数 f_η，然后应用光滑优化解法来解决近似问题。η 的选择通常需要明确的 $\overline{D}_X$、D_Y^2 和目标精度 ε 的先验知识。然而，通过另一种分析，我们发现可以使用可变的平滑参数 η_k，因此不需要提前知道目标精度 ε。此外，对 $\overline{D}_X$ 和 D_Y^2 的错误估计仅会对修正的 CndG 方法的收敛速度有一定的影响。我们的分析依赖于式(7.1.23)中 $f_\eta(\cdot)$的一个略有不同的构造和如下的简单观察结果。

引理 7.1　设 $f_\eta(\cdot)$由式(7.1.23)定义，并且 $\eta_1\geqslant\eta_2\geqslant 0$ 给定。那么对于任意 $x\in X$，有 $f_{\eta_1}(x)\geqslant f_{\eta_2}(x)$。

证明　由式(7.1.23)中 $f_\eta(\cdot)$的定义和 $V(y)-D_Y^2\leqslant 0$ 可直接得到结果。■

我们现在准备描述这种修正的 CndG 方法用于求解双线性鞍点问题时的主要收敛性。

定理 7.2　设$\{x_k\}$和$\{y_k\}$两个序列，是将 CndG 算法中 $f'(y_k)$替换为 $f'_{\eta_k}(y_k)$生成的，其中 $f_\eta(\cdot)$由式(7.1.5)定义。如果步长 $\alpha_k(k=1, 2, \cdots)$按式(7.1.9)或式(7.1.10)设置，且$\{\eta_k\}$满足

$$\eta_1\geqslant\eta_2\geqslant\cdots \tag{7.1.26}$$

那么，对于任意 $k=1, 2, \cdots$，有

$$f(y_k)-f^*\leqslant\frac{2}{k(k+1)}\left[\sum_{i=1}^{k}\left(i\eta_i D_Y^2+\frac{\|A\|^2}{\sigma_v\eta_i}\|x_i-y_{i-1}\|^2\right)\right] \tag{7.1.27}$$

特别是，如果

$$\eta_k=\frac{\|A\|\overline{D}_X}{D_Y\sqrt{\sigma_v k}} \tag{7.1.28}$$

那么，对于任意 $k=1, 2, \cdots$，有

$$f(y_k)-f^*\leqslant\frac{8\sqrt{2}\|A\|\overline{D}_X D_Y}{3\sqrt{\sigma_v k}} \tag{7.1.29}$$

式中，$\overline{D}_X$ 和 D_Y 分别如式(7.1.18)和式(7.1.22)定义。

证明　设 Γ_k 和 γ_k 分别由式(7.1.11)和式(7.1.13)定义。类似于式(7.1.16)，对于任何 $x\in X$，有

$$\begin{aligned}
f_{\eta_k}(y_k)&\leqslant(1-\gamma_k)[f_{\eta_k}(y_{k-1})]+\gamma_k f_{\eta_k}(x)+\frac{L_{\eta_k}}{2}\gamma_k^2\|x_k-y_{k-1}\|^2\\
&\leqslant(1-\gamma_k)[f_{\eta_{k-1}}(y_{k-1})]+\gamma_k f_{\eta_k}(x)+\frac{L_{\eta_k}}{2}\gamma_k^2\|x_k-y_{k-1}\|^2\\
&\leqslant(1-\gamma_k)[f_{\eta_{k-1}}(y_{k-1})]+\gamma_k[f(x)+\eta_k D_Y^2]+\frac{L_{\eta_k}}{2}\gamma_k^2\|x_k-y_{k-1}\|^2
\end{aligned}$$

上式中第二个不等式由式(7.1.26)和引理 7.1 得出，第三个不等式由式(7.1.24)得出。在等式两边同时减去 $f(x)$，得到对于任意 $x\in X$，有

$$f_{\eta_k}(y_k)-f(x)\leqslant(1-\gamma_k)[f_{\eta_{k-1}}(y_{k-1})-f(x)]+\gamma_k\eta_k D_Y^2+\frac{L_{\eta_k}}{2}\gamma_k^2\|x_k-y_{k-1}\|^2$$
$$\leqslant(1-\gamma_k)[f_{\eta_{k-1}}(y_{k-1})-f(x)]+\gamma_k\eta_k D_Y^2+\frac{\|A\|^2\gamma_k^2}{2\sigma_v\eta_k}\|x_k-y_{k-1}\|^2$$

此式，根据引理 3.17、式(7.1.13)和式(7.1.14)，可知 $\forall x\in X$，

$$f_{\eta_k}(y_k)-f(x)\leqslant\frac{2}{k(k+1)}\left[\sum_{i=1}^{k}\left(i\eta_i D_Y^2+\frac{\|A\|^2}{\sigma_v\eta_i}\|x_i-y_{i-1}\|^2\right)\right],\quad\forall k\geqslant1$$

由式(7.1.24)和上述不等式立刻可以得到式(7.1.27)中的结果。现在，很容易看出式(7.1.28)中对 η_k 的选择满足关系(7.1.26)。

由式(7.1.27)和式(7.1.28)可得到

$$f(y_k)-f^*\leqslant\frac{2}{k(k+1)}\left[\sum_{i=1}^{k}\left(i\eta_i D_Y^2+\frac{\|A\|^2}{\sigma_v\eta_i}\overline{D}_X^2\right)\right]$$
$$=\frac{4\|A\|\overline{D}_X D_{v,Y}}{k(k+1)\sqrt{\sigma_v}}\sum_{i=1}^{k}\sqrt{i}\leqslant\frac{8\sqrt{2}\|A\|\overline{D}_X D_Y}{3\sqrt{\sigma_v k}}$$

其中最后一个不等式来自下述事实

$$\sum_{i=1}^{k}\sqrt{i}\leqslant\int_0^{k+1}\sqrt{t}\,\mathrm{d}t\leqslant\frac{2}{3}(k+1)^{3/2}\leqslant\frac{2\sqrt{2}}{3}(k+1)\sqrt{k}\tag{7.1.30}$$

■

下面对定理 7.2 中得到的结果做一些说明。第一，我们观察到式(7.1.28)中 η_k 的选择要求估计一些求解问题的参数，包括$\|A\|$、$\overline{D}_X$、D_Y 和 σ_v。然而，对这些参数的错误估计只会导致修正后 CndG 方法的收敛速度增加一个常数因子。例如，如果对于任意 $k\geqslant1$，$\eta_k=1/\sqrt{k}$，则式(7.1.27)简化为

$$f(y_k)-f^*\leqslant\frac{8\sqrt{2}}{3\sqrt{k}}\left(D_Y^2+\frac{\|A\|^2\overline{D}_X^2}{\sigma_v}\right)$$

值得注意的是，当使用加速梯度下降方法来解决双线性鞍点问题时，也可以使用类似的自适应平滑方案。第二，假设范数$\|\cdot\|$在与 Y 相关的对偶空间中是一个内积范数，且 $v(y)=\|y\|^2/2$。同时我们记

$$\overline{D}_Y\equiv\overline{D}_{Y,\|\cdot\|}:=\max_{x,y\in Y}\|x-y\|\tag{7.1.31}$$

在此情形下，根据式(7.1.31)和式(7.1.22)中 $\overline{D}_Y$ 和 D_Y 的定义，可以得到 $D_Y\leqslant\overline{D}_Y$。利用这一观察结果和式(7.1.29)，我们得出这样的结论：修正的 CndG 方法求解 $\mathcal{F}^0_{\|A\|}(X,Y)$所需的迭代次数以下式为界

$$\mathcal{O}(1)\left(\frac{\|A\|\overline{D}_X\overline{D}_Y}{\varepsilon}\right)^2$$

7.1.1.3　LO 预言机下的一般非光滑问题

在本节中，我们提出了一种随机化的 CndG 方法，并建立了它在 LO 预言机下求解一般非光滑 CP 问题的收敛速度。

算法的基本思想是利用基于卷积的平滑逼近一般的非光滑 CP 问题。这种方法的灵感是，对两个函数进行卷积得到的新函数至少和原来两个函数中更光滑的一个一样光滑。特别地，令 μ 表示相对于 Lebesgue 测度的随机变量密度，并考虑由下式给出的函数 f_μ

$$f_\mu(x):=(f*\mu)(x)=\int_{\mathbb{R}^n} f(y)\mu(x-y)\mathrm{d}(y)=\mathbb{E}_\mu[x+Z]$$

其中 Z 是密度为 μ 的随机变量。由于 μ 是相对于 Lebesgue 测度的密度，所以 f_μ 是可微的。上述基于卷积的平滑技术在随机优化中得到了广泛的研究，参见文献[11, 32, 59, 102, 119]。为了简单起见，我们在本小节中假定范数 $\|\cdot\|=\|\cdot\|_2$，并且 Z 均匀分布在某个欧几里得球上。下面的结果已见于文献中(例如参见文献[32])。

引理 7.2　设 ξ 在 l_2 球 $\mathcal{B}_2(0,1):=\{x\in\mathbb{R}^d:\|x\|_2\leqslant 1\}$ 上均匀分布，$u>0$ 给定。如果对于任意 x，$y\in X+u\mathcal{B}_2(0,1)$，有不等式(7.1.6)成立，则对下面给出的函数 $f_u(\cdot)$ 有诸性质成立：

$$f_u(x):=\mathbb{E}[f(x+u\xi)] \tag{7.1.32}$$

(a) $f(x)\leqslant f_u(x)\leqslant f(x)+Mu$；

(b) $f_u(x)$ 有相对于范数 $\|\cdot\|_2$ 的 $M\sqrt{n}/u$-Lipschitz 连续梯度；

(c) $\mathbb{E}[f'(x+u\xi)]=f'_u(x)$ 且 $\mathbb{E}[\|f'(x+u\xi)-f'_u(x)\|^2]\leqslant M^2$；

(d) 若 $u_1\geqslant u_2\geqslant 0$，则对于任意 $x\in X$，有 $f_{u_1}(x)\geqslant f_{u_2}(x)$。

鉴于上述结果，为了求解原问题(7.1.1)，通过适当选择 μ，我们可以将 CndG 方法直接应用于 $\min\limits_{x\in X} f_u(x)$。唯一的问题是我们不能准确地估算 $f_u(\cdot)$ 的梯度。为了解决这个问题，对某个 $T>0$，我们生成一个 i. i. d. 的随机抽样(ξ_1, …, ξ_T)，通过 $\widetilde{f}'_u(x)=1/T\sum\limits_{t=1}^{T} f'(x, u\xi_t)$ 来近似梯度 $f'_\mu(x)$。在与上述随机平滑方案结合后，CndG 方法在求解一般非光滑凸优化问题时会表现出以下收敛性质。

定理 7.3　设 $\{x_k\}$ 和 $\{y_k\}$ 是经典 CndG 方法将 $f'(y_{k-1})$ 替换为采样梯度的平均值后生成的两个序列，采样梯度的平均值为：

$$\widetilde{f}'_{u_k}(y_{k-1}):=\frac{1}{T_k}\sum_{t=1}^{T_k} f'(y_{k-1}+u_k\xi_t) \tag{7.1.33}$$

其中，f_u 如式(7.1.32)定义，且 $\{\xi_1, \cdots, \xi_{T_k}\}$ 是 ξ 的 i. i. d. 样本。如果步长 $\alpha_k(k=1, 2, \cdots)$ 如式(7.1.9)或式(7.1.10)设置，且 $\{u_k\}$ 满足

$$u_1\geqslant u_2\geqslant\cdots \tag{7.1.34}$$

那么，有

$$\mathbb{E}[f(y_k)]-f(x)\leqslant\frac{2M}{k(k+1)}\left[\sum_{i=1}^{k}\left(\frac{i}{\sqrt{T_i}}\bar{D}_X+iu_i+\frac{\sqrt{n}}{u_i}\bar{D}_X^2\right)\right] \tag{7.1.35}$$

其中 M 由式(7.1.6)给出。特别是，如果取

$$T_k=k \quad \text{且} \quad u_k=\frac{n^{1/4}\bar{D}_X}{\sqrt{k}} \tag{7.1.36}$$

会有

$$\mathbb{E}[f(y_k)]-f(x)\leqslant\frac{4(1+2n^{1/4})M\bar{D}_X}{3\sqrt{k}},\quad k=1, 2, \cdots \tag{7.1.37}$$

证明　设 γ_k 如式(7.1.13)中定义，类似于式(7.1.15)，我们有

$$\begin{aligned}f_{u_k}(y_k)&\leqslant(1-\gamma_k)f_{u_k}(y_{k-1})+\gamma_k l_{f_{u_k}}(x_k; Y_{k-1})+\frac{M\sqrt{n}}{2u_k}\gamma_k^2\|x_k-y_{k-1}\|^2\\&\leqslant(1-\gamma_k)f_{u_{k-1}}(y_{k-1})+\gamma_k l_{f_{u_k}}(x_k; Y_{k-1})+\end{aligned}$$

$$\frac{M\sqrt{n}}{2u_k}\gamma_k^2\|x_k-y_{k-1}\|^2 \tag{7.1.38}$$

其中最后一个不等式是根据引理 7.2(d)所得出的 $f_{u_{k-1}}(y_{k-1})\geqslant f_{u_k}(y_{k-1})$这一事实得到。让我们表示 $\delta_k:=f'_{u_k}(y_{k-1})-\tilde{f}'_{u_k}(y_{k-1})$。注意到根据 x_k 的定义和 $f_{u_k}(\cdot)$的凸性，有

$$\begin{aligned}
l_{f_{u_k}}(x_k;Y_{k-1})&=f_{u_k}(y_{k-1})+\langle f'_{u_k}(y_{k-1}),x_k-y_{k-1}\rangle\\
&=f_{u_k}(y_{k-1})+\langle \tilde{f}'_{u_k}(y_{k-1}),x_k-y_{k-1}\rangle+\langle\delta_k,x_k-y_{k-1}\rangle\\
&\leqslant f_{u_k}(y_{k-1})+\langle \tilde{f}'_{u_k}(y_{k-1}),x-y_{k-1}\rangle+\langle\delta_k,x_k-y_{k-1}\rangle\\
&=f_{u_k}(y_{k-1})+\langle \tilde{f}'_{u_k}(y_{k-1}),x-y_{k-1}\rangle+\langle\delta_k,x_k-x\rangle\\
&\leqslant f_{u_k}(x)+\|\delta_k\|\overline{D}_X\leqslant f(x)+\|\delta_k\|\overline{D}_X+Mu_k,\quad \forall x\in X
\end{aligned}$$

其中最后一个不等式由引理 7.2(a)得出。由式(7.1.38)可知，对于任意 $x\in X$，有

$$f_{u_k}(y_k)\leqslant(1-\gamma_k)f_{u_{k-1}}(y_{k-1})+\gamma_k[f(x)+\|\delta_k\|\overline{D}_X+Mu_k]+\frac{M\sqrt{n}}{2u_k}\gamma_k^2\|x_k-y_{k-1}\|^2$$

这意味着

$$f_{u_k}(y_k)-f(x)\leqslant(1-\gamma_k)[f_{u_{k-1}}(y_{k-1})-f(x)]+\gamma_k[\|\delta_k\|\overline{D}_X+Mu_k]+\frac{M\sqrt{n}}{2u_k}\gamma_k^2\overline{D}_X^2$$

注意到根据 Jensen 不等式和引理 7.2(c)，有

$$\{\mathbb{E}[\|\delta_k\|]\}^2\leqslant\mathbb{E}[\|\delta_k\|^2]=\frac{1}{T_k^2}\sum_{t=1}^{T_k}\mathbb{E}[\|f'(y_{k-1}+u_k\xi_k)-f'_{u_k}(y_{k-1})\|^2]\leqslant\frac{M^2}{T_k} \tag{7.1.39}$$

我们从前面的不等式可得到

$$\mathbb{E}[f_{u_k}(y_k)-f(x)]\leqslant(1-\gamma_k)\mathbb{E}[f_{u_{k-1}}(y_{k-1})-f(x)]+\frac{\gamma_k}{\sqrt{T_k}}M\overline{D}_X+M\gamma_ku_k+\frac{M\sqrt{n}}{2u_k}\gamma_k^2\overline{D}_X^2$$

从而，由引理 3.17、式(7.1.13)和式(7.1.14)可推得，$\forall x\in X$，

$$\mathbb{E}[f_{u_k}(y_k)-f(x)]\leqslant\frac{2}{k(k+1)}\left[\sum_{i=1}^{k}\left(\frac{i}{\sqrt{T_i}}M\overline{D}_X+Miu_i+\frac{M\sqrt{n}}{u_i}\overline{D}_X^2\right)\right]$$

式(7.1.35)的结果直接来源于引理 7.2(a)和上述不等式。使用式(7.1.30)、式(7.1.35)和式(7.1.36)，我们可以很容易地验证式(7.1.37)中的界成立。 ■

我们现在对定理 7.3 中得到的结果做一些注释。首先要注意，为了得到式(7.1.37)中的结果，我们需要设置 $T_k=k$。这意味着在定理 7.3 中随机化 CndG 方法的第 k 次迭代时，我们需要取一个 i. i. d. 样本$\{\xi_1,\cdots,\xi_k\}$，并计算出相应的梯度$\{f'(y_{k-1},\xi_1),\cdots,f'(y_{k-1},\xi_k)\}$。注意，从上述结果的证明中可看出，我们可以循环利用所生成的样本$\{\xi_1,\cdots,\xi_k\}$，用于后续迭代。

第二，我们可以用随机化 CndG 方法求解由式(7.1.5)给出的 f 的双线性鞍点问题。与 7.1.1.2 节中的平滑 CndG 方法相比，我们不需要求解以式(7.1.23)形式给出的子问题，而是求解如下子问题

$$\max_y\{\langle A(x+\xi_i),y\rangle-\hat{f}(y):y\in Y\}$$

为了在第 k 次迭代时计算 $f'(y_{k-1},\xi_i)$，$i=1,\cdots,k$。特别是，如果 $\hat{f}(y)=0$，那么我们只需要解决集合 Y 上的线性优化子问题。据我们所知，这是唯一一个在原始空间和对偶

空间都只需要线性优化的优化算法。

第三，根据式(7.1.37)，随机化 CndG 方法寻找一个解 $\overline{x}$，使得 $\mathbb{E}[f(\overline{x})-f^*]\leqslant\varepsilon$，所需的迭代次数(调用 LO 预言机)的界为

$$N_\varepsilon := \mathcal{O}(1)\frac{\sqrt{n}M^2\overline{D}_X^2}{\varepsilon^2} \tag{7.1.40}$$

并且次梯度计算的总数可以被限定为

$$\sum_{k=1}^{N_\varepsilon} T_k = \sum_{k=1}^{N_\varepsilon} k = \mathcal{O}(1)N_\varepsilon^2$$

7.1.1.4　增强 LO 预言机下的强凸问题

在本小节中，我们假设式(7.1.1)中的目标函数 $f(\cdot)$是光滑且强凸的，即除了条件(7.1.4)外，它还满足

$$f(y)-f(x)-\langle f'(x),\ y-x\rangle\geqslant\frac{\mu}{2}\|y-x\|^2,\quad \forall x,\ y\in X \tag{7.1.41}$$

已知求解这类问题的一般一阶方法的最优复杂度为

$$\mathcal{O}(1)\sqrt{\frac{L}{\mu}}\max\left(\log\frac{\mu\overline{D}_X}{\varepsilon},\ 1\right)$$

另外，对 CndG 方法的 LO 预言机调用的数量为 $\mathcal{O}(L\overline{D}_X^2/\varepsilon)$。

本小节的目的是要说明，在对 LO 预言机的某些更强的假设下，我们能够以某种方式“改进”CndG 方法，以解决这些强凸问题的复杂性。更具体地说，在本小节中假设我们可以访问一个增强的 LO 预言机，它可以解决如下形式的问题

$$\min\{\langle p,\ x\rangle:\ x\in X,\ \|x-x_0\|\leqslant R\} \tag{7.1.42}$$

对于给定的 $x_0\in X$。例如，我们假设可以选择范数$\|\cdot\|$，使得问题(7.1.42)相对容易解决。特别地，如果 X 是一个多面体，可以设置$\|\cdot\|=\|\cdot\|_\infty$或$\|\cdot\|=\|\cdot\|_1$，那么求解式(7.1.42)的复杂度将与求解式(7.1.2)的复杂度相当。但是请注意，这种$\|\cdot\|$的选择可能会增加 L/μ 所给出的条件数的值。使用与 4.2.3 节中类似的技术，在上述假设下，我们在增强的 LO 预言机上提出了一个收缩 CndG 方法。

算法 7.2　收缩条件梯度(CndG)方法

给定 $p_0\in X$。设置 $R_0=\overline{D}_X$。

for $t=1$，…，**do**

　设置 $y_0=p_{t-1}$。

for $k=1$，…，$8L/\mu$ **do**

　调用增强的 LO 预言机，计算 $x_k\in\operatorname*{Arg\,min}_{x\in X_{t-1}}\langle f'(y_{k-1}),\ x\rangle$，其中 $X_{t-1}:=\{x\in X:\ \|x-p_{t-1}\|\leqslant R_{t-1}\}$。

　对于某个 $\alpha_k\in[0,1]$，设 $y_k=(1-\alpha_k)y_{k-1}+\alpha_k x_k$。

end for

设置 $p_t=y_k$ 且 $R_t=R_{t-1}/\sqrt{2}$；

end for

请注意，一个上述收缩 CndG 方法的外部(对应的，内部)迭代发生只要在变量 t(对应

的，k)加 1 时。我们还可以观察到可行集 X_t 在每次外部迭代 t 时都会被缩减。下面的结果总结了该算法的收敛性。

定理 7.4　假设条件(7.1.4)和式(7.1.41)成立。如果收缩 CndG 方法中的步长$\{\alpha_k\}$设置为式(7.1.9)或式(7.1.10)，那么，该算法为找到问题(7.1.1)的 ε-解而调用增强 LO 预言机的次数会受限于

$$\frac{8L}{\mu}\left\lceil \max\left(\log\frac{\mu R_0}{\varepsilon},\ 1\right)\right\rceil \tag{7.1.43}$$

证明　记 $K\equiv 8L/\mu$。我们首先断言对于任意 $t\geqslant 0$，有 $x^*\in X_t$。由于$\|y_0-x^*\|\leqslant R_0=\overline{D}_X$ 成立，因此 $t=0$ 时此关系显然成立。现在假设对于某个 $t\geqslant 1$，有 $x^*\in X_{t-1}$。在这个假设下，关系(7.1.17)成立，即对于内部迭代 $k=1, \cdots, K$，且是在第 t 次外部迭代时执行时，$x=x^*$。因此，我们有

$$f(y_k)-f(x^*)\leqslant\frac{2L}{k(k+1)}\sum_{i=1}^{k}\|x_i-y_{i-1}\|^2\leqslant\frac{2L}{k+1}R_{t-1}^2,\quad k=1,\ \cdots,\ K \tag{7.1.44}$$

令 $k=K$，利用 $p_t=y_K$ 和 $f(y_K)-f^*\geqslant\mu\|y_K-x^*\|^2/2$ 的事实，可以得出

$$\|p_t-x^*\|^2\leqslant\frac{2}{\mu}[f(p_t)-f^*]=\frac{2}{\mu}[f(y_K)-f^*]\leqslant\frac{4L}{\mu(K+1)}R_{t-1}^2\leqslant\frac{1}{2}R_{t-1}^2=R_t^2 \tag{7.1.45}$$

这意味着 $x^*\in X_t$。现在，我们就可以为收缩 CndG 方法执行的 LO 预言机调用的总数(即内部迭代的总数)给出一个上限。由式(7.1.45)和 R_t 的定义可得到

$$f(p_t)-f^*\leqslant\frac{\mu}{2}R_t^2=\frac{\mu}{2}\frac{R_0}{2^{t-1}},\quad t=1,\ 2,\ \cdots$$

因此，用收缩的 CndG 方法求得式(7.1.1)的 ε-解的总外部迭代次数为$\lceil\max(\log\mu R_0/\varepsilon,\ 1)\rceil$。考虑到在每个外部迭代 t 处执行 K 次内部迭代，这个结果意味着内部迭代的总次数受限于表达式(7.1.43)。 ■

7.1.2　条件梯度的新变体

我们在这一小节的目标是提出一些新的 LCP 方法，这些方法通过将投影(邻近映射)子问题替换为加速梯度下降法中的线性优化子问题来得到。我们将证明这些方法在某些情况下比原来的 CndG 方法具有更快的收敛速度。在本节中，我们将重点关注光滑凸规划(CP)问题(即式(7.1.4)成立时)。然而，通过使用与 7.1.1 节中描述的思想类似的方法，很容易修改所发展出来的算法去解决鞍点问题、一般的非光滑 CP 问题和强凸问题等。

7.1.2.1　原始平均 CndG 方法

在本节中，我们提出了一种新的 LCP 方法，通过将原始平均步骤合并到 CndG 方法中获得。此算法的形式描述如下。

算法 7.3　原始平均条件梯度(PA-CndG)方法

给定 $x_0\in X$。置 $y_0=x_0$。

for $k=1, \cdots,$ **do**

　　设置 $z_{k-1}=\frac{k-1}{k+1}y_{k-1}+\frac{2}{k+1}x_{k-1}$ 和 $p_k=f'(z_{k-1})$。

调用 LO 预言机，计算 $x_k \in \operatorname{Arg}\min_{x\in X}\langle p_k, x\rangle$。

置 $y_k=(1-\alpha_k)y_{k-1}+\alpha_k x_k$，对于某个 $\alpha_k\in[0,1]$。

end for

可以很容易地看出，上述 PA-CndG 方法与经典 CndG 方法在搜索方向 p_k 的定义上是不同的。特别是，在经典的 CndG 算法中，当 p_k 设为 $f'(x_{k-1})$ 时，PA-CndG 的搜索方向 p_k 由 $f'(z_{k-1})$ 给出，对于某个 $z_{k-1}\in \operatorname{Conv}\{x_0, x_1, \cdots, x_{k-1}\}$。换句话说，在调用 LO 预言机更新迭代之前，我们需要"平均"原始序列 $\{x_k\}$。值得注意的是，PA-CndG 方法可以看作是加速梯度下降法的一种变体，通过将投影(或邻近映射)子问题替换为一个更简单的线性优化子问题而获得。

通过适当选择步长参数 α_k，我们得到了上述 PA-CndG 方法的收敛结果如下。

定理 7.5　设 $\{x_k\}$ 和 $\{y_k\}$ 为 PA-CndG 方法应用于问题(7.1.1)时产生的序列，步长策略按式(7.1.9)或式(7.1.10)设置。那么有

$$f(y_k)-f^*\leqslant \frac{2L}{k(k+1)}\sum_{i=1}^{k}\|x_i-x_{i-1}\|^2\leqslant \frac{2L\bar{D}_X^2}{k+1},\quad k=1,2,\cdots \tag{7.1.46}$$

其中 L 由式(7.1.8)给出。

证明　设 γ_k 和 Γ_k 分别由式(7.1.13)和式(7.1.11)定义，记 $\tilde{y}_k=(1-\gamma_k)y_{k-1}+\gamma_k x_k$。由式(7.1.9)(或式(7.1.10))和算法 7.3 中 y_k 的定义很容易看出，$f(y_k)\leqslant f(\tilde{y}_k)$。另外根据定义，我们有 $z_{k-1}=(1-\gamma_k)y_{k-1}+\gamma_k x_{k-1}$，因此

$$\tilde{y}_k-z_{k-1}=\gamma_k(x_k-x_{k-1})$$

令 $l_f(\cdot,\cdot)$ 由式(7.1.7)中定义，利用前两个观察结果、式(7.1.8)、算法 7.3 中 x_k 的定义，以及函数 $f(\cdot)$ 的凸性，得到

$$\begin{aligned}
f(y_k)&\leqslant f(\tilde{y}_k)\leqslant l_f(z_{k-1};\tilde{y}_k)+\frac{L}{2}\|\tilde{y}_k-z_{k-1}\|^2\\
&=(1-\gamma_k)l_f(z_{k-1};y_{k-1})+\gamma_k l_f(z_{k-1};x_k)+\frac{L}{2}\gamma_k^2\|x_k-x_{k-1}\|^2\\
&\leqslant(1-\gamma_k)f(y_{k-1})+\gamma_k l_f(z_{k-1};x)+\frac{L}{2}\gamma_k^2\|x_k-x_{k-1}\|^2\\
&\leqslant(1-\gamma_k)f(y_{k-1})+\gamma_k f(x)+\frac{L}{2}\gamma_k^2\|x_k-x_{k-1}\|^2
\end{aligned}\tag{7.1.47}$$

上面不等式两边同时减去 $f(x)$ 可以得到

$$f(y_k)-f(x)\leqslant(1-\gamma_k)[f(y_{k-1})-f(x)]+\frac{L}{2}\gamma_k^2\|x_k-x_{k-1}\|^2$$

此式，根据引理 3.17、式(7.1.14)，以及 $\gamma_1=1$ 的事实，可得 $\forall x\in X$，

$$\begin{aligned}
f(y_k)-f(x)&\leqslant \Gamma_k(1-\gamma_1)[f(y_0)-f(x)]+\frac{\Gamma_k L}{2}\sum_{i=1}^{k}\frac{\gamma_i^2}{\Gamma_i}\|x_i-x_{i-1}\|^2\\
&\leqslant \frac{2L}{k(k+1)}\sum_{i=1}^{k}\|x_i-x_{i-1}\|^2,\quad k=1,2,\cdots
\end{aligned}$$

■

我们现在对定理 7.5 中得到的结果加上一些注释说明。首先，类似于式(7.1.19)，我们可以很容易地看到，用 PA-CndG 方法找到问题(7.1.1)的 ε-解所需的迭代次数是受限于 $\mathcal{O}(1)L\bar{D}_X^2/\varepsilon$。另外，由于 $\|\cdot\|$ 的选择是任意的，该方法的迭代复杂度也是以式(7.1.20)为

上限的。

其次，尽管 CndG 方法的收敛速度(即式(7.1.12))取决于$\|x_k-y_{k-1}\|$，而 PA-CndG 方法取决于$\|x_k-x_{k-1}\|$，即 LO 预言机的两个连续的迭代输出之间的距离。显然，$\|x_k-x_{k-1}\|$的距离取决于 X 的几何形状以及 p_k 和 p_{k-1} 之间的差。设 γ_k 在式(7.1.13)中定义，且 α_k 按式(7.1.9)设置(即 $\alpha_k=\gamma_k$)。注意到根据算法 7.3 中 z_k 和 y_k 的定义，我们有

$$
\begin{aligned}
z_k-z_{k-1}&=(y_k-y_{k-1})+\gamma_{k+1}(x_k-y_k)-\gamma_k(x_{k-1}-y_{k-1})\\
&=\alpha_k(x_k-y_{k-1})+\gamma_{k+1}(x_k-y_k)-\gamma_k(x_{k-1}-y_{k-1})\\
&=\gamma_k(x_k-y_{k-1})+\gamma_{k+1}(x_k-y_k)-\gamma_k(x_{k-1}-y_{k-1})
\end{aligned}
$$

此式蕴含了$\|z_k-z_{k-1}\|\leqslant 3\gamma_k\overline{D}_X$。通过这一观察结果、式(7.1.4)和 p_k 的定义，我们得到

$$
\|p_k-p_{k-1}\|_*=\|f'(z_{k-1})-f'(z_{k-2})\|_*\leqslant 3\gamma_{k-1}L\overline{D}_X \tag{7.1.48}
$$

因此，随着 k 的增加，p_k 与 p_{k-1} 之间的差将消失。利用这一事实，我们在推论 7.1 中建立了关于 LO 预言机的一些必要条件，在这些条件下 PA-CndG 算法的收敛速度可以得到提高。

推论 7.1 设$\{y_k\}$为 PA-CndG 方法采用式(7.1.9)的步长策略求解问题(7.1.1)时所生成的序列。假定 LO 预言机满足条件

$$
\|x_k-x_{k-1}\|\leqslant Q\|p_k-p_{k-1}\|_*^{\rho},\quad k\geqslant 2 \tag{7.1.49}
$$

对于某个 $\rho\in(0, 1]$和 $Q>0$。那么，对于任意 $k\geqslant 1$，有

$$
f(y_k)-f^*\leqslant \mathcal{O}(1)\begin{cases}Q^2L^{2\rho+1}\overline{D}_X^{2\rho}/[(1-2\rho)k^{2\rho+1}], & \rho\in(0, 0.5)\\ Q^2L^2\overline{D}_X\log(k+1)/k^2, & \rho=0.5\\ Q^2L^{2\rho+1}\overline{D}_X^{2\rho}/[(2\rho-1)k^2], & \rho\in(0.5, 1]\end{cases} \tag{7.1.50}
$$

证明 令 γ_k 如式(7.1.13)定义。由式(7.1.48)和式(7.1.49)可得到，对于任意 $k\geqslant 2$，有

$$
\|x_k-x_{k-1}\|\leqslant Q\|p_k-p_{k-1}\|_*^{\rho}\leqslant Q(3\gamma_kL\overline{D}_X)^{\rho}
$$

成立。将上面的界代入到式(7.1.46)，再注意到下式，即得证。

$$
\sum_{i=1}^{k}(i+1)^{-2\rho}\leqslant\begin{cases}\dfrac{(k+1)^{-2\rho+1}}{1-2\rho}, & \rho\in(0, 0.5)\\ \log(k+1), & \rho=0.5\\ \dfrac{1}{2\rho-1}, & \rho\in(0.5, 1]\end{cases}
$$

■

在式(7.1.50)中获得的界对一阶 LCP 方法和 CP 的一般最优一阶方法之间的关系提供了一些有趣的见解。更具体地说，如果 LO 预言机满足 Hölder 连续性条件(7.1.49)，对于某个 $\rho\in(0.5, 1]$，则求解光滑凸优化问题时，PA-CndG 方法的收敛速度为$\mathcal{O}(1/k^2)$。

虽然这些关于 LO 预言机的假设似乎相当强，但下面我们提供了一些实例，其中 LO 预言机满足式(7.1.49)。

例 7.1 设 X 由$\{x\in\mathbb{R}^n: \|Bx\|\leqslant 1\}$和 $f=\|Ax-b\|_2^2$ 给出。此外，系统 $Ax-b$ 是超定的，于是可以看出它满足条件(7.1.49)。

我们可以将上面的例子推广到更一般的凸集(例如强凸集)和更一般的满足某些增长条件的凸函数中。

7.1.2.2 原始-对偶平均 CndG 方法

本小节的目标是提出另一种新的 LCP 方法，即原始-对偶平均 CndG 方法。该方法是

通过在 CndG 方法中引入不同的加速方式而获得的。此算法的形式描述如下。

算法 7.4　原始-对偶平均条件梯度(PDA-CndG)方法

给定 $x_0\in X$，设 $y_0=x_0$。

for $k=1, \cdots,$ **do**

设置 $z_{k-1}=\frac{k-1}{k+1}y_{k-1}+\frac{2}{k+1}x_{k-1}$。

设置 $p_k=\Theta_k^{-1}\sum_{i=1}^{k}[\theta_i f'(z_{i-1})]$，其中 $\theta_i\geqslant 0$ 给定，且 $\Theta_k=\sum_{i=1}^{k}\theta_i$。

调用 LO 预言机，计算 $x_k\in\operatorname{Arg}\min_{x\in X}\langle p_k, x\rangle$。

对某个 $\alpha_k\in[0, 1]$，设置 $y_k=(1-\alpha_k)y_{k-1}+\alpha_k x_k$。

end for

在前一节的 PA-CndG 方法中，LO 预言机的输入向量 p_k 被设为 $f'(z_{k-1})$，而 PDA-CndG 方法中的向量 p_k 被定义为 $f'(z_{i-1})$，$i=1, \cdots, k$，该算法也可以看作是加速梯度下降法∞-记忆变量的无投影版本。

注意，根据 f 的凸性，函数 $\Psi_k(x)$ 由下式给出

$$\Psi_k(x):=\begin{cases}0, & k=0\\ \Theta_k^{-1}\sum_{i=1}^{k}\theta_i l_f(z_{i-1};x), & k\geqslant 1\end{cases}\tag{7.1.51}$$

对任意 $x\in X$，它低估了 $f(x)$。根据算法 7.4 中 x_k 的定义，我们有

$$\Psi_k(x_k)\leqslant\Psi_k(x)\leqslant f(x),\quad\forall x\in X\tag{7.1.52}$$

因此，$\Psi_k(x_k)$ 提供了问题(7.1.1)的最优值 f^* 的下界。为了建立 PDA-CndG 方法的收敛性，我们首先需要展示一个关于 $\Psi_k(x_k)$ 的简单技术性结果。

引理 7.3　设 $\{x_k\}$ 和 $\{z_k\}$ 为 PDA-CndG 方法计算的两个序列，则有

$$\theta_k l_f(z_{k-1};x_k)\leqslant\Theta_k\Psi_k(x_k)-\Theta_{k-1}\Psi_{k-1}(x_{k-1}),\quad k=1, 2, \cdots\tag{7.1.53}$$

其中，$l_f(\cdot;\cdot)$ 和 $\Psi_k(\cdot)$ 分别在式(7.1.7)和式(7.1.51)中定义。

证明　由式(7.1.51)和算法 7.4 中 x_k 的定义可以看出，$x_k\in\operatorname{Arg}\min_{x\in X}\Psi_k(x)$，因此，$\Psi_{k-1}(x_{k-1})\leqslant\Psi_{k-1}(x_k)$。利用之前的观察结果和式(7.1.51)，我们就得到了

$$\begin{aligned}\Theta_k\Psi_k(x_k)&=\sum_{i=1}^{k}\theta_i l_f(z_{i-1};x_i)=\theta_k l_f(z_{k-1};x_k)+\sum_{i=1}^{k-1}\theta_i l_f(z_{i-1};x_i)\\&=\theta_k l_f(z_{k-1};x_k)+\Theta_{k-1}\Psi_{k-1}(x_k)\\&\geqslant\theta_k l_f(z_{k-1};x_k)+\Theta_{k-1}\Psi_{k-1}(x_{k-1})\end{aligned}$$

■

现在我们准备建立 PDA-CndG 方法的主要收敛性。

定理 7.6　设 $\{x_k\}$ 和 $\{y_k\}$ 为在式(7.1.9)或式(7.1.10)步长策略下，用 PDA-CndG 方法求解问题(7.1.1)时生成的两个序列，并按式(7.1.13)定义 $\{\gamma_k\}$。如果选择参数 θ_k 使得

$$\theta_k\Theta_k^{-1}=\gamma_k,\quad k=1, 2, \cdots\tag{7.1.54}$$

那么，对于任意 $k=1, 2, \cdots$，有

$$f(y_k)-f^*\leqslant f(y_k)-\Psi_k(x_k)\leqslant\frac{2L}{k(k+1)}\sum_{i=1}^{k}\|x_i-x_{i-1}\|^2\leqslant\frac{2L\bar{D}_X^2}{k+1}\tag{7.1.55}$$

其中 L 由式(7.1.8)给出。

证明　记 $\tilde{y}_k=(1-\gamma_k)y_{k-1}+\gamma_k x_k$。由式(7.1.9)(或式(7.1.10))和 y_k 的定义可知，$f(y_k)\leqslant f(\tilde{y}_k)$。另外注意到，根据定义，我们有 $z_{k-1}=(1-\gamma_k)y_{k-1}+\gamma_k x_{k-1}$，因此

$$\tilde{y}_k-z_{k-1}=\gamma_k(x_k-x_{k-1})$$

利用这两个观察的结果、式(7.1.8)、算法 7.4 中 x_k 的定义、f 的凸性，以及式(7.1.53)，可以得出

$$\begin{aligned}
f(y_k)&\leqslant f(\tilde{y}_k)\leqslant l_f(z_{k-1};\ \tilde{y}_k)+\frac{L}{2}\|\tilde{y}_k-z_{k-1}\|^2\\
&=(1-\gamma_k)l_f(z_{k-1};\ y_{k-1})+\gamma_k l_f(z_{k-1};x_k)+\frac{L}{2}\gamma_k^2\|x_k-x_{k-1}\|^2\\
&=(1-\gamma_k)f(y_{k-1})+\gamma_k l_f(x_k;z_{k-1})+\frac{L}{2}\gamma_k^2\|x_k-x_{k-1}\|^2\\
&\leqslant(1-\gamma_k)f(y_{k-1})+\gamma_k\theta_k^{-1}[\Theta_k\Psi_k(x_k)-\Theta_{k-1}\Psi_{k-1}(x_{k-1})]\\
&\quad+\frac{L}{2}\gamma_k^2\|x_k-x_{k-1}\|^2
\end{aligned}\tag{7.1.56}$$

此外，利用式(7.1.54)和 $\Theta_{k-1}=\Theta_k-\theta_k$，的事实，我们有

$$\begin{aligned}
\gamma_k\theta_k^{-1}[\Theta_k\Psi_k(x_k)-\Theta_{k-1}\Psi_{k-1}(x_{k-1})]&=\Psi_k(x_k)-\Theta_{k-1}\Theta_k^{-1}\Psi_{k-1}(x_{k-1})\\
&=\Psi_k(x_k)-(1-\theta_k\Theta_k^{-1})\Psi_{k-1}(x_{k-1})\\
&=\Psi_k(x_k)-(1-\gamma_k)\Psi_{k-1}(x_{k-1})
\end{aligned}$$

综合上述两种关系，并重新排列其中各项，得到

$$f(y_k)-\Psi_k(x_k)\leqslant(1-\gamma_k)[f(y_{k-1})-\Psi_{k-1}(x_{k-1})]+\frac{L}{2}\gamma_k^2\|x_k-x_{k-1}\|^2$$

根据引理 3.17、式(7.1.13)和式(7.1.14)可知

$$f(y_k)-\Psi_k(x_k)\leqslant\frac{2L}{k(k+1)}\sum_{i=1}^{k}\|x_i-x_{i-1}\|^2$$

命题的结果可由式(7.1.52)和上面的不等式得到。■

现在我们对定理 7.6 中得到的结果做一些注释。第一，为了满足条件(7.1.54)，我们可以简单地设 $\theta_k=k$，$k=1, 2, \cdots$。第二，从定理 7.5 之后的讨论来看，PDA-CndG 方法的收敛速度与 PA-CndG 方法的收敛速度完全相同。此外，PDA-CndG 方法的收敛速度对不同范数的选择具有不变性(见式(7.1.20))。第三，根据式(7.1.55)，我们可以在线计算最优值 f^* 的下界 $\Psi_k(x_k)$，并基于最优间隙 $f(y_k)-\Psi_k(x_k)$终止 PDA-CndG 算法执行。

与 PA-CndG 方法类似，PDA-CndG 方法的收敛速度取决于 x_k-x_{k-1}，而 x_{k-1} 又取决于 X 的几何形状和 LO 预言机的输入向量 p_k 和 p_{k-1}。可以很容易地检查 p_k 和 p_{k-1} 之间的紧密度。事实上，根据 p_k 的定义，我们有 $p_k=\Theta_k^{-1}[(1-\theta_k)p_{k-1}+\theta_k f'_k(z_{k-1})]$，因此

$$p_k-p_{k-1}=\Theta_k^{-1}\theta_k[p_{k-1}+f'_k(z_{k-1})]=\gamma_k[p_{k-1}+f'_k(z_{k-1})]\tag{7.1.57}$$

其中最后一个不等式由式(7.1.54)得出。注意到，根据式(7.1.8)，对于任何 $x\in X$，我们有 $\|f'(x)\|_*\leqslant\|f'(x^*)\|_*+L\overline{D}_X$，因此，由 p_k 定义可知$\|p_k\|_*\leqslant\|f'(x^*)\|_*+L\overline{D}_X$。利用这些观察结果，我们得到

$$\|p_k-p_{k-1}\|_*\leqslant 2\gamma_k[\|f'(x_*)\|_*+L\overline{D}_X],\quad k\geqslant 1\tag{7.1.58}$$

因此，在 LO 预言机的某些连续性假设下，我们可以得到类似于推论 7.1 的结果。注意，式(7.1.9)和式(7.1.10)中的步长策略都可以在这个结果中使用。

推论 7.2　设$\{y_k\}$为 PDA-CndG 方法求解问题(7.1.1)生成的序列，其中步长策略按式(7.1.9)或式(7.1.10)设定，并有条件(7.1.54)成立。另外假设对某些$\rho\in(0,1]$和$Q>0$时，LO 预言机满足式(7.1.49)。那么，对于任意$k\geqslant 1$，

$$f(y_k)-f^*\leqslant \mathcal{O}(1)\begin{cases}LQ^2[\|f'(x_*)\|_*+L\overline{D}_X]^{2\rho}/[(1-2\rho)k^{2\rho+1}], & \rho\in(0,0.5)\\ LQ^2[\|f'(x_*)\|_*+L\overline{D}_X]\log(k+1)/k^2, & \rho=0.5\\ LQ^2[\|f'(x_*)\|_*+L\overline{D}_X]^{2\rho}/[(2\rho-1)k^2], & \rho\in(0.5,1]\end{cases} \tag{7.1.59}$$

与推论 7.1 类似，推论 7.2 也有助于在 LCP 方法和更一般的最优一阶方法之间建立一些联系。

7.1.3　复杂度下界

本节的目标是为用 LO 预言机解决不同类别的 CP 问题建立一些复杂度的下界。具体来说，我们首先在 7.1.3.1 节中介绍了一种通用的 LCP 算法，然后在 7.1.3.2 节和 7.1.3.3 节中分别给出了这类算法求解不同的光滑和非光滑 CP 问题时的几个复杂度下界。

7.1.3.1　一种通用 LCP 算法

LCP 算法以迭代方式求解问题(7.1.1)。特别是，在第k次迭代时，这些算法执行对 LO 预言机的调用，以便通过在可行区域X上极小化给定的线性函数$\langle p_k, x\rangle$来更新迭代值。下面描述了这种类型算法的通用框架。

算法 7.5　通用 LCP 算法

给定$x_0\in X$。

for $k=1,2,\cdots,$ **do**

　定义线性函数$\langle p_k,\cdot\rangle$。

　调用 LO 预言机，计算：$x_k\in \operatorname{Arg}\min\limits_{x\in X}\langle p_k, x\rangle$。

　输出$y_k\in \mathrm{Conv}\{x_0,\cdots,x_k\}$。

end for

可以看到，上面的 LCP 算法是非常通用的算法。第一，它对于线性函数$\langle p_k,\cdot\rangle$的定义没有限制。例如，如果f是光滑函数，那么p_k就可以定义为计算在某个可行解处的梯度，或者是之前计算的一些梯度的线性组合；如果f是非光滑的，那么，我们可以把p_k定义为f的某个近似函数的梯度。我们还可以考虑在p_k的定义中加入一些随机噪声或二阶信息的情况。第二，输出解y_k被表示成$x_0,\cdots,x_k$的凸组合，因此输出可以不同于$\{x_k\}$中的任何点。作为通用情况的一些特例，算法 7.5 包含了经典的 CndG 方法和 7.1.1 节和 7.1.2 节中的几个新的 LCP 方法。

观察上述 LCP 算法与一般的 CP 一阶方法的不同是很有趣的：一方面，LCP 算法只能求解线性子问题，而不能求解非线性子问题(如投影或邻近映射)来进行更新迭代；另一方面，LCP 算法在搜索方向p_k和输出解y_k的定义上有更大的灵活性。

7.1.3.2　光滑极小化的复杂度下界

在本小节中，我们考虑一类光滑的 CP 问题，它包含任何以式(7.1.1)形式给出，并且 f 满足假设式(7.1.4)的 CP 问题。我们的目标是要推导出用 LCP 方法求解这类问题所需的 LO 预言机的调用数量的下界。

与 CP 的经典复杂性分析相同，我们假设 LCP 算法中使用的 LO 预言机是抵抗性的(resisting)，这意味着：(i)LCP 算法不知道式(7.1.2)的解是如何计算的；(ii)在最坏的情况下，LO 预言机为 LCP 算法解决问题(7.1.1)提供的信息最少。利用这个假设，我们将构造光滑凸优化的一类最坏情况实例，并建立任何 LCP 算法求解这些实例所需迭代次数的下界。

定理 7.7　*假设 $\varepsilon>0$ 是一个给定的目标精度。任何 LCP 方法求解光滑凸优化问题所需要的迭代次数，在最坏的情况下，都不会小于*

$$\left\lceil \min\left\{\frac{n}{2},\ \frac{L\overline{D}_X^2}{4\varepsilon}\right\}\right\rceil-1 \tag{7.1.60}$$

其中 $\overline{D}_X$ 由式(7.1.18)给出。

证明　考虑 CP 问题

$$f_0^* :=\min_{x\in X_0}\left\{f_0(x) := \frac{L}{2}\sum_{i=1}^n (x^{(i)})^2\right\} \tag{7.1.61}$$

其中，对某个 $D>0$ 定义集合 $X_0 :=\left\{x\in\mathbb{R}^n:\ \sum_{i=1}^n x^{(i)}=D,\ x^{(i)}\geqslant 0\right\}$。不难看出，问题(7.1.61)的最优解 x^* 和函数最优值 f_0^* 由下面给出

$$x^*=\left(\frac{D}{n},\ \cdots,\ \frac{D}{n}\right)\quad 且\quad f_0^*=\frac{LD^2}{n} \tag{7.1.62}$$

显然，这类问题属于函数族 $\mathcal{F}^{1,1}_{L,\|\cdot\|}(X)$，其中范数 $\|\cdot\|=\|\cdot\|_2$。

不失一般性，我们假设初始点为 $x_0=De_1$，其中 $e_1=(1,\ 0,\ \cdots,\ 0)$是单位向量。否则，对于任意 $x_0\in X_0$，我们可以考虑由下式给出的类似问题

$$\begin{aligned}
&\min_x (x^{(1)})^2+\sum_{i=2}^n (x^{(i)}-x_0^{(i)})^2\\
&\text{s.t.}\quad x^{(1)}+\sum_{i=2}^n (x^{(i)}-x_0^{(i)})=D\\
&\qquad\quad x^{(1)}\geqslant 0\\
&\qquad\quad x^{(i)}-x_0^{(i)}\geqslant 0,\quad i=2,\ \cdots,\ n
\end{aligned}$$

不需要做太多修改，我们可将下面的论述应用到这个问题上。

现在假设我们要用 LCP 算法来求解问题(7.1.61)。在进行第 k 次迭代时，该算法将根据输入向量 $p_k(k=1,\ \cdots)$调用 LO 预言机计算一个新的搜索点 x_k。我们假设 LO 预言机是抵抗性的，因为它总是输出一个极值点 $x_k\in\{De_1,\ De_2,\ \cdots,\ De_n\}$使得

$$x_k\in\operatorname*{Arg\,min}_{x\in X_0}\langle p_k,\ x\rangle$$

这里，$e_i(i=1,\ \cdots,\ n)$代表 $\mathbb{R}^n$ 中的第 i 个单位向量。此外，只要 x_k 不是唯一定义的，它就会任意打破这种关系。对于 $1\leqslant p_k\leqslant n$，设 $x_k=D_{e_{p_k}}$，由定义可知，$y_k\in D\text{Conv}\{x_0,\ x_1,\ \cdots,\ x_k\}$，因此

$$y_k\in D\text{Conv}\{e_1,\ e_{p_1},\ e_{p_2},\ \cdots,\ e_{p_k}\} \tag{7.1.63}$$

假设对于 $1\leqslant q\leqslant k+1\leqslant n$，从集合 $\{e_1, e_{p_1}, e_{p_2}, \cdots, e_{p_k}\}$ 中取总数为 q 个单位的矢量是线性无关的。不失一般性，假设向量 $e_1, e_{p_1}, e_{p_2}, \cdots, e_{p_{q-1}}$ 是线性无关的。因此，我们有

$$\begin{aligned} f_0(y_k) &\geqslant \min_x\{f_0(x): x\in D\text{Conv}\{e_1, e_{p_1}, e_{p_2}, \cdots, e_{p_k}\}\} \\ &= \min_x\{f_0(x): x\in D\text{Conv}\{e_1, e_{p_1}, e_{p_2}, \cdots, e_{p_{q-1}}\}\} \\ &= \frac{LD^2}{q}\geqslant\frac{LD^2}{k+1} \end{aligned}$$

其中第二个等式源于式(7.1.61)中 f_0 的定义。上述不等式与式(7.1.62)相结合，则可得对任意 $k=1, \cdots, n-1$，有

$$f_0(y_k)-f_0^*\geqslant\frac{LD^2}{k+1}-\frac{LD^2}{n} \tag{7.1.64}$$

让我们记

$$\overline{K} := \left\lceil\min\left\{\frac{n}{2}, \frac{L\overline{D}_{X_0}^2}{4\varepsilon}\right\}\right\rceil-1$$

根据 $\overline{D}_X$ 和 X_0 的定义，以及 $\|\cdot\|=\|\cdot\|_2$ 这一事实，很容易看出 $\overline{D}_{X_0}=\sqrt{2}D$，因此

$$\overline{K}=\left\lceil\frac{1}{2}\min\left\{n, \frac{LD^2}{\varepsilon}\right\}\right\rceil-1$$

利用式(7.1.64)和上述等式，可以得出，对于任意 $1\leqslant k\leqslant\overline{K}$，

$$\begin{aligned} f_0(y_k)-f_0^* &\geqslant\frac{LD^2}{\overline{K}+1}-\frac{LD^2}{n}\geqslant\frac{2LD^2}{\min\{n, LD^2/\varepsilon\}}-\frac{LD^2}{n} \\ &=\frac{LD^2}{\min\{n, LD^2/\varepsilon\}}+\left(\frac{LD^2}{\min\{n, LD^2/\varepsilon\}}-\frac{LD^2}{n}\right)\geqslant\frac{LD^2}{LD^2/\varepsilon}+\left(\frac{LD^2}{n}-\frac{LD^2}{n}\right)=\varepsilon \end{aligned}$$

由于问题(7.1.61)是函数族 $\mathcal{F}_{L,\|\cdot\|}^{1,1}(X)$ 中的一类特殊问题，立刻得到所需证明的结果。■

我们现在对定理 7.7 中得到的结果做一些说明。首先，从式(7.1.60)可以很容易看出，如果 $n\geqslant L\overline{D}_X^2/(2\varepsilon)$，那么在最坏的情况下，任何 LCP 方法求解光滑凸优化问题所需的 LO 预言机调用次数都不会小于 $\mathcal{O}(1)L\overline{D}_X^2/\varepsilon$。其次，值得注意的是，式(7.1.61)中的目标函数 f_0 实际上是强凸的。因此，当 n 足够大时，强凸性假设是无法提高 LCP 方法的性能(更多讨论见 7.1.1.4 节)的。这与一般的一阶方法形成了鲜明的对比，一般的一阶方法解决强凸问题的复杂性仅体现为 $\log(1/\varepsilon)$。

将式(7.1.60)与 CndG、PA-CndG 和 PDA-CndG 方法所获得的几个复杂度界限进行比较，我们得出结论：当 n 足够大时，这些算法在求解光滑凸优化时，在对 LO 预言机调用的次数上达到了一个最优的界。但是，应该注意的是，式(7.1.60)中的复杂度下界是对 LO 预言机的调用次数建立的。如果以光滑凸优化的梯度计算次数考虑，可以达到比 $\mathcal{O}(1)L\overline{D}_X^2/\varepsilon$ 更好的复杂度。我们将在 7.2 节中更详细地讨论这个问题。

7.1.3.3　非光滑极小化问题的复杂度下界

在本小节中，我们考虑了两类非光滑 CP 问题。第一类是一种一般的非光滑 CP 问题，由式(7.1.1)形式给出的任意 CP 问题组成，其中的 f 满足式(7.1.6)的条件；第二类是一类特殊的双线性鞍点问题，由所有 CP 问题式(7.1.1)组成，其中 f 由式(7.1.5)给出。本小节的目的是推导出任何 LCP 算法解决这两类非光滑 CP 问题时的复杂度下界。

可以看出，如果 $f(\cdot)$ 由式(7.1.5)给出，那么

$$\|f'(x)\|_* \leqslant \|A\|\overline{D}_Y, \quad \forall x \in X$$

式中的 $\overline{D}_Y$ 由式(7.1.18)给出。因此，由式(7.1.5)给出的 f 的鞍点问题是一类特殊的非光滑 CP 问题。

下面定理 7.8 给出了利用 LCP 算法求解这两类非光滑 CP 问题的复杂度下界。

定理 7.8　假设 $\varepsilon>0$ 是一个给定的目标精度。那么，当 f 由式(7.1.5)给出，且满足条件(7.1.6)时，任何 LCP 方法求解此类问题所需的迭代次数都不能小于

$$\frac{1}{4}\min\left\{n, \frac{M^2\overline{D}_X^2}{2\varepsilon^2}\right\}-1 \tag{7.1.65}$$

和

$$\frac{1}{4}\min\left\{n, \frac{\|A\|^2\overline{D}_X^2\overline{D}_Y^2}{2\varepsilon^2}\right\}-1 \tag{7.1.66}$$

其中 $\overline{D}_X$ 和 $\overline{D}_Y$ 分别由式(7.1.18)和式(7.1.31)定义。

证明　我们首先证明式(7.1.65)中给出的界成立。考虑 CP 问题

$$\hat{f}_0^* := \min_{x \in X_0}\left\{\hat{f}(x) := M\left(\sum_{i=1}^n x_i^2\right)^{1/2}\right\} \tag{7.1.67}$$

其中 $X_0 := \{x \in \mathbb{R}^n: \sum_{i=1}^n x^{(i)} = D, x^{(i)} \geqslant 0\}$，对于某个 $D>0$。很容易看出，问题(7.1.67)的最优解 x^* 和最优值 f_0^* 由下式给出

$$x^* = \left(\frac{D}{n}, \cdots, \frac{D}{n}\right) \quad 和 \quad \hat{f}_0^* = \frac{MD}{\sqrt{n}} \tag{7.1.68}$$

显然，这类问题满足条件(7.1.6)并且范数取为 $\|\cdot\| = \|\cdot\|_2$。现在假设用任意 LCP 方法来求解问题(7.1.61)。不失一般性，我们假设初始点为 $x_0 = D_{e_1}$，其中 $e_1 = (1, 0, \cdots, 0)$ 是单位向量。假设 LO 预言机是抵抗性的，因为它总是输出一个极值点解。通过使用类似于式(7.1.63)证明中使用的论证，我们可以证明

$$y_k \in D\mathrm{Conv}\{e_1, e_{p_1}, e_{p_2}, \cdots, e_{p_k}\}$$

其中，e_{p_i} $(i=1, \cdots, k)$ 是 $\mathbb{R}^n$ 中的单位向量。假设集合 $\{e_1, e_{p_1}, e_{p_2}, \cdots, e_{p_k}\}$ 对于 $1 \leqslant q \leqslant k+1 \leqslant n$ 是线性无关的，我们有

$$\hat{f}_0(y_k) \geqslant \min_x\{\hat{f}_0(x): x \in D\mathrm{Conv}\{e_1, e_{p_1}, e_{p_2}, \cdots, e_{p_k}\}\} = \frac{MD}{\sqrt{q}} \geqslant \frac{MD}{\sqrt{k+1}}$$

其中等式由式(7.1.67)中 $\hat{f}_0$ 的定义得到。上述不等式与式(7.1.68)可推得

$$\hat{f}_0(y_k) - \hat{f}_0^* \geqslant \frac{MD}{\sqrt{k+1}} - \frac{LD^2}{\sqrt{n}} \tag{7.1.69}$$

对于任意 $k=1, \cdots, n-1$ 成立。让我们记

$$\overline{K} := \frac{1}{4}\left\lceil \min\left\{n, \frac{M^2\overline{D}_{X_0}^2}{2\varepsilon^2}\right\}\right\rceil - 1$$

利用上面的定义、式(7.1.69)和 $\overline{D}_{X_0} = \sqrt{2}D$ 的事实，有下面结果

$$\hat{f}_0(y_k) - \hat{f}_0^* \geqslant \frac{MD}{\sqrt{\overline{K}+1}} - \frac{MD}{n} \geqslant \frac{2MD}{\min\left\{\sqrt{n}, \frac{MD}{\varepsilon}\right\}} - \frac{MD}{\sqrt{n}} \geqslant \varepsilon$$

对于任意 $1\leqslant k\leqslant\overline{K}$。由于式(7.1.67)是一类满足式(7.1.6)的特殊问题的 f，因此立刻能得到式(7.1.65)中的结果。

为了证明式(7.1.66)中的复杂度下界，我们考虑了一类如下形式的鞍点问题

$$\min_{x\in X_0}\max_{\|y\|_2\leqslant\widetilde{D}} M\langle x, y\rangle \tag{7.1.70}$$

显然，这些问题属于 $\mathcal{S}_{\|A\|}(X, Y)$，其中 $A=MI$，注意问题(7.1.70)等价于

$$\min_{x\in X_0} M\widetilde{D}\left(\sum_{i=1}^{n} x_i^2\right)^{1/2}$$

使用类似于证明式(7.1.65)中下界的方法，我们就能够证明式(7.1.66)中的复杂度下界。

■

可以看到，式(7.1.65)中的复杂度下界与求解这些问题的一般一阶方法的复杂度界在同一个数量级。然而，式(7.1.65)中的界不仅适用于一阶 LCP 方法，也适用于任何其他 LCP 方法，包括那些基于高阶信息的 LCP 方法。

根据定理 7.8 和定理 7.2 后面的讨论，当 n 足够大时，对于由式(7.1.5)给出的 f 的双线性鞍点问题，CndG 方法结合平滑技术的算法是最优的。

此外，从式(7.1.65)和定理 7.3 后面的讨论中，我们得出这样的结论：对于一般的非光滑凸优化，在式(7.1.40)范围内调用 LO 预言机数量的复杂性界几乎是最优的。这是由于以下事实：(i)上面的结果与式(7.1.65)结果是相同的数量级，两者只差一个附加的因子$\sqrt{n}$；(ii)两者的终止准则均是以期望来表达。

7.2　条件梯度滑动法

在前一节中，我们证明了在使用 LCP 方法求解光滑凸优化问题时，需执行的对 LO 预言机的调用次数不能小于 $\mathcal{O}(1/\varepsilon)$。此外，还证明了最多经过 $\mathcal{O}(1/\varepsilon)$次迭代，CndG 方法及其几个变体就可以求得式(7.1.1)的 ε-解(即点 $\bar{x}\in X$ 使得 $f(\bar{x})-f^*\leqslant\varepsilon$)。注意，CndG 方法的每次迭代都需要一次对 LO 预言机的调用和一次梯度计算。因此，CndG 方法需要通过总共 $\mathcal{O}(1/\varepsilon)$次一阶(FO)预言机的调用来返回所计算的梯度。由于上述梯度计算的 $\mathcal{O}(1/\varepsilon)$界明显比光滑凸优化的最优 $\mathcal{O}(1/\sqrt{\varepsilon})$界差，这样一个很自然的问题就是：CndG 方法能否进一步改善 $\mathcal{O}(1/\varepsilon)$复杂度界。

本节的主要目的是要说明，虽然 LCP 方法对 LO 预言机的调用次数一般无法改善，但我们可以从所需梯度计算的数量方面显著改善它们的复杂度界。为此，我们提出了一种新的 LCP 算法，称为条件梯度滑动(CGS)方法，该方法可以跳过对 f 的梯度计算，同时仍然保持了对 LO 预言机调用次数的最优界。我们所发展方法的基本思想是，该方法基于把 CndG 方法应用于加速梯度下降法的子问题，而不是直接应用于式(7.1.1)中原始 CP 问题本身。因此，在 CndG 进行的大量迭代中，f 的相同的一阶信息将被反复使用。此外，这些子问题的近似解的精度是通过一阶最优性条件(或 Wolfe 间隙)来衡量的，这样，就允许我们建立加速梯度下降法的非精确收敛版本。

本节的内容如下。首先，我们证明了如果 f 是一个满足式(7.1.4)的光滑凸函数，那么该算法调用 FO 和 LO 预言机的次数可以分别限定为 $\mathcal{O}(1/\sqrt{\varepsilon})$和 $\mathcal{O}(1/\varepsilon)$。此外，如果 f 是光滑的和强凸的，那么对 FO 预言机的调用次数可以显著减少到 $\mathcal{O}(\log(1/\varepsilon))$，而对 LO 预言机的调用次数保持不变。需要注意的是，这些改进的复杂度界限是在没有对 LO 预言

机或可行集 X 另外加上任何更强的假设的情况下获得的。

其次，我们考虑了只能访问 f 的一阶随机(SFO)预言机的随机情况，该预言机根据要求返回 f 的梯度的无偏估计量。通过发展 CGS 方法的一个随机对等方法，即 SCGS 算法，我们证明了当 f 是光滑的时，SFO 预言机和 LO 预言机的调用次数的最优界限分别为 $\mathcal{O}(1/\varepsilon^2)$和 $\mathcal{O}(1/\varepsilon)$。此外，如果 f 是光滑且强凸的，则前面的 SFO 预言机调用次数界可以骤降为 $\mathcal{O}(1/\varepsilon)$。

最后，我们推广了 CGS 和 SCGS 算法来解决一类重要的非光滑 CP 问题，这些问题可以被一类光滑函数近似。通过在条件梯度滑动算法中引入自适应平滑技术，我们证明了梯度计算的次数和对 LO 预言机的调用次数的最优界限分别为 $\mathcal{O}(1/\varepsilon)$和 $\mathcal{O}(1/\varepsilon^2)$。

7.2.1　确定性条件梯度滑动法

本小节的目标是提出一种新的 LCP 方法，即条件梯度滑动(CGS)方法，该方法在对可行区域 X 进行线性优化时，可以不时跳过 f 的梯度计算。更具体地说，我们在 7.2.1.1 节中介绍了光滑凸问题的 CGS 方法，并在 7.2.1.2 节中推广了光滑和强凸问题的 CGS 方法。

7.2.1.1　光滑凸优化

利用经典条件梯度(CndG)方法近似求解加速梯度下降(AGD)方法中存在的投影子问题，便得到了 CGS 方法的基本形式。通过适当地指定这些子问题的求解精度，我们将证明所得到的 CGS 方法在求解问题(7.1.1)时，调用 FO 和 LO 预言机的次数上能够达到最优界。

CGS 方法的正式描述如下。

算法 7.6　条件梯度滑动(CGS)方法

输入：初始点 $x_0\in X$，迭代极限 N。

给定 $\beta_k\in\mathbb{R}_{++}$，$\gamma_k\in[0,1]$和 $\eta_k\in\mathbb{R}_+$，$k=1,2,\cdots$，并设置 $y_0=x_0$。

for $k=1,2,\cdots,N$ **do**

$$z_k=(1-\gamma_k)y_{k-1}+\gamma_k x_{k-1} \tag{7.2.1}$$

$$x_k=\text{GndG}(f'(z_k),x_{k-1},\beta_k,\eta_k) \tag{7.2.2}$$

$$y_k=(1-\gamma_k)y_{k-1}+\gamma_k x_k \tag{7.2.3}$$

end for

输出：y_N。

procedure $u^+=\text{CndG}(g,u,\beta,\eta)$

1. 设置 $u_1=u$，$t=1$。
2. 设 v_t 为子问题的最优解
$$V_{g,u,\beta}(u_t):=\max_{x\in X}\langle g+\beta(u_t-u),u_t-x\rangle \tag{7.2.4}$$
3. 如果 $V_{g,u,\beta}(u_t)\leqslant\eta$，设置 $u^+=u_t$ 并终止过程。
4. 设 $u_{t+1}=(1-\alpha_t)u_t+\alpha_t v_t$，其中
$$\alpha_t=\min\left\{1,\frac{\langle\beta(u-u_t)-g,v_t-u_t\rangle}{\beta\|v_t-u_t\|^2}\right\} \tag{7.2.5}$$
5. 设置 $t\leftarrow t+1$，跳转至步骤 2。

end procedure

显然，CGS 方法最关键的步骤是通过调用式(7.2.2)中的 CndG 过程来更新搜索点 x_k。记 $\phi(x):=\langle g,x\rangle+\beta\|x-u\|^2/2$，CndG 过程可以看作是一个应用于 $\min_{x\in X}\phi(x)$ 的专业版经典条件梯度法，特别是，容易看出，式(7.2.4)中的 $V_{g,u,\beta}(u_t)$ 等价于 $\max_{x\in X}\langle\phi'(u_t),u_t-x\rangle$，这通常被称为 Wolfe 间隙，当 $V_{g,u,\beta}(u_t)$ 小于预先设定的误差 η 时，CndG 过程会终止。事实上，这个过程比一般的条件梯度方法稍微简单，因为式(7.2.5)中 α_t 的选择可显式求解

$$\alpha_t=\arg\min_{\alpha\in[0,1]}\phi((1-\alpha)u_t+\alpha v_t)\tag{7.2.6}$$

综上所述，我们不难看出式(7.2.2)中得到的 x_k 是下面投影子问题的近似解

$$\min_{x\in X}\left\{\phi_k(x):=\langle f'(z_k),x\rangle+\frac{\beta_k}{2}\|x-x_{k-1}\|^2\right\}\tag{7.2.7}$$

使得

$$\langle\phi_k'(x_k),x_k-x\rangle=\langle f'(z_k)+\beta_k(x_k-x_{k-1}),x_k-x\rangle\leqslant\eta_k,\quad\forall x\in X\tag{7.2.8}$$

对于某些 $\eta_k\geqslant0$ 成立。

显然，问题(7.2.7)补齐平方项后等价于 $\min_{x\in X}\beta_k/2\|x-x_{k-1}+f'(z_k)/\beta_k\|^2$，并在某些特殊情况下允许有显式的解，例如当 X 是标准欧几里得球时。但是，我们将主要关注通过调用 LO 预言机迭代求解问题(7.2.7)时的情况。

现在我们对主要的 CGS 方法做一些说明。首先，与加速梯度法相似，上述 CGS 方法在每次迭代中保持对 $\{x_k\}$、$\{y_k\}$ 和 $\{z_k\}$ 三个交织序列的更新。CGS 与原始 AGD 的主要区别在于 x_k 的计算。更具体地说，原始 AGD 方法中的 x_k 被设为式(7.2.7)的精确解(即式(7.2.8)中，当 $\eta_k=0$ 时)，而 CGS 方法(式(7.2.8)中当 $\eta_k>0$ 时)只能求得式(7.2.7)的子问题的近似解。

其次，我们说每当 CndG 过程中的索引变量 t 增加 1 时，就会发生 CGS 方法的一次内部迭代。相应地，每当 k 增加 1 时，CGS 就会进行一次外部迭代。在每次外部迭代中，我们需要调用 FO 预言机来计算梯度 $f'(z_k)$，而 CndG 子程序中使用的梯度 $\phi_k'(p_t)$ 是由 $f'(z_k)+\beta_k(p-x_{k-1})$ 显式给出的。因此，CGS 方法每次内部迭代的主要代价是调用 LO 预言机来求解式(7.2.4)中的线性优化问题。因此，CGS 算法执行的外部迭代和内部迭代的总次数分别相当于对 FO 和 LO 预言机的总调用次数。

最后，注意到上述 CGS 方法仅仅是概念性的，因为我们还没有指定一些在该算法中使用的参数，包括 $\{\beta_k\}$、$\{\gamma_k\}$ 和 $\{\eta_k\}$ 等。在为上述通用 CGS 算法建立一些重要的收敛性质之后，我们将会讨论这个问题。

定理 7.9 描述了上述 CGS 方法的主要收敛性。更具体地说，定理 7.9 的(a)和(b)都表明了 AGD 方法在根据式(7.2.8)近似求解投影子问题时的收敛性，而定理 7.9(c)则说明了 CndG 使用 Wolfe 间隙作为终止准则时程序的收敛性。

在 CGS 算法的收敛性分析中，我们将使用以下的变量：

$$\Gamma_k:=\begin{cases}1 & k=1\\ \Gamma_{k-1}(1-\gamma_k) & k\geqslant2\end{cases}\tag{7.2.9}$$

定理 7.9　假设 Γ_k 由式(7.2.9)定义，CGS 算法中的 $\{\beta_k\}$ 和 $\{\gamma_k\}$ 满足

$$\gamma_1=1\text{ 且 }L\gamma_k\leqslant\beta_k,\quad k\geqslant1\tag{7.2.10}$$

(a) 如果

$$\frac{\beta_k\gamma_k}{\Gamma_k}\geqslant\frac{\beta_{k-1}\gamma_{k-1}}{\Gamma_{k-1}},\quad k\geqslant2\tag{7.2.11}$$

那么，对于任意 $x\in X$ 及 $k\geqslant 1$，

$$f(y_k)-f(x^*)\leqslant\frac{\beta_k\gamma_k}{2}\overline{D}_X^2+\Gamma_k\sum_{i=1}^{k}\frac{\eta_i\gamma_i}{\Gamma_i} \tag{7.2.12}$$

成立，其中 x^* 是式(7.1.1)的任意最优解，$\overline{D}_X$ 由式(7.1.18)定义。

(b) 如果

$$\frac{\beta_k\gamma_k}{\Gamma_k}\leqslant\frac{\beta_{k-1}\gamma_{k-1}}{\Gamma_{k-1}},\quad k\geqslant 2 \tag{7.2.13}$$

成立，则对于任意 $x\in X$ 及 $k\geqslant 1$，

$$f(y_k)-f(x^*)\leqslant\frac{\beta_1\Gamma_k}{2}\|x_0-x^*\|^2+\Gamma_k\sum_{i=1}^{k}\frac{\eta_i\gamma_i}{\Gamma_i} \tag{7.2.14}$$

(c) 在(a)部分或(b)部分的假设之下，第 k 次外部迭代时所执行的内部迭代次数将以下式为界

$$T_k:=\left\lceil\frac{6\beta_k\overline{D}_X^2}{\eta_k}\right\rceil,\quad\forall k\geqslant 1 \tag{7.2.15}$$

证明　我们首先证明(a)部分。注意由式(7.2.1)和式(7.2.3)，我们得到 $y_k-z_k=\gamma_k(x_k-x_{k-1})$。通过使用这一观察结果、式(7.1.8)和式(7.2.3)，可得到

$$\begin{aligned}f(y_k)&\leqslant l_f(z_k;\ y_k)+\frac{L}{2}\|y_k-z_k\|^2\\&=(1-\gamma_k)l_f(z_k;\ y_{k-1})+\gamma_k l_f(z_k;x_k)+\frac{L\gamma_k^2}{2}\|x_k-x_{k-1}\|^2\\&=(1-\gamma_k)l_f(z_k;\ y_{k-1})+\gamma_k l_f(z_k;x_k)+\frac{\beta_k\gamma_k}{2}\|x_k-x_{k-1}\|^2-\\&\quad\frac{\gamma_k}{2}(\beta_k-L\gamma_k)\|x_k-x_{k-1}\|^2\\&\leqslant(1-\gamma_k)f(y_{k-1})+\gamma_k l_f(z_k;x_k)+\frac{\beta_k\gamma_k}{2}\|x_k-x_{k-1}\|^2\end{aligned} \tag{7.2.16}$$

其中最后一个不等式由函数 $f(\cdot)$ 的凸性和式(7.2.10)得出。另外注意到由式(7.2.8)会有

$$\langle f'(z_k)+\beta_k(x_k-x_{k-1}),\ x_k-x\rangle\leqslant\eta_k,\quad\forall x\in X$$

这意味着

$$\begin{aligned}\frac{1}{2}\|x_k-x_{k-1}\|^2&=\frac{1}{2}\|x_{k-1}-x\|^2-\langle x_{k-1}-x_k,\ x_k-x\rangle-\frac{1}{2}\|x_k-x\|^2\\&\leqslant\frac{1}{2}\|x_{k-1}-x\|^2+\frac{1}{\beta_k}\langle f'(z_k),\ x-x_k\rangle-\frac{1}{2}\|x_k-x\|^2+\frac{\eta_k}{\beta_k}\end{aligned} \tag{7.2.17}$$

将式(7.2.16)和式(7.2.17)结合得到

$$\begin{aligned}f(y_k)&\leqslant(1-\gamma_k)f(y_{k-1})+\gamma_k l_f(z_k;x)+\frac{\beta_k\gamma_k}{2}(\|x_{k-1}-x\|^2-\|x_k-x\|^2)+\eta_k\gamma_k\\&\leqslant(1-\gamma_k)f(y_{k-1})+\gamma_k f(x)+\frac{\beta_k\gamma_k}{2}(\|x_{k-1}-x\|^2-\|x_k-x\|^2)+\eta_k\gamma_k\end{aligned} \tag{7.2.18}$$

其中，最后一个不等式来自函数 $f(\cdot)$ 的凸性。在上面不等式两边同时减去 $f(x)$ 得到

$$\begin{aligned}f(y_k)-f(x)&\leqslant(1-\gamma_k)[f(y_{k-1})-f(x)]+\\&\quad\frac{\beta_k\gamma_k}{2}(\|x_{k-1}-x\|^2-\|x_k-x\|^2)+\eta_k\gamma_k,\quad\forall x\in X\end{aligned}$$

此式根据引理 3.17，可以推得

$$f(y_k)-f(x)\leqslant \frac{\Gamma_k(1-\gamma_1)}{\Gamma_1}[f(y_0)-f(x)]+\Gamma_k\sum_{i=1}^{k}\frac{\beta_i\gamma_i}{2\Gamma_i}(\|x_{i-1}-x\|^2-\|x_i-x\|^2)+\Gamma_k\sum_{i=1}^{k}\frac{\eta_i\gamma_i}{\Gamma_i} \tag{7.2.19}$$

我们在(a)部分的结果可由上面的不等式、假设条件 $\gamma_1=1$ 和下面的事实得到

$$\begin{aligned}&\sum_{i=1}^{k}\frac{\beta_i\gamma_i}{\Gamma_i}(\|x_{i-1}-x\|^2-\|x_i-x\|^2)\\&=\frac{\beta_1\gamma_1}{\Gamma_i}\|x_0-x\|^2+\sum_{i=2}^{k}\left(\frac{\beta_i\gamma_i}{\Gamma_i}-\frac{\beta_{i-1}\gamma_{i-1}}{\Gamma_{i-1}}\right)\|x_{i-1}-x\|^2-\frac{\beta_k\gamma_k}{\Gamma_k}\|x_k-x\|^2\\&\leqslant\frac{\beta_1\gamma_1}{\Gamma_i}\overline{D}_X^2+\sum_{i=2}^{k}\left(\frac{\beta_i\gamma_i}{\Gamma_i}-\frac{\beta_{i-1}\gamma_{i-1}}{\Gamma_{i-1}}\right)\overline{D}_X^2=\frac{\beta_k\gamma_k}{\Gamma_k}\overline{D}_X^2\end{aligned} \tag{7.2.20}$$

其中的不等式由式(7.2.11)中的假设和式(7.1.18)中 $\overline{D}_X$ 的定义得到。

同样，(b)部分由式(7.2.19)、假设条件 $\gamma_1=1$，及下述事实得到

$$\sum_{i=1}^{k}\frac{\beta_i\gamma_i}{\Gamma_i}(\|x_{i-1}-x\|^2-\|x_i-x\|^2)\leqslant\frac{\beta_1\gamma_1}{\Gamma_1}\|x_0-x\|^2-\frac{\beta_k\gamma_k}{\Gamma_k}\|x_k-x\|^2\leqslant\beta_1\|x_0-x\|^2 \tag{7.2.21}$$

该式可由式(7.2.10)和式(7.2.13)中的假设得到。

现在证明(c)部分是成立的。我们使用记号 $\phi\equiv\phi_k$ 和 $\phi^*\equiv\min_{x\in X}\phi(x)$，同时记

$$\lambda_t:=\frac{2}{t}\quad 且\quad \Lambda_t=\frac{2}{t(t-1)} \tag{7.2.22}$$

由以上定义可知

$$\Lambda_{t+1}=\Lambda_t(1-\lambda_{t+1}),\quad \forall t\geqslant 2 \tag{7.2.23}$$

让我们定义 $\overline{u}_{t+1}:=(1-\lambda_{t+1})u_t+\lambda_{t+1}v_t$。显然有 $\overline{u}_{t+1}-u_t=\lambda_{t+1}(v_t-u_t)$。注意到 $u_{t+1}=(1-\alpha_t)u_t+\alpha_t v_t$，而 α_t 是式(7.2.6)的最优解，因此有 $\phi(u_{t+1})\leqslant\phi(\overline{u}_{t+1})$。利用这个观察结果、式(7.1.8)，以及 ϕ 具有 Lipschitz 连续梯度的事实，得到

$$\begin{aligned}\phi(u_{t+1})&\leqslant\phi(\overline{u}_{t+1})\leqslant l_\phi(u_t,\overline{u}_{t+1})+\frac{\beta}{2}\|\overline{u}_{t+1}-u_t\|^2\\&\leqslant(1-\lambda_{t+1})\phi(u_t)+\lambda_{t+1}l_\phi(u_t,v_t)+\frac{\beta\lambda_{t+1}^2}{2}\|v_t-u_t\|^2\end{aligned} \tag{7.2.24}$$

同时可以观察到由式(7.1.7)和 v_t 为式(7.2.4)的解，有

$$l_\phi(u_t,v_t)=\phi(u_t)+\langle\phi'(u_t),v_t-u_t\rangle\leqslant\phi(u_t)+\langle\phi'(u_t),x-u_t\rangle\leqslant\phi(x)$$

对于任意 $x\in X$ 成立，其中最后一个不等式来自 $\phi(\cdot)$ 的凸性。将上述两个不等式结合，重新排列各项，得到

$$\phi(u_{t+1})-\phi(x)\leqslant(1-\lambda_{t+1})[\phi(u_t)-\phi(x)]+\frac{\beta\lambda_{t+1}^2}{2}\|v_t-u_t\|^2,\quad\forall x\in X$$

此式，由引理 3.17 可知，对于任意 $x\in X$ 及 $t\geqslant 1$，

$$\begin{aligned}\phi(u_{t+1})-\phi(x)&\leqslant\Lambda_{t+1}(1-\lambda_2)[\phi(u_1)-\phi(x)]+\Lambda_{t+1}\beta\sum_{j=1}^{t}\frac{\lambda_{j+1}^2}{2\Lambda_{j+1}}\|v_j-u_j\|^2\\&\leqslant\frac{2\beta\overline{D}_X^2}{t+1}\end{aligned} \tag{7.2.25}$$

成立，其中最后一个不等式很容易由式(7.2.22)和式(7.1.18)的 $\bar{D}_X$ 定义推得。现在，令间隙函数 $V_{g,u,\beta}$ 如式(7.2.4)中定义，另外记 $\Delta_j=\phi(u_j)-\phi^*$。由关系式(7.1.7)、式(7.2.4)和式(7.2.24)可以得到，对于任意 $j=1,\cdots,t$

$$\begin{aligned}\lambda_{j+1}V_{g,u,\beta}(u_j)&\leqslant\phi(u_j)-\phi(u_{j+1})+\frac{\beta\lambda_{j+1}^2}{2}\|v_j-u_j\|^2\\&=\Delta_j-\Delta_{j+1}+\frac{\beta\lambda_{j+1}^2}{2}\|v_j-u_j\|^2\end{aligned}$$

将上述不等式两边同时除以 Λ_{j+1}，并将所得到的不等式求和，得到

$$\begin{aligned}\sum_{j=1}^{t}\frac{\lambda_{j+1}}{\Lambda_{j+1}}V_{g,u,\beta}(u_j)&\leqslant-\frac{1}{\Lambda_{t+1}}\Delta_{t+1}+\sum_{j=2}^{t}\left(\frac{1}{\Lambda_{j+1}}-\frac{1}{\Lambda_j}\right)\Delta_j+\Delta_1+\sum_{j=1}^{t}\frac{\beta\lambda_{j+1}^2}{2\Lambda_{j+1}}\|v_j-u_j\|^2\\&\leqslant\sum_{j=2}^{t}\left(\frac{1}{\Lambda_{j+1}}-\frac{1}{\Lambda_j}\right)\Delta_j+\Delta_1+\sum_{j=1}^{t}\frac{\beta\lambda_{j+1}^2}{2\Lambda_{j+1}}\bar{D}_X^2\leqslant\sum_{j=1}^{t}j\Delta_j+t\beta\bar{D}_X^2\end{aligned}$$

其中，最后一个不等式由式(7.2.22)中的 λ_t 和 Λ_t 的定义得到。利用上述不等式和式(7.2.25)中给出的 Δ_j 的上界，得到

$$\min_{j=1,\cdots,t}V_{g,u,\beta}(u_j)\sum_{j=1}^{t}\frac{\lambda_{j+1}}{\Lambda_{j+1}}\leqslant\sum_{j=1}^{t}\frac{\lambda_{j+1}}{\Lambda_{j+1}}V_{g,u,\beta}(u_j)\leqslant3t\beta\bar{D}_X^2$$

此式，考虑到 $\sum_{j=1}^{t}\lambda_{j+1}/\Lambda_{j+1}=t(t+1)/2$ 这一事实，那么显然可推得

$$\min_{j=1,\cdots,t}V_{g,u,\beta}(u_j)\leqslant\frac{6\beta\bar{D}_X^2}{t+1},\quad\forall t\geqslant1\tag{7.2.26}$$

由此就可立刻推出(c)部分的结论。■

显然，在保证 CGS 方法收敛的前提下，指定参数$\{\beta_k\}$、$\{\gamma_k\}$和$\{\eta_k\}$等可以有各种各样的选项。在下面的推论中，我们提供了$\{\beta_k\}$、$\{\gamma_k\}$和$\{\eta_k\}$两种不同的参数设置，这导致出现了光滑凸优化的 FO 和 LO 预言机调用总数的最优复杂度。

推论 7.3　*如果 CGS 方法中的$\{\beta_k\}$、$\{\gamma_k\}$和$\{\eta_k\}$如下设定*

$$\beta_k=\frac{3L}{k+1},\quad\gamma_k=\frac{3}{k+2}\quad且\quad\eta_k=\frac{L\bar{D}_X^2}{k(k+1)},\quad\forall k\geqslant1\tag{7.2.27}$$

那么，对于任意 $k\geqslant1$，

$$f(y_k)-f(x^*)\leqslant\frac{15L\bar{D}_X^2}{2(k+1)(k+2)}\tag{7.2.28}$$

因此，用 CGS 方法求式(7.1.1)的 ε-解时，对 FO 和 LO 预言机的调用总数可以分别受限于 $\mathcal{O}(\sqrt{L\bar{D}_X^2/\varepsilon})$和 $\mathcal{O}(L\bar{D}_X^2/\varepsilon)$。

证明　我们首先证明式(7.2.28)。从式(7.2.27)可以很容易地看出式(7.2.10)成立。另外注意到由条件(7.2.27)，有

$$\Gamma_k=\frac{6}{k(k+1)(k+2)}\tag{7.2.29}$$

和

$$\frac{\beta_k\gamma_k}{\Gamma_k}=\frac{9L}{(k+1)(k+2)}\frac{k(k+1)(k+2)}{6}=\frac{3Lk}{2}$$

这意味着参数选择满足条件式(7.2.11)。由定理 7.9(a)、式(7.2.27)和式(7.2.29)可知

$$f(y_k)-f(x^*)\leqslant\frac{9L\overline{D}_X^2}{2(k+1)(k+2)}+\frac{6}{k(k+1)(k+2)}\sum_{i=1}^{k}\frac{\eta_i\gamma_i}{\Gamma_i}=\frac{15L\overline{D}_X^2}{2(k+1)(k+2)}$$

这意味着用 CGS 方法求 ε-解的总外部迭代次数可以限制在 $N=\sqrt{15L\overline{D}_X^2/(2\varepsilon)}$ 以内。此外，由式(7.2.15)和式(7.2.27)的界可知，内部迭代总次数可限定为 $\sum_{k=1}^{N}T_k\leqslant\sum_{k=1}^{N}\left(\frac{6\beta_k\overline{D}_X^2}{\eta_k}+1\right)=18\sum_{k=1}^{N}k+N=9N^2+10N$，这意味着内部迭代的总次数的界为 $\mathcal{O}(L\overline{D}_X^2/\varepsilon)$。■

可以看到，在上述结果中，对于 LCP 方法，LO 预言机调用的数量在它们对 ε、L 和 $\overline{D}_X$ 的依赖方面是不可改进的。类似地，对 FO 预言机的调用数量在其对 ε 和 L 的依赖方面也是最优的。然而，应该注意的是，我们可以潜在地改善后者对 $\overline{D}_X$ 的依赖。实际上，通过使用不同的参数设置，我们在推论 7.4 中证明了对 FO 预言机调用次数的略微改进的界，它只取决于从初始点到最优解的距离，而不取决于直径 $\overline{D}_X$。这一结果对于强凸问题的 CGS 求解方法的分析具有重要意义。使用此参数设置的缺点是需要预先确定迭代次数 N。

推论 7.4　假设存在一个估计 $D_0\geqslant\|x_0-x^*\|$，并且给定外层迭代极限次数 $N\geqslant1$。如果对于任意 $k\geqslant1$，设定

$$\beta_k=\frac{2L}{k},\quad\gamma_k=\frac{2}{k+1},\quad\eta_k=\frac{2LD_0^2}{Nk}\tag{7.2.30}$$

那么

$$f(y_N)-f(x^*)\leqslant\frac{6LD_0^2}{N(N+1)}\tag{7.2.31}$$

因此，使用 CGS 方法寻找问题(7.1.1)的 ε-解时，对 FO 和 LO 预言机的调用总数的上界分别为

$$\mathcal{O}\left(D_0\sqrt{\frac{L}{\varepsilon}}\right)\tag{7.2.32}$$

和

$$\mathcal{O}\left(\frac{L\overline{D}_X^2}{\varepsilon}+D_0\sqrt{\frac{L}{\varepsilon}}\right)\tag{7.2.33}$$

证明　由式(7.2.30)中 γ_k 和式(7.2.9)中 Γ_k 的各自定义很容易看出

$$\Gamma_k=\frac{2}{k(k+1)}\tag{7.2.34}$$

利用前面的恒等式和式(7.2.30)，我们得到 $\beta_k\gamma_k/\Gamma_k=2L$，这意味着式(7.2.13)成立。由式(7.2.14)、式(7.2.30)和式(7.2.34)可得到

$$f(y_N)-f(x^*)\leqslant\Gamma_N\left(LD_0^2+\sum_{i=1}^{N}\frac{\eta_i\gamma_i}{\Gamma_i}\right)=\Gamma_N\left(LD_0^2+\sum_{i=1}^{N}i\eta_i\right)=\frac{6LD_0^2}{N(N+1)}$$

此外，根据式(7.2.15)的界和式(7.2.30)中变量设定，内部迭代的总次数受限于

$$\sum_{k=1}^{N}T_k\leqslant\sum_{k=1}^{N}\left(\frac{6\beta_k\overline{D}_X^2}{\eta_k}+1\right)=\frac{6N^2\overline{D}_X^2}{D_0^2}+N$$

式(7.2.32)和式(7.2.33)中复杂度的界就立即可由前面两个不等式得到。■

根据凸优化的经典复杂性理论，求解光滑凸优化问题时，对 FO 预言机的调用总数式(7.2.32)的界是最优的。此外，鉴于上一节建立的复杂性结果，对于一类广泛的 LCP

方法，所需对 LO 预言机的调用总数式(7.2.33)是不可改进的。据我们所知，CGS 方法是文献中第一个同时实现这两个最优界的算法。

注释 7.1　注意到在这一节中，我们假设欧几里得距离函数 $\|x-x_{k-1}\|^2$ 已用于子问题(7.2.7)中。然而，也可以用更一般的 Bregman 距离代替它

$$V(x, x_{k-1}) := \omega(x) - [\omega(x_{k-1}) + \langle \omega'(x_{k-1}), x - x_{k-1} \rangle]$$

并且放宽范数与内积有关的假设，其中 ω 是一个强凸函数。在下面的假设下，我们可以得到与推论 7.3 和 7.4 相似的复杂度结果：(i)ω 是具有 Lipschitz 连续梯度的光滑凸函数；(ii)在 CndG 子程序中，式(7.2.4)中的目标函数和式(7.2.5)中的步长 α_t 分别被 $g+\beta[\omega'(u_t)-\omega'(u)]$ 和 $2/(t+1)$ 所替换。然而，如果 ω 是非光滑的(例如，熵函数)，那么我们就不能得到这些结果，因为 CndG 子程序无法直接应用于修改了的子问题。

7.2.1.2　强凸优化

在本小节中，我们假设目标函数 f 不仅是光滑的(即式(7.1.8)成立)，而且还是强凸的，即 $\exists \mu > 0$，使得

$$f(y) - f(x) - \langle f'(x), y - x \rangle \geqslant \frac{\mu}{2}\|y-x\|^2, \quad \forall x, y \in X \tag{7.2.35}$$

我们的目标是要证明存在一个对调用 FO 预言机的数量是线性收敛速度的算法，该算法可通过只执行可行域 X 上的线性优化获得。与前一节中的缩减条件梯度法相比，这里我们不需要对 LO 预言机再加任何额外的假设。我们还证明了对 LO 预言机的调用总数是有界的，其界为 $\mathcal{O}(L\overline{D}_X^2/\varepsilon)$，已经证明这一结果对于强凸优化是最优的。

现在我们准备正式描述求解强凸问题的 CGS 方法。该方法是通过在算法 7.6 中适当重新启动 CGS 方法得到的。

算法 7.7　强凸问题的 CGS 方法

输入：初始点 $p_0 \in X$ 和满足 $f(p_0)-f(x^*) \leqslant \delta_0$ 的估计 $\delta_0 > 0$。

for $s = 1, 2, \cdots$

　使用输入调用算法 7.6 中的 CGS 方法

$$x_0 = P_{s-1} \quad 且 \quad N = \left\lceil 2\sqrt{\frac{6L}{\mu}} \right\rceil \tag{7.2.36}$$

　和参数

$$\beta_k = \frac{2L}{k}, \quad \gamma_k = \frac{2}{k+1}, \quad 且 \quad \eta_k = \eta_{s,k} := \frac{8L\delta_0 2^{-s}}{\mu N_k} \tag{7.2.37}$$

　设置 p_s 是它的输出解。

end for

在算法 7.7 中，我们每$\lceil 2\sqrt{6L/\mu} \rceil$次迭代重新启动 CGS 方法进行光滑优化(即算法 7.6)。我们说，每当 s 增加 1 时，上述 CGS 算法的一个新阶段就出现。可以观察到，当 s 增加 1 时，$\{\eta_k\}$依因子 2 减少，而$\{\beta_k\}$和$\{\gamma_k\}$保持不变。下面的定理说明了上述 CGS 方法的收敛性。

定理 7.10　假设条件(7.2.35)成立，并且$\{p_s\}$是算法 7.7 生成的序列。那么，

$$f(p_s) - f(x^*) \leqslant \delta_0 2^{-s}, \quad s \geqslant 0 \tag{7.2.38}$$

因此，用该算法寻找问题(7.1.1)的 ε-解时，对 FO 和 LO 预言机的调用总数分别被限定为

$$\mathcal{O}\left\{\sqrt{\frac{L}{\mu}}\left\lceil\log_2\max\left(1,\ \frac{\delta_0}{\varepsilon}\right)\right\rceil\right\} \tag{7.2.39}$$

和

$$\mathcal{O}\left\{\frac{L\overline{D}_X^2}{\varepsilon}+\sqrt{\frac{L}{\mu}}\left\lceil\log_2\max\left(1,\ \frac{\delta_0}{\varepsilon}\right)\right\rceil\right\} \tag{7.2.40}$$

证明　我们用归纳法证明式(7.2.38)。根据 δ_0 的假设，当 $s=0$ 时，这个不等式显然成立。现在假设式(7.2.38)在第 s 阶段开始之前成立，即

$$f(p_{s-1})-f(x^*)\leqslant\delta_0 2^{-s+1}$$

利用上述关系和 f 的强凸性，得到

$$\|p_{s-1}-x^*\|^2\leqslant\frac{2}{\mu}[f(p_{s-1})-f(x^*)]\leqslant\frac{4\delta_0 2^{-s}}{\mu}$$

因此，通过比较式(7.2.37)和式(7.2.30)中的参数设置，很容易看出，取 $x_0=p_{s-1}$，$y_N=p_s$ 和 $D_0^2=4\delta_0 2^{-s}/\mu$ 时，推论 7.4 成立，这意味着

$$f(y_s)-f(x^*)\leqslant\frac{6LD_0^2}{N(N+1)}=\frac{24L\delta_0 2^{-s}}{\mu N(N+1)}\leqslant\delta_0 2^{-s}$$

其中，最后一个不等式由式(7.2.36)中 N 的定义得到。为了给出式(7.2.39)和式(7.2.40)的上界，只需要考虑 $\delta_0>\varepsilon$ 的情形(否则，结果是很明显的)。让我们记

$$S:=\left\lceil\log_2\max\left(\frac{\delta_0}{\varepsilon},\ 1\right)\right\rceil \tag{7.2.41}$$

由式(7.2.38)可知，对某个满足 $1\leqslant s\leqslant S$ 的 s，问题(7.1.1)的 ε-解可以在第 s 个阶段找到。由于调用 FO 预言机的数量在每个阶段都受囿于 N，算法 7.7 调用 FO 预言机的总数的界为 NS，它显然是由式(7.2.39)给出的界。现在，令 $T_{s,k}$ 表示在第 s 个阶段的第 k 次外部迭代中需要调用 LO 预言机的次数。由定理 7.9(c)可知

$$T_{s,k}\leqslant\frac{6\beta_k\overline{D}_X^2}{\eta_{k,s}}+1\leqslant\frac{3\mu\overline{D}_X^2 2^s N}{2\delta_0}+1$$

因此，对 LO 的调用总数限定为

$$\begin{aligned}\sum_{s=1}^{S}\sum_{k=1}^{N}T_{s,k}&\leqslant\sum_{s=1}^{S}\sum_{k=1}^{N}\frac{3\mu\overline{D}_X^2 2^s N}{2\delta_0}+NS=\frac{3\mu\overline{D}_X^2 N^2}{2\delta_0}\sum_{s=1}^{S}2^s+NS\\&\leqslant\frac{3\mu\overline{D}_X^2 N^2}{2\delta_0}2^{S+1}+NS\\&\leqslant\frac{6}{\varepsilon}\mu\overline{D}_X^2 N^2+NS\end{aligned} \tag{7.2.42}$$

分别根据式(7.2.36)和式(7.2.41)中 N 和 S 的定义，得出上式以式(7.2.40)为界。■

从凸优化的经典复杂度理论来看，式(7.2.39)中对 FO 预言机调用总数的界对于强凸优化是最优的。此外，鉴于上一节建立的复杂度结果，式(7.2.40)中对 LO 预言机的调用总数的界对于一类广泛的基于线性优化的凸规划方法同样也是不可改进的。CGS 是第一个同时实现了这两个界的优化方法。

7.2.2　随机条件梯度滑动法

7.2.2.1　算法及主要收敛结果

在本节中，我们仍然考虑满足条件(7.1.4)的光滑凸优化问题。但是，在这里我们只

能得到 f 的一阶随机信息。具体来说，我们假设 f 由一个一阶随机(SFO)预言机表示，它对于给定的搜索点 $z_k \in X$，输出向量 $G(z_k, \xi_k)$，使得

$$\mathbb{E}[G(z_k, \xi_k)] = f'(z_k) \tag{7.2.43}$$

$$\mathbb{E}[\|G(z_k, \xi_k) - f'(z_k)\|_*^2] \leqslant \sigma^2 \tag{7.2.44}$$

本节的目标是提出一个随机条件梯度类型的算法，该算法可以达到对 SFO 预言机和 LO 的调用数量的最优界。

随机 CGS(SCGS)方法与精确梯度算法 7.6 类似，只要把其中的梯度替换为用 SFO 预言机计算的梯度无偏估计量即可得到。该算法的形式描述如下。

算法 7.8 随机条件梯度滑动法

该算法与算法 7.6 相同，只是式(7.2.2)被替换为

$$x_k = \text{CndG}(g_k, x_{k-1}, \beta_k, \eta_k) \tag{7.2.45}$$

在这里，

$$g_k := \frac{1}{B_k} \sum_{j=1}^{B_k} G(z_k, \xi_{k,j}) \tag{7.2.46}$$

$G(z_k, \xi_{k,j})$，$j=1, \cdots, B_k$ 为 SFO 预言机在 z_k 处计算的随机梯度。

在上述随机 CGS 方法中，参数 $\{B_k\}$ 表示用于计算 g_k 的批大小。由式(7.2.43)、式(7.2.44)和式(7.2.46)可以很容易看出

$$\mathbb{E}[g_k - f'(z_k)] = 0 \quad 且 \quad \mathbb{E}[\|g_k - f'(z_k)\|_*^2] \leqslant \frac{\sigma^2}{B_k} \tag{7.2.47}$$

因此 g_k 是 $f'(z_k)$ 的无偏估计量。事实上，令 $S_{B_k} = \sum_{j=1}^{B_k} (G(z_k, \xi_{k,j}) - f'(z_k))$，并由式(7.2.43)和式(7.2.44)，我们有

$$\begin{aligned}
\mathbb{E}[\|S_{B_k}\|_*^2] &= \mathbb{E}[\|S_{B_k-1} + G(z_k, \xi_{k,B_k}) - f'(z_k)\|_*^2] \\
&= \mathbb{E}[\|S_{B_k-1}\|_*^2 + 2\langle S_{B_k-1}, G(z_k, \xi_{k,B_k}) - f'(z_k)\rangle + \|G(z_k, \xi_{k,B_k}) - f'(z_k)\|_*^2] \\
&= \mathbb{E}[\|S_{B_k-1}\|_*^2] + \mathbb{E}[\|G(z_k, \xi_{k,B_k}) - f'(z_k)\|_*^2] = \cdots \\
&= \sum_{j=1}^{B_k} \mathbb{E}[\|G(z_k, \xi_{k,j}) - f'(z_k)\|_*^2] \leqslant B_k \sigma^2
\end{aligned}$$

注意，据式(7.2.46)会有

$$g_k - f'(z_k) = \frac{1}{B_k} \sum_{j=1}^{B_k} G(z_k, \xi_{k,j}) - f'(z_k) = \frac{1}{B_k} \sum_{j=1}^{B_k} [G(z_k, \xi_{k,j}) - f'(z_k)] = \frac{1}{B_k} S_{B_k}$$

于是，立刻得到了式(7.2.47)中的第二个关系式。由于算法是随机的，我们将建立问题的一个随机 ε-解，即点 $\bar{x} \in X$ 使得 $\mathbb{E}[f(\bar{x}) - f(x^*)] \leqslant \varepsilon$，以及一个随机$(\varepsilon, \Lambda)$-解，即点 $\bar{x} \in X$ 使得 $\text{Prob}\{f(\bar{x}) - f(x^*) \leqslant \varepsilon\} \geqslant 1 - \Lambda$ 对于某个 $\varepsilon > 0$ 和 $\Lambda \in (0, 1)$的复杂度。

请注意，上述 SCGS 方法只是概念上的，因为我们还没有指定参数$\{B_k\}$、$\{\beta_k\}$、$\{\gamma_k\}$和$\{\eta_k\}$。我们将在确定该算法的主要收敛性后回到这个问题。

定理 7.11 令 Γ_k 和 $\overline{D}_X$ 分别如式(7.2.9)和式(7.1.18)中定义，并假设$\{\beta_k\}$和$\{\gamma_k\}$满足式(7.2.10)和式(7.2.11)。

(a) 在假设(7.2.43)和式(7.2.44)下，会有

$$\mathbb{E}[f(y_k)-f(x^*)]\leqslant \mathcal{C}_e:=\frac{\beta_k\gamma_k}{2}\overline{D}_X^2+\Gamma_k\sum_{i=1}^{k}\left[\frac{\eta_i\gamma_i}{\Gamma_i}+\frac{\gamma_i\sigma^2}{2\Gamma_i B_i(\beta_i-L\gamma_i)}\right],\quad \forall k\geqslant 1 \tag{7.2.48}$$

其中 x^* 是问题(7.1.1)的任意最优解。

(b) 如果条件(7.2.13)(而不是式(7.2.11))得到满足，则将式(7.2.48)的 $\mathcal{C}_e$ 中第一项的 $\beta_k\gamma_k\overline{D}_X^2$ 代替换为 $\beta_1\Gamma_k\|x_0-x^*\|^2$ 后，(a)部分的结果仍然成立；

(c) 在(a)部分或(b)部分的假设之下，第 k 次外部迭代时需执行的内部迭代数以式(7.2.15)为界。

证明 让我们分别记 $\delta_{k,j}=G(z_k,\ \xi_{k,j})-f'(z_k)$ 和 $\delta_k\equiv g_k-f'(z_k)=\sum_{j=1}^{B_k}\delta_{k,j}/B_k$。注意到由式(7.2.16)和式(7.2.17)($f'(z_k)$ 被替换为 g_k)，我们有

$$\begin{aligned}f(y_k)\leqslant&(1-\gamma_k)f(y_{k-1})+\gamma_k l_f(z_k,\ x_k)+\gamma_k\langle g_k,\ x-x_k\rangle+\\&\frac{\beta_k\gamma_k}{2}[\|x_{k-1}-x\|^2-\|x_k-x\|^2]+\eta_k\gamma_k-\frac{\gamma_k}{2}(\beta_k-L\gamma_k)\|x_k-x_{k-1}\|^2\\=&(1-\gamma_k)f(y_{k-1})+\gamma_k l_f(z_k,\ x)+\gamma_k\langle\delta_k,\ x-x_k\rangle+\\&\frac{\beta_k\gamma_k}{2}[\|x_{k-1}-x\|^2-\|x_k-x\|^2]+\eta_k\gamma_k-\frac{\gamma_k}{2}(\beta_k-L\gamma_k)\|x_k-x_{k-1}\|^2\end{aligned}$$

利用上面的不等式和如下事实

$$\begin{aligned}&\langle\delta_k,\ x-x_k\rangle-\frac{1}{2}(\beta_k-L\gamma_k)\|x_k-x_{k-1}\|^2\\&\quad=\langle\delta_k,\ x-x_{k-1}\rangle+\langle\delta_k,\ x_{k-1}-x_k\rangle-\frac{1}{2}(\beta_k-L\gamma_k)\|x_k-x_{k-1}\|^2\\&\quad\leqslant\langle\delta_k,\ x-x_{k-1}\rangle+\frac{\|\delta_k\|_*^2}{2(\beta_k-L\gamma_k)}\end{aligned}$$

得到

$$\begin{aligned}f(y_k)\leqslant&(1-\gamma_k)f(y_{k-1})+\gamma_k f(x)+\frac{\beta_k\gamma_k}{2}[\|x_{k-1}-x\|^2-\|x_k-x\|^2]+\eta_k\gamma_k+\\&\gamma_k\langle\delta_k,\ x-x_{k-1}\rangle+\frac{\gamma_k\|\delta_k\|_*^2}{2(\beta_k-L\gamma_k)},\quad\forall x\in X\end{aligned}\tag{7.2.49}$$

将式(7.2.49)两边同时减去 $f(x)$，并应用引理 3.17，可以得到

$$\begin{aligned}f(y_k)-f(x)\leqslant&\Gamma_k(1-\gamma_1)[f(y_0)-f(x)]+\\&\Gamma_k\sum_{i=1}^{k}\left\{\frac{\beta_i\gamma_i}{2\Gamma_i}[\|x_{k-1}-x\|^2-\|x_k-x\|^2]+\frac{\eta_i\gamma_i}{\Gamma_i}\right\}+\\&\Gamma_k\sum_{i=1}^{k}\frac{\gamma_i}{\Gamma_i}\left[\langle\delta_i,\ x-x_{i-1}\rangle+\frac{\|\delta_i\|_*^2}{2(\beta_i-L\gamma_i)}\right]\\\leqslant&\frac{\beta_k\gamma_k}{2}\overline{D}_X^2+\Gamma_k\sum_{i=1}^{k}\frac{\eta_i\gamma_i}{\Gamma_i}+\\&\Gamma_k\sum_{i=1}^{k}\frac{\gamma_i}{\Gamma_i}\left[\sum_{j=1}^{B_i}B_i^{-1}\langle\delta_{i,j},\ x-x_{i-1}\rangle+\frac{\|\delta_i\|_*^2}{2(\beta_i-L\gamma_i)}\right]\end{aligned}\tag{7.2.50}$$

其中最后一个不等式由式(7.2.20)和 $\gamma_1=1$ 的事实推得。注意，根据我们对 SFO 预言机

的假设，随机变量 $\delta_{i,j}$ 独立于搜索点 x_{i-1}，因此有 $\mathbb{E}[\langle\delta_{i,j},\ x^*-x_{i-1}\rangle]=0$。另外，关系式(7.2.47)表明 $\mathbb{E}[\|\delta_i\|_*^2]\leqslant\sigma^2/B_i$。利用观察到的这两个结果，并在式(7.2.50)的两边取期望(取 $x=x^*$)，我们就得到了式(7.2.48)结果。

(b) 部分通过不等式(7.2.21)和式(7.2.50)中的界可以类似地推得，而(c)部分的证明与定理 7.9 中(c)部分的证明完全相同。■

现在我们提供了一组参数$\{\beta_k\}$、$\{\gamma_k\}$、$\{\eta_k\}$和$\{B_k\}$的取法，这些参数设置可导致产生 SFO 预言机和 LO 预言机调用次数的最优的界。

推论 7.5　假设在 SCGS 方法中的$\{\beta_k\}$、$\{\gamma_k\}$、$\{\eta_k\}$和$\{B_k\}$设置为

$$\beta_k=\frac{4L}{k+2},\quad \gamma_k=\frac{3}{k+2},\quad \eta_k=\frac{L\overline{D}_X^2}{k(k+1)},\quad B_k=\left\lceil\frac{\sigma^2(k+2)^3}{L^2\overline{D}_X^2}\right\rceil,\quad k\geqslant1 \tag{7.2.51}$$

在假设条件(7.2.43)和式(7.2.44)下，会有

$$\mathbb{E}[f(y_k)-f(x^*)]\leqslant\frac{6L\overline{D}_X^2}{(k+2)^2}+\frac{9L\overline{D}_X^2}{2(k+1)(k+2)},\quad \forall k\geqslant1 \tag{7.2.52}$$

因此，用 SCGS 方法寻找问题(7.1.1)的随机 ε-解时，对 SFO 预言机和 LO 预言机的调用总次数分别被限定为

$$\mathcal{O}\left\{\sqrt{\frac{L\overline{D}_X^2}{\varepsilon}}+\frac{\sigma^2\overline{D}_X^2}{\varepsilon^2}\right\}\quad 和\quad \mathcal{O}\left\{\frac{L\overline{D}_X^2}{\varepsilon}\right\} \tag{7.2.53}$$

证明　从式(7.2.51)可以很容易看出式(7.2.10)成立。同样，由式(7.2.51)，Γ_k 由式(7.2.29)给出，因此

$$\frac{\beta_k\gamma_k}{\Gamma_k}=\frac{2Lk(k+1)}{k+2}$$

这意味着式(7.2.11)成立。我们也很容易验证，由式(7.2.29)和式(7.2.51)可以有

$$\sum_{i=1}^{k}\frac{\eta_i\gamma_i}{\Gamma_i}\leqslant\frac{kL\overline{D}_X^2}{2},\quad \sum_{i=1}^{k}\frac{\gamma_i}{\Gamma_iB_i(\beta_i-L\gamma_i)}\leqslant\frac{kL\overline{D}_X^2}{2\sigma^2}$$

使用式(7.2.48)中的界，就可以得到式(7.2.52)，这意味着在假设条件(7.2.43)和式(7.2.44)之下，外部迭代的总次数可以被限定为

$$\mathcal{O}\left(\sqrt{\frac{L\overline{D}_X^2}{\varepsilon}}\right)$$

而结论(7.2.53)中的界可由观察到的这一结果，以及算法对 SFO 预言机和 LO 预言机的调用数量囿于如下的界而得到。

$$\sum_{k=1}^{N}B_k\leqslant\sum_{k=1}^{N}\frac{\sigma^2(k+2)^3}{L^2\overline{D}_X^2}+N\leqslant\frac{\sigma^2(N+3)^4}{4L^2\overline{D}_X^2}+N$$

$$\sum_{k=1}^{N}T_k\leqslant\sum_{k=1}^{N}\left(\frac{6\beta_k\overline{D}_X^2}{\eta_k}+1\right)\leqslant12N^2+13N$$

现在我们给出参数$\{\beta_k\}$、$\{\gamma_k\}$、$\{\eta_k\}$和$\{B_k\}$的一组不同取法，这样的取值可以略微改进 SFO 预言机依赖于 $\overline{D}_X$ 的调用次数的上限。■

推论 7.6　假设存在一个估计 D_0，使得$\|x_0-x^*\|\leqslant D_0\leqslant\overline{D}_X$，并且外部迭代的极限次数 $N\geqslant1$ 给定。如果取

$$\beta_k=\frac{3L}{k},\quad \gamma_k=\frac{2}{k+1},\quad \eta_k=\frac{2LD_0^2}{Nk},\quad B_k=\left\lceil\frac{\sigma^2N(k+1)^2}{L^2D_0^2}\right\rceil,\quad k\geqslant1 \tag{7.2.54}$$

那么，在假设条件(7.2.43)和式(7.2.44)之下，有

$$\mathbb{E}[f(y_N)-f(x^*)]\leqslant\frac{8LD_0^2}{N(N+1)},\quad \forall N\geqslant 1 \tag{7.2.55}$$

因此，用 SCGS 方法寻找问题(7.1.1)的随机 ε-解时，对 SFO 预言机和 LO 预言机的调用总数分别有如下的界

$$\mathcal{O}\left\{\sqrt{\frac{LD_0^2}{\varepsilon}}+\frac{\sigma^2D_0^2}{\varepsilon^2}\right\}\quad 和\quad \mathcal{O}\left\{\frac{L\overline{D}_X^2}{\varepsilon}\right\} \tag{7.2.56}$$

证明　从式(7.2.54)的取法可以很容易看出满足条件(7.2.10)。同样由式(7.2.54)，Γ_k 由式(7.2.34)给出，因此

$$\frac{\beta_k\gamma_k}{\Gamma_k}=3L$$

这意味着式(7.2.13)成立。由式(7.2.34)和式(7.2.54)很容易验证下式成立

$$\sum_{i=1}^N\frac{\eta_i\gamma_i}{\Gamma_i}\leqslant 2LD_0^2,\quad \sum_{i=1}^N\frac{\gamma_i}{\Gamma_iB_i(\beta_i-L\gamma_i)}\leqslant\sum_{i=1}^N\frac{i(i+1)}{LB_i}\leqslant\frac{LD_0^2}{\sigma^2}$$

使用式(7.2.48)中的界(将 $\mathcal{C}_e$ 定义中的项 $\beta_k\gamma_k\overline{D}_X^2$ 替换为 $\beta_1\Gamma_kD_0^2$)，我们就得到了式(7.2.55)。这意味着在假设条件(7.2.43)、式(7.2.44)之下，外部迭代的总次数受限于界

$$\mathcal{O}\left(\sqrt{\frac{LD_0^2}{\varepsilon}}\right)$$

由这一结果，以及对 SFO 预言机和 LO 的调用总数分别受限于下式

$$\sum_{k=1}^N B_k\leqslant N\sum_{k=1}^N\frac{\sigma^2(k+1)^2}{L^2D_0^2}+N\leqslant\frac{\sigma^2N(N+1)^3}{3L^2D_0^2}+N$$

$$\sum_{k=1}^N T_k\leqslant\sum_{k=1}^N\frac{6\beta_k\overline{D}_X^2}{\eta_k}+N\leqslant\frac{9N^2\overline{D}_X^2}{D_0^2}+N$$

即可得到式(7.2.56)中的界。 ■

根据推论 7.5 和 7.6 中的复杂度界，对 SFO 预言机的调用总数可以限定为 $\mathcal{O}(1/\varepsilon^2)$，对于随机凸优化问题，从经典复杂度理论而言这一结果是最优的。此外，对 LO 预言机的调用总数可以限制在 $\mathcal{O}(1/\varepsilon)$之内，这与确定性光滑凸优化的 CGS 方法相同，因而对于许多 LCP 方法而言都是不可改进的。

根据推论 7.6 中的结果，与确定性情况问题类似，我们可以提出一个求解随机强凸问题的最优算法。

算法 7.9　求解强凸问题的随机 CGS 方法

输入： 初始点 $p_0\in X$ 和满足 $f(p_0)-f(x^*)\leqslant\delta_0$ 的估计 $\delta_0>0$。

for $s=1,2,\cdots$

　　用输入调用算法 7.8 中的随机 CGS 方法

$$x_0=P_{s-1}\quad 且\quad N=\left\lceil 4\sqrt{\frac{2L}{\mu}}\right\rceil \tag{7.2.57}$$

　　和参数

$$\beta_k=\frac{3L}{k},\quad \gamma_k=\frac{2}{k+1},\quad \eta_k=\eta_{s,k}:=\frac{8L\delta_0 2^{-s}}{\mu Nk},\quad B_k=B_{s,k}:=\left\lceil\frac{\mu\sigma^2N(k+1)^2}{4L^2\delta_0 2^{-s}}\right\rceil \tag{7.2.58}$$

设置 p_s 是它的输出解。

end for

算法 7.9 的主要收敛性描述如下。

定理 7.12 假设式(7.2.35)成立，并且序列$\{p_s\}$由算法 7.9 生成，那么

$$\mathbb{E}[f(p_s)-f(x^*)]\leqslant\delta_0 2^{-s},\quad s\geqslant 0 \tag{7.2.59}$$

因此，当用该算法寻找问题(7.1.1)的随机 ε-解时，算法对 SFO 预言机和 LO 预言机的调用总数的界分别为

$$\mathcal{O}\left\{\frac{\sigma^2}{\mu\varepsilon}+\sqrt{\frac{L}{\mu}}\left\lceil\log_2\max\left(1,\ \frac{\delta_0}{\varepsilon}\right)\right\rceil\right\} \tag{7.2.60}$$

和

$$\mathcal{O}\left\{\frac{L\bar{D}_X^2}{\varepsilon}+\sqrt{\frac{L}{\mu}}\left\lceil\log_2\max(1,\ \frac{\delta_0}{\varepsilon})\right\rceil\right\} \tag{7.2.61}$$

证明 根据推论 7.6，式(7.2.59)可以用类似于式(7.2.38)的方法证明。现在还需要证明式(7.2.60)和式(7.2.61)分别是对 SFO 预言机和 LO 预言机的调用总次数的界限。只需考虑 $\delta_0>\varepsilon$ 时的情况就足够了，因为其他情况时结果是明显的。让我们记

$$S:=\left\lceil\log_2\max\left(\frac{\delta_0}{\varepsilon},\ 1\right)\right\rceil \tag{7.2.62}$$

根据性质(7.2.59)，问题(7.1.1)的随机 ε-解可以在 $1\leqslant s\leqslant S$ 的某个 s 阶段找到。由于调用 SFO 预言机的数量在每个阶段都有界限 N，调用 SFO 预言机的总次数有如下界限

$$\begin{aligned}\sum_{s=1}^{s}\sum_{k=1}^{N}B_k&\leqslant\sum_{s=1}^{S}\sum_{k=1}^{N}\left(\frac{\mu\sigma^2N(k+1)^2}{4L^2\delta_0 2^{-s}}+1\right)\\&\leqslant\frac{\mu\sigma^2N(N+1)^3}{12L^2\delta_0}\sum_{s=1}^{S}2^s+SN\leqslant\frac{\mu\sigma^2N(N+1)^3}{3L^2\varepsilon}+SN\end{aligned}$$

此外，以 $T_{s,k}$ 表示随机 CGS 方法在第 s 阶段第 k 次外部迭代时对 LO 预言机的调用次数。由定理 7.9(c)可知

$$T_{s,k}\leqslant\frac{6\beta_k\bar{D}_X^2}{\eta_{k,s}}+1\leqslant\frac{9\mu\bar{D}_X^2 2^s N}{4\delta_0}+1$$

因此，对 LO 预言机的调用总数的界为

$$\begin{aligned}\sum_{s=1}^{S}\sum_{k=1}^{N}T_{s,k}&\leqslant\sum_{s=1}^{S}\sum_{k=1}^{N}\frac{9\mu\bar{D}_X^2 2^s N}{4\delta_0}+NS=\frac{9}{4}\mu\bar{D}_X^2N^2\delta_0^{-1}\sum_{s=1}^{S}2^s+NS\\&\leqslant\frac{9}{\varepsilon}\mu\bar{D}_X^2N^2+NS\end{aligned}$$

则根据式(7.2.57)对 N 的定义和式(7.2.62)中对 S 的定义，知此式是以式(7.2.40)为界。 ■

根据定理 7.12，对 SFO 预言机的调用总次数可以限定在 $\mathcal{O}(1/\varepsilon)$之内，以经典复杂性理论的角度来看，这对强凸随机优化问题是最优的。此外，对 LO 预言机的调用总数可以限制在$\mathcal{O}(1/\varepsilon)$之内，这与强凸优化问题的确定性 CGS 方法相同，而且该结果对于上一节所讨论的一类广泛的 LCP 方法而言是不可改进的。

7.2.2.2 大偏差结果

为了简单起见，在本节中我们只考虑光滑凸优化问题而不考虑强凸优化问题。为了得

到与上述最优复杂度界相关的一些大偏差结果，我们需要先对 SFO 预言机给出的目标函数值及其估计量 $F(x, \xi)$做一些假设。更具体地说，假设当 $M\geqslant 0$ 时，有

$$\mathbb{E}[F(x, \xi)]=f(x) \quad 且 \quad \mathbb{E}[\exp\{(F(x, \xi)-f(x))^2/M^2\}]\leqslant \exp\{1\} \tag{7.2.63}$$

我们现在提出一种 SCGS 方法的变体，它具有一些所需要的大偏差特性。类似于 6.2 节中的 2-RSPG 算法，该方法分为优化阶段和优化后阶段。在优化阶段，我们以一定次数重新启动 SCGS 算法以生成候选解的列表，在优化后阶段，我们按照一定的规则从列表中选择一个解 $\hat{x}$。

算法 7.10　两阶段 SCGS(2-SCGS)算法

输入： 初始点 $x_0\in X$，重启次数 S，迭代极限 N，优化后阶段样本量 K。

优化阶段：

for $s=1, \cdots, S$ **do**

　调用迭代极限 N 的 SCGS 算法，初始点 x_{s-1}，其中 $x_s=x_{N_s}$，$s=1, \cdots, S$，是 SCGS 算法第 S 次运行的输出。

end for

设$\{\overline{x}_s=x_{N_s}, s=1, \cdots, S\}$，为候选解的输出列表。

优化后阶段：

从候选列表$\{\overline{x}_1, \cdots, \overline{x}_S\}$中选择一个解 $\hat{x}$ 使

$$\hat{x}=\arg\min_{s=1,\cdots,S}\{\hat{f}(\overline{x}_s)\} \tag{7.2.64}$$

其中 $\hat{f}(x)=\frac{1}{K}\sum_{j=1}^{K}F(x, \xi_j)$。

现在我们准备说明由上述 2-SCGS 算法获得的大偏差结果。

定理 7.13　设在假定式(7.2.63)下$\{\beta_k\}$和$\{\gamma_k\}$满足条件(7.2.10)和式(7.2.11)，那么，有

$$\mathrm{Prob}\left\{f(\hat{x})-f(x^*)\geqslant\frac{2\sqrt{2}(1+\lambda)M}{\sqrt{K}}+2\mathcal{C}_e\right\}\leqslant S\exp\{-\lambda^2/3\}+2^{-s} \tag{7.2.65}$$

其中 $\hat{x}$ 是 2-SCGS 算法的输出，x^* 是问题(7.1.1)的任意最优解，$\mathcal{C}_e$ 由式(7.2.48)定义。

证明　由式(7.2.64)中 $\hat{x}$ 的定义可知

$$\begin{aligned}
\hat{f}(\hat{x})-f(x^*)&=\min_{s=1,\cdots,S}\hat{f}(\overline{x}_s)-f(x^*)\\
&=\min_{s=1,\cdots,S}\{\hat{f}(\overline{x}_s)-f(\overline{x}_s)+f(\overline{x}_s)-f(x^*)\}\\
&\leqslant\min_{s=1,\cdots,S}\{|\hat{f}(\overline{x}_s)-f(\overline{x}_s)|+f(\overline{x}_s)-f(x^*)\}\\
&\leqslant\max_{s=1,\cdots,S}|\hat{f}(\overline{x}_s)-f(\overline{x}_s)|+\min_{s=1,\cdots,S}\{f(\overline{x}_s)-f(x^*)\}
\end{aligned}$$

这意味着

$$\begin{aligned}
f(\hat{x})-f(x^*)&=f(\hat{x})-\hat{f}(\hat{x})+\hat{f}(\hat{x})-f(x^*)\\
&\leqslant f(\hat{x})-\hat{f}(\hat{x})+\max_{s=1,\cdots,S}|\hat{f}(\overline{x}_s)-f(\overline{x}_s)|+\min_{s=1,\cdots,S}\{f(\overline{x}_s)-f(x^*)\}\\
&\leqslant 2\max_{s=1,\cdots,S}|\hat{f}(\overline{x}_s)-f(\overline{x}_s)|+\min_{s=1,\cdots,S}\{f(\overline{x}_s-f(x^*))\}
\end{aligned} \tag{7.2.66}$$

注意，通过 Markov 不等式和式(7.2.48)，可得到

$$\text{Prob}\{f(\overline{x}_s)-f(x^*)\geqslant 2\mathcal{C}_e\}\leqslant\frac{\mathbb{E}[f(\overline{x}_s)-f(x^*)]}{2\mathcal{C}_e}\leqslant\frac{1}{2},\quad \forall s=1,\cdots,S \tag{7.2.67}$$

以 E_s 表示 $f(\overline{x}_s)-f(x^*)\geqslant 2\mathcal{C}_e$ 的事件，注意到由于 X 的有界性和上述观察结果，我们有

$$\text{Prob}\left\{E_s \mid \bigcap_{j=1}^{s-1}E_j\right\}\leqslant\frac{1}{2},\quad s=1,\cdots,S$$

这就意味着

$$\begin{aligned}&\text{Prob}\{\min_{s=1,\cdots,S}[f(\overline{x}_s)-f(x^*)]\geqslant 2\mathcal{C}_e\}\\ &=\text{Prob}\left\{\bigcap_{s=1}^{S}E_s\right\}=\prod_{s=1}^{s}\text{Prob}\left\{E_s\mid\bigcap_{j=1}^{s-1}E_j\right\}\leqslant 2^{-S}\end{aligned} \tag{7.2.68}$$

由假设条件(7.2.63)和引理 4.1 显然可知

$$\begin{aligned}&\text{Prob}\left\{\left|\sum_{j=1}^{K}[F(\overline{x}_s,\xi_j)-f(\overline{x}_s)]\right|\geqslant\sqrt{2}(1+\lambda)\sqrt{KM^2}\right\}\\ &\qquad\leqslant\exp\{-\lambda^2/3\},\quad s=1,\cdots,S\end{aligned}$$

这意味着

$$\text{Prob}\left\{|\hat{f}(\overline{x}_s)-f(\overline{x}_s)|\geqslant\frac{\sqrt{2}(1+\lambda)M}{\sqrt{K}}\right\}\leqslant\exp\{-\lambda^2/3\},\quad s=1,\cdots,S$$

于是，可以得到

$$\text{Prob}\left\{\max_{s=1,\cdots,S}|\hat{f}(\overline{x}_s)-f(\overline{x}_s)|\geqslant\frac{\sqrt{2}(1+\lambda)M}{\sqrt{K}}\right\}\leqslant S\exp\{-\lambda^2/3\} \tag{7.2.69}$$

由式(7.2.66)、式(7.2.68)和式(7.2.69)就直接得到了式(7.2.65)的结果。 ■

现在，我们说明一组参数 S、N 和 K 的选取，以及对 SFO 预言机和 LO 预言机相应调用次数的界。

推论 7.7 *假设 2-SCGS 方法中的参数$\{\beta_k\}$、$\{\gamma_k\}$、$\{\eta_k\}$和$\{B_k\}$在每一次 SCGS 算法运行时都按式(7.2.51)设置，并设 $\varepsilon>0$，$\Lambda\in(0,1)$，参数 S、N 和 K 如下设置*

$$S(\Lambda):=\lceil\log_2(2/\Lambda)\rceil,\quad N(\varepsilon):=\left\lceil\sqrt{\frac{42L\overline{D}_X^2}{\varepsilon}}\right\rceil,\quad K(\varepsilon,\Lambda):=\left\lceil\frac{32(1+\lambda)^2M^2}{\varepsilon^2}\right\rceil \tag{7.2.70}$$

其中 $\lambda=\sqrt{3\ln(2S/\Lambda)}$。那么，当用 2-SCGS 方法求问题(7.1.1)的随机(ε,Λ)-解时，该算法在优化阶段调用 SFO 预言机和 LO 预言机的总次数分别有下面的界

$$\mathcal{O}\left\{\sqrt{\frac{L\overline{D}_X^2}{\varepsilon}}\log_2\frac{2}{\Lambda}+\frac{\sigma^2\overline{D}_X^2}{\varepsilon^2}\log_2\frac{2}{\Lambda}\right\}\quad 和\quad \mathcal{O}\left\{\frac{L\overline{D}_X^2}{\varepsilon}\log_2\frac{2}{\Lambda}\right\} \tag{7.2.71}$$

证明 根据推论 7.5，可以得到

$$\mathcal{C}_e\leqslant\frac{21L\overline{D}_X^2}{2(N+1)^2}$$

结合式(7.2.70)中 S、N 和 K 的变量设置，式(7.2.65)，以及 $\lambda=\sqrt{3\ln(2S/\Lambda)}$，可以得到

$$\text{Prob}\{f(\hat{x})-f(x^*)\geqslant\varepsilon\}\leqslant\Lambda$$

即，$\hat{x}$ 是问题(7.1.1)的一个随机(ϵ，Λ)-解。此外，我们从推论 7.5 中得到，每次 SCGS 算法对 SFO 预言机和 LO 预言机调用次数的上界为式(7.2.53)，这立即表明了上界为式(7.2.71)，因为我们在 2-SCGS 方法中重启了 SCGS 算法 S 次。 ■

7.2.3　鞍点问题的推广

在本节中，我们考虑一类重要的鞍点问题，其函数 f 以如下形式给出：

$$f(x)=\max_{y\in Y}\{\langle Ax，y\rangle-\hat{f}(y)\} \tag{7.2.72}$$

其中，A：$\mathbb{R}^n\to\mathbb{R}^m$ 表示一个线性算子，$Y\in\mathbb{R}^m$ 是一个凸紧集，$\hat{f}$：$Y\to\mathbb{R}$ 是一个简单的凸函数。由于式(7.2.72)中所给出的目标函数 f 是非光滑的，所以我们不能直接应用上一节的 CGS 方法。但是，如前一节所讨论的，式(7.2.72)中的函数 $f(\cdot)$可以用一类光滑凸函数来逼近：对于 $\tau>0$

$$f_\tau(x):=\max_y\{\langle Ax，y\rangle-\hat{f}(y)-\tau[V(y)-D_Y^2]：y\in Y\} \tag{7.2.73}$$

在本小节中，我们假设可行区域 Y 和函数 $\hat{f}$ 足够简单，以便式(7.2.73)中的子问题易于求解。因此，计算 f_τ 的梯度的主要代价在于计算线性算子 A 和它的伴随算子 A^{T}。我们的目标是提出一种 CGS 方法的变体，它可以实现对 LO 预言机的调用次数和对线性算子 A 和 A^{T} 的求值次数的最优界。

算法 7.11　求解鞍点问题的 CGS 方法

该算法与算法 7.6 其他部分相同，只需将式(7.2.2)替换为

$$x_k=\mathrm{CndG}(f'_{\tau_k}(z_k)，x_{k-1}，\beta_k，\eta_k) \tag{7.2.74}$$

对于某些 $\tau_k\geqslant0$。

我们现在准备描述改进的 CGS 方法求解式(7.1.1)～式(7.2.72)中鞍点问题的主要收敛性。

定理 7.14　假设 $\tau_1\geqslant\tau_2\geqslant\cdots\geqslant0$，并设$\{\beta_k\}$和$\{\gamma_k\}$满足式(7.2.10)(其中的 L 被 L_{τ_k} 代替)和式(7.2.11)。那么，

$$f(y_k)-f(x^*)\leqslant\frac{\beta_k\gamma_k}{2}\overline{D}_X^2+\Gamma_k\sum_{i=1}^k\frac{\gamma_i}{\Gamma_i}(\eta_i+\tau_iD_Y^2)，\quad\forall k\geqslant1 \tag{7.2.75}$$

其中 x^* 是式(7.1.1)～式(7.2.72)的任意最优解，且在第 k 次外部迭代时执行内部迭代的次数的界为式(7.2.15)。

证明　首先，根据式(7.2.73)中 $f_\tau(\cdot)$的定义，及 $V(y)-D_Y^2\leqslant0$ 和 $\tau_{k-1}\geqslant\tau_k$ 性质，我们有

$$f_{\tau_{k-1}}(x)\geqslant f_{\tau_k}(x)\quad\forall x\in X，\quad\forall k\geqslant1 \tag{7.2.76}$$

将关系式(7.2.18)应用于 f_{τ_k}，并利用关系式(7.2.76)可得，对于任意 $x\in X$，有

$$\begin{aligned}f_{\tau_k}(y_k)&\leqslant(1-\gamma_k)f_{\tau_k}(y_{k-1})+\gamma_kf_{\tau_k}(x)+\frac{\beta_k\gamma_k}{2}(\|x_{k-1}-x\|^2-\|x_k-x\|^2)+\eta_k\gamma_k\\&\leqslant(1-\gamma_k)f_{\tau_{k-1}}(y_{k-1})+\gamma_k[f(x)+\tau_kD_Y^2]+\\&\quad\frac{\beta_k\gamma_k}{2}(\|x_{k-1}-x\|^2-\|x_k-x\|^2)+\eta_k\gamma_k\end{aligned}$$

其中第二个不等式由式(7.1.24)和式(7.2.76)得出。上面不等式两边同时减去 $f(x)$可得，对于任意 $x\in X$，有

$$f_{\tau_k}(y_k)-f(x)\leqslant(1-\gamma_k)[f_{\tau_{k-1}}(y_{k-1})-f(x)]+\frac{\beta_k\gamma_k}{2}(\|x_{k-1}-x\|^2-\|x_k-x\|^2)+\eta_k\gamma_k+\gamma_k\tau_k D_Y^2$$

此式根据引理 3.17 和式(7.2.20)，可推出

$$\begin{aligned}f_{\tau_k}(y_k)-f(x)&\leqslant\Gamma_k\sum_{i=1}^{k}\frac{\beta_i\gamma_i}{2\Gamma_i}(\|x_{i-1}-x\|^2-\|x_i-x\|^2)+\Gamma_k\sum_{i=1}^{k}\frac{\gamma_i}{\Gamma_i}(\eta_i+\tau_i D_Y^2)\\&\leqslant\frac{\beta_k\gamma_k}{2}\overline{D}_X^2+\Gamma_k\sum_{i=1}^{k}\frac{\gamma_i}{\Gamma_i}(\eta_i+\tau_i D_Y^2)\end{aligned}\tag{7.2.77}$$

由上述关系，以及由式(7.1.24)可知的 $f_{\tau_k}(y_k)\geqslant f(y_k)$ 的事实，可直接得到式(7.2.75)的结果。命题结论的最后一部分很容易由定理 7.9(c)得到。■

我们现在提供了两组参数$\{\beta_k\}$、$\{\gamma_k\}$、$\{\eta_k\}$和$\{\tau_k\}$的设置，这些参数设置可以保证上述 CGS 方法的最优收敛性。

推论 7.8　假设外部迭代极限次数 $N\geqslant1$ 给定。如果

$$\tau_k\equiv\tau=\frac{2\|A\|\overline{D}_X}{D_Y\sqrt{\sigma_v}N},\quad k\geqslant1\tag{7.2.78}$$

且算法 7.11 中使用的$\{\beta_k\}$、$\{\gamma_k\}$和$\{\eta_k\}$如下设置

$$\beta_k=\frac{3\mathcal{L}_{\tau_k}}{k+1},\quad\gamma_k=\frac{3}{k+2},\quad\eta_k=\frac{\mathcal{L}_{\tau_k}\overline{D}_X^2}{k^2},\quad k\geqslant1\tag{7.2.79}$$

那么，算法 7.11 为寻找问题(7.1.1)～式(7.2.72)的 ε-解所执行的线性算子求值(对于 A 和 A^{T})的次数和对 LO 预言机的调用次数的界分别为

$$\mathcal{O}\left\{\frac{\|A\|\overline{D}_X D_Y}{\sqrt{\sigma_v}\varepsilon}\right\}\quad 和\quad\mathcal{O}\left\{\frac{\|A\|^2\overline{D}_X^2 D_Y^2}{\sigma_v\varepsilon^2}\right\}\tag{7.2.80}$$

证明　注意到 γ_k 在式(7.2.79)中定义，可知 Γ_k 由式(7.2.29)给出。由式(7.2.29)和式(7.2.79)中的设置可得

$$\frac{\beta_k}{\gamma_k}=\frac{\mathcal{L}_\tau(k+2)}{k+1}\geqslant\mathcal{L}_\tau$$

和

$$\frac{\beta_k\gamma_k}{\Gamma_k}=\frac{3\mathcal{L}_\tau k}{2}\geqslant\frac{\beta_{k-1}\gamma_{k-1}}{\Gamma_{k-1}}$$

因而，这样的选择符合定理 7.14 中的条件。由定理 7.14、式(7.2.78)和式(7.2.79)可知

$$\begin{aligned}f(y_N)-f(x^*)&\leqslant\frac{9\mathcal{L}_\tau\overline{D}_X^2}{2(N+1)(N+2)}+\frac{6}{N(N+1)(N+2)}\sum_{i=1}^{n}\left[\frac{\mathcal{L}_\tau\overline{D}_X^2}{i^2}+\frac{2\|A\|\overline{D}_X D_Y}{\sqrt{\sigma_v}N}\right]\frac{i(i+1)}{2}\\&\leqslant\frac{9\|A\|\overline{D}_X D_Y}{4\sqrt{\sigma_v}(N+2)}+\frac{15\|A\|\overline{D}_X D_Y}{\sqrt{\sigma_v}N(N+1)(N+2)}\sum_{i=1}^{N}N\leqslant\frac{69\|A\|\overline{D}_X D_Y}{4\sqrt{\sigma_v}(N+2)}\end{aligned}$$

第二不等式由式(7.1.25)中 $\mathcal{L}_\tau$ 的定义得到。此外，根据式(7.2.15)和式(7.2.79)，可以得到对 LO 预言机的调用总数的界为

$$\sum_{k=1}^{N}T_k\leqslant\sum_{k=1}^{N}\left(\frac{18\mathcal{L}_{\tau_k}\overline{D}_X^2}{k+1}\frac{k^2}{\mathcal{L}_{\tau_k}\overline{D}_X^2}+1\right)\leqslant\frac{18(N+1)N}{2}+N\leqslant9N^2+10N$$

这样，立刻就由前面两个结论得到了式(7.2.80)中的结果。■

在上述结果中，我们使用了静态平滑技术，它需要预先确定外部迭代次数 N 以便获得式(7.2.78)中的常数 τ_k。我们现在要对 τ_k 设定一个动态参数，这样就使外迭代次数 N 无须事先给定。

推论 7.9　设参数$\{\tau_k\}$设置为

$$\tau_k=\frac{2\|A\|\overline{D}_X}{D_Y\sqrt{\sigma_v}k},\quad k\geqslant 1 \tag{7.2.81}$$

且算法 7.11 中使用的参数$\{\beta_k\}$、$\{\gamma_k\}$和$\{\eta_k\}$按式(7.2.79)设置。那么，算法 7.11 求问题(7.1.1)～式(7.2.72)的 ε-解时所执行的线性算子求值(对于 A 和 A^{T})的次数和对 LO 预言机的调用次数的界，也分别按式(7.2.80)中表示。

证明　注意到 γ_k 在式(7.2.79)中定义，可知 Γ_k 由式(7.2.29)给出。我们有

$$\frac{\beta_k}{\gamma_k}\geqslant\mathcal{L}_{\tau_k}$$

和

$$\frac{\beta_k\gamma_k}{\Gamma_k}=\frac{3\mathcal{L}_{\tau_k}k}{2}=\frac{3\|A\|D_Y k^2}{4\sqrt{\sigma_v}\overline{D}_X}\geqslant\frac{\beta_{k-1}\gamma_{k-1}}{\Gamma_{k-1}}$$

因此，满足定理 7.14 中的条件。由定理 7.14、式(7.2.79)和式(7.2.81)可知

$$\begin{aligned}f(y_k)-f(x^*)&\leqslant\frac{9\mathcal{L}_{\tau_k}\overline{D}_X^2}{2(k+1)(k+2)}+\frac{6}{k(k+1)(k+2)}\sum_{i=1}^{k}\left[\frac{\mathcal{L}_{\tau_i}\overline{D}_X^2}{i^2}+\frac{2\|A\|\overline{D}_X D_Y}{\sqrt{\sigma_v}i}\right]\frac{i(i+1)}{2}\\&\leqslant\frac{9\|A\|\overline{D}_X D_Y k}{4\sqrt{\sigma_v}(k+1)(k+2)}+\frac{15\|A\|\overline{D}_X D_Y}{\sqrt{\sigma_v}k(k+1)(k+2)}\sum_{i=1}^{k}i\leqslant\frac{39\|A\|\overline{D}_X D_Y}{4(k+2)\sqrt{\sigma_v}}\end{aligned}$$

其中第二个不等式由式(7.1.25)中 $\mathcal{L}_{\tau_k}$ 的定义得到。与推论 7.8 中的证明类似，我们可以证明在 N 个外部迭代中对 LO 预言机的调用总次数以 $\mathcal{O}(N^2)$为界。于是就立刻得到了式(7.2.80)中的界。 ■

注意到在式(7.1.1)～式(7.2.72)中的鞍点问题中，算子求值总数的 $\mathcal{O}(1/\varepsilon)$界是不可改进的。此外，对于求解式(7.1.1)～式(7.2.72)鞍点问题的 LCP 方法，LO 总调用次数的界 $\mathcal{O}(1/\varepsilon^2)$也是最优的。

我们现在把注意力转向只有 f_τ 的随机梯度是可用的随机鞍点问题。特别地，考虑式(7.1.1)中原始目标函数 f 以如下形式给出的情况

$$f(x)=\mathbb{E}\left[\max_{y\in Y}\langle A_\xi x,\ y\rangle-\hat{f}(y,\ \xi)\right] \tag{7.2.82}$$

其中 $\hat{f}(\cdot,\ \xi)$对于所有 $\xi\in\Xi$ 是简单的凹函数，且 A_ξ 是一个随机线性算子，使得

$$\mathbb{E}\left[\|A_\xi\|^2\right]\leqslant L_A^2 \tag{7.2.83}$$

对于某些 $\tau_k\geqslant 0$ 和 $B_k\geqslant 1$，我们可以将式(7.2.74)替换为下式

$$x_k=\mathrm{CndG}(g_k,\ x_{k-1},\ \beta_k,\ \eta_k)\quad\text{其中}\quad g_k=\frac{1}{B_k}\sum_{j=1}^{B_k}F'(z_k,\ \xi_j) \tag{7.2.84}$$

通过适当地选择$\{\beta_k\}$、$\{\gamma_k\}$、$\{\eta_k\}$和$\{B_k\}$的值，我们可以证明：寻找一个式(7.1.1)～式(7.2.82)随机 ε-解的 CGS 算法变体，其 LO 线性算子的计算(A_ξ 和 A_ξ^{T})和 LO 调用的数量可以有如下的界

$$\mathcal{O}\left\{\frac{L_A^2\overline{D}_X^2 D_Y^2}{\sigma_v\varepsilon^2}\right\} \tag{7.2.85}$$

该结果可以结合 7.2.2 节和定理 7.14 的技术加以证明。但是，为了简单起见，我们跳过这些进一步深入的细节。

7.3 非凸条件梯度法

在这一节中，我们考虑条件梯度法用于解决以下非凸优化问题

$$f^* \equiv \min_{x\in X} f(x) \tag{7.3.1}$$

这里，$X\subseteq\mathbb{R}^n$ 是一个紧凸集，f 是可微的，但不一定为凸的。此外，我们假设 f 的梯度满足

$$\|\nabla f(x)-\nabla f(y)\|_* \leqslant L\|x-y\|, \quad \forall x, y\in X \tag{7.3.2}$$

其中，$\|\cdot\|$是 $\mathbb{R}^n$ 中范数，且$\|\cdot\|_*$表示$\|\cdot\|$的共轭范数。

对于给定的 $\bar{x}\in X$，我们利用由下式给出的 Wolfe 间隙来评估其精度

$$\operatorname{gap}(\bar{x}) := \max_{x\in X}\langle \nabla f(\bar{x}), \bar{x}-x\rangle \tag{7.3.3}$$

显然，$\bar{x}\in X$ 满足式(7.3.1)的一阶最优性条件，当且仅当 $\operatorname{gap}(\bar{x})=0$ 时。

我们将研究算法 7.1 所给出的条件梯度法求解问题(7.3.1)的收敛性。

定理 7.15 *令$\{y_t\}_{t=0}^k$ 是将条件梯度法的算法 7.1 应用于问题(7.3.1)时生成的序列。那么有*

$$\min_{t=1,\cdots,k}\operatorname{gap}(y_{t-1}) \leqslant \frac{1}{\sum_{t=1}^k \alpha_t}\left[f(y_0)-f^* + \frac{L\bar{D}_X^2}{2}\sum_{t=1}^k \alpha_t^2\right] \tag{7.3.4}$$

特别地，如果 k 预先给出，且 $\alpha_t=\theta/\sqrt{k}$，$t=1,\cdots,k$ 对某个 $\theta>0$，则有

$$\min_{t=1,\cdots,k}\operatorname{gap}(y_{t-1}) \leqslant \frac{1}{\sqrt{k}}\left[\frac{f(y_0)-f^*}{\theta}+\frac{\theta L\bar{D}_X^2}{2}\right] \tag{7.3.5}$$

其中 $\bar{D}_X := \max_{x,y\in X}\|x-y\|$。

证明 利用 f 的光滑性和 $y_k=(1-\alpha_k)y_{k-1}+\alpha_k x_k$ 这一事实，对任意 $k\geqslant 1$，我们有

$$\begin{aligned}
f(y_k) &\leqslant f(y_{k-1})+\langle \nabla f(y_{k-1}), y_k-y_{k-1}\rangle+\frac{L}{2}\|y_k-y_{k-1}\|^2 \\
&= f(y_{k-1})+\alpha_k\langle f(y_{k-1}), x_k-y_{k-1}\rangle+\frac{L\alpha_k^2}{2}\|x_k-y_{k-1}\|^2 \\
&\leqslant f(y_{k-1})+\alpha_k\langle f(y_{k-1}), x_k-y_{k-1}\rangle+\frac{L\alpha_k^2}{2}\bar{D}_X^2
\end{aligned}$$

将上面的不等式求和，重新排列项，得到

$$\begin{aligned}
\sum_{t=1}^k \alpha_t \operatorname{gap}(y_{t-1}) &= \sum_{t=1}^k (\alpha_t\langle f(y_{k-1}), x_k-y_{k-1}\rangle) \\
&\leqslant f(y_0)-f(y_k)+\frac{L\bar{D}_X^2}{2}\sum_{t=1}^k \alpha_t^2 \\
&\leqslant f(y_0)-f^*+\frac{L\bar{D}_X^2}{2}\sum_{t=1}^k \alpha_t^2
\end{aligned}$$

这显然可推出式(7.3.4)。 ■

根据式(7.3.5)，α_t 的最佳步长策略为

$$\alpha_t=\frac{\theta}{\sqrt{k}},\quad t=1,\cdots,k \text{ 其中 } \theta=\sqrt{\frac{2[f(y_0)-f^*]}{L\overline{D}_X^2}}$$

在这种情况下，我们有间隙的界

$$\min_{t=1,\cdots,k}\operatorname{gap}(y_{t-1})\leqslant\frac{1}{\sqrt{k}}\sqrt{2[f(y_0)-f^*]L\overline{D}_X^2}$$

7.4 随机非凸条件梯度

在这一节中，我们考虑下列非凸有限和问题

$$f^*:=\min_{x\in X}\{f(x)\} \tag{7.4.1}$$

其中 X 是欧氏空间 $\mathbb{R}^n$ 中的一个闭集，f 可以表示为 m 个光滑但可能是非凸的分量函数 f_i 的平均值，即 $f(x)=1/m\sum_{i=1}^m f_i(x)$，或作为期望函数给出，即对于一些随机变量 $\xi\subseteq\Xi$，$f(x)=\mathbb{E}[F(x,\xi)]$。我们的目标是要发展出无投影的随机方法来求解这些问题。

7.4.1 有限和问题的基本求解方案

我们首先关注项数 m 是固定的这一基本情形。我们的目标是要发展出一种降低方差的条件梯度方法，并建立它的收敛性质。

该方法每进行 T 次迭代会计算一次完整的梯度，并使用它递归地定义一个梯度估计器 G_k，G_k 将用于线性优化问题。

算法 7.12　有限和问题的非凸降低方差条件梯度法

输入：x_1、T、$\{\alpha_k\}$和在集$\{1,\cdots,m\}$上的概率分布 $Q=\{q_1,\cdots,q_m\}$。

for $k=1,2,\cdots,N$ **do**

if $k\ \%\ T==1$ **then**

　设置 $G_k=\nabla f(x_k)$。

else

　根据 Q 生成大小为 b 的 i.i.d 样本集 I_b。

　设 $G_k=\frac{1}{b}\sum_{i\in I_b}(\nabla f_i(x_k)-\nabla f_i(x_{k-1}))/(q_i m)+G_{k-1}$。

end if

　置 $y_k=\arg\min_{x\in X}\langle G_k,x\rangle$。

　置 $x_{k+1}=(1-\alpha_k)x_k+\alpha_k y_k$。

end for

输出：x_R，其中 R 是一个随机变量使得

$$\operatorname{Prob}\{R=k\}=\frac{\alpha_k}{\sum_{k=1}^N\alpha_k},\quad k=1,\cdots,N$$

为了便于算法的分析，我们把迭代索引 $k(k=1,2,\cdots)$分成不同的轮

$$\{\{1,2,\cdots,T\},\{T+1,T+2,\cdots,2T\},\cdots,\{sT+1,sT+2,\cdots,(s+1)T\},\cdots\}$$

换句话说，除了最后一轮，每一轮 $s(s\geqslant 0)$ 是由从 $sT+1$ 到 $(s+1)T$ 的 T 次迭代组成，最后一轮由剩余的迭代组成。对于给定的迭代索引 $k=sT+t$，我们总是交替使用索引 k 和元组对 (s,t)。为了便于表示，我们还记 $(s, T+1)==(s+1, 1)$。有时如果说明轮 s 与上下文无关，我们会简单地用 t 来表示 (s,t)。

对于给定的 $\bar{x}\in X$，我们使用式(7.3.3)给出的 Wolfe 间隙来评估其精度。记 $\delta_k\equiv G_k-\nabla f(x_k)$，我们很容易看出

$$\operatorname{gap}(x_k)\leqslant \max_{x\in X}\langle G_k, x_k-x\rangle+\|\delta_k\|\bar{D}_X \tag{7.4.2}$$

其中 $\bar{D}_X:=\max_{x,y\in X}\|x-y\|$。

我们首先提供了 $\|\delta_k\|$ 大小的一个界。因为这个界的证明与引理 6.10 相似，故略去其证明过程。

引理 7.4　设 L 在式(6.5.2)中定义，并假定概率 q_i 对于 $i=1,\cdots,m$，设为

$$q_i=\frac{L_i}{mL} \tag{7.4.3}$$

如果迭代索引 k(或等价的 (s,t))表示在第 s 轮的第 t 次迭代，那么

$$\mathbb{E}[\|\delta_k\|^2]\equiv\mathbb{E}[\|\delta_{s,t}\|^2]\leqslant\frac{L^2}{b}\sum_{i=2}^{t}\mathbb{E}[\|x_{s,i}-x_{s,i-1}\|^2] \tag{7.4.4}$$

现在我们准备证明非凸降低方差条件梯度法的主要收敛性质。

定理 7.16　若概率 q_i 按式(7.4.3)设定，且批量大小 $b\geqslant T$，则

$$\mathbb{E}[\operatorname{gap}(x_R)]\leqslant\frac{f(x_1)-f^*}{\sum_{k=1}^{N}\alpha_k}+\frac{L\bar{D}_X^2}{\sum_{k=1}^{N}\alpha_k}\left[\frac{3}{2}\sum_{k=1}^{N}\alpha_k^2+\sum_{s=0}^{S}\left(\sum_{j=1}^{T}\alpha_{s,j}\max_{j=2,\cdots,T}\alpha_{s,j}\right)\right]$$

其中 $S=\lfloor N/T\rfloor$。

证明　利用 f 的光滑性和 $x_{k+1}=(1-\alpha_k)x_k+\alpha_k y_k$ 这一事实，我们有

$$\begin{aligned}
f(x_{k+1})&\leqslant f(x_k)+\langle\nabla f(x_k), x_{k+1}-x_k\rangle+\frac{L}{2}\|x_{k+1}-x_k\|^2\\
&=f(x_k)+\alpha_k\langle G_k, y_k-x_k\rangle+\alpha_k\langle\delta_k, y_k-x_k\rangle+\frac{L\alpha_k^2}{2}\|y_k-x_k\|^2\\
&\leqslant f(x_k)+\alpha_k\langle G_k, y_k-x_k\rangle+\frac{1}{2L}\|\delta_k\|^2+L\alpha_k^2\|y_k-x_k\|^2\\
&=f(x_k)-\alpha_k\max_{x\in X}\langle G_k, x_k-x\rangle+\frac{1}{2L}\|\delta_k\|^2+L\alpha_k^2\|y_k-x_k\|^2
\end{aligned} \tag{7.4.5}$$

对于任意 $k\geqslant 1$ 成立，其中第二个不等由 Cauchy-Schwarz 不等式得到，最后一个不等式由 y_k 的定义得到。注意，根据式(7.4.4)和 x_{k+1} 的定义，有

$$\begin{aligned}
\mathbb{E}[\|\delta_k\|^2]=\mathbb{E}[\|\delta_{s,t}\|^2]&\leqslant\frac{L^2}{b}\sum_{i=2}^{t}\mathbb{E}[\|x_{s,i}-x_{s,i-1}\|^2]\\
&=\frac{L^2}{b}\sum_{i=2}^{t}\alpha_{s,i}^2\|y_{s,i}-x_{s,i}\|^2\\
&\leqslant\frac{L^2\bar{D}_X^2}{b}\sum_{i=2}^{t}\alpha_{s,i}^2
\end{aligned}$$

将上面两个不等式与式(7.4.2)结合，对于任意第 s 轮的第 t 次迭代，有

$$\mathbb{E}[f(x_{s,t+1})] \leqslant \mathbb{E}[f(x_{s,t})] - \alpha_{s,t}\mathbb{E}[\max_{x\in X}\langle G_{s,t}, x_{s,t}-x\rangle] + \frac{L\overline{D}_X^2}{2b}\sum_{i=2}^{t}\alpha_{s,i}^2 + L\alpha_{s,t}^2\overline{D}_X^2$$

$$\leqslant \mathbb{E}[f(x_{s,t})] - \alpha_{s,t}\mathbb{E}[\mathrm{gap}(x_{s,t})] + L\overline{D}_X^2\left[\alpha_{s,t}\left(\frac{1}{b}\sum_{i=2}^{t}\alpha_{s,i}^2\right)^{1/2} + \frac{1}{2b}\sum_{i=2}^{t}\alpha_{s,i}^2 + \alpha_{s,t}^2\right] \tag{7.4.6}$$

把这些不等式加起来，我们得出结论，对于任意 $t=1,\cdots,T$，有

$$\mathbb{E}[f(x_{s,t+1})] \leqslant \mathbb{E}[f(x_{s,1})] - \sum_{j=1}^{t}\alpha_{s,j}\mathbb{E}[\mathrm{gap}(x_{s,j})] +$$
$$L\overline{D}_X^2\sum_{j=1}^{t}\left[\alpha_{s,j}\left(\frac{1}{b}\sum_{i=2}^{j}\alpha_{s,i}^2\right)^{1/2} + \frac{1}{2b}\sum_{i=2}^{j}\alpha_{s,i}^2 + \alpha_{s,j}^2\right]$$

观察到

$$\frac{1}{2b}\sum_{j=1}^{t}\sum_{i=2}^{j}\alpha_{s,i}^2 = \frac{1}{2b}\sum_{j=2}^{t}(t-j+1)\alpha_{s,j}^2 \leqslant \frac{t-1}{2b}\sum_{j=2}^{t}\alpha_{s,j}^2 \leqslant \frac{1}{2}\sum_{j=2}^{t}\alpha_{s,j}^2$$

$$\sum_{j=1}^{t}\alpha_{s,j}\left(\frac{1}{b}\sum_{i=2}^{j}\alpha_{s,i}^2\right)^{1/2} \leqslant \frac{1}{\sqrt{b}}(\max_{j=2,\cdots,T}\alpha_{s,j})\sum_{j=1}^{t}\sqrt{j-1}\,\alpha_{s,j}$$
$$\leqslant \sum_{j=1}^{t}\alpha_{s,j}\max_{j=2,\cdots,T}\alpha_{s,j}$$

我们得到，对于任意 $t=1,\cdots,T$，有

$$\sum_{j=1}^{t}\alpha_{s,j}\mathbb{E}[\mathrm{gap}(x_{s,j})] \leqslant \mathbb{E}[f(x_{s,1})] - \mathbb{E}[f(x_{s,t+1})] +$$
$$L\overline{D}_X^2\left[\frac{3}{2}\sum_{j=1}^{t}\alpha_{s,j}^2 + \sum_{j=1}^{t}\alpha_{s,j}\max_{j=2,\cdots,T}\alpha_{s,j}\right]$$

注意 $S=\lfloor N/T\rfloor$ 和 $J=N\%T$，并对轮 $s=0,\cdots,S$ 取远望和，得到

$$\sum_{k=1}^{N}\alpha_k\mathbb{E}[\mathrm{gap}(x_k)]$$
$$\leqslant f(x_1) - \mathbb{E}[f(x_{N+1})] + L\overline{D}_X^2\left[\frac{3}{2}\sum_{k=1}^{N}\alpha_k^2 + \sum_{s=0}^{S}\left(\sum_{j=1}^{T}\alpha_{s,j}\max_{j=2,\cdots,T}\alpha_{s,j}\right)\right]$$
$$\leqslant f(x_1) - f^* + L\overline{D}_X^2\left[\frac{3}{2}\sum_{k=1}^{N}\alpha_k^2 + \sum_{s=0}^{S}\left(\sum_{j=1}^{T}\alpha_{s,j}\max_{j=2,\cdots,T}\alpha_{s,j}\right)\right]$$

我们的结果直接从上面的不等式和随机变量 R 的选择推得。■

我们现在可以指定步长 α_k，并建立非凸降低方差条件梯度法所需的梯度计算和线性优化总数的界。

推论 7.10　假设概率 q_i 按式(7.4.3)设定，并且

$$b=T=\sqrt{m} \tag{7.4.7}$$

如果 N 已知，且

$$\alpha_k=\alpha:=\frac{1}{\sqrt{N}} \tag{7.4.8}$$

则非凸降低方差条件梯度法求解 $\bar{x}\in X$，使得 $\mathbb{E}[\mathrm{gap}(\bar{x})]\leqslant\epsilon$ 所需的线性预言机和梯度计算总次数分别以

$$\mathcal{O}\left\{\frac{1}{\epsilon^2}[f(x_1)-f^*+L\overline{D}_X^2]^2\right\} \tag{7.4.9}$$

和

$$\mathcal{O}\left\{m+\frac{\sqrt{m}}{\varepsilon^2}[f(x_1)-f^*+L\overline{D}_X^2]^2\right\} \tag{7.4.10}$$

为界。

证明　记 $S=\lfloor N/T \rfloor$。观察到由式(7.4.8)，有 $\sum_{k=1}^{N}\alpha_k=N\alpha$，$\sum_{k=1}^{N}\alpha_k^2=N\alpha^2$，和

$$\sum_{s=0}^{S}\left(\sum_{j=1}^{T}\alpha_{s,j}\max_{j=2,\cdots,T}\alpha_{s,j}\right)=\sum_{s=0}^{S}\sum_{j=1}^{T}\alpha^2\leqslant 2N\alpha^2$$

利用定理 7.16 中的观察结果，得到

$$\mathbb{E}[\mathrm{gap}(x_R)]\leqslant\frac{f(x_1)-f^*}{N\alpha}+\frac{7L\overline{D}_X^2\alpha}{2}=\frac{1}{\sqrt{N}}\left[f(x_1)-f^*+\frac{7L\overline{D}_X^2}{2}\right]$$

因此，算法线性预言机的调用总数将以式(7.4.9)为界。此外，梯度计算的总数将受限于

$$(m+bT)\left\lceil\frac{N}{T}\right\rceil=(2m)\left\lceil\frac{N}{T}\right\rceil=2m+\sqrt{m}N$$

从而就有了式(7.4.10)的界。 ■

在实践中，通过使用一个非均匀分布来选择输出解 x_R 是有意义的。我们在下面提供这样一个选项，增加 α_k 以便让算法以后产生的迭代有更多的权重。

推论 7.11　假设概率 q_i 和批大小 b 分别按式(7.4.3)和式(7.4.7)设置。如果 N 已知，并且

$$\alpha_k=\alpha:=\frac{k^{1/4}}{N^{3/4}} \tag{7.4.11}$$

那么，非凸降低方差条件梯度法求解 $\overline{x}\in X$，使得 $\mathbb{E}[\mathrm{gap}(\overline{x})]\leqslant\varepsilon$ 所需的线性预言总数和梯度求值次数可以分别以式(7.4.9)和式(7.4.10)为界。

证明　记 $S=\lfloor N/T \rfloor$，观察到由式(7.4.11)，有

$$\sum_{k=1}^{N}\alpha_k=\frac{1}{N^{3/4}}\sum_{k=1}^{N}k^{1/4}\geqslant\frac{4}{5}\sqrt{N}$$

$$\sum_{k=1}^{N}\alpha_k^2=\frac{1}{N^{3/2}}\sum_{k=1}^{N}k^{1/2}\leqslant\frac{2(N+1)^{3/2}}{3N^{3/2}}\leqslant\frac{4\sqrt{2}}{3}$$

$$\sum_{s=0}^{S}\left(\sum_{j=1}^{T}\alpha_{s,j}\max_{j=2,\cdots,T}\alpha_{s,j}\right)=\sum_{s=0}^{S}\sum_{j=1}^{T}\alpha_{s,j}\alpha_{s,T}\leqslant\sum_{s=0}^{S}\sum_{j=1}^{T}\alpha_{s,T}$$

$$=\frac{T^{3/2}}{N^{3/2}}\sum_{s=0}^{S}(s+1)^{1/2}\leqslant\frac{2T^{3/2}}{3N^{3/2}}(S+2)^{3/2}\leqslant 2\sqrt{3}$$

利用定理 7.16 中的观察结果，得到

$$\mathbb{E}[\mathrm{gap}(x_R)]\leqslant\frac{5}{2\sqrt{N}}\left[\frac{1}{2}f(x_1)-f^*+(\sqrt{2}+\sqrt{3})L\overline{D}_X^2\right]$$

因此，线性预言机的调用总数将以式(7.4.9)为界。此外，梯度计算的总数将受限于

$$(m+bT)\left\lceil\frac{N}{T}\right\rceil=(2m)\left\lceil\frac{N}{T}\right\rceil=2m+\sqrt{m}N$$

因此就得到了式(7.4.10)的结论。 ■

从推论 7.12 和推论 7.11 的结果来看，非凸降低方差条件梯度法与确定性非凸降低方差条件梯度法相比，在不增加对线性预言机的调用次数的情况下，最多可节省至只需确定

性算法$\sqrt{m}$的梯度计算。注意式(7.4.8)和式(7.4.11)中的步长策略都要求预先确定迭代次数N。我们可以放宽这个假设，例如可以设$\alpha_k=1/\sqrt{k}$。然而，这种步长策略在某些对数因子上的收敛速度略低于推论7.12和7.11中的收敛速度。

7.4.2　随机优化问题的推广

在本节中，我们仍然考虑问题(7.4.1)，但是f由下式给出

$$f(x)=\mathbb{E}[F(x,\xi)] \tag{7.4.12}$$

其中，ξ为$d\geqslant 1$时某个支撑集$\Xi\subseteq\mathbb{R}^d$上的随机向量。我们在本小节中做出以下假设：

- 对于任何$\xi\in\Xi$，$F(x,\xi)$是几乎处处具有Lipschitz常数L的光滑函数；
- 有可能生成$\xi\in\Xi$的实现，对任何给定的两点x，$y\in X$，为固定的ξ实现计算$\nabla F(x,\xi)$和$\nabla F(y,\xi)$；
- 对于任意的x，我们有期望$\mathbb{E}[\nabla F(x,\xi)]=\nabla f(x)$以及

$$\mathbb{E}[\|\nabla F(x,\xi)-\nabla f(x)\|^2]\leqslant\sigma^2 \tag{7.4.13}$$

这些假设条件与7.4节中的非凸降低方差镜面下降法中的相同，但比6.2节中的RSMD方法要求的假设要强得多。

算法7.13　随机问题的非凸降低方差条件梯度算法

输入：x_1、T、$\{\alpha_k\}$、样本大小m。

for $k=1,2,\cdots,N$ **do**

if $k\ \%\ T==1$ **then**

　对该随机变量ξ生成i.i.d.样本集$H^s=\{\xi_1^s,\cdots,\xi_m^s\}$。

　设置$G_k=\frac{1}{m}\sum_{i=1}^{m}\nabla F(x_k,\xi_i^s)$。

　设置$s\leftarrow s+1$。

else

　对该随机变量ξ生成i.i.d.样本集$I^k=\{\xi_1^k,\cdots,\xi_b^k\}$。

　设置$G_k=\frac{1}{b}\sum_{i=1}^{b}(\nabla F(x_k,\xi_i^k)-\nabla F(x_{k-1},\xi_i^k))+G_{k-1}$。

end if

　设置$y_k=\arg\min_{x\in X}\langle G_k,x\rangle$。

　设置$x_{k+1}=(1-\alpha_k)x_k+\alpha_k y_k$。

end for

输出：x_R，其中R是一个随机变量使得

$$\text{Prob}\{R=k\}=\frac{\alpha_k}{\sum_{k=1}^{N}\alpha_k},\quad k=1,\cdots,N。$$

类似于上一节，我们首先需要提供$\delta_k=G_k-\nabla f(x_k)$的值的上界。该结果的证明与引理6.11的证明几乎相同，因此跳过其细节。

引理7.5　如果迭代索引k(或等价的(s,t))表示第s轮的第t次迭代，那么

$$\mathbb{E}[\|\delta_k\|^2]\equiv\mathbb{E}[\|\delta_{(s,t)}\|^2]\leqslant\frac{L^2}{b}\sum_{i=2}^{t}\mathbb{E}[\|x_{(s,i)}-x_{(s,i-1)}\|^2]+\frac{\sigma^2}{m} \tag{7.4.14}$$

定理 7.17 如果概率 q_i 按式(7.4.3)设置，且批大小 $b \geqslant T$，那么

$$\mathbb{E}[\operatorname{gap}(x_R)] \leqslant \frac{f(x_1)-f^*}{\sum_{k=1}^{N}\alpha_k}+\frac{L\overline{D}_X^2}{\sum_{k=1}^{N}\alpha_k}\left[\frac{3}{2}\sum_{k=1}^{N}\alpha_k^2+\sum_{s=0}^{S}\left(\sum_{j=1}^{T}\alpha_{s,j}\max_{j=2,\cdots,T}\alpha_{s,j}\right)\right]+\frac{N\sigma^2}{2Lm\sum_{k=1}^{N}\alpha_k}$$

其中，$S=\lfloor N/T \rfloor$。

证明 该定理证明过程与定理 7.16 相似，只需将其中式(6.5.16)替换为式(7.4.14)即可。 ■

我们现在可以指定步长 α_k，并建立梯度计算的总数目的界限，以及非凸降低方差条件梯度法所需的线性优化预言机总的调用次数。

推论 7.12 假设 b 和 T 分别按式(7.4.7)中两式设定。如果对于提前固定的迭代次数 N，置

$$\alpha_k=\alpha:=\left[\left(\frac{1}{N}+\frac{\sigma^2}{Lm}\right)\frac{1}{L\overline{D}_X^2}\right]^{1/2} \tag{7.4.15}$$

那么有

$$\mathbb{E}[\operatorname{gap}(x_R)] \leqslant \frac{f(x_1)-f^*}{\sqrt{N}}+\frac{7L\overline{D}_X^2}{2\sqrt{N}}+\frac{4\sigma\overline{D}_X}{\sqrt{m}}$$

因此，使用非凸降低方差条件梯度法寻找一个解 $\overline{x}\in X$，使得 $\mathbb{E}[\operatorname{gap}(\overline{x})]\leqslant\varepsilon$，所需的线性预言机和梯度计算的总次数会分别被限定为

$$\mathcal{O}\left\{\left(\frac{f(x_1)-f^*+L\overline{D}_X^2}{\varepsilon}\right)^2\right\} \tag{7.4.16}$$

和

$$\mathcal{O}\left\{\left(\frac{\sigma\overline{D}_X}{\varepsilon}\right)^2+\frac{\sigma\overline{D}x}{\varepsilon}\left(\frac{f(x_1)-f^*+L\overline{D}_X^2}{\varepsilon}\right)^2\right\} \tag{7.4.17}$$

证明 记 $S=\lfloor N/T \rfloor$。观察到，由式(7.4.15)可得 $\sum_{k=1}^{N}\alpha_k=N\alpha$，$\sum_{k=1}^{N}\alpha_k^2=N\alpha^2$ 和

$$\sum_{s=0}^{S}\left(\sum_{j=1}^{T}\alpha_{s,j}\max_{j=2,\cdots,T}\alpha_{s,j}\right)=\sum_{s=0}^{S}\sum_{j=1}^{T}\alpha^2\leqslant 2N\alpha^2$$

利用定理 7.17 中的这些观察结果，得到下面的结论

$$\begin{aligned}\mathbb{E}[\operatorname{gap}(x_R)] &\leqslant \frac{f(x_1)-f^*}{N\alpha}+\frac{7L\overline{D}_X^2\alpha}{2}+\frac{\sigma^2}{2Lm\alpha}\\ &=\frac{f(x_1)-f^*}{\sqrt{N}}+\frac{7L\overline{D}_X^2}{2\sqrt{N}}+\frac{4\sigma\overline{D}_X}{\sqrt{m}}\end{aligned}$$

现在，如果我们选择

$$m=\mathcal{O}\left\{\left(\frac{\sigma\overline{D}_X}{\varepsilon}\right)^2\right\}$$

那么，ε-解就会在

$$N=\mathcal{O}\left\{\left(\frac{f(x_1)-f^*+L\overline{D}_X^2}{\varepsilon}\right)^2\right\}$$

次迭代中被找到。因此，线性预言机的调用总数将以式(7.4.16)为界。此外，梯度计算的

总数将有界

$$(m+bT)\left\lceil\frac{N}{T}\right\rceil=(2m)\left\lceil\frac{N}{T}\right\rceil=2m+\sqrt{m}N$$

这样就得到式(7.4.17)。■

我们还可以选择用非均匀分布来挑选输出解 x_R，这与推论 7.11 中的确定性情况类似。我们将此作为练习。

7.5 随机非凸条件梯度滑动法

到目前为止，我们已经讨论了以式(7.4.1)形式给出的非凸优化问题求解时的不同类型的终止判据，包括基于 Wolfe 间隙的终止判据和基于投影梯度的终止判据。在这一节中，我们首先对这两种准则进行比较，然后提出一种求解问题(7.4.1)的随机非凸条件梯度滑动方法，相比于基于投影梯度的随机非凸条件梯度滑动方法，该方法有可能优于上一节中基于投影梯度的随机非凸条件梯度滑动方法。

7.5.1 Wolfe 间隙与投影梯度

回想一下，对于给定的搜索点 $\bar{x}\in X$，问题(7.4.1)的投影梯度 $g_X(\bar{x})$ 由下面(见式(6.2.7))给出

$$g_X(\bar{x})\equiv P_X(x,\ \nabla f(\bar{x}),\ \gamma):=\frac{1}{\gamma}(\bar{x}-\bar{x}^+) \tag{7.5.1}$$

其中

$$\bar{x}^+=\arg\min_{u\in X}\left\{\langle\nabla f(\bar{x}),\ u\rangle+\frac{1}{\gamma}V(\bar{x},\ u)\right\} \tag{7.5.2}$$

其中 V 表示与距离生成函数 v 有关的邻近函数(或 Bregman 距离)。我们假定 v 具有 L_v-Lipschitz 梯度和模量 1。根据引理 6.3，如果

$$\|g_X(\bar{x})\|\leqslant\varepsilon$$

那么

$$-\nabla f(\bar{x}^+)\in N_X(\bar{x}^+)+B(\varepsilon(\gamma L+L_v)) \tag{7.5.3}$$

其中，由于式(6.2.8)中法锥的定义和式(7.3.3)中 Wolfe 间隙的定义，那么显然可知

$$\mathrm{gap}(\bar{x}^+)\leqslant\varepsilon(\gamma L+L_v)$$

现在假设我们有一个解 $\bar{x}$ 满足间隙 $\mathrm{gap}(\bar{x})\leqslant\varepsilon$，很容易看出

$$-\nabla f(\bar{x})\in N_X(\bar{x})+B(\varepsilon) \tag{7.5.4}$$

请注意，间隙 $\mathrm{gap}(\bar{x})$ 定义的一个很好的特性，是它不依赖于范数的选择。现在让我们为 $\bar{x}$ 的投影梯度大小给出一个界。根据式(7.5.2)的最优性条件，我们有

$$\langle\gamma\nabla f(\bar{x})+\nabla v(\bar{x}^+)-\nabla v(\bar{x}),\ x-\bar{x}^+\rangle\geqslant 0,\quad\forall x\in X$$

在上面的不等式中令 $x=\bar{x}$，我们有

$$\begin{aligned}\langle\gamma\nabla f(\bar{x}),\ \bar{x}^+-\bar{x}\rangle&\geqslant\langle\nabla v(\bar{x})-\nabla v(\bar{x}^+),\ \bar{x}-\bar{x}^+\rangle\\&\geqslant\|\bar{x}-\bar{x}^+\|^2=\gamma^2 g_X(\bar{x})\end{aligned}$$

这意味着

$$\|g_X(\bar{x})\|^2\leqslant\langle\nabla f(\bar{x}),\ \bar{x}^+-\bar{x}\rangle\leqslant\mathrm{gap}(\bar{x})$$

换句话说，如果间隙 $\mathrm{gap}(\bar{x})\leqslant\varepsilon$，一般而言，我们只能保证

$$\|g_X(\bar{x})\| \leqslant \sqrt{\varepsilon}$$

因此，看起来投影梯度是比 Wolfe 间隙更强的终止准则，尽管两者都表明梯度 $\nabla f(\bar{x})$（或 $\nabla f(\bar{x}^+)$）在类似大小的微扰动下（见式(7.5.3)和式(7.5.4)），都会落入属于最优值法锥 $N_X(\bar{x})$（或 $N_X(\bar{x}^+)$）的一个小邻域内。

7.5.2 迫使投影梯度减小的无投影法

假设我们的目标确实是找到问题(7.4.1)的一个具有小投影梯度的解，即解 $\bar{x} \in X$ 使得 $\mathbb{E}[\|g_X(\bar{x})\|^2] \leqslant \varepsilon$。首先考虑有限和的情况，当 f 是由 m 个分量的平均值给出时。如果我们采用非凸降低方差条件梯度法，则总的随机梯度计算次数和对线性优化预言机的调用将分别受限于

$$\mathcal{O}\left\{m + \frac{\sqrt{m}}{\varepsilon^2}\right\} \quad 和 \quad \mathcal{O}\left\{\frac{1}{\varepsilon^2}\right\}$$

另一方面，如果我们采用 7.4 节中的非凸降低方差镜面下降法，则随机梯度的总数将被限定为 $\mathcal{O}(m + \sqrt{m}/\varepsilon)$。因此，非凸降低方差条件梯度法所需的随机梯度的数目可能比非凸降低方差镜面下降法所需要的随机梯度的数目要少 $\mathcal{O}(1/\varepsilon)$ 的因子。同样的情况也发生在随机情况下，当 f 以期望的形式给出时。如果采用非凸降低方差条件梯度法，则随机梯度的总数和对线性优化预言机的调用次数将分别受限于

$$\mathcal{O}\left\{\frac{1}{\varepsilon^3}\right\} \quad 和 \quad \mathcal{O}\left\{\frac{1}{\varepsilon^2}\right\}$$

而非凸降低方差镜面下降法所需的随机梯度总数是以 $\mathcal{O}(1/\varepsilon^{3/2})$ 为界。因此，非凸降低方差条件梯度法所需的随机梯度总数比非凸降低方差镜面下降法更差，达到了非凸降低方差镜面下降法的 $\mathcal{O}(1/\varepsilon^{3/2})$ 倍。

我们这一节的目标是提出求解问题(7.4.1)的非凸随机条件梯度滑动方法，并证明相比于非凸降低方差条件梯度方法，该方法可以大大减少所需的随机梯度的总次数，并且不会增加对线性预言机的调用总数。

与条件梯度滑动法类似，非凸随机条件梯度滑动法的基本思想是利用条件梯度法求解 7.4 节中非凸降低方差镜面下降法中存在的投影子问题。我们将此算法形式化地表述如下。

有限和问题的非凸随机条件梯度滑动法

将算法 7.13 中 x_{k+1} 的定义替换为

$$x_{k+1} = \text{CndG}(G_k, x_k, 1/\gamma, \eta) \tag{7.5.5}$$

其中，CndG 过程在条件梯度滑动法中定义（见算法 7.6）。

在式(7.5.5)中，我们调用经典条件梯度法来近似求解投影子问题

$$\min_{x \in X}\left\{\phi_k(x) := \langle G_k, x\rangle + \frac{1}{2\gamma}\|x - x_k\|^2\right\} \tag{7.5.6}$$

这样对某个 $\eta \geqslant 0$，有

$$\langle \phi'_k(x_{k+1}), x_{k+1} - x\rangle = \langle G_k + (x_{k+1} - x_k)/\gamma, x_{k+1} - x\rangle \leqslant \eta, \quad \forall x \in X \tag{7.5.7}$$

定理 7.18 假设概率 q_i 按式(7.4.3)设置，如果

$$b = 10T \quad 且 \quad \gamma = \frac{1}{L} \tag{7.5.8}$$

那么有

$$\mathbb{E}[\|g_{X,k}\|^2]\leqslant\frac{16L}{N}[f(x_1)-f^*]+24L\eta \tag{7.5.9}$$

证明　让我们引入记号 $\bar{x}_{k+1}:=\arg\min_{x\in X}\phi_k(x)$，$\hat{x}_{k+1}:=\arg\min\langle\nabla f(x_k), x\rangle+\frac{1}{2\gamma}\|x-x_k\|^2$ 和 $\tilde{g}_k\equiv\frac{1}{\gamma}(x_k-x_{k+1})$。由式(7.5.7)在 $x=x_k$ 时可以得到

$$\frac{1}{\gamma}\|x_k-x_{k+1}\|^2\leqslant\langle G_k, x_k-x_{k+1}\rangle+\eta$$

利用上面的关系和 f 的光滑性，可知对于任意 $k\geqslant1$，

$$\begin{aligned}f(x_{k+1})&\leqslant f(x_k)+\langle\nabla f(x_k), x_{k+1}-x_k\rangle+\frac{L}{2}\|x_{k+1}-x_k\|^2\\&=f(x_k)+\langle G_k, x_{k+1}-x_k\rangle+\frac{L}{2}\|x_{k+1}-x_k\|^2-\langle\delta_k, x_{k+1}-x_k\rangle\\&\leqslant f(x_k)-\frac{1}{\gamma}\|x_k-x_{k+1}\|^2+\eta_k+\frac{L}{2}\|x_{k+1}-x_k\|^2-\langle\delta_k, x_{k+1}-x_k\rangle\\&\leqslant f(x_k)-\left(\frac{1}{\gamma}-\frac{L}{2}-\frac{q}{2}\right)\|x_k-x_{k+1}\|^2+\frac{1}{2q}\|\delta_k\|^2+\eta_k\end{aligned}$$

对于任意 $q>0$ 成立。利用上述关系式中 $\tilde{g}_k$ 的定义，有

$$f(x_{k+1})\leqslant f(x_k)-\gamma\left(1-\frac{L\gamma}{2}-\frac{q\gamma}{2}\right)\|\tilde{g}_{X,k}\|^2+\frac{1}{2q}\|\delta_k\|^2+\eta_k \tag{7.5.10}$$

此外，通过对式(7.5.7)取 $x=\bar{x}_{k+1}$ 和 ϕ_k 的强凸性可以得到

$$\frac{1}{2\gamma}\|x_{k+1}-\bar{x}_{k+1}\|^2\leqslant\langle\phi'_k(x_{k+1}), x_{k+1}-\bar{x}_{k+1}\rangle\leqslant\eta_k \tag{7.5.11}$$

通过下述简单的观察

$$g_{X,k}=(x_k-\hat{x}_{k+1})/\gamma=[(x_k-x_{k+1})+(x_{k+1}-\bar{x}_{k+1})+(\bar{x}_{k+1}-\hat{x}_{k+1})]/\gamma$$

由式(6.2.11)和式(7.5.11)可以得出

$$\begin{aligned}\|g_{X,k}\|^2&\leqslant2\|\tilde{g}_{X,k}\|^2+4\|(x_{k+1}-\bar{x}_{k+1})/\gamma\|^2+4\|(\bar{x}_{k+1}-\hat{x}_{k+1})/\gamma\|^2\\&\leqslant2\|\tilde{g}_{X,k}\|^2+\frac{8\eta_k}{\gamma}+4\|\delta_k\|^2\end{aligned}$$

将上面的不等式乘以任意 $p>0$，再加入式(7.5.10)中，会有

$$\begin{aligned}f(x_{k+1})+p\|g_{X,k}\|^2\leqslant f(x_k)-\left[\gamma\left(1-\frac{L\gamma}{2}-\frac{q\gamma}{2}\right)-2p\right]\|\tilde{g}_{X,k}\|^2+\\\left(4p+\frac{1}{2q}\right)\|\delta_k\|^2+\left(1+\frac{8p}{\gamma}\right)\eta_k\end{aligned}$$

现在使用类似于证明式(6.5.12)的论证，我们可以证明对于非凸随机条件梯度滑动法的第 s 轮，

$$\begin{aligned}&\mathbb{E}[f(x_{s,t+1})]+p\sum_{j=1}^{t}\mathbb{E}[\|g_{X,(s,j)}\|^2]\\&\leqslant\mathbb{E}[f(x_{s,1})]-\left[\gamma\left(1-\frac{L\gamma}{2}-\frac{q\gamma}{2}\right)-2p-\left(4p+\frac{1}{2q}\right)\frac{\gamma^2L^2(t-1)}{b}\right]\sum_{j=1}^{t}\mathbb{E}[\|\tilde{g}_{X,(s,j)}\|^2]+\\&\left(1+\frac{8p}{\gamma}\right)\sum_{j=1}^{t}\eta_{s,j}\end{aligned} \tag{7.5.12}$$

在上述不等式中固定 $\gamma=1/L$，$p=1/(16L)$，$q=L/2$ 和 $b=10T$，观察到

$$\gamma\left(1-\frac{L\gamma}{2}-\frac{q\gamma}{2}\right)-2p-\left(4p+\frac{1}{2q}\right)\frac{\gamma^2L^2(t-1)}{b}=\frac{1}{8L}-\frac{5(t-1)}{4Lb}>0,\quad\forall t=1,\cdots,T$$

我们有

$$\mathbb{E}[f(x_{(s,t+1)})]+\frac{1}{16L}\sum_{j=1}^{t}\mathbb{E}[\|g_{X,(s,j)}\|^2]\leqslant\mathbb{E}[f(x_{(s,1)})]+\frac{3}{2}\sum_{j=1}^{t}\eta_{s,j}\quad(7.5.13)$$

因此，通过对上面形式的前 N 个不等式求和，得到了

$$\mathbb{E}[f(x_{N+1})]+\frac{1}{16L}\sum_{k=1}^{N}\mathbb{E}[\|g_{X,k}\|^2]\leqslant f(x_1)+\frac{3}{2}\sum_{k=1}^{N}\eta_k$$

由上述不等式、随机变量 R 的定义，以及 $f(x_{N+1})\geqslant f^*$ 的事实就可得到命题结果。 ■

利用上述结果，我们可以确定计算随机梯度的总数，以及调用线性优化预言机次数的上界。

推论 7.13 假设概率 q_i 按式(7.4.3)设置，b 和 γ 按式(7.5.8)设置，$T=\sqrt{m}$。那么由非凸随机条件梯度滑动法寻找一个解 $\overline{x}\in X$ 使得 $\mathbb{E}[g_X(\overline{x})]\leqslant\varepsilon$ 时，随机梯度的计算总次数和线性优化预言机调用次数分别有下面的界

$$\mathcal{O}\left\{m+\frac{\sqrt{m}L}{\varepsilon}[f(x_1)-f^*]\right\}\quad(7.5.14)$$

和

$$\mathcal{O}\left\{\frac{L^3\overline{D}_X^2[f(x_1)-f^*]}{\varepsilon^2}\right\}\quad(7.5.15)$$

证明 假设 $\eta=\varepsilon/(48L)$。显然，根据定理 7.18，总迭代次数 N 将受限于

$$\frac{32L}{\varepsilon}[f(x_1)-f^*]$$

因此，梯度计算的总次数的界为

$$(m+bT)\left\lceil\frac{N}{T}\right\rceil\leqslant 11m\left\lceil\left(\frac{N}{\sqrt{m}}+1\right)\right\rceil$$

它以式(7.5.14)为上界。此外，根据定理 7.9(c)，每次迭代时对线性优化预言机的调用次数可以限定为

$$\left\lceil\frac{6\overline{D}_X^2}{\gamma\eta}\right\rceil$$

因此，对线性优化预言机的调用总数的界为

$$N\left\lceil\frac{6\overline{D}_X^2}{\gamma\eta}\right\rceil$$

从而它的界就由式(7.5.15)限定。 ■

我们可以发展出一个类似的随机非凸条件梯度滑动方法来解决目标函数以期望形式给出的随机优化问题。我们将此作为练习留给读者。

7.6 练习和注释

练习

1. 尝试为条件梯度法提供一个类似于 3.4 节中讨论的加速梯度法的博弈解释。
2. 类似于条件梯度滑动法，尝试用条件梯度法求解 3.6 节原始-对偶法中的子问题，并确定所得到算法的收敛速度。
3. 类似于条件梯度滑动法，尝试用条件梯度法求解 3.8 节中镜面-邻近法的子问题，并确

定所得到算法的收敛速度。

注释

条件梯度法最早是由 Frank 和 Wolfe 在文献[35]中引入的。在加速梯度下降法中，用线性优化代替投影得到的条件梯度法的变体最早是由 Lan 在文献[64]中引入的。Lan[64]也讨论了非光滑条件梯度法和求解不同类型凸优化问题时调用线性优化预言机次数的复杂度下界。Lan 和 Zhou[69]引入了条件梯度法，这是第一类能够实现线性优化预言机的复杂度下界，同时在一阶预言机调用次数方面保持最优收敛速度的优化算法。文献[55]和文献[111]分别分析了非凸条件梯度和条件梯度滑动方法的复杂度。Lan 在 2018 年底和 2019 年初撰写这本书时，发展了 7.4 和 7.5 节中随机非凸条件梯度的方法，后来发现 7.4 节中的一些结果在文献[125]中已经完成。值得一提的是，到目前为止，对于降低方差的条件梯度方法，在梯度计算方面，复杂度最好的结果是由 Reddi 等人[115]报道的，尽管他们的算法比 7.4 节中提出的算法需要更多的内存。最近，条件梯度类型方法在优化和机器学习领域都引起了极大的兴趣（如文献[1，4，6，24，25，36，43，45，47，51-53，81，124]）。特别是 Jaggi 等人[51-53]重新审视了经典的 Frank-Wolfe 方法，并对其分析进行了改进，这将有助于该方法在机器学习和计算机科学界的推广。

算子滑动和分散优化

在本章中，我们将进一步探讨解决优化问题的结构性质。我们将确定解决这些问题时潜在的瓶颈，并且介绍一些可以不时跳过昂贵操作的新技术。具体地说，我们首先考虑一类目标函数由一般光滑分量和非光滑分量之和给出的复合优化问题，相应提出了梯度滑动(GS)算法，该算法可以不时地跳过光滑分量的梯度计算。然后我们讨论一种加速梯度滑动(AGS)方法，用来最小化两个具有不同 Lipschitz 常数的光滑凸函数的和，并证明了该方法可以跳过其中一个光滑部分的梯度计算而不减慢整体最优收敛速度。AGS 方法还可以进一步改进求解一类重要的双线性鞍点问题的复杂度。此外，我们提出了一类新的分散一阶方法来求解多智能体网络上的非光滑和随机优化问题。这些方法可以跳过节点间的通信，而智能体迭代求解原始子问题是通过线性化局部目标函数进行的。

8.1 复合优化问题的梯度滑动法

在这一节中，我们考虑一类按下面形式给出的复合凸规划(CP)问题：

$$\Psi^* \equiv \min_{x\in X}\{\Psi(x) := f(x)+h(x)+\mathcal{X}(x)\} \tag{8.1.1}$$

这里，$X\subseteq\mathbb{R}^n$ 是一个闭凸集，$\mathcal{X}$ 为一个相对简单的凸函数，f：$X\to\mathbb{R}$ 和 h：$X\to\mathbb{R}$ 分别为一般光滑和非光滑凸函数，并且对于某些 $L>0$ 和 $M>0$，满足

$$f(x)\leqslant f(y)+\langle\nabla f(y),\ x-y\rangle+\frac{L}{2}\|x-y\|^2,\quad \forall x,\ y\in X \tag{8.1.2}$$

$$h(x)\leqslant h(y)+\langle h'(y),\ x-y\rangle+M\|x-y\|,\quad \forall x,\ y\in X \tag{8.1.3}$$

其中 $h'(x)\in\partial h(x)$。这类复合问题出现在许多数据分析应用中，其中 f 或 h 对应于某个数据保真项，而 Ψ 中的其他分量表示正则化项，用于给所得到的解强加某些结构性质。

在本节中，我们假设可以分别访问 f 和 h 的一阶信息。更具体地说，在确定性设置下，对任何 $x\in X$，可以计算精确梯度 $\nabla f(x)$ 和次梯度 $h'(x)\in\partial h(x)$。我们还考虑到随机情形，其中只有非光滑分量 h 的一个随机次梯度是可用的。本节的主要目的是提供更好的理论，来理解 ∇f 的梯度求值和 h' 的次梯度求值次数，以便找到某个式(8.1.1)的近似解。

现有的大多数对问题(8.1.1)的一阶求解方法在每次迭代中都需要同时计算 ∇f 和 h'。特别是由于式(8.1.1)中的目标函数 Ψ 是非光滑的，这些算法需要 $\mathcal{O}(1/\varepsilon^2)$ 的一阶信息迭代，也就是说，为得到式(8.1.1)的 ε-解，即点 $\bar{x}\in X$ 使得 $\Psi(\bar{x})-\Psi^*\leqslant\varepsilon$，需要同时对 ∇f 和 h' 计算 $\mathcal{O}(1/\varepsilon^2)$ 次。许多研究都致力于减少 Lipschitz 常数 L 对上述复合函数优化的复杂度界的影响。例如，我们在 4.2 节中曾证明了求 ε-解所需的 ∇f 和 h' 求值次数可以有界

$$\mathcal{O}\left(\sqrt{\frac{L_f}{\varepsilon}}+\frac{M^2}{\varepsilon^2}\right) \tag{8.1.4}$$

4.2 节中还说明了，在只有∇f和h'的无偏估计量可用的随机情况下，也会有类似的上界。在 4.2 节中可以看到，如果整体只能取到 f 和 h 之和的一阶信息，那么这种复杂度界限是无法改进的。但是需要注意的是，如果能够分别访问 f 和 h 的一阶信息，目前并不清楚式(8.1.4)中的复杂度界是否为最优的。特别是，如果式(8.1.1)中的非光滑项 h 没有出现，人们可以期望∇f 求值的次数限制在 $\mathcal{O}(1/\sqrt{\varepsilon})$。然而，在式(8.1.1)中，如果不显著增加式(8.1.4)中对h'的次梯度计算数的界，对于式(8.1.1)中更一般的复合问题，这种界是否仍然成立也还不清楚。需要指出的是，在很多应用中，一阶方法的瓶颈是在∇f 的计算上，而不是在h'的计算上。为了启发讨论，我们给出几个这样的例子。

(a) 在许多反问题中，我们在求解形如 $\min\limits_{x\in\mathbb{R}^n}\|Ax-b\|_2^2+r(Bx)$的问题时需要施加一定的块稀疏性(如全变分和重叠群的 Lasso)限制。这里 A：$\mathbb{R}^n\to\mathbb{R}^m$ 是一个给定的线性算子，$b\in\mathbb{R}^m$ 表示收集的观测值，r：$\mathbb{R}^p\to\mathbb{R}$ 是一个相对简单的非光滑凸函数(例如，$r=\|\cdot\|_1$)，而 B：$\mathbb{R}^n\to\mathbb{R}^p$ 是一个非常稀疏的矩阵。这里，求$\|Ax-b\|^2$ 的梯度需要 $\mathcal{O}(mn)$的算术运算，而求 $r'(Bx)$只需要 $\mathcal{O}(n+p)$的算术运算。

(b) 在许多机器学习问题中，我们需要最小化正则化的损失函数 $\min\limits_{x\in\mathbb{R}^n}\mathbb{E}_\xi[l(x,\xi)]+q(Bx)$。其中 l：$\mathbb{R}^n\times\mathbb{R}^d\to\mathbb{R}$ 表示某一简单损失函数，ξ 为未知分布的随机变量，q 为某个光滑凸函数，B：$\mathbb{R}^n\to\mathbb{R}^p$ 是给定的线性算子。在这种情况下，计算随机次梯度损失函数 $\mathbb{E}_\xi[l(x,\xi)]$需要 $\mathcal{O}(n+d)$次算术运算，而计算 $q(Bx)$部分的梯度则需要 $\mathcal{O}(np)$次算术运算。

(c) 有些情况下，∇f 的计算涉及黑盒模拟程序、优化问题的求解或偏微分方程等，而 h'的计算则是显式给出的。

在上述所有情形下，为了提高求解复合问题(8.1.1)的整体效率，都需要减少梯度∇f的计算次数。

在这一节中，我们首先提出了一种新的一阶方法，即梯度滑动算法，并证明了该算法找到问题(8.1.1)的 ε-解所需要的∇f 求值的次数可以从式(8.1.4)明显减少到

$$\mathcal{O}\left(\sqrt{\frac{L}{\varepsilon}}\right) \tag{8.1.5}$$

而 h'的次梯度计算的总数仍然在式(8.1.4)范围内。这些算法的基本方案会时不时地跳过∇f 的计算，从而在求解式(8.1.1)所需的 $\mathcal{O}(1/\varepsilon^2)$次迭代中只需要计算 $\mathcal{O}(1/\sqrt{\varepsilon})$次的梯度。类似于 7.2 节中的条件梯度滑动法，该算法框架源于上述加速邻近梯度法子问题所采用的迭代求解的简单思想，虽然这些梯度滑动算法的分析似乎技术性更强且更复杂。

然后我们考虑随机情况，其中非光滑项 h 由一个随机(SFO)预言机表示，对于给定的搜索点 $u_t\in X$，它输出一个向量 $H(u_t,\xi_t)$，使得

$$\mathbb{E}[H(u_t,\xi_t)]=h'(u_t)\in\partial h(u_t) \tag{8.1.6}$$

$$\mathbb{E}[\|H(u_t,\xi_t)-h'(u_t)\|_*^2]\leqslant\sigma^2 \tag{8.1.7}$$

其中，ξ_t 是一个与搜索点 u_t 无关的随机向量。注意，$H(u_t,\xi_t)$被称为 H 在 u_t 处的随机次梯度，它的计算通常比精确的次梯度 h'代价低得多。基于梯度滑动技术，我们发展出一种新的随机梯度下降算法类型。当想要找到问题(8.1.1)的随机 ε-解时，即点 $\bar{x}\in X$ 使得 $\mathbb{E}[\Psi(\bar{x})-\Psi^*]\leqslant\varepsilon$，可以证明，这些算法所需的计算$\nabla f$ 的梯度总次数仍然可以有式(8.1.5)的界，而随机次梯度计算的总数可以限于

$$\mathcal{O}\left(\sqrt{\frac{L}{\varepsilon}}+\frac{M^2+\sigma^2}{\varepsilon^2}\right)$$

如果由 SFO 预言机返回的随机次梯度满足某些“轻尾”假设，我们还可建立与这些复杂度界限相关的大偏差结果。

最后，我们推广了求解式(8.1.1)形式的两类重要复合问题的梯度滑动算法，但是 f 要满足一些附加或备选的假设条件。我们首先假定 f 不仅是光滑的，而且是强凸的，证明了 ∇f 和 h' 的求值次数可以分别从 $\mathcal{O}(1/\sqrt{\varepsilon})$ 和 $\mathcal{O}(1/\varepsilon^2)$ 显著减少到 $\mathcal{O}(\log(1/\varepsilon))$ 和 $\mathcal{O}(1/\varepsilon)$。然后我们考虑了 f 是非光滑的，但是可以用一类光滑函数来近似的情况。将 3.5 节中的平滑方式引入梯度滑动算法中，我们证明了梯度计算的次数会以 $\mathcal{O}(1/\varepsilon)$ 为界，而 h' 的次梯度计算次数的最优界 $\mathcal{O}(1/\varepsilon^2)$ 依然得到保持。

8.1.1　确定性梯度滑动法

在本节中，我们考虑式(8.1.1)中的确定性问题的梯度滑动法，其中 h 的精确次梯度是可用的。

让我们简要回顾一下由所提出的梯度滑动算法产生的邻近梯度方法，并指出现有的这些算法在应用于求解优化式(8.1.1)时所涉及的几个问题。

我们从最简单的邻近梯度法开始，它适用于非光滑分量 h 不出现或相对简单的情形(如 h 是仿射映射)。设 $V(x, u)$ 是与模为 1 的距离生成函数 v 有关的邻近函数(参见 3.2 节)。对于给定的 $x\in X$，令

$$m_\Psi(x, u) := l_f(x, u)+h(u)+\chi(u), \quad \forall u\in X \tag{8.1.8}$$

其中

$$l_f(x;y) := f(x)+\langle \nabla f(x), y-x\rangle \tag{8.1.9}$$

很明显，通过 f 的凸性和式(8.1.2)，我们得到

$$m_\Psi(x, u)\leqslant\Psi(u)\leqslant m_\Psi(x, u)+\frac{L}{2}\|u-x\|^2\leqslant m_\Psi(x, u)+LV(x, u)$$

对于任何 $u\in X$，其中最后一个不等式是由 v 的强凸性得到的。因此，当 u 足够“接近” x 时，$m_\Psi(x, u)$ 是 $\Psi(u)$ 很好的近似。鉴于此观察，我们在邻近梯度法的第 k 次迭代中更新搜索点 $x_k\in X$ 为

$$x_k=\arg\min_{u\in X}\{l_f(x_{k-1}, u)+h(u)+\chi(u)+\beta_k V(x_{k-1}, u)\} \tag{8.1.10}$$

这里，$\beta_k>0$ 是一个参数，它决定了我们怎样“相信”近似函数 $m_\Psi(x_{k-1}, u)$ 和 $\Psi(u)$ 之间的接近程度。特别是，β_k 值越大意味着对 $m_\Psi(x_{k-1}, u)$ 的相信度程度越低，从 x_{k-1} 到 x_k 的步长就越小。可以证明，用邻近梯度法求问题(8.1.1)的 ε-解所需的迭代次数会以 $\mathcal{O}(1/\varepsilon)$ 为界(见 3.1 节)。

通过加入多步加速方案，可以显著提高上述邻近梯度方法的效率。该方案的基本思想是引入三个密切相关的搜索序列 $\{\underline{x}_k\}$、$\{x_k\}$ 和 $\{\overline{x}_k\}$，分别用它们建立模型 m_Ψ、控制 m_Ψ 和 Ψ 之间的接近程度，计算输出解。更具体地说，这三个序列是根据下面诸式修改的：

$$\underline{x}_k=(1-\gamma_k)\overline{x}_{k-1}+\gamma_k x_{k-1} \tag{8.1.11}$$

$$x_k=\arg\min_{u\in X}\{\Phi_k(u) := l_f(\underline{x}_k, u)+h(u)+\chi(u)+\beta_k V(x_{k-1}, u)\} \tag{8.1.12}$$

$$\overline{x}_k=(1-\gamma_k)\overline{x}_{k-1}+\gamma_k x_k \tag{8.1.13}$$

其中 $\beta_k\geqslant 0$ 和 $\gamma_k\in[0, 1]$ 是算法的给定参数。显然，如果 $\overline{x}_0=x_0$ 且 γ_k 设为 1，则

式(8.1.11)～式(8.1.13)简化为式(8.1.10)。然而，通过适当地指定 β_k 和 γ_k，例如，$\beta_k=2L/k$ 和 $\gamma_k=2/(k+2)$，则可以证明上面的加速梯度下降方法可以找到问题(8.1.1)的一个 ε-解，最多需要 $\mathcal{O}(1/\sqrt{\varepsilon})$次迭代(见 3.3 节对式(8.1.11)～式(8.1.13)的分析)。由于该算法的每次迭代只需要进行一次对 ∇f 的求值，因此 ∇f 的梯度求值总次数也可以限定在 $\mathcal{O}(1/\sqrt{\varepsilon})$。

与上述邻近梯度型方法相关的一个关键问题是，当 h 是一般的非光滑凸函数时，子问题(8.1.10)和子问题(8.1.12)难以求解。为了解决这个问题，我们可以使用在 4.2 节中介绍的增强加速梯度法，该算法将式(8.1.12)中的 $h(u)$ 替换为函数

$$l_h(\underline{x}_k;u):=h(\underline{x}_k)+\langle h'(\underline{x}_k),\ u-\underline{x}_k\rangle \tag{8.1.14}$$

对于某 $h'(x_k)\in\partial h(\underline{x}_k)$。因此，该算法中的子问题更易于求解。此外，在适当选择了参数$\{\beta_k\}$和$\{\gamma_k\}$后，该方法找到问题(8.1.1)的 ε-解最多需要

$$\mathcal{O}\left\{\sqrt{\frac{LV(x_0,\ x^*)}{\varepsilon}}+\frac{M^2V(x_0,\ x^*)}{\varepsilon^2}\right\} \tag{8.1.15}$$

次迭代。由于每次迭代都需要一次 ∇f 和 h'的计算，因此 f 和 h'的计算总次数以 $\mathcal{O}(1/\varepsilon^2)$为界。如果只能整体计算复合函数 $f(x)+h(x)$的次梯度，则式(8.1.15)中的界是不可改进的。然而，正如前面提到的，在许多应用中，我们确实可以获得关于 f 和 h 的单独的一阶信息。所以，一个有趣的问题是：在后一种情况下，我们是否可以进一步改善邻近梯度型方法的性能?

通过所提出的梯度滑动方法，在求解式(8.1.1)时我们可以显著地减少所需的梯度 ∇f 计算次数，同时保持具有 h'的次梯度计算总数的最优界。GS 方法的基本思想是在加速邻近梯度法中加入一个迭代过程来近似求解子问题(8.1.12)。在我们讨论 GS 方法的过程中，一个关键点是，需要计算问题(8.1.12)的一对密切相关的近似解：其中一个将用于构建模型 m_Ψ 来替代式(8.1.11)中的 x_k，而另一个将替代式(8.1.13)中的 x_k 来计算输出解 $\overline{x}_k$。此外，我们还证明了利用一个简单的次梯度投影型子程序可以得到这对近似解。我们现在形式化描述这个算法如下。

算法 8.1 梯度滑动算法

输入： 初始点 $x_0\in X$，迭代极限 N。

给定 $\beta_k\in\mathbb{R}_{++}$，$\gamma_k\in\mathbb{R}_+$，$T_k\in\mathcal{N}$，$k=1,\ 2,\ \cdots$，且设置 $\overline{x}_0=x_0$。

for $k=1,\ 2,\ \cdots,\ N$ **do**

1. 设置 $\underline{x}_k=(1-\gamma_k)\overline{x}_{k-1}+\gamma_k x_{k-1}$，$g_k(\cdot)\equiv l_f(\underline{x}_k,\ \cdot)$定义在式(8.1.9)中。
2. 设置

$$(x_k,\ \widetilde{x}k)=\mathrm{PS}(g_k,\ x_{k-1},\ \beta_k,\ T_k) \tag{8.1.16}$$

3. 设置 $\overline{x}_k=(1-\gamma_k)\overline{x}_{k+1}+\gamma_k\widetilde{x}_k$。

end for

输出： $\overline{x}_N$。

在第 2 步中调用的 PS(代理滑动)过程如下所述。

procedure$(x^+,\ \widetilde{x}^+)=\mathrm{PS}(g,\ x,\ \beta,\ T)$

给定参数 $p_t\in\mathbb{R}_{++}$且 $\theta_t\in[0,\ 1]$，$t=1,\ \cdots$，设置 $u_0=\widetilde{u}_0=x$。

for $t=1,\ 2,\ \cdots,\ T$ **do**

$$u_t=\arg\min_{u\in X}\{g(u)+l_h(u_{t-1},\ u)+\beta V(x,\ u)+\beta p_t V(u_{t-1},\ u)+\chi(u)\} \tag{8.1.17}$$

$$\widetilde{u}_t=(1-\theta_t)\widetilde{u}_{t-1}+\theta_t u_t \tag{8.1.18}$$

end for

设置 $x^+=u_T$ 和 $\tilde{x}^+=\tilde{u}_T$。

end procedure

注意，当提供了仿射函数 $g(\cdot)$、邻近中心 $x\in X$、参数 β 和滑动周期 T 时，PS 程序计算一对近似解 $(x^+, \tilde{x}^+)\in X\times X$，求解问题：

$$\arg\min_{u\in X}\{\Phi(u):=g(u)+h(u)+\beta V(x, u)+\chi(u)\} \tag{8.1.19}$$

显然，当输入参数设置为式(8.1.16)时，问题(8.1.19)就等价于问题(8.1.12)。由于在 PS 过程的 T 次迭代中使用了相同的仿射函数 $g(\cdot)=l_f(\underline{x}_{k-1}, \cdot)$，所以在执行(8.1.17)中的 T 次投影步骤时，我们会跳过 f 的梯度计算。这和 4.2 节中的加速梯度法不同，在那里每个投影步骤都需要计算 $\nabla f+h'$。

另外还需要注意的是，对于邻近映射步骤(8.1.19)的不精确解的加速梯度法已经做了一些相关的工作。结果表明，为了保持加速收敛速度，每步逼近误差必须快速减小。由于式(8.1.19)是强凸的，可以采用次梯度法来有效求解。

然而，在这种直观的方法中，需要小心处理可能会遇到的一些困难。首先，必须为求解式(8.1.19)定义一个适当的终止标准。子问题原来使用的自然函数最优间隙的终止准则不能提供理想的收敛速率，我们需要使用 GS 算法，其中的一个特殊的终止准则定义为最优间隙和与最优解的距离之和(见式(8.1.21))。其次，尽管式(8.1.19)是强凸的，但它不是光滑的，强凸模随着迭代次数的增加而减小。因此，必须仔细确定这些嵌套(加速)次梯度算法的设计。最后，我们在 GS 方法中所引入的一个重要改动，是在加速梯度方法的两个插值更新中使用两个不同的近似解。否则，∇f 和 h' 的计算都无法获得最优复杂度界。

关于上述 GS 算法的更多说明是必要的。第一，只要算法 8.1 中的 k 增加 1，GS 算法的外部迭代就会发生。GS 算法的每次外部迭代都涉及计算梯度 $\nabla f(\underline{x}_{k-1})$ 以及调用 PS 过程来更新 x_k 和 $\tilde{x}_k$。第二，PS 过程通过迭代求解问题(8.1.19)。该过程的每一次迭代都包括次梯度 $h'(u_{t-1})$ 的计算和投影子问题(8.1.17)的求解，这里假定投影子问题相对容易求解(见 5.1.1 节)。为了便于标记，我们将 PS 过程的迭代称为 GS 算法的内部迭代。第三，上述 GS 算法只是概念性的，因为我们还没有指定参数 $\{\beta_k\}$、$\{\gamma_k\}$、$\{T_k\}$、$\{p_t\}$ 和 $\{\theta_t\}$ 的选择。我们将在介绍上述通用 GS 算法的一些收敛性之后回到这个问题。

我们首先给出一个结果，该结果概括了 PS 过程的一些重要收敛性质。

命题 8.1　如果 PS 过程中的 $\{p_t\}$ 和 $\{\theta_t\}$ 满足

$$\theta_t=\frac{p_{t-1}-p_t}{(1-P_t)P_{t-1}},\quad 其中\quad p_t:=\begin{cases}1, & t=0\\ p_t(1+p_t)^{-1}P_{t-1}, & t\geqslant 1\end{cases} \tag{8.1.20}$$

那么，对于任意 $t\geqslant 1$ 及 $u\in X$，有

$$\begin{aligned}&\beta(1-P_t)^{-1}V(u_t, u)+[\Phi(\tilde{u}_t)-\Phi(u)]\\ &\leqslant P_t(1-P_t)^{-1}\left[\beta V(u_0, u)+\frac{M^2}{2\beta}\sum_{i=1}^{t}(p_i^2P_{i-1})^{-1}\right]\end{aligned} \tag{8.1.21}$$

其中 Φ 在式(8.1.19)中定义。

证明　由式(8.1.3)和式(8.1.14)中定义的 l_h，有 $h(u_t)\leqslant l_h(u_{t-1}, u_t)+M\|u_t-u_{t-1}\|$。在不等式两边同时加上 $g(u_t)+\beta V(x, u_t)+\chi(u_t)$，利用式(8.1.19)中 Φ 的定义，我们得到

$$\Phi(u_t) \leqslant g(u_t) + l_h(u_{t-1}, u_t) + \beta V(x, u_t) + \chi(u_t) + M\|u_t - u_{t-1}\| \quad (8.1.22)$$

现在，将引理 3.5 应用于式(8.1.17)，就得到

$$\begin{aligned} & g(u_t) + l_h(u_{t-1}, u_t) + \beta V(x, u_t) + \chi(u_t) + \beta p_t V(u_{t-1}, u_t) \\ \leqslant & g(u) + l_h(u_{t-1}, u) + \beta V(x, u) + \chi(u) + \beta p_t V(u_{t-1}, u) - \beta(1+p_t)V(u_t, u) \\ \leqslant & g(u) + h(u) + \beta V(x, u) + \chi(u) + \beta p_t V(u_{t-1}, u) - \beta(1+p_t)V(u_t, u) \\ = & \Phi(u) + \beta p_t V(u_{t-1}, u) - \beta(1+p_t)V(u_t, u) \end{aligned}$$

其中，第二个不等式由 h 的凸性推导而来。此外，由于 v 的强凸性，

$$-\beta p_t V(u_{t-1}, u_t) + M\|u_t - u_{t-1}\| \leqslant -\frac{\beta p_t}{2}\|u_t - u_{t-1}\|^2 + M\|u_t - u_{t-1}\| \leqslant \frac{M^2}{2\beta p_t}$$

其中最后一个不等式是由一个简单的事实得出的，即 $-\frac{at^2}{2} + bt \leqslant b^2/(2a)$，对于任意 $a > 0$。结合前面三个不等式，得到

$$\Phi(u_t) - \Phi(u) \leqslant \beta p_t V(u_{t-1}, u) - \beta(1+p_t)V(u_t, u) + \frac{M^2}{2\beta p_t}$$

上式两边同时除以 $1+p_t$，重新排列项，可得

$$\beta V(u_t, u) + \frac{\Phi(u_t) - \Phi(u)}{1+p_t} \leqslant \frac{\beta p_t}{1+p_t} V(u_{t-1}, u) + \frac{M^2}{2\beta(1+p_t)p_t}$$

根据式(8.1.20)中 p_t 的定义和引理 3.17(取 $k=t$，$w_k = 1/(1+p_t)$ 和 $W_k = p_t$)，可以得到

$$\begin{aligned} \frac{\beta}{p_t} V(u_t, u) + \sum_{i=1}^{t} \frac{\Phi(u_i) - \Phi(u)}{P_i(1+p_i)} & \leqslant \beta V(u_0, u) + \frac{M^2}{2\beta} \sum_{i=1}^{t} \frac{1}{P_i(1+p_i)p_i} \\ & = \beta V(u_0, u) + \frac{M^2}{2\beta} \sum_{i=1}^{t} (p_i^2 P_{i-1})^{-1} \end{aligned} \quad (8.1.23)$$

此式中，最后一个等式也是由式(8.1.20)中 p_t 的定义得到的。还要注意，通过 PS 过程中 $\tilde{u}_t$ 的定义和式(8.1.20)，会有

$$\tilde{u}_t = \frac{p_t}{1-p_t}\left(\frac{1-P_{t-1}}{p_{t-1}}\tilde{u}_{t-1} + \frac{1}{p_t(1+p_t)}u_t\right)$$

归纳使用这个关系，并利用 $P_0 = 1$ 这一事实，我们很容易看出

$$\begin{aligned} \tilde{u}_t & = \frac{p_t}{1-p_t}\left[\frac{1-p_{t-2}}{p_{t-2}}\tilde{u}_{t-2} + \frac{1}{P_{t-1}(1+p_{t-1})}u_{t-1} + \frac{1}{p_t(1+p_t)}u_t\right] \\ & = \cdots = \frac{p_t}{1-p_t}\sum_{i=1}^{t}\frac{1}{P_i(1+p_i)}u_i \end{aligned}$$

鉴于 Φ 的凸性，这就意味着

$$\Phi(\tilde{u}_t) - \Phi(u) \leqslant \frac{p_t}{1-p_t}\sum_{i=1}^{t}\frac{\Phi(u_i) - \Phi(u)}{P_i(1+p_i)} \quad (8.1.24)$$

将上述不等式与式(8.1.23)结合，重新排列各项，就得到了结论(8.1.21)。■

设 u 为式(8.1.19)的最优解，可以看出，如果式(8.1.21)的右侧(RHS)足够小，则 x_k 和 $\tilde{x}_k$ 都是式(8.1.19)的近似解。借助这个结果，我们可以建立一个重要的递归式，从这个递归式很容易推出 GS 算法的收敛性。

命题 8.2　*假设 PS 过程中的 $\{p_t\}$ 和 $\{\theta_t\}$ 满足式(8.1.20)，并设 GS 算法中的 $\{\beta_k\}$ 和 $\{\gamma_k\}$ 满足*

$$\gamma_1=1 \quad 且 \quad \beta_k-L\gamma_k\geqslant 0, \quad k\geqslant 1 \tag{8.1.25}$$

那么，对于任意 $u\in X$ 及 $k\geqslant 1$，有

$$\Psi(\overline{x}_k)-\Psi(u)\leqslant(1-\gamma_k)[\Psi(\overline{x}_{k-1})-\Psi(u)]+\gamma_k(1-P_{T_k})^{-1}\left[\beta_k V(x_{k-1}, u)-\beta_k V(x_k, u)+\frac{M^2 P_{T_k}}{2\beta_k}\sum_{i=1}^{T_k}(p_i^2 P_{i-1})^{-1}\right] \tag{8.1.26}$$

证明　首先，请注意，根据 $\overline{x}_k$ 和 $\underline{x}_k$ 的定义，我们有 $\overline{x}_k-\underline{x}_k=\gamma_k(\widetilde{x}_k-x_{k-1})$。利用这个观察结果、式(8.1.2)、式(8.1.9)中 l_f 的定义，以及 f 的凸性，我们得到

$$\begin{aligned}
f(\overline{x}_k)&\leqslant l_f(\underline{x}_k, \overline{x}_k)+\frac{L}{2}\|\overline{x}_k-\underline{x}_k\|^2\\
&=(1-\gamma_k)l_f(\underline{x}_k, \overline{x}_{k-1})+\gamma_k l_f(\underline{x}_k, \widetilde{x}_k)+\frac{L\gamma_k^2}{2}\|\widetilde{x}_k-x_{k-1}\|^2\\
&\leqslant(1-\gamma_k)f(\overline{x}_{k-1})+\gamma_k[l_f(\underline{x}_k, \widetilde{x}_k)+\beta_k V(x_{k-1}, \widetilde{x}_k)]-\\
&\quad\ \gamma_k\beta_k V(x_{k-1}, \widetilde{x}_k)+\frac{L\gamma_k^2}{2}\|\widetilde{x}_k-x_{k-1}\|^2\\
&\leqslant(1-\gamma_k)f(\overline{x}_{k-1})+\gamma_k[l_f(\underline{x}_k, \widetilde{x}_k)+\beta_k V(x_{k-1}, \widetilde{x}_k)]-\\
&\quad\ (\gamma_k\beta_k-L\gamma_k^2)V(x_{k-1}, \widetilde{x}_k)\\
&\leqslant(1-\gamma_k)f(\overline{x}_{k-1})+\gamma_k[l_f(\underline{x}_k, \widetilde{x}_k)+\beta_k V(x_{k-1}, \widetilde{x}_k)]
\end{aligned} \tag{8.1.27}$$

其中，第三个不等式源于 v 的强凸性，最后一个不等式源自式(8.1.25)。通过 h 和 χ 的凸性，有

$$h(\overline{x}_k)+\chi(\overline{x}_k)\leqslant(1-\gamma_k)[h(\overline{x}_{k-1})+\chi(\overline{x}_{k-1})]+\gamma_k[h(\widetilde{x}_k)+\chi(\widetilde{x}_k)] \tag{8.1.28}$$

将前面两个不等式相加，并使用式(8.1.1)中 Ψ 的定义和式(8.1.12)中 Φ_k 的定义，得到

$$\Psi(\overline{x}_k)\leqslant(1-\gamma_k)\Psi(\overline{x}_{k-1})+\gamma_k\Phi_k(\widetilde{x}_k)$$

上述不等式的两边减去 $\Psi(u)$，得到

$$\Psi(\overline{x}_k)-\Psi(u)\leqslant(1-\gamma_k)[\Psi(\overline{x}_{k-1})-\Psi(u)]+\gamma_k[\Phi_k(\widetilde{x}_k)-\Psi(u)] \tag{8.1.29}$$

另外注意到，根据式(8.1.12)中 Φ_k 的定义和 f 的凸性，有

$$\Phi_k(u)\leqslant f(u)+h(u)+\chi(u)+\beta_k V(x_{k-1}, u)=\Psi(u)+\beta_k V(x_{k-1}, u) \quad \forall u\in X \tag{8.1.30}$$

结合这两个不等式(即用 $\phi_k(u)-\beta_k V(x_{k-1}, u)$代替式(8.1.29)中的第三个 $\Psi(u)$)，得到

$$\begin{aligned}
\Psi(\overline{x}_k)-\Psi(u)\leqslant&(1-\gamma_k)[\Psi(\overline{x}_{k-1})-\Psi(u)]+\\
&\gamma_k[\Phi_k(\widetilde{x}_k)-\Phi_k(u)+\beta_k V(x_{k-1}, u)]
\end{aligned} \tag{8.1.31}$$

现在，根据式(8.1.12)中 Φ_k 的定义和在式(8.1.16)中设置的$(x_k, \widetilde{x}_k)$原点，我们应用命题 8.1，其中取 $\phi=\phi_k$，$u_0=x_{k-1}$，$u_t=x_k$，$\widetilde{u}_t=\widetilde{x}_k$ 和 $\beta=\beta_k$，可以得到，对于任何 $u\in X$ 和 $k\geqslant 1$，有

$$\begin{aligned}
&\frac{\beta_k}{1-P_{T_k}}V(x_k, u)+[\Phi_k(\widetilde{x}_k)-\Phi_k(u)]\leqslant\\
&\frac{P_{T_k}}{1-P_{T_k}}\left[\beta_k V(x_{k-1}, u)+\frac{M^2}{2\beta_k}\sum_{i=1}^{T_k}(p_i^2 P_{i-1})^{-1}\right]
\end{aligned}$$

将上述 $\Phi_k(\widetilde{x}_k)-\Phi_k(u)$的边界代入式(8.1.31)，就得到了式(8.1.26)。■

现在我们准备建立 GS 算法的主要收敛性。请注意，下面的值将用于我们对该算法的分析：

$$\Gamma_k=\begin{cases}1, & k=1\\(1-\gamma_k)\Gamma_{k-1}, & k\geqslant 2\end{cases} \tag{8.1.32}$$

定理 8.1 假设 PS 过程中的 $\{p_t\}$ 和 $\{\theta_t\}$ 满足式(8.1.20)，并且 GS 算法中的 $\{\beta_k\}$ 和 $\{\gamma_k\}$ 满足式(8.1.25)。

(a) 如果对任意 $k\geqslant 2$，有

$$\frac{\gamma_k\beta_k}{\Gamma_k(1-P_{T_k})}\leqslant\frac{\gamma_{k-1}\beta_{k-1}}{\Gamma_{k-1}(1-P_{T_{k-1}})} \tag{8.1.33}$$

那么对于任意 $N\geqslant 1$，有

$$\Psi(\overline{x}_N)-\Psi(x^*)\leqslant\mathcal{B}_d(N):=\frac{\Gamma_N\beta_1}{1-P_{T_1}}V(x_0, x^*)+\frac{M^2\Gamma_N}{2}\sum_{k=1}^{N}\sum_{i=1}^{T_k}\frac{\gamma_k P_{T_k}}{\Gamma_k\beta_k(1-P_{T_k})p_i^2P_{i-1}} \tag{8.1.34}$$

其中，$x^*\in X$ 是问题(8.1.1)的任意最优解，且 p_t 和 Γ_k 分别在式(8.1.20)和式(8.1.32)中定义。

(b) 如果集合 X 是紧的，且对于任意 $k\geqslant 2$，有

$$\frac{\gamma_k\beta_k}{\Gamma_k(1-P_{T_k})}\geqslant\frac{\gamma_{k-1}\beta_{k-1}}{\Gamma_{k-1}(1-P_{T_{k-1}})} \tag{8.1.35}$$

那么，式(8.1.34)仍然成立，只是需将 $\mathcal{B}_d(N)$ 定义中的第一项替换为 $\gamma_N\beta_N\overline{V}(x^*)/(1-P_{T_N})$，其中 $\overline{V}(u)=\max\limits_{x\in X}V(x, u)$。

证明 由式(8.1.26)和引理 3.17 可知

$$\begin{aligned}\Psi(\overline{x}_N)-\Psi(u)&\leqslant\Gamma_N\frac{1-\gamma_1}{\Gamma_1}[\Psi(\overline{x}_0)-\Psi(u)]+\\&\quad\Gamma_N\sum_{k=1}^{N}\frac{\beta_k\gamma_k}{\Gamma_k(1-P_{T_k})}[V(x_{k-1}, u)-V(x_k, u)]+\\&\quad\frac{M^2\Gamma_N}{2}\sum_{k=1}^{N}\sum_{i=1}^{T_k}\frac{\gamma_k P_{T_k}}{\Gamma_k\beta_k(1-P_{T_k})p_i^2P_{i-1}}\\&=\Gamma_N\sum_{k=1}^{N}\frac{\beta_k\gamma_k}{\Gamma_k(1-P_{T_k})}[V(x_{k-1}, u)-V(x_k, u)]+\\&\quad\frac{M^2\Gamma_N}{2}\sum_{k=1}^{N}\sum_{i=1}^{T_k}\frac{\gamma_k P_{T_k}}{\Gamma_k\beta_k(1-P_{T_k})p_i^2P_{i-1}}\end{aligned} \tag{8.1.36}$$

最后一个恒等式来自事实 $\gamma_1=1$。从式(8.1.33)可以得出

$$\begin{aligned}&\sum_{k=1}^{N}\frac{\beta_k\gamma_k}{\Gamma_k(1-P_{T_k})}[V(x_{k-1}, u)-V(x_k, u)]\\&\leqslant\frac{\beta_1\gamma_1}{\Gamma_1(1-P_{T_1})}V(x_0, u)-\frac{\beta_N\gamma_N}{\Gamma_N(1-P_{T_N})}V(x_N, u)\leqslant\frac{\beta_1}{1-P_{T_1}}V(x_0, u)\end{aligned} \tag{8.1.37}$$

上式中最后一个不等式由 $\gamma_1=\Gamma_1=1$，$P_{T_N}\leqslant 1$ 和 $V(x_N, u)\geqslant 0$ 得出。那么(a)部分的结果显然可由前面两个不等式取 $u=x^*$ 得到。此外，利用式(8.1.35)和 $V(x_k, u)\leqslant\overline{V}(u)$ 的事实，我们得到了结论

$$
\begin{aligned}
&\sum_{k=1}^{N} \frac{\beta_k \gamma_k}{\Gamma_k (1-P_{T_k})} [V(x_{k-1}, u) - V(x_k, u)] \\
&\leqslant \frac{\beta_1}{1-P_{T_1}} \overline{V}(u) - \sum_{k=2}^{N} \left[\frac{\beta_{k-1}\gamma_{k-1}}{\Gamma_{k-1}(1-P_{T_{k-1}})} - \frac{\beta_k \gamma_k}{\Gamma_k (1-P_{T_k})} \right] \overline{V}(u) \qquad (8.1.38) \\
&= \frac{\gamma_N \beta_N}{\Gamma_N (1-P_{T_N})} \overline{V}(u)
\end{aligned}
$$

(b) 部分可根据上述观察和在式(8.1.36)中取 $u=x^*$ 得到。■

显然，在保证 GS 算法的收敛性的前提下，有多种方法可以选定参数$\{p_t\}$、$\{\theta_t\}$、$\{\beta_k\}$、$\{\gamma_k\}$和$\{T_k\}$。下面提供了一些选择，这些选择可以产生求解问题(8.1.1)的最佳可能的收敛速度。特别地，推论 8.1(a)在可行域 X 无界且迭代极限 N 事先给定时，提供了一组这样的参数；而推论 8.1(b)中的这个选择只适用于 X 是紧的情况，且不要求 N 提前给出。

推论 8.1　假设 PS 过程中的$\{p_t\}$和$\{\theta_t\}$设置为

$$
p_t = \frac{t}{2} \quad 且 \quad \theta_t = \frac{2(t+1)}{t(t+3)}, \quad \forall t \geqslant 1 \qquad (8.1.39)
$$

(a) 如果 N 是预先给定的，且对某个 $\widetilde{D}>0$，将$\{\beta_k\}$、$\{\gamma_k\}$和$\{T_k\}$设置为

$$
\beta_k = \frac{2L}{vk}, \quad \gamma_k = \frac{2}{k+1}, \quad T_k = \left\lceil \frac{M^2 N k^2}{\widetilde{D} L^2} \right\rceil \qquad (8.1.40)
$$

那么，

$$
\Psi(\overline{x}_N) - \Psi(x^*) \leqslant \frac{2L}{N(N+1)} [3V(x_0, x^*) + 2\widetilde{D}], \quad \forall N \geqslant 1 \qquad (8.1.41)
$$

(b) 若集合 X 是紧的，且对某个 $\widetilde{D}>0$，将$\{\beta_k\}$、$\{\gamma_k\}$和$\{T_k\}$设置为

$$
\beta_k = \frac{9L(1-P_{T_k})}{2(k+1)}, \quad \gamma_k = \frac{3}{k+2}, \quad T_k = \left\lceil \frac{M^2 (k+1)^3}{\widetilde{D} L^2} \right\rceil \qquad (8.1.42)
$$

那么，

$$
\Psi(\overline{x}_N) - \Psi(x^*) \leqslant \frac{L}{(N+1)(N+2)} \left(\frac{27\overline{V}(x^*)}{2} + \frac{8\widetilde{D}}{3} \right), \quad \forall N \geqslant 1 \qquad (8.1.43)
$$

证明　我们首先证明(a)部分。通过式(8.1.20)和式(8.1.39)中 P_t 和 p_t 的定义，我们有

$$
P_t = \frac{t P_{t-1}}{t+2} = \cdots = \frac{2}{(t+1)(t+2)} \qquad (8.1.44)
$$

使用上面的恒等式和式(8.1.39)，很容易看到条件(8.1.20)成立。由式(8.1.44)和式(8.1.40)中 T_k 的定义还可推得

$$
P_{T_k} \leqslant P_{T_{k-1}} \leqslant \cdots \leqslant P_{T_1} \leqslant \frac{1}{3} \qquad (8.1.45)
$$

现在，从式(8.1.40)中 β_k 和 γ_k 的定义很容易看出式(8.1.25)成立。由式(8.1.32)和式(8.1.40)还可以得出

$$
\Gamma_k = \frac{2}{k(k+1)} \qquad (8.1.46)
$$

由式(8.1.40)、式(8.1.45)和式(8.1.46)得到

$$
\frac{\gamma_k \beta_k}{\Gamma_k (1-P_{T_k})} = \frac{2L}{1-P_{T_k}} \leqslant \frac{2L}{1-P_{T_{k-1}}} = \frac{\gamma_{k-1}\beta_{k-1}}{\Gamma_{k-1}(1-P_{T_k-1})}
$$

由此式可得知式(8.1.33)成立。现在，根据式(8.1.44)及 $p_t=t/2$ 的事实，可得到

$$\sum_{i=1}^{T_k}\frac{1}{p_i^2P_{i-1}}=2\sum_{i=1}^{T_k}\frac{i+1}{i}\leqslant 4T_k \tag{8.1.47}$$

此式与式(8.1.40)和式(8.1.46)一起，可推得

$$\sum_{i=1}^{T_k}\frac{\gamma_kP_{T_k}}{\Gamma_k\beta_k(1-P_{T_k})p_i^2P_{i-1}}\leqslant\frac{4\gamma_kP_{T_k}T_k}{\Gamma_k\beta_k(1-P_{T_k})}=\frac{4k^2}{L(T_k+3)} \tag{8.1.48}$$

通过上面式子以及式(8.1.34)、式(8.1.45)和式(8.1.46)，我们得到

$$\begin{aligned}\mathcal{B}_d(N)&\leqslant\frac{4LV(x_0,\ x^*)}{N(N+1)(1-P_{T_1})}+\frac{4M^2}{LN(N+1)}\sum_{k=1}^{N}\frac{k^2}{T_k+3}\\&\leqslant\frac{6LV(x_0,\ x^*)}{N(N+1)}+\frac{4M^2}{LN(N+1)}\sum_{k=1}^{N}\frac{k^2}{T_k+3}\end{aligned}$$

结合定理8.1(a)和式(8.1.40)中 T_k 的定义，显然可以推得式(8.1.41)的结果。

下面让我们证明(b)部分是正确的。由式(8.1.45)和式(8.1.42)中 β_k 和 γ_k 的定义可知

$$\beta_k\geqslant\frac{3L}{k+1}\geqslant L\gamma_k \tag{8.1.49}$$

因此式(8.1.25)是成立的。由式(8.1.32)和式(8.1.42)的设置还可以得出

$$\Gamma_k=\frac{6}{k(k+1)(k+2)},\quad k\geqslant 1 \tag{8.1.50}$$

因此有

$$\frac{\gamma_k\beta_k}{\Gamma_k(1-P_{T_k})}=\frac{k(k+1)}{2}\frac{9L}{2(k+1)}=\frac{9Lk}{4} \tag{8.1.51}$$

这意味着式(8.1.35)是成立的。使用式(8.1.42)、式(8.1.45)、式(8.1.47)和式(8.1.49)可推得

$$\begin{aligned}\sum_{i=1}^{T_k}\frac{\gamma_kP_{T_k}}{\Gamma_k\beta_k(1-P_{T_k})p_i^2P_{i-1}}&\leqslant\frac{4\gamma_kP_{T_k}T_k}{\Gamma_k\beta_k(1-P_{T_k})}=\frac{4k(k+1)^2P_{T_k}T_k}{9L(1-P_{T_k})^2}\\&=\frac{8k(k+1)^2(T_k+1)(T_k+2)}{9LT_k(T_k+3)^2}\leqslant\frac{8k(k+1)^2}{9LT_k}\end{aligned} \tag{8.1.52}$$

利用这个观察结果、式(8.1.42)、式(8.1.50)和定理8.1(b)的结果，我们就得出了命题的结论

$$\begin{aligned}\Psi(\overline{x}_N)-\Psi(x^*)&\leqslant\frac{\gamma_N\beta_N\overline{V}(x^*)}{(1-P_{T_N})}+\frac{M^2\Gamma_N}{2}\sum_{k=1}^{N}\frac{8k(k+1)^2}{9LT_k}\\&\leqslant\frac{\gamma_N\beta_N\overline{V}(x^*)}{(1-P_{T_N})}+\frac{8L\widetilde{D}}{3(N+1)(N+2)}\\&\leqslant\frac{L}{(N+1)(N+2)}\left(\frac{27\overline{V}(x^*)}{2}+\frac{8\widetilde{D}}{3}\right)\end{aligned}$$

■

观察到由式(8.1.18)和式(8.1.44)，当选择 $p_t=t/2$ 时，PS过程中定义的 $\widetilde{u}_t$ 可以简化为

$$\widetilde{u}_t=\frac{(t+2)(t-1)}{t(t+3)}\widetilde{u}_{t-1}+\frac{2(t+1)}{t(t+3)}u_t$$

根据推论 8.1，我们就可以建立求问题(8.1.1)ε-解的 GS 算法的复杂度。

推论 8.2　假设$\{p_t\}$和$\{\theta_t\}$按式(8.1.39)中设定，并且存在一个估计 $D_X>0$，使得

$$V(x, y)\leqslant D_X^2,\quad \forall x, y\in X \tag{8.1.53}$$

如果$\{\beta_k\}$、$\{\gamma_k\}$和$\{T_k\}$按式(8.1.40)设置，且对某些 $N>0$ 有 $\widetilde{D}=3D_X^2/2$，那么，计算 ∇f 和 h' 的总次数的界分别为

$$\mathcal{O}\left(\sqrt{\frac{LD_X^2}{\varepsilon}}\right) \tag{8.1.54}$$

和

$$\mathcal{O}\left\{\frac{M^2D_X^2}{\varepsilon^2}+\sqrt{\frac{LD_X^2}{\varepsilon}}\right\} \tag{8.1.55}$$

另外，如果 X 是有界的，且$\{\beta_k\}$、$\{\gamma_k\}$和$\{T_k\}$按式(8.1.42)设置，其中 $\widetilde{D}=81D_X^2/16$，则上述两个复杂度仍然成立。

证明　根据推论 8.1(a)，当$\{\beta_k\}$、$\{\gamma_k\}$和$\{T_k\}$按式(8.1.40)设置时，GS 算法求问题(8.1.1)的 ε-解的总外部迭代次数(或梯度求值)有界

$$N\leqslant\sqrt{\frac{L}{\varepsilon}[3V(x_0, x^*)+2\widetilde{D}]}\leqslant\sqrt{\frac{6LD_X^2}{\varepsilon}} \tag{8.1.56}$$

此外，使用式(8.1.40)中 T_k 的定义，我们可得出结果，内部迭代(或次梯度计算)的总次数有界

$$\sum_{k=1}^{N}T_k\leqslant\sum_{k=1}^{N}\left(\frac{M^2Nk^2}{\widetilde{D}L^2}+1\right)\leqslant\frac{M^2N(N+1)^3}{3\widetilde{D}L^2}+N=\frac{2M^2N(N+1)^3}{9D_X^2L^2}+N$$

根据式(8.1.56)，上式显然意味着式(8.1.55)中的界。利用推论 8.1(b)和类似的论证，我们可以证明，当 X 有界，且$\{\beta_k\}$、$\{\gamma_k\}$和$\{T_k\}$按式(8.1.42)设置时，复杂度界式(8.1.54)和式(8.1.55)也都成立。■

从推理 8.2 来看，用 GS 算法求解问题(8.1.1)的复杂度，在以 ∇f 和 h' 的计算次数表示时，均达到了最优复杂度界。

值得注意的是，当采用式(8.1.40)或式(8.1.42)中的步长策略时，可以将式(8.1.53)中对 D_X 的要求分别放宽至 $V(x_0, x^*)\leqslant D_X^2$ 或 $\max\limits_{x\in X}V(x, x^*)\leqslant D_X^2$。从而，通过乘以某个常数因子，其复杂度界相比式(8.1.54)和式(8.1.55)变得收紧。

8.1.2　随机梯度滑动法

我们现在来考虑这样的情形，h 的随机次梯度的计算要比精确次梯度的计算容易得多。这种情况确实会发生，例如，当 h 以期望的形式给出或作为许多非光滑分量的总和时。通过给出一种随机梯度滑动(SGS)方法，我们证明了求问题(8.1.1)的解时，仍然可以在期望或具有大概率的情形下得到与 8.1.1 节确定性梯度滑动法相似的复杂度界，但 SGS 方法的迭代开销可以远小于 GS 方法。

具体而言，我们假设非光滑分量 h 由满足式(8.1.6)和式(8.1.7)的随机一阶(SFO)预言机表示。有时，我们会通过一个“轻尾”假设来扩展式(8.1.7)：

$$\mathbb{E}[\exp(\|H(u, \xi)-h'(u)\|_*^2/\sigma^2)]\leqslant\exp(1) \tag{8.1.57}$$

很容易看出条件(8.1.57)通过 Jensen 不等式可推得条件(8.1.7)。

随机梯度滑动(SGS)算法是通过简单地用 SFO 预言机返回的随机子梯度替换 PS 过程

中的精确子梯度而得到的。此算法的形式描述如下。

算法 8.2　随机梯度滑动(SGS)算法

算法与 GS 相同，只是将 PS 过程中的式(8.1.17)替换为

$$u_t=\arg\min_{x\in X}\{g(u)+\langle H(u_{t-1},\ \xi_{t-1}),\ u\rangle+\beta V(x,\ u)+\beta p_t V(u_{t-1},\ u)+\chi(u)\} \quad (8.1.58)$$

上述改进的 PS 过程称为 SPS(随机 PS)过程。

我们对上述 SGS 算法做一些说明。首先，在这个算法中，我们假设 f 的精确梯度将在整个 T_k 内部迭代中使用。这不同于 4.2 节中的随机加速梯度法，那里在每个次梯度投影步骤上都需要计算 ∇f。其次，我们记

$$\widetilde{l}_h(u_{t-1},\ u):=h(u_{t-1})+\langle H(u_{t-1},\ \xi_{t-1}),\ u-u_{t-1}\rangle \quad (8.1.59)$$

可以很容易看出式(8.1.58)等价于

$$u_t=\arg\min_{u\in X}\{g(u)+\widetilde{l}_h(u_{t-1},\ u)+\beta V(x,\ u)+\beta p_t V(u_{t-1},\ u)+\chi(u)\} \quad (8.1.60)$$

如果没有与 SFO 预言机相关的随机噪声，即在式(8.1.7)中的 $\sigma=0$，这个问题就退化为式(8.1.17)。最后，注意到，我们在 SGS 算法中没有说明$\{\beta_k\}$、$\{\gamma_k\}$、$\{T_k\}$、$\{p_t\}$和$\{\theta_t\}$的取法。与 8.1.1 节相似，我们将在了解通用的 SPS 程序和 SGS 算法的一些收敛性之后回到这个问题。

下面的结果描述了 SPS 过程的一些重要收敛性质。

命题 8.3　假设 SPS 过程中的$\{p_t\}$和$\{\theta_t\}$满足条件(8.1.20)。那么，对于任意的 $t\geqslant 1$ 和 $u\in X$，有

$$\beta(1-p_t)^{-1}V(u_t,\ u)+[\Phi(\widetilde{u}_t)-\Phi(u)]\leqslant \beta p_t(1-P_t)^{-1}V(u_{t-1},\ u)+ \\ P_t(1-P_t)^{-1}\sum_{i=1}^{t}(p_iP_{i-1})^{-1}\left[\frac{(M+\|\delta_i\|_*)^2}{2\beta p_i}+\langle\delta_i,\ u-u_{i-1}\rangle\right] \quad (8.1.61)$$

其中 Φ 在式(8.1.19)中定义，且 δ_t 及 h' 定义如下

$$\delta_t:=H(u_{t-1},\ \xi_{t-1})-h'(u_{t-1}) \quad \text{和} \quad h'(u_{t-1})=\mathbb{E}[H(u_{t-1},\ \xi_{t-1})] \quad (8.1.62)$$

证明　令 $\widetilde{l}_h(u_{t-1},\ u)$如式(8.1.59)中定义。显然，我们有 $\widetilde{l}_h(u_{t-1},\ u)-l_h(u_{t-1},\ u)=\langle\delta_t,\ u-u_{t-1}\rangle$。利用这个观察结果和式(8.1.22)，得到

$$\begin{aligned}\Phi(u_t)&\leqslant g(u)+l_h(u_{t-1},\ u_t)+\beta V(x,\ u_t)+\chi(u_t)+M\|u_t-u_{t-1}\|\\&=g(u)+\widetilde{l}_h(u_{t-1},\ u_t)-\langle\delta_t,\ u_t-u_{t-1}\rangle+\beta V(x,\ u_t)+\chi(u_t)+M\|u_t-u_{t-1}\|\\&\leqslant g(u)+\widetilde{l}_h(u_{t-1},\ u_t)+\beta V(x,\ u_t)+\chi(u_t)+(M+\|\delta_t\|_*)\|u_t-u_{t-1}\|\end{aligned}$$

其中最后一个不等式是由 Cauchy-Schwarz 不等式推导出来的。现在将引理 3.5 应用于式(8.1.58)，可以得到

$$\begin{aligned}&g(u_t)+\widetilde{l}_h(u_{t-1},\ u_t)+\beta V(x,\ u_t)+\beta p_t V(u_{t-1},\ u_t)+\chi(u_t)\\&\leqslant g(u)+\widetilde{l}_h(u_{t-1},\ u)+\beta V(x,\ u)+\beta p_t V(u_{t-1},\ u)+\chi(u)-\beta(1+p_t)V(u_t,\ u)\\&=g(u)+l_h(u_{t-1},\ u)+\langle\delta_t,\ u-u_{t-1}\rangle+\\&\quad\beta V(x,\ u)+\beta p_t V(u_{t-1},\ u)+\chi(u)-\beta(1+p_t)V(u_t,\ u)\\&\leqslant\Phi(u)+\beta p_t V(u_{t-1},\ u)-\beta(1+p_t)V(u_t,\ u)+\langle\delta_t,\ u-u_{t-1}\rangle\end{aligned}$$

其中最后一个不等式由 h 的凸性和式(8.1.19)得出。此外，由 v 的强凸性可知

$$-\beta p_t V(u_{t-1},\ u_t)+(M+\|\delta_t\|_*)\|u_t-u_{t-1}\|$$

$$\leqslant -\frac{\beta p_t}{2}\|u_t-u_{t-1}\|^2+(M+\|\delta_t\|_*)\|u_t-u_{t-1}\|\leqslant \frac{(M+\|\delta_t\|_*)^2}{2\beta p_t}$$

最后一个不等式是由一个简单的事实得出的：$-\frac{at^2}{2}+bt\leqslant b^2/(2a)$对于任意 $a>0$ 成立。结合前面三个不等式得到

$$\Phi(u_t)-\Phi(u)\leqslant \beta p_t V(u_{t-1},\ u)-\beta(1+p_t)V(u_t,\ u)+\frac{(M+\|\delta_t\|_*)^2}{2\beta p_t}+\langle\delta_t,\ u-u_{t-1}\rangle$$

现在将不等式两边同时除以 $1+p_t$，之后重新排列项，得到

$$\beta V(u_t,\ u)+\frac{\Phi(u_t)-\Phi(u)}{1+p_t}\leqslant \frac{\beta p_t}{1+p_t}V(u_{t-1},\ u)+\frac{(M+\|\delta_t\|_*)^2}{2\beta(1+p_t)p_t}+\frac{\langle\delta_t,\ u-u_{t-1}\rangle}{1+p_t}$$

根据引理 3.17，此式即意味着

$$\frac{\beta}{p_t}V(u_t,\ u)+\sum_{i=1}^{t}\frac{\Phi(u_i)-\Phi(u)}{P_i(1+p_i)}\leqslant \beta V(u_0,\ u)+\sum_{i=1}^{t}\left[\frac{(M+\|\delta_i\|_*)^2}{2\beta P_i(1+p_i)p_i}+\frac{\langle\delta_i,\ u-u_{i-1}\rangle}{P_i(1+p_i)}\right] \tag{8.1.63}$$

由上面的不等式和式(8.1.24)立即得到了命题的结果。 ■

需要注意的是，在 SGS 算法的不同外部迭代中，对 SPS 过程的不同调用产生的搜索点$\{u_t\}$是不同的。为了避免歧义，我们使用 $u_{k,t}(k\geqslant 1,\ t\geqslant 0)$来表示第 k 次外层迭代中 SPS 算法生成的搜索点。因此，我们使用

$$\delta_{k,t-1}:=H(u_{k,t-1},\ \xi_{t-1})-h'(u_{k,t-1}),\quad k\geqslant 1,\ t\geqslant 1 \tag{8.1.64}$$

来表示与 SFO 预言机相关的随机噪声。这样，由式(8.1.61)和式(8.1.12)中 Φ_k 的定义，以及 SGS 算法中$(x_k,\ \tilde{x}_k)$的原点，得到

$$\beta_k(1-P_{T_k})^{-1}V(x_k,\ u)+[\Phi_k(\tilde{x}_k)-\Phi_k(u)]\leqslant \beta_k P_{T_k}(1-P_{T_k})^{-1}V(x_{k-1},\ u)+P_{T_k}(1-P_{T_k})^{-1}\sum_{i=1}^{T_k}\frac{1}{p_i P_{i-1}}\left[\frac{(M+\|\delta_{k,\ i-1}\|_*)^2}{2\beta_k p_i}+\langle\delta_{k,\ i-1},\ u-u_{k,\ i-1}\rangle\right] \tag{8.1.65}$$

对于任意 $u\in X$ 及 $k\geqslant 1$ 成立。

借助于式(8.1.65)，我们现在准备给出 SGS 算法的主要收敛性质。

定理 8.2　假定 SGS 算法中的$\{p_t\}$、$\{\theta_t\}$、$\{\beta_k\}$和$\{\gamma_k\}$满足式(8.1.20)和式(8.1.25)。

(a) 若关系式(8.1.33)成立，则在假设(8.1.6)和式(8.1.7)下，对于任意 $N\geqslant 1$，有

$$\mathbb{E}[\Psi(\overline{x}_N)-\Psi(x^*)]\leqslant \widetilde{\mathcal{B}}_d(N):=\frac{\Gamma_N\beta_1}{1-P_{T_1}}V(x_0,\ u)+\Gamma_N\sum_{k=1}^{N}\sum_{i=1}^{T_k}\frac{(M^2+\sigma^2)\gamma_k P_{T_k}}{\beta_k\Gamma_k(1-P_{T_k})p_i^2 P_{i-1}} \tag{8.1.66}$$

其中 x^* 是问题(8.1.1)的任意最优解，p_t 和 Γ_k 分别在式(8.1.18)和式(8.1.32)中定义。

(b) 如果另外还有 X 是紧的，且条件(8.1.57)成立，则

$$\text{Prob}\{\Psi(\overline{x}_N)-\Psi(x^*)\geqslant \widetilde{\mathcal{B}}_d(N)+\lambda\mathcal{B}_p(N)\}\leqslant \exp\{-2\lambda^2/3\}+\exp\{-\lambda\} \tag{8.1.67}$$

对于任意 $\lambda>0$ 和 $N\geqslant 1$ 成立，其中

$$\widetilde{\mathcal{B}}_p(N):=\sigma\Gamma_N\left\{2\overline{V}(x^*)\sum_{k=1}^{N}\sum_{i=1}^{T_k}\left[\frac{\gamma_k P_{T_k}}{\Gamma_k(1-P_{T_k})p_iP_{i-1}}\right]^2\right\}^{1/2}+$$

$$\Gamma_N\sum_{k=1}^{N}\sum_{i=1}^{T_k}\frac{\sigma^2\gamma_k P_{T_k}}{\beta_k\Gamma_k(1-P_{T_k})p_i^2P_{i-1}} \tag{8.1.68}$$

(c) 如果 X 是紧的，且关系式(8.1.35)(而不是式(8.1.33))成立，则用 $\gamma_N\beta_N\overline{V}(x^*)/(1-P_{T_N})$ 替换 $\widetilde{\mathcal{B}}_d(N)$ 定义中的第一项后，上面(a)和(b)部分的结果仍然成立。

证明　应用式(8.1.31)和式(8.1.65)，我们有

$$\Psi(\overline{x}_k)-\Psi(u)\leqslant(1-\gamma_k)[\Psi(\overline{x}_{k-1})-\Psi(u)]+\gamma_k\left\{\frac{\beta_k}{1-P_{T_k}}[V(x_{k-1},u)-V(x_k,u)]+\right.$$

$$\left.\frac{P_{T_k}}{1-P_{T_k}}\sum_{i=1}^{T_k}\frac{1}{p_iP_{i-1}}\left[\frac{(M+\|\delta_{k,i-1}\|_*)^2}{2\beta_kp_i}+\langle\delta_{k,i-1},u-u_{k,i-1}\rangle\right]\right\}$$

利用上面的不等式和引理 3.17，得到

$$\Psi(\overline{x}_N)-\Psi(u)\leqslant\Gamma_N(1-\gamma_1)[\Psi(\overline{x}_0)-\Psi(u)]+$$

$$\Gamma_N\sum_{k=1}^{N}\frac{\beta_k\gamma_k}{\Gamma_k(1-P_{T_k})}[V(x_{k-1},u)-V(x_k,u)]+\Gamma_N\sum_{k=1}^{N}\frac{\gamma_kP_{T_k}}{\Gamma_k(1-P_{T_k})}$$

$$\sum_{i=1}^{T_k}\frac{1}{p_iP_{i-1}}\left[\frac{(M+\|\delta_{k,i-1}\|_*)^2}{2\beta_kp_i}+\langle\delta_{k,i-1},u-u_{k,i-1}\rangle\right]$$

由式(8.1.37)和 $\gamma_1=1$ 的事实，上述关系意味着

$$\Psi(\overline{x}_N)-\Psi(u)\leqslant\frac{\beta_k}{1-P_{T_1}}V(x_0,u)+\Gamma_N\sum_{k=1}^{N}\frac{\gamma_kP_{T_k}}{\Gamma_k(1-P_{T_k})}$$

$$\sum_{i=1}^{T_k}\frac{1}{p_iP_{i-1}}\left[\frac{M^2+\|\delta_{k,i-1}\|_*^2}{\beta_kp_i}+\langle\delta_{k,i-1},u-u_{k,i-1}\rangle\right] \tag{8.1.69}$$

我们现在给出式(8.1.69)右侧的期望或高概率成立的上界。

我们首先证明(a)部分。注意，通过对 SFO 预言机的假设可知，随机变量 $\delta_{k,i-1}$ 是独立于搜索点 $u_{k,i-1}$ 的，因此 $\mathbb{E}[\langle\Delta_{k,i-1},x^*-u_{k,i}\rangle]=0$。另外，由假设条件(8.1.7)可知 $\mathbb{E}[\|\delta_{k,i-1}\|_*^2]\leqslant\sigma^2$。利用前面的两个观察结果，并在式(8.1.69)(取 $u=x^*$)的两边取期望，我们就得到了式(8.1.66)。

我们再来证明(b)部分是成立的。注意，根据对 SFO 预言机的假设和 $u_{k,i}$ 的定义，序列 $\{\langle\delta_{k,i-1},x^*-u_{k,i-1}\rangle\}_{k\geqslant1,1\leqslant i\leqslant T_k}$ 是一个鞅-差分序列。记

$$\alpha_{k,i}:=\frac{\gamma_kP_{T_k}}{\Gamma_k(1-P_{T_k})p_iP_{i-1}}$$

利用鞅-差分序列的大偏差定理和事实

$$\begin{aligned}&\mathbb{E}[\exp\{\alpha_{k,i}^2\langle\delta_{k,i-1},x^*-u_{k,i}\rangle^2/(2\alpha_{k,i}^2\overline{V}(x^*)\sigma^2)\}]\\ \leqslant&\mathbb{E}[\exp\{\|\delta_{k,i-1}\|_*^2\|x^*-u_{k,i}\|^2/(2\overline{V}(x^*)\sigma^2)\}]\\ \leqslant&\mathbb{E}[\exp\{\|\delta_{k,i-1}\|_*^2V(u_{k,i},x^*)/(\overline{V}(x^*)\sigma^2)\}]\\ \leqslant&\mathbb{E}[\exp\{\|\delta_{k,i-1}\|_*^2/\sigma^2\}]\leqslant\exp\{1\}\end{aligned}$$

可以得出这样的结论：

$$\text{Prob}\left\{\sum_{k=1}^{N}\sum_{i=1}^{T_k}\alpha_{k,i}\langle\delta_{k,i-1},\ x^*-u_{k,i-1}\rangle>\lambda\sigma\sqrt{2\overline{V}(x^*)\sum_{k=1}^{N}\sum_{i=1}^{T_k}\alpha_{k,i}^2}\right\}$$
$$\leqslant\exp\{-\lambda^2/3\},\quad\forall\lambda>0\tag{8.1.70}$$

现在令

$$S_{k,i}:=\frac{\gamma_k P_{T_k}}{\beta_k\Gamma_k(1-P_{T_k})p_i^2P_{i-1}}$$

以及 $S:=\sum_{k=1}^{N}\sum_{i=1}^{T_k}S_{k,j}$。由于指数函数的凸性，可得到

$$\mathbb{E}\left[\exp\left\{\frac{1}{S}\sum_{k=1}^{N}\sum_{i=1}^{T_k}S_{k,i}\|\delta_{k,i}\|_*^2/\sigma^2\right\}\right]$$
$$\leqslant\mathbb{E}\left[\frac{1}{S}\sum_{k=1}^{N}\sum_{i=1}^{T_k}S_i\exp\{\|\delta_{k,i}\|_*^2/\sigma^2\}\right]\leqslant\exp\{1\}$$

其中的最后一个不等式来自“轻尾”假设(8.1.57)。因此，根据 Markov 不等式，对于 $\lambda>0$，

$$\text{Prob}\left\{\sum_{k=1}^{N}\sum_{i=1}^{T_k}S_{k,i}\|\delta_{k,i-1}\|_*^2>(1+\lambda)\sigma^2\sum_{k=1}^{N}\sum_{i=1}^{T_k}S_{k,i}\right\}$$
$$=\text{Prob}\left\{\exp\left\{\frac{1}{S}\sum_{k=1}^{N}\sum_{i=1}^{T_k}S_{k,i}\|\delta_{k,i-1}\|_*^2/\sigma^2\right\}\geqslant\exp\{1+\lambda\}\right\}\leqslant\exp\{-\lambda\}\tag{8.1.71}$$

我们的结论可由式(8.1.69)、式(8.1.70)和式(8.1.71)直接推得。由于有式(8.1.38)中的界限，(c)部分的证明与(a)部分及(b)部分非常相似，因此跳过有关细节。■

我们下面将提供一些在使用 SGS 算法时，参数$\{\beta_k\}$、$\{\gamma_k\}$、$\{T_k\}$、$\{p_t\}$和$\{\theta_t\}$的具体选择。特别是，虽然推论 8.3(a)中的步长策略要求给定一个先验的迭代次数 N，但在推论 8.3(b)中，如果 X 是有界的，则不需要这样的假设。然而，为了提供一些与 SGS 算法的收敛速度相关的大偏差结果(见式(8.1.74)和式(8.1.77))，我们需要在推论 8.3(a)和推论 8.3(b)中都假定 X 的有界性。

推论 8.3　*假设 SPS 程序中的$\{p_t\}$和$\{\theta_t\}$按式(8.1.39)设置。*

(a) 如果 N 预先给定，$\{\beta_k\}$和$\{\gamma_k\}$按式(8.1.40)设置，$\{T_k\}$由下式给出：

$$T_k=\left\lceil\frac{N(M^2+\sigma^2)k^2}{\widetilde{D}L^2}\right\rceil\tag{8.1.72}$$

对于 $\widetilde{D}>0$。那么，在假设(8.1.6)和式(8.1.7)之下，有

$$\mathbb{E}[\Psi(\overline{x}_N)-\Psi(x^*)]\leqslant\frac{2L}{N(N+1)}[3V(x_0,\ x^*)+4\widetilde{D}],\quad\forall N\geqslant1\tag{8.1.73}$$

另外，如果 X 是紧的且条件(8.1.57)被满足，那么

$$\text{Prob}\left\{\Psi(\overline{x}_N)-\Psi(x^*)\geqslant\frac{2L}{N(N+1)}\left[3V(x_0,\ x^*)+4(1+\lambda)\widetilde{D}+\frac{4\lambda\sqrt{\widetilde{D}\overline{V}(x^*)}}{\sqrt{3}}\right]\right\}$$
$$\leqslant\exp\{-2\lambda^2/3\}+\exp\{-\lambda\},\quad\forall\lambda>0,\quad\forall N\geqslant1\tag{8.1.74}$$

(b) 如果 X 是紧的，$\{\beta_k\}$和$\{\gamma_k\}$按式(8.1.42)设置，$\{T_k\}$由下式给出：

$$T_k=\left\lceil\frac{(M^2+\sigma^2)(k+1)^3}{\widetilde{D}L^2}\right\rceil\tag{8.1.75}$$

对于 $\widetilde{D}>0$。那么，在假设(8.1.6)和式(8.1.7)之下，有

$$\mathbb{E}[\Psi(\overline{x}_N)-\Psi(x^*)]\leqslant\frac{L}{(N+1)(N+2)}\left[\frac{27\overline{V}(x^*)}{2}+\frac{16\widetilde{D}}{3}\right],\quad \forall N\geqslant 1 \tag{8.1.76}$$

另外如果还有条件(8.1.57)被满足，则

$$\operatorname{Prob}\left\{\Psi(\overline{x}_N)-\Psi(x^*)\geqslant\frac{L}{N(N+2)}\left[\frac{27\overline{V}(x^*)}{2}+\frac{8}{3}(2+\lambda)\widetilde{D}+\frac{12\lambda\sqrt{2\widetilde{D}\overline{V}(x^*)}}{\sqrt{3}}\right]\right\}$$
$$\leqslant\exp\{-2\lambda^2/3\}+\exp\{-\lambda\},\quad\forall\lambda>0,\quad\forall N\geqslant 1 \tag{8.1.77}$$

证明 我们首先证明(a)部分。从式(8.1.46)很容易看出式(8.1.25)成立。此外，使用式(8.1.40)、式(8.1.45)和式(8.1.46)，很容易看到关系式(8.1.33)是成立的。由式(8.1.45)、式(8.1.46)、式(8.1.48)、式(8.1.66)和式(8.1.72)可推得

$$\begin{aligned}\widetilde{\mathcal{B}}_d(N)&\leqslant\frac{4LV(x_0,x^*)}{N(N+1)(1-P_{T_1})}+\frac{8(M^2+\sigma^2)}{LN(N+1)}\sum_{k=1}^{N}\frac{k^2}{T_k+3}\\&\leqslant\frac{6L}{N(N+1)}+\frac{8(M^2+\sigma^2)}{LN(N+1)}\sum_{k=1}^{N}\frac{k^2}{T_k+3}\\&\leqslant\frac{2L}{N(N+1)}[3V(x_0,x^*)+4\widetilde{D}]\end{aligned}\tag{8.1.78}$$

根据定理 8.2(a)，显然可推出式(8.1.73)。根据式(8.1.40)中 γ_k 的定义和关系式(8.1.46)，有

$$\begin{aligned}\sum_{i=1}^{T_k}\left[\frac{\gamma_k P_{T_k}}{\Gamma_k(1-P_{T_k})p_iP_{i-1}}\right]^2&=\left(\frac{2k}{T_k(T_k+3)}\right)^2\sum_{i=1}^{T_k}(i+1)^2\\&=\left(\frac{2k}{T_k(T_k+3)}\right)^2\frac{(T_k+1)(T_k+2)(2T_k+3)}{6}\leqslant\frac{8k^2}{3T_k}\end{aligned}$$

此式与式(8.1.46)、式(8.1.48)和式(8.1.68)合在一起推得

$$\begin{aligned}\widetilde{\mathcal{B}}_p(N)&\leqslant\frac{2\sigma}{N(N+1)}\left[2\overline{V}(x^*)\sum_{k=1}^{N}\frac{8k^2}{3T_k}\right]^{1/2}+\frac{8\sigma^2}{LN(N+1)}\sum_{k=1}^{N}\frac{k^2}{T_k+3}\\&\leqslant\frac{2\sigma}{N(N+1)}\left[\frac{16\widetilde{D}L^2\overline{V}(x^*)}{3(M^2+\sigma^2)}\right]^{1/2}+\frac{8\widetilde{D}L\sigma^2}{N(N+1)(M^2+\sigma^2)}\\&\leqslant\frac{8L}{N(N+1)}\left(\frac{\sqrt{\widetilde{D}\overline{V}(x^*)}}{\sqrt{3}}+\widetilde{D}\right)\end{aligned}$$

利用上面的不等式、式(8.1.78)和定理 8.2 的(b)部分，即可得到欲证的式(8.1.74)。

现在我们来证明(b)部分是成立的。注意 P_t 和 Γ_k 分别由式(8.1.44)和式(8.1.50)给出。然后由式(8.1.49)和式(8.1.51)可得出，式(8.1.25)和式(8.1.35)都是成立的。利用式(8.1.52)和式(8.1.42)中 γ_k 和 β_k 的定义、式(8.1.75)以及定理 8.2(c)，我们得到

$$\begin{aligned}\mathbb{E}[\Psi(\overline{x}_N)-\Psi(x^*)]&\leqslant\frac{\gamma_N\beta_N\overline{V}(x^*)}{(1-P_{T_N})}+\Gamma_N(M^2+\sigma^2)\sum_{k=1}^{N}\sum_{i=1}^{T_k}\frac{\gamma_kP_{T_k}}{\beta_k\Gamma_k(1-P_{T_k})p_i^2P_{i-1}}\\&\leqslant\frac{\gamma_N\beta_N\overline{V}(x^*)}{(1-P_{T_N})}+\frac{16L\widetilde{D}}{3(N+1)(N+2)}\\&\leqslant\frac{L}{(N+1)(N+2)}\left(\frac{27\overline{V}(x^*)}{2}+\frac{16\widetilde{D}}{3}\right)\end{aligned}\tag{8.1.79}$$

现在观察到由 γ_k 在式(8.1.42)中的定义、$p_t=t/2$ 的事实、式(8.1.44)和式(8.1.50)，我们有

$$\sum_{i=1}^{T_k}\left[\frac{\gamma_k P_{T_k}}{\Gamma_k(1-P_{T_k})p_i P_{i-1}}\right]^2=\left(\frac{k(k+1)}{T_k(T_k+3)}\right)^2\sum_{i=1}^{T_k}(i+1)^2$$
$$=\left(\frac{k(k+1)}{T_k(T_k+3)}\right)^2\frac{(T_k+1)(T_k+2)(2T_k+3)}{6}\leqslant\frac{8k^4}{3T_k}$$

此式与式(8.1.50)、式(8.1.52)和式(8.1.68)一起可推出

$$\widetilde{\mathcal{B}}_p(N)\leqslant\frac{6}{N(N+1)(N+2)}\left[\sigma(2\overline{V}(x^*)\sum_{k=1}^{N}\frac{8k^4}{3T_k})^{1/2}+\frac{4\sigma^2}{9L}\sum_{k=1}^{N}\frac{k(k+1)^2}{T_k}\right]$$
$$=\frac{6}{N(N+1)(N+2)}\left[\sigma\left(\frac{8\overline{V}(x^*)\widetilde{D}L^2N(N+1)}{3(M^2+\sigma^2)}\right)^{1/2}+\frac{4\sigma^2L\widetilde{D}N}{9(M^2+\sigma^2)}\right]$$
$$\leqslant\frac{6L}{N(N+2)}\left(\frac{2\sqrt{2\overline{V}(x^*)\widetilde{D}}}{\sqrt{3}}+\frac{4\widetilde{D}}{9}\right)$$

可由上述不等式、式(8.1.79)和定理8.2(c)直接推出式(8.1.77)中的关系。 ■

下面的推论8.4说明SGS算法求问题(8.1.1)的随机ε-解和(ε，Λ)-解的复杂性，ε-解即一个点$\overline{x}\in X$使得$\varepsilon>0$时$\mathbb{E}[\Psi(\overline{x})-\Psi^*]\leqslant\varepsilon$，随机(ε，Λ)-解即一个点$\overline{x}\in X$使得对$\varepsilon>0$且$\Lambda\in(0,1)$有$\text{Prob}\{\Psi(\overline{x})-\Psi^*\leqslant\varepsilon\}>1-\Lambda$。由于这个结果是推论8.3的直接结果，我们跳过它的证明细节。

推论8.4 假定$\{p_t\}$和$\{\theta_t\}$按式(8.1.39)设置，并假设存在估计$D_X>0$使得关系式(8.1.53)成立。

(a) 如果$\{\beta_k\}$和$\{\gamma_k\}$按式(8.1.40)设定，并且$\{T_k\}$由式(8.1.72)给出，式中的$\widetilde{D}=3D_X^2/(4)$对于某个$N>0$。那么，SGS算法求问题(8.1.1)的随机ε-解所需的∇f和h'的计算次数的界分别为

$$\mathcal{O}\left(\sqrt{\frac{LD_X^2}{\varepsilon}}\right)\tag{8.1.80}$$

和

$$\mathcal{O}\left\{\frac{(M^2+\sigma^2)D_X^2}{\varepsilon^2}+\sqrt{\frac{LD_X^2}{\varepsilon}}\right\}\tag{8.1.81}$$

(b) 另外，如果还假设式(8.1.57)成立，那么，SGS算法求式(8.1.1)的随机(ε，Λ)-解所需要的∇f和h'的计算次数的界分别为

$$\mathcal{O}\left\{\sqrt{\frac{LD_X^2}{\varepsilon}\max\left(1,\ \log\frac{1}{\Lambda}\right)}\right\}\tag{8.1.82}$$

和

$$\mathcal{O}\left\{\frac{M^2D_X^2}{\varepsilon^2}\max\left(1,\log^2\frac{1}{\Lambda}\right)+\sqrt{\frac{LD_X^2}{\varepsilon}\max\left(1,\ \log\frac{1}{\Lambda}\right)}\right\}\tag{8.1.83}$$

(c) 如果X有界，$\{\beta_k\}$和$\{\gamma_k\}$按式(8.1.42)设定，且$\{T_k\}$由式(8.1.75)给出，式中的$\widetilde{D}=81D_X^2/(32)$，那么，定理(a)和(b)的界仍然成立。

观察可知，式(8.1.80)和式(8.1.81)中∇f和h'的计算次数的界本质上是不可改进的。实际上，非常有趣的是，可以注意到这种随机逼近型算法应用于式(8.1.1)中的复合问题时只需要进行$\mathcal{O}(1/\sqrt{\varepsilon})$次梯度计算。

8.1.3　强凸和结构化的非光滑问题

8.1.1 节和 8.1.2 节中介绍的梯度滑动技术可以进一步推广到 CP 问题的其他一些重要类别。具体来说，我们首先在 8.1.3.1 节中研究式(8.1.1)中 f 为强凸的复合 CP 问题，然后在 8.1.3.2 节中考虑 f 是双线性鞍点形式的特殊非光滑函数的情形。在本小节中，假设非光滑分量 h 可用 SFO 预言机表示。很明显，我们的讨论也涵盖了确定性复合问题的某些特殊情况，这只需条件(8.1.7)和条件(8.1.57)中的 $\sigma=0$。

8.1.3.1　强凸优化

在本小节中，我们假设式(8.1.1)中的光滑分量 f 是强凸的，即 $\exists\mu>0$，使得

$$f(x)\geqslant f(y)+\langle\nabla f(y),\ x-y\rangle+\mu V(y,\ x),\quad \forall x,\ y\in X \tag{8.1.84}$$

求解这些强凸复合问题的一种方法是应用上述随机加速梯度下降法(或加速随机逼近算法)，该算法要求进行 ∇f 和 h' 的 $\mathcal{O}(1/\varepsilon)$ 次求值，从而找到问题(8.1.1)(4.2 节)的 ε-解。然而，我们将在这一小节展示，通过适当地重启 8.1.2 节中的 SGS 算法，∇f 求值次数的界可以急速地降低到 $\mathcal{O}(\log(1/\varepsilon))$。这种多阶段随机梯度滑动(M-SGS)算法可形式化描述如下。

算法 8.3　多阶段随机梯度滑动算法

输入： 初始点 $y_0\in X$，迭代极限 N_0，初始估计 Δ_0 使得 $\Psi(y_0)-\Psi^*\leqslant\Delta_0$。

for $s=1,\ 2,\ \cdots,\ S$ **do**

令 $x_0=y_{s-1}$，$N=N_0$，在式(8.1.39)中的 $\{p_t\}$ 和 $\{\theta_t\}$，式(8.1.40)中的 $\{\beta_k\}$ 和 $\{\gamma_k\}$，以及式(8.1.72)中 $\{T_k\}(\widetilde{D}=\Delta_0/(\mu 2^s))$ 下运行 SGS 算法，设 y_s 为其输出解。

end for

输出： y_s。

我们现在讨论上述 M-SGS 算法的主要收敛性质。

定理 8.3　若在 M-SGS 算法中取 $N_0=\lceil 2\sqrt{5L/\mu}\rceil$，则

$$\mathbb{E}[\Psi(y_s)-\Psi^*]\leqslant\frac{\Delta_0}{2^s},\quad s\geqslant 0 \tag{8.1.85}$$

因此，M-SGS 算法求解问题(8.1.1)的随机 ε-解所需的 ∇f 和 H 的计算总次数的界分别为

$$\mathcal{O}\left(\sqrt{\frac{L}{\mu}}\log_2\max\left\{\frac{\Delta_0}{\varepsilon},\ 1\right\}\right) \tag{8.1.86}$$

和

$$\mathcal{O}\left(\frac{M^2+\sigma^2}{\mu\varepsilon}+\sqrt{\frac{L}{\mu}}\log_2\max\left\{\frac{\Delta_0}{\varepsilon},\ 1\right\}\right) \tag{8.1.87}$$

证明　我们用数学归纳法来证明式(8.1.85)。注意，根据对 Δ_0 的假设，$s=0$ 时式(8.1.85)显然成立；现在，假设 $s-1$ 阶段式(8.1.85)成立，也就是说，$\Psi(y_{s-1})-\Psi^*\leqslant\Delta_0/2^{(s-1)}$(对某个 $s\geqslant 1$)。根据推论 8.3 和 y_s 的定义，有

$$\begin{aligned}\mathbb{E}[\Psi(y_s)-\Psi^*\mid y_{s-1}]&\leqslant\frac{2L}{N_0(N_0+1)}[3V(y_{s-1},\ x^*)+4\widetilde{D}]\\&\leqslant\frac{2L}{N_0^2}\left[\frac{3}{\mu}(\Psi(y_{s-1})-\Psi^*)+4\widetilde{D}\right]\end{aligned}$$

其中第二个不等式由 Ψ 的强凸性得到。将上述不等式两边对变量 y_{s-1} 同时取期望，并使用归纳假设，及 M-SGS 算法中 $\widetilde{D}$ 的定义，得到

$$\mathbb{E}[\Psi(y_s)-\Psi^*]\leqslant\frac{2L}{N_0^2}\frac{5\Delta_0}{\mu 2^{s-1}}\leqslant\frac{\Delta_0}{2^s}$$

最后一个不等式由 N_0 的定义得到。根据式(8.1.85)，M-SGS 算法的总阶段数可限定为 $S=\left\lceil \log_2\max\left\{\frac{\Delta_0}{\varepsilon},\ 1\right\}\right\rceil$。通过这一观察，很容易看到 ∇f 的梯度计算总次数是由 $N_0 S$ 给出的，它以式(8.1.86)为界。现在让我们给出 h' 的随机次梯度计算的总数的界。不失一般性，假设 $\Delta_0>\varepsilon$。利用前面关于 S 的上界和 T_k 的定义，h' 的随机次梯度计算的总次数的界为

$$\begin{aligned}\sum_{s=1}^{S}\sum_{k=1}^{N_0}T_k &\leqslant\sum_{s=1}^{S}\sum_{k=1}^{N_0}\left(\frac{\mu N_0(M^2+\sigma^2)k^2}{\Delta_0 L^2}2^s+1\right)\\ &\leqslant\sum_{s=1}^{S}\left[\frac{\mu N_0(M^2+\sigma^2)}{3\Delta_0 L^2}(N_0+1)^3 2^s+N_0\right]\\ &\leqslant\frac{\mu N_0(N_0+1)^3(M^2+\sigma^2)}{3\Delta_0 L^2}2^{S+1}+N_0 S\\ &\leqslant\frac{4\mu N_0(N_0+1)^3(M^2+\sigma^2)}{3\varepsilon L^2}+N_0 S\end{aligned}$$

从 N_0 的定义来看，这个观察结果显然意味着式(8.1.87)中的界成立。 ■

我们现在对定理 8.3 中得到的结果做一些说明。首先，M-SGS 算法在 ∇f 的梯度计算次数和 h' 的次梯度计算次数方面具有最优复杂度界，而现有算法仅在 h' 的随机次梯度计算次数方面有最优复杂度界(见 4.2 节)。其次，在定理 8.3 中，我们只在期望中建立了 M-SGS 算法的最优收敛性。利用式(8.1.57)中的轻尾假设和域收缩过程特性，也能以很高概率建立该算法的最优收敛性。

8.1.3.2 结构化非光滑问题

本节的目标是将梯度滑动算法进一步推广到 f 是非光滑但可以用某个光滑的凸函数来近似的情形。

更具体地说，我们假设 f 的形式是

$$f(x)=\max_{y\in Y}\langle Ax,\ y\rangle-J(y) \tag{8.1.88}$$

式中，A：$\mathbb{R}^n\to\mathbb{R}^m$ 表示一个线性算子，Y 是一个闭凸集，J：$Y\to\mathbb{R}$ 是一个相对简单的、正常的、凸的、下半连续(l. s. c.)函数(即下面的问题(8.1.91)是容易求解的)。注意，如果 J 是某个凸函数 F 和 $Y\equiv\mathcal{Y}$ 的凸共轭，那么 f 由式(8.1.88)中给出的问题(8.1.1)可以等价地写成

$$\min_{x\in X}h(x)+F(Ax)$$

与前一小节相似，我们仍将关注 h 由 SFO 预言机表示的情形。这种形式的随机复合问题在机器学习中有广泛的应用，例如最小化正则化损失函数

$$\min_{x\in X}\mathbb{E}_\xi[l(x,\ \xi)]+F(Ax)$$

式中，对于任何 $\xi\in\Xi$，$l(\cdot,\ \xi)$是凸损失函数，且 $F(Kx)$是正则化项。

由于式(8.1.88)中的 f 是非光滑的，所以我们不能直接应用前几节提出的梯度滑动方法。然而，式(8.1.88)中的函数 $f(\cdot)$可以用一类光滑凸函数来很好地近似。更具体地说，

对于给定的强凸函数 $\omega: Y \to \mathbb{R}$，使得

$$\omega(y) \geqslant \omega(x) + \langle \nabla\omega(x), y-x\rangle + \frac{1}{2}\|y-x\|^2, \quad \forall x, y \in Y \tag{8.1.89}$$

我们给出如下表示：$c_\omega := \arg\min_{y\in Y} \omega(y)$，$W(y) \equiv W(c_\omega, y) := \omega(y) - \omega(c_\omega) - \langle \nabla\omega(c_\omega), y-c_\omega\rangle$，

$$D_Y := [\max_{y\in Y} W(y)]^{1/2} \tag{8.1.90}$$

那么式(8.1.88)中的函数 $f(\cdot)$ 可以很好地近似为

$$f_\eta(x) := \max_y \{\langle Ax, y\rangle - J(y) - \eta W(y): y \in Y\} \tag{8.1.91}$$

实际上，根据定义有 $0 \leqslant W(y) \leqslant D_Y^2$，因此，对于任意 $\eta \geqslant 0$，有

$$f(x) - \eta D_Y^2 \leqslant f_\eta(x) \leqslant f(x), \quad \forall x \in X \tag{8.1.92}$$

此外，$f_\eta(\cdot)$ 是可微的，其梯度是 Lipschitz 连续的，并且 Lipschitz 常数由下式给出：

$$\mathcal{L}_\eta := \frac{\|A\|^2}{\eta} \tag{8.1.93}$$

我们现在准备提出一种平滑随机梯度滑动(S-SGS)方法，并研究其收敛性质。

定理 8.4　*设 $(\overline{x}_k, x_k)$ 为平滑随机梯度滑动方法生成的搜索点，S-SGS 算法是将 SGS 方法的 g_k 定义中的 f 替换为 $f_\eta(\cdot)$ 得到的。假设 SPS 过程中的 $\{p_t\}$ 和 $\{\theta_t\}$ 按式(8.1.39)设置，并且 $\{\beta_k\}$ 和 $\{\gamma_k\}$ 按式(8.1.40)设置，T_k 由式(8.1.72)给出，其中取 $\widetilde{D} = 3D_X^2/4$，$N \geqslant 1$，而 D_X 由式(8.1.53)给出。如果*

$$\eta = \frac{2\sqrt{3}\|A\|D_X}{ND_Y}$$

那么，S-SGS 算法求问题(8.1.1)的 ε-解的总外部迭代次数和内部迭代次数分别有界

$$\mathcal{O}\left(\frac{\|A\|D_X D_Y}{\varepsilon}\right) \tag{8.1.94}$$

和

$$\mathcal{O}\left\{\frac{(M^2+\sigma^2)\|A\|^2 V(x_0, x^*)}{\varepsilon^2} + \frac{\|A\|D_Y\sqrt{V(x_0, x^*)}}{\varepsilon}\right\} \tag{8.1.95}$$

证明　记 $\Psi_\eta(x) = f_\eta(x) + h(x) + \chi(x)$。由式(8.1.73)和式(8.1.93)，我们有

$$\begin{aligned}\mathbb{E}[\Psi_\eta(\overline{x}_N) - \Psi_\eta(x)] &\leqslant \frac{2L_\eta}{N(N+1)}[3V(x_0, x) + 4\widetilde{D}] \\ &= \frac{2\|A\|^2}{\eta N(N+1)}[3V(x_0, x) + 4\widetilde{D}], \quad \forall x \in X, N \geqslant 1\end{aligned}$$

此外，由式(8.1.92)可以得出

$$\Psi_\eta(\overline{x}_N) - \Psi_\eta(x) \geqslant \Psi(\overline{x}_N) - \Psi(x) - \eta D_Y^2$$

结合上述两个不等式，得到

$$\mathbb{E}[\Psi(\overline{x}_N) - \Psi(x)] \leqslant \frac{2\|A\|^2}{\eta N(N+1)}[3V(x_0, x) + 4\widetilde{D}] + \eta D_Y^2, \quad \forall x \in X$$

这意味着

$$\mathbb{E}[\Psi(\overline{x}_N) - \Psi(x^*)] \leqslant \frac{2\|A\|^2}{\eta N(N+1)}[3D_X^2 + 4\widetilde{D}] + \eta D_Y^2 \tag{8.1.96}$$

把 $\widetilde{D}$ 和 η 的值代入上界，很容易看到

$$\mathbb{E}[\Psi(\overline{x}_N)-\Psi(x^*)]\leqslant\frac{4\sqrt{3}\|A\|D_X D_Y}{N},\quad \forall x\in X,\ N\geqslant 1$$

由上述关系式可知，求得问题(8.1.88)ε-解的总外部迭代次数的界为

$$\overline{N}(\varepsilon)=\frac{4\sqrt{3}\|A\|D_X D_Y}{\varepsilon}$$

现在，观察内部迭代总次数的界为

$$\sum_{k=1}^{\overline{N}(\varepsilon)}T_k=\sum_{k=1}^{\overline{N}(\varepsilon)}\left[\frac{(M^2+\sigma^2)\overline{N}(\varepsilon)k^2}{\widetilde{D}L_\eta^2}+1\right]=\sum_{k=1}^{\overline{N}(\varepsilon)}\left[\frac{(M^2+\sigma^2)\overline{N}(\varepsilon)k^2}{\widetilde{D}L_\eta^2}+1\right]$$

结合这两个观察结果，我们得出结论，内部迭代的总次数的界为式(8.1.95)。■

针对定理 8.4，为求得问题(8.1.1)的 ε-解，通过平滑 SGS 算法，我们可以显著减少外部迭代次数，从而使线性算子 A 和 A^{T} 的访问次数从 $\mathcal{O}(1/\varepsilon^2)$减少到 $\mathcal{O}(1/\varepsilon)$，与此同时仍然保持了 h'的随机次梯度计算总数的最优界。需要注意的是，通过使用定理 8.2(b)中的结果，我们可以证明，在式(8.1.57)中与 SFO 预言机相关的轻尾假设下，上述算法将会节省对线性算子 A 和 A^{T} 的访问，这会以极大概率成立。

8.2 加速梯度滑动法

在这一节中，我们将讨论如何跳过梯度计算而不减慢梯度下降型方法的收敛速度来解决某些结构凸规划(CP)问题。为了启发我们的研究，首先考虑以下经典的双线性鞍点问题(SPP)：

$$\psi^*:=\min_{x\in X}\{\psi(x):=f(x)+\max_{y\in Y}\langle Ax,\ y\rangle-J(y)\}\tag{8.2.1}$$

其中，$X\subseteq\mathbb{R}^n$ 和 $Y\subseteq\mathbb{R}^m$ 是闭凸集，A：$\mathbb{R}^n\to\mathbb{R}^m$ 是一个线性算子，J 是一个相对简单的凸函数，f：$X\to\mathbb{R}$ 是一个连续可微的凸函数，且对于某些 $L>0$，满足

$$0\leqslant f(x)-l_f(u,\ x)\leqslant\frac{L}{2}\|x-u\|^2,\quad \forall x,\ u\in X\tag{8.2.2}$$

其中，$l_f(u,\ x):=f(u)+\langle\nabla f(u),\ x-u\rangle$表示 f 在点 u 的一阶泰勒展开式。观察到问题(8.2.1)是与 8.1.3.2 节不同的，其目标函数包含一个通用非光滑凸函数 h(而不是光滑凸函数 f)，尽管这两个问题都包含一个以 $\max_{y\in Y}\langle Ax,\ y\rangle-J(y)$的形式给出的结构化的非光滑分量。

由于 ψ 是一个非光滑凸函数，传统的非光滑优化方法，例如次梯度法，找到问题(8.2.1)的 ε-解，即点 $\overline{x}\in X$ 使得 $\Psi(\overline{x})-\Psi^*\leqslant\varepsilon$，需要 $\mathcal{O}(1/\varepsilon^2)$次迭代。如 3.6 节所讨论的，我们可以用下面的光滑凸函数来近似 ψ：

$$\psi_\rho^*:=\min_{x\in X}\{\psi_\rho(x):=f(x)+h_\rho(x)\}\tag{8.2.3}$$

其中对于某些 $\rho>0$，

$$h_\rho(x):=\max_{y\in Y}\langle Ax,\ y\rangle-J(y)-\rho W(y_0,\ y)\tag{8.2.4}$$

式中，$y_0\in Y$ 且 $W(y_0,\ \cdot)$是一个强凸函数。通过适当选择 ρ 的值，并将最优梯度法应用于求解问题(8.2.3)，我们可以计算出问题(8.2.1)的 ε-解，至多需要

$$\mathcal{O}\left(\sqrt{\frac{L}{\varepsilon}}+\frac{\|A\|}{\varepsilon}\right)\tag{8.2.5}$$

次迭代。这一复杂度界也可以通过原始-对偶类型方法及其等效形式，即乘子交替方向法

(见 3.6～3.7 节)来实现。

与上述平滑方案及相关方法有关的一个问题是，这些方法的每次迭代都需要计算 ∇f 和评估线性算子(A 和 A^{T})。因此，梯度和线性算子求值的总数都将以 $\mathcal{O}(1/\varepsilon)$ 为界。然而，在许多应用中，∇f 的计算代价往往比线性算子 A 和 A^{T} 的昂贵得多。这种情况是会发生的，例如，若线性算子 A 是稀疏的(例如，全变分、重叠组 Lasso 和图正则化)，而 f 涉及一个代价更高的数据拟合项。在 8.1 节中，我们考虑了一些类似的情况，并提出了梯度滑动(GS)算法来最小化一类目标函数，该目标函数是由一般光滑和非光滑分量之和给出的复合问题。我们证明了可以不时地跳过平滑分量的梯度计算，这样仍然能够保持 $\mathcal{O}(1/\varepsilon^2)$ 迭代复杂度界。更具体地说，通过对问题(8.2.1)应用 GS 方法，我们可以证明计算 ∇f 的梯度求值次数的界为

$$\mathcal{O}\left(\sqrt{\frac{L}{\varepsilon}}\right) \tag{8.2.6}$$

此结果明显优于式(8.2.5)。不幸的是，线性算子 A 和 A^{T} 的求值总次数的界为

$$\mathcal{O}\left(\sqrt{\frac{L}{\varepsilon}}+\frac{\|A\|^2}{\varepsilon^2}\right) \tag{8.2.7}$$

相比式(8.2.5)要差得多。于是，一个重要的问题是：为了求得问题(8.2.1)的 ε-解，是否仍然可以保持式(8.2.5)中的最优 $\mathcal{O}(1/\varepsilon)$ 复杂度界，但只进行 $\mathcal{O}(1/\sqrt{\varepsilon})$ 次 ∇f 的梯度计算？如果是这样，我们仍然可以保持迭代的总数相对较小，但会显著减少所需总的梯度计算次数。

为了解决问题(8.2.1)的现有求解方法存在的问题，我们将在本节中介绍一种利用式(8.2.1)结构信息的不同方法。首先，我们不像 8.1 节中那样只关注非光滑优化问题，而是研究以下光滑复合优化问题：

$$\phi^* := \min_{x\in X}\{\phi(x) := f(x)+h(x)\} \tag{8.2.8}$$

这里 f 和 h 是光滑凸函数，f 满足式(8.2.2)，h 满足

$$0\leqslant h(x)-l_h(u, x)\leqslant\frac{M}{2}\|x-u\|^2, \quad \forall x, u\in X \tag{8.2.9}$$

值得注意的是，问题(8.2.8)可以被视为式(8.2.1)或式(8.2.3)的特殊情况($J=h^*$ 是强凸函数，且 $Y=\mathbb{R}^n$，$A=I$，$\rho=0$)。在 $M\geqslant L$ 的假设下，我们提出一个新的加速梯度滑动(AGS)方法，它可以经常跳过 ∇f 的计算。我们证明了如欲求问题(8.2.8)的 ε-解，所要求的梯度值 ∇f 和 ∇h 的计算总次数界分别为

$$\mathcal{O}\left(\sqrt{\frac{L}{\varepsilon}}\right) \quad 和 \quad \mathcal{O}\left(\sqrt{\frac{M}{\varepsilon}}\right) \tag{8.2.10}$$

可以看出，对于光滑凸优化，上述复杂度界比加速梯度法(参见 3.3 节)得到的复杂度界更好，上述复杂度的界为

$$\mathcal{O}\left(\sqrt{\frac{L+M}{\varepsilon}}\right)$$

特别是在 AGS 方法中，与梯度 ∇h 相关的 Lipschitz 常数 M 完全不影响 ∇f 的梯度求值次数。显然，更高的 M/L 比率可能会导致更多的 ∇f 梯度计算的节省。此外，如果 f 是模 μ 强凸的，那么式(8.2.10)中的上述两个复杂度界分别大大减少至

$$\mathcal{O}\left(\sqrt{\frac{L}{\mu}}\log\frac{1}{\varepsilon}\right) \quad 和 \quad \mathcal{O}\left(\sqrt{\frac{M}{\mu}}\log\frac{1}{\varepsilon}\right) \tag{8.2.11}$$

利用加速梯度下降法求解问题(8.2.8)时，对 ∇f 的计算次数也得到了改进。我们观察到在经典的黑盒设置下，∇f 和 ∇h 梯度计算的复杂度界限交织在一起，而且有更大的 Lipschitz 常数 M 导致有更多的 ∇f 梯度计算，尽管 ∇f 和 M 之间没有明显的关系。在我们工作的进展中，通过假定分别访问 ∇f 和 ∇h 而不是将 $\nabla \phi$ 作为整体，打破了之前的黑盒假设。据我们所知，在光滑凸优化中，从未得到过如式(8.2.10)和式(8.2.11)类型的独立复杂度界。

其次，我们将上述 AGS 方法应用于光滑逼近问题(8.2.3)，以求解式(8.2.1)中上述双线性 SPP。通过适当选择平滑参数，我们证明了求解式(8.2.1)的 ε-解时，∇f 的梯度求值和 A(和 A^{T})的算子求值的总次数的界分别为

$$\mathcal{O}\left(\sqrt{\frac{L}{\varepsilon}}\right) \quad 和 \quad \mathcal{O}\left(\frac{\|A\|}{\varepsilon}\right) \tag{8.2.12}$$

与求解问题(8.2.1)的原始平滑方案以及已有的其他方法相比，该方法可以在不增加 A 和 A^{T} 运算符求值的复杂度界的情况下，显著节省 ∇f 的梯度计算次数。与 3.3 节中的 GS 方法相比，该方法可以将 A 以及 A^{T} 的算子求值次数由 $\mathcal{O}(1/\varepsilon^2)$减少到 $\mathcal{O}(1/\varepsilon)$。此外，如果 f 是模 μ 强凸的，那么，上述两个界将分别显著减小至

$$\mathcal{O}\left(\sqrt{\frac{L}{\mu}}\log\frac{1}{\varepsilon}\right) \quad 和 \quad \mathcal{O}\left(\frac{\|A\|}{\sqrt{\varepsilon}}\right) \tag{8.2.13}$$

据我们所知，这是第一次得到求解经典双线性鞍点问题(8.2.1)的严格复杂度界。

需要注意的是，虽然跳过 ∇f 计算的想法类似于 3.3 节，但本节提出的 AGS 方法与 3.3 节的 GS 方法有明显区别。特别是，GS 方法的每一次迭代都由一次加速梯度迭代和有限数量的次梯度迭代组成。与此不同，AGS 方法的每次迭代由一个嵌套的加速梯度迭代和几个其他加速梯度迭代组成，用以解决不同的子问题。AGS 方法的发展似乎比 GS 方法更具有技巧性，其收敛性分析也非显而易见。

8.2.1　复合光滑优化

在本节中，我们将提出一种加速梯度滑动(AGS)算法来解决式(8.2.8)中的光滑复合优化问题，并讨论它的收敛性。我们的主要目的是表明 AGS 算法可以时不时跳过 ∇f 的计算，在梯度计算方面可以获得比经典的一阶最优方法(如 3.3 节中的加速梯度下降方法)更好的复杂度界。不失一般性，在本节中，我们假设式(8.2.2)和式(8.2.9)中的 $M \geqslant L$。

AGS 方法是在 8.1 节的梯度滑动(GS)算法的基础上发展而来的，GS 算法是针对一类目标函数由光滑和非光滑部分之和给出的复合凸优化问题。GS 方法的基本思想是保持非光滑项在加速梯度法中位于投影(或邻近映射)内，然后再应用几个次梯度下降迭代来解决投影子问题。受到 GS 的启发，我们建议在加速梯度法中仍保留邻近映射中 Lipschitz 常数较大的光滑项 h，之后可应用几次加速梯度迭代来求解这一光滑子问题。因此，这里所提出的 AGS 方法涉及两个嵌套循环(即外部迭代和内部迭代)，每一个都包含一组改进的加速梯度下降迭代(见算法 8.4)。在第 k 次外部迭代中，我们首先在搜索点 $x_k \in X$ 上建立 f 的线性近似，即 $g_k(u)=l_f(\underline{x}_k, u)$，然后调用式(8.2.18)中的 ProxAG 程序，计算出一对新的搜索点$(x_k, \tilde{x}_k) \in X \times X$。设 $V(x, u)$是一个与模为 1 的距离生成函数 v 有关的邻近函数，使得

$$V(x, u) \geqslant \frac{1}{2}\|x-u\|^2 \quad \forall x, y \in X \tag{8.2.14}$$

ProxAG 程序可被视为计算如下问题的一对近似解的子程序

$$\min_{u\in X} g_k(u)+h(u)+\beta V(x_{k-1},u) \tag{8.2.15}$$

上式中，$g_k(\cdot)$在式(8.2.17)中定义，x_{k-1} 称为第 k 次外部迭代的邻近中心。值得一提的是，本算法与标准加速梯度迭代法相比，在步骤(8.2.16)～步骤(8.2.20)中有两点本质区别。首先，我们使用两个不同的搜索点 $\underline{x}_k$ 和 $\overline{x}_k$，通过更新 $\underline{x}_k$ 来计算线性逼近，通过更新 $\overline{x}_k$ 来计算式(8.2.19)中输出的解。其次，我们使用两个参数 γ_k 和 λ_k，分别用于更新 $\underline{x}_k$ 和 $\overline{x}_k$，而不是只使用一个参数。

算法 8.4 中的 ProxAG 程序执行 T_k 次内部加速梯度迭代来求解式(8.2.15)适当选择的起始点 $\widetilde{u}_0$ 和 u_0。然而，值得注意的是，加速梯度迭代式(8.2.20)～式(8.2.22)也不同于标准的加速梯度迭代的搜索点 $\underline{u}_t$ 的定义——在它涉及一个固定的搜索点 $\overline{x}$ 的意义上。因为每个 ProxAG 内部迭代的过程需要一次 ∇h 求值而不需要计算 ∇f，所以只要 $T_k>1$，∇h 的梯度求值次数就一定会大于 ∇f 的求值次数。另一方面，如果 AGS 方法中取 $\lambda_k\equiv\gamma_k$ 和 $T_k\equiv1$，而在 ProxAG 方法中取 $\alpha_t\equiv1$ 和 $p_t\equiv q_t\equiv0$，则式(8.2.18)变成了

$$x_k=\widetilde{x}_k=\arg\min_{u\in X} g_k(u)+l_h(\underline{x}_k,u)+\beta_k V(x_{k-1},u)$$

在这种情况下，AGS 方法就退化为加速梯度下降法的一个变种。

我们在本节剩余部分的目标是建立 AGS 方法的收敛性，并提供相当多的参数取值方式的理论指导，包括$\{\gamma_k\}$、$\{\beta_k\}$、$\{T_k\}$、$\{\lambda_k\}$、$\{\alpha_t\}$、$\{p_t\}$和$\{q_t\}$，用于该算法的一般性说明中。特别地，我们将给出通过 AGS 方法求问题(8.2.8)的 ε-解时，分别对应于 ∇f 和 ∇h 的梯度求值的次数，以及所需要执行的外部和内部迭代次数的上界。

算法 8.4　求解式(8.2.8)的加速梯度滑动(AGS)算法

选择 $x_0\in X$，设置 $\overline{x}_0=x_0$。

for $k=1,\cdots,N$ **do**

$$\underline{x}_k=(1-\gamma_k)\overline{x}_{k-1}+\gamma_k x_{k-1} \tag{8.2.16}$$

$$g_k(\cdot)=l_f(\underline{x}_k,\cdot) \tag{8.2.17}$$

$$(x_k,\widetilde{x}_k)=\text{ProxAG}(g_k,\overline{x}_{k-1},x_{k-1},\lambda_k,\beta_k,T_k) \tag{8.2.18}$$

$$\overline{x}_k=(1-\lambda_k)\overline{x}_{k-1}+\lambda_k\widetilde{x}_k \tag{8.2.19}$$

end for

输出： x_N。

procedure$(x^+,\widetilde{x}^+)=\text{ProxAG}(g,\overline{x},x,\lambda,\beta,\gamma,T)$

设置 $\widetilde{u}_0=x$ 和 $u_0=x$。

for $t=1,\cdots,T$ **do**

$$\underline{u}_t=(1-\lambda)\overline{x}+\lambda(1-\alpha_t)\widetilde{u}_{t-1}+\lambda\alpha_t u_{t-1} \tag{8.2.20}$$

$$u_t=\arg\min_{u\in X} g(u)+l_h(\underline{u}_t,u)+\beta V(x,u)+(\beta p_t+q_t)V(u_{t-1},u) \tag{8.2.21}$$

$$\widetilde{u}_t=(1-\alpha_t)\widetilde{u}_{t-1}+\alpha_t u_t \tag{8.2.22}$$

end for

输出： $x^+=u_T$ 和 $\widetilde{x}^+=\widetilde{u}_T$。

end procedure

我们将首先研究 ProxAG 程序的收敛性，依此立刻就能得到 AGS 方法的收敛性。在后面的分析中，我们将通过下式度量在第 k 次调用 ProxAG 程序时输出解的质量：

$$Q_k(x, u) := g_k(x) - g_k(u) + h(x) - h(u) \tag{8.2.23}$$

实际上，如果 x^* 是式(8.2.8)的最优解，那么 $Q_k(x, x^*)$ 会提供函数最优间隙，即 $\phi(x)-\phi(x^*)=f(x)-f(x^*)+h(x)-h(x^*)$的线性逼近，这一间隙是通过将 f 替换为 g_k 得到的。下面的结果描述了 $\phi(x)$与 $Q_k(\cdot, \cdot)$之间的一些关系。

引理 8.1 对于任何 $u \in X$，有

$$\begin{aligned} &\phi(\overline{x}_k) - \phi(u) \\ &\leqslant (1-\gamma_k)[\phi(\overline{x}_{k-1}) - \phi(u)] + Q_k(\overline{x}_k, u) - (1-\gamma_k)Q_k(\overline{x}_{k-1}, u) + \frac{L}{2}\|\overline{x}_k - \underline{x}_k\|^2 \end{aligned} \tag{8.2.24}$$

证明 通过式(8.2.2)、式(8.2.8)、式(8.2.17)以及 $f(\cdot)$的凸性，可以得到

$$\begin{aligned} &\phi(\overline{x}_k) - (1-\gamma_k)\phi(\overline{x}_{k-1}) - \gamma_k\phi(u) \\ &\leqslant g_k(\overline{x}_k) + \frac{L}{2}\|\overline{x}_k - \underline{x}_k\|^2 + h(\overline{x}_k) - \\ &\quad (1-\gamma_k)f(\overline{x}_{k-1}) - (1-\gamma_k)h(\overline{x}_{k-1}) - \gamma_k f(u) - \gamma_k h(u) \\ &\leqslant g_k(\overline{x}_k) + \frac{L}{2}\|\overline{x}_k - \underline{x}_k\|^2 + h(\overline{x}_k) - \\ &\quad (1-\gamma_k)g_k(\overline{x}_{k-1}) - (1-\gamma_k)h(\overline{x}_{k-1}) - \gamma_k g_k(u) - \gamma_k h(u) \\ &= Q_k(\overline{x}_k, u) - (1-\gamma_k)Q_k(\overline{x}_{k-1}, u) + \frac{L}{2}\|\overline{x}_k - \underline{x}_k\|^2 \end{aligned}$$

■

我们要为收敛性分析推导一些有用的公式。设$\{\alpha_t\}$为 ProxAG 过程中使用的参数(见式(8.2.20)和式(8.2.22))，并考虑由下式定义的序列$\{\Lambda_t\}_{t\geqslant 1}$：

$$\Lambda_t = \begin{cases} 1 & t=1 \\ (1-\alpha_t)\Lambda_{t-1} & t>1 \end{cases} \tag{8.2.25}$$

根据引理 3.17，我们有

$$1 = \Lambda_t\left[\frac{1-\alpha_1}{\Lambda_1} + \sum_{i=1}^{t}\frac{\alpha_i}{\Lambda_i}\right] = \Lambda_t(1-\alpha_1) + \Lambda_t\sum_{i=1}^{t}\frac{\alpha_i}{\Lambda_i} \tag{8.2.26}$$

其中，最后一个等式来自式(8.2.25)中 $\Lambda_1=1$ 这一事实。同样，将引理 3.17 应用于式(8.2.22)中的递归 $\widetilde{u}_t=(1-\alpha_t)\widetilde{u}_{t-1}+\alpha_t u_t$，我们有

$$\widetilde{u}_t = \Lambda_t\left[(1-\alpha_1)\widetilde{u}_0 + \sum_{i=1}^{t}\frac{\alpha_i}{\Lambda_i}u_i\right] \tag{8.2.27}$$

鉴于式(8.2.26)和 ProxAG 程序描述中 $\widetilde{u}_0=\overline{x}$ 的事实，上述关系表明 $\widetilde{u}_t$ 是 $\overline{x}$ 与$\{u_i\}_{i=1}^t$的凸组合。

在上述技术性结果的帮助下，我们现在准备推导 ProxAG 程序对误差测量 $Q_k(\cdot, \cdot)$的一些重要收敛性质。为了符号表示的方便，当处理对 ProxAG 程序的第 k 次调用时，我们将式(8.2.23)中的下标 k 去掉，用下面公式表示：

$$Q(x, u) := g(x) - g(u) + h(x) - h(u) \tag{8.2.28}$$

以类似的方式，我们也定义

$$\underline{x} := (1-\gamma)\overline{x} + \gamma x \quad 和 \quad \overline{x}^+ := (1-\lambda)\overline{x} + \lambda\widetilde{x}^+ \tag{8.2.29}$$

将上述符号与式(8.2.16)和式(8.2.19)相比较，我们可以看到 $\underline{x}$ 和 $\overline{x}^+$ 分别表示第 k 次调用 ProxAG 过程时的 $\underline{x}_k$ 和 $\overline{x}_k$。

引理 8.2 考虑算法 8.4 中对 ProxAG 程序的第 k 次调用，Λ_t 和 $\overline{x}^+$ 分别由式(8.2.25)

和式(8.2.29)定义。如果参数满足

$$\lambda\leqslant 1,\ \Lambda_T(1-\alpha_1)=1-\frac{\gamma}{\lambda}\quad 和\quad \beta p_t+q_t\geqslant \lambda M\alpha_t \tag{8.2.30}$$

那么

$$Q(\bar{x}^+,u)-(1-\gamma)Q(\bar{x},u)\leqslant \Lambda_t\sum_{t=1}^{T}\frac{\Upsilon_t(u)}{\Lambda_t},\quad \forall u\in X \tag{8.2.31}$$

其中

$$\Upsilon_t(u):=\lambda\beta\alpha_t[V(x,u)-V(x,u_t)+p_tV(u_{t-1},u)-(1+p_t)V(u_t,u)] \tag{8.2.32}$$

$$+\lambda\alpha_tq_t[V(u_{t-1},u)-V(u_t,u)] \tag{8.2.33}$$

证明　先固定任意 $u\in X$，并记

$$v:=(1-\lambda)\bar{x}+\lambda u\quad 和\quad \bar{u}_t:=(1-\lambda)\bar{x}+\lambda\tilde{u}_t \tag{8.2.34}$$

我们的证明包括两个主要部分。首先证明

$$Q(\bar{x}^+,u)-(1-\gamma)Q(\bar{x},u)\leqslant Q(\bar{u}_T,v)-\left(1-\frac{\lambda}{\gamma}\right)Q(\bar{u}_0,v) \tag{8.2.35}$$

然后通过下面的递归性质估计不等式(8.2.35)的右侧：

$$Q(\bar{u}_t,v)-(1-\alpha_t)Q(\bar{u}_{t-1},v)\leqslant \Upsilon_t(u) \tag{8.2.36}$$

式(8.2.31)的结果可立刻由式(8.2.35)和式(8.2.36)直接推得。确实，将引理 3.17 应用于式(8.2.36)(取 $k=t$，$C_k=\Lambda_t$，$c_k=\alpha_t$，$\delta_k=Q(\bar{u}_t,v)$，$B_k=\Upsilon_t(u)$)，会有

$$\begin{aligned}Q(\bar{u}_T,v)&\leqslant \Lambda_T\left[\frac{1-\alpha_1}{\Lambda_1}Q(\bar{u}_0,v)-\sum_{t=1}^{T}\frac{\Upsilon_t(u)}{\Lambda_t}\right]\\&=\left(1-\frac{\lambda}{\gamma}\right)Q(\bar{u}_0,v)-\Lambda_T\sum_{t=1}^{T}\frac{\Upsilon_t(u)}{\Lambda_t}\end{aligned}$$

最后一个不等式由式(8.2.30)和式(8.2.25)中 $\Lambda_1=1$ 的事实得到。此关系与式(8.2.35)一起显然可推出式(8.2.31)。

我们从关于式(8.2.35)证明的第一部分开始。通过式(8.2.28)和对 $g(\cdot)$ 的线性化，得到

$$\begin{aligned}&Q(\bar{x}^+,u)-(1-\gamma)Q(\bar{x},u)\\&=g(\bar{x}^+-(1-\gamma)\bar{x}-\gamma u)+h(\bar{x}^+)-(1-\gamma)h(\bar{x})-\gamma h(u)\\&=g(\bar{x}^+-\bar{x}+\gamma(\bar{x}-u))+h(\bar{x}^+)-h(\bar{x})+\gamma(h(\bar{x})-h(u))\end{aligned} \tag{8.2.37}$$

注意到式(8.2.34)中 u 和 v 之间的关系，我们有

$$\gamma(\bar{x}-u)=\frac{\gamma}{\lambda}(\lambda\bar{x}-\lambda u)=\frac{\gamma}{\lambda}(\bar{x}-v) \tag{8.2.38}$$

此外，由式(8.2.34)和 $h(\cdot)$ 的凸性，可以得到

$$\frac{\gamma}{\lambda}[h(v)-(1-\lambda)h(\bar{x})-\lambda h(u)]\leqslant 0$$

或等价地

$$\gamma(h(\bar{x})-h(u))\leqslant\frac{\gamma}{\lambda}(h(\bar{x})-h(v)) \tag{8.2.39}$$

将式(8.2.38)和式(8.2.39)应用于式(8.2.37)，并利用式(8.2.28)中 $Q(\cdot,\cdot)$ 的定义，得到

$$Q(\bar{x}^+,u)-(1-\gamma)Q(\bar{x},u)\leqslant Q(\bar{x}^+,v)-\left(1-\frac{\lambda}{\gamma}\right)Q(\bar{x},v)$$

注意在 ProxAG 过程的描述中，$\tilde{u}_0=\bar{x}$ 和 $\tilde{x}=\tilde{u}_T$，根据式(8.2.29)和式(8.2.34)，可得

到 $\overline{x}^{+}=\overline{u}_T$ 和 $\overline{u}_0=\overline{x}$。因此，上述关系等价于式(8.2.35)，从而证明了引理的第一部分。

关于式(8.2.36)第二部分的证明，首先观察到由式(8.2.28)中 $Q(\cdot,\cdot)$ 的定义、$h(\cdot)$ 的凸性和式(8.2.9)，有

$$\begin{aligned}&Q(\overline{u}_t,\ v)-(1-\alpha_t)Q(\overline{u}_{t-1},\ v)\\&=\lambda\alpha_t(g(u_t)-g(u))+h(\overline{u}_t)-(1-\alpha_t)h(\overline{u}_{t-1})-\alpha_t h(v)\\&\leqslant\lambda\alpha_t(g(u_t)-g(u))+l_h(\underline{u}_t,\ \overline{u}_t)+\frac{M}{2}\|\overline{u}_t-\underline{u}_t\|^2-\\&\quad(1-\alpha_t)l_h(\underline{u}_t,\ \overline{u}_{t-1})-\alpha_t l_h(\underline{u}_t,\ v)\\&=\lambda\alpha_t(g(u_t)-g(u))+l_h(\underline{u}_t,\ \overline{u}_t-(1-\alpha_t)\overline{u}_{t-1}-\alpha_t v)+\frac{M}{2}\|\overline{u}_t-\underline{u}_t\|^2\end{aligned}\tag{8.2.40}$$

另外注意，由式(8.2.20)、式(8.2.22)和式(8.2.34)可得到

$$\begin{aligned}&\overline{u}_t-(1-\alpha_t)\overline{u}_{t-1}-\alpha_t v=(\overline{u}_t-\overline{u}_{t-1})+\alpha_t(\overline{u}_{t-1}-v)\\&=\lambda(\widetilde{u}_t-\widetilde{u}_{t-1})+\lambda\alpha_t(\widetilde{u}_{t-1}-u)=\lambda(\widetilde{u}_t-(1-\alpha_t)\widetilde{u}_{t-1})-\lambda\alpha_t u\\&=\lambda\alpha_t(u_t-u)\end{aligned}$$

通过与上面类似的推导，还可以得到

$$\overline{u}_t-\underline{u}_t=\lambda(\widetilde{u}_t-(1-\alpha_t)\widetilde{u}_{t-1})-\lambda\alpha_t u_{t-1}=\lambda\alpha_t(u_t-u_{t-1})\tag{8.2.41}$$

将上述两个恒等式应用到式(8.2.40)中，我们得到

$$\begin{aligned}&Q(\overline{u}_t,\ v)-(1-\alpha_t)Q(\overline{u}_{t-1},\ v)\\&\leqslant\lambda\alpha_t\left[g(u_t)-g(u)+l_h(\underline{u}_t,\ u_t)-l_h(\underline{u}_t,\ u)+\frac{M\lambda\alpha_t}{2}\|u_t-u_{t-1}\|^2\right]\end{aligned}$$

此外，将引理 3.5 应用于式(8.2.21)可得

$$\begin{aligned}&g(u_t)-g(u)+l_h(\underline{u}_t,\ u_t)-l_h(\underline{u}_t,\ u)\\&\leqslant\beta(V(x,\ u)-V(u_t,\ u)-V(x,\ u_t))+\\&\quad(\beta p_t+q_t)(V(u_{t-1},\ u)-V(u_t,\ u)-V(u_{t-1},\ u_t))\end{aligned}\tag{8.2.42}$$

同样由式(8.2.14)和式(8.2.30)可以得到

$$\frac{M\lambda\alpha_t}{2}\|u_t-u_{t-1}\|^2\leqslant\frac{M\lambda\alpha_t}{2}V(u_{t-1},\ u_t)\leqslant(\beta p_t+q_t)V(u_{t-1},\ u_t)\tag{8.2.43}$$

结合以上三个关系，我们就得到了式(8.2.36)的结论。 ■

在下面的命题中，我们给出了不等式(8.2.31)右边有界的若干充分条件。因此，我们得到了 ProxAG 过程以 $Q(\overline{x}_k,\ u)$ 表示的递归关系。

命题 8.4 *考虑第 k 次调用 ProxAG 过程，如果式(8.2.30)成立，并且*

$$\frac{\alpha_t q_t}{\Lambda_t}=\frac{\alpha_{t+1}q_{t+1}}{\Lambda_{t+1}}\quad 和\quad \frac{\alpha_t(1+p_t)}{\Lambda_t}=\frac{\alpha_{t+1}p_{t+1}}{\Lambda_{t+1}}\tag{8.2.44}$$

对于任意 $1\leqslant t\leqslant T-1$ 成立，那么下式成立

$$\begin{aligned}&Q(\overline{x}^{+},\ u)-(1-\gamma)Q(\overline{x},\ u)\\&\leqslant\lambda\alpha_T[\beta(1+p_T)+q_T][V(x,\ u)-V(x^{+},\ u)]-\frac{\beta}{2\gamma}\|\overline{x}^{+}-\underline{x}\|^2\end{aligned}\tag{8.2.45}$$

其中 $\overline{x}^{+}$ 和 $\underline{x}$ 在式(8.2.29)中定义。

证明　为了证明这个命题，只需估计式(8.2.31)的右边。对式(8.2.31)和式(8.2.32)中的项，我们有三个观察结果。首先，由式(8.2.26)知，

$$\lambda\beta\Lambda_T\sum_{t=1}^{T}\frac{\alpha_t}{\Lambda_t}V(x,\ u)=\lambda\beta(1-\Lambda_T(1-\alpha_1))V(x,\ u)$$

其次，由式(8.2.14)、式(8.2.26)、式(8.2.27)和式(8.2.30)，以及 ProxAG 过程中 $\widetilde{u}_0=\overline{x}$ 和 $\widetilde{x}^+=\widetilde{u}_T$ 的事实，有

$$\begin{aligned}\lambda\beta\Lambda_T\sum_{t=1}^{T}\frac{\alpha_t}{\Lambda_t}V(x,u_t)&\geqslant\frac{\gamma\beta}{2}\cdot\frac{\Lambda_T}{(1-\Lambda_T(1-\alpha_1))}\sum_{t=1}^{T}\frac{\alpha_t}{\Lambda_t}\|x-u_t\|^2\\&\geqslant\frac{\gamma\beta}{2}\left\|x-\frac{\Lambda_T}{1-\Lambda_T(1-\alpha_1)}\sum_{i=1}^{T}\frac{\alpha_t}{\Lambda_t}u_t\right\|^2\\&=\frac{\gamma\beta}{2}\left\|x-\frac{\widetilde{u}_T-\Lambda_T(1-\alpha_1)\widetilde{u}_0}{1-\Lambda_T(1-\alpha_1)}\right\|^2\\&=\frac{\gamma\beta}{2}\left\|x-\frac{\lambda}{\gamma}\widetilde{u}_T-\left(1-\frac{\lambda}{\gamma}\right)\widetilde{u}_0\right\|^2\\&=\frac{\beta}{2\gamma}\|\gamma x-\lambda\widetilde{x}^+-(\gamma-\lambda)\overline{x}\|^2\\&=\frac{\beta}{2\gamma}\|\underline{x}-\overline{x}^+\|^2\end{aligned}$$

其中最后一个等式由式(8.2.29)推出。

第三，通过式(8.2.44)和式(8.2.25)中 $\Lambda_1=1$ 的事实，以及 ProxAG 过程中取 $u_0=x$ 和 $u_T=x^+$ 的关系，我们得到

$$\begin{aligned}&\lambda\beta\Lambda_T\sum_{t=1}^{T}\frac{\alpha_t}{\Lambda_t}[p_tV(u_{t-1},u)-(1+p_t)V(u_t,u)]+\\&\lambda\Lambda_T\sum_{t=1}^{T}\frac{\alpha_tq_t}{\Lambda_t}[V(u_{t-1},u)-V(u_t,u)]\\&=\lambda\beta\Lambda_T\left[\alpha_1p_1V(u_0,u)-\sum_{i=1}^{T-1}\left(\frac{\alpha_t(1+p_t)}{\Lambda_t}-\frac{\alpha_{t+1}p_{t+1}}{\Lambda_{t+1}}\right)V(u_t,u)-\right.\\&\qquad\left.\frac{\alpha_T(1+p_T)}{\Lambda_T}V(u_T,u)\right]+\lambda\alpha_Tq_T[V(u_0,u)-V(u_T,u)]\\&=\lambda\beta[\Lambda_T\alpha_1p_1V(u_0,u)-\alpha_T(1+p_T)V(u_T,u)]+\lambda\alpha_Tq_T[V(u_0,u)-V(u_T,u)]\\&=\lambda\beta[\Lambda_T\alpha_1p_1V(x,u)-\alpha_T(1+p_T)V(x^+,u)]+\lambda\alpha_Tq_T[V(x,u)-V(x^+,u)]\end{aligned}$$

利用式(8.2.31)中的上述三个观察结果，得到

$$\begin{aligned}&Q(\overline{x}^+,u)-(1-\gamma)Q(\overline{x},u)\\&\leqslant\lambda\beta[(1-\Lambda_T(1-\alpha_1)+\Lambda_T\alpha_1p_1)V(x,u)-\alpha_T(1+p_T)V(x^+,u)]+\\&\quad\lambda\alpha_Tq_T[V(x,u)-V(x^+,u)]-\frac{\beta}{2\gamma}\|\underline{x}-\overline{x}^+\|^2\end{aligned}$$

将上式与式(8.2.45)进行比较后，仍需要证明

$$\alpha_T(1+p_T)=\Lambda_T\alpha_1p_1+1-\Lambda_T(1-\alpha_1)\tag{8.2.46}$$

根据式(8.2.26)、式(8.2.44)中的最后一个关系以及 $\Lambda_1=1$ 的事实，得到

$$\frac{\alpha_{t+1}p_{t+1}}{\Lambda_{t+1}}=\frac{\alpha_tp_t}{\Lambda_t}+\frac{\alpha_t}{\Lambda_t}=\cdots=\frac{\alpha_1p_1}{\Lambda_1}+\sum_{i=1}^{t}\frac{\alpha_i}{\Lambda_i}=\alpha_1p_1+\frac{1-\Lambda_t(1-\alpha_1)}{\Lambda_t}$$

将式(8.2.44)中的第二个关系应用到上面的方程中，有

$$\frac{\alpha_t(1+p_t)}{\Lambda_t}=\alpha_1p_1+\frac{1-\Lambda_t(1-\alpha_1)}{\Lambda_t}$$

此式意味着，对于任意 $1\leqslant t\leqslant T$，都有 $\alpha_t(1+p_t)=\Lambda_t\alpha_1p_1+1-\Lambda_t(1-\alpha_1)$。 ■

借助上述命题和引理 8.1，我们现在准备建立 AGS 方法的收敛性。请注意，以下序列将用于 AGS 方法的分析：

$$\Gamma_k = \begin{cases} 1 & k = 1 \\ (1-\gamma_k)\Gamma_{k-1} & k > 1 \end{cases} \tag{8.2.47}$$

定理 8.5　假设式(8.2.30)和式(8.2.44)成立。如果

$$\gamma_1 = 1 \text{ 和 } \beta_k \geqslant L\gamma_k \tag{8.2.48}$$

那么

$$\phi(\overline{x}_k) - \phi(u) \leqslant \Gamma_k \sum_{i=1}^{k} \frac{\lambda_i \alpha_{T_i}(\beta_i(1+p_{T_i}) + q_{T_i})}{\Gamma_i}(V(x_{i-1}, u) - V(x_i, u)) \tag{8.2.49}$$

其中 Γ_k 在式(8.2.47)中定义。

证明　由命题 8.4 可知，对于所有 $u \in X$，

$$\begin{aligned} & Q_k(\overline{x}_k, u) - (1-\gamma_k)Q_k(\overline{x}_{k-1}, u) \\ & \leqslant \lambda_k \alpha_{T_k}(\beta_k(1+p_{T_k}) + q_{T_k})(V(x_{k-1}, u) - V(x_k, u)) - \frac{\beta_k}{2\gamma_k}\|\overline{x}_k - \underline{x}_k\|^2 \end{aligned}$$

替换上面的界到引理 8.1 的式(8.2.24)中，并使用式(8.2.48)，得到

$$\begin{aligned} \phi(\overline{x}_k) - \phi(u) \leqslant & (1-\gamma_k)[\phi(\overline{x}_{k-1}) - \phi(u)] + \\ & \lambda_k \alpha_{T_k}(\beta_k(1+p_{T_k}) + q_{T_k})(V(x_{k-1}, u) - V(x_k, u)) \end{aligned}$$

根据引理 3.17(取 $c_k = \gamma_k$，$C_k = \Gamma_k$，$\delta_k = \phi(\overline{x}_k) - \phi(u)$)，可推出

$$\begin{aligned} & \phi(\overline{x}_k) - \phi(u) \\ & \leqslant \Gamma_k \left[\frac{1-\gamma_1}{\Gamma_1}(\phi(\overline{x}_0) - \phi(u)) + \right. \\ & \quad \left. \sum_{i=1}^{k} \frac{\lambda_i \alpha_{T_i}(\beta_i(1+p_{T_i}) + q_{T_i})}{\Gamma_i}(V(x_{i-1}, u) - V(x_i, u)) \right] \\ & = \Gamma_k \sum_{i=1}^{k} \frac{\lambda_i \alpha_{T_i}(\beta_i(1+p_{T_i}) + q_{T_i})}{\Gamma_i}(V(x_{i-1}, u) - V(x_i, u)) \end{aligned}$$

其中最后一个等式是由式(8.2.48)中 $\gamma_1 = 1$ 这一事实得出的，证毕。■

有许多可能的参数选择可以满足上述定理的条件。在下面的推论中，我们描述了算法 8.4 的参数的两种不同选择方式，在 ∇f 和 ∇h 的梯度求值次数方面，所选参数可得到最优复杂度界。

推论 8.5　考虑问题(8.2.8)，其式(8.2.2)和式(8.2.9)中的 Lipschitz 常数满足 $M \geqslant L$，设算法 8.4 的参数设置如下：

$$\begin{aligned} & \gamma_k = \frac{2}{k+1}, \quad T_k \equiv T := \left\lceil \sqrt{\frac{M}{L}} \right\rceil \\ & \lambda_k = \begin{cases} 1 & k = 1, \\ \dfrac{\gamma_k(T+1)(T+2)}{T(T+3)} & k > 1, \end{cases} \quad \beta_k = \frac{3L\gamma_k}{k\lambda_k} \end{aligned} \tag{8.2.50}$$

并假设第一次调用 ProxAG 过程($k=1$)中的参数设置为

$$\alpha_t = \frac{2}{t+1}, \quad p_t = \frac{t-1}{2}, \quad q_t = \frac{6M}{t} \tag{8.2.51}$$

之后其余调用 ProxAG 过程($k>1$)的参数设置为

$$\alpha_t=\frac{2}{t+2},\quad p_t=\frac{t}{2},\quad q_t=\frac{6M}{k(t+1)} \tag{8.2.52}$$

那么，由 AGS 方法计算问题(8.2.8)的 ε-解时需要执行梯度 ∇f 和 ∇h 求值的次数分别有界

$$N_f:=\sqrt{\frac{30LV(x_0,\ x^*)}{\varepsilon}} \tag{8.2.53}$$

和

$$N_h:=\sqrt{\frac{30MV(x_0,\ x^*)}{\varepsilon}}+\sqrt{\frac{30LV(x_0,\ x^*)}{\varepsilon}} \tag{8.2.54}$$

其中 x^* 是式(8.2.8)的解。

证明　为了应用定理 8.5，我们首先验证上述选择使式(8.2.30)、式(8.2.44)和式(8.2.48)的条件得到满足。我们将分别考虑第一次对 ProxAG 程序的调用($k=1$)和其余的调用($k>1$)。

当 $k=1$ 时，由式(8.2.50)我们得到 $\lambda_1=\gamma_1=1$ 和 $\beta_1=3L$，因此式(8.2.48)显然成立。由式(8.2.51)可知 $\Lambda_t=2/(t(t+1))$，满足式(8.2.25)，并且

$$\frac{\alpha_t q_t}{\Lambda_t}\equiv 6M,\quad \frac{\alpha_t(1+p_t)}{\Lambda_t}=\frac{t(t+1)}{2}=\frac{\alpha_{t+1}p_{t+1}}{\Lambda_{t+1}}$$

因此式(8.2.44)成立。此外，由式(8.2.50)和式(8.2.51)，我们有式(8.2.30)中的 $\lambda=\gamma=1$ 和 $\alpha_1=1$，且

$$\beta p_t+q_t\geqslant q_t=\frac{6M}{t}>\frac{2M}{t+1}=\lambda M\alpha_t$$

因此式(8.2.30)也成立。

对于 $k>1$ 的情况，我们可以从式(8.2.52)知道，$\Lambda_t=6/(t+1)(t+2)$，满足式(8.2.25)，以及 $\alpha_t q_t/\Lambda_t\equiv 2M/k$ 和

$$\frac{\alpha_t(1+p_t)}{\Lambda_t}=\frac{(t+1)(t+2)}{6}=\frac{\alpha_{t+1}p_{t+1}}{\Lambda_{t+1}}$$

因此式(8.2.44)成立。另由式(8.2.50)及 k，$T\geqslant 1$，我们有

$$\frac{3}{k}>\frac{3\gamma_k}{2}=\frac{3\lambda_k}{2}\left(1-\frac{2}{(T+1)(T+2)}\right)\geqslant\frac{3\lambda_k}{2}\left(1-\frac{2}{2\times 3}\right)=\lambda_k \tag{8.2.55}$$

将上述关系应用于式(8.2.50)中 β_k 的定义，可以得到式(8.2.48)。现在，为了应用定理 8.5，只需再验证式(8.2.30)成立。应用式(8.2.50)、式(8.2.52)和式(8.2.55)，并注意到 $k\geqslant 2$，且对 $T\geqslant 1$ 有 $\Lambda_T=6/(T+1)(T+2)$，我们可以验证式(8.2.30)，

$$\lambda=\frac{\gamma(T+1)(T+2)}{T(T+3)}=\frac{2}{k+1}\left(1+\frac{2}{T(T+3)}\right)\leqslant\frac{2}{3}\left(1+\frac{2}{1\times 4}\right)=1$$

$$\Lambda_T(1-\alpha_1)=\frac{2}{(T+1)(T+2)}=1-\frac{T(T+3)}{(T+1)(T+2)}=1-\frac{\gamma}{\lambda}$$

$$\beta p_t+q_t>q_t=\frac{2M}{t+1}\times\frac{3}{k}>\frac{2\lambda M}{t+1}\geqslant\lambda M\alpha_t$$

因此当取值 $k>1$ 时，满足式(8.2.30)的条件。

现在我们准备应用定理 8.5。特别是，注意到由式(8.2.51)和式(8.2.52)可知 $\alpha_t(1+p_t)\equiv 1$，从式(8.2.49)(取 $u=x^*$)可以得到

$$\phi(\overline{x}_k)-\phi^* \leqslant \Gamma_k \sum_{i=1}^{k} \xi_i (V(x_{i-1}, x^*)-V(x_i, x^*)) \tag{8.2.56}$$

其中

$$\xi_i := \frac{\lambda_i(\beta_i + \alpha_{T_i} q_{T_i})}{\Gamma_i} \tag{8.2.57}$$

把式(8.2.50)和式(8.2.51)代入式(8.2.57)中，注意到由式(8.2.47)，有 $\Gamma_i = 2/(i(i+1))$，得到

$$\xi_1 = \beta_1 + \alpha_T q_T = 3L + \frac{12M}{T(T+1)}$$

$$\begin{aligned}\xi_i &= \frac{\lambda_i \beta_i}{\Gamma_i} + \frac{\lambda_i \alpha_{T_i} q_{T_i}}{\Gamma_i} = \frac{3L\gamma_i}{i\Gamma_i} + \frac{\gamma_i}{\Gamma_i} \frac{(T_i+1)(T_i+2)}{T_i(T_i+3)} \frac{2}{T_i+2} \frac{6M}{i(T_i+1)} \\ &\equiv 3L + \frac{12M}{T(T+3)}, \quad \forall i>1\end{aligned}$$

把上面两个关于 ξ_i 的结果应用到式(8.2.56)中，并注意到 $\xi_1 > \xi_2$，我们有

$$\begin{aligned}&\phi(\overline{x}_k)-\phi^* \\ &\leqslant \Gamma_k\left[\xi_1(V(x_0, x^*)-V(x_1, x^*)) + \sum_{i=2}^{k} \xi_i (V(x_{i-1}, x^*)-V(x_i, x^*))\right] \\ &= \Gamma_k[\xi_1(V(x_0, x^*)-V(x_1, x^*)) + \xi_2(V(x_1, x^*)-V(x_k, x^*))] \\ &\leqslant \Gamma_k \xi_1 V(x_0, x^*) \\ &= \frac{2}{k(k+1)}\left(3L + \frac{12M}{T(T+1)}\right) V(x_0, x^*) \\ &\leqslant \frac{30L}{k(k+1)} V(x_0, x^*)\end{aligned}$$

上面的最后一个不等式是由 $T \geqslant \sqrt{M/L}$ 的事实得出的。

由上述不等式可知，在式(8.2.53)中调用 ProxAG 程序计算问题(8.2.8)的 ε-解的次数以 N_f 为界。这也是 ∇f 的梯度计算次数的界。此外，梯度 ∇h 的计算次数有界

$$TN_f \leqslant \left(\sqrt{\frac{M}{L}}+1\right) N_f = \sqrt{\frac{30MV(x_0, x^*)}{\varepsilon}} + \sqrt{\frac{30LV(x_0, x^*)}{\varepsilon}} = N_h \tag{8.2.58}$$

■

在上述推论中，式(8.2.53)和式(8.2.54)中的常数因子都是 $\sqrt{30}$。在下面的推论中，我们为算法 8.4 提供了一组稍有不同的参数，它会导致式(8.2.53)有更紧密的常数因子。

推论 8.6 考虑问题(8.2.8)，其式(8.2.2)和式(8.2.9)中的 Lipschitz 常数满足 $M \geqslant L$。假设第一次调用 ProxAG 程序($k=1$)时的参数设置为

$$\alpha_t = \frac{2}{t+1}, \quad p_t = \frac{t-1}{2}, \quad q_t = \frac{7LT(T+1)}{4t} \tag{8.2.59}$$

在第 $k(k>1)$ 次调用中的参数设置为

$$p_t \equiv p := \sqrt{\frac{M}{L}}, \quad \alpha_t \equiv \alpha := \frac{1}{p+1}, \quad q_t \equiv 0 \tag{8.2.60}$$

如果算法 8.4 中的其他参数满足

$$\gamma_k = \frac{2}{k+1}, \quad T_k := \begin{cases} \left\lceil \sqrt{\frac{8M}{7L}} \right\rceil, & k=1 \\ \left\lceil \frac{\ln(3)}{-\ln(1-\alpha)} \right\rceil, & k>1 \end{cases}$$

$$\lambda_k := \begin{cases} 1, & k=1 \\ \frac{\gamma_k}{1-(1-\alpha)^{T_k}}, & k>1 \end{cases}, \quad \beta_k := \begin{cases} L, & k=1 \\ \frac{9L\gamma_k}{2k\lambda_k}, & k>1 \end{cases} \tag{8.2.61}$$

其中，α 在式(8.2.60)中定义，那么由 AGS 方法求解问题(8.2.8)的 ε-解时，AGS 调用梯度计算 ∇f 和 ∇h 的次数的界分别是

$$N_f := 3\sqrt{\frac{LV(x_0, x^*)}{\varepsilon}} \tag{8.2.62}$$

和

$$N_h := (1+\ln 3)N_f\left(\sqrt{\frac{M}{L}}+1\right) \leqslant 7\left(\sqrt{\frac{MV(x_0, x^*)}{\varepsilon}}+\sqrt{\frac{LV(x_0, x^*)}{\varepsilon}}\right) \tag{8.2.63}$$

证明　让我们先验证上面的参数选择使式(8.2.30)、式(8.2.48)和式(8.2.44)得到满足，以便应用定理 8.5。我们先考虑 $k=1$ 的情形。由式(8.2.61)中 γ_k 和 β_k 的定义可知，当 $k=1$ 时满足式(8.2.48)。由式(8.2.59)，此时有式(8.2.25)中的 $\Lambda_t = 2/(t(t+1))$，

$$\frac{\alpha_t q_t}{\Lambda_t} \equiv \frac{7LT_1(T_1+1)}{4}, \quad \frac{\alpha_t(1+p_t)}{\Lambda_t} = \frac{t(t+1)}{2} = \frac{\alpha_{t+1}p_{t+1}}{\Lambda_{t+1}}$$

因此式(8.2.44)也成立。此外，由式(8.2.59)和式(8.2.61)可验证，在式(8.2.30)中

$$\lambda = \gamma = 1, \quad \Lambda_{T_1}(1-\alpha_1) = 0 = 1 - \frac{\gamma}{\lambda}$$

和

$$\beta p_t + q_t \geqslant q_t > \frac{7LT^2}{4t} = \frac{8M}{4t} > M\alpha_t$$

因此式(8.2.30)中的条件均得到满足。

现在我们考虑 $k>1$ 的情形。由式(8.2.25)和式(8.2.60)，我们发现对于所有 $t \geqslant 1$，$\Lambda_t = (1-\alpha)^{t-1}$。此外，由式(8.2.61)中 T_k 的定义也可以看到

$$(1-\alpha)^{T_k} \leqslant \frac{1}{3}$$

根据上述两个观测结果，即式(8.2.60)和式(8.2.61)，可以推导出四个关系。第一个为

$$\frac{\alpha_t q_t}{\Lambda_t} \equiv 0, \quad \frac{\alpha_t(1+p_t)}{\Lambda_t} = \frac{1}{(1-\alpha)^{t-1}} = \frac{\alpha_{t+1}p_{t+1}}{\Lambda_{t+1}}$$

这验证了式(8.2.44)。第二个为

$$\beta_k = \frac{9L(1-(1-\alpha)^{T_k})}{2k} \geqslant \frac{3L}{k} > L\gamma_k$$

可知式(8.2.48)成立。第三个，注意 $k \geqslant 2$ 时，有

$$\frac{\gamma_k}{1-\Lambda_{T_k}(1-\alpha)} = \lambda_k = \frac{\gamma_k}{1-(1-\alpha)^{T_k}} \leqslant \frac{3\gamma_k}{2} = \frac{3}{k+1} \leqslant 1$$

第四个为

$$\frac{\beta_k p}{\lambda_k M\alpha}=\frac{9L\gamma_k p(p+1)}{2k\lambda_k^2 M}=\frac{9Lp(p+1)(1-(1-\alpha)^{T_k})^2}{2k\gamma_k M}$$
$$=\frac{9(k+1)}{4k}\times\left(\frac{Lp(p+1)}{M}\right)\times(1-(1-\alpha)^{T_k})^2$$
$$>\frac{9}{4}\times 1\times\frac{4}{9}=1$$

后两个关系式表明式(8.2.30)是成立的。

总结以上关于 $k=1$ 和 $k>1$ 的情况的讨论，应用定理 8.5，注意到 $\alpha_t(1+p_t)\equiv 1$，我们有

$$\phi(\overline{x}_k)-\phi(u)\leqslant\Gamma_k\sum_{i=1}^{k}\xi_i(V(x_{i-1}, u)-V(x_i, u)),\quad\forall u\in X\tag{8.2.64}$$

其中

$$\xi_i:=\frac{\lambda_i(\beta_i+\alpha_{T_i}q_{T_i})}{\Gamma_i}$$

从式(8.2.61)中 γ_k 的定义可以看出，$\Gamma_i:=2/(i(i+1))$满足式(8.2.47)。利用这一观察结果，将式(8.2.59)、式(8.2.60)和式(8.2.61)应用于上述方程中，得到

$$\xi_1=\beta_1+\alpha_{T_1}q_{T_1}=L+\frac{7L}{2}=\frac{9L}{2}$$

和

$$\xi_i=\frac{\lambda_i\beta_i}{\Gamma_i}\equiv\frac{9L}{2},\quad\forall i>1$$

因此，式(8.2.64)变成了

$$\phi(\overline{x}_k)-\phi(u)\leqslant\frac{9L}{k(k+1)}(V(x_0, u)-V(x_k, u))$$
$$\leqslant\frac{9L}{k(k+1)}V(x_0, u)\tag{8.2.65}$$

在上面的不等式中设 $u=x^*$，我们观察到调用 ProxAG 程序计算问题(8.2.8)的 ε-解的次数以式(8.2.62)中的 N_f 为界。这也是 ∇f 的梯度求值次数的界。此外，由式(8.2.60)、式(8.2.61)和式(8.2.62)可推导出 ∇h 的梯度计算次数的界为

$$\sum_{k=1}^{N_f}T_k=T_1+\sum_{k=2}^{N_f}T_k\leqslant\left(\sqrt{\frac{8M}{7L}}+1\right)+(N_f-1)\left(\frac{\ln 3}{-\ln(1-\alpha)}+1\right)$$
$$\leqslant\left(\sqrt{\frac{8M}{7L}}+1\right)+(N_f-1)\left(\frac{\ln 3}{\alpha}+1\right)$$
$$=\left(\sqrt{\frac{8M}{7L}}+1\right)+(N_f-1)\left(\left(\sqrt{\frac{M}{L}}+1\right)\ln 3+1\right)$$
$$<(1+\ln 3)N_f\left(\sqrt{\frac{M}{L}}+1\right)$$
$$<7\left(\sqrt{\frac{MV(x_0, x^*)}{\varepsilon}}+\sqrt{\frac{LV(x_0, x^*)}{\varepsilon}}\right)$$

这里第二个不等式来自对数函数的性质，对于 $\alpha\in[0, 1)$，$-\ln(1-\alpha)\geqslant\alpha$。证毕。 ■

由于在式(8.2.2)和式(8.2.9)中，$M\geqslant L$，因此推论 8.5 和推论 8.6 中得到的结果

表明，算法 8.4 在求问题(8.2.8)的 ε-解时所需要的梯度 ∇f 和 ∇h 的计算次数分别以 $\mathcal{O}(\sqrt{L/\varepsilon})$ 和 $\mathcal{O}(\sqrt{M/\varepsilon})$ 为界。当 M 远大于 L 时，例如 $M=\mathcal{O}(L/\varepsilon)$，这一结果特别有用，因为梯度 ∇f 的计算次数不会受到整个问题的大 Lipschitz 常数的影响。将上述结果与迄今为止最好的传统黑盒预言机假设下的复杂度界进行比较是很有趣的。如果我们像对待一般光滑凸优化问题一样处理问题(8.2.8)，研究它的预言机调用的复杂性，例如，假设存在一个预言机对任何测试点 x 可输出 $\nabla\phi(x)$(且仅有 $\nabla\phi(x)$)，那么，研究已经证明了，计算一个 ε-解时调用预言机的次数不会少于 $\mathcal{O}(\sqrt{(L+M)/\varepsilon})$。在这种“单一预言机”假设下，关于梯度 ∇f 和 ∇h 计算次数的复杂度是交织在一起的，并且较大的 Lipschitz 常数 M 将导致更多次的梯度 ∇f 计算，即使没有 ∇f 和 M 之间明显的关系存在。然而，推论 8.5 和推论 8.6 中的结果则表明，研究问题(8.2.8)预言机的复杂性时，我们可以基于两个独立的预言机的假设：一个预言机 $\mathcal{O}_f$ 计算任何测试点 x 的 ∇f，而另一个计算任何测试点 y 的 $\nabla h(y)$。特别地，这两个预言机不需要同时被调用，因此有可能分别在调用 $\mathcal{O}_f$ 和 $\mathcal{O}_h$ 的次数上获得单独的复杂度界 $\mathcal{O}(\sqrt{L/\varepsilon})$ 和 $\mathcal{O}(\sqrt{M/\varepsilon})$。

我们现在考虑式(8.2.8)的一个特殊情况，其中 f 是强凸的。更具体地说，我们假设存在 $\mu>0$ 使得

$$\mu V(u, x) \leqslant f(x) - l_f(u, x) \leqslant \frac{L}{2}\|x-u\|^2, \quad \forall x, u \in X \tag{8.2.66}$$

在上述假设下，我们发展了一种可以不时跳过 ∇f 计算的多阶段 AGS 算法，该算法计算问题(8.2.8)的 ε-解需要

$$\mathcal{O}\left(\sqrt{\frac{L}{\mu}}\log\frac{1}{\varepsilon}\right) \tag{8.2.67}$$

次 ∇f 的梯度求值(参见算法 8.5)。需要注意的是，在传统的黑盒设置下，每次关于 x 的查询只能访问 $\nabla\psi(x)$，计算 ε-解所需的 $\nabla\psi(x)$ 求值次数的界是

$$\mathcal{O}\left(\sqrt{\frac{L+M}{\mu}}\log\frac{1}{\varepsilon}\right) \tag{8.2.68}$$

算法 8.5 多级加速梯度滑动(M-AGS)算法

选择 $v_0\in X$、精度 ε、迭代极限 N_0、初始估计 Δ_0，以使 $\phi(v_0)-\phi^*\leqslant\Delta_0$。

for $s=1, \cdots, S$ **do**

以 $x_0=v_{s-1}$、$N=N_0$ 和推论 8.6 中的参数运行 AGS 算法，并令 $v_s=x_N$。

end for

输出： v_s。

下面的定理 8.6 描述了 M-AGS 算法的主要收敛性质。

定理 8.6 设式(8.2.9)和式(8.2.66)中的 $M\geqslant L$。如果算法 8.5 中的参数设置为

$$N_0 = 3\sqrt{\frac{2L}{\mu}}, \quad S = \log_2 \max\left\{\frac{\Delta_0}{\varepsilon}, 1\right\} \tag{8.2.69}$$

那么它的输出的 v_S 一定是问题(8.2.1)的 ε-解。此外，算法 8.5 所需执行 ∇f 和 ∇h 的梯度计算总数的界分别是

$$N_f := 3\sqrt{\frac{2L}{\mu}}\log_2 \max\left\{\frac{\Delta_0}{\varepsilon}, 1\right\} \tag{8.2.70}$$

和

$$N_h := (1+\ln 3) N_f \left(\sqrt{\frac{M}{L}}+1\right) < 9\left(\sqrt{\frac{L}{\mu}}+\sqrt{\frac{M}{\mu}}\right)\log_2 \max\left\{\frac{\Delta_0}{\varepsilon},\ 1\right\} \tag{8.2.71}$$

证明 对于初始输入 $x_0=v_{s-1}$ 和迭代次数 $N=N_0$，我们从推论 8.6($u=x^*$ 为式(8.2.8)的解)证明中的式(8.2.65)得出结论

$$\phi(\overline{x}_N)-\phi^* \leqslant \frac{9L}{N_0(N_0+1)}V(x_0,\ x^*) \leqslant \frac{\mu}{2}V(x_0,\ x^*)$$

最后一个不等式由式(8.2.69)得到。利用 AGS 算法的输入为 $x_0=v_{s-1}$，输出设置为 $v_s=\overline{x}_N$ 的事实，我们得出结论

$$\phi(v_s)-\phi^* \leqslant \frac{\mu}{2}V(v_{s-1},\ x^*) \leqslant \frac{1}{2}(\phi(v_{s-1})-\phi^*)$$

其中，最后一个不等式是由 $\phi(\cdot)$的强凸性得到的。根据上述关系、算法 8.5 中 Δ_0 的定义，以及式(8.2.69)，可得到

$$\phi(v_S)-\phi^* \leqslant \frac{1}{2^s}(\phi(v_0)-\phi^*) \leqslant \frac{\Delta_0}{2^s} \leqslant \varepsilon$$

对比算法 8.4 和算法 8.5，我们可以看到算法 8.5 中梯度 ∇f 的计算总次数以 $N_0 S$ 为界，因此有式(8.2.70)的结果。另外，将推论 8.6 中的式(8.2.62)和式(8.2.63)进行比较，就可得出式(8.2.71)的结果。 ■

根据定理 8.6，M-AGS 算法计算问题(8.2.8)的 ε-解所需的 ∇h 梯度求值总次数与传统的式(8.2.68)中的结果相同。然而，通过在 M-AGS 算法中不时跳过 ∇f 的梯度计算，∇f 的梯度计算总次数从式(8.2.68)减少为式(8.2.67)。随着 M/L 比值的增加，这种改进将会变得更加显著。

8.2.2 复合双线性鞍点问题

本节的目的是展示 AGS 方法应用于我们的启发性问题时的优势，即式(8.2.1)中的复合双线性鞍点问题。特别是，我们在 8.2.2.1 节中展示了 AGS 算法可以通过结合 3.6 节中讨论的平滑技术来求解问题(8.2.1)，并针对梯度 ∇f 及算子 A 和 A^{T} 所需计算的次数推导出新的复杂度界。此外，我们在 8.2.2.2 节中展示了在式(8.2.1)中 f 为强凸时，通过结合多阶段 AGS 方法，可以更显著地节省 ∇f 的梯度计算次数。

8.2.2.1 鞍点问题

本节的目标是将 AGS 算法从复合平滑优化扩展到非平滑优化。通过结合 3.6 节中的平滑技术，我们可以将 AGS 应用于解决复合鞍点问题(8.2.1)。在本节中，我们假设式(8.2.1)中的对偶可行集 Y 是有界的，即存在 $y_0 \in Y$，使得

$$D_Y := [\max_{v\in Y} W(y_0,\ v)]^{1/2} \tag{8.2.72}$$

的值是有限的，其中 $W(\cdot,\ \cdot)$是与 Y 相关的邻近函数，其模为 1。

设 ψ_ρ 为式(8.2.3)中所定义的 ψ 的光滑逼近，则很容易证明

$$\psi_\rho(x) \leqslant \psi(x) \leqslant \psi_\rho(x)+\rho D_Y^2,\quad \forall x \in X \tag{8.2.73}$$

因此，如果 $\rho=\varepsilon/(2D_Y^2)$，那么式(8.2.3)中的$(\varepsilon/2)$-解也是式(8.2.1)的 ε-解。另外，还可以得出问题(8.2.3)可由式(8.2.8)的形式给出(取 $h(x)=h_\rho(x)$)，且它满足式(8.2.9)

(取 $M=\|A\|^2/\rho$)。利用这些观察结果，我们准备总结 AGS 算法求解问题(8.2.1)的收敛性。

命题 8.5　假设 $\varepsilon>0$ 给定，并设 $2\|A\|^2D_Y^2>\varepsilon L$。如果应用 AGS 方法的算法 8.4 求解问题(8.2.3)(取 $h=h_\rho$ 和 $\rho=\varepsilon/(2D_Y^2)$)，其中参数按式(8.2.59)～式(8.2.61)设置，并取 $M=\|A\|^2/\rho$，那么为了找到问题(8.2.1)的一个 ε-解，本算法梯度 ∇f 的计算总次数和线性算子 A(和 A^{T})的计算总次数的界分别为

$$N_f:=3\left(\sqrt{\frac{2LV(x_0,\ x^*)}{\varepsilon}}\right) \tag{8.2.74}$$

和

$$N_A:=14\left(\sqrt{\frac{2LV(x_0,\ x^*)}{\varepsilon}}+\frac{2\|A\|D_Y\sqrt{V(x_0,\ x^*)}}{\varepsilon}\right) \tag{8.2.75}$$

证明　由式(8.2.73)可知对所有 $x\in X$、$\psi_\rho^*\leqslant\psi^*$ 和 $\psi(x)\leqslant\psi_\rho(x)+\rho D_Y^2$ 成立，因此

$$\psi(x)-\psi^*\leqslant\psi_\rho(x)-\psi_\rho^*+\rho D_Y^2,\quad \forall x\in X$$

利用上述关系式，并结合 $\rho=\varepsilon/(2D_Y^2)$ 的事实，得出如果 $\psi_\rho(x)-\psi_\rho^*\leqslant\varepsilon/2$，那么 x 是问题(8.2.1)的 ε-解。为了完成证明，只需考虑用 AGS 计算式(8.2.3)的 $\varepsilon/2$-解的复杂性。根据推论 8.6，梯度 ∇f 求值总次数的界为式(8.2.74)。注意计算 ∇h_ρ 相当于两次线性算子的计算：一个计算形式为 Ax，以找到问题(8.2.4)的极大化子 $y^*(x)$；另一个形如 $A^{\mathrm{T}}y^*(x)$，以计算 $\nabla h_\rho(x)$。利用这一观察结果，替换式(8.2.63)中的 $M=\|A\|^2/\rho$，我们就得到了结论(8.2.75)。■

根据命题 8.5，计算式(8.2.1)鞍点问题的 ε-解时，所需要梯度 ∇f 求值的总次数和线性算子 A 和 A^{T} 求值的总次数分别有界

$$\mathcal{O}\left(\sqrt{\frac{L}{\varepsilon}}\right) \tag{8.2.76}$$

和

$$\mathcal{O}\left(\sqrt{\frac{L}{\varepsilon}}+\frac{\|A\|}{\varepsilon}\right) \tag{8.2.77}$$

因此，如果 $L\leqslant\mathcal{O}(\|A\|^2/\varepsilon)$，则求梯度 ∇f 值的次数不会受支配项 $\mathcal{O}(\|A\|/\varepsilon)$ 的影响。这一结果显著地改善了目前已知的解决双线性鞍点问题(8.2.1)的最好的复杂度结果。具体地说，对计算梯度 ∇f 的总次数，它将复杂度从 $\mathcal{O}(1/\varepsilon)$ 改进到 $\mathcal{O}(1/\sqrt{\varepsilon})$，同时，对于涉及 A 的算子计算次数，算法将梯度滑动法对应的复杂度由 $\mathcal{O}(1/\varepsilon^2)$ 减小为 $\mathcal{O}(1/\varepsilon)$。

8.2.2.2　强凸复合鞍点问题

在本小节中，我们仍然考虑问题(8.2.1)，但假设 f 是强凸的(即式(8.2.66)成立)。在这种情况下，先前已经证明计算式(8.2.1)的 ε-解(如 3.6 节)，需要 $\mathcal{O}(\|A\|/\sqrt{\varepsilon})$ 次一阶迭代，每一次迭代都涉及计算 ∇f，及计算 A 和 A^{T}。然而，我们在本小节展示梯度 ∇f 的计算复杂度可以由 $\mathcal{O}(1/\sqrt{\varepsilon})$ 显著改进到 $\mathcal{O}(\log(1/\varepsilon))$。

这种改进是通过适当地重新启动 AGS 方法达到的，通过求解一系列形如式(8.2.3)的光滑优化问题来实现，其中平滑参数 ρ 是随时间变化的。算法 8.6 描述了所提出的带有动态平滑的多阶段 AGS 算法。

算法 8.6 动态平滑的多阶段 AGS 算法

选择 $v_0 \in X$、精度 ε、平滑参数 ρ_0、迭代极限 N_0 以及式(8.2.1)中的初始估计 Δ_0，使得 $\psi(v_0)-\psi^* \leqslant \Delta_0$。

for $s=1, \cdots, S$ **do**

对 $\rho=2^{-s/2}\rho_0$(其中 $h=h_p$ 在 AGS 中)的问题(8.2.3)运行 AGS 算法。在该 AGS 算法中，取 $x_0=v_{s-1}$，$N=N_0$，以及推论 8.6 中的参数，并置 $v_s=\overline{x}_N$。

end for

输出： v_s。

定理 8.7 描述了算法 8.6 的主要收敛性。

定理 8.7 设 $\varepsilon>0$ 给定，式(8.2.66)中的 Lipschitz 常数 L 满足

$$D_Y^2\|A\|^2 \max\left\{\sqrt{\frac{15\Delta_0}{\varepsilon}},\ 1\right\} \geqslant 2\Delta_0 L$$

如果算法 8.6 的参数设置如下：

$$N_0=3\sqrt{\frac{2L}{\mu}}, \quad S=\log_2 \max\left\{\frac{15\Delta_0}{\varepsilon},\ 1\right\}, \quad \rho_0=\frac{4\Delta_0}{D_Y^2 2^{s/2}} \tag{8.2.78}$$

那么，该算法的输出 v_S 一定是问题(8.2.1)的 ε-解。此外，算法 8.6 的 ∇f 的梯度求值以及涉及 A 和 A^{T} 的算子求值的总数的界分别为

$$N_f:=3\sqrt{\frac{2L}{\mu}}\log_2 \max\left\{\frac{15\Delta_0}{\varepsilon},\ 1\right\} \tag{8.2.79}$$

和

$$N_A:=18\sqrt{\frac{L}{\mu}}\log_2 \max\left\{\frac{15\Delta_0}{\varepsilon},\ 1\right\}+\frac{56 D_Y\|A\|}{\sqrt{\mu\Delta_0}} \cdot \max\left\{\sqrt{\frac{15\Delta_0}{\varepsilon}},\ 1\right\} \tag{8.2.80}$$

证明 假设 x^* 是式(8.2.1)的最优解。利用推论 8.6 的证明中的式(8.2.65)，在算法 8.6 的第 s 阶段(调用 AGS，输入 $x_0=v_{s-1}$，输出 $v_s=\overline{x}_N$，迭代次数 $N=N_0$)，我们有

$$\begin{aligned}
&\psi_\rho(v_S)-\psi_\rho(x^*)=\psi_\rho(\overline{x}_N)-\psi_\rho(x^*) \\
&\leqslant \frac{9L}{N_0(N_0+1)}V(x_0,\ x^*) \leqslant \frac{\mu}{2}V(x_0,\ x^*)=\frac{\mu}{2}V(v_{s-1},\ x^*)
\end{aligned}$$

其中最后两个不等式都由式(8.2.78)推导而来。此外，由式(8.2.73)，有 $\psi(v_s) \leqslant \psi_\rho(v_s)+\rho D_Y^2$ 和 $\psi^*=\psi(x^*) \geqslant \psi_\rho(x^*)$，因此

$$\psi(v_s)-\psi^* \leqslant \psi_\rho(v_s)-\psi_\rho(x^*)+\rho D_Y^2$$

结合以上两个方程，并利用 $\psi(\cdot)$ 的强凸性，得到

$$\begin{aligned}
&\psi(v_s)-\psi^* \leqslant \frac{\mu}{2}V(v_{s-1},\ x^*)+\rho D_Y^2 \\
&\leqslant \frac{1}{2}[\psi(v_{s-1})-\psi^*]+\rho D_Y^2=\frac{1}{2}[\psi(v_{s-1})-\psi^*]+2^{-s/2}\rho_0 D_Y^2
\end{aligned}$$

上面最后一个等式是由算法 8.6 中 ρ 的选择得出的。将上述关系重新表述为

$$2^s[\psi(v_s)-\psi^*] \leqslant 2^{s-1}[\psi(v_{s-1})-\psi^*]+2^{s/2}\rho_0 D_Y^2$$

把上面的不等式从 $s=1$ 到 S 求和，我们有

$$
\begin{aligned}
&2^S(\psi(v_S)-\psi^*)\\
&\leqslant \Delta_0+\rho_0 D_Y^2\sum_{s=1}^{S}2^{s/2}=\Delta_0+\rho_0 D_Y^2\frac{\sqrt{2}(2^{s/2}-1)}{\sqrt{2}-1}<\Delta_0+\frac{7}{2}\rho_0 D_Y^2 2^{S/2}=15\Delta_0
\end{aligned}
$$

其中第一个不等式是由 $\psi(v_0)-\psi^*\leqslant\Delta_0$ 得出的，最后一个等式是由式(8.2.78)得出的。由式(8.2.78)和上述结果，得到 $\psi(v_s)-\psi^*\leqslant\varepsilon$。对比算法 8.4 和算法 8.6 的描述可以清楚地看到，算法 8.6 中梯度 ∇f 求值的总次数可以由 N_0S 给出，因此有式(8.2.79)成立。

为了完成证明，只需再估计涉及 A 和 A^{T} 的算子求值的总次数。需要注意的是，在算法 8.6 的第 s 个阶段，涉及 A 的算子求值次数相当于 AGS 算法的 ∇h_ρ 求值次数的两倍，根据推论 8.6 中的式(8.2.63)，计算总次数由下式给出：

$$
\begin{aligned}
&2(1+\ln 3)N\left(\sqrt{\frac{M}{L}}+1\right)\\
&=2(1+\ln 3)N\left(\sqrt{\frac{\|A\|^2}{\rho L}}+1\right)=2(1+\ln 3)N_0\left(\sqrt{\frac{2^{s/2}\|A\|^2}{\rho_0 L}}+1\right)
\end{aligned}
$$

其中，我们在第一个等式中使用了关系 $M=\|A\|^2/\rho$(见 8.2.2.1 节)，在最后一个等式中使用了算法 8.6 中的关系 $\rho=2^{-s/2}\rho_0$ 和 $N=N_0$。由上述结果和式(8.2.78)可知，算法 8.6 中涉及 A 的运算符求值总数可以限定为

$$
\begin{aligned}
&\sum_{s=1}^{S}2(1+\ln 3)N_0\left(\sqrt{\frac{2^{s/2}\|A\|^2}{\rho_0 L}}+1\right)\\
&=2(1+\ln 3)N_0S+\frac{2(1+\ln 3)N_0\|A\|}{\sqrt{\rho_0 L}}\sum_{s=1}^{S}2^{s/4}\\
&=2(1+\ln 3)N_0S+\frac{3\sqrt{2}(1+\ln 3)D_Y\|A\|2^{s/4}}{\sqrt{\mu\Delta_0}}\times\frac{2^{1/4}(2^{s/4}-1)}{2^{1/4}-1}\\
&<2(1+\ln 3)N_0S+\frac{56D_Y\|A\|}{\sqrt{\mu\Delta_0}}\times 2^{S/2}\\
&<18\sqrt{\frac{L}{\mu}}\log_2\max\left\{\frac{15\Delta_0}{\varepsilon},1\right\}+\frac{56D_Y\|A\|}{\sqrt{\mu\Delta_0}}\times\max\left\{\sqrt{\frac{15\Delta_0}{\varepsilon}},1\right\}
\end{aligned}
$$

证毕。■

由定理 8.7，算法 8.6 计算问题(8.2.8)的 ε-解涉及 A 的算子求值的总数的界是

$$
\mathcal{O}\left(\sqrt{\frac{L}{\mu}}\log\frac{1}{\varepsilon}+\frac{\|A\|}{\sqrt{\varepsilon}}\right)
$$

它与我们熟知的复杂性结果相吻合(例如 3.6 节)。然而，梯度 ∇f 求值的总数的界为

$$
\mathcal{O}\left(\sqrt{\frac{L}{\mu}}\log\frac{1}{\varepsilon}\right)
$$

这一结论将现有结果从 $\mathcal{O}(1/\sqrt{\varepsilon})$ 大大地改进到 $\mathcal{O}(\log(1/\varepsilon))$。

8.3　通信滑动和分散优化

在本节中，我们考虑以下由 m 个智能体的网络协同求解的分散优化问题：

$$f^* := \min_x f(x) := \sum_{i=1}^{m} f_i(x)$$
$$\text{s.t.} \quad x \in X, \quad X := \bigcap_{i=1}^{m} X_i \tag{8.3.1}$$

其中 f_i：$X_i \to \mathbb{R}$ 是智能体 i 的一个凸的且可能是非光滑的目标函数，注意 f_i 和 X_i 是私有的，只有智能体 i 知道。在本节中，我们始终假设可行集 X 是非空的。

在本节中，我们还考虑了只能访问函数 $f_i(i=1, \cdots, m)$的一阶噪声信息(函数值和次梯度)的情况。例如，当函数 f_i 以期望的形式给出时，即

$$f_i(x) := \mathbb{E}_{\xi_i}[F_i(x; \xi_i)] \tag{8.3.2}$$

其中，ξ_i 模拟的随机变量的来源是事先不确定的，且其分布 $P(\xi_i)$也是未知的。作为式(8.3.2)的一种特殊情况，f_i 可以表示为多个分量之和，即

$$f_i(x) := \sum_{j=1}^{l} f_i^j(x) \tag{8.3.3}$$

其中 $l \geqslant 1$ 是一个很大的数。这类随机优化问题在数据分析特别是机器学习方面应用潜力巨大。特别地，问题(8.3.2)对应于最小化广义风险，对于处理网络上分布的在线(流式)数据特别有用，而问题(8.3.3)旨在协同最小化经验风险。

目前解决问题(8.3.1)的主要方法是收集服务器(或集群)上所有智能体的私有数据，并应用集中式机器学习技术。然而，这种集中化方案要求代理将其私有数据提交给服务提供商，而对数据将如何使用没有太多控制，此外还会产生与向服务提供商传输数据相关的高额设置成本。分散优化为处理这些数据隐私问题提供了一种可行的方法。每个网络智能体 i 与局部目标函数 $f_i(x)$相关联，在不完全了解全局问题和网络结构的情况下，所有智能体都打算以所有局部目标 f_i 之和的形式协同最小化系统目标 $f(x)$。因此，分散优化的一个必要特征是，智能体必须与其邻近的智能体通信，将分布式信息传播到网络中的每个位置。

目前许多关于网络优化的研究都集中在增量梯度方法上(见 5.2 节)。从某种意义上说，所有这些增量式方法都不是完全去中心化的，它们需要一个特殊的星形网络拓扑结构，在这种拓扑结构中，中央管理机构的存在是进行操作的必要条件。为了考虑一个没有中央权威的更一般的分布式网络拓扑，我们可以通过要求每个节点计算局部次梯度，然后以循环与邻近的智能体通信来推广次梯度下降方法。但次梯度方法收敛速度较慢，要得到 ε -最优解，即点 $\hat{x} \in X$ 使得 $\mathbb{E}[f(\hat{x})-f^*] \leqslant \varepsilon$，其收敛速度为 $\mathcal{O}(1/\varepsilon^2)$。虽然每一步的次梯度计算可能成本不高，但由于分散优化中的一次迭代至少相当于智能体之间的一轮通信，这些方法在求解问题(8.3.1)时可能会产生显著的延迟。事实上，现代 CPU 读写内存的速度超过 10GB/s～100GB/s，而通过 TCP/IP 进行通信的速度约为 100 MB/s。因此，节点内计算和节点间通信之间的差距约为三个数量级。通信的启动成本自身也是不可忽视的，因为它通常需要几毫秒。当目标函数(8.3.1)为光滑的或强凸的时，通信复杂度是可以得到改善的。

除基于次梯度的方法外，另一种著名的分散算法依赖于对偶方法，该方法在每一步对一个固定的对偶变量求解原始变量，以使局部拉格朗日相关函数最小化，然后再相应地更新与一致性约束相关的对偶变量。其中，分散乘子交替方向法(ADMM)最近得到了广泛的关注(见 3.7 节)。对于相对简单的凸函数 f_i，分散的 ADMM 已被证明需要进行$\mathcal{O}(1/\varepsilon)$次通信。对于分散的 ADMM，如果对 f_i 施加更强的光滑性和强凸性限制，可以得到一个

改进的通信轮数复杂度界 $\mathcal{O}(\log 1/\varepsilon)$。尽管与基于次梯度的方法相比，对偶类型方法通常需要更少的迭代次数(更少轮的通信)，但与每个智能体相关的局部拉格朗日最小化问题在许多情况下无法得到有效的解决，特别是当问题有约束时。

在过去的几年中，人们对求解确定性优化问题的分散算法进行了广泛的研究，但关于分散随机优化的研究还很有限，因为只有问题(8.3.1)中函数 $f_i(i=1, \cdots, m)$的噪声梯度信息易于计算。现有的问题(8.3.1)的分散随机一阶方法需要节点间的 $\mathcal{O}(1/\varepsilon^2)$次通信和节点内的梯度计算来获得求解一般凸问题的 ε -最优解。当目标函数为强凸时，分散随机优化的多智能体镜像下降方法可以达到 $\mathcal{O}(1/\varepsilon)$的复杂度界。以往的分散随机优化工作，由于随机次梯度的估算与通信是耦合的，即每一次估算随机次梯度都会产生一轮通信，因此通信成本较高。

受 8.1 节中的梯度滑动方法的启发，本节的主要目标是开发用于求解式(8.3.1)的基于对偶的分散算法，该算法通信效率高，并且利用 f_i(有噪声)的一阶信息，每个智能体可以近似求解局部子问题。更具体地说，我们将提供关于需要多少轮节点间通信和节点内(随机)次梯度计算才能找到式(8.3.1)的某个近似解的理论解释，其中 f_i 是凸的或强凸的，但不一定是光滑的，并且它们的一阶信息不一定是可计算的。

具体地说，我们首先引入了一种新的分散原始-对偶类型的方法，称为分散通信滑动(DCS)法，其中智能体可以跳过通信，同时通过其局部目标函数的连续线性化迭代求解其局部子问题。我们证明了智能体在 $\mathcal{O}(1/\varepsilon)$(对应地，$\mathcal{O}(1/\sqrt{\varepsilon})$)中仍然可以找到 ε -最优解，而当目标函数为一般凸函数(对应地，强凸的)时，节点内次梯度计算总数的界仍保持为 $\mathcal{O}(1/\varepsilon^2)$(对应地，$\mathcal{O}(1/\varepsilon)$)。次梯度计算的界实际上与目标精度在一定条件下集中式的非光滑优化所需的最优复杂度界相当，因此一般是无法改进的。

在此基础上，我们提出了一种求解随机优化问题的随机分散通信滑动方法(SDCS)，并给出了与 DCS 相似的通信轮数和随机次梯度计算的复杂度界。特别是，当智能体对一般的凸函数(对应地，强凸函数)执行到 $\mathcal{O}(1/\varepsilon^2)$(对应地，$\mathcal{O}(1/\varepsilon)$)的随机次梯度求值，只需进行 $\mathcal{O}(1/\varepsilon)$(对应地，$\mathcal{O}(1/\sqrt{\varepsilon})$)轮通信。SDCS 只需要在每次迭代中访问随机次梯度，对于 f_i 以式(8.3.2)和式(8.3.3)形式给出的问题特别有效。在前一种情况下，SDCS 在每次迭代中只需要实现一个随机变量，并提供通信处理流数据和分散机器学习的有效方法。在后一种情况下，SDCS 的每次迭代只需要一个随机选择的组件，从而在 DCS 上节省了 $\mathcal{O}(l)$个因子的次梯度计算总数。

为了固定符号使用，所有的向量都看成列向量，对于向量 $x\in\mathbb{R}^d$，我们用 x^{T} 表示它的转置。对于 x_i 的堆叠向量，通常使用$(x_1, \cdots, x_m)$表示列向量$[x_1^{\mathrm{T}}, \cdots, x_m^{\mathrm{T}}]^{\mathrm{T}}$。用 $\mathbf{0}$ 和 $\mathbf{1}$ 表示所有维数随上下文而变化的全 0 和全 1 的向量。集合 S 的基数用$|S|$表示。用 I_d 表示 $\mathbb{R}^{d\times d}$ 中的单位矩阵。对于矩阵 $A\in\mathbb{R}^{n_1\times n_2}$ 和 $B\in\mathbb{R}^{m_1\times m_2}$，用 $A\otimes B$ 表示它们的大小为 $n_1m_1\times n_2m_2$，是在空间 $\mathbb{R}^{n_1m_1\times n_2m_2}$ 的 Kronecker 乘积。对于矩阵 $A\in\mathbb{R}^{n\times m}$，用 A_{ij} 表示第 i 行和第 j 列的元素。对于任意 $m\geqslant 1$，将整数集合$\{1, \cdots, m\}$表示为$[m]$。

8.3.1　问题公式化

在 8.3.1.1 节和 8.3.1.2 节中，我们将式(8.3.1)的鞍点问题重新公式化，并定义适当的间隙函数，把间隙函数用于算法的收敛性分析。此外，在 8.3.1.3 节中，我们对分散设置下的距离生成函数和邻近函数做了简要的回顾。

8.3.1.1　问题公式化

考虑一个多智能体网络系统，其通信由无向图 $\mathcal{G}=(\mathcal{N},\ \mathcal{E})$决定，其中 $\mathcal{N}=[m]$是智能体集合的索引，$\mathcal{E}\subseteq\mathcal{N}\times\mathcal{N}$表示通信智能体对。如果从智能体 i 到智能体 j 存在一条边，我们用$(i,\ j)$表示，智能体 i 可以将其信息发送给智能体 j，反之亦然。因此，每个智能体 $i\in\mathcal{N}$可以直接接收（对应地，发送）信息，仅来自（对应地，发送到）在它的邻域中的智能体

$$N_i=\{j\in\mathcal{N}\mid(i,\ j)\in\mathcal{E}\}\cup\{i\} \tag{8.3.4}$$

其中，我们假设对于所有的智能体 $i\in\mathcal{N}$ 总是存在一个自循环$(i,\ i)$。那么，图 $\mathcal{G}$ 的相关拉普拉斯矩阵 $L\in\mathbb{R}^{m\times m}$ 为 $L:=D-A$，其中 D 是对角度矩阵，且 $A\in\mathbb{R}^{m\times m}$ 是邻接矩阵，具有性质 $A_{ij}=1$，当且仅当$(i,\ j)\in\mathcal{E}$，并且 $i\neq j$，即

$$L_{ij}=\begin{cases}|N_i|-1 & 若\ i=j\\ -1 & 若\ i\neq j\ 且(i,\ j)\in\mathcal{E}\\ 0 & 其他\end{cases} \tag{8.3.5}$$

我们考虑问题(8.3.1)的一个新的表述，它将用于发展我们的分散算法。对于每个智能体 $i\in\mathcal{N}$，我们引入决策变量 x 的单个副本 x_i，并对所有对$(i,\ j)\in\mathcal{E}$施加约束 $x_i=x_j$。变换后的问题可以完备地用拉普拉斯矩阵 L 表示：

$$\begin{aligned}&\min_x F(x):=\sum_{i=1}^m f_i(x_i)\\ &\text{s.t.}\quad Lx=0,\quad x_i\in X_i,\quad 对于任意\ i=1,\ \cdots,\ m\end{aligned} \tag{8.3.6}$$

其中 $x=(x_1,\ \cdots,\ x_m)\in X_1\times\cdots\times X_m$，$F$：$X_1\times\cdots\times X_m\to\mathbb{R}$ 和 $L=L\otimes I_d\in\mathbb{R}^{md\times md}$。约束条件 $Lx=0$ 是所有由一条边连接的智能体 i 和 j 的一种简洁写法 $x_i=x_j$。通过构造，L 是对称半正定的，其零空间与“意向一致”子空间重合，即 $L1=0$ 和 $1^{\mathrm{T}}L=0$。为了确保每个节点从其他节点获取信息，我们需要以下假设。

假设 18　图 $\mathcal{G}$ 是连通的。

在假设 18 下，问题(8.3.1)和式(8.3.6)两者是等价的。对于本节的其余部分，我们将假设 18 作为一个全面的假设。

我们接下来考虑将问题(8.3.6)重新表述为鞍点问题。利用拉格朗日乘子法，问题(8.3.6)等价于下列鞍点问题：

$$\min_{x\in X}\left[F(x)+\max_{y\in\mathbb{R}^{md}}\langle Lx,\ y\rangle\right] \tag{8.3.7}$$

其中 $X:=X_1\times\cdots\times X_m$ 和 $y=(y_1,\ \cdots,\ y_m)\in\mathbb{R}^{md}$ 是与约束条件 $Lx=0$ 相关的拉格朗日乘子。我们假设存在一个式(8.3.6)的最优解 $x^*\in X$，并且存在 $y^*\in\mathbb{R}^{md}$，使得$(x^*,\ y^*)$是式(8.3.7)的一个鞍点。事实上，由于我们的目标函数 $F(x)$是凸的，如果满足约束规范条件(CQ)，强对偶性就成立。特别是，CQ 条件表示存在 $\bar{x}\in X$，使得 $L\bar{x}=0$，这一性质被式(8.3.6)存在最优解的假设所隐含。

8.3.1.2　间隙函数：终止准则

给出鞍点问题(8.3.7)的一对可行解 $z=(x,\ y)$和 $\bar{z}=(\bar{x},\ \bar{y})$，定义原始-对偶间隙函数 $Q(z;\ \bar{z})$

$$Q(z;\ \bar{z}):=F(x)+\langle Lx,\ \bar{y}\rangle-[F(\bar{x})+(L\bar{x},\ y)] \tag{8.3.8}$$

有时我们也用符号 $Q(z;\ \bar{z}):=Q(x,\ y;\ \bar{x},\ \bar{y})$或 $Q(z;\ \bar{z}):=Q(x,\ y;\ \bar{z})=Q(z;\ \bar{x},\ \bar{y})$。人们很容易看到对于所有 $z\in X\times\mathbb{R}^{md}$，$Q(z^*;\ z)\leqslant 0$ 和 $Q(z;\ z^*)\geqslant 0$，其中

$z^*=(x^*, y^*)$是式(8.3.7)的鞍点。对紧集$X\subset\mathbb{R}^{md}$，$Y\subset\mathbb{R}^{md}$，间隙函数

$$\sup_{\bar{z}\in X\times Y} Q(z; \bar{z}) \tag{8.3.9}$$

度量了问题(8.3.7)的鞍点的近似解z的精度。

然而，我们所关注的问题(8.3.1)的鞍点公式(8.3.7)可能有一个无界可行集。为此，我们采用基于微扰的终止准则，并在式(8.3.9)中提出了间隙函数的修正版本。更具体地说，我们定义

$$g_Y(s, z):=\sup_{\bar{y}\in Y} Q(z; x^*, \bar{y})-\langle s, \bar{y}\rangle \tag{8.3.10}$$

对任何封闭集$Y\subseteq\mathbb{R}^{md}$，$z\in X\times\mathbb{R}^{md}$，且$s\in\mathbb{R}^{md}$。如果$Y=\mathbb{R}^{md}$，我们省略下标$Y$而简单地使用符号$g(s, z)$。

该扰动间隙函数允许我们分别限定目标函数值和可行性。我们首先定义以下术语。

定义 8.1　一个点$x\in X$称为问题(8.3.6)的(ε, δ)-解

$$F(x)-F(x^*)\leqslant\varepsilon \text{ 且 } \|Lx\|\leqslant\delta \tag{8.3.11}$$

我们说x有原始残差ε和可行性残差δ。

类似地，问题(8.3.6)的随机(ε, δ)-解可以定义为随机点$\hat{x}\in X$使得$\mathbb{E}[F(\hat{x})-F(x^*)]\leqslant\varepsilon$和$\mathbb{E}[\|L\hat{x}\|]\leqslant\delta$，对于某些$\varepsilon$，$\delta>0$。注意，对于问题(8.3.6)，可行性残差度量了局部副本$x_i(i\in\mathcal{N})$的不一致性。

在下面的命题中，我们建立了扰动间隙函数(8.3.10)与问题(8.3.6)的近似解之间的关系。虽然这个命题最初是为确定性情形而建立起来的，但将它扩展到随机情况是很直接的。

命题 8.6　*对于任意$Y\subset\mathbb{R}^{md}$使得$0\in Y$，如果$g_Y(Lx, z)\leqslant\varepsilon<\infty$且$\|Lx\|\leqslant\delta$，其中$z=(x, y)\in X\times\mathbb{R}^{md}$，那么，$x$是问题(8.3.6)的$(\varepsilon, \delta)$-解。特别地，当$Y=\mathbb{R}^{md}$时，对于$g(s, z)\leqslant\varepsilon<\infty$和$\|s\|\leqslant\delta$的任何$s$，总是有$s=Lx$。*

证明　由式(8.3.8)和式(8.3.10)，所有的$s\in\mathbb{R}^{md}$和$Y\subseteq\mathbb{R}^{md}$，我们有

$$\begin{aligned} g_Y(s, z) &=\sup_{\tilde{y}\in Y}[F(x)-\langle\tilde{y}, Lx\rangle]-F(x^*)+\langle s, \tilde{y}\rangle \\ &=F(x)-F(x^*)+\sup_{\tilde{y}\in Y}\langle-\tilde{y}, Lx-s\rangle \end{aligned}$$

由上可知，如果$g_Y(Lx, z)=F(x)-F(x^*)\leqslant\varepsilon$且$\|Lx\|\leqslant\delta$，则$(x, z)$是$(\varepsilon, \delta)$-解。此外，如果$Y=\mathbb{R}^{md}$，也可以看到，若$s\neq Lx$则$g(s, z)=\infty$。因此，$g(s, z)<\infty$意味着$s=Lx$。■

8.3.1.3　邻近函数

假设问题(8.3.1)中每个智能体的约束集合X_i具有范数$\|\cdot\|_{X_i}$，与距离生成函数ω_i相关的邻近函数为$V_i(\cdot,\cdot)$。此外，假设每个$V_i(\cdot,\cdot)$都具有相同的强凸模$v=1$，即

$$V_i(x_i, u_i)\geqslant\frac{1}{2}\|x_i-u_i\|_{X_i}^2, \quad \forall x_i, u_i\in X_i, \quad i=1, \cdots, m \tag{8.3.12}$$

我们定义问题(8.3.7)原始可行集$X=X_1\times\cdots\times X_m$的范数如下[⊖]

⊖ 我们可以用更一般的方式定义与X相关的范数，比如，$\|x\|^2:=\sum_{i=1}^m p_i\|x_i\|_{X_i}^2$，对于某个$p_i>0$，$i=1, \cdots, m$，$\forall x=(x_i, \cdots, x_m)\in X$。因此，可以定义邻近函数$V(\cdot,\cdot)$为$V(x, u):=\sum_{i=1}^m p_iV_i(x_i, u_i)$，$\forall x, u\in X$。这样的设置给了我们使用基于个体$X_i$的信息设定$p_i$的可能性，也就有了进一步细化收敛结果的可能性。

$$\|x\|^2 \equiv \|x\|_X^2 := \sum_{i=1}^{m} \|x_i\|_{X_i}^2 \tag{8.3.13}$$

其中 $x=(x_1, \cdots, x_m)\in X$，对任意 $x_i \in X_i$。因此，可以将相应的邻近函数 $V(\cdot, \cdot)$定义为

$$V(x, u) := \sum_{i=1}^{m} V_i(x_i, u_i), \quad \forall x, u \in X \tag{8.3.14}$$

注意，通过式(8.3.12)和式(8.3.13)很容易看出

$$V(x, u) \geqslant \frac{1}{2}\|x-u\|^2, \quad \forall x, u \in X \tag{8.3.15}$$

在本节中，由于 y 的可行域是无界的，我们赋予式(8.3.7)的乘子 y 的对偶空间标准欧几里得范数$\|\cdot\|_2$。为简单起见，对于一个对偶乘子 $y\in\mathbb{R}^{md}$，我们经常把它的范数写成$\|y\|$而不是$\|y\|_2$。

给定邻近函数 V_i，我们假设与智能体 i 相关的目标函数 f_i 满足

$$\mu V_i(y, x) \leqslant f_i(x) - f_i(y) - \langle f_i'(y), x-y\rangle \leqslant M\|x-y\|, \quad \forall x, y \in X_i \tag{8.3.16}$$

对于某些 M，$\mu\geqslant 0$ 和 $f_i'(y)\in\partial f_i(y)$，其中 $\partial f_i(y)$表示 f_i 在 y 处的次微分，$X_i\subseteq\mathbb{R}^d$ 是智能体 i 的闭凸约束集。显然，如果 $\mu>0$，这些目标函数 f_i 是强凸的。

8.3.2 分散通信滑动

在本节中，我们介绍了一种原始-对偶算法框架，即分散通信滑动(DCS)方法，用于以分散方式求解鞍点问题(8.3.7)。此外，我们还将建立所需节点间通信轮数的复杂度界，以及所需次梯度计算的总数。在本节中，我们考虑 f_i 的精确子梯度是可用的确定性情况。

8.3.2.1 DCS 算法

DCS 算法的基本方案受到了 3.6 节中原始-对偶方法的启发。当应用于重构后的式(8.3.7)中定义的鞍点时，对于任意给定的初始点 $x^0=x^{-1}\in X$ 和 $y^0\in\mathbb{R}^{md}$，以及某些非负参数$\{\alpha_k\}$，$\{\tau_k\}$和$\{\eta_k\}$，原始-对偶方法根据下列参数更新(x^k, y^k)

$$\widetilde{x}^k = \alpha_k(x^{k-1}-x^{k-2}) + x^{k-1} \tag{8.3.17}$$

$$y^k = \arg\min_{y\in\mathbb{R}^{md}} \langle -L\widetilde{x}^k, y\rangle + \frac{\tau_k}{2}\|y-y^{k-1}\|^2 \tag{8.3.18}$$

$$x^k = \arg\min_{x\in X}\{\Phi^k(x) := (Ly^k, x) + F(x) + \eta_k V(x^{k-1}, x)\} \tag{8.3.19}$$

在原始-对偶方法的每次迭代中，只有矩阵向量乘积 $L\widetilde{x}^k$ 和 Ly^k 的计算涉及不同智能体之间的通信，而其他计算，如 $\widetilde{x}^k$，y^k 和 x^k 的更新，可以由每个智能体分别单独执行。在子问题(8.3.19)容易求解的假设下，我们可以证明，通过适当地选择算法参数 α_k，τ_k 和 η_k，可以找到一个 ε-解，即一个点 $\overline{x}\in X$，$F(\overline{x})-F(x^*)\leqslant\varepsilon$ 和$\|L\overline{x}\|\leqslant\varepsilon$，可在 $\mathcal{O}(1/\varepsilon)$次迭代中完成。这意味着对于分散非光滑优化，可以经 $\mathcal{O}(1/\varepsilon)$轮通信后找到这样的 ε-解，从而改进了现有的通信复杂度 $\mathcal{O}(1/\varepsilon^2)$。然而，由于 F 是一般的非光滑凸函数，且通常很难显式地求解原始子问题(8.3.19)，因此这种通信复杂度的界并不是很有意义。

解决这个问题的一种很自然的方法，是通过迭代次梯度下降法近似求解式(8.3.19)。在这种迭代次梯度下降法中，我们不需要重新计算 $L\widetilde{x}^k$ 和 Ly^k 的矩阵向量乘积，因此不涉及通信代价。然而，这种方法的直接目标，即在每次迭代中足够精确地解决子问题，并不一定会产生子梯度计算总数的最佳复杂度界。为了在次梯度计算和通信两方面都能获得

尽可能好的复杂度界，所提出的DCS方法(并进行分析)实际上在以下两个方面比上述非精确原始-对偶方法更为复杂。首先，在大多数不精确的一阶方法中，通常只计算子问题的一个近似解，而在所提出的DCS方法中，我们需要生成式(8.3.19)中子问题的一对密切相关的近似解 $x^k=(x_1^k, \cdots, x_m^k)$ 和 $\hat{x}^k=(\hat{x}_1^k, \cdots, \hat{x}_m^k)$。其次，我们需要修改原始-对偶方法，使其中一个序列(即 $\{\hat{x}^k\}$)会在式(8.3.17)的外推步骤中使用，而另一个序列 $\{x^k\}$ 将作为 $V(x^{k-1}, x)$ 的邻近中心(参见式(8.3.19))。

算法 8.7　智能体 i 视角下的 DCS

给定 $x_i^0=x_i^{-1}=\hat{x}_i^0\in X_i$，$y_i^0\in\mathbb{R}^d$，$i\in[m]$，以及非负参数 $\{\alpha_k\}$，$\{\tau_k\}$，$\{\eta_k\}$ 和 $\{T_k\}$。

for $k=1, \cdots, N$ **do**

根据下面诸式更新 $z_i^k=(\hat{x}_i^k, y_i^k)$

$$\widetilde{x}_i^k=\alpha_k(\hat{x}_i^{k-1}-x_i^{k-2})+x_i^{k-1} \tag{8.3.20}$$

$$v_i^k=\sum_{j\in N_i}L_{ij}\widetilde{x}_j^k \tag{8.3.21}$$

$$y_i^k=\arg\min_{y_i\in\mathbb{R}^d}\langle -v_i^k, y_i\rangle+\frac{\tau_k}{2}\|y_i-y_i^{k-1}\|^2=y_i^{k-1}+\frac{1}{\tau_k}v_i^k \tag{8.3.22}$$

$$w_i^k=\sum_{j\in N_i}L_{ij}y_j^k \tag{8.3.23}$$

$$(x_i^k, \hat{x}_i^k)=\mathrm{CS}(f_i, X_i, V_i, T_k, \eta_k, w_i^k, x_i^{k-1}) \tag{8.3.24}$$

end for**return** $z_i^N=\left(\sum_{k=1}^N\theta_k\right)^{-1}\sum_{k=1}^N\theta_k z_i^k$

在式(8.3.24)处调用的CS(Communication-Sliding)过程说明如下。

procedure：$(x, \hat{x})=\mathrm{CS}(\phi, U, V, T, \eta, w, x)$

给定 $u^0=\hat{u}^0=x$，给出参数 $\{\beta_t\}$ 和 $\{\lambda_t\}$。

for $t=1, \cdots, T$ **do**

$$h^{t-1}=\phi'(u^{t-1})\in\partial\phi(u^{t-1}) \tag{8.3.25}$$

$$u^t=\arg\min_{u\in U}[\langle w+h^{t-1}, u\rangle+\eta V(x, u)+\eta\beta_t V(u^{t-1}, u)] \tag{8.3.26}$$

end for

设置

$$\hat{u}^{\mathrm{T}}:=\left(\sum_{t=1}^T\lambda_t\right)^{-1}\sum_{t=1}^T\lambda_t u^t \tag{8.3.27}$$

设置 $x=u^{\mathrm{T}}$ 及 $\hat{x}=\hat{u}^{\mathrm{T}}$。

end procedure

我们在算法8.7中形式化描述了DCS方法。每当算法8.7中的索引 k 增加1时，DCS算法就会进行外部迭代。更具体地说，每个原始估计 x_i^0 从 X_i 中的任意一点局部初始化，并且 x_i^{-1} 和 $\hat{x}_i^0$ 也被设为相同的值。在每个步骤 $k(k\geqslant 1)$ 时，每个智能体 $i\in\mathcal{N}$ 使用前三次原始迭代(参见式(8.3.20))计算一个局部预测 $\widetilde{x}_i^k$，并将其发送到其邻域内的所有节点，即所有智能体 $j\in N_i$。在式(8.3.21)～式(8.3.22)中，每个智能体 i 使用从相邻域(N_i 中)的智能体接收到的消息，去计算与邻域中不一致的 v_i^k，并更新相应的对偶子向量 y_i^k。然后，在式(8.3.23)中，根据这些更新后的对偶变量计算 w_i^k 时，又进行了一轮通信。因此，每个外部迭代 k 涉及两轮通信，一个用于原始估计，另一个用于对偶变量。最后，每个智能体 i 近似求解邻近投影子问题(8.3.19)，即

$$\arg\min_{u\in U}\langle w,\ u\rangle+\phi(u)+\eta V(x,\ u) \tag{8.3.28}$$

其中取 $u=x_i$，$U=X_i$，$w=w_i^k$，$\phi=f_i$，$\eta=\eta_k$，$V=V_i$，通过在式(8.3.24)中调用 $T=T_k$ 迭代的 CS 过程。

CS 过程执行的每一次迭代，称为 DCS 方法的内部迭代，相当于应用到式(8.3.28)的次梯度下降法的步骤。具体来说，每个内迭代包括式(8.3.25)中次梯度 $\phi'(u^{t-1})$ 的计算和式(8.3.26)中投影子问题的求解。需要注意的是，问题(8.3.26)的目标函数由两部分组成：(1)u 的内积，w 的累加和，以及当前的次梯度 $\phi'(u^{t-1})$；(2)需要计算位于 x 和 u^{t-1} 附近的两个新迭代的 Bregman 距离。利用 Bregman 距离的定义，可以看出式(8.3.26)等价于

$$u^t=\arg\min_{u\in U}[\langle w+h^{t-1}-\eta\ \nabla\omega(x)-\eta\beta_t\nabla\omega(u^{t-1}),\ u\rangle+\eta(1+\beta_t)\omega(u)]$$

与镜面下降法类似，我们假设这个问题容易求解。还要注意，CS 过程的整个 $T=T_k$ 次迭代中使用了相同的对偶信息 $w=w_i^k$(见式(8.3.23))，因此在过程中不需要额外的通信，这解释了 DCS 方法名称的由来。

请注意，DCS 方法在思想上受到了梯度滑动法的启发(8.1 节)。然而，梯度滑动法侧重于对某些结构化凸优化问题去解决如何保存梯度估值，而不是如何减少通信轮(或矩阵和向量的积)来进行分散优化，其算法方案也与 DCS 方法有很大的不同。需要注意的是，由于我们还没有指定参数$\{\alpha_k\}$、$\{\eta_k\}$、$\{\tau_k\}$、$\{T_k\}$、$\{\beta_t\}$和$\{\lambda_t\}$，因此目前对算法的描述只是概念性的。我们稍后将实例化这个一般算法，以说明它的收敛性。

8.3.2.2　DCS 在一般凸函数上的收敛性

我们现在来建立 DCS 算法的主要收敛性质。具体而言，在引理 8.3 中，我们给出了算法在式(8.3.8)中定义的间隙函数的估计，以及算法适用于 $\mu=0$(参见式(8.3.16))的一般非光滑凸情形的步长策略。该引理的证明见 8.3.5 节。

引理 8.3　令$(\hat{x}^k,\ y^k)$，$k=1,\cdots,N$ 是由算法 8.7 生成的迭代序列，并定义为 $\hat{z}^N:=\left(\sum_{k=1}^N\theta_k\right)^{-1}\sum_{k=1}^N\theta_k(\hat{x}^k,\ y^k)$。如果目标 f_i，$i=1,\cdots,m$ 是一般的非光滑凸函数，即有 $\mu=0$ 和 $M>0$，设算法 8.7 中的参数$\{\alpha_k\}$、$\{\theta_k\}$、$\{\eta_k\}$、$\{\tau_k\}$和$\{T_k\}$满足

$$\theta_k\frac{(T_k+1)(T_k+2)\eta_k}{T_k(T_k+3)}\leqslant\theta_{k-1}\frac{(T_{k-1}+1)(T_{k-1}+2)\eta_{k-1}}{T_{k-1}(T_{k-1}+3)},\quad k=2,\cdots,N \tag{8.3.29}$$

$$\alpha_k\theta_k=\theta_{k-1},\quad k=2,\cdots,N \tag{8.3.30}$$

$$\theta_k\tau_k=\theta_1\tau_1,\quad k=2,\cdots,N \tag{8.3.31}$$

$$\alpha_k\|L\|^2\leqslant\eta_{k-1}\tau_k,\quad k=2,\cdots,N \tag{8.3.32}$$

$$\theta_N\|L\|^2\leqslant\theta_1\tau_1\eta_N \tag{8.3.33}$$

并将算法 8.7 中 CS 过程中的参数$\{\lambda_t\}$和$\{\beta_t\}$设置为

$$\lambda_t=t+1,\quad \beta_t=\frac{t}{2},\quad \forall t\geqslant 1 \tag{8.3.34}$$

那么，对于所有的 $z:=(x,\ y)\in X\times\mathbb{R}^{md}$，有

$$Q(\hat{z}^N;\ z)\leqslant\left(\sum_{k=1}^N\theta_k\right)^{-1}\left[\frac{(T_1+1)(T_1+2)\theta_1\eta_1}{T_1(T_1+3)}V(x^0,\ x)+\frac{\theta_1\tau_1}{2}\|y^0\|^2+\langle\hat{s},\ y\rangle+\sum_{k=1}^N\frac{4mM^2\theta_k}{(T_k+3)\eta_k}\right] \tag{8.3.35}$$

其中，参数 $\hat{s}:=\theta_N L(\hat{x}^N-x^{N-1})+\theta_1\tau_1(y^N-y^0)$，$Q$ 在式(8.3.8)中定义。而且，对于任意式(8.3.7)的鞍点(x^*, y^*)，有

$$\frac{\theta_N}{2}\left(1-\frac{\|L\|^2}{\eta_N\tau_N}\right)\max\{\eta_N\|\hat{x}^N-x^{N-1}\|^2, \tau_N\|y^*-y^N\|^2\}$$
$$\leqslant\frac{(T_1+1)(T_1+2)\theta_1\eta_1}{T_1(T_1+3)}V(x^0, x^*)+\frac{\theta_1\tau_1}{2}\|y^*-y^0\|^2+\sum_{k=1}^N\frac{4mM^2\theta_k}{\eta_k(T_k+3)} \quad (8.3.36)$$

在下列定理中，我们提供了满足式(8.3.29)～式(8.3.33)的$\{\alpha_k\}$、$\{\theta_k\}$、$\{\eta_k\}$、$\{\tau_k\}$和$\{T_k\}$的一个特定选择。利用引理8.3和命题8.6，我们还建立了当目标函数为一般凸函数时，计算问题(8.3.6)的(ϵ, δ)-解的DCS方法的复杂性。

定理8.8　设 x^* 是式(8.3.6)的最优解，算法8.7中CS过程中的参数$\{\lambda_t\}$和$\{\beta_t\}$按式(8.3.34)设置，而$\{\alpha_k\}$、$\{\theta_k\}$、$\{\eta_k\}$、$\{\tau_k\}$和$\{T_k\}$设置为

$$\alpha_k=\theta_k=1,\quad \eta_k=2\|L\|,\quad \tau_k=\|L\|,\quad T_k=\left\lceil\frac{mM^2N}{\|L\|^2\widetilde{D}}\right\rceil,\quad \forall k=1, \cdots, N \quad (8.3.37)$$

其中 $\widetilde{D}>0$。那么，对于任意 $N\geqslant1$，有

$$F(\hat{x}^N)-F(x^*)\leqslant\frac{\|L\|}{N}\left[3V(x^0, x^*)+\frac{1}{2}\|y^0\|^2+2\widetilde{D}\right] \quad (8.3.38)$$

和

$$\|L\hat{x}^N\|\leqslant\frac{\|L\|}{N}\left[3\sqrt{6V(x^0, x^*)+4\widetilde{D}}+4\|y^*-y^0\|\right] \quad (8.3.39)$$

其中 $\hat{x}^N=\frac{1}{N}\sum_{k=1}^N\hat{x}^k$，$y^*$ 是问题的任意对偶最优解。

证明　很容易看出式(8.3.37)的设置满足条件(8.3.29)～条件(8.3.33)。特别是，

$$\frac{(T_1+1)(T_1+2)}{T_1(T_1+3)}=1+\frac{2}{T_1^2+3T_1}\leqslant\frac{3}{2}$$

因此，通过把这些值代入式(8.3.35)，我们得到

$$Q(\hat{z}^N; x^*, y)\leqslant\frac{\|L\|}{N}\left[3V(x^0, x^*)+\frac{1}{2}\|y^0\|^2+2\widetilde{D}\right]+\frac{1}{N}\langle\hat{s}, y\rangle \quad (8.3.40)$$

令 $\hat{s}^N=\frac{1}{N}\hat{s}$，那么由式(8.3.36)，有

$$\|\hat{s}^N\|\leqslant\frac{\|L\|}{N}[\|\hat{x}^N-x^{N-1}\|+\|y^N-y^*\|+\|y^*-y^0\|]$$
$$\leqslant\frac{\|L\|}{N}[3\sqrt{6V(x^0, x^*)+\|y^*-y^0\|^2+4\widetilde{D}}+\|y^*-y^0\|]$$

此外，由式(8.3.40)，有

$$g(\hat{s}^N, \hat{z}^N)\leqslant\frac{\|L\|}{N}\left[3V(x^0, x^*)+\frac{1}{2}\|y^0\|^2+2\widetilde{D}\right]$$

将命题8.6应用于上述两个不等式，立刻就得到了式(8.3.38)和式(8.3.39)的结果。■

我们现在对定理8.8中得到的结果做一些说明。第一，即使可以在式(8.3.37)中选择任何 $\widetilde{D}>0$(例如，$\widetilde{D}=1$)，$\widetilde{D}$ 的最佳选择将是 $V(x^0, x^*)$，因此式(8.3.40)中的第一项和第三项具有相同的数量级。在实际应用中，如果存在 $D_X>0$，使得

$$V(x_1, x_2)\leqslant D_X^2,\quad \forall x_1, x_2\in X \quad (8.3.41)$$

那么，我们可以置 $\widetilde{D}=D_X^2$。

其次，DCS 方法的复杂度可直接由式(8.3.38)和式(8.3.39)推出。为简单起见，我们假设集合 X 是有界的，且取 $\widetilde{D}=D_X^2$ 及 $y^0=0$。我们可以看到，每个智能体为求得问题(8.3.6)的(ε,δ)-解所需要的节点间通信轮数和节点内次梯度计算的界分别为

$$\mathcal{O}\left\{\|L\|\max\left(\frac{D_X^2}{\varepsilon},\ \frac{D_X+\|y^*\|}{\delta}\right)\right\}\quad 和 \quad \mathcal{O}\left\{mM^2\max\left(\frac{D_X^2}{\varepsilon^2},\ \frac{D_X^2+\|y^*\|^2}{D_X^2\delta^2}\right)\right\} \tag{8.3.42}$$

特别是，如果 ε 和 δ 满足下式

$$\frac{\varepsilon}{\delta}\leqslant\frac{D_X^2}{D_X+\|y^*\|} \tag{8.3.43}$$

那么，式(8.3.42)中的前两个复杂度界分别会降为

$$\mathcal{O}\left\{\frac{\|L\|D_X^2}{\varepsilon}\right\}\quad 和 \quad \mathcal{O}\left\{\frac{mM^2D_X^2}{\varepsilon^2}\right\} \tag{8.3.44}$$

第三，将应用于问题(8.3.1)的 DCS 法与集中式镜面下降法(3.2 节)比较是有趣的。在最坏的情况下，式(8.3.1)中 f 的 Lipschitz 常数会以 $M_f\leqslant mM$ 为界，并且该方法每次迭代都会需要 m 次的次梯度计算。因此，用镜面下降法求问题(8.3.1)的 ε-解时进行次梯度计算的总次数，即点 $\overline{x}\in X$，使 $f(\overline{x})-f^*\leqslant\varepsilon$，以下式为界

$$\mathcal{O}\left\{\frac{m^3M^2\mathcal{D}_X^2}{\varepsilon^2}\right\} \tag{8.3.45}$$

式中，$\mathcal{D}_X^2$ 表征了 X 的直径，即 $\mathcal{D}_X^2:=\max_{x_1,x_2\in X}V(x_1,\ x_2)$。注意 $\mathcal{D}_X^2/D_X^2=\mathcal{O}(1/m)$，式(8.3.44)中的第二个界是针对每个智能体在 DCS 方法中次梯度计算的次数。我们的结论是：只要式(8.3.43)成立，由 DCS 方法执行的次梯度计算的总数与经典的镜面下降法相当，因此一般不是可改进的。

最后，观察参数设置式(8.3.37)需要知道拉普拉斯矩阵 L 的范数，即 $\|L\|=\max_{\|x\|}\leqslant 1\{\|Lx\|_2\}$。如果对原始空间使用 l_2 范数，$\|L\|$将是L 的最大特征值，我们可以用幂迭代法估计它，也可以简单地用图的最大度来限定它。如果我们在原始空间使用 l_1 范数，那么，$\|L\|$范数为 $L_{1,2}$ 范数，即 $\|L\|=\|L\|_{1,2}=\left(\sum_{i=1}^{md}\|L_i\|_1^2\right)^{1/2}=2\sqrt{d\sum_{j=1}^{m}\deg_j^2}$，其中 L_i 代表矩阵L 的行向量，$\deg_j$ 表示节点 j 的自由度。$\|L\|$的估计会涉及几轮的通信；然而，这些初始代价设置独立于求解方案的目标精度 ε。还应该注意的是，式(8.3.37)中给出的内部迭代 T_k 的数量被固定为一个常数，以实现最佳的复杂度界。在实践中，动态选择 T_k 是合理的，以便在前几个外部迭代中执行较少的内部迭代。一个简单的策略就是设定

$$T_k=\min\left(ck,\ \left\lceil\frac{mM^2N}{\|L\|^2\widetilde{D}}\right\rceil\right)$$

对于某个常数 $c>0$。虽然理论上，这样的 T_k 选择将导致在次梯度计算和通信轮数方面的复杂度略差(达到 $\mathcal{O}(\log(1/\varepsilon)$因子)，但它可以提高 DCS 方法的实际性能，特别是在该方法执行的开始阶段。

8.3.2.3 $\|y^*\|$的有界性

在本小节中，我们将提供对偶乘子 y^* 的最优界。通过这样做，我们表明，DCS 算法的复杂度(以及在 8.3.3 节中的随机 DCS 算法)只取决于原始问题的参数 L 的最小非零特

征值和初始点 y^0，即使这些算法本质上非原始-对偶类型的方法。

定理 8.9　假设 f_i 是 Lipschitz 连续的，即 f_i 的次梯度对应范数 $\|\cdot\|_2$ 以一个常数 M 为界。设 x^* 是式(8.3.6)的最优解。那么存在式(8.3.7)的最优对偶乘子 y^* 满足

$$\|y^*\|_2 \leqslant \frac{\sqrt{m}M_f}{\widetilde{\sigma}_{\min}(L)} \tag{8.3.46}$$

其中 $\widetilde{\sigma}_{\min}(L)$ 为矩阵 L 最小的非零特征值。

证明　由于我们仅通过放宽问题(8.3.6)中的线性约束，就得到了拉格朗日对偶问题(8.3.7)，所以，由强拉格朗日对偶性，及式(8.3.6)的最优值 x^* 的存在性可知，问题(8.3.7)的最优对偶乘子 y^* 必然存在。很明显

$$y^* = y_N^* + y_C^*$$

其中 y_N^* 和 y_C^* 分别表示 y^* 在零空间和列空间 L^{T} 上的投影。

我们考虑两种情况。情况(1) $y_C^*=0$。既然 y_N^* 属于 L^{T} 的零空间，那么，$L^{\mathrm{T}}y^* = L^{\mathrm{T}}y_N^*=0$，这意味着对于任何 $c\in\mathbb{R}$，cy^* 也是式(8.3.7)的最优对偶乘子。因此，式(8.3.46)显然成立，因为我们可以将 y^* 缩放到任意小矢量。

情况(2) $y_C^*\neq 0$。利用 $L^{\mathrm{T}}y^*=L^{\mathrm{T}}y_C^*$ 这一事实和鞍点式(8.3.7)的定义，我们得出 y_C^* 也是式(8.3.7)的最佳对偶乘子。

因为 y_C^* 在 L 的列空间中，我们有

$$\begin{aligned}\|L^{\mathrm{T}}y_C^*\|_2^2 = (y_C^*)^{\mathrm{T}}LL^{\mathrm{T}}y_C^* = (y_C^*)^{\mathrm{T}}U^{\mathrm{T}}\Lambda U y_C^* &\geqslant \widetilde{\lambda}_{\min}(LL^{\mathrm{T}})\|Uy_C^*\|_2^2 \\ &= \widetilde{\sigma}^2_{\min}(L)\|y_C^*\|_2^2\end{aligned}$$

其中 U 是由 LL^{T} 的行特征向量组成的标准正交矩阵，Λ 是其对角元素为相应特征值的对角矩阵，$\widetilde{\lambda}_{\min}(LL^{\mathrm{T}})$表示 LL^{T} 的最小非零特征值，$\widetilde{\sigma}_{\min}(L)$表示 L 的最小非零特征值。特别是

$$\|y_C^*\|_2 \leqslant \frac{\|L^{\mathrm{T}}y_C^*\|_2}{\widetilde{\sigma}_{\min}(L)} \tag{8.3.47}$$

另外，如果将式(8.3.7)中的鞍点问题定义如下：

$$\mathcal{L}(x, y) := F(x) + \langle Lx, y\rangle$$

根据式(8.3.7)中鞍点的定义，我们有 $\mathcal{L}(x^*, y_C^*)\leqslant\mathcal{L}(x, y_C^*)$，即

$$F(x^*) - F(x) \leqslant \langle -L^{\mathrm{T}}y_C^*, x - x^*\rangle$$

因此，由次梯度的定义，我们得出 $-L^{\mathrm{T}}y_C^*\in\partial F(x^*)$，再加上 f_i 是 Lipschitz 连续的事实，意味着

$$\|L^{\mathrm{T}}y_C^*\|_2 = \|(f_1'(x_1^*), f'_2(x_2^*), \cdots, f'_m(x_m^*))\|_2 \leqslant \sqrt{m}M_f$$

由上面的关系、式(8.3.47)，以及 y_C^* 是式(8.3.7)的最优对偶乘子的事实，我们立刻就得到了式(8.3.46)的结果。 ■

观察到，我们的式(8.3.46)中的对偶乘子 y^* 的界只包含原始问题信息。给定初始对偶乘子 y^0，该结果可用于在定理 8.8～定理 8.12 中给出 $\|y^0-y^*\|$ 的上界。另外还要注意，我们可以通过假设 $y^0=0$ 来简化这些复杂度界的表示。

8.3.2.4　DCS 在强凸函数上的收敛

在本小节中，我们假设目标函数 f_i 是强凸的(即式(8.3.16)中 $\mu>0$)。

我们接下来在引理 8.4 中给出式(8.3.8)中定义的间隙函数的估计，以及适用于强凸情况的步长策略。该引理的证明见 8.3.5 节。

引理 8.4 令迭代$(\hat{x}^k, y^k)$，$k=1, \cdots, N$ 由算法 8.7 生成，$\hat{z}^N$ 被定义为 $\hat{z}^N := \left(\sum_{k=1}^{N}\theta_k\right)^{-1}\sum_{k=1}^{N}\theta_k(\hat{x}^k, y^k)$。如果子目标函数 f_i，$i=1, \cdots, m$ 为强凸函数，即 $\mu, M>0$，令算法 8.7 中的参数$\{\alpha_k\}$、$\{\theta_k\}$、$\{\eta_k\}$和$\{\tau_k\}$满足条件(8.3.30)～式(8.3.33)并且

$$\theta_k\eta_k \leqslant \theta_{k-1}(\mu+\eta_{k-1}), \quad k=2, \cdots, N \tag{8.3.48}$$

并且算法 8.7 中 CS 过程中的参数$\{\lambda_t\}$和$\{\beta_t\}$设置为

$$\lambda_t = t, \quad \beta_t^{(k)} = \frac{(t+1)\mu}{2\eta_k} + \frac{t-1}{2}, \quad \forall t \geqslant 1 \tag{8.3.49}$$

那么，对于所有的 $z\in X\times\mathbb{R}^{md}$，有

$$Q(\hat{z}^N; z) \leqslant \left(\sum_{k=1}^{N}\theta_k\right)^{-1}\left[\theta_1\eta_1 V(x^0, x) + \frac{\theta_1\tau_1}{2}\|y^0\|^2 + \langle\hat{s}, y\rangle + \sum_{k=1}^{N}\sum_{t=1}^{T_k}\frac{2mM^2\theta_k}{T_k(T_k+1)}\frac{t}{(t+1)\mu+(t-1)\eta_k}\right] \tag{8.3.50}$$

其中，$\hat{s} := \theta_N L(\hat{x}^N - x^{N-1}) + \theta_1\tau_1(y^N - y^0)$，$Q$ 由式(8.3.8)定义。而且，对于式(8.3.7)的任意鞍点(x^*, y^*)，有

$$\frac{\theta_N}{2}\left(1-\frac{\|L\|^2}{\eta_N\tau_N}\right)\max\{\eta_N\|\hat{x}^N - x^{N-1}\|^2, \tau_N\|y^* - y^N\|^2\}$$
$$\leqslant \theta_1\eta_1 V(x^0, x^*) + \frac{\theta_1\tau_1}{2}\|y^* - y^0\|^2 + \sum_{k=1}^{N}\sum_{t=1}^{T_k}\frac{2mM^2\theta_k}{T_k(T_k+1)}\frac{t}{(t+1)\mu+(t-1)\eta_k} \tag{8.3.51}$$

在下列定理中，我们给出了满足式(8.3.30)～式(8.3.33)和式(8.3.48)的$\{\alpha_k\}$、$\{\theta_k\}$、$\{\eta_k\}$、$\{\tau_k\}$和$\{T_k\}$的特定选择。此外，利用引理 8.4 和命题 8.6，我们建立了当目标函数为强凸时，求问题(8.3.6)的(ε, δ)-解的 DCS 方法的复杂度，且选择可变步长而不是使用恒定步长将加快算法收敛速度。

定理 8.10 设 x^* 是式(8.3.6)的最优解，且算法 8.7 中 CS 过程中的参数$\{\lambda_t\}$和$\{\beta_t\}$按式(8.3.49)设置，$\{\alpha_k\}$、$\{\theta_k\}$、$\{\eta_k\}$、$\{\tau_k\}$和$\{T_k\}$按下面设定

$$\alpha_k = \frac{k}{k+1}, \quad \theta_k = k+1, \quad \eta_k = \frac{k\mu}{2}, \quad \tau_k = \frac{4\|L\|^2}{(k+1)\mu},$$
$$T_k = \left\lceil\sqrt{\frac{2m}{\widetilde{D}}}\frac{MN}{\mu}\max\left\{\sqrt{\frac{2m}{\widetilde{D}}}\frac{4M}{\mu}, 1\right\}\right\rceil \tag{8.3.52}$$

$\forall k=1, \cdots, N$ 及某个 $\widetilde{D}>0$。那么，对于任意 $N\geqslant 2$，有

$$F(\hat{x}^N) - F(x^*) \leqslant \frac{2}{N(N+3)}\left[\mu V(x^0, x^*) + \frac{2\|L\|^2}{\mu}\|y^0\|^2 + 2\mu\widetilde{D}\right] \tag{8.3.53}$$

和

$$\|L\hat{x}^N\| \leqslant \frac{8\|L\|}{N(N+3)}\left[3\sqrt{2\widetilde{D} + V(x^0, x^*)} + \frac{7\|L\|}{\mu}\|y^* - y^0\|\right] \tag{8.3.54}$$

其中，$\hat{x}^N = \dfrac{2}{N(N+3)}\sum_{k=1}^{N}(k+1)\hat{x}^k$，$y^*$ 是任意一个对偶最优解。

证明 很容易看出式(8.3.52)的设置满足式(8.3.30)～式(8.3.33)和条件(8.3.48)。此外，我们有

$$\sum_{k=1}^{N}\sum_{t=1}^{T_k}\frac{2mM^2\theta_k}{T_k(T_k+1)}\frac{t}{(t+1)\mu+(t-1)\eta_k}=\sum_{k=1}^{N}\frac{2mM^2\theta_k}{T_k(T_k+1)\mu}\sum_{t=1}^{T_k}\frac{2t}{2(t+1)+(t-1)k}$$
$$\leqslant\sum_{k=1}^{N}\frac{2mM^2\theta_k}{T_k(T_k+1)\mu}\left(\frac{1}{2}+\sum_{t=2}^{T_k}\frac{2t}{(t-1)(k+1)}\right)$$
$$\leqslant\sum_{k=1}^{N}\frac{mM^2(k+1)}{T_k(T_k+1)\mu}+\sum_{k=1}^{N}\frac{8mM^2(T_k-1)}{T_k(T_k+1)\mu}\leqslant 2\mu\widetilde{D}$$

因此，通过把这些值代入式(8.3.50)，得到

$$Q(\hat{z}^N;\ x^*,\ y)\leqslant\frac{2}{N(N+3)}\left[\mu V(x^0,\ x^*)+\frac{2\|L\|^2}{\mu}\|y^0\|^2+2\mu\widetilde{D}+\langle\hat{s},\ y\rangle\right]\tag{8.3.55}$$

此外，由式(8.3.51)，我们得到当 $N\geqslant 2$ 时，有

$$\|\hat{x}^N-x^{N-1}\|^2\leqslant\frac{8}{\mu(N+1)(N-1)}\left[\mu V(x^0,\ x^*)+\frac{2\|L\|^2}{\mu}\|y^0-y^*\|^2+2\mu\widetilde{D}\right]\tag{8.3.56}$$

$$\|y^*-y^N\|^2\leqslant\frac{N\mu}{(N-1)\|L\|^2}\left[\mu V(x^0,\ x^*)+\frac{2\|L\|^2}{\mu}\|y^0-y^*\|^2+2\mu\widetilde{D}\right]$$

设 $s^N:=\frac{2}{N(N+3)}\hat{s}$，那么通过式(8.3.56)，得到当 $N\geqslant 2$ 时，有

$$\|s^N\|\leqslant\frac{2}{N(N+3)}\left[(N+1)\|L\|\|\hat{x}^N-x^{N-1}\|+\frac{4\|L\|^2}{\mu}\|y^N-y^*\|+\frac{4\|L\|^2}{\mu}\|y^*-y^0\|\right]$$
$$\leqslant\frac{8\|L\|}{N(N+3)}\left[3\sqrt{2\widetilde{D}+V(x^0,\ x^*)+\frac{2\|L\|^2}{\mu^2}\|y^0-y^*\|^2}+\frac{\|L\|}{\mu}\|y^*-y^0\|\right]$$
$$\leqslant\frac{8\|L\|}{N(N+3)}\left[3\sqrt{2\widetilde{D}+V(x^0,\ x^*)}+\frac{7\|L\|}{\mu}\|y^*-y^0\|\right]$$

根据式(8.3.55)，我们进一步有

$$g(\hat{s}^N\hat{z}^N)\leqslant\frac{2}{N(N+3)}\left[\mu V(x^0,\ x^*)+\frac{2\|L\|^2}{\mu}\|y^0\|^2+2\mu\widetilde{D}\right]$$

将命题 8.6 应用于上述两个不等式，就立刻得到了式(8.3.53)和式(8.3.54)的结果。 ■

现在我们对定理 8.10 中得到的结果做一些说明。首先，与一般凸的情况类似，$\widetilde{D}$(参见式(8.3.52))的最佳选择是 $V(x^0,\ x^*)$，这样式(8.3.55)中的第一项和第三项的阶大致相同。如果存在一个估计 $D_X>0$ 满足条件(8.3.41)，我们可以设定 $\widetilde{D}=D_X^2$。

其次，DCS 方法求解强凸问题的复杂性可由式(8.3.53)和式(8.3.54)得到。为简单起见，我们假设 X 有界，$\widetilde{D}=D_X^2$，$y^0=0$。我们可以看到，每个智能体为求问题(8.3.6)的$(\varepsilon,\ \delta)$-解所执行的节点间通信轮数和节点内次梯度计算可以分别限定为

$$\mathcal{O}\left\{\max\left(\sqrt{\frac{\mu D_X^2}{\varepsilon}},\ \sqrt{\frac{\|L\|}{\delta}\left(D_X+\frac{\|L\|\|y^*\|}{\mu}\right)}\right)\right\}\text{和}\tag{8.3.57}$$
$$\mathcal{O}\left\{\frac{mM^2}{\mu}\max\left(\frac{1}{\varepsilon},\ \frac{\|L\|}{\mu\delta}\left(\frac{1}{D_X}+\frac{\|L\|\|y^*\|}{D_X^2\mu}\right)\right)\right\}$$

特别是当 ε 和 δ 满足下式时

$$\frac{\varepsilon}{\delta}\leqslant\frac{\mu^2D_X^2}{\|L\|(\mu D_X+\|L\|\|y^*\|)}\tag{8.3.58}$$

则式(8.3.57)中的复杂度界分别简化为

$$\mathcal{O}\left\{\sqrt{\frac{\mu D_X^2}{\varepsilon}}\right\} \text{和 } \mathcal{O}\left\{\frac{mM^2}{\mu\varepsilon}\right\} \tag{8.3.59}$$

第三，我们将 DCS 方法与式(8.3.1)中采用的集中式镜面下降法(3.2 节)进行了比较。在最坏的情况下，式(8.3.1)中 f 的 Lipschitz 常数和强凸模可分别以 $M_f \leqslant mM$ 和 $\mu_f \geqslant m\mu$ 为界，且每次迭代都会进行 m 次梯度计算。因此，用镜面下降法求问题(8.3.1)的 ε-解，即点 $\overline{x} \in X$，使得 $f(\overline{x}) - f^* \leqslant \varepsilon$ 的次梯度计算的总数被限定为

$$\mathcal{O}\left\{\frac{m^2 M^2}{\mu\varepsilon}\right\} \tag{8.3.60}$$

通过观察式(8.3.59)中的第二个界只涉及 DCS 方法中每个智能体的次梯度计算次数，我们的结论是，只要式(8.3.58)成立，由 DCS 执行的次梯度评价的总数与经典的镜面下降法相当，因此对于非光滑强凸情形一般而言上述界是不可改进的。

8.3.3　随机分散通信滑动

在本节中，我们考虑只能获得函数 f_i，$i=1$，…，m 的噪声次梯度信息的随机情况，它是可以得到或是易于计算的。这种情况发生在函数 f_i 以期望的形式或以许多分量的总和的形式给出时。近几十年来，这种设置因其在包括机器学习、信号处理和运筹学在内的广泛学科中的应用而引起了相当大的兴趣。我们提出了一种随机通信滑动方法，即随机分散通信滑动(SDCS)方法，并证明了该方法在期望或具有高概率的情况下仍然可以得到与 8.3.2 节相似的复杂度界。

8.3.3.1　SDCS 算法

函数 f_i，$i=1$，…，m 的一阶信息可以被一个随机预言机(SO)访问，给定一个点 $u^t \in X$，输出一个向量 $G_i(u^t, \xi_i^t)$使得

$$\mathbb{E}[G_i(u^t, \xi_i^t)] = f_i'(u^t) \in \partial f_i(u^t) \tag{8.3.61}$$

$$\mathbb{E}[\|G_i(u^t, \xi_i^t) - f_i'(u^t)\|_*^2] \leqslant \sigma^2 \tag{8.3.62}$$

其中 ξ_i^t 是一个模拟不确定性源的随机向量，该向量与搜索点 u^t 无关，且分布 $\mathbb{P}(\xi_i)$事先是不知道的。我们称 $G_i(u^t, \xi_i^t)$为分量 f_i 在 u^t 的随机次梯度。

SDCS 方法只需将算法 8.7 中 CS 程序中的精确子梯度替换为 SO 得到的随机子梯度即可得到。这个区别在算法 8.8 中描述。

算法 8.8　SDCS

将算法 8.7 中 CS 过程中的投影步骤式(8.3.25)～式(8.3.26)替换为

$$h^{t-1} = H(u^{t-1}, \xi^{t-1}) \tag{8.3.63}$$

$$u^t = \arg\min_{u \in U} [\langle w + h^{t-1}, u \rangle + \eta V(x, u) + \eta\beta_t V(u^{t-1}, u)] \tag{8.3.64}$$

式中，$H(u^{t-1}, \xi^{t-1})$是 ϕ 在 u^{t-1} 处的随机次梯度。

我们对 SDCS 算法做一些补充说明。首先，与在 DCS 中一样，当在内部循环中执行次梯度投影式(8.3.64)时，不需要和对偶变量进行额外的通信。这是因为在随机 CS 过程的 T_k 迭代中使用了相同的 w_i^k。其次，如果不存在与 SO 相关的随机噪声，即 $\sigma=0$ 时的式(8.3.62)，该问题将退化为确定情形。

8.3.3.2 SDCS在一般凸函数上的收敛性

我们现在来建立SDCS算法的主要收敛性。更具体地说，我们在引理8.5中提供了对式(8.3.8)中定义的间隙函数的估计，以及适用于$\mu=0$(参见式(8.3.16))的一般凸情况下的步长策略。该引理的证明见8.3.5节。

引理8.5　令迭代$(\hat{x}^k, y^k)$，$k=1, \cdots, N$是由算法8.8生成的，$\hat{z}^N$被定义为$\hat{z}^N := \left(\sum_{k=1}^N \theta_k\right)^{-1} \sum_{k=1}^N \theta_k (\hat{x}^k, y^k)$，并且假设条件(8.3.61)～式(8.3.62)成立。如果目标f_i，$i=1, \cdots, m$是一般的非光滑凸函数，即$\mu=0$和$M>0$，在算法8.8中设参数$\{\alpha_k\}$、$\{\theta_k\}$、$\{\eta_k\}$、$\{\tau_k\}$和$\{T_k\}$满足条件(8.3.29)～式(8.3.33)，算法8.8的CS过程中的参数$\{\lambda_t\}$和$\{\beta_t\}$如式(8.3.34)中设定。那么，对于所有$z\in X\times\mathbb{R}^{md}$，

$$Q(\hat{z}^N; z) \leqslant \left(\sum_{k=1}^N \theta_k\right)^{-1} \left\{ \frac{(T_1+1)(T_1+2)\theta_1\eta_1}{T_1(T_1+3)} V(x^0, x) + \frac{\theta_1\tau_1}{2}\|y^0\|^2 + \langle \hat{s}, y\rangle + \sum_{k=1}^N \sum_{t=1}^{T_k} \sum_{i=1}^m \frac{2\theta_k}{T_k(T_k+3)} \left[(t+1)\langle \delta_i^{t-1,k}, x_i - u_i^{t-1}\rangle + \frac{4(M^2+\|\delta_i^{t-1,k}\|_*^2)}{\eta_k} \right] \right\} \tag{8.3.65}$$

式中，$\hat{s} := \theta_N L(\hat{x}^N - x^{N-1}) + \theta_1\tau_1(y^N - y^0)$，$Q$在式(8.3.8)中定义。而且，对于任意式(8.3.7)的鞍点(x^*, y^*)，有

$$\begin{aligned} &\frac{\theta_N}{2}\left(1-\frac{\|L\|^2}{\eta_N\tau_N}\right)\max\{\eta_N\|\hat{x}^N - x^{N-1}\|^2, \tau_N\|y^* - y^N\|^2\} \\ \leqslant\ & \frac{(T_1+1)(T_1+2)\theta_1\eta_1}{T_1(T_1+3)} V(x^0, x^*) + \frac{\theta_1\tau_1}{2}\|y^* - y^0\|^2 + \\ & \sum_{k=1}^N \sum_{t=1}^{T_k} \sum_{i=1}^m \frac{2\theta_k}{T_k(T_k+3)} \left[(t+1)\langle \delta_i^{t-1,k}, x_i^* - u_i^{t-1}\rangle + \frac{4(M^2+\|\delta_i^{t-1,k}\|_*^2)}{\eta_k} \right] \end{aligned} \tag{8.3.66}$$

在下列定理中，我们提供满足式(8.3.29)～式(8.3.33)的$\{\alpha_k\}$、$\{\theta_k\}$、$\{\eta_k\}$、$\{\tau_k\}$和$\{T_k\}$的特定选择。此外，利用引理8.5和命题8.6，我们建立了在一般凸的目标函数时，计算问题(8.3.6)期望值的(ε, δ)-解的SDCS方法的复杂度。

定理8.11　设x^*是式(8.3.6)的最优解，算法8.8的CS过程中的参数$\{\lambda_t\}$和$\{\beta_t\}$按式(8.3.34)设定，设$\{\alpha_k\}$、$\{\theta_k\}$、$\{\eta_k\}$、$\{\tau_k\}$和$\{T_k\}$设置为

$$\alpha_k = \theta_k = 1, \quad \eta_k = 2\|L\|, \quad \tau_k = \|L\|, \quad T_k = \left\lceil \frac{m(M^2+\sigma^2)N}{\|L\|^2\widetilde{D}} \right\rceil, \quad \forall k=1, \cdots, N \tag{8.3.67}$$

对于某个$\widetilde{D}>0$。然后，在假设式(8.3.61)和式(8.3.62)下，对任意$N\geqslant 1$，有

$$\mathbb{E}[F(\hat{x}^k) - F(x^*)] \leqslant \frac{\|L\|}{N}\left[3V(x^0, x^*) + \frac{1}{2}\|y^0\|^2 + 4\widetilde{D}\right] \tag{8.3.68}$$

和

$$\mathbb{E}[\|L\hat{x}^N\|] \leqslant \frac{\|L\|}{N}\left[3\sqrt{6V(x^0, x^*) + 8\widetilde{D}} + 4\|y^* - y^0\|\right] \tag{8.3.69}$$

其中，$\hat{x}^N = \frac{1}{N}\sum_{k=1}^N \hat{x}^k$，$y^*$是任意对偶最优解。

证明　很容易看出式(8.3.67)的设定满足条件(8.3.29)～式(8.3.33)。另外，由

式(8.3.10)可得

$$g(\hat{s}^N, \hat{z}^N)=\max_y Q(\hat{z}^N; x^*, y)-\left(\sum_{k=1}^N\theta_k\right)^{-1}\langle\hat{s}, y\rangle$$
$$\leqslant\left(\sum_{k=1}^N\theta_k\right)^{-1}\left\{\frac{(T_1+1)(T_1+2)\theta_1\eta_1}{T_1(T_1+3)}V(x^0, x^*)+\frac{\theta_1\tau_1}{2}\|y^0\|^2+\right.$$
$$\left.\sum_{k=1}^N\sum_{t=1}^{T_k}\sum_{i=1}^m\frac{2\theta_k}{T_k(T_k+3)}\left[(t+1)\langle\delta_i^{t-1,k}, x_i^*-u_i^{t-1}\rangle+\frac{4(M^2+\|\delta_i^{t-1,k}\|_*^2)}{\eta_k}\right]\right\}\tag{8.3.70}$$

式中，$\hat{s}^N=\left(\sum_{k=1}^N\theta_k\right)^{-1}\hat{s}$。特别是从假设条件(8.3.61)和式(8.3.62)来看，

$$\mathbb{E}[\delta_i^{t-1,k}]=0,\quad \mathbb{E}[\|\delta_i^{t-1,k}\|_*^2]\leqslant\sigma^2,\quad \forall i\in\{1, \cdots, m\}, t\geqslant 1, k\geqslant 1$$

由式(8.3.67)

$$\frac{(T_1+1)(T_1+2)}{T_1(T_1+3)}=1+\frac{2}{T_1^2+3T_1}\leqslant\frac{3}{2}$$

因此，通过对式(8.3.70)两边同时取期望，并把已知的值代入式(8.3.70)，得到

$$\mathbb{E}[g(\hat{s}^N, \hat{z}^N)]\leqslant\left(\sum_{k=1}^N\theta_k\right)^{-1}\left\{\frac{(T_1+1)(T_1+2)\theta_1\eta_1}{T_1(T_1+3)}V(x^0, x)+\frac{\theta_1\tau_1}{2}\|y^0\|^2+\right.$$
$$\left.\sum_{k=1}^N\frac{8m(M^2+\sigma^2)\theta_k}{(T_k+3)\eta_k}\right\}\leqslant\frac{\|L\|}{N}\left[3V(x^0, x^*)+\frac{1}{2}\|y^0\|^2+4\widetilde{D}\right]\tag{8.3.71}$$

以及

$$\mathbb{E}[\|\hat{s}^N\|]=\frac{1}{N}\mathbb{E}[\|\hat{s}\|]\leqslant\frac{\|L\|}{N}\mathbb{E}[\|\hat{x}^N-x^{N-1}\|+\|y^N-y^*\|+\|y^*-y^0\|]$$

注意由式(8.3.66)和 Jensen 不等式，我们有

$$(\mathbb{E}[\|\hat{x}^N-x^{N-1}])^2\leqslant\mathbb{E}[\|\hat{x}^N-x^{N-1}\|^2]\leqslant 6V(x^0, x^*)+\|y^*-y^0\|+8\widetilde{D}$$
$$(\mathbb{E}[\|y^*-y^N\|])^2\leqslant\mathbb{E}[\|y^*-y^N\|^2]\leqslant 12V(x^0, x^*)+2\|y^*-y^0\|+16\widetilde{D}$$

因此，

$$\mathbb{E}[\|\hat{s}^N\|]\leqslant\frac{\|L\|}{N}\left[3\sqrt{6V(x^0, x^*)+8\widetilde{D}}+4\|y^*-y^0\|\right]$$

将命题 8.6 应用于上述不等式和式(8.3.71)，立刻就可以得到式(8.3.68)和式(8.3.69)的结果。■

现在我们对定理 8.11 中得到的结果再做一些深入观察。首先，可以在式(8.3.67)中选择任意 $\widetilde{D}>0$(例如，$\widetilde{D}=1$)；然而，$\widetilde{D}$ 的最佳选择应该是 $V(x^0, x^*)$，这样式(8.3.71)中的第一项和第三项的阶是相同的。在实践中，如果存在一个估计 $D_X>0$ 满足式(8.3.41)，我们可以设 $\widetilde{D}=D_X^2$。

其次，由式(8.3.68)和式(8.3.69)立即可得 SDCS 方法的复杂度。在上述假设下，当 $\widetilde{D}=D_X^2$ 和 $y^0=0$ 时，我们可以看到每个智能体求式(8.3.6)的随机(ε, δ)-解所需要的节点间通信轮数和节点内次梯度计算的界分别为

$$\mathcal{O}\left\{\|L\|\max\left(\frac{D_X^2}{\varepsilon}, \frac{D_X+\|y^*\|}{\delta}\right)\right\}\quad 和\quad \mathcal{O}\left\{m(M^2+\sigma^2)\max\left(\frac{D_X^2}{\varepsilon^2}, \frac{D_X^2+\|y^*\|^2}{D_X^2\delta^2}\right)\right\}\tag{8.3.72}$$

特别是，当 ε 和 δ 满足条件(8.3.43)时，上述复杂度界限分别降为

$$\mathcal{O}\left\{\frac{\|L\|D_X^2}{\varepsilon}\right\} \quad 和 \quad \mathcal{O}\left\{\frac{m(M^2+\sigma^2)D_X^2}{\varepsilon^2}\right\} \tag{8.3.73}$$

因此，我们可以证明，SDCS需要的随机次梯度的总数与4.1节中的随机镜面下降法相当。这意味着，即使我们跳过了很多轮通信，分散式随机优化的抽样复杂度仍然是最优的(同集中式算法)。

8.3.3.3　SDCS在强凸函数上的收敛

我们在引理8.6中提供了式(8.3.8)中定义的间隙函数的估计，以及适用于 $\mu>0$(参见式(8.3.16))的强凸情况时的步长策略。该引理的证明见8.3.5节。

引理8.6　假设迭代$(\hat{x}^k, y^k)$，$k=1, \cdots, N$ 由算法8.8生成，$\hat{z}^N$ 定义为 $\hat{z}^N := \left(\sum_{k=1}^N \theta_k\right)^{-1}\sum_{k=1}^N \theta_k(\hat{x}^k, y^k)$，且条件(8.3.61)～式(8.3.62)成立。如果目标函数 f_i，$i=1, \cdots, m$ 是强凸的，即 μ，$M>0$，令算法8.8中的参数$\{\alpha_k\}$、$\{\theta_k\}$、$\{\eta_k\}$和$\{\tau_k\}$满足条件(8.3.30)～式(8.3.33)和式(8.3.48)，并将算法8.8的CS过程中的参数$\{\lambda_t\}$和$\{\beta_t\}$按式(8.3.49)设定。那么，对于所有 $z\in X\times\mathbb{R}^{md}$，有

$$\begin{aligned}Q(\hat{z}^N; z) \leqslant \left(\sum_{k=1}^N \theta_k\right)^{-1}\Bigg\{&\theta_1\eta_1 V(x^0, x)+\frac{\theta_1\tau_1}{2}\|y^0\|^2+\langle\hat{s}, y\rangle+\\&\sum_{k=1}^N\sum_{t=1}^{T_k}\sum_{i=1}^m \frac{2\theta_k}{T_k(T_k+1)}\left[t\langle\delta_i^{t-1,k}, x_i-u_i^{t-1}\rangle+\frac{2t(M^2+\|\delta_i^{t-1,k}\|_*^2)}{(t+1)\mu+(t-1)\eta_k}\right]\Bigg\}\end{aligned} \tag{8.3.74}$$

其中，$\hat{s}:=\theta_N L(\hat{x}^N-x^{N-1})+\theta_1\tau_1(y^N-y^0)$，$Q$ 由式(8.3.8)定义。而且，对于问题(8.3.7)的任意鞍点(x^*, y^*)，我们有

$$\begin{aligned}&\frac{\theta_N}{2}\left(1-\frac{\|L\|^2}{\eta_N\tau_N}\right)\max\{\eta_N\|\hat{x}^N-x^{N-1}\|^2, \tau_N\|y^*-y^N\|^2\}\\&\leqslant \theta_1\eta_1 V(x^0, x^*)+\frac{\theta_1\tau_1}{2}\|y^*-y^0\|^2+\\&\quad\sum_{k=1}^N\sum_{t=1}^{T_k}\sum_{i=1}^m \frac{2\theta_k}{T_k(T_k+1)}\Bigg[t\langle\delta_i^{t-1,k}, x_i^*-u_i^{t-1}\rangle+\\&\quad\frac{2t(M^2+\|\delta_i^{t-1,k}\|_*^2)}{(t+1)\mu+(t-1)\eta_k}\Bigg]\end{aligned} \tag{8.3.75}$$

在下面定理中，我们提供了满足式(8.3.30)～式(8.3.33)和式(8.3.29)的$\{\alpha_k\}$、$\{\theta_k\}$、$\{\eta_k\}$、$\{\tau_k\}$和$\{T_k\}$的特定选择。此外，利用引理8.6和命题8.6，我们建立了当目标函数为强凸时，用SDCS方法求解问题(8.3.6)的(ε, δ)-解的期望的复杂度。与确定性情况类似，我们这里也选择可变步长而不是恒定步长。

定理8.12　设 x^* 是式(8.3.6)的最优解，算法8.8的CS过程中的参数$\{\lambda_t\}$和$\{\beta_t\}$按式(8.3.49)设置，参数$\{\alpha_k\}$、$\{\theta_k\}$、$\{\eta_k\}$、$\{\tau_k\}$和$\{T_k\}$按下面设置

$$\begin{aligned}&\alpha_k=\frac{k}{k+1}, \quad \theta_k=k+1, \quad \eta_k=\frac{k\mu}{2}, \quad \tau_k=\frac{4\|L\|^2}{(k+1)\mu},\\&T_k=\left\lceil\sqrt{\frac{m(M^2+\sigma^2)}{\widetilde{D}}}\frac{2N}{\mu}\max\left\{\sqrt{\frac{m(M^2+\sigma^2)}{\widetilde{D}}}\frac{8}{\mu}, 1\right\}\right\rceil, \quad \forall k=1, \cdots, N\end{aligned} \tag{8.3.76}$$

对于某个 $\widetilde{D}>0$。那么，在假设(8.3.61)和条件(8.3.62)下，对于任意 $N\geqslant 2$，有

$$\mathbb{E}[F(\overline{x}^N)-F(x^*)]\leqslant\frac{2}{N(N+3)}\left[\mu V(x^0, x^*)+\frac{2\|L\|^2}{\mu}\|y^0\|^2+2\mu\widetilde{D}\right] \tag{8.3.77}$$

和

$$\mathbb{E}[\|L\hat{x}^N\|]\leqslant\frac{8\|L\|}{N(N+3)}\left[3\sqrt{2\widetilde{D}+V(x^0, x^*)}+\frac{7\|L\|}{\mu}\|y^*-y^0\|\right] \tag{8.3.78}$$

其中，$\hat{x}^N=\frac{2}{N(N+3)}\sum_{k=1}^{N}(k+1)\hat{x}^k$，$y^*$ 是任意的对偶最优解。

证明　很容易看出式(8.3.76)的参数设置满足式(8.3.30)～式(8.3.33)和式(8.3.48)的条件。同理，由(8.3.10)、假设条件(8.3.61)和式(8.3.62)可得

$$\mathbb{E}[g(\hat{s}^N, \hat{z}^N)]\leqslant\left(\sum_{k=1}^{N}\theta_k\right)^{-1}\left\{\theta_1\eta_1V(x^0, x^*)+\frac{\theta_1\tau_1}{2}\|y^0\|^2+\right.$$
$$\left.\sum_{k=1}^{N}\sum_{t=1}^{T_k}\sum_{i=1}^{m}\frac{2\theta_k}{T_k(T_k+1)}\left[\frac{2t(M^2+\sigma^2)}{(t+1)\mu+(t-1)\eta_k}\right]\right\} \tag{8.3.79}$$

式中，$\hat{s}^N=\left(\sum_{k=1}^{N}\theta_k\right)^{-1}\hat{s}$。特别是，由式(8.3.76)，我们有

$$\sum_{k=1}^{N}\sum_{t=1}^{T_k}\frac{4m(M^2+\sigma^2)\theta_k}{T_k(T_k+1)}\frac{t}{(t+1)\mu+(t-1)\eta_k}=\sum_{k=1}^{N}\frac{4m(M^2+\sigma^2)\theta_k}{T_k(T_k+1)\mu}\sum_{t=1}^{T_k}\frac{2t}{2(t+1)+(t-1)k}$$
$$\leqslant\sum_{k=1}^{N}\frac{4m(M^2+\sigma^2)\theta_k}{T_k(T_k+1)\mu}\left(\frac{1}{2}+\sum_{t=2}^{T_k}\frac{2t}{(t-1)(k+1)}\right)$$
$$\leqslant\sum_{k=1}^{N}\frac{2m(M^2+\sigma^2)(k+1)}{T_k(T_k+1)\mu}+\sum_{k=1}^{N}\frac{16m(M^2+\sigma^2)(T_k-1)}{T_k(T_k+1)\mu}\leqslant 2\mu\widetilde{D}$$

因此，通过将这些值代入式(8.3.79)，我们得到

$$\mathbb{E}[g(\hat{s}^N, \hat{z}^N)]\leqslant\frac{2}{N(N+3)}\left[\mu V(x^0, x^*)+\frac{2\|L\|^2}{\mu}\|y^0\|^2+2\mu\widetilde{D}\right] \tag{8.3.80}$$

以及

$$\mathbb{E}[\|\hat{s}^N\|]=\frac{2}{N(N+3)}\mathbb{E}[\|\hat{s}\|]$$
$$\leqslant\frac{2\|L\|}{N(N+3)}\mathbb{E}\left[(N+1)\|\hat{x}^N-x^{N-1}\|+\frac{4\|L\|}{\mu}(\|y^N-y^*\|+\|y^*-y^0\|)\right]$$

注意，由式(8.3.75)，对于任意 $N\geqslant 2$，有

$$\mathbb{E}[\|\hat{x}^N-x^{N-1}\|^2]\leqslant\frac{8}{(N+1)(N-1)}\left[V(x^0, x^*)+\frac{2\|L\|^2}{\mu^2}\|y^0-y^*\|^2+2\widetilde{D}\right]$$
$$\mathbb{E}[\|y^*-y^N\|^2]\leqslant\frac{N\mu}{(N-1)\|L\|^2}\left[\mu V(x^0, x^*)+\frac{2\|L\|^2}{\mu}\|y^0-y^*\|^2+2\mu\widetilde{D}\right]$$

因此，针对上述三个关系和 Jensen 不等式，得到

$$\mathbb{E}[\|\hat{s}^N\|]\leqslant\frac{8\|L\|}{N(N+3)}\left[3\sqrt{2\widetilde{D}+V(x^0, x^*)+\frac{2\|L\|^2}{\mu^2}\|y^0-y^*\|^2}+\frac{\|L\|}{\mu}\|y^*-y^0\|\right]$$
$$\leqslant\frac{8\|L\|}{N(N+3)}\left[3\sqrt{2\widetilde{D}+V(x^0, x^*)}+\frac{7\|L\|}{\mu}\|y^*-y^0\|\right]$$

将命题 8.6 应用于上述不等式和式(8.3.80)，就立刻得到式(8.3.77)和式(8.3.78)的结果。■

我们现在对定理 8.12 中得到的结果进行一些观察。首先，与一般凸的情况类似，$\widetilde{D}$(参见式(8.3.76))的最佳选择将是 $V(x^0, x^*)$，这样式(8.3.80)中的第一项和第三项的数量级大致相同。如果存在一个估计 $D_X>0$ 满足条件(8.3.41)，那么，我们可以设 $\widetilde{D}=D_X^2$。

其次，SDCS 方法求解强凸问题的复杂度可由式(8.3.77)和式(8.3.78)得到。在上述假设下，当 $\widetilde{D}=D_X^2$ 和 $y^0=0$ 时，各智能体为求问题(8.3.6)的随机(ε, δ)-解所进行的节点间通信轮数和节点内次梯度计算的界分别为

$$\mathcal{O}\left\{\max\left(\sqrt{\frac{\mu D_X^2}{\varepsilon}}, \sqrt{\frac{\|L\|}{\delta}\left(D_X+\frac{\|L\|\|y^*\|}{\mu}\right)}\right)\right\} \text{和}$$
$$\mathcal{O}\left\{\frac{m(M^2+\sigma^2)}{\mu}\max\left(\frac{1}{\varepsilon}, \frac{\|L\|}{\mu\delta}\left(\frac{1}{D_X}+\frac{\|L\|\|y^*\|}{D_X^{2\mu}}\right)\right)\right\} \tag{8.3.81}$$

特别是当 ε 和 δ 满足式(8.3.58)时，上述复杂度界分别简化为

$$\mathcal{O}\left\{\sqrt{\frac{\mu D_X^2}{\varepsilon}}\right\} \quad \text{和} \quad \mathcal{O}\left\{\frac{m(M^2+\sigma^2)}{\mu\varepsilon}\right\} \tag{8.3.82}$$

可以看出，对于集中式的随机强凸情况，随机次梯度计算的总次数与 4.2 节中得到的最优复杂度界相当。

8.3.4 高概率结果

8.3.3.2 节～8.3.3.3 节中所述的所有结果都是根据期望建立的。为了给出 SDCS 方法的高概率结果，我们还需要以下“轻尾”假设：

$$\mathbb{E}[\exp\{\|G_i(u^t, \xi_i^t)-f_i'(u^t)\|_*^2/\sigma^2\}] \leqslant \exp\{1\} \tag{8.3.83}$$

注意条件(8.3.83)比式(8.3.62)更强，因为通过 Jensen 不等式，式(8.3.83)隐含了条件(8.3.62)。此外，我们还假设存在 $\overline{V}(x^*)$使得

$$\overline{V}(x^*) := \sum_{i=1}^m \overline{V}_i(x_i^*) := \sum_{i=1}^m \max_{x_i\in X_i} V_i(x_i^*, x_i) \tag{8.3.84}$$

当优化的目标函数 f_i，$i=1, \cdots, m$ 是一般的非光滑凸函数时，我们下面的定理为间隙函数 $g(\hat{s}^N, \hat{z}^N)$提供了一个大偏差的结果。

定理 8.13　设 x^* 是问题(8.3.6)的最优解，并且条件(8.3.61)、式(8.3.62)和式(8.3.83)成立，算法 8.8 中的参数$\{\alpha_k\}$、$\{\theta_k\}$、$\{\eta_k\}$、$\{\tau_k\}$和$\{T_k\}$满足条件(8.3.29)～式(8.3.33)，算法 8.8 的 CS 过程中的参数$\{\lambda_t\}$和$\{\beta_t\}$按式(8.3.34)设置。另外，如果 X_i 是紧的，那么对于任意 $\zeta>0$ 及 $N\geqslant 1$，有

$$\mathrm{Prob}\{g(\hat{s}^N, \hat{z}^N) \geqslant \mathcal{B}_d(N)+\zeta\mathcal{B}_p(N)\} \leqslant \exp\{-\zeta^2/3\}+\exp\{-\zeta\} \tag{8.3.85}$$

其中

$$\mathcal{B}_d(N) := \left(\sum_{k=1}^N \theta_k\right)^{-1}\left[\frac{(T_1+1)(T_1+2)\theta_1\eta_1}{T_1(T_1+3)}V(x^0, x^*)+\frac{\theta_1\tau_1}{2}\|y^0\|^2+\sum_{k=1}^N \frac{8m(M^2+\sigma^2)\theta_k}{\eta_k(T_k+3)}\right] \tag{8.3.86}$$

且

$$\mathcal{B}_p(N) := \left(\sum_{k=1}^{N}\theta_k\right)^{-1}\left\{\sigma\left[2\overline{V}(x^*)\sum_{k=1}^{N}\sum_{t=1}^{T_k}\left(\frac{\theta_k\lambda_t}{\sum_{t=1}^{T_k}\lambda_t}\right)^2\right]^{1/2} + \sum_{k=1}^{N}\sum_{t=1}^{T_k}\sum_{i=1}^{m}\frac{\sigma^2\theta_k\lambda_t}{\left(\sum_{t=1}^{T_k}\lambda_t\right)\eta_k\beta_t}\right\} \tag{8.3.87}$$

在接下来的推论中，我们证明了当目标函数是非光滑和凸的时，与 SDCS 输出解相关的原始残差和可行性(或一致性)残差会以高概率降低到 $\mathcal{O}(1/N)$阶。

推论 8.7 假设 x^* 是式(8.3.6)的最优解，y^* 是任意对偶最优解，算法 8.8 的 CS 过程中的参数$\{\lambda_t\}$和$\{\beta_t\}$按式(8.3.34)设置，参数$\{\alpha_k\}$、$\{\theta_k\}$、$\{\eta_k\}$、$\{\tau_k\}$和$\{T_k\}$按式(8.3.67)设定，其中 $\widetilde{D}=\overline{V}(x^*)$。那么，假设满足几个期望的条件(8.3.61)、式(8.3.62)和式(8.3.83)，对于任意 $N\geqslant 1$ 和 $\zeta>0$，有

$$\begin{aligned}&\operatorname{Prob}\left\{F(\hat{x}^N)-F(x^*)\geqslant\frac{\|L\|}{N}\left[(7+8\zeta)\overline{V}(x^*)+\frac{1}{2}\|y^0\|^2\right]\right\}\\&\leqslant\exp\{-\zeta^2/3\}+\exp\{-\zeta\}\end{aligned} \tag{8.3.88}$$

和

$$\begin{aligned}&\operatorname{Prob}\left\{\|L\hat{x}^N\|^2\geqslant\frac{18\|L\|^2}{N^2}\left[(7+8\zeta)\overline{V}(x^*)+\frac{2}{3}\|y^*-y^0\|^2\right]\right\}\\&\leqslant\exp\{-\zeta^2/3\}+\exp\{-\zeta\}\end{aligned} \tag{8.3.89}$$

证明 注意到根据式(8.3.34)中 λ_t 的定义，有

$$\begin{aligned}\sum_{t=1}^{T_k}\left[\frac{\theta_k\lambda_t}{\sum_{t=1}^{T_k}\lambda_t}\right]^2&=\left(\frac{2}{T_k(T_k+3)}\right)^2\sum_{t=1}^{T_k}(t+1)^2\\&=\left(\frac{2}{T_k(T_k+3)}\right)^2\frac{(T_k+1)(T_k+2)(2T_k+3)}{6}\leqslant\frac{8}{3T_k}\end{aligned}$$

此式与式(8.3.87)一起意味着

$$\begin{aligned}\mathcal{B}_p(N)&\leqslant\frac{1}{N}\left\{\sigma\left[2\overline{V}(x^*)\sum_{k=1}^{N}\frac{8}{3T_k}\right]^{1/2}+\sum_{k=1}^{N}\frac{8m\sigma^2}{\|L\|(T_k+3)}\right\}\\&\leqslant\frac{4\|L\|}{N}\left\{\sqrt{\frac{\overline{V}(x^*)\widetilde{D}}{3m}}+\widetilde{D}\right\}\leqslant\frac{8\|L\|\overline{V}(x^*)}{N}\end{aligned}$$

因此式(8.3.88)可由上述关系、式(8.3.85)和命题 8.6 推出。注意，由式(8.3.66)，以及把 $\widetilde{D}=\overline{V}(x^*)$代入到式(8.3.67)中，我们得到

$$\begin{aligned}\|\hat{s}^N\|^2&=\left(\sum_{k=1}^{N}\theta_k\right)^{-2}\|\hat{s}\|^2\\&\leqslant\left(\sum_{k=1}^{N}\theta_k\right)^{-2}\{3\theta_N^2\|L\|^2\|\hat{x}^N-x^{N-1}\|^2+3\theta_1^2\tau_1^2(\|y^N-y^*\|^2+\|y^*-y^0\|^2)\}\\&\leqslant\frac{3\|L\|^2}{N^2}\left\{18V(x^0,x^*)+4\|y^*-y^0\|^2+\right.\\&\quad\left.\sum_{k=1}^{N}\sum_{t=1}^{T_k}\sum_{i=1}^{m}\frac{12\theta_k}{T_k(T_k+3)\|L\|}\left[(t+1)\langle\delta_i^{t-1,k},x_i-u_i^{t-1}\rangle+\frac{4(M^2+\|\delta_i^{t-1,k}\|_*^2)}{\eta_k}\right]\right\}\end{aligned}$$

因此，与前面类似，我们有

$$\begin{aligned}&\text{Prob}\left\{\|\hat{s}^N\|^2 \geqslant \frac{18\|L\|^2}{N^2}\left[(7+8\zeta)\overline{V}(x^*)+\frac{2}{3}\|y^*-y^0\|^2\right]\right\}\\&\leqslant \exp\{-\zeta^2/3\}+\exp\{-\zeta\}\end{aligned}$$

根据命题 8.6 可直接推出式(8.3.89)的结果。■

8.3.5 收敛性分析

本节对 8.3.2 节和 8.3.3 节中的主要引理进行证明，将分别建立确定性和随机分散通信滑动方法的收敛结果。在介绍这些算法的一般结果之后，我们给出了引理 8.3～引理 8.6 和定理 8.13 的证明。

在给出引理 8.3～引理 8.6 的证明之前，我们首先需要给出一个结果，该结果总结了 CS 过程的一个重要收敛性。需要指出的是，下面的命题说明了单个智能体 $i\in\mathcal{N}$ 执行 CS 过程的一般结果是成立的。为了便于记忆，我们使用 CS 过程中定义的记号(参见算法 8.7)。

命题 8.7　如果 CS 过程中的 $\{\beta_t\}$ 和 $\{\lambda_t\}$ 满足

$$\lambda_{t+1}(\eta\beta_{t+1}-\mu)\leqslant\lambda_t(1+\beta_t)\eta,\ \forall t\geqslant 1 \tag{8.3.90}$$

那么，对于 $t\geqslant 1$ 及 $u\in U$，

$$\begin{aligned}&\left(\sum_{t=1}^{\mathrm{T}}\lambda_t\right)^{-1}\left[\eta(1+\beta_T)\lambda_T V(u^{\mathrm{T}},u)+\sum_{t=1}^{T}\lambda_t\langle\delta^{t-1},u-u^{t-1}\rangle\right]+\Phi(\hat{u}^{\mathrm{T}})-\Phi(u)\\&\leqslant\left(\sum_{t=1}^{\mathrm{T}}\lambda_t\right)^{-1}\left[(\eta\beta_1-\mu)\lambda_1 V(u^0,u)+\sum_{t=1}^{T}\frac{(M+\|\delta^{t-1}\|_*)^2\lambda_t}{2\eta\beta_t}\right]\end{aligned} \tag{8.3.91}$$

其中 Φ 如下定义

$$\Phi(u):=\langle w,u\rangle+\phi(u)+\eta V(x,u) \tag{8.3.92}$$

且 $\delta^t:=\phi'(u_t)-h^t$.

证明　注意在 CS 过程中的 $\Phi:=f_i$，由式(8.3.16)我们得到

$$\begin{aligned}\phi(u^t)&\leqslant\phi(u^{t-1})+\langle\phi'(u^{t-1}),u^t-u^{t-1}\rangle+M\|u^t-u^{t-1}\|\\&=\phi(u^{t-1})+\langle\phi'(u^{t-1}),u-u^{t-1}\rangle+\langle\phi'(u^{t-1}),u^t-u\rangle+M\|u^t-u^{t-1}\|\\&\leqslant\phi(u)-\mu V(u^{t-1},u)+\langle\phi'(u^{t-1}),u^t-u\rangle+M\|u^t-u^{t-1}\|\end{aligned}$$

其中 $\phi'(u^{t-1})\in\partial\phi(u^{t-1})$ 和 $\partial\phi(u^{t-1})$ 表示 ϕ 在 u^{t-1} 的次微分。在式(8.3.26)中利用引理 3.5，得到

$$\begin{aligned}&\langle w+h^{t-1},u^t-u\rangle+\eta V(x,u^t)-\eta V(x,u)\\&\leqslant\eta\beta_t V(u^{t-1},u)-\eta(1+\beta_t)V(u^t,u)-\eta\beta_t V(u^{t-1},u^t),\quad\forall u\in U\end{aligned}$$

结合以上两种关系，得出

$$\langle w,u^t-u\rangle+\phi(u^t)-\phi(u)+\langle\delta^{t-1},u-u^{t-1}\rangle+\eta V(x,u^t)-\eta V(x,u) \tag{8.3.93}$$

$$\begin{aligned}&\leqslant(\eta\beta_t-\mu)V(u^{t-1},u)-\eta(1+\beta_t)V(u^t,u)+\langle\delta^{t-1},u^t-u^{t-1}\rangle+\\&\quad M\|u^t-u^{t-1}\|-\eta\beta_t V(u^{t-1},u^t),\quad\forall u\in U\end{aligned} \tag{8.3.94}$$

此外，通过 Cauchy-Schwarz 不等式、式(8.3.12)，以及对于任意 $a>0$ 有 $-\frac{at^2}{2}+bt\leqslant b^2/(2a)$ 的简单事实，我们可以得到

$$\langle \delta^{t-1}, u^t - u^{t-1} \rangle + M\|u^t - u^{t-1}\| - \eta\beta_t V(u^{t-1}, u^t)$$
$$\leqslant (\|\delta^{t-1}\|_* + M)\|u^t - u^{t-1}\| - \frac{\eta\beta_t}{2}\|u^t - t^{t-1}\|^2 \leqslant \frac{(M + \|\delta^{t-1}\|_*)^2}{2\eta\beta_t}$$

根据上述关系和式(8.3.92)中 $\Phi(u)$ 的定义，可以将式(8.3.93)改写为：

$$\Phi(u^t) - \Phi(u) + \langle \delta^{t-1}, u - u^{t-1} \rangle$$
$$\leqslant (\eta\beta_t - \mu)V(u^{t-1}, u) - \eta(1+\beta_t)V(u^t, u) +$$
$$\frac{(M + \|\delta^{t-1}\|_*)^2}{2\eta\beta_t}, \quad \forall u \in U$$

上面等式两边同时乘以 λ_t，然后从 $t=1$ 到 T 进行不等式相加，得到

$$\sum_{t=1}^{T}\lambda_t[\Phi(u^t) - \Phi(u) + \langle \delta^{t-1}, u - u^{t-1} \rangle]$$
$$\leqslant \sum_{t=1}^{T}[(\eta\beta_t - \mu)\lambda_t V(u^{t-1}, u) - \eta(1+\beta_t)\lambda_t V(u^t, u)] +$$
$$\sum_{t=1}^{T}\frac{(M + \|\delta^{t-1}\|_*)^2\lambda_t}{2\eta\beta_t}$$

因此，由于式(8.3.90)、Φ 的凸性，以及式(8.3.27)中 $\hat{u}^{\mathrm{T}}$ 的定义，我们有

$$\Phi(\hat{u}^{\mathrm{T}}) - \Phi(u) + \left(\sum_{t=1}^{T}\lambda_t\right)^{-1}\sum_{t=1}^{T}\lambda_t\langle \delta^{t-1}, u - u^{t-1} \rangle$$
$$\leqslant \left(\sum_{t=1}^{T}\lambda_t\right)^{-1}\left[(\eta\beta_1 - \mu)\lambda_1 V(u^0, u) - \eta(1+\beta_T)\lambda_T V(u^{\mathrm{T}}, u) + \right.$$
$$\left.\sum_{t=1}^{T}\frac{(M + \|\delta^{t-1}\|_*)^2\lambda_t}{2\eta\beta_t}\right]$$

这就直接意味着式(8.3.91)成立。■

事实上，当 $\delta^t = 0$，$\forall t \geqslant 0$ 时，SDCS 方法涵盖了 DCS 方法，并视 DCS 为一种特殊情况。因此，我们首先研究引理 8.5 和 8.6 的证明，然后对引理 8.3 和 8.4 的证明进行简化。我们现在给出引理 8.5 的证明，它建立起了求解一般凸问题的 SDCS 方法的收敛性。

引理 8.5 的证明　当 f_i，$i=1$，…，m，是一般的凸函数时，我们有 $\mu=0$ 和 $M>0$（参见式(8.3.16)）。因此，考虑到 CS 程序中 $\phi := f_i$，在式(8.3.34)中定义的 λ_t 和 β_t 满足条件(8.3.90)时，方程(8.3.91)可改写为下面形式[㊀]

$$\left(\sum_{t=1}^{T}\lambda_t\right)^{-1}\left[\eta(1+\beta_T)\lambda_T V_i(u_i^T, u_i) + \sum_{t=1}^{T}\lambda_t\langle \delta_i^{t-1}, u_i - u_i^{t-1} \rangle\right] + \Phi_i(\hat{u}_i^T) - \Phi_i(u_i)$$
$$\leqslant \left(\sum_{t=1}^{T}\lambda_t\right)^{-1}\left[\eta\beta_1\lambda_1 V_i(u_i^0, u_i) + \sum_{t=1}^{T}\frac{(M + \|\delta_i^{t-1}\|_*)^2\lambda_t}{2\eta\beta_t}\right], \quad \forall u_i \in X_i$$

根据上述关系、式(8.3.19)中 Φ_k 的定义，以及 CS 程序的输入输出设置，不难看出，对于任意 $k \geqslant 1$[㊁]

㊀ 我们增加下标 i，以强调这个不等式适用于任意智能体 $i \in \mathcal{N}$ 且 $\phi = f_i$。更具体地说，$\Phi_i(u_i) := \langle w_i, u_i \rangle + f_i(u_i) + \eta V_i(x_i, u_i)$。

㊁ 我们在 δ 记号中加上上标 k 为 $\delta_i^{t-1,k}$，强调这个误差是在第 k 次外循环时所生成的。

$$\Phi^k(\hat{x}^k)-\Phi^k(x)+$$
$$\left(\sum_{t=1}^{T_k}\lambda_t\right)^{-1}\left[\eta_k(1+\beta_{T_k})\lambda_{T_k}V(x^k,x)+\sum_{t=1}^{T_k}\sum_{i=1}^{m}\lambda_t\langle\delta_i^{t-1,k},x_i-u_i^{t-1}\rangle\right]$$
$$\leqslant\left(\sum_{t=1}^{T_k}\lambda_t\right)^{-1}\left[\eta_k\beta_1\lambda_1V(x^{k-1},x)+\sum_{t=1}^{T_k}\sum_{i=1}^{m}\frac{(M+\|\delta_i^{t-1,k}\|_*)^2\lambda_t}{2\eta_k\beta_t}\right],\quad\forall x\in X$$

将式(8.3.34)中的λ_t和β_t的值代入上述关系式，结合式(8.3.19)中Φ_k的定义，重新排列项，就有

$$\langle L(\hat{x}^k-x),y^k\rangle+F(\hat{x}^k)-F(x)$$
$$\leqslant\frac{(T_k+1)(T_k+2)\eta_k}{T_k(T_k+3)}[V(x^{k-1},x)-V(x^k,x)]-\eta_kV(x^{k-1},\hat{x}^k)+$$
$$\frac{2}{T_k(T_k+3)}\sum_{t=1}^{T_k}\sum_{i=1}^{m}\left[(t+1)\langle\delta_i^{t-1,k},x_i-u_i^{t-1}\rangle+\frac{2(M+\|\delta_i^{t-1,k}\|_*)^2}{\eta_k}\right],\quad\forall x\in X$$

此外，将引理3.5应用于式(8.3.22)，对于$k\geqslant1$，有

$$\langle v_i^k,y_i-y_i^k\rangle\leqslant\frac{\tau_k}{2}[\|y_i-y_i^{k-1}\|^2-\|y_i-y_i^k\|^2-\|y_i^{k-1}-y_i^k\|^2],\quad\forall y_i\in\mathbb{R}^d\tag{8.3.95}$$

由式(8.3.8)中Q的定义及上述两种关系可知，对于$k\geqslant1$，$z\in X\times\mathbb{R}^{md}$，有

$$Q(\hat{x}^k,y^k;z)=F(\hat{x}^k)-F(x)+\langle L\hat{x}^k,y\rangle-\langle Lx,y^k\rangle$$
$$\leqslant\langle L(\hat{x}^k-\tilde{x}^k),y-y^k\rangle+\frac{(T_k+1)(T_k+2)\eta_k}{T_k(T_k+3)}[V(x^{k-1},x)-V(x^k,x)]-$$
$$\eta_kV(x^{k-1},\hat{x}^k)+\frac{\tau_k}{2}[\|y-y^{k-1}\|^2-\|y-y^k\|^2-\|y^{k-1}-y^k\|^2]+$$
$$\frac{2}{T_k(T_k+3)}\sum_{t=1}^{T_k}\sum_{i=1}^{m}\left[(t+1)\langle\delta_i^{t-1,k},x_i-u_i^{t-1}\rangle+\frac{2(M+\|\delta_i^{t-1,k}\|_*)^2}{\eta_k}\right]$$

上面不等式两边同时乘以θ_k，将得到的不等式从$k=1$到N相加，得到对于所有$z\in X\times\mathbb{R}^{md}$，

$$\sum_{k=1}^{N}\theta_kQ(\hat{x}^k,y^k;z)\leqslant\sum_{k=1}^{N}\theta_k\Delta_k+$$
$$\sum_{k=1}^{N}\sum_{t=1}^{T_k}\sum_{i=1}^{m}\frac{2\theta_k}{T_k(T_k+3)}\left[(t+1)\langle\delta_i^{t-1,k},x_i-u_i^{t-1}\rangle+\frac{2(M+\|\delta_i^{t-1,k}\|_*)^2}{\eta_k}\right]\tag{8.3.96}$$

其中

$$\Delta_k:=\langle L(\hat{x}^k-\tilde{x}^k),y-y^k\rangle+\frac{(T_k+1)(T_k+2)\eta_k}{T_k(T_k+3)}[V(x^{k-1},x)-V(x^k,x)]-$$
$$\eta_kV(x^{k-1},\hat{x}^k)+\frac{\tau_k}{2}[\|y-y^{k-1}\|^2-\|y-y^k\|^2-\|y^{k-1}-y^k\|^2]\tag{8.3.97}$$

我们现在给出$\sum_{k=1}^{N}\theta_k\Delta_k$的上界。注意到由式(8.3.17)中$\tilde{x}^k$的定义、式(8.3.29)和式(8.3.31)可知

$$
\begin{aligned}
&\sum_{k=1}^{N}\theta_k\Delta_k \\
&\leqslant \sum_{k=1}^{N}[\theta_k\langle L(\hat{x}^k-x^{k-1}),\ y-y^k\rangle-\alpha_k\theta_k\langle L(\hat{x}^{k-1}-x^{k-2}),\ y-y^{k-1}\rangle]- \\
&\quad \sum_{k=1}^{N}\theta_k[\alpha_k\langle L(\hat{x}^{k-1}-x^{k-2}),\ y^{k-1}-y^k\rangle+\eta_k V(x^{k-1},\ \hat{x}^k)+\frac{\tau_k}{2}\|y^{k-1}-y^k\|^2]+ \\
&\quad \frac{(T_1+1)(T_1+2)\theta_1\eta_1}{T_1(T_1+3)}V(x^0,\ x)-\frac{(T_N+1)(T_N+2)\theta_N\eta_N}{T_N(T_N+3)}V(x^N,\ x)+ \\
&\quad \frac{\theta_1\tau_1}{2}\|y-y^0\|^2-\frac{\theta_N\tau_N}{2}\|y-y^N\|^2 \\
&\quad \text{(a)} \\
&\leqslant \theta_N\langle L(\hat{x}^N-x^{N-1}),\ y-y^N\rangle-\theta_N\eta_N V(x^{N-1},\ \hat{x}^N)- \\
&\quad \sum_{k=2}^{N}[\theta_k\alpha_k\langle L(\hat{x}^{k-1}-x^{k-2}),\ y^{k-1}-y^k\rangle+ \\
&\quad \theta_{k-1}\eta_{k-1}V(x^{k-2},\ \hat{x}^{k-1})+\frac{\theta_k\tau_k}{2}\|y^{k-1}-y^k\|^2]+ \\
&\quad \frac{(T_1+1)(T_1+2)\theta_1\eta_1}{T_1(T_1+3)}V(x^0,\ x)-\frac{(T_N+1)(T_N+2)\theta_N\eta_N}{T_N(T_N+3)}V(x^N,\ x)+ \\
&\quad \frac{\theta_1\tau_1}{2}\|y-y^0\|^2-\frac{\theta_N\tau_N}{2}\|y-y^N\|^2 \\
&\quad \text{(b)} \\
&\leqslant \theta_N\langle L(\hat{x}^N-x^{N-1}),\ y-y^N\rangle-\theta_N\eta_N V(x^{N-1},\ \hat{x}^N)+ \\
&\quad \frac{\theta_1\tau_1}{2}\|y-y^0\|^2-\frac{\theta_N\tau_N}{2}\|y-y^N\|^2+ \\
&\quad \sum_{k=2}^{N}\left(\frac{\theta_{k-1}\alpha_k\|L\|^2}{2\tau_k}-\frac{\theta_{k-1}\eta_{k-1}}{2}\right)\|x^{k-2}-\hat{x}^{k-1}\|^2+ \\
&\quad \frac{(T_1+1)(T_1+2)\theta_1\eta_1}{T_1(T_1+3)}V(x^0,\ x)-\frac{(T_N+1)(T_N+2)\theta_N\eta_N}{T_N(T_N+3)}V(x^N,\ x) \\
&\quad \text{(c)} \\
&\leqslant \theta_N\langle L(\hat{x}^N-x^{N-1}),\ y-y^N\rangle-\theta_N\eta_N V(x^{N-1},\ \hat{x}^N)+ \\
&\quad \frac{\theta_1\tau_1}{2}\|y-y^0\|^2-\frac{\theta_N\tau_N}{2}\|y-y^N\|^2+ \\
&\quad \frac{(T_1+1)(T_1+2)\theta_1\eta_1}{T_1(T_1+3)}V(x^0,\ x)-\frac{(T_N+1)(T_N+2)\theta_N\eta_N}{T_N(T_N+3)}V(x^N,\ x) \\
&\quad \text{(d)} \\
&\leqslant \theta_N\langle y^N,\ L(x^{N-1}-\hat{x}^N)\rangle-\theta_N\eta_N V(x^{N-1},\ \hat{x}^N)-\frac{\theta_1\tau_1}{2}\|y^N\|^2+ \\
&\quad \frac{(T_1+1)(T_1+2)\theta_1\eta_1}{T_1(T_1+3)}V(x^0,\ x)+\frac{\theta_1\tau_1}{2}\|y^0\|^2+\langle y,\ \theta_N L(\hat{x}^N-x^{N-1})+\theta_1\tau_1(y^N-y^0)\rangle \\
&\quad \text{(e)} \\
&\leqslant \left(\frac{\theta_N\|L\|^2}{2\eta_N}-\frac{\theta_1\tau_1}{2}\right)\|y^N\|^2+\frac{(T_1+1)(T_1+2)\theta_1\eta_1}{T_1(T_1+3)}V(x^0,\ x)+\frac{\theta_1\tau_1}{2}\|y^0\|^2+
\end{aligned}
$$

$$\langle y, \theta_N L(\hat{x}^N - x^{N-1}) + \theta_1 \tau_1 (y^N - y^0) \rangle$$

其中，(a)部分不等号由式(8.3.30)以及 $x^{-1} = \hat{x}^0$ 事实得到；(b)部分不等号是由 $b\langle u, v\rangle - a\|v\|^2/2 \leqslant b^2\|u\|^2/(2a)$，$\forall a > 0$，的简单关系式、式(8.3.30)和式(8.3.15)得到；(c)部分不等号由式(8.3.32)得到；(d)部分不等号由式(8.3.31)和关系 $\|y - y^0\|^2 - \|y - y^N\|^2 = \|y^0\|^2 - \|y^N\|^2 - 2\langle y, y^0 - y^N\rangle$，整理项后得到；(e)部分不等号由式(8.3.15)和关系 $b\langle u, v\rangle - a\|v\|^2/2 \leqslant b^2\|u\|^2/(2a)$，$\forall a > 0$，得到。使用式(8.3.96)中的上界，得到

$$\sum_{k=1}^{N} \theta_k Q(\hat{x}^k, y^k; z) \leqslant \frac{(T_1+1)(T_1+2)\theta_1\eta_1}{T_1(T_1+3)} V(x^0, x) + \frac{\theta_1\tau_1}{2}\|y^0\|^2 + \langle \hat{s}, y\rangle + \sum_{k=1}^{N}\sum_{t=1}^{T_k}\sum_{i=1}^{m} \frac{2\theta_k}{T_k(T_k+3)}\left[(t+1)\langle \delta_i^{t-1,k}, x_i - u_i^{t-1}\rangle + \frac{4(M^2 + \|\delta_i^{t-1,k}\|_*^2)}{\eta_k}\right] \tag{8.3.98}$$

对所有 $z \in X \times \mathbb{R}^{md}$，其中

$$\hat{s} := \theta_N L(\hat{x}^N - x^{N-1}) + \theta_1\tau_1(y^N - y^0) \tag{8.3.99}$$

由 Q 的凸性立刻得到式(8.3.65)的结果。另外，由式(8.3.98)(c)和式(8.3.96)，可得到下面的结果：

$$\sum_{k=1}^{N} \theta_k Q(\hat{x}^k, y^k; z) \leqslant \theta_N \langle L(\hat{x}^N - x^{N-1}), y - y^N\rangle - \theta_N\eta_N V(x^{N-1}, \hat{x}^N) + \frac{\theta_1\tau_1}{2}\|y - y^0\|^2 - \frac{\theta_N\tau_N}{2}\|y - y^N\|^2 + \frac{(T_1+1)(T_1+2)\theta_1\eta_1}{T_1(T_1+3)} V(x^0, x) - \frac{(T_N+1)(T_N+2)\theta_N\eta_N}{T_N(T_N+3)} V(x^N, x) + \sum_{k=1}^{N}\sum_{t=1}^{T_k}\sum_{i=1}^{m} \frac{\theta_k}{T_k(T_k+3)}\left[(t+1)\langle \delta_i^{t-1,k}, x_i - u_i^{t-1}\rangle + \frac{4(M^2 + \|\delta_i^{t-1,\lambda}\|_*^2)}{\eta_k}\right]$$

因此，考虑 $\sum_{k=1}^{N} \theta_k Q(\hat{x}^k, y^k; z^*) \geqslant 0$ 的事实，对于任意式(8.3.7)的鞍点 $z^* = (x^*, y^*)$ 和式(8.3.15)，固定 $z = z^*$ 并重新整理排列项，得到

$$\begin{aligned}\frac{\theta_N\eta_N}{2}\|\hat{x}^N - x^{N-1}\|^2 &\leqslant \theta_N\langle L(\hat{x}^N - x^{N-1}), y^* - y^N\rangle - \frac{\theta_N\tau_N}{2}\|y^* - y^N\|^2 + \\ &\quad \frac{(T_1+1)(T_1+2)\theta_1\eta_1}{T_1(T_1+3)} V(x^0, x^*) + \frac{\theta_1\tau_1}{2}\|y^* - y^0\|^2 + \\ &\quad \sum_{k=1}^{N}\sum_{t=1}^{T_k}\sum_{i=1}^{m} \frac{2\theta_k}{T_k(T_k+3)}\left[(t+1)\langle \delta_i^{t-1,k}, x_i^* - u_i^{t-1}\rangle + \frac{4(M^2 + \|\delta_i^{t-1,k}\|_*^2)}{\eta_k}\right] \\ &\leqslant \frac{\theta_N\|L\|^2}{2\tau_N}\|\hat{x}^N - x^{N-1}\|^2 + \frac{(T_1+1)(T_1+2)\theta_1\eta_1}{T_1(T_1+3)} V(x^0, x^*) + \frac{\theta_1\tau_1}{2}\|y^* - y^0\|^2 + \\ &\quad \sum_{k=1}^{N}\sum_{t=1}^{T_k}\sum_{i=1}^{m} \frac{2\theta_k}{T_k(T_k+3)}\left[(t+1)\langle \delta_i^{t-1,k}, x_i^* - u_i^{t-1}\rangle + \frac{4(M^2 + \|\delta_i^{t-1,k}\|_*^2)}{\eta_k}\right]\end{aligned} \tag{8.3.100}$$

其中第二个不等式由关系 $b\langle u, v\rangle - \frac{a\|v\|^2}{2} \leqslant \frac{b^2\|u\|^2}{2a}$，$\forall a > 0$，得到。类似地，我们可以有

$$\frac{\theta_N\tau_N}{2}\|y^*-y^N\|^2\leqslant\frac{\theta_N\|L\|^2}{2\eta_N}\|y^*-y^N\|^2+$$
$$\frac{(T_1+1)(T_1+2)\theta_1\eta_1}{T_1(T_1+3)}V(x^0,x^*)+\frac{\theta_1\tau_1}{2}\|y^*-y^0\|^2+$$
$$\sum_{k=1}^{N}\sum_{t=1}^{T_k}\sum_{i=1}^{m}\frac{2\theta_k}{T_k(T_k+3)}\left[(t+1)\langle\delta_i^{t-1,k},x_i^*-u_i^{t-1}\rangle+\frac{4(M^2+\|\delta_i^{t-1,k}\|_*^2)}{\eta_k}\right] \tag{8.3.101}$$

由此就得到了式(8.3.66)中的期望结果。■

下面引理 8.6 的证明建立了求解强凸问题的 SDCS 方法的收敛性。

引理 8.6 的证明　当 f_i，$i=1$，…，m 是强凸函数时，会有 μ，$M>0$(参见式(8.3.16))。因此，针对命题 8.7，当式(8.3.49)中定义的 λ_t 和 β_t 满足条件(8.3.90)，且 Φ_k 如式(8.3.19)中定义，以及按 CS 过程中的输入输出进行设置时，那么，对于所有 $k\geqslant1$，所有 $x\in X$，有

$$\Phi^k(\hat{x}^k)-\Phi^k(x)+$$
$$\left(\sum_{t=1}^{T_k}\lambda_t\right)^{-1}\left[\eta_k(1+\beta_{T_k}^{(k)})\lambda_{T_k}V(x^k,x)+\sum_{t=1}^{T_k}\sum_{i=1}^{m}\lambda_t\langle\delta_i^{t-1,k},x_i-u_i^{t-1}\rangle\right]$$
$$\leqslant\left(\sum_{t=1}^{T_k}\lambda_t\right)^{-1}\left[(\eta_k\beta_1^{(k)}-\mu)\lambda_1V(x^{k-1},x)+\sum_{t=1}^{T_k}\sum_{i=1}^{m}\frac{(M+\|\delta_i^{t-1,k}\|_*)^2\lambda_t}{2\eta_k\beta_t}\right]$$

将式(8.3.49)中 λ_t 和 $\beta_t^{(k)}$ 的值代入上述关系式，并结合式(8.3.19)中 Φ_k 的定义，重新排列项，有

$$\langle L(\hat{x}^k-x),y^k\rangle+F(\hat{x}^k)-F(x)$$
$$\leqslant\eta_kV(x^{k-1},x)-(\mu+\eta_k)V(x^k,x)-\eta_kV(x^{k-1},\hat{x}^k)+$$
$$\frac{2}{T_k(T_k+1)}\sum_{t=1}^{T_k}\sum_{i=1}^{m}\left[t\langle\delta_i^{t-1,k},x_i-u_i^{t-1}\rangle+\frac{(M+\|\delta_i^{t-1,k}\|_*)^2t}{(t+1)\mu+(t-1)\eta_k}\right],\ \forall x\in X,\ k\geqslant1$$

根据式(8.3.95)、上述关系和式(8.3.8)中 Q 的定义，按照我们推出式(8.3.96)的相同过程，对于所有 $z\in X\times\mathbb{R}^{md}$，有

$$\sum_{k=1}^{N}\theta_kQ(\hat{x}^k,y^k;z)\leqslant\sum_{k=1}^{N}\theta_k\overline{\Delta}_k+$$
$$\sum_{k=1}^{N}\sum_{t=1}^{T_k}\sum_{i=1}^{m}\frac{2\theta_k}{T_k(T_k+1)}\left[t\langle\delta_i^{t-1,k},x_i-u_i^{t-1}\rangle+\frac{(M+\|\delta_i^{t-1,k}\|_*)^2t}{(t+1)\mu+(t-1)\eta_k}\right] \tag{8.3.102}$$

其中

$$\begin{aligned}\overline{\Delta}_k:=&\langle L(\hat{x}^k-\widetilde{x}^k),y-y^k\rangle+\\&\eta_kV(x^{k-1},x)-(\mu+\eta_k)V(x^k,x)-\eta_kV(x^{k-1},\hat{x}^k)+\\&\frac{\tau_k}{2}[\|y-y^{k-1}\|^2-\|y-y^k\|^2-\|y^{k-1}-y^k\|^2]\end{aligned} \tag{8.3.103}$$

由于式(8.3.103)中的 $\overline{\Delta}_k$ 与式(8.3.97)中的 Δ_k 具有相似的结构，我们可以按照式(8.3.98)中的类似过程来简化不等式(8.3.102)的右边。请注意，式(8.3.103)和式(8.3.97)之间的唯一区别在于 $V(x^{k-1},x)$ 和 $V(x^k,x)$ 项的系数。因此，通过使用条件(8.3.48)代替条件(8.3.29)，我们得到 $\forall z\in X\times\mathbb{R}^{md}$

$$\sum_{k=1}^{N}\theta_k Q(\hat{x}^k,\ y^k;\ z)\leqslant\theta_1\eta_1 V(x^0,\ x)+\frac{\theta_1\tau_1}{2}\|y^0\|^2+\langle\hat{s},\ y\rangle+$$
$$\sum_{k=1}^{N}\sum_{t=1}^{T_k}\sum_{i=1}^{m}\frac{2\theta_k}{T_k(T_k+1)}\left[t\langle\delta_i^{t-1,k},\ x_i-u_i^{t-1}\rangle+\frac{2t(M^2+\|\delta_i^{t-1,k}\|_*^2)}{(t+1)\mu+(t-1)\eta_k}\right]\tag{8.3.104}$$

其中 $\hat{s}$ 在式(8.3.99)中定义。式(8.3.74)中的结果直接由 Q 的凸性得到。

按照得到式(8.3.100)的相同步骤，对于问题(8.3.7)的任意鞍点 $z^*=(x^*,\ y^*)$，有

$$\frac{\theta_N\eta_N}{2}\|\hat{x}^N-x^{N-1}\|^2$$
$$\leqslant\frac{\theta_N\|L\|^2}{2\tau_N}\|x^N-x^{N-1}\|^2+\theta_1\eta_1 V(x^0,\ x^*)+\frac{\theta_1\tau_1}{2}\|y^*-y^0\|^2+$$
$$\sum_{k=1}^{N}\sum_{t=1}^{T_k}\sum_{i=1}^{m}\frac{2\theta_k}{T_k(T_k+1)}\left[t\langle\delta_i^{t-1,k},\ x_i^*-u_i^{t-1}\rangle+\frac{2t(M^2+\|\delta_i^{t-1,k}\|_*^2)}{(t+1)\mu+(t-1)\eta_k}\right]$$
$$\frac{\theta_N\tau_N}{2}\|y^*-y^N\|^2\leqslant\frac{\theta_N\|L\|^2}{2\eta_N}\|y^*-y^N\|^2+\theta_1\eta_1 V(x^0,\ x^*)+\frac{\theta_1\tau_1}{2}\|y^*-y^0\|^2+$$
$$\sum_{k=1}^{N}\sum_{t=1}^{T_k}\sum_{i=1}^{m}\frac{2\theta_k}{T_k(T_k+1)}\left[t\langle\delta_i^{t-1,k},\ x_i^*-u_i^{t-1}\rangle+\frac{2t(M^2+\|\delta_i^{t-1,k}\|_*^2)}{(t+1)\mu+(t-1)\eta_k}\right]\tag{8.3.105}$$

由此得出了(8.3.75)中期望的结果。■

我们准备给出引理 8.3 和引理 8.4 的证明，它们证明了确定性通信滑动方法的收敛性。

引理 8.3 的证明　当 f_i，$i=1$，…，m 是一般的非光滑凸函数时，我们有 $\delta_i^t=0$，$\mu=0$ 和 $M>0$。因此，由于式(8.3.98)，有

$$\sum_{k=1}^{N}\theta_k Q(\hat{x}^k,\ y^k;\ z)\leqslant\frac{(T_1+1)(T_1+2)\theta_1\eta_1}{T_1(T_1+3)}V(x^0,\ x)+\frac{\theta_1\tau_1}{2}\|y^0\|^2+\langle\hat{s},\ y\rangle+$$
$$\sum_{k=1}^{N}\frac{4mM^2\theta_k}{(T_k+3)\eta_k}$$

其中 $\hat{s}$ 的定义见式(8.3.99)。式(8.3.35)的结果直接来自 Q 的凸性。另外，式(8.3.36)的结果来自式(8.3.100)中 $\delta_i^{t-1,k}=0$ 和式(8.3.101)。证毕。■

引理 8.4 的证明　当 f_i，$i=1$，…，m 是强凸函数时，我们有 $\delta_i^t=0$ 及 μ，$M>0$。因此，由于式(8.3.104)，得到 $\forall z\in X\times\mathbb{R}^{md}$

$$\sum_{k=1}^{N}\theta_k Q(\hat{x}^k,\ y^k;\ z)\leqslant\theta_1\eta_1 V(x^0,\ x)+\frac{\theta_1\tau_1}{2}\|y^0\|^2+\langle\hat{s},\ y\rangle+$$
$$\sum_{k=1}^{N}\sum_{t=1}^{T_k}\frac{2mM^2\theta_k}{T_k(T_k+1)}\frac{t}{(t+1)\mu+(t-1)\eta_k}$$

其中 $\hat{s}$ 的定义见式(8.3.99)。式(8.3.50)的结果直接来自 Q 的凸性。式(8.3.51)的结果也可以通过在式(8.3.105)中设置 $\delta_i^{t-1,k}=0$ 得到。证毕。■

我们现在给出定理 8.13 的一个证明，它为间隙函数建立了一个大偏差的结果。

定理 8.13 的证明　注意到 SO 满足假设条件(8.3.61)、式(8.3.62)、式(8.3.83)，及 $u_i^{t,k}$ 的定义，可以看出序列 $\{\langle\delta_i^{t-1,k},\ x_i^*-u_i^{t-1,k}\rangle\}_{1\leqslant i\leqslant m,1\leqslant t\leqslant T_k,k\geqslant 1}$ 是一个鞅-差分序

列。记

$$\gamma_{k,t} := \frac{\theta_k \lambda_t}{\sum_{t=1}^{T_k} \lambda_t}$$

利用鞅-差分序列的大偏差定理

$$\begin{aligned}
&\mathbb{E}[\exp\{\gamma_{k,t}^2 \langle \delta_i^{t-1,k},\ x_i^* - u_i^{t-1,k} \rangle^2 / (2\gamma_{k,t}^2 \overline{V}_i(x_i^*)\sigma^2)\}] \\
&\quad \leqslant \mathbb{E}[\exp\{\|\delta_i^{t-1,k}\|_*^2,\ \|x_i^* - u_i^{t-1,k}\|^2 / (2\overline{V}_i(x_i^*)\sigma^2)\}] \\
&\quad \leqslant \mathbb{E}[\exp\{\|\delta_i^{t-1,k}\|_*^2 / \sigma^2\}] \leqslant \exp\{1\}
\end{aligned}$$

得到，$\forall \zeta > 0$，

$$\begin{aligned}
&\text{Prob}\left\{ \sum_{k=1}^{N} \sum_{t=1}^{T_k} \sum_{i=1}^{m} \gamma_{k,t} \langle \delta_i^{t-1,k},\ u_i^{t-1,k} - x_i^* \rangle > \zeta\sigma \sqrt{2\overline{V}(x^*) \sum_{k=1}^{N} \sum_{t=1}^{T_k} \gamma_{k,t}^2} \right\} \\
&\quad \leqslant \exp\{-\zeta^2/3\}
\end{aligned} \tag{8.3.106}$$

现在令

$$S_{k,t} := \frac{\theta_k \lambda_t}{\left(\sum_{t=1}^{T_k} \lambda_t\right) \eta_k \beta_t}$$

以及 $S := \sum_{k=1}^{N} \sum_{k=1}^{T_k} \sum_{i=1}^{m} S_{k,t}$。通过指数函数的凸性，可得到

$$\begin{aligned}
&\mathbb{E}\left[\exp\left\{ \frac{1}{S} \sum_{k=1}^{N} \sum_{t=1}^{T_k} \sum_{i=1}^{m} S_{k,t} \|\delta_i^{t-1,k}\|_*^2 / \sigma^2 \right\} \right] \\
&\quad \leqslant \mathbb{E}\left[\frac{1}{S} \sum_{k=1}^{N} \sum_{t=1}^{T_k} \sum_{i=1}^{m} S_{k,t} \exp\left\{ \|\delta_i^{t-1,k}\|_*^2 / \sigma^2 \right\} \right] \leqslant \exp\{1\}
\end{aligned}$$

其中最后一个不等式由假设(8.3.83)得到。因此，根据 Markov 不等式，对于所有 $\zeta > 0$，

$$\begin{aligned}
&\text{Prob}\left\{ \sum_{k=1}^{N} \sum_{t=1}^{T_k} \sum_{i=1}^{m} S_{k,t} \|\delta_i^{t-1,k}\|_*^2 > (1+\zeta)\sigma^2 \sum_{k=1}^{N} \sum_{t=1}^{T_k} \sum_{i=1}^{m} S_{k,t} \right\} \\
&= \text{Prob}\left\{ \exp\left\{ \frac{1}{S} \sum_{k=1}^{N} \sum_{t=1}^{T_k} \sum_{i=1}^{m} S_{k,t} \|\delta_i^{t-1,k}\|_*^2 / \sigma^2 \right\} \geqslant \exp\{1+\zeta\} \right\} \leqslant \exp\{-\zeta\}
\end{aligned} \tag{8.3.107}$$

结合式(8.3.106)、式(8.3.107)、式(8.3.65)和式(8.3.10)，我们立刻得到了式(8.3.85)的结论。■

8.4 练习和注释

练习

1. 假设在梯度滑动法中，∇f 的梯度求值和 h' 的次梯度求值的计算代价分别由 G 和 S 给出。利用这些信息来细化算法参数的选择。
2. 假设在通信滑动法中，一轮通信的计算代价和 ϕ_i' 的次梯度计算分别由 C 和 S 给出。利用这些信息来细化算法参数的选择。

注释

Lan 在文献[65]中首次提出了梯度滑动法。加速梯度滑动法是由 Lan 和 Ouyang 在文献[67]中提出的。Lan、Lee 和 Zhou 在文献[37]中首次提出了用于分散网络优化的通信滑动算法。通信滑动算法的基本方案是受文献[18]中的 Chambolle 和 Pock 的原始-对偶方法的启发，基于微扰的对偶方法终止准则由 Monteiro 和 Svaiter 首先研究[84-86]。分散式算法的早期发展可以在文献[13，20，49，75，82，83，90，113，127，134，135]中找到。分布式优化的开创性工作[134-135]之后出现了分布式增量(次)梯度方法和邻近方法[13,90,113,136]，最近出现了增量聚合梯度方法及其邻近变体[14,44,71]。这些方法是为具有中央节点的网络设计的。为了考虑更一般的分布式网络拓扑结构，文献[89]首次提出了分散次梯度算法，并在许多其他文献中进行了进一步研究(参见文献[31，87，88，133，143])。当目标函数(8.3.1)为光滑或强凸的(如文献[91，110，127，128])时，通信复杂度可以得到改善。除基于次梯度的方法外，另一种著名的分散算法类型依赖于对偶方法(如文献[3，17，82，126，130，138]，应用镜面-邻近方法解决这些问题也见于文献[49])。这些基于对偶的方法在邻近梯度法中得到了进一步的研究[3,19,20]。在具有光滑假设的分散方法中考虑了多步的一致性，因此这些方法需要不断增加通信轮数[21,54]。虽然这些方法多用于分散确定性优化问题，但早期的分散随机一阶方法在文献[31，87，112，114，129，132，139]中也有研究。

参考文献

1. S.D. Ahipasaoglu, M.J. Todd, A modified Frank-Wolfe algorithm for computing minimum-area enclosing ellipsoidal cylinders: theory and algorithms. Comput. Geom. **46**, 494–519 (2013)
2. Z. Allen-Zhu, Katyusha: the first direct acceleration of stochastic gradient methods (2016). ArXiv e-prints, abs/1603.05953
3. N.S. Aybat, Z. Wang, T. Lin, S. Ma, Distributed linearized alternating direction method of multipliers for composite convex consensus optimization. IEEE Trans. Autom. Control **63**(1), 5–20 (2018)
4. F. Bach, S. Lacoste-Julien, G. Obozinski, On the equivalence between herding and conditional gradient algorithms, in *The 29th International Conference on Machine Learning* (2012)
5. A. Beck, M. Teboulle, Mirror-descent and nonlinear projected subgradient methods for convex optimization. Oper. Res. Lett. **31**, 167–175 (2003)
6. A. Beck, M. Teboulle, A conditional gradient method with linear rate of convergence for solving convex linear systems. Math. Methods Oper. Res. **59**, 235–247 (2004)
7. A. Beck, M. Teboulle, A fast iterative shrinkage-thresholding algorithm for linear inverse problems. SIAM J. Imaging Sciences **2**, 183–202 (2009)
8. Y. Bengio, Learning deep architectures for AI. Found. Trends Mach. Learn. **2**(1), 1–127 (2009)
9. A. Ben-Tal, A.S. Nemirovski, *Lectures on Modern Convex Optimization: Analysis, Algorithms, Engineering Applications*. MPS-SIAM Series on Optimization (SIAM, Philadelphia, 2000)
10. A. Ben-Tal, A.S. Nemirovski, Non-Euclidean restricted memory level method for large-scale convex optimization. Math. Program. **102**, 407–456 (2005)
11. D.P. Bertsekas, Stochastic optimization problems with nondifferentiable cost functionals. J. Optim. Theory Appl. **12**, 218–231 (1973)
12. D. Bertsekas, *Nonlinear Programming*, 2nd edn. (Athena Scientific, New York, 1999)
13. D.P. Bertsekas, Incremental proximal methods for large scale convex optimization. Math. Program. **129**, 163–195 (2011)
14. D.P. Bertsekas, Incremental aggregated proximal and augmented lagrangian algorithms. Technical Report LIDS-P-3176, Laboratory for Information and Decision Systems, 2015
15. D. Blatt, A. Hero, H. Gauchman, A convergent incremental gradient method with a constant step size. SIAM J. Optim. **18**(1), 29–51 (2007)
16. S. Boyd, L. Vandenberghe, *Convex Optimization*. (Cambridge University Press, Cambridge, 2004)

17. S. Boyd, N. Parikh, E. Chu, B. Peleato, J. Eckstein, Distributed optimization and statistical learning via the alternating direction method of multipliers. Found. Trends Mach. Learn. **3**(1), 1–122 (2011)
18. A. Chambolle, T. Pock, A first-order primal-dual algorithm for convex problems with applications to imaging. J. Math. Imaging Vision **40**, 120–145 (2011)
19. T. Chang, M. Hong, Stochastic proximal gradient consensus over random networks (2015). http://arxiv.org/abs/1511.08905
20. T. Chang, M. Hong, X. Wang, Multi-agent distributed optimization via inexact consensus ADMM (2014). http://arxiv.org/abs/1402.6065
21. A. Chen, A. Ozdaglar, A fast distributed proximal gradient method, in *2012 50th Annual Allerton Conference on Communication, Control, and Computing (Allerton), October* (2012), pp. 601–608
22. Y. Chen, G. Lan, Y. Ouyang, Accelerated schemes for a class of variational inequalities. Math. Program. **165**, 113–149 (2017)
23. Y. Chen, G. Lan, Y. Ouyang, Optimal primal-dual methods for a class of saddle point problems. SIAM J. Optim. **24**(4), 1779–1814 (2014)
24. K.L. Clarkson, Coresets, sparse greedy approximation, and the Frank-Wolfe algorithm. ACM Trans. Algorithms **6**(4), 63:1–63:30 (2010)
25. B. Cox, A. Juditsky, A.S. Nemirovski, Dual subgradient algorithms for large-scale nonsmooth learning problems. Math. Program. 148, 143–180 (2014). Manuscript, School of ISyE, Georgia Tech, Atlanta
26. C. Dang, G. Lan, Randomized first-order methods for saddle point optimization. Manuscript, Department of Industrial and Systems Engineering, University of Florida, Gainesville, September 2014
27. C.D. Dang, G. Lan, On the convergence properties of non-Euclidean extragradient methods for variational inequalities with generalized monotone operators. Comput. Optim. Appl. (2015). https://doi.org/10.1007/s10589-014-9673-9
28. C.D. Dang, G. Lan, Stochastic block mirror descent methods for nonsmooth and stochastic optimization. SIAM J. Optim. **25**, 856–881 (2015)
29. A. Defazio, F. Bach, S. Lacoste-Julien, SAGA: a fast incremental gradient method with support for non-strongly convex composite objectives, in *Advances of Neural Information Processing Systems (NIPS)*, vol. 27 (2014)
30. R. Dror, A. Ng, Machine learning (2018). http://cs229.stanford.edu
31. J. Duchi, A. Agarwal, M. Wainwright, Dual averaging for distributed optimization: convergence analysis and network scaling. IEEE Trans. Autom. Control **57**(3), 592–606 (2012)
32. J.C. Duchi, P.L. Bartlett, M.J. Wainwright, Randomized smoothing for stochastic optimization. SIAM J. Optim. **22**, 674–701 (2012)
33. F. Facchinei, J. Pang, *Finite-dimensional Variational Inequalities and Complementarity Problems, Volumes I and II*. Comprehensive Study in Mathematics (Springer, New York, 2003)
34. C. Fang, C.J. Li, Z. Lin, T. Zhang, Spider: near-optimal non-convex optimization via stochastic path-integrated differential estimator, in *Advances in Neural Information Processing Systems* (2018), pp. 687–697
35. M. Frank, P. Wolfe, An algorithm for quadratic programming. Naval Res. Logist. Q. **3**, 95–110 (1956)

36. R.M. Freund, P. Grigas, New analysis and results for the Frank-Wolfe method. Math. Program. **155**, 199–230 (2016)
37. S. Lee G. Lan, Y. Zhou, Communication-efficient algorithms for decentralized and stochastic optimization. Mathematical Programming (2018). Technical Report, H. Milton Stewart School of Industrial and Systems Engineering, Georgia Institute of Technology, January 15, 2017
38. S. Ghadimi, G. Lan, Optimal stochastic approximation algorithms for strongly convex stochastic composite optimization, I: a generic algorithmic framework. SIAM J. Optim. **22**, 1469–1492 (2012)
39. S. Ghadimi, G. Lan, Optimal stochastic approximation algorithms for strongly convex stochastic composite optimization, II: shrinking procedures and optimal algorithms. SIAM J. Optim. **23**, 2061–2089 (2013)
40. S. Ghadimi, G. Lan, Stochastic first- and zeroth-order methods for nonconvex stochastic programming. SIAM J. Optim. **23**(4), 2341–2368 (2013)
41. S. Ghadimi, G. Lan, Accelerated gradient methods for nonconvex nonlinear and stochastic programming. Math. Program. **156**, 59–99 (2016)
42. S. Ghadimi, G. Lan, H. Zhang, Mini-batch stochastic approximation methods for constrained nonconvex stochastic programming. Math. Program. **155**, 267–305 (2016)
43. A. Gonen S. Shalev-Shwartz, O. Shamir, Large-scale convex minimization with a low rank constraint, in *The 28th International Conference on Machine Learning* (2011)
44. M. Gurbuzbalaban, A. Ozdaglar, P. Parrilo, On the convergence rate of incremental aggregated gradient algorithms (2015). http://arxiv.org/abs/1506.02081
45. Z. Harchaoui, A. Juditsky, A.S. Nemirovski, Conditional gradient algorithms for machine learning, in *NIPS OPT Workshop* (2012)
46. T. Hastie, R. Tibshirani, J. Friedman, *The Elements of Statistical Learning: Data Mining, Inference, and Prediction*. Springer Series in Statistics, 2nd edn. (Springer, New York, 2009)
47. E. Hazan, Sparse approximate solutions to semidefinite programs, in *LATIN 2008: Theoretical Informatics*, ed. by E. Laber, C. Bornstein, L.T. Nogueira, L. Faria. Lecture Notes in Computer Science, vol. 4957 (Springer, Berlin, 2008), pp. 306–316
48. B. He, X. Yuan, On the $o(1/n)$ convergence rate of the Douglas Rachford alternating direction method. SIAM J. Numer. Anal. **50**(2), 700–709 (2012)
49. N. He, A. Juditsky, A. Nemirovski, Mirror prox algorithm for multi-term composite minimization and semi-separable problems. J. Comput. Optim. Appl. **103**, 127–152 (2015)
50. J.-B. Hiriart-Urruty, C. Lemaréchal, *Convex Analysis and Minimization Algorithms I*. Comprehensive Study in Mathematics, vol. 305 (Springer, New York, 1993)
51. M. Jaggi, Sparse convex optimization methods for machine learning. PhD thesis, ETH Zürich, 2011. https://doi.org/10.3929/ethz-a-007050453
52. M. Jaggi, Revisiting Frank-Wolfe: projection-free sparse convex optimization, in *The 30th International Conference on Machine Learning* (2013)
53. M. Jaggi, M. Sulovský, A simple algorithm for nuclear norm regularized problems, in *The 27th International Conference on Machine Learning* (2010)

54. D. Jakovetic, J. Xavier, J. Moura. Fast distributed gradient methods. IEEE Trans. Autom. Control **59**(5), 1131–1145 (2014)
55. B. Jiang, T. Lin, S. Ma, S. Zhang, Structured nonconvex and nonsmooth optimization: algorithms and iteration complexity analysis. Comput. Optim. Appl. **72**(1), 115–157 (2019)
56. R. Johnson, T. Zhang, Accelerating stochastic gradient descent using predictive variance reduction, in *Advances of Neural Information Processing Systems (NIPS)*, vol. 26 (2013), pp. 315–323
57. A. Juditsky, A.S. Nemirovski, *Large Deviations of Vector-Valued Martingales in 2-Smooth Normed Spaces* (Georgia Institute of Technology, Atlanta, 2008). www2.isye.gatech.edu/~nemirovs/LargeDevSubmitted.pdf
58. A. Juditsky, A.S. Nemirovski, C. Tauvel, Solving variational inequalities with stochastic mirror-prox algorithm. Stoch. Syst. **1**, 17–58 (2011). Manuscript, Georgia Institute of Technology, Atlanta
59. V. Katkovnik, Y. Kulchitsky, Convergence of a class of random search algorithms. Autom. Remote Control **33**, 1321–1326 (1972)
60. K.C. Kiwiel, Proximal level bundle method for convex nondifferentiable optimization, saddle point problems and variational inequalities. Math. Program. B **69**, 89–109 (1995)
61. G. Korpelevich, The extragradient method for finding saddle points and other problems. Ekon. Mat. Metody **12**, 747–756 (1976)
62. G. Lan, Efficient methods for stochastic composite optimization. Manuscript, Georgia Institute of Technology (2008). https://pdfs.semanticscholar.org/e8a9/331c6e3bb841ac437c8f5078fc4cd622725a.pdf
63. G. Lan, An optimal method for stochastic composite optimization. Math. Program. **133**(1), 365–397 (2012)
64. G. Lan, The complexity of large-scale convex programming under a linear optimization oracle. Manuscript, Department of Industrial and Systems Engineering, University of Florida, Gainesville, FL 32611, USA, June 2013. Available on http://www.optimization-online.org/
65. G. Lan, Gradient sliding for composite optimization. Manuscript, Department of Industrial and Systems Engineering, University of Florida, Gainesville, FL 32611, USA, June 2014
66. G. Lan, Bundle-level type methods uniformly optimal for smooth and nonsmooth convex optimization. Math. Program. **149**(1), 1–45 (2015)
67. G. Lan, Y. Ouyang, Accelerated gradient sliding for structured convex optimization. Manuscript, School of Industrial and Systems Engineering, Georgia Tech, Atlanta, GA 30332, USA, August 2016
68. G. Lan, Y. Yang, Accelerated stochastic algorithms for nonconvex finite-sum and multi-block optimization (2018). Preprint. arXiv
69. G. Lan, Y. Zhou, Conditional gradient sliding for convex optimization. Technical report, Technical Report, 2014
70. G. Lan, Y. Zhou, Random gradient extrapolation for distributed and stochastic optimization. SIAM J. Optim. **28**(4), 2753–2782 (2018)
71. G. Lan, Y. Yang, Accelerated stochastic algorithms for nonconvex finite-sum and multi-block optimization. SIAM J. Optim. **29**(4), 2753–2784 (2019)
72. G. Lan, Z. Lu, R.D.C. Monteiro, Primal-dual first-order methods with $\mathcal{O}(1/\varepsilon)$ iteration-complexity for cone programming. Math. Program. **126**, 1–29 (2011)

73. G. Lan, A.S. Nemirovski, A. Shapiro, Validation analysis of mirror descent stochastic approximation method. Math. Program. **134**, 425–458 (2012)
74. G. Lan, Z. Li, Y. Zhou, A unified variance-reduced accelerated gradient method for convex optimization, *in NeurIPS* (2019)
75. S. Lee, M. Zavlanos, Approximate projections for decentralized optimization with SDP constraints (2015). http://arxiv.org/abs/1509.08007
76. C. Lemaréchal, A.S. Nemirovski, Y.E. Nesterov, New variants of bundle methods. Math. Program. **69**, 111–148 (1995)
77. D. Leventhal, A.S. Lewis, Randomized methods for linear constraints: convergence rates and conditioning. Math. Oper. Res. **35**, 641–654 (2010)
78. H. Lin, J. Mairal, Z. Harchaoui, A universal catalyst for first-order optimization. Technical report, 2015. hal-01160728
79. D.G. Luenberger, Y. Ye, *Linear and Nonlinear Programming* (Springer, New York, 2008)
80. Z.Q. Luo, P. Tseng, On the convergence of a matrix splitting algorithm for the symmetric monotone linear complementarity problem. SIAM J. Control Optim. **29**, 1037–1060 (1991)
81. R. Luss, M. Teboulle, Conditional gradient algorithms for rank one matrix approximations with a sparsity constraint. SIAM Rev. **55**, 65–98 (2013)
82. A. Makhdoumi, A. Ozdaglar, Convergence rate of distributed ADMM over networks (2016). http://arxiv.org/abs/1601.00194
83. A. Mokhtari, W. Shi, Q. Ling, A. Ribeiro, DQM: decentralized quadratically approximated alternating direction method of multipliers (2015). http://arxiv.org/abs/1508.02073
84. R.D.C. Monteiro, B.F. Svaiter, On the complexity of the hybrid proximal extragradient method for the iterates and the ergodic mean. SIAM J. Optim. **20**(6), 2755–2787 (2010)
85. R.D.C. Monteiro, B.F. Svaiter, Complexity of variants of Tseng's modified f-b splitting and Korpelevich's methods for hemivariational inequalities with applications to saddle-point and convex optimization problems. SIAM J. Optim. **21**(4), 1688–1720 (2011)
86. R.D.C. Monteiro, B.F. Svaiter, Iteration-complexity of block-decomposition algorithms and the alternating direction method of multipliers. SIAM J. Optim. **23**(1), 475–507 (2013)
87. A. Nedić, Asynchronous broadcast-based convex optimization over a network. IEEE Trans. Autom. Control **56**(6), 1337–1351 (2011)
88. A. Nedić, A. Olshevsky, Distributed optimization over time-varying directed graphs. IEEE Trans. Autom. Control **60**(3), 601–615 (2015)
89. A. Nedić, A. Ozdaglar, Distributed subgradient methods for multi-agent optimization. IEEE Trans. Autom. Control **54**(1), 48–61 (2009)
90. A. Nedić, D.P. Bertsekas, V.S. Borkar, Distributed asynchronous incremental subgradient methods, in *Inherently Parallel Algorithms in Feasibility and Optimization and Their Applications* (2001), pp. 311–407
91. A. Nedić, A. Olshevsky, W. Shi, Achieving geometric convergence for distributed optimization over time-varying graphs (2016). http://arxiv.org/abs/1607.03218
92. A.S. Nemirovski, Optimization III (Georgia Tech, 2013). https://www2.isye.gatech.edu/~nemirovs/OPTIII_LectureNotes2018.pdf

93. A.S. Nemirovski, Prox-method with rate of convergence $o(1/t)$ for variational inequalities with Lipschitz continuous monotone operators and smooth convex-concave saddle point problems. SIAM J. Optim. **15**, 229–251 (2005)
94. A.S. Nemirovski, D. Yudin, *Problem Complexity and Method Efficiency in Optimization*. Wiley-Interscience Series in Discrete Mathematics (Wiley, XV, New York, 1983)
95. A.S. Nemirovski, A. Juditsky, G. Lan, A. Shapiro, Robust stochastic approximation approach to stochastic programming. SIAM J. Optim. **19**, 1574–1609 (2009)
96. Y.E. Nesterov, A method for unconstrained convex minimization problem with the rate of convergence $O(1/k^2)$. Doklady AN SSSR **269**, 543–547 (1983)
97. Y.E. Nesterov, *Introductory Lectures on Convex Optimization: A Basic Course* (Kluwer Academic Publishers, Boston, 2004)
98. Y.E. Nesterov, Primal-dual subgradient methods for convex problems. Core discussion paper 2005/67, CORE, Catholic University of Louvain, Belgium, September 2005
99. Y.E. Nesterov, Smooth minimization of nonsmooth functions. Math. Program. **103**, 127–152 (2005)
100. Y.E. Nesterov, Gradient methods for minimizing composite objective functions. Technical report, Center for Operations Research and Econometrics (CORE), Catholic University of Louvain, September 2007
101. Y.E. Nesterov, Efficiency of coordinate descent methods on huge-scale optimization problems. Technical report, Center for Operations Research and Econometrics (CORE), Catholic University of Louvain, February 2010
102. Y.E. Nesterov, Random gradient-free minimization of convex functions. Technical report, Center for Operations Research and Econometrics (CORE), Catholic University of Louvain, January 2010
103. L.M. Nguyen, J. Liu, K. Scheinberg, M. Takà c, A novel method for machine learning problems using stochastic recursive gradient, in *Proceedings of the 34th International Conference on Machine Learning*, vol. 70 (2017), pp. 2613–2621
104. J. Nocedal, S.J. Wright, *Numerical Optimization* (Springer, New York, 1999)
105. Y. Ouyang, Y. Chen, G. Lan, E. Pasiliao, An accelerated linearized alternating direction method of multipliers. SIAM J. Imaging Sci. **8**(1), 644–681 (2015)
106. N.H. Pham, L.M. Nguyen, D.T. Phan, Q. Tran-Dinh, Proxsarah: an efficient algorithmic framework for stochastic composite nonconvex optimization (2019). Preprint. arXiv:1902.05679
107. B. Polyak, *Introduction to Optimization*. (Optimization Software, New York, 1987)
108. B.T. Polyak, New stochastic approximation type procedures. Automat. i Telemekh. **7**, 98–107 (1990)
109. B.T. Polyak, A.B. Juditsky, Acceleration of stochastic approximation by averaging. SIAM J. Control Optim. **30**, 838–855 (1992)
110. G. Qu, N. Li, Harnessing smoothness to accelerate distributed optimization (2016). http://arxiv.org/abs/1605.07112
111. C. Qu, Y. Li, H. Xu, Non-convex conditional gradient sliding, in *Proceedings of the 35th International Conference on Machine Learning, PMLR*, vol. 80 (2018), pp. 4208–4217

112. M. Rabbat, Multi-agent mirror descent for decentralized stochastic optimization, in *2015 IEEE 6th International Workshop on Computational Advances in Multi-sensor Adaptive Processing (CAMSAP), December* (2015), pp. 517–520
113. S.S. Ram, A. Nedić, V.V. Veeravalli, Incremental stochastic subgradient algorithms for convex optimization. SIAM J. Optim. **20**(2), 691–717 (2009)
114. S.S. Ram, A. Nedić, V.V. Veeravalli, Distributed stochastic subgradient projection algorithms for convex optimization. J. Optim. Theory Appl. **147**, 516–545 (2010)
115. S.J. Reddi, S. Sra, B. Poczos, A. Smola, Stochastic Frank-Wolfe methods for nonconvex optimization (2016). Preprint. arXiv: 1607.08254
116. P. Richtárik, M. Takáč, Iteration complexity of randomized block-coordinate descent methods for minimizing a composite function. Math. Program. (2012 to appear)
117. H. Robbins, S. Monro, A stochastic approximation method. Ann. Math. Stat. **22**, 400–407 (1951)
118. R.T. Rockafellar, *Convex Analysis* (Princeton University Press, Princeton, 1970)
119. R.Y. Rubinstein, *Simulation and the Monte Carlo Method* (Wiley, New York, 1981)
120. A. Ruszczyński, *Nonlinear Optimization*, 1st edn. (Princeton University Press, Princeton, 2006)
121. M. Schmidt, N.L. Roux, F. Bach, Minimizing finite sums with the stochastic average gradient. Technical report, September 2013
122. S. Shalev-Shwartz, T. Zhang, Stochastic dual coordinate ascent methods for regularized loss. J. Mach. Learn. Res. **14**(1), 567–599 (2013)
123. S. Shalev-Shwartz, T. Zhang, Accelerated proximal stochastic dual coordinate ascent for regularized loss minimization. Math. Program. **155**, 105–145 (2016)
124. C. Shen, J. Kim, L. Wang, A. van den Hengel, Positive semidefinite metric learning using boosting-like algorithms. J. Mach. Learn. Res. **13**, 1007–1036 (2012)
125. Z. Shen, C. Fang, P. Zhao, J. Huang, H. Qian, Complexities in projection-free stochastic non-convex minimization, in *Proceedings of Machine Learning Research, PMLR 89*, vol. 89 (2019), pp. 2868–2876
126. W. Shi, Q. Ling, G. Wu, W. Yin, On the linear convergence of the admm in decentralized consensus optimization. IEEE Trans. Signal Process. **62**(7), 1750–1761 (2014)
127. W. Shi, Q. Ling, G. Wu, W. Yin, Extra: an exact first-order algorithm for decentralized consensus optimization. SIAM J. Optim. **25**(2), 944–966 (2015)
128. W. Shi, Q. Ling, G. Wu, W. Yin, A proximal gradient algorithm for decentralized composite optimization. IEEE Trans. Signal Process. **63**(22), 6013–6023 (2015)
129. A. Simonetto, L. Kester, G. Leus, Distributed time-varying stochastic optimization and utility-based communication (2014). http://arxiv.org/abs/1408.5294
130. H. Terelius, U. Topcu, R. Murray, Decentralized multi-agent optimization via dual decomposition, in *IFAC Proceedings Volumes*, vol. 44(1) (2011), pp. 11245–11251

131. P. Tseng, Convergence of a block coordinate descent method for nondifferentiable minimization. J. Optim. Theory Appl. **109**, 475–494 (2001)
132. K. Tsianos, M. Rabbat, Consensus-based distributed online prediction and optimization, in *2013 IEEE Global Conference on Signal and Information Processing, December*, pp. 807–810 (2013)
133. K. Tsianos, S. Lawlor, M. Rabbat, Consensus-based distributed optimization: practical issues and applications in large-scale machine learning, in *Proceedings of the 50th Allerton Conference on Communication, Control, and Computing* (2012)
134. J.N. Tsitsiklis, Problems in decentralized decision making and computation. PhD thesis, Massachusetts Institute of Technology, Cambridge, MA, 1984
135. J. Tsitsiklis, D. Bertsekas, M. Athans, Distributed asynchronous deterministic and stochastic gradient optimization algorithms. IEEE Trans. Autom. Control **31**(9), 803–812 (1986)
136. M. Wang, D.P. Bertsekas, Incremental constraint projection-proximal methods for nonsmooth convex optimization. Technical Report LIDS-P-2907, Laboratory for Information and Decision Systems, 2013
137. Z. Wang, K. Ji, Y. Zhou, Y. Liang, V. Tarokh, Spiderboost: a class of faster variance-reduced algorithms for nonconvex optimization (2018). Preprint. arXiv:1810.10690
138. E. Wei, A. Ozdaglar, On the $O(1/k)$ convergence of asynchronous distributed alternating direction method of multipliers (2013). http://arxiv.org/pdf/1307.8254
139. C. Xi, Q. Wu, U.A. Khan, Distributed mirror descent over directed graphs (2014). http://arxiv.org/abs/1412.5526
140. L. Xiao, T. Zhang, A proximal stochastic gradient method with progressive variance reduction. SIAM J. Optim. **24**(4), 2057–2075 (2014)
141. Y. Zhang, L. Xiao, Stochastic primal-dual coordinate method for regularized empirical risk minimization, in *Proceedings of the 32nd International Conference on Machine Learning* (2015), pp. 353–361
142. D. Zhou, P. Xu, Q. Gu, Stochastic nested variance reduction for nonconvex optimization, in *Proceedings of the 32nd International Conference on Neural Information Processing Systems, NIPS'18* (Curran Associates, New York, 2018), pp. 3925–3936
143. M. Zhu, S. Martinez, On distributed convex optimization under inequality and equality constraints. IEEE Trans. Autom. Control **57**(1), 151–164 (2012)

推荐阅读

机器学习：从基础理论到典型算法（原书第2版）

作者：（美）梅尔亚·莫里 阿夫欣·罗斯塔米扎达尔 阿米特·塔尔沃卡尔
译者：张文生 杨雪冰 吴雅婧 ISBN：978-7-111-70894-0

本书是机器学习领域的里程碑式著作，被哥伦比亚大学和北京大学等国内外顶尖院校用作教材。本书涵盖机器学习的基本概念和关键算法，给出了算法的理论支撑，并且指出了算法在实际应用中的关键点。通过对一些基本问题乃至前沿问题的精确证明，为读者提供了新的理念和理论工具。

机器学习：贝叶斯和优化方法（原书第2版）

作者：（希）西格尔斯·西奥多里蒂斯 译者：王刚 李忠伟 任明明 李鹏
ISBN：978-7-111-69257-7

本书对所有重要的机器学习方法和新近研究趋势进行了深入探索，通过讲解监督学习的两大支柱——回归和分类，站在全景视角将这些繁杂的方法一一打通，形成了明晰的机器学习知识体系。

新版对内容做了全面更新，使各章内容相对独立。全书聚焦于数学理论背后的物理推理，关注贴近应用层的方法和算法，并辅以大量实例和习题，适合该领域的科研人员和工程师阅读，也适合学习模式识别、统计/自适应信号处理、统计/贝叶斯学习、稀疏建模和深度学习等课程的学生参考。

推荐阅读

人工智能：原理与实践

作者：（美）查鲁·C. 阿加沃尔　译者：杜博 刘友发　ISBN：978-7-111-71067-7

本书特色

本书介绍了经典人工智能（逻辑或演绎推理）和现代人工智能（归纳学习和神经网络），分别阐述了三类方法：

基于演绎推理的方法，从预先定义的假设开始，用其进行推理，以得出合乎逻辑的结论。底层方法包括搜索和基于逻辑的方法。

基于归纳学习的方法，从示例开始，并使用统计方法得出假设。主要内容包括回归建模、支持向量机、神经网络、强化学习、无监督学习和概率图模型。

基于演绎推理与归纳学习的方法，包括知识图谱和神经符号人工智能的使用。

神经网络与深度学习

作者：邱锡鹏　ISBN：978-7-111-64968-7

本书是深度学习领域的入门教材，系统地整理了深度学习的知识体系，并由浅入深地阐述了深度学习的原理、模型以及方法，使得读者能全面地掌握深度学习的相关知识，并提高以深度学习技术来解决实际问题的能力。本书可作为高等院校人工智能、计算机、自动化、电子和通信等相关专业的研究生或本科生教材，也可供相关领域的研究人员和工程技术人员参考。